JN288756

コルバート
脊椎動物の進化

原著第5版

エドウィン H. コルバート
マイケル モラレス
イーライ C. ミンコフ

田隅本生＝訳

築地書館

**COLBERT'S
EVOLUTION OF THE VERTEBRATES**
A History of the Backboned Animals Through Time
Fifth Edition

by Edwin H. Colbert, Michael Morales, and Eli C. Minkoff

Copyright © 2004 Wiley-Liss, Inc. All rights reserved.

Translation © 2004 by Tsukiji Shokan
All Rights Reserved.
Translated by M. Tasumi
Authorized translation from English language edition
published by John Wiley & Sons, Inc.

Japanese translation rights arranged with
John Wiley & Sons International Rights, Inc., Hoboken, New Jersey
through Tuttle-Mori Agency, Inc., Tokyo

Published in Japan by Tsukiji Shokan Publishing Co., Ltd., Tokyo

まえがき

　この本が目指しているのは，古脊椎動物学の全般的テクストブックとして，化石記録にもとづく背骨をもつ動物たちの進化の物語を提供することである．本書は，不可欠と思われる専門用語の説明はしても，高度に専門的な言葉を使うことはなるべく避けながら書かれている．そして，専門家のためではなく一般の学生や非専門の読者を対象にしている．

　この本は，脊椎動物の進化に関するきわめて全般的な概観を呈示し，背骨をもつ動物たちが，地球史の過去5億年ほどにわたって発展してきた経緯を物語ることを意図している．したがって本書は生物進化の原理や仕組みを論議する本ではなく，もともと，脊椎動物の化石記録を総覧しようとする本なのである．

　第4版の出版〔1991年〕から経過した年月の間に，化石種・現生種ともに脊椎動物に関する知見には必然的に増大があった．この発展のかなりの部分は世界各地，とりわけ中国でなされた古生物学上の新しい諸発見に負うている．また，我々の知見の進歩には，現生動物の体の構造の再解釈——脊椎動物の構造と類縁関係に新しい洞察をもたらした，ますます精緻化する研究の成果——によるところも少なくない．そのようなわけで，本書にはまた新版を出す必要が生じた．

　本書のこれまでの各版はその前の版よりいくらか長くなっていたが，この新版も例外ではない．挿図に新しい図が加わったほか，旧版以来の図には部分的に描き直されたものもある．これまでのどの版でも魅力の基になっていた挿図の大半はロイス M. ダーリングさんの作で，それらは，このたび改作されたものを含めてこの版でも用いられている．

　改訂や加筆，ときには新知見を反映して資料の配置の変更はあるけれども，この新版は旧版での呈示のしかたを維持している．この版は実質的に，資料の編成のしなおしと場合によっては言葉づかいの現代化をしながら，旧版で論じられたことを更新するとともに増強したものだ．しかし旧版と同様，本があまり長大にならないよう，論題を簡潔に述べるように努めた．化石脊椎動物のたいへんな数からも，それら全てを網羅することはとうてい不可能なのである．

　この新版とかつての旧版を準備する過程で貴重な支援と助言を賜った多数の同学の方々（故人を含む）に，謝意を表したい．アルファベット順に挙げれば，ベアード（Donald Baird），ボック（Walter Bock），キャロル（Robert L. Carrol），エリオット（David K. Elliot），ゴールトン（Peter Galton），ジェプセン（Glenn L. Jepsen），マッケナ（Malcolm C. McKenna），ローマー（Alfred S. Romer），ローゼン（Donn E. Rosen），シェーファー（Bobb Schaeffer），シンプソン（George G. Simpson），テッドフォード（Richard H. Tedford），ヴォーン（Terry A. Vaughan），ウィルソン（Robert W. Wilson），それにウッド（Albert E. Wood），以上の皆さん．また，ジョン・ワイリー社の担当者諸氏，わけてもハーン（Luna Han）さんと彼女の前任者オルセン（Nancy Olsen）さんにはたいへんお世話になった．

終わりに，この新参の共著者は，40年以上前に私を励ましてくださったコルバート博士に深謝の言葉を申し述べたい．そのころ私はまだ10歳代だったが，まさにこの本の初版〔1955年刊〕により，また当時コルバート博士が化石爬虫類，両生類部門の管理者を務めておられたアメリカ自然史博物館へたびたび通ったことによって，古生物学への興味を掻き立てられたのである．私はヴァン＝ヴァレン（Leigh Van Valen）博士に誘われ，同博物館の"系統学討論グループ"の月例集会に出席するようになった．ある日のこと，そのグループでは業務上のある案件を投票で決める必要が生じた．私は礼儀正しく，自分も投票することが許されるのかどうか訊ねてみた．コルバート博士は私へうなずき，「いいとも．投票してかまわないよ，君はいつもここに来ているんだから．」と言ってくださった．

　そのころ私はまだ高校生だったのだが，世界の指導的専門家の一人からそのように受け容れられたことでぞくぞくしたものだ．こういうわけで，私の一生にわたる古生物学への関心はコルバート博士その人と，本書旧版のお蔭を大きく受けているのである．

イーライ C. ミンコフ
メイン州ルイストン

初版のまえがき

　この本は古生物学の入門書として書かれたもので，背骨をもつ動物たちの化石記録にもとづく進化の物語がその内容である．文中，特殊な専門用語を使うことはなるべく避けながら，その道の専門家よりむしろ一般の学生を対象として，また非専門の読者にも十分理解できるように，書いたつもりである．

　この本では，脊椎動物の進化史をきわめて大づかみに素描し，地球史上の4億年以上の間に，背骨をもつ動物たちがどのような過程をへて発展してきたかを解説してみようと思った．したがって，話のついでに進化の一般原理に触れることがあっても，本書はもともとそのような事柄を主題にしたものではないし，また遺伝学などによって明るみに出されてきた進化の機構を論ずるものでもない．上記のように，本来これは背骨をもつ動物たちの化石記録を検討する書物にほかならないことをあらかじめお断りしておきたい．

　この種の書物では是非もなく，おびただしい事実を記述から省かざるをえない．ここでは脊椎動物の歴史のもっとも重要な要素だけを考察するにとどめ，その詳細はもっと専門的な書物に委ねるほかはない．それゆえ，脊椎動物の各科に含まれる無数の属を一つ一つ記述したり，全ての科を検討したりするつもりはない．そうするのではなく，脊椎動物のそれぞれの目の典型とみられる動物だけについて簡単ながら総括的に述べ，問題のグループを説明するための実例とした．そのグループの位置づけがどうであっても，それ以上に付け加える論議は，その特徴的な動物の記述を中心としてそれから発展した形にしてある．このようなやりかたによって，いちいち細目にわたって説いていくときに起こりかねない混乱を招くことなく，脊椎動物の全体像を描きだすことに成功していれば，幸いである．

　過去の地質年代を通じて起こった脊椎動物の多様な進化の流れを跡づけるのは，容易なことではない．無数の現象が時を同じくして起きていたからである．例えば，最古の魚類は4億年あるいはそれ以上も昔，古生代前期に現れた．魚類はそれから絶えず進化して現代に至っている．また，魚類から両生類が派生して今日まで生き延びてきたかたわらで，同じように両生類から爬虫類が，爬虫類から鳥類と哺乳類が派生した．つまり，長大な地質年代にわたっておびただしい種類の脊椎動物が，無数の，それぞれ別個の系統をたどりつつ，相並んで進化してきたのである．著者はいま，このような進化史上の出来事を順次に述べていくとともに，地質年代の尺度に合わせてそれらを相互に関連づけるという仕事に取りかかろうとしている．

　この本では，脊椎動物のもろもろのグループを順を追って論ずるとともに，地球史上の主だった幾つかの段階における動物相の相互関係を取り扱った章を数か所に挿入することにより，全体を通じて地質年代の経過ということについて正しい感覚をもち続けていこうと考えた．このようなやりかたが成功しているかどうか，読者の判定をまちたい．

　文体やその配列のよしあしはともかくとして，挿図の見事さについてはまず異論はないと思う．挿図はほとんどすべて本書のために描かれた原図で，新鮮な気分で問題に接するのを助けてくれるだろう．ご覧のとおり，挿図の大半は骨格を簡明に描いたもので，ときには比較したり復元したり，あるいは系統発生を図解するために幾つかをまとめて掲げてある．

　骨格の図は典型的な動物（もしくはその一部）をわかりやすく説明するためのものであり，本文のほうと同じく，あらゆる種類を網羅することは考えていない．復元図や系統図はダーリング（Lois Darling）夫人が独自の技巧をもって描いてくださったもので，太古の脊椎動物が生存してい

たときどのような姿をしていたかを表している．ここでも同じく，他の多くの動物にも同様の復元図を付けたいのをあきらめ，ある少数の種類だけを選ぶことを余儀なくされた．実際，この本のためにはもっと数多くの挿図がほしいところだが，本を片手で持てるほどの大きさにとどめるには制限に従うほかはなかった．

　本書を作り上げるに当たっては，数多くの方々に援助の手をわずらわせた．なかでも，校正と索引つくりを手伝っていただいたオストローム（John Ostrom）氏には心からの謝辞をささげる．

　最後に，著者の原稿の全体または一部に目を通していただいたり，本文の質や正確さを高めるうえできわめて有益かつ建設的なご意見を賜った数名の方々に，謹んで感謝の意を表したい．すなわち，原稿の全文を校閲していただき，いろいろな示唆を与えてくださったジェプセン（Glenn L. Jepsen）博士，魚類に関する部分を点検していただいたシェーファー（Bobb Schaeffer）博士，両生類・爬虫類・鳥類を扱った部分を査読してくださったローマー（Alfred S. Romer）博士，終わりに哺乳類に関する諸章を見ていただいたシンプソン（George Gaylord Simpson）博士．古脊椎動物学の領域では，批評者としてこれ以上に立派な，権威ある顔ぶれを期待することはどんな著者にもできないだろう．

エドウィン H. コルバート
1955 年，ニューヨーク

訳書の凡例

1. 専門用語：本書では馴染みにくい専門用語の使用は極力差し控えられてはいるが，分類群の名称や解剖学上の用語には既成の日本語名のないものがあり，新しい訳語を試用する．特に哺乳類の分類群名には新語がある（例：目名 Australodelphia は"豪州袋目"，「訳者のあとがき」付記を参照）．解剖学上の用語で人体でも使われているものには，原則として，日本解剖学会で統一採用されている語を適用する．骨などの名称は「図版中の骨名などの略号」，分類群の名称は巻末の「脊椎動物の分類体系」に整理されている．

2. 属名・種名の表記：属や種の学名は，カタカナ化すれば読みやすくなる半面で参照上いろいろな不都合を生ずるおそれがあるため，旧版訳書でと同じくラテン語形の原語のままとする．

3. 分類群名の取扱い：属名にちなむのではない上位階級の名には，原義を表す在来の名称を用いる（例：Agnatha は「無顎綱」）．分類階級が下位の群ほど属名に由来する群名が多くなる．それらについては，原則としてカタカナ化した属名に分類階級名をつけ，あるいは「類」の字を付けて群名とし，その直後に〔　〕で囲んで分類階級をしめす（例：学名 Pachycephalosauria は「パキケファロサウルス亜目」，英語名 pachycephalosaur は「パキケファロサウルス類〔亜目〕」）．属名を分類群名とする場合は，原則としてラテン語標準発音法に従ってカタカナ化したが，固有名詞にちなむ属名の表記はその限りではない（例：学名 Seymouriamorpha は「シームリア形亜目」）．

    旧文部省の『学術用語集　動物学編（増訂版）』(1988) が定めたカタカナ名称は採らない．それらの名は巻末の「分類体系」の該当箇所に〔　〕で囲んで同義語として示しておく（「訳者のあとがき」付記を参照）．

4. 「頭骨」と「頭蓋」：原書で随所に現れる"skull"という語は，広義では頭部骨格の全体，狭義では脳や感覚器を収容する骨塊（下顎と舌骨は別）を指し，原書ではこの語が両様に使われている．本訳書ではこの語の訳語として，場合によって「頭骨」（下顎を含む広義）と「頭蓋」（骨塊だけの狭義）を使い分け，頭蓋を構成する個々の骨を「頭蓋骨」とする．また，時おり現れる"braincase"（「脳函」「頭蓋」と訳されることもある）は「脳頭蓋」とする．解剖学用語の理解には混乱があるが，本訳書での取扱いは原則としてローマー／パーソンズ共著『脊椎動物のからだ〈その比較解剖学〉』（平光厲司訳，法政大学出版局刊）による．

6. 「脚」と「足」：四肢動物に関してたえず現れる"leg"と"foot"の訳語はそれぞれ「脚」「足」とする．「脚」は四肢の肩関節または腰関節より先の全体，「足」は足根〔足首〕より先の部分である．足を脚からはっきり区別する際には，特に「足部」の語を用いる．

7. 地質時代名と地層名：地質時代の「代」「紀」「世」にそれぞれ対応する地層には「界」「系」「統」の語を付ける．例えば「白亜系」は「白亜紀に形成された地層」を指す．英語では時代名とその時代の地層名が同じ言葉だが，日本語では普通このように区別してよばれる．

8. 訳者注：本文中，読者の便宜のため望ましいと思われる箇所には，最少限度の補注を〔　〕で囲んで小さく入れる．同義語がある場合も同じく〔　〕で示す．

9. 索引：原書で一体になっている索引は，本訳書では「属名」（ラテン語形の学名）と「事項」（日本語名）に分ける．属名は，本文中に現れるものの全てが収録されている．

—— 訳　者

図版中の骨名などの略号

頭蓋と下顎の諸骨

a	関節骨	(articular)	pd	前歯骨	(predentary)
an	角骨	(angular)	pf	後前頭骨	(postfrontal)
as	翼蝶形骨	(alisphenoid)	pl	口蓋骨	(palatine)
ba	鰓弓	(branchial arch)	pm	前上顎骨	(premaxilla)
bo	基底後頭骨	(basioccipital)	pn	後鼻骨	(postnarial)
bpt	基底翼状骨	(basipterygoid)	po	後眼窩骨	(postorbital)
bs	基底蝶形骨	(basisphenoid)	pop	前鰓蓋骨	(preopercular)
c	烏口骨［冠状骨］	(coronoid)	pos	後夾板骨	(postsplenial)
d	歯骨	(dentary)	pp	後頭頂骨	(postparietal)
ec	外翼状骨	(ectopterygoid)	ppf	翼旁後頭孔	(pterygoparoccipital foramen)
eo	外後頭骨	(exoccipital)	pq	口蓋方形骨	(palatoquadrate)
ep	上翼状骨	(epipterygoid)	pr	後吻骨	(postrostral)
esl	外側外肩甲骨	(lateral extrascapular)	pra	前関節骨	(prearticular)
esm	内側外肩甲骨	(medial extrascapular)	prf	前前頭骨	(prefrontal)
exn	外鼻孔	(external naris)	pro	前耳骨	(prootic)
f	前頭骨	(frontal)	ps	旁蝶形骨	(parasphenoid)
fo	卵円孔	(foramen ovale)	pt	翼状骨	(pterygoid)
g	咽喉骨	(gular)	ptf	後側頭孔	(posttemporal foramen)
hm	舌顎骨	(hyomandibular)	q	方形骨	(quadrate)
in	間鼻骨	(internarial)	qj	方形頬骨	(quadratojugal)
inn	内鼻孔	(internal naris)	san	上角骨	(surangular)
it	間側頭骨	(intertemporal)	sm	中隔上顎骨	(septomaxilla)
j	頬骨	(jugal)	sop	下鰓蓋骨	(subopercular)
jf	頸静脈孔	(jugular foramen)	sor	上眼窩骨	(supraorbital)
l	涙骨	(lacrymal)	sp	夾板骨	(splenial)
m	上顎骨［主上顎骨］	(maxilla)	sq	鱗状骨	(squamosal)
md	下顎骨	(mandible)	st	上側頭骨	(supratemporal)
n	鼻骨	(nasal)	sta	アブミ骨	(stapes)
na	鼻孔	(nares)	t	板状骨	(tabular)
opo	後耳骨	(opisthotic)	v	鋤骨	(vomer)
p	頭頂骨	(parietal)	vac	空所	(vacuity)
pap	旁後頭突起	(paroccipital process)			

脳神経

V	三叉神経	(trigeminal nerve)	X	迷走神経	(vagus nerve)
VII	顔面神経	(facial nerve)	IX	舌咽神経	(glossopharyngeal nerve)

頭部以外の骨格の諸骨

ba	鰓弓	(branchial arch)	p	恥骨	(pubis)
ce	中央骨	(centrale)	pc	側椎心	(pleurocentrum)
ef	内上顆孔	(entepicondylar foramen)	r	橈骨	(radius)
f	腓骨	(fibula)	ra	橈側骨	(radiale)
fi	腓側骨	(fibulare)	sp	棘	(spine)
ic	間椎心	(intercentrum)	t	脛骨	(tibia)
il	腸骨	(ilium)	ti	脛側骨	(tibiale)
in	中間骨	(intermedium)	u	尺骨	(ulna)
is	座骨	(ischium)	ul	尺側骨	(ulnare)
na	神経弓	(neural arch)			

目次

まえがき ……………………………………… iii
初版のまえがき ……………………………… v
訳書の凡例 …………………………………… vii
図版中の骨名などの略号 …………………… viii

1│序説 …………………………………………………………………………… 1

化石：岩石の中の証拠物 ……………… 2
地質年代 ………………………………… 5
時代をつらぬく脊椎動物の系列 ……… 8
背骨をもつ動物たち …………………… 10
ナメクジウオ …………………………… 11
ピカイア ………………………………… 13
骨と軟骨と歯 …………………………… 14
動物の分類について …………………… 16

2│顎をもたない脊椎動物 …………………………………………………… 21

ヤツメウナギとはどんなものか ……… 22
メクラウナギ類 ………………………… 22
最初期の脊椎動物 ……………………… 22
甲皮類 …………………………………… 24
無顎魚類の分類 ………………………… 33
進化史上の甲皮類の位置 ……………… 33

3│棘魚類と板皮類 …………………………………………………………… 35

顎の起源 ………………………………… 36
棘魚類 …………………………………… 38
板皮類の出現 …………………………… 40
節頸類 …………………………………… 41
初期の板皮類 …………………………… 44
プチクトドゥス類とフィロレピス類 … 45
胴甲類 …………………………………… 46
原始魚類の相互関係 …………………… 46

4│サメ類の仲間 ……………………………………………………………… 49

泳ぎに適した成功のデザイン ………… 50
舌骨弓について ………………………… 52
魚類の二つの綱 ………………………… 52
軟骨魚類の進化 ………………………… 53
全頭類 …………………………………… 58

5│硬骨魚類 …………………………………………………………………… 61

水中の覇者たち ………………………… 62
鰭の構造 ………………………………… 64
条鰭亜綱の魚類 ………………………… 66
硬骨魚類の進化史における交代 ……… 72

6│総鰭魚類と陸上への進出 ………………………………………………… 75

空気呼吸をする魚類 …………………… 76
肺魚類 …………………………………… 78
総鰭類 …………………………………… 81
両生類の出現 …………………………… 86
イクチオステガ類とアカントステガ類 … 87

7 | 古生代前期の動物相 ... 89
- バージェス頁岩 ... 90
- 初期脊椎動物の生活環境 ... 90
- 早期の脊椎動物相 ... 91

8 | 両生類 ... 97
- 陸上生活にともなう特殊な問題 ... 98
- 陸上生活に適した基本的デザイン ... 102
- 迷歯亜綱の両生類：(1)アントラコサウルス類 ... 104
- 迷歯亜綱の両生類：(2)古生代の分椎類 ... 109
- 迷歯亜綱の両生類：(3)中生代の分椎類 ... 112
- 迷歯類における進化傾向 ... 114
- 空椎類 ... 115
- 現今の両生類 ... 118

9 | 爬虫類の登場 ... 123
- 有羊膜卵 ... 124
- 爬虫類の特徴 ... 126
- カプトリヌス類 ... 128
- カメ類 ... 130
- 爬虫類の分類 ... 132
- 爬虫類の基本的な放散 ... 134

10 | 古生代後期の各地の動物相 ... 141
- 早期の陸生脊椎動物 ... 142
- 早期の陸生脊椎動物の環境 ... 143
- 古生代後期の諸大陸の位置関係 ... 143
- 古生代後期の脊椎動物相の分布 ... 146
- 古生代末期の脊椎動物界 ... 150

11 | 鱗竜類 ... 151
- エオスクス類 ... 152
- 早期の鱗竜類 ... 152
- ムカシトカゲ類 ... 152
- トカゲ類とヘビ類 ... 153

12 | 水生の爬虫類 ... 159
- 四肢動物の水中生活への適応 ... 160
- 早期の水生爬虫類 ... 160
- イクチオサウルス類 ... 161
- プラコドゥス類と鰭竜類 ... 164
- 海生のワニ類・トカゲ類・カメ類 ... 169
- カンプソサウルス類とプレウロサウルス類 ... 171

13 | 初期の支配的爬虫類 ... 173
- 新しい時代の始まり ... 174
- 主竜形類 ... 175
- 槽歯類 ... 176
- 三畳紀のその他の主竜形類 ... 179
- 三畳紀の終わり ... 181
- ワニ類 ... 184

14 | 恐竜類の制覇 ... 189
- はじめに ... 190
- 最早期の竜盤類 ... 191
- 肉食性の獣脚類 ... 194
- 三畳紀の原竜脚類 ... 199
- 超大形の竜脚類 ... 199
- 最早期の鳥盤類 ... 202
- 鳥脚類の進化 ... 204
- パキケファロサウルス類 ... 210
- ステゴサウルス類 ... 210
- アンキロサウルス類：装甲を備えた恐竜 ... 212
- 角竜類：角を備えた恐竜 ... 212
- 超大形の恐竜類 ... 215

15 ｜空生の爬虫類 ……………………………… 219
滑空性の爬虫類 ……………… 220　　翼竜類 ……………………… 223
飛翔にともなう諸問題 ……… 220

16 ｜鳥類 ……………………………………………… 227
鳥類とは ……………………… 228　　白亜紀の鳥類 ……………… 233
最早期の鳥類 ………………… 228　　新生代の鳥類 ……………… 235
鳥類とその飛翔の起源 ……… 232　　化石記録における鳥類 …… 239

17 ｜恐竜時代 ……………………………………… 241
中生代における諸大陸の関係 … 242　　白亜紀前期の世界 ………… 247
三畳紀の多様な動物相 ……… 243　　白亜紀後期の恐竜動物相 … 248
ジュラ紀の環境と動物相 …… 245　　中生代の終わり …………… 252

18 ｜哺乳類様爬虫類 …………………………… 255
単弓類とはどういうものか … 256　　獣弓類 ……………………… 262
盤竜類 ………………………… 257　　エオティタノスクス類 …… 263
オフィアコドン類 …………… 257　　ディノケファルス類 ……… 265
スフェナコドン類 …………… 258　　ディキノドン類 …………… 266
エダフォサウルス類 ………… 261　　獣歯類 ……………………… 267

19 ｜哺乳類の始まり ……………………………… 275
哺乳類の起源 ………………… 276　　白亜紀の哺乳類 …………… 288
哺乳類の特徴の確立 ………… 279　　単孔類 ……………………… 288
三畳紀とジュラ紀の哺乳類 … 283　　哺乳類の基本的な放散 …… 290

20 ｜有袋類 ………………………………………… 295
新生代の諸大陸と有袋類の歴史 … 296　　アメリカ大陸の有袋類の進化 … 299
有袋類の特徴 ………………… 297　　オーストラリア大陸の有袋類の適応放散 … 302
アメリカ大陸のオポッサム … 299　　進化史における有袋類の地位 … 304

21 ｜有胎盤類とはどういうものか …………… 307
有胎盤類の特徴 ……………… 308　　有胎盤類の分類の一方式 … 312
有胎盤類の歯 ………………… 309

22 ｜有胎盤類の早期の多様化 ………………… 319
最早期の有胎盤類 …………… 320　　貧歯類（異節類） ………… 325
レプティクティス類 ………… 320　　有鱗類 ……………………… 329
正獣類進化の初期の様式 …… 321　　紐歯類と裂歯類 …………… 330
食虫類 ………………………… 323

23│霊長類とその親類 331

主獣類 332
登木類 332
コウモリ類 333
皮翼類 335
霊長類の起源 335
霊長類の特色 336
霊長類の分類 339
プレシアダピス形類 339
曲鼻類：アダピス類・レムール類・ロリス類 ... 340
直鼻類 341
メガネザル類 342
広鼻類：新世界のサル類 343
狭鼻類：旧世界のサル類・類人猿類とヒト類 ... 344
ヒト科の動物 349

24│齧歯類とウサギ類 359

齧歯類・ウサギ類の仲間 360
ハネジネズミ類 360
アナガレ類 360
エウリミルス類 361
兎形類の進化 361
齧歯類とその進化的成功 363
齧歯類の特徴 364
齧歯類の分類 366
齧歯類の進化 367
齧歯類・ウサギ類と人類 371

25│肉歯類と食肉類 373

肉食性哺乳類の適応構造 374
肉歯類 375
ミアキス類 377
裂脚亜目の食肉類 378
イヌ上科の食肉類 378
ネコ上科の食肉類 384
鰭脚亜目の食肉類 387
食肉類の進化速度 389

26│クジラ類とイルカ類 391

海へ帰ったもの 392
海生脊椎動物としてのクジラ類 392
無肉歯類 394
初期のクジラ類 395
現生クジラ類の適応放散 397
クジラ類と捕鯨 398

27│原始的な有蹄類 399

有蹄類とは何か 400
有蹄類の基本的な適応構造 400
最初の有蹄類 401
顆節類 402
第三紀前期の大形有蹄類 404
ツチブタについて 407

28│偶蹄類 409

現代世界の偶蹄類 410
偶蹄類の特徴 410
偶蹄類の基本的分類 416
古歯類 418
猪豚類 420
アンコドン類 422
核脚類：ラマ類とラクダ類 424
反芻類 425

29 | 南アメリカの有蹄類 … 439

- 原始有蹄類の南アメリカ侵入 … 440
- 南蹄類 … 440
- 滑距類 … 443
- 雷獣類 … 445
- 火獣類 … 447
- 南アメリカ有蹄類の終息 … 448

30 | 奇蹄類 … 449

- 奇蹄類の特徴 … 450
- 奇蹄類の起源 … 450
- 最初の奇蹄類 … 454
- 奇蹄類の基本的分類 … 456
- ウマ類の進化 … 457
- ウマ類と文明 … 462
- パレオテリウム類 … 463
- ティタノテリウム類の進化 … 463
- カリコテリウム類 … 466
- バク類 … 468
- サイ類の進化 … 469
- 奇蹄類の類縁関係 … 472

31 | ゾウ類とその親類 … 473

- 北アフリカの早期の哺乳類 … 474
- 長鼻類とはどういうものか … 474
- モエリテリウム類 … 476
- 長鼻類進化の諸系統 … 477
- デイノテリウム類 … 478
- バリテリウム類 … 480
- マストドン類 … 480
- ゾウ類 … 483
- 海牛類 … 485
- 束柱類 … 486
- 岩狸類 … 488
- 重脚類 … 488

32 | 新生代の各地の動物相 … 491

- 新生代の諸大陸と気候 … 492
- 新生代の各地動物相の発展 … 494
- 新生代における哺乳類の大陸間移動 … 496
- 新生代の脊椎動物相の分布 … 498
- 各地の動物相の対比 … 501

脊椎動物の分類体系 … 505
参考書目録 … 519
図版の出典と謝辞 … 531
訳者のあとがき … 539
属名索引 … 545
事項索引 … 553

1
序説

化石ハンターたち

化石：岩石の中の証拠物

　これから述べていくのは，化石という証拠物によって明るみに出される脊椎動物の進化の物語である．それは，地殻表面の堆積物の中に見いだされる石化した遺物に基づいた，何億年もの地球の歴史をつらぬく脊椎動物界の話である．それはまた，一つの記録――ほぼ6億年前に古生代初期の原始的な脊椎動物に始まり，地質学的時間の膨大な広がりを通じ，更新世つまり大氷河時代の背骨をもつ多彩な動物たちを経て今日につながる化石記録――に対する，古生物学者たちの解釈である．

　化石とは，古生物学者――地球上に存在した太古の生命界の研究者たち――が研究の対象にするナマの素材で，過去の生物界の遺物もしくはその痕跡を指す．それらはふつう，動物体の硬質の部分が化石化したもの，つまり貝殻や骨が石に変化したものだ．しかし時には，もと動物体を構成していた硬質部分が，石化作用の恩恵をうけることなくそのまま保存されてきた場合もある．また時には，動物や植物の軟質部分が化石化していることもあるが，そうした保存のされかたは稀にしかない．だが本当に，絶滅した動物がまったく変化せずに完全な形で保存されている場合がある．最後の氷期〔更新世後期〕にいたマンモスなどの動物は極北地方で氷づけになったまま，このようにして保存されてきた．

　化石というものは，それらが代表する生物体の骨や殻が保存されたものだけとは限らない．岩石の中の鋳型――動物体や植物体や生物のどこかの部分が残した"押し型"〔印象化石〕――の化石や，ある動物個体が残した足跡の化石もある．また，巣や棲管のようにある動物が生存中につくった構造物の場合もある．化石は実のところ多様多彩なかたちで見いだされるものであり，何にもましてそのことが，生命の世界が古生物学者たちにとって興味津々たるものになるのに与っているのだ．

　化石の形成過程とそれを取りまく諸条件を研究する学問分野は"タフォノミー"〔化石生成論〕とよばれている．タフォノミストたちが研究する過程には，死亡そのもの，ばらばら分解，運ばれ移動，埋没，構成物質の置換，変形，そして地層の侵食などが含まれる（図1-1）．動物はふつう一個体ずつばらばらに死ぬものだが，洪水や地滑りで同種の多数の動物が同時に捉えられることもある．ある動物または植物は化石になる前に，まず地中に埋められねばならない．が，死んだ動物のほとんどは埋められることがない――遺体はばらばらになって"清掃動物"たちを満腹させ，風雨にさらされた果てに，天日でからからになる．こうした条件の下では細菌やその他の解体要因が有機物をすべて分解し，骨をつくる鉱物質をぼろぼろにして崩壊させる．短い年月で，あとに何も残らなくなる．

　しかし動物が死んだ後すぐ土中に埋められると，遺体はこうした破壊的な諸力から守られる可能性がある．また動物体が河川や湖沼のなかへ落ち込んだり流れ込むこともあり，そこでかれらは堆積物に覆われることが多いだろう．水と堆積物がいっしょになって，酸素，太陽光，それにもろもろの腐食性生物を締め出すことになる．遺体がひとたび地中に埋められるとそれが化石になる．もっとも古生物学者のなかには，ほぼ1万年を超えるものにだけ"化石"という言葉を使おうとする人もいるが．

遺体が日光や微生物に曝されていると、骨は分解してしまう

動物が死んだ後

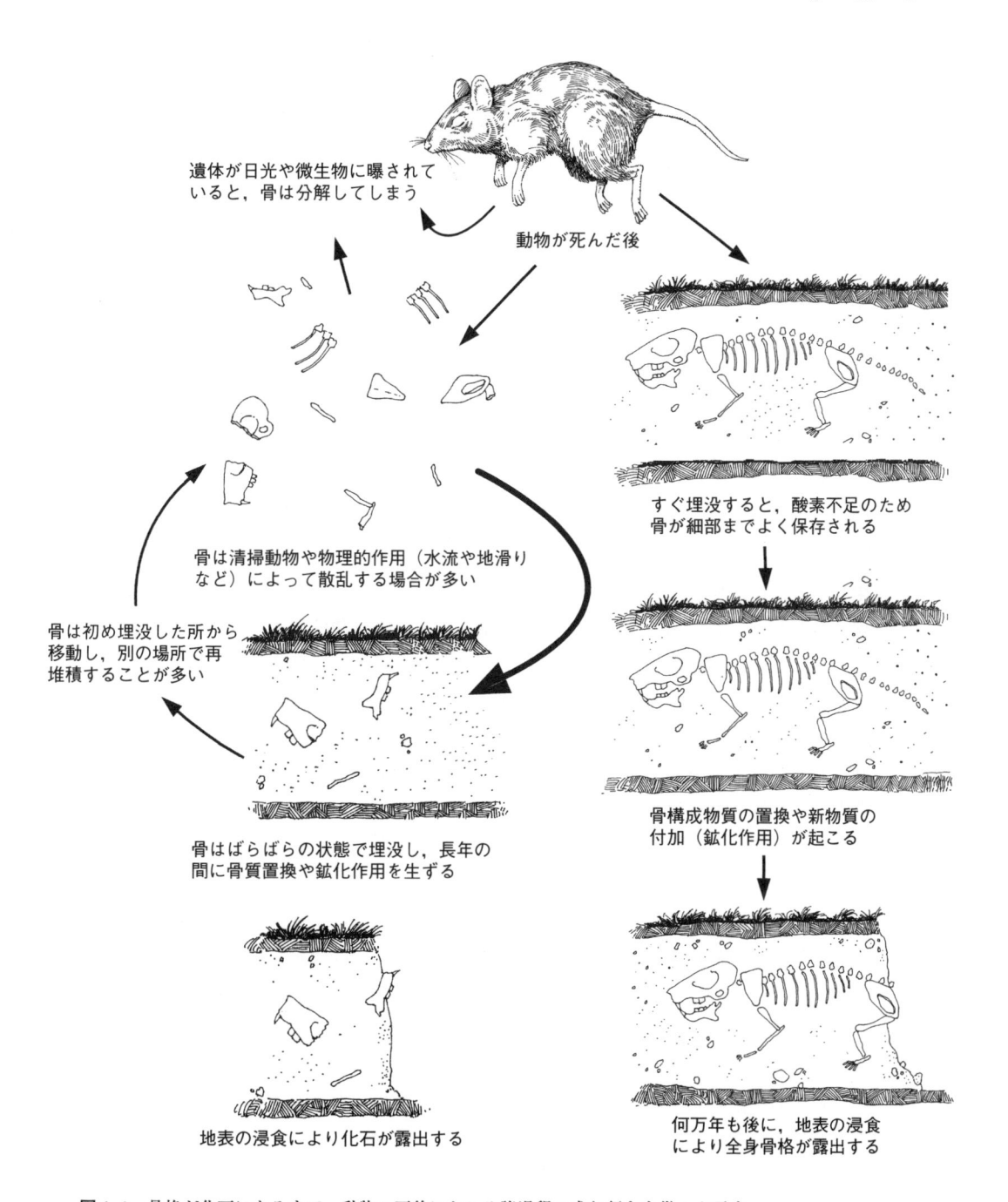

すぐ埋没すると、酸素不足のため骨が細部までよく保存される

骨は清掃動物や物理的作用（水流や地滑りなど）によって散乱する場合が多い

骨構成物質の置換や新物質の付加（鉱化作用）が起こる

骨は初め埋没した所から移動し、別の場所で再堆積することが多い

骨はばらばらの状態で埋没し、長年の間に骨質置換や鉱化作用を生ずる

地表の浸食により化石が露出する

何万年も後に、地表の浸食により全身骨格が露出する

図1-1 骨格が化石になるまで。動物の死後におこる諸過程の成り行きを幾つか示す。

　埋没は当の動物が死んだ場所で起こることもあり，遺体が流水やその他なにかの力によって多少の距離を運ばれてから起こることもある．ある川の水がその岸を侵食すると，埋

まっていた化石がまた下流へ運ばれ，再堆積することになる．埋めなおされた堆積物は，実際はかつて一緒に生活していたのではなく，ただ遺体が同じ場所に運ばれたために一緒に発見される複数の種の遺物を含むことになる．タフォノミストたちは"生活集団"——同時同所に生活していた複数の種の集まり——と"死後集団"——死後に遺物が一緒になっただけの複数の種の集まり——とを慎重に識別しなければならない．タフォノミストたちはまた，骨格の状態（丸ごと完全か断片的か，侵食されているかいないか，微妙な特徴が保存されているかどうか，など）を利用して，遺体が埋没する前にどれほど分解し移動したかを推定することもできる．

　骨はふつう多孔性で，おもにハイドロキシアパタイトとよばれる無機物でできている．微小な孔はふつう地下水からしみ込んだ無機物で満たされ，この過程は鉱物化作用〔無機化〕とよばれる．骨の元の構成物質も，地下水中の無機物で置換されることがある．しみ込んだ無機物は再結晶する場合がよくあり，これはふつう骨の微細構造を破壊することになる．また化石の多くは変形——圧迫されて別の形に変化すること——を生じている．化石は周囲の岩石（基質）より柔らかいこともあり硬いこともある．化石が基質より硬いときには侵食された地表の上に露出しているので，そのため人に見つかるのである．

　古生物学者に生命界というものを"宝探し"の延長のように感じさせるのは，化石になって保存されている全く新しい生物を見つけ出せるという可能性である．我々はとなりの峡谷や遠方の荒れ地の斜面で何が明るみに出されるかを知ることは決してできないし，研究室の中においてさえ，いろいろな物が現れて太古の生命界を追究する学徒らを驚かせたり，喜ばせたりする．だが，化石が新しい種類であっても，また古生物学の世界ですでによく知られているものであっても，研究のために化石を採集し下準備を整えることはふつう辛苦と困難に満ちた仕事なのだ．実際にフィールドで化石を探しもとめ，研究室内でそれらの研究に従事した人たちだけが，人間の努力という観点から化石の真の価値を理解することができるだろう．

　さて，化石，とりわけ脊椎動物の化石を発見するには物をたくさん見る必要がある．一般にこれらは海産の貝類やその他の無脊椎動物の化石のように豊富に保存されているものではない．したがって，それらを見つけるには通常，さんざん歩き回ったり，よじ登ったり，岩石の露出面を精細に調べたりしなくてはならない．さらに，いざ化石が見つかった暁には，ある程度の成功裏に研究室へ持ち帰られそうならば，特殊な採集技術が必要となる．ほとんど必ず，化石そのものを慎重に露出させ，露出したとき適切な保存剤でそれを硬化させねばならない．骨や鱗は石化していて非常に硬いけれども，同時に繊細なガラス細工のように壊れやすいからだ．こうした化石はそれ自体の重みで割れることもあるから，地面から動かせるようになる前にバーラップ〔麻布の一種〕と焼き石膏の鋳型で覆っておく必要がある．研究室に持ち帰ってからは，こうした手続きを逆に進めればよい．石膏の覆いを取り除いた後，化石から周りの岩石を慎重かつ完全に落として清掃する．針金や鉄棒を使ったり骨の中空部を石膏で満たしたりして，化石を補強してやらねばならないこともしばしばある．こうして初めて，当の化石は研究ができるようになる．それは時間のか

かる込み入った作業，しばしば単調な作業だ．が，当人がその対象物にふかく興味を抱いているときには，それは魅惑的な仕事なのである．

最後に，太古に絶滅した何らかの動物の復元像が作りだされる．いろいろの骨が他の動物（化石でも現生でも）の同様の骨と比較される．そして類縁関係が割り出される．現存動物についての知見に基づいて，ふつう，当の化石動物の生前の軟質部分の状態が推測できることが多い．推定のうえで筋肉が骨に結びつけられ，神経や血管の伸びる大体のパタンさえも推定される．鱗や皮膚などの体表被覆の有り様までも化石から見て取れることがしばしばあるので，まったく想像に任されるのは体表の色彩や付属的な軟質部分といった外面的特徴だけである．古生物学者たちが採る方法とはこのようなもので，長年にわたりこれらが組み合わされ何度も何度も用いられてきた結果，過去の生命界の途方もないジグソーパズルが築き上げられたのである．

ところで，化石の研究は科学として比較的新しいものだ．世界各地の古典文明の人々には化石の本質が何なのかはほとんど認識されたことがなく，その正しい理解はルネサンス期になってようやく，とりわけあの偉大な万能のフィレンツェ人，レオナルド・ダ・ヴィンチ〔1452-1519〕と，デンマーク出身の博物学者ニコラウス・ステノ〔1638-86〕によって達せられた．大昔の動植物の"組織化された"遺物と，宝石やそのほか地中から掘り出された有機組織のない堆積物とを初めて区別したのは，イタリアやポーランドなどで働いたステノである．

しかし，化石の科学的研究の歴史はやっと2世紀ほどのものだ．化石記録の近代的な進化論的解釈は，じつはチャールズ・ダーウィン〔英国の生物学者，1909-82〕の業績——彼の画期的な著書『種の起原』（1859年初出版）に結晶した仕事——から始まる．古生物学は科学として比較的若いにもかかわらず，全世界にわたり古生物学者たちによってこれまで驚嘆すべき量の化石資料が収集され，研究されてきた．そうした結果，化石記録にもとづく生命界の歴史に関する我々の知見は，年々新しい興味深い発見が加わっているのだが，今ではかなり十分なものになっていると言ってよい．むろん埋められるべき空白はいくらでもあるし，これから新たに発見されるべき種類は無限にある．にもかかわらず，脊椎動物の全体像はいまや，結び合わされ統合された一つの物語を作り上げるのに十分なほどよく分かっている．そして脊椎動物に関しては，その物語が化石記録のなかに少なからぬ細部とともに秘められているのが普通である．

地 質 年 代

化石は岩石の中，とりわけ，はじめ堆積物としてできた層状の岩石の中に見いだされる．層をなす堆積岩の研究は"層位学"とよばれ，層位学の基本原則の一つに「複数の岩石の形成は，もしそれらが同様の化石種の組み合わせを含んでいるならば，同じ時代にできたものと判断される」というものがある．層をなす岩石の研究とそこに含まれる化石の研究は，互いに連携しながら進んでいく．ナチュラルヒストリー〔自然史学〕のあらゆる分野のなかで古生物学は，時間という第四次元を通じて，我々が自分たち自身を地球の過去の

諸時代の研究へ投げこむ最良の可能性を与えてくれる．地球の歴史は主として，それが蔵している化石に書き込まれているのだ．

　初めのうちは，地質年代〔地質学的時間〕の膨大な単位のことを考えるのはたやすいことではない．我々は誰でも，年とか世紀とか千年紀とかいう概念で物事を考えるのに慣れているが，地質年代は何百万年という規模で測られるものだ．1億年前，5億年前，あるいは15億年前にも地球上には雨が降り，風が吹き，火山が噴火し，生と死の輪廻があったとはほとんど信じがたく思えるが，放射性元素の崩壊の研究から，地球の歴史をつくってきた出来事の系列を測るにはこのように長大な時間スパンが必要であることが分かっている．ウラニウムが崩壊して鉛になる現象の精細な研究から，地球上には約50億（5×10^9）年前の岩石があることが知られており，地球そのものはこうした岩石が形成された時よりかなり前から存在していたと考えられる立派な理由もある．人間の経験からみれば，地球は非常に古い惑星なのである．

　いまここでは，地球の年齢を算定したり地質年代を編成したりする根拠について立ち入った論議はできないが，とくに際立った少数の事実だけを挙げておこう．上に触れたように，年齢が測定できる最古の岩石は約50億年前のものだ．化石は初めてカンブリア紀の岩石の中に豊富に現れるが，そうした岩石の年代はおよそ5億4000万年とされる．これははっきりした化石記録の始まりではあるが，地球上の生命の始まりを示すものでは決してない．カンブリア紀より前にもおそらく，きわめて原始的な生物が進化していた長い時間スパンがあったのに違いないからだ．数多くの動物グループに化石になることのできた硬質部分が発達したのは，カンブリア紀の初めのことだった．無脊椎動物のほとんど全てのグループと最初期の脊索動物がカンブリア紀の岩石の中に見いだされるが，そのことは，こうした最初期のカンブリア紀の動物相〔動物群：ある地域の全動物種のセット〕が埋没するより前に，生物界が分化し特殊化しつつあった信じがたいほど長い進化の系列があったことを暗示している．

　このほか幾つかの年数を挙げてみれば，たぶん地球上の生命界の長い進化的歴史を理解する一助になるだろう．最初の脊椎動物は約5億年前，地球史上のカンブリア紀の間に現れた．恐竜類は2億2500万年ほど前にかれらの長い進化の歴史を開始し，およそ1億6000万年のあいだ生存を続けた．かれらは約6500万年前に死に絶えて，その後すぐ哺乳類が地球上で優勢な動物になった．われわれ人類が属する *Homo* 属はおそらく200万年ほど前に出現した．農業が始まって以来，すべての人類文明が続いてきたのは比較的短い約6000年間にすぎない．

　地質年代はまず「紀」（period）とよばれる多数の時代区分に分けられ，これらは「代」（era）というもっと長い時代区分にまとめられる．「紀」には，さらに「世」（epoch）に細分されるものもある．

　カンブリア紀より前には化石はわずかしか知られていないが，それらは動物やその他の生物の体がおもに，稀な状況の下でしか保存されないような軟らかくて繊細な組織でできていたことを示している．このように化石がほとんど無いゆえに地質年代のその部分は理

解するのが極めて難しいため，ふつう，その期間は一括して「先カンブリア時代」と呼びならわされている．地球史の先カンブリア部分は非常に長く，45億年以上も続いた．その時期の岩石は脊椎動物の化石を含んでいない．

　カンブリア紀の初期かその前後のころ，動物の数多くのグループに化石になるような硬質部分が発達した．このことのために，カンブリア紀の初め以降は地球の歴史を測ることが可能となり，かなりの細部まで追究することも可能となる．だいたい1830年頃から，あるいはもっと早くからも蓄積されてきた多数の研究の結果，化石記録の系列に基づいて地球史には三つの大きな"代"が認識されている．古いものから順に，「古生代」，「中生代」，それに「新生代」である．

　古生代（"古動物"時代のこと）は七つの"紀"に分けられ，最古から最新まで順を追えば，カンブリア紀，オルドビス紀，シルル紀，デボン紀，ミシシッピ紀，ペンシルベニア紀，それにペルム紀〔二畳紀〕となる．ただし，北アメリカ以外の諸国の古生物学者たちは通常，ミシシッピ紀とペンシルベニア紀を合わせて石炭紀としている．

　では，こうした各"紀"の名の基は何だったのか？　この疑問に対する答えを得るには，地質学の初期の先駆者たち——岩石の地層とそこに含まれる化石の研究に基礎をすえた人たち——の事績を顧みなければならない．まず古生代の初めの四つの紀はイギリスの学者たちによって研究され，名づけられた．カンブリア紀という名は，この時代の岩石が広範に露出しているウェールズ地方の古名，カンブリアからきている．オルドビス紀とシルル紀は，昔〔ローマ時代〕それぞれイングランド南部とウェールズ南部に住みついていたオルドウィケス族とシルレス族に由来する名で，各部族の当時の居住範囲の中にそれぞれの時代に属する岩石の系列が広く現れているからだ．次に，デボン紀という名はイングランドのデヴォンシア州にちなむ．石炭紀の名は，あちこちの大陸を通じて，この時代の岩石のなかに石炭鉱床が広範に横たわることからきている．北アメリカではこうした石炭鉱床が二つの別々の地域に分布している．ミシシッピ系とよばれる古い時期の鉱床は，イリノイ州カーボンデールなどの各地を中心とするミシシッピ川流域北部にあり，ペンシルベニア系とよばれるやや若い時期の鉱床はペンシルベニア州のアレゲニー山脈中に出ている．おわりに，ペルム紀という名はロシア中北部の旧ペルミ州にちなむもので，そこにはこの時代の岩石が格別によく発達している．

　つぎに，中生代（"中等動物"時代のこと）は三つの"紀"——古いものから順に三畳紀，ジュラ紀，および白亜紀——に亜区分される．三畳紀という名は，その時代の地層が初めて研究されたヨーロッパ中部でそれが三つの単位に分かれていたためだ．ジュラ紀の名はフランス南東部のジュラ山脈からつけられた．さらに白亜紀の白亜とはチョーク〔白色泥灰質の柔らかい岩石〕のことで，ラテン語でcretaという．これが，イングランドの南東海岸に露出するチョークでできた"ドーヴァーの白い崖"との関係で，白亜紀（Cretaceous）という名の基になっている．

　最後に，新生代（"新動物"時代のこと）は二つの"紀"から成り，それらのなかに六つの亜区分——重要性がやや小さいとみられるため"世"と位置づけられる期間——がまと

められる．二つの紀とは，第三紀（かつては地球史上で第3の大きな時代区分だと考えられていた）と第四紀（同じく昔の第4の時代区分）である．世は，最古から最新まで順に，暁新世，始新世，漸新世，中新世，鮮新世，および更新世である〔現在は完新世＝現世〕．これらの一部は英国の大地質学者サー・チャールズ・ライエル〔1797-1875〕が，ヨーロッパの新生代の岩石から出る軟体動物化石の研究結果として定式化したものだ．これらの世のうち，最後の更新世のほかはすべて第三紀に属する．暁新世（Paleocene）〔以下の語源はギリシア語〕とは，それが新しい〔caenos〕地球史における古い（palaeos）期間だという理由で名づけられた．ライエルの区分では始新世（Eocene）が最古の期間だったのであり，この名は大ざっぱに訳せば"あけぼの新時代"といった意味だ．その後には，古いものから順に次の4時期がくる．漸新世（Oligocene, 少しだけ新しい時代現生種と同様の軟体動物がその時代には少なかったことに関連して），中新世（Miocene, ちょっと新しい時代），鮮新世（Pliocene, いっそう新しい時代），そして更新世（Pleistocene, 最も新しい時代）である．

そこで，地球史上の時代区分を順を追って配列すると図1-2の左側に示すようになる．ここで注意してほしいのは，図の最下部に最古の時代をおき（ふつう岩石を柱状にして見るとその最下部に最古の地層があることから），系列のなかで若い時代をその前の時代の上に順々に積みあげた形にするという，地質学上の慣行のことだ．いわゆる"地層累重の法則"とは，「より古い岩石（下層に堆積したもの）はより新しい岩石（上層に堆積したもの）の下に横たわる」という原則に付けられた名である．

時代をつらぬく脊椎動物の系列

上にふれたとおり，最古の脊椎動物はカンブリア紀の岩石から出ている．が，知られるかぎりで最も早いこうした動物の化石証拠はきわめて断片的なものだ．シルル紀後期に沈積した堆積物に至ってはじめて，化石は，初期脊椎動物の多様さや類縁関係について何らかの概念が得られるほどに形を成してくる．しかし，ここでもまだ証拠は乏しいので，脊椎動物の化石記録が実体をはっきり表すようになるのは実際にはデボン紀の岩石からである．したがって我々の目的のためには，古生代の中期ごろからやっと話を始めることになる．しかしそのころ以降，脊椎動物の歴史が地殻のだんだんと若い地層から明るみに出るにつれて，それはよく分かるようになる．やがて後の章で述べることだが，岩石の中の化石記録から我々は，魚類の主要なグループの全てがデボン紀中期－後期までに現れていたことや，そのうちの幾つかは現今まで生き続けているものの，あるグループは古生代の末までに絶滅したことなどを，察知することができる（図1-2）．また我々は，デボン紀からミシシッピ紀への移行期に最初の陸生脊椎動物だった両生類〔綱〕がある群の進歩した魚類の子孫として出現した次第を理解することができる．その両生類はとりわけ古生代の末ごろに全盛に達した．その後もかれらは発展を続けてきたが，全盛期での広範な多彩さに比べればずっと規模が小さい．

両生類が進化する過程でかれらは爬虫類〔綱〕を生み出した．これはおそらくミシシッピ紀かペンシルベニア紀の間に起こった出来事だったが，その爬虫類はやがて長大な期間

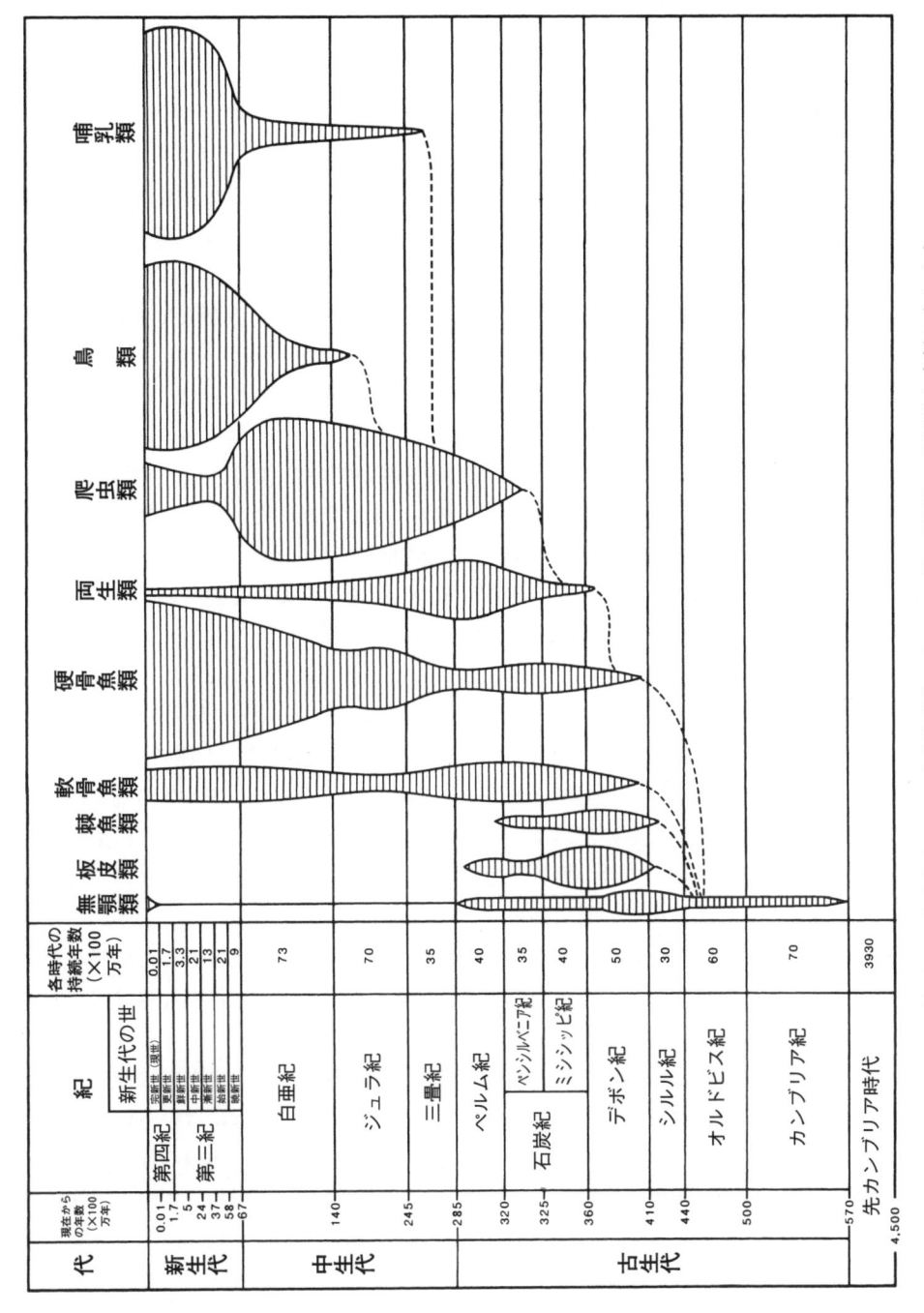

図 1-2 地質年代図．各時代をつらぬく脊椎動物のすべての綱の範囲と，相対的な多様さをしめす．

にわたって地球上を支配することになる．中生代の間，恐竜類という一群の爬虫類が陸上で優勢な動物になっていた．かれらは無数の系統にそって進化しつつ，地球表面のあらゆる主だった陸地へ，また当時存在した多様な環境のほとんどへ広がった．実際，恐竜類は1億5000万年超にもわたって地球の支配者だったが，最後には絶滅した．今日も生きつづけている爬虫類は，種類も多彩で世界に広く散らばってはいるものの，かつて地上を制覇した大きな諸群の名残にすぎない．

恐竜類が絶滅するより前，実はかれらの長い進化史の早い段階でだが，脊椎動物の他の二つのグループが爬虫類を祖先として生まれていた．その一つは哺乳類〔綱〕で三畳紀に現れ，もう一つは鳥類〔綱〕で次のジュラ紀に興った．白亜紀に入るまでに鳥類はすでに著しく特殊化しており，新生代が始まる前にかれらは実質的に現在の形態をもって世界のあちこちの大陸や島々に棲みついていた．

他方，哺乳類の進化は，爬虫類が優勢だった間は比較的遅々としていた．が，白亜紀が第三紀初頭へ移行するころ，新しい好機が初期の哺乳類に訪れた．爬虫類の支配は終わっており，"哺乳類時代"が始まった．これは現今まで続いていて，哺乳類の1グループ，ヒト類が比較的短い時間スパンのうちに未曾有の高さにまで発展した．現代は知能の時代であり（多くの人々が現代世界の趨勢をどれほど絶望的と感じようとも），そして彼らの知能のゆえに，ヒトとよばれる哺乳類が，もろもろの時代をつらぬいて無数の先行者たちの進化の歴史を顧みることもできるのである．

背骨をもつ動物たち

脊索(せきさく)動物門という群は，一生にわたりもしくは発育の早い段階で，一連の鰓裂(さいれつ)〔またはその痕跡〕，背中にそった中空の神経索，および，体の長軸にそって伸びる体内支持構造をそなえた動物たちをまとめたものだ．この正中線上の支持構造は，ムチのように柔軟な一本の"脊索"か，あるいは，多数の椎骨が連なってつくる一本の"脊柱(せきちゅう)"（俗にいう背骨，脊椎）でできている．椎骨をもつ脊索動物がひろく"脊椎動物"〔亜門〕とよばれ，これらが脊索動物門のなかで断然最大の区分をなしている．化石脊索動物はほとんど全部が脊椎動物なので，ムチ状の脊索をもつだけの原始的な脊索動物に関する我々の知見は実実上すべて，数の少ない現存種から得られるものだ．

ほとんどの脊椎動物において，体の中軸をなす脊柱は前後つまり水平方向に伸びており，配置がこれと異なる場合は特殊化を意味している．動物体の前端付近にはいろいろな感覚器が集まっており，それらはふつう頭骨かその近辺に納まっている．体内の骨格は軟骨性または骨性だが，大半の種類ではほとんど骨性である．脊柱という形の一本の中軸骨格があり，その前端に頭骨(とうこつ)が位置し，ふつう各椎骨から肋骨が左右両側へ広がる（図1-3）．背中の中央には，中軸骨格につながる形で正中鰭(ひれ)が立っている場合が多い．全てではないが大半の脊椎動物には，付属肢——体の舵とり，バランス，推進などにはたらく対をなす鰭または四肢——の骨格もあり，これらは骨性の"肢帯(つい)"で胴につながっている．つまり胴の前部には胸帯(きょうたい)〔鎖骨や肩甲骨など〕，後部には腰帯(ようたい)〔骨盤〕がある．これらのほか，神経索

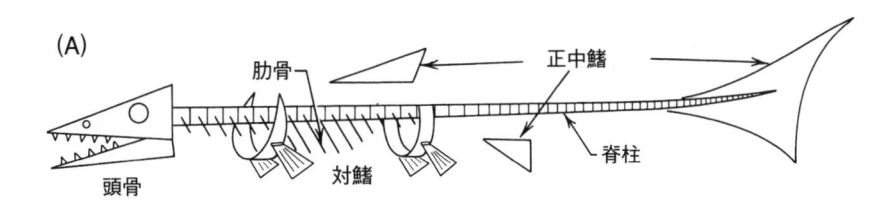

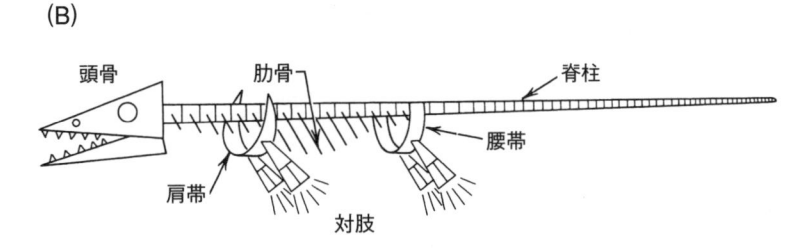

図 1-3 (A)水生脊椎動物と(B)陸生脊椎動物の骨格を一般化した模式図.

が中軸である脊索もしくは脊柱の上〔背側〕に位置すること，循環器系や消化器系が脊柱の下〔腹側〕に位置することも，脊椎動物共通の特徴である．呼吸は，酸素を水から取り入れる鰓か，または酸素を空気から取り入れる肺か，どちらかの方法による．鰓はどんな種類でも弓形をした強靱な構造物，"鰓弓"で支えられている．最も原始的なグループを除くすべての脊椎動物には上と下の顎〔顎骨〕があり，これらは鰓弓〔原始状態の〕の前方の1対が変形してできたものだ．感覚器には，有対の眼，まれには頭頂部の中央に1個の"眼"すなわち松果体のほか，最も原始的な種類のほかは有対の鼻孔，平衡覚と聴覚または平衡覚だけを受けもつ耳，などがある．

ナメクジウオ

我々には，最初の脊索動物がどんなものだったかを知ることはおそらく決してできないだろう．それらのはっきりした形跡が化石記録に保存されているとは思えないからだ．かれらはたぶん小さくてかなり単純な動物だったのに違いなく，化石になって地球の堆積物の中に保存されるような硬い骨格をもっていたとは考えられない．岩石中の記録に現れる最初の脊椎動物は著しく発達した骨性の装甲〔よろい〕で特徴づけられ，これを理由として，骨というものは脊椎動物の進化の歴史においてきわめて原始的なものだと言われている．けれども，骨性の装甲が発達するより前に脊椎動物進化の長い期間があったはずだと考えるのが至当だろうから，地質学的記録に出る太古の最初の，体表が骨に覆われた脊椎動物はじつは原始的な脊索動物の状態よりはるかに進歩していたのかもしれない．

しかしまたまた，脊椎動物の中心的な祖先形の心像にかなり近い，原始的な形態と体制をもつ一群の脊索動物が現在も生存しているのである．これはナメクジウオ（*Branchio-*

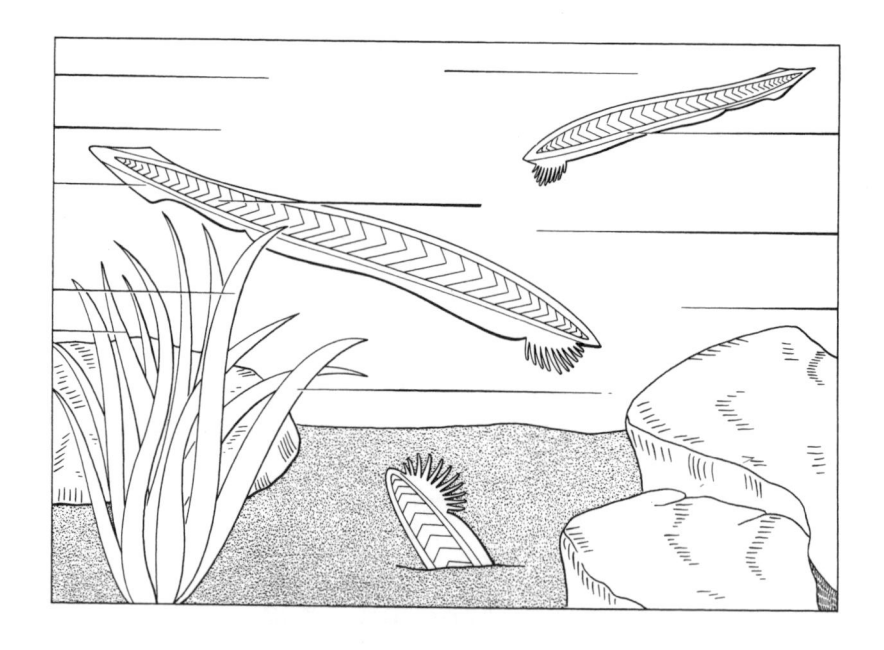

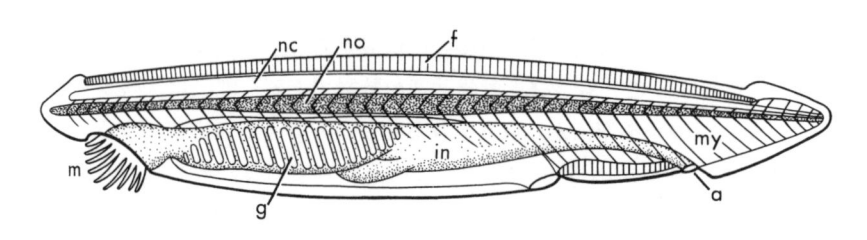

図 1-4 現生のナメクジウオ，*Branchiostoma* の模式図．海岸付近の浅い海にすむ体長 3 − 5 cm ほどの単純な脊索動物．a, 肛門；f, 鰭条〔ひれすじ〕；g, 鰓；m, 触ひげで囲まれた口；my, 筋節；nc, 背側神経索；no, 脊索．〔実際の動物体はこの図よりもずっと細長い〕

stoma）という海産動物で，頭索動物亜門に分類されている（図 1-4）．ナメクジウオ——ある地方の海岸に近い浅い海にすみ，砂質の水底になかば埋もれて一生を過ごす——は魚に似た体形をもつ，長さ 3−5 センチ程度の半透明の動物である．椎骨が無いかわりに脊索があり，体内で中軸的支持構造をなしている．この支持構造は脊椎の先駆体を表している．ナメクジウオの脊索の上〔背側〕には神経索があり，その下〔腹側〕には簡単な消化管がある．真の頭部や脳はなく，光を感知するらしい色素斑のほかには感覚器もない．これらの点でいかに原始的かつ不完全でも，ナメクジウオはりっぱな鰓——体の前半部の左右両側に一列に並ぶもの——を備えている．前後に並ぶこれらの鰓は水中から酸素を取り入れるのにはたらくが，同時にその個体が海底に沈んだ屑（くず）から食物を濾過（ろか）する一種のフルイになることにより，食物の取り入れにも役立つ．「く」の字形になった多数の体側の筋節，つまり筋肉塊——これらも脊索動物の特徴——が体のほぼ全長にわたって連なってい

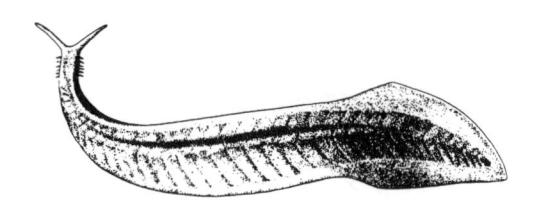

図1-5 知られているかぎり最早期の脊索動物, *Pikaia*. カナダのバージェス頁岩（カンブリア系下部）から出たもので, 長さは約5cm. ナメクジウオに似た「く」の字形の筋節の列に注意.

る．さらに，ナメクジウオはよく泳げる動物だが，小さい尾鰭(おびれ)があるだけで，対鰭(ついびれ)〔左右で対をなす鰭〕は全くもっていない．

　全体としてナメクジウオは極めて原始的な脊索動物である．かご状の鰓がよく発達していることは，この動物が構造の一面で特殊化していることを示しているようだが，その特殊化にもかかわらず，やはりナメクジウオは全般的に脊椎動物のおおよその祖先を構造で示してはいるのだ．ナメクジウオには，6億5000万年ほど前，脊索動物としての我々の祖先がどんなものだったかをうかがうことができる．古生代初期あるいはそれより前から，この進化系統にはほとんど変化が生じていないからである．

ピカイア

　カナダのカンブリア紀中期のバージェス頁岩(けつがん)から出るピカイア *Pikaia* という名の，なにかのムシのような小さな化石動物が，知られているかぎり最初期の脊索動物を表しているらしい．これは脊索動物の証拠である脊索と，体側にそった「く」の字形の筋節の列を備えているのである．頭部，体幹，それに尾部の各領域が識別でき，尾のまわりを"尾鰭"が取り巻いている．しかし，摂食や呼吸の器官はナメクジウオのよりも原始的だったようだ．これほど早期の化石記録に原始的な脊索動物が存在することは，脊索動物門がカンブリア紀初頭のころ，無脊椎動物の多くの門とほぼ同じころに興ったことを暗示している．

　脊索動物の起源は昔から今日にいたるまで熱心に論議されてきた問題であり，二十世紀にはいろいろな学説が唱えられた．現存動物についての発生学的な研究や生化学的な研究から，脊索動物と類縁関係の最も近い無脊椎動物は，棘皮動物門(きょくひ)――ヒトデ，ウミユリ，ウニ，ナマコなどの大グループ――であることが分かっている．この仲間には，脊索動物の一群，つまり半索類〔ギボシムシなど〕の幼生によく似た幼生をもつ種類がいる．そのため，脊索動物と棘皮動物はたぶん共通の祖先から出たものだと多くの研究者が考えている．ある学者は，脊索動物は担柱類（stylophorans）とか石灰脊索類（calcichordates）などとよばれる絶滅した棘皮動物の一群から進化したと主張しているが，他の学者らはこの解釈に疑問を投げている．いずれにしても，脊椎動物は確かにナメクジウオや *Pikaia* のような原始脊索動物と類縁が近いのであり，脊索動物の系統樹は全体として棘皮動物との関係の近さを物語っている．

ところで濾過摂食というものは，早期の多くの脊索動物と，早期の棘皮動物およびナメクジウオにも共通した生活のしかたである．この方法をとる動物は大量の水をその濾過器官に通過させ，水に混じっている有機物を濾過器の面で濾し取り，それを食餌にして生きている．ウミユリなど茎状部〔肉柄〕をもつ棘皮動物は，同様の食物取り入れのために羽毛のような触ひげを使っていた．ナメクジウオのほか，原始的な濾過摂食性の脊索動物には被嚢類，つまりホヤ類がある．これらの動物は触ひげを使うのではなく，口から吸い込んだ水を咽頭——口のすぐ後ろの区域——の壁の，多数の鰓裂〔えらあな〕でできたカゴに通過させるのである．触ひげから濾過摂食器官である鰓裂への変化はおそらく，脊索動物門の歴史のごく早い時期に起こったのだろう．

骨と軟骨と歯

脊椎動物は体内に主要な三つのタイプの硬質部分——骨，軟骨，歯——をもっており，これらは原始的な脊索動物をふくむ他のどんなグループでも知られていない．あらゆる脊椎動物の体の化石のほとんど全てが，様々な形をとるこれら3種の生体組織の遺物の石化したものであり，皮膚や筋肉などの軟質部分が保存されている場合はきわめて稀にしかない．骨と軟骨と歯の区別はそれぞれの内部構造，つまり組織に基づいている．

骨というものは，ある蛋白質でできた基質が骨細胞——骨質を生み出す特殊化した細胞——の作用で石灰化〔無機物化〕することにより造り出される．骨の主要素はハイドロキシアパタイトとよばれる燐酸カルシウムの一種である．甲皮類〔古生代にいた脊椎動物〕の"皮甲"から知られている最早期の骨の標本には，三つの主要な層が識別される．最上層には丸みをおびた微小な歯のような"皮小歯"が整列し，中層にはたくさんの空所がある枠組みのような多孔性つまり海綿質の骨があり，最下層には"層板"とよばれる薄い骨層の重なり——骨細胞が入っていた跡をしめす微細な空所が散在していない骨——がある（図1-6）．第3のこうした無細胞性の骨は，骨細胞があった場所の微小な空所が散在する普通の骨と区別して，「アスピディン」と呼ばれている．

骨は，四肢の長骨〔上腕骨や大腿骨など〕のように若い軟骨塊が徐々に置換することによって出来るもの〔置換骨〕もあるが，それとは別に，骨皮や皮鱗のように，軟骨性のヒナ型の存在とは関係なく真皮組織の中に直接沈着することによって形成されるもの〔皮骨〕もある．普通の骨には構造によって二つの主要なタイプ，すなわち海綿質と緻密質が区別される．海綿質というのは，骨の諸要素のうち骨髄腔の内壁や成長端を造っているもので，空所が多いから重さは軽いが，生きている間は軟組織〔造血組織など〕で満たされている．

脊椎動物がもつ骨のほとんどでは緻密質が堅固な表層をつくり，それが体重などその骨全体にかかる大きな力に持ちこたえる．この緻密質には，顕微鏡的な組織構造で異なる層板骨とハヴァース骨という2種が区別される．層板骨は層板とよばれる多数の薄い層でできていて，その中には細い血管の網が通じている．この骨は頑強で血液供給に富んでいるけれども，成長する間にたやすく改造されることがない．それと違って，ハヴァース骨は同心円状の円柱がぎっしり詰まったようなものだ．このハヴァース系の各円柱は，1本の

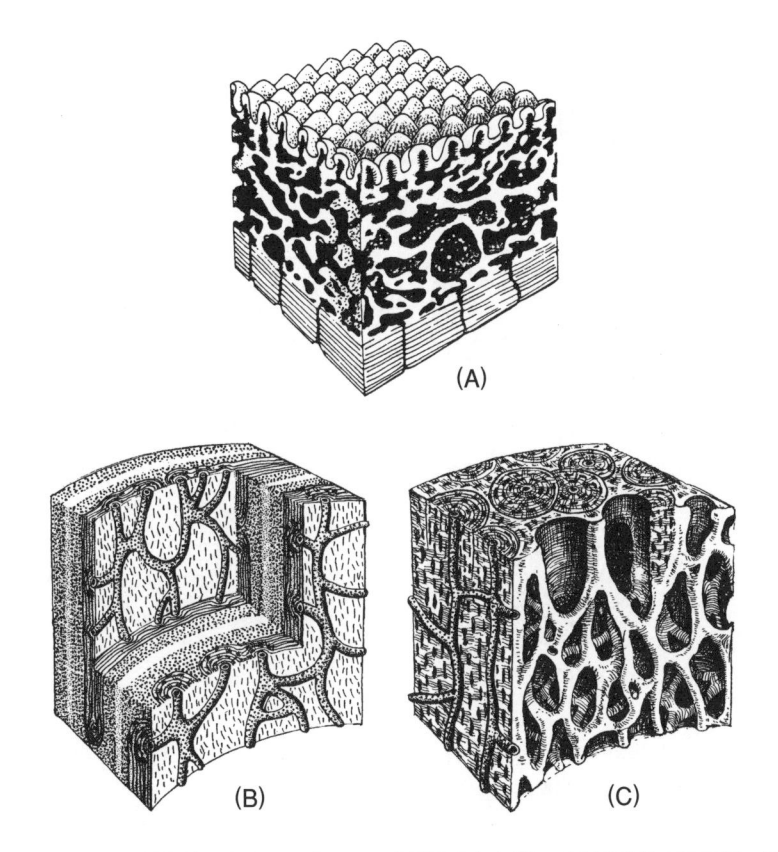

図1-6　いろいろな型の骨組織．(A)アスピディン〔表層は皮小歯〕，(B)層板状の緻密質，(C)ハヴァース系の緻密質．

血管を中心にした同心円状の多くの層でできている．またハヴァース骨は骨質の吸収〔消失〕と再沈着〔再形成〕がたえず起こるという点でも，層板骨と違っている．層板骨がほとんどの魚類の鱗や四肢動物の多くの扁平骨〔肩甲骨など〕にあるのに対して，ハヴァース骨の好例は陸生脊椎動物の胴を支える四肢の長骨にみられる．

　先にふれたように，無細胞性の骨，つまりアスピディンの表層は"皮小歯"とよばれる微小な歯に似た構造でできている．これらは実は，真の歯の先駆体なのである．丸みをおびた各皮小歯は，普通の歯のエナメル質によく似たエナメル様の組織で覆われている．歯に似たもう一つの構造はサメ類の全身を覆う"楯鱗"〔盾状鱗〕で，皮小歯と歯の中間のものだ．楯鱗は，源をたどれば皮小歯に由来したとみられるもので，よく発達したエナメル質の表層と血管にとむ髄腔がある．真の歯でも，表層にエナメル質，中間層に象牙質，中心には歯髄腔がある．そういうわけで，脊椎動物の歯は甲皮類の体表を覆っていた皮小歯に進化的起源をもつと考えられている．

　楯鱗のほか，いくつかのタイプの"皮鱗"が脊椎動物の歴史のなかで進化してきた（図1-7）．それらはコズモイド鱗，ガノイド鱗，円鱗，および櫛鱗とよばれるもので，すべて

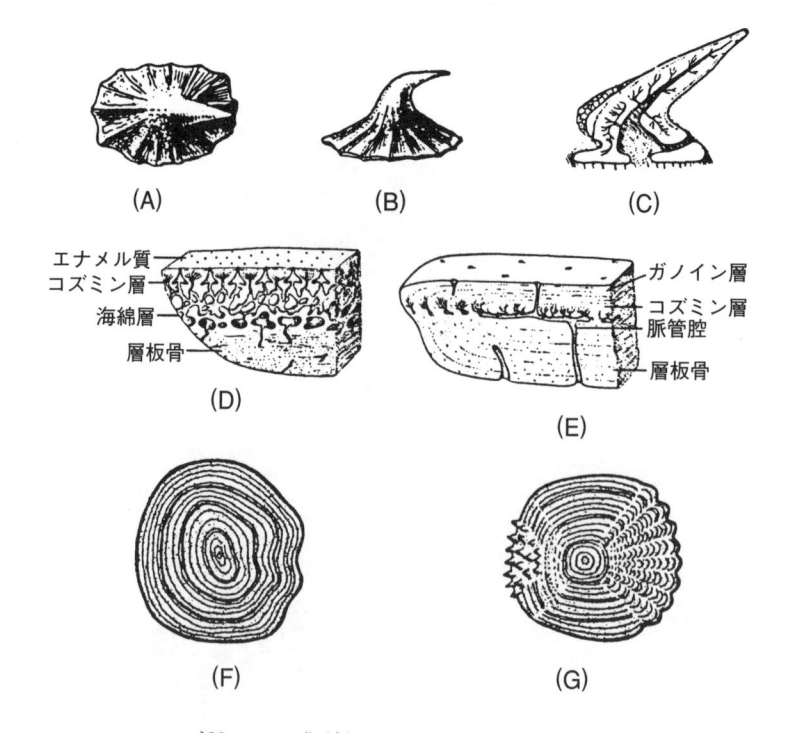

図1-7 魚類のいろいろな型の鱗. (A-C)楯鱗, (D)コズモイド鱗, (E)ガノイド鱗, (F)円鱗, (G)櫛鱗. (A, F, G)は上面, (C, D, E)は縦断面, (B)は側面.

皮骨〔上記〕の基本的構造が精妙化したものだ.

　他方，軟骨というのは，"軟骨細胞"という軟骨をつくり出す特殊な細胞——蛋白性の繊維を含むゼラチン状の基質中に埋まった細胞——からなる蛋白性の生体物質である．軟骨には，骨をつくる"骨細胞"は含まれない．ふつう軟骨は骨より柔らかくて弾性にとむものだが，"石灰化"——燐灰石の結晶の球状集団がゼラチン状基質に埋め込まれる——の過程をとる場合もある．それでできた"石灰化軟骨"は普通の軟骨より硬くて強靱だけれども，骨の構造や構成の利点を備えていない．しかし軟骨は骨より速く発育し，どの方向へも同時に成長することもある．つまり自然淘汰〔自然選択〕は，脊椎動物の大半の種で，急速に発育する幼生期の骨格において骨よりも軟骨に恩恵を与えたことになる.

動物の分類について

　人類は歴史が始まるよりずっと前から植物や動物をなんらかの方式で分類していた．原始人や古代文明の人々はふつう，食物資源になるかどうかによって生物を分類していた．例えば，旧約聖書の「レビ記」はイスラエルの民〔ユダヤ人〕に，どんな動物なら食べてよいか，いけないかについて教えているが，これは種類の分類に基づいた教えであった．「……凡て獣畜の中蹄の分たる者すなはち蹄の全く分たる反芻者は汝等これを食らふべし……」等々と書かれており〔第11章〕，当時中東地方に棲んでいたかなりの種数の動物が

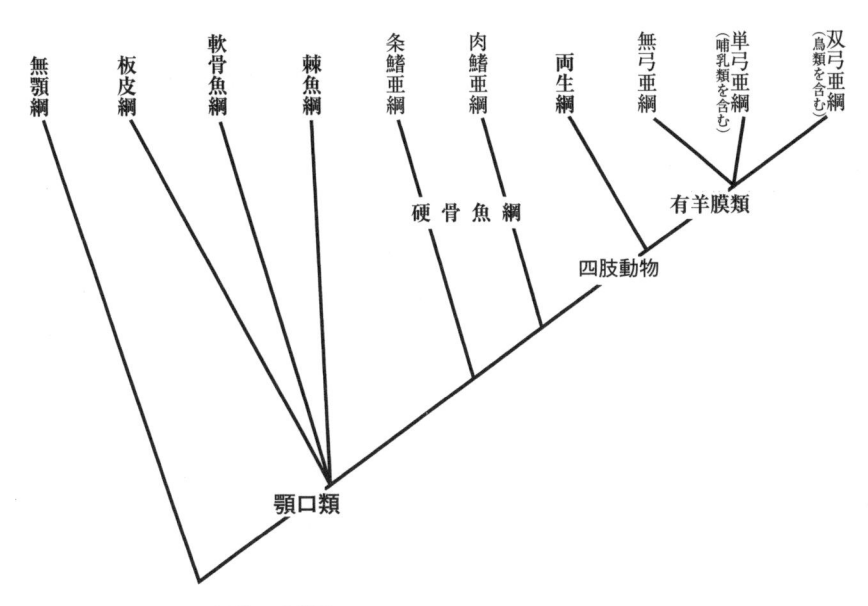

図1-8 脊椎動物の主要な分類群の分岐図．

通覧されている．早い時代に生物の論理的な分類を試みたのは古代ギリシアの大学者，アリストテレス（前384–322）だった．また植物や動物の類縁関係を論じた昔の著作には，大プリニウス（23–79，ローマ人）の『博物誌』やコンラート・ゲスナー（1515–65，スイス人）の『動物誌』がある．

現在流布している動植物の分類体系はスウェーデンの博物学者，カール・フォン・リネ（リンネウス，1707–78）から始まった．"二名式"命名法を案出したのがリネで，この方式では植物や動物の各種は二つの名，つまり属名と種小名を組み合わせた学名で呼ばれる．例えば普通のウマは学名では *Equus caballus* とされ，この最初の名は属の名，次の名はその種固有のものだ．*Equus* 属にはほかにも別の幾つか種があり，シマウマは *Equus burchelli* という．

属や種はさらに上位の"タクソン"〔分類群〕とよばれるもっと大きいグループにまとめられる．各属や各種も同様にそれぞれ一つのタクソンである．種タクソンはすべて種の分類階級に属し，これは分類の図式における一つのレベルのようなものだ．低位から高位へ序列をつくる種，属，科，目，綱，門，界という諸段階が現在，リネ式分類体系の核心をなす必須〔不可欠〕の分類階級とされている．これらのほかに種々の中間的な階級の置かれることがしばしばあるが，それらはすべて任意のものだ．任意の分類階級が使われる場合は，亜目（目のすぐ下），下目（亜目のすぐ下），上科（科のすぐ上，亜目や下目より下）などの用語でよばれる．これらのほかに補助的な階級を用いる学者も少なくないが，いずれもまだ標準化されていない．

ところで，動物分類の現代の研究方法の一つは"分岐論"〔分岐分類学〕とよばれる手法

を基本にしている．この手法を用いる研究者らはまず，分類の対象になっている各グループの特徴に基づいて"分岐図"という一種の系統図を作りあげる（図1-8）．考えうる全ての分岐図のなかで，ある一つの形質状態〔形態特徴〕から別の形質状態へ移るのに最少の進化的変化しか要しない分岐図を選ぶというのが，通例のやり方である．

さて，一つの分類体系が作られるとき，それは各項の語頭が階段状〔でこぼこ〕になった形——内容の多い大グループ〔高位群〕より内容の少ない小グループ〔低位群〕が一段下がった形——に編成される．例えば，われわれヒトが属するタクソンの表は次のような形になる．

　　　　　綱　哺乳類 Mammalia〔哺乳綱〕
　　　　　　目　霊長類 Primates〔霊長目〕
　　　　　　　亜目　狭鼻類 Catarrhini〔狭鼻亜目〕
　　　　　　　　上科　類人類 Hominoidea〔類人上科〕
　　　　　　　　　科　ヒト類 Hominidae〔ヒト科〕
　　　　　　　　　　属　*Homo*〔ヒト属〕
　　　　　　　　　　　種　*Homo sapiens*〔ヒト〕

この本で用いる分類階級を高位から低位へ配列すると，次のようになる（必須の分類階級はゴシック体で示す）．

　　　　　門　PHYLUM
　　　　　　亜門　Subphylum
　　　　　　　上綱　Superclass
　　　　　　　綱　Class
　　　　　　　　亜綱　Subclass
　　　　　　　　　下綱　Infraclass
　　　　　　　　　　上目　Superorder
　　　　　　　　　　目　Order
　　　　　　　　　　　亜目　Suborder
　　　　　　　　　　　　下目　Infraorder
　　　　　　　　　　　　　区　Division
　　　　　　　　　　　　　　上科　Superfamily
　　　　　　　　　　　　　　科　Family
　　　　　　　　　　　　　　　亜科　Subfamily
　　　　　　　　　　　　　　　属　Genus
　　　　　　　　　　　　　　　　種　Species

科階級のタクソンの名〔ラテン語形の学名〕には一定の語尾を付けるように，規約で定められている．一般に上科名は -oidea, 科名は -idae, 亜科名は -inae で終わる．これらのレベルより上でも下でも，タクソン名の語尾に標準とされる形はない．属と種（亜属と亜種も同様）のラテン語形学名はふつうイタリック体〔斜体〕でつづる．属名の頭文字はかならず大文字で書き，種や亜種の小名はすべて小文字で書くことになっている．

伝統的なリネ式体系も新しい分岐論式体系もともに，別個のグループが共有する独特の

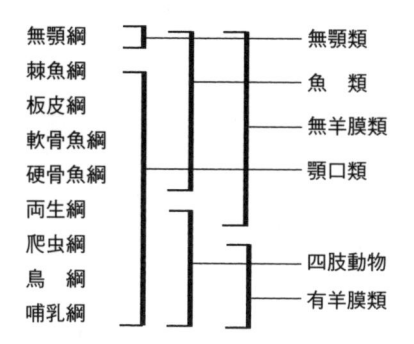

```
無顎綱 ─┐      ┌─ 無顎類
棘魚綱 ─┤   ┌──┤
板皮綱 ─┤   │  └─ 魚 類
軟骨魚綱─┤   │     ┌─ 無羊膜類
硬骨魚綱─┘   └─────┤
両生綱 ─┐         └─ 顎口類
爬虫綱 ─┤    ┌──── 四肢動物
鳥 綱 ─┤    │
哺乳綱 ─┘    └──── 有羊膜類
```

図 1-9 脊椎動物の多くの綱をグループ分けする三つの方式.

子孫的形質にもとづく数多くの結論を編成したものだ．また伝統的研究方法は分類表を作るにあたって形態分化の全般的な程度に着目するのだが，分岐論の方法ではこれをしない．例えば，鳥類はどうやら"主竜類"とよばれる一群の爬虫類から出てきたらしいとみられている．伝統的なリネ式分類で鳥類が爬虫類と同等の高い分類階級（つまり綱）に置かれるのは，これらの2群では体の構造も生理も生活様式も大きく違うからだ．ところが分岐論によるある方式では，鳥類を主竜類のなかの特異な一群とみなすのである．

さて，脊椎動物のいろいろな綱をグループ分けする方式が幾つかあり，それらを要約したのが図 1-9 である．第1の分け方では，顎をもたない魚類（無顎類）と他の全ての綱（顎口類）とを区別する．第2の分け方では，初めの5綱を，水中移動に使う鰭を一般に備えることから魚類〔上綱〕としてまとめ，それに対して他の4綱を，陸上で移動する四肢を一般にもつことから四肢動物〔上綱〕としてまとめる．第3の分け方では，爬虫類とその子孫たる鳥類と哺乳類を有羊膜類〔上綱〕，その他の諸綱を無羊膜類〔上綱〕として区別する．有羊膜類とは，胚が卵から発育する間，羊膜など何種かの胚膜に覆われて育つ動物である．

古生物学者たちはこれら多くの綱が発展した進化の系列を解明するのに貢献し，次に示すような結果を得た．分岐図を基にすれば分岐分類体系が構築できるが，これは伝統的分類とは対照的である．脊椎動物の伝統的分類体系は次のようなものだ．

    脊椎動物亜門
     魚上綱（さかな類）
      無顎綱
      棘魚綱
      板皮綱
      軟骨魚綱
      硬骨魚綱
     四肢動物上綱（四足動物）
      両生綱
      爬虫綱
      鳥　綱
      哺乳綱

それに対して，分岐論による分類体系は下記のようになる．

   脊椎動物亜門
    無顎下門
    顎口下門
     棘魚上綱
     板皮上綱
     軟骨上綱
     条鰭上綱
     有内鼻孔上綱（鼻腔と口腔がつながる脊椎動物）
      肉鰭綱
      両生綱
      有羊膜綱
       無弓亜綱
       単弓亜綱（単弓型爬虫類と哺乳類）
       双弓亜綱（双弓型爬虫類と鳥類）

 幾人もの分岐分類学者が指摘しているとおり，よく解明されていない化石動物を加えることができれば，この図式ははるかに広がるはずである．どのタクソンつまり分類群でも，その群の早期のメンバーには，そこから進化してきた亜群のどれかに入れられることを拒否し，分類上かなり高いレベルの独自の主要な亜群に置かれることを要求するものがあるだろう．

 種というものは分類上の基本的な単位である．種という言葉は，たがいに自由に交配するが一般に他の種の個体群とは交配せず，ふつうは横に連続した，輪郭のはっきりした動物個体群のグループを表している．類縁関係が近いが交配はしない複数の個体群は，同一属の別の種とされる．例えば，大西洋の鼻先のとがったアオザメ *Isurus oxyrhynchus* と太平洋のアオザメ *Isurus glaucus* は同属の別種とされる．これらの2種にはいろいろな類似点がある．にもかかわらず，これらはそれぞれ固有の分布域をもって別個の個体群として生存しており，二つの個体群のメンバーは遺伝的に互いに隔離されている．このことのために，両者の間にははっきり分かる不変の相違点，我々がこれら二つの型のサメを別の種として識別し分類する根拠になる相違点がある．

 現存動物の研究者にとっては"種"が最大の重要性をもち，現生脊椎動物についてなされる研究の多くは種に関係したものだ．ところが化石動物の研究者には，種というものは実際上，それほどの重要性をもたない．研究資料の特性そのもののゆえに，一般に化石の種は他の種と識別するのがきわめて難しく，現生種の場合と同じくらいの明確さをもって化石種を定義することはできないのだ．そのため古生物学者，とりわけ化石脊椎動物の研究者たちは大体において種よりも属に深く関心をもつことになる．化石資料でも，属は一般によく定義することができ，進化の研究のために万人共有の基盤になるのである．この本では，実際上の価値をもつ最下位の分類群として，属に重点を置くことにする．

2
顎をもたない脊椎動物

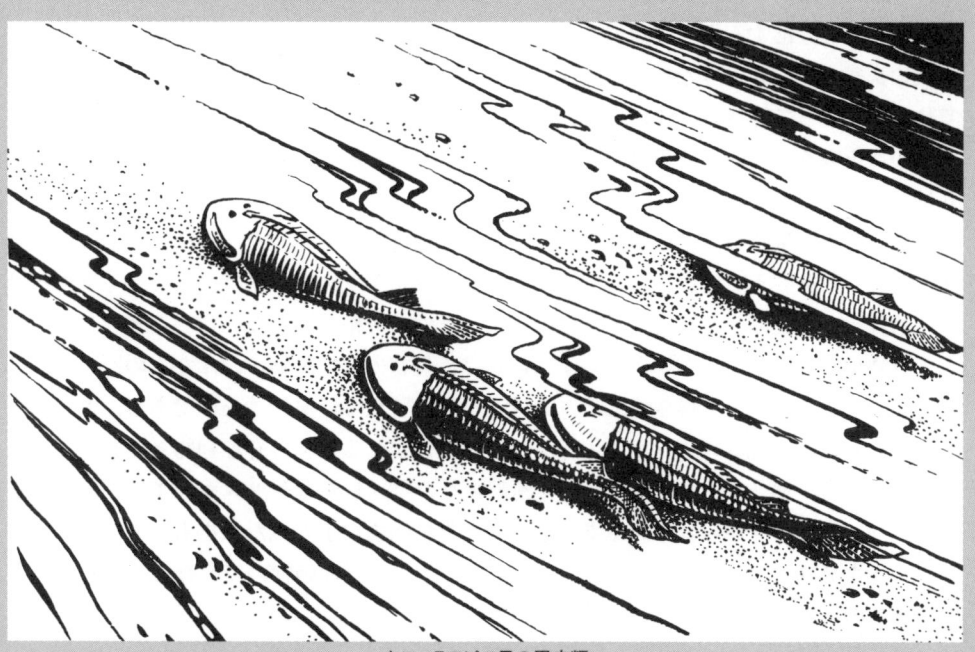

ケファラスピス目の甲皮類

ヤツメウナギとはどんなものか

　ヤツメウナギ類というのは，細長くて鱗のない，ウナギによく似た動物である．背中と尾の周りにかけて長い鰭〔正中鰭〕があるが，対をなす鰭〔対鰭〕は無い．両眼の間の頭頂部にただ1個の鼻孔があり，左右両側の眼の後ろに各7個の鰓孔〔えらあな〕が並び，そして，多数の鋭い歯を備えた，顎骨のない特異な円形の口がある（図2-1）．一生の早い段階では，ヤツメウナギの幼生は河川や湖沼の底に棲み，ナメクジウオを思わせるようなやり方で水底の細かい粒子を食物にしている．鰓孔の形態でも，口の下にある腺からねばねばした粘液を分泌する点でも類似性がある．これが完全に成長すると寄生動物になる．掃除機の真空カップのような口で他の大きい魚に吸いつき，次いで鋭いヤスリ歯〔角質歯〕で体表をこすって犠牲者の体に穴をあけ，深い傷を負わせるようになる．それから不運な宿主の血を吸うのだが，その魚が死ぬ前に見捨てて離れることもあり，最後まで魚体に取り付いていることもある．

　このいささか気味わるい動物はじつは，かつて地球上に生存したある種の最初の脊椎動物が著しく形を変えて生き長らえてきたものなのだ．ヤツメウナギは，おそらく寄生という生活様式の発達にともなう"退化"の結果，骨性の骨格をもたないことなどいろいろな点で特殊化している．にもかかわらずこの魚は，最初の脊椎動物がどんなものだったかについて，かなりの概念を得させてくれるほど全般的特色では原始的なのである．ヤツメウナギやその親類であるメクラウナギは，化石記録に現れる最初の脊椎動物と同じく「無顎綱」に属する，顎〔顎骨〕をもたない脊椎動物なのだ．しかもヤツメウナギは，とくにその幼生期に，化石で知られているある種の初期脊椎動物によく似た点をもっている．ヤツメウナギを見れば，5億年ほど前に生存していた太古の脊椎動物の姿を幾分うかがうことができるのである．

メクラウナギ類

　上記よりもっと気味のわるい型の寄生生活はメクラウナギ類〔現生無顎類の一つ〕に見られる．これはやはりウナギに似たやや小さい海生魚で，自分が食物にする魚体に孔をうがって潜りこんでいくのだ．ある種のメクラウナギは，死んで海底に沈んだ魚やその他の動物の残骸を探しつつ水底をうろついている．かれらは残骸を見つけると，肉を食べながら死体の中にトンネルを掘り進め，ついに皮と骨しか残さないまでにしてしまう．そうなると残骸から離れ，また他の死体を探しにいく．かれらはまだ生きている魚体に遭遇することもあるが，あまり選り好みをしない．死体を食べる場合と同じように生きている魚体に孔を掘りこみ，そうしてその魚を死なせてしまう．

最初期の脊椎動物

　化石記録で知られる最初の真正の脊椎動物は，近年中国のカンブリア紀の堆積物や，ボリビアとオーストラリアのオルドビス紀中期の堆積物から発見された，無顎類の魚類であ

ヤツメウナギ

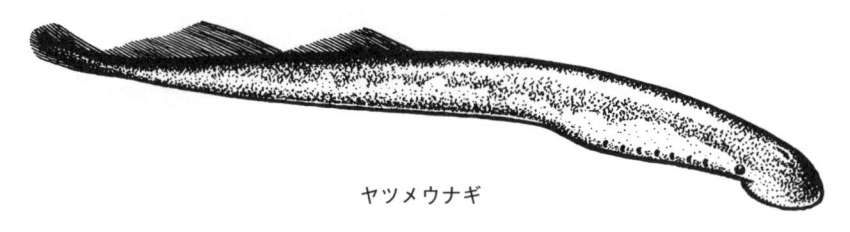

図 2-1 現生の無顎類の一つ，ヤツメウナギ *Petromyzon*．頭頂部にある鼻孔，側面にある眼，その後にならぶ鰓孔に注意．全長約 70 cm．（ロイス M. ダーリング画）

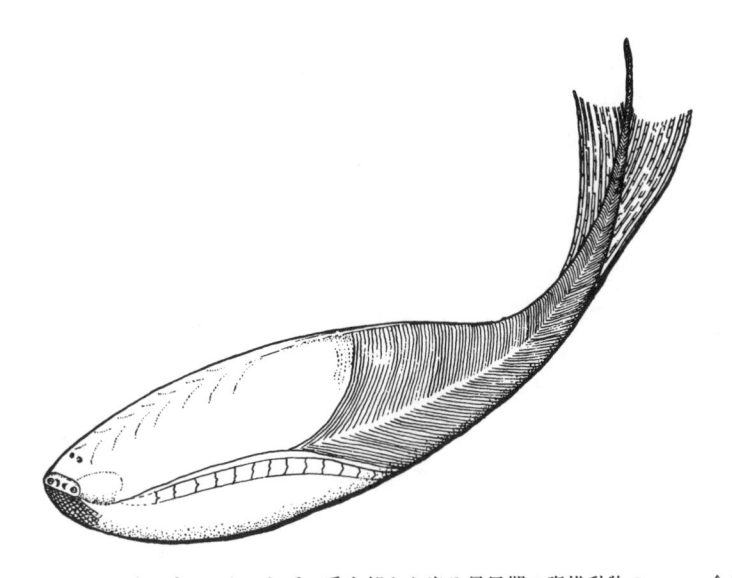

図 2-2 *Sacamambaspis*，ボリビアのオルドビス系中部から出る最早期の脊椎動物の一つ．全長約 20 cm．

る．中国産の化石，*Myllokunmingia* と *Haikouichthys* は明らかに細長いムシのような動物の姿を示し，現生のヤツメウナギ類や太古の欠甲類〔ともに無顎綱〕との緊密な類似性を見せている．ボリビア産の化石には，*Sacabambaspis* と命名された三次元の完全な標本が含まれる．オーストラリア産の資料はそれほど印象的でなく，*Arandaspis* と *Porophoraspis* の皮甲の外面および内面の天然の鋳型（いがた）の破片から成っている．このほかオルドビス紀の脊椎動物には，北アメリカ西部のハーディング砂岩から出て *Astraspis* および *Eriptychius* という二つの属に配属される骨の破片があるにすぎない．無顎類の皮甲に似た骨のような断片が多数，北アメリカ，グリーンランド，スピッツベルゲンなどのカンブリア紀後期-オルドビス紀前期の堆積物から報告され，*Anatolepis* という名が付けられた．専門家のなかには，これらの破片が真に脊椎動物の遺物なのか，そうではなく初期のなにか節足動物のような生物のものではないかという疑問をもつ人もいる．

知られるかぎり最早期の脊椎動物の一つ，*Sacabambaspis*（図 2-2）が，みごとに保存された多数の標本で知られているのは幸運なことである．この動物は最大で長さ 45 cm，幅

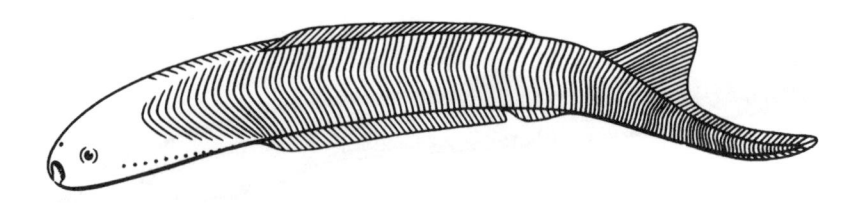

図2-3 *Jamoytius* の復元図．顎をもたないシルル紀の脊椎動物，欠甲目の一つで，全長約 18 cm．前端の口，頭部側面の眼，その後ろにならぶ鰓孔，逆異形尾，長くつながった鰭ヒダなどに注目．

15 cm ほどで，魚雷形の胴体をもち，これは後方でしだいに細くなって尖った尾で終わり，そこに縦に広がる尾鰭がある．体の前方 3 分の 1 ほどは骨性の装甲で覆われ，それより後ろでは，前後につながる無数の細長い「く」の字形の鱗が体表を覆っていた．口は頭の前部の下側にあり，頭部の左右各側面にそって多数の鰓孔（さいこう）が 1 列に並んでいた．眼も頭部の両側面で，各列の第一鰓孔のすぐ前に位置していたらしい．眼の上のやや後方で，頭部の頂に 2 個の小孔が開いており，これらは有対の鼻孔だったと思われる．*Sacamambaspis* は無脊椎動物をふくむ海成の堆積物から発見された．この動物は海岸に近い塩水中にすんで，水底の泥を口から吸い込み，鰓孔から排出し，濾過することにより摂食していたと推定されている．

早期脊椎動物の世界を物語る別の証拠物がイングランドのシルル紀中期の岩石からも得られている．*Jamoytius* および *Thelodus* という二つの属が，完全ではあるが，保存のされ方のゆえに解明するのが容易でない化石で知られているのだ．*Jamoytius*（図 2-3）が特別に興味を持たれるのは，それが，たぶんヤツメウナギやその親類の祖先に近い位置にあった極めて原始的な脊椎動物だったらしいからである．数少ない *Jamoytius* のかなり謎めいた化石遺物から，これが小さい，細長い円柱状の動物だったことがわかる．前端に吸い込み型の口，眼より後ろの頭部の両側には 1 列にならぶ円い鰓孔をそなえていた．後部には，下葉（かよう）が長く，上葉（じょうよう）が短くて上下に高い尾鰭〔逆異形尾〕があり，左右の両体側には体のバランスを保つのにはたらく鰭ヒダ，背中には前後に長い背鰭があったようだ．*Jamoytius* と *Thelodus* は海成堆積物の中にいっしょに見いだされる．

甲 皮 類

シルル紀後期の岩石になってようやく，装甲をもつ型の化石で保存された無顎脊椎動物の記録がかなりよく検証されるようになる．そこでは，無顎類が識別のできるかなり十分な化石として現れ，シルル紀後期以降，岩石中の脊椎動物の証拠物はだんだんよく整い，また複雑なものになってくる．シルル紀前期の岩石の中の化石脊椎動物の記録は立派なものではあるが，初期脊椎動物が本当に豊富になってくるのはデボン紀の堆積物からだ．デボン紀には実際，進化的発展のなかでの巨大な"爆発"——もろもろの進化系統の基礎をすえた脊椎動物たちの一斉開花——が起こった．実のところ，デボン紀は脊椎動物界における決定的時代だったのである．

顎をもたない脊椎動物　25

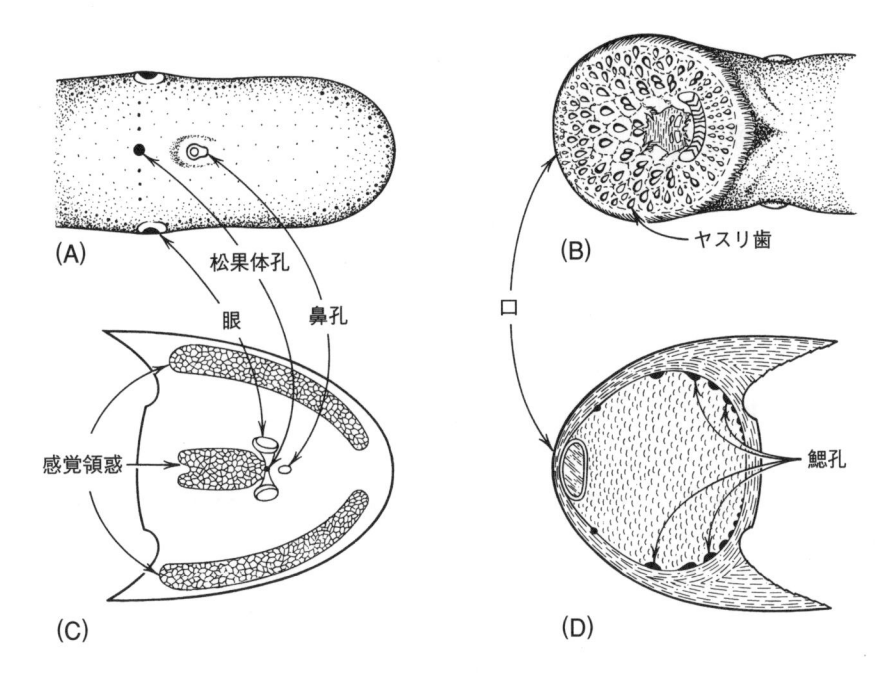

図 2-4　無顎類の頭部の背面と腹面の比較．(A, B)現生のヤツメウナギ類．(C, D)デボン紀の甲皮類の一つ，*Cephalaspis*．

　知られている最早期の脊椎動物はすべて，「無顎綱」に属する顎〔顎骨〕をもたない動物である．かれらはまとめて"甲皮類"と呼ばれているが，実際には，オルドビス紀中期からデボン紀末まで生存していた幾つかの目に分類することができる．現生のものも含めると，無顎脊椎動物の諸目は次のようになる〔巻末の分類表を参照〕．

ケファラスピス目（骨甲目）：*Cephalaspis*，*Hemicyclaspis* や，それらの親類．
ガレアスピス目：全体的にケファラスピス類に似るが，相違点が幾つかある．
欠甲目：*Birkenia*，*Pterygolepis*，*Jamoytius*，それらと近縁の親類．
ヤツメウナギ目：現生のヤツメウナギ類．
異甲目（プテラスピス目）：*Pteraspis* が典型的な属．
テロドゥス目（歯鱗目）：*Thelodus* が代表的だが，よく分かっていない種類群．
メクラウナギ目：現生のメクラウナギ類．

　甲皮類は無顎類に入れられるもので，顎〔顎骨〕をもっていない．対鰭をもたないものもあり，頭部の後ろに鰭を1対だけもつものもあった．また骨性の中軸骨格つまり脊柱は無く，代わりにかなりよく発達した骨性の板もしくは鱗の装甲をもつという特徴があった．こうした全体的な類似点を別とすれば，甲皮類の数個の目はたがいに大きく違っており，各目がそれぞれ進化的発展で独立した系統——化石記録に初めて現れるまで長期間にわたり系統発生的に多様化した結果——を表しているように思われる．

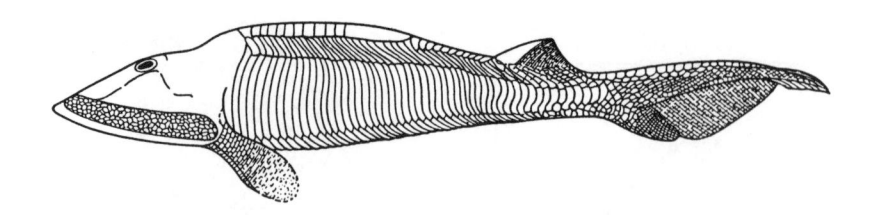

図 2-5 *Hemicyclaspis*, ケファラスピス目の甲皮類の一つ. シルル紀後期にいた最早期の無顎脊椎動物. 体長約 20 cm.

ケファラスピス類

　甲皮類として最もよく知られているのはケファラスピス〔ケパラスピス〕目で, *Cephalaspis* や *Hemicyclaspis* など, シルル紀後期－デボン紀の属に代表される（図 2-4, 2-5）. これらは全長 30 cm に満たない小さい動物だった. 頑丈な骨の装甲をそなえ, 頭部は堅固な盾で, 胴は上下に細長い多数の板で保護されていた. 頭甲〔頭盾〕はかなり偏平だったが, 胴につながるその後縁では丈が高くなっていた. 胴はふつうの魚のような形で, 後端は尾鰭で終わり, 後部背面には小さい正中鰭〔背鰭〕があった. 頭甲の両側の後下部には 1 対の対鰭があった.

　頭甲はただ 1 個の骨塊でできていたらしく, 頭部の頂から両側までを覆い, 甲の下部の縁では腹面へ折れ込んでいた. 甲の前部は上からみると円い輪郭をもち, 甲の後部は両側で後ろへ伸びて突角になっていた. ケファラスピス類のなかには, こうした外側の突角が非常に長いものもあり, ほとんど無いものもあった. この頭甲の背面には眼のあった孔が貫通していたが, それらは互いに近接して天空をまっすぐ見上げており, さらに両眼の中間のやや前方にただ 1 個の鼻孔があった. 両眼と鼻孔のこの位置関係は現生ヤツメウナギ類に見られるのと同じである. さらに, ケファラスピス類では両眼の中間で鼻孔のすぐ後ろによく発達した松果体孔があり, これは外表面と脳とを正中部で連絡するもので, 何らかの光受容器の機能をもっていたのだろう. また頭甲には, 少しへこんで小さな多角形の板で覆われた区域が 3 か所あった. その一つは両眼の中間から後ろに伸びた区域, 他の二つは盾の両外側でその縁と並行する細長い区域で, それらには神経がよく分布していた. 微小な板で覆われたこれらの区域の意義は分かっていないが, 発電か何らかの感覚に関係していたのだろうと言われている.

　ケファラスピス類の頭部の腹面は, 1 個の骨板ではなく, 敷きつめた小板群で保護されており, この区域は生存中にはいくらか柔軟だったのに違いない. これらが頭部の腹面をとざしていたわけだが, ただ下面前端に開く口と, 一連の小さい鰓孔——腹面の両側で堅固な頭甲と小板群の区域との境界にそって点々とならぶ孔——は別である. *Cephalaspis* 属では, こうした鰓孔が左右各側に 10 個ずつあり, これらは頭甲の各側を占める 10 個の鰓嚢にそれぞれ対応していた. ナメクジウオを別とすれば, この数は脊椎動物のなかで最も多い部類に入る. ふつうサカナとよばれるもっと進歩した動物では, 鰓の数は一部の軟

骨魚類〔サメの仲間〕の7対から硬骨魚類の5対まで変異がある．

　ケファラスピス類の頭甲については内部構造が精細に研究されたことがある．極めて綿密な解剖学的研究が Kiaeraspis 属について行われ，そのときにはシリーズ研磨の技術が使われた．つまり，ある化石標本——研究のため犠牲に供される資料——が研磨機で少しずつ擦り減らされる．研磨がすすむ各段階ごとに表面に現れる構造物の細部が写真で記録され，それからまた何分の一ミリかが研磨される．こうして標本全体が内部構造のすべてをさらけ出すまで，同じ手続きが繰り返された．現在では CAT〔電算断層撮影法〕走査など，医学で使われる画像化方式で内部構造を解明するという非破壊の技術があるが，かつてスウェーデンの古生物学者ステンシエは，Kiaeraspis の内部形態を復元するのに上記のようなシリーズ研磨法を用いたのだった．

　彼の研究から，こうした早期脊椎動物の脳は原始的な型だったことがよく分かる．現生のヤツメウナギと同じようにケファラスピス類の耳領域には半規管が2個しかなく，もっと高等な脊椎動物には3個〔三半規管〕あるのと対照的である．ケファラスピス類のおそらく最も注目すべき特色は，脳の左右に神経幹があり，それらが細かく分岐して頭甲表面の両外側にある細長い区域へ分布していたことだ．これらの区域は感覚領域だったと解釈する人々もいたが，ステンシエは，これらはデンキウナギのそれに似た発電器官——それにより外敵に激しい電気ショックをくらわすことができた——を表していると考えた．頭甲内面の構造も，一連の鰓孔を通過する水流——前方の円い口にある入水孔から下面両側にならぶ小さな出水孔にいたる流れ——の経路があったことを暴き出すものだった．鰓の表面で捉えられた食物は繊毛の作用で，鰓領域の後ろにあった食道へ運ばれた．他方，脳や脳神経の構造の細部もこうした注意深い研究によって明るみに出された．

　頭甲の後縁は胴の装甲につながっていた．たぶん，頭部が関節などを介せずに胴部に移行していたと言えそうである．頭部のすぐ後ろでは胴の横断面はほぼ三角形で，頭部の平らな腹面と同様に平らな底面をもち，両側面は背中の頂点にむけて狭まっていた．胴は後ろほどだんだん細くなり，尾の基部で背側へ曲がってから，軟条〔軟らかい鰭すじ〕でできた尾鰭の強固な背側支柱になっていた．このような型の尾は"異形尾"〔不正形尾，歪形尾〕とよばれ，多くの原始的水生脊椎動物がもつ特色である．現生の魚類との類推でいえば，ケファラスピス類の胴と尾は，水中でからだ全体を押し進める力を生ずるものだったことが明らかだ．胴をおおって垂直に細長い多数の薄板が前後に並び，これが胴に左右方向の柔軟性を十分に与えていた．筋肉のはたらきで生ずる律動的な波が胴の両側を交互に後方へつたわり，尾に伝達されてそれを左右に振り動かす．これらの運動の組み合わせが水を押しのけて動物体を前進させた．そのほか，異形尾は動物体を前方へだけでなく，前下方へも押し進めた．

　体が左右に転がるような横揺れ〔ローリング〕を防ぐ装置として，背びれが1枚だけ尾のすぐ前の正中線上にあり，その鰭の前縁は1本の棘〔棘条〕で強化されていた．ケファラスピス類にはまた，頭甲の両わきの突角の直後に，胴につながる対鰭があった．これらは細かい鱗に覆われた翼状の付属肢なのだが，その内部構造は分かっていない．構造上，これらの鰭がも

っと高等な魚類の胸鰭や腹鰭に相当するのかどうかは疑わしいけれども，その甲皮類が泳いでいたとき体のバランスをとるのを助けたらしいという意味で，おそらく胸鰭とほとんど同じ役を果たしていたのだろう．しかし，これらは運動の方向を制御するのにも同様に使われた可能性も大きい．例えば，それらは時として尾の下降推進を打ち消すように，いくらかは昇降舵として機能したのかもしれない．頭甲の形も上昇に役立っただろう．この点でケファラスピス類は，対鰭をもたないその他ほとんどの甲皮類を超える有利性を発揮していたことになる．

ケファラスピス類で，さらに言えばその他の甲皮類でも，頭甲より後ろで内骨格〔頭骨や脊柱など〕は発見されていない．これらの動物でのそうした骨格は軟骨性だったのに違いなく，そのために化石では保存されなかったのだ．

以上はケファラスピス類のある種類がしめす際立った特色である．では，これらの甲皮類の生活はどのようなものだったか？　平たい頭甲，背面に開いた両眼，胴の平らな腹面，腹側に開いた口などから，ケファラスピス類は水底にすむ脊椎動物だったことが確かなように思われる．かれらはおそらく河川湖沼，場合によっては河口付近の浅いところで水底の泥の上に腹ばいになり，真空掃除機形の口で細かい食物粒子を吸い込みながら生活していたのだろう．口から入った水の力で咽頭を通過した食物はたしかに食道へ，さらにそこから消化管へ送られたが，一方，水とたぶん大量の不要物は鰓孔から排出された．

ケファラスピス目には多数の種類があり，とりわけ頭甲の形がさまざまに分化していたことに特徴があった．*Cephalaspis* 属そのものが大体において中心的なタイプだった．この属に比べると，前後に長い頭甲をもつもの，短くて幅広い甲をもつもの，途方もない外側突角をもつもの，突角をまったくもたないもの，頭甲の前部から前へ突出するくちばし状の長い突起をもつもの，甲の背面の後縁から直立する突起をもつもの，等々があった．しかし，こうした違いを別とすれば，ケファラスピス類はみな基本構造では本質的に同様だったのである．

Cephalaspis を代表例として骨甲目〔ケファラスピス目〕を概観した上は，次にその他の甲皮類のことを簡単に調べてみよう．

ガレアスピス目

ガレアスピス類という目は，中国のデボン紀後期の堆積物から出る標本に基づいて認められているものだ．この仲間は大きな骨性の頭甲と骨化した脳頭蓋〔脳函〕をもっていた点で，全体的にケファラスピス類に似ていた．が，かれらにはケファラスピス類のような感覚領域はないし，甲の背面中央に松果体孔が存在しない．また，ケファラスピス類と違って，ガレアスピス類は対をなす鰭を備えていなかったようで，尾の中軸は腹側〔下側〕へ曲がっていた．

欠甲目

欠甲目の甲皮類はケファラスピス目と同じのように，骨性の板や鱗で覆われていた．欠甲類では両眼は頭部の側面に位置しており，その中間にただ1個の鼻孔，その後ろに1個の松果体孔があった．さらに，左右両側の咽頭部で，頭部の後縁から下へ傾斜してならぶ

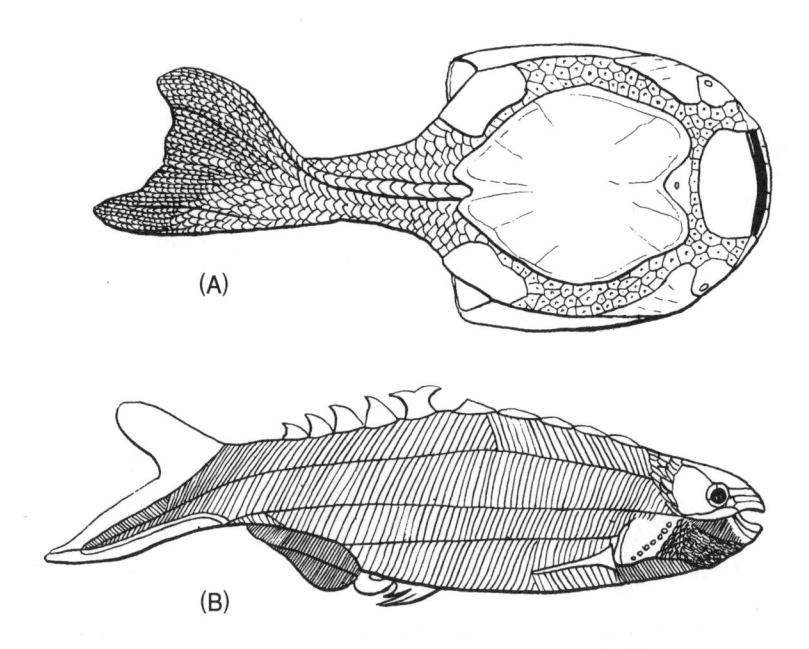

figure 2-6 (A)異甲目の *Drepanaspis*，全長約 30 cm．(B)欠甲目の *Birkenia*，全長約 10 cm．

8個ほどの鰓孔の列があり，これらはケファラスピス類の鰓孔と似ている．しかしこのほかの点では，欠甲類の外観はケファラスピス類とまったく違っていた．シルル紀後期の典型的な欠甲類といってよい *Birkenia*（図2-6B）や *Pterygolepis* は，普通の魚のような形をした小さい動物だった．*Birkenia* は *Cephalaspis* のような水底摂食に適した平たい体ではなく，あたかも活発な遊泳生活に適応していたかのように胴は比較的幅がせまく，体高が高かった．*Birkenia* の頭部は，*Cephalaspis* の著しい特徴である頑丈な頭甲ではなく細かい鱗の入り組んだ模様で覆われ，その多く——とくに咽頭の下を覆うもの——は米粒のような感じである．口は腹側ではなく前端に開き，円い吸い込み型ではなく横方向に切れた形をしていた．それは，我々がふつう"口"という言葉で思い浮かべる口の形だったが，それでもまだ真の顎〔顎骨〕は無かった．頭部より後ろの胴は垂直方向に細長い一連の鱗や骨板で覆われ，これらが前後方向にいくつかの列をなして並んでいた．*Birkenia* には対鰭は無かった．しかし両側の，普通の魚でなら胸鰭が位置するあたりに小さい棘が突き出しており，その後方の腹面にも多少の追加的な棘があった．*Birkenia* ではこのような付属器官に加えて，背中の正中線上に数個の棘が並んでいた．また，かなりよく発達した尻鰭があった．尾は魚のような形をしていた点で興味を引くが，下葉が上葉より大きかった．

さきに，魚類において上葉が下葉より長い尾は「異形尾」とよばれていること，このような尾の型は水生脊椎動物のなかで原始的なものだということを述べた．下葉のほうが上葉より顕著である *Birkenia* の尾は，それゆえ「逆異形尾」とよばれている．前にふれたように，*Cephalaspis* の異形尾はその体を水中で下降させるのに役立ったと思われ，このことは水底摂食型の甲皮類にとって重要だっただろう．それとは反対に，*Birkenia* の逆異形尾

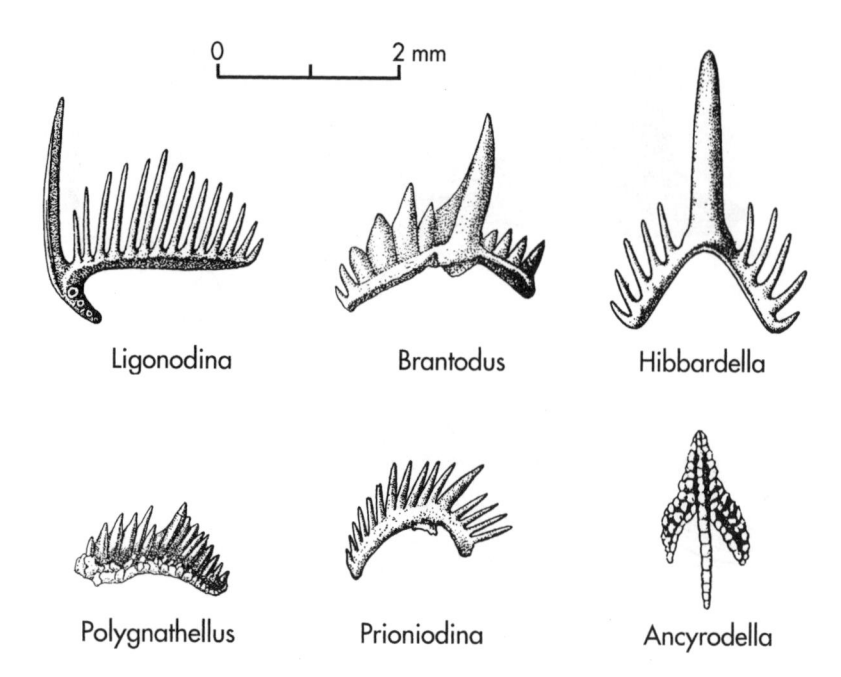

図 2-7 コノドントの類別の仕方の例．古生代にいた無顎類の口の装置の一部だろうと考えられている微小な化石．

は体を水中で上昇させるのに作用したと思われ，これは，このように厳重な装甲をもつ脊椎動物が活発な遊泳者だったとすれば，その動物にとって有利点だっただろう．可能性が大きいのは，*Birkenia* は水面に近いところで泳ぎながらプランクトンを食物にしており，そのような生活様式に逆異形尾が大いに役立っていた，ということだ．が，推進器としてはたらくよく発達した逆異形尾をもってしても，*Birkenia* は果たしてうまく泳ぐことができたのか疑問に思うむきもある．背中の棘はローリング〔横揺れ〕を防ぐ安定器としてはあまり効果的だったはずはなく（そのためには何らかの膜状の鰭が必要），両側の"胸棘"も，上下動のピッチング〔縦揺れ〕や左右動のヨーイング〔偏走〕に対する安定器としては大して役立たなかったに違いない．おそらく *Birkenia* はあまり達者な泳ぎ手ではなかったのだが，にもかかわらず，それが生きていた時代にはそれで足りていたのである．脊椎動物の水中移動の仕組みは，シルル紀後期にはまだ"実験的"な段階にあったと言ってもよいだろう．

欠甲類のなかには体の装甲がひどく退化した種類もいた．例えば，デボン紀にいた小さい *Endeiolepis* は体表に骨性の鱗をほとんど欠いていた．このような欠甲類はやがてヤツメウナギ類につながる方向に向かっていたのかも知れない．

コノドント

ここで，"コノドント"と総称される微小な，歯のようにみえる謎の化石のことに触れておこう（図 2-7）．これらはあちこちの古生代の堆積物，ほとんどはクリーヴランド頁岩

のような有機物に富む黒色頁岩からふんだんに見いだされる．こうした堆積物はきわめて広大な地域的広がりを示し，そのため，含まれる化石が層位学研究者たちに非常に有用なものになっている．その化石が豊富であり層位学者らによく利用されてきたにもかかわらず，コノドントは1850年代に発見されていらい分類学上の一つの謎になってきた．これらは脊椎動物界に遍在する物質である燐酸カルシウムでできているのだが，既知の脊椎動物のどんな構造物にも似ていない．数名の権威ある学者たちが，ムシ，軟体動物，その他の無脊椎動物のグループとの類縁性を指摘しているけれども，無脊椎動物の世界に燐酸カルシウムは希有のものである．1983年になって，これまで見過ごされてきたスコットランド産のある化石が綿密に調べられた結果，小さい，細長い動物体の口の辺りにコノドントが含まれているのが発見された．この化石をよく調べてみると，それが何らかの種の無顎脊椎動物であって，いろいろな点でメクラウナギに似ていることが分かる．歯のようなコノドントは口の領域の中，または後ろに位置していたのだが，その使われ方は解明されていない．

ところで，寄生性の無顎類が進化したと思われる道筋を推測してみることはできる．太古の無数の甲皮類がそれぞれ，鰓のあたりに水底の泥を多量に通過させていた．おそらくは，このような種の一つが水底の堆積物の中にいた間に，沈んでいる動物の死骸にたまたま潜りこむことがあり，こうして死肉を食う嗜好を獲得した．その子孫の一つがこうした型の食物を常食にするように特殊化したことによって，現生のメクラウナギに似た摂食習性――死体を食うこともあれば初めまだ生きていた餌食を食うこともある習性――を進化させたのではないか．他方，食物にする動物体にただ付着し，その体外にとどまって体液だけを吸う道をとった魚はヤツメウナギへ進化したのではないか．このシナリオを支持する直接証拠はないが，それは今後の発見物に照らして検証されてよい，考えうる一仮説ではある．

異甲目

知られるかぎり最早期の甲皮類に，異甲類のメンバーがある．このグループは，体表の装甲がよく発達してはいたものの真の骨細胞を欠いていた点で，上に述べてきた甲皮類と違っている．異甲類にはかなり広い適応放散が起こり，やや小形で紡錘形をした自由遊泳性の型もあれば，大形で平たく，底生性の種類もあった．前者のなかではシルル紀－デボン紀の *Pteraspis* が典型例で（図2-8），これは堅固な装甲をもった小さい甲皮類であった．頑丈な頭甲があったが，ケファラスピス類のそれのように扁平ではなく，横断面は円形に近かった．頭甲は前方で別の要素，長くとがった額角――腹面に開いた口よりずっと前へ伸びたくちばし状の突起――に移行していた．口は横長の切れ目で，頭甲の腹面の前部にあり，そこに一組の細い骨板が添っていた．これらは顎骨のように機能したのかもしれないが，真の顎骨に相当するものではない．眼は頭甲の両側面に位置し，このように両眼が左右に離れていたことが異甲目の特色である．頭部の頂によく発達した松果体孔がある場合が多かったが，ケファラスピス類のようにはっきり見える鼻孔は無かった．頭甲の後部の両側にただ1個，鰓の外孔があり，背中の正中線上では甲の後縁から1本の長い棘が後

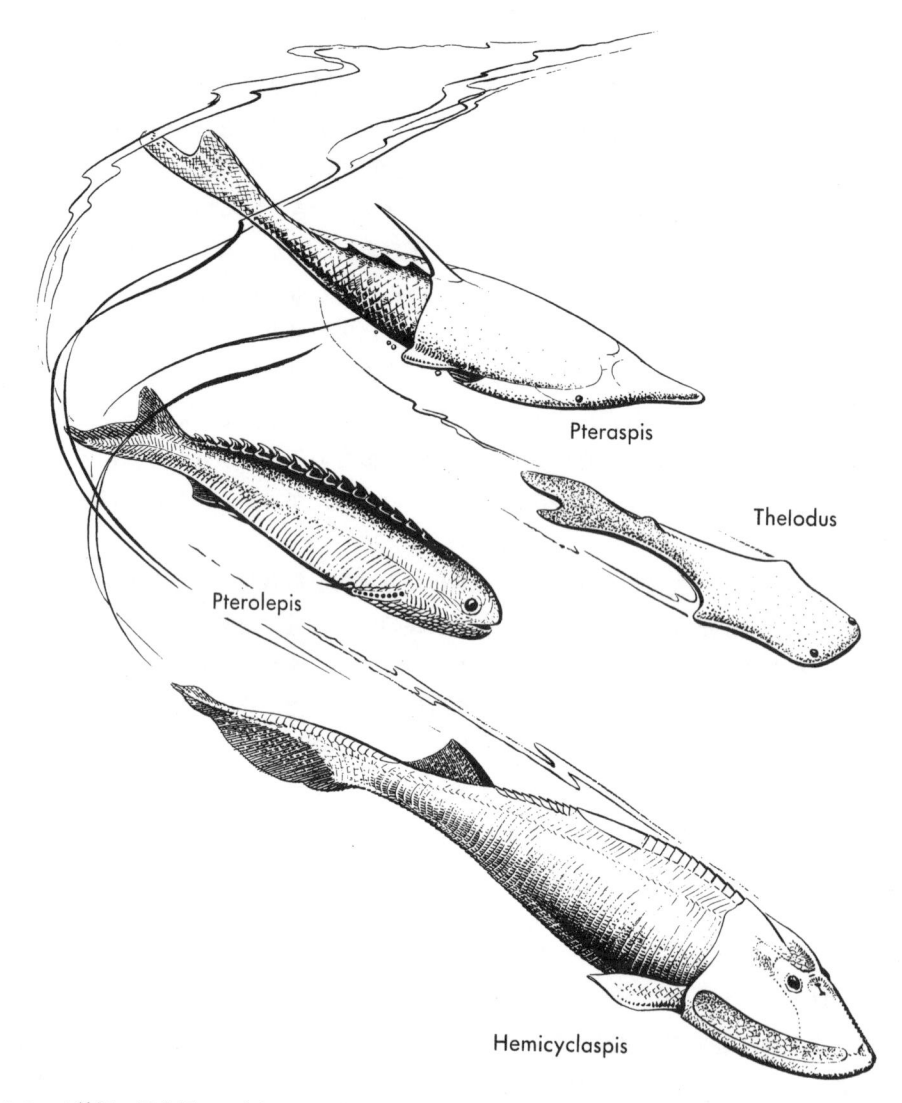

図 2-8 4種類の甲皮類，つまりシルル紀-デボン紀の無顎類．縮尺は同じ．*Hemicyclaspis* はケファラスピス目，*Pterolepis* は欠甲目，*Pteraspis* は異甲目，*Thelodus* はテロドゥス目．*Hemicyclaspis* の体長は約 20 cm．（ロイス M. ダーリング画）

上方へ突出していた．鰓孔の後ろにはまた特殊な骨板が側方へ出張っており，これは，対鰭が無いところで体の上昇や運動制御に役立つはたらきをしていたのに違いない．*Pteraspis* の胴は細かな鱗でできた一定の模様で覆われ，後部には逆異形尾があったが，これはこの甲皮類が *Birkenia* と同様，水面に近いところで摂食する活発な泳ぎ手だったらしいことを物語っている．しかし，正中鰭や対鰭はまったく無かった．ここでもまた，この小形甲皮類がどれほど達者な泳ぎ手だったか，疑いたくなる．

水底摂食性の異甲類の典型は，デボン紀前期の *Drepanaspis* 属などの種類にみられる（図

2-6A).これらは甲皮類のなかでも最大の部類に属し,体長は 30-35 cm にも達した.*Drepanaspis* の体は非常に偏平で,幅が広かった.両眼は幅広い頭甲の両側に広く離れて位置し,幅広い口は甲の前部(腹側ではなく)に開いていた.頭甲は一組のいろいろな大きさの骨板で覆われ,1枚のほぼ楕円形の大きな板が胴の背面のほとんどを覆っていた.尾部は,幅広く平たい頭甲に比べて相対的に小さく,これは多くの底生性の脊椎動物がしめす特徴である.

歯鱗目

これまで甲皮類とされてきた脊椎動物のもう一つの群はシルル紀後期-デボン紀前期の歯鱗目〔テロドゥス目〕で,*Thelodus*(図 2-8)や *Lanarkia* などの属に代表される.これらの早期脊椎動物についてはっきり言えることがほとんど無いのは,化石が岩石に残された印象化石〔押し型〕のようなものに過ぎず,研究するのがきわめて難しいからだ.しかし,歯鱗類が,両眼が側方についた扁平な動物だったことは確かである.尾は二股に分かれ,明らかに異形尾だった.この仲間と他のすべての甲皮類との違いは,体の被覆が平らな板ではなく微細な小歯でできていた点にあった.これらの小歯は,微細ではあったが,サメ類にみられる皮小歯ではなく骨板がひどく退化したものと考えるべきものである.内部骨格についてはほとんど何もわかっていない.こうした謎めいた小さい脊椎動物は,甲皮類が特殊化した動物——頭部と胴の装甲が細分され,鮫皮のような小歯状の微細な板からなる被覆になった動物——だった可能性がある.このような甲皮類は,同時代のもっと頑丈な装甲をそなえた種類に比べると,中世ヨーロッパの鉄の甲冑を着けた騎士より鎖帷子を着けた従者のように可動性が高かったのかも知れない.

無顎魚類の分類

無顎類の大半は頭部の構造によって,二つの大グループに分けることができる.ケファラスピス目,欠甲目,およびヤツメウナギ目はその他の脊椎動物とは異なり,頭部の正中線上にただ1個の鼻孔をもち,脳から1個の嗅球が出て感覚入力を受容する仕組みになっている点で,互いに共通している.これらのグループでは内耳に半規管が2個しかなく,大半の脊椎動物に3個〔三半規管〕あるのとは異なる.このような類似性に基づいて,これらの3目(および,おそらくそのほか幾つかの目)は「単鼻類」ともよばれるグループにまとめられることがある.それとは対照的に,異甲目とテロドゥス目は有対の鼻孔,有対の嗅球,内耳に3個の半規管を備える点で,顎をもつ脊椎動物に似ている.そのため,かれらは「双鼻類」とよばれることがある.この図式に簡単に収まらないのはメクラウナギ目で,かれらは鼻孔を正中線上に1個しかもたないが,ほかの単鼻類とは似ていない.かれらは単独で1グループとされることがある.

進化史上の甲皮類の位置

甲皮類の地質学的歴史は比較的限られている.その範囲はカンブリア紀からデボン紀までで,化石としてはっきり現れるのはシルル紀-デボン紀の堆積物からだけである.これ

らの脊椎動物は装甲をもたないそれより前の祖先動物——*Jamoytius* はその名残だったのかもしれない——から興った可能性もある．甲皮類はデボン紀にすでに，いま化石資料から知られている幾つかの目での広範な多様性が物語るとおり，多様な生活様式と多彩な生態的ニッチに適応をとげていた．そして，かれらは一時は栄えてもいた．

しかし結局かれらは，デボン紀に無数の系統にそって急速に進化しつつあった，もっと進歩した有顎(ゆうがく)の脊椎動物と競争する能力をもたなかった．そうしてデボン紀の末に甲皮類は姿を消し，ヤツメウナギ類など少数のものは別として，無顎脊椎動物はもっと効率の高い同時代者たちからきた競争で敗退した．顎〔顎骨〕をもたない脊椎動物もそれなりに一応は有能だったのだが，なにか極めて特殊な生活に適応するのでないかぎり，1対の上顎(じょうがく)と下顎(かがく)が食物収集の仕組みとして進化した動物の世界で生き延びるには，無顎類は装備が不十分だったのだ．

ところで，オルドビス紀–デボン紀のものとして知られている無顎類のなかに，顎口類つまり顎をもつ脊椎動物の祖先になった種類がいただろうか？　我々は甲皮類のたいへんな多彩さのなかに，無顎類と高等魚類を結ぶような種類をふくむ何らかのグループがあったことを期待したいのだが，化石記録はそうした結合環(リンク)を見せてはくれない．だが，オルドビス紀–デボン紀の甲皮類がみな特殊化し，多彩に分化した動物たちだったことを思い起こせば，これは不思議なことではない．実際かれらはそれまで何千万年にも及んだ進化的発展の産物だったのであり，我々はかれらに，幾すじかの進化系統の歴史の終わりに近づきつつあった動物たちを見ているのである．したがって，顎をもつ脊椎動物の祖先を探すべき地質時代はもっと早い時期，おそらくはカンブリア紀である．これまでのところ，化石記録はこの極めて重要な問題について何の情報ももたらしていない．

3
棘魚類と板皮類

棘魚類

顎 の 起 源

　生命界の歴史には人類の歴史と同じように，全体として記録をつくり上げる無数の出来事のふつうの水準から突出した，大きな展開の跡がいくつか印(いん)されている．このような際立った進化的発展は革命的な性格をもつものであり，それに続いた系統発生上の流れに深甚な影響を及ぼした．それは，イギリスに対するアメリカの反乱とかフランス革命のような歴史上の大きな変革が，それらに関係をもつ諸国民のその後の歴史に影響を与えたのに似ている．いやそれよりも，人類の工業技術における平和的な革命，たとえば印刷術の開発とか蒸気力の機械への応用がもたらした革命になぞらえるほうが，もっと適切かもしれない．

　脊椎動物の歴史の上での大きな出来事もしくは革命の一つは，顎(あご)〔顎骨(がくこつ)〕の出現ということだった．この進化的展開の重要さはいくら強調してもしすぎることはない．そのことが脊椎動物に，新しい適応の数多くの系統と，これらの動物の潜在能力を測り知れず拡大する進化的前進への可能性を解き放ったからである．無顎脊椎動物は多様な生活様式へ適応するという点では明らかに限定されていた．そこで考えうるのは，オルドビス紀中期－デボン紀の甲皮類は進化的な将来性とこの型の動物たちに開かれていた生態的ニッチを探し求め，もうほとんど開拓しつくしていたのではないか，ということだ．顎をもたない脊椎動物は，ある種の甲皮類がしていたように水底摂食者として進化することがあるし，その他の甲皮類のように，口の付近に不十分な"顎"としてひとまず役立つ可動性の骨板を発達させることもある．あるいは，現生のヤツメウナギやメクラウナギのように，寄生動物になることもありうる．それでもかれらは，最適の条件の下でさえ，顎をもつ動物たちになら開かれる発展の可能性を拒否される．かれらはただ，顎をもつ動物たちになら利用できるような好機を捉えられる，構造上の仕組みを備えていないのだ．そういうわけで，顎の出現は脊椎動物の進化史における重要な変曲点になったのである．

　さて脊椎動物に顎〔顎骨〕が現れたのは，食物を取り込むのとまったく別の機能をそれまで受け持っていたある解剖学的な要素が変形した結果である．ここに，動物の進化史上で数えきれないほど何度も起こった過程のはたらきを認めることができる．じつは，動物界で早期の種類から後代の種類にいたる前進には，ある器官が元の機能から別の機能をもつように変化したことを通じて起こった場合が非常に多かった．顎骨の起源と進化はこの進化原則の絶好の一例である．

　顎骨はもと"鰓弓(さいきゅう)"〔内臓弓〕から由来したものなのである．甲皮類は多数── Cephalaspis は 10 対も──の鰓(えら)をもっていたことを読者はご記憶だろうが，軟骨性もしくは骨性の支持構造〔骨格〕のあるかなり多数の鰓をもつことは原始脊椎動物の特色であったらしい．脊椎動物の歴史の早い段階で，もと前方にあった鰓弓の少なくとも一つ，ことによると二つが消失し，次の一つ，たぶんシリーズの第3の鰓弓が鰓の骨格から1対の顎骨へ変形した．しかし実際には，この変形はまず最初に思い浮かぶような急激な変化ではなかった．原始脊椎動物の各鰓弓，つまり鰓の中軸骨格は数個の骨が1列につながってできてお

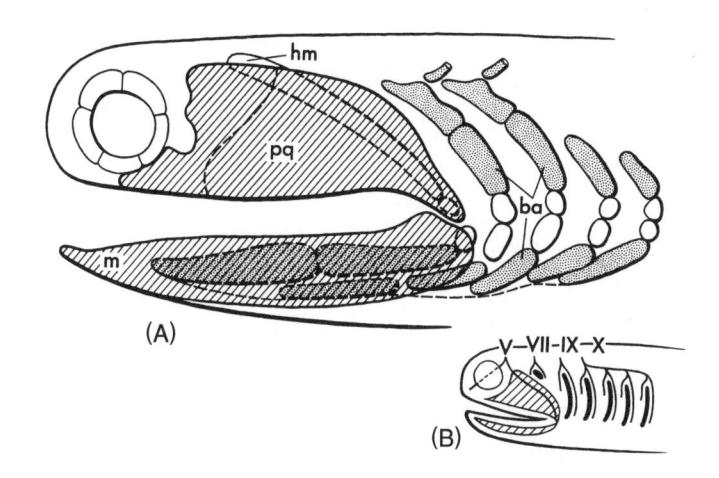

図3-1 原始的な顎骨をもつ脊椎動物の頭部と鰓の領域．(A)原始顎口類だった棘魚類の *Acanthodes* における，原初の上下顎骨と鰓弓の関係をしめす模式図．「顎骨弓」をつくる大きな顎骨がその後ろの鰓弓と一連のシリーズをなしていることに注意．(B)ある種のサメにおける数対の脳神経と，原型的な顎骨および鰓裂との関係．第1鰓裂は退化して小さな孔(呼吸孔)になっている．略号については viii ページを参照．

り，これはVの字を，上を前方にして横倒しにしたような形になっていた．いくつかの緩んだV字形が＞＞＞の形で並んでいるところを想像してほしい．そして，これらのうちの最前方の鰓弓（形態学上は原初の第3鰓弓らしい）が多数の歯をそなえ，横倒しのV字形が屈曲点を関節としてつながっているところを想像してくだされば，その後ろの幾つかの鰓弓と同じ列にならぶ脊椎動物の原始的顎骨が了解されよう（図3-1A）．ここで明らかになるのは，一つの鰓弓が顎骨に変形したことは自然な進化的発展だったのであり，おそらくそれが，1対の顎骨を発達させるという基本問題に対する最も簡単な解決方法だったということだ．

また，このような鰓の中軸骨格の動きを想像してみてほしい．泳ぎの速い魚は水を取り入れるのにただ口を開けているだけでもよいが，泳ぎの遅い魚はなんらかの積極的な取り込みを必要とする．口を開ければ鰓の辺りの空間は垂直方向に広がるはずで，口を閉じれば筋肉のはたらきがこの空間を圧迫してせばめ，水を鰓孔から押し出すことになる．鰓の中軸が上記のように配列していると，鰓の空間がせばまって水が排出されるのは，それぞれの＞形のなす角度が強制的に小さくされることによってなされる．そこで，鰓の空間から水を排出するのと同じ筋肉のはたらきがまた，最前方の鰓の中軸骨格が餌を捉える装置である1対の顎骨になるように作用することになる．

脊椎動物におけるこのような顎骨の起源を物語る事実がいくつかある．例えば，ある種の現生魚類の発生学的な研究がこの起源を極めてつよく暗示している．また，サメ類の頭部における脳神経の配置は，上下の顎骨が鰓の装置と同じシリーズをなしていることを示している．つまり，魚類の第5脳神経（三叉神経）の枝分かれ——1本の分枝は前方の上顎へ，もう1本は下方の下顎へ伸びる——のしかたは，他の脳神経の枝分かれ——1本の分

枝は前方の各鰓孔の前へ，他の 1 本は下方で鰓孔の後ろへ走る——と同様である（図 3-1B）．さらに，さまざまな原始的な有顎脊椎動物で解剖学的に調べてみれば，顎骨は鰓弓と同じシリーズを成している上，それらに似ていることも明らかになる．

棘 魚 類

　知られているなかで最早期の顎口類——真の顎〔顎骨〕を備える脊椎動物——は棘魚類〔綱〕という小形動物の群で，別名"棘鮫類"ともよばれる．この別名はただ，これらの原始的顎口類が外観で全般にサメ類に似ていたことにちなむもので，真の類縁関係によるものではない．残念なことに最古の棘魚類はよくそろった骨格化石からではなく，シルル紀後期の岩石から見いだされる無数の歯，鱗，棘などで知られているにすぎない．こうした太古の遺物ははなはだ不完全なものではあるが，顎をもつ脊椎動物が進化史の舞台に初登場した時期について手がかりを提供してくれる．

　棘魚類は早期脊椎動物の原始的な上下の顎骨をじつに適切に例示しているのであり，それは古生代中期－後期の *Acanthodes* 属を示した図 3-1A に見られるとおりである．これらの太古の魚類には「口蓋方形骨」という上顎の大きな骨格があり，その下側に「下顎骨」というやはり大きな，鋭い歯を備えた下顎の骨格が向かい合っていた〔顎骨弓〕．こうした鋏のような原初の顎骨のすぐ後ろに一組の鰓弓（「舌骨弓」）があり，それの上半部の「舌顎骨」という骨は大きく（その上端が口蓋方形骨と関節でつながる），脳頭蓋〔脳函〕と上下の顎骨を結びつける装置になっていた．この状態はもっと高等な魚類における脳頭蓋と顎骨の構造の前ぶれになったもので，高等な魚類では顎骨は後方で舌顎骨と近接するため，口蓋方形骨と舌顎骨の間の鰓裂は退化して小さい孔になるか〔図 3-1B，軟骨魚類の呼吸孔〕，あるいは大半の硬骨魚類でのように完全に消失するにいたる．棘魚類がとくに重要なのは，その原始的な——にもかかわらず硬骨魚類のそれと基本的に同じの——顎骨構造のためだ．化石記録のなかで，顎口類の進化の最初の諸段階をしめす証拠がここに見られるのである．

　棘魚類は容易にそれと認められる絶滅魚類の一群をなしているのだが，その地位が早期顎口類の他の主要グループとどんな関係にあったのかは十分に解明されていない．かれらはこれまでサメ類〔軟骨魚綱〕と一緒にされたり，あるいは装甲をそなえた板皮類〔綱〕と，あるいは硬骨魚類〔綱〕と同群にされたりしてきた．今日ではかれらは綱の階級で独立した分類群とされているけれども，このように独立の地位を認めるのはたぶん，我々がかれらの真の系統関係を知らないことを白状しているようなものだ．

　さて，初期の棘魚類の典型はシルル紀後期－デボン紀前期にいた *Climatius* 属（図 3-2）で，これら古代的な顎口類の好例である．かれらは小さい脊椎動物で，体長は 13 cm ほどしかなく，前部から尾端にかけて細くなる普通の魚形の体をもっていた．後部では胴は背側へ曲がり，この部分の腹側に鰭が 1 枚あって異形尾——原始的な遊泳性脊椎動物にふつうに発達したらしい型の尾——をなしていた．この尾鰭のほかに，*Climatius* には幾つもの正中鰭と対鰭が備わっていた．すなわち，まず背中には大きな三角形をした前後 2 枚の背鰭——それぞれ前縁にそって頑丈な棘〔棘条〕で支えられる皮膚膜でできた鰭——があっ

図 3-2 棘魚類の *Climatius*，体長は約 13 cm．この復元図では鰓蓋より後ろの鱗はすべて省略し，鰓弓付近の構成要素をしめす．胴の腹面に 2 列にならぶ数対の棘鰭に注意．

た．後方背鰭の腹側には，それに対応する位置に同様の形をした大きな 1 枚の尻鰭があり，やはり前縁が棘条で支えられていた．また，頭部のすぐ後ろに左右 1 対の胸鰭，尻鰭の前にはもう 1 対の腹鰭があったほか，これら 2 対の間に，胴の腹部の左右両側にそって 5 対の小さい鰭が並んでいた．

Climatius の体を保護していたのは菱形をした細かい鱗で，これらは胴全体を覆って頭部へも移行し，そこでは規則的な形の小さい板になっていた．頭部の小板は，他のほとんどの脊椎動物がもつ頭蓋の骨や頭甲のような大きな板になることはなかった．

Climatius は大きな眼をもっていた．これらは数枚の骨板でできたリングで囲まれ，体の前端付近に位置していたので，その前の鼻の領域はきわめて限られていた．そのため，これらの古代魚類では，生活のなかで明らかに視覚が主役を果たし，嗅覚の役は小さかったらしい．上の顎骨，つまり口蓋方形骨はふつう 3 個の部分に分かれて骨化していたが，歯は備えていない．下顎骨には前記のとおり多数の歯が生えていた．頭部の両側面には，5 組の鰓弓のそれぞれに 1 枚ずつの鰓蓋があり，それらを覆って，もっと大きくてしっかりした骨性の数枚の棒状体からなる 1 枚の覆いがあった．*Climatius* のこの鰓覆いは機能上はおそらく高等魚類の鰓蓋骨と同様だったが，構造も起源もまったく別のものだった．

上のような *Climatius* の描写から，早期の一般型の棘魚類の姿がうかがわれよう．ペルム紀末までの古生代の残りを通じたこれらの魚類の進化史は，*Climatius* が示すような原型に加わった種々さまざまな変形でつづられている．後代の棘魚類は比率の変化によって進化し，体の細長い種類や体高の高い種類が現れた．鰭を，正中も有対もすべて失った種類もいた．また，デボン紀の *Parexus* のように，背中のとくに前方の棘鰭が途方もなく拡大して胴の最高部で大きな突起になり，尾部を超えてはるか後方まで伸び広がった種類もいた．棘魚類がもっていたこれらの棘の意義は明らかでないが，おそらく幾らかは防衛の意味をもっていて，その持ち主がもっと大きい脊椎動物や捕食性の無脊椎動物の攻撃から生き延びるのを助けたのだろう．だが，それがどうであれ，これらの棘（鰓蓋の覆いも）は，それさえ無ければほぼ原型的だった動物におけるかなり特殊化した特徴だったようである．

これらの魚類がいろいろな点で原始的だったのは意外なことではない．棘魚類は既知の顎口類で最初のシルル紀に現れた群であることを，地質学的記録がはっきり物語っているからだ．デボン紀前期までに，棘魚類はすでに進化的発展の頂点に達しており，その頃から古生代の終わりまでのかれらの歩みは衰退の歴史だった．かれらは古生代中期-後期に

河川や湖沼に棲んでいた陸水生動物であり，結局は絶滅する運命にあったけれども，その生存期間中には太古の陸上脊椎動物相のなかで特徴的な要素であった．

板皮類の出現

　板皮類〔綱〕とよばれる太古の顎口類は，デボン紀前期−石炭紀最初期の間さまざまな系統にそって進化し，ある一時期には幾つかのグループが棲み場所である水域の中で優勢な脊椎動物になっていた．が，板皮類が優勢だった期間は限られていた．デボン紀の終わりまでにかれらの大半が絶滅し，石炭紀前期の末ごろまでに板皮類の全てが地上から消え去ったからである．

　板皮類はかなり異質雑多な種類をふくむ群であり，全体的にみれば，脊椎動物の真に自然的もしくは"単系統"の集団でない可能性が大きい．しかし，おもにデボン紀にいた有顎脊椎動物の幾つかの目——棘魚類や初期のサメ類〔軟骨魚類〕や硬骨魚類の諸目とははっきり違う系統にそって進化しつつあったもの——を1グループにまとめておくのは便利ではある．また我々は板皮類を，顎口類の進化史における大昔の一つの"実験"だったとみることもできる．おそらくデボン紀の軟骨魚類や硬骨魚類も実験だったと言えようが，かれらは少なくとも成功したのに対して，板皮類は，棘魚類と同じように結局失敗した進化的実験であった．

　板皮類はきわめて多様で，共通点が乏しく，怪奇ともみえる適応形態を示すものも数多い．そのため，太古のこれらの顎口類の分類はどうしようもなく難しい．だが，板皮類の諸目をある方式で整理してみると次のようになる〔巻末の分類表を参照〕．

　ステンシエラ目：デボン紀前期の岩石から出る早期の原始的な板皮類．
　プセウドペタリクチス目：デボン紀前期の岩石から出る早期の原始的な板皮類．
　アカントトラクス目：デボン紀前期の岩石から出る早期の原始的な板皮類．
　レナニダ目："サメ様"か"エイ様"の板皮類で，偏平な体をもつものが多い．
　ペタリクチス目：特殊化し，いくぶん偏平な動物の小グループ．
　節　頸　目：デボン紀の優勢な脊椎動物をふくむ板皮類の最大グループ．
　プチクトドゥス目："ギンザメ様"で軟体動物食だった板皮類．
　フィロレピス目：偏平で"退化"した板皮類．
　胴　甲　目：堅固な装甲をもち，水底生だった小形の板皮類．

　板皮類は，多彩多様さがその進化史の特色になっているけれども，基本的特徴を幾つか共有している．例えばかれらは，古代型の顎口類の特徴だった下顎骨格に加えて，頭蓋と固く一体化した強固な上顎骨格をもっていた．かれらの鰓は前の方で頭蓋の下に位置し，皮骨〔真皮中に直接生ずる骨〕が頭部と肩帯を覆っていた．これら早期の有顎魚類にはかならず対鰭があり，頭骨と肩帯の間に1対の関節があって頭部を上下に動かすことができた．

　多様な板皮類はいろいろな面で特殊化していた．そのため，全頭類〔ギンザメ類〕とよばれるサメ類に近い現生魚類が板皮類と類縁関係をもつと考える専門家もいるが，どれか一つの属あるいはもっと大きいグループを，高等な魚類の現実の祖先とみることはできな

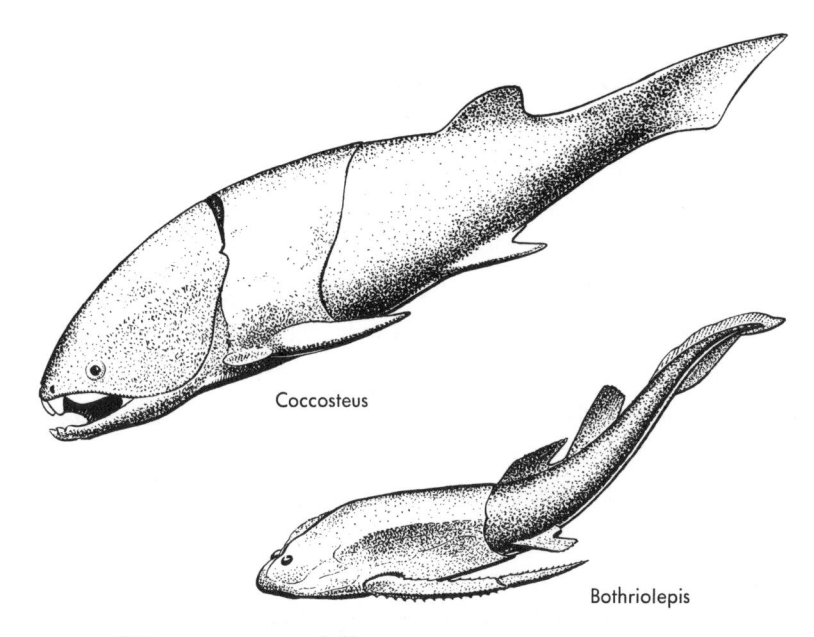

図 3-3 デボン紀の板皮類．縮尺は同じ．節頸目の *Coccosteus* （体長約 40 cm）と，胴甲目の *Bothriolepis* （体長 35－40 cm）．（ロイス M. ダーリング画）

い．それでもなお，板皮類がきわめて原始的な顎口類から進化したものだったことは明らかであり，全体としてみればかれらは，祖先の顎口類に求めたいような特徴の多くを備えていた．そのゆえにこそ，知られている板皮類からさかのぼって推測することにより，顎をもたない状態を超えた最初の歩みでかれらが到達した進化のある段階——束の間に過ぎたものも多かったが——を思い描くことができるのである．

節 頸 類

　板皮類〔綱〕のなかで確かに最もよく知られ，最も変異にとみ，かつ最も目ざましいのは節頸目というグループに属するもので，装甲に覆われ，頸部に関節をもつデボン紀の魚類である．これらはデボン紀後期に優勢な地位につき，短期間だがある意味で全脊椎動物のなかでも最大の成功をおさめていた．しかしその成功は長く続かず，デボン紀が終わるとともに節頸類は絶滅した．

　節頸類の独特のしるしは関節のある頸部である．下顎は別として，頭甲がただ 1 個の堅固な構造物として動き，その後ろの"頸甲"も動くようになっていた．これら 2 個の甲が左右各 1 か所の関節で連結していたので上下方向だけに動くことができた．重要なことには，この動きによって頭部と上顎が持ち上げられ，口をいっそう広く開けることができたのである．大きく開く口と強力な顎は，かれらが活発で獰猛な捕食者だったことを物語るものの一つである．

　さて，かなり典型的な節頸類に，イングランド北部からスコットランドにわたる赤色砂

岩の地層から出る Coccosteus 属がある（図3-3）．これは体長が 30-60 cm という比較的小さい脊椎動物だった．その体は普通の魚形をしていたが，我々が知っている魚との類似はそれきりだ．前半部は頭から肩にかけて頑丈な装甲に覆われていたのに対し，胴の後半部は完全に裸だったらしい．

　Coccosteus の頭骨は，縫合〔連結部の線〕にそって互いに固くつながった一組の大きな骨板でできていた．これらの板は硬骨魚類の頭部の諸骨と直接比較できるものではないので，それぞれ節頸類だけに使う骨名でよばれている．節頸類の多くの種類では頭骨は丈が高く，頂上から両側面にかけて強くドーム形をなしていた．眼は大きく，頭骨の前端の近くにあり，眼窩には，眼球を保護する「強膜板」という4個の骨板のリングがはまっていた．鼻孔は小さく，頭骨の前端に開いていた．下顎の骨は非常に強大で，蝶番で頭蓋の後部とつながっていた．この下顎は左右各1個だけの骨——「顎下骨」（inferognathal）——でできており，その前方の上縁部は波形で，歯並びのように見える一連の尖頭になっていた．下顎の上に向き合って左右各2個の骨板があり，それぞれが頭蓋の前縁に付着していた．これらの骨——前および後「顎上骨」（supragnathal）——の縁も同じく歯並びのような形をしていた．つまり，この節頸類は"歯"としてはたらく露出した骨をもっていたことになる．もっと進歩した節頸類の Dinichthys などでは，これらの骨板はみごとな形で鋏のような切縁をなし，極めて効率のよい切断機構だったのに違いない．

　頭蓋の後部には左右各側に「旁頸板」とよばれる強大な骨板があり，その自由表面にははっきりした1個の受け口〔関節窩〕があった．他方，頭骨の後ろには，胴の前部を取りかこむ頑丈な肩板（または胸板）の大きなリングがあり，このリングの左右の1骨板に強固な球（または顆）があって，これが頭骨の傍頸板の受け口にはまりこんでいた．頭蓋はこのように左右両側で肩の装甲に蝶番でつながり，2個の蝶番が横方向の一直線上にあったため，頭骨はこの水平軸を中心にして上へ下へと回転運動をすることができた．多くの節頸類と同じく Coccosteus では，頭骨背面の後部と胴の装甲の前部との間にかなりの隙間があり，これは，頭部の強い上向きの動きをゆるす自由さがあったことを物語るようにみえる．普通に推定されているのは，これらの節頸類が口を開いたとき，有顎脊椎動物に一般にみられるように下顎を下げることだけでなく，胴と相対的に頭蓋を持ち上げることにもよったのであり，それで非常に大きく開口できたのだろうということである．

　大きく開く口は，攻撃性のつよい肉食性動物——節頸類はそうだったらしい——にとって極めて有利なものだ．しかし，頭蓋を持ち上げる能力はもともと，脳頭蓋の下に集まっていた鰓へ水を流し入れる仕組みとして進化した可能性がある．Coccosteus には鰓の覆い，つまり鰓蓋が無かったから，鰓はすべて頭骨の両側の"頬"領域に位置し，それらは頭蓋の後ろに向けて開いていたらしい．

　Coccosteus の頑丈な装甲をもつ頭部と胸部は裸の後半部と著しい対照をなしている．節頸類のどの種類でも，胴の後半や尾部に皮骨性の覆いは知られていない．軟骨質の脊索のある脊柱がよく発達しており，その上側と下側には多数の棘突起があったが，椎骨円盤や椎体などは無かった．脊柱の後端はいくらか背側へ曲がっていたので尾は異形尾だったら

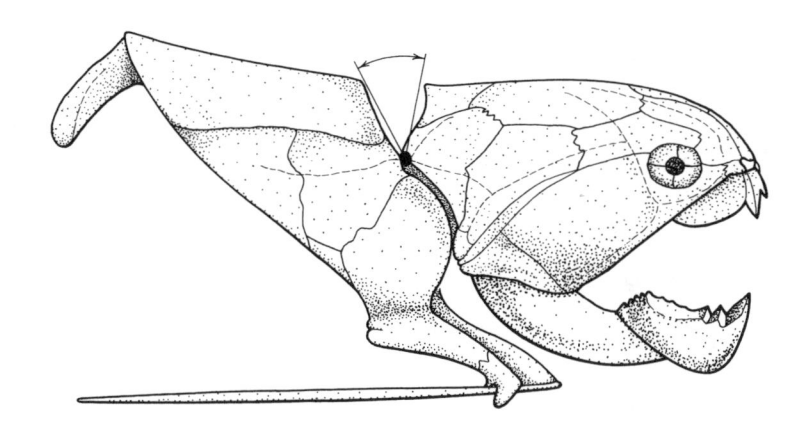

図 3-4 デボン紀後期の巨大な節頸類, *Dinichthys*（*Dunkleosteus*）．ここに示す頭甲と胸甲からなる部分は前後長 2.5–3.0 m あり，体の全長はその 4–5 倍あったと推定される．この動物では，上顎と下顎の縁の骨板が切断器として機能したことに注意．頭甲と胸甲の間に蝶番関節があるため，下顎が下げられると同時に頭蓋が持ち上げられ，口を広く開けて大きく咬みつくことができた．

しい．尾鰭に加えて，脊柱の棘突起の先から伸び出た鰭条の跡から分かるところでは，正中の背鰭が 1 枚あった．この仲間では対鰭はあまりよく発達していなかったが，*Coccosteus* には 1 対の胸鰭が頭骨のすぐ後ろに位置していたこと，その後方に胸鰭よりずっと小さい 1 対の腹鰭があったことを示す証拠がある．

　知られている最早期の節頸類はいくらか扁平な小さい脊椎動物だった．かれらは，節頸類の特徴たる胸甲と蝶番でつながる堅固な頭甲をもっていたが，ある意味でかれらは *Coccosteus* のような進歩した種類とは大きく違っていた．こうした初期の節頸類——デボン紀の *Arctolepis* が代表格——には，胴の装甲に固着した非常に長くて強固な胸棘をそなえた種類が少なくない．顎骨はいくぶん弱そうだった．証拠によれば大体のところ，節頸類のこれら最早期のものは水底生の動物で，おそらく多少は初期の甲皮類と競争していたのだろう．初期の節頸類の大きく伸びた胸棘は理解に苦しむものだが，かれらがたぶん棲んでいた河川の速い流れに抗して，体をしっかり保持する"錨"として役立ったのではないかと言われたこともある．

　このような動物に始まった節頸類の進化の傾向は，おおむね体の大きさと運動性の増大に向かった．デボン紀中期-後期までにこの傾向が進み，節頸類は泳ぎが速くて攻撃性のつよい捕食者になり，*Coccosteus* がその典型だった．

　けれども，節頸類の進化が頂点に達したのは，オハイオ州や近辺の中西部諸州のデボン紀後期のクリーヴランド頁岩に見いだされる巨大な *Dinichthys*（図 3-4）や *Titanichthys* に至ってである．これらは，大きな切断型骨板をつけた巨大な頭蓋と強大な下顎をもつ，途方もない魚だった．*Dinichthys* は全長 10 m ほどもあった．当時のジャイアントだったこの魚は，デボン紀後期の他の魚類を手当たりしだいに捕食していたのだろう．*Dinichthys* はその生活環境の支配者であった．

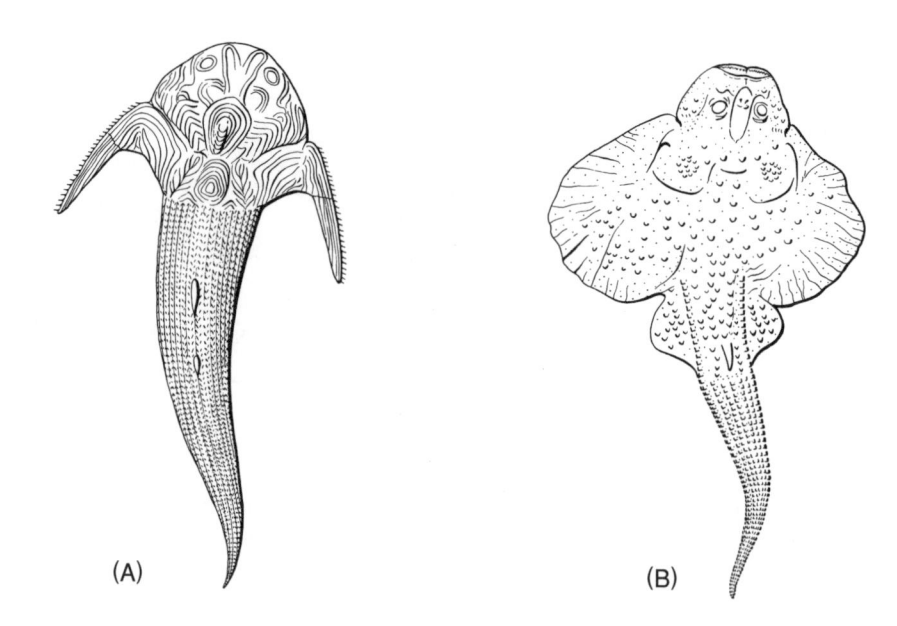

図 3-5 ヨーロッパで出るデボン紀の 2 種の板皮類．(A)ペタリクチス目の *Lunaspis*，体長約 25 cm．(B)レナニダ目の *Gemuendina*，体長約 23 cm．

初期の板皮類

　最古の節頸類よりさらに早い時期にも，すでに特殊化した板皮類の群がいくつか現れていた．実際，デボン紀前期の最初期の板皮類の多くはそのグループの最も"異常型"のメンバーであったらしい．それで，板皮類の記録の初期段階にはごちゃごちゃとした雑多な属が並ぶことになるのだが，その大半はレナニダ目とペタリクチス目という二つの目に入れられる．

レナニダ類

　レナニダ類〔目〕とよばれる板皮類の一群はサメ類〔軟骨魚類〕との類似をいくらか示し，そのためこれらのデボン紀の動物はサメ類の初期の親類だとみる学者もいた．レナニダ類では，ヨーロッパ中央部のデボン紀の堆積物から出る *Gemuendina* 属（図 3-5B）が最もよく知られており，この目の代表格とみることができる．この太古の魚は扁平で，頭部は幅が広く，胴は後ろほど細くなって，現生のサメ類の体を覆う皮小歯とよく似た小さな結節で覆われていた．しかしこれらの小結節は骨板の表面を飾るもので，体表の後半では小さいが前部では大きい．頭部の前端に口があって尖った歯をそなえ，背面に眼と鼻孔が開いていた．*Gemuendina* の最も際立った特色は大きく広がる 1 対の胸鰭で，現生のエイ類やカスザメ〔扁平で幅の広いサメ〕を強く思わせる外見をこの動物に与えていた．けれども，*Gemuendina* の顎の構造は原始板皮類の型であり，そのことが，この動物がエイ類に似ていたのは二つの別個のグループが相似の道にそって進化した結果だったとみるべき理由になる．*Gemuendina* は，後代に底生性のエイ類が採るようになった"ハビタス"——生活

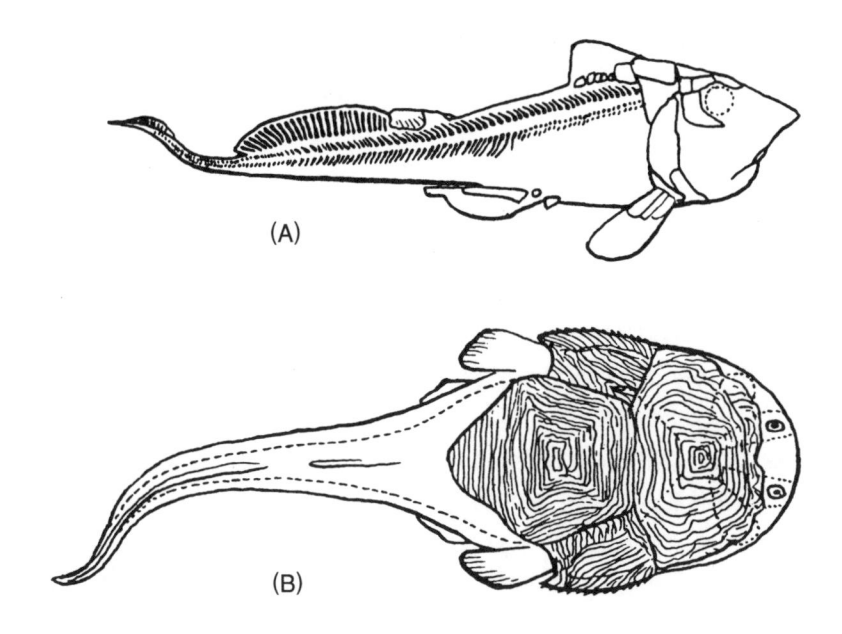

図 3-6 (A) プチクトドゥス目の *Ctenurella*, 体長約 13 cm. (B) フィロレピス目の *Phyllolepis*, 体長約 35 cm.

様式と環境適応——をデボン紀に先取りしていたと言ってもよい．これは進化における"収斂"，つまり類縁関係のない動物たちが同様の生活様式に適応したときに形態で同様の発展経過をとることの，好例の一つである．

ペタリクチス類

このグループ〔目〕に関する知見は *Macropetalichthys* という属によるところが大きい．この種類は骨性の強固な頭甲，おおむね節頸類のそれと比較できるような頭甲をもっていた．頭甲の中に骨化した脳頭蓋があったことが近年になって記録されており，その記載から，節頸類の脳に似た *Macropetalichthys* の脳を復元することも可能になった．頭甲の後ろには胸部板と 1 対の胸棘があった．また，このグループに属したもう一つの種類 *Lunaspis* (図 3-5A) はよく発達した頭甲と胸甲をそなえており，これらは関節で隔てられていたが可動性の高い蝶番ではなかった．胸甲には非常に大きな棘が付いていた．*Lunaspis* には，胸甲の後ろに大きな鱗からなる外面装甲があった．マクロペタリクチス科は明らかに節頸類と類縁をもっていたと思われるが，これら 2 群はたしかに歴史の早い段階で分かれ，別々の進化の道をたどったのである．

プチクトドゥス類とフィロレピス類

デボン紀がミシシッピ紀へ移行するころ板皮類が絶滅する前に，異常型の系統がいくつか進化していた．*Rhamphodopsis* とか *Ctenurella*（図 3-6A）を典型とするプチクトドゥス類〔目〕はごく小さい板皮類で，頭部と胸部の装甲は退化していたが，胸部棘のほかに大きな背面棘をそなえていた．頑丈な歯状板があり，これらの小形板皮類は軟体動物食に適

応していたようにみえる．*Phyllolepis*（図3-6B）などのフィロレピス類〔目〕は中程度の大きさながら非常に扁平な板皮類で，装飾のある骨板に覆われていた．かれらはおそらく底生性の種類だった．

胴甲類

カナダ・ケベック州のガスペ半島にあるデボン紀後期の岩石から，胴甲目の代表というべき *Bothriolepis*（図3-3）という小さい板皮類の骨格が，ときにはかなりの数で見いだされる．この種類は体の前半に，頭甲とその後ろの胴甲からなる頑丈な装甲をもっていた．頭甲は短く，幾つかの大きい板でできていたのに対して，箱のような胴甲は前後に多少長かった．

Bothriolepis では，胴甲類では普通のことだが頭甲の頂上表面に眼が左右近接して位置し，それらの間に松果体孔があった．頭甲の底面に，弱々しい下顎をそなえた小さい口が開いていた．背面にある両眼と下面にある口によって，*Bothriolepis* は一見ある種の甲皮類に似ていたが，これは脊椎動物の二つの綱において同様の生活様式に向かって収斂進化が起こった結果である．

岩石の中には *Bothriolepis* の軟質部分の一部の印象〔押し型〕が保存されており，ガスペ半島のいくつかの標本がシリーズ研磨法〔第2章を参照〕によって調べられた．こうした研究の結果，何よりもまずこの種類はよく発達した，たぶん非常に機能のよい，咽頭からつながる肺をもっていたことが明らかになった．これは，肺という器官が早期の脊椎動物において原始的な，デボン紀における魚類進化の多くもしくは大半の系統に共通するものだったことを示すいろいろな証拠の一つである．

面白いことに，*Bothriolepis* の胸部には装甲で覆われて先端のとがった外肢があり，これは1個の関節で胴甲の前部に連結し，自由に動くことができた．その上，これらの"腕"の中央部には蝶番があったので，そこでいくらか曲げることができたらしい．これらはその動物が動きまわるのに明らかに有用だったもので，おそらく河川や湖沼の水底で体を引きずって動かす可動性の"鉤"のように役立っていたのだろう．

Bothriolepis では胴甲より後ろの体は裸だった．ただし，イングランドの旧赤砂岩から出る *Pterichthyodes* のような他の胴甲類では，胴の後半部や尾部は鱗で覆われていた．*Bothriolepis* では，胸甲より後ろの胴は細長く，後方ほどしだいに細くなって一種の異形尾をなしていた．この尾のほかに，正中の背鰭が1枚あった．このような全般的な体制はたしかに節頸類のそれと同様である．したがって，胴甲類は節頸類と共通の祖先から分かれ，水底での生活と摂食にむかう傾向にそって進化した一分枝を表している，と推定してよさそうである．

原始魚類の相互関係

シルル紀後期より前には，有顎脊椎動物〔顎口類〕は化石記録の中で知られていない．だが，シルル紀後期からデボン紀前期にいたる比較的短い期間に，有顎脊椎動物の四つの

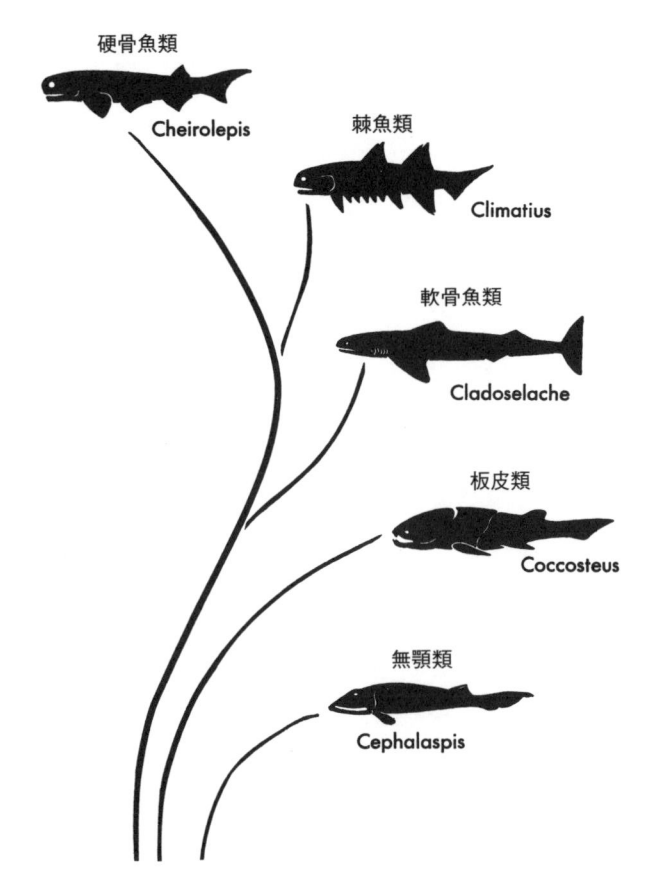

図 3-7 魚類の基本グループ〔綱〕の類縁関係を単純化した系統樹．(ロイス M. ダーリング画の旧版図を改変．)

主要グループ〔綱〕が初めて現れた——棘魚類，板皮類，軟骨魚類，および硬骨魚類，である（図 3-7）．そのため，顎口類の魚類の間の類縁関係をはっきり物語るものを，岩石中のかれらの層位学的な出現順序から突きとめることはできない．その代わりに我々は，かれらの進化的な関連について手がかりの得られる体の構造の比較に目を向けなければならない．

棘魚類は，硬骨魚類と，それに程度は低いが軟骨魚類との類縁の近さをしめす特色を幾つかもっている．しかし，板皮類と他の三つのグループ〔綱〕との関係はいずれもはっきりしない．かれらは一方では軟骨魚類と，他方では硬骨魚類や棘魚類と結び付けられたりしてきた．けれども顎口類の顎骨や歯の構造に関する近年の研究では，板皮類はきわめて原始的な有顎脊椎動物から，他の3群の有顎魚類に至った系統とは別の道をとって進化したと言われている．つまり，板皮類は有顎脊椎動物のなかで独特の一系統を表しているのかも知れないのである．

4
サメ類の仲間

Cladoselache

泳ぎに適した成功のデザイン

　ここまでに調べてきた原始脊椎動物の多くは，背骨をもつ動物たちの進化における初期の実験だったと言われている．かれらを大ざっぱに珍妙な形をした初期の自動車と比べることもできるが，これらがなんとか動いて生き延びていたのは，当時，競争相手になるようなもっとデザインの好い車が無かったからだ．初期の脊椎動物は初期の自動車と同じようにさまざまな発展を見せたけれども，その多くは早々と消え失せる運命にあった．ある一時期に甲皮類は，早期の顎口類だった棘魚類や多彩な板皮類のようにかなり成功した脊椎動物だったが，脊椎動物の別の型の体制が進化し確立してくるにつれて，こうした初期の型の体制は滅びていった．甲皮類は絶滅し，現在は二つの型の無顎類だけが，太古には世界中にいくらでもいた顎をもたない脊椎動物の名残として生き長らえている．棘魚類と板皮類も絶滅したので，かつて短期間でも栄えていたこれらの綱の生き残りは今は一つも存在しない．

　甲皮類，棘魚類，および板皮類が消滅したことには多分いろいろな要因が関与していたのだろうが，おそらく，最初の硬骨魚類と軟骨魚類〔サメ類〕——我々がふつうサカナという言葉で思い浮かべる動物たち——の興隆と発展が，先駆的な脊椎動物に衰亡をもたらした最大の原因だったのだろう．いわゆる“高等”魚類のなかに，甲皮類や初期の顎口類に発達した体制のどれよりも明らかに優れた水中生活に適したデザインが進化し，これらの魚類が優勢になる結果をもたらしたのである．

　では，どんな体のデザインと生活方法で，軟骨魚類や硬骨魚類は水中生活に抜群に適したものになっているのか？　この問いに対する単純な答えの一つは，これらの魚類はその進化史の始めから，まず極めて活発な泳ぎ手だったということだ．もちろん，かれらのなかには活発な生活から離れてしまったものも多いが，中心的な種類は過去も現在もりっぱな遊泳性脊椎動物である．早期の軟骨魚類や硬骨魚類が同時代の甲皮類，棘魚類，および板皮類を抑えて優勢になったのはおそらく，泳ぎに適した優れたデザインのためだった．

　軟骨魚類でも硬骨魚類でも典型的なものは，多くの甲皮類や棘魚類や板皮類と同じく流線形をしていて，水中で速く動くのによく適応した体をもっている．頭部はその魚が棲んでいる濃密な媒体を切り裂くクサビとしてはたらき，頭部から少し後ろのところで胴は最大サイズに達する．ここから後方にむけて胴は尾の付け根まで太さを減ずる．前から後ろにかけて胴の高さと幅と胴まわりが減少することにより，魚体は水の乱れを最小にとどめながら水中をすり抜けていくことができる．

　ここまで我々は，上記のような魚が，甲皮類や早期の顎口類よりよく活発な泳ぎに適応していたことを示す証拠をほとんど見ていない．鰭(ひれ)のことを考えるときに初めて，このような魚の優位性が明らかになってくるのだ．甲皮類や棘魚類や板皮類は鰭をさまざまに発達させていたが，初期の脊椎動物には，高等魚類ほどみごとに出来た，可動性の高い鰭をそろえて持つものは一つもなかった．

　典型的な現生魚類には大きくて効率のよい尾鰭があり，その機能は左右にあおる動きに

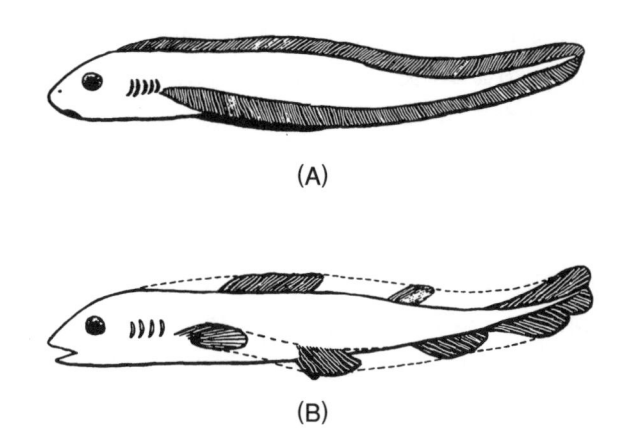

図 4-1 鰭ヒダ説．脊椎動物の正中鰭と対鰭の進化過程を仮説的な2段階で説明したもの．(A)初期の脊椎動物（魚類）．背中の正中線上に長くはしる1枚の鰭ヒダと，胴の両外側にそって伸びる有対の鰭ヒダがあった状態．(B)後代の進化段階．かつて長くつながっていた鰭ヒダが分断されて前後別々になり，両外側の2対（胸鰭と腹鰭）になった状態．

よって魚体を水中に押し進めることにある．筋肉の左右交互の律動的な波が胴の両側を伝わって尾部に達し，これらの波動が1本の水柱を後方へ押しやり，それが魚体を前進させる．尾鰭に加えて，魚体の背の正中線上に1枚または2枚〔まれに3枚〕の背鰭がある．これらは水中を泳いでいくとき体が横転〔横揺れ〕（ローリング）するのを防ぐ安定器なのだが，同時に偏走〔進路はずれ〕（ヨーイング）を防ぐ背中の竜骨としてもはたらく．同じように，一般に腹面の正中線上にも1枚の尻鰭があって，安定器および竜骨として機能する．

さらに，対鰭，つまり左右で対をなす鰭——胸部の1対〔胸鰭〕と腹部の1対〔腹鰭〕——がある．腹部の1対は前方に位置する場合もあり，後寄りに位置することもある．これらの鰭は，進歩した魚類では可動性が高く，移動を制御するのに重要である．それらは魚体が水中で上昇するのを助ける上昇舵としてはたらくことがあり，前進を急角度で右か左へ変えるときに方向舵として作用することもあり，また急に停止するときに制動器としてはたらく場合もある．実際，対鰭はさまざまな魚で"バックアップ"に使われているのである．

現生魚類の対鰭のような対をなす外肢がどのようにして発達したのかは，未解決の問題である．昔の学説には，有対外肢は鰓とその中軸をなす鰓弓から進化したもので，原初の鰭はその基部で幅がせまく，木の葉のような形をしていた，という見方もあった．

しかし，現生魚類の発生過程の研究によると，胚の鰭は胴の両側面にそって前後に伸びる1対の伸び出し，つまりヒダとして現れはじめることが知られている．こうしたヒダはやがて前後につながったヒレ様の構造物に発達し，これがさらに中間部分の細胞死によって，前後別々の鰭に分かれる．このような所見と，原始的脊索動物のナメクジウオ（*Branchiostoma*）に腹側の外側にそって有対のヒダ，"腹襞"の存在することが"鰭ヒダ説"を裏付けており（図4-1），現今ではこれが受け入れられている．この説は，有対外肢は，原

始脊椎動物の成熟体が腹面外側にもっていた，前後に伸びる1対の鰭ヒダから進化してきたと主張する．同様に，背面の中央に1枚だけ，前後につながる鰭ヒダが伸びていたと考えられる．その鰭ヒダの全長にわたり一定の部位で生体組織が崩壊した結果，幅広い基部をもつ別々の鰭ができたという．甲皮類の *Jamoytius*（図2-3）の鰭が，仮説では原始脊椎動物にあったものとされる，長くつながった鰭ヒダと酷似していることに注意してみるのも面白い．また化石記録が，原始的な軟骨魚類はいずれも，並行する鰭すじを張り骨にした基部の幅広い鰭を備えていたことを示しており，これも鰭ヒダ説を裏付けるものだ．

正中鰭と対鰭の組み合わせを備えて，軟骨魚類も硬骨魚類もともに水中での活発な生活によく適応している．それに加えて，現生の魚類は効果的な摂食と防衛の方法を発達させる方向にむかう無数の系統に分かれて進化し，一般に豊かな繁殖能力をもつようにもなった．その結果，これらは現在，脊椎動物のなかで最も数多いグループになっており，仮に成功ということが数で計れるとすれば，魚類は間違いなく大成功をおさめていることになる．現今の硬骨魚類の種の数は他のすべての現生脊椎動物の種数の合計をはるかに上回っており，個体数でも，海産魚類の幾つかの種は天文学的ともいうべき数字に達している．

舌骨弓について

高等魚類が興隆した過程で目立つのは，他の何よりもかれらの進歩に寄与したある重要な解剖学的な発展である．魚類の進化の早い時期に，顎骨の後ろにあった第1鰓弓，つまり舌骨弓が特殊化をおこし，この弓の上半の骨が顎骨を頭蓋に結び付ける一種の連結材に変形した．この変形した骨は舌顎骨〔または舌顎軟骨〕といい，魚類および魚類から発展した陸生動物の進化過程で重要な役割を果たしてきた．最も原始的な有顎の魚類では，口蓋方形骨〔または同軟骨〕という上顎の骨格は脳頭蓋と関節で直接つながっていた．この型の関節のしかたは「全接型」の顎骨懸架とよばれる（図4-2）．原始的な軟骨魚類では，舌顎骨が上顎骨格への付加的な連結材になり，これが「両接型」の顎骨懸架である．後代の軟骨魚類や硬骨魚類の多くの種では，舌顎骨が脳頭蓋から上顎までに対して全体的な支持材をなし，この状態を「舌接型」の顎骨懸架という．この場合，舌顎骨はその一端で頭骨とつながり他の一端で顎骨の後部とつながったため，もと頭蓋と舌骨弓の間にあった鰓裂はひどく押し詰められた．現生魚類のうち比較的原始的なものでは，この狭められた鰓裂は「呼吸孔」——最前位の完全な鰓裂の前上方に開く小さな孔——として残存しているが，高度に進歩した魚類では呼吸孔はまったく消失している．

魚類の二つの綱

高等な魚類は二つの大きな綱，すなわち軟骨魚類（サメやエイの仲間）と硬骨魚類とに分けられる．これらのグループはともに化石としてシルル紀後期に現れたので，実際にはそれよりいくらか早い時期に始まったのだろうと思われる——それを立証する化石の証拠はないけれども．古生物学者のなかには，サメの仲間のさまざまなグループがいろいろな板皮類から進化したのであり，したがって軟骨魚類は"多系統"であると主張する人もい

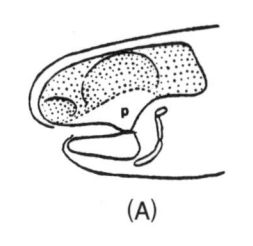

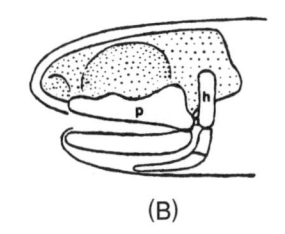

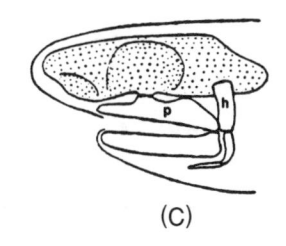

図 4-2　魚類における顎骨懸架の三つの基本型．(A)全接型，(B)両接型，(C)舌接型．h: 舌顎骨〔舌顎軟骨〕，p: 口蓋方形骨〔口蓋方形軟骨〕．

る．現在のところ，この問題を解明するための根拠は十分でない．

　サメ類はデボン紀に急速に進化し，地球史の石炭紀－ペルム紀を通じて拡大を続けた．古生代の末にサメ類の数多くの系統が絶滅したが，にもかかわらず，この仲間は比較的かぎられた多様性をもって今日まで生きつづけている．

　他方，硬骨魚類では多くの系統が中生代を通じて進化した．中生代の末に近く，白亜紀にそのなかの1グループである真骨類〔区〕がかれらの進化史上の大発展をしはじめ，これが現今まで続いている．時代をつらぬいて進化する過程で，硬骨魚類は陸水でも海洋でも種々さまざまな環境に適応するようになった．

軟骨魚類の進化

　軟骨魚類，つまりサメ類の仲間はふつう"原始的"な魚類だと思われているけれども，かれらが硬骨魚類よりも本当に原始的であるのかどうかは疑わしい．サメ類はシルル紀後期の最初の硬骨魚類とほぼ同じ時代に化石記録に現れる．脊椎動物界の全系列のなかでサメ類を原始的な地位に置くことは，おそらく，かれらの大きな特色である軟骨性の骨格が，その他の魚類がもつ骨性の骨格より原始的だという見方から出てきたものらしい．けれども，その逆が正しい――サメ類の軟骨性骨格は二次的な展開であり，甲皮類や板皮類や最初の硬骨魚類の骨格にあった骨のほうが真に原始的なのだ――と考えるほうが，筋が通っているのである．それはともかくとして，サメ類がかれらの歴史の全体を通じて，昔も今も軟骨性であることは事実だ．歯やいろいろな棘などがサメ類の骨格における普通の"硬質部分"であり，化石サメ類の大半はこのような遺物から知られている．ただし，場合によっては，軟骨性の脳頭蓋や椎骨が十分に"石灰化"していたために化石として保存されていることもある〔序説16ページ参照〕．このような性格づけの話がどうであっても，サメ類を軟骨性骨格をもつものと規定するのはやはり正しい．

　このほかに，おおざっぱに言えば，大グループとしての軟骨魚類を特徴づける形質がいくつかある．サメ類の卵は大きくて卵黄にとみ，ふつう母体内で受精するのだが，これは硬骨魚類の卵が一般にまず水中に産み出され，それから受精するのとは異なる．軟骨魚類の雄はかならず，交尾するときに役立つ1対の交尾器(クラスパーズ)を腹鰭の内側部にそなえている．他

の脊椎動物の雄がもつ交尾の器官はまったく別の素材から発達するのに対し，軟骨魚類ではこれらの装置は腹鰭の一部から形成される．サメ類にはまた，肺も鰾(うきぶくろ)ももたないという特徴があり，この点でかれらは他の魚類とはっきり違っている．すでに述べたとおり，肺というものは水生脊椎動物の歴史の早い段階で発達したものだからだ．さらに，サメ類の全てではないが，大半の種類は別々に開口する鰓裂と，第1鰓裂の前に開く小さな呼吸孔，つまり退化した鰓孔を備えている．最後にもう一つ，前にもふれたように，軟骨魚類はその全歴史を通じてほとんど海洋中で生きてきた魚類である．

　化石の証拠で知られている最初のサメ類の一つは，エリー湖南岸の近くにあるデボン紀後期のクリーヴランド頁岩(けつがん)から出る *Cladoselache* 属〔本章の章扉挿図〕である．このサメは幸運にも細粒の沈泥に由来する黒色頁岩の中で化石になっており，そのため異例に良好な状態で保存されてきた．体の外形がわかる場合もよくあるし，筋肉の繊維や腎臓のような軟質部分の構造さえ化石化している．目を見張るようなこうした資料から *Cladoselache* のかなり具体的な概念が得られたのである．

　いくつかの面で *Cladoselache* は，よく知られている現生のある種のサメに似ている．この魚は小さく，体長1m内外で，典型的なサメ形または魚雷形の体をもっていた．大きな異形尾があったが，上葉と下葉が同じサイズだった．さらに，前後2枚の背鰭，胸鰭と腹鰭，それに尾の基部の両側面に1対の小さい水平の鰭があった．対鰭はみな，胴につながる付け根の幅が非常に広く，そのためこれらは可動性が良かったはずはない．しかし胸鰭は極めて大きかったので，これはバランスと舵とりの制御装置として重要な意味をもっていたのに違いない．尾鰭の基部にあった小さい水平鰭は，急激な方向転換——活発な捕食動物にとって重要なはずのもの——をするときに大きな助けになったと考えられる．また *Cladoselache* は頭部の前端に近いところに大きな眼をもっていた．

　この太古のサメの上顎骨格は2か所の関節で脳頭蓋につながっていた．一つは眼のすぐ後ろ（眼窩後関節），もう一つは頭骨の後部にあり，この辺りで舌顎軟骨が脳頭蓋と上顎の後部をつなぐ連結材になっていた．このような顎骨の関節様式——"両接型"懸架(せっがく)——は有顎魚類のなかではかなり原始的なものである．このサメでは，このように前と後ろで脳頭蓋から吊り下げられた上顎骨格はただ1個の要素，口蓋方形軟骨でできており，その下に下顎の骨格，下顎軟骨が向かい合っていた．

　一方，*Cladoselache* の歯はそれぞれ，高く突出した中心咬頭(こうとう)とその両側の低い副咬頭でできていた．この歯型は軟骨魚類のなかでは早期のものであり，太古の多くの化石種に見いだされている．また，顎骨より後ろに6対の鰓弓が並んでいた．

　Cladoselache に見られる構造の型は軟骨魚類としていろいろな面で原始的なので，この魚は後代の軟骨魚類の進化の基になった中心的な根幹に近いものだったと考えることができる．このような種類に始まり，サメの仲間はさまざまな方向へ進化した．大ざっぱに言えば，そこには，クセナカントゥス類，"典型的"サメ類，エイ類，正体不明のブラディオドン類〔鈍歯類〕，それにギンザメ類などが含まれる．このような進化的発展の結果，クラドセラケ類〔目〕は，かれらの中から出てきたもっと進歩したサメ類にやがて取って代わら

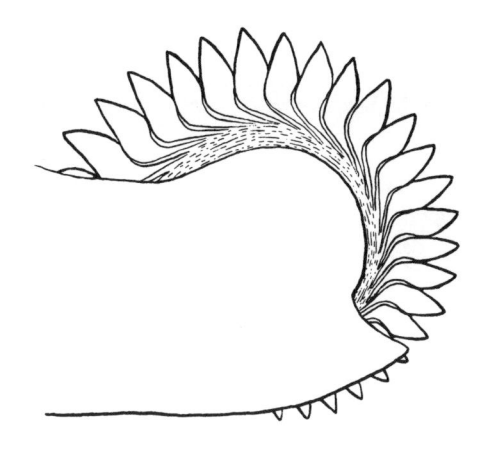

図 4-3 ペルム紀前期のエデストゥス科のサメ，*Helicoprion* の渦巻き状の歯．直径約 23 cm．

れる運命にあった．それでも，かれらは自分たちの生活環境に十分よく適応していたため古生代の末近くまで生き延びることができ，最後の代表者たちはペルム紀の間に姿を消した．これは，生命の進化史のなかでよく起きた，原始的な種類が長く存続する——祖父がその子孫らといっしょに暮らしている——という現象の一例である．

ここで，確かに軟骨魚類のものらしい渦巻き状の歯という特異な化石のことに触れておこう．この化石はかつて，それを調べた研究者たちの個人的見解に従っていろいろなサメに帰せられていたが，現在ではふつうエウゲネオドゥス目のものとされている．この渦巻き歯は，石炭系上部から出る *Edestus* 属にちなんで俗に「エデストゥスの歯」とよばれているもので，平らな渦巻き——小さい歯が渦の内側に，大きい歯が渦の外周りに並んだもの——の形をしている（図 4-3）．これはおそらく下顎の結合部，つまり顎骨の左右の各半分がつながる正中部にあったものと思われ，歯の特異な生え代わりの様式を表すものと推定されている．この化石は美しくて印象的であるため，昔から注目を集めてきた．

さて，クセナカントゥス目——典型的な属 *Xenacanthus*（図 4-4）にちなむ名——のサメ類はデボン紀前期から三畳紀にかけて進化した．かれらはある意味で，サメ類の進化の系図では型外れの支脈だった．というのは，ほとんど全ての他のサメ類と異なり，かれらは古生代後期－中生代前期に浅い河川や湖沼に棲んでいた陸水生の魚類だったからだ．クセナカントゥス類は，原始的な両接型の顎骨懸架をもっていた点で祖先のクラドセラケ類に似ていたけれども，他の幾つかの面では多少特殊化した方向へ進化した．すなわち，これらのサメは細長い体をもち，背中のほぼ全長にわたって長く伸びる背鰭をそなえ．後方では，尾が胴と一直線をなして真っすぐ後ろへ伸び，尖端に終わっていた．このような尾鰭は「原正形尾」〔両形尾〕とよばれるが，クセナカントゥス類にあったこの尾は明らかに原初の異形尾から二次的に由来したものである．対鰭も他のサメ類の対鰭と違って，1本の中心軸とそこから両側へ放散する鰭条〔ひれすじ〕を支えにしていた．この風変わりなサメ類の最も印象的な特色は，頭蓋の後部から後ろ向きに長い棘が突出していたことにある．

Xenacanthus

図4-4 ペルム紀のクセナカントゥス目のサメ，体長約76cm．（ロイス M. ダーリング画）

また，多数あった歯はそれぞれ，分立する2個の長い刃状咬頭とそれらに挟まれた小さい咬頭でできていた．

クセナカントゥス目のサメ類が陸地内の淡水域へ侵入しつつあったころ，もっと上首尾で長続きするサメ類の系統がいくつも，地球をおおう大洋の中で発展していた．近代型のサメ類のうち最も早くて最も原始的だったのはヒボドゥス類〔上科〕である．これはデボン紀後期に初めて現れ，古生代後期，中生代，さらに新生代の初めまでにも及ぶ長い年代の間，その進化の歴史を続けた．ペルム紀後期－中生代の世界中の堆積物に広く分布する *Hybodus* 属がその典型である．

ヒボドゥス類はサメ類の進化における一種の中間段階だった．つまり，両接型の顎骨懸架（上に述べたとおりクラドセラケ類の特色）を維持していた点で原始的だったが，対鰭は基部が狭く，そのため，かなり運動性のある外肢――*Cladoselache* の基部の広い強ばった対鰭よりも水中で魚体を制御するのにはるかに有用なもの――になっていた点では，進歩していた．そのうえ，腹鰭に付属する交尾器(クラスパーズ)はヒボドゥス類に初めて現れたものだ．この点でかれらは後代のすべてのサメ類との類縁の近さを示すとともに，まだ交尾器が進化していなかった原始的なクラドセラケ類を超えて進歩していたことをも示している．また，ヒボドゥス類は確かにクラドセラケ型の歯に由来した歯をもっていたけれども，それらはふつう特殊化していて，顎骨の後部の歯は前部の歯ほど鋭く尖っていない．その代わり，後部の歯は幅が広く，歯冠〔露出部〕の低い形，おそらく軟体動物の殻を噛み砕くのに適応した形をしていた．

ヤモリザメ目の2群のサメ類――いずれも少数の属からなる群――が，ヒボドゥス類と現在大洋に棲む多様なサメ類の間の結合環であるらしい．それらはネコザメ類〔上科〕とカグラザメ類〔上科〕で，前者はオーストラリア東部の近海に現生するポートジャクソンザメ（*Heterodontus*）に，後者は北部大西洋－太平洋の水域にすむラブカ（*Clamydoselache*）に代表される．*Heterodontus* は明らかにヒボドゥス類がちょっと変形した子孫で，全体の外観とヒボドゥス類似の歯――軟体動物を噛み砕いてむさぼり食う歯――でヒボドゥス類によく似ている．だが，この種類はその顎骨懸架の様式では新しい状態に近くなっている．

カリフォルニアドチザメ

オナガザメ

ガンギエイ

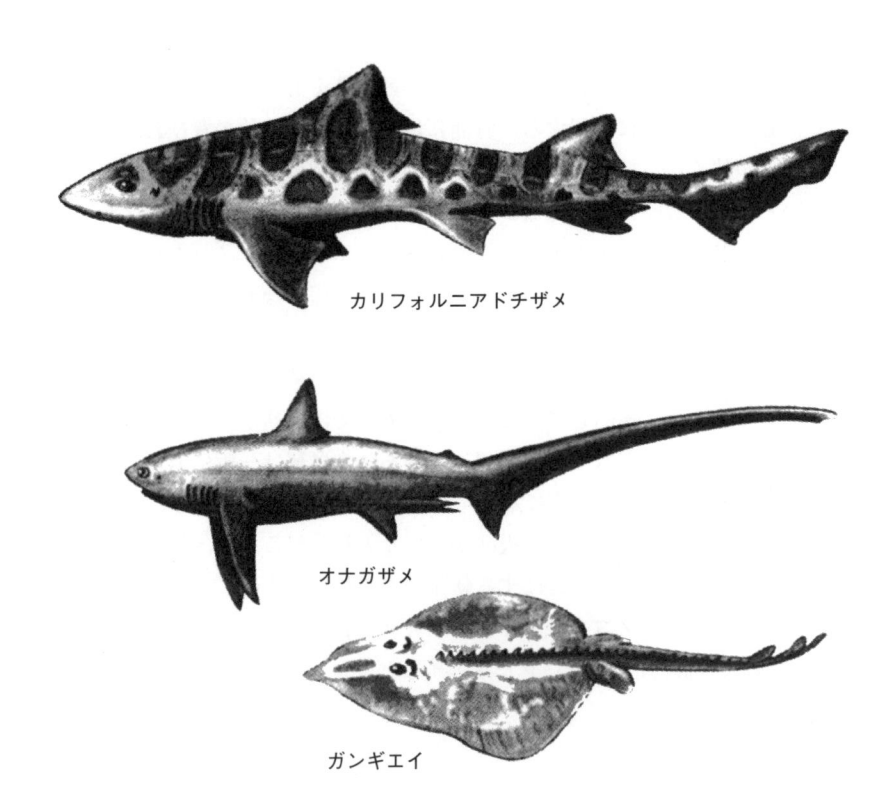

図 4-5　現生する板鰓亜綱の軟骨魚，3 種．

Clamydoselache とその近縁の属，*Hexanchus*〔カグラザメ〕は長い体をもつ捕食性のサメ類で，かれらの顎骨懸架は両接型である．

　サメ類は三畳紀－ジュラ紀に数と多様さを著しく低減させた．おそらく，当時進化しつつあったもっと進歩した硬骨魚類から仕掛けられた競争の結果だったのだろう．この年代の間，サメ類はほとんど全くヒボドゥス科で占められており，このグループは古生代後期－中生代前期に進化的発展の頂点に達した．が，ヒボドゥス類はジュラ紀にネコザメ類とカグラザメ類に取って代わられた．その後さらに，もっと数が多くて多様なサメ類とエイ類が入れ代わり，これらは白亜紀から現在まで進化を続けてきた．

　中生代に入って，とりわけジュラ紀の間に現生のサメ類（図 4-5）が，後の地質時代における繁栄の基礎となった一連の進化的な歩みを開始した．このような進歩したサメ類では，原始的な両接型の顎骨懸架が舌接型——顎軟骨が舌顎軟骨により頭蓋にその後部だけでつながる様式——へ変わった．この型の顎骨懸架によって，顎の発達と機能における可動性が高まり，これが進歩した魚類の特色になっている．

　中生代から現在まで，高等な軟骨魚類〔板鰓亜綱〕の進化は，大きく分けて二つの系統をたどってきた．その一つは"典型的"サメ類，つまり，細長くて流線形の体をもち，泳ぎが速く，攻撃的で，捕食性の強い魚類である．前にも触れたことだが，頭は前端がとが

り，その腹面に多数の鋭い歯をそなえた大きく開く口がある．左右の体側には，5個の別々の鰓裂と，第1鰓裂の前上方に1個の小さい呼吸孔をもつ．魚雷形をした胴は後ろほど細くなり，強固な異形尾に移行する．背面には1枚または2枚の背びれがある．強力な対鰭では，基部が狭くなっていて，水中で魚体の運動を制御するための鰭の可動性と効率を高くしている．雄の腹鰭には交尾器が付属している．このグループのサメ類には，ありふれたミズワニ，アオザメ，イタチザメ，恐れられるホオジロザメ（人食い鮫）など多数の仲間がある．また，巨大なウバザメやジンベエザメ，扁平なカスザメのような幾つかの型外れの種類も含まれる．

　高等な軟骨魚類のもう一つの進化系統はエイ類〔目〕の系統である．この仲間は著しく特殊化し，水底での生活に適応している．これらの魚では胸鰭がひどく巨大化して翼のように用いられるので，魚体が水中を"飛ぶ"のである．尾部は一般に退化して細長い付属器になっており，ただのムチのようになっている種も多い．エイ類では，鰓裂は前部の腹面にあり，水は背面に開いた巨大な呼吸孔から取り入れられる．歯はひどく変形して大きな挽き臼の形になり，かれらが常食にする軟体動物の殻を砕くのによく適している．このグループにはウチワザメ，ノコギリエイ，ガンギエイ，さまざまなレイ〔ray, 尾部がムチ状の種類〕，頭部に発電器官を備えたシビレエイなど多様な仲間が含まれる．

全 頭 類

　軟骨魚類のもう一つのグループは特に数が多くなったことが一度もないもので，上に述べてきたサメ類〔板鰓亜綱〕とは別の群，全頭亜綱として分類される．この亜綱には，現在も外海の深層で生きつづけているギンザメの仲間だけが含まれる．ギンザメ類は活発な魚類で，頭部に長く尖った額角をそなえ〔雄〕，全接型の顎骨懸架で固く脳頭蓋に合体した上顎をもつ．胸鰭は扇のように大きいが，尾は細長く伸びてムチのようになっている．化石記録では，石炭紀前期にまで逆のぼるさまざまなギンザメの仲間が知られている．全頭類がその他の軟骨魚類〔板鰓類〕と違っているのは，鰓の外口を覆う1枚の骨性の鰓蓋をもつことである．また，かれらの雄の前頭部に前向きに突出した特異な構造物〔額角〕は俗に"頭の交尾器"とも呼ばれるが，機能はよく分かっていない．

　ここで，大量に発見される板状の歯からおもに知られている古生代後期のサメ類，鈍歯類〔コンドレンケリス目など4群〕のことに，簡単に触れておこう．これらの"敷石歯"（そう呼ばれることが多い）は明らかに軟体動物を噛みつぶすのに適応していたことを物語っている．だが，鈍歯類は軟骨魚類の一つの目をなすのではない可能性が大きい．そうではなく，これらはたぶん祖先型の原始軟骨魚類から進化した，軟体動物食性の幾つかの並行したグループを表しているのだろう．かれらの類縁関係は，ひいきめに言っても明らかでない．

　化石記録が明るみに出すところでは軟骨魚類の歴史は幅ひろく立証されてはいない．いろいろな意味で化石の証拠はじれったく，人を失望させるようなものであり，ばらばらの歯や棘や，たまにあっても不完全に化石化した顎骨や脳頭蓋などにすぎない．にもかかわ

らず，知られている化石の証拠と現生軟骨魚類の知見からみて，これらの仲間がよく成功した脊椎動物であることは間違いない．他の多くの脊椎動物に比べれば，かれらは属や種の数でさほど多くなったことはないが，現れてきた種類はみなそれぞれの生活環境に十分よく適応している．デボン紀後期にサメ類がいて，現在もサメ類がいる．そして，そこにはさまる幾つもの地質時代——ミシシッピ紀の初めから現今まで——を通じて，軟骨魚類は世界中の海洋で生活し，その生息場所を共にしてきたもっと"高等"な動物たちに対抗して自己の立場をよく守り，あるいはそれらを制圧さえしてきた．硬骨魚類や，イクチオサウルス類のような海生爬虫類や，クジラ類などの海生哺乳類から競争が仕掛けられたにもかかわらず，軟骨魚類はいたって上首尾に過ごしてきた．軟骨魚類が繁栄してきたのは，水底にすむエイ類は別としてかれらが攻撃性の強い魚類であり，地球の変動，食物供給の変化，競争相手の出現などが起きても，自分たち自身を守ってくることができたからだ．サメ類は今後も長く，世界中の海に棲みつづけていきそうである．

5
硬骨魚類

イワシ

水中の覇者たち

　水中で生きてきたあらゆる動物のなかで，硬い骨をもつ魚，硬骨魚類〔綱〕ほど栄えているものは他にない．無脊椎動物のうち完全水生で最高度に発達したもの——軟体動物，とりわけ非常に複雑な進化をした中生代のアンモナイト〔菊石〕類など——も，水中生活への適応については硬骨魚類と同じようだったとは言えない．なぜなら，硬骨魚類は地球上のあらゆる水域——陸上の小さな流れ，河川，湖沼などから海洋の隅々まで——にまで入り込んでいるからだ．かれらは大きさでは，体長１インチにも満たないようなものからマグロのように巨大な魚まで，たいへん広範囲にわたる種を進化させてきた．体形や適応構造の多様さも実に目を見はるばかりである．硬骨魚類はいろいろな面できわめて多彩であり，また，これまでに触れたとおり脊椎動物のなかで確かに最も数が多い．かれらは現在，その進化史の頂点にある．

　では，硬骨魚類を他と区別する特徴はどのようなものか？　まず第一に，その名がしめすように，これらの動物では一般に骨格の骨化が高度に進んでいる．これは，頭骨，椎骨，肋骨，鰭などの内骨格についてのみならず，外骨格，つまり骨板や鱗などの外面被覆についても言える．原始的な硬骨魚類では，鱗は頑丈で一般に菱形をしていたもので，二つの基本型——初期の肺魚類や総鰭類の特徴であるコズモイド鱗と初期条鰭類のガノイド鱗〔序説16ページ参照〕——があった．コズモイド鱗の底層は並行する骨の薄層でできていた．この部分の上に海綿質の中層があり，そこには血管が豊富に分布していた．その上に，多数の髄腔のまわりに形成された硬いコズミン質の上層があり，さらにその上をエナメル質の薄層が覆っていた．

　他方，ガノイド鱗では，同様の幾つかの層があったがエナメル質が非常に厚く，鱗の上層にガノイン〔硬鱗質〕とよばれる光沢のある強固な表面を形成していた．硬骨魚類が進化するにつれて，鱗を構成する幾つかの層の厚さが一般に減少し，ついには，薄い骨の層だけでできるようになった．にもかかわらず，今でもほとんどの硬骨魚類の胴は鱗という装甲で完全に覆われている．

　頭骨では，脳頭蓋〔脳を包む骨魂〕そのものは一体として完全に骨化しているが，その外回りの骨は数が多く，いずれもよく形成されている．一般的に言えば，これらの骨は互いに関連をもつ諸要素の幾つかのシリーズからなる複雑なパタン——頭部の頂と側面を覆い，後ろでは鰓蓋を成し，下顎骨格の両半分をつくるもの——を形づくる．こうした"骨"の優勢ぶりは鰓の領域にもおよび，数対ある鰓弓がそれぞれ関節でつながる小骨の連鎖でできており，さらにその鰓領域の全体が１枚の骨性の薄板，鰓蓋骨で覆われる．そのため，鰓の出口は鰓蓋骨の後縁に１個の孔として開き，これはサメ類で鰓孔が別々に開口するのと対照的である．そのうえ，呼吸孔は硬骨魚類では著しく退化していて，大半の種で消失している．舌顎骨は頭骨における重要な要素であり，ほとんどの硬骨魚において脳頭蓋から顎骨を吊るす舌接型の懸架装置をつくっている．

　頭骨より後ろでは，椎骨が高度に骨化し，椎体，つまり糸巻形をした中心部が関節で前

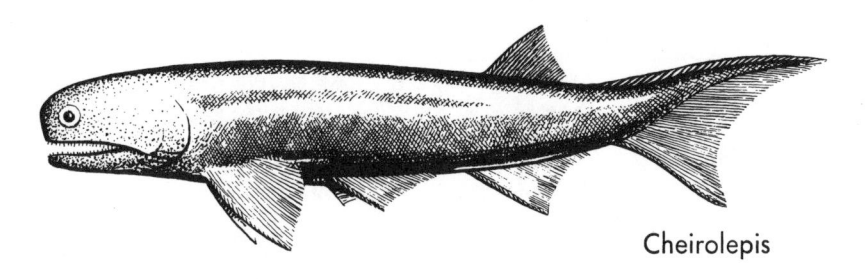

図 5-1 *Cheirolepis* は祖先型の硬骨魚類，パレオニスクス目の一つ．体長約 23 cm．(ロイス M. ダーリング画)

後に連なり，胴全体を支える中軸骨格をなしている．椎体からは長い棘が上下に突出し，背方〔上〕へは神経棘が，胴の後半では腹方〔下〕へ血道棘が伸びる．胸腹部では，各椎体の両側から肋骨が外下方へ張り出し，体腔をそっくり取りかこむ．

複合した構造の肩帯——頭蓋後部に連結することも多い——があり，これに胸鰭の骨格が関節でつながる．すべての鰭——有対の胸鰭，腹鰭，正中の背鰭，尻鰭，尾鰭——が内部に張り骨として多数の骨性の鰭条〔ひれすじ〕をもっている．

硬骨魚類でも原始的なものは機能をもつ肺を備えていたのだが，この綱の大半においては，肺は鰾——魚体の浮力を制御するのにはたらく静水力学的な器官——に変形している．眼は一般に大きく，視覚は魚類の生活で重要なものだが，嗅覚は副次的な意味しかもたない．以上のような諸特徴は，化石資料から明るみに出されるかれらの進化に興味をもつ人々には非常に重要なものである．

硬骨魚類は太古に起源をもち，シルル紀後期の堆積物に初めてばらばらの鱗として現れる．最古の種類として知られる比較的よく整った硬骨魚の体の化石はデボン紀中期の地層から出るもので（図 5-1），大きさは小形ないし中形で，特色は菱形をした頑丈な鱗にあった．頭蓋は基本的な硬骨魚類型のパタン——後代の硬骨魚類の複雑な頭骨が進化する出発点になったもの——を示していた．つまり，まず鼻の領域を覆う一組の鼻吻部の諸骨があり，それらの後ろに頭頂部をつくる有対の諸骨があった．眼の周りには数枚の小さな囲眼窩骨，その後方で，頭頂部の諸骨の両側に後頭部の諸骨があった．頭蓋の左右の縁の周りには歯の生えた諸骨があり，これらの腹側の内側に口蓋のいくつかの骨が隣接していた．歯の生えた頭蓋側の諸骨の下に，左右の下顎骨格を構成する諸骨が向かい合っていた．

このような太古の硬骨魚類では眼が非常に大きく，口は前後に長くて頭骨のほぼ全長にわたる場合が多かった．頭骨より後ろでは，紡錘形をした胴が後方ほど細くなって尾に移行していたが，その尾は，長い上葉とずっと小さい下葉からなる異形尾であった．背鰭は胴の後部に 1 枚だけあり，腹面でそれに対応する位置に尻鰭があった．それらに加え，対鰭——前方の胸鰭と後方の腹鰭——があった．こうした初期の硬骨魚類では椎骨の化骨は不完全で，脊索がまだ立派に発達していた．

表 5-1　硬骨魚綱の二つの亜綱の対比.

器官	条鰭類	肉鰭類
鰭	"ひれすじ"のある型."うちわ"型であり，退化に向かう傾向.	筋肉質の柄をもつ"ふさ"型．原始的な種類では基部の狭い原形鰭.
鱗	原始状態ではガノイド型，進歩した種では円形または櫛形になる（図1-7）.	コズモイド型，または変形コズモイド型（図1-7）.
肺	"うきぶくろ"に変形.	肺として存続.
尾	原始状態では異形尾，進歩した種では正形尾になる.	原始状態では異形尾，進歩した種では原正形尾，または橋形尾になる.
内鼻孔	無い.	扇鰭類にはあるが，*Latimeria* では機能をもたず，肺魚類では疑問.
出現期	やや新しい．デボン紀中期に初出現．ミシシッピ紀に優勢化.	やや古い．デボン紀前期に初出現．デボン紀中期に優勢化.
背鰭	もとは1枚だが，2-3枚になる.	2枚.
眼	前方に位置．4枚の強膜板が取り囲む.	一般にやや後方に位置．20-24枚の強膜板が取り囲む.

鰭の構造

　硬骨魚類の対鰭には二つの型がある．その一つは，原始状態では基部の前後幅が広く，針のように細い多数の骨性の鰭条〔ひれすじ〕が皮膜や鱗を張り支えている．この型の鰭は内部に筋肉をもたず，したがって全体に非常に薄く，効率のよい水中翼になる〔条鰭〕．もう一つの型は内部に頑丈な骨格をもち，これは元来は1本の中軸とその両側に分枝が広がった形をしている．この第2型の鰭は"総状鰭"〔総鰭〕とよばれ，内部に筋肉系があるので筋肉質である．これは一般に"条鰭"型の鰭より厚みがあり（特に中軸の周りで），基部の幅は狭い．

　これら二つの鰭の型に対応して，硬骨魚綱は二つの亜綱に分けられる（表5-1）．鰭条のある鰭をもつ魚類は「条鰭亜綱（じょうき）」とされ，ほかにも幾つかの共通点——本来は1枚の背鰭，肺から変形した鰾（うきぶくろ）など——をもっている．一方，総状の鰭をもつ魚類は「肉鰭亜綱（にくき）」で，2枚の背鰭，鰾に変形していない肺をもつことなどの共通点がある．鱗の型はこれら2群で異なるし，尾は初めはともに異形尾だったが別々の方向へ進化した．条鰭類は内鼻孔——鼻腔を口腔につなぐ通路——をもたないが，総鰭類の多くはそれをもつ．両群とも，眼の周囲を小骨板からなるリングが保護しているが，この骨輪は条鰭類ではただ4枚の強膜板からなるのに対して，肉鰭類では20-24枚もの強膜板でできている．

　けれども，これら二つの基本的グループのどちらか一方が他方の祖先であったとか，体の構造でより原始的であるなどとは，考えるべきではない．両群ともデボン紀に——肉鰭類が条鰭類よりいくらか早く——出現した．肺を維持したことなど幾つかの点で，祖先の体制に近い形にとどまったのは肉鰭類のほうであった．これら二つの群の別個の歴史を示

硬骨魚類　65

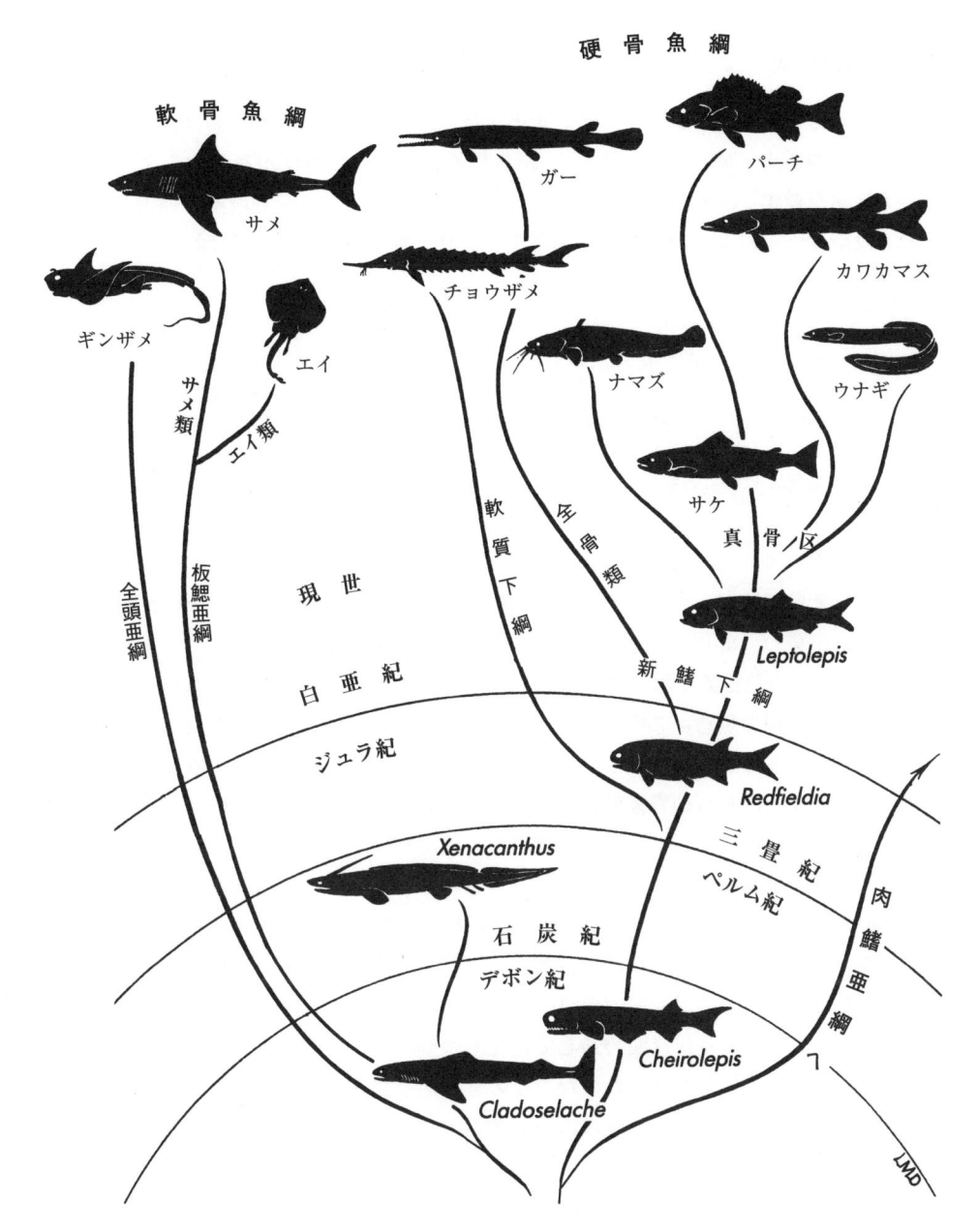

図5-2 軟骨魚綱と硬骨魚綱の進化．（ロイス M. ダーリング画）

したのが図5-2と図5-3である．

　この章の残りは条鰭類の話に費やし，肉鰭類について詳説するのは次の章に譲ることにしよう．

条鰭亜綱の魚類

　最初の条鰭類の魚はパレオニスクス類とよばれる亜目に入れられており，この群ではとりわけデボン紀の *Cheirolepis*（図5-1）が典型的である．この属が例示するような祖先形から条鰭類が進化し，その過程でかれらは大体において三つの発展段階を通過した．これらの3段階は下記のような三つの基本グループ〔下綱〕で示すことができる．

〈段階〉	〈下綱〉	〈生存期間と種類〉
原始的	軟質類	デボン紀前期－白亜紀前期．少数の種類（チョウザメ，ヘラチョウザメ，bichir など）が現在まで生存．
中間的	新鰭類（全骨類）	ペルム紀後期－白亜紀後期．少数の種類（ガーパイク，ボウフィンなど）が現在まで生存．
先進的	新鰭類（真骨類）	三畳紀後期－現世．現生の硬骨魚類の大多数．

　原始的な軟質下綱パレオニスクス類の全般的特徴は前節で述べたとおりである．このような魚から出発し，より高等な軟質類を通り，次いで全骨類の水準をへて，そして最後に真骨類〔区〕にいたる条鰭類の興隆を追っていくなかで，ある幾つかの進化傾向をたどることができる．硬骨魚類はこのように複雑な歴史をもっているため，かれらの発展過程の細部には無数の多様な適応現象が含まれており，それらはここで記述するには余りにも複雑である．だが，これらの脊椎動物の進化過程で相次いだ各段階を特徴づける全般的傾向を，表5-2のように整理しておくのは有用だろう．

　さて，軟質類は条鰭類のなかで相対的に原始的なグループであると述べたけれども，その仲間のすべてが，*Cheirolepis* を典型とするような一般型〔特殊化しない型〕の魚だったわけではない．事実，軟質類のなかでは初期の段階でもう適応放散の枝分かれがあったのであり，それは硬骨魚類の最も古い亜目，パレオニスクス類のなかでも起きていた．つまり，パレオニスクス類は古生代後期を通じて進化しつつ，かなり多様な体形を生み出すことになった様々な適応系統をたどったのだ．この進化的歴史が頂点に達したのはペンシルベニア紀－ペルム紀のことで，その時代にパレオニスクス類はたぶんあらゆる魚類のなかで最も数が多くなった．

　パレオニスクス類のなかには，*Cheirolepis* やその他の根幹的な種類がすでに創始していた一般型の適応系統をたどったものがあった．例えば，*Palaeoniscus* 属（図5-4A）そのものは本質的にごく原始的な条鰭類であり，*Cheirolepis* を超えるような進歩をほとんど見せていなかったのだが，それでも何百万年も後のペルム紀に生存していた．他方，ペンシルベニア紀－ペルム紀のパレオニクス類には，きわめて特殊化した種類がいた．*Amphicentrum* というのは体高（胴体の最高点から最下点までの高さ）の高い魚で，長い背鰭と尻鰭，外見では正形だが内部構造では異形である尾をもっていた．*Dorypterus* も体高の高い魚で，上の *Amphicentrum* に似た鰭をもっていたが，背鰭の前部が途方もなく高くなっていた．

硬骨魚類　67

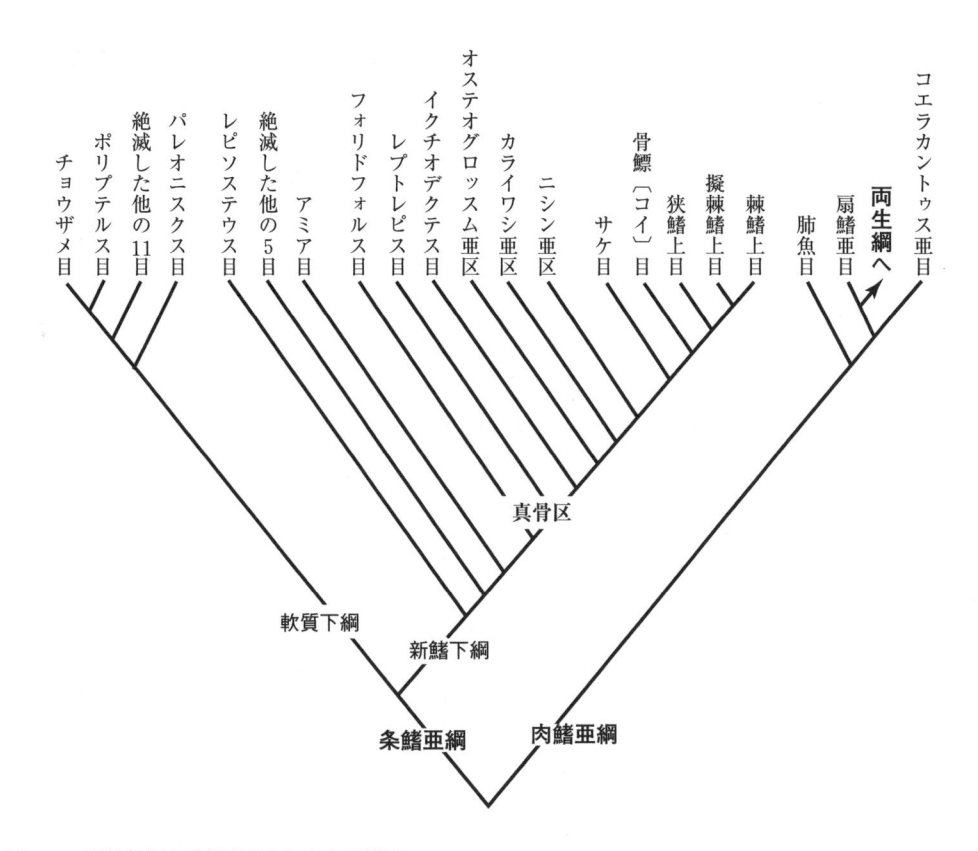

図5-3　硬骨魚綱の系統関係をしめす分岐図.

表5-2　条鰭亜綱魚類の基本的な3群を区別するさまざまな傾向.

形質	軟質下綱	新鰭下綱	
		全骨類	真骨類
鱗	菱形で頑丈	菱形が持続	薄くて丸みをおびる
内骨格	一部は軟骨性	一部は軟骨性	完全に骨化
呼吸孔	存在	消失	消失
眼	大きい	大きい	大きい
顎骨懸架	舌接型	舌接型	舌接型
上顎骨	頬部に固着	頬部から離れ，退化し，顎骨は短縮	頬部から離れ，"押し骨"に変形，頬部が開き，顎骨は短縮
舌顎骨	強固	拡大	拡大
尾	強大な異形尾	短縮した異形尾	正形尾
腹鰭	一般に後方に位置	一般に後方に位置	多くの種で前方へ転位
肺	変形していない	鰾に変形	鰾はふつう静水力学的機能をもつ

ここで注目に値するのは，この魚では腹鰭が咽頭の下あたりまで前方へ，実質的に胸鰭より前まで転位していたことで，これは真骨類の中のある高等な群の特徴となる対鰭の位置関係なのである．

古生代後期の軟質類にはこのほか，鱗という体表被覆で著しい退化を生じたものもあった．また，極めて型外れだった *Tarrasius* という属では鱗の消失ばかりか腹鰭の消失が起こったうえ，正中鰭がみな合体し，背中から尾の周り，尾の腹側にかけてつながる1枚の鰭になっていた．

パレオニスクス類はその進化的発展の間に軟質類の他の二つの目を生み出し，これらは現在まで生きつづけている．その生き残りの一つはポリプテルス目で，今はアフリカ産の *Polypterus* や *Calamoichthys* ──長らく総鰭類と類縁があると推定されていたもの──に代表される．もう一つの現生軟質類はチョウザメ目で，現存動物相では世界に広く分布するチョウザメと，北アメリカおよび中国のヘラチョウザメがそれだ．これら現生の軟質類では内骨格でも体表の装甲でも骨の退化が著しいが，これは二次的に起きたことである．

三畳紀の間には，無数の進歩したパレオニスクス類の魚類がいろいろな水域に棲みついていた．これらの先進的な軟質類には，異形尾の上葉の短縮，鱗の中層の退化，顎骨の短縮などが見られる．*Redfieldia* を典型とするこれらの魚は三畳紀の魚類動物相のなかで豊富に見いだされ，かれらは軟質下綱と，次の高等な魚類グループたる新鰭下綱の間の中間的なものだったと見なすことができる．

三畳紀の末に軟質類が衰退したとき新鰭類の原始的なものだった全骨類が取って代わったのだが，幾つかの基本的な根幹から興ったこれらの魚類は，直前の祖先らがすでに始めていた特殊化をさらに進展させた（図5-4, 5-5）．全骨類はおそらく単系統，つまり自然的な1グループではなく，硬骨魚類の解剖学的進化における共通の1段階──軟質類の数本の系統が別々に達成した段階──を表すものなのだろう．

全骨類の魚では，異形尾の上葉が軟質類にあったものよりもっと短くなり，頭骨と顎骨に特殊化が起こり，椎骨の椎体が骨化する場合が多くなり，鰭条がかなり退化するようになり，鱗がそれまでの魚類よりさらに構造的退化を示すにいたった．また，呼吸孔は消失した．

最初の全骨類は相対的に一般型の外形をもち，中生代前期の属 *Semionotus* を典型としたのだが，このグループの進化における初期段階で，それより前に軟質類の魚類に生じていた特殊化に酷似するような特殊化が起こった．例えば，*Dapedius* や *Microdon* のような体高の高い属がジュラ紀の間に現れ，古生代後期における体高の高い軟質類の進化過程で生じたのと同様の進化傾向をしめした．他の全骨類には，ジュラ紀の *Aspidorhynchus* のように体の長い種類もいた．

全骨類はジュラ紀－白亜紀前期に全盛に達し，そのあと衰退した．しかしこの仲間の属が二つ，現世まで生きながらえている．ミシシッピ川のガーパイク *Lepisosteus* と合衆国北東部にすむボウフィン〔アミア〕*Amia* である．

白亜紀がくだるとともに全骨類には，当時急速に進化していた真骨類，つまり先進的な

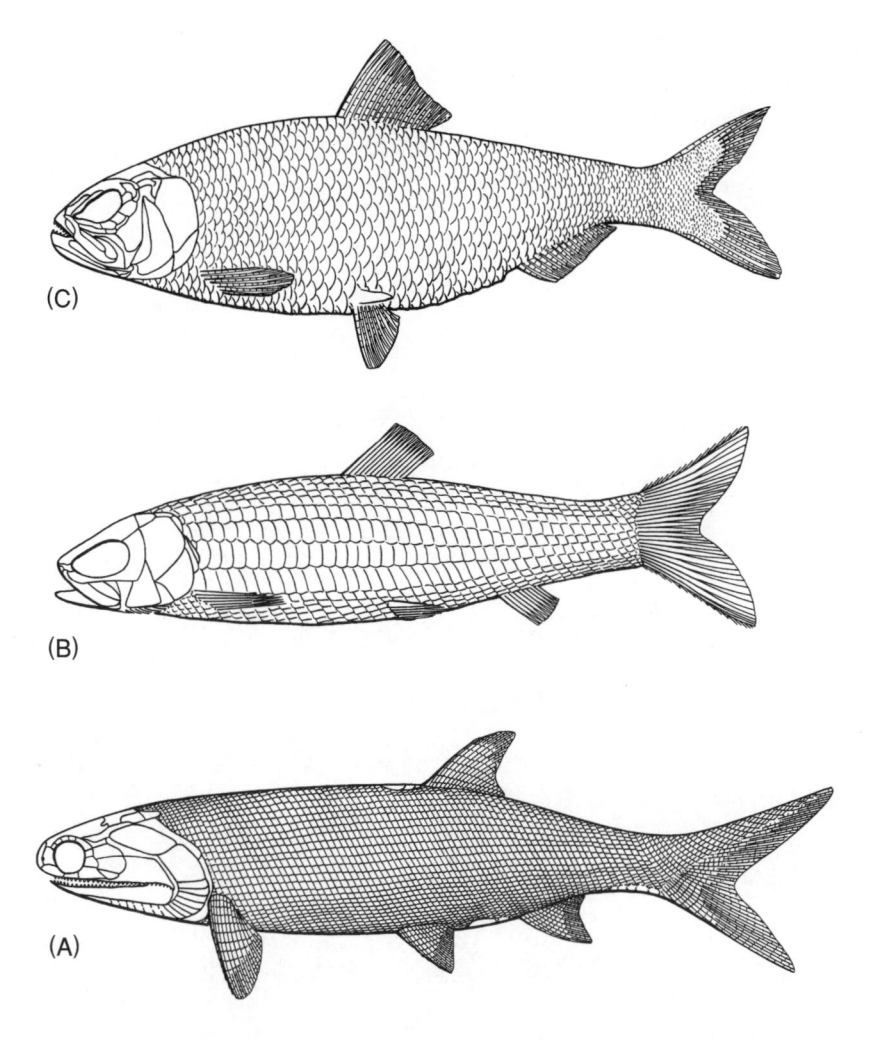

図 5-4 条鰭亜綱の魚類の進化過程における 3 段階．(A) *Palaeoniscus*，ペルム紀の軟質類の一つ．(B) *Pholidophorus*，ジュラ紀の原始的新鰭類（全骨類）の一つ．(C) *Clupea*〔ニシン目ニシン属〕，新生代の真骨類（進歩した新鰭類）の一つ．どの種類も全長約 23 cm．本文で述べる幾つかの進化的変化に注意．

新鰭類が取って代わり，魚類進化の壮大な発展——現在も弱まらずに続いているもの——を開始した．上に掲げた表 5-2 に見られるとおり，真骨類はそれより前に全骨類ですでに始まっていた進化傾向を幾つかさらに進展させた．頭骨では一般に顎骨の短縮がおこり，最高に進んだ群では上顎骨〔主上顎骨〕が歯を付けない棒状の骨に特殊化し，歯が前上顎骨だけに生えるようになった．脊柱の後部が尾の上葉へ伸びて形成した異形尾は退化し，尾鰭は外形では"正形尾"，つまり完全に上下相称の尾になった．内骨格は高度に骨化するようになった．背鰭と対鰭はさまざまな特殊化を生じ，とりわけ腹鰭が頭骨に近い位置まで前方へ転位していることが多い．鱗は非常に薄くなり，一般に菱形ではなくほぼ円形になっている．

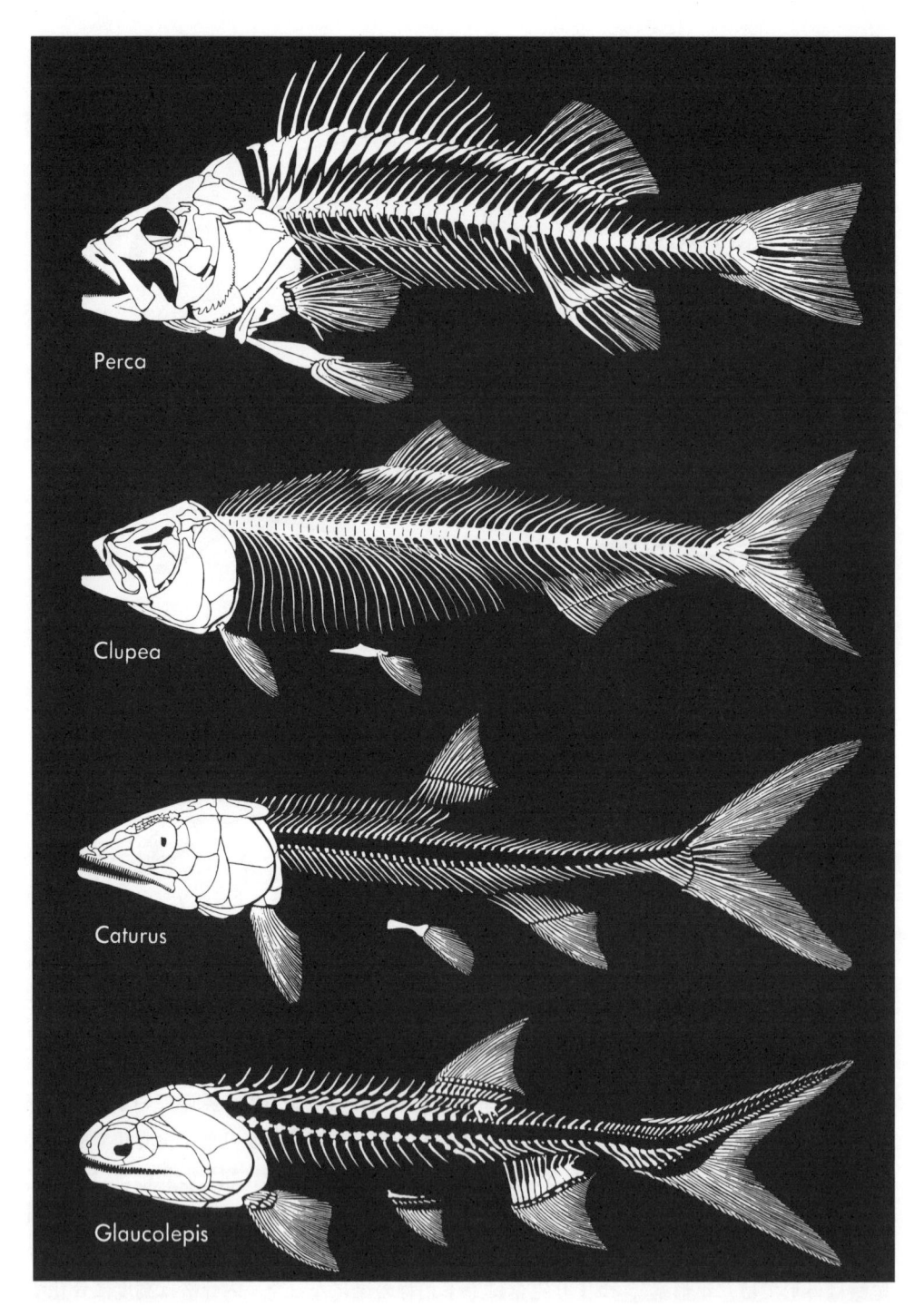

図 5-5 条鰭亜綱の魚類の骨格. 下から上へ, *Glaucolepis* は三畳紀の軟質類, *Caturus* は中生代の原始的新鰭類（全骨類）, *Clupea*〔ニシン目ニシン属〕は新生代の一般型の真骨類（進歩した新鰭類）, *Perca*〔スズキ目の一属〕は棘条の多い現生の進歩した新鰭類. これらの骨格を比較し, 本文で述べる漸進的な進化的変化に注意.

最初の真骨類は三畳紀に出現したフォリドフォルス目に代表される．フォリドフォルス類はもっとよく知られているレプトレピス類によく似ており，後者はジュラ紀後期に初めて現れた．このグループの典型的なメンバーはジュラ紀－白亜紀の *Leptolepis* だった．この一般型の真骨類は全骨類と真骨類の間の中間形だったのだが，あまりに見事な中間形だったため，従来，幾人もの学者がこれら二つの基本分類群のどちらかに入れてきたものだ．白亜紀に入るころには真骨類はもうよく根付いており，それ以来かれらは適応放散の無数の系統——陸水と海洋のあらゆる水域のヌシとして真骨類を確立した諸系統——をたどってきた（図5-6）．海洋は地球表面の大部分を覆って広がっているのだから，真骨類のほとんどは海生である．

ところで，真骨類〔区〕の属と種の膨大な多様さを簡明に整理してみれば，下記のようになろう〔巻末の分類表を参照〕．

レプトレピス目：これらは真骨類のなかで最も原始的で，"イワシ型"の体形をもつ一般に小形の魚類だった．背鰭は1枚．腹鰭は後方にある．脊柱の後端にあって尾を内部で支える広がった尾下骨はないが，尾鰭は完全に正形で，もっと進歩した真骨類と同様である．鱗の表面には薄いガノイン質がある．ほかの真骨類ではこの層も消失し，層板骨だけでできた鱗を残している．この仲間の魚類はジュラ紀中期に現れ，中生代のあいだ生存を続けた．

カライワシ亜区：カライワシ類は白亜紀にとくに豊富になったグループで，尾下骨の発達程度や鱗のガノイン質の消失などの点で，レプトレピス目に属した祖先を超えて進んでいた．このグループには現生のターポン〔北米産の大形淡水魚〕の仲間に進化した系統もあり，奇妙なことには，分岐して非常に特殊化し，形態的に全く異なるウナギ類になった系統もあった．

ニシン亜区：ジュラ紀末期に現れたこれらの魚類は，現在世界の大洋できわめて上首尾かつ途方もなく数の多い居住者として生きつづけている．ニシン（*Clupea*），ニシンダマシ，イワシ（カライワシ類よりわずかだけ進んだもの）などはここに属する．始新世の有名なグリーンリヴァー堆積物から出る多様な魚類のうち，*Diplomystus* などは化石ニシン類としてよく知られたものである．

オステオグロッスム亜区：白亜紀の海には無数のカライワシ類ばかりでなく，よく似たオステオグロッスム類も生息していた．白亜紀にはこれらが豊富かつ多様であり，なかには大形の種類もいた．現生のある種の原始的な，熱帯性で陸水生の真骨類は初期のオステオグロッスム類から出てきたものらしい．現在そこには，ブラジル，北アフリカ，東インド諸島などの河川にすむ *Osteoglossum* や，アフリカ産で鼻吻部の長い，奇妙なモルミルス科の魚が含まれる．

サケ目：真骨類がさまざまな方向へ広がりつつあった白亜紀に，初期のサケ目魚類が現れた．かれらは真骨類のなかで最も進歩した，最も多様で数の多い，そして最も上首尾な魚類の祖先の一つであった．このグループの原始的メンバーは現生のサケ・マス類に代表される．これらは"一般型"の体形をもつ魚類で，外面的には軟らかい小さな脂鰭〔脂背鰭〕——棘条のある普通の背鰭の後方にあってその鰭から由来したもの——をもつ点に特色がある．この基本的特色はさまざまな特殊化によって変形していることが多いが，進歩した真骨類のすべてに見られるものだ．多種多彩な深海魚もこのグループの範囲内に入る．

骨鰾上目：現生の淡水魚類の大半はこの大グループに含められる．アフリカと南アメリカの河川や湖沼にいるカラシン類，コイ類，ヒメハヤ〔ミノウ〕類，それに，最も特殊化した骨鰾類であるナマズ類などがその仲間である．これらの魚はすべて，頭骨の中に耳と鰾をつなぐ"ウェーバー小骨"という小さな骨の連鎖をもつことにより，他の真骨魚類と区別される．これらの小骨は前位の椎骨に由来するもので，鰾から内耳へ振動を伝える作用をする．

擬棘鰭上目：真骨類の進化の最終段階では，二股分岐──一方では特殊化した擬棘鰭類へ，他方では並行進化していた棘鰭類へ──に特色があったらしい．擬棘鰭類の特徴は，棘鰭類と同様に腹鰭が前方へ移動したことと，口に特殊化を生じたことにある．この多彩なグループには，タラやモンツキダラ〔ハドック〕，バトラコイデス〔トードフィッシュ〕，深海のアンコウ類，その他多くの魚が含まれる．形態と適応構造の多様性は，かれらがサケ様の魚類を祖先として一群の並行する適応をしてきたことを表している．

棘鰭上目：現生の海生魚類の大多数を含むこのグループは，硬骨魚類のなかで最も数が多く，しかも先進的である．これらの魚類の「棘の多い鰭をもつ」という名は，背鰭の前半と尻鰭の鰭条がすべて身を守る棘になっていることを指している．櫛鱗とよばれるかれらの鱗は非常に薄くて丸みをおび，ふつうその表面に微細な棘を備えている．内骨格は全体がきわめて高度に骨化している．腹鰭は前方へ，頭骨の下までも転位し，胸鰭より前方に位置していることも多い．上顎骨は口の領域からはずれ，歯の生えている前顎骨を押すテコになっている．これらの魚類は膨大な範囲の適応放散をしめし，スズキ，サンフィッシュ，バス，スナッパー，ヨウジウオ，タツノオトシゴ，タイ，ウィークフィッシュ，ニベ，バショウカジキ，イソギンポ，ブダイ，モンガラカワハギ，バラクーダ，メカジキ，バタフライフィッシュ，マンボウ，カレイ，カサゴ，カジカ，その他もろもろの種類を含んでいる．形は特異だが商業的には重要なカレイ目には，つねに体の一方の側を下にして水底に横たわるカレイ類──カレイ，ヒラメ，シタビラメ，オヒョウなど──が含まれる．かれらの頭骨は，他方の側が完全に上側になるように左右不相称に変形〔発育過程で〕する．

ところで，真骨類，なかでも棘条の多い真骨魚類の体形や適応現象は広く知られているが，あまりに多様多彩なのでいちいち検討することはできない．ここでは次のように述べるだけにしておこう．体形ではかれらは，小さいものから大きいものまで，長いものから体高が高くて短いものまで，幅の狭いものから丸いものや扁平なものまで，あらゆる範囲を尽くしている．適応現象ではかれらは，敏活な泳ぎ手から遅鈍な泳ぎ手やほとんど定座性のものまで，外洋性のものから底生性の種類や河川湖沼の魚類まで，極めて肉食性の強いものから腐肉食性の清掃動物や植食性のものまで，あらゆる型にわたっている．脊椎動物では，真骨類ほど広い範囲の適応を示すグループはほかに無い，と言ってもたぶん差し支えがないだろう．

硬骨魚類の進化史における交代

硬骨魚類の進化過程の著しい特色の一つは，これらの動物の長い歴史のあいだに基本的グループの交代ということが演じてきた重要な役割である．少し前に，硬骨魚類として最初に現れたのは軟質類であり，かれらは古生代のあいだ優勢であったことを指摘した．次

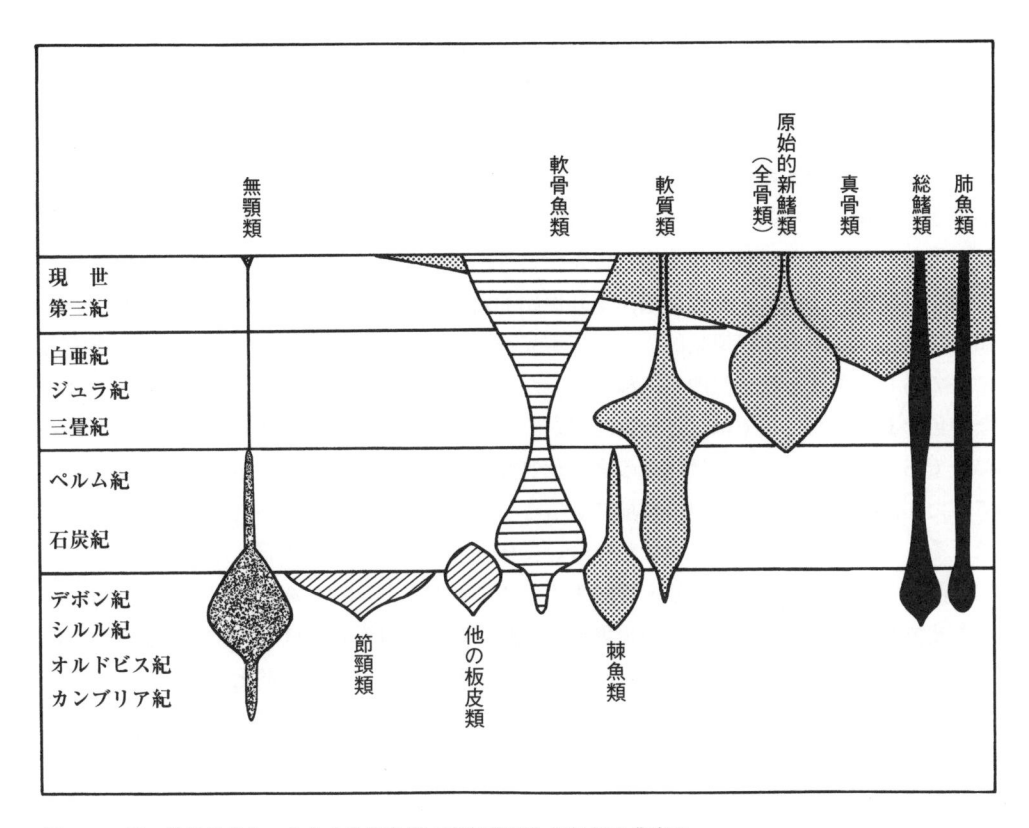

図 5-6 長い地質年代をつらぬく魚類各群の存続期間と相対的な豊富さ.

いで，中生代前期−中期に軟質類に全骨類が取って代わり，さらに中生代末期−新生代に全骨類に真骨類が置き代わった，ということを述べた．ある大グループに別の大グループが入れ代わったことが，硬骨魚類の進化における特徴的な様式だったのだ．

この様式の発展のなかに我々は，並行進化の幾つもの際立った例において，数多くのこまごまとした出来事が時代をつらぬいて繰り返されたのを認めることができる．例えば，ペルム紀に，軟質類には体長が短くて体高の高い種類の系統がいくつも進化した．次いでジュラ紀には，全骨類のなかに極めてよく似た魚類が発展した．そして終わりに，新生代になってから真骨類のなかで同じ進化様式がまた繰り返された．こうした例は，ほかに幾らでも挙げることができる．

では，このようになるのは何故か？ 軟質類が衰退し，全骨類──その多くは以前に軟質類が確立していた適応とそっくり同じような仕方で進化した──が取って代わったのは何故か？ また，全骨類と真骨類の間でも同様の成り行きが起こったのは何故か？ 答えはおそらく複雑だろうが，競争という要因が第一に重要だったと思われる．魚類のなかでの競争は，現在もそうであるようにどの時代にも激しかったのに違いない．遺伝的な諸過程と自然淘汰を通じて新しい種類群が進化してくるとともに，生活環境に対応し，また他の種類群から仕掛けられる競争に対処できるようないっそう効率の高い仕組みが現れてきた．

こうして，例えば口の構造や鰭の発達状態において，常にいっそう進んだ型に——軟質類から全骨類をへて真骨類へ——向かう傾向が生じたのである．

しかし，水中で生活するための制約的資格の獲得は非常にきびしい．敏活な魚類には流線形の体が必須である．珊瑚礁の周辺で生きる魚類には，体高の高い胴と実質的な正形尾が重要だ．捕食性の強い多くの魚類には大きな口が必要だ．そういうわけで，さらに進歩したもっと効率のよい魚類が出現してきたとき，かれらはそれほど効率のよくない先行の魚類を"窮地"に陥れ，その結果，より原始的だった系統はやがて消えていく．だが，魚類はすべて，体の構造が原始的であっても先進的であっても同様の進化的諸問題に直面したのであり，それらは必然的に同様のしかたで解決された．それゆえに，魚類進化の大きな特色である"交代"では，各地質時代が経過するなかで類似した体形の繰り返しが目立つのである．つまり，例えば体高の高い軟質類はある時代にはその生活環境によく適応していたが，やがては，同じ型の環境にもっとよく適応した体高の高い全骨類に道をゆずった．そしてまた，体高の高い全骨類はついに体高の高い真骨類に屈服した．

上記のことは魚類の進化過程を理解するための鍵であり，この鍵が分別をもって用いられさえすれば，時代をつらぬく硬骨魚類の物語はわけが分からぬほど複雑怪奇なものではなくなってくる．それは筋の通った一編の物語，興味津々たる生物進化の記録になってくるのである．

6
総鰭魚類と陸上への進出

Latimeria

空気呼吸をする魚類

　魚類の興隆とまるでお伽噺(とぎばなし)のような増大，三畳紀後期から現在までの2億1000万年以上，特に白亜紀末からの最近の6500万年の時間をへて，魚類の進化史は，その絶頂に達している．地球上の多くの水域に棲みついた現生硬骨魚類は全ての水生脊椎動物の進化的成功のなかでも最高点にあり，魚類の長い系統発生的発展でのこの最盛期は，地質学的意味での未来にもかなりの期間持続する可能性がある．魚類の物語を概説する上では我々はもう頂点に到着したのであり，これから述べる話は後日談のようなものだ．

　だが，脊椎動物進化の全体像を眺めるとき，脊椎動物の陸生のいくつかの綱へ発展したのは別のある系統だったことが分かる．したがって，魚類を超えて脊椎動物の歴史をたどるには，これまで調べてきたものとはまったく異なる系統発生上の諸系統に目を向けることが必要となる．それは，肉鰭類(にくき)〔亜綱〕，つまり総状(ふさ)の鰭(ひれ)をもつ魚類に代表される進化系統──肺魚類〔目〕とその親類の総鰭類(そうき)〔目〕──のことである．

　肺魚類と総鰭類は硬骨魚綱のなかで，前の章で概説した条鰭亜綱とは別の一つの亜綱を構成する．そのうえ肉鰭類は，途方もなく増殖した条鰭類と比べれば属や種の数ではどの時代にも少なく限られてきたけれども，分類上の階級と重要性では他のすべての硬骨魚類と同等の系統発生上のグループだと見なされる．

　最初の肉鰭類の魚はデボン紀前期に現れた．そしてこれらの魚は，初期の外観ではいくつかの点で最初の条鰭類にかなり似ていた．さきに述べた初期の条鰭類 *Cheirolepis* は，一般型をした祖先形の肺魚類 *Dipterus* や一般型の祖先形総鰭類 *Osteolepis*（図6-1）と共通する特徴をいろいろと示していた．例えば，これらの魚はみな紡錘形で，頑丈な鱗で覆われていた．いずれも原始的な異形尾をもち，対鰭は原型的な位置，すなわち胸鰭は頭部のすぐ後ろに，腹鰭はそのずっと後方にあった．また，頭蓋は一定パタンの多くの骨板で覆われていた．

　けれども重要な相違点が幾つかあり，それらがこうした早期の魚類を祖先形条鰭類と祖先形肉鰭類の2群に分けていた．早期の条鰭類と肺魚類はそれぞれ異形尾をもっていたが，それは，体軸〔脊索〕より上に小さい索上葉があった点──原始的な条鰭類には無かった特徴──で *Cheirolepis* の尾と違っていた．また一方，対鰭の内部構造が，これら二つの群で根本的に違っていた．原始的条鰭類の対鰭は前記のとおり，ほぼ並行する多数の鰭条で支えられていたのに対して，初期の肉鰭類では，各鰭を内部で支える一組の骨──1列にならぶ中軸の骨とそこから両側へ放散する小さい骨からなる骨格──があった．この型の鰭は"原始鰭"とよばれている．

　背鰭は，原始的条鰭類には1枚だけあったが，早期の肉鰭類には2枚あった．頭蓋にも重要な相違点があった．初期肉鰭類では，頭頂部の正中線上に光受容器だった松果体孔が1個あったのに対し，初期条鰭類にはこの孔は一般に存在しなかった．ついでに言えば，*Cheirolepis* のような初期条鰭類は大きな眼をもっていたが，肉鰭類の眼は特に大きくなかったという点で，これらの2群を比べることもできる．とりわけ意味深いことに，肉鰭類

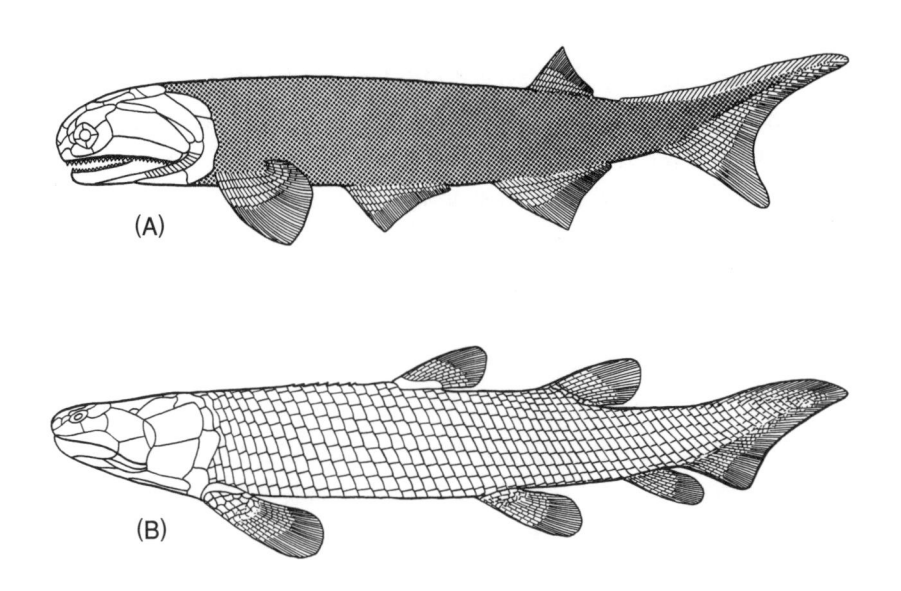

図 6-1 (A)デボン紀の条鰭類の一つ，*Cheirolepis*（全長約 24 cm）と，(B)デボン紀の肉鰭類だった総鰭目の一つ，*Osteolepis*（全長約 23 cm）の比較．頭部諸骨の比率，眼の位置と大きさ，背鰭の数，対鰭の構造などに注意．

は"内鼻孔"〔鼻腔を口腔につなぐ通路〕をもっていたが，これは空気呼吸をする脊椎動物にとって重要だったのかもしれない．条鰭類にはこのような内鼻孔は見られないのである．おわりに，原始肉鰭類の鱗は，厚いコズミン質の表層と骨質の基底層をもつコズモイド型だったが，これは，コズミン質が抑えられて表面が堅固なガノイン質つまりエナメル質の層で覆われた，原始条鰭類の鱗と対照的である．これらの相違点は，硬骨魚類の二つの系統の間に，それらの発展の初めには互いに類縁関係が近かったにもかかわらず，デボン紀前期という早い時代に基本的な分岐があったことを物語っている（表 5-1 を参照）．

ところで，肉鰭類の魚の大きな特色の一つは"鼻道"――外鼻孔から内鼻孔までの空気の通路――があったことで，口を開けなくても呼吸ができる仕組みである．これは，魚類であれ陸生脊椎動物であれ，肺を完全に乾かすことなく空気呼吸をする必要のある動物にとっては，確かに有用な特色である．が，十分発達した形質が有用であることは，その初期段階が同じように機能していたのでないかぎり，それの進化の仕方を必ずしも物語るわけではない．新しい構造物の進化出現の初期段階が十分発達した段階とはまったく違う機能を果たしていたことが，数多くの事例で知られている．鼻道や内鼻孔もそのようなものだったのだ．

大多数の魚類では，嗅覚器は鼻吻部つまり頭蓋前部の両側にある小さなくぼみである，鼻窩の底にある．魚が水中で前進するときには，鼻窩に接している水塊が変化する．水流が滑らかであれば，鼻窩は嗅ぐべき新しい臭いをもつ新しい水を受け入れつづける．けれども，よくあるように水流に騒乱があると，鼻窩は，新鮮な源からきた新しい水ではなく

以前に嗅いだ水をまた受け入れることになる．この問題は敏速に泳ぐ魚では起こらないかもしれないが，泳ぎの遅い魚，とりわけ乾季にだんだん縮小していくような小さい水域にすむ魚類は，渦流か不規則パタンをなして動く水の中にいる場合——かれらは岸の近くにいるので——が多いかもしれない．このような魚類は，より新鮮な（あまり停滞していない）水の源を感知する能力があるかぎり水塊の臭いのかすかな違いにいっそう敏感である必要があるから，臭いを嗅ぐ効率を高めるかれらの適応構造は何であれ，自然淘汰を受けるさいに有利であるだろう．ある種のサメには，鼻窩の中央部を覆うように小さなフラップが発達しており，水がフラップの前で流入し，後ろで流出するようになっている．こうした適応構造は，鼻窩を一度通過したのち還流して再び同じ鼻窩に入りうる水の量を減らすものだ．

他方，魚類の胚では，発生中の頭蓋諸骨の間に，鼻窩からの水を一つの通路をへて口へ抜けさせそうな空所がある．もしこのような空所が孵化後までも存続するなら，それは鼻道，すなわち内鼻孔になる．鼻窩を離れる水はこの内鼻孔を通って口腔に，次いで咽頭に至り，ほとんどの場合は鰓から出ていく．したがって，魚が前方へ泳ぎ進むとき，すでに嗅ぎずみの水はずっと後ろで魚体から出ていき，その水が還流して再び嗅がれる機会がないまま後方に置き去りにされる．そういうわけで，後代になって呼吸の上で極めて有用であることが立証された鼻道は，元来は臭いを嗅ぐ効率を高める仕組みとして進化したのかもしれないのだ．

鼻道が進化した初期段階は化石記録として保存されていないが，解剖学と進化学の両方の観点から上記のような説明が意味をなしてくる．鼻道（内鼻孔）は現在，肺魚類と陸生脊椎動物のすべてに見いだされる．解釈の仕方によるけれども，太古の総鰭類がこれをもっていた可能性は十分にある．現生する唯一の総鰭類の魚，*Latimeria*〔シーラカンス〕では幾つかの骨の間に外鼻孔から口腔につながる空所があるが，この通路には濃密な粘液が詰まっているため，内鼻孔は機能をもっていない．

肺 魚 類

現生の肺魚類〔目〕には三つの属がある——オーストラリアの *Neoceratodus*，アフリカの *Protopterus*，それに南アメリカの *Lepidosiren* である（図6-2）．オーストラリアのハイギョは三畳紀の肺魚類に非常によく似ており，現生の3属のなかで最も原始的であることはほぼ間違いない．この魚はクイーンズランド州の，乾季には水が涸れてよどんだ沼になってしまうような幾つかの川に棲んでいる．こうした季節に，*Neoceratodus* は水面に上がってきて空気を吸うことにより生き長らえることができ，そのために血管の豊かなただ1個の肺を使う．この魚は水から出ては生きることができない．

一方，南アメリカとアフリカのハイギョは対をなす肺をもっており，オーストラリアのそれが1個しかもたないのと対照的である．かれらは昔から棲みついている川が完全に干上がる季節に何か月間も生存することができる．乾季の初めにこれらの魚は水底の泥にもぐりこみ，自分の巣穴から外気に通ずる1個または複数の孔だけを残して閉じこもってし

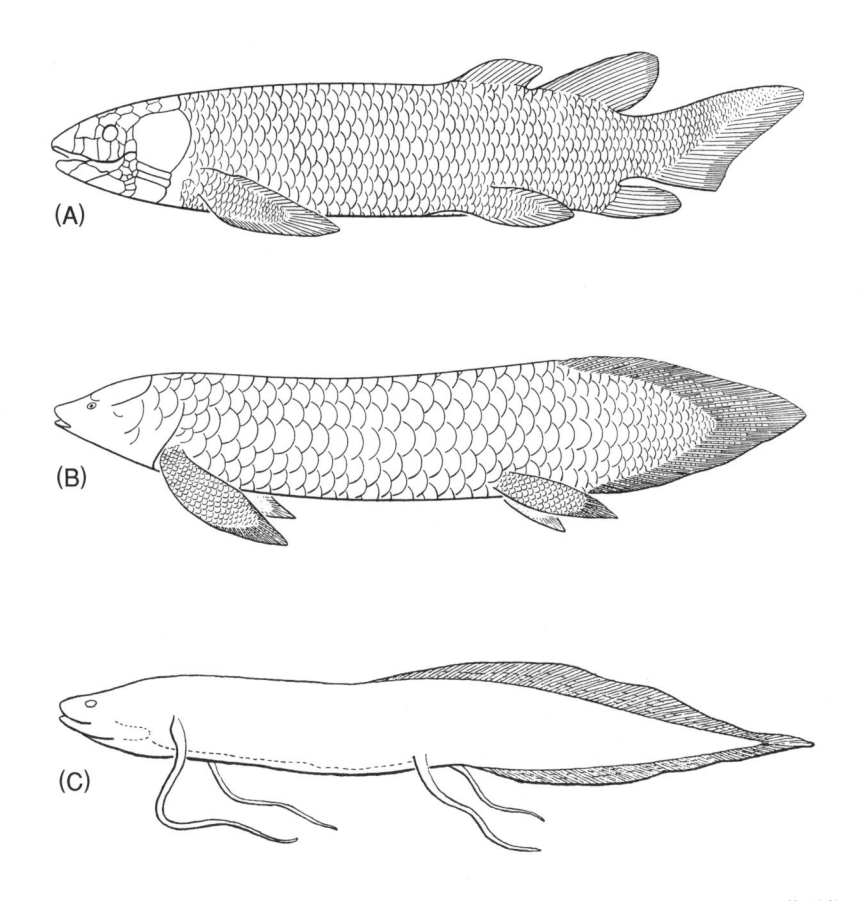

図 6-2　太古および現世の肺魚類．(A) *Dipterus*，ヨーロッパで出るデボン紀のハイギョ，体長約 22 cm．(B) *Neoceratodus*，オーストラリア産の現生のハイギョ，体長は 1.5 m かそれ以上に達する．(C) *Protopterus*，南アフリカ産の現生ハイギョ．

まう．かれらはこの孔を通じて呼吸をするのだが，体の生理作用は低下し，夏眠とよばれる不活動状態になる．これは冬眠に似ているけれども，寒気ではなく乾燥期間がもたらすものだ．この穴でかれらは，雨がまた戻ってきて，そこから抜け出せるように泥が軟らかくなるのを待つのである．しかし乾燥が長びくときには，かれらは夏眠の巣穴に閉じこもったまま死んでしまうことも多い．化石のハイギョには，このような自分で造った泥製の墓に保存された状態で発見されたものがある．

　空気呼吸をする肺魚類の能力は，たしかに魚類と陸生脊椎動物の中間段階を思わせるものである．そのことに関連して，オーストラリアのハイギョは，自分が棲んでいる川や水溜まりの底を，対鰭を脚のように使って"歩く"能力があることに注意してみるのも一興だろう．けれども，水の外で生き延びる方法に向かうこうした肺魚類の幾つもの特殊化にもかかわらず，多くの証拠が全体として，これらの動物は魚類から最初の陸生脊椎動物にいたる進化の直系的系統にあるのでも，あったのでもないことを明確に物語っている．簡

単にいえば，魚類から両生類にいたる系統の上で中間的な位置にあるのかもしれない脊椎動物としては，肺魚類は，その進化史上で知られている最古の段階においてさえ余りに数多い特殊化を見せていたのである．

　肺魚類の頭蓋を構成する諸骨は独特のものだ．条鰭類や総鰭類もふくめて他のほとんどの魚類は，前頭骨，頭頂骨，側頭骨など——陸生脊椎動物の頭骨をつくる同名の骨にそれぞれ相当〔相同〕すると考えられる骨——という名の付いた諸骨をもっている．ところが肺魚類の頭骨ではこのような相同性を認めるのは難しいことが分かり，そのため肺魚類の頭骨の諸骨は K1, K2, L1, Y1, Y2 といった別系統の名称で呼ばれている．

　上記のように，早期の肺魚類は *Dipterus* 属（図 6-2）に代表される．デボン紀中期の魚だった *Dipterus* は，空気呼吸をする原始的な魚類のものとして上に概説した一般型肉鰭類の特色の多くを備えていた．強固な異形尾に終わる紡錘形の長い体，中心部に連なる堅固な中軸骨とその両側に広がる補助的な骨をもつ原始鰭型の対鰭，および 2 枚の背鰭，などである．頑丈な，丸みをおびた大きな鱗はコズモイド型であった．

　これらの原始的な特色とは対照的に，肺魚類の進化過程でやがて起こることになる傾向を，*Dipterus* のような初期の種類においてさえ物語るいろいろな特殊化した特徴があった．例えば，この魚の内骨格では骨質がかなり退化していたが，これは後代の肺魚類のすべてに見られる現象である．脳頭蓋でも，それが保存されていたデボン紀の肺魚類には多少の量の骨質があるものの，骨化は貧弱だった．デボン紀より後では，脳頭蓋はまったく骨化しなくなる．顎の骨格は部分的に骨化したが，そこでも後代の肺魚類の特徴である軟骨化の過程が始まっていたことになる．

　Dipterus の頭骨は多数の骨板で構成されていた．大ざっぱにいえば，その頭部を覆う骨が非常に多くなり，そのため，この魚の頭骨の諸骨と他の硬骨魚類の諸骨の間に，相同性を認めることがほとんど不可能なのである．同じように，*Dipterus* の歯牙系は著しい特殊化を起こしていた．上顎にも下顎にも普通の顎縁歯は発生せず，食物の咀嚼は歯の生えた大きな骨板——上では口蓋の翼状骨，下では下顎の前関節骨でできた板——によってなされていた．これらの骨板の上に多くの歯が扇形をなして配列していたが，これは肺魚類の進化史を通じて維持されたパタンである．明らかにこうした歯は硬い食物を噛みつぶすのに適応したものであり，デボン紀のハイギョ *Dipterus* の食物はオーストラリアの現生ハイギョの食物——小さい無脊椎動物と植物質——とかなり似ていた可能性がある．

　肺魚類はこの *Dipterus* に始まり，デボン紀から現在にいたる長い時間経過の間，陸上の水域の居住者として進化した．肺魚類はあまり多数にならなかったように見えるけれども，得られている証拠では，かれらはデボン紀後期－古生代後期に種類で最も多様になったらしい．早期の肺魚類ではほとんどが中心型たる *Dipterus* の変異型だったのだが，時が経つにつれてこれらの魚は，骨格の漸進的な軟骨化と正中鰭および有対鰭の変形を特徴とする方向にむかい，上述したような主だった系統にそって進化した．

　さて，肺魚類の進化の中心系統はやがて *Ceratodus* につながった．この属は，三畳紀から中生代のその後の二つの紀この肺魚が世界の大陸地域の大半に生息していた時代にかけて

広く分布するようになった仲間である．*Ceratodus* の直系の子孫でオーストラリアに現生する *Neoceratodus*（図6-2A）は，中生代に生きていたその祖先からほとんど変わっていない．これはやや尖った頭部をもつかなり大きな魚で，胴は丸みをおびた大形の鱗で覆われている．背面の後部から尾の周りをへて腹面後部までを取りまいて，一枚につながる後端の尖った後鰭があるが，これは明らかに原初の背鰭－尾鰭－尻鰭が合体したものだ．このように二次的に単純化した，上下相称の尾は"橋形尾"とよばれている．対鰭はかなり長くて木の葉の形を呈し，筋肉質の部分は鱗で覆われている．体内では，骨格が著しく退化している．椎骨は存在せず，制約をうけない脊索があり，頭部の諸骨も退化している．

南アメリカとアフリカの現生ハイギョは，さまざまな化石群と同じように，肺魚類進化の中心的根幹からはずれた側枝として発展してきた．これらの2属はともに橋形尾を特徴とし，*Neoceratodus* でと同様の進化傾向を見せている．アフリカの *Protopterus*（図6-2C）では対鰭はみな退化して細長いムチ状の付属肢になっており，南アメリカの *Lepidosiren* ではこれらの鰭の退化が極端な状態まですすみ，比較的小さくなっている．

ところで，南半球の3大陸にわたる現生肺魚類の分布は，地球の歴史の研究者たちからかなり重要な意義を認められている．このような分布のしかたは，南半球の幾つかの大陸地域の間にかつて緊密な連結があったことを暗示するように思われるからだ．このことは，大昔，一つの超大陸「ゴンドワナ」が存在したことを物語る地質学－地球物理学上の証拠と一致するようにみえる，化石脊椎動物の分布パタンのいろいろな例の一つである．ゴンドワナとは，今は遠くかけ離れている南半球の諸大陸とインド半島部とから成っていたとされる大陸である．しかし他方，種々の化石肺魚類は地球上に広範囲に――ゴンドワナだけでなく，*Ceratodus* 属に関して前記したように北半球の超大陸「ローラシア」（現在の北アメリカ，ヒマラヤ山脈より北のユーラシア全体を含む）にも――分布していたという事実を念頭におく必要もある．つまり，現生の3属は，かつて広大な範囲にわたった生息域の名残をうまく表しているのかもしれないのだ．肺魚類が三つの大陸で今日まで生存してきたことは，魚類と最初の陸生脊椎動物を橋渡しする重要な脊椎動物について，かれらが斜めの角度から垣間見させてくれるが故に，我々にとって幸運なことであった．肺魚類には，両生類の傍系の"伯父たち"が見られるのである．

総 鰭 類

魚類から陸生脊椎動物にいたる進化の直系的系統をさぐるには，肉鰭亜綱の中のもう一つのグループ，総鰭目の魚類を検討することがぜひとも必要である．これらの魚類は，肺魚類と同じようにデボン紀前期に現れ，最初の肺魚類と同じように一般型の肉鰭類の特徴をいくつか備えていた．例えば，デボン紀の *Osteolepis* に代表されるような初期の総鰭類は紡錘形をした魚で，強固な異形尾，木の葉形で原始鰭型の対鰭，2枚の背鰭，菱形の頑丈なコズモイド鱗をもっていた．しかしこの段階以降，初期の総鰭類とイトコに当たる肺魚類の間には大きな違いが生じてくる．

総鰭類には，肺魚類に起きたような内骨格の退化にむかう傾向は無かった．*Osteolepis* の

特徴は他のデボン紀の総鰭類の魚と同様，強靭な脊索をもつ点にあったが，この系統では脊柱における骨性の要素が優勢で，高度の機能的完成に向かっていた（後述）．頭蓋や顎骨は完全に骨性であり，その諸骨の構成パタンはよく識別ができ，他の硬骨魚類に見られる構成パタンや初期の陸生脊椎動物のそれとも比較できるものだった．このことが最高度に重要であるのは，そのことが（他の証拠とともに），総鰭類が魚類を両生類につなぐ進化の直系の上に位置していたことを物語るからである．デボン紀中期−後期の *Elpistostege* や *Panderichthys* の頭部の頂上の諸骨は，初期の両生類のそれらによく似たものだった．

Osteolepis では，左右の眼窩の間の頭頂部に，他の脊椎動物の頭頂骨と相同〔起源が同じ〕だと認められる1対の大きな骨があり，それらの間の縫合〔接合の境界〕の線上に1個の松果体孔が開いていた．頭頂骨の前には前頭骨があり，ほかに，一組の小さい骨が頭蓋の鼻吻部を覆っていた．眼窩を取りまいて幾つかの囲眼窩骨――高等硬骨魚類と早期両生類に見られるもの――があり，頭蓋の各側には数個の側頭部諸骨があった．

さらに，左右の頭頂骨の後縁にそって，頭蓋を横切るようにはっきりした1本の関節があり，頭蓋の前部と頭頂骨より後ろの区域を隔てていた．この関節を中心にして多少の動きがあったことは確かで，頭蓋の前半部が後半部に対していくらか上下することができたのだろう．

Osteolepis やその他のデボン紀の総鰭類では脳頭蓋が高度に骨化しており，この骨塊も同じく頭頂部の関節のすぐ下でそこに関節していた．総鰭類では頭骨と脳頭蓋にあった関節〔2種〕により，頭骨は，口をパクッと閉じるとき咬む力を強めるのに必要な柔軟性を得ていたのだろう．

早期の総鰭類では口蓋にも多数の歯が生えていたのだが，大きくて重要な歯は上と下の顎骨の縁に並んでいた．これらの歯は鋭くとがって獲物を捕えるのによく適しており，それゆえ初期の総鰭類はたしかに肉食性魚類だったらしい．こうした太古の総鰭類の歯を横断して顕微鏡で調べると，表面のエナメル質が折れ込んで非常に複雑な迷路状のパタンを造っているのが見られる．そのため，総鰭類の歯は"迷路歯"とよばれている．陸上生になった初期の両生類〔迷歯類〕でも，歯の構造が同じように迷路状だったことは重要な事実である．

総鰭類の魚類では，頭蓋の口蓋面〔下面〕の鋤骨と口蓋骨の間に"内鼻孔"がよく発達しており，これらはおそらく嗅覚器としての鼻の効率を高めていたものだろう．鼻道は，高等な陸生脊椎動物でと同じように，外鼻孔から内鼻孔をへて口腔ないし咽頭へ直接つながっていた．

一方，格別に興味深いのは早期の総鰭類の対鰭の内部構造で，それは肺魚類の対鰭とまったく対照的なのである．早期総鰭類の対鰭には，胴の肢帯〔胸部の肩帯，腹部の腰帯〕に連結する近位の骨が1個あった．これは胸鰭で最も明らかに見られ，その構造がよく解明されている．付け根の1個の骨の次にはそれと関節でつながって2個並列する骨があり，それより先には鰭の縁に向かって放散する他の小さい諸骨があった．対鰭の内部にあるこうした諸骨の配列様式が，陸生脊椎動物において四肢の骨が進化する出発点になったとい

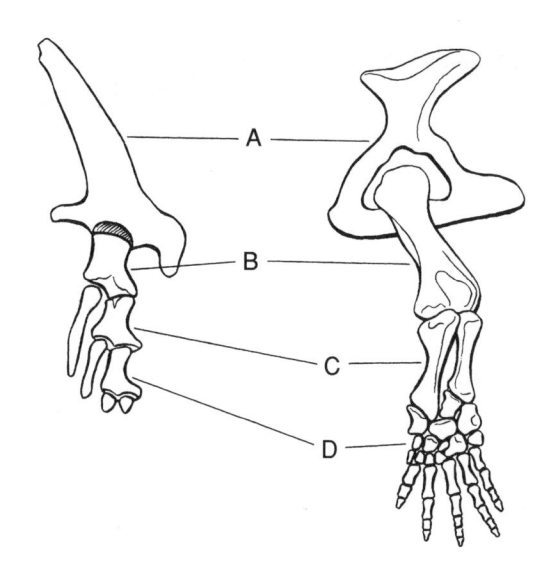

図 6-3　骨盤領域と後肢の骨格を，デボン紀の総鰭類 *Eusthenopteron*（左）とペルム紀の迷歯目両生類 *Trematops*（右）で比較したもの．A：骨盤，B：大腿骨，C：脛骨と腓骨，D：足部．

うのは，大いにありうることだ（図6-3）．総鰭魚類の対鰭にあった1個の近位骨は，四肢動物つまり陸生脊椎動物の四肢の上半部の骨，すなわち前肢〔上肢〕の上腕骨と，後肢〔下肢〕の大腿骨と同等〔相同〕のものだと考えられる理由がいくつもある．同じように，総鰭類の対鰭でその次にある2個の骨は，四肢動物の前肢の橈骨および尺骨，後肢の脛骨および腓骨とそれぞれ相同とみることができる．ここから先では相同性を認めるのは難しいが，四肢動物の手首と足首，また手と足にあるさまざまな骨は，総鰭類の対鰭の遠位にある諸骨の複合から進化したことは確からしい．肺魚類もその総状の対鰭を内部で支える骨格をもっているが，総鰭類とは違って，近位の骨の次の骨はただ1個であり，2個ではない．つまり，肺魚類での状態は総鰭類や四肢動物での状態とは異なるのだ．

　そういうわけで，初期の総鰭類はいろいろな面で，陸生脊椎動物の祖先に期待される諸特徴を備えていたのであり，そのことが，これらの魚が最初の両生類の直系の先行者だったと考えられる理由の一つである．人類にとって総鰭類は魚類のなかで恐らく最も重要な群であり，かれらは遠く隔たってはいたが，我々の直接の祖先だったのである．

　ここまで我々は，とくに*Osteolepis*属に代表されるデボン紀の早期総鰭類の話に関わってきた．この根幹から総鰭目は二つの主だった系統に分かれて進化する．一つは*Osteolepis*そのものを含む扇鰭亜目，他の一つはコエラカントゥス〔シーラカンス〕亜目で表される系統である．

　扇鰭類というのは基本的に陸水生の魚類だった．かれらはデボン紀前期に始まり，古生代の残りの期間を通じて二股分岐の進化経路をとったが，そののち絶滅していった．扇鰭類のなかの一系統は，デボン紀中期-後期の*Holoptychius*属を典型とするホロプチキウス

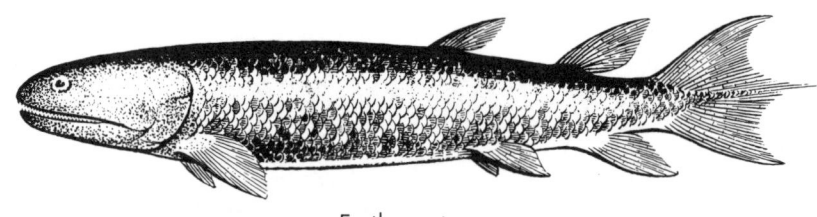

Eusthenopteron

図 6-4 *Eusthenopteron* は進歩した総鰭類の魚で，初期両生類の祖先に近かったもの．体長約 1 m．（ロイス M. ダーリング画）

類（ポロレピス類）〔下目〕で，興味深い様式である種の肺魚類と並行した一つの進化的分枝だった．つまり，*Holoptychius* のような進歩したホロプチキウス類では，体ががっしりとして，鱗はいくらかオーストラリアのハイギョのように大きくて丸みをおびていた．また，対鰭は肺魚類に見られるのと同じぐあいに長くなり，正中鰭は，尾鰭と合体してはいないが，はるか後方の尾の直前に位置していた．

もっと面白いのは扇鰭類のなかのオステオレピス類〔下目〕というグループで，そこではデボン紀後期の *Eusthenopteron*（図 6-4）が特別に重要である．これらの魚が最初の両生類に向かう直系の上にあったことは確かであり，祖先形のオステオレピス類を超える進歩をいろいろと示していた．*Eusthenopteron* は体が前後に長い肉食性の魚で，その頭骨のパタン（図 6-5）は初期両生類に見られる頭骨パタンをまさしく予示するようなものだった．この魚の特色は進歩した椎骨の構造にもあった．まだ強固な脊索があったが，それを短い等間隔で取り巻いて一連の骨のリングが並んでいた．各リングの上〔背方〕では1本の棘〔突起〕が上後方へ伸び，脊索の背側で2リングの間に小さい骨塊があった．背方の棘は初期両生類の椎骨の棘突起と相同のものとみられ，骨リングは四肢動物の椎骨の間椎心と，また中間の小さい骨塊は側椎心と比較してよいものらしい．

Eusthenopteron の尾は上下相称で，脊柱は尾端の近くまで真っすぐに（異形尾のように背方へ曲がるのでなく）伸びていた．この型の尾鰭の退化ないし発達抑制は，案外に簡単なことだったのかもしれない．*Eusthenopteron* について上記した先進的な諸特徴に加えて，対鰭は，四肢動物の四肢に直接先行するものとして前に述べた構造をもっていた．本当のところ，*Eusthenopteron* から陸生脊椎動物まではほんのわずかな隔たりだったのである（図 6-6）．

総鰭類のもう一つのグループ，コエラカントゥス類は，初期の陸生脊椎動物にいたる進化系統から遠く離れたものであった．コエラカントゥス類のほとんどは海生の魚類であり，総状の対鰭をもち，体高の高いものもあった．対鰭の肉質部の諸要素が縮小していた一方，鰭条で支えられる薄い膜状部が相対的に大きくなっていた．尾は上下相称の原正形尾で，主要な上葉と下葉の間の，脊柱と同じ体軸線上に付加的な小葉をもっていた．背鰭と尻鰭は独立している型だった．頭骨は短くて上下に高く，構成する諸骨と顎縁歯には，上顎の

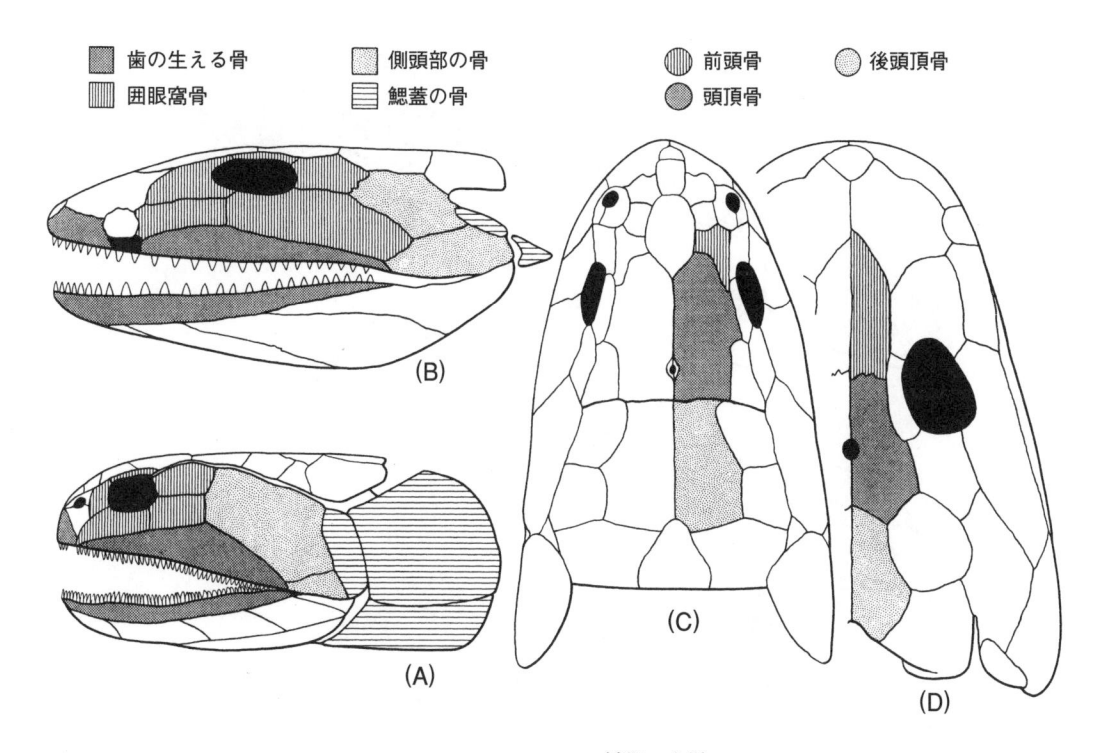

図 6-5 (A, C)デボン紀の総鰭類の魚, *Eusthenopteron* の頭蓋と下顎を側面と背面から見たところ. (B, D)デボン紀の両生類, *Ichthyostega* の頭蓋と下顎を同じように見たところ. いろいろな骨が魚類と両生類で同様の配置をしているが, 比率が異なることに注意.

前顎骨〔前上顎骨〕と下顎の歯骨に生えた歯は別として, かなりの退化が生じていた. 肺もしくは鰾はふつう石灰化していたため, 化石として保存されたのである.

コエラカントゥス類はデボン紀中期に始まったものだが, とりわけ中生代に特徴的になった群で, かれらはこの地質年代に属するあちこちの海成堆積物に見いだされる. 上に述べたようなコエラカントゥス類の全般的特色は, この亜目の典型的メンバーだった白亜紀の *Macropoma* に一番ぴったり当てはまるといえる.

かつてコエラカントゥス類は, 白亜紀より後の種類が発見されていなかったため白亜紀の末に絶滅したものと思われていた. ところが, 1938-39 年の漁期に南アフリカ東海岸の沖合であるトロール船が 1 匹の魚を引き上げたことがあり, これが現生のコエラカントゥス類〔シーラカンス〕であることが判明した. そのあと不運なことが続き, この個体には皮〔剥製〕のほかはほとんど何も残らない始末になった. *Latimeria* と命名されたこの魚はかなり大形で, 体長は 2 m ほどもあり, 外形で白亜紀の *Macropoma* に酷似していた. 鱗は大形で円く, 青味をおびた艶をもっており, 木の葉形をした対鰭は長くて強力そうだった. この発見から 14 年間, この 1 体が世界で知られる唯一の標本であった. ところが 1952 年, マダガスカルの近海で第 2 の標本が捕獲され, 新聞や雑誌が興奮してさかんに記事を書き

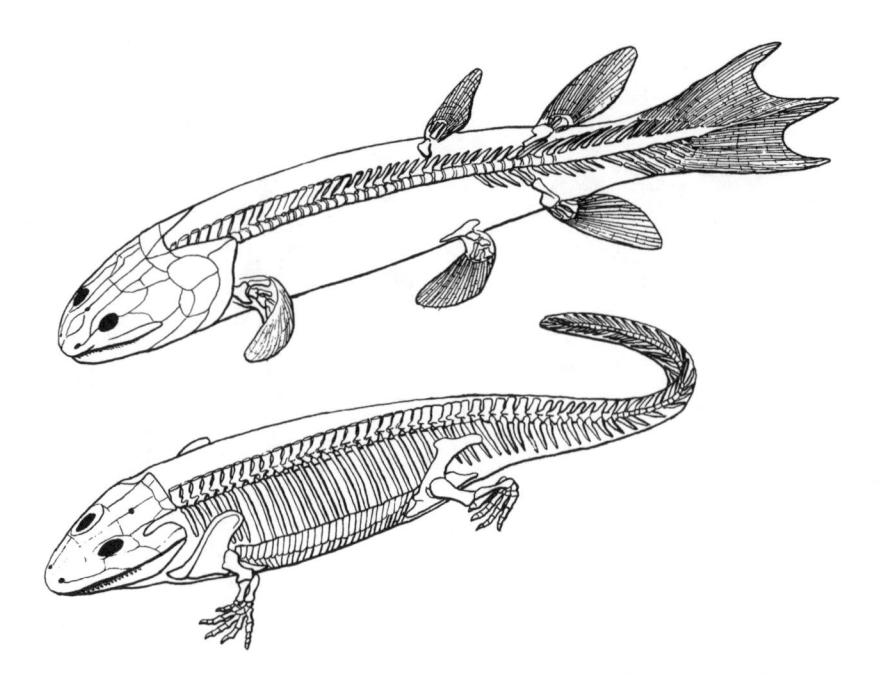

図 6-6 総鰭類の魚, *Eusthenopteron*(上)とある種の原始両生類の骨格の比較.

立てるような事件になった．この魚は特別機で南アフリカへ運ばれ，詳しく調べるために綿密な計画が立てられた．しかしこの騒ぎがまだ鎮まらないうちに，また*Latimeria*の標本が数個体，同じマダガスカルの近海で捕えられた．

それ以来，さらに多くのコエラカントゥス類が，マダガスカルとアフリカの間のコモロ諸島の付近やはるか東方のインドネシアの近海でも捕獲されている．これまでに，この魅惑的な魚の多数の標本が集中的に研究され，それを記述した大部の研究報告書がすでに出版されている．長らく化石でしか知られていなかった脊椎動物の重要な1グループを垣間見させてくれる，貴重な，過去との結合環がここにある．例えば，眼は22－24枚の強膜板でできた骨輪で取り囲まれている．外鼻孔とともに内鼻孔もあるが，それらを結ぶ通路，つまり鼻道は粘液でふさがっているので機能をもたないように見える．脳やその他の解剖学上の諸特徴は，疑いなく陸生脊椎動物が進化する基になった魚類タイプの構造について多くのことを明るみに出している．

両生類の出現

デボン紀の間の何らかの時期，おそらくは同紀の後期に，総鰭魚類のなかのある系統が陸上に上がってくるようになった．これは*Eusthenopteron*や*Panderichthys*に代表されるオステオレピス類〔下目〕だった可能性が大きい．それは大胆な一歩であり，初期脊椎動物にとって，部分的にしか適応していない全く新しい生活環境への冒険的進出であった．しかし，ひとたびその一歩を果たした後は，これら進歩した空気呼吸の魚類はやがてすぐ原

始両生類へ進化していった．この変化とともに，脊椎動物の進化的発展のために限りない新しい可能性が開けたのである．

では，どんな要因が総鰭類の魚類を水中から陸上へ上がらせたのか？　かつては，長い時代にわたり徐々に生じた一連の変化で，かれらは水からだんだん遠くまで出るようになったのだろうと考えられていた．たぶん，食物を陸上に求めたことが，新鮮な水域を求めたことと同じくらいこの変化の動因の主体だったのかもしれないが，デボン紀の環境には肉食性脊椎動物が利用できるような食物はほとんど無かったとも思われる．

かつて故 A. S. ローマー教授〔1894 – 1973，米国の古生物学者・解剖学者〕は，そうではなく，これらの魚類に最初の歩行運動——後代にかれらの子孫たちを河川湖沼の環境から引き離すことになる歩行——を起こさせたのは，逆説的だが水中へ帰ろうとする努力だったのだろうと述べたことがある．現生の肺魚類は季節的な乾燥にさらされる地域に棲んでいるが，上に触れたように，こうした地方では川の流れは，完全に干上がる前，乾いた河床で結ばれた一連の小さい沼か水溜まりになるようなところだ．このような環境で，デボン紀後期のある系統の総鰭類が極端な干ばつのため，自分たちが生きつづけられそうな新しい淡水の沼や川を探すことを強いられたのかもしれない．いかに効率が悪くても，乾いた河床の上をのたうって動くことを可能にするような適応構造はなんでも，まだ水が残っている池や水溜まりにたどり着ける機会を増し，雨が戻ってきて乾期が終わるまでちょっと長く生き延びることを可能にしただろう．そういうわけで，乾いた河床の上を移動しようとするかれらの苦闘は，実際には，生き残るために不可欠な水域へ帰り着くための試み——乾いた陸上へ脱出するための試みではなく——だったのかもしれない．これはたしかに，水中生活から陸上生活への移行における第一段階を語る説明として，筋の通ったものではある．

そのことに関しては我々はただ憶測しかしようがない．我々が知っているのは，最初の両生類はデボン紀の末，デボン紀がミシシッピ紀へ移行するころに実際に現れたということだ．グリーンランド東部のデボン系上部の堆積物から，進歩した総鰭類と特徴的な初期の両生類の間の実質的な中間形である，原始両生類の化石が発見されている．橋渡しをするこれらの両生類はイクチオステガ類〔科〕とアカントステガ類〔科〕で，*Ichthyostega* と *Acanthostega* がそれぞれを代表する属である．

イクチオステガ類とアカントステガ類

Ichthyostega がもっていた頭骨は長さ 15 cm ほどで，堅固な構築になっていた．頭頂部の諸骨の構成パタンは進歩した総鰭魚類に見られるものによく似ていたけれども，相違点もあった．イクチオステガ類では，鰓の領域を覆う鰓蓋骨や下鰓蓋骨などの魚類型の骨は失われていたが，魚類型でも前鰓蓋骨などの骨は退化した形で維持されていた．骨が消失したことよりも重要だったのは，魚類の頭骨と両生類の頭骨との間で各部の比率が変わったことである．例えば，*Eusthenopteron* では頭骨の眼より前の鼻吻部がごく短かったのに対し，頭骨の頭頂骨より後ろの部分は非常に長かった．*Ichthyostega* ではこの関係が逆だった．

眼より前が非常に長くなっていた半面，頭頂骨より後ろが短縮し，この区域の諸骨が小さくなっていたのだ．*Ichthyostega* は，外鼻孔と内鼻孔の位置や発達程度については総鰭類よりわずかに進んでいたにすぎない．外鼻孔は頭骨側面の下部にあり，口蓋の前部にあった内鼻孔とは，1本の細い棒状の上顎骨〔主上顎骨〕だけで隔てられていたからだ．

　頭部より後ろの骨格については，*Ichthyostega* と *Acanthostega* は魚類型特徴と両生類型特徴の奇妙な混合を示していた．椎骨は総鰭類の状態よりわずかしか変わっておらず，尾部では魚類型の尾の鰭条が維持されていた．が，原始的な椎骨や魚類型の尾の存続とは対照的に，頑丈な肩帯と腰帯があり，完全に発達した脚と足——地面の上で体を運ぶ能力をもつ四肢——がそれらにつながっていた．それでも *Acanthostega* を熟知している研究者たちは，この動物はほとんどいつも水中で生活し，その"脚"のような四肢をだいたい河川の底を移動するのに使っていたと考えている．

　我々は誰でも，陸生脊椎動物といえば，共通特徴として手と足に指を5本ずつもつ動物であり，その本数が5より少ない場合はあるが5より多いことは決してない（ある群の海生爬虫類は別として）と思い込んでいる．ところが，イクチオステガ類やアカントステガ類では指の数には種による変異が多く，7本ももつ種類がいたのである！

　骨学的にみれば，イクチオステガ類やアカントステガ類は，魚類型特徴を多少は残しながらも十分出来上がった四肢動物だった．したがってかれらを，初期両生類のなかに原始的な代表として入れてよいことになる．我々はこうした視点から，さまざまな系統——そのうちの一つがより高等な型の脊椎動物につながった——にそって発展した両生類の進化過程を跡づけることができるのである．

7
古生代前期の動物相

デボン紀の景観

バージェス頁岩

　カナダ西部〔ロッキーのワプタ山〕にあるカンブリア紀前期のバージェス頁岩——初期の脊索動物 *Pikaia* の遺物を含む地層——には，特異な動物相〔動物群〕が幸運な偶然のために化石記録に保存されてきた．大昔，ある大陸棚の辺縁部で大量の泥様の堆積物が安定を失って下り斜面を崩れ落ち，乱泥流とよばれる一種の海底地滑りを起こした．こうして突発した泥の猛襲で無数の動物が，腐朽分解する暇もなくあっというまに埋め込まれたのである．そのため，かれらの体の繊細微妙な部分さえもよく保存されている．知られているかぎり最古の脊索動物がこのカンブリア紀動物相の一員だったのであり，そのようにして保存されたことは実に幸運なことだった．さもなければ，我々は何億年も経って，この門全体の知識をほとんど得ていなかったかもしれないからだ．

　近年明らかにされた中国雲南省のカンブリア系下部の動物相も，バージェス頁岩と同じように，そこで発見された動物たちについて繊細な軟部組織を驚くべき状態で保存している．また同じ所で見いだされた 2 種類の無顎類は知られるかぎり最古の脊椎動物である．

初期脊椎動物の生活環境

　カンブリア紀からデボン紀までの脊椎動物の歴史は，前に述べたとおり，ほとんどは陸上の淡水域つまり河川湖沼に棲んでいた動物たちの歴史である．したがって，陸上の集水系にある浅い水域は，先デボン紀の原始的脊椎動物が最初の進化的成功を謳歌した環境だったと考えて差し支えがない．ただし，脊椎動物の究極の祖先，すなわち脊椎動物をその祖先の無脊椎動物に結びつけた種類群は海の生息者だった可能性が大きい．ここで明らかなのは，初期の脊椎動物は，ひとたび陸水中で適応放散の幾つもの系統を開始した後こうした環境で生存を続け，海洋へはデボン紀が去った後までまったく広がらなかったことである．

　オルドビス紀からデボン紀までの脊椎動物の多くは概して砂岩や黒色頁岩などの岩石中に発見され，このことは，かれらが付近の陸地から侵食されてきた岩石屑を多量に受け入れる水域に棲んでいたことを物語るようにみえる．一方，初期の陸生植物はシルル紀に初めて興ったが，根の発達が貧弱で，初めのうちは広がるのが遅かった．そのためこれらは，デボン紀の間に広がっていたときにもおそらく，後の地質時代の植物がしたように厚い表土被覆を形成しなかっただろう．だから，デボン紀における陸地の表面はかなり裸だったと思われ，したがって侵食が激しかっただろう．こうした条件の下で大量の土砂が当時の河川湖沼や，陸地の周りにそった浅い水域にも堆積しただろう．デボン紀の各地の動物相を説明したり相互に比較したりするときには，このような生態学的諸条件を念頭におく必要がある．

　オルドビス紀からデボン紀までの初期脊椎動物の体が一般に頑丈な装甲で保護されていたことは，これまでに述べたとおりだ．その装甲は，いくらかは，当時の河口付近や海岸付近の水域に棲んでいた大形で貪食な無脊椎動物〔ウミサソリ類など〕からの襲撃に対抗

する防衛の装備だったかもしれない．だが，早期の無顎類，板皮類，その他の魚類はたしかに，捕食性の大形無脊椎動物がとくに多くはいなかった環境の生息者だったのだから，太古の脊椎動物が普遍的に備えていた堅固な装甲は，ふつうはかれら同士がたがいに自衛し合うのに役立っていたと推定すべきだろう．生存競争は激しかったのに違いなく，脊椎動物の歴史の早い段階ですでに，他の脊椎動物を常食にする攻撃性の強い種類がいたのである．

そういうわけで，オルドビス紀からデボン紀までの生物界について得られる心像は，早期の脊椎動物界にかなりの多様性と活発な競争があったことを物語っている．だいたいは水底に棲んでそこで摂食する装甲を備えた甲皮類が無数にいたのだが，ただ欠甲類には確かに水域の表層に棲んで浮遊生物食をするものもいた．さまざまな生活様式に適応した，きわめて多彩な顎口類が生きていたのである．なかには，棘魚類のようにまさに魚類形をした外見と習性をもつかなり一般型の動物たちもいた．また胴甲類などは，いくらか甲皮類に並行していた点で注目すべき動物だったが，関節で胴につながる付属肢が発達していた点では，ロブスター〔ウミザリガニ〕や大形水生昆虫など海生の節足動物に似るようにもなっていた．板皮類にはそのほか，デボン紀の節頸類のように，捕食性が非常に強く，体長がおそらく15 mを超える超大形に進化した脊椎動物の最初のものもあった．こうした巨大な板皮類はこれまでに挙げた他の初期脊椎動物とは違い，海洋中に棲んでいた．かれらは，河川や湖沼の限られた水域内で生きていくには大きすぎたのだ．さらに，地球史のこの段階では，初期のサメ類〔軟骨魚類〕が海洋中で生きていく可能性を探っており，なかには超大形の節頸類と生活環境を共にするものもいた．さらに，最初の条鰭類をふくむ原始的な硬骨魚類がいたが，初めのころ，かれらの大半は陸水生の魚類であった．

ところで，脊椎動物の世界ではデボン紀までに五つの綱——無顎類，板皮類，棘魚類，軟骨魚類，および硬骨魚類——がよく基礎を固めていた．そこに第6の綱，両生類がデボン紀の末に参入してきた．しかも，すべての魚類——この言葉を極めて広い意味で使って——にとってデボン紀は進化的前進の時代であり，その期間中かれらは世界中の海で優勢な水生動物であった．したがって，デボン紀は疑いようもなく，地球上の生命界の歴史における最も決定的な時期の一つ，つまりいろいろな新しい進化系統が模索されていた時期だったのであり，脊椎動物が現今の高度に特殊化した動物たちに行き着くこととなる，長い複雑な進化的発展の道に確固として出発した時期だったわけである．我々は，デボン紀には巨大な"進化的爆発"が起こり，それが，その後の生命界の歴史に最高に重要な結果をもたらしたと考えてよいのである．

早期の脊椎動物相

脊椎動物はカンブリア紀に初めて現れたのだが，よく分かっているかれらの動物相〔動物群〕はシルル紀の岩石の中に見いだされる．かれらの化石はスヴァールバル諸島（北極海のスピッツベルゲン島など）をふくむヨーロッパ北部に最も豊かに発見される．北アメリカやその他の地域のあちこちの場所で化石が出ることもある．

オルドビス紀，シルル紀，およびデボン紀の脊椎動物はいくつもの大陸地域の堆積物に広く散在しており，それゆえかれらは全世界に分布を広げていたのかもしれない．初期の脊椎動物が，ヨーロッパ——北は北極地方のスピッツベルゲンやグリーンランドまで——の多くの地点，北アメリカ，それにアジア，オーストラリア，南極大陸の各地などに出ている．太古には，諸大陸は現在あるよりもっと近い所でつながっていたらしく，気候や環境は現在の脊椎動物が生きている変化にとむ環境条件よりもっと一様であったらしい．たしかに，当時の陸水生の脊椎動物が幾つかの大陸の遠く隔たった地点がほぼ同様の状態にあったことを物語る一方，海生の種類は現生のものもそうだが，地球上の海洋がおおむね一様だったことを示している．スピッツベルゲンやグリーンランドに種々の甲皮類や魚類の化石が出ること，原始両生類の骨や足跡がグリーンランド，ヨーロッパ東部，オーストラリア，南アメリカなどでデボン紀末期を表す堆積物から出ることは，いま温帯ないし北極帯になっている地域の環境条件がそうした冷血〔外温性〕の脊椎動物に好都合だったのに違いないことを示している．このような産出状況は，諸大陸がかつて必ずしも現今の位置にあったのではないことを暗示する，現代の地球物理学的ないし地質学的な証拠と一致するのである．

　今日推定されているところでは，先カンブリア時代の末に存在していた一つの膨大な超大陸〔ゴンドワナ〕が古生代後期になって分裂し，オルドビス紀には幾つかの大陸塊が広大な海によって隔離された．その後，シルル紀に北アメリカとヨーロッパ北部がつながって太古の"原大西洋"を終わらせ，現在のスカンディナヴィア，スコットランド，および米国ニューイングランド地方の全域にわたる長大な山脈を形成した．この広大な隆起——"カレドニア造山運動"とよばれる出来事——が，初期脊椎動物の生まれるもろもろの陸水環境を創りだした．後述することだが，後代の諸大陸の移動が陸塊間の関係の変化をともなって，脊椎動物の進化に甚大な影響を与えることになる．

　カレドニア造山運動の後，イングランドでは古い海成堆積物がもっと若い河口成や陸成の堆積物に道をゆずり，脊椎動物が初めて保存のよい形で姿を現したのはここ，シルル紀後期のラドロウ層においてであった．カレドニア造山運動は巨大な陸塊を海面上に隆起させ，ヨーロッパ北西部の全体にわたって堆積物を生ずる新しい源泉を提供し，新しい環境諸条件を創りだした．広範囲の薄い地層であるイングランドのラドロウ骨層は，小形甲皮類の骨板や棘でいっぱいである．

　地球史の次の段階，ダウントン期に入ったころには大陸の隆起がいっそう進んだ．広大な範囲にわたって陸水の堆積物が沈積し，その多くが甲皮類の遺物を含んでいた．ダウントン期層はデボン紀層の直前のもので，学者によってはデボン紀層連続体に入れられることもある．ダウントン期の脊椎動物はそれより前のものよりはるかに広く分布していて，何よりまず，甲皮類の進化と地理的拡大に都合のよい陸上の諸条件が広がったことを物語っている．ダウントン期の動物相はイングランドやスコットランドだけでなく，ウクライナ，スカンディナヴィアの各地，スピッツベルゲン，それにバルト海のエーゼル島などでも発見されている．

オルドビス紀－シルル紀の脊椎動物相のなかでは甲皮類が優勢だったが，それは多分この段階では顎骨をもつ脊椎動物がまだ多数でなかったからだ．しかし甲皮類の天下が長く続かなかったのは，デボン紀の初めごろには有顎脊椎動物がもうよく地歩を固めていたからである．甲皮類は生存を続けていたが，自然界におけるかれらの地位は早期の棘魚類や板皮類に脅かされていた．こうした時代にも，早期の節頸類は各地の動物相のなかで目立つ存在だった．軟骨魚類はデボン紀前期の動物相では稀だったし，硬骨魚類の代表者も原始的で，ときたま見かけるだけであった．

デボン紀が前期－中期－後期と移行する過程で，脊椎動物相の性格に大きな変化があった．前期にかなり豊富だった甲皮類は著しく衰退し，同紀の末にはかつて栄えた脊椎動物グループの名残として生きつづけていた．棘魚類も豊かさをひどく減じながら，古生代の末まで生き長らえた．他方，節頸類はデボン紀中期－後期に広がったが，陸水生から河口生や海生のものへ重点を移した．節頸類がクリーヴランド頁岩中の巨大捕食動物として進化の頂点に達したのはデボン紀末期のことである．そのほか，胴甲類など新しい型の板皮類はデボン紀中期－後期に現れた．

脊椎動物化石をふくむデボン紀の堆積物で最も有名な連続体は，イングランド，スコットランド，およびウェールズに広がる古典的な"旧赤砂岩"層で，1800年ごろにヒュー・ミラーとウィリアム・スミスが初めて研究し記述したものだ．この連続体が広く，グレートブリテン島のあちこちに部分的に露出しているのである．旧赤砂岩の物理的外見はいろいろで，その名が示すとおり暗赤色の砂岩から粗粒の礫岩，灰色ないし黒色の頁岩やシルト岩，さらには石灰岩にまでわたっている．これらの岩石にはおびただしい化石——甲皮類や棘魚類の破片だけでなく，ここで初めて現れた完全な棘魚類，板皮類，硬骨魚類も——が含まれている．実際，早期脊椎動物の進化やデボン紀の動物相に関する知識の大きな部分が得られたのは，この旧赤砂岩からであった．

いろいろな地点の旧赤砂岩と同様の堆積物が世界の他の場所でも見いだされており，デボン紀の脊椎動物進化に関する知見を増大させる数々の化石を産してきた．ヨーロッパでは，デボン紀前期の岩石がウクライナ，スピッツベルゲン，ドイツ中部などで知られ，北アメリカではデボン紀前期の脊椎動物がワイオミング州，ニューブランズウィック州〔カナダ〕，それにカナダ極北地方で見いだされている．脊椎動物化石をふくむデボン紀中期の堆積物はヨーロッパの同じ多くの地点や，合衆国東部の各地，グリーンランド東部，カナダ北部のエルズミア島，オーストラリアのニューサウスウェールズ州などで知られている．中国でもデボン紀前期－後期の脊椎動物が出ている．

デボン紀中期の脊椎動物の歴史に関する極めて重要な出来事は，硬骨魚類の全身化石が見つかったことである．そして新しい，比較的進歩した硬骨魚類が突然参入したことが，甲皮類や多くの板皮類のようなより原始的な脊椎動物が衰退し，ついには消滅するのを助長した可能性がある．デボン紀以降，硬骨魚類は初めは陸水生の種類，その後の時代には海生の種類として非常な速さと多様さをもって進化した．硬骨魚類はデボン紀中期の進化的発展の初期段階ですでに，条鰭類と総鰭類に分化していた．たしかに，これらの基本的

表7-1 古生代前期の脊椎動物化石を産する世界各地の堆積物の対比.

		イングランド・スコットランド	北部・中部ヨーロッパ			スピッツベルゲン	北アメリカなど			その他の大陸	
			バルト諸国		ロシア					南極大陸	中央アジア
デボン系	上部	Old Red Sandstone			Wildungen	Wijhe Bay series	E. Greenland	Cleveland Shales / Catskill	Scaumenac	New South Wales, Victorie (オーストラリア)		
	中部		Podolia, Ukraine	Rhineland		Wood Bay and Gray Hoek Series	Ellesmere Island	Campbellton	Beartooth Butte			
	下部	Downton sandstone Temeside shales		Oesel, Gotland		Red Bay Series						
シルル系		Ludlow Bone Bed									
オルドビス系										オーストラリア ボリビア	
カンブリア系								Burgess Shale		中国(雲南省)	

系統の分岐が生じたかれらの歴史の初めの段階は大変な進化的敏速さで進んだのであり，したがって，硬骨魚類が発展していく主要な系統がほとんど当初から設定されていたことになる．軟骨魚類もデボン紀中期の動物相に加わっていたが，かれらの進化の初期段階をしめす保存状態のよい化石記録が得られるのはデボン紀後期の堆積物からである．

　デボン紀の脊椎動物相の記録はヨーロッパ，とりわけイギリス諸島，バルト諸国，ドイツのヴィルドゥンゲンなどのデボン紀後期の岩石へ続いている．エルズミア島やグリーンランド東部では，デボン紀後期の動物相がその地域での脊椎動物の歴史を続けており，この連続体の最上部には最初の両生類，イクチオステガ類が見いだされる．北アメリカから出る重要なデボン紀動物相には，*Bothriolepis* や，肺魚類や総鰭類の見事な化石を産したケベック州〔カナダ〕スコーメナック湾のそれが含まれる．オハイオ州やその他のクリーヴランド頁岩の動物相には *Dinichthys* のような巨大な節頸類，初期のサメ *Cladoselache*，豊富なコノドントなどが入っている．デボン紀後期の動物相は，南半球でもオーストラリアや南極大陸で見つかっている．

　上記のようなさまざまな古生代前期の各地動物相の連続体と，それらを対比した関係を表7-1に整理しておく．

　シルル紀の間に陸生植物が進化してきたのに伴って，かつて裸地だった世界の陸地は緑の植生で覆われるようになり，あらゆる種類の動物のために新しい好機を解き放った．こうした機会を捉えた最初の動物はサソリ類，クモ類，それに昆虫類で，これらはデボン紀に初めて広がったものだ．昆虫類が豊かになって初めて脊椎動物が陸上で食べられるものがたくさん出来たのであり，さらに何百万年も経ってようやく脊椎動物がそうした新しい好機を利用しはじめたのだろう．

　デボン紀における脊椎動物の進化は，この紀の末に最初の両生類が現れたとき頂点に達した．この出来事は脊椎動物進化の新しい段階の到来——四肢動物の歴史の始まり——を告げるものだった．陸生脊椎動物の興隆と分化の物語は地球史の上で石炭紀とその後の時代にかかわる事柄であり，この本の以下の章の主題になる．

8
両生類

Ichthyostega

陸上生活にともなう特殊な問題

　デボン紀の末，ある種の総鰭類の子孫が水中から陸上に出てきて最初の両生類になったとき，脊椎動物はそれまでの歴史にあったものとは全く異なる完全に新しい進化的発展の進路に入った．脊椎動物は，それまで何億年も過ごしてきた生活環境とはまったく違う斬新な環境へ初めて進出しようとしていた．言うまでもなく，これは限りない適応範囲にわたる進化のために幾筋もの大通りを開通させた意義深い一歩であった（図8-1, 8-2）．またそれは，脊椎動物の体の構造の大幅な変更と，進化傾向における重点の変化をともなった先例のない一歩であった．この時期から後，魚類以外の脊椎動物の進化は主として陸上生活（と空中生活）——水中生活へ二次的に逆行することも稀にあったが——に適応する系統にそって進んだ．

　最初の両生類，イクチオステガ類とアカントステガ類は，直前の祖先の魚類が向かっていたのとは全く異なる方向へ進化した．高等な総鰭類と原始両生類を結びつける共通特徴がいろいろあるけれども，同時に，これら二つのグループの間には大きな違いがある．一方のグループでは水中生活への特殊化，他方のグループでは水中外の生活への特殊化から起こる違いである．これらの相違点を，とりわけ最初の陸生脊椎動物に立ちはだかった新しい問題に照らして考えてみよう．

　初期の両生類が闘わねばならなかった重大な問題の一つは，呼吸に関するものだった．魚類はふつう鰓を使って水中から酸素を取り入れるのに対して，陸生脊椎動物は肺によって大気中から酸素を確保する．前にも触れたように，水の外で呼吸をする問題は，両生類のためには，祖先形魚類だった総鰭類——よく発達した肺をたぶん頻繁に使っていた魚類——によりすでに解決されていた．したがって，両生類は大気中で呼吸をする問題については“ヘッドスタート”をしたことになり，これは実際上大きな問題ではなく，かれらはただ，祖先の総鰭類から受け継いだ肺を使いつづけさえすればよかった，と言ってよい．この面での魚類と両生類の違いの主要点は，肺をもっていた魚類のほとんどでは，現今の両生類の幼生に見られるように鰓がまだ呼吸の基本的方法だったということである．しかし，成熟した両生類ではふつう，肺が肩代わりするとともに立場が逆転した．最初の陸生脊椎動物は肺を使い，主として空気呼吸をする動物だったのだが，かれらの幼若期ないし幼生段階では，化石の証拠から分かるところでは両生類のおたまじゃくしのように，鰓による呼吸を続けていたのである．

　最初の陸生脊椎動物が苦労せねばならなかったもう一つの難題は，乾燥，つまり干からびる恐れだった．これは，自分のすみかである液体にいつも浸っている魚類にとっては問題にならないが，陸生動物には決定的な，えてして深刻な問題である．つまり，最初の両生類は，もう水に浸っていられなくなったとき各自の体液を正常に維持する必要にせまられた．おそらくは，イクチオステガ類のような最早期の両生類は水辺からあまり遠く出歩くことを決してせず，大半の現生両生類がしているように河川湖沼へ頻繁に立ち戻っていたのだろう．こうした習性のため太古の両生類が水から離れて遠出をするのは限られてい

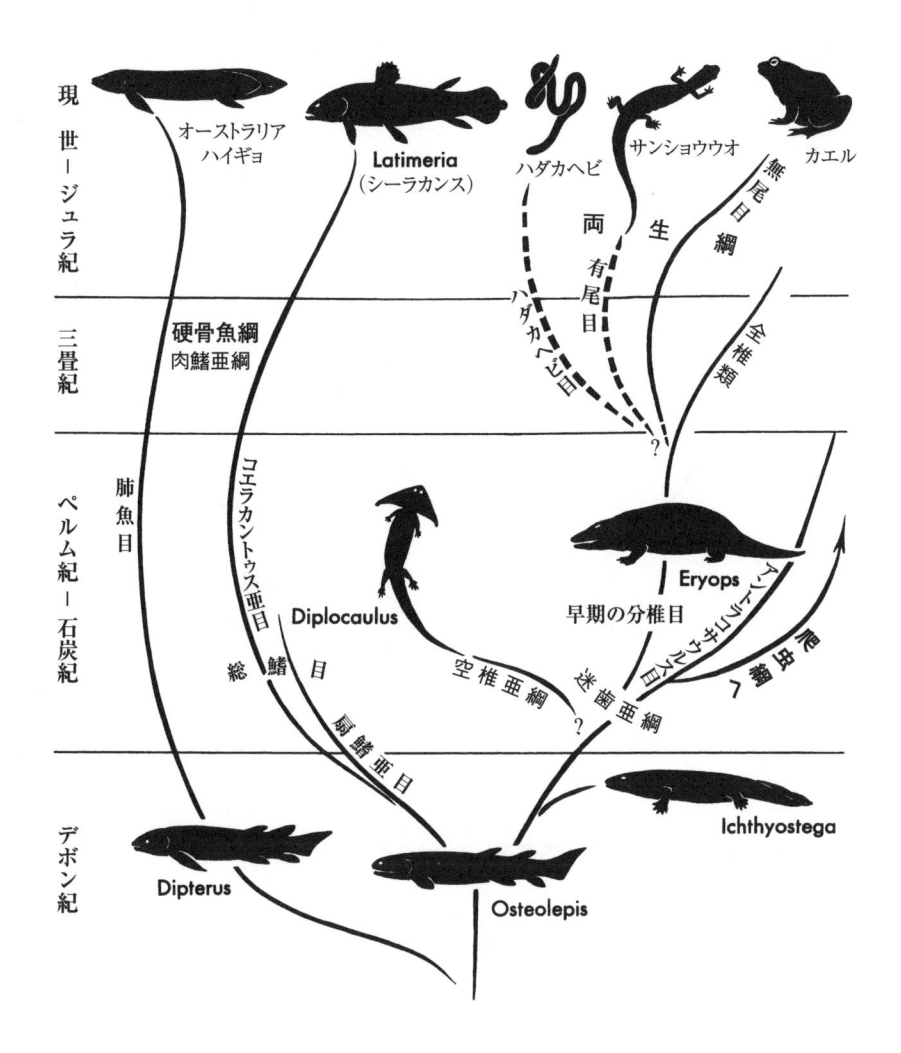

図 8-1　総鰭類と両生類の進化.（ロイス M. ダーリング画）

たにしても，にもかかわらず，かれらはその歴史の初期段階で，大気の乾燥作用に抗して体を保護するような体表の外被を進化させた可能性がある．最初の両生類で，ある種のものは祖先の魚類で体を覆っていた鱗をまだ維持していたことを示す証拠が得られている．また，両生類がとりわけペルム紀に進化した間に，丈夫な皮膚——その下層に小骨や骨板を備えることもあった——を発達させたことを示す証拠もある．外被が体液の蒸散を防ぐのにだんだん有効になり，また環境から体を守る強靭な被覆として役立つようになると，両生類はしだいに水から独立し，地面の上にだんだん長く留まっていられるようになった．このことは，両生類——それよりむしろ両生類から派生したより高等な脊椎動物たる爬虫類——の進化史における重要な一要素であった．

　陸地上で生きる動物にとって，重力は体の構造と生活に大きな影響をおよぼす重大な要

100　第8章

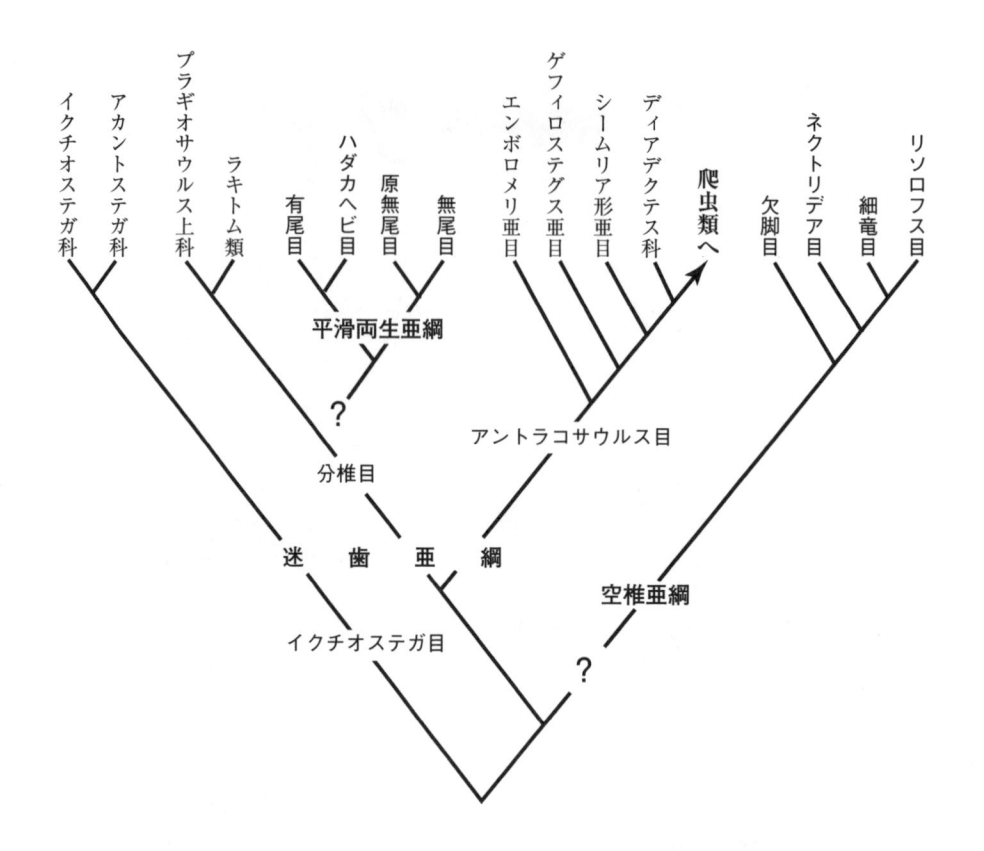

図 8-2　両生綱の系統関係の分岐図．空椎亜綱と平滑両生亜綱の起源はともに不明．

因であるのに対して，魚類にとっては重力はあまり意味をもたない．魚体は自分が生きているその濃密な水で支えられているからだ．むろん，最初の両生類は水の外に出ているときに高まる重力の作用と闘わねばならず，そのことの故にかれらは，進化の早い段階で強固な脊柱と四肢骨を発達させた（図 8-3）．

ところで，総鰭類の脊柱は"間椎心"とよばれる楔形（くさび）——それぞれがミカンの袋に似た形——の要素からできている．その後ろにずっと小さい 1 対の"側椎心"があった．こうした構造の配置は水の浮力で支えられている動物体には十分だったが，陸上で全体重を支えるには不十分だった．この重労働のためにはもっと効率のよい支持構造に変えることが必要である．両生類のなかで，ラキトム類とよばれる大グループをふくむ分椎類〔目〕の大半は，総鰭類型の椎骨を，互いにはまりあって筋肉や靱帯で結合された構造物に変形させることによりこの変化をやりとげ，これらが全体を支える水平の強固な柱を形成したわけである．支持構造をもっと強固にするなら，さらなるデザイン改良——アイスホッケーで使うパックかチェス盤のチェッカーズで使う木製のコマに似た円盤の積み重ねのようなもの——が必要になるだろう．両生類の諸群の進化的な多様性が発展するにつれて，進歩した分椎類の 1 グループ，全椎類〔ステレオスポンディル類〕には間椎心から一連の円盤が

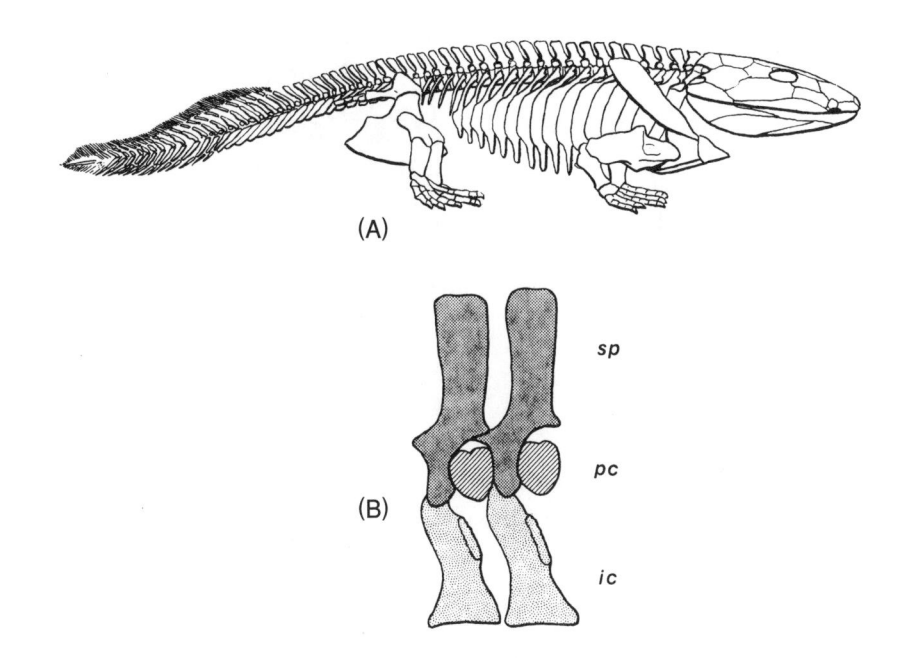

図 8-3　知られるかぎり最初期の両生類の一つ，*Ichthyostega* の (A) 骨格と (B) 椎骨．略号：sp，神経弓の棘突起；pc，側椎心；ic，間椎心．

発達し，シームリア形類〔亜目〕と爬虫類の祖先形をふくむ他の1グループには側椎心から一連の円盤が発達し，さらに第3のグループ，エンボロメリ類〔亜目〕には側椎心と間椎心の両方から円盤が発達した．どの場合にも脊柱は2か所で肢帯——前方の肩帯〔胸帯〕と後方の腰帯——で支えられ，各肢帯はそれぞれ左右の脚と足で支えられていた．

　けれども陸生動物は橋のような静止した構造物ではなく，動きまわるものだ．そのため初期の陸生脊椎動物は新しい場所移動の方法に適応するようになり，そこでは脚と足が第一に重要なものになった．これらは重力に抗して動物体を持ち上げているだけでなく，地面の上でそれを前進させるのにはたらく．ここに，総鰭魚類と初期両生類の間で場所移動の機能の逆転が見られる．魚類では移動は基本的に胴と尾によって果たされ，対鰭はバランスとりと舵とりに使われていたのに対して，初期の陸生脊椎動物では尾（大きさが減じた場合も多い）がある程度までバランスとりの器官になり，有対の付属肢が移動のための主要な器官になった．最初の両生類に始まった場所移動の様式は，陸生脊椎動物の進化史を通じて，さまざまな変異を生じながら続けられてきた．

　最初の陸生脊椎動物が直面した上記のような新しい諸問題に加えて，繁殖に関する問題が起きた．魚類の多くは無防備の卵を水中に産みだし，卵はそこで孵化する．陸生動物は繁殖期には水中へ戻るか，もしくは陸上で卵を保護する方法を発達させねばならない．両生類は陸上生活への適応ではいくつか大きな進歩を成しとげたが，湿潤な場所から離れて繁殖するという問題はついに解決することができなかった．その結果，かれらはその全歴

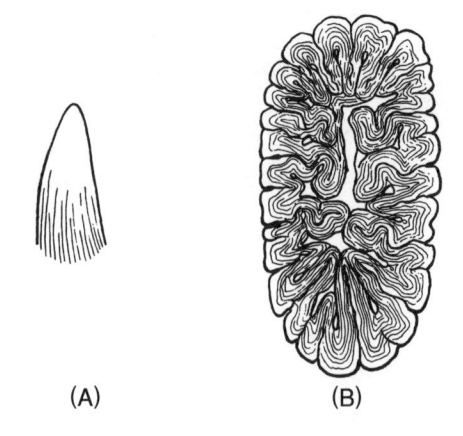

図8-4 迷歯類がもっていた歯の(A)側面と(B)やや模式化した横断面．ともに強拡大したもの．歯の表面に並行する線と横断面の曲がりくねった曲線は，エナメル質の複雑な折れ込みを示している．

史を通じて，産卵のために水中へ——特殊化した種類でも多湿な場所へ——立ち戻ることを強いられてきたのである．

陸上生活に適した基本的デザイン

さて，初期の両生類が完全水生から部分的陸生の生活様式へ移行した結果として課せられた新しい要求に，かれらは進化的発展のなかでどのように応じたのか？　これまで述べてきたとおり，デボン紀の末に現れたイクチオステガ類やアカントステガ類は，陸上で生きるための基本的要件を満たす第一歩を踏み出した．かれらの直接の後継者はミシシッピ紀−ペンシルベニア紀の両生類だったが，かれらのなかで陸上生活のための諸適応が一種の安定域に達し，こうして四肢をもつ脊椎動物の基本特徴が確立された．これら最早期の四肢動物とかれらの子孫の多くは迷歯類〔亜綱〕とよばれており，両生類の歴史にはかれらの進化に関係した部分が大きい．この群の名は，歯の構造——表層のエナメル質が迷路のように複雑に折れ込んで歯を強化した構造——に由来している（図8-4）．

石炭紀の両生類では，空気呼吸のための適応構造はかれらの先行者，イクチオステガ類の構造を超えて進んでいた．例えば外鼻孔は，イクチオステガ類では頭蓋両側面の下縁にあって内鼻孔から1本の細い棒状骨だけで隔てられていたのだが（図6-5Bを参照），後代の両生類では外鼻孔は頭蓋の背面に開き，内鼻孔——現生種では口蓋の前部にある——はこれらからかなり離れていた．そのため，よく識別できる鼻道——外鼻孔から咽頭にいたる通路——があった．これこそは空気取り入れ口の基本的配置だったのであり，その後すべての高等脊椎動物の進化的発展を通じて受け継がれることとなる．

イクチオステガ類では，前述のように椎骨は総鰭類の状態からわずかしか進歩していなかったが，そのことは，脊柱が水の外で動物体を支えるのに効率のよいデザインではなかったことを意味する．しかし，イクチオステガ類の後継者らは特殊化した椎骨をもってい

て，はじめ軟骨からできる骨性要素が，互いにはまりあう関節をもつまでに進んでいた．こうした多数の椎骨が前後1列に連なり，重力の下向きの引っ張りに逆らって全身を持ち上げていられる1本の頑強な柱状体を構成した．これは，陸生脊椎動物の進化における一つの大きな進歩であり，かれらがかなりの大きさにまで進化するのを可能にした仕組みであった．

このような早期四肢動物では肢帯もかなり強固になり，肩帯〔肩甲骨など〕は前から見ると幅の広いU字型をなし，その内部で胴の前部が強大な付着筋肉で吊り下げられた形になる．腰帯〔骨盤〕は頑丈なV字型で，1個の椎骨で脊柱に連結する．四肢骨は典型的には太くて頑丈であり，各脚が1本の近位の骨——前肢の上腕骨および後肢の大腿骨——と，その先の2本の骨——前肢の橈骨と尺骨および後肢の脛骨と腓骨——で構成される．さらに，指を5本ずつ備えた手と足があり，これらはそれぞれ幾つかの手根骨と足根骨で下腿につながる．こうした四肢の完成と関連して，尾はいろいろなふうに退化していった．

初期両生類の這いつくばった姿勢は特徴的なもので，後代のほとんど全ての両生類（と多くの爬虫類）に維持された．この姿勢では，各脚の第1節——前肢の上腕骨と後肢の大腿骨をふくむ部分——は体軸と直角をなしてほぼ水平に，反対側の対応する骨と同一線上に保持される．肘と膝は直角に曲がり，前腕と下腿はほぼ垂直になる．手の手掌と足の足底は地面にぺったり着くが，指は親指を前方において広げた形である．人が両腕を一直線になるように左右において床に腹ばいになってみると，腕は上記両生類の姿勢に近くなるが，脚はそうならない．

石炭紀前期にいた迷歯類の頭骨は頑丈なつくりで，頭蓋の背面は総鰭類から受け継いだ諸骨で堅固に覆われていた．その背面には5個の孔——2個の鼻孔，2個の眼窩，および両眼窩の後ろの1個の松果体孔（生存中には光受容器を収めていた正中の孔）——が開いていた．頭蓋後部の両側には，しばしば顕著な切痕〔洞窟状の穴〕——その上縁を頭蓋背面の板状骨，下縁を側頭部の鱗状骨がつくる空間——があった．これは鼓膜が張っていた場所で，鼓室切痕または耳切痕とよばれ，両生類に現れた新しい形質である．

鼓室切痕をふさいでぴんと張っていた膜，鼓膜の内面から，アブミ骨〔耳小柱〕という1個の小骨が頭蓋の外層と脳頭蓋の壁の間の空所〔中耳〕を橋渡ししていた．アブミ骨の外側の一端は鼓膜に付着し，他の内側の一端は脳頭蓋の側で卵円窓という小さな孔に入り込んでおり，この配置によって外界から鼓膜を打つ音波がアブミ骨を介して内耳へ伝達されたのだ．

アブミ骨というのは昔の魚類時代の舌顎骨であり，もともと鰓弓の一部だった骨がやがて顎骨と脳頭蓋をいっしょに保持する連結棒になり，さらに聴覚器の一部という新しい用途の器官へ変形したものだった．これは，進化とともに，ある構造物がもとの機能からまったく新しい機能をもつように変遷した興味津々たる一例なのだが，生命界の歴史のなかではあちこちで何度も起こったことである．ここで付記しておきたいのは，早期の大半の四肢動物においてアブミ骨はまだ大きな骨であり，総鰭類でのような，顎骨のための連結棒という昔の機能を維持していたことである．しかし石炭紀後期に入る頃までに迷歯類は，

大気中を伝わる音を感知するのに適した細いアブミ骨を獲得していた.

ところで,初期の両生類では顎骨の縁に多数の鋭い歯が並んでいたが,そのほかに,口蓋前部の幾つかの骨の平らな下面にも他の歯が生えていた.これらの歯のエナメル質は,多くの総鰭魚類の特徴だった複雑な迷路歯型の構造をもっていた.初期両生類の口蓋はふつう充実性かもしくはわずかばかり孔が貫通しており,また一般に口蓋の翼状骨と脳頭蓋の間に関節があって,脳頭蓋と頭蓋の間に多少の可動性があった.他方,頭蓋そのものには関節はなく,これは多くの総鰭類の特徴でもあった.

化石の証拠から分かる初期の陸生脊椎動物の典型的な全般的体制は,以上のようなものであった.

迷歯亜綱の両生類:(1)アントラコサウルス類

イクチオステガ類〔目〕の早い時期の近縁動物にアントラコサウルス類〔目〕という両生類グループがあり,この仲間はイクチオステガ類が初めて出現したのとほぼ同じ頃のデボン紀後期に現れた.アントラコサウルス類には二つの主要な進化傾向があったようで,一つはエンボロメリ類〔亜目〕,他の一つはシームリア形類〔亜目〕というグループのメンバーに典型例が見られる.

エンボロメリ類

一般のエンボロメリ類では,一つの椎骨がふつう2個の円盤ないし円輪でできており,これらは前後に配置していて,それぞれ間椎心,側椎心とよばれている.北アメリカの石炭紀前期の地層から出る *Proterogyrinus* のような原始的アントラコサウルス類では,側椎心が間椎心より大きかったが,典型的エンボロメリ類ではこれら2個の骨はほぼ同じ大きさだった.神経弓と棘突起が2個の椎骨円盤の上に載っており,間椎心,側椎心,神経弓という3個の要素がアントラコサウルス型の椎骨を構成していた.各神経弓の前面と後面にある関節突起の大きな切子面(ファセット)が,強固ながら可動性の関節で前後二つの椎骨を連結する関節面になっていた.エンボロメリ類の椎骨の構造は全体として,陸生脊椎動物の体を支えるのによく適応していたわけである.

エンボロメリ類はいろいろな面で,原始両生類の特徴としてさきに列挙した一般型の様相を持ちつづけていた.ヨーロッパの石炭紀後期の地層から出る典型的な属 *Eogyrinus*(図8-5)では,頭骨はかなり丈が高く,原始的な型の頭蓋背面を示している.頭蓋後部の両側には,鼓膜の張っていた大きな耳切痕がある.口蓋は原始的な型でほとんど充実性であり,小さい孔または空所だけが貫通している.この口蓋は可動性の関節で脳頭蓋につながっている.肩帯は頭骨のすぐ後ろにあるので頸部といえる部分はほとんど無く,これは大半の両生類に共通する特徴である.肩帯は多少複雑な構造で,左右各側がそれぞれ幾つかの骨でできていた.前部は鎖骨と擬鎖骨からなり,その後ろに肩甲烏口骨があり,そこに上腕骨が関節でつながる.腹側では,肩帯の左右の半分が正中部の間鎖骨で結び合わされていた.

骨盤〔腰帯〕はかなり頑丈な板状の構造で,左右の各半分が腸骨,座骨,恥骨という3

両 生 類　105

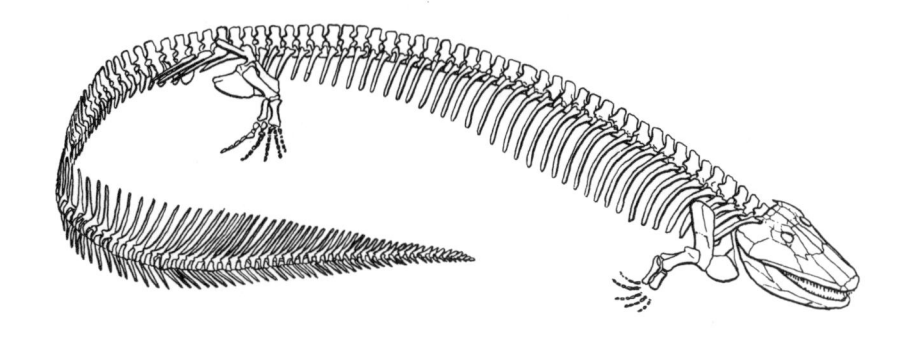

図8-5　*Eogyrinus*，アントラコサウルス目の迷歯類．全長約 2 m．

個の骨で構成されていた．腸骨の上半部——ただ 1 個の椎骨に付着していた部分——は幅が狭く，下半部は幅が広い．後ろの座骨と前の恥骨は広くてがっしりした骨で，それら同士また腸骨と固く連結している．これらの 3 骨が会合するところに寛骨臼(かんこつきゅう)という円い窪みがあり，大腿骨（後肢の近位の骨）の骨頭がはまりこむ関節窩になっている．骨盤の左右の半分は，恥骨と座骨の下縁にそって頑丈な軟骨結合でつながり，これが骨盤全体を強大なV字型の支持構造に仕上げていた．

　他方，かなり弱々しい前肢と後肢がそれぞれ肩帯と腰帯につながっており，*Eogyrinus* がエンボロメリ類の他の多くの種と同じく，おおむね水生の両生類だったことを物語っている．これは，祖先の魚類がしていた生活から脱しつつあった極めて原始的な四肢動物として当然のことである．

シームリア形類

　Seymouria（図8-6）というのは，テキサス州シーモア町の北方に露出するペルム紀前期の堆積物の上部から出た小さい四肢動物である．この動物は爬虫類の祖先であるためには地質柱状図での位置が高すぎる〔新しすぎる〕のだが，それでも体の構造では両生類と爬虫類の間でほぼ正確に中間的なのである．したがって *Seymouria* は構造上の祖先形が長く存続していた好例であり，古生物学的な祖父たちがその子孫たちといっしょに生活していた状況を示している．

　また，この動物とその近縁動物——まとめてシームリア形類〔亜目〕とよばれる群——は他のアントラコサウルス目両生類と共通の祖先をもっていたことも確かなようである．*Seymouria* はかなり丈の高い頭骨をもち，その後部に，アントラコサウルス類の特徴どおり鼓膜を収めていた顕著な耳切痕をしめす．頭骨背面は骨で完全に覆われ，眼窩の後ろの上側頭骨と間側頭骨をふくむ迷歯類型の頭蓋諸骨がすべて備わっている．顎骨の縁の周りには迷歯類型の尖った歯が並んでいるほか，迷歯類の特徴として口蓋の諸骨にも大きな歯が生えている．頭骨後端の後頭顆〔第 1 頭椎の関節をなす突起〕は，アントラコサウルス類と同様，正中部にただ 1 個ある．このように，その頭骨はある種の迷歯類と共通の様相をいろいろと呈していた．

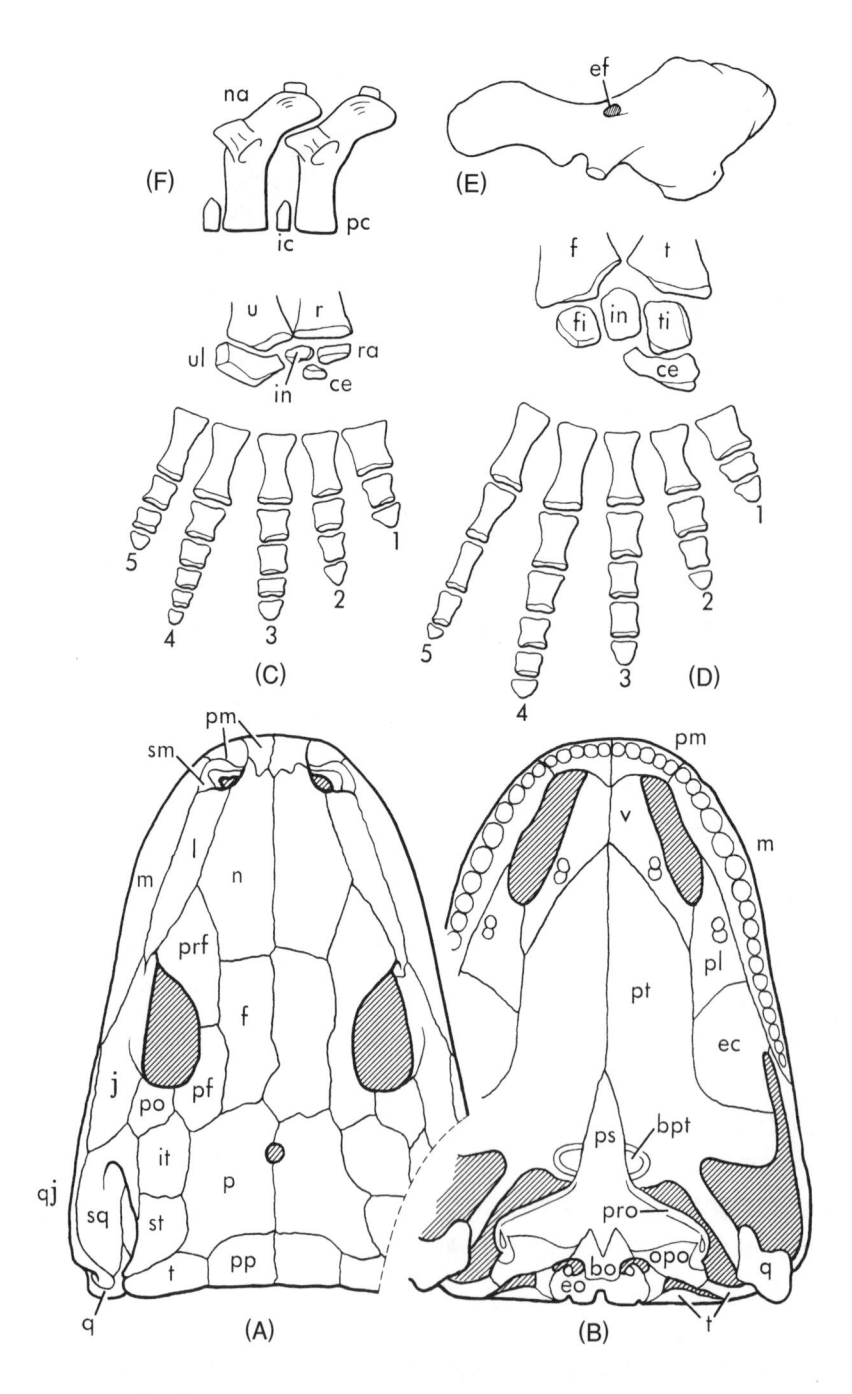

図 8-6 *Seymouria*, 体の構造で爬虫類に近かった迷歯亜綱両生類. テキサス州のペルム紀前期の堆積物から出るもの. (A)頭蓋の背面, 長さ約 11 cm. (B)頭蓋の口蓋面. (C)前足〔手〕. (D)後足. (E)上腕骨. (F)側面から見た 2 個の椎骨. 略号については viii ページを参照. 頭蓋背面の諸骨や足首の 3 個の近位骨の, 全体的に迷歯類型の配置, 爬虫類型の指節骨式, 上腕骨にある孔〔内上顆孔〕, 椎骨の大きな神経弓, などに注意.

他方，頭部より後ろの骨格は，*Seymouria* を初期の爬虫類に結びつける様々の前進した特徴を見せていた．例えば，椎骨の神経弓は左右に拡大しており，これはまさしく初期のある種の爬虫類に見られるものだ．さらに，椎骨で目立つ要素は側椎心で，間椎心は小さな楔形の骨に退化しており，これも爬虫類型の特徴である．肩帯では，間鎖骨に，初期爬虫類の特徴だった（迷歯類とはっきり違って）長い茎状部があった．腸骨は両生類の状態よりずっと拡大し，脊柱でのその付着部に椎骨〔仙椎〕が一つ増えて仙骨を形成する．仙椎は，両生類で1個だけなのに対して，原始爬虫類では2個になる．上腕骨の形は初期爬虫類のそれとほぼ同様であり，爬虫類の形質である1個の特殊な小孔〔内上顆孔〕がある．さらに，*Seymouria* の足関節には両生類特有の3個の近位骨があるものの，指節骨は初期爬虫類と同じ配列をもち，第1指〔親指〕に2個，第2指に3個，第3指に4個，第4指に5個，第5指〔小指〕は手で3個，足で4個，となっていた．これは原始爬虫類の"指節骨式"で，ふつう 2-3-4-5-3(4) と表記される．

それでは，*Seymouria* は両生類だったのか，爬虫類だったのか？ この疑問に対する究極の答えは，*Seymouria* は現生の爬虫類のように有羊膜卵を地上に産みつけたのか，それとも現生のカエル類のように産卵のために水辺へ戻ったのか，に尽きる．しかし残念ながら，現在のところ，この重要な鑑識上の特性に関する手掛かりを提供するような古生物学上の直接証拠は得られていない．ただ，*Seymouria* を詳しく調べた T.E. ホワイトは何年か前，この興味ある四肢動物で知られている多数の化石のなかに性的二型があったらしいことに注目している．すなわち，尾椎から下へ伸びる血道棘の最前位のものが骨盤からかなり離れて位置する個体がある一方，その同じ血道棘が骨盤のすぐ後ろに位置する個体もある．このことが，骨盤の後縁から血道棘までにかなりの距離がある個体は，大きな有羊膜卵を総排出腔を通過させるのに適応した雌個体だったことを物語っているのかもしれない．むろんこれは推測にすぎないのだが，頭骨以外の骨格のいろいろな爬虫類型特徴と関連してたぶん意味が深い．このことによると，*Seymouria* は爬虫類の側に入ることになる．

ところがそれとは逆に，頭骨と歯の様相からみれば，*Seymouria* はかなり確実に両生類の側に入る．しかもこの証拠に加えて，*Seymouria* と近縁な属，わけてもヨーロッパで出る *Discosauriscus* は鰓をもつ幼生を特徴としていたことをはっきり示している．

Seymouria とその近縁動物の形態と推定上の生理に関する証拠のこうした相反する状況は，進化というものは，同一群の中においてさえ，幅広い前線にそって一様に進むのではないことを見事に物語っている．ある1種の動物には進歩した面もあれば原始的な面もあり，*Seymouria* とその仲間が脊椎動物の二つの綱の間で人を惑わす中間動物であるのは，こうした両面が混じり合っているからだ．かなりよく解明された古生物学的記録の効果とはこのようなものである．シームリア形類の証拠物は，動物たちをきちんとした分類上の枠の中に収めたい研究者たちの心が平穏であるためには，あまりに明白に進化は連続体であることを物語っている．

Seymouria は上記のような両生類と爬虫類の諸特徴の混合を示してはいるが，これは現在その親類とともに，ふつうアントラコサウルス目迷歯類のなかに入れられている．これ

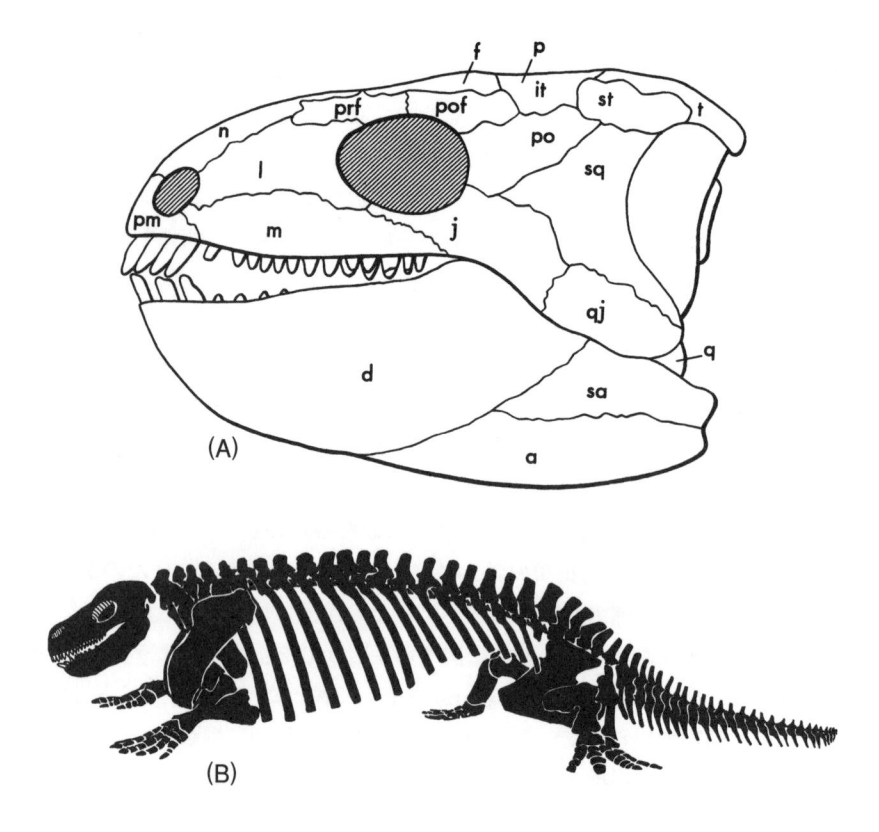

図 8-7 *Diadectes*. テキサス州のペルム系下部から出るもので，爬虫類の祖先に近かったと考えられる両生類の一つ．(A)頭骨の左側面，長さ約 20 cm．(B)頑丈な骨格の全体像，全長約 2-3 m．全身骨格が爬虫類的な特徴をいくつか示すのに対し，頭骨は両生類的な特色——側頭骨 [it]，上側頭骨 [st]，および板状骨 [t] のサイズが退化縮小していないことなど——を維持していることに注意．略号については viii ページを参照．

らの両生類は爬虫類の方向へ進化していたらしいが，かれらそのものは爬虫類の祖先ではなかった．その役割は，次の章で述べることだが，沼沢地に棲んでいたある種の小さい四肢動物——カナダ・ノヴァスコシア州で遺物が出るもの——が演ずることとなる．しかしそれでも，爬虫類が興ったのは確かにアントラコサウルス類という根幹からであった．

ディアデクテス形類

本書ではシームリア形亜目の中かまたはその近隣に置くことにするが，ディアデクテス形類というかなりどっちつかずの小グループがあり，そのなかでは北アメリカのペルム紀前期の地層から出る *Diadectes* 属（図 8-7）が代表的で最もよく知られている．*Diadectes* は両生類と爬虫類の特色をともに示すため，それがどちらの綱に属するのかは確かではない．ディアデクテス形類は早い時期から大形化する傾向を表した．*Diadectes* では，頭蓋の方形骨がやや前方へ移り，それが頭蓋諸骨につながる上端のところに顕著な切痕がある．この切痕が迷歯類の原始的な耳切痕と同じものなのか，それともこの頭骨がもっと原始的な爬

虫類の状態から特殊化したために生じた，二次的な形質であるのかをめぐって，多少の議論がある．その結論がどうであれ，方形骨が前へ移動した結果，顎骨——前部に杙状の歯と頬部に横幅の広い歯をもつ——が前後に短くなった．こうした顎骨と歯の特殊化は，でっぷりした大きな胴と相まって，*Diadectes* やその近縁動物は草食性の四肢動物だったことを示している．これらの動物はさまざまな爬虫類型の様相をとくに頭部より後ろの骨格に示してはいたが，頭蓋にあったシームリア型の原始的特色のゆえに，かれらは両生類として分類しておくほかはない．が，ペルム紀の四肢動物の著名な専門家 E.C. オルソンが指摘したように，*Diadectes* を両生類に入れるのは「ほとんど便宜的な割り振り」である．

迷歯亜綱の両生類：(2) 古生代の分椎類

　両生類の歴史の早い時期に，分椎類という迷歯類の重要な目が興った．これらはイクチオステガ類の近縁動物としてミシシッピ紀に始まったものだが，最も特徴的に発展したのはそれに続くペンシルベニア紀–ペルム紀だった．椎骨の間椎心と側椎心は，エンボロメリ類におけるように同様の円盤ではなく，またシームリア形類でのように側椎心が間椎心よりずっと大きいのでもなかった．そうではなく，分椎類の間椎心は大きな楔形の要素であり，側椎心は2個の間椎心の間にはまる比較的小さい骨塊で，シームリア形類に見られる状態とはほとんど逆である．各椎骨で，神経弓が間椎心と側椎心の両方で支えられていた．全体として，こうした諸骨の組み合わせが"ラキトム型"椎骨とよばれるものを形成し，これがおそらく迷歯類における椎骨構造の基本的かつ中心的な型——イクチオステガ類や進歩したある種の総鰭魚類からもほとんど変わっていない型——であった．またアントラコサウルス類でと同様，ラキトム型の分椎類の神経弓には，椎骨と椎骨をしっかり結び付ける関節突起がよく発達していた．

　分椎類はペルム紀に優勢な両生類になり，そのなかではテキサス州のペルム系下部の堆積物から出る *Eryops* 属（図 8-8, 8-9, 8-10）を，同グループの古生代の典型例とみることができる．*Eryops* は体長が 1.5 m を超えるどっしりした体格の動物だった．頭蓋は非常に大きく，幅が広く扁平で，その背面の諸骨は分厚く，表面には細かいしわがある．中耳をいれる深い耳切痕がある．アントラコサウルス類とは対照的に *Eryops* の口蓋はかなり開放的で，左右に各1個の大きな窓つまり空所が開いている．この開口部は *Eryops* や他の分椎類における頭蓋の扁平化と相ともなったようで，おそらくは大きな眼と眼筋を収める場所として発達したものらしい．*Eryops* がアントラコサウルス類と異なるもう一つの点として，口蓋と脳頭蓋の間の関節は不動性だった．また，顎骨の縁の周りには堅牢な迷路歯，口蓋には非常に大きな歯が生えていた．

　Eryops の脊柱は異常に頑丈で，この動物が陸上生活によく適応していたことを示唆している．その上，頭部より後ろの骨格も頑丈にできている．肋骨は大きく広がっている．肩帯はがっしりして，肩甲骨と烏口骨が優勢である．擬鎖骨と鎖骨は，肩甲骨と烏口骨の前縁にそって細い木片のように退化している．骨盤も頑丈である．四肢骨は短いながらがっしりしており，この特徴はとりわけ，両端での幅が長さとほぼ同じくらいの上腕骨と，太

Eryops

図 8-8 テキサス州のペルム系から出る大形の分椎類，*Eryops* の復元図．体長約 1.5 m．*Eryops* は両生類の進化における一頂点を表し，おそらく競争相手だった当時の爬虫類と同じくらいの大きさがあった．（ロイス M. ダーリング画）

い骨である大腿骨で明らかである．前腕，下腿，手，足の諸骨も同様にがっしりしている．手の指は4本だけで，これは分椎類の特徴であった．皮膚の中には小さい骨塊があり，同時代の敵性動物から身を守る装甲をつくっていた．

　Eryops はものうく水に浸って長時間を過ごしていたにしても，陸上生活にかなりよく適応した動物だったことは間違いない．この両生類は，河川や沼沢に出たり入ったりしている現生のワニに似た生活をしていたと考えてもよい．*Eryops* はおそらく魚食性だったが，かなり攻撃性が強かったに違いなく，陸生動物を捕食して常食物を補っていたのかもしれない．この大きな分椎目両生類は，ペルム紀の多くの爬虫類と活発に競争する力をもっていたと考えてよい理由も確かにある．いろいろな意味で *Eryops* は両生類の進化史における頂点の一つであった．

　Eryops は古生代の分椎類の典型的メンバーとして引き合いに出されるにしても，この仲間の両生類がすべて水の外での生活によく適応した，大形で攻撃的な肉食動物だったと思ってはいけない．ラキトム型の分椎類はペンシルベニア紀–ペルム紀にさまざまな適応放散の系統にそって進化し，*Eryops* のように半水生で陸生の大形種類が無数にいたのだが，他方，まったく違う生活様式に特殊化していった系統もあった．例えばあるグループには，中程度の大きさで，やや尖った長い頭蓋――顎骨は無数の鋭い歯を備える――を特徴とする動物たちがいた．これらはアルケゴサウルス類とよばれ，基本的に水生で魚食性の動物だったことが確からしい．

　また分椎類には他に，捕食性の強い大形の種類には用のない生態的ニッチに適応した小形のものもいた．そのなかでは，テキサス州のペルム紀の地層から出る *Trimerorhachis* 属がよく知られている．これは体長 30–60 cm ほどのラキトム型分椎類で，骨質がいくらか退化してその分だけ軟骨質の増加した，扁平な頭蓋をもっていた．*Trimerorhachis* の体は，

図 8-9　*Eryops* の骨格．体長約 1.5 m．

魚の鱗と相同のように見える重なり合った鱗の装甲で覆われていた．こうした様相とこの動物が見いだされる堆積物の特色からみて，この種類はおおむね水生で，浅い河川や沼沢に生息して小動物を常食にする両生類だったと考えるのが順当だろう．さらに，テキサス州のペルム紀の地層から出る小形分椎類で，*Trimerorhachis* と対置してもよいものに *Cacops* 属がある．これの特色は，1 本の棒状骨で後ろを閉ざされた巨大な耳切痕のある重々しい頭蓋，相対的に短い胴と強そうな四肢，退化した尾，背中を覆う頑丈な骨性装甲の被覆，などにあった．*Cacops* は明らかに，他の捕食者の攻撃に対抗して装甲で堅固に守られた陸生の両生類だった．この種類は法外に大きな鼓膜をもっていたのに違いなく，おそらく現生カエル類の多くの種と同様に夜行性動物だったのだろう．

　他方，ヨーロッパのペンシルベニア紀後期－ペルム紀前期のある堆積物で，ふつう"ブランキオサウルス類"とよばれる非常に小さい迷歯類の骨格が見いだされる．かつては古生物学者のなかに，これらの小形両生類は独立の 1 グループ，"フィロスポンディリ"を構成すると考える人々もいた．しかし後年になって，ブランキオサウルス類のほとんどは，同時代のもっと大きなある種の分椎類の幼生だったことが明らかにされた．つまり，ブランキオサウルス類には，幼生にはあって当然の鰓弓の化石化した形跡が見られることがしばしばある．その上，ブランキオサウルス類をサイズの順に並べてみると，そのシリーズの最小のものから最大のものまで眼の相対的サイズが低減するのだが，これは発育中の両生類幼生の系列にならば当然のことだ．それやこれやの理由で，"フィロスポンディリ"というグループは両生類の歴史上，実在しなかった．

　ラキトム型両生類はペルム紀の間，地球上のかなりの陸地にわたって長らく上首尾な生存を謳歌していたが，この紀が終わるとともにかれらの優勢の時代もほとんど終わった．トレマトサウルス類〔上科〕という少数のラキトム型の系統——三畳紀の前半まで存続するもの——は，椎骨がラキトム型の構造だったのに対し，頭骨は三畳紀の迷歯類に特有の状態を超えて前進した点で，注目すべきものだった．トレマトサウルス類は，ある意味で後の中生代に豊富になった長頸竜類などの海生爬虫類に先行した，魚食性の海生動物だったようにみえる．しかし，両生類が海へ侵入したらしいことはあまり上首尾でなかった．

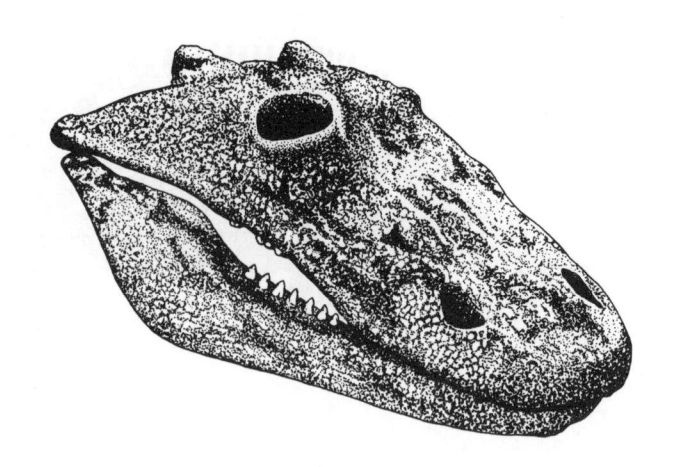

図 8-10 *Eryops* の頭蓋と下顎骨格．迷歯類の特徴である堅固な，充実性の構造をしめす．頭蓋は長さ約46 cm．

トレマトサウルス類はやがて三畳紀中に絶滅したからである．

迷歯亜綱の両生類：(3) 中生代の分椎類

中生代に入ってからの分椎類，わけても世界中で三畳紀の特徴だった分椎類は，かれらが興る基になった古生代の種類で代表される系統とまったく異なる適応放散の系統をたどった．古生代の大半の種は，水中で過ごすことが多かったにしても陸上生活に特殊化しており，それは両生類のほとんどがこの綱の長い進化史を通じてしてきたことである．しかし中生代の分椎類は，たぶん陸地に上がることは滅多にしないような，著しく特殊化したタイプだった．こうした中生代の種類は，かれらの究極の祖先の生活環境へ回帰することにより，ミシシッピ紀の初めからペルム紀の末まで迷歯亜綱両生類がたどった全般的な進化傾向を逆転させた，と言ってもよい．三畳紀の間，かれらの進化様式はたしかに上首尾であり，大陸上の脊椎動物のなかで最もありふれた，広く分布する動物群になった．かれらは新生代の初めまでも進化を続け，そののち完全に絶滅した．中生代，とりわけ三畳紀における分椎類の進化は，迷歯類が絶滅する前に力強く見せた最後の開花であったと考えることができる．

これらの動物は陸上をほとんど棄てたため，ラキトム型分椎類は極めてよく発達した頑丈な脊柱をもはや必要としなくなった．そして，陸上生活から水中生活へ戻った脊椎動物によく見られるとおり，脊柱が二次的に単純化した．ラキトム型椎骨の特色だった2要素が互いにはまり合う構造ではなく，中生代のある種の分椎類の椎骨は間椎心だけでできた単純な骨塊——その上に神経弓と神経棘がある——に退化した．側椎心は消失した．これが"全椎型"〔ステレオスポンディル型〕とよばれる椎骨構造である．

水生の生活様式へ戻った中生代の分椎類は，ラキトム型だった祖先のように重力の問題に煩わされることはなかった．そのため，これらの両生類にはサイズの増大にむかう共通

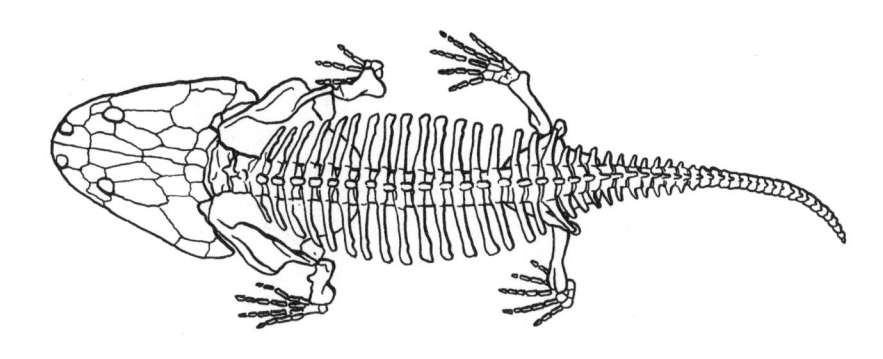

図 8-11 *Metoposaurus*，巨大な頭を備えた三畳紀後期の分椎類．体長約 2 m．

の傾向が生じ，その結果，全椎型の種類にはペルム紀の大形の祖先をしのいで両生類として史上最大になったものがいた．中生代の分椎類の全てが大きかったわけではないが，傾向はだいたい大形化に向かっていた．

あちこちの大陸の三畳紀後期の堆積物から出る *Metoposaurus* 属（別称 *Buettneria*）（図 8-11）が，これら最後の迷歯類における進化傾向の行きついた結末を示している．この大形の全椎型迷歯類では，胴に比べて頭蓋が異様に大きかった．進化過程における成長要因が，時とともに動物体が発育してサイズを増すにつれて，頭蓋は胴より大きな速度で増大する型のものだったのだ．そのため，三畳紀後期の多くの分椎類は巨大な頭のゆえにグロテスクと言ってよいほどである．これらの両生類では頭蓋が大きかっただけでなく全身が，成句で言うパンケーキのようにぺちゃんこだった．当然のことながら，頭蓋の扁平さに胴の扁平さが伴ったのである．

中生代の分椎類には，以上のような諸変化と並んで，骨格のいくつかの部分で骨質の退化と軟骨質の増大がおこる全般的傾向があった．つまり，頭蓋の口蓋領域は骨質が減少したため極めて開放的になり，また脳頭蓋は軟骨性になった．手首と足首の構成骨も完全に軟骨化したため，これらが化石として保存されていることは滅多にない．

はなはだ奇妙なことに，これらの両生類における骨の退化は部位によって差異的に起こった．口蓋が開放的になり，脳頭蓋や手首と足首の要素骨が軟骨化した一方で，骨格の他のある部分では骨質がかえって増大したのだ．頭蓋の背面は異常に分厚く頑丈になり，肩帯の腹側の諸骨である鎖骨や間鎖骨も同様だった．ところが驚くべき対照をなして，肩帯の背側の諸骨は小さくて弱々しく，腰帯〔骨盤〕でも同じである．また肢帯の上半部のこうした貧弱化に対応するように，後代の全椎類（*Metoposaurus* など）の四肢は驚くほど小さかった．

こうして，全椎型迷歯類の進化はやがて，三畳紀後期の河川や沼沢に棲む変てこな動物たち——昔の写本などで見かけるような体の比率のおかしい生き物——を生み出すことになった．これらの両生類にはいろいろな形質の奇妙な組み合わせがあったのだが，にもかかわらず，後代の分椎類はいたって上首尾な動物群であった．

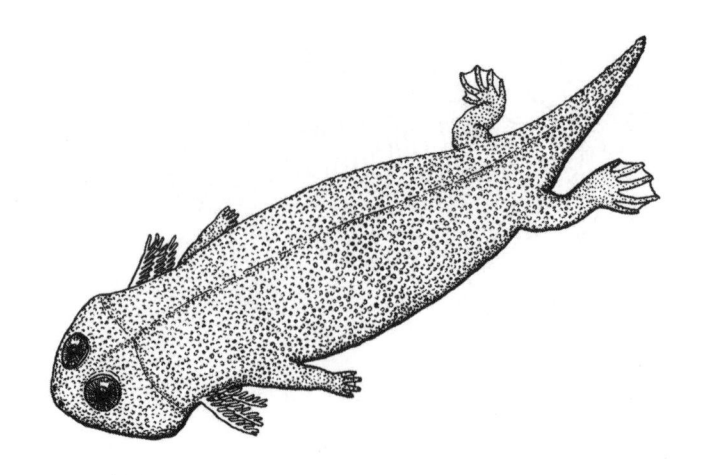

図 8-12 *Gerrothorax*,三畳紀後期のプラギオサウルス類.体長約 1 m.

　Metoposaurus やその近縁動物よりもさらに変わっていたのは,三畳紀後期の少数の属を典型とするプラギオサウルス類〔上科〕である.この群のグロテスクな両生類の特徴はまず,長さに比べて幅が異常に広い,極度に平たい頭骨にあった.胴もやはり扁平で幅広く,四肢は小さかった.少なくとも *Gerrothorax*(図 8-12)という属の動物は,現生のある種のサンショウウオのように外鰓〔体外に伸び出た鰓〕を終生もちつづけた.これらの迷歯類は,分椎類の進化のグロテスクな一つの側枝——中生代の他の種類にも生じた進化傾向を極端にまで進めた系統——を表している.

迷歯類における進化傾向

　ここで迷歯類の進化の多様なコースを要約しておくのは有益だろう.表 8-1 はこれらの両生類における発達の傾向を一覧表で示したものである.迷歯類の進化にかかわる多数の形質をすべて列挙することはむろん不可能だ.が,少なくとも比較的顕著なものを幾つか挙げてある.要するに,迷歯類における進化傾向は,表 8-1 と図 8-13 に示すように表現してよさそうなのである.この表は,迷歯類の進化は,デボン紀の末から白亜紀の初めまでそれが大体において一定のコースにそって進んだという意味で,方向性〔定向性〕をもっていたことを物語っている.

　大まかに言えば,これらの両生類の興隆と発展を二つの進化傾向にそって跡づけることができる.一方では,迷歯類は祖先の魚類から原始的イクチオステガ類やもっと後代の子孫にわたり,ペルム紀の陸上性のつよいラキトム型分椎類に代表される一つの頂点へ進化した.そしてその後,三畳紀の大形の全椎型両生類におけるように,二次的な水中への回帰を生じた.他方では,原始的なタイプから進化した二股分岐型の発展が起こった.一つの分枝はエンボロメリ類に見られるように終生水中にいる生活様式に向かい,もう一つの分枝は,シームリア形類のようにいろいろな爬虫類型特徴をもつ陸生の種類へ向かった.

表 8-1　迷歯類の進化過程におけるさまざまな傾向．〔イクチオステガ類を基本とする〕

	アントラコサウルス類		イクチオステガ類	分椎類	
	シームリア形類	エンボロメリ類		ラキトム型	全椎型
生息場所：	陸　上	←　水　中	←　水　中　→	陸　上　→	二次的に水中
脊　柱：	強　固	←　弱　体	←　弱　体　→	強　固　→	二次的に弱体
椎　骨：	逆ラキトム型	←　エンボロメリ型	←前エンボロメリ型→	ラキトム型→	全椎型
頭　骨：	丈が高い	←　丈が高い	←　丈が高い　→	扁　平　→	極度に扁平
口　蓋：	閉鎖的	←　閉鎖的	←　閉鎖的　→	開放的　→	さらに開放的
脳頭蓋：	骨　性	←　骨　性	←　骨　性　→	骨　性　→	軟骨性
後頭顆：	中央に1個	←　中央に1個	←　中央に1個　→	左右に1対→	左右に1対
四　肢：	強　固	←　弱　小	←　強　固　→	極めて強固→	二次的に弱小

空　椎　類

　本章ではこれまで，迷歯亜綱の両生類――最初の陸生脊椎動物であり太古の河川や沼沢に幾らでも棲んでいたもの――のことに関わってきた．そして，かれらは諸大陸に広がって古生代後期から三畳紀にかけて多数かつ優勢になったが，白亜紀前期についに絶滅したことを述べた．すでに触れたとおり，これらの両生類は，各椎骨をつくる幾つかの要素の骨がまず軟骨でできる動物であった．

　しかし，こうした遠い時代に生存していた両生類は迷歯類だけだったのではない．かれらと同時に，空椎類〔亜綱〕とよばれるもう一つの群の両生類が陸地と河川沼沢を共有していたのだ．この仲間の動物では，椎骨がはじめ軟骨でできるのではなく，脊索を取り巻く糸巻形の骨性の円柱として直接に形成され，一般に神経弓と合体していた．空椎類はきわめて変化にとんだグループで，ミシシッピ紀という早い時代に現れ，ペンシルベニア紀－ペルム紀前期に進化的発展の頂点に達し，古生代が終わる前に絶滅した．

　空椎類は大形になったことが一度もなく，その歴史を通じてたぶん数があまり多くなったこともない．両生類の黄金時代だった古生代後期の間，空椎類はおびただしくいた大形のイトコたる迷歯類の直接の競争相手ではなかった．そうではなく，かれらは迷歯類には用のない特殊な生態的ニッチに適応していた．例えば空椎類の多くは全般に原始的な小形両生類でありつづけ，水辺の下草の中や沼沢地での生活に適応していた．細竜類〔目〕に含まれる属の多くはこのような動物で，その典型の一つはペンシルベニア紀中期の *Microbrachis*（図8-14A）である．

　古生代後期の空椎類にはさらに，四肢が消失してヘビに似た，細長い小形の両生類もいた．ペンシルベニア紀の *Ophiderpeton*（図8-14B）は，欠脚類〔目〕――化石記録ではごく少数の属をふくむ目――とよばれるグループの特徴的なメンバーだった．

　古生代後期の空椎類のなかで最も変化にとんで数も多かったのは，ネクトリデア類とい

116 第8章

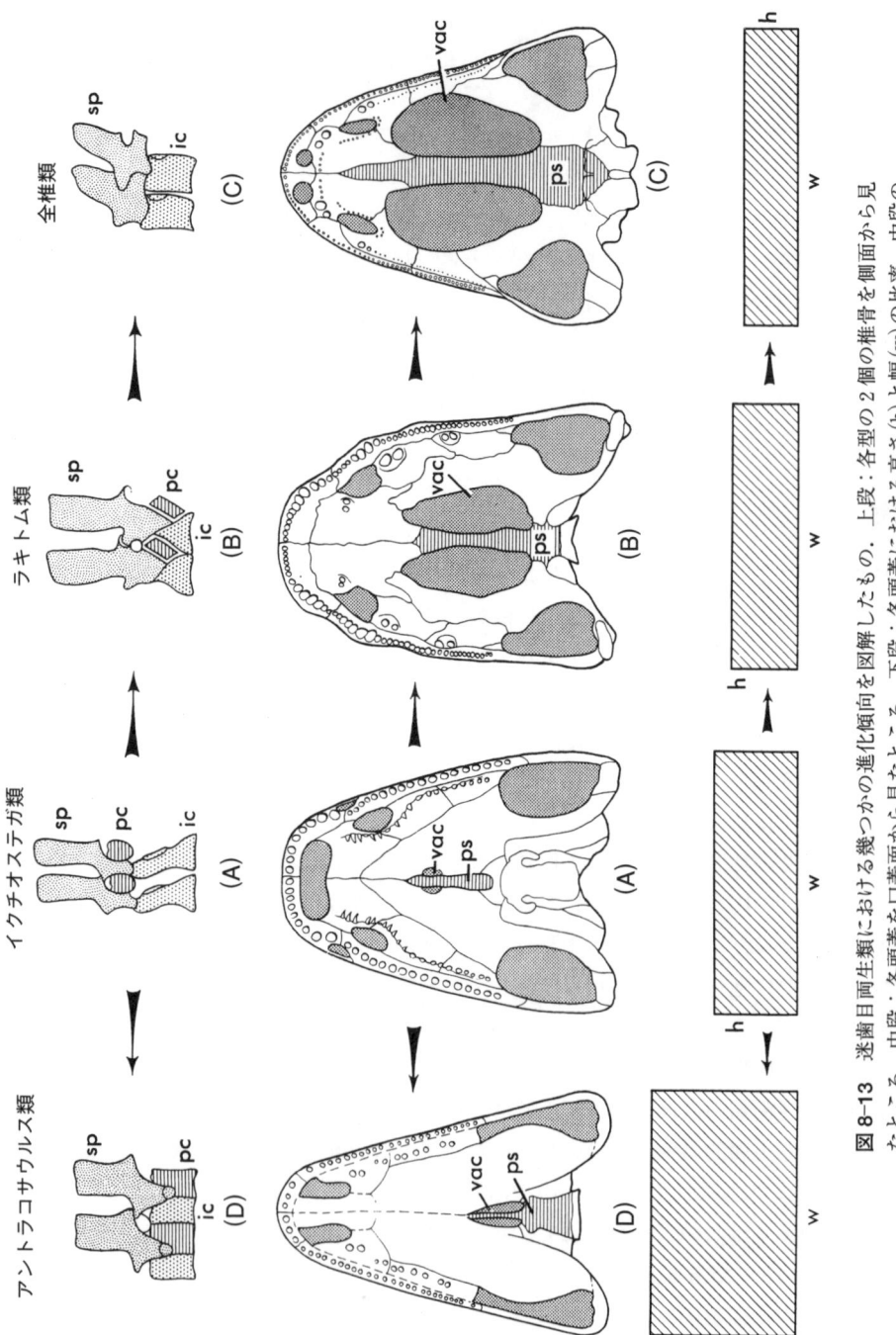

図 8-13 迷歯目両生類における幾つかの進化傾向を図解したもの．上段：各型の 2 個の椎骨を側面から見たところ．中段：各頭蓋を口蓋面から見たところ．下段：各頭蓋における高さ(h)と幅(w)の比率．中段の頭蓋では長さを同じにそろえてあり，したがって縮尺は異なる．(A)*Ichthyostega*, (B)*Eryops*, (C)*Metoposaurus*, (D)*Pholidogaster*. 略号については viii ページを参照．[イクチオステガ類を基本とする]

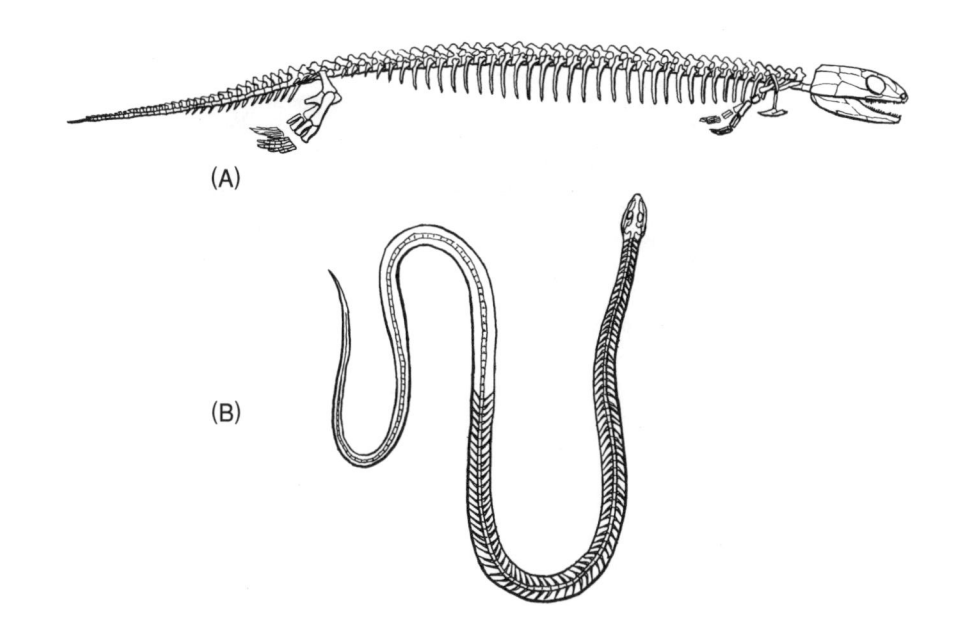

図 8-14　空椎亜綱の両生類．(A)*Microbrachis*，細竜目の一つ．体長約 13 cm．(B)*Ophiderpeton*，欠脚目の一つ．体長約 75 cm．

う目に属した仲間である．これらはペンシルベニア紀に 2 系統の進化的発展をとげた．その一方は，体がウナギかヘビのような形（欠脚類と並行）に細長くなったこと，他方は頭も胴も扁平かつ幅広くなったことを特徴としていた．これら二つの進化傾向のうち前者は*Sauropleura*に代表される．この種類では，体は長いが相対的に欠脚類ほどではなく，四肢は無く，頭蓋は前端でとがっていた．このような動物たちは確かに，石炭紀の沼沢地でヘビ類のような型の生活をしていたのだろう．

　テキサス州のペルム紀の地層から出る*Diplocaulus*はよく知られている属で，おそらくこれらネクトリデア類における進化的発展の頂点を表しており，頭蓋も胴も扁平化にむかう傾向にあった（図 8-15）．この両生類では，頭骨の両側面と背面が外方にむけて幅の広い"角"（ホーン）を形成するように成長したため，成熟体の頭蓋は長さより幅のほうがずっと広い形になった（図 8-16）．この側方成長という因子は*Diplocaulus*属の系統発生の過程でだけでなく，各個体の個体発生過程でも確立するにいたった．*Diplocaulus*の若い個体の頭蓋はほぼ"普通"の形をしていたが，発育が進むにつれて，頭蓋は前後方向よりずっと大きな速度で左右方向へ成長したのである．その結果，成熟した*Diplocaulus*の頭骨は異常に幅の広い矢じりのような形になった．しかし下顎骨格はこの成長に巻き込まれず，小さいままであった．

　*Diplocaulus*では胴も扁平で，四肢は小さく弱々しかった．この動物は確かに水中生の両生類だったのであり，ほとんど河川や沼沢の水底で時を過ごしていたのだろう．頭蓋がこのように奇怪な形に進化した事情は分かっていない．

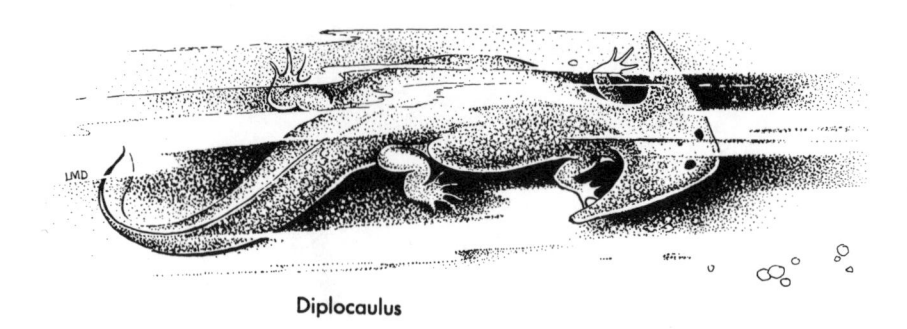

図8-15 *Diplocaulus* の復元図．ペルム紀前期に北アメリカの河川や沼沢に生息していたネクトリデア目の一つ．成熟個体は体長1mまたはそれ以上．（ロイス M. ダーリング画）

現今の両生類

　時間と形態の両面で，現今のサンショウウオ類，カエル類，および四肢をもたないアシナシイモリ類〔それぞれ独立の目〕と，古生代後期－中生代前期に陸地の特徴となっていた種々さまざまな迷歯類や空椎類との間には，大きな隔たりがある．この開きのゆえに，また現生の両生類がある幾つかの特徴を共通に備えているがゆえに，これら現在の河川沼沢の生息者たちはふつう"平滑両生類"〔滑皮両生類〕という亜綱にまとめられる．ときには現生両生類を単一の亜綱にまとめることの妥当性に疑問を呈する人もいるが，上の扱い方はなお多数派でありつづけており，化石による反証を誰かが発見しない限りこの状況は変わりそうもない．

　ところで，現生両生類を一つの群として結びつけるように思われる特色には，次のようなものがある．

1. カエル類，サンショウウオ類，およびアシナシイモリ類に共通するもの：
   a. 歯の基底部と歯冠部の間に脆弱な層があること（"有柄"の状態）．
   b. 皮膚呼吸が肺の機能を補い，またはそれに置き替わっていること．
   c. 椎骨の椎体が単純な円柱状であること．
2. カエル類とサンショウウオ類に共通し，アシナシイモリ類には無いもの：
   a. 頭骨の眼窩－側頭部に大きな開口部があること．
   b. 中耳に2個の小骨，アブミ骨と蓋板があること（他の下位四肢動物はアブミ骨だけを特徴とする）．

　このような類似点があるにもかかわらず，古生代の両生類のなかに，ただ一つの祖先に期待したいような諸特徴を併せもつ種類がいたことを示す証拠はない．知られるなかで最古のカエル類，サンショウウオ類，およびアシナシイモリ類は，いま生存している子孫たちによく似ていたのである．マダガスカル島の三畳紀前期の地層から出るカエル類の祖先形 *Triadobatrachus*（図8-17A）だけが，古生代の両生類に祖先があったことの証拠を示し

両生類　119

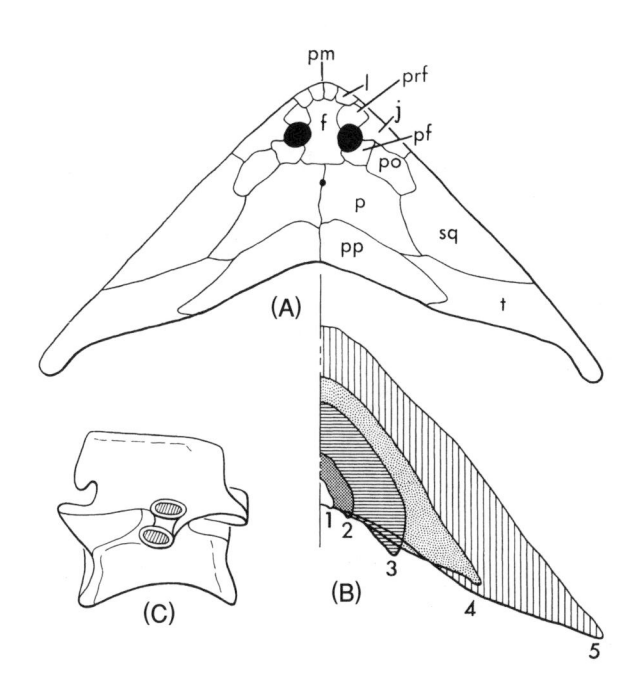

図 8-16 *Diplocaulus*，ペルム紀前期のネクトリデア類．(A)頭蓋の背面，幅約 21 cm．(B)頭蓋の成長の諸段階．ごく若い個体（段階 1）から大きな個体（段階 5）までを，背面の右半分の輪郭で示したもの．(C)椎骨の右側面．空椎類型の椎骨の特徴をしめす．実物よりやや大．略号については viii ページを参照．

ている．カエル類の耳の領域——鱗状骨と小さな柱状のアブミ骨〔耳小柱〕で中から支えられた大きな鼓膜がある——の特殊化は，ディソロフス類〔科〕のような小形の分椎目迷歯類——カエル類の祖先だったように思えるもの——にも見られる．*Triadobatrachus* では頭骨の構成骨は数と大きさで著しく退化していて，現生のカエル・ヒキガエル類の特徴である状態に近くなっていた．それに加えて，腰帯の腸骨は前後に長くなり，胴はいくぶん短くなり，手と足の骨は典型的なカエル類に見られるのと同じ程度に発達していた．肋骨はまだ存在していたし，尾骨も痕跡的に残っていた．

　さて，ジュラ紀に入ると，*Triadobatrachus* から近代型の無尾類〔目；カエル類〕へのかなり突然かつ完全な変貌が起こり，これは骨格の著しい変化をいくつか含む発展であった．南アメリカのジュラ系下部から出る既知では最古の真正のカエル，*Vieraella* の骨格は現生のカエル類のそれとほとんど同様である（図 8-17B）．ジュラ紀以降ずっとカエル・ヒキガエル類を特徴づけてきたのは，大きさがひどく減退した諸骨からなる開放的で扁平な頭骨，短い頸部，成体で尾が完全に消失すること，長大な後肢と短い前肢，などである．こうした成り行きと調和して，脊柱の椎骨は原初の数から 8 個内外に減少し，各椎骨は椎体の領域まで下へ広がる 1 個の大きな神経弓で形成される．真の椎体は退化消失している．骨盤より後ろに残存する椎骨は融合して 1 本の釘状の骨，尾柱になる．肋骨はすべて完全に消失した．足根では幾つかの骨が長くなって関節が一つ余分に発達し，後肢に大きな跳躍力

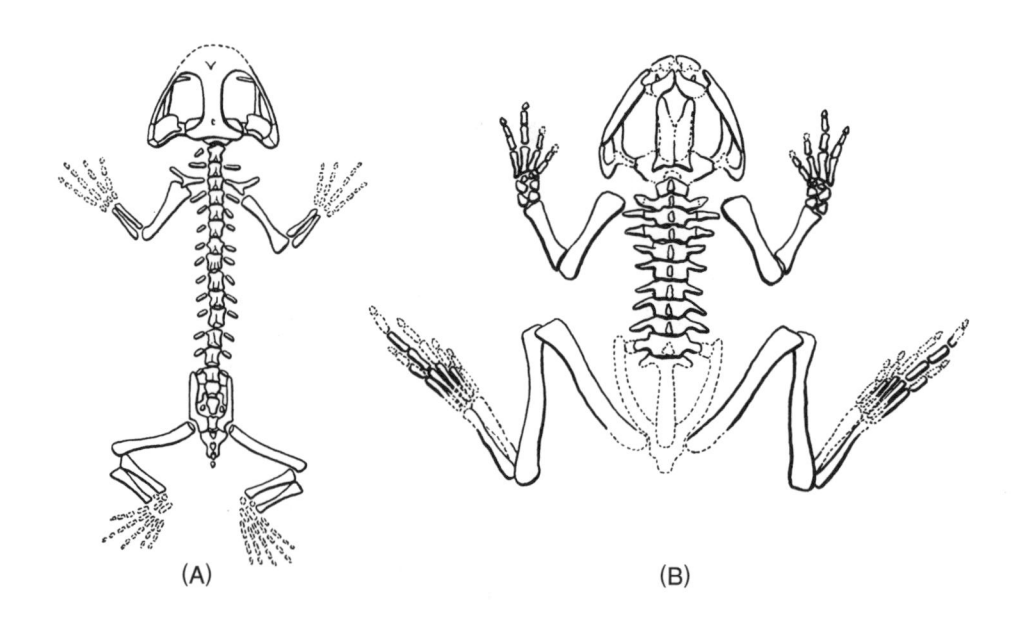

図 8-17 無尾類の復元された骨格.(A) *Triadobatrachus*,マダガスカル島の三畳系下部から出るカエルの祖先形.体長約 10 cm.(B) *Vieraella*,南アメリカのジュラ系下部から出る近代型カエルの最早期のもの.体長約 3 cm.

を与えている.肩帯は特殊化し,着地するときの衝撃を吸収するように強化されている.前肢は小さいながら,着地装置としてつよく変形している.

このようにして,カエル・ヒキガエル類は水辺での生活,あるいは水から離れた地面の上での生活にさえ適応するようになった.非常に大きな口をもつ頭骨は効率のよい虫捕りワナになっている.後肢は,地面の上でも地面から水中へでも,大きく跳躍する力をその動物体に与える.我々は誰でも,カエル類やヒキガエル類に見られるこれらの適応構造の有効さをよく知っており,かれらは大体において,はなはだ騒々しいけれども長らく極めて上首尾な両生類としてやってきた.かれらはジュラ紀から現在まで2億年を超える時間にわたって生存してきたのであり,今日,地球上で遠く広く非常に多様な生息場所に分布している.

無尾類をつよく際立たせるさまざまな特殊化は,具尾類〔有尾類〕つまりサンショウウオ類(図8-18A)の形態的特色とはっきり対照をなしている.サンショウウオ類の体形は一般型のまま留まっており,その進化過程の特徴はまず骨格において骨質が二次的に失われ,軟骨質で置き換えられたことにある.かれらは主として水生の両生類であり,現生種のなかには,メキシコ産のアホロートル〔メキシコサンショウウオ〕のように一生にわたり幼生状態と外鰓を持ちつづける種類もいる.知られている最早期のサンショウウオはロシアのジュラ紀後期の堆積物から出る *Karaurus* である.

おわりに,アシナシイモリ類(図8-18B)というのは"無足目"あるいは"ハダカヘビ

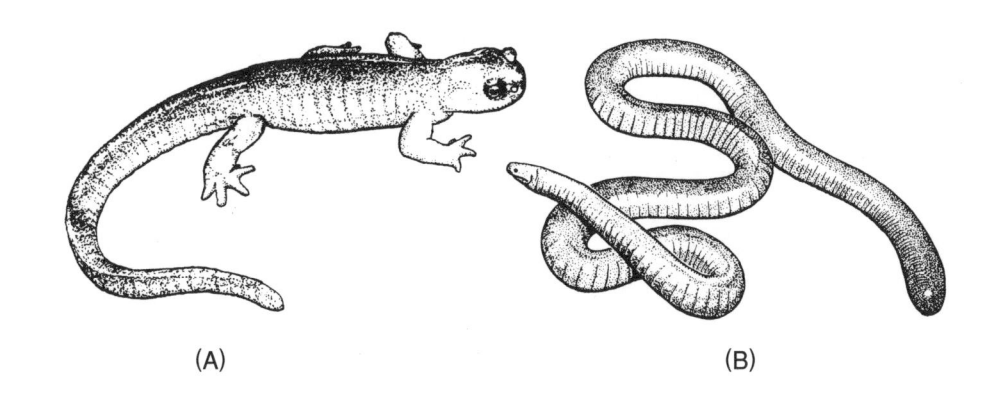

図 8-18 平滑両生類の現生する 2 群．(A)サンショウウオ類の 1 種．(B)アシナシイモリ〔ハダカヘビ〕類の 1 種．いずれも実物の約 3 分の 2．

目"ともよばれるグループで，熱帯地方で地中にすむミミズとそっくりの両生類である．最古のものとして，南アメリカの始新世の地層から出る *Apodes* が知られている．脳頭蓋，頭骨背面，そして特に中耳の領域の基本的構造が，アシナシイモリ類は細長くて地中生だった細竜類に由来したとみるのが妥当らしいことを示唆している．頭骨の構造によれば，サンショウウオ類も，もっと普通の比率の体をもった（ただし側方の顎筋を収容する窪みを頬部にもつ）細竜類から進化したことがうかがわれる．

9
爬虫類の登場

早期の陸上卵

有 羊 膜 卵

　　石炭紀の間に，脊椎動物の進化に大きな前進の歩みが起こった．有羊膜卵〔羊膜卵〕が出現したのである．これは顎骨の出現や水中から陸上への進出にも比すべき，脊椎動物の歴史のうえで基本的に重要な革新の一つであり，それまでにもあったこのように重大な進化的出来事と同じく，有羊膜卵の完成は背骨をもつ動物たちの発展のために新しい諸領域を解き放った．

　　鰓弓の一つが顎骨へ変形したことは，早期の脊椎動物を水底にすむ比較的小さい動物から攻撃性の強い活発な魚類へ引き上げ，これらが地球上のあらゆる水域に広がった．次いで水中から陸上への進出は，両生類に全く新しい環境を利用できるようにした．そして，有羊膜卵の出現は陸生脊椎動物を，個体の全生活史を通じて水域に多少でも依存することから完全に解放したのだ．

　　有羊膜卵で繁殖する動物では，胚から成体までの発育が真っすぐ〔直達〕である．卵は体内で受精し，そののち地上かどこか適当な場所に産み出され，あるいは幼仔が孵化するまで母体の卵管の中に留まることもある．卵は発育する胚のための栄養源になる卵黄を多量に含んでいる（図9-1）．その卵が発生していく間に3種の袋〔胚膜〕が形成される．その一つが羊膜で，羊水という液で満たされ，その中に胚が浸っている．もう一つは尿膜で，胚が卵内にある間につくりだす老廃物を貯留しておく袋である．そしてこれらの構造全体が卵殻――中身を保護するのに十分な強固さをもちながらも酸素が卵内へ入り，二酸化炭素が卵外へ出るのに十分な多孔性をもつ殻――で包まれる．この型の卵は，発育する胚のために保護された環境を確保するものだ．実際，それは羊膜という小さな自家用プールを設備しているわけで，胚はそこで強固な卵殻により外界から安全に隔離された状態で育つことができる．

　　このような卵を産む動物は陸地の上を自由に動きまわることができ，それまで何千万年も両生類には不可避だったこと，つまり繁殖期に水辺に立ち戻ることをしなくてもよい．有羊膜卵を産むようになった最初の動物は，爬虫類であった．爬虫類は両生類から，とりわけある種のアントラコサウルス目迷歯類から派生したもので，その移行は石炭紀の間に起こった．言うまでもなく，両生類が爬虫類への敷居を最終的に越えたのは有羊膜卵が完成した時だったのだが，これについては化石の証拠はない．北アメリカのペルム系下部の堆積物から出る既知で最古の有羊膜卵の化石は，爬虫類が陸上でよく確立してからずっと後の時代を表している．

　　知られているなかで最古の爬虫類卵は最初の有羊膜卵から時代的にはるか後のものではあるが，多少の憶測をしてみるのもよいだろう．我々が知っている両生類の卵は胚への支援と呼吸にはたらく羊膜や尿膜を備えていないので，当然サイズは小さく，直径が10 mmに満たない．それに応じて，孵化した幼生も小さい．小形両生類である現生のプレトドン科のサンショウウオは，水中ではなく湿潤な地面に産卵することがよくあるが，これは普通の両生類型のやりかたである．ところが幼生は，通常のおたまじゃくし段階を経るのでは

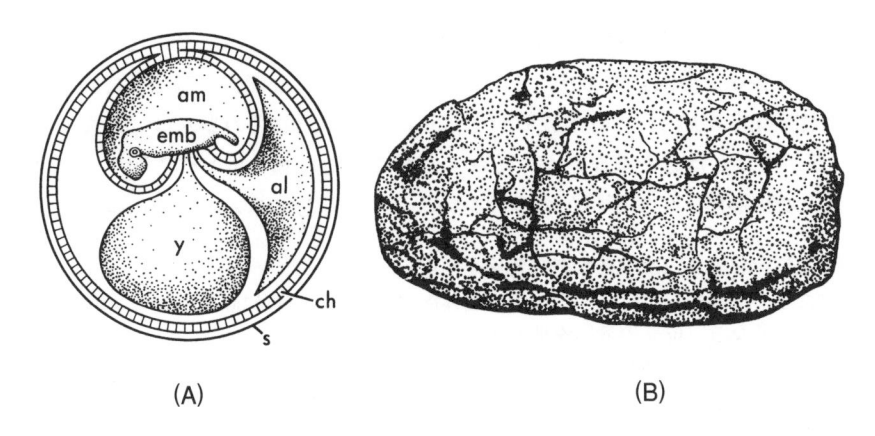

図9-1 (A)有羊膜卵の模式図．胚(emb)を収める羊膜腔(a)，尿膜(al)，卵黄嚢(y)，漿膜(ch)，および卵殻(s)をしめす．(B)テキサス州のペルム系下部から出た既知で最古の爬虫類卵の化石，長径約6cm．

なく，成体のひな型として孵化してくる．おそらくは，最初の有羊膜卵は両生類のこのような地上卵から進化し，ごく小さい爬虫類により産み出されたのだろう．興味深いことに，既知で最古の化石爬虫類は，両生類卵のサイズ限界をあまり超えない卵を産んでいたのかと思われるほどの，いたって小さい種類であった．

　有羊膜卵が成功したことに対する伝統的な説明は，産卵のために水辺へ戻るという必要性からその親を解放した，という話である．この解釈によると，両生類は陸地上に植民することを求めつつも繁殖の必要性により沼沢地に縛りつけられていたのだが，有羊膜卵はかれらをこの束縛から解放して完全な陸生動物にならせた，という．ハーヴァード大学の故A.S.ローマー教授はこの説明を批判し，デボン紀には陸地上に植民する理由がほとんど無かったことを指摘した．陸生植物はまだ豊かでなかった上，ほとんどは小さくて栄養に乏しく，また昆虫の進化も始まったばかりだった．他方，デボン紀の両生類の歯はだいたい魚を食べるのに適しており，植物質を利用するのには全く適していなかった．そのうえ，早期の多くの両生類（ある種の早期爬虫類も）の四肢，がっしりした体格，側線系などは，これらの動物がいつも水に浸っていて，たぶん食物はほとんど水中で獲得していたことを物語っている．だから，いったいなぜ陸上に植民するのか？

　ローマーの説明は，有羊膜卵は陸上進出における最後の段階ではなく，最初の段階だったというものだ．両生類卵は栄養と蛋白質にとみ，しかも全く無防備だから，どんな水中の捕食動物にも食欲をそそる優れた食物資源である．現生両生類は水生捕食者から自分の卵を守るために，それらをいろいろな方法で隠している．ローマーによれば，水生捕食者に対抗する究極の保護方法は卵を完全に水の外に出し，かれらの力が及ばないはずの陸地上に産みつけることだった，という．そういうわけで，有羊膜卵は初め，成体になってからもずっと水生である動物たちによって陸地上に産みつけられ，こうした動物が最初の爬虫類になった．多くの初期爬虫類の水生への適応形質はローマーの説をつよく支持してい

る．後代に至ってようやく爬虫類は陸上で多く時間を過ごすようになったのだ．

有羊膜卵は複雑な構造物であり，その進化にはさまざまな変化が関係している．初めにどんな変化が生じたのか？ 有羊膜卵が進化した過程での改良の歩みはどんなものだったのか？ 確かなことは分からないが，それらが起こったらしく思われる順序——ローマー説と矛盾しない順序——で不可欠の歩みをいくつか整理してみると，次のようになる．

1. 陸地上に産卵する（水生捕食者の脅威を回避）．
2. 開けた水中ではなく，母体の生殖管内で体内受精をする（特に陸地上での受精を確実化）．
3. 卵が大きくなる（乾燥の危険を低減）．
4. 繊維性の被覆が卵を囲う（保護を強化）．
5. 卵黄に水を多く吸収する蛋白質が増加する（水分を一層よく保持）．
6. 羊膜と漿膜が現れる（水分を一層よく保持）．
7. 尿膜が現れる（胚の呼吸に役立つ構造で，発生中の卵内での空気交換を増大）．
8. カルシウムにとむもっと強固な卵殻が現れる（捕食と乾燥に対抗し保護を増強）．

初めの二つの歩みはある程度まで，どちらか一方の形質の小さい改良が他方の形質のさらなる改良を誘発しながら，共進化した可能性がある．終わりの二つの歩みにも，同様のことが考えられる．実際，ほとんどどの改良によっても卵は以前より乾燥した場所に産まれることが可能になり，その結果，変遷過程の全体が漸進的になった．

爬虫類の特徴

Seymouria に見られる両生類と爬虫類の諸特徴の混じり合いは，脊椎動物の歴史の過程で二つの綱にわたり漸進的な変遷が起こったことを暗示している．変化が突然一挙にではなく，じわじわと起こったからこそ，あらゆる化石資料を参照しても両生類と爬虫類の間に明確な一線を引くことは難しいのだ．しかし，爬虫類とその近縁動物に固有の特徴がいくつかあり，ここではそれらに触れておこう．

構造については，爬虫類は一般にかなり丈の高い頭骨を特徴とし，迷歯亜綱両生類の頭蓋が多くは扁平であるのと対照的である．原始的な耳切痕は爬虫類の頭蓋では消失しているが，耳切痕をもつ爬虫類もあり，これはたぶん二次的起源によるものだろう．爬虫類のもう一つの特徴は頭蓋の頭頂骨より後ろの要素がひどく退化していることで，その区域の骨が小さいか，頭頂部から後頭部へ転位しているか，もしくは完全に消失している．迷歯類の著しい特色だった松果体孔は早期爬虫類には存続していたが，進歩した爬虫類では消失する．口蓋の翼状骨は爬虫類で顕著であり，原始的な種類ではこれらの骨によく発達した歯が生えている．口蓋の前部では，爬虫類型の口蓋骨に小さい歯が生えていることがあるが，多くの迷歯類が共通にもっていた大きな，牙のような口蓋歯はない．両生類に比べると，爬虫類の頸部は長く，太さが締まっていて屈伸自在なので，胴を動かさずに頭部だけをかなり自由に転回することができる．さらに，後頭顆〔大後頭孔の下で第一頸椎との関節をなす〕という突起は爬虫類の大半では正中部に1個〔両生類では1対〕であり，これはアントラコサウルス類ですでに兆しのあった特徴である．

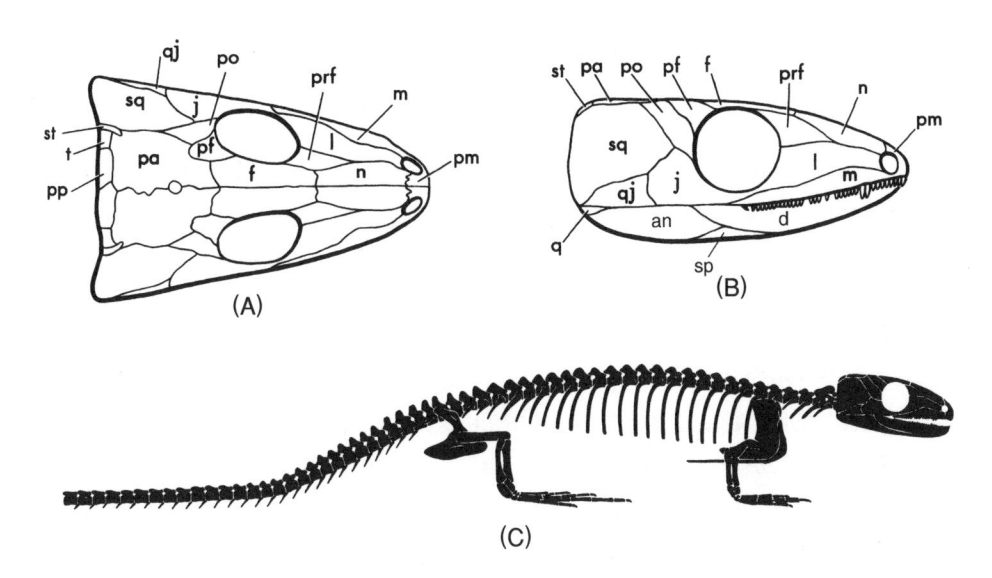

図 9-2 *Hylonomus*，既知で最古の爬虫類．この遺物はカナダ・ノヴァスコシア州のペンシルベニア紀前期の化石樹木の株の中から発見された．小形でほっそりした，明らかに敏捷だったカプトリヌス形類で，杯竜類〔杯状の椎骨をもつ爬虫類の一群〕型の堅固な背面をもつ頭蓋に特色がある．(A) 頭骨の背面と (B) 側面，長さ約 6 cm．略号については viii ページを参照．(C) 全身骨格，長さ約 70 cm．

　シームリア形類でと同じように，爬虫類の特色は椎骨の主体をなす大きな側椎心にもあり，間椎心は小さなクサビのように退化しているか，あるいは，進歩した種類では消失している．仙椎〔腰帯が付着する椎骨〕は，両生類ではただ 1 個なのに比べて原始的爬虫類では 2 個なのだが，多くの進歩した爬虫類では数個，ときには 8 個もの仙椎が仙骨〔複数の仙椎が合体した骨塊〕をつくる．腰帯の腸骨はむろん拡大し，やはり拡大した仙骨との付着部になる．
　爬虫類の肩帯では，肩甲骨と烏口骨に重点があった．擬鎖骨は退化もしくは消失し，鎖骨と間鎖骨はしばしば存在はしたが，迷歯類の相同の骨に比べるとひどく退化していた．また肋骨は，原始的爬虫類では，頭骨のすぐ後ろから骨盤〔腰帯〕まで同じような形をして並んでいたのだが，進歩した爬虫類ではふつう，頸部，胸部，腹部の 3 区域への分化が起こった．
　爬虫類の四肢や手足は迷歯両生類のそれらを超える前進をいくつも示している．原始的爬虫類でも，四肢の骨は一般に迷歯類の相同の骨よりも細い．手根〔手首〕では，中心的な骨は 2 個を超えることはなく，迷歯類の手首での 4 個とは異なる．足根〔足首〕では，近位の骨は，両生類型の 3 個から 2 個に減っている．この減少は内側の骨たる脛側骨，中間骨，および中央骨の融合によるもので，その合体でできた骨は高等脊椎動物における距骨と等価〔相同〕のものだ．他方，外側の骨たる腓側骨は，哺乳類の踵骨〔かかとの骨〕と等価である．指の骨については，爬虫類には 2-3-4-5-3(4) という基本的な指骨節式があるのだが，この数字は特殊化した種類では変わっていることが多い．おわりに，爬虫類に

は，体表が折り重なった鱗の形をとる角質の上皮で覆われるものが多い．

カプトリヌス類

　カプトリヌス目に属してこの群を代表する最早期かつ最原始的な爬虫類は，カナダ・ノヴァスコシア州ジョギンズの石炭紀の沼沢堆積物から出る *Hylonomus*（図9-2）である．*Hylonomus* は体長がおそらく 30 cm ほどの小形の爬虫類だった．長さ約 3 cm の頭蓋は堅固な背面をもち，やや細長くてかなり丈が高い．眼窩はその側面に位置している．背面の両頭頂骨の間の縫合上によく発達した松果体孔——祖先の両生類から受け継いだ形質——がある．後頭頂骨と板状骨は比較的小さく，頭蓋の頂上から後ろへ転位して後頭部へ押し詰められている．顎骨の縁には鋭い歯がならび，口蓋の翼状骨にも小さい歯がある．胴は細長く，四肢は頑丈だがかなり這いつくばった形である．頭部より後ろの骨格は典型的に爬虫類型であり，退化した間椎心，大きな肩甲骨－烏口骨の複合体，長い間鎖骨，やや広がった腸骨，2個の仙椎，足首には2個の近位骨（距骨と踵骨），原始爬虫類型の指節骨式などを特徴としていた．また，長い尾があった．

　Hylonomus はカプトリヌス目のなかのカプトリヌス形亜目——代表的な属 *Captorhinus*（図9-3A）にちなむ名——という基本的な亜群に属する．この仲間は一般に小形の爬虫類で，例えばペルム紀の *Captorhinus* そのものは体長 30 cm ほどの動物だった．すべてのカプトリヌス形類と同じく，この属では頭骨は後部で切断されたような形をなし，下顎を吊りさげる方形骨は垂直に位置している．顎骨は前後に長く，鋭くとがった無数の歯を備えていた．この小さなカプトリヌス形類は明らかに，他のすべての同系統のメンバーと同じく肉食性動物だったのであり，おそらく小形の両生類や爬虫類，大形の昆虫類などをも捕食していたのだろう．

　古生代後期から中生代前期にかけて，カプトリヌス類は *Hylonomus* や *Captorhinus* が代表するらしい祖先から幾つかの方向へ進化した．カプトリヌス形類を根幹として出た初期の分枝の一つはペルム紀後期－三畳紀のプロコロフォン類〔亜目〕で，ペルム紀末より後まで生存した唯一のカプトリヌス類である．この仲間も，サイズとおそらく習性でも現生の多くのトカゲ類と似た，小さい爬虫類だった．後の地質時代にトカゲ類が動物群集のなかで果たすことになる生態学的役割を，かれらが三畳紀の動物相のなかで演じていたとは大いに考えうることである．

　三畳紀の間，プロコロフォン類は広く分布していた．祖先形がロシアのペルム系上部の堆積物から知られているが，このグループがよく根づくのは南アフリカにあるカルー統の三畳紀層である．典型的な種類は *Procolophon*（図9-3B）という小形爬虫類で，大きな眼窩，大きな松果体孔，数の少ない杙状の歯のあるほぼ三角形の平たい頭蓋をもっていた．三畳紀が経過するうちに，プロコロフォン類はヨーロッパ中部から北はスコットランド北部，さらに北および南アメリカにまで広がった．

　特別に重要なのは近年，南極点から 600 km 以内の地点で，従来は南アフリカの三畳系下部に特有とされていた種，*Procolophon trigoniceps* が発見されたことだ．他の化石の証拠に

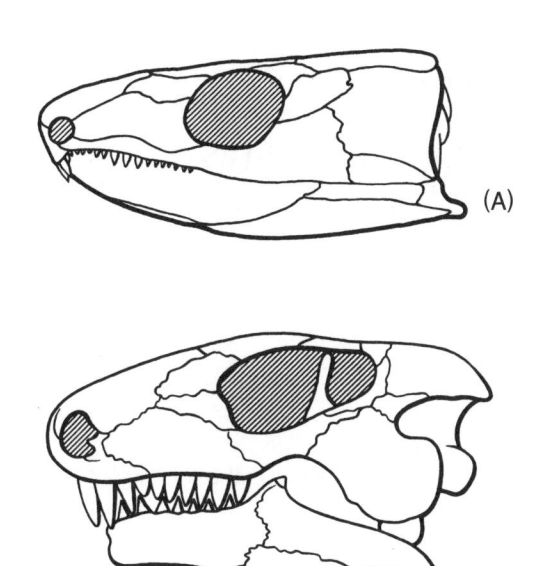

図 9-3 カプトリヌス目の2群の頭骨．(A) *Captorhinus*，テキサス州のペルム紀前期の地層から出るもの．長さ約7 cm．(B) *Procolophon*，南アメリカの三畳紀前期の地層から出るもの．長さ約5 cm．

加えてここに *Procolophon* 属が出ることは，三畳紀には南極大陸東部がアフリカ南部とつながっていたことを物語る地質学－地球物理学上の情報と符合する．これらの爬虫類ではサイズがはっきり増大したことはなかったが，三畳紀の後半になるとプロコロフォン類に，眼窩が異常に大きくなり，頭骨の側面と後部に釘状の突起が発達し，歯の数が著しく減って形が特殊化するという顕著な傾向が生じた．

プロコロフォン類と近縁関係にあったのは，わけてもアフリカ南部とロシアのペルム系上部の堆積物から見いだされるパレイアサウルス類〔亜目〕である．しかしプロコロフォン類とは違って，パレイアサウルス類は重々しい大形爬虫類であり，実際かれらはその当時の巨大動物に数えられる．かれらの多くは体長が 2.5－3 m もあった．そしてかれらの全てにおいて胴が異常にかさ高く尾が相対的に短かったため，かれらは非常にどっしりとした動物だった（図 9-4）．

四肢は大きな体重を支えるものだから極めて頑丈，足は短くて幅が広い．体腔は途方もなく容積があり，かれらがたぶん大量の植物性食物を常食にしていたことを暗示しているが，この推定は歯の形――小さくて鋸状をなし，たしかに植物質を細断するのに適した形――からも裏付けられる．口蓋にも多数の歯が生えている．頭蓋は杯竜類〔原始爬虫類の一群〕の型だが，幅が広くてかさが高く，その背面と側頭部はふつう無数の凸凹や突起で覆われていた．脊柱の上に骨性の鱗があることは，パレイアサウルス類の胴が装甲で保護されていたことを物語っている．

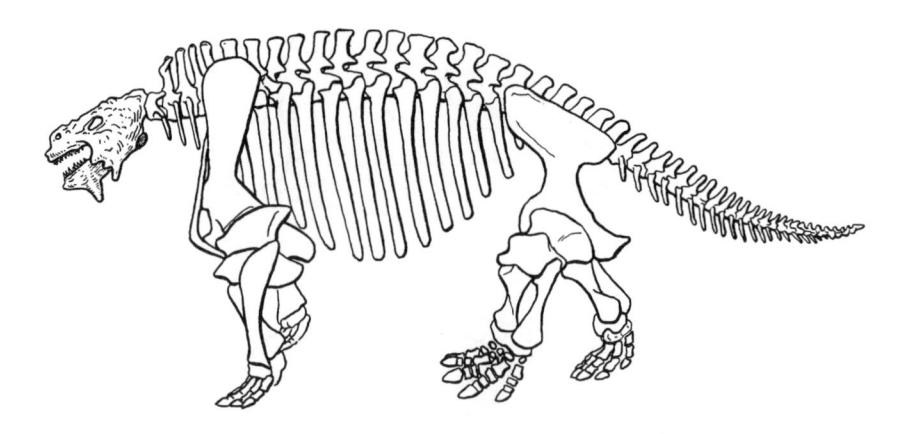

図 9-4 *Scutosaurus* の骨格. ロシアのペルム紀後期の地層から出るパレイアサウルス類. 体長約 2 m.

カ メ 類

　　南アフリカのペルム紀の地層から，カメ類〔目〕の起源について見込みある手掛かりとなる，断片的な珍しい化石が報告されている．これは *Eunotosaurus* 属という体長わずか数センチのごく小さい爬虫類である．頭骨についてはほとんど何も分からないが，口蓋と下顎は，顎骨の縁と口蓋下面に小さな歯が多数生えていたことが分かるほどに十分よく保存されている．よく化石化した椎骨と肋骨は，この爬虫類の胴体が著しく特殊化していたことを示している．肩の辺から骨盤までの椎骨は細長くなって数が9個に限られていた一方，8本だけの肋骨はそれぞれ幅が広がって，前後に隣り合う肋骨どうしが接触していたからだ．この断片的な証拠だけでは *Eunotosaurus* がカメ類の祖先だったという確信はもてないないけれども，椎骨と肋骨でのこうした適応構造は，カメ類の祖先の特殊化について一つの示唆を提供していそうである．

　　最初の真正のカメ類は三畳紀の後期までに出現した．かれらはこの時期すでに，現生のカメ類に特有の適応放散の諸系統にそって大きく進んでいた．三畳紀の代表的な属 *Proganochelis* では，頭骨を構成する諸骨は数が減っており，顎骨の縁には歯がなく，胴は頑丈な殻〔甲羅〕で保護されていた．これらはカメ類の基本的な適応構造であり，三畳紀以降のカメ類の進化はおもに *Proganochelis* に確立していた諸形質を洗練していくようなものであった．例えば，後代のカメ類は歯を完全に失ったが，三畳紀の種類はまだ口蓋に歯を維持していた．また，もっと進んだカメ類は頭部，四肢，および尾を甲の中へ引っこめる性能を発達させたが，*Proganochelis* にはこれが出来なかったかもしれない．

　　カメ類はたぶんカプトリヌス形類の直接の子孫であり，かれらはその進化史全体を通じて，原始的爬虫類の堅固な頭蓋背面を，骨の全数を減らしながらも維持しつづける傾向にあった．ただし多くの進歩したカメ類では，頭蓋側面の縁に二次的な退縮と窪み〔湾入〕が生じており，これは，側頭窓〔開口部〕を実際に形成することなく，側頭窓の機能（顎筋が収縮するときに太さが膨らむための余地を確保）を果たすものだ．その他の面でもカメ

類は，長い生存闘争のなかでよく役立ってきた様々な適応構造を見せている．前記のとおり顎骨は早い時代に歯を失い，代わりに角質のくちばしで覆われるようになった．くちばしは，よく知られているように，動物質も植物質も何でも食べるのに等しく効果のよい強力な切断装置になっている．四肢はがっしりして，陸生種では足部は短く，足指の骨の数が原始爬虫類の状態より減っている．海生カメ類では，足部が大きな水かきのような鰭脚に変形している．

カメ類での最も驚異的かつ特徴的な特殊化は，甲羅が発達したことだ．カメ類では，肋骨が，差異的な発育のしかたによって肢帯や四肢の近位骨に覆いかぶさり，防衛に役立つ骨性の背甲〔背中側の甲羅〕を支える張り骨になった．他方，腹側にも同じく骨性の腹甲〔腹側の甲羅〕が発達した．骨性の背甲も腹甲も表面は角質の薄板で覆いつくされ，それらが体側で固く結合している．こうして，カメ類は完全に装甲された爬虫類に進化した．カメ類は動物の世界で，動きの遅さや愚鈍さの代表にされることがよくあるけれども，運動性を犠牲にした厳重な防備へのかれらの適応は長い時間の試練に耐えてきたものだ．かれらは甲羅の中にいて外敵の攻撃に対して極めて難攻不落であり，そのためかれらは現存する四肢動物のなかで最も由来の古いものの一つなのである．

さて，カメ類は三つの亜目に分類されており，それぞれ三畳紀後期－ジュラ紀後期の間に出現した（図9-5）．これらのうち，かなりのサイズになることもあったアンフィケリディア類〔古い分類群名〕は厳重な装甲を備えていたが，頭部を甲羅の中へ引っ込める仕組みはもっていなかった．第2のグループ，曲頸類〔亜目：ヘビクビガメ類〕の特色は何よりも，頸部を横方向に曲げて——頭の左側はふつう胴体側，右側は前方に出して——頭の半分を甲羅の中に隠すことができる点にある．曲頸類は白亜紀－第三紀前期には広く分布していたが，現在かれらはほとんど南半球に限られている．例えば，*Podocnemis* といういま南アメリカとマダガスカル島にすむ曲頸類は，白亜紀にはあちこちの大陸にまたがっていた．現在，曲頸類は南アメリカ，アフリカ，アジア南部，およびオーストラリアに生息している．

カメ類のなかで圧倒的に数が多く栄えているのは，いま世界中に棲みついている潜頸類〔亜目〕である．この群のカメは頸部を縦方向にS字形に曲げて頭部を甲羅の中へ引っこめることができ，頸椎はこのはたらきのために著しく特殊化している．かれらは白亜紀以来，四肢動物の動物相のなかで目立った存在であり，さまざまな適応放散の系統に分かれて進化した．潜頸類には，河川や沼沢にすむ種類もいれば，乾いた陸地上の生活に適応した種類もいる．森林中にすむものもいれば，平原や砂漠にすむものもいるし，少数の種類は海中で生活し，繁殖のためだけに陸に上がってくる．ごく小さいカメもいれば，現生のガラパゴスゾウガメ *Testudo* のように巨大なサイズに達したものもいる．完全肉食性のものもいれば完全草食性のものもいるし，雑食性のものもいる．構造上の適応と，地上の環境変化に対する調整の範囲の広さのゆえに，カメ類は何億年も生き長らえてきた．われわれヒト類がひどく妨害さえしなければ，かれらは今後も末長く地球上に生存していきそうである．

図 9-5 カメ類の三つの型. 早期のカメ類（アンフィケリディア類）は三畳紀のプロガノケリス類, *Proganochelis* に代表される. これらの種類は頭部を甲羅の中へ引っこめられなかった. アンフィケリディア類から, 中生代後期から新生代にかけて別々の発展過程を経て, 曲頸類と潜頸類が進化した.（ロイス M. ダーリング画）

爬虫類の分類

　祖先の迷歯類からカプトリヌス形類が派生して地歩を固めたのは, 脊椎動物の進化史における大きな一歩であり, その後の爬虫類の歴史に対しても基本的に重要な出来事であった. 他のすべての爬虫類が, 究極的にカプトリヌス形類を祖先としていた可能性もある. このことについては古生物学上の議論がしきりに行われてきた. 専門家たちのなかには, 爬虫類進化の幾つかの大きな系統は両生類の別々の株から出たとみる人もいるし, それらは最早期の爬虫類からさまざまな仕方で出てきたとみる人もいる. また, 爬虫類は進化的に基本的な二股分岐をして, E. C. オルソンが"擬爬虫類 Parareptilia"および"真爬虫類 Eureptilia"と名づけたものに分かれたとか, そうではなく D. M. S. ワトソンがやや異なる内容で"竜形類 Sauropsida"および"獣形類 Theropsida"と呼んだものに分かれたと考える学者もいる. この問題をめぐっては他にも異説があり, 仮想されるような二つの進化系統への基本的分岐が爬虫類に起きた経緯については当然, 合意が得られていない.

　爬虫類の分類のおそらく最も実際的な取り扱いは, かれらが頭蓋の側頭部の発達状態に関して見せる構造の多様性を利用するものだろう. これによる分類体系は, なにか一つの

形質に基づく分類方式のどれとも同じように完全なものではないけれども，爬虫類の多数の目を理解するうえで有用な一つの整理方法ではある．

上にも述べたとおり，カプトリヌス類が祖先の迷歯類に似ていたのは，頭蓋背面が堅固な充実性の構造で，そこに鼻孔，眼窩，および松果体孔だけが貫通していたことだった．しかし，かれらの顎筋〔上下の顎骨を結ぶ筋肉〕が強大になるにつれて，堅固な頭蓋背面が問題になった．顎筋が力強く収縮するとき，外側へ膨らむことのできる余地が無かったからだ．この問題は幾つかの方法で解決された．頭蓋の外側の下縁に窪み〔湾入〕を発達させたか，あるいは（このほうが普通）頭蓋背面に「窓」〔開口部〕を進化させたか，である．爬虫類の各グループに異なる解決方法が発展したのであり，その違いがかれらの分類によく利用されている．ふつう各窓は，頭蓋の片側だけを指すかのように単数として扱われるが，窓はどれも左右に対をなして存在するものだ．頭蓋背面の高いところで眼窩の後ろに「上側頭窓」をもつグループもあれば，頭蓋の側面に「下側頭窓」（外側頭窓）をもつグループもある．また側頭窓を上下とも——1個を頭蓋背面の上部に，他の1個を外側面に——備えるグループもある（図9-6）．まず上側頭窓は，腹側縁で後眼窩骨と鱗状骨により縁どられる．次に，下側頭窓は大体において，背側縁で後眼窩骨と鱗状骨により縁どられる．さらに，2種の側頭窓がともに存在する場合は，両者は後眼窩骨と鱗状骨によって隔てられる．

こうした2種の側頭窓のいろいろな状態もしくは欠如に基づいて，爬虫綱の多数の目を次のように整理することができる〔巻末の分類表を参照〕．

無弓亜綱：頭蓋において眼窩の後ろに側頭窓がない．
　　　カプトリヌス目：最早期の最原始的な爬虫類．
　　　ミレロサウルス目：トカゲ類に似た爬虫類．
　　　メソサウルス目：陸水生の小形爬虫類．
　　　カメ目：水生や陸生のカメ類．
単弓亜綱：下側頭窓だけがあり，その上縁を後眼窩骨と鱗状骨が縁どる．
　　　盤竜目：原始的な哺乳類様爬虫類．
　　　獣弓目：進歩した哺乳類様爬虫類．
双弓亜綱：上側頭窓と下側頭窓があり，後眼窩骨と鱗状骨で隔てられる．
　下綱不詳
　　　アラエオスケリス目：最早期の最原始的な双弓類．*Petrolacosaurus* を含む．
　　　コリストデラ目：カンプソサウルス類．水生の双弓類．
　鱗竜形下綱
　　エオスクス上目
　　　エオスクス目：早期の陸生および水生の鱗竜形類．
　　鱗竜上目
　　　ムカシトカゲ目：現生のムカシトカゲ *Sphenodon* など，トカゲに似た爬虫類．
　　　有鱗目：トカゲ類とヘビ類．
　主竜形下綱
　　上目不明
　　　リンコサウルス目：リンコサウルス類．

　　　　タラットサウルス目：原始的な海生の双弓類．
　　　　トリロフォサウルス目：トリロフォサウルス類．
　　　　プロトロサウルス目：プロトロサウルス類．
　　主竜上目
　　　　槽歯目：三畳紀の主竜類．中生代の優勢な双弓類の祖先．
　　　　ワニ目：ワニ類（クロコダイル，アリゲーター，ガヴィアル）．
　　　　翼竜目：空を飛翔した爬虫類．
　　　　盤竜目：恐竜類の一群．
　　　　鳥盤目：恐竜類の一群．
　広弓下綱：双弓類が変形したもの．上側頭窓は維持されていたが，下側頭窓の腹側の骨縁が
　　　消失したため，その部分はかつて下側頭骨があったことをかろうじて暗示する湾入部
　　　になっている．
　　鰭竜上目：中生代の海生爬虫類．
　　　　ノトサウルス目：原始的な鰭竜類〔偽竜類〕．
　　　　長頸竜目：進歩した鰭竜類〔首長竜類〕．
　　　　プラコドゥス上目：プラコドン類〔板歯類〕．
　　　　イクチオサウルス目：魚類に似た海生爬虫類〔魚竜類〕．

　ごく最近まで，広弓類という群は分類階級で無弓類，単弓類，双弓類とならぶ独立の亜綱であるとされていた．が，新しい発見と解釈によって，太古に絶滅した広弓類は実は，下側頭窓が退化したすえに消失した双弓類の一変形だったことが明らかにされた．

爬虫類の基本的な放散

　カプトリヌス類〔目〕は最初の爬虫類ではあったが，爬虫類の歴史の早期に生存していたのはこのグループだけだったと思ってはならない．カプトリヌス形類をたぶん根幹として進化してきた他の爬虫類が，かれらの地質学的記録の極めて早い時期に出現したのであり，そのため有羊膜卵が現れてから間もないころに，高い分類階級でさまざまな群の"爆発"が起こっていたらしいのである（図9-7，9-8）．前にも触れたことだが，これは適応放散とよばれるごく普通の進化現象であり，生命界の歴史を通じて何度も繰り返されたことだ．

　さて，分かっているかぎりで爬虫類の最初期のものに，ペルム紀前期に現れたメソサウルス類〔目〕という水生のグループがあった．唯一の属 *Mesosaurus*（図9-9）で知られるこの仲間は，爬虫類の歴史上きわめて早く登場したにもかかわらず，かなり高度に特殊化していた．かれらは小形で細長い動物で，前部には長い顎骨に長くて鋭い歯をそなえ，後部にはやはり長くて丈の高い尾を付けていた．多数の歯がはえた細長い顎骨はたしかに魚類か，小さい甲殻類を捕らえるのに適応したものだ．丈の高い尾は明らかに水中を泳ぐ仕組みである．肩帯と腰帯はかなり小さく，四肢は細く，足は大きく広がって鰭脚になっている．メソサウルス類がほとんど水中で生活していたことは疑いなく，地面に上がることはまず無かっただろう．これらの爬虫類が見いだされる堆積物の特性から，かれらは陸水の湖沼の生息者だったらしい．

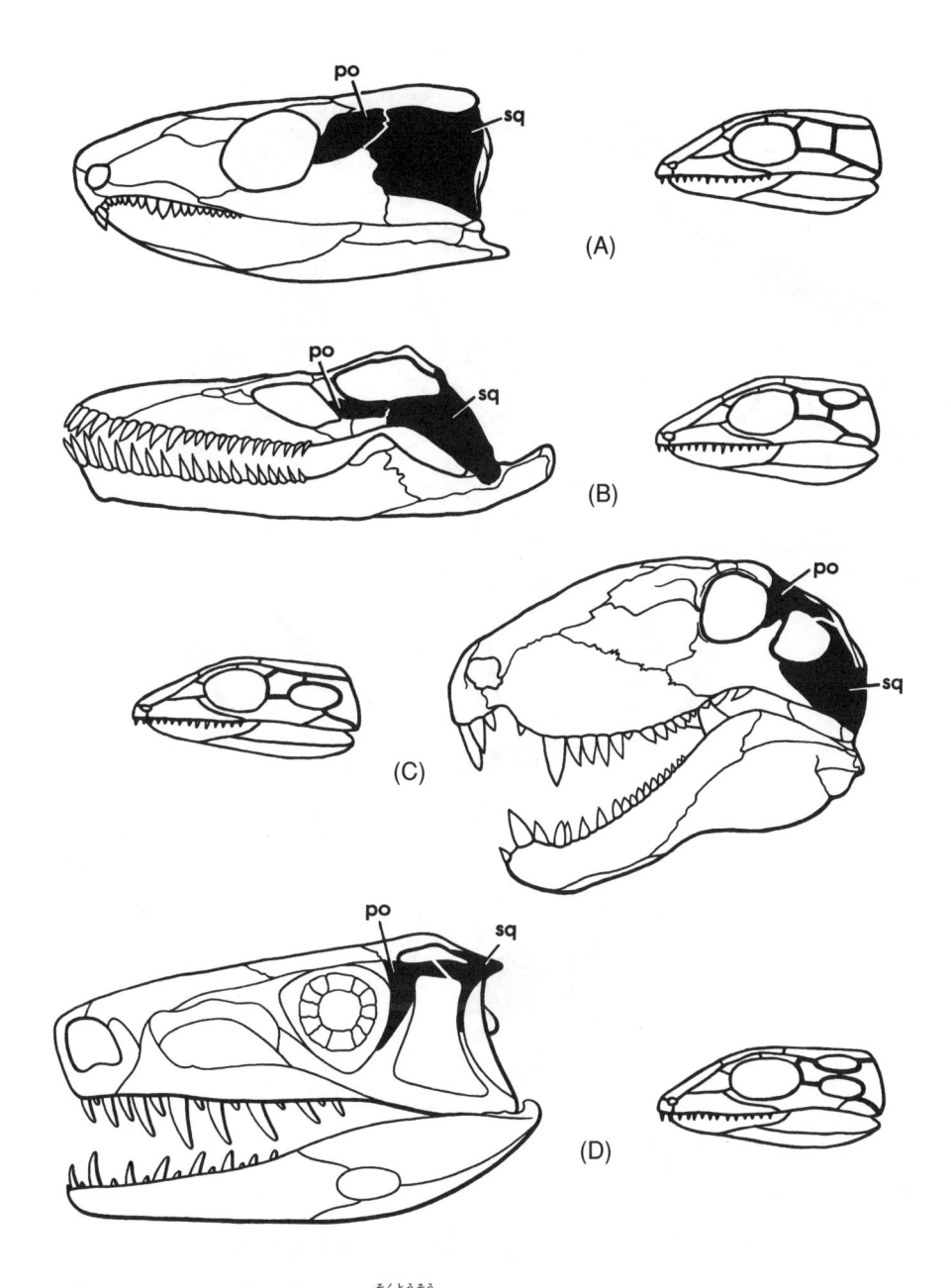

図 9-6 爬虫類における側頭部の諸骨と側頭窓(そくとうそう)の位置関係を，代表的な種類の頭骨と模式図でしめす．(A)無弓類の頭骨．側頭窓がない．例はカプトリヌス目の *Captorhinus*．(B)広弓類の頭骨．上側頭窓の下が後眼窩骨(po)と鱗状骨(sq)で縁どられる．例は長頸竜目の *Muraenosaurus*．(C)単弓類の頭骨．下側頭窓の上が後眼窩骨と鱗状骨で縁どられる．例は盤竜目の *Dimetrodon*．(D)双弓類の頭骨．上および下側頭窓が後眼窩骨と鱗状骨で隔てられる．例は槽歯目の *Euparkeria*．縮尺は不同．

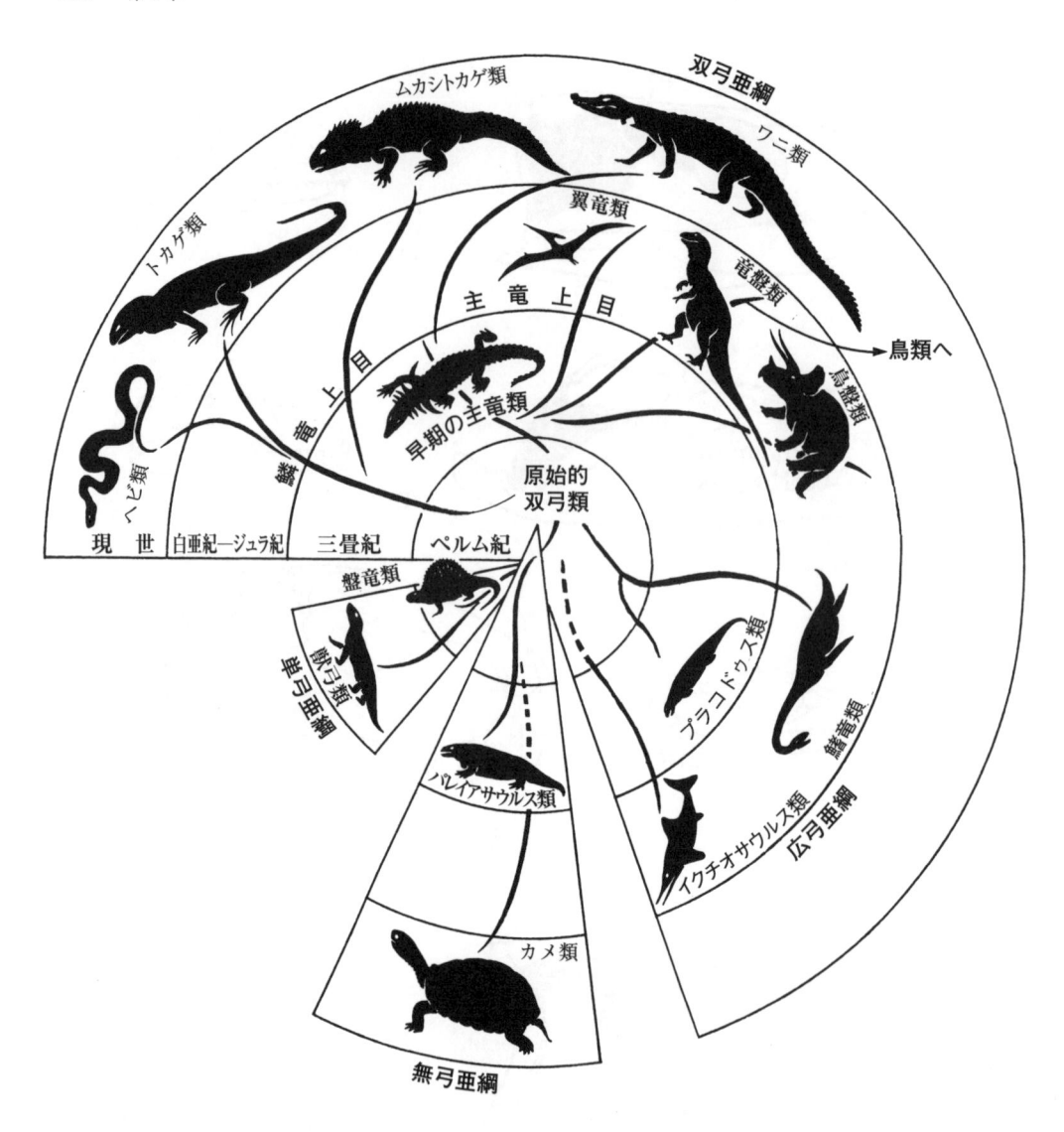

図9-7　爬虫類の進化と多様化．（ロイス M. ダーリング画）

　メソサウルス類の頭蓋の後部は理解するのが難しい．化石化したことの結果として，その部分がふつう潰れているからだ．そのため，かれらの正確な位置づけは長年にわたり議論の的になっている．が，頭骨にどうやら下側頭窓があったらしいことから，かれらを仮に単弓類に入れておこうという気運がかなりある．しかし一方，この開口部が単弓類の側頭窓とは関係のない，独立に発達したものだという可能性もある．また，メソサウルス類の神経弓がカプトリヌス形類のそれと全く同じように拡大していたことは，意味深長である．全体としてメソサウルス類は，極めて原始的なカプトリヌス形類から出た非常に古い独立した爬虫類の進化系統——ペルム紀前期に短期間だけ発展した系統——を表している

爬虫類の登場　137

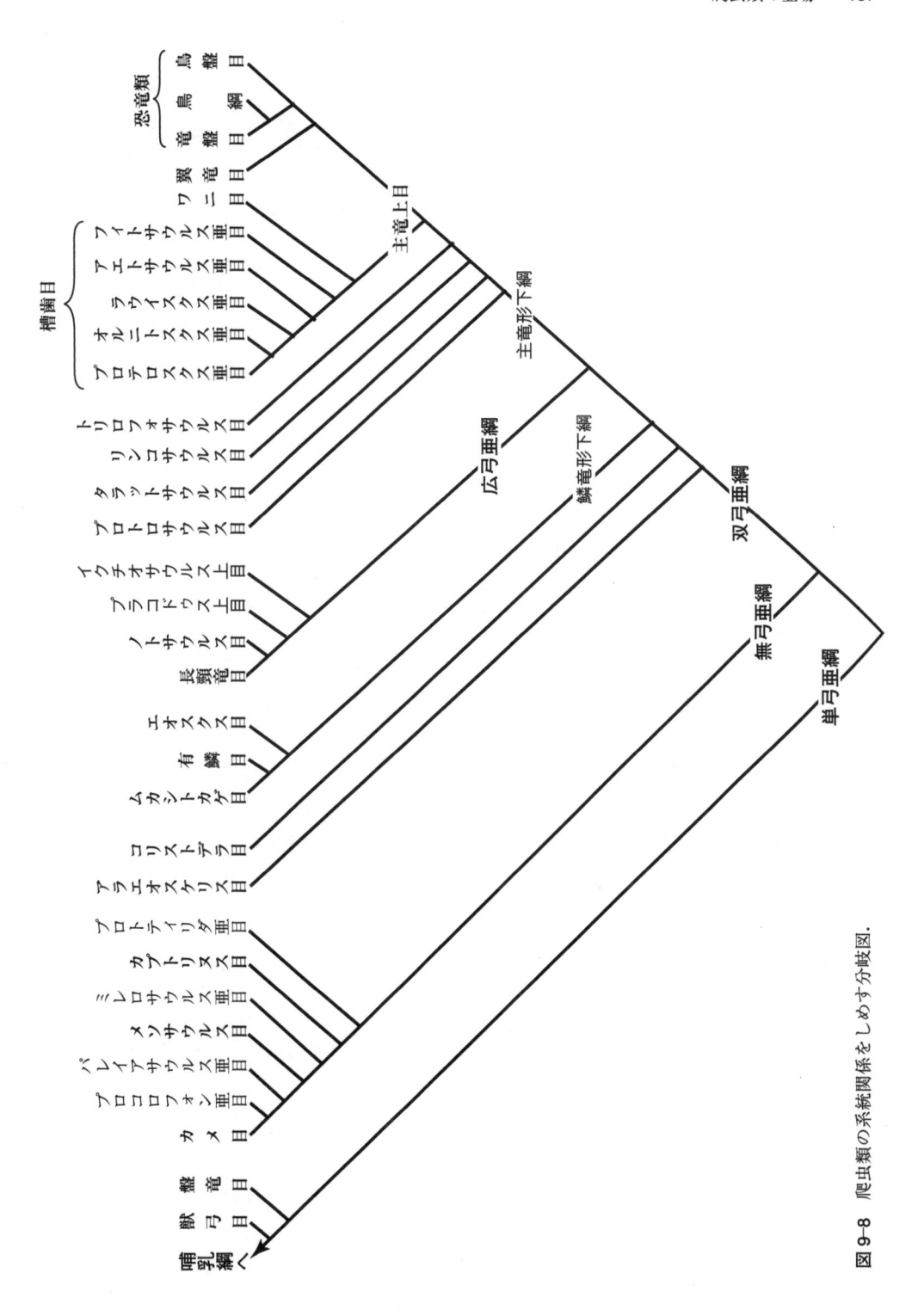

図9-8　爬虫類の系統関係をしめす分岐図.

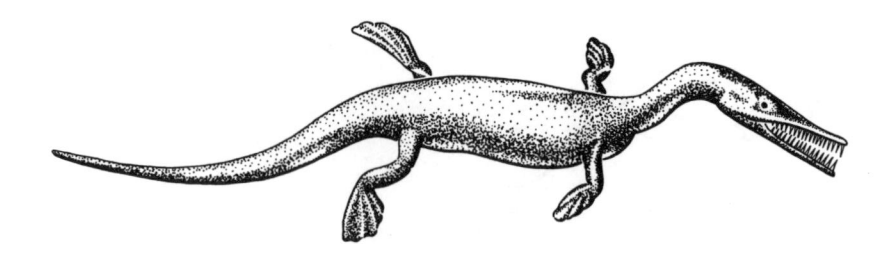

図 9-9 早期の水生爬虫類，*Mesosaurus*. アフリカ南部とブラジル南部のペルム紀前期の堆積物から出るもの．体長約 40 cm．

可能性が大きい．この仲間は世界でただ 2 か所，アフリカ南部とブラジル南部だけで発見されている．その事実は，アフリカと南アメリカは古生代中期－後期に，太古の超大陸ゴンドワナを構成する部分として密接につながっていたという可能性を物語る，各分野で得られたおびただしい証拠の一つになっている．

単弓類は明らかに原始的なカプトリヌス形類から興ったもので，後述するとおりペンシルベニア紀の間に地歩を固めた．単弓類の最初のものは盤竜類〔目〕であった．

双弓類，いろいろな意味で現在繁栄しているこの爬虫類グループも，ペンシルベニア紀に起源をもっている．最初の双弓類は小形の動物で，既知で最早期のものはカンザス州のペンシルベニア紀の堆積物から出る *Petrolacosaurus* 属である．この動物は，外形もたぶん習性もかなりトカゲに似て，胴も四肢も細く，地面の上をちょろちょろ走るのに適応した一般型の爬虫類だった．体長は 45 cm ほどだが，そのうち約 20 cm だけが胴で，残りは非常に長い尾が占める．肋骨は短く，適度に丈夫そうな四肢は，初期の大半の爬虫類の特徴である這いつくばった姿勢の型をとっている．単純な構造の頭蓋は，比率では，頭蓋の左右各側で眼窩の後ろに 2 種の側頭窓があったことを除き，根幹的爬虫類だった *Hylonomus* に似ていた．顎骨の縁には多数の小さい，単純な形の歯があり，各側でそのうち 2 本だけがいくらか大きく，犬歯のようなはたらきをしていた．

Petrolacosaurus と類縁があったのは，ペルム紀前期の地層から出る *Araeoscelis* である．この種類はいくらか細長い頸部をもち，下側頭窓が閉鎖しているが，このことは，初期の双弓類ではその形質がまだかなり変異するものだったことを語っている．*Araeoscelis* はおそらく水生または半水生だったらしく，第 12 章で述べた広弓類の祖先に近縁だった可能性があり，三畳紀の間に多様に分化するようになった．

早期のもう一つの双弓類は南アメリカのペルム系から出る小形爬虫類の *Youngina* で，これについては第 11 章で触れることにする．

以上のようなわけで，爬虫類は有羊膜卵の完成を通じてひとたび基盤を固めると，後代に子孫らがたどることとなる主だった進化系統を歴史の早い段階で創始し，さまざまな方向へ急速に多様化していった．かれらには陸地が開放されていたし，繁殖のために水域に依存することは不要になっていたから，生態的にも進化的にも利用できる好機をすばやく捉えてわがものにした．かれらはペンシルベニア紀から現今にいたる長い歴史を開始した

のであり，そのうち白亜紀末までの長い期間に地球上で最も優勢な陸生動物であった．本書ではこれから，2億年を超える地質年代にわたった爬虫類の多彩な分岐の歴史をたどることになる．

10
古生代後期の各地の動物相

石炭生成の森林

早期の陸生脊椎動物

　話が少し後戻りするが，デボン紀は，背骨をもつ動物たちの進化の歴史における決定的な時期だったということを思い起こそう．なぜなら，魚類のいくつもの綱が，その後の地質時代にたどるべきそれぞれの進化的発展の系統にむけて進路を定めたのが，その時代だったからだ．デボン紀は脊椎動物が初めて開花した時期であった．

　デボン紀は，脊椎動物にとってと同じように他の生物にとっても重要な時代だった．それは植物が地球の陸地上によく根を広げた時代だったからである．他方，無脊椎動物はシルル紀に初めて陸地上に進出したらしいのだが，かれらが数を増やして陸上によく適応するようになったのはデボン紀のことだった．デボン紀後期までには，原始植物の森林が陸地を覆い，いろいろなサソリやクモや古太型の昆虫——地面を走りまわったり緑の植生の隠れ家へ逃げ込んだりする動物たち——のための安息所になっていた．脊椎動物が祖先伝来の水中の家から出るために舞台が整えられていた，と言ってもよい．

　すでに述べたとおり，脊椎動物における水生から陸生への移行，魚類から両生類への移行は，デボン紀の最末期に起こった．石炭紀が開幕するころ初期の陸生脊椎動物は新しい生活環境へ進出しようと模索しており，そこでは植物や昆虫やその他の生物が新しい食物資源と新しい生活方法に入る好機を提供していたのである．

　ミシシッピ紀の間，両生類は陸地上で初めての優勢——最初かつ当時唯一の陸生脊椎動物だったというかれらの地位の自然な結果——をほしいままにした．かれらに挑戦するような動物は他にいなかった．しかしかれらの完全な優勢が短命だったのは，ペンシルベニア紀に爬虫類が興隆して陸地を両生類と共有するようになったからだ．爬虫類は最も初歩的な現れ方でさえ陸生動物としておおむね両生類より効率が高く，よりよく適応していたけれども，かれらは原始的ながら永続性のあった先輩たちを制圧しつくしたのでは決してない．長期間にわたって両生類と爬虫類は混じり合って生存していたのであり，大形迷歯類の多くには多かれ少なかれ，同時代の爬虫類と対等に競争する能力があったようにみえる．恐竜時代の始まり——爬虫類がかなり高い発展段階まで進歩していた時代——より少し経ってからようやく，迷歯亜綱両生類は陸上動物相から最終的に姿を消した．

　当然のこととして，両生類が早期の陸生脊椎動物の動物相にしめた割合は高いが，石炭紀からペルム紀にかけて，早期から後代への脊椎動物群集の遷移のなかでそれは低下する．例えば，オハイオ州リントン，イリノイ州メイゾンクリーク，カナダ・ノヴァスコシア州ジョギンズ，およびチェコ・コウノヴァのペンシルベニア紀の動物相は，ほとんどすべて両生類，または魚類と両生類から成っており，爬虫類の割合はそれぞれの群集のなかで取るに足りないものだ．が，これらの動物相での両生類の優勢さは各時代の実態を表していない可能性がある．これらは，両生類が優占的であっても当然な沼沢地にすむ動物たちの群集だったからだ．

　それでもやはり，両生類は石炭紀のあちこちの陸上動物相において非常に豊富にいたらしい．そのことに関係して，テキサス州のペルム紀前期の動物相では両生類は豊かだけれ

ども，爬虫類のほうがさらに豊かだったと言ってよい．ペルム紀の後代の動物相，例えばヨーロッパ，ロシア，南アフリカなどの各地の動物相では，爬虫類が圧倒的に優勢なのに対して両生類は比較的少ない．これらの違いには環境条件の違いによる部分があるかもしれないが，仮にそうだとしても，そうした違いは古生代後期における爬虫類の拡大をかなりよく反映しているのかもしれない．

早期の陸生脊椎動物の環境

それでは，どんな諸条件が古生代末期に，両生類と爬虫類における多様な進化傾向をもたらしたのか？　また，ペルム紀の初めごろまで両生類が優勢で，その後は爬虫類が支配的な陸生脊椎動物になったのはどういうわけか？

ミシシッピ紀－ペンシルベニア紀のころには，おそらく地球上どこでも陸地は低平だった．その時代は地形でも気候でも一様性のつよい時代であった．原始植物の密林が陸地を覆っており，熱帯的な環境が赤道付近から南北両半球の高緯度地方まで広がっていた．これは壮大な沼沢地時代だったのであり，そこで化石化した植物の遺物が豊富な石炭層――「石炭紀」〔ミシシッピ紀とペンシルベニア紀の総称〕という語のもと――を形成した．こうした沼沢環境はやがて，両生類の適応放散にきわめて好都合であることが明らかになった．そして石炭紀前期に，祖先の総鰭魚類から陸生の両生類への移行が成しとげられたことには意味深長なものがある．

ペンシルベニア紀が去ってペルム紀が訪れるとともに，環境が変化しはじめた．あちこちの大陸地域で山脈の隆起が起こった．陸地の地形は以前よりも複雑になり，こうした展開につれて気候にも関連した変化が生じた．石炭紀の著しい特色だった一様性は，多様な気候状態と，それによる多様な環境に道をゆずった．局地的な環境が，河川，湖沼，湿地などから乾燥した高地にまでわたるようになった．たぶん毎年，雨期と乾期の交代が起こるようにもなっただろうし，ペルム紀の初めには南半球に氷河さえも広範囲に現れた．ペルム紀のこのような多様な環境のなかで，爬虫類は優勢な陸生脊椎動物になっていったのである．

古生代後期の諸大陸の位置関係

長い地質年代にわたる陸生脊椎動物の分布状況を理解したければ，太古の諸大陸――現在ある位置を必ずしも占めていなかった各大陸――の仮説上の配置を知り，きちんと認識する必要がある．諸大陸のかつての位置と相互関係は“プレートテクトニクス”〔岩盤構造論〕の理論によって大変うまく説明される．過去の各地の脊椎動物相の相互関係を理解しようとするときには，その学説をここで簡単に解説しておかねばならない．

これまで数か所で，ある種の脊椎動物化石の発見されていることが，太古には違った世界――全ての大陸がつながっていて，北半球に「ローラシア」，南半球に「ゴンドワナ」という超大陸を形成していた世界――があったという考え方の裏付けになる，と述べたことがある．それに付け加えたいのは，この学説はまた，二つの超大陸がそれより前には一体

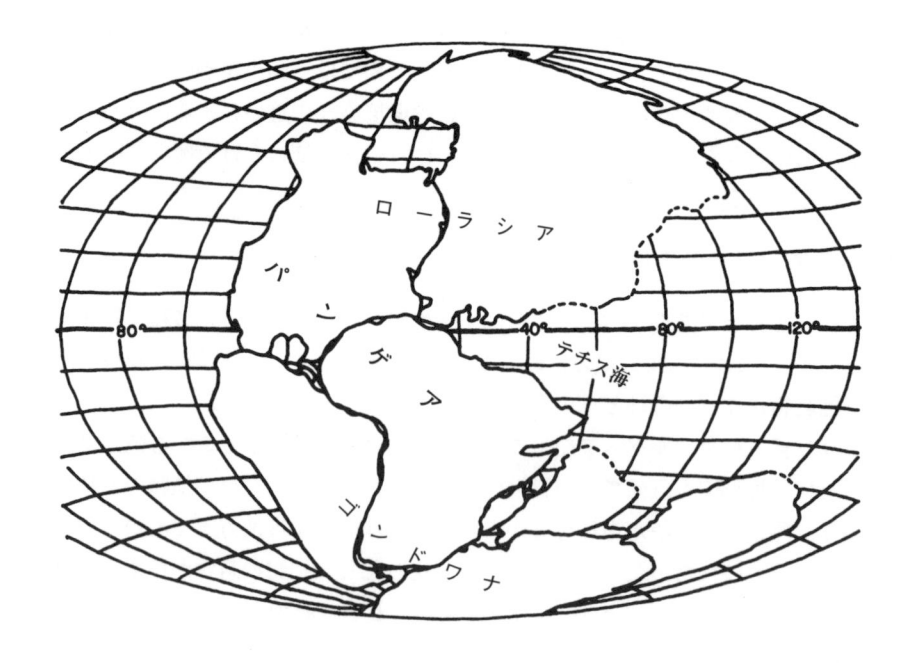

図 10-1 ペルム紀における大陸塊の推定上の位置関係．プレートテクトニクスと大陸移動の概念，および陸生脊椎動物の分布状況の証拠によったもの．この時代にはただ一つの超大陸「パンゲア」が存在したことを示す多数の証拠がある——パンゲアは，北半球部分の「ローラシア」(北アメリカと，インドの半島部を除くユーラシアを含む) と，南半球部分の「ゴンドワナ」(南アメリカ，アフリカ，インドの半島部，南極大陸，オーストラリア，ニュージーランドなどを含む) から成っていた．

で，一つの膨大な親大陸「パンゲア」を形成していたことをも認めていることである（図10-1）．

　大昔，南半球に超大陸があったという考えは十九世紀のオーストリアの地球物理学者，エドゥアルト・ズュースから始まった．彼は自分の考えた仮説的な陸塊を，インド中部に住む原住民 "ゴンド族" の土地のつもりで「ゴンドワナランド」〔ゴンドワナ大陸〕と名づけた．この用語は地学の文書で広く使われてきたが，もともとゴンドワナとは "ゴンド族の国" を指す言葉なのでこれは意味重複の語なのである．近年はより正しい「ゴンドワナ」が採られ，古い言葉は使われなくなっている．

　現代のプレートテクトニクスと大陸移動の理論は基本的な部分を，ドイツの地球物理学者アルフレート・ヴェーゲナーに負うている．この人は 1912 年，諸大陸は過去に大きく移動して現在ある位置に到達したのだという説を提唱した．この大陸移動説は数十年間も学界でほとんど黙殺されていたが，1960 年代になってようやく，海洋底拡大の証拠によってその問題が新たに注目されるようになった．その結果，彼の説は再定式化されて世界に広く受け容れられ，地学思想の上で一つの革命を印するものとなっている．今日ふつう「プレートテクトニクス理論」とよばれているこの学説は，次のように要約できるだろう．

1. 地球の内部はマントル層〔中間の層〕で包まれた1個の中心核でできている．
2. 地殻は深度約100 kmまであり，地球の硬い外皮を成している．この地殻は，少なくとも8枚の主要な岩盤と7枚の副次的な岩盤に分かれており，それらは相互関係のなかで過去にも現在でも移動している．
3. 地殻の下にはアステノスフィア〔岩流圏〕とよばれるマントル最表層がある．これは地殻より高温かつ軟弱であり，地殻の下で可塑性をもってゆっくり流動している．アステノスフィアの内部での対流が，その上にある岩盤の移動の原因になる．
4. 表層のリソスフィア〔岩石圏〕の内部における地殻構造活動は，とりわけ構造岩盤どうしの境界にそって起こる．
5. 岩盤の辺縁部の性格にはおおむね三つの型がある．
   a. 岩盤が脊梁〔山脈や海嶺〕を中心に分かれて両側へ移動していく型——脊梁では高温のマグマが湧昇し，地殻に新しい材料を供給する．
   b. 岩盤が海溝に沿って衝突する型——衝突した一方の岩盤が下方へ曲がり，地殻表面の一部をマントルの下部へ連れ込む．"もぐり込み"とよばれる現象．
   c. 2枚の岩盤が，トランスフォーム断層にそって水平に互いにすれちがう型．
6. 脊梁に沿ったマグマの湧昇で供給される地殻物質の量は，海溝に沿った"もぐり込み"で消失する量と等しい．そのため地球は一つの閉鎖系でありつづける．

　プレートテクトニクス理論を裏づける主要な証拠は，大洋底の拡大ということにある．大洋中にある"中央海嶺"は周りの海底より高く隆起しているもので，大西洋ではその中央部でアイスランドから南方へ，ヨーロッパ-アフリカと南北アメリカの向かい合った海岸線とほぼ並行して，南北に延々と伸びている．太平洋やインド洋にも同じような海嶺が幾すじも横たわっているが，なかでも大西洋中央海嶺が最も集中的に研究されてきた．大洋底でいちばん若い堆積物はこうした海嶺の付近にあり，海嶺の両側の堆積物は距離が開けば開くほど古くなる．つまり，中央海嶺の両側でそれぞれ一すじの1億年を経た堆積物の帯が横たわり，両側でもっと遠く離れてそれぞれ一すじの2億歳の堆積物の帯が横たわる，というわけである．これらの帯はみな中央海嶺とほぼ並行して伸びている．また，中央海嶺の温度は周囲の海底よりいくらか高い．

　これらの事実はすべて，中央海嶺は上向きの熱の流れのある海底域の上に位置していること，また対流は海嶺の表面まで湧昇したのち，海嶺から直角方向に互いに反対の側へ流れ下っていくこと，を物語るものと解釈されている．こうした対流が，海洋底が広がること，そして拡大する海盆の両側にある2大陸が互いに離れていくことの原因になる．

　このような純粋に地質学-地球物理学的な根拠に加えて，脊椎動物，無脊椎動物，および植物の化石がこの学説を支える証拠を提供している．例えば，重要な化石植物の組み合わせ——樹木に似たシダ状種子植物の *Glossopteris*〔ソテツシダ〕が主体——がいくつもの南方の大陸（南アメリカ，アフリカ，インド，オーストラリア，南極大陸）で発見されており，石炭紀にはそれらの諸大陸の間に密接なつながりのあったことを示す有力な根拠になる．脊椎動物化石の同様の分布状況も，プレートテクトニクス理論を裏づける一層の証拠としてこの本のあちらこちらに登場する．

　古生代中期には，地球上の陸塊は一体で親大陸パンゲアを形成しており，これは北方と

南方の超大陸，ローラシアとゴンドワナから成っていた．古生代が中生代に移るころ，ローラシアとゴンドワナの内部で分裂が始まり，現在ある数個の大陸がそれぞれの形を成しはじめた．そして大陸塊は，あたかも氷の平板上に凍結した木板のようにテクトニック岩盤の上に載ったまま，中生代から新生代にかけて互いに離れつつ移動し，ついに現在のそれぞれの位置に到達したとされる．

　北アメリカとヨーロッパが隔たる結果となった陸地の分裂が，北大西洋を形づくった．同じように，南アメリカとアフリカの分離が南大西洋を形成した．したがって，これらの海盆はそれぞれが隔てる両側の大陸より若く，そのほか多くの海盆についても同じことが言える．オーストラリアと南極大陸は，昔つながっていたアフリカから離れて移動し，次いで，また分かれて別々に現在の位置まで移動した．もとアフリカ東部と南極大陸の間に位置していたインドの半島部分は北東方向へ移動し，ついに巨大なユーラシアの大陸塊にぶつかった．岩盤どうしの衝突で地殻にしわ寄りが生じて山脈が形成され，そのなかで最も顕著なのはヒマラヤの隆起である．

古生代後期の脊椎動物相の分布

　脊椎動物の陸上への進出はデボン紀がミシシッピ紀へ移る頃のことだったのだが，この出来事の直後に何が起こったのかについては化石記録がほとんどない．ミシシッピ紀は広範な海進〔海岸線の後退，海面の拡大〕の時代だったようで，その頃から今日まで残存して，当時の陸上生物界の状態に関する記録を得させてくれるような陸成堆積物は極めてとぼしい．ミシシッピ紀の海成石灰岩は，ときどき魚類の遺物を含みつつ無脊椎動物の動物相を広範に保存しているのだが，少数の散らばった地点をのぞいて，地質学的記録のこの部分から陸生脊椎動物の化石は得られていない．

　ペンシルベニア紀の到来とともに状況が変わり，広大な沼沢と熱帯性原始植物の密林に覆われる大陸地域が広がった．そのため，ペンシルベニア紀の陸成堆積物には，早期の陸生脊椎動物が見いだされるいろいろな化石産地が北アメリカやヨーロッパにある．これらの産出はでたらめではなく，北アメリカを通ってローラシアを横断していた石炭紀の赤道に沿っていた．つまり，アメリカ中部諸州からカナダ・ノヴァスコシア州を横切り，イングランド南部を通り，ヨーロッパ中部に至った赤道の周辺である．密接につながった北アメリカとヨーロッパにわたるこの赤道帯に沿って，初期の両生類や爬虫類に熱帯性の安息場所を提供する低平な沼沢地が広がっていたのだ．

　ペンシルベニア紀の脊椎動物相の最早期のものに，前にも挙げた地点，すなわちペンシルベニア紀前期のノヴァスコシア州ジョギンズや，ペンシルベニア紀中期のオハイオ州リントン，イリノイ州メイゾンクリークの動物相がある．化石はリントンでは燭炭層の中，メイゾンクリークでは結核団塊の中に見いだされる．ジョギンズでの化石の保存状態は格別おもしろい．ここでは，大昔の多数の樹木の幹が生きていた時のまま，堆積物の中に直立して埋まっているのだ．これらの木々はまだ立っていた間に枯れて朽ちていったものらしい．空洞になった幹の中へ土砂が流れこみ，こうした天然の多くの棺桶に早期両生類の

骨格が埋められ，しばしばみごとな形で保存されているのである．早期両生類の化石にはまた，イングランドの炭田で発見されるものもある．

ペンシルベニア紀後期の堆積物では，初期の陸生脊椎動物の記録がもっと古い堆積物におけるよりよく整ったものになる．ペンシルベニア州，ウェストヴァージニア州，およびオハイオ州に出るピッツバーグ動物相は，ペルム紀前期にこの地域に広がるダンカード動物相の直前のさまざまな両生類や爬虫類を垣間見させてくれる．同様の動物相はチェコのニージャニとコウノヴァでも出ており，それらと北アメリカのペンシルベニア紀後期の動物相との多くの類似点は，これら両地域の間で陸生脊椎動物の自由な交流があったことをうかがわせる．

ペンシルベニア紀後期の陸上動物相は，早期の陸生脊椎動物の記録として貴重なものではあるが，ペルム紀の動物相に比べると範囲が限られている．この時代は，陸生脊椎動物が地質学的歴史の上で初めて大きな進化的拡大をとげた時期であり，また変化にとむ陸地表面，多様な気候条件，そしておそらく四季の交代が，両生類や爬虫類（とくに後者）が種々さまざまな環境へ広く適応放散していく機会を提供した時期であった．またこの時代は，迷歯亜綱両生類がまだ動物相の重要な構成員だったものの，爬虫類が陸生動物として真に優勢になった時期であった．本当にこれは"爬虫類時代"の開幕期だった．

最もみごとなペルム紀前期の動物相は，テキサス州北部，オクラホマ州，ニューメキシコ州，およびユタ州にある赤色層から出るものだ．テキサスでは，豊かに化石を産する累層の連続体がペンシルベニア紀－ペルム紀境界より上部で広がっている．この連続体の下部はウィチタ統，上部はクリアフォーク統とよばれ，これらの統の連続した層準のなかにペルム紀前期の両生類や爬虫類の前進的な進化を跡づけることができる．迷歯類の進化の大きな部分が明らかになるのは，この連続体からである．カプトリヌス目爬虫類の記録も豊富であり，盤竜類のそれは事実上かれらの進化史の全体にわたっている．

従来ながらく，ペルム紀前期には南方から一つの海路が広がっていてテキサス地方とニューメキシコ地方を隔てており，両地域の四肢動物相をたがいに隔離していたと考えられていた．しかし，近年の研究で，この海路はテキサス，ユタ，ニューメキシコ各地方の動物相を完全に隔離するほど，北方の遠くまで達していなかったことが分かってきた．そうではなく，テキサス北中部とユタ南東部は当時，この海路の北岸にのぞむ広大な三角地域だったらしい．したがって動物相の違いは，海の障壁があったからではなく，低地と高地の環境の違いによったのかもしれない．

他の大陸におけるペルム紀前期の動物相はテキサスの動物相ほどよく記録されていないが，他の地域で陸上生物界がどんな状況だったかについて多少の証拠を提供する．フランスのオータンでは，テキサスの赤色層の動物相といろいろな点で類似する一つの動物相が知られており，ドイツでも，とりわけドレスデンの付近で同様のペルム紀前期の化石群が見いだされている．ブラジル南部やインド北部でも幾らかの化石が出ている．

テキサスのクリアフォーク層より後の北アメリカにおける四肢動物界の歴史は，テキサスとオクラホマのサン・アンジェロ，フラワーポット，およびヘネシーの各累層へ続いて

いる．これらの層準から出る化石は一般に，それより早いウィチタ統やクリアフォーク統の化石ほど豊富ではないし整ってもいないのだが，格別に重要なものだ．というのも，それらは，北アメリカのペルム紀中期の脊椎動物と旧世界——とりわけロシアのペルム系の層準Ⅰ-Ⅲ——に出る脊椎動物の間に密接な関係があったことを立証するからである．そのため，ペルム紀の脊椎動物，とくに四肢動物の物語を続けるためには，北アメリカ以外の大陸地域のことを調べなくてはならない．

旧世界の二つの地域で，ペルム紀中期-後期の堆積物が比類のない連続シリーズをなして露出しており，そこから脊椎動物の化石が大規模に収集されている．2地域の一つはロシア北部——ドヴィナ統の堆積物が露出する地点——にあり，他の一つは南アフリカの大カルー盆地——有名なカルー統のある場所——にある．ドヴィナの堆積物はペルム系中部-上部から三畳系下部にかけて続く連続体を形成している．そのシリーズは五つ，ないし六つの層準に分かれており，その一つはペルム紀前期，続く三つはペルム紀中期，次の一つはペルム紀後期，終わりの一つは三畳紀前期のものである．

他方，カルー統——地球史上の古典的な層位学的連続体の一つ——もペルム紀から三畳紀におよぶもので，この場合はこれら三つの地質時代の全範囲にわたっている．これはペルム紀前期のドワイカ層およびエッカ層に始まり，上はペルム紀中期-後期のボーフォート層下部へ移行し，それから三畳紀-ジュラ紀前期のボーフォート層中部-上部およびストームバーグ層に接続している．これらの堆積物はこれという断絶もなく上へ上へと積み重なり，ペルム紀から三畳紀にいたる漸移を示している．ここは，二つの基本的な地質学上の紀〔系〕にまたがる移行が見られる，世界にも稀な場所の一つなのである．

ロシアと南アフリカのペルム系の動物相には，古生代の末期，これら両地域の間に密接な関係があったことを示すよく似た点が数多く見られる．両地域の間には明らかに，陸地のつながりと，同じような生態学的条件と気候条件があり，陸生動物が行ったり来たりすることができたのだ．動物相はおおむね"台地型"であり，だいたいは，開けた平原にすむ動物たちから成っていた．これらはとりわけ南アフリカ地方で，獣弓類〔目〕，つまり"哺乳類様爬虫類"が最大に発展していたことを物語る動物相である．カルー統には，ボーフォート層の何百フィートもの厚みにわたって圧倒的というべき獣弓類の勢ぞろい——ディノケファルス類，ディキノドン類，獣歯類〔いずれも亜目〕——が見られる．カルーとドヴィナの動物相では獣弓類が大半を成しているのだが，そのほかに，大形のパレイアサウルス類〔亜目〕や迷歯亜綱両生類などの目立った要素もある．

ペルム紀中期-後期の脊椎動物に関する知見の大半はこれら二つの地域から得られてきた．その他のペルム紀後期の化石産地はあちこちに散在していて，多くは各動物相を断片的に産している．ヨーロッパ中部には，ドイツの古典的なクプフェルシーファー統〔含胴粘板岩統〕やツェヒシュタイン統〔苦灰統〕——ペルム紀前期のロートリーゲンデ統〔赤底統〕の上にあるおおむね海成の地層——がある．またスコットランド南部には，小規模の動物相が復元されたカティースヒロックの産出地がある．

その他に挙げてもよい地点——すべてペルム紀後期のもの——には，東アフリカのルフ

古生代後期の各地の動物相　149

表 10-1　古生代後期の脊椎動物化石を産する各地堆積物の対比.

		北アメリカ		イングランド・ヨーロッパ大陸		ロシア	南アフリカ,カルー	東アフリカなど	その他の大陸
ペルム系	上部		Pease River Flower Pot San Angelo Hennessey	Cutties Hillock Magnesian limestone	Zechstein Kupferschiefer	Dvina IV III	Lower Beaufort Balfour *Daptocephalus* zone Middleton *Cistecephalus* zone	Ruhuhu Tanga Chiweta Mangwa	Upper Newcastle coals, Australia, Bijori, India
	中部	Cleark Fork	Abo-Cutler Garber Wellington Dunkard	Autun Branau	Rothliegende	II	Koonap *Tapinocephalus* zone		
	下部	Wichita				I	Ecca		Itarare, Brazil
ペンシルベニア系	上部	Pittsburgh Danville		Nýřany, Kounová		O	Dwyka		
	中部	Linton Mazon Creek		English coal fields					
	下部	Joggins		English coal fields					
ミシシッピ系		Mauch Chunk Albert Mines (N. B.) Mississippi Valley		Edinburgh coal field, Scotland Bristol, England					

フ，タンガ，およびチウェタの各層，インド中部のビジョリ層，オーストラリアのニューカースル石炭層上部などがある．

上にごく簡明に述べた，ペルム紀-石炭紀の脊椎動物を産する堆積物の対比関係を，表10-1にまとめておく．

古生代末期の脊椎動物界

ペンシルベニア紀-ペルム紀に大陸塊が広範に隆起したことは，脊椎動物が陸上にしっかり地歩を固め，かれらが多様な進化系統へ分化し，そして世界中に分布を広げるという結果をもたらした．そのためペルム紀の末には，陸地は変温性の四肢動物，つまり両生類ととりわけ爬虫類に支配されるようになっていた．迷歯類はすでに進化史の頂点を過ぎており，二次的に水中へ帰る方向へ衰退しつつあった．かれらは数も多く，陸生動物としてまだ栄えてもいたが，いっそう攻撃性のつよい爬虫類に徐々に道を譲りつつあった．原始爬虫類のカプトリヌス類はすでに進化的発展をほとんど終えており，次の三畳紀にも存続することになる名残の一群をのぞいて，絶滅に向かっていた．盤竜類も同じく進化史を終えていたが，その系統は子孫である獣弓類に引き継がれていた．

他方，哺乳類様爬虫類はペルム紀の末には拡大の全盛期にあり，そのまま存続して次の三畳紀に前進的適応の最高点に達する運命にあった．

以上のほか，ペルム紀の間には大きな結果を生じなかった爬虫類がたくさんいたが，かれらは後代にきわめて重要な存在になり，多数をしめるようになる．そこには，プロトロサウルス類とその近縁動物たち，疑わしいがカメ類の祖先とされるエウノトサウルス類，エオスクス類，槽歯類，ワニ類，飛翔性の爬虫類，そして，やがて中生代の覇者となる恐竜類があった．

11
鱗竜類

Sphenodon

鱗竜類〔上目〕というのは上首尾な大きなグループで，トカゲ類，ヘビ類，モササウルス類，およびムカシトカゲ類を含んでいる．現在生存している爬虫類の大多数はこの鱗竜類である．かれらは双弓類〔亜綱〕——頭骨の左右各側に上下2個の側頭窓をもつグループ——に属する．

エオスクス類

鱗竜類と類縁があり，おそらく全ての双弓亜綱爬虫類の祖先に近かったものにエオスクス類〔目〕という小グループがあり，そのなかでは南アフリカのペルム系上部の堆積物から出る *Youngina* と，マダガスカル島の同じくペルム系上部から出る *Thadeosaurus* が最もよく知られている．これらの早期の双弓類は小形できゃしゃな体格をした動物で，たぶん素早く走ることができ，それで生き延びたのだろうが，水中を泳ぐことのできた種類もいた．ごく一般的に言ってかれらは，双弓爬虫類のなかにやがて発展する大変な多様性の創始者たちであった．

Youngina の頭蓋は長さが約5cmで軽快な構造をもち，双弓類の特徴である2個の側頭窓を示していた．少数の口蓋歯がまだあり，顎骨の周りは一連の単純な円錐形の歯で縁どられていた．頭部より後ろの骨格は *Thadeosaurus* のほうがよく分かっており，これは体長約45cmでトカゲに似ていたが，姿勢は原始的で，這いつくばった格好をしていた．長い尾が体長の半分以上をしめていた．同じくマダガスカルのペルム系上部から出る水生の近縁動物，*Hovasaurus* はもっと体が長くて約50cmあり，やはりその半分以上を尾がしめていた．この動物の腹部には小さい石ころが発見されており，水中に潜るときにバラストの役を果たしたのではないかと考えられている．エオスクス類は明らかに，陸上と水中の両方の棲み場所でさまざまな生活様式への多様化をすでに始めていたのである．

早期の鱗竜類

真の鱗竜類は，化石記録のなかでは三畳紀に初めて現れる．他のある種の双弓爬虫類に二足歩行性や水生にむかう傾向が生じたのに対して，鱗竜類の大半は陸生かつ四足歩行性にとどまった．ジュラ紀-白亜紀に鱗竜類はかなり多様化したのだが，かれらはまだ，中生代の景観を支配した，もっと上首尾な恐竜類やその他の主竜類に発展を阻まれていた．鱗竜類の1グループ，有鱗類〔目〕——トカゲ類とヘビ類——はジュラ紀の間によく地歩を確立した．白亜紀までにヘビ類は四肢を失っており，現在かれらを特徴づけているその他の高度に特殊化した適応構造をすでに発達させていた．中生代の巨大な爬虫類が退場したあとトカゲ類とヘビ類は極めてよく栄えるにいたり，現生する爬虫類のなかで最大かつ最も多彩な目——哺乳類との競争ではそれらを捕食することもあるほど自己の立場を堅持する能力をもつグループ——になっている．

ムカシトカゲ類

ニュージーランド北島の海岸に近い少数の島にムカシトカゲ類〔目；喙頭類〕の唯一の

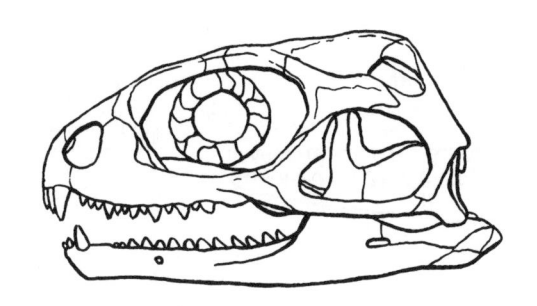

図 11-1 ニュージーランドに棲む現生のムカシトカゲ，*Sphenodon* の頭骨．〔ほぼ実物大〕

生き残りであるムカシトカゲ *Sphenodon*（図 11-1）が生息している．ヨーロッパ人が渡来するまでこの種類はニュージーランドのほぼ全域に棲みついていたのだが，文明の広がりと入植者が持ちこんだ家畜のため *Sphenodon* は驚くほどの速さで姿を消していき，ついに絶滅に瀕した．現在この動物はスティーヴンズ島などの小島だけに生き長らえており，幸いにも厳しく保護されている．

この爬虫類は体長約 60 cm で，やや大形のトカゲとそっくりに見えるのだが，どんな種のトカゲとも違って，頭骨には大きな，みごとに発達した上下 2 個の側頭窓がある．歯は歯槽の中にはまっているのではなく，顎骨に融合して生えている．過去のムカシトカゲ類の全てと同じく，*Sphenodon* では頭骨の前部が下顎にかぶさり，歯を備えた"くちばし"のようになっている．ムカシトカゲ類は三畳紀の末に近いころに現れたが，かれらはたぶん，原始的な鱗竜形類〔下綱〕に属した双弓類，エオスクス類〔目〕から出てきたものとみられる．化石記録によれば，三畳紀–ジュラ紀はムカシトカゲ類の最大の展開と多様性の時代であった．

ジュラ紀後期より後，ムカシトカゲ類は著しく数を減らし，そのころから今日まで小さく限られた進化系統として存続してきたらしい．ジュラ紀後期の *Homoeosaurus* 属は現生の *Sphenodon* に近縁だったもので，1 億年を超える時間にわたってムカシトカゲ類にはほとんど変化が無かったことを物語っている．

トカゲ類とヘビ類

トカゲ類とヘビ類（図 11-2，11-3）は現生爬虫類のなかで圧倒的に数が多く，多彩なグループである．ムカシトカゲ目はただ 1 種，ワニ目は 25 種ほど，カメ目は約 400 種しかないのに対して，有鱗目のトカゲ類〔亜目〕は約 3800 種，ヘビ類〔亜目〕は約 3000 種もいる．しかも，爬虫類における有鱗目のこうした優勢ぶりは"恐竜時代"の末期以来のものらしい．

トカゲ類では，後眼窩骨–鱗状骨でできた骨弓の上〔背側〕で，上側頭窓だけが完全な形をしている．この骨弓の腹側では，頭蓋の頬部が下側で開いている他の爬虫類でのように，頬骨と方形骨の間の方形頬骨でできた下〔腹側〕の骨弓が存在しないからだ．したがっ

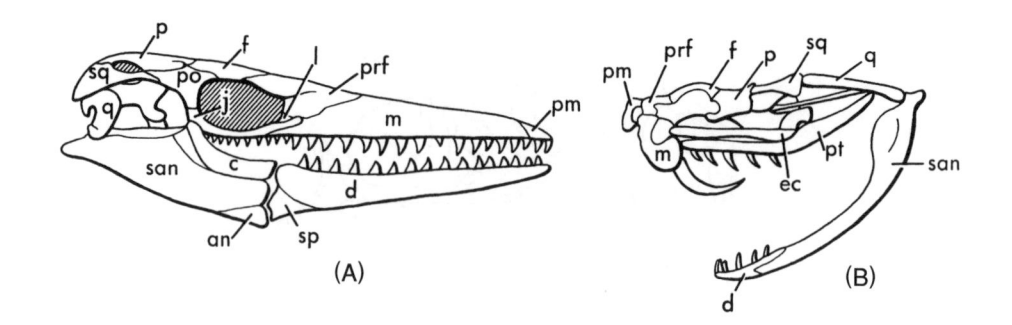

図11-2 有鱗類の頭骨．(A) *Tylosaurus*，巨大な海生のトカゲ，モササウルス類の一つ．頭蓋の長さは約90 cm．方形骨(q)の下端が自由であること，下顎の中央部にはっきりした関節があることに注意．(B) *Crotalus*，現生ガラガラヘビ類の一つ．方形骨(q)が長くて可動性が大きいこと，骨が全体的に退化していることに注意．ヘビ類では，方形骨の下端が前方へ振れることにより上下の顎骨の開口が非常に大きくなる．ガラガラヘビやその他多くの毒蛇では，ある特殊な筋肉が翼状骨(pt)を前方へ引き寄せ，それが上顎骨(m)を前転させるとそこに生えた大きな毒牙を直立させ，それで敵に咬みつく．略号についてはviiiページを参照．

て，トカゲ類は双弓類が変形したものらしく，後眼窩骨－鱗状骨の骨弓の下の開放された側頭部はじつは，双弓類の下側頭窓が下部で骨弓により囲まれなくなったものらしいのである．この仲間の爬虫類では頭蓋下部の骨弓が欠けているゆえに，方形骨はその下端で自由であり，この自由さが頭蓋と下顎をむすぶ関節に大きな可動性を与えるのである．トカゲ類の頭蓋では方形頬骨のほかにも，とりわけ涙骨や後頭頂骨，それにふつうは板状骨なども一般に存在しない．頭蓋の諸骨におけるこのような特殊化とは対照的に，トカゲ類はふつう，四肢動物としては原始的形質である松果体孔をまだ維持している．また歯は，前記のように歯槽の中に植わった状態〔槽生〕ではなく，顎骨の縁あるいはその内側に融合しており，この状態は"面生"とよばれている．

　トカゲ類とは，一般に後肢の第4指が長く伸びている四足歩行性の爬虫類である．かれらが走るときには，ふつう足の長い外側部を使って外側へ強く押すのであり，これが主な推進力になる．トカゲ類には，北アメリカ西部にいるクビワトカゲ*Crotaphytus*のように後肢だけで立って走るものもいて，これは移動様式に関して，太古に絶滅した二足歩行性の主竜類〔上目〕に並行していることになる．

　有鱗類の起こりは三畳紀まで，とりわけ後代のトカゲ類を特徴づけることになる基本的な特殊化を予示していた種類までさかのぼる．南アフリカのペルム系上部ないし三畳系下部から出る*Paliguana*や*Saurosternon*のような最早期のトカゲ類は，原始的トカゲ類として当然の諸特徴，なかでも，小さい体，ほっそりした骨格，可動性の方形骨のある開放性の頬部骨格などを併せもっている．頭蓋をふくむ骨格のその他の特徴――虫食性に向いた歯の適応形態，耳の発達，肩帯の形態，四肢と手足の発達がよいことなど――は普通のトカゲ類のそれらと同様である．パリグアナ科と総称されるこれらの種類はたぶん，三畳紀後期の2属のトカゲ，イギリスで出る*Kuehneosaurus*や北アメリカで出る*Icarosaurus*の祖先

クロヘビ

スナオオトカゲ

図 11-3　現生の有鱗類．ヘビ類の 1 種とトカゲ類の 1 種．（ロイス M. ダーリング画）

であったらしい．これらの属は，明らかな涙骨や多数の口蓋歯（後代のトカゲ類には全く見られないもの）といった原始的特徴を頭蓋に維持していたが，にもかかわらず，胸部の肋骨が非常に細長く伸びていた点ではひどく特殊化していた．この顕著な特色に対する唯一の筋の通った説明は，生存中これらの肋骨は一枚の皮膜——木から木へ滑空することを可能にした膜——の張り骨になっていたということだ．そういうわけで，極めて特殊な，思いも寄らない適応構造が有鱗類の進化の初期段階を特徴づけていたようである．

　トカゲ類はペルム紀後期－三畳紀の上のような種類に始まり，ジュラ紀の間に地歩を確立し，中生代中期－後期から新生代にかけてかれらの進化史の特色となる適応放散をおこした．現在，トカゲ類は現生爬虫類のなかでは最も成功している群——仮に適応の範囲，種数の増大，地理的分布の広さ，それに個体数の豊富さなどが成功の基準になるとすればだが——であるという特性を，イトコに当たるヘビ類と分かち合っている．

　現代のトカゲ類は，体のサイズでは体長わずか 10 cm 程度の小さな種から巨大なオオト

カゲ *Varanus* ——体長 2.0-2.5 m に達するものもある——まで大きな変異がある．これらの爬虫類は本書のような書物で詳しく論ずるにはあまりに種数が多い．古生物学的に興味ある主要なことの一つはたぶん，白亜紀の間にオオトカゲ科のある種のトカゲが海中生活に適応するにいたり，体長約 9 m という超大形になったことだろう．これらはモササウルス類〔科〕で，第 12 章で述べることにする．

　進化発展した爬虫類のあらゆる主要グループの最後をつとめるヘビ類は，本質的にトカゲ類が高度に特殊化したものであり，四肢をもたずに場所移動をすることと組み合わさった適応構造として，横長の"腹鱗"が腹面の幅全体にわたって広がっている．しかし残念なことに，ヘビ類の化石による歴史はごく断片的にしか分からないため，かれらの進化史の大半は現生種の比較解剖から推定するしかない．ヘビ類では四肢が失われているから，場所移動は胴そのもののさまざまな動きによってなされる．胴を左右にくねらせる運動，胴の筋肉が律動的な波動をして収縮し，体を引っ張ることにより真っすぐ前へ向かう運動，さらには，アメリカ西部にいるガラガラヘビのいわゆる"サイドワインディング"のように，胴がコルク栓抜きのような一種の螺旋をつくる運動，などである．椎骨数の大変な増加によって胴と尾は甚だしく細長くなり，言うまでもなく，こうした体形に伴って体内諸器官の形態や配置にももろもろの適応現象が生じている．胴体におとらず顕著なのは頭骨の適応構造で，これは可動性の大きい長大な方形骨を中心とした諸骨の連動性が極めて高い構造物になっている．方形骨は上下の顎骨の後部に一種の二重関節をつくっており，自分の胴より太い獲物さえ呑みこめるように顎を上下に大きく開くことができる．その上，頭蓋の左右の前顎骨も下顎の左右の歯骨の前端も，正中部で互いに合着するのではなく靭帯でゆるく結合しているだけなので，左右の両骨がかなりの範囲まで広がることができるのである．ヘビが獲物を捕らえたとき，直径が自分の胴より大きいものでも丸呑みにできるのは左右の顎骨を交互に別々に動かすことができるからだ．

　四肢を失ったことはこれらの特異な捕食動物にさまざまな効果をもたらした．陸生捕食動物のほとんどは獲物を捕まえてからそれを処理するのに前肢を使う．ヘビ類はそうではなく，必要なときには忍び寄り（成語にある"草むらの中の蛇"のように）をし，電光石火の早業で獲物に咬みつくことによって狩りをする．標的を最初の一撃で取り逃がしたときには，次の機会をうかがうことは滅多にしない．さらに，相手を立ちどころに始末することのできる強烈な毒液を発達させた種類も少なくない．こうした蛇毒は，旧世界のマムシ *Vipera* やコブラ *Naja*，新世界のガラガラヘビ *Crotalus* など幾つもの属で別々に進化した．ヘビ類が世界中のほとんどの人間だけでなく他の多くの動物種からも非常に恐れられるのは，この特性のためだろう．

　ヘビ類が祖先のトカゲ類から興ったのとほぼ同じころ，恐竜類はかれらの進化史の最終段階にあった．その後，恐竜類と中生代に優勢だった他の爬虫類は絶滅にいたり，生き残った爬虫類は生活効率が高くて極めて活発な四肢動物，鳥類および哺乳類と競争しなくてはならなくなった．ムカシトカゲ類は地球上の僻遠の地——かれらを脅かす哺乳類が全くいない場所——に陰棲することによって生き延びた．トカゲ類は，天敵から逃れられる濃

密な茂みや岩場に保護されて生活することに深く依存し，またかれらの代謝上の必要性が低いことや，体サイズの小さいことが有利であるような生態学的好機を利用することによって，成功を収めた．おわりに，ヘビ類が"哺乳類時代"に入っても成功して栄えているのは，一方では，植生の中や岩かげに棲む陰性の動物になったり，地中にもぐって生活したり，あるいは水中へ逃避したりすることによって，また他方では，一部の種類を脊椎動物のなかで最も恐れられる動物——猛毒によって敵に不慮の死をもたらすもの——にした適応形質を発達させることによってであった．

12
水生の爬虫類

Elasmosaurus

四肢動物の水中生活への適応

　四肢動物はその長い進化の歴史の間に，水界にたよって生きることから自らを解放し，爬虫類のように生活史の全体を通じて完全に陸生の動物になった．しかし，かれらのなかには水中生活へ戻ったものもいて，爬虫類を効率と独立性の高い陸生動物にしていたさまざまな適応構造がすべて改変されねばならなかった．このような新しく二次的に水生（海生もしくは陸水生）になった動物たちは重力や乾燥をめぐる問題と闘う必要がなくなったし，乾いた地面の上で自分の体を推し進める必要もなくなった．そんなことよりもかれらは，祖先の魚類が何億年も前に闘った古い問題——浮力，水中での推進，および陸上から離れての繁殖をめぐる諸問題——を抱え込んだ，と言ってよいかもしれない．

　爬虫類はすでに効率のよい肺をもっていた．これらの肺は爬虫類が水中へ帰ったときにも捨てられず，遠い昔に失われていた鰓に代わって空気呼吸に使われた．また爬虫類は四肢を備えていたが，これらは機能のうえで魚類の鰭に似た鰭脚に変形した．大昔の魚類の尾はずっと前に消失していたので，水生爬虫類のなかには体の推進にはたらく代わりの尾——感嘆するほど魚類の尾に似たもの——を進化させた種類もいた．水中でのみ生きていける卵によった昔の魚類式の繁殖方法はとうに捨てられていたから，陸上に上がることができない水生爬虫類は，保護してくれる巣の中に産卵するような場所もない環境でそれぞれの種族を存続させるために，胎生で子を産むという代わりの方法を発達させた．そういうわけで，これらの爬虫類には，遠い祖先の魚類から中間の祖先だった陸生の両生類と爬虫類をへて子孫の水生爬虫類にいたる進化傾向に，逆転があったことを見て取ることができる．

早期の水生爬虫類

　ペルム紀前期から三畳紀中期にかけて，水中環境に適応しようとする爬虫類の試行がいくつか別々に現れた．知られている最初の例はカプトリヌス類と近縁だった *Mesosaurus* で，第9章で触れたことがある（図9-9を参照）．これは体長が約1mの小さい種類で，浅い内湾の海水中ないし汽水中に棲み，泳ぐことを移動運動のおもな方法にしていたらしい．そのほか早期の水生爬虫類には，ペルム紀後期−三畳紀前期に生存していたエオスクス目双弓類という側枝があった．マダガスカルのペルム紀後期の地層から出る *Hovasaurus*（図12-1A）や *Tangasaurus* がこのグループの代表的なものである．これらは，尾がはるかに長くてその丈が高かった点と頭部がさほど細長くなかった点をのぞき，全体的な比率でメソサウルス類〔目〕に似た小形の爬虫類だった．メソサウルス類と同様，四肢はまだ相対的に大きかったし，足は鰭脚に変形していなかった．水生のエオスクス類は，肋骨カゴ〔胸郭〕の中に小石が集まった状態で発見されることがよくある．こうした小石は，かれらが水面下にとどまっているのを助けるバラストのはたらきをしていたものと思われる．水生だったらしい早期の双弓類には，ほかに，第9章で触れた *Araeoscelis*，第13章で触れた *Protorosaurus* や *Tanystropheus* が含まれていた．

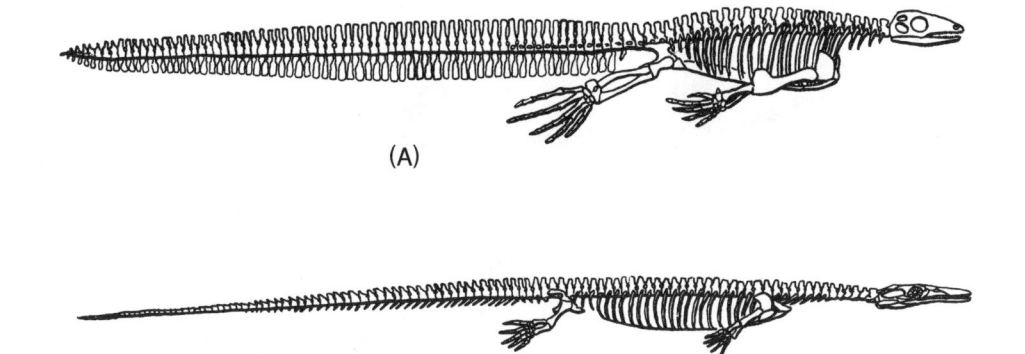

図 12-1 早期の水生爬虫類．(A) *Hovasaurus*，マダガスカルのペルム紀後期の地層から出るエオスクス目双弓類の一つ，体長約 50 cm．(B) *Askeptosaurus*，スイスの三畳紀中期の地層から出るタラットサウルス目双弓類の一つ，体長約 2 m．

　早期の水生爬虫類の後代グループの一つに，三畳紀中期の岩石だけから知られていて類縁がはっきりしない原始的双弓類の一群，タラットサウルス類〔目〕がある．スイスの海成堆積物から出る *Askeptosaurus*（図 12-1B）がその典型的メンバーだった．これはメソサウルス類や水生エオスクス類よりもっと長くて流線形の体をもち，四肢もやはりもっと小さかった．メソサウルス類や水生エオスクス類での状態とはっきり異なって，タラットサウルス類の鼻孔は鼻吻部の後部に位置し，脊椎動物における水中生活への適応形態として共通する特徴を示していた．

　これら早期の水生爬虫類はすべて水中生活にある程度まで適応していたにすぎず，進化的に完全に成功した系統は一つも無かった．末ながく子孫を残したものは全く無かったからである．しかし中生代の間に，爬虫類のいくつかのグループ，とりわけ広弓類が水中環境へのさまざまな適応を進化させ，それらは上記のような早期の"実験"で示されたものを超えてはるか先へ進展した．

イクチオサウルス類

　三畳紀というのは脊椎動物の進化史上，陸生四肢動物がかなりの種数をもって海中での生活に転向した最初の時代である．そのころ以来，この傾向は何度も繰り返されたのだが，三畳紀にはそれが脊椎動物の歴史における大きな歩みの一つであった．言うまでもなく古生代後期－三畳紀の両生類の大半は水生だったが，両生類で海生だったものはほとんどない．海生として初めて盛大に発展した四肢動物は，爬虫類であった．

　イクチオサウルス類〔上目；魚竜類〕は海生爬虫類のなかで多くの点で最も著しく特殊化したもので，三畳紀前期に現れた（図 12-2）．爬虫類の地質学的歴史にかれらが参入したのは突然かつ劇的だった．三畳紀より前の堆積物には，イクチオサウルス類の祖先らしいものについてなんの手掛かりもない．我々がかれらの起源——たぶん早期の双弓類から興

Ichthyosaurus

図12-2 外形と，おそらく習性でも現生のイルカ類とよく似たこのようなイクチオサウルス類〔魚竜類〕が，ジュラ紀－白亜紀に世界の海に生息していた．かれらの体長には1m－15mもの変異があった．（ロイス M. ダーリング画）

った――について多少の推定をすることができるのは，もっぱら，高度に特殊化したこれらの爬虫類の解剖学的構造の解釈を通じてなのである．イクチオサウルス類の系統関係をめぐる基本的な問題は，かれらを爬虫類の他のどれかの目に結びつけるような決定的証拠が見つけられないことにある．しかし一方，イクチオサウルス類が上側頭窓をもっていたことは，双弓亜綱のなかの広弓類型爬虫類との近縁性を示唆している．それゆえ，本書ではイクチオサウルス類を広弓下綱に入れておくが，実はかれらをそれだけで1亜綱としてもよいのである．

　イクチオサウルス類はその全歴史を通じてただ一つの適応パタンに固執していたため，かれらのなかの一つの属を描写すれば，それがほとんどの点で他の大半の属にも当てはまるのである．世界中の遠く離れた多数の地点のジュラ紀の堆積物から出る *Ichthyosaurus* 属は，このグループの代表的メンバーとして実によく役立つ．この動物の化石は黒色頁岩の中に発見されることがよくあり，そこでは骨格だけでなく体の輪郭まで保存されている場合がある．そのため，この興味深い爬虫類については，外形や多少の軟質部分に関してもはっきりした情報が得られている．このような化石から *Ichthyosaurus* は体長が3mかそれ以上になる，魚類に似た爬虫類だったことが分かる．

　体は全体的に流線形で，その太さは頭部から肩領域の少し後ろにかけて増大し，そこから尾までなだらかに減少する．ふつうの意味での頸部は無く，前後に長い頭部の後部は流線形のまま胴に移行するが，これは泳ぎの速い脊椎動物には不可欠の形態である．脚は4

本とも鰭脚に変形しており，胴の後端には，魚類の尾鰭に外形で驚くほどよく似た尾鰭が広がっていた．それに加え，岩石中の印象〔押し型〕が示すところでは肉質の背鰭があり，これは硬骨魚類の背鰭に代わる新しい構造物だった．

　こうした特徴から，*Ichthyosaurus* はその生活様式で本質的に大形魚類のようなものだったことが明らかであり，泳ぎの速い魚類にとって有利なものとしてこれまでの章で述べたさまざまな適応構造を，イクチオサウルス類にも当てはまるものとしてここで繰り返してもよい．一言でいえば，これらの動物は，胴体の後半を律動的に波動させる——筋肉運動の波が胴から尾に伝わって体の全体を推進する——ことによって，水中で前進した．2対の鰭脚は，水中で上昇または下降する運動を制御し，舵とりを助け，また制動を助ける平衡装置として使われた．背鰭は横揺れや横滑りをふせぐ安定装置であった．イクチオサウルス類は，胴や尾鰭の形で現生のサバやマグロのような非常に泳ぎの速い魚類との類似を数多く見せていたから，これらの爬虫類は高速の泳ぎ手だったと思われ，中生代の海で広大な範囲にわたり，また後代のイクチオサウルス類になると深い水深へまで，獲物を追い求めていたのだろう．

　ここで，イクチオサウルス類で変形していた四肢動物型のいろいろな構造物について，細部の項目をいくつか挙げておこう．まず，これらの爬虫類は海水中に浮かぶものだったから椎骨は互いにはまりあう関節を失い，神経棘をそなえた円柱状の糸巻のような形に単純化していた．三畳紀のイクチオサウルス類では，椎骨の椎体は清涼飲料の缶のような比率で前後に柔軟に連なっていたから，波のような動きが首から尾まで伝わり，胴全体が横方向に波打つことができた．ところが後代のイクチオサウルス類になると，椎骨がもっと太短く，アイスホッケーのパックに近い形になり，各椎骨の前後のつながりが頑強になった．そのため，このような後代の種類では体幹部はあまり柔軟でなく，推進運動は尾部の動きだけによっていた．これは泳ぎの速いクジラ類やマグロなどの魚類についても一般に言えることである．

　円盤状の椎骨に各2個の基部でつながった肋骨は左右に張り出し，横断面で丈の高い楕円形の胴を形成していた．後方では，脊柱が急に下へ折れ曲がり，肉質の尾鰭の下葉の中軸をなしていた．だから，イクチオサウルス類の尾を"逆異形尾"〔第2章を参照〕と呼んでもよいわけである．四肢の骨が短縮していた一方で，手首・足首の骨や手指・足指の骨は互いに固く密接した六角形の平たい骨に変形していた．各指の骨〔指節骨〕は数を増し（指節骨過剰），指骨の列の数も増えていること（指骨過剰）があり，これで鰭脚の長さと幅が増大していた．生きていたときには，これらの構造の全体が一枚の皮膚の鞘で包まれていた．

　頭骨は，おもに顎骨の伸長のために前後に長くなっていた．上下の顎骨には，複雑に入り組んだエナメル質をもつ円錐形の無数の歯が並ぶ．眼が大きかったことは，イクチオサウルス類が視覚に大きくたよる生活をしていたことの証拠である．鼻孔は水生四肢動物に共通することとして頭骨の頂より後方に位置し，これにより，かれらが水面に上がってきたときに呼吸しやすくなっていた．頭蓋の後部は押し詰められた形で，そこに広弓類の特

徴として上側頭窓だけがあった．

では，イクチオサウルス類はどのようにして繁殖したのだろうか？　これらの爬虫類には陸上に上がる能力がなかったらしく，それは現生のイルカ類やクジラ類が水中から離れられないのと同じである．したがってかれらは，イトコに当たる爬虫類がしていたように砂の中や巣の中に産卵することはできなかった．我々にとって幸運なことに，ドイツで出た化石には，成体の体腔のなかに生まれる前の胚を抱えているものがある．ある標本では一匹の胚の頭骨が骨盤の辺りに位置しており，あたかも，イクチオサウルスの子がまさに生まれようとしていた時に死が母体を襲ったかのようだ．そのため，これらの爬虫類は卵胎生だったこと，現生のある種のトカゲ類やヘビ類と同様に卵は孵化するまで母体内に留まったことが明らかである．

こうした事実は，イクチオサウルス類が達成した海中生活への特殊化が全般的に高度のものだったことを物語っている．上に述べたことを少し変えるだけで，ジュラ紀-白亜紀のすべてのイクチオサウルス類に当てはまるのである．

イクチオサウルス類には，三畳紀中期に始まる二股分岐の進化過程があった．2群の適応系統はそれぞれ「広鰭型」および「長鰭型」と呼ばれており，これらの名は各群の鰭脚の形を直截に指している．広鰭型イクチオサウルス類は三畳紀中期の小さい*Mixosaurus*属に興ったもので，ジュラ紀前期には豊富にいたのだが同紀の末に絶滅した．長鰭型イクチオサウルス類は三畳紀中期の*Cymbospondylus*を最初のものとし，白亜紀後期まで存続した．

三畳紀のイクチオサウルス類は，頭骨が相対的にやや短く，鰭脚がやや小さく，尾があまり下曲していないといった点で，その子孫たちよりいくらか原型的だった．面白いことに，イクチオサウルス類の最大種は三畳紀後期の堆積物から出ている．ネヴァダ州で出た*Shonisaurus*は体長14 mにも達する超大形動物だった．

プラコドゥス類と鰭竜類

広弓亜綱というのは，イクチオサウルス類をも含むかどうかにかかわらず，鰭竜類（上目；ノトサウルス類やプレシオサウルス類を含む）や，プラコドゥス類とよばれることの多い中生代の海生爬虫類を1群にまとめるのに有用なグループ分けではある．ノトサウルス類やプラコドゥス類は三畳紀だけのものだったが，プレシオサウルス類は時代的に三畳紀後期-白亜紀末期にわたっていた．これらの爬虫類に生じた海中生活への適応構造はイクチオサウルス類に特有のものとは全く違っていた．イクチオサウルス類が，鰭脚を平衡と制御に使って胴と尾の"あおぎ運動"で前進する泳ぎの速い魚形爬虫類だったのに対して，プラコドゥス類や鰭竜類は強大な鰭脚で水中を漕ぎすすむ，比較的泳ぎの遅い動物たちだった．こうした四肢〔鰭脚〕の特徴は指節骨過剰にあり，各指が本来よりずっと数の多い指節骨を備えていた．しかしかれらの指の数は，イクチオサウルス類でのように5本を超えることはなかった．

プラコドゥス類

三畳紀の前期，この紀だけに生存したグループ，プラコドゥス類〔上目〕が海の浅い水

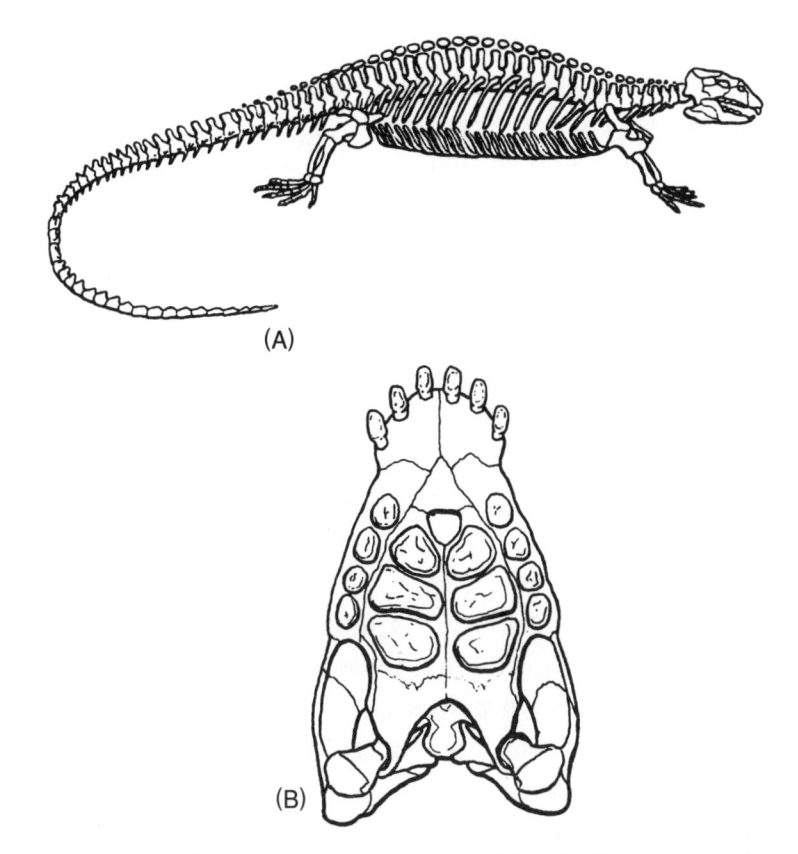

図 12-3 *Placodus*,三畳紀前期のプラコドゥス類の一つ.(A)骨格,全長約 1.5 m.(B)頭蓋の口蓋面,前後長約 25 cm.

域での生活——水底から軟体動物を拾って常食にした生活——に適応するようになった.これらの爬虫類はかなりかさの高い体格で,がっしりした胴,短い頸部と尾,それに鰭脚に似た四肢をそなえていた.典型的な *Placodus* 属(図 12-3)には,胴の腹側にも多数の棒状の骨でできた強固な"肋骨カゴ"——内臓を下から支えるとともに腹面を保護するもの——があった.背中には,各椎骨の上に 1 個ずつの骨塊が 1 列に並んでおり,その動物体の背面が装甲されていたことをうかがわせる.肩帯と腰帯では,腹側の諸骨は比較的強固だが背側の諸骨は退化していた.四肢の骨はある程度の長さがあり,足の部分は平たくて小さい鰭脚になっていた.

　頭骨は前後に短く,上側頭窓の下の鱗状骨やその他の骨は丈が高かった.鼻孔の位置は頭蓋の前端付近ではなく,眼窩のすぐ前まで後退して開いていた.下顎では,烏口突起が高く突出し,頭蓋の強固な側頭弓〔頰骨弓〕から始まる強力な咀嚼筋の付着部になっていたらしい.

　Placodus の歯ははなはだ興味深いかたちで特殊化していた(図 12-3B).上顎の前顎骨と,下顎の歯骨の前部に生えた前歯はほとんど水平に前方へ突き出しており,それらが効率の

よい挟み取り器になっていたことは明らかだ．前歯の後方で，上顎では上顎骨と口蓋骨の歯，下顎ではその後部の歯が数を減らして幅広くなり，鈍頭の大きな挽き臼を形成していた．これらは，強力な咀嚼筋によって噛み合わされると頑丈な貝の殻を噛み砕くことができたのに違いない．明らかに *Placodus* はゆっくりと泳ぎまわり，さまざまな貝類を海底からむしり取っては強力な顎と歯で噛みつぶしていたのである．

Placodus はこの爬虫類グループではかなり一般型のメンバーの一つだった．が，三畳紀後期には，ヨーロッパと中東地方の浅い海に著しく特殊化したプラコドゥス類が生息しており，そのなかで *Placochelys* と *Henodus* は格別に興味深い．これらの属では，胴が幅広く扁平で，背面と腹面は厳重な装甲でおおわれ，それらが合体して頑丈な甲羅を造っていた．*Henodus* では，歯は退化して左右ただ1対となり，代わりに横に扁平な幅広いくちばし——生存中には確かに角質の薄板で覆われていたもの——があった．要するにこれらの爬虫類は，後の地質時代に大形ウミガメ類の特色になる構造と相同だとも言える一群の適応構造を見せていたわけである．

ノトサウルス類

プラコドゥス類と同時代にいたものに，三畳紀後期に発展の頂点に達したノトサウルス類〔目〕がある（図12-4）．これらは非常に長い屈伸自在の頸部をもった，小形ないし中形の細長い爬虫類だった．肩帯と腰帯の腹側部分はプラコドゥス類と同様に頑丈で，やはり同様によく発達した肋骨カゴがあった．四肢はいくらか長く，足部は短い鰭脚に変形していた．ノトサウルス類では四肢と足はかなり強固だったから，かれらは現生のアザラシやアシカがするように陸上に上がることができた可能性がある．頭骨は比較的小さく扁平で，側頭窓の下には丈の高い鱗状骨があるのではなく，側頭弓はその下縁で湾入し，かなり細い棒状体になっていた．外鼻孔は少し後退した位置にあり，内鼻孔はほとんど充実性の口蓋の前部を貫通して，外鼻孔の直下にあった．長い顎骨の縁には無数の鋭い歯が生えていた．

Nothosaurus を典型とするノトサウルス類は，プラコドゥス類と同じように水中を鰭脚で漕いで泳いでいた．顎骨や歯はたしかに魚を捕えるワナだったのであり，かれらは水中で泳ぎまわりながら屈伸自在の長い頸を前や左右へ振り動かし，及ぶかぎりの魚を捕まえていたことは間違いない．

長 頸 竜 類

上記のような生活と摂食の方法はたしかに上首尾だった．というのは，三畳紀のノトサウルス類に次いで長頸竜類〔目；首長竜類〕が現れ，ジュラ紀－白亜紀に多数になって世界中に広まったからだ．長頸竜類は実質的にノトサウルス型の体形を受け継いでいたが，体サイズの増大，鰭脚の大きさと効率の著しい増大，それに魚を捕える顎骨の改良などを中心として特殊化を深めた．

長頸竜類でのサイズの増大はジュラ紀前期に始まり，中生代の残りの期間のあいだ継続し，白亜紀後期にその頂点に達した．ジュラ紀の長頸竜類の多くは体長3-7mだったのに対し，白亜紀後期の種類には15mかそれ以上に及ぶものがいた．長頸竜類の多数の種類

では非常に長い頸部がこうした体長の大きな部分をしめていたので，胴そのものは比較的短かった．肋骨が左右に拡大していたため胴は幅が広かった．その各肋骨は，爬虫類で普通である2か所の関節によってではなく，1か所の関節で椎骨と連結していた．椎骨では，椎体の両端が平面で，関節突起が弱く，そして棘突起が高くそびえ，これらが強力な背筋群の付着部として適切な表面をもつ柔軟な脊柱を構成していた．また，腹側には強大な肋骨カゴもあった．

長頸竜類では肩帯・腰帯の腹側の諸骨が非常に大きかったのに対し，背側の要素――肩帯の肩甲骨と腰帯の腸骨――はひどく退化していた．腹側の骨は四肢骨との関節の後ろへも前へも広がっていて，鰭脚を大きな力で後ろへ引くだけでなく同じぐらいの力で前へもどす，強力な筋肉の起始部になっていた．そのことから言って，長頸竜類は前方へも後方へも漕いで動き，あるいは，別々の鰭脚でこれらの運動をまぜて敏速に転回することもできたのだ．1頭の長頸竜の泳ぎかたは，各1対のオールを持つ2人の練達の漕ぎ手が乗り組んだ1隻のボートになぞらえてもよいだろう．

長頸竜類の鰭脚は非常に大きかった．前肢と後肢の近位の骨〔それぞれ上腕骨と大腿骨〕は太くて長く，強大な漕ぐ筋肉の付着部になっていたが，遠位の骨〔橈骨・尺骨と脛骨・腓骨〕と手根・足根の骨は短かった．各指の指節骨は数が多く，それで鰭脚の長さを増していたが，すべて円柱形であり，イクチオサウルス類のように扁平な円盤状ではなかった．

頭蓋は事実上，ノトサウルス類の頭蓋からの派生物だった．眼窩や側頭窓は大きく，鱗状骨の下縁に湾入があり，鼻孔は眼の前に位置し，口蓋はほとんど充実性であり，そして顎骨は，滑りやすい魚を捕捉するのに適した長くて鋭い歯を備えていたからだ．

長頸竜類はその歴史の始め以来，進化的発展の二すじの系統をたどった．その一方の系統，プリオサウルス上科（短頸型の長頸竜類）では，頸部は比較的短かったが，頭蓋が特に顎骨の伸長のために非常に長くなった．この系統の典型はジュラ紀の *Pliosaurus* と白亜紀の *Trinacromerum* である．プリオサウルス類の一つで，オーストラリアの白亜系から出る *Kronosaurus* は頭蓋の長さがほぼ4 m，全長約13 mという途方もない大きさに達していた！

もう一方の系統，プレシオサウルス上科（長頸型の長頸竜類）での進化傾向は，サイズの増大は別として，頸部の長大化にあった．かれらは明らかに，魚群のなかを漕ぎ進み，頭部をあちこちへ振り回すことによって獲物を捕えるという，ノトサウルス類の習性を持ちつづけていた．*Muraenosaurus* のようなジュラ紀の属では，鰭脚が非常に大きく，頸部は胴と同じぐらいの長さになっていた．が，長頸竜類のこの分枝は *Elasmosaurus* を典型とする白亜紀後期のエラスモサウルス類〔科〕で進化の頂点に達する．この仲間では頸部の長さに驚異的な増大が生じ，胴の長さの2倍ほどになることもよくあり，そこに60個もの椎骨〔頸椎〕が連なっていた！

長頸竜類は，短頸型も長頸型もともに，白亜紀の末まで衰えを知らぬ活力をもって生存を続けた．だが，そののち，白亜紀後期に優勢だった多数の爬虫類と同じくかれらも絶滅した．

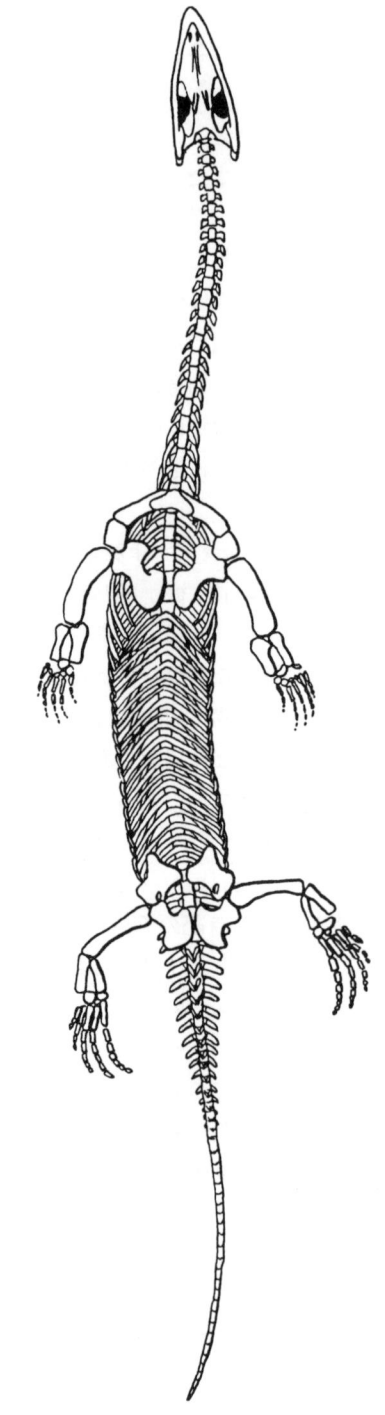

図12-4 三畳紀中期のノトサウルス類，*Ceresiosaurus* の全身骨格を腹面から見たところ．体長約 4 m．

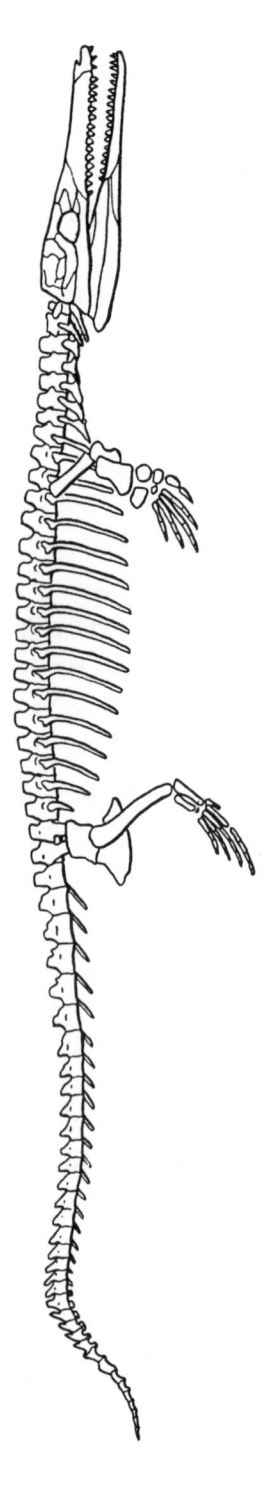

図12-5 ジュラ紀前期のゲオサウルス科ワニ類の一つ．体長約 3 m．

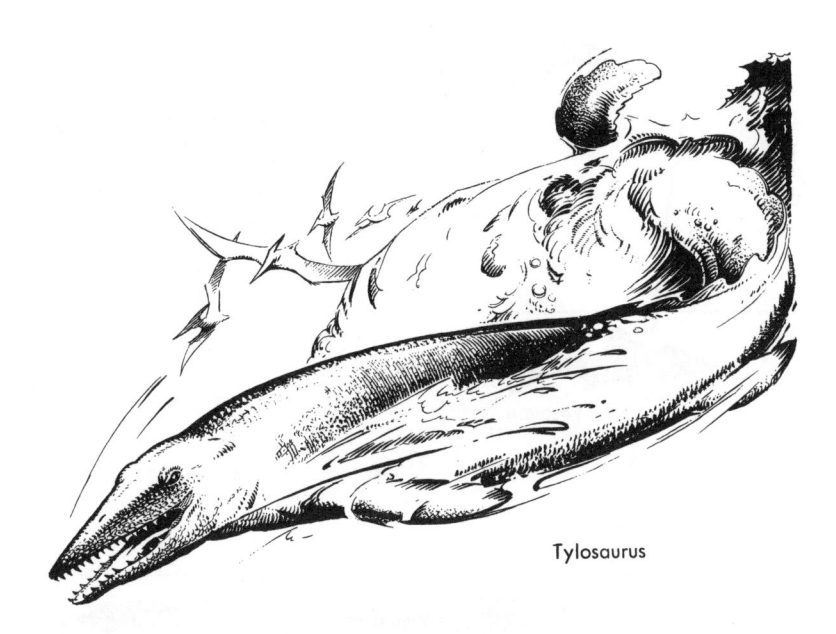

図12-6　白亜紀の海生のトカゲ，モササウルス類の一つ．体長は8m超．（ロイス M. ダーリング画）

海生のワニ類・トカゲ類・カメ類

　ここで，中生代の他の3群の海生爬虫類のことに手短に触れておこう．ただし，それらが属する各目については他の章で論ずる．

　ゲオサウルス類またはタラットスクス類（図12-5）とよばれる群は，海洋へ進入したジュラ紀前期-白亜紀前期のワニ目の二つの近縁な科のメンバーだった．これらのワニ類〔クロコダイル〕では，尾部の脊柱が急に下へ折れ曲がって逆異形尾を形成し，四肢は変形して鰭脚になっていた．ワニ類に特有の諸構造にこうした特殊化が加わって，ゲオサウルス類は海中生活によく適していたが，かれらの生存期間は短く，ほとんどジュラ紀だけであった．

　次に，ドリコサウルス類，アイギアロサウルス類，モササウルス類〔いずれも科〕などは，オオトカゲ系のトカゲ類〔亜目〕が海中環境の生息者になったものにほかならない．これらのうち初めの2群は白亜紀前期に現れたもので一般に小形の種類であり，海中生活に部分的にしか適応していなかった．けれどもアイギアロサウルス類は，白亜紀後期のモササウルス類——高度に特殊化した海生爬虫類として進化した系統——の祖先であったらしい．モササウルス類はそのように進化するなかで，多くの海生脊椎動物に見られるように巨大化にむかう傾向を生じ，最も後代の最も特殊化した種類には *Tylosaurus*（図12-6）のような体長8-12mという動物もいた．モササウルス類における海中生活への適応は，鼻孔が全体的にオオトカゲ類に似た頭骨の背面でかなり後ろへ後退していたこと，当然ながら四肢が平たい鰭脚に変形していたこと，それに長い尾が高さを増して櫓のようになっていた

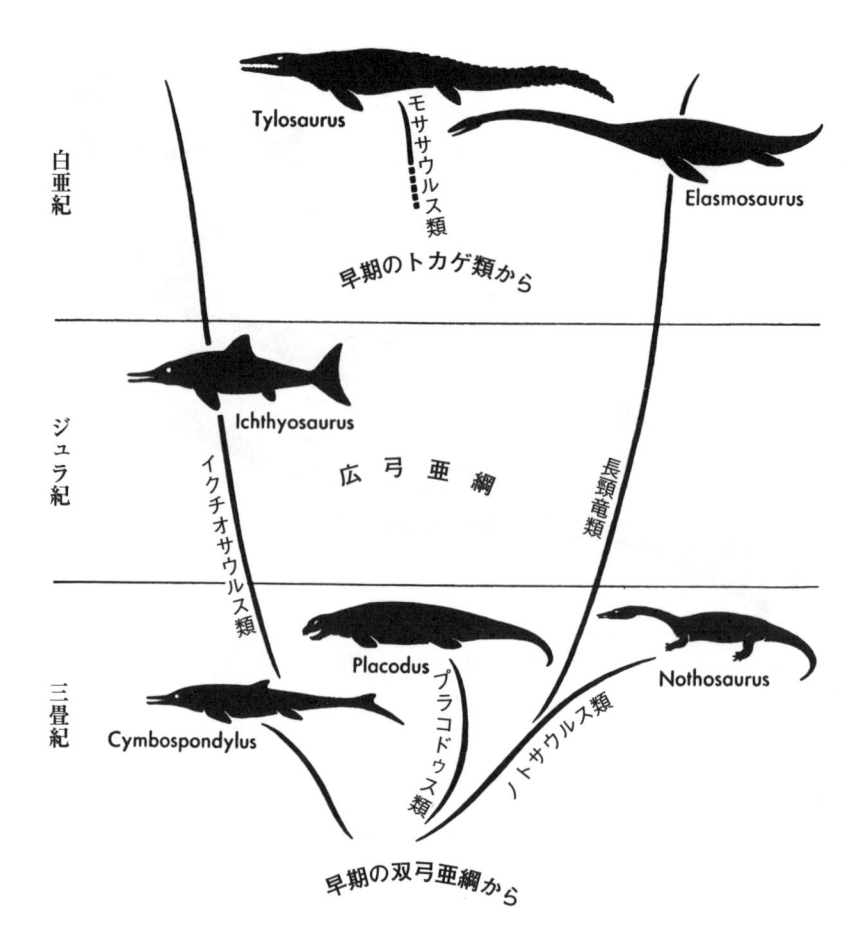

図 12-7 中生代に生存した海生爬虫類の系統樹.（ロイス M. ダーリング画の旧版図を改変）

ことなどにあった．しかし脊柱は上へも下へも屈曲しておらず，かれらの尾は骨盤付近から尾端まで後ろへまっすぐ伸びていたらしい．モササウルス類は明らかに効率の高い泳ぎ手だったのであり，胴と強力な尾を左右に波打たせて自身を水中に押し進め，鰭脚状の四肢を平衡とりと舵とりに使っていたのだ．

　海生トカゲ類は白亜紀にまったく突然に現れ，かれらの歴史はゲオサウルス類と同じく短かった．しかし生存していた間，かれらは極めてよく成功した適応系統であった．白亜紀の後半，かれらは世界中に広く分布するようになっていたからだ．白亜紀の終わりに近くなって，同紀に優勢だった多くの大形爬虫類と同じようにかれらも絶滅したのだが，類縁の近かったオオトカゲ科のトカゲ類は現代まで生存を続け，いまも旧世界に広く分布している．

　さらに，いまカメ類〔目〕の大多数は陸水中か乾いた陸地上に棲んでいるけれども，このグループの歴史には少なからぬ海生の種類が含まれる．実際，存在したことがこれまでに知られている最大のカメ，*Archelon* は白亜紀に生きていた海ガメの一つであり，長さ 2.5

mを超える甲羅をもっていた．やはり白亜紀にいた *Protostega* は，*Archelon* ほどではなかったがやはり巨大な海ガメであった．したがって，現生カメ類で最大である海ガメ類は，本ものの超大形をふくむ祖先をもっているわけである．

海生爬虫類は別々の幾つもの根源から以上のように進化してきた．基本的な主要グループを図12-7に示しておこう．

カンプソサウルス類とプレウロサウルス類

おわりに，水生の爬虫類を論ずるかぎり，双弓亜綱に属した二つの小グループに触れないわけにはいかない．まずカンプソサウルス類〔科〕というのは一見ワニ類に似た小形ないし中形の陸水生の爬虫類だったのだが，実はワニ目とは別のもので，独自のコリストデラ目にまとめられる．かれらは時代的に白亜紀後期－新生代始新世にわたり，北アメリカ，ヨーロッパ，および東アジアで発見されている．したがってかれらは，白亜紀末の大絶滅を生き延びた中生代の少数の爬虫類の一部だったことになる．

またプレウロサウルス類〔科〕とは，双弓類ムカシトカゲ目の水中生活に適応した一分枝であり，これまで，ヨーロッパのジュラ紀前期－白亜紀前期の岩石から見いだされている．かれらは小さい四肢と長い尾のある非常に細長い体をもち，鼻孔は頭部の前端よりかなり後方に位置していた．子孫を残さず，だから結局は不成功に終わったのだが，プレウロサウルス類は爬虫類の水中環境への適応にもう一つ実験があったことの証拠を提供してくれる．

13
初期の支配的爬虫類

Coelophysis

新しい時代の始まり

　ここまで脊椎動物の歴史を，古生代カンブリア紀からデボン紀までの早期段階からペルム紀末期の一つの頂点にいたるまで概説してきた．古生代の脊椎動物はほとんど魚類と両生類から成っていた．爬虫類はペンシルベニア紀に初めて現れたのだが，ペルム紀になると，そのなかの幾つかが，以後何千万年間もかれらの歴史を特徴づけることとなる優勢のパタンを確立しようとしていた．

　いま我々は，脊椎動物界の歴史における新しい段階——中生代の最初の亜区分たる三畳紀における脊椎動物の発展——までやってきた．その三畳紀は，古生代の古い型の生物界から中生代の極めて多彩で進歩した新しい生物界にいたる移行の時期として，重要な時代なのである．三畳紀の多数の魚類，両生類，爬虫類はそれぞれ，来たるべき脊椎動物進化の方向へ発展しつつあった．それと同時に，三畳紀の動物相の要素には，古生代いらい生存する種類の生き残りを表すものもあった．陸生脊椎動物では，三畳紀を超えてまで残存したペルム紀以来の生き残りは迷歯目の両生類である．迷歯類は進歩した分椎類という形になり，三畳紀の間，多産な進化の最後の燃え上がりを謳歌したが，そのあと絶滅した．

　進歩した獣弓類〔目〕，とりわけ極めて哺乳類に似ていた獣歯類〔亜目〕は，やはり急に衰退する前に構造的発達の進歩した段階に達していたが，三畳紀の末を生き延びる少数の属しか残さなかった．三畳紀のプロコロフォン類は進化的な重要性はとぼしいが興味深い生き残りを代表する．おわりに，プロトロサウルス類およびエオスクス類という二つのグループは，三畳紀の爬虫類のなかでは，やはり限られたペルム紀の祖先から続いた比較的小形の系統を表していた．

　これらペルム紀からの生き残りと対照的だったのは新しい陸生脊椎動物のたいへんな勢ぞろいがあったことで，その多くは中生代を通じて生存しつづけ，あるいはその後の地質年代を通じて現今までも存続することとなる盛大な進化系統の祖先になった．例えばカエル類〔無尾目〕の祖先は三畳紀に現れ，現代でも異例によく栄えている脊椎動物の一群の祖先になった．もう一つの極めて上首尾なグループ，カメ類の最初の代表は三畳紀に出現した．さらにもっと栄えているグループ，鱗竜類〔上目〕は三畳紀に本領をあらわした．かれらは，三畳紀に興って今日きわめて多彩な爬虫類を代表するグループ，有鱗類〔目〕の早期のもの——トカゲ類とヘビ類の先行者——を主体としていた．このほか，三畳紀に出現したものには，リンコサウルス類〔目〕——三畳紀に地球上のかけ離れた大陸地域に分布するにいたった双弓類——があった．

　他方，三畳紀は高度に特殊化したさまざまな海生爬虫類が，それぞれの長い歴史を開始しつつあった時代である．最初のイクチオサウルス類，プラコドゥス類，それにノトサウルス類が三畳紀に生存しており，長頸竜類が同紀の中期にノトサウルス類から興った．爬虫類の多様だが特異な三つの目——プロトロサウルス目，トリロフォサウルス目，リンコサウルス目（太古の大陸ゴンドワナに特有だった奇異な爬虫類）——が，三畳紀のあちこちの景観における生息者になっていた．しかし，かれらはたぶん爬虫類の進化史における

"実験"と見てよいもので，三畳紀の末を超えて生き延びた系統はなかった．

三畳紀に現れた新しい動物たちのなかで特に注目すべきものは主竜類〔上目〕，つまりいわゆる"支配的爬虫類"で，早期には槽歯類，後代にはその子孫——ワニ類，翼竜類，および恐竜類——に代表される．槽歯類は1億年を超えて異常に上首尾だった主竜類型のパタンを確立し，そのため中生代は「爬虫類時代」と呼ばれるほどである．

イクチドサウルス類〔科〕と最初の哺乳類〔綱〕も，三畳紀に初めて姿を現した．哺乳類ははるか後代に，新生代の到来とともに繁栄を始めることになるのだが，中生代に恐竜類やその他の主竜類が地球上を支配していた期間中は，ごく小さい進化的役割だけを演じていた．

主竜形類

双弓亜綱の爬虫類は，第9章で定義して主要群を列挙したとおり，たぶん下綱レベルとしてよさそうな三つの大グループ——それぞれ幾つかの目からなる群——に分けることができる．簡単に繰り返せば，それらの一つ，鱗竜形下綱は双弓類の最も原始的なもの——エオスクス目，有鱗目（トカゲ類とヘビ類），およびムカシトカゲ目——をふくむ．第2のグループ，広弓下綱は第12章で述べた種々の海生爬虫類をまとめる．第3で最大のグループ，主竜形下綱は，槽歯目，ワニ目，翼竜目（飛翔性の爬虫類），および恐竜の二つの目つまり竜盤目と鳥盤目を，他の類縁のある諸群と一緒にまとめたものだ．これら三つの下綱のうち，主竜形下綱が生物進化を学ぶ者にとって特に重要であり，そしてこの下綱のなかでは，槽歯目が他のすべての群の祖先に近かったものとして格別に関係が深い．

主竜上目つまり支配的爬虫類は，伝統的に5目——槽歯目（祖先形とみられるもの），ワニ目，翼竜目，恐竜の2目つまり竜盤目と鳥盤目——で構成される．これらに幾つかの小さい目——トリロフォサウルス目，リンコサウルス目，タラットサウルス目，およびプロトロサウルス目が加わり，主竜形下綱という大グループをつくる．

主竜類の識別特徴には，きゃしゃな頭骨に2種の側頭窓（双弓類の状態）があること，眼窩の前にもう一つの開口（前眼窩窓）があること，眼を保護する際立った小骨の輪（強膜輪）があること，などが数えられる．歯は歯根で歯槽の中に植わっていて，歯牙系を強化していた．普遍的なものではないが，このグループに早期に生じたもう一つの傾向は頑強な後肢と二足歩行に重点があったことで，そこには，体の前部と均衡をとるのに使われたらしい強大な尾が伴っていた．

南アフリカの三畳系下部から出る初期の槽歯類の一つ，*Euparkeria*（図13-1A）はこうした種々の特徴を例示している．これはきゃしゃな体格をした，体長60cmほどの小形の肉食性爬虫類であった．骨は繊細なつくりで，その多くは中空だった．この小形爬虫類は部分的に二足歩行性だったらしい．これが静止しているときやゆっくり移動するときは，おそらく四足を使ったのだが，急ぐときにはたぶん体の前部を地面から高く上げ，前肢を自由に振りながら後肢だけで走ったのだろう．このような場合，体は骨盤部を中心にして動き，かなり長い尾は体重に対する平衡おもりになった．また両手は時にはおそらく摂食

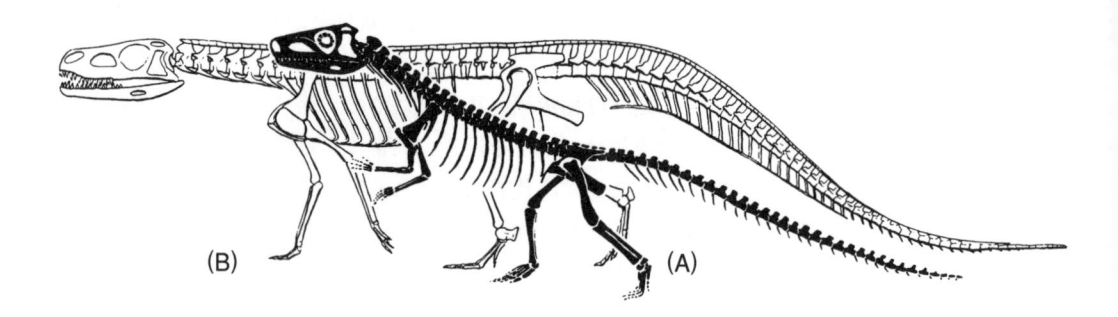

図13-1 槽歯類の骨格．(A)*Euparkeria*，南アフリカの三畳系下部から出るオルニトスクス類．体長約1 m．(B)*Ticinosuchus*，ヨーロッパの三畳系中部から出るラウイスクス類．体長約3 m．

の補助として食物をつかむのに使われた可能性が大きい．骨盤の形はプロテロスクス類〔亜目〕に見られるとおりかなり原始的だったが，腸骨がいくぶん拡大し，恥骨が強く下曲して，やがて主竜類の骨盤の特徴になるさまざまな特殊化の最初の表れを示していた．肩帯では肩甲骨と烏口骨が主要な骨だったが，胸部の他の要素骨はひどく退化しながらまだ残存していた．

頭蓋は骨格の他の部分と同じく，きゃしゃにできていた．幅がせまくて丈が高く，左右各側に大きな眼窩と2個の大きな側頭窓を備えていた．眼窩の前に非常に大きな前眼窩窓が発達していたため，頭骨はなおさらきゃしゃになっていた．さらに，下顎骨格の側面にやはり大きな開口があり，これも主竜類の系統発生を通じて維持された形質だった．また口蓋には小さい歯があり，顎骨——頭蓋では前上顎骨と上顎骨，下顎では歯骨——の縁には鋭い歯がずらりと並んでいた．これらの歯は顎骨の歯槽の穴に植わっており，主竜類に特有の槽歯類型の歯の生えかた〔槽生〕である．

槽 歯 類

初期の主竜類が槽歯類とよばれるのは，上記のような歯の生えかたのためである．槽歯類は適応放散の範囲で比較的限られていたうえ，地質学的歴史でも，生存がほとんど三畳紀だけだったので極めてはっきり限られていた．しかし，槽歯類の歴史は短かったけれども，それは大変な結果を生む進化的発展であった．

槽歯目は五つの亜目に分けることができる．プロテロスクス類（最も原始的とみられるもの），オルニトスクス類（小形－大形の肉食動物の中心的グループ），ラウイスクス類（肉食動物），アエトサウルス類（装甲に覆われた草食動物），それにフィトサウルス類（ワニ類に似た動物）である．もっとも，専門家のなかには，槽歯目というのは本当に一つの自然群なのか，この目に置かれる5亜目は本当に同じグループに属するものなのかについて，疑問をいだく人たちもいる．

さて，プロテロスクス類は槽歯類のなかの早期の，子孫を残さなかったらしい進化的な一分枝を表している．このグループの典型は南アフリカの三畳系下部から出る *Erythro-*

suchus で，体長が 5 m もあり，頑丈な胴と四肢，一般に短い尾を備えた不格好な爬虫類だった．なかには長さが 1 m に達する相対的に大きな頭骨をもつ種類もあった．プロテロスクス類の頭蓋はいろいろな原始的様相を維持していた．しばしば口蓋歯があったこと，後代の大半の主竜類では消失する松果体孔があったこと，後ろへ傾斜した後頭部に鼓膜を収める湾入部〔耳切痕〕がなかったこと，などである．こうした槽歯類は完全に四足歩行性であり，主竜類の進化過程で顕著になってくる二足歩行性への傾向をほとんど示さなかった．骨盤も一般にかなり原始的で，唯一の主竜類型の様相は恥骨がすこし長くなり，はっきり下曲していたことである．

爬虫類の歴史にもっと重要性をもっていたのは，槽歯類のなかで最大かつ中心的なグループだったオルニトスクス類である．ここには，前に触れた南アフリカの三畳系下部から出る *Euparkeria* が含まれる．主竜類の歴史をやがて特徴づけることになる進化傾向の多くが現れたのは，この *Euparkeria* とその近縁動物においてであった．南アメリカの三畳系中部から出る *Lagosuchus* やヨーロッパの三畳系上部から出る *Ornithosuchus* は，*Euparkeria* に確立したパタンを固守していた．*Ornithosuchus* というのは体長約 4 m の動物で，背中の中央部から後ろにかけて 2 列の装甲板を備えていた点に特徴があり，これはオルニトスクス類に共通した形質だった．

肉食動物だったラウイスクス類（図 13-1B）には，巨大化にむかう強い傾向が生じた．南アメリカから出る *Rauisuchus* や北アメリカから出る *Postosuchus* は体長 4 m かそれ以上のかなり大きな動物で，短剣のような歯で武装した大きな頭骨をもっていた．頭骨は短くて強力そうな頸部に支えられ，体の全体が腰部で釣り合いを取っていて，場所移動はおもに鳥のような型の強固な後肢でなされたのに対し，前肢は頑丈ではあったが移動にはおそらく限られた働きをしていただけらしい．実際，からだ全体の適応特徴が，やがてジュラ紀－白亜紀の陸上動物相を支配することになる巨大な肉食性恐竜類の特徴によく似ていた．この特殊化した肉食性槽歯類はその生活方法に適した装備を揃えていたらしいが，ラウイスクス類は三畳紀の末に絶滅し，優勢な捕食者としての役割を獣脚亜目恐竜類へゆずり渡した．

場所移動の諸器官の構造，とくに骨盤・大腿骨・足関節の形態では，恐竜類はラウイスクス類よりもうまく調整ができていた．そしてこのことが，三畳紀からジュラ紀への移行期における，ラウイスクス類の衰亡と恐竜類の興隆につながったのかもしれない．

他方，装甲の発達は後代の槽歯類の一部で極端に達した．例えば，ヨーロッパの *Aetosaurus* や *Stagonolepis*，北アメリカの *Typothorax* や *Desmatosuchus*（図 13-2）などで，みな三畳紀後期のものだ．これらの爬虫類の体は頑丈な骨性の装甲板（生存時にはこれが角質板で被覆）にすっぽり覆われ，ほとんど難攻不落になっていた．こうした完全装備の装甲では体重が非常に重くなる．そのためこれらの爬虫類は四足歩行性だったのだが，確かに二次的にそうなったのである．かれらの前肢は後肢よりずっと小さく，二足歩行の祖先に由来したことを暗示している．頭骨は小さく，歯は弱々しかったから，確かに非肉食性だった．体長が 3 m ほどあった動物，*Stagonolepis* はブタのような鼻吻部に特徴があり，おそ

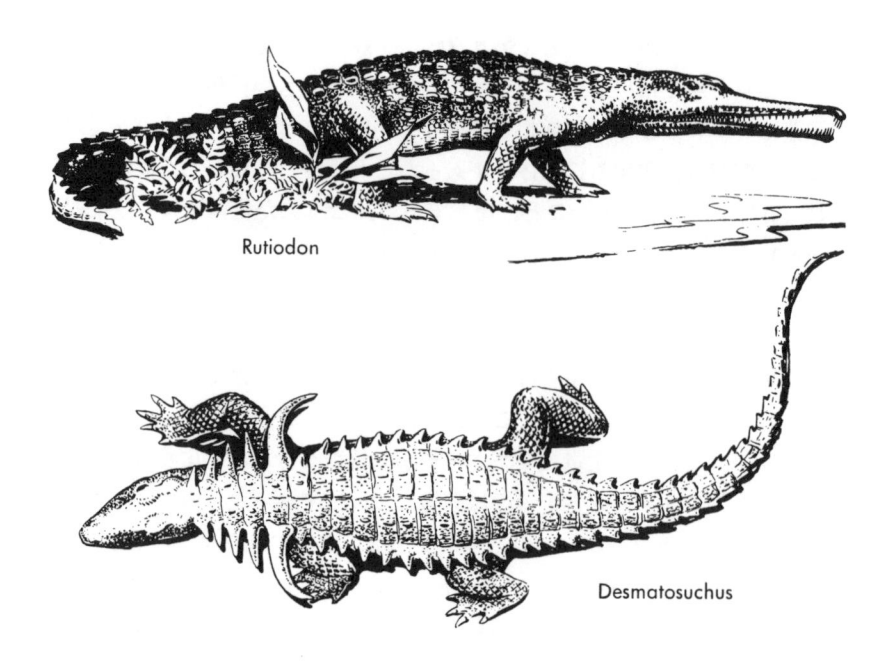

図 13-2　北アメリカの三畳系上部から出る槽歯目の爬虫類. *Rutiodon* はフィトサウルス類の一つ，*Desmatosuchus* はアエトサウルス類. いずれも大形の爬虫類で，体長 3 m かそれ以上に達することもあった. （ロイス M. ダーリング画）

らくはイモ類やその他の地下植物をもとめて地中に鼻先を突っ込んでいたのだろう. アエトサウルス類は，攻撃的な捕食性爬虫類の襲撃からしっかり守られた穏和な草食動物だったことが明らかで，その捕食性爬虫類にはイトコたる槽歯類のラウイスクス類やフィトサウルス類が含まれていたことは疑いない.

　三畳紀にいたフィトサウルス類——代表的な *Phytosaurus* 属の名にちなむ——はその歴史の早期から大形化するようになり，それと関連して，装甲をそなえた一部のアエトサウルス類と同様，二次的に四足歩行の姿勢をとるようになった. 頭蓋と胴はワニ類によく似て前後に長かった——というよりも，フィトサウルス類は後代にワニ類が倣うことになる特殊な適応構造を発達させたのだから，ワニ類が結果的にフィトサウルス類に似るようになった，と言うほうがよい. *Phytosaurus* や *Rutiodon* （図 13-2, 13-3）のようなフィトサウルス類は，体長 3.0 – 3.5 m ほどの捕食性のつよい攻撃的爬虫類で，河川や湖沼に棲み，魚類やそのほか捕らえうる動物をなんでも常食にしていたらしい.

　頭蓋の前部と下顎は前後に長く，鋭い歯をずらりと備えていた. しかしワニ類とは異なって，フィトサウルス類の鼻孔はずっと後方，眼窩のすぐ前に位置し，その多くの同類では頭蓋背面のレベルより盛り上がった火山のような高まりの上に開いていた. それからみて，かれらは流れの中で水面上に鼻孔だけ出して浮いていることができたようだが，これは水生の捕食動物には極めて有利なことだ. フィトサウルス類の脚と足は頑強で，陸上での歩行に向いていた. そして，前肢は大きかったけれども後肢より小さく，かれらの祖先

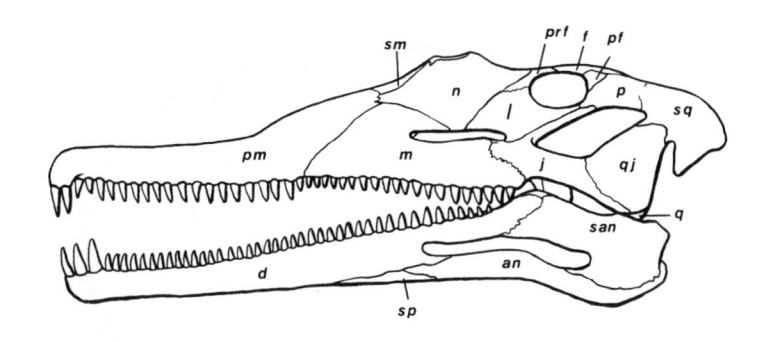

図13-3　フィトサウルス類の一つ，*Rutiodon* の頭蓋と下顎の側面観．頭蓋の全長は約 1.1 m. 略号については viii ページを参照．

がもともと二足歩行性だったことを表している．胴は頑丈な鱗板で保護されており，これらは生存時には角質の上皮で覆われていたのに違いない．全体として，フィトサウルス類は外観で現生ワニ類に驚くほどよく似ていたから，習性でもやはり似ていたと考えるのが順当だろう．かれらは三畳紀後期に支配的な爬虫類の一つだったのであり，そのなかの幾つかは巨大なサイズに達した．

フィトサウルス類と後継のワニ類との異常なほどの類似は，ある種のラウイスクス類と大形の獣脚亜目恐竜類との類似とならんで，時代をつらぬく並行進化の絶好例になっている．フィトサウルス類はワニ類の祖先ではなかったこと，またラウイスクス類は獣脚類恐竜の祖先ではなかったことを十分認識しなければならない．これら二つの事例では，ほとんど同じ生活様式のために形態と機能の繰り返しがあったのだ．が，どちらの場合にも特殊な生活スタイルの早期の先導者らは絶滅し，きわめて上首尾な模倣者らが跡を継いだのである．

三畳紀のその他の主竜形類

早期の主竜類と類縁が近かったものに，生存期間が短かった四つの小さい目があった．プロトロサウルス類，タラットサウルス類，トリロフォサウルス類，それにリンコサウルス類である．

プロトロサウルス類

プロトロサウルス類というのは，たぶん早期のエオスクス類からの派生系統としてペルム紀に興り，三畳紀まで生存を続けた．ペルム紀の種類はトカゲに似たかなり小形の爬虫類で，おそらく当時の下生えの中に棲み，小さい爬虫類や昆虫などを常食にしていたのだろう．骨盤は板状の構造であり，頭骨は上側頭窓——その下部は非常に丈の高い鱗状骨で縁どられる——をもつことを特徴とした．

ペルム紀に始まって以来，*Protorosaurus* や他のプロトロサウルス類は三畳紀の間に，範囲は限られていたがはなはだ奇異な適応放散の広がりを見せたこともあった．その一例は

図 13-4 *Tanystropheus*，頸部がおそろしく長かったプロトロサウルス類で，ヨーロッパの三畳系中部から出るもの．全長約 3 m．

ヨーロッパ中部の三畳系から出る *Tanystropheus*（図 13-4）で，この仲間では各頸椎がキリンのように伸長し，頸部が胴の長さの 3 倍を超えるほど驚異的に長かった．その他の点——頭骨の構造や体の比率など——では，体長が少なくとも 3 m あったこのやや大形の爬虫類にも特に変わったところは無かった．

プロトロサウルス類の 1 科，プロラケルタ類という群は，長年トカゲ類の祖先とみられてきたトカゲ類に酷似する小形爬虫類で成り立っているのだが，現在では，かれらは主竜類と類縁関係がありそうだと考えられている．その典型属の一つ，アフリカ南部から出る *Prolacerta*（図 13-5）は南極大陸の三畳紀の堆積物からも発見されており，南極大陸がかつて三畳紀の超大陸ゴンドワナの中でアフリカと密接につながっていたことを示す証拠の一つになっている．

タラットサウルス類

タラットサウルス類とは，三畳紀だけに生存した海生の双弓類の 1 グループだった．これらについてはすでに第 12 章で述べた．

トリロフォサウルス類

三畳紀爬虫類のこのグループはおもに，北アメリカから出る *Trilophosaurus* で知られている．頭骨は非常に丈が高く，顎骨は横方向に幅の広いノミ状の歯をそなえていた．この爬虫類の常食物は想像の域を出ないが，たぶん植物食性で，刃のような形の歯は植物質を切り刻むのに使われたのだろう．

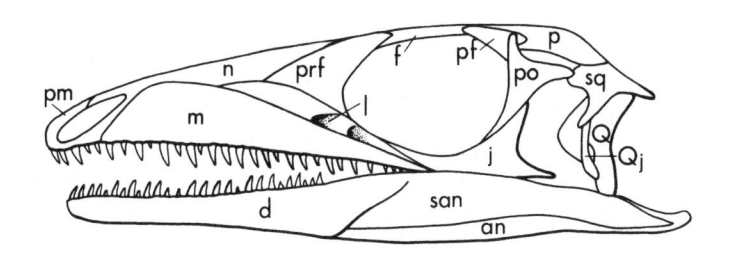

図 13-5 三畳紀前期のプロトロサウルス類, *Prolacerta* の頭蓋と下顎. 南アフリカと南極大陸の両方で出るもの. 頬骨（j）が方形骨（Q）とも方形頬骨（Qj）ともつながっておらず, このことが頭蓋と下顎の可動性連結をもたらしたことに注意. 頭蓋の全長は約 6 cm. 略号については viii ページを参照.

リンコサウルス類

　リンコサウルス類はかつてムカシトカゲ類〔目〕と類縁が近いとみられていたが, 今では爬虫類の独立の目をなすと考えられている. これらの奇異な爬虫類は, とりわけアフリカ, インド, 南アメリカなどで発見される豊富な化石が示すところによると, 三畳紀中期－後期に短期間だけ優勢さを謳歌した. リンコサウルス類にはかなりのサイズに達したものがいて, ブラジルの三畳系から出る *Scaphonix*（図 13-6）は立ったときの肩の高さが 60 cm を超えることもよくあった. これらの爬虫類は胴のずんぐりした頑丈な体格をもっていたことからみて, 生存時体重は 90 kg ほどあったかもしれない. リンコサウルス類の頭蓋は幅が広く, 丈が高く, 前上顎骨は長く伸びて前端がとがり, 明らかに前歯の機能を果たしていた. 上顎骨には無数の小さい歯があり, それらは前後方向にくぼんだ溝の両側に集まっていた. 下顎の上縁は刃のような形で, 口を閉じたとき上顎骨のこの溝にはまるようになっていた. この特異な装置はたぶん堅固な果実を食べるのに適応した構造だったと推定してよさそうで, リンコサウルス類ははなはだ特殊な食物にたよる極めて特殊な生活をしていたのは確かである. このように高度の適応をとげた爬虫類を有利にしていた環境条件は, 地質学的に短期間だけ持続したのかもしれない. リンコサウルス類は三畳紀が終わるのとともに絶滅したからだ.

三畳紀の終わり

　三畳紀の各地の動物相のなかで, 古生代からの残存種類と進歩した新しい種類とが組み合わさっていたことは, それより前や後の動物相とはっきり違う特徴的な異質構成の様相をそれらの集団に与えていた. 実際, 迷歯目両生類やプロコロフォン亜目爬虫類と, 進歩した哺乳類様爬虫類や主竜上目爬虫類（*Coelophysis* や初期の恐竜類を含む）との混じり合いは, 闘争のさまざまな混流に絡まった古い者と新しい者との会合であった. それは真に移行の時代だったのである.

　こうした四肢動物のさまざまなグループの競争が続く過程では, 主流から落伍するものも多く, 三畳紀の末ごろには両生類と爬虫類のなかにかなり大規模な絶滅があった（図 13

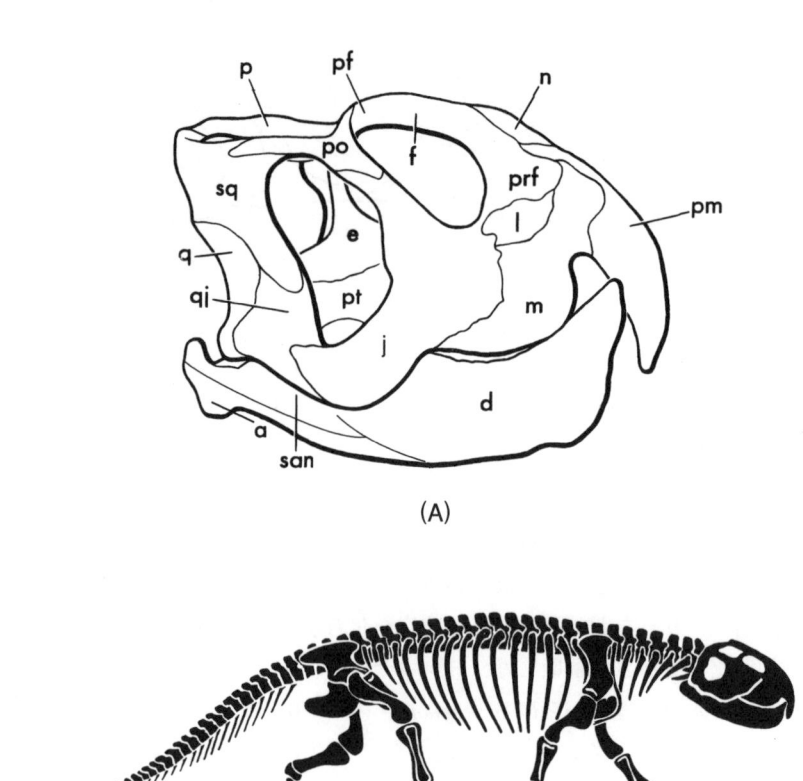

図13-6 *Scaphonix*，南アメリカで出る三畳紀のリンコサウルス類．(A)頭蓋の側面観．長さ約26 cm．前顎骨と下顎の先端が尖っており，ともに角質のくちばしで覆われていた可能性があることに注意．(B)全身骨格．体長は約1.8 mかそれ以上．略号については viii ページを参照．

-7)．大ざっぱにいえば，進歩した型の動物が優勢になり，旧型の動物は争いようもなく，高く発達した動物たちとの競争の圧迫のもとに姿を消した．

　後で述べることだが，白亜紀の終わりは広範な絶滅の時期であり，おびただしい属と種をふくむ爬虫類の4目が完全に消滅した．が，あまり広く認識されていないのは，三畳紀の末も大絶滅の時代だったことである．そこでは少なくとも7目の爬虫類が消滅し，他の2目の四肢動物，迷歯目両生類と獣弓目の哺乳類様爬虫類がその後まもなく姿を消した．さらに，同じく三畳紀の末に消えた海生のノトサウルス類とプラコドゥス類——第12章で述べたもの——をも挙げる必要がある．三畳紀末での属と種の絶滅はたぶん白亜紀末ほど大規模でなかったにしても，そこで四肢動物の幾つもの目が消え去ったことはかなり重要な進化的な出来事だったと考えなければならない．

　例えば，三畳紀の末には，広く分布していた無数の分椎目両生類——三畳紀の四肢動物

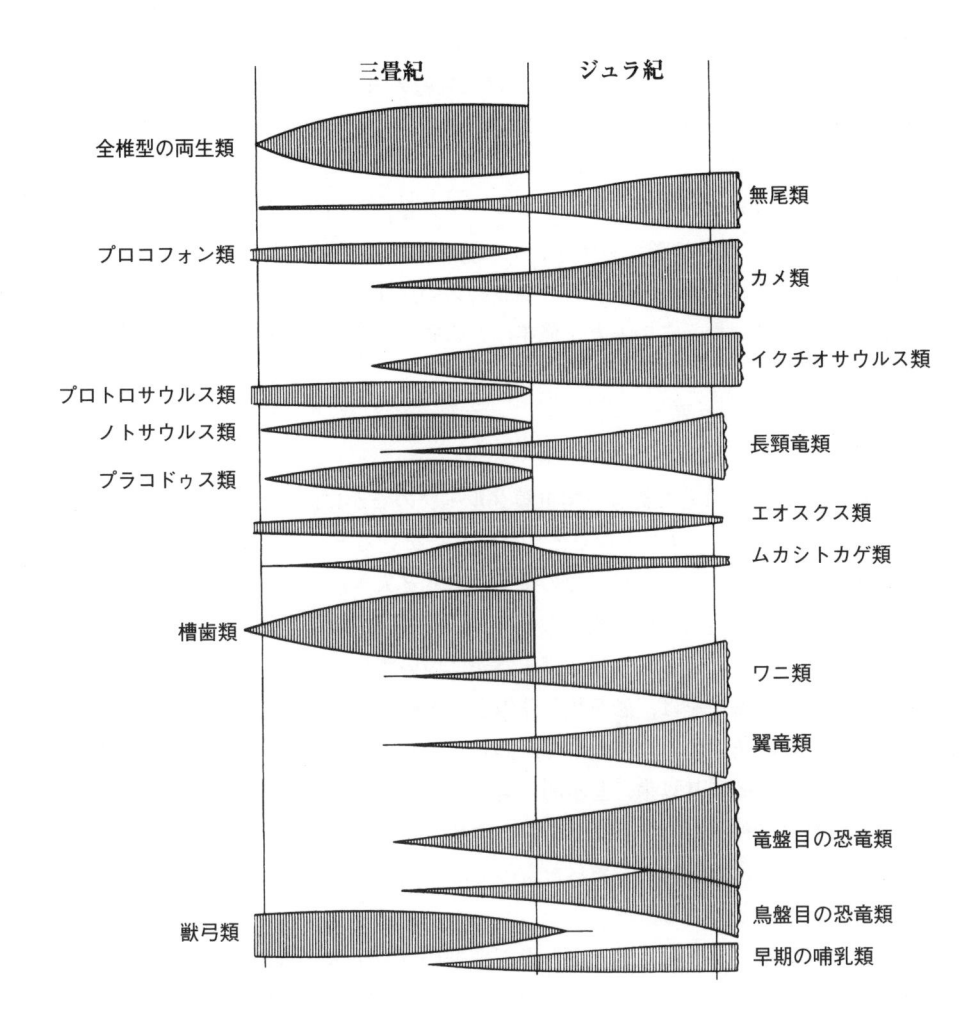

図13-7 三畳紀－ジュラ紀における四肢動物の生存期間と相対的な豊かさ．

の中で確かに成功したグループ——の実質的（完全ではない）な消滅があった．三畳紀のプロコロフォン亜目爬虫類は迷歯目両生類とは違い，ペルム紀にいた先行者の単なる生き残りだったから，三畳紀の末にかれらが消えたことは大きな影響を及ぼさなかった．それでもこれは，何百万年も地球上に生存してきた爬虫類の一群の絶滅を印するものではあった．プロトロサウルス類，トリロフォサウルス類，リンコサウルス類なども同じように三畳紀の動物相では小さいグループだったが，三畳紀末のかれらの絶滅も爬虫類の3目を地球上から消し去ることになった．

　それらに比べて，槽歯類は多少ちがった角度から眺めることができる．かれらは進歩した爬虫類だったのだが，自分たちの子孫たる新型の爬虫類からきた競争の結果，三畳紀末に消滅した．同じようにして"哺乳類様爬虫類"の大半——三畳紀末より前にも消えたも

のがある——が絶滅したのは，かれらの子孫らのはるかに進歩した特性のためだった．獣弓目の1グループ，ディキノドン類〔亜目〕は三畳紀の末まで生存したものの，その時期にかれらは四肢動物のさまざまなグループに影響を及ぼした大絶滅の波に捕えられたようである．

三畳紀末にプロコロフォン類，プロテロサウルス類，獣弓類（少数のばらばらの残存群は別として），ノトサウルス類，プラコドゥス類，および獣弓類が絶滅するとともに，中生代の新しい段階のための舞台が整った．四肢動物の進化は非常に多様となる進歩した新しい諸系統に向かっていた．このあと1億年ほどの間，地球上には超大形動物が生存することになる．

ワ　ニ　類

ジュラ紀－白亜紀に栄えた新しい爬虫類グループのなかに，ワニ類〔目〕があった（図13-8）．誰でも現今のクロコダイルやアリゲーターを見ると，ある意味で"爬虫類時代"に思いを馳せることができる．恐竜類の多くはもっと大きかったが，ワニ類は現生爬虫類のなかでは最大で，最も攻撃性の強いものだ．これら恐竜類の近縁動物は，中生代の優占的爬虫類が生きていたときどんな感じだったかについてほぼ妥当な心像を提供してくれる．また我々はワニ類の歴史をば，恐竜類が陸地上を支配していた時代まで，さらに恐竜類がその進化史の初期段階にあった時代まで，詳しくさかのぼることができる点でも恵まれている．ワニ類はその始まり以来，基本的に河川湖沼のほか，海洋——かれらの骨格が長い時代を通じて豊富に保存され化石化してきた環境——までもの生息者だった．そのおかげでワニ類の化石記録は比較的よく整ったものであり，これは他の多くの水生や半水生の脊椎動物にも言えることである．

最早期のワニ類は，三畳紀後期－ジュラ紀前期のプロトスクス類〔亜目〕に属する．このグループのメンバーは，大半のワニ類のように水生ではなく，どちらかと言えば陸上生の捕食動物だったことを物語る骨格構造をもっていた．プロトスクス類の化石は，南北アメリカ，東アジア，ヨーロッパ，および南アフリカから見いだされており，最もよく知られている早期ワニ類の一つは，アリゾナ州のジュラ紀前期の岩石から出る *Protosuchus* 属である．この動物は体長1mあまりという小さい爬虫類で，祖先は明らかに槽歯類だった．*Protosuchus* の姿勢は四肢歩行性だったが，後肢が前肢よりかなり大きく，二足歩行の祖先に由来したことを示している．四肢は強そうだったから，*Protosuchus* は地面を走りまわるのにかなりよく適応していたことが確かである．この種類はまた，多少は水を泳ぐ動物でもあったかもしれない——後代のワニ類と明らかに類縁が近いこと以上にそれを立証する直接証拠はないけれども．

その主竜類型の頭骨には確かにワニ類型の特徴があった．とりわけ頭蓋背面が平たく，上側頭窓のサイズが縮小し，前眼窩窓が消失していた．歯は鋭くとがり，この爬虫類が肉食性だったことを示している．前肢では手根（しゅこん）の諸骨がすべてのワニ類と同じく細長かった一方，後肢には大きな踵骨（しょうこつ）と距骨（きょこつ）があり，これもワニ型の特色である．とくに興味深いの

は，長く伸びた恥骨の近位端が寛骨臼〔大腿骨の骨頭がはまりこむ丸いくぼみで，ふつう恥骨・腸骨・座骨がそこで会合〕の構成に加わっていないことで，これはワニ類特有の形質である．また背中の正中線に沿って，防衛用の骨性の鱗甲が2列に並んでいた．

 Protosuchusは後代のワニ類の祖先としてぴったりの動物である．ジュラ紀が始まるとともに，ワニ類はそれまでフィトサウルス類が押さえていた生態的ニッチを急速に占有するようになり，その後の時代と各地動物相をつらぬいて現在までその地位にとどまっている．ワニ類の適応形態にかかわったのは，からだ全体の系統発生的な成長——そのためかれらの体サイズは中等度から真の超大形にまでわたる——と，水中での遊泳および攻撃的な肉食性摂食様式への特殊化が発達したことだ．すなわち，ワニ目というグループの歴史を通じて特徴になったのは，鋭い歯を備えたふつう前後に長い強力な顎骨，短いけれども頑強な四肢（その先にはみずかきの張った幅広い足がある），大きな筋肉をもつ長くて丈の高い尾（泳ぐときに強力な推進器になる），それに，背中と体側をおおって骨性鱗甲という形をとった頑丈な装甲（表面は角質板で覆われる），などである．

 プロトスクス類を祖先として進化した最初のワニ類は，中生代に最も数が多くおおむね優勢だったメソスクス類〔亜目〕で，これらはジュラ紀前期−白亜紀末に豊富に生存し，そのあと落伍しつつ第三紀まで存続した．メソスクス類がプロトスクス類とも現生ワニ類とも違っていたのは，上側頭窓が，たぶん特別に強大な筋肉の収容場所として非常に大きかったことである．外鼻孔はすべてのワニ類と同じく鼻吻部の前端近くに開いていたが，内鼻孔はずっと後方の口蓋骨の後縁に開いていた．これら前後2か所の開口の間では，鼻道は，前上顎骨・上顎骨・口蓋骨〔それぞれ左右1対〕が正中部で接合した口蓋天井によって口腔からはっきり隔てられ，そこに鼻道をかこむ骨のトンネルができていた．この型の"二次口蓋"は単弓類〔亜綱〕のそれとは別個に発達したもので，ワニ類で，水中で口を開いてあまり大量の水を呑むことなく獲物を捕えることを可能にする適応を表していた．

 ジュラ紀の前期−中期は陸地が縮小する大規模な海進〔海岸線の後退〕の時代だったのだから，早期のワニ類が海岸沿いでも全くの大洋中でも，そこでの生活によく適応していたことが分かっても不思議ではない．そうした種類には *Teleosaurus* や *Steneosaurus* があった．また，メソスクス類を祖先としたメトリオリンクス類（ゲオサウルス類）という科は，海中生活に高度に適応するようになった．かれらは頑丈な骨性装甲を失い，四肢は鰭脚に変形し，尾部の脊柱は急に下曲して逆異形尾を形成していた．が，著しい特殊化にもかかわらず，この海生ワニ類のグループは白亜紀前期に絶滅した．

 メソスクス類のもう一つの系統は *Sebecus* と *Baurusuchus* をふくむ一群の属に代表されるものだ．これらの種類はともに南アメリカの地層——*Sebecus* はアルゼンチン・パタゴニアの第三紀前期，*Baurusuchus* はブラジルの白亜紀——から出るものだが，セベコスクス類〔科〕は世界に広く分布していたようである．これらのワニ類が同じ目の他のメンバーと違っていたのは主として，頭骨が左右に非常に狭くてかなり丈が高く，歯も同様に左右方向に狭かったことによる．*Baurusuchus* では歯の数がひどく減少していた上，前歯の幾つかは犬歯のように非常に大きく，頭骨が一見"哺乳類様爬虫類"〔単弓類〕のそれに似た外

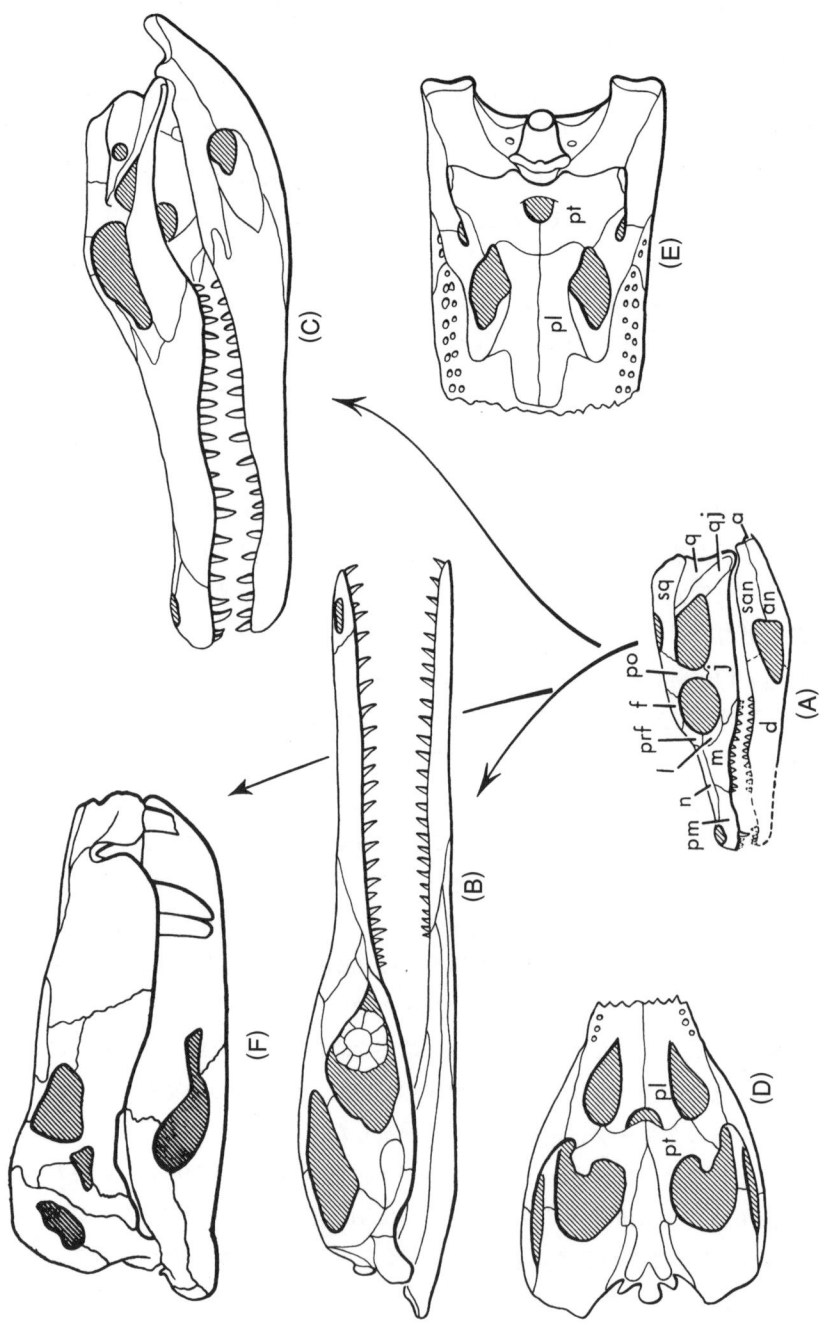

図13-8 種々のワニ類. (A)ワニ類の祖先形 *Protosuchus* の頭骨, 長さ約14 cm. (B)ジュラ紀の海生ワニ, メソスクス類 *Geosaurus* の頭骨, 長さ約38 cm. (C)ジュラ紀の真鰐類 *Alligator*［アリゲーター］の頭骨, 長さ約45 cm. (D)ジュラ紀のメソスクス類 *Steneosaurus* の頭蓋底の後半部. (E) *Alligator* の頭蓋底の後半部. 真鰐類の特徴として, 内鼻孔が翼状骨に囲まれている. 口蓋骨と翼状骨が内鼻孔の縁をなす. (F)白亜紀のセベコスクス類 *Baurusuchus* の頭骨, 長さ約38 cm. 略号については viii ページを参照.

観を示していた．

　進歩したワニ類のもっと身近な系統は真鰐類〔亜目〕，つまり現在も生存するワニ類である．真鰐類は白亜紀に現れて急速に進化し，祖先のメソスクス類に取って代わった．この仲間のワニ類では内鼻孔が口蓋ではるか後方へ移り，翼状骨で完全に取り囲まれるようになった．この配置のため鼻道は，外鼻孔から咽頭の天井にいたる長いトンネルを，口腔から完全に隔てられて通り抜けることになる．現生のワニ類では，舌の背面に特殊なフラップがあり，それが口蓋後部にあるヒダと合わさって呼吸道と口腔をはっきり隔てるようになっている．これは，獲物を水中で捕えることの多い水生の捕食動物にとってじつに有用な適応構造である．

　白亜紀の初め以来，真鰐類はクロコダイル類，ガヴィアル類，およびアリゲーター類に代表される3群の系統にそって進化してきた．クロコダイル類は鼻吻部の幅がせまいワニ類で，いま地球上の熱帯ないし亜熱帯の地域に広く分布している．アリゲーター類は鼻吻部の幅が広い仲間で，今日，南北アメリカと中国（1種）に棲んでいる．ガヴィアル類というのは鼻吻部の幅が非常にせまい種類で，インドに生存している．白亜紀から新生代にかけて真鰐類は現今よりはるかに広く分布していたもので，このことは，過去の地質時代には熱帯－亜熱帯の諸条件が現在より広い範囲にわたっていたことを物語っている．真鰐類の進化はたぶん，あらゆるワニ類のなかで最大だった白亜紀の $Deinosuchus$ 属——テキサス州のリオグランデ川流域で出る化石で知られるもの——で頂点に達した．巨大な頭骨は長さが2m，幅も相応にあり，そのためこの動物は，白亜紀後期のあらゆる爬虫類で最大かつ最強力の顎骨の持ち主の一つであった．$Deinosuchus$ の全長は12-15mほどあったに違いなく，この超大形ワニは同時代に生きていた恐竜類を捕食していた可能性が大きい．

　現生ワニ類で最大のものは6mを超えるが，このような大きさは稀である．その半分ほどの体長のアリゲーターやクロコダイルでも恐るべき動物であり，人類は別としてあらゆる敵対者を相手にして，現代の世界で自己の立場を堅持していく能力を十分もっている．しかし不運なことに，"恐竜時代"の印象深い生き残りである雄偉なワニ類も，現代の火器とかれらの生息場所への人間の侵害のため，個体数と生息範囲をじわじわと減らしつつある．

14
恐竜類の制覇

Apatosaurus

はじめに

　いま我々は，中生代の1億年間にわたって陸上で優勢だった巨大な爬虫類，恐竜のことを検討する運びとなった．では，恐竜類とはどんなものだったのか？
　「恐竜 dinosaur」という言葉は，1世紀半ほど前にサー・リチャード・オーウェン〔1804－1892，英国の比較解剖学者〕により，当時初めて認識され記載されたある大形の化石爬虫類を指すのに造られた．この単語は"恐ろしいトカゲ"を意味するギリシア語の二つの語根を結び付けたものだが，純粋に記述用の言葉であり，ほとんどの専門用語と同じく文字通りに受け取るべきものではない．恐竜類の多くは，生きていたとき恐ろしい動物だったことは確かだが，かれらはトカゲ類ではなかったし，極めて広い意味ではともかくトカゲ類との類縁もなかった．古生物に関する科学の黎明期には恐竜類（Dinosauria）は爬虫類の一つの自然群だと見られていたが，大昔に絶滅したこれらの動物たちの知見が広がるにつれて，専門家の大半は，この用語には二つの別の目が含まれると結論するようになった．そのため，現代では「恐竜」という言葉は便宜上の呼び名であり，必ずしも系統学上の用語ではない．
　恐竜の二つの目は「竜盤目（りゅうばん）」と「鳥盤目（ちょうばん）」で，これらの名は恐竜類の進化において基本的な意味をもつ骨盤の形態に基づいている．竜盤目では，骨盤の恥骨は腸骨および座骨（それぞれ骨盤の背側および後腹側の骨）との連結点から前下方へ伸び広がる．鳥盤目では，恥骨は後ろへ回転し，後方へ伸びる座骨の腹側でそれと並行する位置をとる（図14-1）．むろんこのほかにも，恐竜の二つの目を識別するのに利用されるような特色が幾つもある．例えば，竜盤目はふつう顎骨の最前部まで歯を備えるが，鳥盤目はそれほど歯をもたず，代わりに角質のくちばしか板を備えることが多い．
　恐竜の二つの目はそれぞれ，かれらのなかで起こった進化的分岐を物語るいくつかの亜目に分けることができる．それらの亜目をここで列挙しておくのがよさそうだ〔巻末の分類表を参照〕．

竜　盤　目
　スタウリコサウルス亜目：おそらく最も早期かつ最も原始的だった竜盤類．肉食動物であり，相対的に大きな頭骨，原始的な竜盤類型の骨盤，および二足の歩行様式をもっていた．三畳紀後期の前期に生存．
　獣脚亜目：肉食性でありつづけた竜盤類．かれらの進化史全体を通じて二足歩行性を維持した．三畳紀後期－白亜紀．
　竜脚形亜目：草食性の竜盤類で，大多数は巨大型で四足歩行性だった．恐竜類のなかで最大だったもの．三畳紀後期－白亜紀．

鳥　盤　目
　鳥脚亜目：鳥盤類のなかで最も原始的だったヘテロドントサウルス類やファブロサウルス類，高度に特殊化したトラコドン類（いわゆるカモハシ恐竜；頭骨の前部と顎骨が広がって扁平なくちばしになっていた半水生の大形草食動物）などを含む．鳥脚類の大半は二足歩行性だったが，それらの多くは四足歩行にも使える強い前肢をもっていた．三畳紀後期－白亜紀．

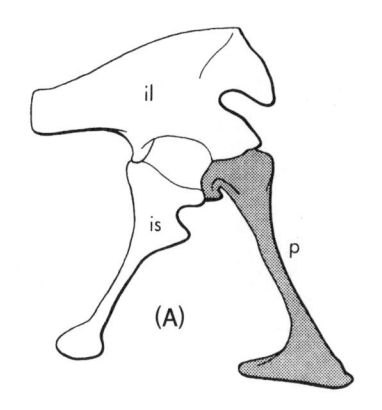

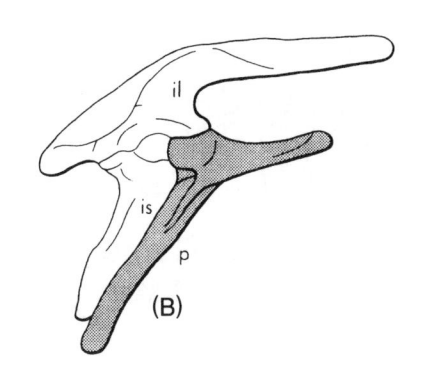

図 14-1 恐竜類の二つの目における骨盤．(A)*Allosaurus* がもつ竜盤類型の骨盤——恥骨[p]が前方へ向いている．(B)*Stegosaurus* がもつ鳥盤類型の骨盤——恥骨[p]が腸骨[is]と並行している．両図とも，右側が前方にあたる．略号については viii ページを参照．

パキケファロサウルス亜目：小形ないし大形の二足歩行性の草食動物群．頭骨背面が異常に分厚く，頑丈な骨のドームをなすものが多かった．歯牙系は単純だった．白亜紀．

ステゴサウルス〔剣竜〕亜目：どっしりした四足歩行性の草食動物群．おそらく湖沼や河川から離れた"おか"の上での生活に適応していたもの．どの種類でも後肢はかならず前肢よりずっと長くて太く，頭骨は小さかった．骨性の板，棘，角質鱗などが胴と尾の表面に皮甲〔真皮性〕の装甲やコブを形成していた．生存は主としてジュラ紀で，白亜紀前期まで．

アンキロサウルス〔曲竜〕亜目：どっしりした四足歩行性の草食動物群．適応構造ではステゴサウルス類に似ていたが，胴と尾の背面と側面を完全に覆う分厚い骨板できわめて強固に装甲されていた．白亜紀．

角竜亜目：四足歩行性の草食動物で，前肢と後肢がほぼ同程度に発達していた．頭蓋は，とくに後部の要素が拡大し，肩の上をおおう大きな縁飾りのようになっていたため，非常に大きかった．頭骨の前部はオウムのくちばしのように幅が狭くて丈が高く，一般に鼻の上か両眼の上，またはその両方に角が生えていた．白亜紀後期．

多様な恐竜類から例を幾つか選んで，図 14-2 と図 14-3 に示しておく．

最早期の竜盤類

科学的に知られている最早期の恐竜類は，ブラジルとアルゼンチンで時代的には三畳紀中期ないし後期の堆積物から見いだされる．これらの恐竜（本書ではスタウリコサウルス亜目に入れておく）の好例はブラジルで出る *Staurikosaurus* 属で，この種類では頭骨が体のサイズに比べて確かに非常に大きく（知られているのは下顎だけだが，後肢の大腿骨と同じほどの長さがある），顎骨は突き刺し型の鋭い歯を装備していた．この比較的小形の竜盤目恐竜では脛骨が大腿骨より長く，中空の四肢骨は姿勢が完全に二足歩行性だったことを示している．体長が 2 m ほどの *Staurikosaurus* は明らかに活発な捕食動物だったのであり，中生代を通じてさまざまな獣脚亜目竜盤類に受け継がれることになる生活パタンを確立していた．

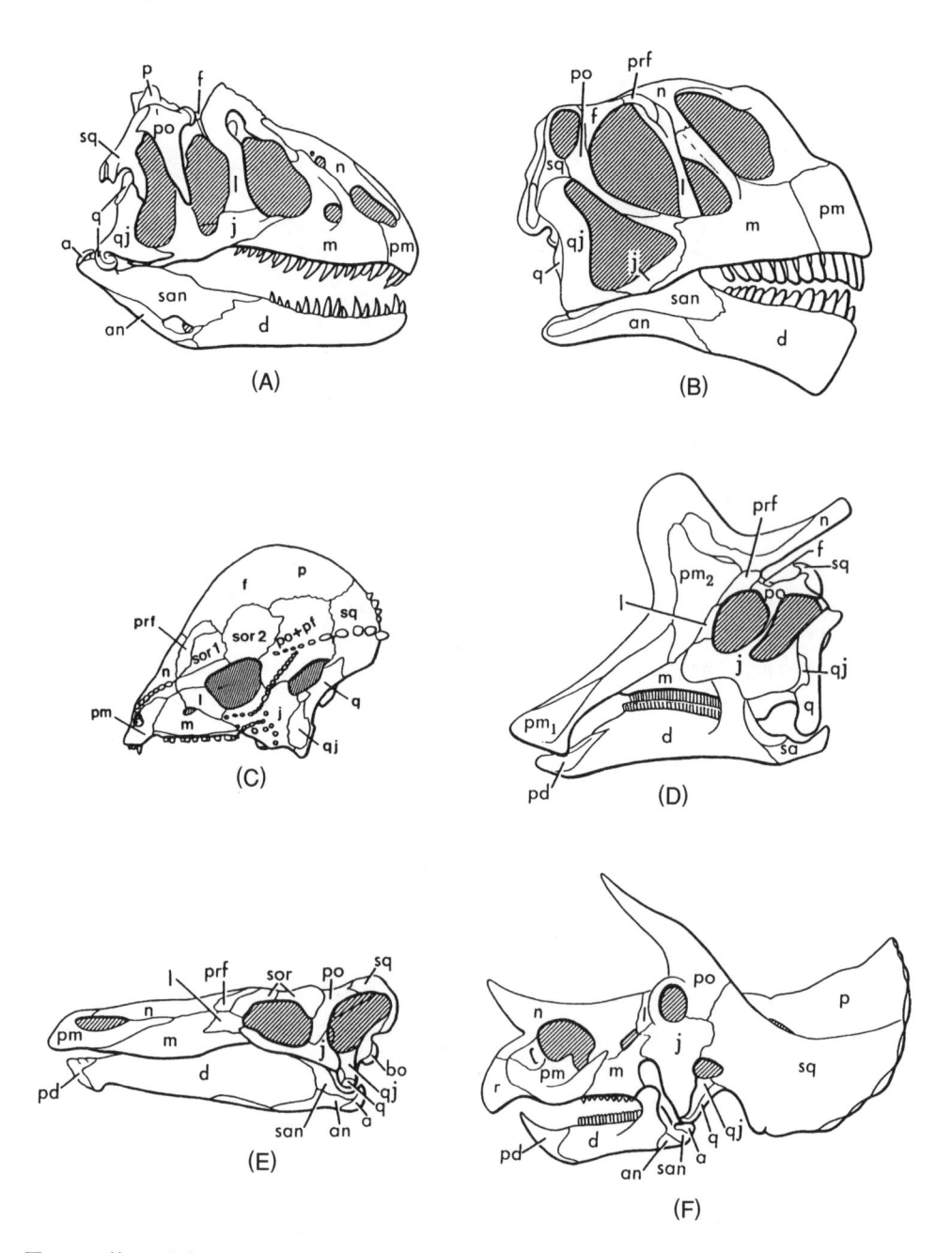

図 14-2 種々の恐竜類の頭骨．(A, B)竜盤類と (C-F)鳥盤類．(A)大形の肉食性獣脚類 *Allosaurus*, 頭蓋長約 69 cm．(B)巨大な草食性竜脚類 *Camarasaurus*, 頭蓋長約 30 cm．(C)ドーム形頭蓋をもつパキケファロサウルス類 *Prenocephale*, 頭蓋長約 24 cm．(D)とさか状突起をもつ鳥脚類 *Lambeosaurus*, 頭蓋長約 81 cm．(E)ステゴサウルス類 *Stegosaurus*, 頭蓋長約 41 cm．(F)角竜類 *Triceratops*, 頭蓋長は縁飾りを含めて約 173 cm．略号については viii ページを参照．

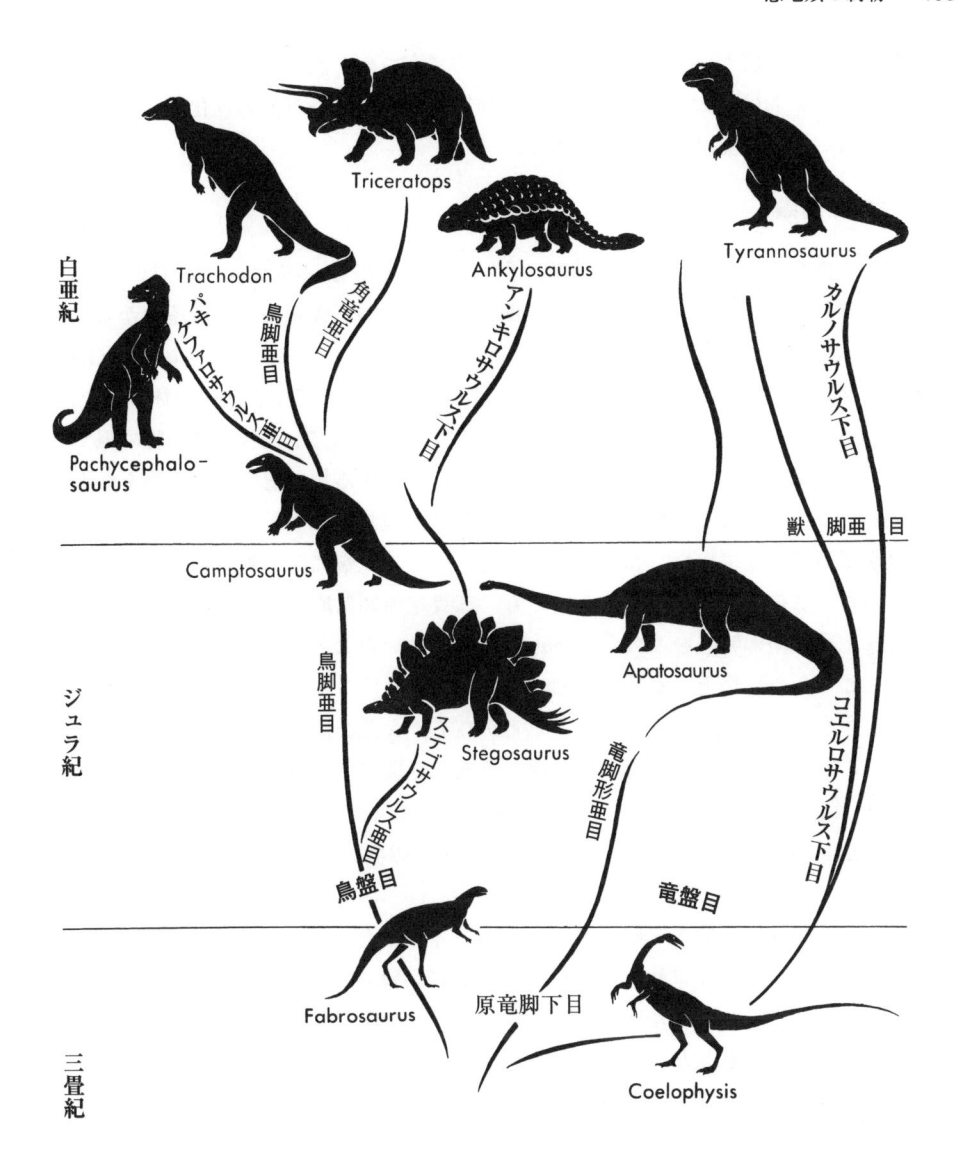

図 14-3　恐竜類の系統樹.（ロイス M. ダーリング画）

　他方，アルゼンチンの三畳紀の堆積物——*Staurikosaurus* が見いだされる地層にほぼ対応するもの——から出る *Herrerasaurus* は，いろいろな点でブラジルの恐竜と似ている．が，両者のなかでは *Herrerasaurus* のほうが大きくて体長約 4 m あり，したがって相対的に一層頑丈な骨格をもっている．この動物は大きな頭をもつ二足歩行性の恐竜だった．また，足首の 2 個の骨（距骨と踵骨）がそれぞれ下腿の 2 本の骨（脛骨と腓骨）と合体した強力な後肢をもっていたが，これは極めて特徴的な恐竜型の様相である．さらに，*Herrerasaurus* の骨盤は *Staurikosaurus* の非常に重要な同じ骨複合体との類似点をいくつも示している．両者とも，腸骨は祖先の槽歯類からの受け継ぎとして短くて丈が高かった一方，板状をな

す恥骨は遠位方へ広がっていた．前肢は相対的に小さかった．おそらく *Herrerasaurus* は，竜盤目恐竜類における大サイズに向かう最初期の傾向——恐竜類の進化過程できわめて顕著になるもの——を見せていたのである．

肉食性の獣脚類

最早期の肉食性の獣脚亜目恐竜類は，北アメリカで出る *Coelophysis* 属（図14-4）で適切に代表される．これは近年，ニューメキシコ州北部の三畳紀後期の堆積物から発見された，保存状態が異例に好い見事な骨格化石から知られるようになったものだ．*Coelophysis* は体長約2.4 mの動物で，体格がきゃしゃ（骨は中空）なので生存時には体重はたぶん20 kgを超えなかっただろう．この爬虫類は厳密に二足歩行性で，後肢は鳥の脚に似て力強く，歩くのによく適応していた．運動性のよさそうな手のある短い前肢は，食物をつかんだり引き裂いたりするのに有用だったに違いない．腰の辺りでからだ全体の均衡がとられ，細長い尾が後ろへ伸びていた．頚部はかなり長く，その先端に鋭い歯をもつ繊細な構造の頭骨があった．このように列挙しただけでも，三畳紀前期に原始的な槽歯類に確立していた基本的な主竜類型の特色をこの *Coelophysis* が受け継いだことが明らかである．

しかしこうした特徴とは別に，*Coelophysis* を獣脚亜目の恐竜たらしめた構造上の変形があった．すなわち，頭蓋は前後に長くて丈が高く，大きな側頭窓と眼窩前窓をもち，これらの点でこの動物は後代に獣脚亜目恐竜の顕著な特徴になる様相を現していた．また顎骨では，鋭く鋸歯状をなす側扁した歯が深い歯槽に植わっていた．こうした形の歯は，*Coelophysis* が強度の肉食性で，おそらく小形ないし中形の爬虫類を捕食していたことを暗示している．

他方，恐竜類の類縁関係を解明するための基本的な手がかりになる骨盤は，*Coelophysis* では，前述したスタウリコサウルス亜目恐竜類におけるよりも進歩している．*Coelophysis* では，腸骨が前後左右に拡大し，数個の椎骨にわたる長い仙骨付着部があった．左右各側で，腸骨から恥骨が前下方へ伸び，座骨が後下方へ広がっていた．これらの骨はともに長く（恥骨は特に長い），それらと腸骨の連結は不動性の付着部によるのではなく，骨の多くの小突起によっていた．それで，寛骨臼——大腿骨の球状の頭部を受け入れる丸い穴——は骨の内外に突き抜けていて，もっと原始的な槽歯類でのように内側で閉じた窪みではなかった．*Coelophysis* はおそらく，獣脚亜目恐竜類，すなわち乾燥した"おか"での生活に適した爬虫類の基本的な適応形態を表している．そうした地域では，速く走って敏活に行動する能力が，食物の小動物を捕えるだけでなく天敵から逃れるためにも最高に重要だった．このような種類から始まり，後代におびただしい恐竜類が系統発生的な発展をとげるのである．

おおよそこのような種類を祖先として，獣脚類は4群の適応系統にそって進化した（図14-5）．第1に，コエルロサウルス類〔上目〕というグループは終始小形にとどまり，体はほぼ全体的に祖先形の原始的様相を維持した．もちろん上記の *Coelophysis* はそうした動物だったし，ジュラ紀後期に生存した体長約1.5-2 mの小さなコエルロサウルス類，*Orni-*

恐竜類の制覇 195

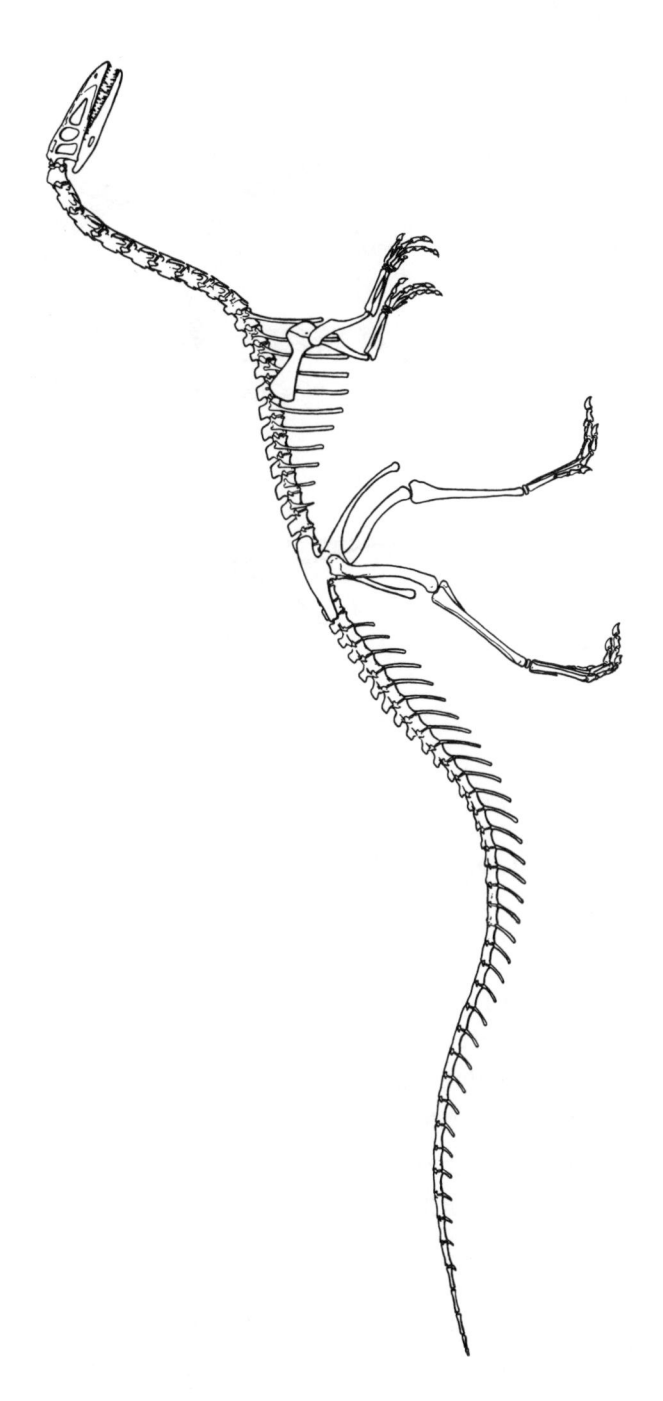

図 14-4 *Coelophysis* の骨格．北アメリカで出る三畳紀後期の獣脚類．全般に原始的な早期のコエルロサウルス下目恐竜の構造を示す．

図14-5 獣脚亜目の恐竜類．縮尺は同じ．大形カルノサウルス類の *Allosaurus* は体長約 9.1 m．*Ornitholestes*（体長約 1.8 m）と *Ornithomimus*（体長約 2.4 m）は軽快な疾走性恐竜だった．（ロイス M. ダーリング画）

tholestes もそうだった．上に *Coelophysis* の特徴として述べたことは大体において *Ornitholestes* にも当てはまる．三畳紀にいた先行者に比べて，相変わらず小形だったこの原始的肉食動物に見られるたぶん最も際立った特殊化は，前肢，特に手の部分がいくらか長くなっていた点にあるが，これは他の多くの恐竜類におけるように四足歩行の移動様式へ二次的に復帰したからではなく，物をつかむことの効率を高める適応としてであった．手が長くなったばかりでなく，第4指と第5指が退化消失したため，手は非常に長くてしなやかそうな，鋭い鉤爪を備えた3本の指で成り立っていた．このような手は明らかに小動物——おそらく大半は爬虫類で一部は昆虫類——を捕えるのによく適していたのに違いない．また *Ornitholestes* の歯は，この活発な小形恐竜があらゆる種類の小動物を食べていたことを確かに物語っている．おそらくこの動物はジュラ紀後期の森林の下生えのなかに出没し，その軽快さのゆえに首尾よく狩りをすることができたのだろう．

　獣脚類の適応系統の一つの変異型はこの亜目の第2の分枝で，オルニトミムス科とよば

れる．このグループは白亜紀に興ったもので，中等度のサイズになったことと，頭蓋に顕著な特殊化が生じたことに特徴があった．大形のダチョウほどのサイズできゃしゃな体格をした白亜紀後期の Ornithomimus 属がこの適応傾向の好例である．Ornithomimus は非常に長くてほっそりした後肢と鳥の足にそっくりの足をもっており，これらはこの種類が現生のダチョウとよく似た，高速で走る動物だったらしいことを示している．やや大きい前肢は，コエルロサウルス類に属した親類 Ornitholestes のそれより相対的にさらに長く，同じように把握型の指が3本だけある手をもっていた．Ornithomimus の最も際立った特殊化は頭骨，くねくねと細長い頸部に支えられ，相対的に非常に小さく，歯をまったく備えない頭骨にある．顎骨は特殊化し，ダチョウのそれによく似たくちばしになっていた．実際，構造のいろいろな面でこの恐竜とダチョウとの対比は実に印象的なので，これは"ダチョウ恐竜"と呼ばれることもあるのだが，むろんそのことは，Ornithomimus が，現生の飛べない大形鳥類が近似する結果になったような生活をしていたことを物語るにすぎない．おそらくこの動物は，雑多な食物――小形爬虫類，昆虫類，果実，そのほか，捕えて手にすることのできる食物はなんでも――を食べていたのだろう．この恐竜はかすかにでも危険を感ずるとすばやく逃げ去って生きのび，後日また摂食のために出てきたのだろう．そのようにして，この仲間は白亜紀の末まで生き残ったのである．

オルニトミムス類にはサイズに関して大幅な変異があった．数年前，ある巨大な種類の前肢がモンゴルの白亜紀の堆積物から発見されたことがある．中国で発見されたもっと小さい種類は，食性が肉食から草食へ切り換わった証拠を示している．この恐竜の腹部にはわざと呑み込んだと思われる円みをおびた小石が見いだされている．"胃石"とよばれるこうした小石は多くの鳥類の砂嚢（強力な筋肉質の胃）の中に取り込まれているもので，そこでは小石がたがいに擦り合わされ，植物の種実や硬い繊維質の消化を助ける．胃石はミネラル栄養素の供給源にもなるが，おもな機能は挽き臼としての働きにある．胃石は現在，ある巨大な竜脚類やドロメオサウルス科〔獣脚類〕の Caudipteryx をふくむ少なくとも3種の恐竜で存在が知られている．

獣脚類の第3の進化系統，カルノサウルス類〔下目〕は，コエルロサウルス類やまだ述べていない他の系統から隔たったグループであり，ジュラ紀後期-白亜紀にその頂点に達する．ここではまず巨大サイズに向かう傾向が生じた．カルノサウルス類の典型はジュラ紀後期の Allosaurus，白亜紀の Albertosaurus や Tyrannosaurus などの諸属で，これらは古今を通じて最大の陸生肉食動物になった．巨大な Tyrannosaurus rex では立ったとき頭頂部までの高さがおよそ5.5 m，体長は11 mほどあり，生存時の体重はおそらく6-8トンもあった．これほどのサイズにもかかわらず，カルノサウルス類は祖先の獣脚類の特徴だった二足歩行の姿勢を持ちつづけた．じつは，二足歩行性はこのグループでいっそう強まったのである．これらの恐竜では後肢はとほうもなく強大かつ重々しくなった一方，前肢と手は異常なまでに退化縮小したからだ．Allosaurus では前肢と鉤爪のある手は，相対的に小さくても摂食の補助器としてまだ使いものになったのだが，Tyrannosaurus では前肢はさほど有用と思えないまでに退化していた．前肢がこれほど退化した以上，捕食，つまり殺し

て食うという働きは頭蓋と顎骨に集中した．そのため，カルノサウルス類の頭骨はとてつもなく巨大化し，前後に長い顎骨は大きな短剣のような歯を装備していた．長い顎骨と大きな歯は，かれらの食物だった大形の獲物を処理するべく効果的に咬みつくことができた．

頭蓋には重さを減らす大きな開口部がいくつもあったため，それは筋肉が付着する枠組みである一群の弓状の骨でできており，そこでは脳頭蓋が相対的に小さかった．このような適応構造があっても，顎骨を動かす強大な筋肉〔咀嚼筋〕を擁する頭部がかなり重かったのは間違いない．この重量のゆえにカルノサウルス類の頸部は短くできており，それによって不都合なテコ作用が避けられていた．

獣脚類の第4の適応系統は近年になって認められたもので，白亜紀に進化したドロマエオサウルス科あるいはデイノニコサウルス下目とされる群である．この群は Dromaeosaurus, Deinonychus, Velociraptor などをふくむ小形ないし中形の獣脚類であり，顕著な特殊化構造に特徴があった（図14-6B）．デイノニコサウルス類は他の獣脚類と同じく二足歩行性だったが，前肢と手が目立って大きかった．頭蓋も大きく，顎骨の縁には短剣のような歯が鋸歯状に植わっていた．これらの恐竜のなかには頭蓋の脳頭蓋が異様に大きい種類があり，そのため，かれらは同時代の他のものより"利口"だったのではないかとも言われている．

これらの恐竜では，後肢，足，尾，皮膚などにいろいろな興味深い特殊化が見られる．Deinonychus では，足部は，大半の獣脚類の特徴だった鳥類型の形態から離れて特殊化し，内側と外側とでかなり非対称になった．これらの恐竜では第2指（他の獣脚類では外側の一指）が著しく大きくなり，半月刀のような巨大な鉤爪を備えていた．第3指と第4指はほぼ同じ大きさで，足の中心線はそれらの間——他の獣脚類のように第3指にそってではなく——を通っていたらしい．刃状の鉤爪をもつ大きな第2指は，その動物が歩いたり走ったりする際には地面より高い位置に揚がっていたようだ．明らかにそれは，高度に特殊化した攻撃にも防衛にもはたらく武器——場所移動のための装置の一部ではなく——だったのである．

Deinonychus の外観にもう一つ風変わりな様相を加えていたのは尾の構造で，これはそのほぼ全長にわたり（腰の仙椎との連結の少し後ろから始まって），各椎骨〔尾椎〕の関節突起から細長い棒状の骨が後方へ伸びていたため硬直していたのである（図14-6B）．各棒状骨が8-10個の椎骨にまたがっていたため，それらは累積効果として，各椎骨の左右両側で密集した8本かそれ以上の棒状骨の束になっていた．このことから，尾は前後に長い板か梁——それと胴との関節は骨盤のすぐ後ろにある——のように機能したのに違いない．この硬直した特異な尾は，効率よく体の釣り合いをとる付属器として役立ったのだろうと言われている．

現在ではドロマエオサウルス類は，獣脚類の進化のなかで鳥類につながった系統と認められている．鳥類とは竜盤目恐竜類がこのように特殊化したものなのであり，分岐論的な配列はどんな仕方でもその事実を反映するはずである．少なくとも数種のドロマエオサウルス類が共有する鳥類型の一つの形質は羽毛をもつことで，1998年に中国東北部の義県累

層〔遼寧省錦州市〕——当初考えられたようにジュラ紀後期ではなく今では白亜紀前期とされる地層——から出た別個の3属で発見された．現在，羽毛は白亜紀前期の少なくとも4属がもっていたことが知られており，おそらく熱の遮断に役立っていたと思われ，飛ぶことのできない羽毛をもつ恐竜類がすでに温血〔内温〕性だったことを示している．こうした羽毛をもつ恐竜の一つ，*Caudipteryx* は胃の中に胃石を抱いていた．

白亜紀にはドロマエオサウルス類がかなり広く分布していたことが，いま明らかになりつつある．かれらの遺物が北アメリカとモンゴルで見つかっているからだ．ごく近年になってこうした奇異な恐竜が発見されたことは，古生物学の世界では新しいものが絶えず見つかっているということのもう一つの実例である．

三畳紀の原竜脚類

竜脚目恐竜類の第3の亜目は竜脚形類で，原竜脚類と竜脚類という二つの下目を含む．原竜脚類は三畳紀後期−ジュラ紀前期に限られたグループであり，竜盤類の最早期の一群だった．そして，三畳系上部の下層から，あるいは三畳系中部の上層からさえ現れることをみても，かれらはかなりの幅にわたる適応放散を起こしていた．進化的放散の系統の始めにあった動物の大半と同じく，このグループの最初期のメンバーは相対的に小サイズだった．が，原竜脚類には巨大化する強い傾向が生じ，その結果かれらは三畳紀の恐竜類では最大となり，いくつかの属は体長が6mかそれ以上にも達した．

ドイツ南部の三畳紀の地層から出る *Plateosaurus* は原竜脚類の特徴をよく表すメンバーだった．この属はかなりのサイズの竜脚類で，その体重をささえる非常にどっしりとした後肢をもっていた．この恐竜は主として四足歩行性の種類だったのだが，前肢は比較的大きく，多少は場所移動にも使われたらしい．頭蓋は小さかった．歯は平たく，肉を食うのではなく明らかに植物質を切り刻むのに適していた．さらに加えるべきことは，*Plateosaurus* では頸部と尾がともに長かったこと，骨盤の腸骨は原始的な形で，短くて丈が高かったこと（獣脚類の腸骨とは全く違って），恥骨は板状だったこと，後足は鳥類のようではなく，がっしりして機能をもつ4本の指を備えていたことなどである．おそらく，原竜脚類のほとんどは（*Plateosaurus* のような）かなり不格好な草食動物だったのだが，いくつかの群は重々しい肉食動物だったようである．これらの恐竜は竜盤類の進化過程で子孫の少ない短い一分枝を成したらしいが，なかには，結果的にジュラ紀−白亜紀の超大形の竜脚類の祖先になったものがいたという証拠がある．

超大形の竜脚類

竜盤類のなかで原竜脚類のいくつかの種類に兆しが現れていた進化傾向は，ジュラ紀に *Apatosaurus*（図14-6A），*Diplodocus*，*Brachiosaurus* などを代表とする大形の竜脚下目恐竜類において頂点に達し，これは白亜紀全体を通じて同様の竜脚類に持ちつづけられた．体長は17−24m，生存時の体重はおそらく72トンという最大サイズに到達した恐竜類がそれである．これらは古今を通じて最大の陸生動物だったが，現生のクジラ類にはサイズで

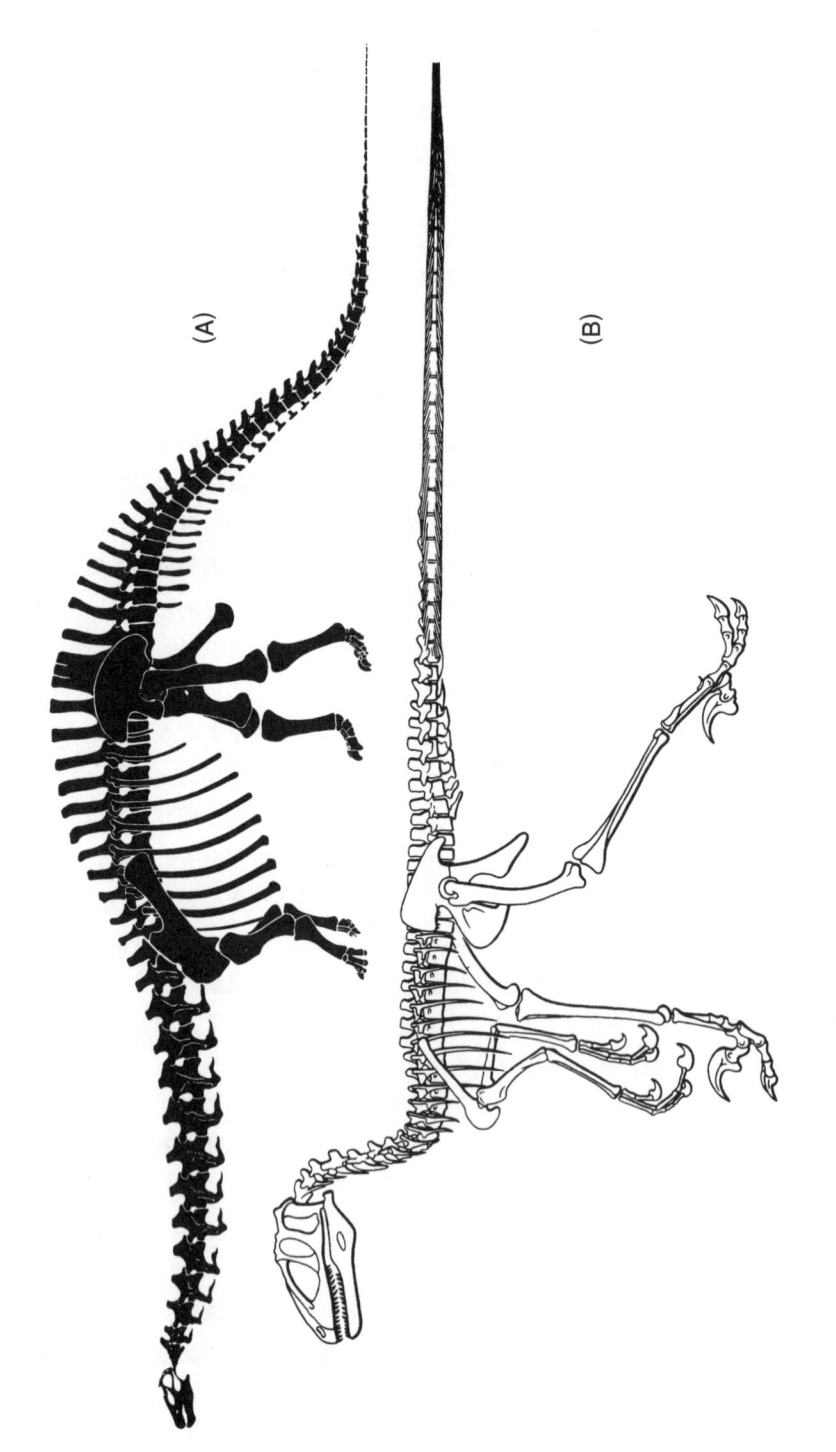

図14-6 大きく違う適応構造をしめす竜盤目恐竜類。(A) *Apatosaurus* (*Brontosaurus*), 北アメリカのジュラ紀後期の堆積物から出る超大形の竜脚類。体長約21 m。(B) *Deinonychus*, 白亜紀前期の肉食性獣脚類。体長約 2.4–3.0 m。手の部分が大きいことと、後方で細長い棒状骨のため硬直した、真っすぐな尾骨に注意。奇妙に特殊化した足部では、巨大な鉤爪をもつ大きな第2指に注意。これは強力な武器だったが、歩いたり走ったりするときには上方へ引き上げられた。

かれらをはるかに上まわる種類がいることを考え合わせねばならない．竜脚下目の超大形恐竜類は，骨，筋肉，靱帯などの物理的限界のゆえに，陸生動物が到達しうる最大サイズを表していた可能性が大きい．

　竜脚類の動物は実質的にたがいに似ていて，差異はサイズと，骨格（特に頭蓋）の細部の比率の違いにあった．かれらは巨大動物になっていたため，みな完全に四足歩行性であった．かれらの図体（ずうたい）が二足歩行の姿勢を許すには大きすぎたからだが，なかには，木々の高い所にある葉を食べるときに，重々しい尾を支柱にして後肢で立つことのできる種類もいたと考えられる理由もある．それでも，ほとんどの竜脚類では前肢は後肢よりかなり小さく，かれらの祖先が二足歩行性だったことを思い出させる．四肢はみな異常に重々しく，骨は緻密かつ充実性で，途方もない体重をしっかり支えるものになっていた．

　足部は幅が非常に広く，足跡化石が示すところでは，ゾウ類の足にあるものに似た大きな足底パッドがあり，一歩ごとの衝撃を吸収して支持と牽引摩擦を与える強大な弾性クッションになっていた．したがって指は短く，すべてが鉤爪を備えていたとは限らない．例えば *Apatosaurus*（かつて *Brontosaurus* とされた属）では，前足の1本の内側指にだけ鉤爪，後足の内側3指にそれぞれ鉤爪があった．テキサス州の白亜紀前期の岩石から発見されたこの巨大竜脚類の幾つかの足跡は，足のサイズ，一歩の長さ，歩行様式などに関するなまなましく劇的な証拠を提供している．

　骨盤は，体重が何十トンもあった恐竜にふさわしく，強力な支えと筋肉の付着に堪えるものとしてとてつもない構造物だったし，肩甲骨板も同様に非常に長くて重いものだった．椎骨は特に頸部と背中で大きく，あまり重くならずに強度とサイズを確保する適応として，それらは椎体と神経弓の両側面に深いくぼみをもち，こうして不必要な所で骨質を減らしつつ同時に関節面の拡大に備えていたのである．こうした椎骨は，両側の関節突起の間に，脊柱を補強する副次的な関節があることによって識別される．頸部も尾も非常に長く，椎骨には強大な筋肉が付着するのに大きな面積を与える巨大な棘突起（きょく）が立っていた．

　頭蓋は相対的に小さかった．多くの竜脚類では，頭部の頂だけ水面に出して呼吸をするための適応として鼻孔は頭頂部の辺りに開いていたが，他方，歯は一般に顎骨の前部だけに限られていた．*Diplodocus* のような竜脚類では，歯はこれほど大きな動物としては驚くほど弱小で，直径が鉛筆ほどもない杭状（くい）のものだった．他の竜脚類，例えば *Camarasaurus* では，歯は木の葉かヘラのような形をしていた．

　以上のような描写は竜脚類のほとんどの種類に当てはまるもので，多分，みずみずしく軟らかい植物質を常食にしていた巨大サイズの草食性恐竜類を物語っている．かれらの相対的に小さい顎骨と弱々しい歯は，強靱な植物質を常食にする動物には不適当のようにみえるが，竜脚類の少なくともある1種の胃の辺りに胃石が見いだされており，こうした小石の存在が，鳥類の砂嚢の作用と同じように強固な植物性食物を擦りつぶすのを助けたのかもしれない．また，ある種の竜脚類は，ときには陸水生の軟体動物をも食物にしていたかもしれないと言われている．これほど小さい口が，これほど大きな動物を生活させるのに十分な食物をどうして取り入れることができたのか実に不思議なことだが，これらの爬

虫類の代謝速度は比較的低かっただろうことを念頭に置かねばならない．そのことのために，かれらの食物必要量は我々がいま知っている大形哺乳類，例えばゾウなどに比べれば，おそらく少なかったのである．

　竜脚類の動物は湿地や河川湖沼にしばしば出没し，沿岸や水中でその地域の植生をだいたい常食にしていたのだと思われる．そして，こうした水域は竜脚類の摂食場所だっただけではなく，天敵からの隠れ場所でもあったのだ．竜脚類は *Allosaurus* やその近縁種類のような巨大な獣脚類に脅かされたり襲われたりすると，大形獣脚類が追ってくることのできない水中へ避難し，そこでかれらはザブザブ徒渉したり，頭だけ水面上に出して泳いだりしたのかもしれない．また竜脚類のなかには，いっそう自己防衛をもとめて群れをなして移動する種類があったのかもしれない．少なくとも一つの産出場所で，底泥に残された多数の足跡からなる竜脚類の"けもの道"から，かれらが最大の個体を群れの先頭にして列をつくって移動したことが知られており，これは現生のゾウ類の行動に似ている．

　竜脚類の適応構造はきわめて上首尾だった．なぜなら，これらの恐竜は中生代の末まで存続し，地球上のすべての大陸地域に広く分布するようになったからである．

最早期の鳥盤類

　竜盤目恐竜類は三畳紀後期の間に世界中によく地歩を固めていたけれども，鳥盤目の恐竜類はジュラ紀の初めごろにようやく同じように広がったらしい．鳥盤類の証拠物は三畳紀後期の堆積物にも散在しているが，近年の発見によれば，鳥盤類の始まりを示すよく解明された最早期の記録は，一般にジュラ紀初頭とみられる岩石から出ることが明らかである．こうした堆積物から幾つかの属，とくにアフリカの *Fabrosaurus* や *Heterodontosaurus*（図14-7，14-8），北アメリカの *Scutellosaurus* が発見されており，保存状態のよい骨格から鳥盤類の始まりに関するかなりはっきりした展望が得られる．

　これらの特定の属は，地球史のこの時期までに鳥盤類特有の基本的形質がよく確立していたことを明らかに示している．鳥盤目恐竜類では，骨盤の恥骨が後ろ向きになったため座骨と並行する位置をとっていた（図14-1B）．恥骨と座骨の接近は鳥類での同じ骨の配列と似ており，そのことから"鳥のような骨盤"を意味する鳥盤目という名が付いているのだ．鳥盤類の多くの種類では腸骨が前へも後ろへも大きく拡大しており，恥骨前部に大きな突起すなわち前恥骨があって前方で腸骨前部の下まで達していた．そのため，骨盤を側面から見ると4方放射した形である．4個の突出部（角）はそれぞれ，腸骨の前と後ろの伸長部，前恥骨，および密着した座骨・恥骨でできていた．

　鳥盤類はふつう上下とも顎骨の前部で歯を失っており，頭骨と顎骨のこの部分は一種のくちばしのような形になっていた．この仲間の恐竜の大半にはまた，下顎の前部に新しい1個の骨要素"前歯骨"があり，この切断型くちばしの前下部を形成していた（図14-2：C-F）．顎骨の両側部分だけにあった歯〔奥歯〕は，植物質を刻んで嚙むのに著しく特殊化している場合が多かった．鳥盤類はすべて草食性だったからだ．一般的に鳥盤類は，竜盤類の多くがそうだったように，完全な二足歩行性だったのではない．かれらの大半はそ

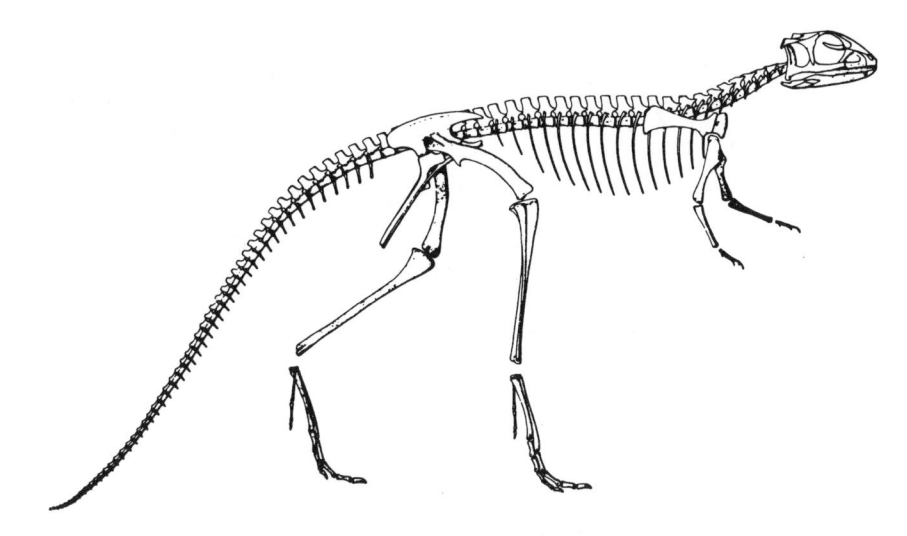

図14-7 *Fabrosaurus* の骨格．南アフリカの三畳系上部から出る鳥脚類で，鳥盤目の最早期かつ最原始的な種類の一つ．全長約1m．

の歴史の初期段階で四足歩行の姿勢へ二次的に戻っていたのである．もっとも，後肢は前肢より長かった．足指の先端には，鉤爪ではなく平爪か蹄があった．鳥盤類について知られている歴史は竜盤類よりずっと多彩で，かれらの適応構造の範囲はいっそう広かった．

鳥盤目恐竜類の最早期のものは鳥脚亜目——鳥盤目の歴史の全範囲におよぶグループ——に属する．これらの祖先形の属は，鳥脚亜目の中のヒプシロフォドン科という小さいグループにまとめられている．早期ヒプシロフォドン類の外形はどうだったかと言えば，祖先形つまり原始的な属に予期されるとおり，すべてサイズが小さかった．*Fabrosaurus* 属は二足歩行性の恐竜で，ほっそりした後肢，相対的に小さい前肢と手をそなえていた．頭骨は短くてかなり丈が高く，頰歯〔奥歯〕は平たくて三角形で，鋸歯状の切縁をもっていた．これは後代の鳥盤目恐竜類の高度に進化した歯牙状態につながる歯の形態である．前眼窩窓——竜盤目恐竜類では一般に非常に大きかったもの——は *Fabrosaurus* ではごく小さく，鳥盤類の特色である小さな，あるいは閉じた前眼窩窓に先行するものだった．

他方，*Heterodontosaurus* は各骨がよくつながった2体の全身骨格で知られており，この早期の鳥脚類について詳しい情報を提供している．この恐竜では，長さ約10cmの頭蓋は典型的な鳥脚類型で，顎関節は低い位置にあり，下顎の前部には独立だが歯のない前歯骨があり（鳥盤目恐竜の最も目につく様相の一つ），そして顎骨の両側〔奥〕にかなり特殊化した小さい歯（明らかに植物性食物を切り刻むのに適したもの）が並んでいた．驚くべきことに，下顎の前部に大きな"犬歯"が1本あった．また頭部以外の骨格では，とりわけ典型的な鳥盤類型の骨盤——恥骨が座骨と並行して近接する——に特色があった．この動物は完全な二足歩行性で，長い後肢をもっていた．前肢は頑丈そうで，鉤爪のある手は大きく，確かに物をつかむのに適していた．なお，この恐竜は鳥盤竜進化の初期の一分枝を表していたようであり，後代の鳥脚亜目のどの恐竜の祖先でもなかったらしい．

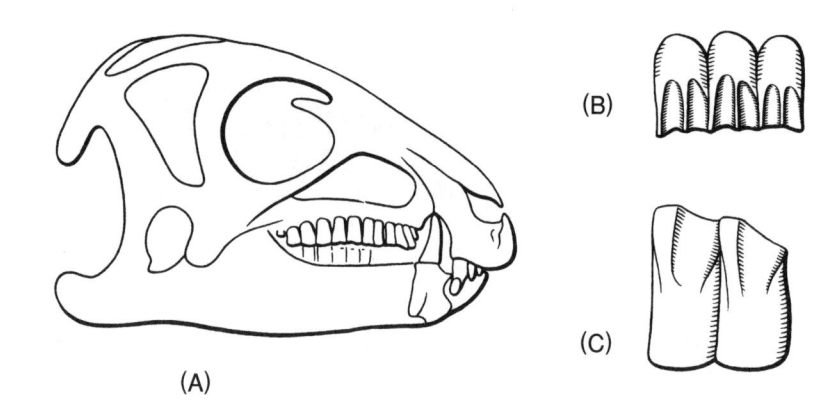

図14-8 *Heterodontosaurus*. 南アフリカの三畳系上部から出る鳥脚類で，知られるかぎり最早期の鳥盤目の一つ．(A)右側から見た頭蓋と下顎．前上顎骨の歯（大半の鳥盤類に無いもの），下顎前部にある前歯骨，下顎の大きな"犬歯"，植物食に適した歯冠の平らな頬歯などに注意．(B)外側から見た3本の上顎頬歯の拡大図．(C)外側から見た2本の下顎頬歯の拡大図．

やはり最早期の鳥盤目恐竜の一つだった *Scutellosaurus* は，胴を覆っていた豊かな装甲板のゆえにとりわけ注目に値する．装甲板の幾つかは，ジュラ紀の鳥脚類の一つ，*Stegosaurus* の背中に並び立っていた骨板のミニ版のように見える．このため，*Scutellosaurus* は早期のステゴサウルス〔剣竜〕類だったのかもしれないとも言われている．*Scutellosaurus* の装甲板には，アンキロサウルス〔曲竜〕類——装甲を備えた白亜紀の恐竜類——のそれと小規模に似ているものもあった．この動物は場所移動の適応では *Fabrosaurus* ほど二足歩行性ではなかった．前肢は相対的に大きく，尾は非常に長く，これは明らかに装甲の重量のせいで重かった胴体に対する平衡錘(おもり)になっていた．*Scutellosaurus* は二次的に四足歩行性になりつつあったように思われ，そうだとすると，中生代のもっと後の装甲を備えた恐竜類で普遍的となる移動方法を先取りしていたことになる．

中生代前期の世界にこれほど多様な鳥盤目恐竜類が生存していたことは，鳥盤類の進化史——こうした雄偉な爬虫類が諸大陸の支配者になるジュラ紀‐白亜紀におけるかれらの歴史——を特徴づける，広範囲の適応放散を前触れするものであった．

鳥脚類の進化

ヨーロッパの白亜紀前期の堆積物から出る小形の鳥脚類 *Hypsilophodon* は，ファブロサウルス類を祖先として由来した保守的な子孫だったようにみえる．この小形恐竜は鳥盤類としては軽快な体格で，長い尾と，後足にはかなり長い足指をもち，この理由で *Hypsilophodon* は木に登る爬虫類だったのかもしれないとも言われているが，この推定は疑わしい．前上顎骨にはまだ歯があり，これはごく少数の鳥盤類にだけ見いだされる特に原始的な形質である．

後代のジュラ紀‐白亜紀の鳥脚亜目恐竜類は，イグアノドン科とハドロサウルス科という二つの群に分けることができる．イグアノドン類を代表するのはジュラ紀後期の堆積物

から出るカンプトサウルス類で,これらは形態上もっと特殊化した鳥脚類が進化する基になった,かなり一般型のタイプを具現するものだった.

Camptosaurus の骨格はよく解明されており,これらは一般型の鳥脚類の代表格と言えるものだった.この動物は小形ないし中形の恐竜で,体長には2-6mの変異があった.強力そうな後肢をもつ基本的に二足歩行性の動物だったが,前肢も十分頑丈だったから必要なときには四肢すべてを使って歩きまわることもできたのだろう.*Camptosaurus* はおそらく,摂食のためゆっくり移動するときには四足歩行の方法をとり,走り去る必要――肉食性の大形恐竜やその他の捕食性爬虫類の襲撃から逃れるときなど――が生じたときには長い後肢だけに頼ったのだろう.全体の体格ではこの原始的鳥脚類は同じサイズの獣脚亜目恐竜よりどっしりした動物であり,とくに脚の速い走り手ではなかったようだ.後足は幅がやや広く,機能をもつ4本の指(第5指は著しく退化)が前へ向いていた.手の指は短く,尖らない平爪を備えており,したがって,手は肉食性恐竜でのように物をつかむのに使われたのではなさそうである.骨盤は前記のような鳥盤類型だった.また,尾は重々しかった.

Camptosaurus は攻撃性のない植食動物だったのであり,そのことは頭骨や歯牙系のいろいろな適応構造に表れている.頭蓋は比較的低く,かなり長かった.側頭窓は大きかったが,前眼窩窓は相対的に小さく,それにより,前述したようなこの特殊な開口部の退化縮小,さらには完全消失にいたる鳥盤類での発展傾向を開始していた.下顎が頭蓋の長さよりいくらか短かったのは,下顎と関節でつながる方形骨が前下方へ伸びていたからだ.方形骨が下方へ広がっていたので,下顎の関節〔顎関節〕は歯列の並びより低いレベルにあり,そのため下顎と頭蓋の関節は中心から外れていた.このことは,口を閉じたときに全ての頬歯を,押しつぶし粉砕機のようにほぼ同時に噛み合わせる――獣脚亜目恐竜の顎骨運動にあった頬歯がハサミのように互いに擦れ違う方式ではなく――という機械的な利点をもっていた.この適応構造は,どの時代でも植食性の脊椎動物にきわめて有用であることが明らかになった.なぜなら,これによって最大量の歯の表面が最小量の時間内に最小量の運動で食物に当たることができるわけで,これは大量の緑色の植物性食物を消化せねばならない動物にとって重要な要素だったからだ.

Camptosaurus では中心から外れた顎関節と関連して,強力な側頭部筋群が付着する烏口突起が下顎の後部に高く突出していた.顎骨の両側〔奥〕には幅の広い木の葉状の歯が並び,食べ物を切り刻む切断器として見事に役立っていたが,顎骨の前部には歯はまったく無かった.頭蓋の前上顎骨は,鼻孔が開く非常に大きな開口部の周りでいくらか幅広くなって平たいくちばしを形成しており,下顎の前部には,上くちばしと咬み合う形になった典型的な前歯骨があった.明らかに植物の葉や茎がこのくちばし(生存時には角質の覆いがあった)で刈り取られ,それから舌で顎骨の両側にあった切断型の歯へ送られ,そこで呑み下しやすい小片に刻まれたのだ.

それよりもっと特殊化したイグアノドン類は,ヨーロッパの白亜紀前期の堆積物から出る *Iguanodon* 属に代表される.たまたま科学的に初めて記述された恐竜だった *Iguanodon*

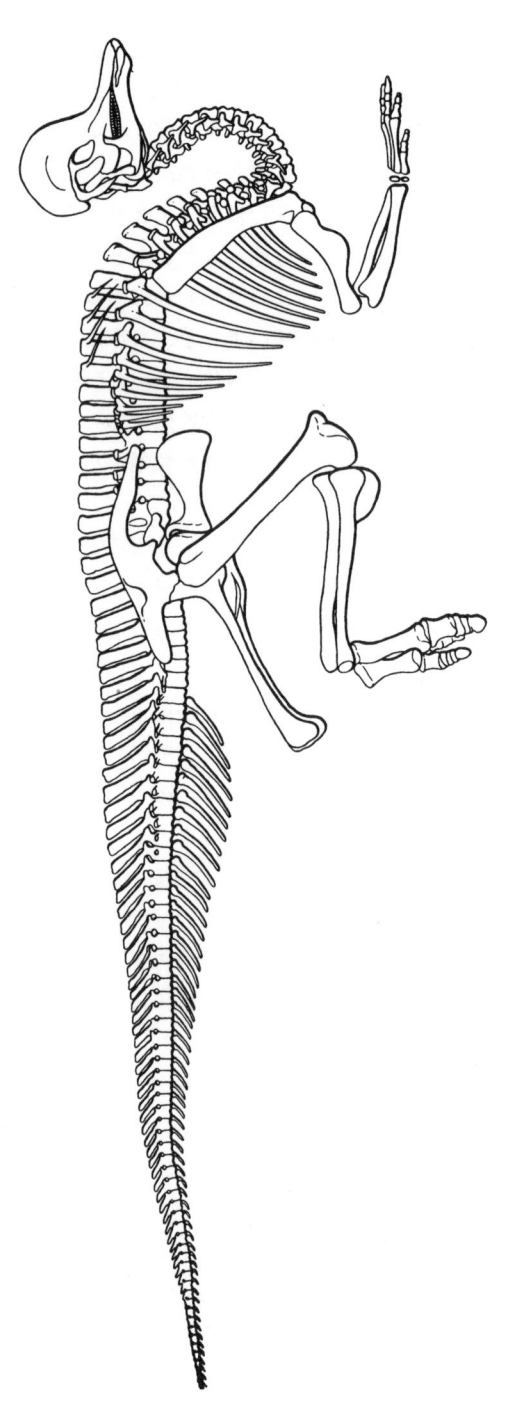

図14-9 北アメリカの白亜系上部から出るハドロサウルス科恐竜 *Corythosaurus* の全身骨格．全長約 9.1 m．典型的な鳥盤類型の骨盤や，頭頂部に盛り上がった巨大な"トサカ"——前顎骨と鼻骨でできた構造物——に注意．

は本質的にカンプトサウルス類を拡大したもので，体長9-10mに達した．この爬虫類では，手の親指〔第一指〕が拡大して尖った釘状のものになっており，防衛のための武器として使われたのかもしれない．

鳥脚亜目恐竜類のうち最も目ざましく，かつ上首尾だったのは白亜紀後期のハドロサウルス科，つまりトラコドン類である（図14-9, 14-10, 14-11）．*Anatosaurus* などを含むハドロサウルス類の大半は，体長が9-12m，生存時体重が数トンという大変なサイズに達した．こうしたサイズにもかかわらず，これらの恐竜類は他の鳥脚類と同じく主として二足歩行性で，後肢は非常に重々しく，足は幅が広かった．が，最も特徴的な適応構造は頭部にあった．

ハドロサウルス類の頭骨は前後に長く，その前部では頭蓋・下顎ともに幅が非常に広くて平たく，カモ〔アヒル〕のくちばしのような形をしていた．このため，かれらは"かもはし恐竜"とよばれることがよくある．顎骨の両側にあった菱形の歯は数が桁はずれに多く，互いに密着して各顎骨の上で堅固な"敷石面"をつくっており，明らかに食物を噛み砕く粉砕器として使われたものだ．上と下に歯が500本かそれ以上も生えている場合もあり，これは食物粉砕の仕組みとして目を見張るような適応構造だった！ 食物を効率よく咀嚼することは体温の高い動物にとって大きな重要性をもっている．そのため，効果的な咀嚼を物語る適応構造は何であれ，恐竜類が温血性だったことを示す証拠として役立てられる．

ハドロサウルス類の多くは，顎骨と歯が異常に特殊化していたことに加えて，頭蓋の鼻領域にあった異様な適応構造で識別される．それらの諸属では，前上顎骨と鼻骨が頭頂部まで後退して位置し，中空のトサカ状隆起を形成していた．例えば *Corythosaurus* では，前上顎骨と鼻骨が頭頂部に高くそびえる古代のヘルメットのようなトサカを形成していた．*Lambeosaurus* では同じ諸骨がナタ状のトサカ，*Parasaurolophus* ではそれらが後頭部よりずっと後ろまで長く伸びる管状のトサカになっていた．これらを解剖してみると，鼻道〔鼻腔〕が外鼻孔から内鼻孔まで，トサカの内部をループをなして通り抜けていたことが分かる．長い鼻道が一定の機能的な意味をもっていたとみるのは至当だろうが，では，こうした構造物のはたらきは何だったのか？

これまで，トサカをもつハドロサウルス類の興味深い長大な適応構造を説明するのに様々な説が唱えられている．例えば，長い鼻道は，その爬虫類の頭部が水没していたときに使う補助的な空気貯蔵所だった，という説があった．が，この説明はあまり説得力をもたない．なぜなら特に，鼻道のループの中に貯えられた空気の量はわずかだったはずだからだ．また，トサカは水が鼻道に入るのを防ぐ空気閉塞装置(エアロック)だったと説明されたことがある．しかし"かもはし恐竜"は，現生のワニ類と同じように，外鼻孔を閉じる括約筋をその周りに備えていたと考えてよい十分な理由がある．トサカとそこに内蔵された鼻道のループを理解する説でたぶん最も妥当らしいのは，それらは(1)鼻粘膜の面積を拡大し，それにより嗅覚を強めていたこと，もしくは(2)発声を強める共鳴室だったこと，である．

ハドロサウルス類が半水生の恐竜だったことを示す証拠が確かにたくさんある．一般に

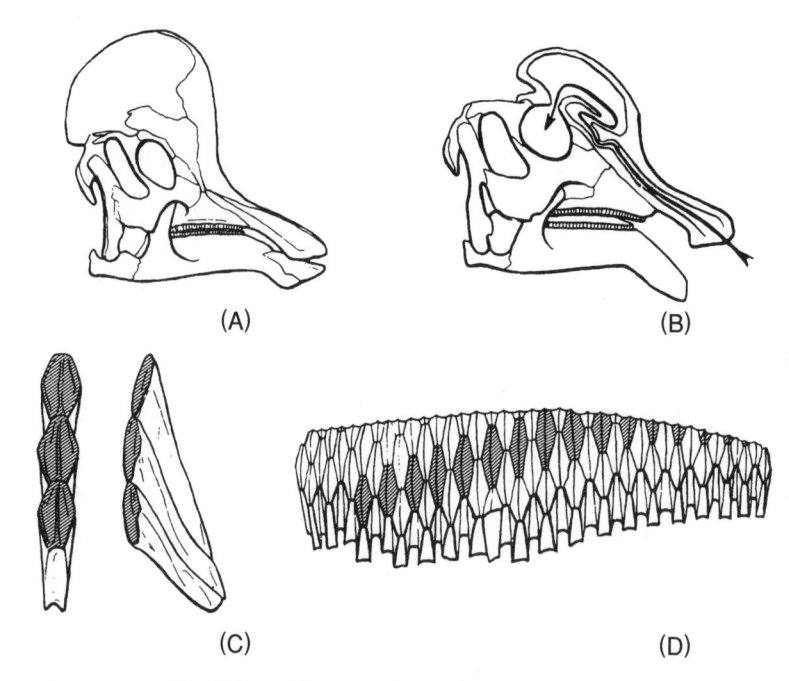

図14-10 ハドロサウルス類の頭蓋，下顎，および歯．(A) *Corythosaurus*（北アメリカの白亜系上部）の頭骨．前上顎骨と鼻骨の広がりが頭頂部に中空のトサカ状隆起を形成する．(B) *Procheneosaurus*（北アメリカの白亜系上部）の頭骨の縦断面．外鼻孔から中空のトサカ状隆起の中を通る空気（矢印）の通路を示す．(C) ハドロサウルス類の3個の下顎歯の側面観（左）と前面観（右）．(D) ハドロサウルス類の下顎歯列．歯の連続性と，磨滅性の強い植物質食物を咀嚼することにより歯が磨耗するにつれて，歯がたえず生えかわる様式をしめす．

　かれらは河川や湖沼，ときには海岸ぞいの浅海でできた堆積物から見いだされている．ハドロサウルス類が埋没したときの条件のため，骨といっしょに化石化した皮膚の印象〔押し型〕が発見されることが珍しくない．実際，幸運な諸条件が組み合わさったために化石化した数個体の"ミイラ"が発見されており，色彩などの細部は別として，トラコドン類がどんな動物だったかを正確に示している．こうした見事な化石から，ハドロサウルス類は手の指の間に皮膜をそなえていたことが明らかになった．皮膜は粗くざらざらして，皮革のようなものだった．背骨には化石化した強靱そうな腱があって脊柱の強度を高めており，他の様相と相まって，これらの動物が尾の強力なスカル〔ともがい〕運動によって水中で泳いでいたことを物語っている．

　いくつもの有力な証拠に基づいて，"かもはし恐竜"の外観や生活様式をくわしく再現してみることができる．かれらはおそらく岸辺に近い浅い水域で徒渉しつつ，水底から水草を採って餌にしていたのだ．これらの恐竜に上記のような驚くべき歯のセットが発達していたことから，専門家のなかには，ハドロサウルス類は少なくとも幾らかは，繊維質の多い強靱な陸生植物を常食にしていたのだろうと推定する人たちもいる．これらの恐竜が陸上で摂食中に危険がせまると，かれらはたぶん水中へとびこんで泳ぎ去ったのだろう，

Corythosaurus

Pachycephalosaurus

Camptosaurus

図 14-11　パキケファロサウルス類の 1 属と鳥脚類の 2 属．縮尺は同じ．*Corythosaurus* は体長約 9.1 m，*Camptosaurus* は体長約 5.4 m．（ロイス M. ダーリング画）

という．このような適応構造のおかげで，かれらは攻撃性の強い超大形の獣脚類が棲んでいた世界でも生き延びることができた．白亜紀後期の諸属における著しい多彩さに表れたハドロサウルス類の繁栄の基はおそらく，多様な環境で生きていく能力にあった．

　ハドロサウルス類の成功にとって格別に重要だったらしい一つの要素は，かれらの高度に発達した繁殖行動だったように思われる．近年モンタナ州で白亜紀後期のハドロサウルス類の一つ *Maiasaura* が発見されたことは，かれらの丁寧に造られた巣だけでなく，ごく小さい個体らの骨格の集まりを明るみに出した．これらはたぶん "育児室"——孵化したばかりの幼い恐竜が成体によって防衛され保護された場所——だったのだろうと解釈されている．そのうえ，卵が整然とした配置——産まれたときの態様のままとは思えないもの——の証拠を示している．つまり，*Maiasaura*（"母トカゲ" を意味する名）は彼女らの巣

の中で卵の世話をし，現生の鳥類が一般にするのと同じようにそれらを"転卵"〔卵内の条件を均等に保つ作業〕していたのである．

上記のような発見が，恐竜類の足跡や歩き跡の詳細な研究とも相まって，これらの太古の爬虫類の行動のさまざまな要素に関する興味深い理解をもたらしつつある．恐竜類が，かれらの進化的成功に確かに寄与したに違いない複雑な行動パタンを現実に発達させていたことを，そうした研究が明らかにしている．

パキケファロサウルス類

パキケファロサウルス類〔亜目〕は俗に"ドーム頭恐竜"とも呼ばれるもので，鳥脚亜目に含められることがよくあるが，おそらく，鳥脚亜目を祖先として由来した鳥盤目内の別の系統，パキケファロサウルス亜目に属すると考えるほうがよい．かれらの代表は白亜紀後期の *Stegoceras* や *Pachycephalosaurus*（図 14-11）で，特徴が実際この亜目のすべてのメンバーに共通する．これらの恐竜——前者はやや小形，後者は大サイズ——では，頭頂部が非常に厚くなり，脳の真上で密度が高く重たい骨でできた巨大な膨隆をつくっていた．この頭蓋の肥厚のため上側頭窓は完全にふさがり，下側頭窓も消失寸前であり，後者では無数の骨こぶが頭蓋の周縁と前部を飾っていた．現在ではほぼ，パキケファロサウルス類の分厚いドーム状の頭蓋はおそらく性闘争の際に"破壊槌（つち）"として——現生オオツノヒツジの雄同士がその太いねじれた角で闘うのと同じように——使われたのだろうと考えられている．

ステゴサウルス類

ステゴサウルス類〔亜目：剣竜類〕というのは，カンプトサウルス類が大きくなり，二次的に四足歩行の移動様式に復帰し，そして背中に特異な骨板，尾の上に大きな棘を発達させたようなもの，と言ってよい．かれらはこれまで知られている鳥盤竜の最早期のものの一群で，ジュラ紀前期の岩石から現れてくる．ジュラ紀後期の堆積物から出る *Stegosaurus*（図 14-12）は体長約 6.1 m かそれ以上の恐竜であり，どっしりとした四肢と短くて幅広い足をもっていた．この爬虫類はいつも四足歩行性だったが，前肢より後肢のほうがずっと大きかったので骨盤の付近が全身で最も高くなっていた．肩の辺りは低かった．頭骨はカンプトサウルス類にそっくりで，非常に小さかった．*Stegosaurus* は，仙椎の辺にある脊髄の膨大部——後肢と尾を支配する多くの神経が集中したところ——よりずっと小さい脳をもっていたことで名高いが，そのことは，この動物が二つの"脳"をもっていたという誤った俗信の基になった．

背中の正中線に沿っては，多数の三角形の骨板が 2 列，左右でどうやら互い違いになって並んでいた．これらの骨板の縁は薄かったが，基部は分厚くて確かに背中に埋まっており，それで板は直立していたのである．生存時にはこれらの板はたぶん角質の外被で覆われていたのだろう．また，尾の後部背面には 2 対 4 本の骨性の長い棘が突っ立っていた．それらの機能は言うまでもない．*Stegosaurus* はそれらを敵対者へ振りまわして打撃を与

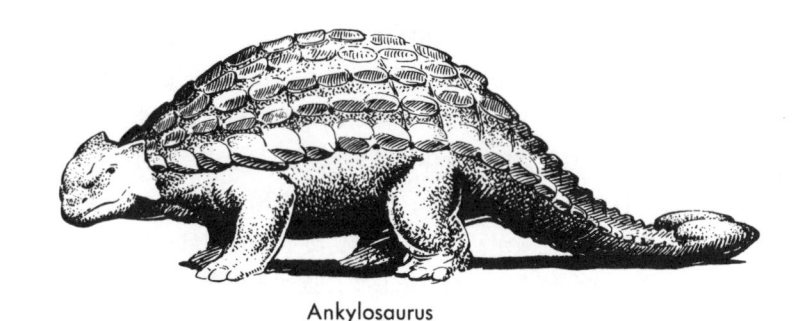

図 14-12　ジュラ紀の背中に骨板を備えた恐竜 Stegosaurus と，白亜紀の装甲を備えた恐竜 Ankylosaurus.体長はいずれも約 6.1 m．〔ともに鳥盤目〕（ロイス M. ダーリング画）

えることができたのだろう．しかし，背中の骨板の機能についてはいろいろな解釈がある．かつて，これらは何らかの防衛の意味をもっていたと考えられていたが，もしそうなら胴の側面などは完全に裸出したままだったわけだ．それとは別に，骨板は種の識別か性の識別に役立ったのだと推定されたこともある．が，近年行われたある風洞実験——骨板の構造の研究と組み合わされた実験——によれば，骨板は体温調節器官，つまり体の熱を放散させる"ひれ"として作用したものらしい．脈管を豊かに含んだ骨板の構造はおそらく，多量の血液を速く流す太い血管を収容していて，それにより骨板を体温調節にきわめて効果的なものにしていたのだろう．ステゴサウルス類は主としてジュラ紀のグループだったが，白亜紀の初めまで生き延び，そののち絶滅した．これは消滅していく恐竜類として 2 番目の大グループであった．

　ここで，鳥盤類の Scelidosaurus のことに簡単に触れておこう．イギリス南部のジュラ紀前期の堆積物から出るこの恐竜は最早期の鳥盤類の一つだった．この属は極めて早期のステゴサウルス類だったかもしれず，それともアンキロサウルス類〔亜目〕の先行者だったのかもしれないが，類縁関係の解明は今後の研究に待たなければならない．この動物は体長が 4 m かそれ以上あったから，かなり大きい鳥盤類だった．骨格は頑丈で，四足歩行性

の恐竜だったらしい．頭蓋は相対的に小さかった．*Scelidosaurus* は，生存時には皮膚の中に埋まった無数の骨板をもつことを特徴としていた．

アンキロサウルス類：装甲を備えた恐竜

鳥脚亜目やステゴサウルス亜目の恐竜の適応構造には説明困難なものがあるけれども，アンキロサウルス亜目〔曲竜類〕のそれらは自ずから明らかである．アンキロサウルス類というのはジュラ紀中期－白亜紀の装甲に覆われた鳥盤目恐竜類であり，何千万年も後に哺乳類のなかのある種の貧歯類〔目〕が類似するようになる，防衛のための特殊化を示していた．この亜目はジュラ紀にヨーロッパで興り，そののち白亜紀に北アメリカやアジアへ移動したらしい．

Ankylosaurus 属（図 14-12）は体長 6 m ほどの嵩(かさ)ばった四足歩行性の爬虫類で，背中はあまり高くないが幅が非常に広かった．四肢はどっしりして，*Stegosaurus* のように前肢よりずっと長い後肢をもち，足は短かった．頭骨は長さに比べて幅が非常に広かった．歯は奇妙に小さくて弱々しく，アンキロサウルス類が軟らかい植物質を常食にしていたらしいことを示している．頭部背面と背中の全体は多角形をした頑丈な骨性鱗に覆いつくされ，胴の両側に沿っては骨性の棘が並んでいた．装甲された尾の後端には大きな骨塊があり，明らかに棍棒(こんぼう)になっていた．危険がせまったとき，かれらは腹ばいになり，突破困難なトーチカのようになりさえすればよかった．そして，近づきすぎた大胆な捕食者は哀れなことに，アンキロサウルスの尾端の重い棍棒で骨が砕かれるほど強打される危険にさらされたのだ．

角竜類：角を備えた恐竜

恐竜類のなかで最後に進化してきたのは，白亜紀後期に現れた角竜類〔亜目〕である．かれらの進化的歴史は他の恐竜類に比べると短かったが，白亜紀後期の間にきわめて広範な適応放散を生じ，あらゆる恐竜類のなかで最も壮観かつ興味深い種類をいくつも生み出した．実際"角(つの)を備えた恐竜類"は上首尾だったのだが，いま得られている証拠はかれらの成功は地理的に限られていたことを物語っているようである．かれらの化石は北アメリカとアジア北東部でしか出ていない．白亜紀後期に，角竜類は海という障壁によってこれらの地域に閉じ込められていた可能性がある——とりわけ，東方は北アメリカ中央部の巨大な内海，西方は中央アジアのトゥルガイ海峡という障壁である．

角竜類の始まりは，モンゴルの白亜紀の堆積物から出る小形の鳥脚類，*Psittacosaurus* にうかがうことができそうである．この属は全般に原始的で二足歩行性の鳥盤類であり，いろいろな点で，もっと小さい幾つかの鳥脚類からあまり隔たっていなかった．しかしこれは，頭蓋がやや短くて丈が高い——その前部が幅が狭くて鉤(かぎ)状に曲がりオウムのくちばしを思わせる——点で特殊化していた．この恐竜は，本当は角竜類の祖先ではなかったかもしれないが，頭蓋に生じた変形のため角竜類の先行者に近かったものとみられている．

最初の真の角竜類は，北アメリカの *Leptoceratops* とモンゴルの *Protoceratops* に代表され

る．これらは小形の恐竜だったが，そこには，その系統発生の全歴史を通じて角竜類の特色となる特殊化のほとんどが現れていた．かれらは小形でありながらはっきり四足歩行性であり，前肢は二次的に大きくなっていて足部はやや幅が広く，たしかに歩行という機能だけに適応していた．

　しかし，これらの恐竜が最大の特殊化を見せるのは頭蓋である．そこには，他のどの恐竜に生じたのとも全く違うある適応傾向があったからだ．簡単にいえば，頭蓋の前部は丈が高くて幅が狭く，*Psittacosaurus* のそれのようなくちばしになり，頭蓋は体の全長の4分の1ないし3分の1に及ぶ大きさがあった．頭蓋のこの巨大さは，一部はその構造全体のサイズが実際に増大したこと，一部は（特に *Protoceratops* で）頭頂骨と鱗状骨が後方へ広がって頭蓋後部に多数の小孔のある"縁飾り"〔フリル〕を形成したことからきたものだ．縁飾りの大変な発達のため頭蓋は後頭顆〔第1頸椎との関節〕の上で均衡をとり，後頭関節より後ろの部分がそれより前の部分とほぼ同じになっていた．

　では，こうした早期の角竜類にあった縁飾りはどんな機能をもっていたのだろうか？その構造の注意深い解析によると，全ての角竜類で縁飾りは基本的に，強大な側頭筋群——頭蓋のこの領域と下顎を結ぶ筋肉——の起始部に大きな面積を与えるものだったことがはっきり分かる．これらの筋群は上下の顎骨を閉じるのに巨大な力を発揮した．このはたらきは最早期の種類をのぞく全ての角竜類においてほぼ垂直方向で，それにより歯がきわめて効果的な切断装置になっていた．歯は，個別にはハドロサウルス類のそれに似ていたが，各顎骨に一列に並び，明らかに効果的な切断機能を維持するように絶えず速やかに生え換わりを起こしていた．

　縁飾りはまた，頭部の運動を制御する頸部の強大な筋群の付着面にもなっていた．が，それが死活にかかわる頸部と肩の付近を覆っていたからには，副次的に何らかの防衛機能をもっていたのかもしれない．考えうる第3の機能は，雄どうしで優劣の序列を決めるための種内闘争の際に"誇示〔ディスプレイ〕"に役立った，ということ．さらに，縁飾りはいくらか体温調節にはたらく構造物——日光に当たって熱を吸収したり，日陰に入って体熱を放散するときに大きな体表面積を提供するもの——だったという可能性もある．そういうわけで，角竜類では縁飾りは"多目的"の特殊化であり，かれらが進化的に成功した主因の一つだったように思われる．

　Protoceratops の既知で最大の個体には鼻の上に小さい角があったが，早期の角竜類は一般に角をもっていなかった．角は無くても，*Protoceratops* や *Leptoceratops* はかれらの巨大な子孫の小さい原型であった（図14-13）．

　Protoceratops はあらゆる恐竜類のなかで最もよく解明されている種類の一つである．なぜなら，この恐竜に関する知見は，孵化したばかりの幼体から成体にいたる全ての成長段階をしめす多数の個体のシリーズからだけでなく，数か所の化石化した卵（胚体を含むものもある）の集団からも得られているからだ．この恐竜の卵は外形でトカゲ類の卵と似ていて，やや細長く，一端が他端より大きかった．その卵殻はたしかに石灰質で頑丈であり，その表面は細かく曲がりくねった線条で飾られていた．保存されていた卵の集団から，

Protoceratops の雌は砂を掘って巣をつくり，そこに，ちょうど現今の海ガメがするように幾つかの同心円をなすように卵を産みつけたことが分かる．そのあと確かに卵は砂で覆われ，太陽熱で温められて孵化したのだ．二十世紀の古生物学者にとって幸運だったのは，何千万年も前に，この小さな恐竜が産んだ卵のなかに孵化しそこなったものがあったことである．

プロトケラトプス類を祖とした角竜類の進化過程で際立つのは，第1に，同系統の後代のメンバーの多くが体長約8m，体重6-8トンにもなったほどサイズの増大が起こったこと，第2に頭蓋に角が発達したことである．また *Triceratops* 属では，縁飾りの骨の貫通孔が二次的にふさがって消失していた．

角竜類の頭に角が発達したことは，この適応構造に生じた多様性のゆえに興味が深い．*Monoclonius* のような幾つかの種類では，頭蓋前部に1本だけ大きな鼻上角があった．*Styracosaurus* という別の属では1本の大きな鼻上角だけでなく，縁飾りの縁の周りに一連の長い棘が林立していた．さらに，*Chasmosaurus*, *Pentaceratops*, *Triceratops* などの属では鼻上角のほか2本の大きな眼上角（各眼の上に1本ずつ）が加わっていた．

角竜類はたしかに現生哺乳類のなかでのサイ類を思わせるようなものだった．かれらは乾いた高地に棲み，角を強力な武器に使って効果的に闘うことにより自らを守る，大形草食動物だった．かれらは確かに恐るべき動物だった．鋭く尖った長い角を備える巨大な頭が，強大な頸部筋群とたくましい四肢に支えられた重たい体からくる途方もない力をもって突進したのである．大形の角竜を襲おうとした他の恐竜は，恐怖の一戦を交えたのに違いない．

これらの恐竜の角の発達に何故それほどの多様性があったのか，ふしぎに思えてくる．なぜ，角のパタンが一つだけでは十分でなかったのか？　ここで，角竜類とアフリカに現生するレイヨウ〔羚羊〕類——あきれるほどの多様性をみせて生存している哺乳類——とを比べてみてもよい．たぶん，角竜類とレイヨウ類の間に類似が認められそうだ．レイヨウ類の角は外敵に対する防衛のためだけでなく，"誇示"のためや，群れの中で相対的に優位な地位を確立するのに同種の雄どうしで闘うためにも使われることが知られている．レイヨウ類のさまざまな種がそれぞれの角の形に基づいて種内闘争のいろいろなパタンを示していることは注目に値する．したがって，同様の考え方が角竜類——白亜紀の景観の中で大きな群れをなして生存していたのに違いない動物——にも当てはまるのではないかと推定するのはもっともなことだろう．

白亜紀の末に，角竜類は恐竜類のなかで最も数の多いものの一つになり，*Triceratops*——北アメリカにおけるこの仲間の最後のもの——はこの大陸の表面を大群をなしてのし歩いていたようである．しかし白亜紀が新生代第三紀へ移行するころ，数が多く非常によく栄えたこれらの爬虫類も絶滅した．中生代中期－後期の陸地上を支配した大きな2目の爬虫類の他のすべてのメンバーと同じように．

恐竜類の制覇　215

図 14-13　3 種類の角竜類．縮尺は同じ．*Protoceratops*（自分の卵を保護している）は体長約 2.9 m で，最早期の最原始的な角竜類の一つだった．モンゴルのバインザク（またはジャドフタ）累層から出る．*Monoclonius* は体長約 7.3 m，北アメリカ，ベリーリヴァー統のオールドマン累層から出る．*Triceratops* は体長約 7.6 m，最後の角竜類の一つで，北アメリカのランス累層から出る．（ロイス M.ダーリング画）

超大形の恐竜類

　上述のように，恐竜類は広範囲に分岐した系統にそって大変な多様性をしめしつつ進化し，おびただしい生活様式へ適応していった．その結果，中生代には多種多様な形態とサイズの恐竜類——肉食性のもの，草食性のもの，大形のもの，小形のもの等々——が生存していた．かれらにおけるサイズの範囲は，大形のトカゲほどの爬虫類から中形のワニ類

ぐらいのもの，さらには体長25 m，生存中の体重が45トンかそれ以上もある巨大動物にいたる全域に及んでいた．小さい恐竜も多数いたのだから単なるサイズを恐竜類の全般的な形質とみることはできないものの，それでもこれらの爬虫類では超大形動物が大勢を占めていたことに特色がある．体長が6-8 m，体重が数トンを超える動物を超大形(ジャイアント)と定義するならば，全ての恐竜のなかで大多数が確かに超大形動物であった．

では，恐竜類にそれほど多くの超大形動物が現れたのは何故だろうか？　これは難しい問題だ．しかし，恐竜類の超大形性は中生代の環境といくらか関係があった．草食性恐竜類は地球上の多くの大陸地域にわたり熱帯性ないし亜熱帯性の植生が豊富にあった時代に生きていた．食物供給が十分にあり，そのことが草食動物のなかに大サイズが進化することに好都合であった．草食動物が超大形になるにつれて，それらを捕食していた肉食動物も同様に超大形になった．

ところで，どんな動物（とりわけ爬虫類）にとっても体が大きいことにはかなりの有利性がある．大サイズは自己防衛の尺度になる．その上，体積に対する体表面積の比率はサイズの増加とともに減少する．したがって大きな動物は，熱を吸収しまたは放散させるのに比率としてより小さい表面積をもつ．これは，大きな動物の食物必要量はそのサイズに比べれば小さい動物より少ないことを意味し，そのことは代謝速度が低くて体温が変動する爬虫類にとって重要である．さらに，いろいろなサイズの現生ワニ類での実験から，ある爬虫類個体の体温は小さい爬虫類におけるよりゆっくり変動することが知られており，これは大きな体積は昇温または降温に小さい体積より長い時間を要するからだ．そのため，かれらのサイズそのもの——たぶん体温がかなり一定していた原因だったもの——が超大形恐竜類に，鳥類や哺乳類など活発な内温性つまり"温血"の四肢動物の特性をいくつか与えていたのかもしれない．

近年，幾人かの恐竜研究者が主張（しばしば非常に激しく）しているのは，恐竜類は体熱を自分でつくり出す真の内温性だったのであり，体熱をまわりの環境の熱から得ている現生爬虫類のような外温性つまり"冷血"ではなかった，ということだ．恐竜類が内温性だったという構想を裏付ける説得力のある議論がいくつか行われており，主だった主張は次の4点である．

1. 上に触れたとおり，大きなサイズは一定した体温を維持する点である動物個体に有利性を与えるものであり，多くの恐竜のサイズが大きかったことが，かれらは体温調節動物だったことを主張するのに用いられる．
2. 恐竜類の四肢の構造が，かれらは四肢を胴の下に伸ばし，地面の上に高く立っていたこと——恐竜の足跡の証拠により確認される姿勢——を主張するのに用いられる．これは，原始的爬虫類の腹ばいになった効率のわるい姿勢と対照をなすもので，おそらく生活がより活発だったことを物語っている．
3. 骨の組織（微細構造）は哺乳類の骨組織といろいろな点で似ており，血管が通る大きな空隙を含んでいる．このことも，哺乳類に似た生理をしめす証拠だと解釈される．
4. 一定の恐竜動物相のなかで肉食動物に比べて草食動物の割合が高いことは，それぞれの肉食動物を養うのに一層多くの草食動物を必要としたこと，したがって肉食動物はより高い代

謝速度——哺乳類など自分で体温調節をする動物にあるもの——をもっていたこと，を主張するのに用いられる．

　これらの主張にすべての専門家が納得しているわけではない．多くの学者たちはまだ，恐竜類は外温性爬虫類だったという保守的で伝統的な考え方を守っている．おそらくこれは簡単な"二者択一"の問題ではないだろう．ことによると，やや小形の恐竜，とくに獣脚類——鳥類の祖先だった可能性が極めて高いもの——は内温性で，その性質がジュラ紀－白亜紀の巨大な子孫たちに伝わっていた，ということかもしれない．しかし他方，恐竜類の大多数は，形式的分類ではまだ外温性だったにしても，外部の熱源を利用して体温を調節する行動上の手段を採っていたのではないかと推定できる理由も十分ある．

　"温血"恐竜の学説は興味深く，また人心につよく訴えるものがあるが，現在のところ立証も反証もされていない．人が恐竜の生理をどのように解するにせよ，中生代は全てのものが大規模だったジャイアンツの時代だったことははっきりしている．狩られる者と狩る者との生態学的関係は現在見られるものと同様だったが，規模がもっと大きかった．レイヨウ類とライオン，あるいはバイソンとオオカミではなく，草食性恐竜と肉食性恐竜がいたのである．

　その後，中生代の末に近いころ環境変化が起こりはじめた．地形と気候が変化し，そのため植生にも変化が現れた．これらの変化は，地質学的にはかなり急速だったけれども年数でいえば極めてゆっくりしたものだったから，恐竜たちはそうした変化に順応していくこともできただろうと想像したいところだ．が，かれらにはそれができず，結局絶滅にいたった．新しい型の陸上生物界ができ上がり，そこではサイズの有利性はもはやそれほど重要ではなくなった．この新しい世界では機敏さと持続的活動の力が無上の意味をもち，恐竜類は姿を消し，哺乳類が最高のものになる．

15
空生の爬虫類

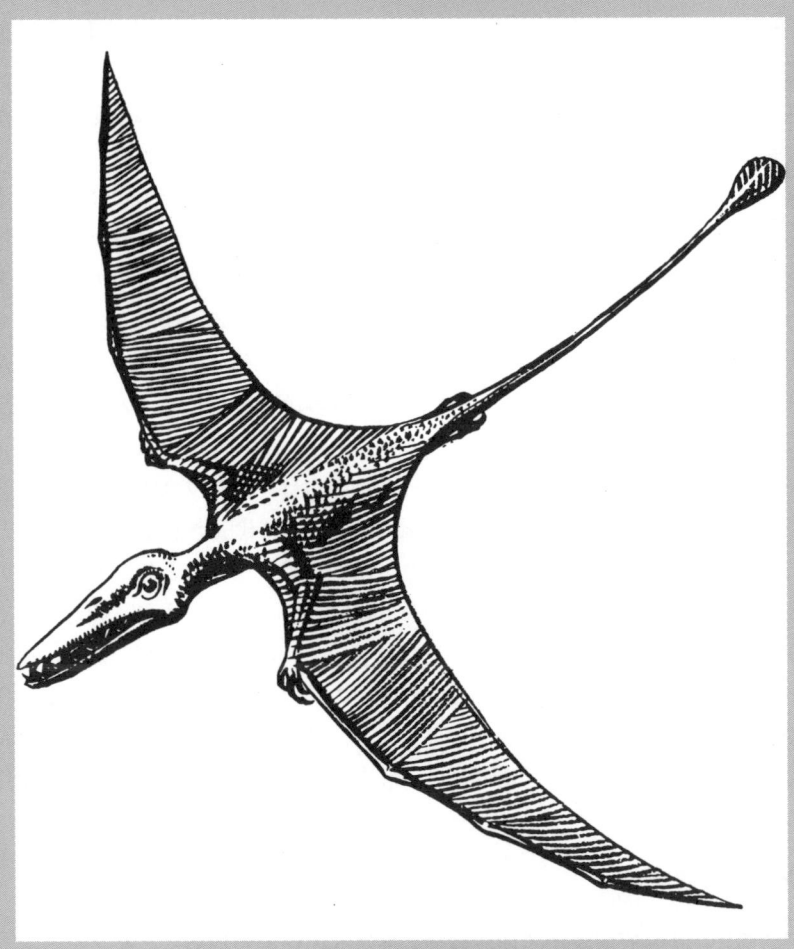

Rhamphorhynchus

滑空性の爬虫類

　ペルム紀後期の間に，空中で場所移動をするのに適応した最初の四肢動物が出現した．これらはコエルロサウラヴス類〔科〕とよばれ，マダガスカルとヨーロッパで発見された標本で知られる原始的な小形双弓類である．このグループの典型的メンバーの一つ，*Coelurosauravus*（図15-1B）は全般的にトカゲに似た体だったが，胴の横腹から外向きに途方もなく伸びた肋骨を備えていた．生存時にはたぶん一枚の皮膜がそれらの肋骨を覆って張っていて，翼としてはたらく広い面を造っていたのだろう．この動物が高い所から飛び下りると，類縁のない現生のトビトカゲ *Draco*（図15-1C）がするのと同じように，低い所へ滑空することができたのだろう．

　コエルロサウラヴス類がしめす空中移動の初期の実験が続いたのは短期間だった．このグループのメンバーはペルム紀後期の堆積物から知られているだけだからである．しかし三畳紀後期までに，他の滑空の実験が独立して二つ，四肢動物のなかに現れた．その一つは，双弓類の初期の鱗竜形下綱に属したキューネオサウルス科（ヨーロッパの三畳紀上部から出る *Kuehneosaurus* にちなむ名）にあった．これらの小形爬虫類では，肋骨がコエルロサウラヴス類や現生の *Draco* のそれとそっくりの滑空皮膜の張り骨に発達していた．ただし，これらは互いに近縁ではない．ニュージャージー州の三畳紀後期の岩石から出る *Icaropteryx* 属（図15-1A）がキューネオサウルス類の代表格だが，このグループはジュラ紀の末に絶滅した．

　三畳紀後期までに進化した滑空適応のもう一つの型は，カザフスタンの三畳紀後期の堆積物から出る *Sharovipteryx*（旧称 *Podopteryx*，図15-2）に代表される．この小形の原始的双弓類では肋骨は普通のトカゲと同様であり，滑空皮膜はそれらと組み合わさるのではなく，後肢から尾の基部まで後方へケープのように広がっていた．また，相対的に小さな前肢にかかわる小さい皮膜があったのかもしれない．これは，滑空皮膜がおもに後肢と組み合わさっていたという，四肢動物で知られる唯一の例である．このほか，滑空と飛翔の適応構造で主要なものには，上記の長く伸びた肋骨，前肢と後肢の両方（トビガエルやトビヤモリ），胴の全体（トビヘビ），あるいは前肢だけ（鳥類，コウモリ類，翼竜類）などの型がある．

飛翔にともなう諸問題

　三畳紀の間に，空気呼吸をする四肢動物の海洋への侵入が初めて広範に起こった．この出来事が三畳紀より前に生じなかったのはおそらく，それまで四肢動物がまだ，完全な海中生活のための厳格な必要条件に適するほど進んだ進化的発展の域に達していなかったためだろう．それと同じように，脊椎動物界において持続的な真の飛翔〔自力で羽ばたいて飛ぶこと〕が三畳紀後期になるまで現れなかったのは，たぶんそれまでは，四肢動物の構造が，飛翔のための極めて厳しい要件を満たすことのできる諸適応をこれらの動物に許すのに十分なほど，まだ進歩していなかったからである．そういうわけで，四肢動物の二つの

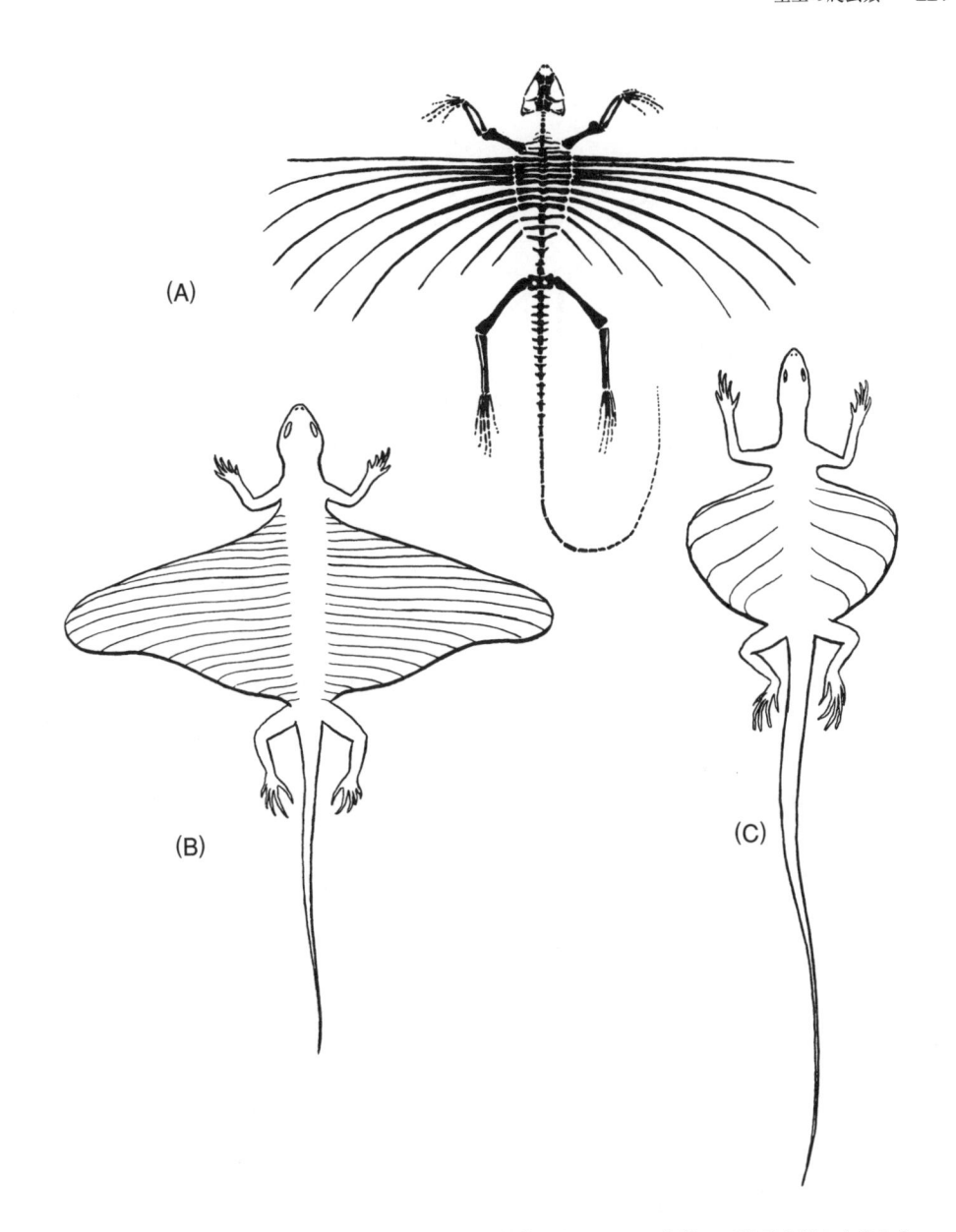

図 15-1 (A) 早期の鱗竜形下綱双弓類, Icarosaurus の骨格. 北アメリカ東部の三畳系上部から出るもの. 最大幅約 18 cm. (B) 原始的双弓類, Coelurosauravus の体の輪郭. マダガスカルとヨーロッパのペルム系上部から出るもの. 最大幅約 30 cm. (C) 現生トビトカゲ Draco の体の輪郭. 最大幅約 7 cm, 全長約 26 cm.

グループ, 翼竜類つまり飛翔性爬虫類と, 後代の鳥類とがまったく独立に空を飛ぶようになった.

脊椎動物では持続的飛翔ができるための必須条件は実にせまく限られており, 過去 2 億 2500 万年の進化史の間に四肢動物の少数のグループだけがそれらを満たすことができた.

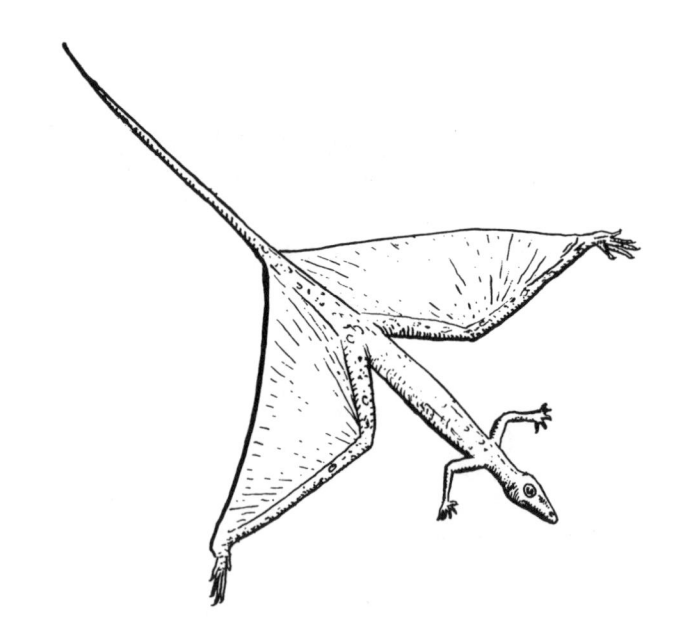

図15-2 *Sharovipteryx*（*Podopteryx*）の復元図．カザフスタンの三畳紀系上部から出る滑空性の双弓類．最大幅約18 cm，全長約23 cm．

　まず第一に，飛翔性の動物は重力という下向きに引く力に打ち勝たねばならない．この問題は昆虫類のような小さい無脊椎動物にとっては格別に重大ではないが，最小の種類でもほとんどの大形昆虫を超える脊椎動物にとっては，重力は昔も今も最大の重要性をもつ問題である．

　例えば，飛翔性脊椎動物は，とくに翼を動かす筋肉の力との関係で比較的軽くなければならない．筋力，骨の強さ，翼面積と体重との関係などの諸要素の物理的限界のゆえに，飛翔性脊椎動物のサイズには超えることのできない明確な上限がある．それは，エンジンの力さえ強めれば機体を大きくすることのできる，人間の造る航空機とはいささか違うのである．軽量さを確保するように飛翔性脊椎動物の骨はふつう中空で，骨壁は薄くできている．ある程度までこの型の骨格構造は強固であり，飛翔性脊椎動物に不可欠の大きな筋肉が付着するのに十分な面積を確保する．

　次に，飛翔性脊椎動物は翼を持たねばならないが，脊椎動物の全歴史を通じて，翼はつねに前肢の変形によって発達した．またもう一つの必需品は，空飛ぶ動物体を内部で支える中心軸としての頑強な背骨である．翼を上下に動かすには強力な前肢筋が必要だが，これは，筋肉の付着部（だいたいは胸骨）の面積が非常に大きくなければならないことを意味する．さらに何らかの着地装置が無くてはならず，それはふつう変形した後肢でまかなわれる．

　言うまでもなく，飛翔には骨格系や筋肉系とともに体構造の他のいろいろな要素がからんでいる．例えば，飛翔性脊椎動物は飛翔翼面を持たねばならず，飛翔性爬虫類や現生の

コウモリ類に発達したような皮膜〔飛膜〕か，もしくは鳥類の羽毛のような体表被覆〔表皮〕の変形物がそれである．また飛翔には感覚も関係する．飛翔性脊椎動物は鳥類（たぶん翼竜類も）のように強力な視力をもつか，あるいはコウモリ類の反響聴音システムのような，飛翔を誘導する他の何らかの方法をもっている．さらに，飛翔は精妙な平衡感覚と神経的制御を前提条件としており，そのため小脳と神経系全体の高度な特殊化が生ずる．

おわりに，現生の四肢動物で知られているところでは，飛翔は高い代謝速度を必要とする．この条件を絶滅した飛翔性爬虫類にも適用できるかどうかは確かでないが，少なくとも翼竜類には，体表が無数の短い毛——体そのものを断熱して高い代謝温度を維持するのを助けたのかもしれない毛——で覆われたものがあった．

飛翔のための適応構造には不利性がいくつか——とくに軽い体格と比較的小さい脳に伴う弱点——が付きまとう．その一方で，飛翔はその動物が一般に捕食者から容易に逃れることを可能にする．地面に張りつけられた移動方法の束縛から解放されて，飛翔性脊椎動物はかなり広い地域にわたって動きまわり，地表性動物の移動を制限するさまざまな障害物を飛び越えることができる．こうした飛翔の有利さは詳しく述べるまでもない．現今の飛翔性鳥類の生活圏の広さと繁栄が，飛行能力をもつことの有利性を物語っている．

翼 竜 類

翼竜類〔目〕というのは，三畳紀の末までに飛翔に適応するようになった主竜上目の爬虫類だった．かれらはジュラ紀にかなりの多様さを示しつつ進化し，なかには白亜紀の間じゅう存続したのち同紀の末に絶滅したものもあった．

翼竜類を描写するにはたぶん，ジュラ紀後期の種類，*Rhamphorhynchus*（図 15-3A）の主だった形質を列挙すればよいだろう．これは体長約 60 cm の爬虫類で，典型的な主竜類型の頭骨をもっていた．つまり，大きな眼窩の後ろに2個の側頭窓，ほかに1個の大きな前眼窩窓があった．頭蓋の前部と下顎は前後に長く，細長く尖った歯——おそらく魚を捕える適応構造として前方へかなり突出した歯——を備えていた．

頭蓋は屈伸可能でかなり長い頸部の上に載っていた．頸部の後ろの背中は短く，頑丈であり，肩帯〔肩甲骨など〕と腰帯〔骨盤〕の間に一連の肋骨が並んでいた．*Rhamphorhynchus* には，骨盤より前の脊柱の長さの2倍ほどの非常に長い尾があり，岩石に残された印象〔押し型〕によると，その後端には舵のような形の皮膜が付いていた．

典型的な翼竜類の概要はほぼ以上のようなものだ．それは確かに持続的飛翔の能力をもった爬虫類であり，おそらく湖沼などの水面に舞い降り，そこに泳いでいる魚類を捕らえることで生きていく空生の肉食動物であった．現生のコウモリ類と同様この動物はたぶん極めて臆病で，地面の上では四足歩行の姿勢で立って行動したにしても，かなり無力だったのだろう．あるいはそうではなく，現生の鳥類のように，地面を2本の後肢でかなりうまく歩いたり走ったりしたのかもしれない．翼竜類は地面の上で効率がわるく動きの鈍い四肢動物だったのか，それとも敏活な二足動物だったのかは論争の的になっている．

ジュラ紀には *Rhamphorhynchus* に似たさまざまな翼竜類，すなわちランフォリンクス類

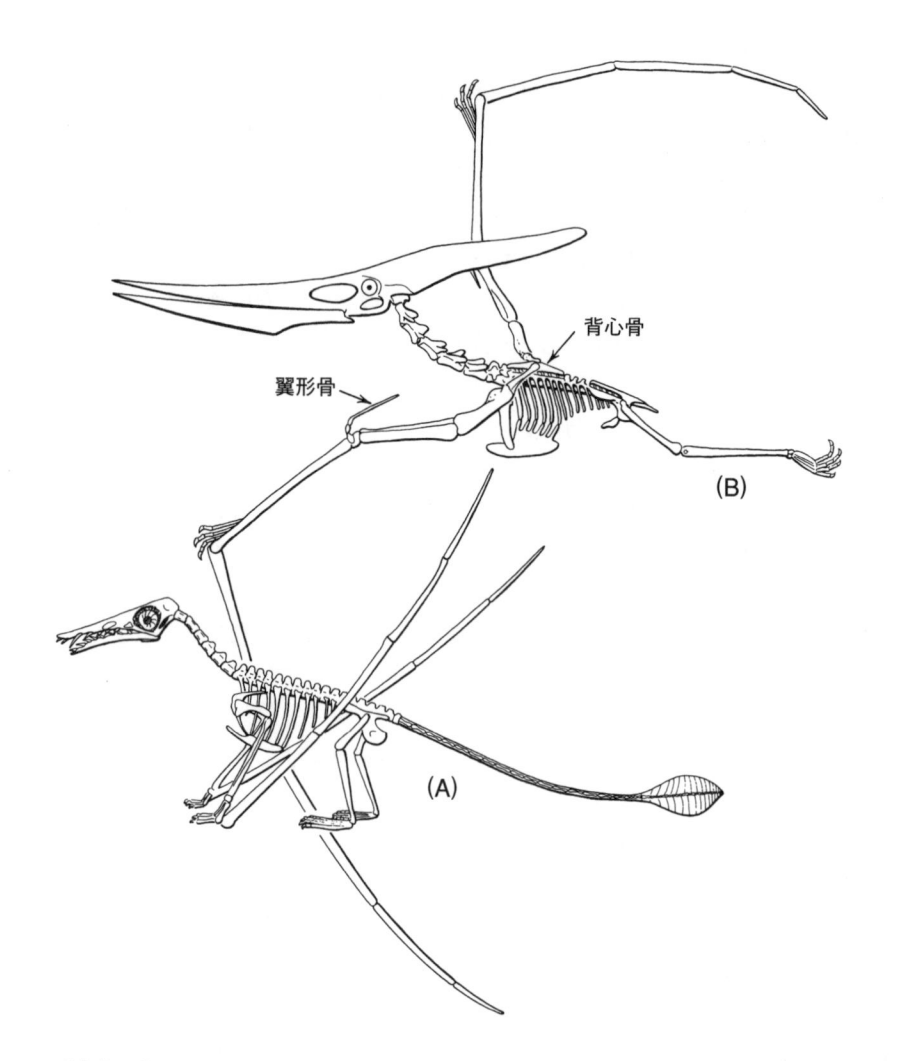

図 15-3 飛翔性の爬虫類，翼竜類．(A) ジュラ紀の *Rhamphorhynchus*，翼開張は約 61 cm．(B) 白亜紀の *Pteranodon*，翼開張は約 6.1 m．手首の翼形骨は翼膜の支えになっていた．背心骨は肩甲骨の上端を脊柱に結びつけた媒介体であり，それで巨大な翼のための強固な基盤になっていた．眼の前の大きな前眼窩窓に注意．

〔亜目〕がいた．が，ジュラ紀後期になると翼竜類のもう一つのグループ，プテロダクチルス類〔亜目〕がランフォリンクス類から派生して現れてきた．これらの翼竜類では，尾がほとんど消失寸前まで退化していた．同じように歯牙系も退化し，同グループの最も進歩したメンバーでは歯がまったく無く，顎骨が鳥のくちばしのような形になった．

プテロダクチルス類は白亜紀の大半を通じて存続し，カンザス州のニオブララ累層から見いだされた *Pteranodon*（図 15-3B）やテキサス州のトルニロ層から出る *Quetzalcoatlus*（図 15-4）において進化の頂点に達した．*Pteranodon* には翼開張が 7.5 m を超えるものもあった！ それでも胴は相対的に小さく，シチメンチョウの胴ほどしかなかった．顎骨は歯のない長いくちばしになり，頭蓋の後部は後ろへ長く伸びて鶏冠のような形になっていた

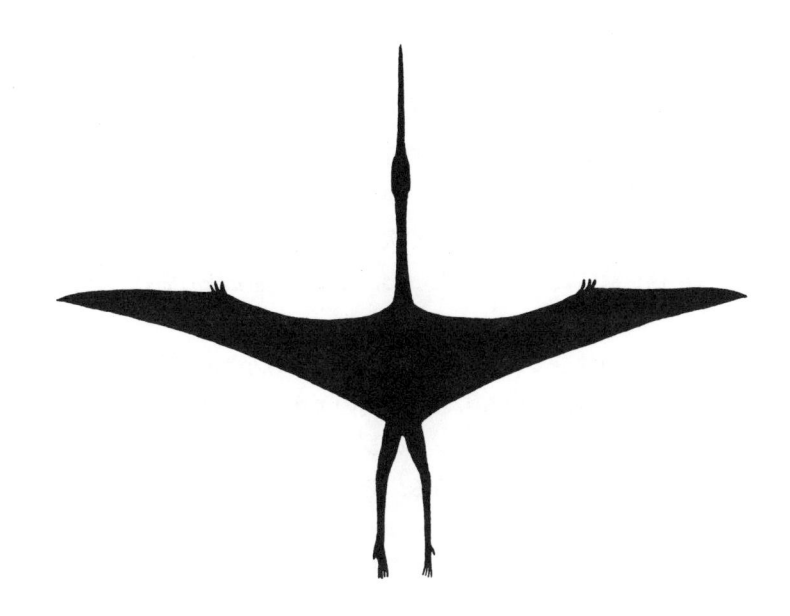

図 15-4　超大形の翼竜類の一つ，*Quetzalcoatlus* の輪郭．テキサス州の白亜系上部から出るもの．翼開帳は約 12.2 m．

が，その意義はただ憶測するしかない．前肢の上腕骨は頑丈で，橈骨と尺骨はかなり長く，第 4 指はおそろしく伸長して翼膜（岩石中に残る印象で十分よく確認される）をささえる主要な張り骨になっていた．第 4 指より前の 3 本の指は小さな鉤のように退化しており，これらは樹木や岩壁にとまるときに掛けがねとして役立ったのかもしれない．第 5 指は消失していた．手首から前へ，翼膜を支える補助をしたらしい 1 本の釘状の骨，翼形骨（pteroid）が突出していた．肩甲骨と烏口骨は強固で，後者はその腹方で大きな胸骨——翼を動かす大きな胸筋群の起始面——に連結していた．翼竜類の進歩した種類（*Rhamphorhynchus* は別）では，肩甲骨板の上端が特有の骨性要素，背心骨（notarium）を媒体にして脊柱に連結しており，それで肩帯を強化していた．後肢はすべての翼竜類と同じく比較的小さくて細く，そのため翼膜がそれらにも広がって張っていた可能性がある．たぶん *Pteranodon* は巨大な魚食性動物だったのであり，内海などの水面に舞い降りて獲物をすくい上げる生活をしていたのだろう．この動物の標本には体内に化石化した魚の遺物をもつもののあることが，この推定の根拠になっている．

　Pteranodon は巨大だったが，翼開帳が 12 m ほどもあった *Quetzalcoatlus* の前では小さくなってしまう．後者の翼竜は長い頸部をもち，大形恐竜の死骸にたかる巨大な"ハゲタカ爬虫類"だったとも言われている．

　翼竜類をめぐっては興味深い疑問がいくつかある．かれらは爬虫類だったから，また現在知られている爬虫類は代謝速度が低いのだから，翼竜類が多少の時間にわたって飛びつづけることができたのはどうしてか？　おそらくかれらの飛翔はおおむね，エネルギー消

費をあまり要しない滑翔型だったのだろう．けれども翼竜類はたぶん，活発に羽ばたく飛翔に十分なエネルギーを供給しうるような高率の代謝系をもっていたのだ．

これとの関係で述べておくべきことがある．何年か前，*Pteranodon* の空気力学的な可能性をテストし，とりわけ，それほど大きな飛行物体がどうして地面から離陸，もしくは水面から離水できるのかを突き止めるため，その模型に対して風洞実験が行われた．そこで分かったのは，この巨大翼竜が両翼を広げて吹いてくる風に向かうと，風は軽風でもその物体を凧のように浮揚させるということだった．たぶん *Quetzalcoatlus* にも同じことが当てはまったのだろう．

かれらの空高く舞う能力はさておき，翼竜類，とりわけ小形のものが，他の爬虫類について知られ，あるいは推定されているものとは別のエネルギー源をもつことなく生活していたとは考えがたい．何年も前，中央アジアのジュラ紀後期の堆積物から翼竜類の一つ，*Sordes pilosus* の化石が発見されたことがある．それらの標本は，体表を濃密に覆う毛のような繊維の形跡をはっきり示していた．それゆえ，この翼竜は"温血性"で，そのため高い体温を維持する断熱被覆を必要としていたらしいのである．このことは翼竜目の全てのメンバーに共通していたのかもしれない．

では，翼竜類が絶滅したのは何故か？　それはおそらく，白亜紀後期に近代化しつつあった鳥類とかれらは競争関係にあったからだろう．鳥類は明らかに翼竜類よりはるかに有能だったのであり，かれらが鳥として完成したことが飛翔性爬虫類の終息の一因になったというのは，大いにありうることである．

16
鳥類

Archaeopteryx とカモメ

鳥類とは

　鳥類は"着飾った爬虫類"だと言われることがあるが，かれらをもっと特定的に"着飾った主竜類"とよぶこともできる．鳥類は爬虫類のなかの主竜類から進化したものなので，この場所で鳥類を論議に加えるのは十分適切なことである．

　現生鳥類を特徴づける数々の驚くべき適応構造や分布に関する興味深い諸事実を公平に論じようとすれば，まる一冊の本が必要になろう．それは出来ることではないし，このような本に相応しいことでもない．それゆえ，ここでは鳥類の主要な特色と，かれらの進化史の大筋だけに注目することにしよう．

　鳥類は，翼竜類つまり飛翔性爬虫類やコウモリ類とは別のしかたで飛翔をめぐる諸問題を解決した．鳥類は，飛翔の翼面をなすだけでなく体を環境から断熱するのにはたらく羽毛をもっている．ほとんどの鳥で後肢は強力であり，空中を飛ぶのと同じように地面で歩いたり走ったりすることも可能だという二重の利点をかれらに与えている．それに，カモ〔アヒル〕やガン〔ガチョウ〕など多くの水鳥は，水上でも地上でも空中でも達者に活動できるという特性をもっており，この自然な移動能力の範囲は他のどんな脊椎動物も達成したことのないものだ．

　現生の鳥類から知られているところでは，かれらは一定した体温と非常に高い代謝速度をもつ，高度に組織化された動物である．そのうえ，営巣やさえずり，数多くの種の毎年定期的にある地方から他の地方へ長距離の渡りをする習性など，きわめて複雑な行動様式を進化させた点でも際立った動物である．

最早期の鳥類

　疑問の余地のない最初の鳥類はジュラ紀後期に現れた．この鳥は，4体の非常に良好な全身骨格，2体の不完全骨格，それに単離した1枚の羽毛の化石で知られている．すべて，ドイツ・バイエルン州のゾルンホーフェン石灰岩から出たものだ．ここの岩石——昔から石版用に大規模に採掘されてきたもの——はたしかに熱帯の海の浅い珊瑚礁湖に沈積したもので，我々にとって幸運なことに，飛翔性の脊椎動物がたまたまその水面へ墜落，石灰質の微粒の底泥に埋没し，細かい部分まで保存されることになった．こうしてジュラ紀後期の鳥が化石になり，後世になってから *Archaeopteryx*〔シソチョウ〕と命名されたのである（図16-1）．しかも，骨格の多数の骨だけでなく羽毛の印象までも保存されている．

　仮に，*Archaeopteryx* に付随して羽毛の形跡が保存されていなかったとすると，これらの化石は恐竜類のなかに分類されていたはずである．獣脚類のいろいろな形質を示しているからだ．かれらはカラスほどの大きさで，主竜類型の頭骨，長い頸部，強そうな1対の後肢の上に均衡をとるこぢんまりした胴，それに長い尾をもっていた．前肢は大きく，明らかに翼として機能していた．頭蓋には主竜類の特徴をしめす2個の後側頭窓があったが，脳を包む諸骨の拡大のために縮小していた．強膜板でできたリング〔強膜輪〕をおさめる非常に大きな眼窩があり，眼窩の前方には大きな前眼窩窓があった．頭蓋と下顎の前部は

鳥 類　229

図 16-1　ジュラ紀の鳥類，*Archaeopteryx* の全身骨格．ドイツ・バイエルン州の微粒石灰岩の中に保存されていたもの．羽毛の印象〔押し型〕に注意．尾の羽毛を含む全長は約 40 cm．

細長く伸びてくちばしになり，よく発達した歯を備えていた．
　頸部は長くて柔軟であり，背中は比較的短く，こぢんまりとしていた．むろん，背中が短くて強固であることは飛翔性動物にとって必須である．仙骨は前後に長く，骨盤の長い

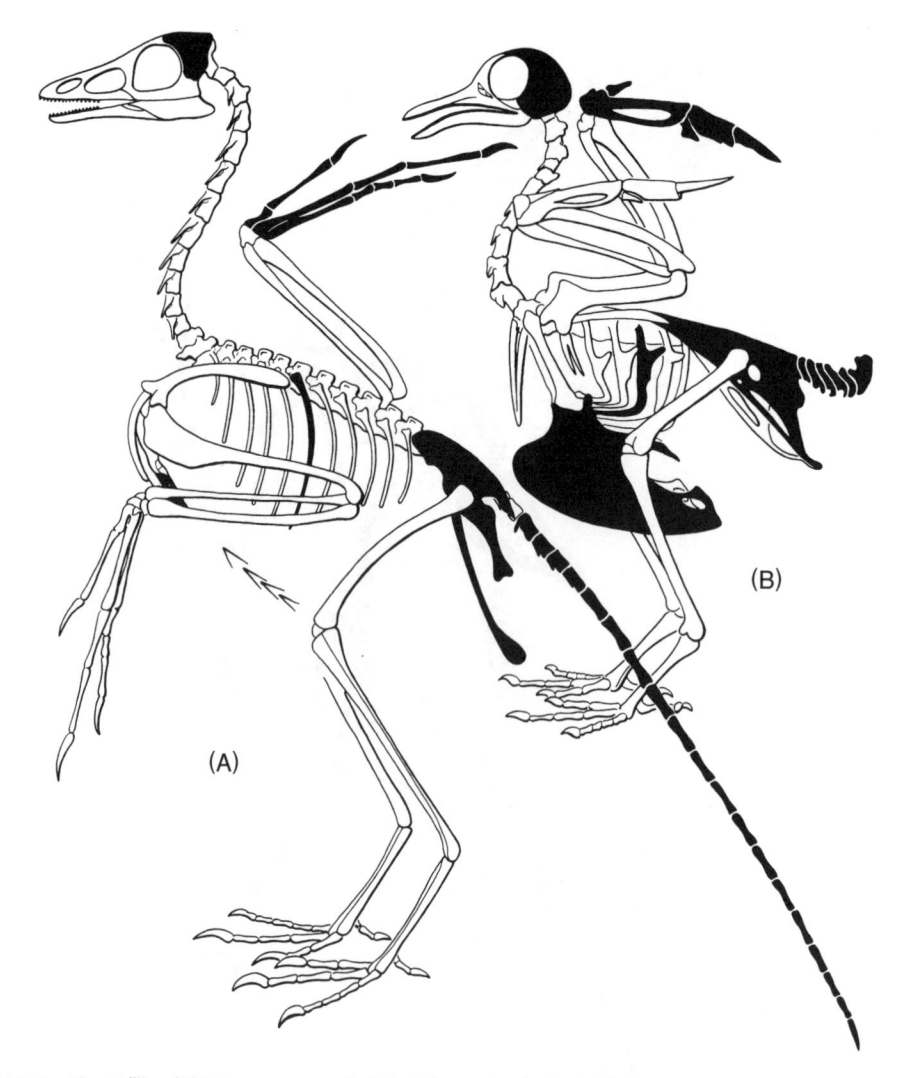

図16-2 ジュラ期の鳥類 *Archaeopteryx*（A）と現生のハト（B）の比較．骨格の比較対照できる部分（脳頭蓋，右手の骨，胸骨，肋骨1本，骨盤，尾骨）を黒で示す．縮尺は不同．現生鳥類では脳頭蓋は拡大し，翼〔手〕の骨は合体し，肋骨は幅が広がり，骨盤は融合して1個の堅固な構造になり，尾骨は退化し，胸骨は非常に拡大して強大な翼筋群の付着部をなす．これらやその他多くの適応構造によって，現生鳥類は効率の高い飛翔動物になっている．

腸骨と脊柱を連結する装置になっていた．骨盤の両半分にある他の二つの骨，恥骨と座骨は細長く変形し，恥骨は腹側，つまり後ろ向きの位置をとっていた．後肢は強そうで極めて鳥類型であり，各足で，鉤爪のある3本の指は前へ向き，1本の短い指は後ろへ向いていた．この型の脚と足も，獣脚亜目恐竜の特徴だったものだ．*Archaeopteryx* は明らかにニワトリとそっくりの仕方で歩いたり走ったりすることができたのである．骨の中軸をもつ尾は典型的な爬虫類型で，脊柱のそれより前の部分と同じくらいの長さがあった．前肢では，肩甲骨は細く，腕の諸骨も同様に細長く，初めの3指からなる手は非常に長くなって

いた．骨格をつくる骨はすべて繊細な構造をもっていた．

　保存されているところでは，*Archaeopteryx* の骨格には手と前腕から伸び出た長い飛翔羽毛が見える一方，胴のまわりに他の羽毛の形跡がある．尾は，左右各側に羽毛が1列に並んでいた点で特異なものだった．

　これは，主竜上目爬虫類と鳥類の間に位置する真に中間的な種類だった．骨格そのものは本質的に獣脚類型だったが，はっきり鳥類に向かう傾向をいくつも示している．羽毛は鳥類の特徴であり，これがあるゆえに *Archaeopteryx* は鳥類——この綱の最早期かつ最原始的なメンバー——として分類されるのである．翼の羽毛は現生鳥類の初列風切羽と酷似しており，この動物が飛ぶ能力を持っていたことだけでなく，それが温血性だったことをも物語っている．また拡大した脳頭蓋は，この鳥がすでに，飛翔性動物には極めて重要である比較的複雑な中枢神経系を進化させていたことを示している．しかし他の多くの点で *Archaeopteryx* は，ジュラ紀から今日までに前進的に進化してきたさまざまな様相に関して，現生鳥類と違っていた（図16-2）．

　中国東北部〔遼寧省〕の義県累層では，羽毛をもつ幾つかの恐竜とともに初期の鳥類，*Confuciusornis*〔コウシチョウ〕と *Liaoningornis*〔リョウネイチョウ〕の遺物が明るみに出された．数体の完全骨格があらわす *Confuciusornis* は，双弓類型の頭蓋状態と並んで羽毛と角質のくちばしを持っていた．義県累層はかつてジュラ紀後期のものとみられていたが，放射性炭素の年代測定法によって今では最終的に，この累層の化石産出部分は白亜紀前期と判明している．

　構造上，恐竜類から鳥類への移行段階の動物は他の場所でも発見されている．アルゼンチンのパタゴニア地方にある白亜紀後期の堆積物からある動物化石が出たことがあり，*Unenlagia* と命名された．これは飛ぶことのできない獣脚亜目恐竜の一つとして記載されたけれども，肩甲骨，骨盤，後肢などでは *Archaeopteryx* に酷似している．さらに，その前肢は，地面から高く持ち上げられるものだったこと——羽ばたき飛翔をするのに必要なこと——と，また鳥の翼と同じように折り畳みが可能だったことも示している．飛翔のための重要な前提条件が，飛翔そのものより前に発達していたのである．

　さらに，テキサス州にある三畳紀後期のドッカム層からも，もっと古い鳥類を表すらしい断片的な骨の集まりが見いだされている．ばらばらのこれらの標本を復元するとカラスほどの大きさの二足歩行性動物になり，*Protavis* という学名が付けられた．これらの化石が本当に鳥類だったとすれば，*Archaeopteryx* より約7500万年も古く，知られる限り最古の鳥類を代表していることになる．しかし，ドッカムの標本についてはいろいろな議論がある．これらの骨はいくらか鳥類様の特徴をもつ軽快な体格の獣脚亜目恐竜だと考える研究者も数多い．*Protavis* の骨に付随した羽毛の形跡が見られないことと標本が断片的でばらばらであることのため，この属が獣脚類様の鳥類であるのか，それとも鳥類様の獣脚類であるのかを決めるのは難しい．が，骨の構造に関してこれら二つの選択肢の間で予期される違いは極めて小さいので，区別するのは意味のあることではないかもしれない．*Protavis* がはっきり物語るのは，鳥類は竜盤目恐竜類に由来したものだということである．

鳥類とその飛翔の起源

　鳥類が主竜上目の恐竜類から進化したものだということは古くから分かっており，祖先は槽歯目の中にあったと長らく考えられていた．しかし近年の研究と新しい化石の発見から，鳥類は小形の獣脚亜目恐竜類の直系の子孫であるという説得力のある証拠が得られている．したがって，恐竜類はある意味で完全に絶滅してはいないことになる——獣脚類のある系統がいま生存している全ての鳥類へ進化したのだから．

　現在，専門研究者の大多数が鳥類は獣脚類の子孫だという見方を採っているけれども，他方，鳥類とりわけ *Archaeopteryx* と小形獣脚類の類似は，進歩した槽歯目オルニトスクス亜目に属した共通祖先から出た2系統における，収斂進化の結果だと考える人たちの小グループもある．この少数意見では，獣脚類と鳥類はそれぞれ祖先と子孫ではなく，同じ祖先グループから進化した姉妹群なのだという．

　鳥類の進化過程をめぐるもう一つの論争は，最初の鳥類と主竜類に属したその祖先との間の，とくに飛翔の起源に関する中間段階を突きとめる問題である．鳥の飛翔に必要な構造上の変化を説明するのに，主だった説がこれまでに二つ提唱されている．

　その一つは，鳥類の祖先は地上をすばやく駆ける二足歩行の爬虫類だったと主張する．かれらは元来，小さい原始的な羽毛をおそらく体熱を維持する断熱材として発達させた．次いで前肢に生えた羽毛が長くなって，その持ち主が獲物の昆虫を追って空中からはたき落とすのに役立ったり，あるいは，滑空翼面を持つことにより走りながらちょっと長い距離を跳躍するのを可能にした，という．

　もう一つの説は，最初の鳥類は樹木によじ登り，現生のモモンガなどと同様，高いところから地面や他の木に向けて滑空する動物だったことを仮定する．初めは羽毛の生えた前肢は小さすぎ，滑空以上のことをするのに適応していなかったが，時代とともにそれは大きくなり，ついには飛んでいるとき動物体を支えていることができるようになった．つまり，飛翔は木登りと滑空が発展したものだったことになる．

　以上どちらのシナリオでも，羽毛の生えた前肢を羽ばたくことが本来の機能を向上させたのみならず，真正の羽ばたき飛翔につながったわけである．樹上説は二十世紀の大半を通じて信望があったが，今では，初期の鳥類は木によじ登る適応構造を備えていなかったこと，それよりも地面から直接離陸したらしいことを，大半の専門家に納得させる化石の証拠が十分に得られている．

　Archaeopteryx はまだ，祖先の獣脚類から子孫の十分発達した鳥類にいたる適応の中間段階にあった．空中を飛んでいる間この動物はおそらく滑空にほとんどの時間を費やしていたが，ときどき前進推力を少し補給するために翼を羽ばたいたのだろう．ジュラ紀の鳥類の証拠物とは以上のようなものだ．そのころ，かれらは翼竜類，すなわち飛翔性爬虫類との激しい競争に直面していたのである．

図16-3 奇異な無飛力の鳥, *Mononykus*. モンゴルの白亜系から出るもの. 全長約 90 cm. 強固ながら短い前肢の構造に注意.

白亜紀の鳥類

白亜紀の間, 鳥類は少なくとも3群の進化系統にそって前進した (図16-4). その一つは特異な無飛力の鳥, *Mononykus* (図16-3) に代表されるもので, これはモンゴルの白亜系の堆積物から出たシチメンチョウほどの大きさの動物である. *Archaeopteryx* と同じように, *Mononykus* は羽毛と長い尾を備えていた. が, それの最も奇異な特徴は強固そうだが極めて短い前肢を持っていたことで, 各手には大きな鉤爪が1本だけ付いていた. その前肢は空を飛ぶのではなく土を掘るための適応構造だったのに違いないが, この奇妙な鳥の生活の仕方はまだ謎のままである.

白亜紀の鳥類の他の2群はたがいに似ており, 尾骨が短くなっていた点で *Mononykus* とも, それより古い *Archaeopteryx* とも違っていた. これらのうち第1の群は, エナンチオルニス類〔下綱〕——この名は"対照鳥類"の意——という. かれらの肩帯にある長い棒状の烏口骨は板状の肩甲骨と普通でない関節でつながり, これがエナンチオルニス類を特徴づけて他の鳥類から区別する様相になっていた. この群にはまだ歯をもっている種類もあり, 歯を失った種類もあった. エナンチオルニス類は1ダースを超える属をふくむ極めて多様なグループで, 分布も世界中に広がっていた. 今のところ, かれらは白亜紀の優占的な陸生鳥類だったとみられている.

現生の鳥類にいたる進化の道は白亜紀の各地の動物相にも表れていた. これらの鳥類の骨格は数多くの点で"近代化"するようになった. 現生鳥類の特徴として頭骨の融合〔成

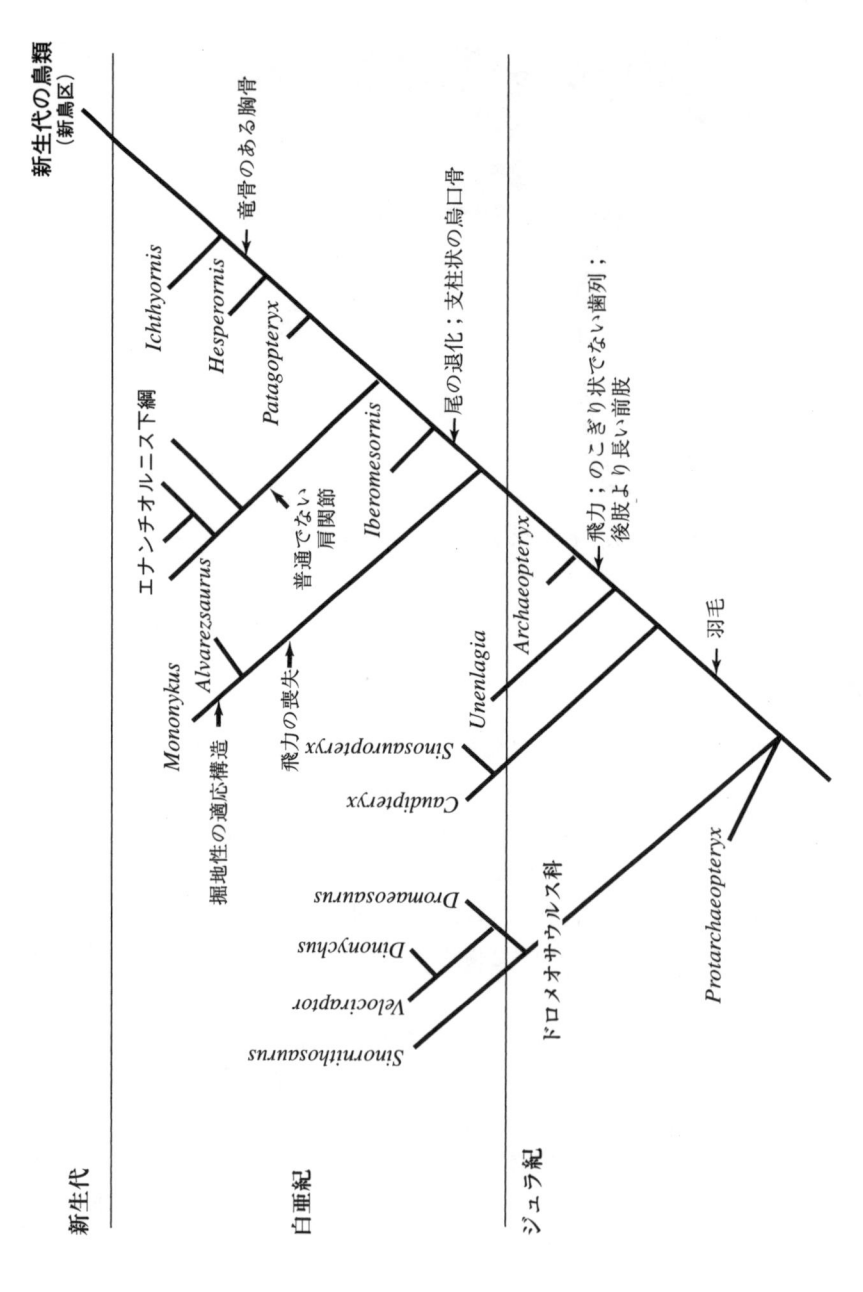

図 16-4 初期の鳥類について推定上の系統関係を示す分岐図．羽毛は現在 *Dromaeosaurus*〔獣脚亜目恐竜〕でも知られており，ここで示すより早い時代に出現した可能性がある．

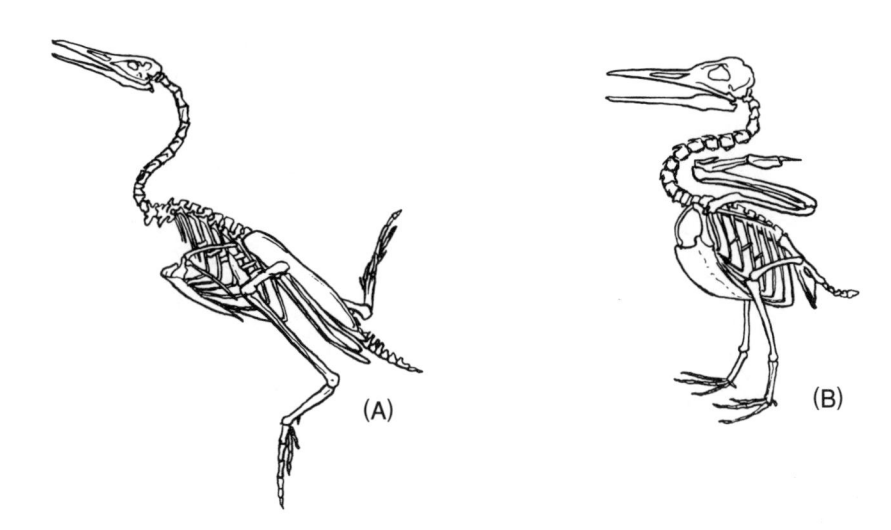

図 16-5 カンザス州の白亜系上部のニオブララ・チョーク層から出る2種類の鳥の全身骨格．(A) *Hesperornis*, 体長約 1.0 m．(B) *Ichthyornis*, 体高約 20 cm．*Ichthyornis* は現生の全ての飛翔性鳥類と同じように，強大な龍骨突起のある胸骨をもっていたことに注意．

熟に伴う一体化〕がおこり，そこに側頭窓の一層の退化が伴った．骨格の諸骨の内部には空洞が発達し，これは高度の"含気性"とよばれている．骨盤と仙骨は〔成熟と共に〕固く融合して単一の構造物になり，強大な後肢と胴体を結ぶ定着装置になった．手の諸骨も現生鳥類と同様に融合するようになり，*Archaeopteryx* におけるように各指が自由に動くのではなくなった．長い骨の中軸をもつ尾は退化縮小した．けれどもこれらの白亜紀の鳥類は，顎骨に歯をいくらか維持していた点ではまだ原始的だった．最もよく知られている白亜紀の鳥の一つは，カンザス州のニオブララ海成チョーク層から出る *Hesperornis* (図16-5A) だ．これは現生のアビやカイツブリと同じように泳いだり潜ったりするのに特殊化した水鳥だった．胴はやや細長く，顎骨も長く，足は水中を漕ぐのに適応し，翼は退化縮小していた．

白亜紀のある種の鳥では，強大な胸筋群の起始部として胸骨が非常に大きくなっており，飛翔の完成をしめす確かな証拠になっている．このような白亜紀の鳥の一つに，同じカンザス州のニオブララ・チョーク層から出た *Ichthyornis* (図16-5B) がある．これはカモメに似た沿岸性の鳥で強大な龍骨突起のある胸骨をもち，それが達者な飛翔動物だったことを示している．龍骨突起のある胸骨を共有することのゆえに，イクチオルニス目は新鳥区——新生代のすべての現生鳥類をまとめた大グループ——に対する姉妹群だと考えられている．

新生代の鳥類

新生代の初めごろまでに鳥類は完全に近代化していた．例えば，歯はすべて失われ，機能上は角質のくちばしで置き換えられた．現代型の鳥類はすでに現在の高い段階の骨格構

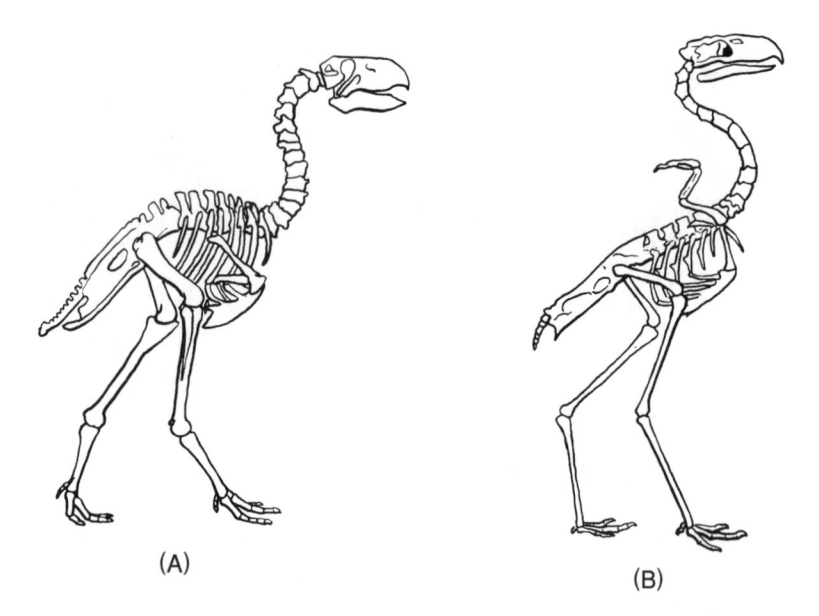

図 16-6　早期の大形で無飛力の鳥類．(A) *Diatrima*，ヨーロッパと北アメリカの第三紀前期から出るもの．体高約 2.0 m．(B) *Phororhacos* (*Phorusrhacus*)，南アメリカの中新統から出るもの．体高約 1.6 m．

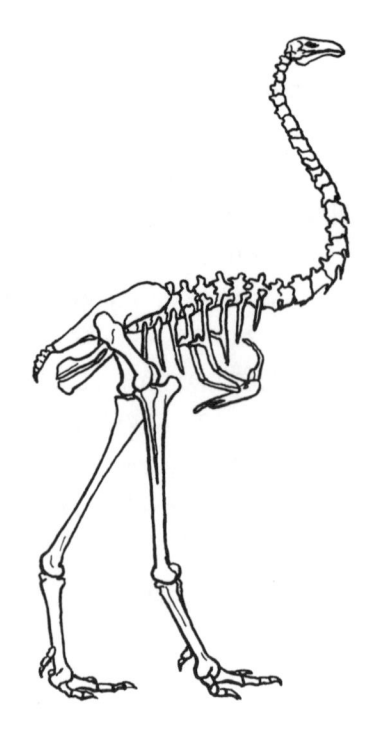

図 16-7　モア *Dinornis* の全身骨格．更新世-現世にニュージーランドに生息していたもの．体高は 2 m を超えた．

図 16-8 *Argentavis* の輪郭．アルゼンチンの中新統から出るコンドルに似た巨大な鳥．翼開帳は約 7.6 m．

造（図 16-2B）にも達しており，いま言えるかぎりでは，過去 5000 万－7000 万年の間，鳥類に構造上の顕著な進化はほとんど起こっていない．

　新生代における鳥類の歴史の上で，注目に値する出来事が幾つかある．新生代前期の歴史でたぶん最も際立った事実は，ヨーロッパと北アメリカの第三紀前期の岩石から出る *Diatrima*（図 16-6A）や南アメリカの中新世の堆積物から出る *Phororhacos*〔*Phorusrhacus*〕（図 16-6B）など，地表で生活する大形鳥類が急速に放散したことだ．大形の地表性鳥類と初期の哺乳類の間に，ある一時期激しい競争があったとも言われている．事実だとすれば，それは過渡期だったのであり，ほどなく哺乳類のほうが優勢な陸生動物になった．

　そのころ以来，鳥類のほとんどは飛翔性脊椎動物として発展した．ただし，"平胸類"〔走鳥類，走禽類〕と総称される少数の無飛力の大形鳥類が今日まで，南半球の大半の陸地に生存を続けてはいる．ダチョウ類は新生代後期にはユーラシア，今はまだアフリカで生存し，レアが南アメリカ，エミューとヒクイドリがオーストラリア地域に生息し，過去二三千年以内までエピオルニス〔リュウチョウ〕がマダガスカル，モア〔キョウチョウ〕（図 16-7）がニュージーランドに棲みついていた．これらの鳥はみな，大サイズまで成長すること，胸骨の偏平化を伴って翼が二次的に退化したこと，および後肢が強大化したことなどを特徴とする．これら無飛力の大形鳥類と関係があるのは，ニュージーランドに棲む小形で無飛力のキーウィや南アメリカの小形で弱飛力のシギダチョウである．

　現生鳥類のほとんどは構造上たがいに非常によく似ている．かれらの大変な多様性をもたらしたのは種々様々な生活型への適応だったが，これがまた体の比率の変化，色彩の違い，行動パタンの広範囲の分化などを伴った．現在，たしかに鳥類は極めて栄えている脊椎動物であり，進化的達成の果実を真骨魚類や有胎盤哺乳類と分かち合っている広範囲の適応をしめす無数の種，膨大な個体数，そして世界中にわたる広い分布がそのことを物語っている．現在の世界には，控えめに言っても 1000 億羽の鳥が生存していると見積もられている．

　新生代の現生の鳥類における体構造の一様性が基になって，かれらの分類は難しい問題

図 16-9 鳥類における無数の適応系統のうちの主要なもの．（ロイス M. ダーリング画）

である．現生鳥類の分類は外部形質によるところが大きいが，それらはむろん化石鳥類には適用できない．また，他の脊椎動物でなら重要度が低いとみられる形質が，鳥類の分類では目の階級に相当するほどに重視されることもある．鳥類の多くの基本グループを隔てる差異が相対的に小さいにもかかわらず，これらの動物はなお広範囲にわたる適応放散を見せる．

例えば，新生代−現世の鳥類はサイズでは，陸生脊椎動物で最小の部類に入るハチドリから絶滅した巨大なモアやエピオルニスにまでわたる．知られるかぎり最大の鳥は，アル

ゼンチンの中新統から出るコンドルに似た種類 *Argentavis*（図 16-8）で，この鳥の翼開帳はなんと 8 m 近くもあった！　場所移動の能力では，無飛力で地表生活性の鳥からアホウドリやツバメのような空中の主ともいうべき鳥まで．食物への適応では，家禽や鳴禽〔鳴鳥〕のように純粋に植物食ないし種実食の鳥から，フクロウ類やワシタカ類のように攻撃性の強い猛禽まで．色彩は，ごく地味な色の鳥から熱帯アジアにすむ光り輝くようなフウチョウ〔極楽鳥〕まで．鳴き声は，普通のチュッチュッという地鳴きからある種の鳴禽の非常に複雑なさえずりまで．巣の構造は，粗末な造りから極めて精巧なものまで．分布はといえば，定住性の留鳥から，地球を半周するほど往復飛翔をする渡り鳥〔候鳥〕にまでおよぶ．

　これらの話——本書で詳述するまでもなく広く知られていること——はただ，新生代になって鳥類の世界に，体の構造がよく似ているにもかかわらず膨大な量の進化があったこと（図 16-9）を強調するためのものだ．鳥類の体の基本的構造は，飛翔性脊椎動物に課せられた厳しい制約の故にかれらの進化史の早い段階で決まってしまった，ということを忘れてはならない．そのことのため，鳥類の適応は体構造の細部に必ずしも表れない系統に沿ってきたのであり，これは，鳥類が現生動物の研究者にとっては非常に興味深い一方で古生物学者には取り扱いにくいものになっている一因である．

　なお，鳥類の目レベルの分類体系を本書巻末に示しておく．

化石記録における鳥類

　脊椎動物のすべての綱のなかで，鳥類は化石記録から知られるところが最も乏しい群である．上に見てきたとおり，ジュラ紀の鳥類は主として 6 体の骨格化石から知られるだけだが，白亜紀の鳥類に関する情報も，いくらか数が増えるにしてもやはり極めて貧寒なものだ．新生代の鳥類になるとかなり多数の化石が知られているが，それらの大半は様々なわけがあって断片的な骨から成るにすぎない．鳥の骨は軽く繊細にできていて，非常に壊れやすい．その上，鳥類のほとんどは木々の間やそのほか，遺体が化石化する条件のとぼしい場所に棲んでいる．新生代の化石鳥類がいくらか整った形で見いだされるのは，更新世のタール坑〔天然アスファルトが溜まった窪地〕のような普通でない化石産地からにすぎない．現生鳥類については多数の動物学者が詳しい研究を行っているし，アマチュアの野鳥観察者は何百万人にも上るだろう．が，化石鳥類の研究は古生物学のなかで最も制約のきびしい領域の一つなのである．

17
恐竜時代

ジュラ紀の景観

中生代における諸大陸の関係

　第10章で簡単に述べたことだが，古生代の末ごろには全ての大陸が一体で"パンゲア"とよばれる膨大な超大陸を形成していた．その北半分の"ローラシア"は現在の北アメリカとユーラシア（インドの半島部を除く）から成り，南半分の"ゴンドワナ"は現在のアフリカ，南アメリカ，南極大陸，オーストラリア，およびインド半島部から成り立っていた．パンゲアの内部で分裂が始まったのはペルム紀－三畳紀の移行期だったかも知れないが，三畳紀の残りの期間中，たぶんそれは大きくは進展しなかった．が，三畳紀の終わりまでには，分裂がおそらく南アメリカが時計回りに回転しつつアフリカと分かれはじめるまで進んでいた．そしてこれが，南アメリカの南東岸とアフリカの南西岸の間に南大西洋を開く始めとなった．

　同じようにローラシアの時計回りの運動によって，北アメリカ東岸とアフリカ北西岸のモーリタニア膨出部の間に北大西洋が現れはじめた．しかし地球の底部〔南方〕では，ゴンドワナ南部はまだ昔の状態にあった．すなわち，一体だった南極－オーストラリア陸塊は南アメリカ南端およびアフリカ南端と接していた一方，インドの半島部はアフリカ南東部と南極大陸の間に楔状に挟まった形になっていた（図17-1）．

　このようなアフリカ，南極大陸，オーストラリア，およびインド半島部のつながりはどうやらジュラ紀全体を通じ，さらに白亜紀に入ってもまだ続いていたらしい．白亜紀後期になってようやく，インド半島部がゴンドワナから分離して北東方向へ速やかに漂動し，その果てにアジア主大陸にぶつかった．南大西洋や北大西洋の開きは周辺大陸の回転によって広がったが，しかし南アメリカ北東岸とアフリカ北西岸の連結は維持され，他方で北アメリカはヨーロッパ北西部につながっていた．つまり，パンゲアの分裂は中生代を通じて着実に進んだけれども，活発な四肢動物が世界のある地域から他の地域へ移動できたような，大陸間のつながりはまだ存続していた．

　諸大陸の過去の位置関係をしめす証拠はさまざまな情報源から得られるが，最も重要なのは古地磁気の測定――太古の岩石に含まれる鉄に富むある種の鉱物の磁気定位が，地球の当時の北極点の位置を指し示すことの研究――からである．古地磁気の方向が一つの大陸の中では一致しても他の大陸との間でくい違うことは，諸大陸の位置を相対的に変えてみることによってうまく説明ができる．

　この本の論議には，膨大な大陸塊の相互の位置関係と移動が絡まっていることを思い出していただきたい．そうした大規模な出来事に加えて，幾つかの大陸地域の内部で垂直方向の動きがあって山系の隆起や沈下をもたらし，後者は相対的に浅い水路が大陸塊の中へ進入することにつながった．こうした水路が障害物となり，陸生四肢動物の分布に影響を及ぼしたかもしれない．たとえば，白亜紀のある時期，北アメリカは南北方向の水路で二分されていたし，アジアも同様に"トゥルガイ海峡"とよばれる水路によって分断されていた．

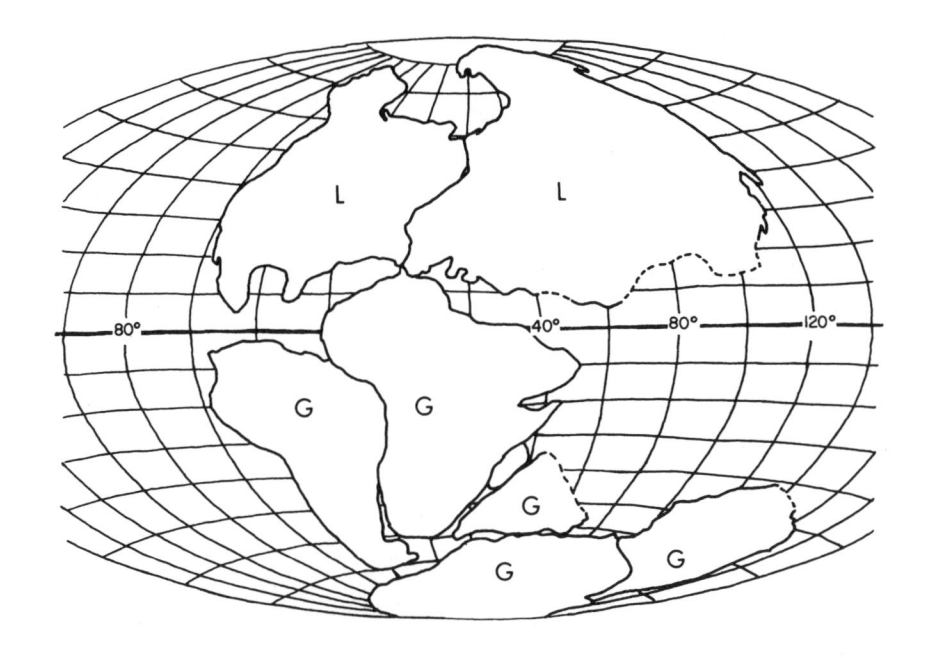

図 17-1　三畳紀における大陸塊の位置関係．プレートテクトニクスと大陸移動の理論，および陸生四肢動物の分布の証拠から推定されるもの．G：ゴンドワナ系の大陸，L：ローラシア系の大陸．

三畳紀の多様な動物相

　すでに述べたとおり，三畳紀は移行の時代だった．ペルム紀から存続していたさまざまな四肢動物のグループが，中生代中期－後期に特徴的かつ優占的になる諸系統にそって進化していた多数の新しい爬虫類と並んで，生存していた時代であった．つまり，三畳紀の各地の脊椎動物相はそれらを構成する動物たちの多彩さで刻印されており，古生代後期の四肢動物の一部を維持していた一方で中生代の進歩した要素を数多く含んでいた．また，中生代前期の動物相の分類学的多様性に加え，三畳紀の多彩な陸上環境がもたらした極めて広い範囲にわたる生態学的適応があった．

　ところで，ペルム紀が多様な気候と環境の時代であり，それらが爬虫類の発展に幸いし，かれらは真に優勢な陸生動物になったことを思い起こそう．このことは，ペルム紀によりも三畳紀によく当てはまったのである．中生代の初期を通じて陸地が姿を現して広範に広がり，陸生四肢動物がほとんど全ての緯度にわたり世界中に分布する結果となった．迷歯亜綱両生類は北はスピッツベルゲン〔スヴァールバル諸島〕から，北および南半球の中緯度地方，南半球の諸大陸の南端，さらには南極大陸にいたる三畳紀の堆積物に見いだされる．たがいに類縁の近い爬虫類が全世界的な分布をほしいままにしたのであり，北や南の陸塊のほとんど隅々にまで及ぶあらゆる陸地から発見されている．三畳紀には確かに諸大陸が広範につながっていたのであり，それにより陸生四肢動物はある地域から他の地域へ広が

ることができた．それと同時に気候が，地方による変異があったにせよ十分に温和だったため，両生類も爬虫類も遠く広く分布するようになったのだ．

　世界の少なくとも二つの地域で，三畳紀前期の大陸性堆積物とそこに含まれる化石がペルム紀後期の堆積物および動物相に連続する記録を形成しており，陸上の生物界がほとんど中断なく進んだことを物語っている（この時期に地球史上での大きな断絶があったことを他の証拠が示しているのだが）．南アフリカではカルー統が，ペルム紀から三畳紀にかけての堆積物と動物相の中断のない整然たる連続体を含んでおり，そこに哺乳類様爬虫類の大群を蔵している．同じように，ロシア北部のドヴィナ統は，ペルム紀の堆積物とその上に直接かさなる三畳紀の堆積物を包含している．これら二つの地域に，地球とその生命界の歴史の真に連続した実態をかいま見ることができる．

　三畳紀固有の爬虫類がいくつか，二つまたはそれ以上の南の大陸から知られている．南アフリカ・カルー統の特色である *Lystrosaurus, Procolophon, Thrinaxodon*，その他の同紀の爬虫類が南極大陸のフレモウ累層からも発見されており，ゴンドワナの内部でアフリカと南極大陸が緊密に結合していたことの強力な証拠を提供する．*Listrosaurus* はまたインド中部のパンチェット層でも見いだされている．さらに，*Cynognathus* が南アフリカと南極大陸の両方で発見されている一方で，南アフリカ・カルー堆積物のキノグナトゥス帯の幾つかの属と近縁もしくは同一の種々の化石爬虫類が，アルゼンチンのプエストビエホ累層とインドのイェラパリ層で見いだされている．これらの具体例に，現在のアフリカ，インド，南アメリカ，およびオーストラリアが密接につながり，多くの陸生四肢動物が広く分布する一つの超大陸，ゴンドワナを形成していたことの古生物学的証拠を見ることができる．

　世界のほとんどの地方では，ペルム紀と三畳紀の堆積物および動物相の間にはむろん，二つの紀の生物界に差異をもたらした断絶がある．これはとりわけ，ペルム紀末期の大量絶滅という大事件で特徴づけられる海成堆積物について言える．が，絶滅のほとんどは浅い内海にすむ無脊椎動物の世界で起きたことで，造山運動と大陸移動から深刻な影響をうけたものだった．他方，数多くの浅い内海が消えたことが陸生脊椎動物に及ぼした影響ははるかに小さかった．

　ところで，三畳紀という名は中央ヨーロッパにあるブンター統〔斑砂統：下部〕，ムシェルカルク統〔殻灰統：中部〕，およびコイパー統〔上畳統：上部〕という古典的な3層累重に基づいたものだ．ブンター統とコイパー統は陸生四肢動物の化石を含むが，ムシェルカルク統はこの地域での海成層なので早期の海生爬虫類をいくらか産している．三畳系の下部と上部だけがイングランドに存在している．

　三畳紀前期の脊椎動物——迷歯亜綱両生類や双弓亜綱爬虫類を含む——はイングランド，中央ヨーロッパ，合衆国南西部，およびオーストラリアで見いだされるが，オーストラリアは中生代には確かに南極大陸とつながっていた地域である．

　三畳紀中期の四肢動物は同紀の前期や後期のものほどよく知られていないけれども，これはたぶん同紀の中ごろに海洋性環境が広がったためだろう．三畳紀中期の，魚類や原始

イクチオサウルス類の化石をふくむ海成堆積物は，ヨーロッパ，ネヴァダ州，およびグリーンランドで見つかっている．三畳紀中期の陸生爬虫類は南半球の少なくとも二つの大陸で発見されている――東アフリカのマンダ動物相，ブラジルの豊かなサンタマリア動物相，および少し後代のアルゼンチンのイシグアラスト動物相（三畳紀後期の部分を多少含むかもしれない）．サンタマリアとイシグアラストの動物相はともに，最早期のいくつかの恐竜類と，アフリカ産と類縁のある多数の哺乳類様爬虫類をも含んでいる．

中生代前期の四肢動物が最大の分布域と最も多様な発展に達するのは，おそらく三畳紀後期の堆積物においてである．世界のどこでも，三畳紀後期－ジュラ紀前期の堆積物からは互いに密接な関係のある多数の動物相が明るみに出され，そこには無数の全椎型両生類，進化的発展の最盛期にあった多彩な槽歯類，早期の恐竜類などが含まれる．それらの動物相には，ドイツ中部とイングランドのコイパー統動物相や北アメリカの三畳紀後期の諸動物相――東海岸のニューアーク動物相，南西諸州のチンレ動物相，テキサス州のドッカム動物相，ワイオミング州のポポエイジー動物相など――が含まれる．これらと関係のある動物相が，インドのマレリ層，中国・雲南省の禄豊統，および南アフリカ・カルー連続体のストームバーグ統で見いだされている．こうした動物相がいっしょになって，三畳紀後期の生命界の陸上での状態についてかなりよく解明された記録を呈示しているのであり，また陸水での状態も，上記と同じ幾つもの累層で，両生類や無数の淡水魚類をふくむ堆積物から見て取ることができる．

第13章で指摘したように，三畳紀の末は数々の意味深い絶滅によって刻印され，それらが特徴的な三畳紀の脊椎動物，特にペルム紀－三畳紀に生存していた様々なグループを終息させた．そのため，三畳紀の脊椎動物の群がりと次のジュラ紀のそれらの間に，動物相のはっきりした不連続があった．しかし合衆国南西諸州では二つの紀の間の堆積物の移行は漸移的であり，それがあまりに緩やかなので，どこで三畳紀の堆積物が終わってジュラ紀の地層が始まるのかが長年にわたり議論の的になっている．残念なことに，この地域のジュラ紀前期の堆積物における化石記録はきわめて少ないため，動物相の遷移の実態を正確に突きとめることができない．

ヨーロッパには，陸生爬虫類の無数の小さい骨やその破片をふくむ地層を特徴とする一つの層準と動物相，すなわちドイツとイングランドのレート〔リーシャン〕階がある．研究者らのなかには，レート階は三畳紀の堆積史の末期を表しているとみる人もいれば，ジュラ紀の出来事の始まりだとみる人もいるし，また三畳紀からジュラ紀への真の移行期だとみる人もいる．

ジュラ紀の環境と動物相

ジュラ紀の開幕期の特色は，地質学的記録のなかに陸生四肢動物がきわめて乏しいことである．そのわけは幾らかは，ジュラ紀の到来とともに数多くの地方で海水面の拡大〔海岸線の後退〕が起こったことに帰することができる．つまり，三畳紀には広範囲に広がっていた陸地が狭められる一方で，浅い海があちこちの大陸地域へ進入してきたのだ．その

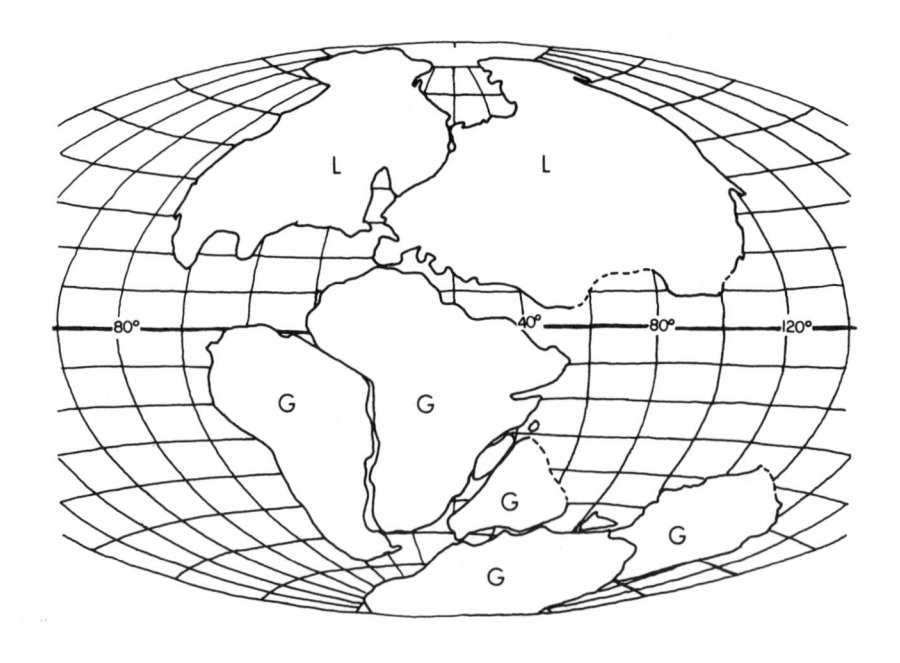

図 17-2 ジュラ紀における大陸塊の位置関係．プレートテクトニクスと大陸移動の理論，および陸生四肢動物化石の分布の証拠から推定されるもの．G：ゴンドワナ系の大陸，L：ローラシア系の大陸．

うえ，ジュラ紀最初期の陸成堆積物は，保存されていても，化石をほとんど産しないことが多い．

　ジュラ紀前期－中期の脊椎動物をしめす立派な証拠の多くは，ヨーロッパ，それも主にイングランドのイギリス海峡岸に沿った海成堆積物から得られている．ここにはよく知られたライアス統，ドッガー統，およびマーム〔マルム〕統の累重——それぞれジュラ系の下部，中部，上部を表すもの——がある．イングランドはドーセット州の海岸に沿って，フランスはカン市の近くで海峡を横切って，またドイツ南部はホルツマーデンで，多くの海生無脊椎動物といっしょにイクチオサウルス類や長頸竜類の化石をふくむジュラ紀前期の地層が現れている．北アメリカやオーストラリアの幾つかの場所からも，ジュラ紀前期の脊椎動物化石が知られている．インド中部のコタ累層は竜脚下目の大形恐竜を豊富に産しており，その上の地層からはライアス世〔ジュラ紀前期〕特有の魚類が見いだされる．ジュラ紀中期の重要な層準の一つはイングランド南部のストーンズフィールド粘板岩で，そこでは原始的哺乳類の顎骨や歯が発見される．

　ジュラ紀後期（図 17-2）には明らかに，世界の数多くの地域に低地が広範に広がっていた．北アメリカ西部の広大な面積にわたって露出するモリソン累層は，流水河床とこの大陸の大きな部分に沈積した湖底堆積物とから成っている．ヨーロッパでは，たぶん無数の低平な島々とおそらく大陸本土から伸びた幾つもの長い半島があったらしく，したがってこの地域は現在の東インド諸島のような状態だった．ここでは，種々さまざまな陸生と海

生の四肢動物が生き，死んでゆき，そして互いに他のものと緊密な群集をなして埋められた．例えば，イングランド南部のマーム統——（いろいろな層準があるなかで）下から上へオクスフォード粘土層，キメリッジ層，パーベック層などをふくむ——は，海生爬虫類，獣脚類や竜脚類の恐竜，ステゴサウルス類，ワニ類，その他の陸生ないし半水生の四肢動物の化石を産している．パーベック層はとりわけ，原始哺乳類のかなりの化石動物相が収集された層準であるために注目に値するものだ．また，超大形恐竜類のみごとな群集を蔵するタンザニアのテンダグルー層は，イングランドのパーベック層や北アメリカのモリソン累層と同時代のものだった．

ヨーロッパのジュラ系上部，モリソン，テンダグルーなどは著しい類似をしめす恐竜動物相を含んでいる．遠く離れたこれらの地域に，大形の肉食性獣脚類，無数の巨大な竜脚類，小形のカンプトサウルス類，ステゴサウルス類などが出ている．そのほか，これらの動物相はさまざまなワニ類やカメ類をも含んでいる．ここで明らかなのは，パンゲアのあちこちにジュラ紀の海が広く入り込んではいたが，ジュラ紀後期には大陸間につながりがあり，そこを通って大形恐竜類がある大陸から他の大陸へ移動していたことである．これらの動物相の内容やその他の証拠からみて，北アメリカ，ヨーロッパ，およびアフリカでは環境条件がよく似ていたようで，湿地が広く広がり，気温が一様に温暖だったらしい．要するにこれは，陸生爬虫類が示すように世界中で気候と環境が一様な時代だったのであり，それゆえ，陸地が広く現れて環境条件が多様だった三畳紀後期とはっきり違っていたわけである．

ドイツ南部，ゾルンホーフェンの名高い石版石灰岩の堆積物がジュラ紀の景観と環境に興味深い光を投げかけている．ここには，確かに珊瑚礁湖の静かな浅い水中——現在の南洋諸島などの環礁湖によく似た環境——に沈積した堆積物がある．そこの堆積物では，さまざまな無脊椎動物とともに，ときたま静かな水面に落ちたある種の飛翔性爬虫類も同様に最後の憩いの場にしていた．そしてまた，神の摂理によってジュラ紀の鳥類もゾルンホーフェンの礁湖に落ち込み，*Archaeopteryx* のこれまでに知られた数個体の骨格化石として保存されたのだ．

ジュラ紀の景観の特色になったこうした環境状況は，超大形恐竜類の進化と展開にとって極めて好適なものだった．植生はみずみずしく豊かに繁茂し，植食性恐竜類に食物を十分に供給していた．その結果として竜脚類は巨大サイズになり，さほどではないがステゴサウルス類も同様だった．これらの大形草植動物を捕食した肉食性恐竜類もやはり超大形になった．それはジャイアンツの時代だったのである．

白亜紀前期の世界

ジュラ紀後期の大規模な海進〔海岸線の後退〕と熱帯性の低平な陸地の広がりは，白亜紀前期まで続いた．そのため，たぶんジュラ紀後期ほどではなかったにしても，知られている陸生動物相はあまり多くない．そのなかで興味深いのは，イングランド南部とベルギーの白亜系下部のウィールデン層〔ウィールド階〕に出る爬虫類，とくに恐竜類のことだ．

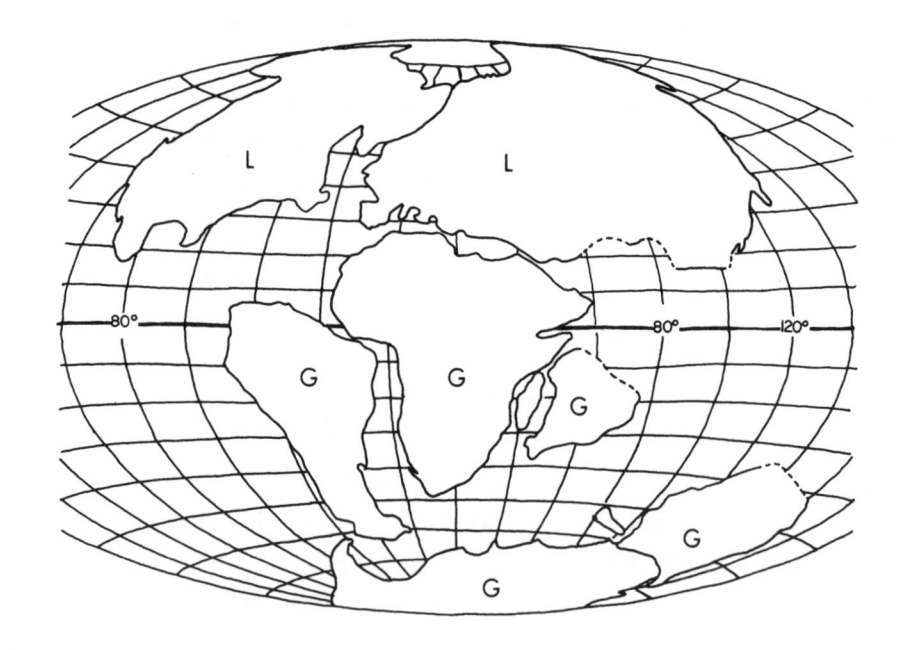

図17-3 白亜紀における大陸塊の位置関係．プレートテクトニクスと大陸移動の理論および陸生四肢動物の分布の証拠から推定されるもの．G：ゴンドワナ系の大陸，L：ローラシア系の大陸．

これらは，古生物学史上の意味があって多数の骨格で知られる鳥脚類，*Iguanodon* をふくむ地層である．恐竜類は他の幾つもの地域からも知られている——北アメリカ西部のクローヴァリー累層，アルゼンチン南部のネケン累層，南アフリカのオイテンハーヘ層，中国・山東省の恐竜層，オーストラリアのポーリングダウンズ層やブルーム砂岩層など．それでも，白亜紀前期の四肢動物相に関する知見はきわめて不完全である．

白亜紀後期の恐竜動物相

ジュラ紀−白亜紀前期の多くの時期は四肢動物相の記録が不完全で，したがって知見が不十分であるのと異なり，白亜紀後期の化石記録は比較的豊富で広い範囲にわたっている（図17-3）．これは地球の変化の時代であり，陸地が隆起しはじめ，諸大陸が面積を広げつつあったばかりか極めて活発な漂動によって相互の位置関係を変えつつあった．それはまた，植物の世界における近代化の時代でもあり，顕花植物と落葉樹が基礎を十分かためて陸上に広く分布するようになった．それはおそらく，少なくともジュラ紀の多くの時期と対比すれば，環境条件が比較的変化にとむ時代であった．諸条件が全般的に，陸生四肢動物の分布拡大とかれらが化石として保存されるのに適していた．そのうえ，海成と湖底成の堆積物が広範に沈積し，そのなかには白亜紀後期の海生爬虫類の記録だけでなく，近代的な型の硬骨魚類の多大な放散をしめす証拠を含むものもあり，これらは白亜紀における生命界の歴史の重要な一面になっている．

幾つかの大陸での白亜紀後期の堆積物には知られるかぎり最も豊かな恐竜動物相が保存されており，かれらの進化史の最盛期にあった雄偉な爬虫類たちを呈示している．またこれらの堆積物は，他の爬虫類やその他の脊椎動物の記録を豊富に蔵してもいる．北アメリカの白亜紀後期の恐竜動物相，とくに合衆国やカナダの西部諸州に保存されている動物相は世界の他のどれよりも広い範囲にわたる可能性が大きく，中生代末期における四肢動物の進化過程について全体的な概念を我々に与えてくれる．それらはカナダ・アルバータ州のベリーリヴァー統やエドモントン統，ワイオミング州と近隣諸州のランス累層などである．合衆国とカナダの国境に沿ったこの恐竜産出累層の連続体には，コロラド州，ニューメキシコ州，メキシコ北部などにある，恐竜やその他の爬虫類をふくむ関連のある諸堆積物が並行している．この陸生四肢動物の記録を補うものとして，海成の諸累層，とりわけニオブララ石灰岩やピエール頁岩があり，発展しつつあった海生の真骨魚類と並んで当時のプレシオサウルス類，イクチオサウルス類，モササウルス類などの証拠を提供してくれる．これらの堆積物のため，北アメリカ大陸の西部地方は白亜紀脊椎動物の研究者たちにとって楽しい狩猟場，1800年代後半以降に行われた無数の探査採集の場になり，そのなかには古生物学の歴史の上で名を残したものが少なくない．

　白亜紀後期の間，北アメリカはどうやら，同紀のかなりの期間にわたって東半部と西半部を分ける南北方向に細長い内海をもつ大陸だったらしい．他方，ヨーロッパは，ジュラ紀にそうだったのと同じくもっとばらばらで，その一帯にあった熱帯性の海に点在する多数の島々から成っていたようである．ヨーロッパの白亜系上部では海成堆積物がたしかに優勢であり，そこには"白亜紀"という名の基になったイングランドのチョーク〔白亜〕層もある．海生爬虫類があちこちの地点から知られており，おそらく最も有名なのはベルギーのマーストリヒト堆積物から出るモササウルス類だろう．また，トランシルヴァニア〔ルーマニア西部〕には恐竜類をふくむ堆積物があり，これらの爬虫類の化石は近年フランスやポルトガルでも発見されている．

　二十世紀にモンゴルで行われた幾つかの探査事業の結果，同地方の白亜紀の地層——オンダイサイル，オシー，イレンダバス，ジャドフタ（バインザク），ネメゲトなどの諸累層——で注目すべき恐竜類の勢ぞろいが発見された．モンゴル南部のネメゲト層——ワイオミング州のランス累層型の壮観な恐竜類が出る場所——は確かに白亜紀最末期のものである．モンゴルの諸累層はおそらく，ほぼ上記の順序で一つの連続体を成しているらしいが，多くの詳細部は不明瞭のままであり，今のところ解明されていない．これらの堆積物は白亜紀のアジア大陸内で遠く離れた内陸の盆地で沈積したものだ．そのため，これらを関連づけて堆積の順序を突きとめる直接の方法がなく，化石もこの問題については真に意義深い光を投じていない．それらはすべて白亜紀のもの，おそらくはすべて白亜紀後期のものである．

　上記のほか，白亜紀後期の重要な堆積物には，かなりの恐竜動物相が記録された場所であるアルゼンチン・パタゴニアの赤色層，種々の恐竜やその他の爬虫類が出るブラジルのバウルー累層，アフリカ北部のバハリジェ層，オーストラリアのオパール層などがある．

表 17-1 中生代の脊椎動物化石を産する堆積物の対比.

			ヨーロッパ	北アメリカ		南アメリカ	アフリカ	アジア	オーストラリア 南極大陸 (A)
白亜系	上部		Transylvania Maestricht	Lance Hell Creek Edmonton Oldman Judith River Two Medicine Pierre Niobrara	Animas Kirtland Fruitland Mesa Verde Aguja Difunta	Monmouth Matawan Magothy Raritan	Patagonia	Baharije	Nemegt Bain Shire Lamenta Trichinopoly Barun Goyot Mt. Lebanon Bain Dzak Iren Dabasu Oshih	Opal Beds
	下部		Wealden	Dakota Cloverly Trinity		Arundel	Baurú	Madagascar		Griman Creek Broome
ジュラ系	上部	Malm	Purbeck Kimmeridge Oxford Solnhofen	Morrison			Nequen Bahia Botucatú	Uitenhage Tendaguru	Shantung	Rolling Downs
	中部	Dogger	Stonesfield							
	下部	Lias	Holzmaden	Navajo Kayenta Moenave Wingate				Madagascar Clarens Elliot	Kota Lufeng	Talbraggar Durham Downs

恐 竜 時 代   251

		Europe	N. America					S. America		Africa			Asia	Australia / Antarctica		
			Hosselkus	Chinle	Dockum	Popo Agie	Newark	Colorados		Stormberg						
三畳系	上部	Rhaetic							Ischigualasto	Elliot Red Beds			Lufeng Maleri	Wianamatta		
		Keuper								Molteno			Shansi	Hawkesbury		
	中部	Muschelkalk							Santa Maria Chanãres		Upper Ruhuhu Manda			Walloon Marburg Kirkpatrick (A)		
	下部	Bunter Dvina-V		Moenkopi		Red Peak			Puesto Viejo		Upper Beaufort Burgersdorp *Cynognathus* zone	Middle Beaufort Katberg *Lystrosaurus* zone	Sinkiang Yerrapalli Panchet	Narrabeen Blina Arcadia Fremouw (A)		

そのほか，恐竜類はモロッコやエジプトからも発見されている．

シリア・レバノン山の石灰岩からは，最もよく知られる白亜紀の魚類動物相の一つをなす大量の硬骨魚類が見いだされている．

以上に簡単に紹介し検討した，中生代の脊椎動物を産する堆積物の対比関係を表17-1にまとめて示しておく．

中生代の終わり

中生代が去るとともに恐竜時代は終わった．1億年を超える期間にわたり陸上を優占したこれら雄偉な爬虫類は中生代の末に死に絶え，イクチオサウルス類，プレシオサウルス類，モササウルス類などの海生爬虫類も同じように姿を消した．そのほか飛翔性爬虫類の翼竜類も絶滅し，ワニ目の幾つかの亜目も消滅した．白亜紀後期の爬虫類は10の目に属して陸地上の考えうるほとんど全ての環境に生息し，また海洋の表面でも遠く広く分布していたが，これらのうち5目は白亜紀末に絶滅し，その後まもなく6番目が消えていった．生き残った4目の爬虫類は，カメ目，ワニ目，ムカシトカゲ目（1属だけ生存），それに有鱗目（トカゲ類・ヘビ類）である．

他の爬虫類が滅びた後にも，これらが生き残って鳥類や哺乳類と競争するようになったのはどういうわけか？ カメ類は甲羅で，ワニ類は強力な顎と水生という習性で保護されていた．ムカシトカゲ類は僻遠の少数の小島だけで生き延びたのだが，トカゲ類とヘビ類は，エネルギー消費量の少なさが重要な長所であるような生態的立場を利用することによって成功した．

生き残らなかった支配的爬虫類〔主竜類〕の幾つかのグループについては，かれらは同時に死に絶えたのではなかったらしい．イクチオサウルス類は白亜紀の末より前に消滅したことを物語るらしい証拠がある．それでも，優占的だった白亜紀の爬虫類が絶滅したことは，全体としてみれば，地質学的な意味で突然かつ劇的だった．多くは超大形だったおびただしい爬虫類が死に絶えて，ただカメ類，少数のワニ類，トカゲ類とヘビ類，極めて限られたムカシトカゲ類，および，新生代前期に短期間生存したカンプソサウルス類〔科：コリストデラ目〕だけが生き残ることになった．

では，いったい何が中生代の雄偉な爬虫類の絶滅をもたらしたのか？ これは極度に難しい問題で，それについてはっきりした答えは一つもない．ワニ類が新生代への移行期を乗り切ることができたくらいなら，小形恐竜のなかには確かに生き延びられた種類があったはずだ，と考えたいところだ．白亜紀後期－暁新世前期の環境変化は突然ではなく激烈でもなかったのだから，優占的爬虫類には，こうした変化が起こるにつれて新しい状態に順応していくことができた種類もあったのではないかと思われる．実際，被子植物あるいは顕花植物の確立と分布拡大，大陸の隆起の始まりなど，もろもろの変化は白亜紀の後半からすでに起きていたのであり，こうした展開に対して恐竜類は格別の困難もなく適応していったようにみえるのである．

にもかかわらず，全ての恐竜類，イクチオサウルス類，プレシオサウルス類，および飛

翔性爬虫類が新生代の初頭までに地球上から消滅したという事実に変わりはない．環境条件が変化し，何かのわけがあって，支配的爬虫類〔主竜類〕は変化する世界に順応していくことができなかった，というのがいま言えることの全てである．これらの変化にはたぶん，中生代の大半にわたって存在したのよりも多様な気温と，赤道から南北両極まで幾つかの気候帯が分化したことが関係し，それらが植物界の状況と分布に影響を及ぼした．が，それらがどうであれ，中生代の支配的爬虫類を終息させる結果となった．

今日，白亜紀の末に生じた数多くの絶滅を解明しようとする説が2組ある．その一つはいろいろな地球上説で成っていて，外からの影響とは関係なく地球上で起こった出来事に説明を探しもとめる．もう一つは，白亜紀のもろもろの絶滅の根本原因として地球を超えた諸力に注目する，地球外説から成っている．

地球上説は，環境変化やその他の地球自体に結びついた出来事を大絶滅の基本的原因として構想するもので，多くの古生物学者は絶滅のほとんどはかなり漸移的だったと考えている．変わりゆく気候，変わりゆく植物相，大規模な山脈形成〔造山運動〕がもたらす諸種の変化などがみな要因だったのだろうという．たしかに，顕花植物に誘引される昆虫類が爆発的進化を起こしたのであり，かれらは，小さくて敏捷な哺乳類ならたやすく利用できても大きくて鈍重な爬虫類には利用できないような，新しい食物資源を表していた．恐竜類やかれらの同時代動物の多くは白亜紀後期にすでに衰退期にあったようなので，最後にやってきた諸多の絶滅は長らく続いていた一つの現象の最終段階だったのである．

他方，地球外説によれば，最後にきた白亜紀のあまたの絶滅は，破局的な衝突事件の突発的結果だった．つまり，ある1個の巨大な小惑星が地球に激突したとき，もしくは彗星のような多数の小さい天体が地球に降りそそいだときの影響が，大絶滅を引き起こしたのだという．この筋書きでは，衝突によって舞い上がった土煙が数年間にわたり大気圏に充満し，空を暗くし，全世界的に光合成の低下を招いた．その結果，陸上でも海洋でも同様に起きた植物界の危機が草食動物に二次的危機をもたらし，次いで肉食動物のなかに三次的危機を引き起こした，というのである．近年この説に人気があるのはとりわけ，それが，恐竜類やそのほか若干の爬虫類が白亜紀末に消滅したわけを語ってみせるかなり単純明快な説明だからだ．けれどもそれは，白亜紀の大絶滅が選別的だったこと，つまり，恐竜類と同時代だった無数の動物たちが白亜紀から新生代前期にかけて生き延びたわけを説明するものではない．

恐竜類やその他の中生代の支配的爬虫類〔主竜類〕が姿を消すや否や，哺乳類が本領を発揮しはじめた．最初の哺乳類は三畳紀にもう現れていたし，近代的な有胎盤哺乳類が白亜紀の世界にも生存していたのだが，これらの動物は中生代中期-後期の動物相のなかでは重要でない，小形のメンバーにとどまっていた．中生代に多彩な爬虫類の生存したことが最初期の哺乳類を"抑えつけて"いたらしいのであり，優勢な爬虫類が消滅して無数の生態的ニッチが空になって初めて，哺乳類が進化的適応の最初の"爆発"をほしいままにするようになった．新生代暁新世が始まる頃にはもう哺乳類が世界に豊かに棲みついており，それいらい今日まで哺乳類が最高位にあって支配を続けている．

18
哺乳類様爬虫類

Dimetrodon

単弓類とはどういうものか

　早期の爬虫類のなかに単弓類という亜綱があり，これはペンシルベニア紀の岩石に初めて現れる．これらの注目すべき興味深い爬虫類は，原始的爬虫類と哺乳類の隔たりを橋渡しするものだった．というのは，かれらの早期のメンバーは祖先のカプトリヌス形類にごく近縁だったのに対して，最末期の幾つかの属は，それらを爬虫類とみるか哺乳類とみるかがかなり不確かであるほど，哺乳類の段階にきわめて近づいたものだったからだ．原始的爬虫類から哺乳類にいたるこうした発展はすべて，ペンシルベニア紀の末から三畳紀の末までの間に起こった．

　前に述べたように，単弓類というのは眼窩の後ろに下側頭窓をもつ爬虫類だった．なかでも比較的原始的な属では，この開口部の上側は後眼窩骨と鱗状骨で縁どられていたが，ペルム紀後期－三畳紀に単弓類が進化するにつれて側頭窓が拡大し，ときには頭頂骨がこの上縁の一部に加わるまでになった．これらはその全歴史を通じて終始，四足歩行性の爬虫類だったのであり，この点でもろもろの他の爬虫類，とくに中生代に栄えた同類の多くとはっきり違っていた．さらに，単弓類は骨の消失に向かう傾向をほとんど示さなかったのだが，かれらの歴史の末期に構造上の発展で哺乳類段階にごく近くなったある動物群では，その消失はかなり顕著だった．原始的な松果体孔さえも，かれらの歴史のかなりの部分を通じて維持された．単弓類のなかには早くから，歯が，前方の切歯，大きな犬歯，および側方〔奥〕の頬歯に分化する傾向が生じ，後代の単弓類ではこの発展がかなり高度な歯の特殊化に行きついた．またこれらの爬虫類では，鼓膜は顎関節に近い，低い位置にあったようである．

　椎骨は原始的な両凹型——椎体〔椎骨の本体部分〕の前後両端がほぼ平らだが軽くくぼんだ型——であり，早期の単弓類では小さな間椎心がまだ維持されていた．肩帯〔肩甲骨など〕には烏口骨系の2個の要素，すなわち原始的な烏口骨（原烏口骨ともいう）と，その後ろに新しい1個の骨（後烏口骨または真烏口骨）があった．四肢はおおむね祖先のカプトリヌス形類の四肢に似ていたが，個々の骨が細くなり完全化することで進化的な前進を示した場合が多く，そのことは単弓類が地面を活発に，かなり効率よく歩きまわっていたことを物語っている．

　上記のような諸特徴に加えて，単弓亜綱爬虫類はその全歴史を通じて，生活がだんだん活動的になったことや，おそらくは体温をだんだんと制御できるようになったことを暗示する一定の進化傾向を見せるのである．後に述べることだが，早期の単弓類にすでに体温を制御する適応構造が現れていた．

　後代の数多くの単弓類は胴体を地面から高くもち上げるようになったが，早期のものは原始的な這いつくばった姿勢をとっていた．

　顎骨はしだいに食物の咀嚼ができる構造になり，高まる咀嚼力は，下顎で歯骨より後ろの諸骨が退化しついには消失することによって増強された．形態がだんだん分化した歯は，これらの動物がだんだん多く食べ，多く咀嚼するようになったことを反映している．また

骨口蓋〔二次口蓋〕の発達により，空気呼吸と食物咀嚼を同時に，しかも途切れなく行えるようになった．

単弓亜目は，相次いで現れた二つの目から成っていた．ペンシルベニア紀－ペルム紀の盤竜目と，ペルム紀－三畳紀（一部はジュラ紀）の獣弓目である．

盤　竜　類

単弓類の最初のものは，ペンシルベニア紀後期の盤竜類〔目〕だった．これらの爬虫類は，北アメリカ——とりわけテキサス，オクラホマ，ニューメキシコの地方——のペンシルベニア紀後期－ペルム紀前期の堆積物できわめて良好に記録されている進化的発展の一系統の始祖となった．その他の地方では盤竜類の遺物は断片的で，散らばっている．

早期の盤竜類はおおむね，単弓類のものとして上に列挙した原始的な特色をそなえていた．つまり，頭骨にはほぼ全ての骨要素があったけれども，ただ間側頭骨だけが欠けており，これは迷歯亜綱両生類が初期爬虫類に移行したときに失われたものだ．松果体孔が1個と，椎骨には間椎心があった．四肢はカプトリヌス形亜目爬虫類の四肢と同様だったが，いくらか細かった．早期のある種の盤竜類（*Archaeothyris* など）では頭蓋が，いろいろな点で，原始的なカプトリヌス形類（*Paleothyris* など）との類似——ほぼペンシルベニア紀前期までさかのぼる盤竜類の非常に古い起源を物語るのに十分な意味深い類似——を示している．

オフィアコドン類

最初の盤竜類はオフィアコドン類という亜目——上記の *Archaeothyris* はその極めて原始的な仲間——に入れられる（図18-1B）．この小形爬虫類では眼窩が大きく，*Paleothyris* の眼窩に比べるといくらか後ろ寄りに位置する．また頭蓋は，上側が後眼窩骨と鱗状骨で縁どられた小さい下側頭窓をもつ点に特徴があり，それによって盤竜類特有の様相を見せている．頭蓋の後頭部は後下方へ，ほぼ頭蓋と下顎との関節〔顎関節〕のレベルの位置まで傾斜し，これも盤竜類だけの特色である．また上顎の歯のサイズにかなりの分化があり，それが後代の多くの盤竜類に見られる歯の著しい特殊化を予示していた．しかし *Archaeothyris* は，他の多くの面，とくに頭蓋のいろいろな骨のサイズや相互関係で *Paleothyris* などの初期カプトリヌス形類から由来したことを明らかに示している．

ペルム紀前期の *Varanops* という属は体長およそ1mで，ほっそりした胴，細い四肢，それに長い尾を備えた小形爬虫類だった．この早期盤竜類では椎骨の棘突起がいくらか長く，特殊化したいろいろな盤竜類で棘突起がしばしば極端に長くなる現象を前触れしていた．頭蓋は幅がかなり狭くて丈が高く，眼窩は大きく，外側頭窓は拡大していたが，これらはもっと進歩した盤竜類にも共通することだ．下顎は非常に長く，歯は数が多く，鋭く尖っていた．耳切痕〔鼓膜の張っていた洞穴状の窪み〕があった形跡はなく，耳は顎関節の近くに位置していた．

この *Varanops* からペルム紀の大形爬虫類 *Ophiacodon* まではほんの一歩の隔たりだった．

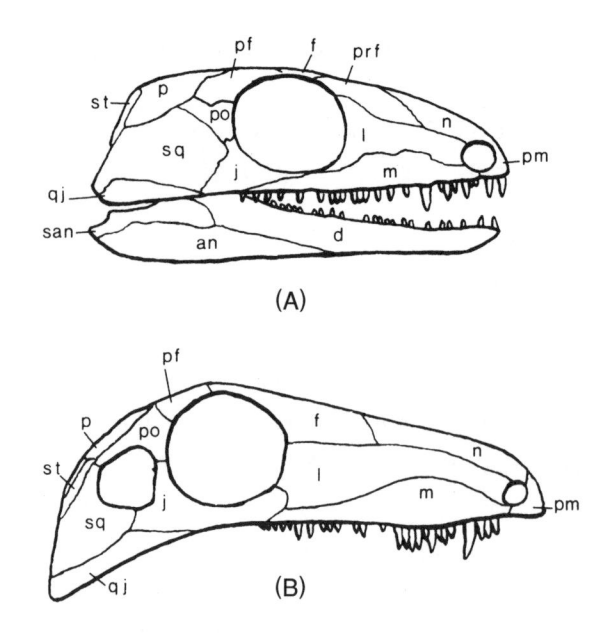

図 18-1 （A）*Paleothyris*，原始的な無弓亜綱爬虫類．北アメリカのペンシルベニア系中部から出るもの．頭蓋の長さ約 2.6 cm．（B）*Archaeothyris*，既知では最古の盤竜類．北アメリカのペンシルベニア系中部から出るもの．頭蓋の長さ約 8.6 cm．（B）では，下側頭窓があることに注意．略号については viii ページを参照．

後者は体長がふつう 1.5-1.8 m で，全体的にその先行者に似ていた．頭蓋は丈が非常に高く，長い下顎があり，そこには多数の鋭い歯が生えていた．*Ophiacodon* はたしかに河川湖沼の岸辺で生活していた魚食性の爬虫類だった．

盤竜類はオフィアコドン類を根幹とし，二つの方向へ進化した（図 18-2, 18-3）．その一系統は大形で攻撃性の強い陸生肉食動物のスフェナコドン類へ，他の一系統は大形植食動物のエダフォサウルス類へ発展した．

スフェナコドン類

スフェナコドン類〔亜目〕はオフィアコドン類に始まっていた進化傾向をペルム紀にさらに進展させ，骨格の全体観でこれら 2 群はさまざまな類似を見せる．しかしスフェナコドン類には，二つの点でオフィアコドン類のどんな特殊化をも超える形質が発達した．第一に，スフェナコドン類の歯牙系は著しく分化していて，これは頭蓋の精妙化と関連した一種の特殊化だった．犬歯に似た短剣のような大きな歯が，前上顎骨，上顎骨の前部，および下顎の歯骨の前部に生えていた．対照的に，それらの前方で歯列の両側に生えた歯はずっと小さかった．頭蓋は丈が高くて幅が狭く，これは，長くて強力な顎筋〔咀嚼筋〕，つまり口を大きく開けたのち強力に閉じる筋肉群に合った適応構造である．こうした特殊化は明らかに，他の大きな脊椎動物を捕食する攻撃性のつよい爬虫類にとって実に有利なものだった．

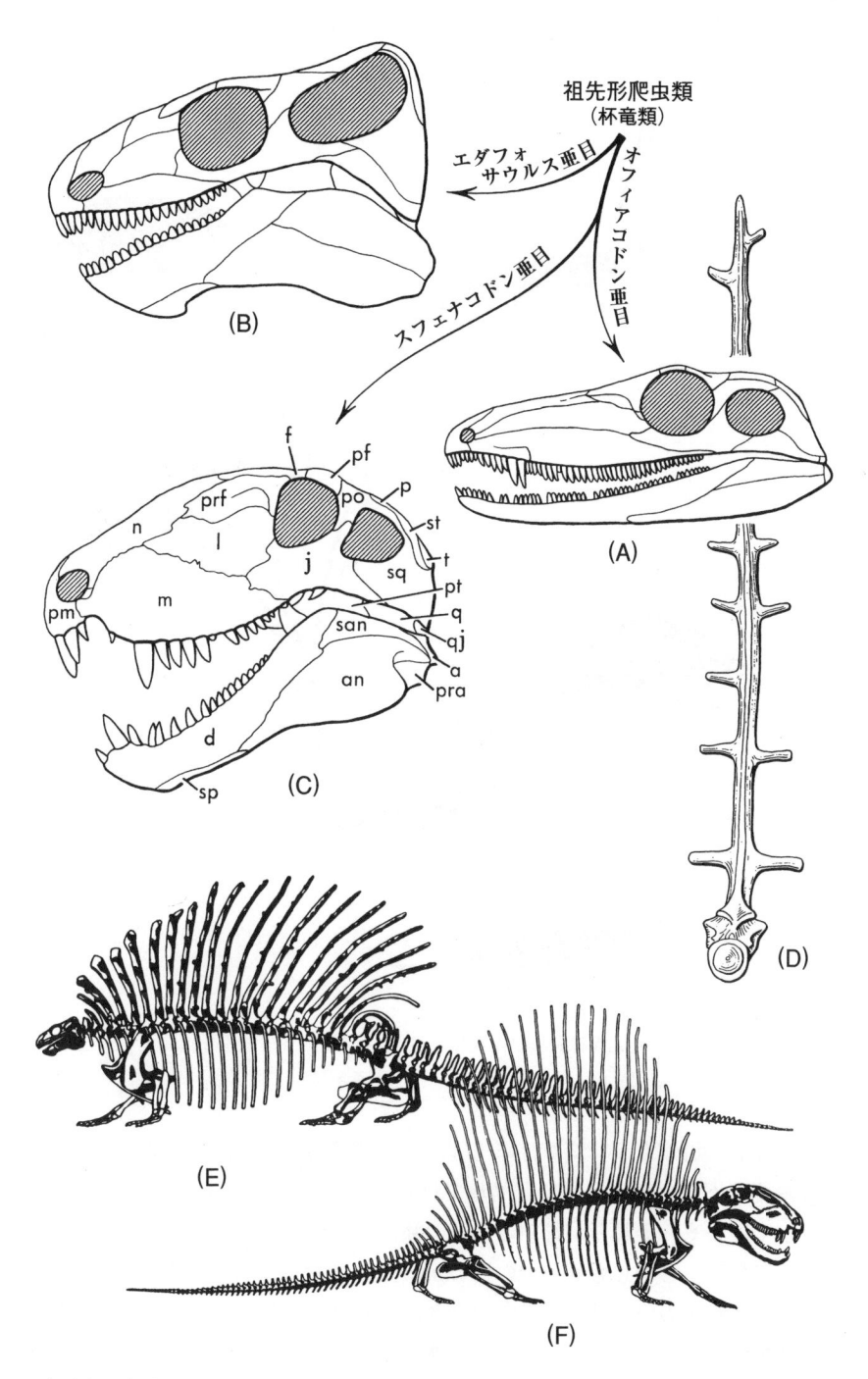

図 18-2 盤竜類．（A）*Varanosaurus* の頭骨，長さ約 12 cm．（B）*Edaphosaurus* の頭骨，長さ約 15 cm．（C）*Dimetrodon* の頭骨，長さ約 32 cm．（D）後方から見た *Edaphosaurus* の胴部の椎骨，高さ約 37 cm．ただし，椎骨の高さがこれの 2 倍ほどある種類もいた．（E）草食動物，*Edaphosaurus* の全身骨格，全長は 1.8-3.3 m．（F）肉食動物，*Dimetrodon* の全身骨格，全長は 1.8-3.3 m．略号については viii ページを参照．

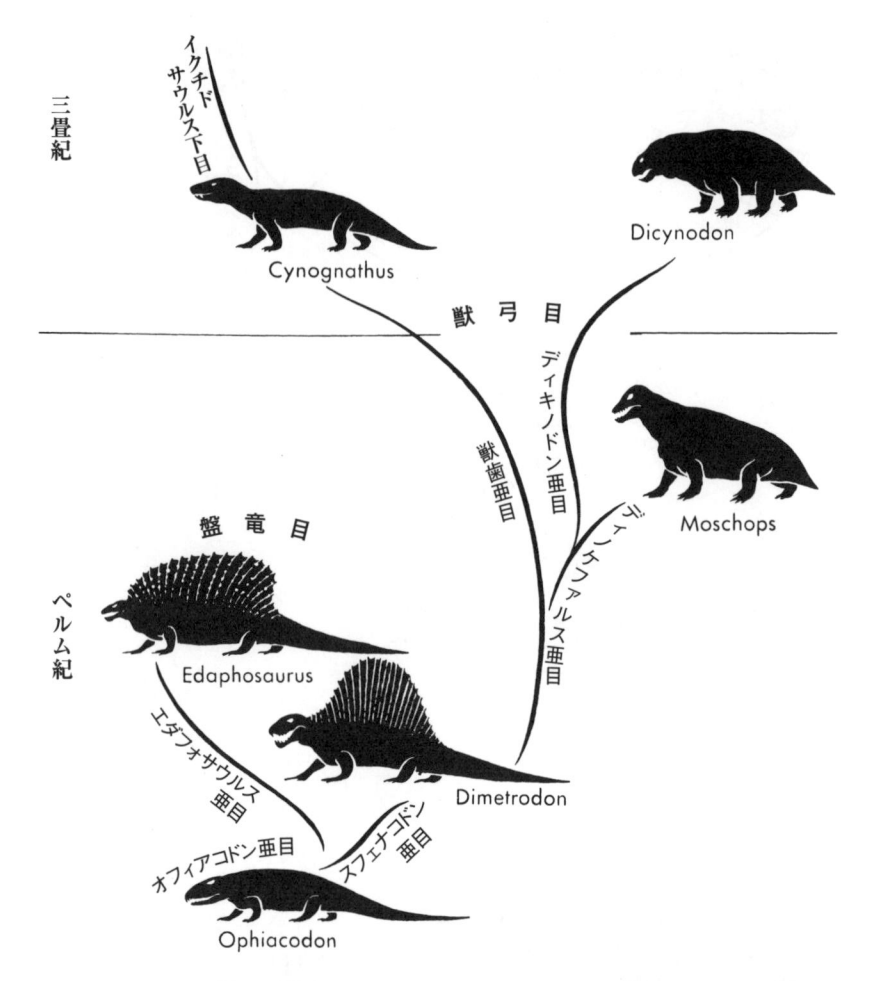

図18-3 単弓類,すなわち哺乳類様爬虫類の進化.(ロイス M. ダーリング画)

　スフェナコドン類のもう一つの特殊化は椎骨の棘突起が長く伸びたことで,これを理解するのは頭蓋や下顎の変形発展ほど簡単ではない. Sphenacodon 属では,棘突起は高かったが甚だしくはなく,それらが背中と頸部の強大な筋群の起始部と付着部になっていたことは明らかである.しかしもう一つの属 Dimetrodon では,頸椎から腰の仙椎までの棘は途方もなく長く,背中の中央付近で最大の高さに達した.これらの棘が一枚の皮膜を支えていたことはまず確かであり,この驚くべき爬虫類の背中のまん中に前後方向の"帆"が立っていたわけである.これほど極端な構造上の変形は Dimetrodon の生活のなかで重要な意味をもっていたのに違いなく,相当な適応価をもっていたと考えるのが順当だろう.確かに Dimetrodon はかなり長い地質時代にわたってよく栄えた爬虫類であった.
　では, Dimetrodon の"帆"はどんな意味をもっていたのか? この問題は長年にわたっ

て議論され，いろいろな解釈が唱えられている．初めのころには，こうした構造物は実際に船の帆のように機能し，風によって動物体を推進させたのだと言われたこともある．この仮説は，もっと水生だったオフィアコドン類が帆を持たないのに，陸生の盤竜類がそれを備えていたという理由から退けられた．防衛用のはたらきも考えられたが，これには骨性の支柱の先端がもっと尖っている必要があろうし（実際には穏やかに丸まっていた），闘争の際に破損する可能性もあろう．実際には破損のほとんどは化石になった後に起きたもので，生存中に破損していた例は稀なのである．帆はなにか他の意味で保護のはたらきをもっていたと主張する向きもあったが，このような構造物がその動物の保護に大きく役立ったとみるのは難しい．また，この帆は一種の"心理戦争"の装置だったこと，つまり帆によって動物体を大きく印象強く見せかけ，敵になりそうな相手を威嚇したのだ，という主張もあった．この説明にはあまり説得力がない．さらに，帆は性的二型の表れだった——大きな帆をもつ *Dimetrodon* は雄で，帆をもたない *Sphenacodon* は雌だった——という説もあった．しかしこの提言には証拠が反論する．これらの2種類は別々の地域から出ているからだ．*Dimetrodon* はテキサス州，*Sphenacodon* はニューメキシコ州で見いだされており，これらの地域はペルム紀前期には生態学的に隔てられていた．

　これまでに提出されたなかでたぶん最も信用できる説明は，帆は体温調節にはたらく装置であり，体を温めあるいは冷やす効果を高めるよう体表面積を大きくしていたというものだ．この推定は，棘突起の長さで決まる帆の面積は *Dimetrodon* の幾つかの種において体サイズに比例して変異するという事実により強化される．つまり，これらの爬虫類のうち最大のものは体のサイズと不釣合に丈の高い棘を持っており，これは，体温調節がその機能だったとするとまさしく期待どおりのことである．なぜなら，筋肉はすべて収縮するときに筋肉の量にほぼ比例するだけの熱を発生し，それは体積（または長さの3乗）に比例して変異するからだ．他方，熱の放散は体の表面を通じておこるが，その面積は，動物体が同じ形〔相似形〕を保つのならば長さの2乗に比例して変異する．しかし前記のとおり，*Dimetrodon* は同じ形を保ったのではない．帆の表面積は体のサイズと不釣合に，体の体積と歩調を合わせて大きくなったからである．これは，帆が体熱調節装置として使われたことを支持する強力な生理学的論議なのだが，それというのも，冷却効率（帆の表面積で測る）は，体の熱を発生する能力（体積または筋肉量で測る）と歩調を合わせていたからだ．また，熱発生の機能を物語るのは各椎骨の基部にあった血管の通る大きな孔で，帆が血液を十分供給されていたことを示しており，防衛用の武器に期待されることとは正反対である．その上，次の節で述べることだが，盤竜類のある種類は，棘突起の主軸から直角に突き出た横桁（図18-2D）により帆の表面積をさらに増大させていたのであり，これもまた帆の機能における表面積の重要性を物語っている．

エダフォサウルス類

　オフィアコドン類を祖として発展したペルム紀の第2の進化系統，エダフォサウルス類〔亜目〕はスフェナコドン類の系統とまったく違っていた．この仲間はおとなしい植食動

物で，頭骨と歯の構造がそのことを示している．かれらの頭骨は体のサイズに比べて異様に小さかった．スフェナコドン類の長くて丈の高い頭骨に対比すると，エダフォサウルス類のそれは短くて丈がかなり低い．歯は，サイズでスフェナコドン類ほど顕著に分化せずにほとんど一様であり，顎骨の縁にそって途切れのない列をなしていた．こうした顎骨の周縁歯のほかに，口蓋面にも歯の群れ〔口蓋歯〕があった．

Edaphosaurus 属の特徴は椎骨の棘突起の伸長にあったが，その棘は *Dimetrodon* の棘より頑丈であり，上下の全長にわたって不規則にならぶ多数の短い横桁——帆船のマストに取り付けられた多数の帆桁(ほげた)を思わせるもの——で飾られていた．これらの特色のため，*Edaphosaurus* は *Dimetrodon* よりいっそう謎めいた動物になっている．こうした適応構造にはいったい，どんな意味があったのだろうか？ *Edaphosaurus* の奇妙な帆や棘突起の成長や栄養補給は確かに，この動物のエネルギーにとって重大な乱費になったに違いない．横桁の存在は帆の表面積をさらに増大したもので，おそらくこれが帆の体熱調節器としての効果を高めていたのだろう．

もっとも，エダフォサウルス類のすべてが帆を備えていたわけではない．*Casea* や近縁の *Cotylorhynchus* は，小さい頭部と樽のような胴をもつどっしりした体格のエダフォサウルス類だった．*Cotylorhynchus* は盤竜類のなかで最大のもので，たぶんパレイアサウルス類が南アフリカやロシアでしていたのと同様の役割を，北アメリカのペルム紀前期の爬虫類のなかで演じていたのだろう．

獣 弓 類

盤竜類——年代ではペンシルベニア紀後期−ペルム紀後期に生存し，ほとんど北アメリカで出るもの——と対照的に，獣弓類〔目〕はペルム紀中期・後期−ジュラ紀のもので，すべての大陸地域，それも特に南アフリカのカルー堆積物から知られている．獣弓類は盤竜類を祖として発展したらしいが，その歴史の初め以来，かれらは他の爬虫類が到達したものと大きく違う特殊化の達成にいたる進化傾向をたどった．かれらは哺乳類につながる道を進んだのであり，幾つかの種類は体の構造で哺乳類段階の寸前まで近づいた．

前にふれたように，獣弓類のなかには下側頭窓が大きくなる強い傾向がおこり，そのため，進歩した種類ではその開口部の上縁は頭頂骨——後眼窩骨と鱗状骨ではなく——でできていた．方形骨と方形頬骨は退化し，大半の爬虫類がもつ大きい方形骨と比べると，頭蓋にゆるくつながる小さい要素になった．

もっと進歩した獣弓類では，元来の爬虫類型の口蓋〔一次口蓋〕の下〔口腔側〕に二次口蓋が発達し，この新しい口蓋は前上顎骨，上顎骨，および口蓋骨で構成された．他方，翼状骨はふつう脳頭蓋と固く合体していた．形がだんだん複雑になった歯は，獣弓類がすでに食物を咀嚼(そしゃく)していたことを暗示している．他のほとんどの爬虫類，両生類，それに魚類は食物の一片をただ咬(か)み取るだけで，咀嚼はしない．二次口蓋は鼻腔と口腔を分け隔てるもので，とくに食物を食べている間に空気呼吸の効率を高めるはたらきをする．このような口蓋をもたない動物たちは，食物が口の中にある間は呼吸を一時止めるのであり，かれ

らは食べることと呼吸を同時に行うことができない．獣弓類にはもっと呼吸をして同時にもっと咀嚼することが必要だったのであり，呼吸の過程を中断せずに咀嚼することがだんだん重要になっていたのである．

下顎の骨格では，歯骨が他の要素骨を犠牲にして大きくなる傾向が生じた．ほとんどの獣弓類では角骨に大きな湾入部があり，その下側は顕著な出縁で縁どられていた．この形質はスフェナコドン亜目盤竜類から受け継がれたもので，そこではこれは顎を閉じる強力な翼状筋群の付着部をなす適応構造だった．獣弓類では歯の形の分化が高度に進展し，進歩した諸属ははっきり異なる切歯，犬歯，および頬歯（頬歯が副咬頭や幅広い歯冠をもつ複雑な形になっている種類もあった）を示していた．獣弓類には，頭蓋後端の後頭顆〔第1頸椎との関節〕が哺乳類のように左右1対〔爬虫類では中央に1個〕になっている種類も多かった．

頭部より後ろの骨格では，肋骨や椎骨の形が部位によってかなり分化していた場合がしばしばあって，頸部の骨は胴〔胸部と腰部〕とはっきり異なり，その胴には腰部が区別されることもあった．四肢はふつう胴の下に"引っ込め"られる型で，肘は多少とも後方に向き，膝は前方へ向いていた．このため胴は地面から高く持ち上げられ，それで場所移動の効率が高められていた．これは，盤竜類の特徴だった這いつくばった姿勢から離脱したものである．肩帯では肩甲骨が大きな骨で，ほかに烏口骨系の2個の要素骨があった．腰帯では，腸骨が前方へ拡大し，また一般に長くなった仙骨があって脊柱と骨盤をつなぐ強固な結合部になっていた．足部の骨は十分よく形成され，乾いた地面で効果的に歩いたり走ったりするのに適応していた．

このような全般的体制を示しながら獣弓類はペルム紀－三畳紀に発展し，その過程でこれらの爬虫類は，ペルム紀中期の祖先から興ったのち適応放散の3群の系統をたどった．その一つはディノケファルス類〔亜目〕を含むもので，下顎をただ上下方向に開閉させるだけの単純な顎関節〔蝶番型〕を持ちつづけた．ディノケファルス類は大形動物になり，多くの場合，分厚い頭骨をもっていた．第2はほとんど草食性だったアノモドン類の系統で，これは地理的に広く分布したディキノドン類〔亜目〕で頂点に達したグループである．アノモドン類は，下顎がいくらか前後方向にも動くことのできる滑動型の顎関節を発達させた．獣弓類の第3の系統は，極めて哺乳類に似ていて主として肉食性だった獣歯類〔亜目〕である．この獣歯類でも下顎が前後運動できるようになったのだが，上記とは別の方法によった．方形骨が自由になり，それが，上側の頭蓋と下側の下顎の関節骨とがつくる顎関節において，前後に振れ動くようになっていたのである．

エオティタノスクス類

獣弓類の根幹グループはエオティタノスクス類〔亜目〕である．ロシアのペルム系中部から出るこの仲間の一つ，*Biarmosuchus*（図18-4A）は既知の獣弓類のうち最も原始的なものの一つで，頭蓋の諸特徴の大半でスフェナコドン亜目盤竜類の頭蓋との意味深い類似を見せていた．この初期獣弓類では，眼窩は大きくて頭蓋の後部にあり，他方，眼窩の後

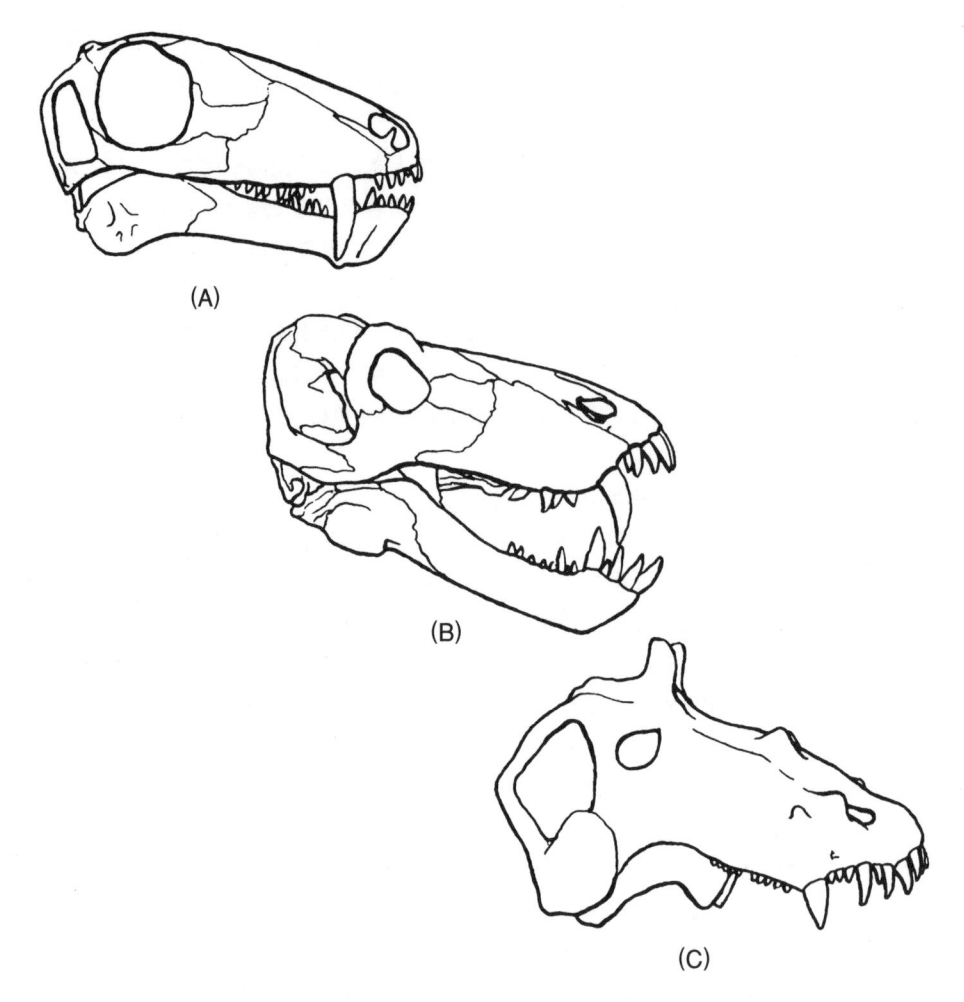

図 18-4 ロシアのペルム系から出る単弓類の頭骨. (A)*Biarmosuchus*, 原始的な獣弓類の一つ. 頭骨の長さ約18cm. (B)*Titanophoneus*, ディノケファルス類の一つ. 頭骨の長さ約25cm. (C)*Estemmenosuchus*, ディノケファルス類の一つ. 頭蓋の長さ約80cm.

ろには上下に細長い側頭窓——上縁を後眼窩骨と鱗状骨が縁どる——があり,これは単弓類の基本的状態である. スフェナコドン類でと同じように,かなり丈の高い頭蓋の側面をなす上顎骨は大きくて,涙骨を外鼻孔から隔てていた. 上顎骨の前部には非常に大きな犬歯があった一方,口蓋領域の翼状骨にも歯が生えていた. 椎骨は原始的なスフェナコドン類のそれらに似ていたが,盤竜類特有の長い棘突起は備えていなかった. 肩帯と腰帯や四肢の諸骨の形状,とりわけ内側へ折れ曲がった大腿骨頭や足部のほぼ内外相称の構造は,この獣弓類が足を胴の真下へ伸ばし,"半直立"ともいうべき姿勢で歩いていたことを示している.

ロシアのペルム系上部から出る *Phthinosuchus*——*Biarmosuchus* より幾らか進歩したもの——は,知られている最も原始的な獣弓類と,この目のもっと高度に進化したメンバーと

を結びつけるものである．*Phthinosuchus* の頭骨もスフェナコドン類の頭骨に非常によく似ていたが，側頭窓が大きいこと，顎関節の位置が低いこと，上下顎ともに各1本の大きな犬歯があったことなどの点で，この動物は獣弓類に向かう進歩を見せている．全身の骨格も同じく獣弓類の状態に近づいていたようにみえる．ちょうど中間的なこうした種類から獣弓類は上に述べたような主に3群の適応放散の系統にそって進化した．

ディノケファルス類

ペルム紀のディノケファルス類〔亜目〕（図18-4B，C）はいろいろな意味で獣弓類のうち最も古代的なもので，獣弓類型の適応構造――腸骨の拡大や四肢の全体的姿勢など――を示してはいたが，なお盤竜類の原始的特徴をいくつも維持していた．例えば，二次口蓋は発達していなかったし，下顎の歯骨は普通のサイズだった．ディノケファルス類固有の特徴は体サイズが大きかったことと，頭部の諸骨が分厚かったことである．頭蓋の頭頂部がドームかこぶのように盛り上がっていることが多く，その真ん中に大きな松果体孔が開いていた．これらの爬虫類はかさの高い動物で，生存時体重はしばしば450 kgかそれ以上もあったに違いない．

ディノケファルス類の顕著な特色だった巨大化に向かう傾向はかれらの歴史の早い段階で現れた．そのため，獣弓類進化のこの壮大な記録をそっくり包蔵する南アフリカ・カルー統の下部は，これらの大動物の骨で満ちている．そして，ディノケファルス類には早い時期に二股分岐がおこり，その一分枝，ティタノスクス類〔科〕は重々しい大形肉食動物になり，他の分枝，タピノケファルス類〔科〕は同じくどっしりした大形草食動物になった．ティタノスクス類が，イトコに当たるタピノケファルス類を盛んに捕食していたと思われる正当な理由もある．

ディノケファルス類として最古でありながらかなり特殊化した種類の一つは *Estemmenosuchus*（図18-4C）で，ロシアのペルム系上部ゾーンの最下層から出るティタノスクス科の動物である．この奇妙な獣弓類は頭蓋に，眼の上で上方へ突き出た角のような1対の突起，外側方へ突き出た大きな頬骨の突起，背面の前部の小さい丸いこぶ，などを備えていた．こうした気味悪いいろいろな突出物は，なにか防衛上の特徴として役立っていたのだろうか．この爬虫類には大きな犬歯と切歯があったが，頬歯は奇妙に小さかった．

この他のティタノスクス類の代表として，ロシアで出る *Titanophoneus*（図18-4B）や南アフリカの *Jonkeria* がある．前者はほぼ中サイズの獣弓類だったのに対して，*Jonkeria* は大サイズで，体長は4mかそれ以上あった．この重々しい大形肉食動物では，がっしりした頭蓋の鼻吻部が長大で，鋭い歯の列をそなえ，そのうち大きな切歯の後ろには前後上下に各1本，突き刺し型の長い犬歯があった．頬歯は比較的小さかった．胴は大きく頑丈で，四肢はきわめて強固だった．

典型的なタピノケファルス類の一つ，*Moschops* では頭骨は丈が高くて短く，歯は形が分化せずに杭状をしていた．比較的短い顎骨に生えたこれらの歯が草食に適応したものだったことは確かなようである．肩は骨盤付近よりずっと高いところにあり，そのため背中は

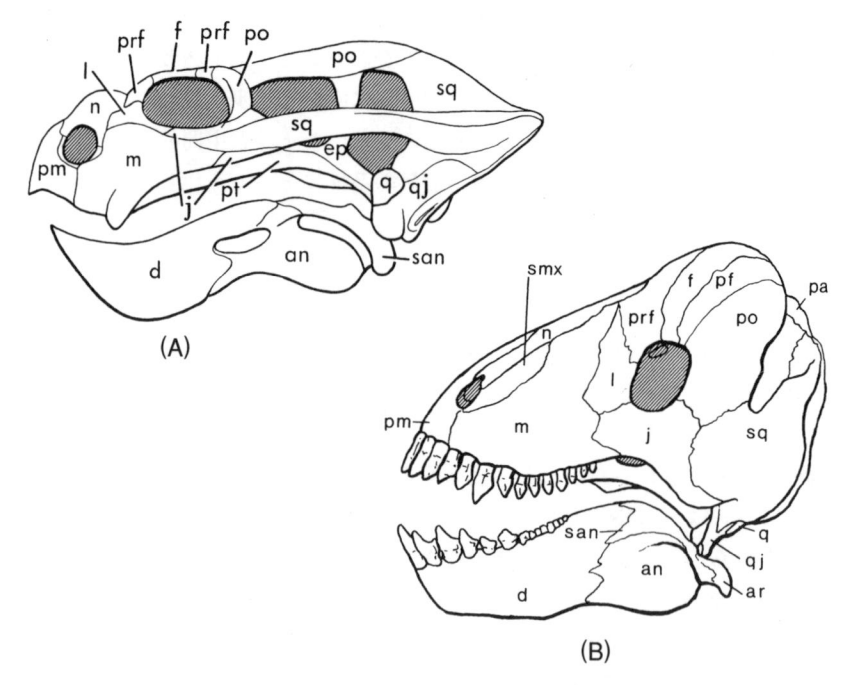

図18-5 南アフリカ・カルー統のペルム紀層から出る哺乳類様爬虫類(獣弓類).(A)*Dicynodon*,ディキノドン類の一つ.頭骨の長さ約14 cm.(B)*Ulemosaurus*,ディノケファルス類の一つ.頭骨の長さ約41 cm. 略号については viii ページを参照.

キリンのように頸部から尾部まで後ろへ傾斜していた.四肢は頑丈で,足部は幅が広かった.*Moschops* やその近縁種類はたぶん,ペルム紀の間,かなり乾燥した高地地方で得られる植生を食べながら放浪していたのだろう.

ディキノドン類

　少数の属からなるヴェニューコヴィア形類〔下目〕というのはディキノドン類〔亜目〕の早期の先行グループだった.ロシアのペルム系から出た *Venjukovia* を典型とするこれらの爬虫類では,まず歯牙系が退化していた.それとともに,頭骨がここで検討するディキノドン類の高度に進化した頭骨をたしかに予示する,比率の変化を見せていた.

　系統発生的な寿命,個体数,陸上での分布範囲などが繁栄の基準になるとすれば,ディキノドン類は獣弓類のなかで最も栄えた群であった.かれらはペルム紀中期に出現し,同紀の中期から三畳紀の全体にわたり,*Dicynodon*(図18-5)に見られるような一様性のつよい構造パタンを保ちながら進化した.ペルム紀後期にかれらは,少なくとも化石記録が示すところでは,あらゆる爬虫類のなかで最もありふれたものの一つになり,三畳紀にはすべての大陸に広がって全世界的分布を謳歌した.

　ディキノドン類の大きさには,南アフリカのペルム系から出る *Endothiodon* のような体長30 cmほどのものから,ブラジルの三畳系から出る *Stahleckeria* やアリゾナ州で出る *Plac-*

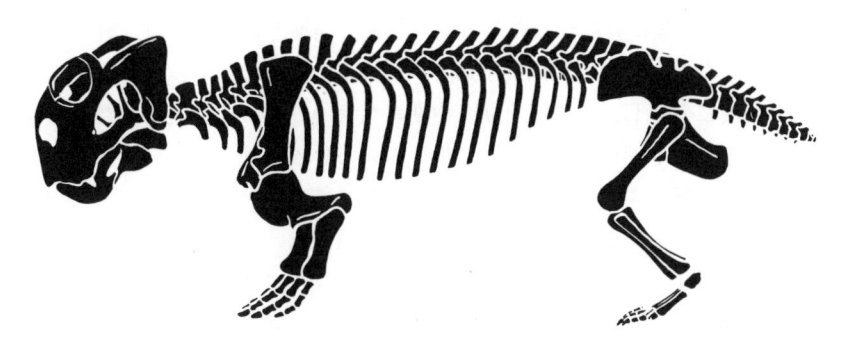

図 18-6 *Lytrosaurus*，三畳紀前期のディキノドン類の一つ．体長約 54 cm．南アフリカ，インド，ロシア，中国，および南極大陸で発見されるもの．

erias のように，最大のディノケファルス類ほどもある大形でかさの高い種類まで著しい変異があった．胴は短くて幅が広く，強そうな四肢により通常の獣弓類のように地面から高く離れた位置に支えられていた．腸骨は広くて頑丈であり，肩帯も同様に大きくて強固だった．尾は短かった．

ところで，ディキノドン類で最も顕著な特殊化を示すのは明らかに頭蓋であり，それは確かに他の獣弓類のそれとは違っていた．側頭部の諸骨は頑丈ではあったが，側頭窓の拡大とそれらの下縁のくいこみのために細くなり，多くの骨が長く弓状になっていた．実際ディキノドン類の頭蓋は，その開放的な構造と，眼窩より後ろに（広い板状ではなく）長い弓状の骨があった点で注目する必要がある．頭蓋と下顎の前部は幅が狭くてくちばし状になっており，ある種類の上顎にあった1対の大きな牙は別として，歯はみな小さな名残であるか，あるいは全く存在しなかった．上下の顎骨が現生カメ類のくちばしのように角質の鞘(さや)で覆われていたことはまず疑いがない．ディキノドン類の牙の有無は性的二型の表れだと考えられたこともあった．これが当たっている種類が幾つかあったにしても，非常によく栄えたこれらの獣弓類の大半については明らかにそうではない．一般的にいって，これは爬虫類としてかなり珍しいデザインだったのだが，にもかかわらず，いたって上首尾な構造であった．ディキノドン類は草食動物だった可能性がきわめて大きい．

Lytrosaurus（図 18-6）という三畳紀の属は，河川や湖沼の岸辺で生活した水陸両生動物だったらしい．二十世紀後期における重要な発見の一つはこの *Lytrosaurus* が南極大陸で見つかったことだ．南アフリカの *Lytrosaurus* と同じ種に属したこのディキノドン類は，根幹的爬虫類の *Procolophon* と一緒に見いだされている．*Lytrosaurus* はまた，インドやロシアと並んで中国でも見つかっている．今は遠く離れている諸大陸にこの爬虫類の化石が出ることは，古生代後期－中生代前期に南半球に膨大な超大陸，ゴンドワナが広がっていたという構想を裏付ける証拠の一つになっている．

獣歯類

ディノケファルス類やディキノドン類がそれぞれぎこちない仕方で進化していたころ，

獣歯類〔亜目〕が哺乳類に直接つながる方向へ急速に発展しつつあった．獣弓類のなかで最も哺乳類様（よう）だったこれらの爬虫類は小形ないし大形の動物で，ペルム紀中期に現れ，同紀のその後の期間に発展し，三畳紀前期－中期に生存を続け，その後だんだん数を減らしながら三畳紀末まで生き延びた．かれらは世界のいろいろな地方で発見されているが，最も数が多くて保存状態がよいのは南アフリカ・カルー統の地層でである．

獣弓目のなかで多彩で大きな1亜目を構成する獣歯類は，多少とも並行して進化した幾つかの下目に分けることができる．それらのうちではゴルゴノプス類というのがたぶん最も原始的で，年代的にはペルム紀だけに限られる．ゴルゴノプス類よりいくらかもっと哺乳類様だったテロケファルス類は，ペルム紀－三畳紀前期の堆積物にわたっている．第3の下目，キノドン類は獣歯類のなかで最も哺乳類様であり，キノドン類から出た幾つかの分枝，特にトリチロドン類とイクチドサウルス類〔ともに下目〕は，細かい骨学上の項目に注目しなければ哺乳類から除外できないほど哺乳類の状態に近くなっていた．

ペルム紀の *Lycaenops*（図18-7）を典型とするゴルゴノプス類という獣歯類は，後代の獣歯類で頂点に達するいくつもの進化傾向の開祖になった．つまり，こうした早期の獣歯類では下顎の歯骨が大きかったがキノドン類のそれほどではなかったし，歯の形は分化していたものの高度の特殊化はしていなかったし，二次口蓋はまだ出来ていなかった．後頭顆〔第1頸椎との関節をなす突起〕は一般の爬虫類と同じく正中部に1個で，後代の大半の獣歯類や全ての哺乳類のように1対ではなかった．*Lycaenops* については頭部より後ろの骨格もよく分かっており，いくらか哺乳類様だった．前肢はまだ這いつくばった姿勢で上腕骨が水平に近い位置をとっていたが，後肢は這いつくばりの姿勢もとれるし，もっと哺乳類的な歩行様式――膝頭（ひざがしら）が前へ向き，脚は胴の下にあって前後方向に振れる――をとることもできた．

獣歯亜目の第2のグループは，ペルム紀－三畳紀のテロケファルス類〔下目〕だった．*Lyrosuchus* のような早期のテロケファルス類はいろいろな点でゴルゴノプス類と同じくらい原始的だったが，かれらは，側頭窓が拡大したことや指節骨の数が哺乳類型に減少したことなどかなりの前進を示していた．後代のテロケファルス類からは，獣歯類のさらに他のグループ，高度に特殊化した形質をいくつも備えたバウリア形類〔下目〕が興った．例えば *Bauria* には眼窩と側頭窓を隔てる弓状の骨は存在せず，これは原始哺乳類の特徴的状態である．

獣歯亜目の第3の最も多様だったグループはキノドン類〔下目〕である．これらは小形ないし中形の獣弓類で，獲物を追うとき比較的すばやい動きができるような発達を示していた．そのなかでは *Cynognathus*（図18-8）をキノドン類の典型とみることができる．三畳紀前期のこの動物の大きさは，最大のもので大形のイヌかオオカミぐらいだった．これは全体の形でだいたいイヌに似たかなり大きい頭骨をもっていて，"犬の顎"を意味する *Cynognathus* という学名はそのためである．頭蓋は前後に長く，幅がやや狭かった．眼窩の後ろには大きな側頭窓――その上縁を頭頂骨が縁どる――があり，その窓の中には下顎を閉じる強力な筋肉がおさまっていた．頭蓋前部では上顎骨が拡大して鼻吻部の側面に大

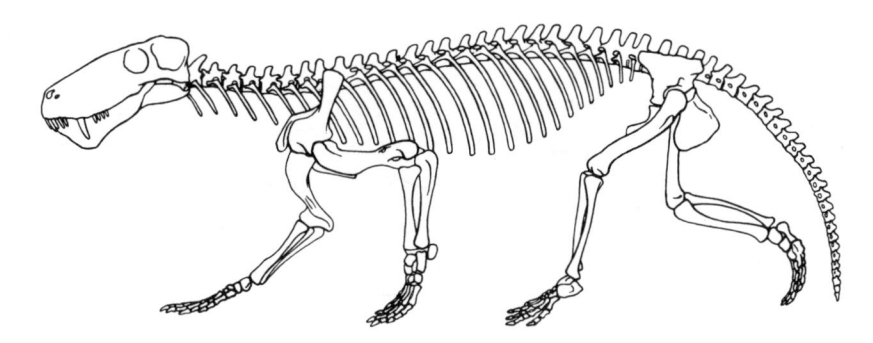

図18-7 *Lycaenops*，ゴルゴノプス下目獣歯類の一つ．体長約 1.0 m．獣弓類の骨格における哺乳類様の特徴と姿勢の好例．

きな骨板を形成していた一方，下顎では歯骨が非常に大きくて下顎骨格のほとんど全体をなし，歯骨より後ろの諸骨は小さく押し詰められていた．歯は高度に特殊化し，形が分化していた．上下とも顎骨の前部には明らかに挟み切りに適応した木釘のような小さい切歯が並んでいた．切歯の後ろには，隙間〔歯隙〕を隔てて，上下顎ともに非常に大きな各1本の犬歯があった．犬歯は確かに突き刺しと引き裂きに適したもので，*Cynognathus* が極めて捕食性の強い動物だったことを物語っている．大きな犬歯の後ろには，また隙間で隔たった頬歯（犬後歯）が並び，これらは *Cynognathus* では各側に約9本に限られ，各歯の形は副咬頭の発達により特殊化していた．これらの歯は食物を噛んで切断するのに向いており，この動物が普通の爬虫類がするように獲物を丸呑みするのではなく，呑み下す前に比較的小さい破片に切り刻んでいたのに違いないことを示している．

また *Cynognathus* には二次口蓋がよく発達し，それが鼻腔と口腔を隔てていた．この爬虫類が食物を細かく切り刻んでいた徴候は鼻腔と口腔が分離していた証拠と相まって，これが活動的な動物だったことを示している．小さい肉片は消化管で容易に消化されたに違いなく，エネルギー消費——この動物では"典型的"爬虫類と比べてずっと大きかったはずのもの——を急速に補充しただろう．

頭蓋の方形骨と下顎の角骨が上下顎骨の動きの中心である蝶番〔顎関節〕を形づくっていたが，これらの骨はごく小さかった．頭蓋は左右の外後頭骨でできた1対の後頭顆により第1頸椎につながっていた．

Cynognathus の脊柱は顕著に分化し，小さい肋骨を付けた頸部，大きな肋骨を備えた背中の部分〔胸部〕，また小さい肋骨をもつ腰部，数個の椎骨からなる仙骨，および尾部と，形が違っていた．仙骨が前後に長かったため，そこに連結する腸骨はおもに板状部の前方への成長によって拡大し，これが腸骨に哺乳類的な外形を与えていた．肩甲骨はまた，その前縁が外向きに反っていた点でも哺乳類的状態に向かって進んでいた．これが哺乳類特有の肩甲棘の始まりだったのである．

Cynognathus の四肢は胴の真下に伸び，肘は後方へ，膝は前方へ多少突き出ており，これは四足動物において場所移動の効率を高める姿勢である（図18-9）．足部はよく形成され，

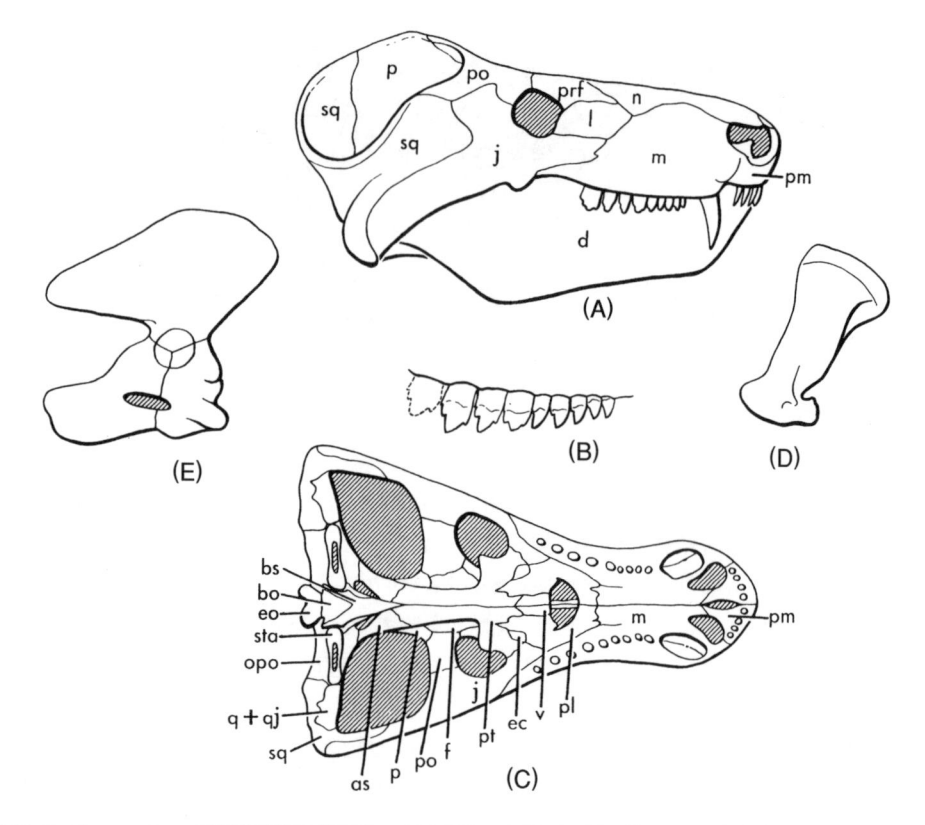

図18-8 *Cynognathus*，三畳紀前期の獣弓類．(A) 頭骨の右側面．長さ約 40 cm．(B) 犬後歯を拡大したところで，咬頭の状態を示す〔右が前方〕．(C) 頭蓋の口蓋面．(D) 左肩甲骨の側面．(E) 左骨盤の側面．略号については viii ページを参照．頭蓋の大きな側頭窓，大きな犬歯や複数の咬頭をもつ頬歯のある分化した歯列，下顎の大半をなす大きな歯骨，肩甲骨の前縁の肩甲棘，骨盤の拡大した腸骨〔上半部〕，などに注意．

同じような形の指の発達によって歩行によく適応していた．この動物では本来の指節骨の消失はなかったが，その幾つかがひどく短縮していた．しかし他の獣歯類には，指節骨が全般に退化し，親指〔第1指〕には2個，他の4指には3個という哺乳類型の数になった種類もいた．

　*Cynognathus*について上に描写したさまざまな特殊化形態は，それが極めて活発な肉食動物だったことを示している．爬虫類の一つとしてそれは多くの点で哺乳類の発展段階に近づいていたのだが，こうした化石に表れない諸形質ではどうだったのかを知りたいところだ．*Cynognathus*の体は毛で覆われていたのか？ 体温はかなり一定していたのか？

　*Cynognathus*属だけに限らず，獣歯類のなかには，かれらが哺乳類状態に近づいていたことを暗示するいろいろな手掛かりがある．例えば，南アフリカの三畳系から出る *Thrinaxodon*（図18-10）は数多くの進歩した形態特徴をしめす小形爬虫類である．この動物の全身骨格は丸くちぢこまった姿で発見される場合が多く，あたかも体温を維持するためにその姿勢をとったかのようである．かれらは内温性つまり"温血性"だったのだろうか？

図18-9 *Cynognathus* の復元図. 三畳紀前期の進歩した哺乳類様爬虫類, キノドン下目獣弓類の一つ. サイズは大形のイヌぐらいだった. (ロイス M. ダーリング画)

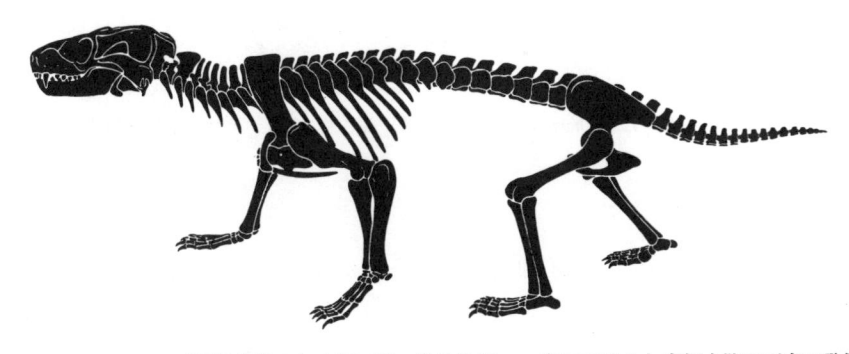

図18-10 *Thrinaxodon*, 三畳紀前期のキノドン類. 体長約50cm. 南アフリカと南極大陸の両方で発見されるもの.

また, 成体の *Thrinaxodon* の骨格に寄り添って同種の小さい個体の頭骨が発見されたことは興味深い. これは母親と幼体の組み合わせのように見え, それが事実だとすると, これは親による養護がかれらに発達していたことを示していることになる. むろんこれは憶測にすぎないが, 無用な憶測より以上のものではある.

南アフリカから出る *Thrinaxodon* と同じ種が *Procolophon* や *Lystrosaurus* とともに南極大陸でも発見されている. アフリカの三畳系に特有の爬虫類たちの南極大陸における組み合わせは, この大陸と南アフリカが三畳紀前期に緊密に結ばれていたことを物語る格別に有力な証拠になる.

Cynognathus や *Thrinaxodon* はともに獣歯類のうちで最も数が多く広く分布した, キノドン下目の代表だった. キノドン類の化石はアフリカ, 南アメリカ, ヨーロッパ, アジア, 南極大陸, および北アメリカで見いだされており, かれらはいろいろな面で獣歯類の進化の頂点を表している.

キノドン類を根幹として由来したようにみえる非常に興味深い獣歯類に, *Tritylodon* を典型とするトリチロドン類〔下目〕というグループがあった. この属——ずっと前に南アフリカの三畳系上部の地層から初めて発見されたもの——は長らく, 極めて早期の哺乳類と考えられていた. が, その後, トリチロドン類の完全に近い化石がかなり数多く, 広く

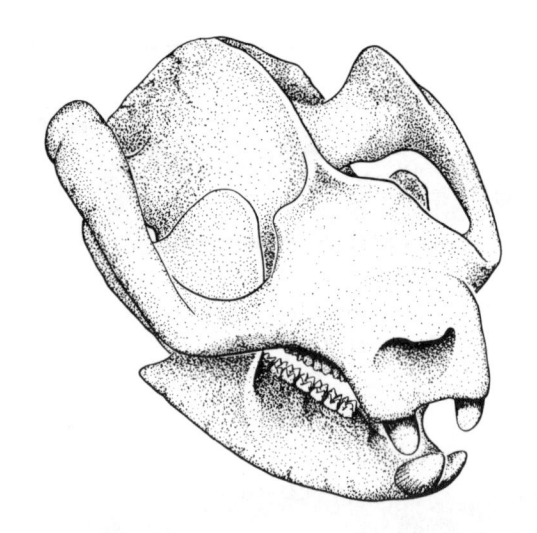

図 18-11 草食性の獣弓類，*Bienotherium* の頭蓋と下顎．長さ約 13 cm．きわめて哺乳類様の頭蓋，顎骨，および歯牙状態をしめす．

散らばって発見されている——追加発見の *Tritylodon* がアフリカで，*Bienotherium* （図 18-11）が中国西部で，*Oligokyphus* （ジュラ紀のもの）がイングランドで，*Kayentatherium* の全身骨格がアリゾナ州で，そして断片だがはっきりした骨化石がアルゼンチンで．明らかに，これらの獣弓類は三畳紀後期に地球上に広く分布していたのである．トリチロドン類は小形の動物で，頭蓋は強大な顎筋の付着部として高い矢状稜〔トサカ状の正中突起〕と大きな頬骨弓を備えており，二次口蓋がよく発達していた．

歯牙の状態は特異なものだった．上下顎の前部の 1 対の大きな切歯は歯隙で頬歯から隔てられていた．左右各側に 7 本ずつの頬歯はほぼ四角形で，各歯に前後にならぶ咬頭の列があり，これが上顎の歯には 3 列，下顎の歯には 2 列あった．そして，下顎歯の 2 列の咬頭が上顎歯の 3 列の咬頭の間の溝にはまるようになっていた．上下の顎を閉じるとき下顎が確かに前後方向に動き，複数の咬頭をもつ上下の歯の間で，現今の齧歯類〔ネズミ類やリス類など〕がしているのと似た仕方で食物を磨りつぶしたのに違いない．

トリチロドン類の頭骨はいろいろな点で，いたって哺乳類的な様相を呈していた．頬骨弓，二次口蓋，特殊化した歯などの前進した特質からみて，これらの動物は確かに哺乳類のそれに近い摂食習性をもっていたと思われる．かれらは明らかに食物を細かく噛みつぶし，それで食物を速やかにエネルギーに変えられるようにしていたわけだが，これは非常に活動的な，おそらく温血性の動物に予期されることである．が，このような進歩した面があったにもかかわらず，トリチロドン類はまだ，頭蓋の方形骨と下顎の関節骨がつくる爬虫類型の顎関節を維持していた．これらの骨がひどく退化していたことは事実で，そのため，頭蓋の鱗状骨と下顎の歯骨（これら 2 骨は哺乳類の顎関節を構成する要素）が互いに接触する寸前になっていた．それでも古い爬虫類型の 2 骨〔上の方形骨と下の関節骨〕が

その関節にまだ関与していたのであり，そのゆえにトリチロドン類は分類上は爬虫類と見なされるのである．

おわりに，三畳紀後期になると，進歩した獣歯類と原始的な哺乳類の隔たりを実質的に橋渡しする獣歯亜目爬虫類の1グループが現れた．三畳紀－ジュラ紀前期・中期のイクチドサウルス類〔下目〕がそれで，南アフリカの三畳紀の地層から出る *Diarthrognathus* と，アルゼンチンの同紀の地層から出る *Chiniquodon* に代表される．

イクチドサウルス類では，他の獣弓類で高い完成段階に達していた諸形質の多くが，哺乳類の状態に向かってさらに進展した．例えば，側頭窓は実際きわめて大きく，眼窩と一体になっていた．頭蓋の特定の骨が著しく拡大した一方，他のある骨は完全に消失した．また歯牙系は進歩した発達段階にあった．

イクチドサウルス類の構造のうち最も興味深く，人の注意をひくのは二重の顎関節があったことで，*Diarthrognathus* という属名はそれを指している．*Diarthrognathus* でも *Chiniquodon* でも，退化した方形骨と関節骨の間の古い爬虫類型の関節がまだ存続していただけでなく，鱗状骨と歯骨の間の関節も機能するようになっていた〔いわゆる二重関節〕．つまり，これらの2属は，この重要な識別特徴に関するかぎり，まさしく爬虫類と哺乳類をへだてる線の上にあったわけである．哺乳類では，方形骨と関節骨は顎関節の領域から中耳の中へ移ってしまっている．つまり中耳では，後に述べることだが，これら2骨は鼓膜から内耳へ音の振動を伝える3個の耳小骨のうちの2個に変形した．イクチドサウルス類では方形骨と関節骨の変形が起きていないという理由で，これらの動物は形式的に爬虫類に入れられている．こうした事情は，どこで爬虫類が終わり哺乳類が始まるのかといった問題がいかに机上論的なものであるかを物語っている．

イクチドサウルス類は爬虫類と哺乳類を分ける敷居のまさに真上に位置していた．かれらはそのように進化しつつ単弓類に，そして遂には優占的脊椎動物としての爬虫類に破滅をもたらした．イクチドサウルス類を祖として最初の哺乳類が出現した後も約1億年にわたり，恐竜類やその他の雄偉な爬虫類が中生代の景観を支配しつづけた間，初期の哺乳類はこそこそと隠れ棲む存在であった．けれども，哺乳類がそののち興隆し制覇をとげるための基礎はもう固められていたのであり，中生代の末に大形爬虫類が消滅するとともに哺乳類が日陰から出てきて多様化し，新生代の景観を支配することとなる．

19
哺乳類の始まり

中生代の哺乳類

哺乳類の起源

　なんらかの哺乳類様爬虫類の子孫だった最初の哺乳類は，三畳紀に現れた．三畳紀の残りの期間からジュラ紀にかけての間，こうした最早期の哺乳類——ほとんどは少数の全身骨格，かなり多数の頭骨，顎骨，歯などで知られるもの——はごく小さい動物で，生態学的には重要な存在ではなかった．中生代の残りの全期間を通じて，哺乳類はジュラ紀－白亜紀の各地の動物相では地味な小形のメンバーとして生きつづけ，地球上の陸地と水界の至るところにはびこっていた無数の爬虫類に完全に覆い隠されていた．しかし，中生代哺乳類は卑小なものだったけれども，生命の進化史へのかれらの貢献は格別に重要だった．なぜなら，哺乳類がその基本的な諸系統——新生代に生存する途方もなく多様な哺乳類が興ったもと——を確立する発展の初期段階を過ごしたのが，中生代の中期－後期だったからである．

　この前の章で述べたとおり，哺乳類様爬虫類のなかのある系統が哺乳類にいたる道にそって長足の進化をとげた．獣歯類の幾つかのグループが哺乳類段階に向かって前進していた．そして，こうした高度に進化した爬虫類のある種類については，それらを爬虫綱にとどめるべきか，それとも祖先形哺乳類と見るべきかは，少数の形質を基にしたまったく定義上の問題なのである．たしかに，これらの動物から疑問の余地ない最初の哺乳類まではただ一歩の違いだった．

　ところで，獣歯亜目爬虫類のなかで哺乳類の直接祖先を突きとめるのは容易なことではない．獣歯類には，ある形質では哺乳類に向かって著しく進んでいたが他の形質ではかなり原始的だったという種類が数多くある．そして，すべての獣歯類のなかで進歩した形質と保守的な形質の混じり合いははなはだ多様だから，ある1グループを特定し，それが哺乳類の方向へ最も積極的に進んでいたと断定するのは難しい．けれども，哺乳類の祖先は比較的進歩した獣歯類，とくにキノドン類のなかに探すべきだというのは実際たしかなことである．

　二十世紀の間に，哺乳類は哺乳類様爬虫類からただ一つの起源（単系統）で始まったのか，それとも複数の起源（多系統）をもって興ったのかに関して，もろもろの議論が行われた．二十世紀中葉にはG.G.シンプソンなどの古生物学者は多系統起源説を主張したが，近年主流になっている見方は，哺乳類は単系統起源か，多くても2系統起源だという説に傾いている．近年は三畳紀のキノドン類に属した*Probainognathus*（図19-1）が，哺乳類の究極の祖先はどんなものだったかを表現するのにしばしば用いられる．*Probainognathus*というのは小形の爬虫類で，頭蓋と下顎の諸形質は哺乳類状態に向かって大きく進んでいた．すなわち，この動物は1対〔正中部の1個ではなく〕の後頭顆，よく発達した二次口蓋，および切歯・犬歯・犬後歯に分化した歯列をもっており，これらはみな哺乳類特有の様相である．

　最も意味深いのは，頭蓋と下顎の間の関節〔顎関節〕がまさに爬虫類状態から哺乳類状態へ移る敷居の上にあったことだ．爬虫類で頭蓋と下顎の関節をつくる方形骨と関節骨は

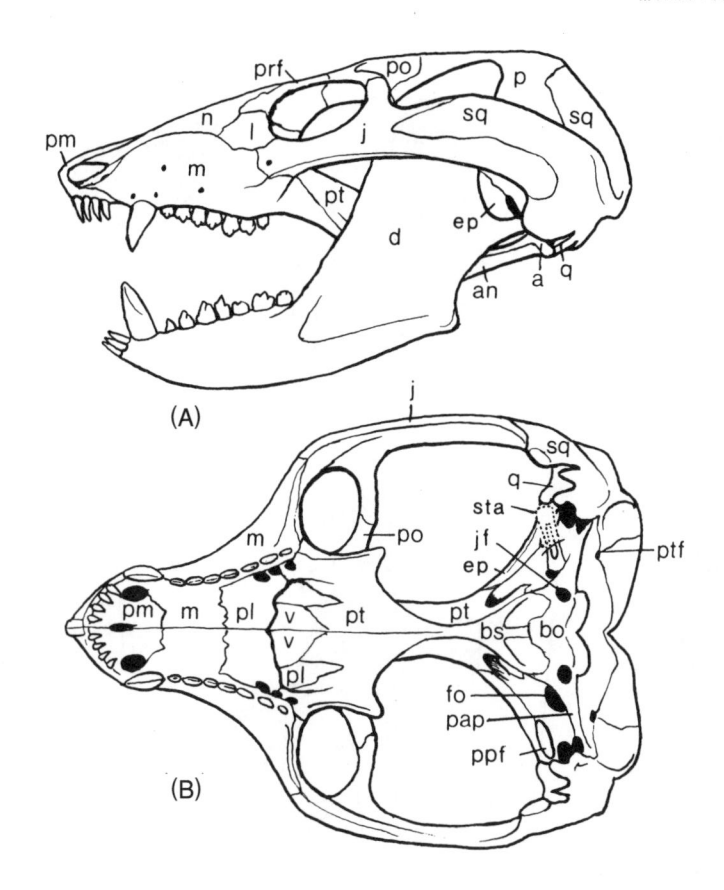

図 19-1 *Probainognathus* の頭骨. 南アメリカの三畳系中部から出る進歩したキノドン下目爬虫類. 頭蓋長は約 9.5 cm. (A)左側面. (B)口蓋面. 略号については viii ページを参照.

まだ残存していたが，いずれもごく小さく，それぞれ鱗状骨および歯骨——哺乳類の顎関節を構成する上下の2骨——にゆるく連結していた．これら4種の骨が顎の蝶番関節に関与し，関節の上側には方形骨と鱗状骨，下側には関節骨と歯骨が位置していた．つまり，*Probainognathus* は頭蓋と下顎の間に"二重関節"を持っていたのである．とりわけ興味深いのは，ごく小さくて鱗状骨にゆるく結びついた方形骨が，他方で中耳のアブミ骨〔原始魚類の舌顎骨と相同〕と緊密につながっていたことである．この方形骨は明らかに，哺乳類の中耳の特色である3個の耳小骨という連鎖のうちの，2個目のキヌタ骨になる途上にあったものだ（図 19-2）．

頭部より後ろの骨格はどうかと言えば，*Probainognathus* と類縁の近い他のキノドン類が哺乳類の骨格を予示するさまざまな特徴を示している．例えば *Thrinaxodon* や *Cynognathus* では，椎骨が前から頸椎，胸椎，腰椎にはっきり分化し，骨盤より前の脊柱における哺乳類特有の3区域を表していた．これらのキノドン類では頸部肋骨がまだ認められるが，それらはごく短く，たぶん哺乳類状態——頸部肋骨は不可分の一部として椎骨に融合——に

278　第19章

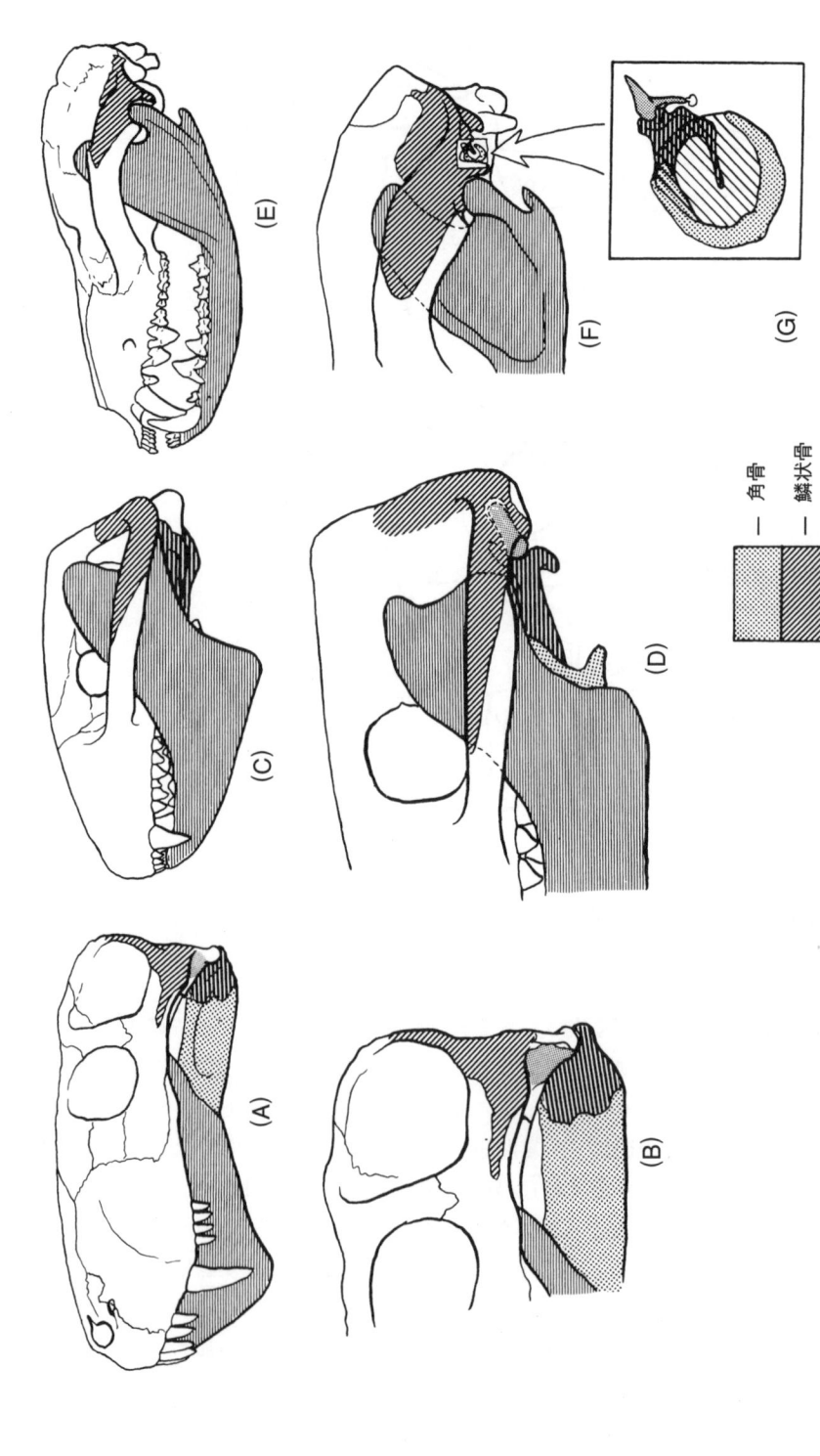

図 19-2　哺乳類の中耳にある 3 個の耳小骨が，爬虫類の顎関節に関与する相同の諸骨から進化したことを示す．(A, B) 哺乳類様爬虫類の一つ，Lycaenops．南アフリカのペルム系上部から出るもの．(C, D) 進歩した獣弓類の一つ，Diarthrognathus．南アフリカの三畳系上部から出るもの．(E, F, G) 北アメリカ産の現生のオポッサム〔フクロネズミ〕，Didelphis．縮尺は不同．

先行したものだろう．腰部の肋骨も短くて，*Thrinaxodon* ではそれらは細長い骨ではなく，小さい平らな骨板になっていた（図18-10を参照）．こうした哺乳類様爬虫類のはっきり違った腰部骨格は，哺乳類の識別特徴の一つである横隔膜——哺乳類状態が達成される前に現れたものか——がすでに存在した可能性を物語っている．

これらのキノドン下目爬虫類には，肩甲骨の前縁にそって外側へ反った隆起帯があったが，これは明らかに哺乳類の肩甲棘の先駆体である．骨盤では腸骨が大きく，哺乳類の広々とした腸骨に向かうものだった．これらのキノドン類の四肢骨には原始的な形質がいくつか残っていたけれども，前肢下半部の尺骨にはおそらく，ジェンキンズ（1971）が述べたような「よく発達した上腕三頭筋があった……という証拠から実際上必要となる」拡大した軟骨性の肘頭突起〔肘の後ろの突出部〕があったのだろう．後肢上半部の骨，大腿骨の特徴は，その上端部が骨幹に対してかなりの角度で折れ曲がっていた点にあった．それで，骨盤外面の球形の穴〔寛骨臼〕にはまった大腿骨頭の連結のしかたのため，上から見ると，後肢は脊柱と並行し，その下にぶらさがる格好（普通の爬虫類のように脚が両外側へ突き出るのではなく）になっていた．

さらにもう一つ，これらの動物では足部も哺乳類状態へ向かっていた．手首と足首の諸骨は融合がすすみ，かかとの踵骨には筋肉の強固な付着点になる突出部があって，それが後肢の前方推進に力を与えていた．また，進歩したキノドン類には足部の諸骨が哺乳類型の配列を示すものもあった．指節骨は第1指に2個，その他の指には3個となっており，爬虫類の普通の指節骨式を超えた前進であった．

この *Probainognathus* という特定の属でなくてもこれに似たある種のキノドン類の動物が，*Megazostrodon*, *Erythrotherium*, *Eozostrodon* など三畳紀の哺乳類の直接祖先だった可能性が大きい．*Megazostrodon* というのは体長約10 cmの非常に小さい動物だった．これが極めて明らかに哺乳類だったことを物語るのは，頭蓋と顎骨，とくに顎関節の諸形質，形の分化した歯列，頸椎・胸椎・腰椎の区別がはっきりした哺乳類型の脊柱，肩帯・腰帯の構造，そして，哺乳類型の脚と足などである．この動物はそうした面で全ての三畳紀哺乳類を代表するものであり，そのことは，祖先のキノドン類から由来したこれら最初の子孫らはおそらく薄暗いところでこそこそと隠れて生活し，それにより，活発で攻撃的な爬虫類が優占する世界を生き延びることができたことを暗示している．恐竜類が陸上を支配する中生代の1億年を超える期間を通じ，哺乳類のなかではこれが生き延びるための生活パタンになるのである．

哺乳類の特徴の確立

哺乳類の識別特徴にはさまざまなものがある．簡単にいえば，現生の哺乳類は，体温がだいたい一定して基礎代謝の高い活発な四肢動物であり，そのためかれらは"温血"〔内温性〕動物とよばれることもよくある．一般に，体の保護と断熱の作用をする毛という被覆がある．子は親のひな型として生まれ（単孔類〔目〕だけは卵の孵化による），一生の初期段階は母親が与える乳で育てられる．

化石研究者にとくに関係の深い硬質部分についてはもろもろの識別特徴がある．哺乳類は頭蓋に，第1頸椎との関節をつくる後頭顆を1対もっている〔爬虫類と鳥類は1個〕．鼻腔と口腔を隔てる骨性の二次口蓋〔口腔の天井〕があり，外鼻孔は頭蓋の前部で1個の孔にまとまっている．頭蓋と下顎の関節はそれぞれ鱗状骨と歯骨でできている．

前にも述べたように，爬虫類で頭蓋と下顎をむすぶ関節要素である方形骨と関節骨は哺乳類では中耳の空間に入り込み，3個ある耳小骨のうちの2個，すなわちキヌタ骨とツチ骨にそれぞれ縮小変形した．下級の四肢動物から受け継がれたアブミ骨〔もとは魚類の舌顎骨〕とともに，これらの微小な骨は鼓膜から内耳へ音の振動を伝える骨連鎖をつくる．これは，脊椎動物の進化史においてある解剖学的構造物が本来とは別の機能をもつようになった変形の，最も際立った一例である（図19-2）．

わけても重要なのは，ごく原始的な種類をのぞく全ての哺乳類が比較的大きな脳頭蓋をもつことで，これは脳が大きくなって知能が著しく高まったことの反映である．哺乳類はまた，切歯，犬歯，および頬歯〔犬後歯〕に分化した歯列を備え，その頬歯は一般に複数の咬頭をもち，少なくとも2本の歯根で顎骨に植わっている．哺乳類では頸部の肋骨は椎骨と完全に融合してその不可分の一部になっている一方，背中部分の腰椎には肋骨が付いていない．肩帯では，肩甲骨の中央部に大きな突起〔肩甲棘〕がある．骨盤の左右各側の3骨——腸骨・座骨・恥骨——は融合して1個の骨塊〔寛骨〕になる．さらに，手足の指の骨が数を減らし，指節骨は第1指に2個，他の指には3個しかない．このほかにも哺乳類の骨格を特徴づける形質がいくつかあるのだが，上記は比較的重要ではっきりしたものである．

上のような典型的に哺乳類型の諸形質と哺乳類様爬虫類のそれらを比較すると，図19-3と表19-1に示すようになる．

ところで，爬虫類が哺乳類へ移行したころに起こった諸変化には，憶測しかできないものも多い．哺乳類のほぼ一定した体温や活動性に関係をもつのはかれらの4室〔2心房と2心室〕からなる心臓で，そこでは動脈血と静脈血がつねに完全に分離される．この段階はおそらく獣歯類の何らかの群で達成されていたもので，それは三畳紀の原始的な哺乳類には確かに存在したと推定してよいだろう．おそらくは，体毛という断熱に役立つ外被が哺乳類の体温の高まりといっしょに進化し，体を寒さからも暑さからも保護するようになったのだろう．

哺乳類の特徴の一つは体腔を胸部と腹部に分ける横隔膜をもつことで，これは空気を肺に吸い込み，また押し出すのに関与する．現生の爬虫類は筋肉性の横隔膜をもたず，したがってこの構造物は，活動的な動物が酸素を多量に取り入れるのを可能にする，新しい装置として発達したと推定してよいだろう．その変化は爬虫類が哺乳類へ移行した時期に起こったのかもしれないが，ある種の進歩した獣歯類がすでに毛と横隔膜を獲得していたということも十分，可能性の範囲内にある．また，新しい生殖方法の発達については，それらは哺乳類が地球上にしっかり根を下ろした後に現れたようでもある．現生の単孔類〔カモノハシ類〕は産卵によって繁殖するが，かれらが幼体を育てるのは，母体の腹面にある

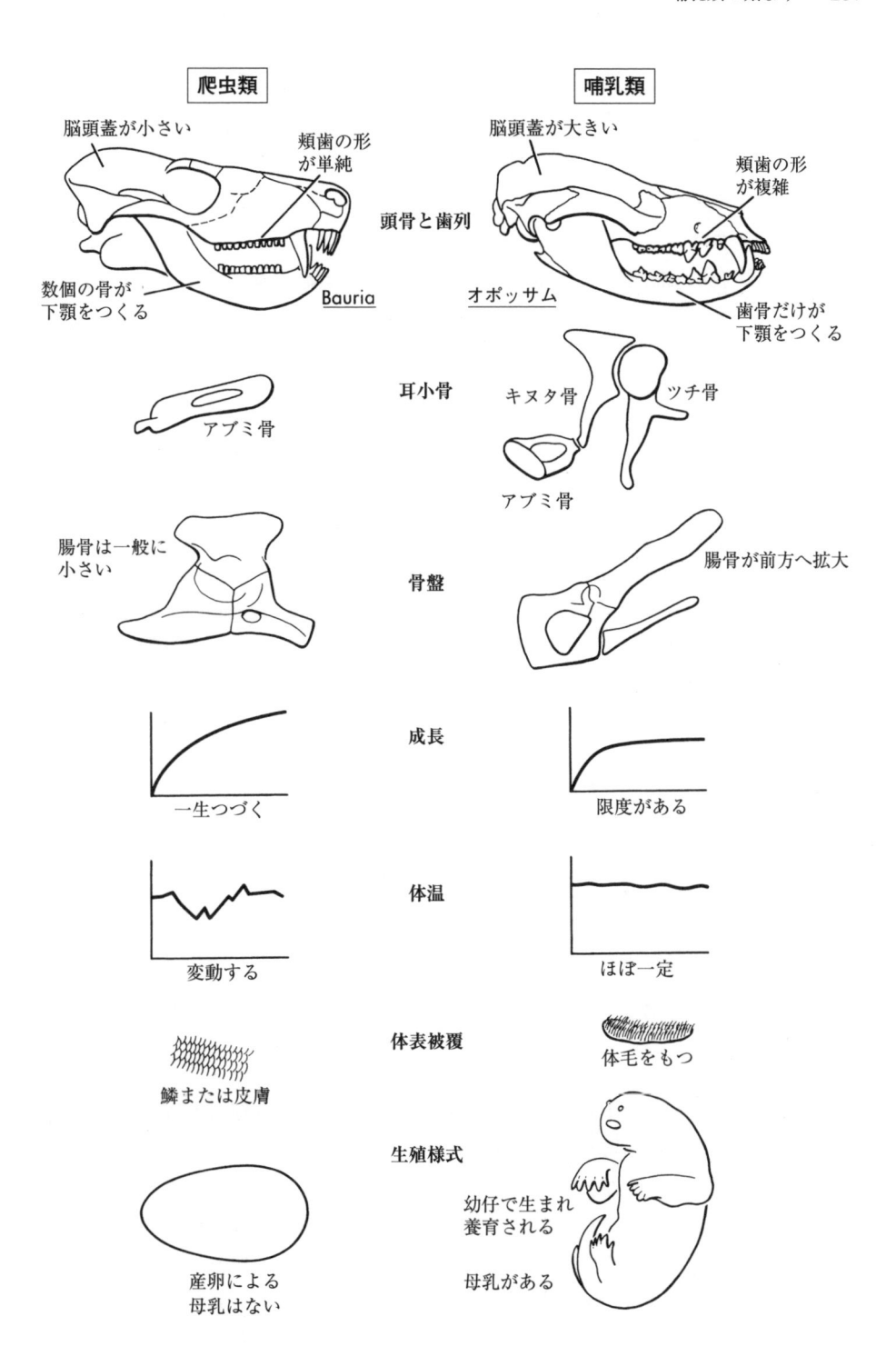

図 19-3 爬虫類と哺乳類の諸形質の比較.

表 19-1 爬虫類と哺乳類の諸特徴の対比.

形　質	大半の爬虫類	獣　弓　類	哺　乳　類
後頭顆	中央に1個	キノドン類と他の幾つかの群では1対	左右に1対
脳頭蓋	小さい	小さい	大きい
骨口蓋	無い	大半の獣弓類に二次口蓋	全てに二次口蓋がある
下顎の骨格	種々の骨が構成	歯骨は大きく，他の諸骨は縮小	歯骨だけが構成
顎関節	方形骨と関節骨から成る	方形骨－関節骨関節が存続（イクチドサウルス類には二重関節が存在）	鱗状骨と歯骨が構成
方形骨と関節骨	顎関節として機能	サイズが縮小，まだ顎関節にあるが，イクチドサウルス類では聴覚にも関与	方形骨は中耳のキヌタ骨，関節骨はツチ骨に縮小変形
歯形	単純で，前から後まですべて同様	形が分化しはじめ，キノドン類や近縁群ではやや複雑化	形がますます分化し，頬歯はさらに複雑化
頸椎	特殊化せず，頸部肋骨が存在	キノドン類では哺乳類状態に向かって進化	頸部肋骨は椎骨に融合し，第1・第2頸椎は特殊化
腰部肋骨	存在	数が減少	無い
肩甲骨	形が単純	キノドン類では肩甲骨前縁が外側へ屈曲	肩甲棘が発達
骨盤	構成3骨がそれぞれ独立	構成3骨がそれぞれ独立	構成3骨が融合して一体化
四肢と胴の姿勢	肘と膝を外側へ突き出し，はいつくばる形	肘と膝を胴の下に伸ばし，胴が地面からだんだん離れる傾向	肘と膝を胴の下に伸ばし，地面から高く立ち，またはうずくまる形
指節骨式	多様だが，最大で2-3-4-5-4	ある種のテロケファルス類では減少して2-3-3-3-3	2-3-3-3-3, またはこれより減少

汗腺の変形した腺が分泌する乳による．中生代中期の原始哺乳類の生殖方法はおそらく，このような発展段階にあったのだろう．

　有袋類〔後獣下綱〕，すなわち育児嚢（のう）をもつ哺乳類は白亜紀後期の堆積物から初めて現れる．有袋類とは，子が小さな幼生のような形で生まれ，母体の育児嚢の中に入って数週間，独立できる段階に達するまで養育されるという哺乳類である．他方，有胎盤類〔正獣下綱〕は子が比較的進んだ発育段階で生まれる哺乳類で，同じように白亜紀後期の地層から初めて見いだされる．したがって，これら高度に発展した哺乳類はともに白亜紀の間に確立したことが明らかである．

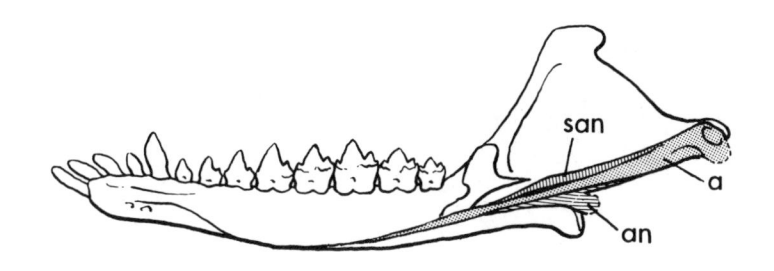

図 19-4 ジュラ紀の哺乳類 *Morganucodon* の下顎骨格，長さ約 2.5 cm. 爬虫類型の諸骨がまだ残存していたことに注意．略号については viii ページを参照．

三畳紀とジュラ紀の哺乳類

　三畳紀後期－ジュラ紀の堆積物から5目の哺乳類が知られており，ユーラシア，北アメリカ，およびアフリカで発見される化石で代表される．ドコドン目，トリコノドン目，相称歯目，真全獣目，それに多丘歯目の5群である．極めて古代的な哺乳類のこれらの諸目には他の群と全く類縁が無さそうなものもあり，爬虫類段階から哺乳類段階への進化的移行が適応放散の広い前線にわたって起こった可能性が非常に大きいことを暗示している．これらの原始哺乳類の諸目の相互関係は従来も現在もいろいろな論議の的になっており，そのことを以下に述べる議論のあいだ念頭においていただこう．

　さて，最早期の哺乳類のなかにモルガヌコドン類〔科〕とよばれる群があり，その代表はヨーロッパの三畳系上部から出る *Morganucodon* や *Eozostrodon*（これらの相互関係は必ずしも明らかでない），南アフリカの三畳系上部から出る *Megazostrodon* である（図19-4, 19-5）．もとは，これらの種類はばらばらの歯や少数の顎骨の破片で知られていたのだが，その後，英国・サウスウェールズにある石炭紀石灰岩にできた三畳紀の割れ目充填堆積物から化石骨が多量に回収された．また他の骨格と一緒の頭骨が南アフリカで発見されてもいる．そのほか，類縁の近い化石が中国南西部で見いだされている．

　モルガヌコドン類というのは細い下顎をもつ小さな動物だった．こうした初期哺乳類では下顎の骨格は哺乳類型の形態で，機能上は歯骨〔狭義の下顎骨〕ただ1個からなり，その後部には強大な側頭筋の付着部として大きな筋突起がそびえ，さらに頭蓋の鱗状骨と顎関節をつくる下顎頭がよく発達していた．しかし意味深いことに，下顎の内側に1本の溝があってそこに関節骨の名残が保存されていた．古い爬虫類型の顎関節の古生物学的残存物がまだこの古代的な動物に残っていたのである．頭蓋には方形骨がやはり保存されていたことからみて，これらの動物は確かに，第18章で触れたように種々の進歩した哺乳類様爬虫類と同様，二重の顎関節を備えていたのだ．これは，爬虫類から哺乳類への移行が徐々に進んだことを示す事例である．南アフリカの三畳系上部から出る *Diarthrognathus* が境界線の爬虫類側にあったとされるのは，この動物は二重関節をもってはいたが方形骨-関節骨関節がまだ優勢だったからだ．他方，ヨーロッパとアジアの三畳系上部から出る *Mor-*

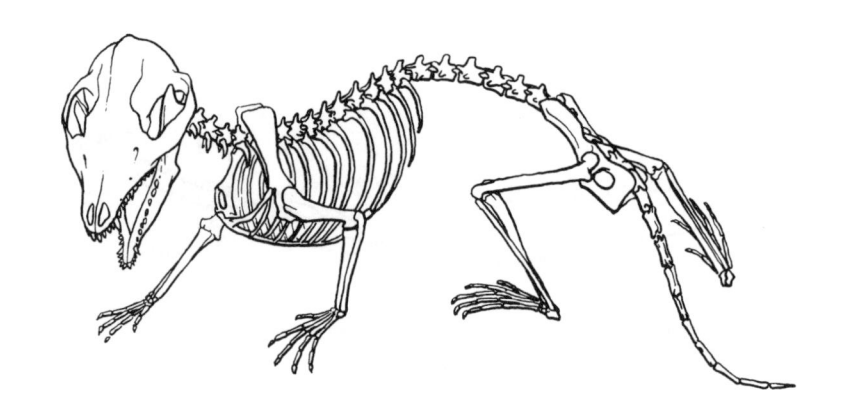

図 19-5 南アフリカで見いだされるジュラ紀前期の哺乳類, *Megazostrodon*. 全長約 16 cm.

ganucodon が境界線の哺乳類側にあったのは，それもやはり二重関節の要素をもってはいたけれど，鱗状骨－歯骨関節のほうが優勢になっていたからである．

　モルガヌコドン類は哺乳類型の歯列をもっていた．小さい切歯の群，大きくて尖った1本の犬歯，および犬後歯群（小臼歯と大臼歯；多咬頭性で2本の歯根をもつ歯）からなる歯列である．また各歯の咬頭は，各歯の前後中心線に並行してほぼ直線的に並んでいた．

　トリコノドン類というのはモルガヌコドン類やドコドン類と近縁だった群で，大きさでは，ハツカネズミぐらいの小さな種類からネコほどのジュラ紀の *Triconodon* のような動物まで，さまざまだった．かなり長い下顎骨には形の分化した歯の行列――4本の切歯，1本の犬歯，9本もの犬後歯――があった．歯列の発達についてトリコノドン類は，哺乳類様爬虫類を超えた最早期の最原始的な哺乳類にさえ達成されていた，歯式〔歯数を数式化したもの〕と形態の特殊化をみごとに例示している．例えば，哺乳類様爬虫類では犬後歯（頬歯）はすべて同形か，もしくは前位から後位へ複雑さを徐々に増すシリーズをなしていた．しかし最早期の哺乳類では，犬後歯は前位の小臼歯と後位の大臼歯にはっきり分けることができ，形態で後者は前者より複雑になった．

　歯牙系が切歯，犬歯，小臼歯，および大臼歯に分化したことは，哺乳類のきわめて重要な形質の一つになっているが，これは三畳紀－ジュラ紀の原始的な種類に初めて見られ，その後この綱の最も特殊化したメンバーにまで維持されているものである（図19-6）．哺乳類には，歯列のなかで犬歯を1本より多くもつ種類は絶無だが，その他の歯の数には変異がある．ある種のトリコノドン類は犬後歯を9本――小臼歯を4本，大臼歯を5本――もっていた．それで下顎の"歯式"は4-1-4-5と書かれることになるが，これは4本の切歯，1本の犬歯，4本の小臼歯，および5本の大臼歯をもつことを意味する．

　トリコノドン類の頭蓋や他の骨格はキノドン類の状態を超える進歩を示しており，それについてはモルガヌコドン類との関連でさきに述べた．今では，脳頭蓋は哺乳類段階に向かって特殊化していたこと，椎骨は最も進歩したキノドン類の椎骨よりも哺乳類的だったこと，そして骨盤ははっきり哺乳類型――腸骨がハリモグラ *Tachyglossus* など現生の単孔

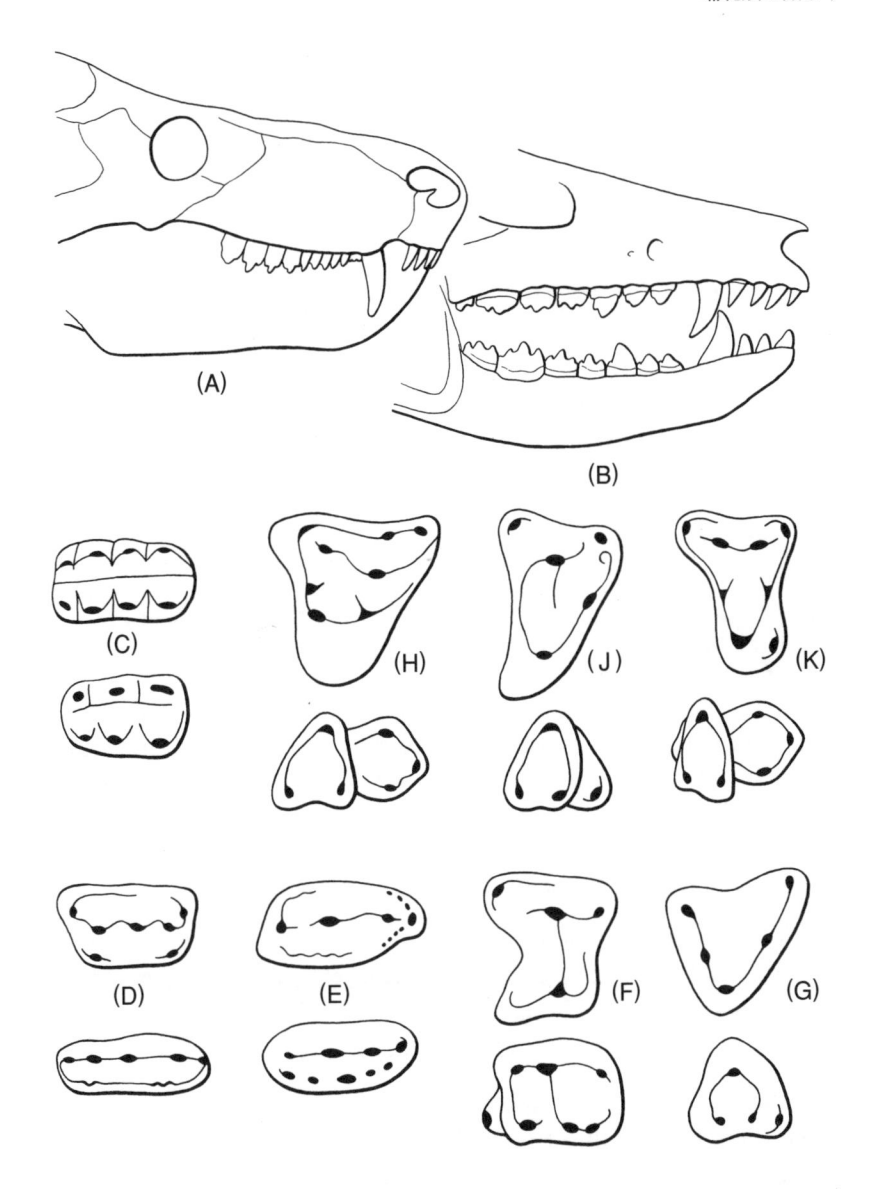

図19-6 形の分化した歯牙系と咬頭のある頬歯. (A) *Cynognathus*, 三畳紀の獣弓類の一つ. (B) *Priacodon*, ジュラ紀のトリコノドン類の一つ. それらの形質が獣弓類を超えて進歩していた. (C–K)初期哺乳類の頬歯の咬合面〔右が前方〕. どの場合も, 各1本の上顎大臼歯〔上〕と下顎大臼歯〔下〕を示す. (C)多丘歯類. (D)トリコノドン類. (E)モルガヌコドン類. (F)ドコドン類. (G)相称歯類. (H)有袋類. (J)真汎獣類. (K)正獣類 (有胎盤類). 縮尺は不同. (C–F)は哺乳類の大臼歯パタンにおける中生代の様々な"実験"を表しており, そのうち多丘歯類 (C) は最長の地質年代 (ジュラ紀–始新世, 約1億5500万年間) にわたり栄えた. 有袋類(H)と有胎盤類(K)のパタンは真汎獣類(J)のそれから進化した.

類の骨盤に見られるのと同じように前方へ広がった形——だったことが明らかになっている. 上腕骨と大腿骨の近位の関節頭は哺乳類におけるのと同様に球状を呈し, 足根の構造

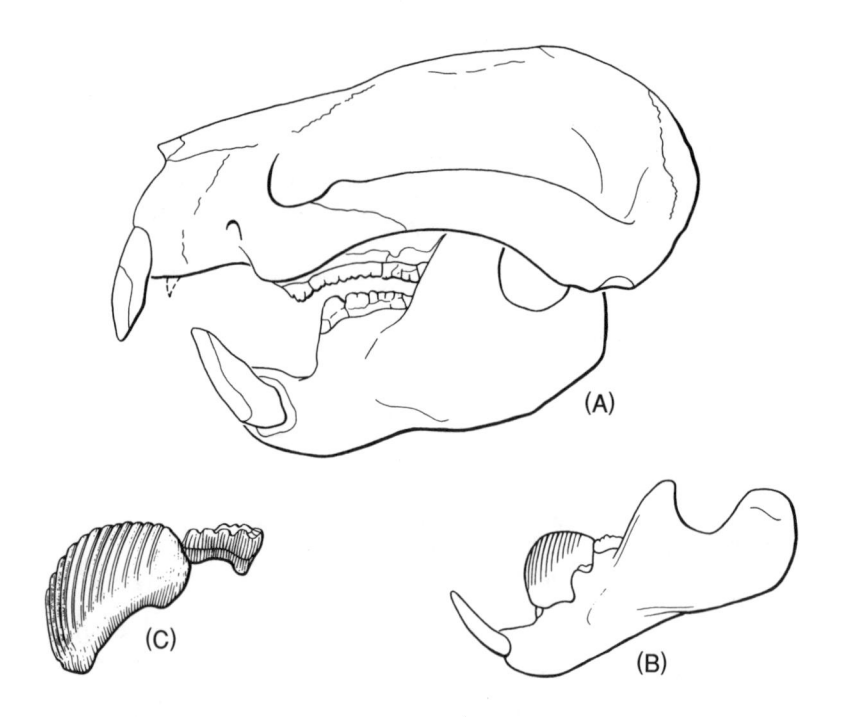

図 19-7 暁新世の多丘歯類．(A) *Taeniolabis* の頭蓋と下顎骨．頭蓋の長さ約 14 cm．(B) *Ptilodus* の下顎骨．(C) *Ptilodus* の下顎の最後の小臼歯と第 1 大臼歯を拡大したところ．小臼歯はおそらく食物の切断に，大臼歯は破砕に使われたのだろう．

は進歩し，哺乳類型の式をしめす指節骨はものを握ったりよじ登ったりするのに適応していた．それらとは対照的に，肩帯は進歩していたものの，キノドン類の状態をあまり超えていなかった．全体として，これらのごく早期の哺乳類は温血性，虫食性であり，よじ登るのが達者な動物だったと考えるのが妥当だろう．

次に，ドコドン類というのはたぶんモルガヌコドン類に由来した群で，*Borealestes* や *Docodon* を典型とする．これらはジュラ紀中期－後期に生存したハツカネズミぐらいの小さな哺乳類で，おもに顎骨の破片や歯で知られている．今までのところ，頭部以外の骨の化石は報告されていない．最後まで原始的で子孫を残さなかったこれらの哺乳類が注目に値するのはおもに，大臼歯がかなり複雑な構造物へ独立して進化したからである．この発展は雑食性ないし果食性への適応だったらしい．これはトリコノドン類のおそらく原始的な虫食性を超えた，食性における多少の進歩だった．ドコドン類の下顎骨〔歯骨〕はほっそりしていて，頭蓋と下顎骨の関節は哺乳類式の鱗状骨－歯骨型ではあったが，方形骨－関節骨関節の痕跡をまだ維持していた．こうした早期の哺乳類は，中生代に興ったが生き延びるのに失敗した哺乳類進化の"実験"の一つだったと見ることもできよう．

中生代哺乳類のもう一つの目は多丘歯類で，これはまったく別個の高度に特殊化した動物のグループである（図 19-7）．かれらは草食性哺乳類の最初の群だったようで，ジュラ紀という早い時期に，植物を常食にするいろいろな適応構造を示していた．頭蓋はがっし

りして，頑丈な下顎を動かす大きな筋肉の付着面をなす強固な頬骨弓をそなえていた．頭蓋と下顎骨の前部にはそれぞれ1対の長大な切歯があり，その後ろには大きな歯隙〔歯間の隙間〕がある．上下顎のその後ろの大臼歯の特徴は前後方向にならぶ咬頭の列にあり，これらは，前記した三畳紀のある種のトリチロドン下目爬虫類の頬歯にあった同様の適応構造に似ていた．原始的な多丘歯類では，上下とも大臼歯には多数の咬頭が前後方向の2列に並んでいたのだが，後代の種類では上顎の歯で咬頭の列が3列になっている．下顎の最後の小臼歯は一般に大きな切断刃で，その外面と内面に多数のくっきりした縦の隆条があった．全体として，多丘歯類の頭骨や歯のこうした適応構造は後代の齧歯類〔目〕に見られるものと似ており，これらの初期哺乳類は何千万年も後に齧歯類が倣うことになる型の生活をしていたと考えてよいだろう．*Plagiaulax* に代表されるジュラ紀の多丘歯類はかなり小さい動物だった．他の多丘歯類は新生代前期まで存続したが，かれらの絶滅は初期の齧歯類との競争がもたらしたのかもしれない．

次に，相称歯類〔目〕という名は，大臼歯が，歯冠面〔上面〕で見るとほぼ前後相称の三角形をなして配列した3個の主咬頭でできていたことによる．上顎大臼歯ではこの三角形の頂点が舌に近い内側〔舌側〕にあるのに対し，下顎大臼歯では，頂点は唇に近い外側〔頬側〕にあった（図19-6G）．それで，顎を閉じたとき上下の三角形が互いにはまり合う形になった．ジュラ紀後期－白亜紀前期の *Spalacotherium* を典型とし歯と顎骨の破片だけで知られるこれらの動物は，サイズが非常に小さく，おそらく虫食性だったらしい．三畳紀後期ないしジュラ紀前期の *Kuehneotherium* のような最早期の相称歯類は，下顎に爬虫類型の構成骨をすべて備えていたようだが，白亜紀後期の *Symmetrodontoides* に代表される最後の相称歯類の下顎はただ1個の骨，歯骨だけでできていた．したがってこの古代的哺乳類のグループでは，中生代の間に爬虫類型から哺乳類型への顎関節の変形が進んだわけである．トリコノドン類と同じように，かれらは白亜紀の限界を超えて生き延びることができなかった"進化の実験"を表している．かれらはもっと上首尾だった初期の哺乳類，真全獣目と並行していたのであり，通常この目とともに全獣下綱に入れられている．

さて，とくに重要なのはその真全獣類〔目〕である．ジュラ紀中期－後期のこの哺乳類では，顎骨は細長く，多数の頬歯の列があった．例えば *Amphitherium* には，4本の切歯，1本の犬歯，4本の小臼歯，それに7本の大臼歯があった．真全獣類の上顎大臼歯では，歯冠の咬合面がほぼ三角形をなし，その内側の頂点に大きな咬頭，外側には幾つかの咬頭や小咬頭があった．こうした大臼歯の列が，各頂点を口腔の内側〔舌側〕へ向けた多数の三角形，"トライゴン"のシリーズを形成していた．そこで当然，歯列の内側縁にそって歯と歯の間に隙間ができ，その隙間に，下顎のやはり三角形をした大臼歯――三角形の頂点を外側〔頬側〕に向けた歯――の内側部分がはまり込んだのである．下顎大臼歯のこうした三角形は"トライゴニド"とよばれている．また，下顎大臼歯の後部には低い盤状の部分"タロニド"があり，上顎大臼歯の尖った内側咬頭を受け入れた．上顎と下顎の大臼歯のこうした配置で，トライゴンとトライゴニドが擦れ違って食物を切断し，また，タロニドに対する上顎大臼歯の内側咬頭の作用――臼に対する杵のような作用――により食物

を粉砕するという，かなり込み入った仕組みができていたことが分かる．相称歯類の歯の構造より複雑で精妙なこうした大臼歯の配置と仕組みはまさに，後代の哺乳類のなかの原始的な種類に見られる通りのものであり，このことから，真全獣類は白亜紀－新生代の有袋類および有胎盤類の直接の祖先だったと考えられている．

真全獣類はほとんどまったく歯と顎骨の破片で知られているだけなのだが，真全獣類として知られる唯一の全身骨格化石は，有袋類と同じように上恥骨〔袋骨〕があったことを示しているのは意味が大きい．この骨格の特色は鉤爪と強そうな尾が発達していた点にもあり，それが樹上性の動物だったことを暗示している．

白亜紀の哺乳類

多丘歯類はジュラ紀の祖先動物に確立していたいろいろな適応形態を持ちつづけ，白亜紀の全体から新生代初期までにわたって生存し，分布を広げた．この期間における多丘歯類の進化の特徴は，かれらに関して上に概説した諸適応をいくらか洗練したこと，とりわけサイズを増大したことにあった．かれらの進化史は白亜紀が去った後，暁新世の *Taeniolabis*——長さ約 15 cm の頭骨にノミ状の大きな歯をそなえたビーバーほどの大きさの動物——や，始新世前期まで生存した他の幾つかの種類において全盛に達した．

少数のトリコノドン類，相称歯類，および真全獣類が，新生代初期まで生き長らえた．真全獣類についてはさきに，白亜紀に初めて現れた有袋類と有胎盤類の祖先だった可能性があるということを述べた．これらの哺乳類のことは後の章でくわしく述べるので，白亜紀哺乳類に属することのほかはここでは触れずにおく．現生のアメリカ産オポッサムと類縁のある有袋類が北アメリカの白亜系上部で出ており，幾つかの型の原始的有胎盤類がモンゴルと北アメリカの白亜系上部で発見されている．有胎盤類の大半はレプティクティス類〔目〕などの小さい絶滅グループに属するものだが，ほかに最初期の有蹄哺乳類（顆節目）や最初期の霊長類，*Purgatorius* も含まれる．

単　孔　類

ここで，現在オーストラリアとニューギニア島に生息する単孔類〔目〕（図 19-8）に簡単に触れておくのがよさそうだ．単孔類の化石はきわめて乏しいのだが，オーストラリアの白亜系から出る横走稜のある大臼歯をもつ 1 個の下顎骨，中新世の下顎大臼歯，それに現生種によく似た更新世の化石資料などが知られている．*Steropodon* という学名のある白亜紀の歯は，*Obdurodon* という学名の中新世の歯や南アメリカで近年発見された幾らかの化石歯，また現生のカモノハシの痕跡的な歯との類似を示している．単孔類の化石が南アメリカに出ることは，かつてこの大陸とオーストラリアとにつながりがあったことを示すもう一つの証拠になる．

オーストラリア産のカモノハシ *Ornithorhynchus* は現生する 3 属の単孔類の一つであり，他の二つはハリモグラで，オーストラリアとニューギニアの *Tachyglossus* と *Zaglossus* である．表面的にはこれらはみな——カモノハシは河川や川岸の地中に掘った穴での生活に，

カモノハシ

ハリモグラ

図 19-8　オーストラリアとその近辺に棲む現生の 2 種の単孔類, すなわち卵生哺乳類.（ロイス M. ダーリング画）

　ハリモグラは棘だらけの虫食動物で深い森林の中でハリネズミのような生活に——高度に特殊化している．カモノハシでは，頭蓋と下顎骨の前部がカモのくちばしのように平たくなり，ムシや幼虫やさまざまな水生動物を求めて水底の泥を掘り返すのに適している．成長すると歯は脱落し，代わりに硬いパッドが発達する．足はみずかきの張った鰭脚に変形している．
　虫食性単孔類のほうは長く鋭い棘〔剛毛〕で全身が守られている動物だ．顎骨は上下とも歯をもたず細長い管状の鼻吻部になっており，それでアリ塚の中を探るのである．
　現生の単孔類は，特殊化してはいるが基本的にきわめて原始的な哺乳類である．まず，かれらの繁殖は産卵によるが，その卵は地中の穴の中で孵化する．出てきた幼体は，母体の腹面にある汗腺の変形した腺——高級な哺乳類の乳房と相同のもの——から滲み出る母乳で育てられる．しかし乳首はないので，幼体は母親の腹面から広く乳をなめて取らねばならない．
　骨格と軟質部分の構造には，いろいろな爬虫類型の形質が残存していることが分かる．例えば，肩帯は極めて原始的で，間鎖骨と大きな烏口骨が存続している半面，哺乳類型の真の肩甲棘〔烏口突起をもつ〕はない．頸部肋骨は頸椎に融合していない．頭蓋にもさまざまな爬虫類型の特徴が残存している．

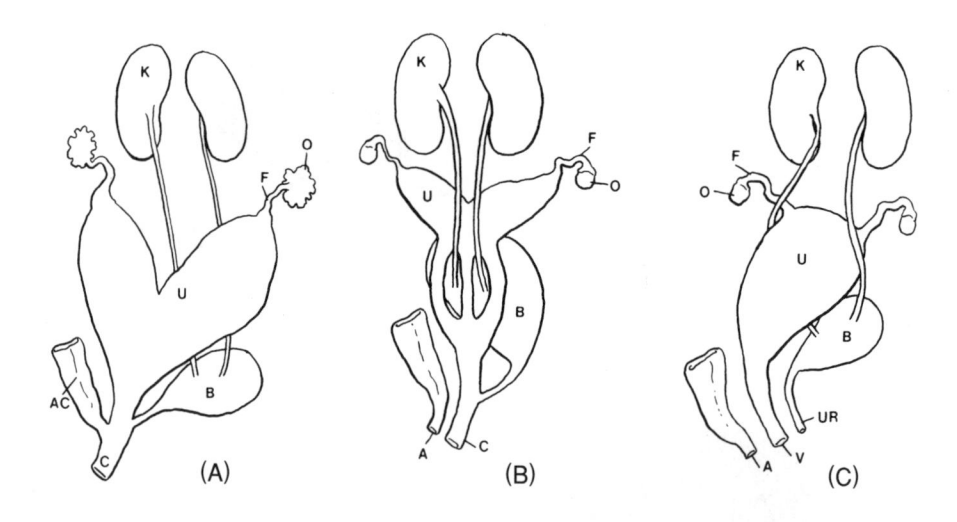

図 19-9 泌尿生殖器系の比較．(A)現生の単孔類，(B)現生の有袋類，(C)現生の有胎盤類．単孔類では，子宮，膀胱，および大腸からくる管系は，爬虫類でと同じく総排出腔で合流して外界へ開く．有袋類では，子宮と膀胱からの導管は1本に合流し，肛門は別の経路になって外界へ開く．有胎盤類では一般に，子宮，膀胱，および大腸の外界への出口が別々になっている．略号：A，肛門；AC，肛門管；B，膀胱；C，総排出腔；F，卵管；K，腎臓；O，卵巣；U，子宮；UR，尿管；V，膣．

　消化器系の直腸と泌尿生殖器系の導管は，爬虫類でと同じく共同の会所である総排出腔で合流し，哺乳類でのように別々に外界へ開くのではない（図19-9）．また，他の大半の哺乳類がもつ外耳や耳介〔耳殻〕は単孔類には無い．

　単孔類の原始的な肩帯は三畳紀の哺乳類，*Morganucodon* のそれによく似ている．単孔類の起源は祖先のドコドン類にあり，後者はモルガヌコドン類に似た祖先から由来した可能性がある．いずれにしても，単孔類は哺乳類様爬虫類から進化した太古の一系統を表しているのであり，世界の隔絶した一隅——特殊化した外装を幾つかもつ基本的に原始的な哺乳類として生き延びた地域——で生存を続けている．単孔類はいろいろな意味で，哺乳類様爬虫類と高等哺乳類の中間の進化段階にある現実の哺乳類の形で，一つのみごとな概念を我々に提供してくれるのである．

哺乳類の基本的な放散

　中生代の原始哺乳類（および単孔類）に関するこの節の概説では，哺乳類が大発展を始めるより前，新生代早期に起きた最初の進化的展開のあらましを述べておこう．中生代哺乳類は数が多くはなく，さほど多様でもなかったのだが，かれらが無上の重要性をもっていたのはほかでもなく，哺乳類の後代の歴史に対するかれらの意義のゆえである．かれらは白亜紀が終わるまでに長い期間——哺乳類の全歴史の初めの3分の2——を生存した．（我々がふつう思い浮かべるいわゆる"哺乳類時代"は比較的短いのだ．）そして，三畳紀

後期，ジュラ紀，および白亜紀にわたる長大な時間の間に，哺乳類はその後のかれらの歴史を決定する進化的放散の基本的諸系統の基礎をかためたのである．

ここでちょっと立ち止まり，哺乳綱が亜綱や下綱に区分されることを調べてみよう．二十世紀前半の間，中生代哺乳類の研究者たちは，その各グループを互いに分け隔て単孔類からも隔てる相違点――ただし相称歯類，真全獣類と有袋類，および有胎盤類をまとめる一群だけは例外として――を強調していた．この仕来りの下では各目は哺乳綱の中で別々の亜綱という高い地位におかれ，中生代の諸目の間，あるいは絶滅した諸群と現生の単孔類の間にありうる関連性はほとんど検討されたことがなかった．中生代哺乳類はおもに歯で知られていただけだし，成獣になると歯を失う現生の単孔類は，中生代のどれかの目と類縁があるかどうかについて手掛かりをほとんど提供しなかった．

ところが1960年代の初めごろ，比較的保存のよい頭骨化石が新たに発見された結果，すべての初期哺乳類の頭骨構造や類縁関係がもっと注意深く研究されるようになった．モルガヌコドン類，トリコノドン類，多丘歯類，および単孔類の頭骨構造には，これらの4群（および近縁のドコドン類）をその他の哺乳類から隔てるような重要な類似点が見いだされた．具体的に言えば，これら全ての目において，岩様骨〔側頭骨錐体〕の一部が眼窩の内側表面で前方へ広がり，そのため隣接する諸骨も位置を変えた．この発見に基づいて，ポーランドの古生物学者ゾフィア・キーラン＝ヤヴォロフスカと彼女の協力者たちは全哺乳類を大きく二つの亜綱に分けることを提唱した――第1は，モルガヌコドン目，トリコノドン目，ドコドン目，多丘歯類，および単孔類からなる「原獣亜綱」，第2はその他の全てをまとめた「真獣亜綱」である．原獣亜綱はみなモルガヌコドン類から由来したようにみえるのに対し，歯の類似性によってまとめられる真獣亜綱はすべて *Kuehneotherium* かそれと近縁の種類から進化した可能性がある．真獣亜綱はふつう三つの下綱――全獣下綱（相称歯目と真全獣目），後獣下綱（有袋類），および正獣下綱（有胎盤哺乳類の全ての目）――に分けられる．

ところで，哺乳類の歴史は図19-10に示すように，適応放散の主要な2段階から成っていると考えることができる．第1段階は三畳紀後期－ジュラ紀－白亜紀前半にわたり，この段階で5目の哺乳類――ドコドン類，トリコノドン類，相称歯類，真全獣類，多丘歯類――が現れて発展した．

放散の第2段階は，ドコドン類，トリコノドン類，相称歯類，および真全獣類が絶滅に至ったのち，白亜紀の中ごろから始まった．哺乳類の二つの新しいグループ，有袋類と有胎盤類――真全獣類を祖先として白亜紀前期の末ごろに興っていたもの――が本領を発揮しはじめ，それより古い原始哺乳類に取って代わった．こうした意味深い進化的出来事が起こっていた一方で，多丘歯類は全盛のうちに生きつづけ，新生代初頭まで生き延びた．新生代に入ると，有袋類と有胎盤類が進化的発展の未曾有の高所に達し，他方で多丘歯類は絶滅していった．単孔類の過去は稀に得られる化石で知られるにすぎないが，こうした全歴史の大半を通じて生きつづけてきた可能性が大きい．言うまでもなく，新生代に入っ

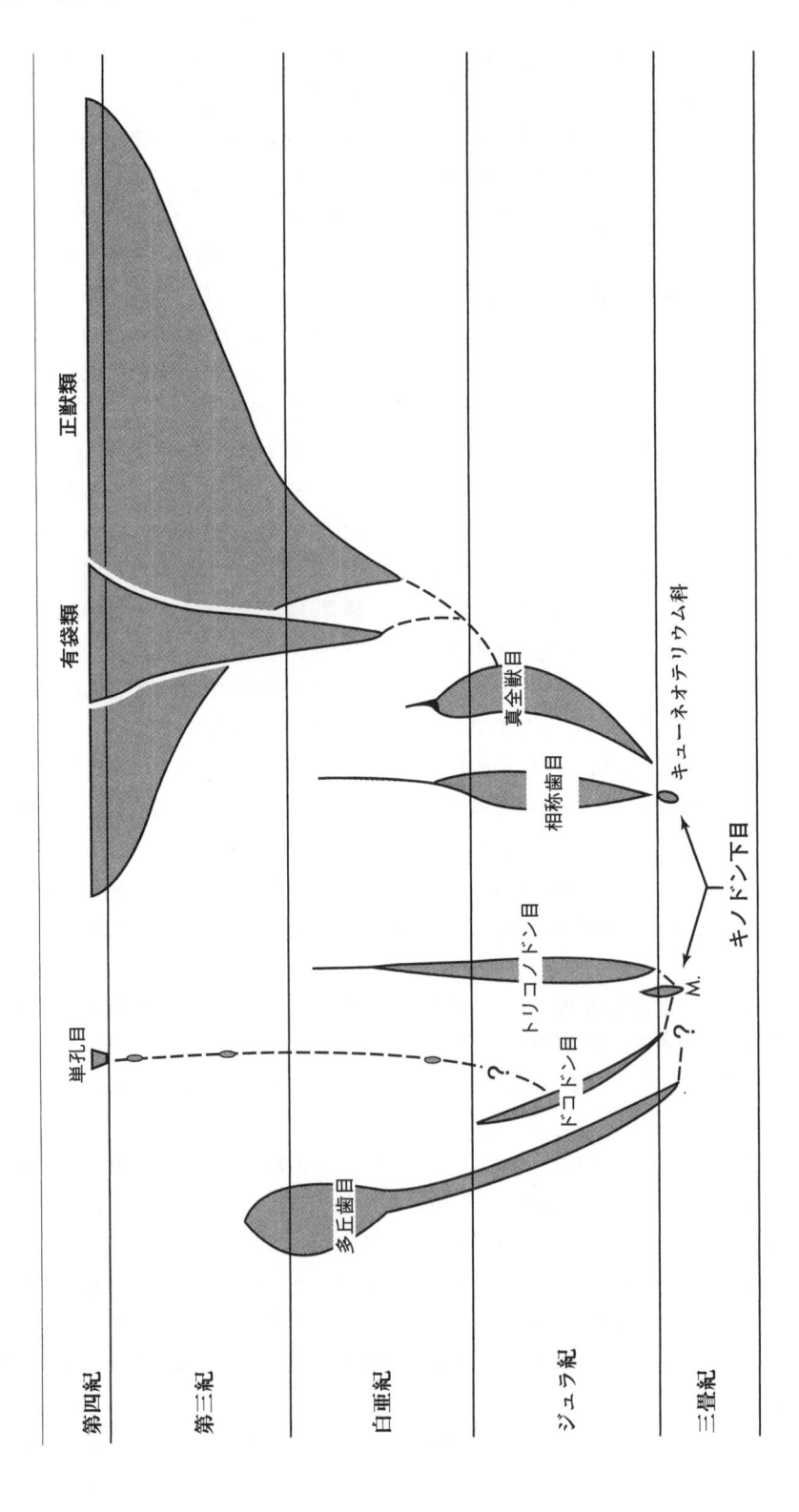

図 19-10 中生代哺乳類,およびそれらの子孫の系統樹.略号:M,モルガヌコドン科.〔正獣類 = 有胎盤類〕

てからの哺乳類の放散は進化の研究者にとって格別に興味深いものだが，それは，かれらが第三紀，第四紀，そして現世の上首尾で多彩な哺乳類につながる無数の系統にそって進化したのが，この段階だったからだ．

本書の後半の部分は，哺乳類の放散の第3段階の検討についやす運びになる．

20
有袋類

カンガルー

新生代の諸大陸と有袋類の歴史

　有袋類〔後獣類：米州袋目と豪州袋目〕の進化と現在の地理的分布を理解するには，白亜紀から新生代にかけての諸大陸の歴史にとくに注意を払う必要がある．さもなければ，これらの哺乳類の化石記録がきわめて断片的で数もとぼしく，かれらの現今の分布が奇妙にも南北アメリカとオーストラリアだけに限られていることが不思議に思われるだろう．

　さきに第17章で述べたことだが，超大陸パンゲアの分裂という出来事は中生代の間ずっと続いたため，白亜紀の末までに南アメリカはアフリカから完全に分離して一つの島大陸になっていたか，もしくは完全分離に近く，おそらくは南アメリカ北東部の膨らみとアフリカ北西部のモーリタニア地方の間にわずかな接続部を残すだけになっていた．どちらにしても，南アメリカ大陸の南端と南極大陸——それとオーストラリア大陸はまだしっかり接続していた——の半島部の間には，たぶんまだ何らかのつながりがあっただろう．

　いま地質学的記録として知られる最古の有袋類は北アメリカの白亜紀前期の堆積物から出たもので，恐竜類や他の中生代の大形爬虫類が絶滅するより5000万年ほど前のものだ．これら北アメリカの諸属に似た少数の有袋類がペルーとボリビアで，北アメリカの化石より後の白亜紀の地層から発見されているが，世界のその他の地域からは中生代の有袋類は知られていない．したがって，有袋類はまず北アメリカで興り，白亜紀もごく遅い時期にたぶん偶然の放浪者として南アメリカへやって来た，と考えてよいだろう．

　新生代になって始新世のある時期に，少数の有袋類がおそらく北アメリカからヨーロッパに到達してそこで中新世まで生存し，一時期にはアジアや北アフリカの一部に広がり，それから絶滅した．始新世にはまた一部の有袋類が南極大陸へもたどり着いたが，これはほぼ確かに南アメリカから来たのであり，おそらくオーストラリアへの長距離の移住ルートの途上にあったのだろう．有袋類の興隆の中心だったらしい北アメリカではかれらは中新世に絶滅したのだが，各地動物相の間の大規模な交流——鮮新世—更新世前期に西半球の南北二つの大陸の間で起こった往来——のなかで南アメリカから逆流入した〔後述〕．

　南アメリカは，ひとたび分離独立したのちは有袋類にとって安全地帯になった．有胎盤類が北方からこの大陸に侵入する機会がなくなったからだ．そのため有袋類は，かつてこの大陸にたどり着いていた古い有胎盤類の子孫らの活発な競争相手として，独自の進化的発展を続けていくことができた．かれらは第三紀の末期——南アメリカがパナマ地峡によって再び北アメリカとつながった時期——まで，かなりの繁栄のうちに生存しつづけた．その時期に高度に特殊化した有胎盤類が北方からなだれ込み，有袋類の大半はこうした侵入者らとの競争の結果，根絶やしにされてしまった．（同じように，南アメリカに元からいた有胎盤類も，北方から押しよせる新型の哺乳類の波のもとに消滅した）．

　オーストラリアは南アメリカと同じように確かに始新世まで南極大陸とのつながりを保っていたため，南極大陸は一つの橋のようになり，そこを経由して有袋類がオーストラリアへ入り込むことができた．その後オーストラリアは分離独立し，有袋類を載せたまま北東方へ漂動する島大陸になった．この地で有袋類は，有胎盤類との競争がほとんど無い状

態で繁栄する．ここでかれらは広い範囲にわたる適応放散を発展させ，隔離された環境にある優占的哺乳類として現在も生きつづけている．

有袋類の特徴

　有袋類とは，幼仔が一般に母親の特殊な育児嚢，つまり腹面のポケットの中で育てられる哺乳類である．この目の "Marsupialia" という学名はそのためで，袋を意味するラテン語 "marsupium" に由来する．かれらは短い妊娠期間（オポッサムではわずか 12 日間）のあと胎児の状態で生み出され，幼仔はただちに這って母体の育児嚢に入り込む．そこでかれらは，嚢の中にある乳首に吸い付くようになる．幼仔は一定の期間にわたり乳首に付着しつづけ，文字通り母体から注入される乳を吸う．幼仔が発育して形をなすにつれて，ある程度の独立性を獲得する．そして，母親の育児嚢から出たり入ったりの生活をするようになる．

　こうした極めて特殊化した生殖と養育の方法は，むろん現生の有袋類から知られているものだ．けれども有袋類を区別する骨格上のいろいろな特徴がある．それらによってこの群を同定し，化石記録で不十分にしか保存されていない以上，その歴史をたどることもできるのである．

　有袋類では脳頭蓋〔脳を取り囲む骨格〕が相対的に小さく，これはかれらを有胎盤類から容易に区別するとともに知能の低さを反映する特徴である．そのため，矢状稜（下顎を閉じる側頭筋の付着面の上限をなす正中部の隆起）が高くて大きい場合が多い．眼窩は側頭窩と一つになっていて，これは原始的な哺乳類によくあることだ．骨口蓋には多数の小孔が貫通しており，有胎盤類におけるように充実性ではない．下顎骨〔歯骨〕後部の隅角部〔下顎角〕はふつうその後下縁で内側へ曲がっており，有胎盤類では稀にしかない特徴である．さらに，有袋類の耳胞（中耳をおさめる骨性の容器）は有胎盤類のそれと異なる骨——一般に構造的に目立つ翼蝶形骨——でできている．

　有袋類の歯では，数が種類によってかなり変異する（図 20-1）．切歯は左右の各側に，有袋類では最大で上顎に 5 本，下顎に 4 本もある場合があるが，有胎盤類では上下とも最大 3 本である．また原始的有袋類では一般に，上下顎の左右各側に小臼歯が 3 本，大臼歯が 4 本あるのに対して，有胎盤類では小臼歯が 4 本，大臼歯は 3 本までである．有袋類の大臼歯は咬頭が三角形に配置したパタンを示し，明らかに前に述べた真全獣類の歯のパタンから受け継がれたものだ．上顎の各大臼歯には，2 個の外側咬頭と 1 個の内側咬頭をもつ三角形，"トライゴン" がある．その外側には幅広い "スタイル棚" があり，トライゴンと幾つかの外側辺縁の咬頭 "スタイル" とを隔てる．このトライゴンは，1 個の外側咬頭と 2 個の内側咬頭をもつ下顎大臼歯のトライゴニドと擦れ違ってはまり合い，下の歯にある盤状の部分 "タロニド" が，上の歯の内側咬頭 "プロトコーン" の尖頭を受け入れる（図 21-2 を参照）．

　また有袋類の動物では，乳歯から永久歯への代生〔生え変わり〕が有胎盤類におけるより少なく，後方〔遠心〕の小臼歯だけが代生する．

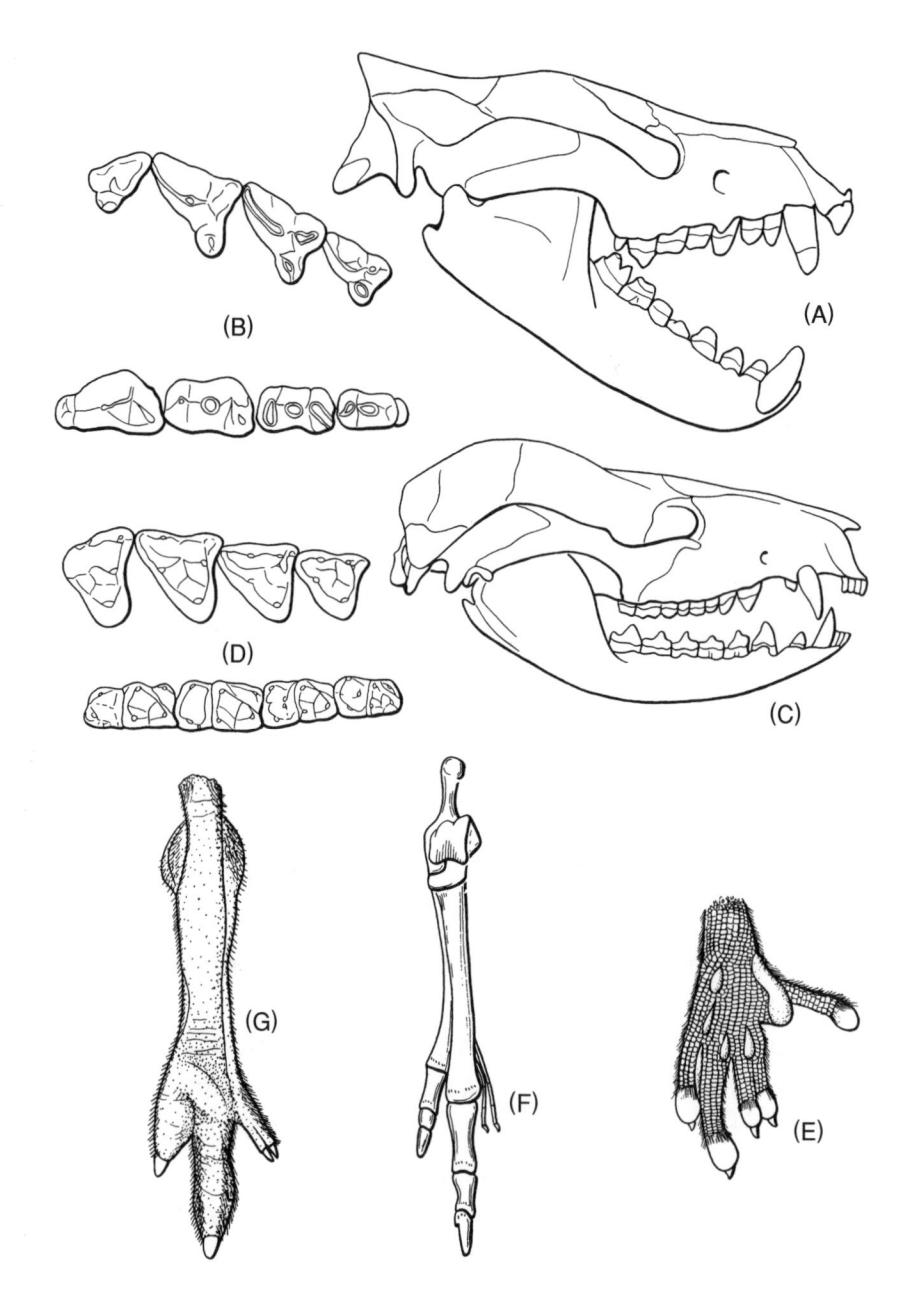

図20-1 有袋類の特異な形質.（A）南アメリカの中新統から出る肉食性の大形有袋類，Borhyaena の頭蓋と下顎骨.頭蓋の長さ約24 cm.（B）現世のタスマニア"オオカミ"Thylacinus の上顎と下顎の断ち切り型の大臼歯.ほぼ実物大.（C）北アメリカの現生オポッサム，Didelphis の頭蓋と下顎骨.頭蓋の長さ約11 cm.（D）Didelphis の上顎と下顎の大臼歯.実物の約3分の2.（E）オポッサムの後足.木登りに適応して大きく離れた第1指.（F）ある種のカンガルーの後足の骨格.（G）同カンガルーの後足.FとGは実物を縮小.毛づくろいに使われる癒合指になった第2・第3指をしめす.

有袋類の頭部以外の骨格は哺乳類様爬虫類の骨格から著しく変わっており，大体において有胎盤類のそれに似ている．頸椎は7個あり，その後ろに肋骨の付いた胸椎が13個ほど，そして肋骨のない腰椎がふつう7個ある．肩帯では一般に大きな鎖骨があるが，烏口骨（うこう）は退化している．肩甲骨には強大な肩甲棘がある．骨盤にはふつう，育児囊の張り骨になる上恥骨（袋骨）（たいこつ）がある．また後肢の指にはかならず鉤爪がある．

有袋類には，後足に奇妙な特殊化をしめす種類がある．第2・第3指が非常に細くて固く寄り集まり，その基部は共同の皮膚で覆われている（図20-1F, G）．このような足指は実質的に第5指と"均衡をとって"おり，そして足指のなかで最大の第4指が足全体の中心軸になる．細い第2・第3指は"癒合指"とよばれ，この動物が毛づくろいをするのに二股櫛（くし）のように使われる．

アメリカ大陸のオポッサム

北アメリカの現生オポッサム〔フクロネズミ〕*Didelphis*（図20-2）はいくつかの点からみて，白亜紀の動物が現代世界に生き残ったようなものだ．この興味ある有袋類は類縁の近い白亜紀のオポッサム科動物からの意味深い変化を示してはいるが，頭骨，歯牙系，および頭部以外の骨格に，最早期の最原始的だった有袋類の特徴を数多く維持している．そのため我々はオポッサムを研究することによって，幸運にも原始哺乳類について丁度よい概念を得ることができるのである．

合衆国南部－メキシコにすむこの身近な住民〔キタオポッサム〕はイエネコぐらいのサイズの小形動物だ．その体は灰白色の粗い毛に覆われ，ネズミのような裸の尾をもっている．その尾には把握力があり，これは尾が"第五の手"のように樹木の枝に絡ませて使われることを意味している．足部は原型的で，指はすべて退化しない状態にあり，鉤爪をしっかり備えている．こうした尾と足のためオポッサムは達者な木登り動物であり，時間のほとんどを樹上で過ごしている．

頭蓋は一般型で，前に列挙したさまざまな有袋類型の特色をもっている——脳頭蓋が小さいこと，口蓋に多数の小孔が貫通していること，下顎骨の隅角が内側へ曲がっていることなど．歯列も原型的で，上顎に5本，下顎に4本の切歯，1本の犬歯，3本の小臼歯，4本の大臼歯という歯数をもつ．大臼歯のパタンは前記したような原始型で，歯列では向かい合う上下の三角形——下顎大臼歯に盤状のタロニド，上顎大臼歯に広いスタイル棚をもつもの——が連なっている．

有袋類の祖先は大体においてどんなものだったかを，この動物が表していると考えてよい．有袋類はオポッサムに似たものを根幹として，南北アメリカ大陸とオーストラリア大陸で種々さまざまな適応放散の系統をつくりながら進化してきた．

アメリカ大陸の有袋類の進化

有袋類のなかでその歴史を通じてだいたい原始的にとどまってきたのは，キタオポッサムなど北アメリカ－南アメリカにすむオポッサム科の動物〔約70種〕である．高度に特

図 20-2 アメリカ産のオポッサム *Didelphis* の全身骨格．全長約 70 cm の一般型の有袋類．骨盤から前へ突出し，育児嚢をささえる上恥骨〔袋骨〕に注意．

　殊化した無数の有胎盤類と生活環境を共にせねばならなかったにもかかわらず，これらの動物は闘争に適した鋭い歯や無愛想な性質をもち，隠れ棲みながら一般型を維持することによって生きてくることができた．普通のキタオポッサム *Didelphis* のことは上に述べたが，これの祖先らしいものに，北アメリカの白亜系から出る *Alphadon* や *Eodelphis*，北アメリカとヨーロッパの第三系下部から出る *Peratherium* などがあった．もうひとつ原始性を維持しているものに，中央アメリカ産のマウスオポッサム *Marmosa* がある．中米産のミズオポッサム *Chironectes* は河川での生活に適応したオポッサムである．

　オポッサム科の動物を祖として，第三紀に南アメリカのある有袋類が攻撃性の強い肉食動物に特殊化した．ボルヒエナ科の動物がそれで，中新世の *Borhyaena*（図 20-3）を典型とする．この属はオオカミか大形イヌほどのサイズのかなり大きな有袋類だった．頭骨はイヌのそれによく似ていて，突き刺し型の大きな犬歯をそなえ，大臼歯の幾つかは挟み切り型の刃のように変形していた．胴は長く，背中は強靱かつ柔軟そうで，尾も長かった．四肢は強そうで，足には鋭い鉤爪があった．全体として，*Borhyaena* は全般的な適応形態で尾の長い大形イヌ類に似ており，同時代の他の哺乳類——有袋類も有胎盤類も——を捕食していたことが明らかである．

　鮮新世になると，ボルヒエナ科のあるものが著しく特殊化するに至った．トラぐらいの大きさだった *Thylacosmilus*（図 20-3）という属は短い頭骨と恐ろしく長大な剣のような上顎犬歯をもつ一方，下顎骨には，口を閉じたときこの犬歯を裏側から保護する丈の高い骨の突縁が発達していた．ここに，他の大陸にいた有胎盤の食肉類〔目〕に近い収斂のパタンと，北アメリカの更新統から出る剣歯トラとの気味悪いほどの類似が見られる．これほど特殊化が進んでいたにもかかわらず，*Thylacosmilus* やその他の肉食性ボルヒエナ類は，南北 2 大陸が鮮新世に再びつながったとき北アメリカからなだれ込んだ肉食性有胎盤類に対抗することができず，その時期にこれらの有袋類は絶滅した．

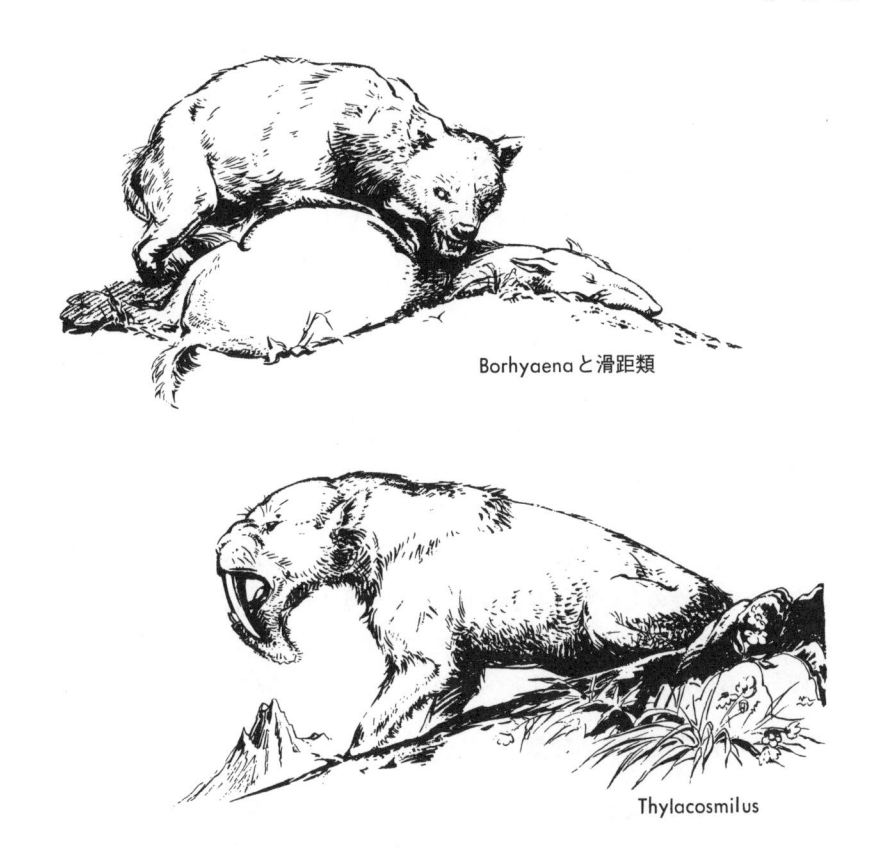

図 20-3　南アメリカにいて絶滅した肉食性有袋類．漸新世後期－中新世の *Borhyaena* はオオカミほどの大きさだった．鮮新世の *Thylacosmilus* はジャガー〔アメリカヒョウ〕ぐらいの大きさで，大形の剣歯トラと驚くばかりに並行していた．（ロイス M. ダーリング画）

　南アメリカにおける有袋類のもう一つの系統の上にケノレステス亜目〔少丘歯亜目〕があり，これは暁新世から現今まで生存する多くの点で一般型の小形有袋類である．この系統の現生の代表はエクアドルやペルーに分布する育児嚢を失った有袋類，オポッサムラット〔ケノレステス〕*Caenolestes* である．これらの動物では下顎の中切歯〔第1切歯〕が巨大化し，それと相関して他の切歯が退化もしくは完全消失している．ケノレステス類のポリドロプス科という群では下顎の第1大臼歯が目立って大きくなり，丈の高い切断歯を形成している．アルゼンチンの暁新統—始新統から出る *Polydolops*（図20-4B）に固有のこの特徴は，南極半島の始新統で出る *Antarctodolops*（図20-4A）で繰り返された．これら2属がそれぞれ南アメリカ大陸と南極大陸で発見されることは，さきに簡単に触れたように，有袋類が南アメリカから南極大陸という橋を経由してオーストラリアへ流入したことの，決定的でなくとも推定上の証拠にはなる．
　ところで，ケノレステス類は有袋類の特殊化した一分枝を表すもので，いまは通常かれらだけの亜目に入れられている．アメリカ産の有袋類には他に，有袋食肉目とか多前歯目ともよばれる大きなグループの一部があり，ここには，肉を細断するのに適した原型的な

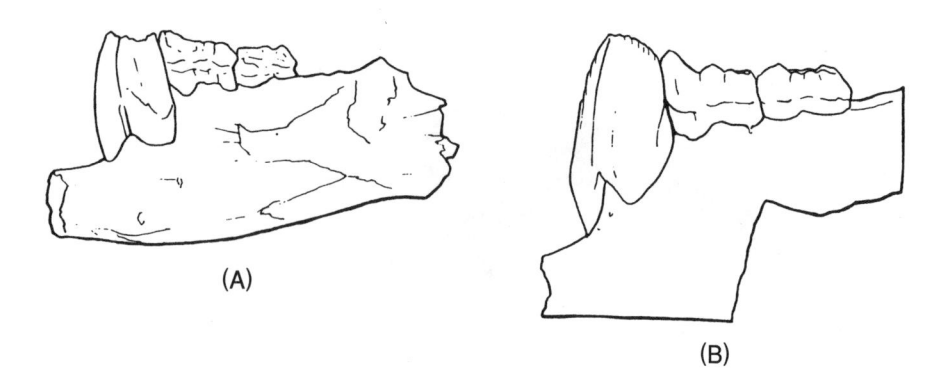

図 20-4 ケノレステス類〔少丘歯類〕に属した 2 属の有袋類の下顎骨．いずれも約 3.5 倍．(A) *Antarctodolops*，南極大陸の始新統上部から出るもの．(B) *Polydolops*，南アメリカの始新統中部から出るもの．

尖った歯――上下顎とも左右の多数の切歯をふくむ――をもつ有袋類が含まれる．これらのなかには完全な肉食性のものもいるが多くはオポッサムのように雑食性であり，動物質や植物質の多様なものを常食にしている．新生代前期か，もっと早い時期に，こうした有袋類のなかのあるものがオーストラリアへ広がり，そこで子孫が繁栄した．

オーストラリアの有袋類の適応放散

オーストラリア大陸は有袋類の巨大な生息地であり，世界で他に並ぶもののない多種多様なこの類の動物を収容している．この大陸で最古の有袋類の化石はだいたい漸新世ごろのものだが，層位ははっきりしていない．オーストラリアの第三紀の堆積物から出る化石はほとんど無いため，現生種の研究に基づく推定が，オーストラリアの有袋類の進化過程を理解するうえで大きな価値をもつ．オーストラリアの現生有袋類での適応形態の範囲は非常に広く，第三紀における進化系統の多彩さを物語っている（図 20-5）．この大陸の有袋類の，中新世，漸新世，およびもっと数の多い更新世の化石が，この見方を裏付けるのである．

オーストラリアの有袋類〔豪州袋目〕には，フクロネコ類，バンディクート類，およびディプロトドン〔双前歯〕類という 3 群〔各，亜目〕がある．近年発見されて新属 *Yalkaparidon* として記載された中新世の化石が第 4 の群を表すのかもしれない．が，この興味ある遺物の系統関係を突き止めるにはもっと多くの情報が必要だろう．

まずフクロネコ類というのは，他の哺乳類を捕食することを含むさまざまな生活様式への適応をしめす，多前歯型つまり肉食性の有袋類である．この仲間の多くはフクロオオカミ *Thylacinus* に似た肉食獣で，そこには，南アメリカで絶滅したボルヒエナ科動物やオオカミなどの有胎盤肉食動物〔食肉目〕との著しい並行性があるらしい．フクログマ〔タスマニアデビル〕*Sarcosmilus* はもっと小さいが攻撃的な肉食獣である．肉食性のフクロネコ類にはさまざまな"先住ネコ"〔フクロネコ類〕がいて，*Dasyurus*〔フクロネコ〕そのものが一例だ．フクロネコ類にはまた，アリ食性の *Myrmecobius*〔フクロアリクイ〕やモグラに似

図 20-5 オーストラリア地域の現生有袋類〔豪州袋目〕における適応放散. 縮尺はほぼ同じ. フクロオオカミ〔タスマニア"オオカミ"〕の大きさは真のオオカミと同程度. (ロイス M. ダーリング画)

て地中に穴を掘ってすむ *Notoryctes*〔フクロモグラ〕がある.

　次にバンディクート類というのは, 多くは小形で, 鼻吻部が長く, ウサギ類のように跳んで走るのに使う長い後肢をもつ動物である. 昆虫食の種や植物食の種もあり, 何でも食べる雑食性の種もある. バンディクート類とその子孫らしいディプロトドン〔双前歯〕類では, 後足の第 2・第 3 指が毛づくろいの櫛になる融合指に変形している.

　オーストラリアの有袋類の大半はディプロトドン類——下顎の切歯は左右に各 1 本しかなく, 後足に癒合指をもつ有袋類——である. かれらは多種多様な大グループをなし, そこにはオーストラリア有袋類のうち最も特徴的な種類がいくつも含まれる. まず, リスに似た適応を示すものの多い多彩なクスクス〔科〕がある. 広く知られたディプロトドン類の一つはコアラ *Phascolarctos* で, これは特定種のユーカリ樹の葉だけを常食にし, 他のものはなにも食べないという風変わりな適応をはたした動物だ. もう一つはウォンバット *Phascolomys*〔ウォンバット科〕である. さらに, ワラビー〔科〕とカンガルー〔科〕の仲間があるが, よく知られているから詳しく説明するまでもない. これらはオーストラリアの草食獣で, さまざまな植物を常食にする. 小形のカンガルーは祖先がしていたのと同じように今も森林のなかで生活しているが, もっと人気のある大形カンガルーは広く開けた平原で暮らしている. カンガルー類は世界の他の地域にいる大形の植食性哺乳類のように四

肢で駆けるのではなく，強力な後肢だけに頼り，優美な，驚異的な跳躍によって景観の中を横切っていく．

現生ディプロトドン類の更新世の親類の一つに，*Diprotodon* という大形動物がいた．これは大形のウシほどの大きさで，四足歩行性で歩くいくぶん不格好な動物だった．生存中には大きなウォンバットのようだったかもしれない．更新世にはオーストラリアに他にも巨大な有袋類が生息し，そのなかには大形カンガルーもいた．現生のライオンほどの大きさだった *Thylacoleo* という属はネコ類に似た肉食動物だったと解釈する古生物学者が多いが，これは上顎と下顎にある大きな切断型の歯にもとづく推論である．しかし他方，この興味深い有袋類は果食動物だったのだろうと言う研究者もいる．足の構造が，この種類はおそらく達者な木登り動物だったことを暗示しているのである．

ところで，オーストラリアの現生有袋類は適応放散と進化的収斂の驚くべき実例になっている（図20-5）．この島大陸で有袋類は他の大陸から隔離され，有胎盤類の侵入から守られて，種々さまざまな生活様式に向かう多様な方向へ進化した．その結果かれらは，他の大陸では新生代になって有胎盤類に取られてきた多様な生態的ニッチをここで占めている．例えば，現在はタスマニア島だけに限られて絶滅に瀕している肉食性のフクロオオカミは他の地域のオオカミと，小さいフクロネコ類は小形ネコ類，イタチ，テンなどと比較することができる．これらの肉食有袋類は他の有袋類――フクロオオカミはやや大きな植食動物，フクロネコは草原，叢林，樹林などにすむ種々の小形有袋類――を捕食している．ワラビーやカンガルーは他の大陸にいるシカ，レイヨウ，ガゼルなどと比較できる．形態上かれらは有蹄類と似ていないがやや大形の植食動物であり，その多くは平原や開けた森林で生活し，非常な速さで走る能力によって敵から逃れることができる．またウォンバットはウッドチャック〔北アメリカ北東部産〕のような大きな齧歯類と比べることができるし，他の地域の小さい齧歯類と比べられる小形有袋類もいろいろいる．さらにクスクス〔ユビムスビ〕はリスと，バンディクートはアナウサギと比較できる，といった具合である．

進化史における有袋類の地位

哺乳類全体の階層的体系のなかで有袋類をやや低い等級にあるものと見るのが，動物学者たちの仕来りのようになってきた．つまり，哺乳類の進化史において，かれらを中生代の祖先形哺乳類と新生代の有胎盤類の中間の段階とみるのだ．しかし証拠資料が物語るのは，有胎盤類はその歴史の初期に有袋類に似た段階を経てきたのだとしても，これら二つのグループはおそらく真全獣類に属した共通の祖先から別々に興り，相並んで進化してきたということである．有袋類の化石記録と有胎盤類のそれとは同じくらい古いのであり，両グループとも白亜紀に興ったのだ．

有袋類と有胎盤類は，解剖学的に異なるいろいろな特徴とならんで，大きく違う二つの生殖方法を発達させた．両者の進化史の初期段階ではかれらはたぶん互角であり，有袋類の適応構造は進化的にみて，有胎盤類のそれらとほぼ同じくらいに効率のよいものだっただろう．けれども時が経つにつれて，とりわけ新生代が始まるとともに，有胎盤類のほう

が優勢になった．有胎盤類が有袋類を制圧するに至ったことにはおそらく様々な要因があったのだろうが，なかでも有胎盤類のほうが知能で優れていたことが特に重要だった可能性がある．

21
有胎盤類とはどういうものか

恐竜と食虫類

新生代は"哺乳類時代"とよばれることがよくあるが，これを正当に"有胎盤類時代"と言いかえることもできる．なぜなら，白亜紀が新生代へ移行したころ以来，有胎盤類が地球上のほとんど全ての地域で圧倒的に優勢な動物になっているからだ．哺乳類の歴史を通じて，単孔目は絶滅2属と現生3属，多丘歯目はすべて絶滅した17属，そして有袋類は絶滅および現生の127属を生みだしてきた．それらに比べると，有胎盤類には30の別々の目に属する4671属が含まれている．百分率にすると，有胎盤類は合わせて96パーセント，非有胎盤類は4パーセントとなる．これらの数字——M.マッケナとS.ベルが1997年に公表した分類体系に基づく——は，これ以上論ずるまでもなく有胎盤類の優勢ぶりをよく物語っている．かつて1945年に刊行された同様の分類表〔G.G.シンプソン〕には有胎盤類は2648属しか収録されていなかったので，4671という数は，二十世紀後半に知られた有胎盤類の属数に絶滅分類群を大半として76パーセントの増加があったことを示している．

有胎盤類の特徴

　有胎盤類，つまり正獣類〔下綱：真獣類〕とは，幼体が出生前にかなりの成長期間をへて比較的進んだ発育段階で生まれてくる哺乳類である．これらの動物では，かつての爬虫類の卵から受け継がれた幾つかの胚膜の一つである尿膜が，胚〔胎児〕を収める子宮に付着している．この付着部が胎盤で，そこを通じて母体から酸素と栄養が胚へ送り込まれる．こうした胚発生の結果，生み出された有胎盤類の子は多かれ少なかれ親動物のひな型の形をしている．有胎盤類では，齧歯類や食肉類やヒトの赤ん坊のように自立性のない新生児でさえ，何かの幼生のような有袋類の新生児よりはるかに進んだ状態になっている．また，有蹄類やクジラ類のような多くの有胎盤類では幼体は活発な小形動物として生まれ，それは出生後に短時間でその母親の後を追っていく能力を十分もっている．

　骨学上の形質については，有胎盤類にはさまざまな識別特徴が見られる．これらの動物の骨格がもつたぶん最重要な特色は脳頭蓋が大きいことで（図21-1），大半の有胎盤類では有袋類や爬虫類と比べて知能が優れていることを反映している．このほか有胎盤類の頭蓋を特徴づける様相には，一般に多数の小孔が貫通する有袋類の口蓋と比べて口蓋が充実性であることや，下顎骨の後下部〔下顎角〕がふつう内側へ曲がっていないことが挙げられる．頭部以外の骨格では，頸部椎骨〔頸椎〕が一般に7個あり，その後ろにそれぞれ両側に肋骨が連結した胸部椎骨〔胸椎〕のシリーズ，さらにその後ろには肋骨のない一連の腰部椎骨〔腰椎〕がある．有胎盤類の前後の肢帯〔肩甲骨-鎖骨と骨盤〕と四肢は前に述べた有袋類のそれらと基本的に同じだけれども，むろん有胎盤類特有の数多くの特殊化——場所移動のさまざまな様式への適応から生じたもの——が見られる．なお有胎盤類では，骨盤に上恥骨（袋骨）が付属していない．

　しかし有胎盤類の研究では，全身の硬質部分のなかでも歯が特に重要である．昔から言われているのは，仮にあらゆる有胎盤類が絶滅して化石の歯しか残っていないとした場合，それらがおよそどのグループのものか鑑別した結果は，いま作り上げられている分類体系——これら全ての動物の徹底的な解剖学的知見に基づいたもの——と実質的に同じだろう，

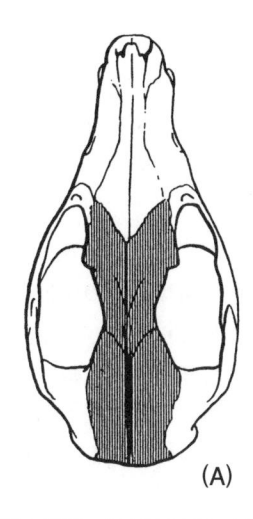

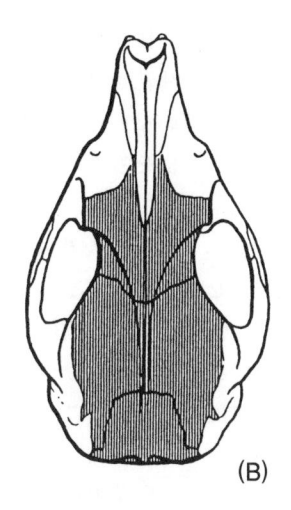

図 21-1　脳頭蓋の比較．(A)*Didelphis*，現生の有袋類の一つ．(B)*Gymnurechinus*，中新世の食虫有胎盤類．有袋類に比べて，有胎盤類では頭蓋容積が増大していることを示す．頭蓋の長さを同じにしてある．

というものだ．これはまことに都合のよいことである．化石哺乳類は歯を付けた顎骨の破片だけで保存されている場合が多いのだが，それらを研究してその進化史と系統関係についてひとまず妥当な結論に達することもできるのだ．そういうわけで，有胎盤哺乳類の歯に関する論議をまずここで紹介しておこう．

有胎盤類の歯

　有胎盤類の基本的な歯牙系は，上顎と下顎のそれぞれ左右の各側で3本の切歯〔門歯〕，1本の犬歯，4本の小臼歯〔前臼歯〕，および3本の大臼歯から成っている．このような定数〔種ごとに一定〕は $I\frac{3}{3} \cdot C\frac{1}{1} \cdot P\frac{4}{4} \cdot M\frac{3}{3}$ という"歯式"で表記される．これは白亜紀の最初の有胎盤類がもっていたもので，今でも多数の現生哺乳類で維持されている．が，言うまでもなく無数の有胎盤類で歯牙系に著しい特殊化が生じており，個々の種の歯式が原型の歯式から逸脱——ほとんどは退化減少——していることが多い．

　ジュラ紀の真全獣目の一つ，*Peramus* ——大臼歯の形態からみて後獣類と正獣類の祖先とも思われるもの——には上下顎の左右各側に8本の頬歯があったが，これらは4本の小臼歯と4本の大臼歯か，もしくは5本の小臼歯と3本の大臼歯だと解釈されている．それらのうち，小臼歯の1本が失われる一方で歯の形態に多少の変化が起こった結果，有袋類の基本型である3本の小臼歯と4本の大臼歯，有胎盤類の基本型である4本の小臼歯と3本の大臼歯に発展したらしいのである．

　ほとんどの有胎盤類では，切歯は食物を嚙み切るのに適応して，ふつうは比較的単純な形をした，歯根が1本だけの杭状または葉板状の歯である．哺乳類には切歯が大きくなっているものもあれば，退化もしくは消失しているものもある．ある少数の種類では切歯が複雑な形になり，櫛のような形の歯冠を備えている．形状の特殊化が多少あるにしても，

切歯を顎骨に植えつける歯根はかならず1本だけである.

　つぎに犬歯は,原始的哺乳類では釘のような形の大きな歯で,獲物に突き刺す機能をもって使われたことは間違いない.この歯は切歯と同じように,限りなく多様な適応範囲を通じて通常ただ1本の歯根をもつ状態をつづけてきたが,その歯冠には形と大きさに関してさまざまな特殊化が生じている.

　有胎盤類の小臼歯は一般にやや複雑な構造をもち,前位〔近心〕の歯から後位〔遠心〕の歯にかけて複雑さを増す場合が多い.つまり,第1小臼歯は2本の歯根をもつ歯冠のせまい歯であるのに,最後位の小臼歯は,歯冠が数個の咬頭から成り,少なくとも3本の歯根をもつ幅広い歯であるといった場合もある.特殊化した多くの哺乳類では,後位の小臼歯が外観で大臼歯に酷似していることも珍しくない.しかし,正獣類の類縁関係を追究するための鍵が見いだされるのは大臼歯である.実際,長い地質年代をつらぬく哺乳類進化に関する知見の多くは,大臼歯の精細な研究に基づいている.

　さきにジュラ紀の哺乳類を検討した際,大臼歯の構造のおかげで,真全獣類を有袋類と有胎盤類の確実性の高い直接祖先と見ることができる,と述べたことがある〔第19章参照〕.早期の有袋類と有胎盤類では,上顎の歯は,下顎の歯のトライゴニドと擦れ違って食物を断ち切るトライゴンで出来ていた.上下の大臼歯のこうした断ち切り作用に加えて,トライゴンの内側咬頭が,下顎大臼歯のトライゴニドの後ろにある盤状のタロニドに咬み合うことによって起こる,搗きつぶし作用があった.この型の大臼歯は,三結節型(tritubercular),結節裁断型(tuberculosectorial),トライボスフェニック型(tribosphenic)〔破砕切断型,摩楔式〕などとよばれてきた.これらのうち第3の語が最も適切らしいので,この本ではそれを使うことにする.トライボスフェニック型大臼歯は,高等な哺乳類に限りなく多様な歯が進化するその根源だったものである.

　トライボスフェニック型大臼歯のパタンが原型的なものだということは百年以上前,アメリカの大古生物学者 E. D. コープ〔1840-97〕により確認され,各咬頭の命名はその弟子,H. F. オズボーン〔1857-1935〕が提唱したものである.コープとオズボーンはトライボスフェニック型大臼歯を,内外逆になって対向する二つの三角形に見立てた.そこでオズボーンは,上顎大臼歯の3個の咬頭をプロトコーン〔原錐〕,パラコーン〔旁錐〕,メタコーン〔後錐〕と名づけた.初めの1個は歯の内側,他の2個は外側にある.さらに上顎大臼歯では,主咬頭の間にしばしば2個の中間咬頭があり,これらはプロトコニュール,メタコニュールと命名された.下顎大臼歯では,外側咬頭はプロトコニド,2個の内側咬頭はパラコニド,メタコニドと名づけられた.下顎大臼歯にはふつう,タロニド,つまり後部の盤状部分の周りに3個の咬頭がある.そのうち外側にある1個はハイポコニド,内側の1個はエントコニド,そして後部の盤状部の後ろにある1個はハイポコヌリドと呼ばれた.上顎と下顎のトライボスフェニック型大臼歯を構成するこれらの基本的な咬頭は進化的に共通の起源をもつものと見なされ,したがって,それらは全ての有袋類および有胎盤類で"相同"であることになる.それらの空間的な位置関係は図21-2に示すとおりである〔第20章参照〕.

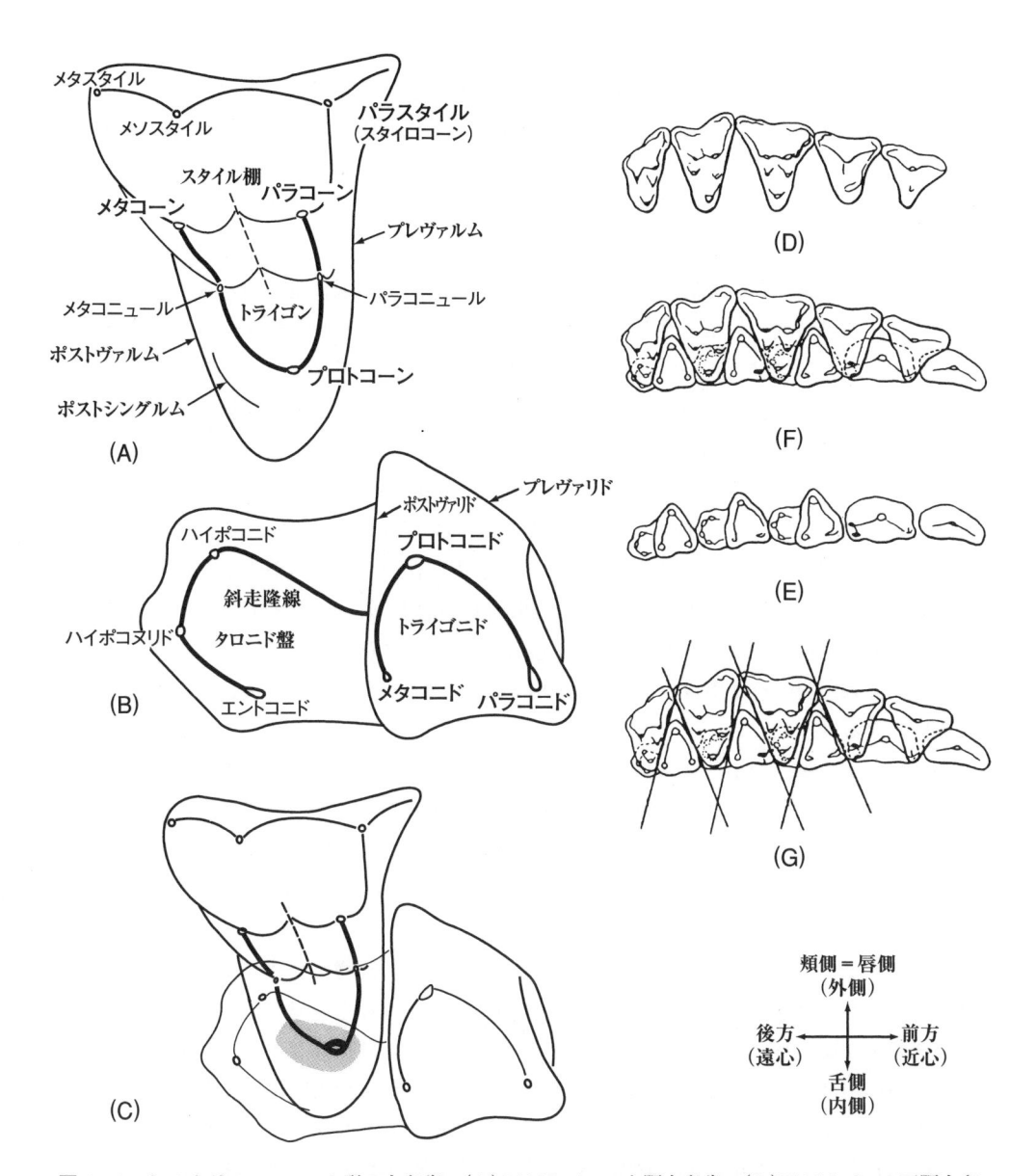

図 21-2 トライボスフェニック型の大臼歯．(A)*Didelphodus* の上顎大臼歯．(B)*Didelphodus* の下顎大臼歯．(C)上顎大臼歯のプロトコーンが下顎大臼歯の盤状部タロニドにはまりこむ配置．(D)ある早期の有胎盤類の上顎右側の歯列（後位2本の小臼歯と3本の大臼歯）．(E)ある早期の有胎盤類の下顎左側の歯列（後位2本の小臼歯と3本の大臼歯）．(F)上顎と下顎の歯列を重ねて，咬合したときの関係をしめす．(G)Fと同じもので，加筆した斜交直線は，食物を切断する上下の歯の断ち切り面の向きをしめす．〔右下の図は各図の読みとり方〕

進歩した多くの哺乳類では上顎大臼歯に第4の主咬頭，ハイポコーン〔次錐〕があり，歯の後部内側〔遠心舌側〕の隅を占めている．この咬頭は哺乳類の幾つもの目の進化過程で

歯冠への追加として現れたものだ．したがってハイポコーンは，その咬頭をもつすべての哺乳類で相同のものなのかどうか疑わしい．また多くの哺乳類では，大臼歯の複数の咬頭をいろいろな稜線が結んでおり，それらの稜線を上顎大臼歯ではロフ，下顎大臼歯ではロフィドという．おわりに，上顎の歯の外側縁にそって小さい副咬頭があって，これらはスタイル，下顎大臼歯でそれに対応する副咬頭はスタイリドという．

オズボーンが提唱した哺乳類大臼歯の咬頭の呼び名は，プロトコーンとプロトコニドは爬虫類の歯に由来した祖先的な原初の咬頭であるという彼の説に基づいたものだ．後年の学者には，この学説に異議をとなえ各咬頭に別の名称体系を提唱した人もいた．けれども，オズボーン流の名称は文献の中にしっかり根付いており，今では全ての研究者に使われている．ただし，このコープ＝オズボーン説の細部には，二十世紀後期の発見によって反証されたところもある．

有胎盤類の顎骨の運動には，上顎と下顎の大臼歯の間の作用について四つの型があり，そのうち三つが原型的哺乳類のトライボスフェニック型大臼歯に見られる（図21-3）．

第1に，上下の咬頭が入れ違いになり，上下の大臼歯のこれらの要素がたがいに咬み合って食物を保持したり引き裂いたりする．例えば，歯列の外縁にそって，下顎大臼歯のプロトコニドが2本の連続する上顎大臼歯のメタコーンおよびパラコーンと入れ違いになる一方，下顎大臼歯のハイポコニドが1本の上顎大臼歯のパラコーンおよびメタコーンと入れ違いになる．

第2に，歯の縁，つまりロフや稜線がたがいに擦れちがって食物を断ち切る．トライボスフェニック型大臼歯では，上顎の各大臼歯のトライゴンが下顎の対応する大臼歯の後縁と擦れちがう一方，上顎の各大臼歯のトライゴンの後縁が，下顎のその後ろにある次の大臼歯のトライゴニドの前縁と擦れちがう（例えば，上顎第1大臼歯 M^1 が下顎第2大臼歯 M_2 と）．

第3に，上下の歯のある一定部分が差し向かいになり，食物を破砕するのにはたらく．プロトコーンが盤状のタロニドと咬み合う作用はこのようなものである．

最後の第4に，対向する歯の表面が挽き臼のように互いに擦り合って，食物を磨りつぶす．この作用は多くの特殊化した哺乳類の，咬合面の広がった大臼歯に見られる．

本書でこれから行う論議では重要な部分が，入れ違い，断ち切り，差し向かい，および磨りつぶしという各作用により食物を処理する必要性への反応として，歯がトライボスフェニック型から適応放散をしたことに関係をもつことになる．それで，有胎盤類の歯にひどく重点を置いているようにみえるかもしれない．が，新生代になって哺乳類が繁栄していることのかなりの部分を歯の適応構造に帰することができるのは確かなのである．

有胎盤類の分類の一方式

新生代になって正獣類つまり有胎盤類には，マッケナ／ベルの分類体系によれば30あまりの目が進化し，そのうち17目が現在も生存している．有胎盤類の諸目をすべて列挙すれば次のようになる〔巻末の分類表を参照〕．

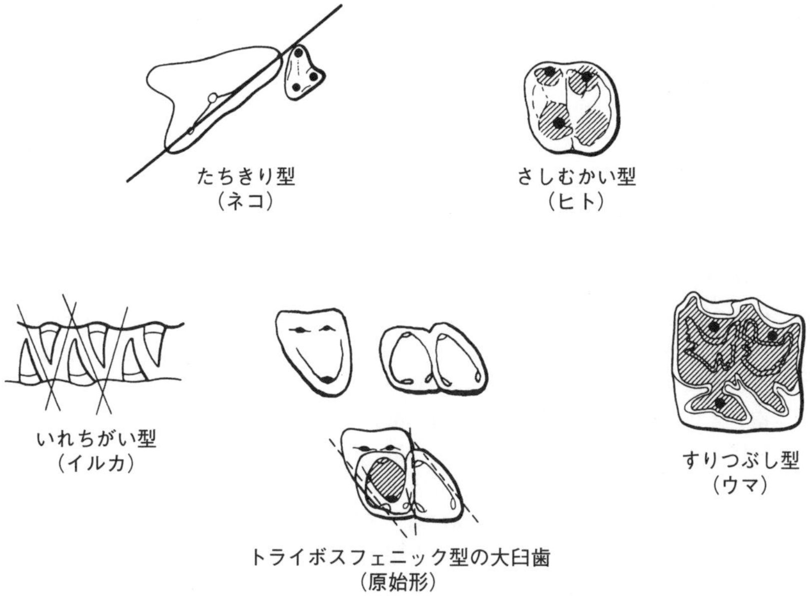

図 21-3 哺乳類の頬歯における咬合作用の幾つかの型.

レプティクティス目：早期の根幹的な有胎盤類で，マッケナ／ベルは既知のどの目にも属しないものとしている．〔絶滅〕

食虫目：食虫類．マッケナ／ベルは別個の3目としている——トガリネズミ目（トガリネズミ類とモグラ類），ハリネズミ形目（ハリネズミ類），およびキンモグラ目（アフリカ産のキンモグラ）．

貧歯目：貧歯類．マッケナ／ベルは別個の2目としている．被甲目（アルマジロ，グリプトドン類）と有毛目（アリクイ，ナマケモノ，地表性ナマケモノ）．

登木目：ツパイ類．

翼手目：コウモリ類．

皮翼目：ヒヨケザル類．マッケナ／ベルは霊長目に入れている．

霊長目：霊長類．レムール〔キツネザル〕，メガネザル，サル，類人猿，およびヒト．

ハネジネズミ目：ハネジネズミ類．

アナガレ目：ウサギ類と類縁があった群．〔絶滅〕

ミモトナ目：ウサギ類と類縁があったが不明確なもう一つの群．〔絶滅〕

兎形目：ウサギ類．アナウサギ，ノウサギ．

混歯目：*Eurymylus* とその近縁動物．〔絶滅〕

齧歯目：齧歯類．リス，ビーバー，ハツカネズミ・ネズミ，ヤマアラシ，テンジクネズミ〔モルモット〕，チンチラなど．

肉歯目：絶滅した原始的な肉食動物．〔絶滅〕

食肉目：狭義の食肉類で，猛獣の仲間．イヌ，オオカミ，キツネ，クマ，パンダ，アライグマ，イタチ，ミンク，カワウソ，クズリ，アナグマ，スカンク，ジャコウネコ，ハイエナ，大小のネコ類，アシカ，アザラシ，セイウチなど．

"キモレステス目"：これまで数個の目に入れられてきた異系統と思われる哺乳類をまとめたもの．〔絶滅〕

有鱗目：センザンコウ類．マッケナ／ベルはキモレステス目に入れているが，たぶん貧歯類と類縁がある．
無肉歯類：大形の肉食動物で，クジラ類の祖先．〔絶滅〕
鯨　目：イルカ，クジラの仲間．
顆節目：原始的な有蹄類．〔絶滅〕
アルクトスチロプス目：有蹄類の小グループ．〔絶滅〕
汎歯目：大形でかさの高い有蹄類．〔絶滅〕
恐角目：剣のような犬歯と角を備えた巨大な有蹄類．〔絶滅〕
管歯目：ツチブタ類．
偶蹄目：偶数本の指をもつ有蹄類．ディコブネ類，エンテロドン類，イノシシ・ブタ，ペッカリー，アントラコテリウム類，カバ，オレオドン類，ラクダ，マメジカ，シカ，キリン，プロングホーン，ヤギ，ヒツジ，ジャコウウシ，ウシなど．
南蹄目：南アメリカにいた原始的有蹄類．〔絶滅〕
滑距目：南アメリカにいた疾走性有蹄類．〔絶滅〕
雷獣目〔アストラポテリウム目〕：南アメリカにいた大形哺乳類．〔絶滅〕
トリゴノスチロプス目〔三角柱目〕：早期に南アメリカにいた有蹄類．〔絶滅〕
火獣目〔ピロテリウム目〕：南アメリカにいた超大形哺乳類．〔絶滅〕
異蹄目：南アメリカにいた大形有蹄類．〔絶滅〕
奇蹄目：奇数本の指をもつ哺乳類．ウマ，ティタノテリウム類，カリコテリウム類，バク，サイなど．
岩狸目：アフリカ－中東地方にすむイワダヌキ〔ハイラックス〕類．
長鼻目：長鼻類．モエリテリウム類，デイノテリウム類，マストドン類，マンモス類，ゾウ類など．
束柱目〔デスモスチルス目〕：海牛類や長鼻類と類縁があった大形哺乳類．〔絶滅〕
海牛目：カイギュウ類〔ジュゴン，マナティー〕．
重脚目：エジプトにいた大形有蹄類〔絶滅〕．

　上の列挙の仕方はおおむねマッケナ／ベルの分類体系に従ったものだが，両氏が亜目としていたのをここでは独立の目とした群が幾つかある．
　最早期の最も原始的な正獣類は Leptictidae〔レプティクティス科〕だったが，これは Leptictida〔レプティクティス類〕とか Proteutheria〔原正獣類〕という名で亜目または目として分類されることもある．これらの動物はおそらく他のすべての有胎盤類〔正獣類〕の祖先であったらしい．こうしたものを根幹として正獣類は多様多彩な進化系統にそって，さまざまな方向へ放散した（図21-4，21-5）．
　ジョルジュ・キュヴィエ〔フランスの博物学者，1769-1832〕の時代からこのかた，哺乳類の数多くの目をグループ分けしようという試みが，お察しのとおり成功の程度はいろいろながら何度も行われてきた．マッケナ／ベル（1997）の方式では次のようなグループ分けがなされている．〔訳註：原著での配列順序は下記と異なる．分類階級名の区は Cohort，巨目は Magnorder，大目は Grandorder，中目は Mirorder のそれぞれ仮訳語〕

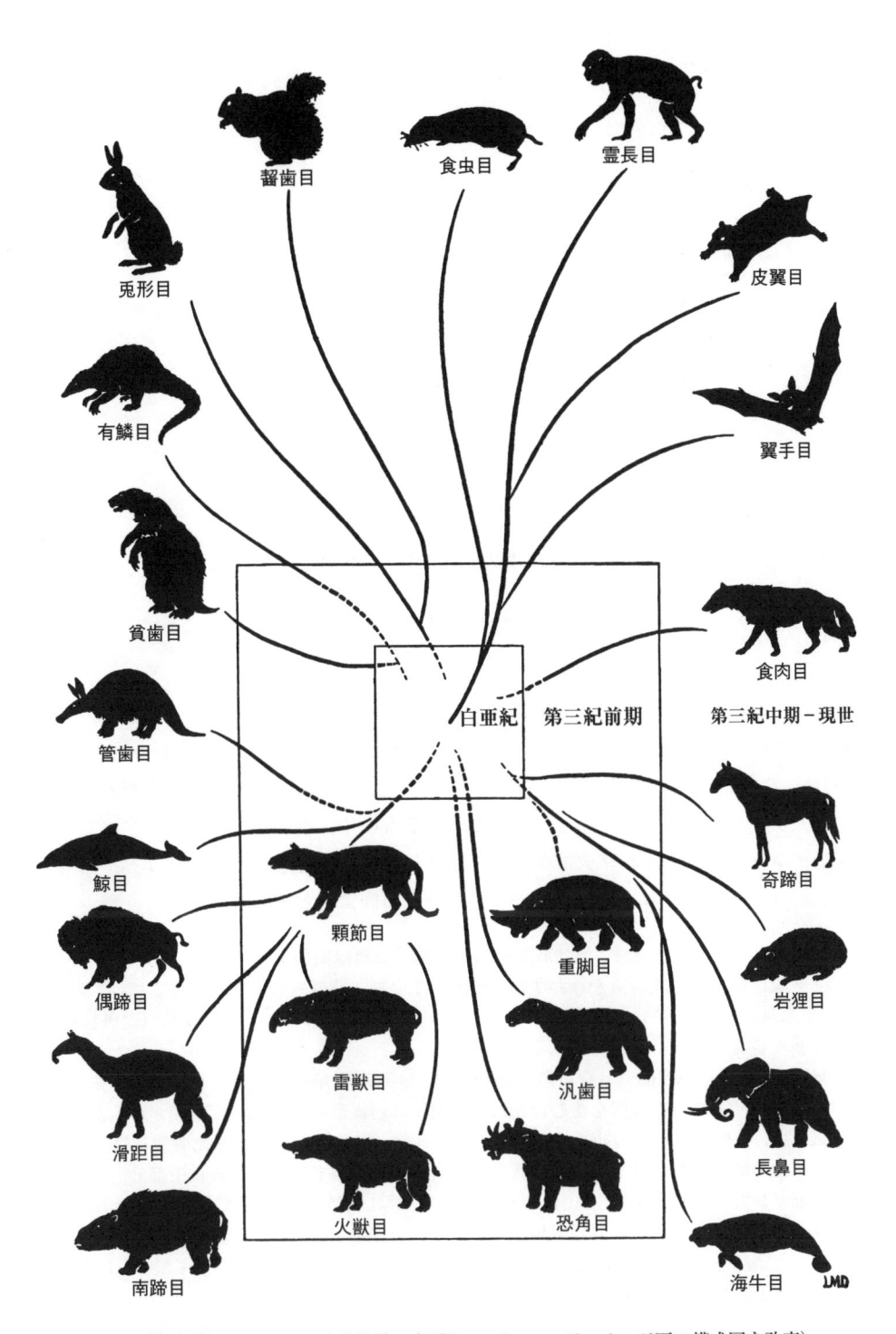

有胎盤類とはどういうものか 315

図 21-4 有胎盤哺乳類の主要な目の適応放散.（旧版のロイス M. ダーリング画の模式図を改変）

有胎盤区 Placentalia (=正獣類 Eutheria)
　異節巨目 Xenarthra (=貧歯類 Edentata)
　上獣巨目 Epitheria
　　レプティクティス上目 Leptictida
　　顕獣上目 Preptotheria
　　　主獣大目 Archonta
　　　　　登木目，翼手目，霊長目．
　　　　無盲腸大目 Lipotyphla (=食虫類 Insectivora)
　　　　アナガレ大目 Anagalida (=山鼠類 Glires)
　　　　　ハネジネズミ目，兎形目，齧歯目など．
　　　　広獣大目 Ferae
　　　　　キモレスタ目，肉歯目，食肉目．
　　　　有蹄大目 Ungulata
　　　　　孤立した管歯目，恐角目．
　　　　上アルクトキオン中目 Eparctocyona
　　　　　顆節目，無肉歯目，鯨目，偶蹄目．
　　　　午蹄中目 Meridiungulata
　　　　　滑距目，南蹄目，雷獣目，異蹄目，火獣目．
　　　　高蹄中目 Altungulata
　　　　　奇蹄目，岩狸目，長鼻目，束柱目，海牛目，重脚目．

　残念なことに，マッケナ／ベルは彼らの分類方式やグループ分けの理由を述べていないため，その提案を評価するのは難しい．彼らの分類方式の際立った特色の一つは，貧歯類（異節類）を他の全ての有胎盤類からはっきり分けていることにある．貧歯類とはナマケモノ，アリクイ，アルマジロなどの仲間からなるもので，進化がほとんど南アメリカで起こったグループである．レプティクティス類と貧歯類は別として，その他すべての有胎盤類は下記のように5個の"大目"という大きな分類群にまとめられる．

1. 主獣大目 Archonta：まず，原始有胎盤類との確かな類縁関係をしめす諸目——レプティクティス類に確立した諸特徴からわずかしか離れていない諸群——がある．ここには，ツパイ類（登木目），コウモリ類（翼手目），東南アジアにすむ滑空性のヒヨケザル類（皮翼目），そして我々自身（霊長目）が含まれる．
2. 無盲腸大目 Lipotyphla (=食虫類 Insectivora)：小形哺乳類の一群で，トガリネズミ，モグラ，およびハリネズミの仲間を含む．かれらの歯には円錐形の鋭く尖った咬頭があるが，耳の領域には，他のほとんどの哺乳類にある骨性の耳胞〔聴胞〕がない．また骨盤には，恥骨結合——他の哺乳類では骨盤の左右の両半分〔寛骨〕を腹側で結びつける正中部分——がない．
3. アナガレ大目 Anagalida (=山鼠類 Glires)：齧歯類は哺乳類のなかで最大の目である．最早期の齧歯類はもう明らかに齧歯類になっていたが，他の哺乳類との類縁関係は二十世紀の間ずっと議論されてきた．現在かれらは兎形目つまりアナウサギ・ノウサギ類——同じように切歯が拡大している動物——と類縁があるとみられている．
4. 広獣大目 Ferae：肉歯目と食肉目は，切断型の歯の発達など肉食への適応構造をいくつも共有する．マッケナ／ベルによれば，ここに多様な適応形態をもつ他の有胎盤類の取り合わせも含められる——裂歯目，紐歯目，汎歯目，シロアリ食性の有鱗目（センザンコウ），類縁

有胎盤類とはどういうものか　317

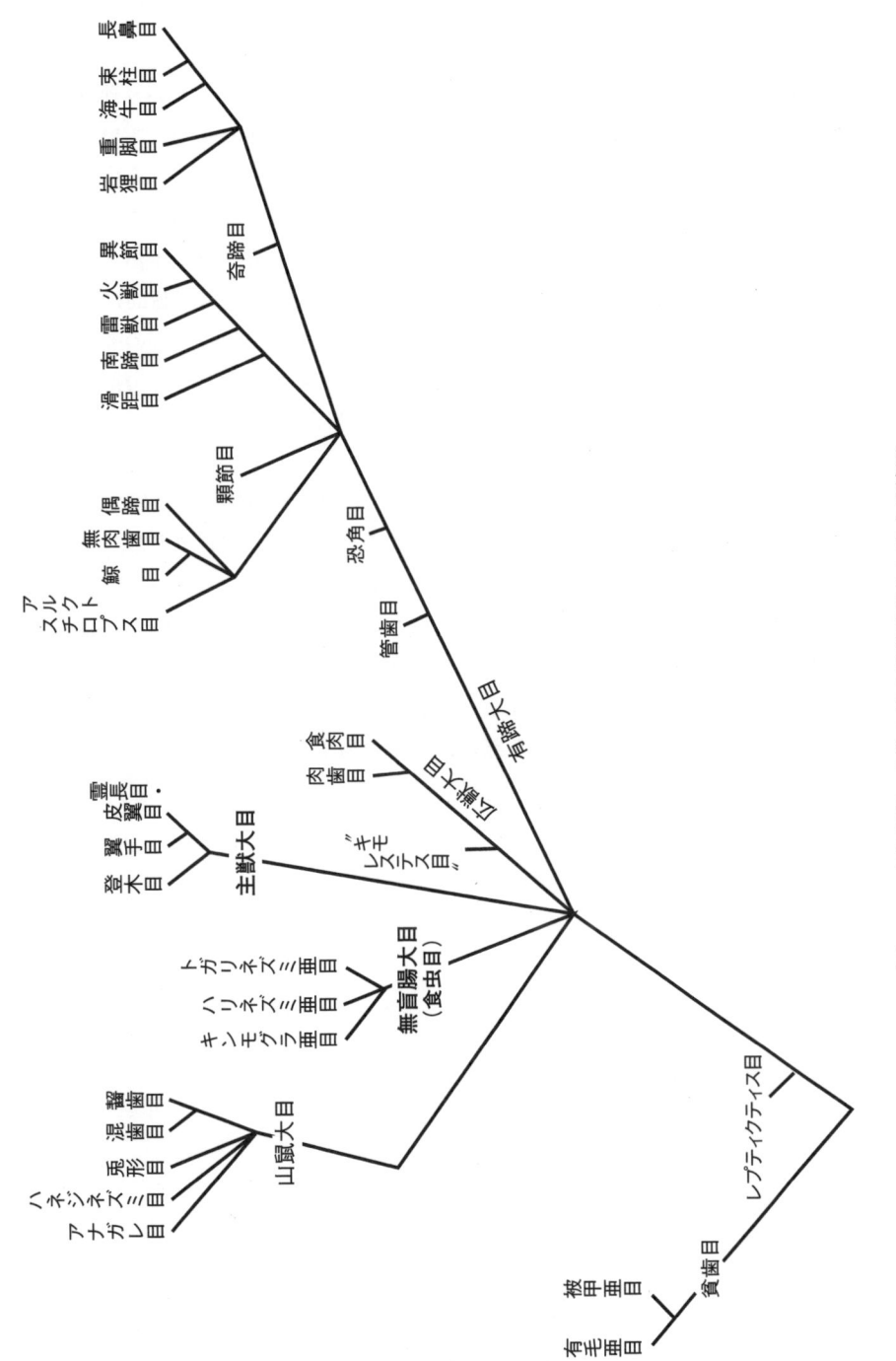

図 21-5　有胎盤類の多数の目の系統関係をしめす分岐図.

の明らかでない他の幾つかのグループなど．
5. 有蹄大目 Ungulata：極めて多様な大グループで，すべての有蹄類のほかその親類群，つまりクジラ類，カイギュウ類，ツチブタ類などを含む．

　有蹄類の根源グループだった顆節目が，これら全ての多彩な目の祖先という地位を占める．顆節目の子孫には，奇蹄目，新生代になって長らく南アメリカに生息していた数個の目の有蹄哺乳類，原始的な大形有蹄類の恐角目，それに偶蹄目が含まれる．海中生活へ徹底的に特殊化したゆえに他の全ての哺乳類とはっきり異なる鯨目（イルカ・クジラ類）さえ，早期の大形肉食性有蹄類のグループ，無肉歯目から興ったことが確かである．管歯目（ツチブタ類）は現代では他に似た種類が無いように見えるが，起源は究極的に顆節目にあったことを骨格上のいろいろな特徴が暗示している．おわりに，もう一群の哺乳類がある——そのメンバーは外観や適応構造では極めて多様ではあるが，それでも解剖学的諸構造と確かに顆節目から由来したことによって互いに結び付けられる群である．このグループに含まれるのは，長鼻目つまりマストドン類やゾウ類，海牛目すなわちカイギュウ類，半海生哺乳類の絶滅群だった束柱〔デスモスチルス〕目，岩狸目つまり旧世界のハイラックス類，それにおそらく重脚目（エジプトの漸新統から出るただ1属）である．

　以下の諸章ではマッケナ／ベルの分類方式を幅広く利用することにしたい．そして有胎盤類のさまざまな目を，上記の概略分類表の順序にだいたい従って論じていく．哺乳類のような範囲が広くて多様きわまる動物グループを考察しようとするとき，とりわけかれらの進化史の時間尺度を考慮に入れようとするときには，完全に論理的であることは容易なことではない．そのため，ある目を論ずる際に，本来の順序を少し変えてそれらの進化史を取り上げるほうがよい場合もある．

22
有胎盤類の早期の多様化

モグラ，グリプトドン，地表性ナマケモノ

最早期の有胎盤類

　最初の正獣類〔真獣類〕, つまり有胎盤哺乳類は白亜紀後期に現れた. 白亜紀の正獣類には現在, 10あまりの属が知られている. その大半は原始的な昆虫食性の動物——*Gypsonictops*, *Kennalestes*, *Cimolestes*, *Zalambdalestes*など——だったが, 原始有蹄類の*Protungulatum*も白亜紀の堆積物から出ている. 白亜紀の正獣類は, あまりにも貧寒な化石資料から判断できるかぎりでは互いにかなりよく似ていた.

　白亜紀のきわめて原始的な哺乳類の一つにモンゴルから出る*Zalambdalestes*（図21-1）がある. これは頭蓋の長さが5 cmに満たない小形の哺乳類だった. 上下顎に大きな突き刺し型の切歯が各1対あり, これは早期の有胎盤類に共通するものである. 犬歯は尖って突出し, 上顎犬歯の直後の小さい小臼歯は歯隙で隔たっていた. 大臼歯はトライボスフェニック型で, 上顎の歯のパラコーンとメタコーンは歯の外側縁で広く離れており, プロトコーンが三角形〔トライゴン〕の内側頂点を成していた. これらの大臼歯は構造上, 真全獣類の大臼歯ともっと進んだ有胎盤類の大臼歯の中間にあったようにみえる. 構造のいろいろな点から, *Zalambdalestes*は有胎盤類の祖先に近かったものと見なすことができる.

レプティクティス類

　早期の有胎盤類の多くはレプティクティス科に入れられる. 約30の属からなるこの科は, 白亜紀-暁新世に栄え, 始新世-漸新世に衰退し, そののち絶滅した. この仲間で最も保存状態のよいのは始新世-漸新世後期の*Leptictis*など, 生き残っていた残存動物である. 時代が遅かったにもかかわらず, この属は最早期の有胎盤類の構造をほとんど維持していた（図22-2）.

　*Leptictis*は頭蓋の長さが7 cmほどの, *Zalambdalestes*よりわずかに大きい動物だった. 頭骨の釣合は*Zalambdalestes*より頑丈であり, 顎筋〔咀嚼筋〕の付着部だった突起の大きいことはそれらがより強大だったことを示している. 歯と歯の間にはこれというほどの歯隙はなかった. 歯式は下顎では3-1-4-3だったが, 上顎では第1切歯が消失したため2-1-4-3だった. 切歯の形は単純であり, 下顎犬歯は外見で切歯によく似ていた. 上顎犬歯は単純なかるく湾曲した円錐形で, 小臼歯はやはり単純な葉板状をしていた. 大臼歯はトライボスフェニック型だが, パラコーンとメタコーンが広く離れ, プロトコーンは内側（舌側）へ大きく位置を変えていた. 構造上のいろいろな点で*Leptictis*は*Zalambdalestes*よりさらに原始的だった.

　レプティクティス科は他のすべての有胎盤類の祖先であったか, それともその祖先に極めて近いものだった. レプティクティス科はかつて食虫目に入れられていたが, 今では他のすべての有胎盤類より原始的だと考えられている. しかしかれらの哺乳類分類上の位置は決着しておらず, マッケナ／ベルによる分類もこの科をどの目にも配属していない. ときにはこれらを入れるために原正獣下綱という群名が用いられることがあり, さもなければ, これらは独自の目, レプティクティス目にまとめられる.

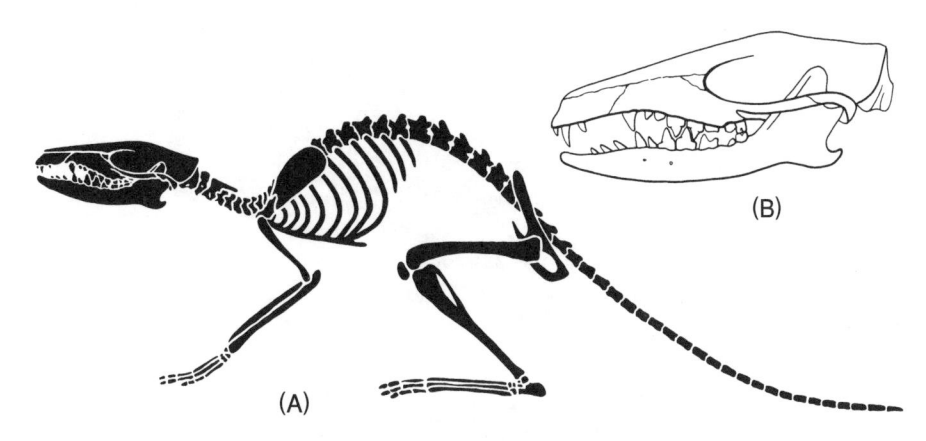

図 22-1　(A)*Zalambdalestes* の全身骨格．モンゴルの白亜系から出る原始的有胎盤類，全長約 32 cm．(B) *Zalambdalestes* の頭骨，長さ約 5 cm．

正獣類進化の初期の様式

　白亜紀の恐竜類や他の優勢な爬虫類が消滅するとともに，哺乳類の実質的な"進化的爆発"がおこった．哺乳類は，レプティクティス類の根源から広範囲に適応放散をしつつ，爬虫類が遺棄していった生態的ニッチの大半を占拠することとなった．初期の有胎盤類の多様化は新生代の早い段階で急速にすすみ，新生代のその後にもずっと続いた．この爆発にはいろいろな効果（そう言ってもよければ）があった．哺乳類のなかで，有胎盤類は圧倒的に多様かつ多数になった．かれらはもろもろの生態的ニッチを支配するにいたり，その結果として，かれらの穴掘り，木登り，巣造り，餌探し，そしてとりわけ摂食の活動が多くの植物種の分布と，それに伴って各地の生態系を左右することになった．その上，各種哺乳類の移動のパタンが，動物の消化管を通過した植物の種子を広くまき散らし，それにより多くの植物の地理的分布と（間接的に）生態系全体を変化させるのにもつながった．

　新生代前期というのは，原始的哺乳類が地上の景観を支配しはじめ，多様な環境のさまざまな面に適応するようになった時代である．新生代初頭に出現した有胎盤類には，生存期間が比較的みじかく，第三紀の前期だけに限られたグループもあれば，太古における始まりから現今まで生きつづけているグループもある．

　古代型の正獣類には，レプティクティス類からの遺産をはっきり見せているものがある一方で，各群の進化史の初期段階にすら，適応構造で正獣類の基本系統から早い時期に遠く逸れてしまったらしいものもある．

　ところでこの章では，他の哺乳類から離れて孤立している 2 群について考えてみよう．食虫目と貧歯目のことである．食虫類は化石としても現生種としても多数知られており，現今までも続く原始正獣類の状態を実例で示している．つまりかれらは，最も古代的な一般型をした有胎盤類はどんなものだったかについて，全般的な概念──乾燥した骨だけに限られた概念ではなく，長い地質年代を通じて原始的な種類が生き延びているおかげで，

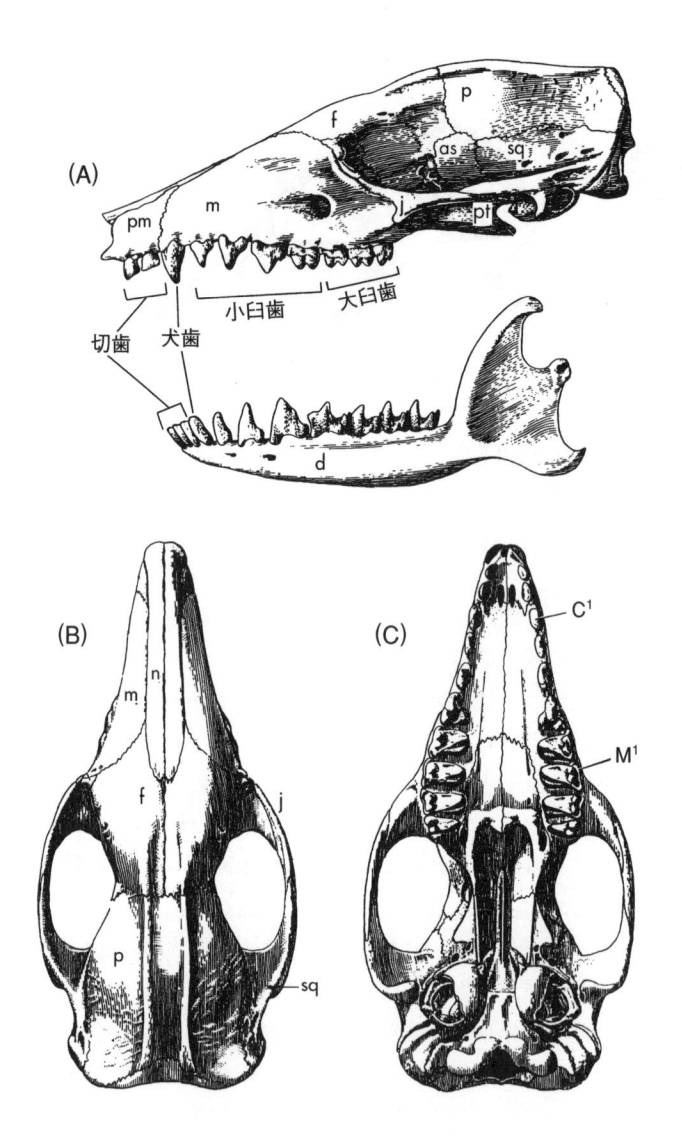

図 22-2 *Leptictis* の頭骨，第三紀前期のレプティクティス類．頭蓋の長さ約 7 cm．（A）左側面．（B）背面．（C）頭蓋底．C¹：上顎左の犬歯，M¹：上顎左の第 1 大臼歯．その他の略号についてはviiiページを参照．

これら決定的に重要な興味深い動物たちの軟部組織や習性に関する多くの知見をもふくむ概念——を得させてくれるのである．

　他方，貧歯類というのは極めて特異な有胎盤類で，木登りと穴掘りへ，歯の単純化もしくは消失をともなう食性の狭い偏りへ，またある系統では防衛用の丈夫な装甲の発達へ，という方向に特殊化を進めたグループである．これとは別の有鱗類という目はある種の貧歯類に似た面をもっている．

(A) トガリネズミ　　　　　　　　　　(B) モグラ

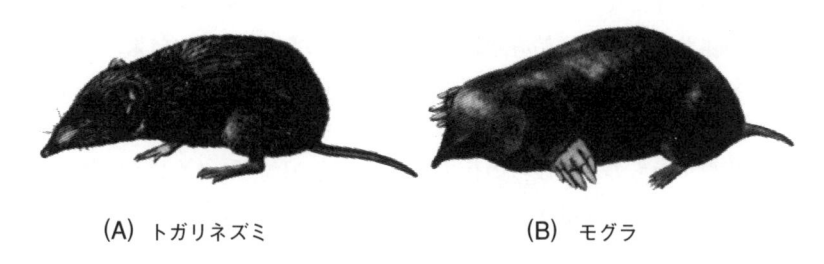

図 22-3　現生する2種の食虫類．（A）ヨーロッパトガリネズミ *Sorex*，体長約 12 cm．（B）アメリカモグラ *Scalopus*，体長約 18 cm．

食 虫 類

　最早期の有胎盤類で定まった基本的パタンに近似の状態にとどまっている様々な小形哺乳類が，食虫目にまとめられる（図 22-3）．この目の名〔Insectivora〕は字義通りには"昆虫食者たち"という意味だが，食虫類の大半ははるかに多様な，昆虫類ではない雑多なムシや小形脊椎動物もふくむ食性をもっている．食虫類にはサイズが大形に──中形にさえ──なった種類は一つもなく，かれらのほとんどは常に小形でやってきた．ヨーロッパトガリネズミはあらゆる現生哺乳類のなかで最小の動物の一つである．かれらの密かに隠れて棲む性質と小さな体サイズが，白亜紀から現在までほとんど変化せずに長く生き延びる上でたぶん大きな力になってきたのだろう．予想されるとおり，食虫類はすべて原始的な構造の小さい脳をもっている．歯牙系は，かれらの適応放散の全範囲を通じて，祖先的なトライボスフェニック型の大臼歯パタンをほとんど維持してきた．鼓室骨──高等哺乳類ではしばしば丸く膨らんでカプセルのようになり，中耳を収容する骨──は，食虫類では簡単な輪のような形をしている．骨格は原始哺乳類の特色をしめす一般型の形をもち続けているが，幾つかのグループではそれらが極めて特異な生活様式へ特殊化した形態で覆い隠されている．例えばモグラ類では，脚と足が地中を掘り進むことに強く適応している．

　ある群の食虫類の特色は，その進化的歴史を一貫して上顎に三角形の大臼歯を持ちつづけた点にあり，そこには，1個の高い中心咬頭（たぶんパラコーンとメタコーンの合体したもの），低い内側咬頭（たぶんプロトコーン），および外縁にならぶ幾つかの小咬頭がある．こうした歯は原型的のように見えるけれども，おそらくそうではなく，祖先の食虫類のトライボスフェニック型大臼歯からの特殊化を表している．これらの種類には，とりわけマダガスカル島に現生するテンレック *Centetes*──体長約 60 cm の動物──に代表される食虫目中の大形種類が含まれる．ほとんどの食虫類では，上顎大臼歯の進化は，W 字形をした外側縁（"エクトロフ"）にあるパラコーンとメタコーンが広く離れていることに特徴があった．それに加えて，上記のこうした食虫類には，上顎大臼歯の後内側隅にハイポコーンをもつ種類がある．*Erinaceus* に代表される旧世界のハリネズミ類はこの型の大臼歯構造を例示している．

　さて，過去 100 年以上にわたり，食虫類を有胎盤類のなかで最も原始的なものとして取

り扱うのが慣例のようになっていた．レプティクティス類が発見されるとそれは食虫類に入れられ，その他さまざまな原始有胎盤類もみな同様だった．その結果，はなはだ雑多で異質な動物たちの集まり——その多くは極めて原始的なもの——が出来てしまった．二十世紀最後の四半世紀には，多数の哺乳類の専門家たちが食虫類をふくむ原始正獣類の研究に長い年月を費やしたものだ．彼らの仕事の成果の一つは，ツパイ類とハネジネズミ類をそれぞれ独自の目として切り離すことと，レプティクティス科を正獣下綱の中でもっと基幹的な地位〔目〕に移すことによって食虫目の定義を狭めたことである．このような移し替えで，食虫目の"中核"はずっと首尾一貫したものになる．

食虫目はこのようにして定義を改められ，現在では下記4項目の基本的特徴を共有する原始的哺乳類だけを含むものになっている．

1. 体サイズが小さいこと．
2. 中耳を包みこむ骨性の鼓室胞〔耳胞〕が存在しないこと．
3. 消化管の盲腸が短いこと．
4. 腰帯〔骨盤〕の左半分と右半分を腹側でつなぐ骨性結合が存在しないこと．

食虫類のサイズが小さいことは原始的な形質だが，どんな分類群でも，小さいことだけではそのメンバーたる資格を決めることはできない．鼓室胞が無いことも原始的形質だけれども，それを共有する哺乳類グループがほかにも少数ある（最早期の肉歯類など）．盲腸（小腸の終末との連結部から伸びる大腸の袋小路になった部分）が短いことは食性と関係がある．セルロースを含む植物性食物を大量に消費する哺乳類には長く発達した盲腸をもつものが多く，その盲腸で共生するいろいろな微生物がセルロースを分解して糖類に変えるはたらきをする．アナウサギの盲腸はとくに長いが，食虫類のように主として動物質を常食にする哺乳類はこのような小室を必要とせず，したがって大半の食虫類や食肉類では盲腸は小さいのである．

上記のうち最後の第4の形質は，骨盤の左右両側の恥骨の間に恥骨結合が無いということだ．この結合は，真の食虫類と一部の貧歯類だけを除いて大半の哺乳類に存在する．これら2群の動物にそれが無いことは，地中に穴を掘る習性と関係があるのかもしれない．というのは，この結合をもたない動物はおそらく骨盤の左右の半分を別々に動かし，穴を掘るときに後肢の可動性を大きく確保できるはずだからだ．もう一つ示唆されている説明は，恥骨結合の欠如はこうした非常に小さい哺乳類の出生を容易にする適応だというものである．生まれるとき赤ん坊は母体の骨盤を通過せねばならないが，体の小さい哺乳類は一般に，大きい哺乳類と比べると，母体サイズに対する比率のより大きい赤ん坊を産むものだ．上記のように食虫類はあらゆる哺乳類で最小のものを含み，大形になったものは一つもない．

食虫類の専門研究者たちは，このグループを幾つかの亜目やそれより下位の群に分類し整理してきた．けれども化石の証拠が，さまざまな早期の食虫類が後代の区別の明らかな諸系統に向かってどのように進化したかを物語ることがよくある．食虫目は専門家たちに

より，次のように2群もしくは3群の亜目に分けられる〔巻末の分類表を参照〕．

1. トガリネズミ形亜目：多様なトガリネズミ類とモグラ類（化石と現生），東アフリカとマダガスカル島のテンレック類，およびハイチや他のカリブ海諸島にすむソレノドン類を含む．
2. ハリネズミ形亜目：形態の上で原始的なハリネズミ類．新生代早期には広く分布し，現今もヨーロッパ，アジア，アフリカに生存しているもの．
3. キンモグラ亜目：アフリカにすむキンモグラ類．

　これらの哺乳類を最もよく知っている人たちの間には見解の相違が存在しつづけており，食虫類の分類について完全な合意は決して達成されないかもしれない．それでも，上記の配列はじゅうぶん推奨できるものだ．

　忘れてならない大切なことは，食虫類，とりわけその化石種のなかに，最早期の一部の正獣類がどんな動物だったかを極めて適切に示してくれるものもあれば，正獣類の基本的構造への付加または変更として，新生代の長い期間をつらぬく適応放散の多様な系統のなかで生じた様々な特殊化を見せるものもある，ということである．

貧歯類（異節類）

　もともと"歯無し"という意味のこの群の名〔edentate〕は，非常に特殊化した食性への適応として歯が著しく単純化，退化，もしくは消失したいろいろな哺乳類のために使われてきた．が，現代の意味での貧歯目〔Edentata, 無歯者たち〕という群名は，ほとんど南アメリカで進化し，新世界の外へは一度も出なかった一群の哺乳類に限って使われる．この目のメンバーには歯のまったく無い動物もいるのだが，目のすべてが共有する歯の特徴は，大臼歯の歯冠からエナメル質〔最表層〕が消失していることである．

　特殊化したもろもろの形質をもつゆえに，貧歯類は他の全ての哺乳類からはっきり孤立している．マッケナ／ベルの分類体系では，これらは他の全ての有胎盤類（分類の困難な白亜紀の少数の属は別として）とは対照的に「異節巨目」として別に置かれている．貧歯類の特殊化した形質には次のようなものがある．

1. 大臼歯の歯冠表面からエナメル質が消失していること．
2. 前後に隣接する腰椎の間に余分の関節があること．異節類 Xenarthra（"奇異な関節"の意）という群名の基になった形質．
3. 頸椎が余分〔7個超〕にあること．
4. 皮膚に皮骨〔真皮起源の骨〕を形成する能力があること．
5. 頭蓋で頬骨弓が退化または消失していること．
6. 地理的分布が，かれらの歴史の大半を通じて南北アメリカ大陸，特に南アメリカに限られてきたこと．

　化石記録ではまだ知られていないが，真に祖先形の貧歯類は，おそらく白亜紀後期か暁新世前期のころ南アメリカに現れた．この大陸の暁新統上部－始新統から出る化石は，原始的なアルマジロ類が，新生代のこうした早い段階で，新熱帯区〔動物地理学上の1区域〕の大形で上首尾な哺乳類グループになるべきものの先行者としてすでに確立していたこと

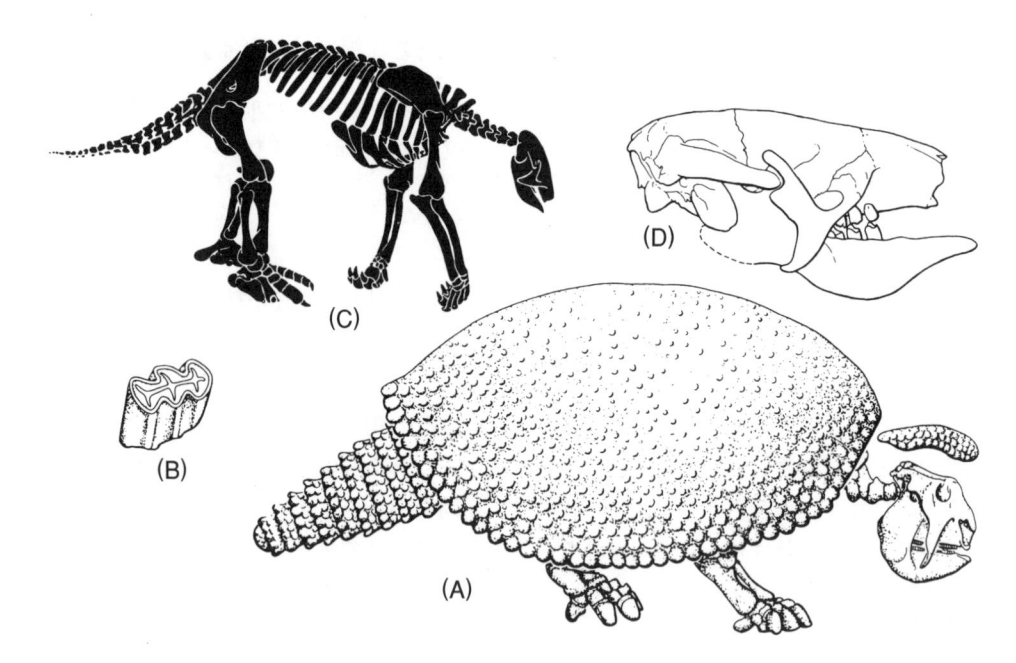

図 22-4　絶滅した貧歯類．(A)*Glyptodon*の全身骨格と骨性の装甲．全長約 2.75 m．(B)グリプトドン類の歯．(C)地表性ナマケモノ*Nothrotherium*の全身骨格．全長約 2.3 m．(D)*Nothrotherium*の頭骨．長さ約 31 cm．

を物語っている．ナマケモノ類は漸新世，アリクイ類は中新世に現れた．その後，貧歯類は南アメリカで，世界の他の地域から完全に隔離された状態で進化した．かれらは急速に南アメリカ各地の動物相で有力なメンバーになり，現在もその状態にある．

　南アメリカの貧歯類に発達したある識別特徴は，かれらがせまく限られた生活様式のために早くから特殊化する結果をもたらし，初期の祖先形有胎盤類から受け継がれていた原型的な様相を覆いかくした．これらの動物では背中の腰椎に余分の関節が発達し，脊柱のこの部分を著しく強化した．それに加えて，ある種の貧歯類では頸部が増強され，哺乳類ではほぼ普遍的である通常の7個ではなく9個もの椎骨〔頸椎〕を備えるようになった．手足の指には大きな鉤爪があった．頭蓋では，脳頭蓋が比較的小さくて原始的だったが，これは現生の貧歯類でも同様である．頬骨弓〔ほおぼね〕では一般に骨のつながりが不完全である．もう一つ，歯はひどく退化して単純化したか，あるいは全く消失した．

　第三紀の間に，幅広い適応放散の二つの系統にそって高等な貧歯類が出現した（図 22-4）．その一つは，地表性ナマケモノ類（絶滅），樹上性ナマケモノ類，およびアリクイ類を含んでおり，このグループはふつう有毛亜目とよばれる．もう一つは被甲亜目とよばれ，装甲をもつグリプトドン類（絶滅）とアルマジロ類の系統である．

　アルマジロ類とグリプトドン類における最も特徴的な進化的発展は，外敵の攻撃に対して身を守る装甲が大きく発達したことだ．この装甲は角質の鱗甲で覆われた頑丈な骨板でできていた．現生のアルマジロには肩部と腰部を覆う頑丈な甲があり，それらの中間には

可動性の横長の帯が幾つか並び，これらのため背中が曲げやすくなっている．頭部の頂上と尾の背面にも鱗甲がある．また，アルマジロの歯はエナメル質のない単純な杭状のもので，顎骨の両側に並んでいる．アルマジロ類は第三紀前期から現在までよく成功してきた哺乳類だが，じつは昆虫，死肉，そのほか地上で得られる食物はほとんど何でも食べる清掃動物である．

 Glyptodon など新生代後期のグリプトドン類はアルマジロ類の巨大形のイトコだったもので，かれらの胴の装甲は，カメの甲羅に似た頑丈な骨性の背甲を形成していた．これらの不格好な動物の最大の種類では，その甲は長さが1.5mほどの，かさの高い頑丈なドームになっていた．胴が厳重に装甲されていただけでなく，頭部の頂も融合した骨板でできた分厚い甲で覆われ，尾は入れ子状になった幾つもの骨の輪ですっぽり包まれていた．グリプトドン類には，尾の末端に，中世の騎士が携えた棍棒に酷似した棘だらけの大きな骨塊を備えていた種類もあった．かれらはこの武器を使って，致命的な破壊力で敵を打ちのめすことができたのだろう．脚と足は大きな体を支えるべく非常にがっしりしていた．頭蓋と下顎は異常にたけが高く，顎骨の両わきだけに生えていた歯は垂直方向に長く，各歯は前後につながる3本の柱でできていた．

 巨大な地表性ナマケモノは新生代後期に南アメリカで，グリプトドン類と並んで進化した．これらの貧歯類には巨大サイズに向かう進化傾向が生じた．骨性の装甲はまったく発達しなかったが，皮膚の下に栗石のような骨塊が敷きつめられていた．骨格は全身的に極めて頑丈で，四肢の骨には非常に太くなるものがあった．足部はたいへん大きく，たぶん地面を掘るのに使ったと思われる鉤爪を備えていた．地表性ナマケモノは現生のある種の親類と同様，後足の外側と前足の指関節〔手指の背〕を地につけて歩行したことが明らかである．頭蓋は前後にいくぶん長く，顎骨の両わきだけにあった歯は棒杭のような形だった．*Megatherium* のような地表性ナマケモノの最大のものは小形のゾウほどもあり，生存中の体重は何トンかあったに違いない．これらはたぶん，おもに低木や灌木(かんぼく)の葉を常食にする植食動物であった．

 現在の熱帯アメリカには，絶滅した地表性ナマケモノの近縁動物である樹上性ナマケモノがいる．樹上性ナマケモノは小形ないし中形の葉食性の貧歯類であり，奇妙にも鉤(かぎ)のような長い鉤爪で樹木の枝から逆さまにぶらさがる生活を送っている．ことわざどおり，のろまで不器用なナマケモノにとっては時間はなんの意味ももたない．

 アメリカの熱帯地方にはまた，樹上性ナマケモノ類と同じ祖先から進化したアリクイ類が棲んでいる．*Myrmecophaga* は地表生活をする貧歯類で，その頭蓋は，鼻吻部が長い管——アリ塚やシロアリの巣の中を調べる探り棒として使われるもの——になったため前後に途方もなく長い．非常に長く伸ばすことのできる舌があり，これはかれらの常食である昆虫類をなめて取るのに使われる．歯は完全に退化消失している．鉤爪は異常に大きくて鋭くとがり，アリやシロアリの巣を掘るためだけでなく恐るべき武器としても使われる．絶滅した地表性ナマケモノと同じく，アリクイ類も後足の外側と前足の指関節〔指の背〕を地面に着けて歩く．

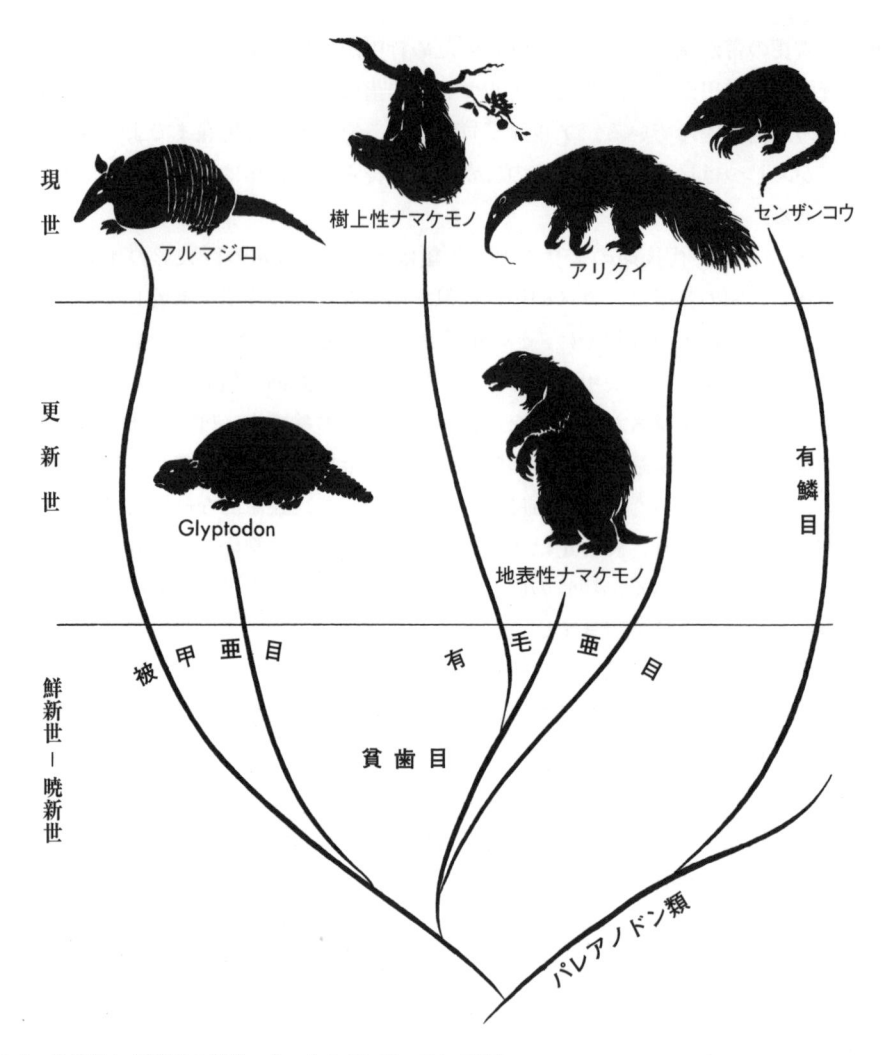

図 22-5 貧歯目と有鱗目の進化. (ロイス M. ダーリング画)

　以上のように,第三紀に南アメリカで出現した貧歯類が,一方ではアルマジロ類とグリプトドン類に,他方では樹上性ナマケモノ類,地表性ナマケモノ類,およびアリクイ類になったことが分かる(図22-5).

　鮮新世の後期に北アメリカと南アメリカを結ぶ地峡のつながりが第三紀の初頭以来はじめて再び形成され,北方から南アメリカ大陸へ移住動物の流入が起こった.前に述べたとおり,こうした移住者らが古い起源をもつ南アメリカの種々の哺乳類に絶滅をもたらしたのだが,貧歯類はそれを免れた.かれらは北方から入ってきた移住者の圧力に耐えおおせたのみならず,逆に北方へ広がり,中央および北アメリカへ侵入した.その結果,幾つかの貧歯類が北アメリカの鮮新世後期-更新世の動物相の特徴的メンバーにもなった.そして,これらはよく栄えてきたため,その化石骨が更新世の哺乳類化石ではありふれたもの

の一つになっている．

　グリプトドン類や巨大な地表性ナマケモノ類は更新世の間，北アメリカにも南アメリカにも広く分布していたもので，証拠資料はこれらの哺乳類がかなり後の時代まで生き延びたことをはっきり示している．今では，新世界の早期の人類が地表性ナマケモノ類と同時代だったことを示す証拠も十分にある．その上，これら雄偉な貧歯類の皮と毛の一部からなる断片的なミイラが発見されたことがあり，そのことは地表性ナマケモノがおそらく最近の数千年以内まで生存していたことを物語っている．

　他方，アリクイ類と樹上性ナマケモノ類は熱帯地域より北へ進出したことはないが，アルマジロ類は北アメリカ大陸南部に入り込み，現在もそこに棲みついている．実際，二十世紀の間にかれらは北と東へはっきり広がった．アルマジロは合衆国内で，かつてはリオグランデ川の北東岸にそう地域〔ほぼテキサス州〕だけに限られていたのだが，今では北はオクラホマ州，東はメキシコ湾岸の地方にまで分布域を広げている．かれらは適応性にとむ哺乳類なのであり，人類の文明の危機を尻目に今後も繁栄と拡大を続けていきそうにみえる．

有　鱗　類

　有鱗目，つまりセンザンコウ類という動物がアジアとアフリカの熱帯地域に生息している．これらの哺乳類——更新世-現世のもので $Manis$ 属とされる——は，重なり合った角質の鱗板という人を驚かすような体表被覆を備えているため，なにかの爬虫類か，あるいは生きて動く巨大な松かさのようにも見える．頭骨は前後に長く，アメリカ産のある種の貧歯類の頭骨に多少似たところがある．歯はまったく無く，かれらはアリやシロアリを常食にして生きている．手足には地面を掘るのに使う強力な鉤爪があり，長い尾は樹木に登るときの助けとして巻きつく力をもっている．

　センザンコウ類の化石記録が，断片的ではあるが，この変わった動物の起源に関する多少の手がかりを提供する．ずっと前に漸新世-中新世のセンザンコウの骨が少数ヨーロッパで出たことがあるが，近年になってワイオミング州の漸新統で発見されたセンザンコウの骨格の一部がそれらを補うことになった．$Patriomanis$ という属名のこの化石資料は，アジアとアフリカの現生 $Manis$ と類縁が近かったことを示している．

　北アメリカで出る新生代前期のふつうパレアノドン類とよばれている幾つかの属は，今では，これまで配属されていた貧歯目ではなく，有鱗目の太古のメンバーだった可能性が大きいとみられている．これらの祖先形有鱗類の典型は，始新世の $Palaeanodon$ と，特に体長約 40 cm の小さい動物だった $Metacheiromys$ である．$Metacheiromys$ の四肢は短めで，手足には鋭い鉤爪があった．また尾は太く，長かった．頭蓋は丈が低く，前後にやや長かった．とりわけ意味深いのは歯列が変形していたことである．切歯と頬歯がほぼ完全に消失した一方，犬歯は相対的に大きく尖った葉板の形で維持されていた．他のパレアノドン類には，頬歯が残ってはいたもののエナメル質をほとんど失って単純な杭状に退化した種類もあった．パレアノドン類は漸新世の末ごろまで北アメリカに生存していた．

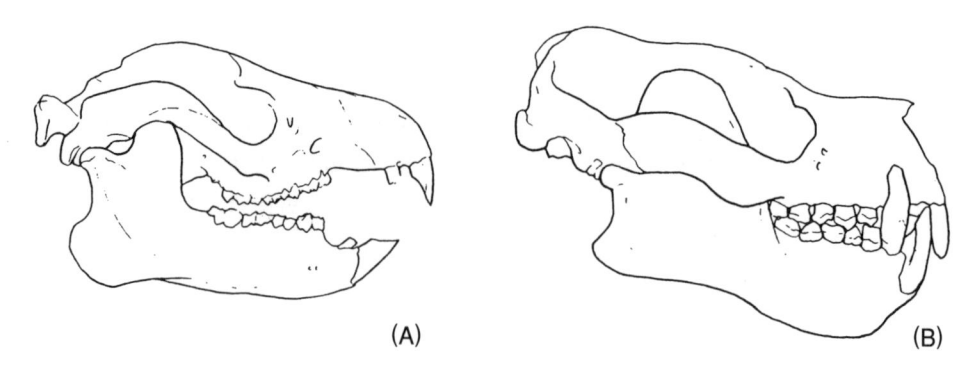

図 22-6 （A）始新世の裂歯類，*Trogosus*. 頭蓋の長さ約 33 cm．（B）暁新世の紐歯類，*Psittacotherium*. 頭蓋の長さ約 24 cm．

　パレアノドン類に関する最新の重要な研究を信ずるなら，第三紀前期のこれらの動物は有鱗類と貧歯類の共通の祖先に近かったことになる．逆にこの解釈を退けるなら，センザンコウ類と他の諸目との系統関係は謎のようなものだ．マッケナ／ベルは，説明は抜きで，センザンコウ類を紐歯類や裂歯類（後述）といっしょに，彼らが食肉類や肉歯類に近いとするあるグループに入れている．このような移し替えが十分正当化されるまでは，本書ではこれらの目を，早期の有胎盤類から出た別々の分枝としておくのがよいと思われる．

紐歯類と裂歯類

　ここでは哺乳類の"孤児的な目"2 群——暁新世−始新世に進化し，そののち絶滅した原始的な有胎盤類——に触れておこう．これらの動物は数が多くなることが一度もなかったらしく，短い系統発生史という運命をもった早期の"進化の実験"だった．

　紐歯類（図 22-6B）という動物群は主として第三紀にかなり大形の哺乳類として進化した．かれらのなかで始新世の *Stylinodon* のような最も進んだ種類では，長さが 30 cm かそれ以上の頭蓋と下顎骨は丈が高くて強力そうであり，歯はそれぞれエナメル質が帯状に限られた，歯根のない長い杭のような形に変形していた．四肢は太く，手足には大きな鉤爪があり，たぶん地下のイモ類を掘り出すのに有用だったのだろう．こうした理由から，紐歯類は貧歯類と類縁関係があったとも言われる．ところが紐歯類の歴史をさかのぼると，暁新世の *Conoryctes* のような早期の種類の歯は祖先のトライボスフェニック型に近かったことが分かる．そのため，これらの動物は貧歯類とはまったく別の，早期に独立して特殊化した系統を表していた可能性がある．

　裂歯類（図 22-6A）という群も第三紀前期の大形動物であり，そのうちの最後のものには，*Tillotherium* のように大形のクマほどのサイズの種類があった．かれらは鉤爪のある頑丈な足をそなえた強大な骨格でもクマに似ていた．が，頭骨は奇妙にも齧歯類のそれに似たところがあり，上顎にも下顎にもノミ状の大きな切歯を備えていた．紐歯類と裂歯類はある一時期にはよく栄えていたのだが，始新世に進歩した大形哺乳類が興隆するとともにこれらの風変わりな哺乳類は地球上から姿を消した．

23
霊長類とその親類

ネアンデルタール人とコウモリ

主獣類

　この章で考察する哺乳類はたがいに類縁の近い一群の目にそれぞれ属する動物で，いずれも解剖学上の特徴では祖先形の有胎盤類に近似する状態にとどまっているものである．"主獣大目"という名で一括されることもあるこのグループには，ツパイ類（登木目），コウモリ類（翼手目），ヒヨケザル類（皮翼目），および霊長目が含まれる．これらはみな，構造のいろいろな面でかなり原型的であり，すべてが確かにレプティクティス類のような原始有胎盤類から由来したものだ．他の諸目，とりわけ食虫目やハネジネズミ目もかつてはこの集団に入れられていたが，今は別の所に移され，ハネジネズミ目は齧歯目－兎形目グループ（山鼠大目）を，食虫目はそれ独自のグループ（無盲腸大目）をなすとされる．

登木類

　東南アジア一帯にすむツパイ〔キネズミ〕類という動物は古くから食虫類だとか，いや極めて原始的な霊長類だとか，いろいろに考えられてきた．化石記録ではこれらはわずかしか知られていない．現生のツパイ類は，霊長類によく似た形の外耳をもつが，一見リスのようにも見える．かれらと霊長目レムール〔キツネザル〕類の間には類似する点が幾つかある．左右の眼の視野が重なること，頭蓋に後眼窩弓があること，脳の大脳半球が大きいこと，それに内耳の周りの骨の構造などだが，現在ではこうした類似点はすべて収斂の結果であり，別々に進化したものと考えられる．そのため，今日では一般にツパイ類は独立の1目をなすとみられている．かれらは有胎盤類の現生群のうちで最も原始的なものと見なされることがよくあるが，それはかれらが，正獣類の祖先的状態に全体的に極めて近似のものであることを現生種において示しているからだ．

　コモンツパイ *Tupaia* というのは，長い鼻吻部と長い尾をもつリスぐらいのサイズの小形哺乳類である．*Tupaia* のほとんどの種は，熱帯地方の木々の高い枝の間で，昆虫，果実，その他あらゆる種類の小動物などを求めて，登ったり降りたりするのによく適応している．ツパイ類はみな果実をかなりよく食べるので，この果実食の傾向が，肉食性ないし虫食性から果実を主体とする食性への変化を物語っている．霊長類もその進化過程でこれと似た変化を経験してきたため，そのことが霊長類の起源をさぐる重要な手がかりになる．ツパイ類と霊長類が昆虫食性だったかれらの祖先から分離したのは，行動パタンの変化からきた結果だった可能性が非常に大きい．かれらが果実や植物の他の部分に取りついていたとき，たまたま昆虫を食物として捕ることがあっただろうし，そうして昆虫を捕えたときには捕獲者側も果実そのものの味をあじわうことになっただろう．果実は昆虫より獲得するのが容易だから，食物探しは昆虫よりも，熱帯の森林にいつでも豊富にある果実にだんだん集中するようになったのかも知れない．こうした行動がやがて自然淘汰〔自然選択〕を通じて，摂食器官の形態と機能に，そして結局，動物体全体の形態と機能に影響を及ぼしたのではなかろうか．

　ところで *Tupaia* のようなツパイ類では，後眼窩弓という橋状の骨が眼窩と側頭窩を隔て

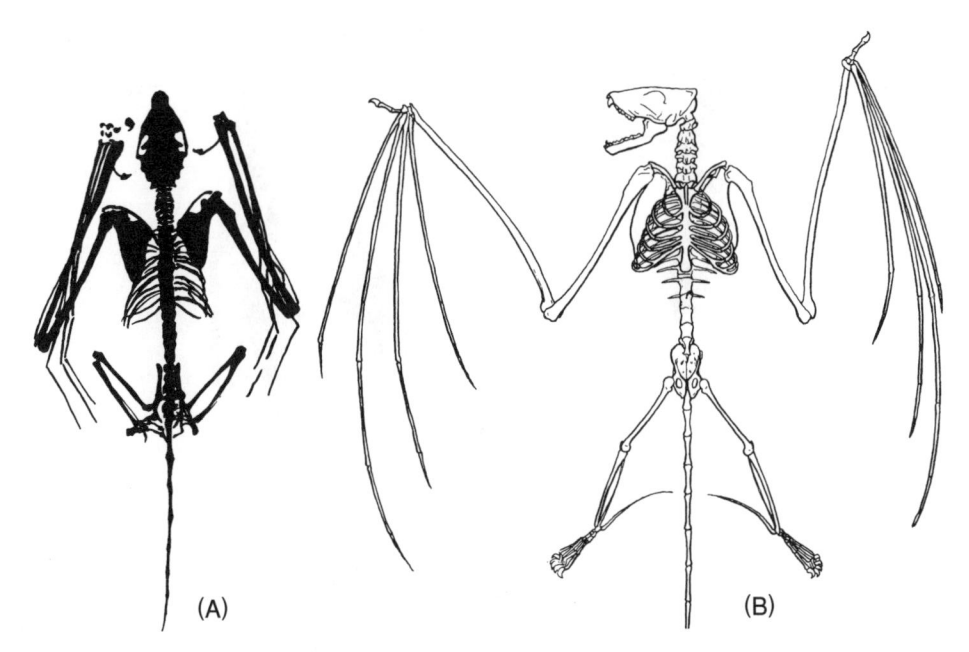

図 23-1 （A）始新世のコウモリ，*Icaronycteris*．（B）アジア産のある現生コウモリ．AとBはほぼ同じ体長にそろえてある．コウモリ類が歴史上きわめて早い時期に飛翔へ完全に適応していたことがわかる．

るのだが，これは霊長類の特徴でもある．それに加えて，中耳の付近の骨はレムール類のそれに似ており，また霊長類でと同じく手足とも第1指〔親指〕は他の指からやや離れて伸びている．またおそらく特に意味深長なのは，脳が相対的に大きいこととその嗅覚領域が小さいことだ．これはツパイ類と霊長類の間の収斂なのかもしれないが，しかしそれは，霊長類の放散の上首尾な方向を何にもまして決定した進化傾向，すなわち大きな脳の発達と五感における視覚の最重要性を浮き彫りにするものである．

コウモリ類

翼手目，つまりコウモリ類というのは，本質的に原型的な有胎盤類が空中で飛翔することへの驚くべき特殊化を発展させたものである．滑空するだけの動物であるムササビ，ヒヨケザル，フクロモモンガなどとは違って，コウモリ類は真の飛翔をわがものにした唯一の哺乳類なのだ．独特の習性のゆえにコウモリ類は（鳥類に似て）堆積物に埋没して化石化することが滅多になかったため，かれらの歴史は不十分にしか分かっていない．が，現生のコウモリ類は非常に数が多く，分布は世界中にわたる．かれらは現生哺乳類のなかで，種類数でも個体数でも齧歯類に次ぐものになっている．

コウモリ類はおそらくかなり早い時期に起源をもち，初期段階で非常に速く進化したのに違いない．知られている最古のコウモリは始新世のもので，とりわけワイオミング州で出た保存状態のよい1体の化石骨格，*Icaronycteris*のタイプに代表される．この動物はもう

虫食性コウモリ

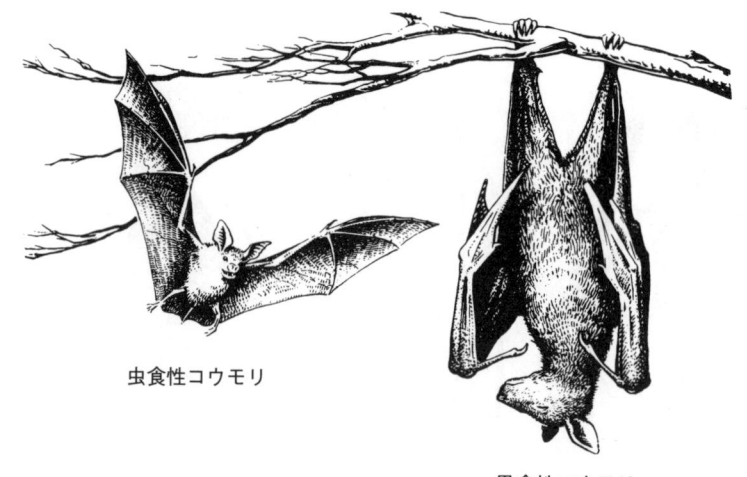

果食性コウモリ

図 23-2 小翼手亜目(左)と大翼手亜目(右)を代表する現生のコウモリ．(ロイス M. ダーリング画)

高度に発展していて，現生の近縁動物と大きく違う点はない（図 23-1）．食虫類と翼手類〔コウモリ類〕の間の中間段階は知られていない．

コウモリ類では，他の飛翔性脊椎動物でと同じく，前肢が変形して翼をつくっている．四肢の骨は非常に長く，親指〔第1指〕以外の指も同様であり，これらが翼を形成する飛膜をささえる張り骨をなす．親指は自由な指で，先端に鉤爪を備えている．後肢は弱いので地面の上ではコウモリはほとんど無力である．が，後足には鉤爪をつけた指がそろっていて，コウモリが眠るときにはこれらを使って天井から逆さまにぶらさがる．頭骨はさまざまな特殊化を示すが，大臼歯は原型的であることが多く，ある種の食虫類にやや似ていて，W字形の外側縁（エクトロフ）がある．

翼手目ははっきり違う二つの亜目に分けることができる（図 23-2）．大翼手亜目──コウモリ類のなかでたぶん相対的に原型的なもの──は，旧世界と太平洋一帯にすむ果食性の大形コウモリ類で，すべての同類のなかで最大であるオオコウモリの仲間だ．が，コウモリ類のほとんどは全世界的に分布するグループ，小翼手亜目にまとめられる．さらに，それらの大半は虫食性で飛びながら食物を捕っているのだが，それはたぶんこの目の歴史の始めから行われてきたことだろう．現生の小翼手類のうち，熱帯アメリカにすむチスイコウモリという種類は大形哺乳類の皮膚にとまって血液を吸うように甚だしく特殊化したものである．

小翼手類の最も際立った適応習性は，航空のしかたにある．鋭い視覚にたよる昼行・飛翔性の動物たる鳥類と競争するのではなく，小翼手類は独特の反響定位システムによる夜行・虫食性の動物なのだ．この亜目のコウモリには，大きな耳殻〔耳介〕が物語るように聴覚系が非常によく発達している．かれらが空中を飛ぶ間，超音波のキシリ音をたえまなく発している．近くにある物体からの超音波の反響を両耳がとらえ，こうしてコウモリは

聴覚の鋭敏さによって誘導されるのである．こうしてかれらは視覚にまったく頼ることなく航空することができ，夜間に飛び，洞穴内にすみ，飛んでいる昆虫を空中で捕えることができる．現生コウモリ類のこの反響定位の仕組み，つまりソーナーはおそらくかれらの歴史のかなり早い段階で発展したとみられ，かれらが上首尾に進化したことの重要な要因だった可能性がある．始新世のある化石は，その脳が大きな下丘（鋭敏な聴覚で反響定位をする哺乳類において拡大している脳の一部）を備えていたことが判明したとき，コウモリの1種だと同定された．

皮翼類

早期の有胎盤類に由来をもつもう一つの子孫系統は東インド諸島などにすむヒヨケザル〔皮翼目〕，*Galeopithecus*（*Cynocephalus*）である．しかしこの動物〔flying lemur〕は飛翔するのではなく，レムールでもない．それは大形のリス類ほどのサイズで，草食性で樹上生活をする哺乳類であり，四肢の間と尾にもまたがる広々とした皮膚のヒダ〔飛膜〕をもち，それらを広げてある木から別の木へかなりの距離を滑空することができる．北アメリカで出た暁新世－始新世の少数の化石動物はヒヨケザル類の早期の親類に属したものかもしれない．

皮翼類は長らくそれだけで一つの目とされていたが，他方で翼手類，食虫類，霊長類などとさまざまに結び付けられてきた．実際それは，これら諸目の動物とよく似た点をもっている．分岐分類の解析によると，皮翼類は霊長目の中か，さもなければ霊長目の隣の姉妹群として位置づけられる．かれらは多様な適応特徴を示してはいるが，ヒヨケザル類，レムール類，および果食性コウモリ類は互いによく似た頭部をもっているのである．ただし，ヒヨケザルがもつ櫛のような形の切歯〔櫛状歯〕には，他の哺乳類で似たものがまったく無い．

霊長類の起源

かつては，脊椎動物の進化を論ずるとき，霊長類——レムール〔キツネザル〕類，メガネザル類，サル類，類人猿類，およびヒト類——のことは，全体の最後に論及するのが普通であった．この慣行は，ヒトは進化史の無上の成果であり，山の頂上であり，世界の支配者であり，そして運命の審判者であるという観念から出てきたものだ．こうした見方によれば，進化史の絶頂は霊長類の進化の叙述をもって達成される．ある意味では，これも正しい．高等霊長類が知力の発達において他のすべての動物を超えることは疑いないし，*Homo sapiens*〔ヒト，現生人類〕は地球上の生命の歴史における未曾有の現象だからだ．しかし他方，証拠資料が物語るのは，霊長類はごく早期の有胎盤類から由来したものらしいということで，そうした理由で本書の論考のこの場所に霊長類を入れるのが理にかなっている．

さて，霊長類をこうした根幹的なグループに入れるための証拠には二つの系列がある．第1に，霊長類はいろいろな解剖学的特徴を他の"主獣類"と共有し，それらの大半は他

の哺乳類が失ったか，もしくは変形した原型的な特色である．例えば，我々ヒトの手は今でも5本の指をそなえ，各指は今でも別々に動かすことができる．これはごく早期のすべての哺乳類に共通した原型的な特徴なのである．が，他のほとんどの有胎盤類は，少なくとも1本の指を失ったり各指の独立した可動性を狭めたことによって，初めの基本プランからはずれてしまった．

　証拠の第2の系列は古生物学的なものだ．霊長類は化石記録に現れる最古の有胎盤類の一つである．白亜紀後期か暁新世前期のどちらかとみられるモンタナ州のバグクリーク堆積物で，早期のある霊長類の歯——属名は *Purgatorius*——が発見されたことがあり，それでこの目の歴史は新生代最初期（それより早くないにしても）まで古くなった．*Purgatorius* は暁新世の他の幾つもの標本からも知られており，それらが霊長類との近縁性を立証している．

　最も古代的な霊長類がおよそどんな動物だったかという心像は，東南アジアのとりわけ *Tupaia* 属を典型とする現生のツパイ類を眺めれば得られるかもしれない．上に述べたように，ツパイ類の厳密な系統関係は長らく論争の的になってきた．かれらを霊長目に入れる人たちがいれば食虫類に入れる人たちもいた一方，今ではツパイ類を分離して独自の目とする人たちがいる．形態に関してツパイ類は，一方で根幹的霊長類に，他方で原型的有胎盤類に極めて近いのである．が，ツパイ類の位置づけがどうであっても，かれらは我々に，原型的正獣類から最初の霊長類へ向かっていた適応の諸相への洞察を与えてくれる．

　霊長類は早期の正獣類に根源をもつある祖先動物に興り，新生代に入ってからいろいろな適応放散の系統にそって進化した（図23-3）．この進化的発展には，暁新世-始新世にいた原始霊長類の初めての放散がからんでいた．これら最初の霊長類はプレシアダピス形類〔亜目〕で，それについては後に述べる．プレシアダピス形類が現れた後，霊長類の2度目の決定的な放散が起こった．これは始新世に始まり，現在まで生き延びてきた霊長類——レムール類・ロリス類，メガネザル類，およびサル類・類人猿類・ヒト類——を生みだすことになる．

　始新世から今日にいたるこの進化的放散で現れた霊長類のいくつかのグループは上首尾だったため，それらの化石が各地の現世の動物相に見いだされる．そのため我々は，化石資料の研究からだけでなく，いろいろな前進段階にある現生霊長類を直接に知ることからも，霊長類進化の諸段階を順々に追うことができる．これはまことに幸運なことだ．霊長類の全歴史を通じて，かれらのほとんどは森林——遺体が埋没して化石になって保存されることの稀な環境——に生息する動物だったからである．

霊長類の特色

　いろいろな面からみて霊長類は高度に特殊化した哺乳類ではないので，これらの動物が正獣類の一般型の特徴をあちこちに維持しているとしても不思議ではないのだ．それでもかれらは幾つかの方向にそった明らかな特殊化を示しており，そのなかで霊長類の全歴史を一貫して底流する基本的傾向は，おもに熱帯性環境における木々の間での生活への適応

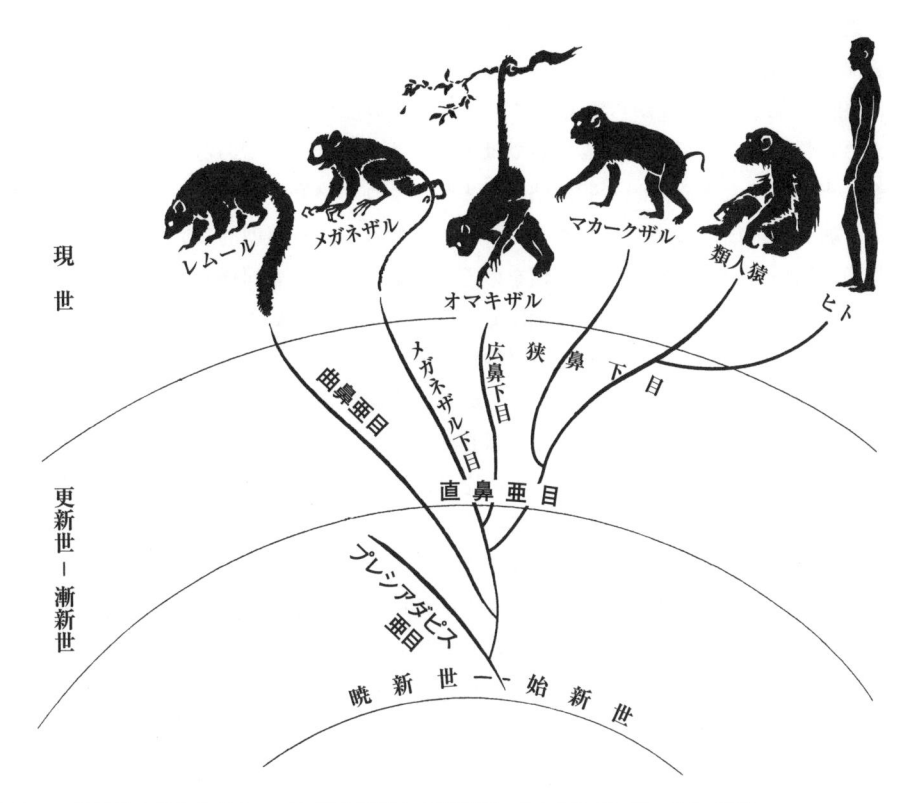

図 23-3 霊長目の基本的グループの進化経路と系統関係.（ロイス M. ダーリング画）

である．そのため，霊長類では樹上生活にとって大切な諸形質が重きをなしてきた．

　樹上生活性の活発な哺乳類にとっては敏速な反応が重要である．霊長類はきわめて活動的に休みなく動く動物なのだが，それは特に，自分の周りで何が起きているかに関心が深いからだ．かれらは自分の生きている世界をよく承知していて，機敏な目で自分の環境を探査しようとする．双眼視〔立体視〕ができることは霊長類にとって極めて大切なことで，たぶん他のどの哺乳類より高度に発達しており，これでかれらは樹上の世界を視覚で正確に認識することができる．しかし，嗅覚は樹上動物には価値の低いものなので，大半の霊長類では脳の嗅覚領域が退化している．嗅覚領域は退化しているが，逆に脳の他の部分，とくに大脳が増大している．大きな脳と知能の高まりは霊長類の進化における最も意味深い要素であり，かれらが上首尾に進歩してくる上で最高の重要性をもっていた．霊長類は物体を細部まではっきりと見て，見ているものを了解することができ，さらに高度の知能と神経系の制御により，身辺にある物体の探査と取り扱いのために巧みに手を使う能力をもっている．物体を取り上げてそれを調べる能力のおかげで，霊長類はいつも物ごとを実験し，そうした実験の結果から全般的な学習をする極めて好奇心のつよい動物になっている．つまり，脳と眼と手が，これらの動物を現在あるものに造り上げたのである．

　上のような種々の適応特徴はむろん骨格の構造に反映している．霊長類では脳頭蓋が大

きく，進歩した種類では頭蓋の大部分をしめるほどに発達する．眼も大きく，しかも大半の霊長類では両眼とも前方へ（側方へではなく）向いている．眼球を納める眼窩(がんか)は一本の骨弓〔後眼窩弓〕で側頭窩から隔てられ，さらに進歩した種類ではそれが眼窩を後ろから取りかこむ骨壁になっている．霊長類では嗅覚が著しく低下していることと関連して鼻部は一般に小さく，大きな両眼の間に詰め込まれたような格好である．

他方，顎骨は前後に短いことが多く，また歯の形はふつう原型的ないし一般型である．第3切歯は消失し，最も原始的な種類をのぞき，第1小臼歯も同様である．高等な霊長類では小臼歯でも前位〔近心〕の2本が消失しているので，歯式は上下顎とも 2-1-3-3，もしくは 2-1-2-3 となっている．頬歯はふつう歯冠が低く〔短冠歯〕，鈍い咬頭をもち，広範囲の食物を常食にできる適応を示している．実際，霊長類のほとんどは全くの雑食性である．これは上にふれたとおり，原始霊長類において食性が早い時代の傾向として，おそらく初期の昆虫食から果実など他のものを選ぶように変わったことの結果なのだろう．かれらの大多数がもつほとんど何でも食べる能力は，脳と眼と手の発達とならんで，かれらの繁栄をもたらした意味深い要因であった．

霊長類では，脚と足はすぐれた可動性をもっている．四肢の関節は，両方の骨がよく動けるように出来ている．手と足は5本の指を維持し，一般に鉤爪(かぎづめ)ではなく平爪(ひらづめ)を備えている．ほとんどの霊長類で手足とも第1指は他の指から離れていて，木の枝をつかんだり他の物体を取り扱うのに役立つ．

手というものは，物を取り扱うのにも摂食を助けるのにも実に有用なものだが，場所移動のために，ほとんどの霊長類は後肢とともに前肢にも頼っている．事実，場所移動に腕と手にたよる種類，つまり木々の間できわめて巧みに腕渡りをする種類がある．ヒト類は二足歩行性だが，ヒトに近縁の種類には短時間だけ部分的二足歩行をするものがある．

尾は多くの霊長類〔オナガザル類〕では長く，木々のなかで前進するときに体の平衡をとる器官として使われる．南アメリカ産のサル類〔オマキザル類〕では尾は物に巻きつくこともでき，樹木によじ登るときに役に立つ．類人猿類と人類では，尾は外形では失われている．

霊長類には，以上のような識別形質のほかにも幾つかの特徴がある．なかでも重要なのは生後の発育がゆっくりしていることで，これは母親とその子の密接なつながりが長く続くことを必要とする．そのため家族生活が多くの霊長類で発達しており，それはむろんヒト類で最高の段階に達している．このことと関連して，霊長類のほとんどは非常に口数の多い動物だと言わねばならない．かれらは哺乳類のなかで最も騒がしい動物の一つなのである．

以上はすべての霊長類に通ずる全般的特徴を幾つかあげたものだ．しかし，この目の動物では適応放散が非常に多様なので，あるグループだけに限られた特徴がほかに数多くある．なかには上記の特徴をさらに徹底したものもあるし，特定のグループだけに固有のものもある．

霊長類とその親類　339

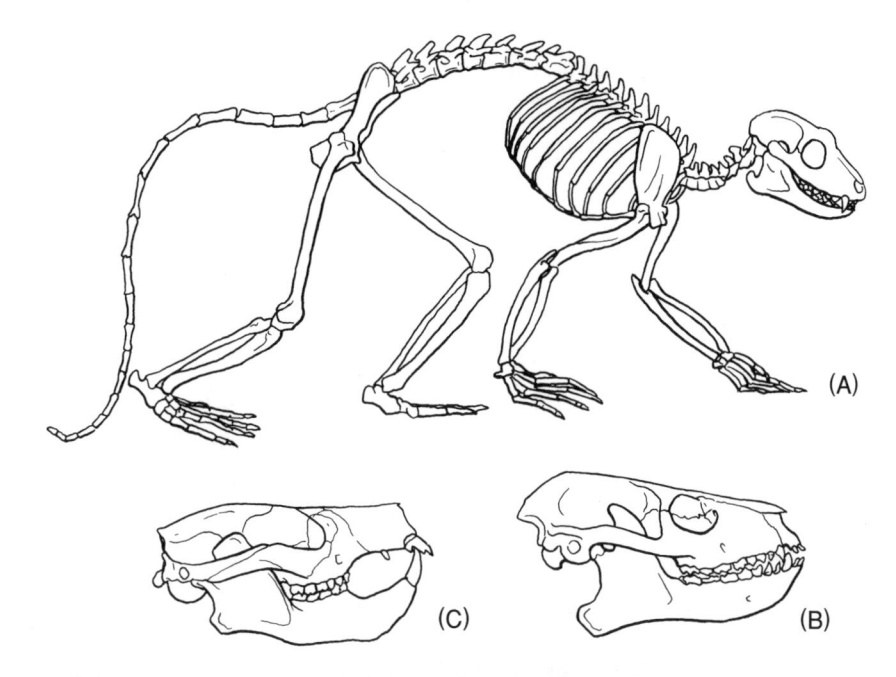

図23-4　(A) *Notharctus*，北アメリカの始新統から出るレムール類．全長約81cm．(B) *Notharctus* の頭蓋と下顎骨．長さ約7.6cm．(C) *Plesiadapis*，北アメリカの暁新統から出るプレシアダピス形類．頭蓋の長さ約5.7cm．

霊長類の分類

　霊長類の分類については現在，数種類の方式が行われている．ここでは各方式の長所を論ずることはせず，亜目の水準で霊長類に5群の基本的区分を認めることを提案しよう．すなわち，(1)プレシアダピス形亜目：*Plesiadapis* がかなりよく代表する暁新世－始新世の祖先形霊長類；(2)曲鼻亜目：主として始新世－中新世に生存したアダピス類と，その子孫である現生のレムール〔キツネザル〕類およびロリス類をふくむ多様な霊長類；(3)メガネザル亜目：現生のメガネザル類とその祖先，つまり主として始新世－漸新世にいたオモミス類；(4)広鼻亜目：時代的には漸新世－現世にわたる新世界〔アメリカ大陸〕の現生サル類；および (5)狭鼻亜目：漸新世－現世にわたる旧世界のサル類，類人猿類，およびヒト類，以上の5群である〔巻末の分類表を参照〕．

プレシアダピス形類

　最も原始的な霊長類だったこの群の典型は，かなり完全に近い骨格資料で知られる暁新世の *Plesiadapis*（図23-4C）である．この属は後代の霊長類に向かう直系的系統上にあったのではないが，最早期の霊長類がほぼどんなものだったかを物語るものではある．この動物は原始的な一般型の骨格といくらかリス類に似た外観をもつ小形の哺乳類で，鉤爪の

ある手足を備えていた．やや長めの頭骨では，眼窩は側頭部の空所とつながっており，霊長類で普通に見られるように眼窩は後ろの側頭窩から骨弓または骨壁で隔てられてはいない．四肢の下半部の長骨，つまり前肢の橈骨と尺骨，後肢の脛骨と腓骨はそれぞれ完全に独立しており，そのため手や足が回転することができた．一方，指はみな細長かったから，この動物はたぶん木の枝などを握ることができたのだろう．

プレシアダピス形類の多くは特殊化した歯列をもち，大きな切歯と，ある場合には特殊化した大臼歯を備えていた．彼らのうちの数種では，前歯〔切歯と犬歯〕と頬歯〔小臼歯と大臼歯〕の間に歯隙，つまり開きがあった．こうした歯の特殊化のゆえに，始新世および後代のプレシアダピス形類はその他の霊長類の祖先形だったはずはないが，もっと早期のあまり特殊化していない暁新世の近縁種は祖先形だった可能性がある．

プレシアダピス形類には，北アメリカとヨーロッパの暁新世－始新世の堆積物から出るかなり多数の属が知られているが，これらの霊長類は始新世から漸新世への移行期をこえて生き延びることができなかった．始新世後期にその数が減っていくにつれて，アダピス類とオモミス類——次に述べるレムール類やメガネザル類の祖先形——がかれらに取って代わった．

曲鼻類：アダピス類・レムール類・ロリス類

アダピス類〔科〕とレムール類〔科〕，オモミス類〔科〕，およびメガネザル類〔科〕はまとめて"原猿類"(prosimians)とよばれることがあり，それらは新生代後期－現世のサル類，類人猿類，および人類〔ヒト類〕に先行して出現し，こうした高等霊長類とは別の系統にそって進化したものだ．ここでは曲鼻亜目に属するその原猿類について検討しよう．

最初の曲鼻類だったアダピス類〔科〕はたぶんプレシアダピス形亜目から由来した子孫として始新世前期に現れた．かれらは始新世の間に北アメリカとユーラシアで幾らかの量の適応放散をおこし，そののち漸新世から中新世にかけて数を減らしつつ生存を続けた．いろいろな面でこれらの霊長類は，祖先のプレシアダピス形類を特徴づけていた機能形態学的な，特に頭部以外の骨格での諸適応を持ちつづけた．が，頭蓋と下顎骨には進歩も見られる．こうしたアダピス類の好例は北アメリカの始新統から出る *Smilodectes* や *Notharctus* である（図23-4A, B; 23-7A）．これらは小さい動物だったが，眼窩を後ろから取り囲む骨弓〔後眼窩弓〕があったことから，頭蓋は後代の霊長類の状態に向かって前進していたと言える．*Notharctus* では顔面がかなり長かったのに対して，*Smilodectes* ではそれがすでに極めて短くなっており，これは多くの高等霊長類の特色になるものだ．後者では眼窩が左右ともかなりの程度に前方に向き，それで完全な立体視ができるようになっていた．両者とも，歯はつながって並び，切歯・犬歯と頬歯の間に歯隙といえるような隙間は無かった．普通の形をした小さい切歯，やはり小さい牙状の犬歯があり，大臼歯は歯冠が低く，とくに上顎大臼歯ではハイポコーンの発達のために咬合面は四角形に近かった．背中は柔軟そうで，尾は非常に長かった．脚は細長く，あらゆる方向へ広範囲に動かすことができた．また手と足では，これほど早期の種類であるのに第1指が他の指から離れて位置して

いた．指には，かつてプレシアダピス形類の特徴だった鉤爪ではなく，平爪があった．ここで明らかなのは，*Smilodectes* や *Notharctus* は達者な木登り動物だったのであり，手足で枝をにぎり，木々の上で登ったり降りたりするのに必要なほとんどあらゆる方向へ手足を伸ばして届かせ，そして長い尾を平衡をとる器官として使っていた，ということだ．始新世の間これらのアダピス類は北アメリカとユーラシアを広く覆っていた熱帯性ないし亜熱帯性の森林で暮らし，そしてやがて極めて有用となる生活様式を確立したのである．

ところで，レムール類とロリス類は祖先のアダピス類から興ったものらしく，*Lemur* 属そのものなど，いつまでも原始的なレムール類には形態的に始新世の祖先によく似ているものがある．マダガスカル島に生息する現生レムール類は小形の動物で，非常に長い尾，長くて柔軟な四肢，それに把握力のある手足をもっている．鼻吻部は細長くとがり，顔はキツネに似た感じである．眼は大きい．大臼歯は原型的だが，顎骨の前部では，上顎切歯が退化または消失している一方，下顎切歯は長く水平方向に向いている．これらの歯は櫛のような形をしており，レムールはそれらを使って毛づくろいをする．現生レムール類は夜行性動物であり，夜間に昆虫や果実を探しながら木々の間を動きまわる．当然想像されるとおり，マダガスカルのレムール類には，その島の中で長期間にわたり隔離されていた間に元の中心系統からさまざまな離脱が起こった．かれらのなかにはごく小さい種類もいれば，インドリ類〔科〕のようにかなり大きくて普通のサル類に似た，後肢で歩く種類もいる．マダガスカルの更新世–亜現世の堆積物からは，チンパンジーほどのサイズがある大形レムール類，*Megaladapis* の遺物が見いだされている．この動物は尾をもたず，大きくて頑丈な頭部を備えていた．

レムール類のなかで最も風変わりな種類の一つに，マダガスカル島のアイアイ *Daubentonia* がいる．切歯は齧歯類のようで，指は長く，とくに第3指が非常に細長い．この奇妙な指は木の幹から昆虫をほじくり出すのに使われる．

現在インドとアフリカに生息するロリス類はレムール類と同じ階級にある別のグループとされることがよくある．これらの霊長類はインドのホソロリス *Loris* とアフリカのガラゴ *Galago* に代表されるが，いろいろな面で特殊化している．例えば，鼻吻部は高等霊長類のように退化縮小しており，眼は，やや外側へ向くレムール類に比べると，前方へ向いている．現生のレムール類には小臼歯が3本あるのに対し，ロリス類では2本に減少している．また，脳頭蓋は丈が高い．ロリス類はレムール類と同じように主として夜行性の動物で，果実や昆虫を探しながら木々の間をうろつくのである．

直 鼻 類

上記のほかの全ての霊長類——メガネザル類，マーモセット類，サル類，ヒト類，および類人猿類——は幾つかの解剖学的特徴を共有しており，そのため直鼻亜目とよばれるグループにまとめられることがしばしばある．"直鼻類"（Haplorhini）という名は，鼻に，溝で互いにつながらず口ともつながらない2個の丸い鼻孔がある状態を指している（図23-5）．それと対照的に，"曲鼻類"（Strepsirhini）には，両方の鼻孔から下がってY字型に合

オマキザル　マカークザル　チンパンジー

メガネザル　レムール

図 23-5　いくつかの現生霊長類の顔面．オマキザルは新世界サル類，つまり広鼻類の一つ．マカークザルは旧世界のオナガザル類．チンパンジーは類人猿類．レムール類の他はみな直鼻類に属する．

流し，上唇を中央で二分する溝がある．この溝はほとんどの哺乳類がもつもので，鼻から出る余計な粘液を口の天井へみちびくのに役立つ．こうした鼻孔の辺りの状態に加えて，直鼻類は出産のときに脱落し排出される円盤状の胎盤をもつという特性を共有しており，これはレムール類の，胎盤が子宮内面に散らばって固着していて脱落しない状態と対照的である．しかしこのような違いは化石では保存されないため，古生物学では重視されない．

メガネザル類

　オモミス類という最初のメガネザル類は，暁新世に早期のプレシアダピス類とたぶん近縁なイトコとして現れた．かれらは始新世－漸新世の間に進化し，少数のものは中新世まで生き長らえた．それらの代表は北アメリカから出る *Tetonius*（図 23-7B）やヨーロッパで出る *Necrolemur* で，両属とも特徴は，頭蓋の前部で顔面が小さく見えるほど巨大な眼窩にある．こうした適応構造は明らかに現生メガネザル類の特徴をなす諸構造に先行したものであり，したがって，始新世のオモミス類は現生の親類と同じく夜行性動物だったとみることができる．顎骨は短く，犬歯は大きく，大臼歯は原型的だった．

　さて，東インド諸島やフィリピン諸島にすむ *Tarsius* 属が今も生き長らえている唯一のメガネザル類である．これはリスくらいの大きさで，柔らかい毛に覆われた小さな動物だ．相対的に巨大な両眼がきっちり並んでまっすぐ前方に向いている．実際，メガネザルの眼は顔面の大半を占めて悪魔のような気味悪い外見を与えるほど大きく，それらが鼻部を小

さく押し詰めている．耳殻〔耳介〕も大きく，メガネザルが視覚と同じく鋭敏な聴覚をもっていることを物語っている．この動物は完全な夜行性であり，眼の大きな集光レンズと微かな物音でも捉える大きな耳殻によって熱帯の夜に高い木々の間をみちびかれ，昆虫やその他の小動物を捕食するのである．

　胴はこぢんまりとしているが尾は非常に長く，後肢も長い．メガネザルでは奇妙にも足根の近位にある2個の骨，踵骨〔かかとの骨〕と舟状骨がひどく伸びて，足が長いテコのようになっている．後足が長いことはふつう疾走性か跳躍性の動物を物語るもので，メガネザルは木々のこずえの間で大変な跳躍をする能力をもつことで広く知られている．手足の指は細長く，木の枝をしっかりつかむのに適した吸着性のパッドを備えている．系統発生史のたぶん早期に確立したこうした適応構造のおかげで，これらの小形霊長類は何百万年にもわたり，高い木々にすむ機敏で動きの速い生息者として首尾よく生存してくることができた．

広鼻類：新世界のサル類

　ここでは，"真猿類"（anthropoids）ともよばれる進歩した霊長類を検討するはこびとなる．真猿類はまず二つの大グループに分けられる．その一つは新世界のサル〔モンキー〕類とマーモセット類，もう一つは旧世界のサル類，ヒト類〔人類〕，および類人猿類である．これらの高等な霊長類はすべて，かれらを原始的な親類たる"原猿類"から区別するいくつかの特徴を共有している．真猿類では，両眼は大きくて前方に向き（図23-5），眼窩は堅固な骨壁によって側頭部の空所，側頭窩から完全に隔てられており，これは原猿類に見られる単純な骨の後眼窩弓を超えた特殊化である．小臼歯は3本（新世界の種類）か，もしくは2本（旧世界の最原始的な種類をのぞく全て）ある．大臼歯は，歯冠は低いがだいたい四角形をしており，元のトライボスフェニック型を失っている．さらに脳が比較的大きく，脳頭蓋は丸みがつよい．

　真猿類のほとんどは上体を縦にして座りこむことができ，両手は自由なので物を取り扱うことができる．手足の第1指は原猿類と同様，ふつう他の指から離れているが，この形質が高度に発達している種類もある．

　他方，新世界サル類はいま中央アメリカ－南アメリカに生息するもので，この地域の熱帯林でふつう木々の高いところで生活している．かれらの特徴は扁平な鼻（広鼻下目という名のもと）で，そこでは広く離れた左右の鼻孔が外側へ向いている．またかれらは前記のように，小臼歯を3本維持している．さらにあるグループ〔オマキザル類〕は，木に登るとき枝をつかむのを助ける"第5の手"にもなる絡みつく尾をもつことを大きな特色としている．現生の広鼻類には亜群が二つあり，一つはいくらかリス類に似た小さなマーモセット類，もう一つはもっと大きいオマキザル類——ノドジロオマキザル，クモザル，ホエザルなどの仲間——である．しかし新世界サル類の化石資料はとぼしい．アルゼンチンとコロンビアの漸新世－中新世の堆積物から，現生のもっと原始的なある種のオマキザル類と類縁のある少数の属（*Dolichocebus*，*Homunculus*，*Cebupithecia* など）が見いだされてい

るが，こうした証拠以上には，第三紀の南アメリカの霊長類に関する知見は限られている．

　霊長類はおそらく第三紀中期に，放浪動物として，つまり意図せずにたまたま天然のいかだや流木に載った乗客として，北アメリカもしくはアフリカから南アメリカへやってきた．漸新世より前には南アメリカに霊長類化石が出ないことは，その島大陸にかれらがいなかったことを暗示しており，第三紀中期の化石が相対的に乏しいことは，それよりさほど古くない時期にやってきたことを反映しているのかもしれない．

　新世界サル類とマーモセット類の起源については，過去数十年にわたり二つの説明がなされてきた．伝統的な見方は，これらのサル類の祖先――おそらく北方のアダピス類かオモミス類の子孫――は第三紀の初頭ごろに北アメリカから南アメリカへ入りこみ，旧世界サル類や類人猿類とはまったく独立に進化した，というものだった．もう一つの見解は，広鼻類は南大西洋が現今よりずっと狭かった時代にアフリカから到着したのであり，したがって旧世界の霊長類つまり狭鼻類〔次節〕との類縁が近いのだ，という．近年，チリのアンデス高地の堆積物から化石霊長類 *Chilecebus* が発見されたことは，この第2の見方を有力にする．それは歯と，とくに耳領域でアフリカの狭鼻類との近縁性のしるしを確かに示しているからで，それについては次に検討する．

狭鼻類：旧世界のサル類・類人猿類とヒト類

　以上のほかの霊長類は，狭鼻下目（Catarrhini）とよばれる大グループにまとめられる．この名は，顔面に突出した鼻（読者の鼻のような）の構造――鼻孔が，平たい鼻をもつ広鼻類でのように外向きではなく下向きになる形――を指している．狭鼻類は，アメリカ大陸の広鼻類と違って旧世界の動物たちである．狭鼻類には，場所移動を助けるほど強力な尾をもつ種類は一つもないし，かれらのほとんど全ては上下左右の各顎に小臼歯を2本しかもっていない．これら二つの特徴は，広鼻類のかならず3本の小臼歯としばしば把握力のある強力な尾をもつ特徴と，はっきり違っている．

早期の狭鼻類

　漸新世より前には狭鼻類の化石は稀にしか知られていない．そのため，ごく早期の化石サル，*Eosimias* が中国の始新世の堆積物で発見されたのは非常に幸運なことだった．この動物は狭鼻類型の比率の脳や短い顔面をもってはいたが，その他の形質ではオモミス類の段階よりほとんど進んでいなかった．そのうえ *Eosimias* はきわめて小さい動物で，頭蓋の長さは2 cmほどしかなかった．他方，*Pondaungia* および *Amphipithecus* という二つの属を表すはなはだ断片的な顎骨がミャンマー〔ビルマ〕の始新統から出ている．これら2種類では，下顎体〔下顎骨の主体部分〕は丈が高くて短く，歯冠の低い歯をそなえており，これらは高等霊長類との類縁関係を物語るらしい特色である．

　狭鼻類のもっと多くの化石がエジプトのファユーム地方（カイロ市の南西約100 kmの地域）の漸新統下部で発見されている．漸新世から現今まで，旧世界霊長類つまり狭鼻類のかなりよく連続した化石記録をたどることができる．漸新世には，高等霊長類の祖先らの生息地だった熱帯森林がエジプト北部に繁茂していたのであり，最早期の類人猿類が見い

だされるのはこのような森林においてである．ファユームで出る動物相のほとんど全ては明らかにアフリカ起源の目や亜目に属した哺乳類から成っているが，これらは他の諸大陸では第三紀も遅くなって初めて現れるものだ．そうしたグループには，キンモグラ類〔食虫目〕，デバネズミ類〔齧歯目〕，ゾウ類〔長鼻目〕，カイギュウ類〔海牛目〕，ハイラックス類〔岩狸目〕，重脚類，ツチブタ類〔管歯目〕，カバ類〔偶蹄目〕，そして霊長類が含まれる．あらゆる兆候からみて，これらのグループは全てはっきりアフリカに興ったものであり，後代に他の大陸へ広がった諸群はアフリカの中でかなりの程度まで進化してから初めて拡散したのだ．つまりアフリカは狭鼻類にとって進化の坩堝だったわけで，それはファユーム堆積物で見いだされるゾウ類やその他多くのグループにとっても同様である．

　ファユームの化石霊長類で最も原始的なものの一つに *Parapithecus* 属がある．これは長さが5cmに満たない下顎骨からみて，ごく小さい動物だった．が，下顎骨はかなり丈が高くて高等霊長類の特徴をしめし，下顎顆（下顎骨が頭蓋と関節をつくる部分）は，歯列のレベルよりずっと高い下顎枝の後上端にあった．犬歯は比較的小さく，すべての歯が前後に接触しつつ一列に連なっていた．小臼歯は，南アメリカの霊長類でのように各顎にまだ3本ずつあったが，後代の狭鼻類ではその数は各顎につねに2本だけに減っている．*Parapithecus* と類縁があったのはファユームで出る他の2属の霊長類，*Apidium* と *Qatrania* で，これらはまた，ヨーロッパの中新世－鮮新世のある堆積物から出る後代の *Oreopithecus* と近縁だった可能性がある．*Oreopithecus* は長い腕をもった体格のきゃしゃな動物で，現生のオランウータンのように木々の間で体を振りながら渡っていく生活をしていたのかもしれない．

　ファユームから出る狭鼻類にはほかに，*Propliopithecus* というほっそりとした小形の類人猿があった．これも小さい動物で，下顎骨の長さは7cmほどだった．しかもその下顎骨は *Parapithecus* のそれより比率としてずっと丈が高く，また小臼歯は2本だけで，これは現生のオナガザル類〔上科〕，類人猿類，ヒト類と同じである．歯は各顎骨の上で隙間なく一列をなし，下顎の大臼歯は5個の低い咬頭をもつことを特徴とした．これらの形質で *Propliopithecus* は類人猿類との緊密な類似をしめしていた．ファユームのもう一つの属，*Aeolopithecus* もやはりきゃしゃな体格をもっていた．*Oligopithecus* という属が備えていた歯は，旧世界サル類の発展を予示していたのかもしれない．このように合わせて半ダースを超える類人猿類がファユームの堆積物から知られている．

　ファユームの類人猿類の発見のうちたぶん最も幸運だったのは *Aegyptopithecus* で，これは歯をそなえたほぼ完全な頭蓋や下顎骨などの遺物が代表する，疑問の余地ない早期の類人猿である．漸新世の動物ではあったが，この見事な化石は *Propliopithecus* よりも，典型的な類人猿型の諸適応に向かって真にいっそう進んだものだった．確かに現生テナガザル類ほどの大きさがあった *Aegyptopithecus* は，双眼視と奥行き認識〔立体視〕ができる前方へ向いた大きな両眼，後代の類人猿よりかなり長い顔面，丈の高い下顎骨，それに幾らか拡大した脳頭蓋をもっていた．歯列では，2本のヘラ形の切歯，1本の大きな犬歯，2本の小臼歯，および3本の歯冠の低い大臼歯（各5個の咬頭をもつ）が，隙間なく並んでいた．こ

の歯牙状態は，当の早期類人猿が果食性だったことを物語っている．分かっているかぎり，頭部以外の骨格は *Aegyptopithecus* が樹間での生活によく適応していたことを示唆している．こうした類人猿は *Propliopithecus* から出てきた可能性が大きく，他方で *Dryopithecus* を典型とした中新世の類人猿の先行者だった可能性も十分ある．

　そのように *Aegyptopithecus* を際立たせる諸特徴は，後代の類人猿類の特色となるいろいろな進化傾向が発展する基礎を固めたものだ．そのなかでも特に重要なものを幾つか挙げてみよう．例えば，体サイズの増大に向かう強い傾向が生じ，類人猿のほとんど全てがサル〔モンキー〕類の大半より大きくなり，なかには霊長類中の超大形になったものもある．かれらの系統発生過程で体の巨大化が生じただけでなく，脳サイズにも著しい増大が起こり，むろんそれは頭骨の脳頭蓋部分の相関的な発達をともなった．そのため類人猿の頭部は大きく，サル類のそれよりも顕著に丸みをおびている．歯は歯冠が低く，かなり原型的で，下顎大臼歯には咬頭が5個あり（すでに *Propliopithecus* や *Aegyptopithecus* にあったもの），サル類のそれらに咬頭が4個あるのと対照的である．犬歯は，ある種の類人猿では非常に大きいが，これは肉食ではなく闘争のための適応形態である．類人猿のほとんどは植食性なのだが，場合によって肉食をする種類もある．

オナガザル類

　絶滅した *Parapithecus* とその近縁動物〔パラピテクス上科〕を別とすれば，漸新世以降のすべての狭鼻類は2大グループ，オナガザル上科とヒト上科に分けることができる．オナガザル類，すなわち旧世界サル類の特徴は大臼歯の型——咬頭が4個あり，前の2個と後の2個を深い溝が隔てる型——にある．他方のヒト類〔ヒト上科〕つまり類人猿類と人類は，咬頭が5個あるがそれらの間に深い溝はない大臼歯をもっている．ファユームの化石霊長類でオナガザル型の歯をもつものは一つもなく，そしてこれら漸新世の狭鼻類に5咬頭の大臼歯が存在したことは，ファユームの霊長類はサル類に近似というより類人猿に近似だったという説，またサル類は類人猿に近似の祖先（他の経路ではなく）から由来したという説の論拠として利用される．中新世以降の狭鼻類のなかでのもう一つの相違点は，オナガザル類は尾をもっているのに対し，ヒト類は尾を失っていることである．小臼歯（2咬頭歯）の数は両グループとも各顎骨に2本に減っており，旧世界サル類・類人猿類・人類の歯式は上下顎とも2-1-2-3となっている．

　オナガザル類つまり旧世界サル類（図23-6）は小形ないし中形の哺乳類で，化石種も現生種もともにある．脳がよく（たぶん新世界サル類よりも）発達し，そのため脳頭蓋も大きく丸く膨らんでいる．尾の発達程度はさまざまで，長いのもあれば極めて短いのもあるが，南アメリカの多くのサル類のように巻きつく力をもつものは全くない．外耳は新世界サル類と似て比較的小さく，頭の側壁に近接しており，耳殻に折れ込みがある．

　オナガザル類のさまざまな化石が中新世以降の諸時代の堆積物から出ているが，それらのほとんどは断片的で，この仲間の歴史についてわずかな垣間見をさせるにすぎない．しかし，オナガザル類が新生代中期-後期にはアフリカ，アジア，およびヨーロッパ南部にわたって広く分布していたことを物語るに足るほどの資料は得られている．これらの化石

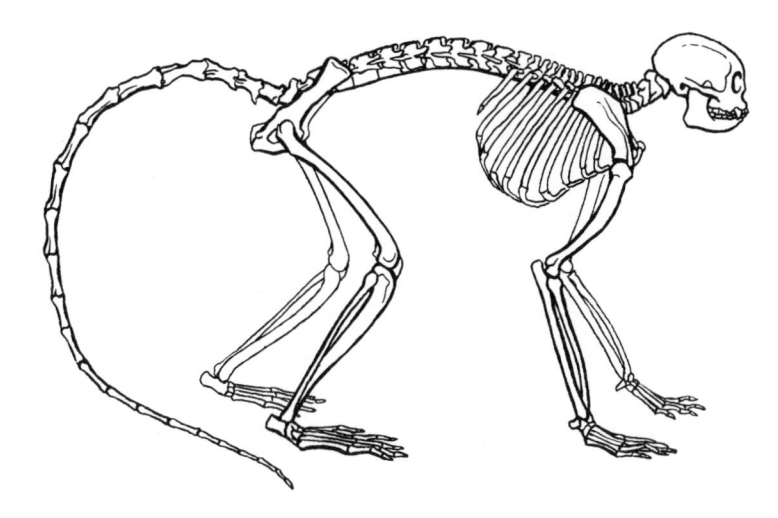

図 23-6　アフリカ産のタラポアン *Miopithecus talapoin* の全身骨格．現生オナガザル類で最小の種で，全長約 85 cm．雄の体重は 1380 g ほどで，雌は 19％ほど小さい．

で最もよく分かっているものの一つに *Mesopithecus*（図 23-7C）があり，これは現生ラングール類と類縁のある鮮新世のサルで，保存状態のよい骨格化石で知られている．

　オナガザル類は，新生代中期－後期に進化していた間，オナガザル亜科およびコロブス亜科に代表される二つの傾向をたどった．オナガザル亜科はアフリカとアジアのさまざまなサル類――アカゲザル，グェノン，ヒヒなどの仲間――をふくむ．これらのサル類は一般に雑食性で，果実，液果，昆虫，トカゲ，そのほか捕えうる小動物はなんでも食物にするが，なかでも高度に特殊化したメンバーにはほとんど果食性のものもある．かれらの特色は頬袋〔両側の頬の内面〕をもつことにあり，この袋に多少の食物を貯えることができる．オナガザル亜科にはときには肉食をする種類もあり，それらは歯牙に噛み切り――大きな上顎犬歯が格別に大きな下顎小臼歯と擦れ合って食物を切断――の適応形態を発達させている．

　オナガザル亜科のなかで，アフリカのヒヒ類とアジア－北アフリカのマカークザル類〔ニホンザルなど〕は，本来の樹上生活から離れて地上生活に移るという興味深い二次的な進化傾向を示している．これらの地表性サル類はそのように発展するなかで，ある面で，イヌ類のような一部の地表性肉食哺乳類に似るようになった．これは頭骨で特にはっきりしている．ヒヒやマカークの幼体は高等霊長類と同じように丸い頭部と短い鼻をもっているが，成体になると，とくにヒヒでは鼻吻部がイヌ類のように非常に長くなり，巨大な犬歯〔永久歯〕が生える．前後に長い顎骨と大きな犬歯をもつヒヒ類は，いろいろな型の捕食性動物と張り合う能力を十分そなえた，攻撃性の強い動物なのである．こうした生活様式は，いまアフリカ大陸に広く分布する多数のヒヒ類と，アジア南部・東南部，わけてもインド，日本，中国，北アフリカ，さらにヨーロッパのジブラルタル半島〔スペイン南西部〕にまで豊富に生息するマカークザル類にとって，しごく上首尾なものになっている．

旧世界サル類のもう一つの亜群，コロブス亜科はほぼ完全に木の葉を常食とする植食性の樹上動物である．ここに含まれるのはコロブスとラングール〔ヤセザル〕の仲間で，四肢と尾の長いほっそりしたサル類で，現在はアジア－アフリカに棲んでいるが鮮新世にはヨーロッパに生息していた．かれらの消化管には非常に長い盲腸があるが，犬歯と小臼歯はオナガザル亜科に見られるような嚙み切りの特殊化を生じていない．

類人猿類

　ヒト上科，すなわち類人猿類と人類は，尾をもたないことと5咬頭性の大臼歯をもつことで，オナガザル上科と区別される．外部に見える尾が無いことは，類人猿類をサル類から分ける最も簡単な識別点である．

　類人猿類のほとんどはサル類より体が重く，そのためかれらの大半はサル類のようなやり方で木々の間を渡り歩くことはできない．その代わり，類人猿類は場所移動(ロコモーション)の別の適応方法をいくつか発展させた．その多くは，腕の使用，つまり下の地面を押すのではなく上にある枝からぶらさがることに関わっている．腕だけを使って体を振りながら移動していく方法は"腕渡り"とよばれ，テナガザル類の成体や，ときには他の類人猿の幼体やヒトの幼児が使う移動方法である．しかし，大半の類人猿の成体は腕渡りをするには体が重すぎるので，かれらは脚が胴を支えるという場所移動のいろいろな方法を使う．

　類人猿における場所移動の進化と各化石種の移動能力については多くの議論が行われてきた．類人猿の各種はそれぞれが好む独自の移動方法をもっているのだが，ほとんどの個体はたまに短時間なら他の移動方法をも採る能力をもっている．場所移動の行動は，よじ登る能力が体の重くなった成体のそれをふつう上まわる，類人猿の幼体と人類の幼児でとくに変異が大きい．類人猿の場所移動の方式のすべてが，長い腕と長い指——手の指は太い木の枝に引っかける鉤(かぎ)としてはたらく——の発達を有利にするのだ．なお，類人猿では後肢が短く，かれらのほとんどは歩くのがあまり達者でない．

　類人猿の化石資料はありふれたものではないが，これらの霊長類が新生代中期－後期にはヨーロッパ，アジア，およびアフリカに広く生息していたことが分かるほどには数多く得られている．*Aegyptopithecus* より後に現れた最早期の類人猿に，アフリカの中新統下部から出る *Limnopithecus* と *Proconsul* がある．*Proconsul* は *Dryopithecus* とよく似ていて，かつては後者と同属にされていた．中新世中期にいた，*Dryopithecus* の最早期の種から，この属の後代の種が"ドリオピテクス亜科類人猿類"ともよばれるものの複合体とならんで進化した．ドリオピテクス類というのは全体として一般型の類人猿類で，いろいろな点で現生のオランウータンに似ていた．かれらの多くは小形ないし中形で，そのほとんどは多様な移動能力をもっていたと考えられる．ただ一つの移動方式だけにたよる類人猿は，場所移動の効率を高める解剖学的特殊化を発達させることが多いのだが，ドリオピテクス類はそのような特殊化を示していない．更新世－現世の類人猿類のほとんどはおそらく中新世－鮮新世のドリオピテクス類から興ったものであり，ヒトの最初の祖先にいたる進化系統も同様であった．

　現生の類人猿類の一つに，アジア産の小形で腕の長いテナガザル類がある．すべての霊

長類のなかで最も腕渡りの達者なこの仲間はふつう，テナガザル科という独自の科にまとめられる．DNAの塩基配列の研究によると，テナガザル類は他のすべてのヒト上科動物から遠く離れた位置にある．かつてしばしば，*Aeolopithecus* など体格のきゃしゃな幾つもの化石種がテナガザル類の祖先と考えられたが，今ではそのほとんどは別々に進化したものとみられている．そういうわけで，テナガザル科の起源はまだ謎のままである．

オランウータン科にまとめられる他の現生類人猿には，東インド諸島のオランウータン，アフリカのチンパンジーとゴリラがある．これらのなかでオランウータンはいろいろな意味で最も分かりやすく，第三紀中期の幾つかのドリオピテクス類，とりわけ *Sivapithecus* がオランの祖先だと考えられている．オランとたぶん類縁があるのは更新世にアジア大陸に棲んでいたある群の超大形類人猿で，これらはゴリラよりさらに大きく，*Gigantopithecus* と命名されている．残念なことに，かれらは今のところ歯と下顎骨の破片で知られているだけだが，古今を通じて全ての霊長類のうちで最大の動物，おとぎ話に出てくる巨人に極めて近い現実の動物であった．

行動，知能，およびDNAの塩基配列でヒトに最も近縁なのはアフリカのチンパンジーで，これらは *Pan* 属（図23-7D）とされている．それに，わずか18か所の染色体逆位（染色体の末端と末端を接した部分の逆転）と1か所の中央接着だけで，チンパンジーの染色体はヒトの染色体に変わりうるのだ．他方，解剖学的にチンパンジーに近いゴリラは現生霊長類のなかの超大形であり，体の大きさでも力でもヒトをはるかに上まわる．ゴリラやチンパンジーに関する野外観察と行動研究によって，かれらはかつてヒトだけのものとされていた多数の特徴——身振り言語を学習する能力など——を見せることが分かってきた．チンパンジーは簡単な道具を作って使い，そして群れごとに異なる，世代から世代へ受け継がれる"文化"つまり行動の伝統をもっている．

ヒト科の動物

進化学の諸領域のなかで，人類の進化ほど熱心に研究されてきたものはたぶん他にないだろう．が，この主題をめぐっては論議が多量にあり，それについて今後解明されるべきものも多量にある．ヒトの進化について，知見が不完全で論争が多いことにはいろいろな訳がある．化石はめったに見つからないが，ヒト自身の祖先への関心が深甚であるためにどの標本も綿密克明に研究され，他の動物でなら軽く扱われるような差異もここでは大きな重要性が認められる．それでも，化石記録が不十分である上，この研究分野で仕事をする専門家たちの間にさまざまな見解の違いがあるにもかかわらず，人類進化の大すじはかなりよく分かっている．幾つかのヒトの頭骨を図23-7(E-H)に示しておく．

さて，ヒトの仲間ははすべてヒト科に入れられる．この科の第1の特性は直立しての場所移動の方式を獲得したことにある．骨盤とそれに付着する大小の殿筋（でんきん）の形態が改造されたのは，直立歩行からきた直接の帰結である．後足がより大きな体重を支えられるように形態改造されたことにも，脚や殿部の他の諸変化とならんで同じことが言える．ヒトの後肢は長くて，地面を比較的速く走ることができ，腕は類人猿類のそれに比べてかなり短い．

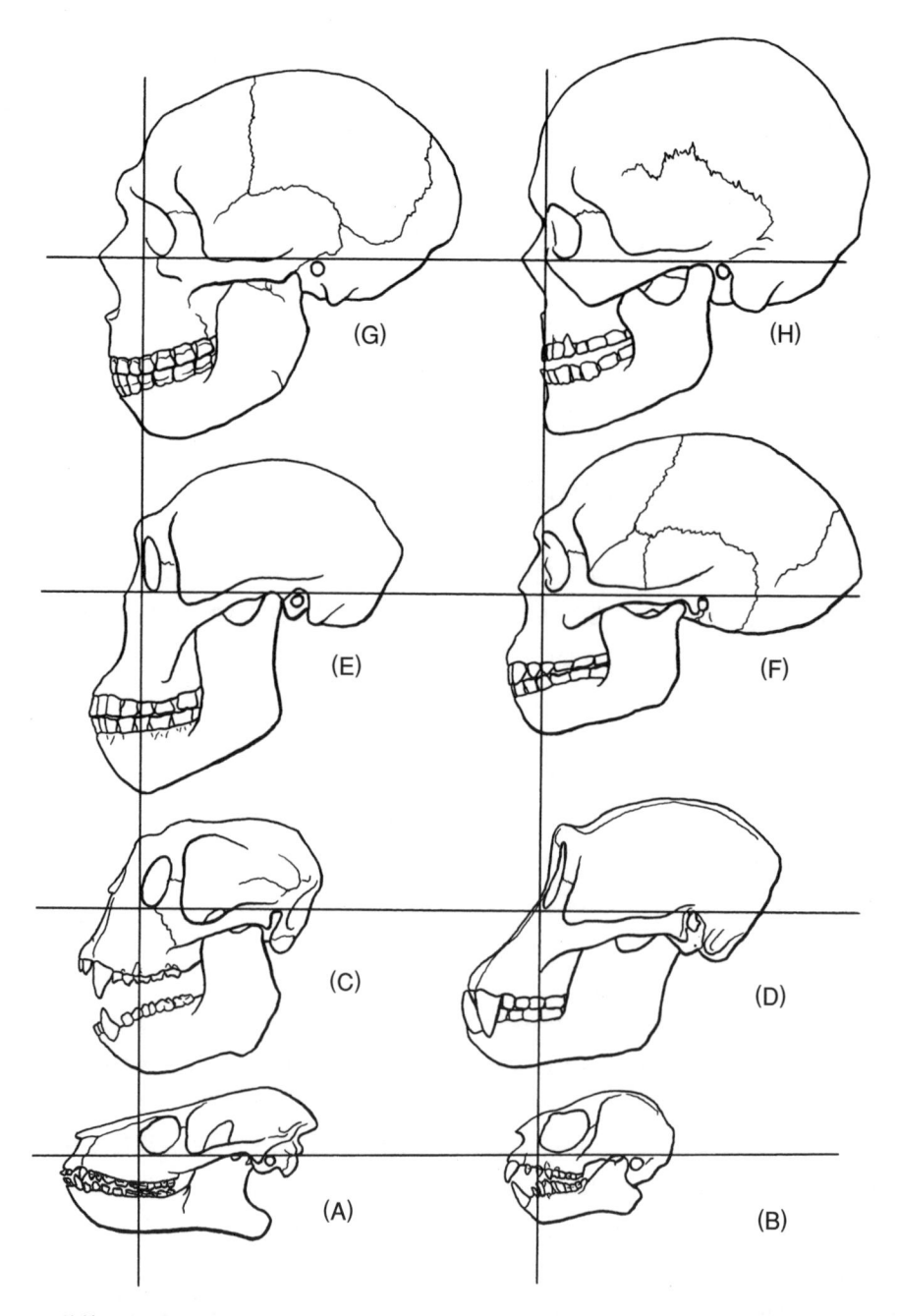

図 23-7 数種の霊長類の頭骨．縮尺は不同．(A)*Notharctus*，始新世のレムール類．頭蓋長約 7.6 cm．(B) *Tetonius*，始新世のメガネザル類．頭蓋長約 4.6 cm．(C)*Mesopithecus*，鮮新世のオナガザル類．頭蓋長約 7.6 cm．(D)*Pan*，現生のチンパンジー．頭蓋長約 15 cm．(E)*Australopithecus africanus*，アフリカの更新世前期のヒト科動物．頭蓋長約 18 cm．(F)*Homo erectus*，更新世中期のヒト科動物でヨーロッパ，アジア，アフリカから出る種．頭蓋長約 24 cm．(G)*Homo sapiens neanderthalensis*，ヨーロッパで出るヒト科動物のネアンデルタール人．頭蓋長約 24 cm．(H)*Homo sapiens sapiens*，旧石器時代後期のヒト，クロマニョン人．頭蓋長約 23 cm．〔水平直線は眼窩下縁と外耳道上縁を結ぶ眼耳平面，垂直線は眼窩前縁を基準として示す〕

脊柱も変化している．つまり，類人猿の脊柱は頭骨と骨盤の間で単純な曲線をつくり，胴は腰部から前へ傾斜し，頭部は肩から前へ突き出た格好になっている．ヒトの脊柱はそうではなく緩いＳ字形をなし，殿部の上の腰部で前方へ張り出した曲線をつくる．ほとんどの場合，脳の拡大のため大きくなった頭蓋は脊柱の上端に載って均衡をとるようになり，頭蓋の後頭部は形態改造されて，脊髄が脳の底部から下へ（後端から後ろへではなく）出ていく形になっている．

人類を類人猿類と区別する他の特徴（図23-8）もおそらく直立二足歩行の結果として進化したものだろう．両手が解放されて道具をより頻繁に使えるようになるとともに，人々が狩りをしたり自衛をしたりする仕方に変化が現れた．手で取り扱う武器が防衛のための初歩的手段だった歯に取って代わったし，道具はまた食物を処理するのにも使われた．防衛のためや肉を引き裂くために歯に頼ることがだんだん減ったことが，やがては犬歯のサイズが縮小し，下顎がおとがい〔あご先〕を備えるように改造されることにつながった．その結果，顔面がしだいに垂直に近づき，顎骨は比率として短小になった．顎骨が短縮したため，歯の生える骨は，前後に長いＵ字形のアーチから現生人類に見られるもっと放物線的な形に変わった（図23-9）．道具の獲得と物を手で取り扱うことが増えたことのために，我々の祖先には複雑な行動を習得し，理解力を高める機会が多くなった．

このような身体上の諸変化に加えて，手で触れるようなものではないが非常に重要な行動様式も，高まった理性とともに共進化した．特に，多数の個体が協力して当たる狩りや防衛は言語の発達につながった．ただし，この過程の進みは明らかでない．その言語がこんどは人類の知力のいっそうの発達と，人類の文化の発達を解く鍵になるのである．

Australopithecus について

東アフリカの鮮新世－更新世の堆積物から1925年以来，早期のヒト科動物の遺物が見いだされている．明るみに出た最初の化石（幼体の頭骨）は *Australopithecus africanus* と命名された．その後に発見された遺物には *Australopithecus* に属する幾つかの種の成体の頭骨や体骨格の一部が含まれ，ほとんどは南アフリカと東アフリカで見つかったが，アフリカ以外でも疑問のある発見が少数なされている．これらの化石には別の学名が与えられたものもあったが，実はすべて *Australopithecus* 属に入れてよさそうなのである．それらのサイズはいろいろで，体重が30kgほどと推定された小さい個体や85kgもあったと思われる大きな個体もある．ほとんどの種，とりわけ早期の種にはサイズの性的二型があり，つまり小さい個体はふつう雌で，大きい個体はふつう雄であった．

Australopithecus はドリオピテクス亜科を祖として進化したものだが，この発展過程にはサイズの多少の増大のほか直立歩行をしめす骨格の変形もふくまれ，そのことはいろいろな骨格要素，とくに骨盤の形状で明らかである．また脳頭蓋容積の増大から，脳が大きくなっていたことが分かる．歯列弓――類人猿では左右両側が並行したＵ字形――は *Australopithecus* では放物線状の形をしていた（図23-9A, D）．犬歯は小さくなり，他の前歯より少し大きい程度だった．

最古の *Australopithecus* の化石は時代的に鮮新世前期，つまり440万年前から390万年前

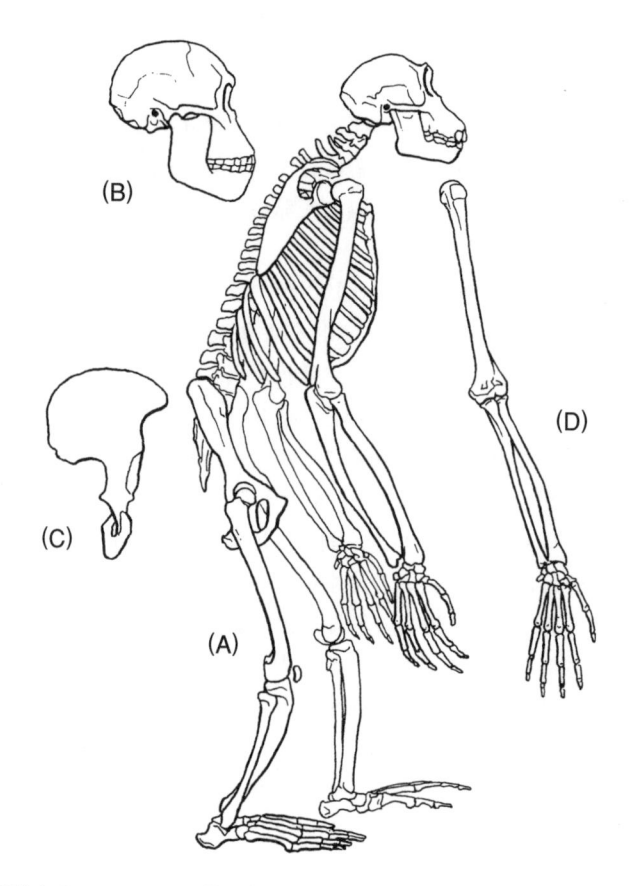

図 23-8 ヒト科動物とオランウータン科動物の比較．縮尺は同じ．(A)現生類人猿のチンパンジー *Pan* の骨格．この姿勢で立ったときの高さは約 1.1 m だが，チンパンジーはこの姿勢を長く維持することができない．(B)アフリカの更新世前期のヒト科動物 *Australopithecus* の頭蓋と下顎骨．(C) *Australopithecus* の骨盤．直立姿勢への適応構造である拡大した腸骨をしめす．(D)鮮新世の類人猿 *Proconsul* の右腕．

の間のものだ．*Australopithecus anamensis* がケニア北部で出る一方，エチオピアのアワシュ川の近くで発見された類縁関係のある種，*Ardipithecus ramidus* ははっきり異なるため別属としてよいと考えられている．タンザニア，ケニア，およびエチオピアの堆積物から出る *Australopithecus afarensis* はもっと長く生存した種で，時代的に鮮新世前期－中期，つまり410万年前から300万年前にわたるものだった．エチオピア北部のハダルで発見された最も保存状態のよい骨格化石は"ルーシー"とよばれている．ルーシーは完全に直立歩行性だったが，体は小さく，身長は 1.3 m ほどしかなかった．(この種の雄はもう少し大きかったかもしれないが．)腕は長く，手はたぶん粗雑な道具ぐらいは作れるほどかなり精確な操作ができたようである．脚は比較的短かった．特別に興味深いのは，確かに *Australopithecus* が残したと思われる化石化した足跡がケニアのラエトリの近くで発見されたことである．これは *Australopithecus* が直立歩行をしたことを示す劇的な証拠になる．それでも脚はまだかなり短く，手足の指の指節骨は多少曲がっており，これは，この種がまだとき

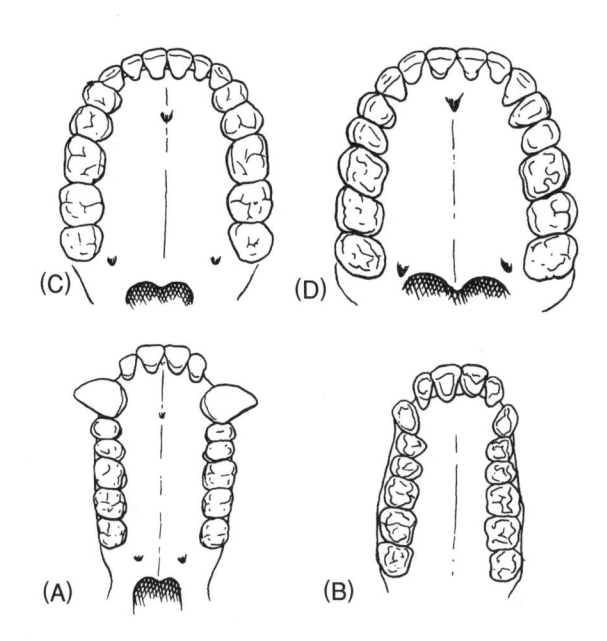

図 23-9 ヒトと類人猿類の上顎の歯列弓．縮尺は同じ．(A)現生類人猿のゴリラ，*Gorilla*．(B)インドの中新世の類人猿，*Sivapithecus*．(C)南アフリカの更新世前期のヒト科動物，*Australopithecus africanus*．(D)現生のヒト，*Homo*．

どき木に登る動物だったこと，あるいは，かれらが直立二足歩行や長距離走行に頼っておらず，この新しい場所移動様式を完成する適応構造をまだ進化させていなかったことを物語っている．

鮮新世後期のヒト科動物には，南アフリカの数か所で 300 万年前ないし 230 万年前の洞穴堆積物から発見された *Australopithecus africanus* が含まれる．脊柱の腰部がこの種も直立歩行をしたことを示している．また南アフリカで発見されたのは，もっと大きくて体格ががっしりした種，*Australopithecus robustus*——初め *Paranthropus* とされていたもの——である．これらの洞穴では，動物の骨，角，歯などで作られたものを含む多数の道具が見いだされている．こうした道具と捕獲された動物の遺物が，*Australopithecus* は捕えるのに協力的な狩猟戦略を必要とするような動物を追い求めていたことを示しており，そのことはほぼ確実に，狩猟者らはなんらかの言語によって互いに連絡しあう能力をもっていたことを意味している．

かつてタンザニア北部にあるオルドヴァイ峡谷で，ルイスおよびメアリー・リーキー夫妻〔ケニアの英国系人類学者, 古生物学者〕は，同じ場所で生活していたようにみえる 2 種のヒト科動物の化石を発見した．体格の頑丈なほうの種はいま *Australopithecus boisei* とよばれている．体格のきしゃなほうの種は *Homo habilis* で，それについては後述する．

直立歩行を達成していたにもかかわらず，*Australopithecus* のもっていた脳はどの種でもチンパンジーの脳ほどの大きさだった．この類人猿的な脳という保守的な形質と，直立姿勢やヒト型の歯という前進的な形質とが組み合わさっていたことが，類人猿類と現生人類

の間にあった*Australopithecus*の中間的地位を物語っている．化石ヒト科動物のいろいろな種における脳サイズの推定値から，脳は*Australopithecus*でも*Homo*でも，体の増大とともに脳も増大したがその速度〔率〕は異なったことが分かっている．*Australopithecus afarensis*のサイズに相当する体サイズでは，これらの2属はともに同じ脳サイズをもっていただろう．したがって，"ルーシー"は我々すべての母親，その後のすべてのヒト科動物の共通の祖先だった可能性がある．

Homo 属について

　体サイズの平均値がより大きいことと，とりわけ体サイズの増大に伴って脳サイズが増大する速度〔率〕が大きいことで，*Homo*（図23-10）は*Australopithecus*と区別される．体サイズを同じとすれば，*Homo*のほうが大きい脳をもつのである．*Homo*属は約200万年前，*Homo habilis*の出現とともに初めて登場した．*Homo habilis*の化石はある型の石器と同時的に見いだされ，この動物がそれらの道具を作った可能性が極めて大きい．しかし*Homo habilis*は小さかったので，*Australopithecus*属のもっと体の大きい種はもっと大きい脳をもっていた（*Homo habilis*と同じサイズの*Australopithecus*の個体はもっと小さい脳をもっていただろうが）．*Homo habilis*はおそらく*Homo erectus*（後述）の直接の祖先だったのだろう．

　*Australopithecus*の幾つかあった種は*Homo habilis*と隣り合って生活していたのだから，どちらか一方が他方の祖先だったということはありえない．現在では，両群ともそれより前の種，*Australopithecus afarensis*か，おそらくは*A. anamensis*から由来したのではないかと考えられている．

Homo erectus について

　*Homo habilis*より体が大きく，より近代的なヒト〔人類〕は約170万年前に初めて出現した．ふつう*Homo erectus*とよばれているけれども，もとは発見された場所ごとに各標本に別々の名がつけられた．南アフリカの"*Telanthropus*"，モロッコの"*Atlanthropus*"，ドイツの"*Homo heidelbergensis*"〔ハイデルベルク人〕，中国の"*Sinanthropus*"もしくは"北京原人"，インドネシアの"*Pithecanthropus*"または"ジャワ原人"などである．専門家のなかには，最早期の*Homo erectus*を別種とみてそれを*Homo ergaster*とよぶ人もいる．

　*Homo erectus*の脳頭蓋容積（脳サイズ）は950 cm^3–1150 cm^{3}で，これは*Homo habilis*や*Australopithecus*のどの種よりも大きかった．この容積の増大は頭蓋の幅と長さの拡大によったもので，高さには目立った増大はなかった．つまり，現生種の*Homo sapiens*と比べると，*Homo erectus*の頭蓋はやや平たく，頭蓋の後頭部は山型パンのような形に張り出している（図23-7F）．*Homo erectus*は化石記録に現れたあと急速に北緯40度までのアフリカ，ヨーロッパ，およびアジアのほぼ全域に広がった．

　*Homo erectus*に付随した文化的な遺物からは，洗練された石器文化——おそらくは粗雑な衣服や寝床を作るのに動物の皮革を裁断することも含んだもの——が明るみに出てくる．テントの支柱（したがってテントそのものも）が使われたことを示す証拠もあり，中国は北京に近い周口店の洞穴では火が使われた証拠がある．熱帯では火や衣服や粗雑な住みか

などは必要でなかったが，寒冷な地方へ移動した Homo erectus の集団にはこれらが必要になった．

　Homo erectus はたぶん，森林に覆われた地域にふつう住んでいて，小さい家族グループで移動をしたのだろう．そして洞穴に住みかを求める場合がよくあっただろう．現代の我々から見れば，かれらは人類の発展過程で低い段階にある粗野な人々だったように思えるけれども，かれらは，その周りにいていつも闘わねばならなかった動物たちを超えるいろいろな長所をもっていた．かれらは現生人類にいたる道にそって，すでに長足の進歩をとげていたのである．

　他方，Homo erectus は現生のヒトよりも明らかに原始的だった．脳頭蓋はとくに前頭部で低く，両眼窩の上の眉上稜〔眉弓〕が比較的頑丈に発達していた．下顎骨は強大で，現生人類の下顎骨よりずっと前へ突き出ていた．おとがいの発達は不十分だった．歯は完全にヒト的だったが頑丈で，犬歯が他の歯よりいくらか長かった．

　人類はいつの時代にも物ごとを考える動物である．構造的また身体的にヒトはいつも，体力でまさる大形動物や，自分たちを容易に切り裂くことのできる鋭い歯をもつ肉食動物と向かい合ってきた．変化にとむ環境へ順応し，こうした外敵に打ち勝つうえでの人類の驚異的な成功のほとんどは，優れた知能の結果である．現生類人猿の最大種であるゴリラは，容積がほぼ 500-600 cm^3 の脳頭蓋をもっている．Australopithecus では脳頭蓋容積はおよそ 600 cm^3 で，これは確かにドリオピテクス亜科に属した祖先をこえる前進だった．Homo erectus の脳頭蓋容積は約 950-1150 cm^3 だったが，Homo sapiens ではこの数字は約 1200 cm^3 から最大 2000 cm^3 超にまでわたる．脳サイズは精神的発達程度の大ざっぱな指標になるので，ヒトの脳が時代とともに大きくなるにつれて知能が高まったと考えてよい．ヒトの脳は体重との関係で過去約 200 万年の間におよそ 2 倍になった．人類進化の跡をたどると，脳頭蓋が頭骨の他の部分に比べてだんだん大きくなったことが分かる．ヒトの脳の発達はだいたい前頭部の成長に関する事柄であるため，頭蓋は前方でふくらみ，更新世後期-現世のヒトに高くて幅広い額を持たせる結果になった．

Homo sapiens について

　われわれ自身の種 Homo sapiens は，まず頭蓋の高さの増大にもとづく増大した脳頭蓋容積をもつ点で，Homo erectus と違っている．この進化的変化は更新世中期の始めごろにアフリカ，ヨーロッパ，およびアジアで起こった．Homo sapiens の早期の標本はザンビア，ドイツ，イングランド，それにインドネシアの各発掘場所から知られている．

　更新世の大半にわたり，人々は石（多くは火打ち石）を打ち欠いて作った道具や武器に頼っていた．この文化期間が旧石器時代である．Homo erectus もすでにこうした石器を作っていたのだが，早期の Homo sapiens に伴って出る道具はしだいに平たく薄くなり，だんだんと尖った先端と鋭い切縁を示すようになった．

　更新世後期になるとネアンデルタール人 Homo sapiens neanderthalensis〔亜種〕が出現し，これはヨーロッパと中東地方で出たかなりの数の頭骨や他の骨格から知られている．ネアンデルタール人は更新世の第 3 間氷期の間に進化し，石器を棒切れの先に取り付けた道具

Australopithecus africanus　　　　　Homo erectus

ネアンデルタール人　　　　　クロマニョン人

図 23-10 ヒト科動物の4群を画家が復元したもの．細部は想像による．（ロイス M. ダーリング画）

や武器を初めて作るまでに進歩した．彼らはかなり背が低くて身長1.5 mをあまり超えず，ずんぐりした体形をしていた．頭蓋は現生人類のそれよりやや低く，眉上稜は頑丈だった．顔面は大きく，頬骨や顎骨が出張っていた．こうした様相が，穏やかな丸みのない粗野な顔つきの要素をなし，早期や後代の *Homo sapiens* からもヨーロッパ以外の地域の同時代のものからもネアンデルタール人を分け隔てる特徴になっていた．とりわけ，後代のネアンデルタール人はヨーロッパでかなり短い期間だけ特異な発展をしたもので，その地域では拡大する氷河が彼らとヒトの他の集団との接触を切り離したのかもしれない．

いかつい顔つきをしていたにもかかわらず，ネアンデルタール人はかなり複雑な文化を発達させていた．まず彼らは火を使っていたし，見事に打ち欠いた石器や武器を巧みに作っていた．彼らは攻撃性のつよい大形哺乳類――大形ネコ類，クマ，オオカミ，サイ，マンモスなど――が生息する地方で暮らし，それらに打ち勝つことができた．実際，ネアンデルタール人は，サイや稀にはマンモスをも含むこれらの動物を狩猟していた．また彼らは死者を埋葬し，ネアンデルタール人の骨格といっしょに見つかった花粉の分析から分かるところでは，墓を白やクリーム色の花で飾ることもした．

ネアンデルタール人はかなり突然に，旧石器時代後期以降のヒト *Homo sapiens* に取って代わられた．彼らについて簡単に述べておこう．これらの人々は，デザインでネアンデルタール人のものより洗練された単目的のいろいろなものを含む，はるかに多様な道具をそ

ろえていた．化石人類専門の学者たちによれば，ネアンデルタール人は旧石器時代後期の人々と個体群間結婚をし，彼らの技術的に進歩した文化を取り入れた可能性があり，そうして彼らは自分たちの遺伝子をヨーロッパの現生個体群へ伝えたのだろうという．またそれとは別に，ネアンデルタール人は新しい侵入者らによって駆逐されたか絶滅させられたのであり，したがって彼らは遺伝子を現生個体群へほとんど残さなかったと考える人たちもいる．ネアンデルタール人のある標本から取り出されたDNAの小さなサンプルは，この第2の見方，すなわちネアンデルタール人は遺伝子的に現生個体群と大きく違っていること，また彼らのなかには自分たちへの征服者らと個体群間婚姻をした者がほとんどいなかったことを支持するようである．

ネアンデルタール人に入れ代わった旧石器時代後期のヒト類には，我々と同じ亜種 *Homo sapiens sapiens* 〔亜種〕とされるヨーロッパのクロマニョン人が含まれていた．彼らは，ネアンデルタール人より背が高く，より大きな脳とより高くて幅広い額をもつ人々だった．顔面は垂直で，つまり上顎前突（プログナサス）〔口吻部の前方突出〕ではなく，おとがいに突角部（こうかくぶ）があった．クロマニョン人は岩山の隠れ家や洞穴に住みつき，ヨーロッパ南部のあちこちの洞穴の奥の岩壁に近辺に生息していた動物たちのすばらしい絵を描いた．クロマニョン人やその他の旧石器時代後期の人類のなかには，その絵や彫刻が過去最高の芸術作品に数えられるような練達の芸術家がいたのであり，これらの美術作品は彼らの日常の関心事を数多く描き出している．狩りの情景からは槍や弓矢が使われたことがよく分かる．多数ある動物の絵では，矢が当たるように人々が狙った箇所——あるマンモスの絵で大きく描かれた心臓など——が示されている．妊娠した動物や動物の交配儀礼の絵は，動物たちの群れに栄えてほしいという関心を物語っている．ヒトの女性の小さい"ヴィーナス"像——はらんだ腹部，誇張された乳房や殿部をそなえた彫刻——は同じように，ヒトの繁殖への関心を示している．

ヒト類はもともと旧世界の動物だったのだが，約1万5000年前に最後の氷河が後退するとともに，人々はさらに広く地球表面の大半に広がった．アジア起源の人々が新世界へ移動し，北アメリカと南アメリカにも住みつくようになった．これらの人々は現代のインディアン，つまりアメリカ先住民の祖先である．また他の個体群はアジアから，東インド諸島，オーストラリア，そのほか多くの太平洋諸島にも拡散した．

現生人類には，分布地域により身長，体格，皮膚や毛の色，毛髪の形，その他の身体特徴に関して変異がある．例えば，熱帯森林地方の住民は背が低いことが多い．熱帯の個体群は一般に比較的きゃしゃな体格，細い腕や脚，平均して暗色の色素沈着をもつ傾向があるのに対して，寒冷な地域に住む個体群はふつう体が大きく，太い四肢，明色の色素沈着をしめす傾向がつよい．（ただしこれらは大ざっぱな類型化にすぎず，例外はいくらでもある．）人類の個体群にはまた，血液型の出現頻度やさまざまな遺伝的対立形質の頻度でも変異が多い．こうした地理的変異があるにもかかわらず，今日，人類学者の大半はヒトという種を人種などの群に亜区分しないことを選んでいる．そうした立場をとる理由の一つは，ヒトの大きな個体群はどこでも，その中での変異（例えば身長の）の量のほうが，

複数個体群間にあるもっと小さい平均的差異より通常はるかに大きいということである．もう一つの理由は，かつて認められていた複数の人種グループの間に明確な境界はなく，個体群間の移行はすべて漸移的だということ．さらにもう一つの理由はヒトの個体群は何千年も前から互いに混り合ってきたのであり，二十世紀には現代の輸送手段に助けられてこの過程が大きく加速したことだ．このために各個体群間の境界はぼやけており，それは年の経過とともにますます不分明になりつつある．いま我々は，ヒトの諸個体群が同化しつつある時代に生きているのである．

人類の文化

人類文化の発展は，我々を今日あるような上首尾な種にならせたという意味でこの上なく重要な事柄である．文化の問題を十分に検討することは本来は人類学の書物に属することだ．しかし，現代に近づいてからのヒトの進化が文化的発展から影響をうけてきた以上は，ここで人類文化の成長について一言ふれておくのはたぶん適切だろう．

協力的行動をとったり複雑な社会組織をつくる力などを含む文化的発展の能力のおかげで，我々は，個人としては誰も出来ないような多くの事業——都市や高速道路の建設から宇宙空間への進出まで——を一つの社会として成しとげてきた．物理的に触ることのできない進化の諸要素のなかで，我々の文化は，ヒトという種を全動物のなかで独特のものにした点で格別に重要である．

人類の早期の歴史で最も決定的だったのは農業の発達ということで，これは約6000年前に近東地方，いくらか後れて他の地方で始まった．もろもろの植物種の栽培には，動物の家畜化と，切縁を研磨して仕上げた新石器時代の道具の開発がともなった．人類は耕すべき畑をもち，多人数のグループで定住をしはじめ，多数の家族が一つの集落でいっしょに生活するようになった．住みかはだんだん丈夫で複雑なものになった．農業がいっそう確立され商業が盛んになるとともに，やがて都市が建設された．政治組織は，家族から部族へ，さらに古代から現代にいたる複雑な民族国家へ発展した．

およそ5000年前，人類は金属の使用を習得しはじめ，新石器時代は青銅器時代に移行した．青銅器時代の次には鉄器時代が訪れ，偉大な旧世界文明が興って繁栄した．鉄器時代は機械時代ともいうべきものに道をゆずったが，これは今ゆっくりと情報時代に移りつつある．

では，ヒトという種の未来はどうなるのだろうか？　この疑問はいま全世界の人々の心の最前線にある．過去数千年にわたって我々は，人類自身の歴史過程，人類自身の進化過程をさえ変えてきたのだが，二十世紀には我々の制御する度合いが途方もなく高まった．人類の歴史における過去より以上に，我々は自分たちの一つの種としての健康について，また我々が生活する環境について重大な責任を負わねばならない．こうした責任をどのように果たしていくかが，未来の歴史過程とこの地球全体の運命を大きく左右することになろう．

24
齧歯類とウサギ類

ハイイロリス

齧歯類・ウサギ類の仲間

齧歯類とウサギ類〔兎形目〕は山鼠大目という少数の目からなる群のなかで重要な二つの目である．この章で取り扱う動物はすべてかなり小形で，そのほとんどは草食性である．そこには絶滅したアジアのアナガレ類〔目〕やアフリカに現生するハネジネズミ類〔目〕も含まれる．

ハネジネズミ類

ハネジネズミ類というのは長らく食虫目に属すると考えられていたが，近年は幾人もの専門家たちが，これは小さいが独立の目をなすとみるようになった．ハネジネズミ類と他の哺乳類諸目との類縁関係が明らかでないのは，この特異な動物たちの化石記録が乏しいことに主因がある．現生のハネジネズミ類は頭蓋のいろいろな特徴で食虫類と区別され，すばやく跳ねるのに使われる長い後肢をもつ点では特殊化している．かれらの鼻は非常に細長くて屈伸自在であり，そのことから "elephant shrew" という英語名がある．生息するのはアフリカである．

ハネジネズミ類に関する最近の研究によると，かれらは齧歯類やウサギ類の近くに位置するらしい．アジアで出る第三紀前期の化石動物，アナガレ類がそれらを結ぶリンクを提供するのかもしれない．

アナガレ類

モンゴルの漸新統から出た頭骨化石に基づき，1931 年に初めて *Anagale gobiensis* が記述された．その頭骨は原型的な歯式など原始的な特徴をいろいろ備えていたため，この動物ははじめ食虫類と見なされた．登木目〔ツパイ類〕のような他の原型的な哺乳類との類似も注目された．数十年にわたって *Anagale* とツパイ類や早期の霊長類との類似が強調されすぎたため，他の類縁関係の可能性が無視されるきらいがあった．そののち耳領域や歯の磨耗様式が新たに精査され，つまるところアナガレ類は霊長類と近縁ではなく，ウサギ類の祖先，とくに絶滅したアジアの *Eurymylus* に近いという結論になった．

その後もアナガレ類の他の種類が発見されたが，今でも *Anagale* は最もよく分かっている属である．頭蓋に後眼窩弓の骨はなく，眼窩は側頭窩と一体になっている．最後位の小臼歯は大臼歯形であり，すべての歯が著しく磨耗している．大臼歯の外側〔頬側〕の2咬頭，パラコーンとメタコーンは各上顎大臼歯の外側の縁にあり，下顎大臼歯でも同様に咬頭の転位が起きている．下顎の頬歯はウサギ類や *Eurymylus* との類似をしめし，齧歯類とも同じように幾らか類似していることに注目した学者もいる．頭部以外の骨格には，前肢が強力な鉤爪を支えたらしい割れ目のある末端指節骨をもつことなど，地面を掘ることへの適応が見られる．明らかに *Anagale* は掘地性の動物だったのであり，頬歯の磨耗が激しいのは，食物とともに土も取り込んだことを反映するのかもしれない．

近年 *Anagale* を調べた研究者たちは，ウサギ類とだけでなく，齧歯類やハネジネズミ類

との類似性をも見いだしている．*Anagale* が最もよく似ているのは齧歯類やウサギ類の太古の親類だった *Eurymylus* である．

エウリミルス類

化石記録におけるウサギ類の早期の親類の一つに，モンゴルの暁新世後期の地層から出る哺乳類，*Eurymylus* がある．この動物は一方で *Anagale* に，他方でウサギ類に極めてよく似ている．しかし，*Eurymylus* は真の兎形目〔ウサギ類〕の直接の祖先からは外さなければならない．上顎第2切歯を失っていたからだが，これは *Eurymylus* を齧歯類の祖先に近いものとする特徴である．モンゴル，中国，カザフスタンなどで何度も行われた発掘調査で，*Eurymylus* の化石と他の幾つかのエウリミルス類の化石も次々に明るみに出された．これらの化石資料を基にした新しい研究によって，エウリミルス類が齧歯類ともウサギ類とも近縁だったという状況が有力になっている．地質年代では，エウリミルス類は暁新世前期－始新世に生存していた．かれらは固有のグループ，"混歯目"とされてよいほど齧歯類ともウサギ類とも違っていたのである．

兎形類の進化

アナガレ類もエウリミルス類も地理的分布ではアジアに限られ，その地域の暁新世－始新世の動物相でまばらに出るにすぎない．アナガレ類は漸新世まで存続したが，だんだんもっと多数になったイトコ，兎形類のため影が薄れてしまった．

兎形目とは，耳の長いノウサギやアナウサギ，耳の短い親類であるナキウサギなどの仲間のことだ．ウサギ類も齧歯類も，ものを齧るのに適した大きな切歯――磨りつぶしに適した頬歯から歯隙で大きく離れた前歯――を備えている．昔はノウサギ・アナウサギ・ナキウサギの類を齧歯目に入れ，"重歯類"という亜目にするのが普通の方式であった．この名は，上顎前端の左右各側に内外に重なる大小2本の切歯があるからだ．この亜目は"単歯類"という亜目――上顎前端の各側に切歯が1本だけある齧歯類〔ネズミ類など〕――と対置されていた．ところが，二十世紀になってから哺乳類学者のなかでは，ウサギ類は齧歯類とまったく別のものであり，両群間の類似は収斂進化の結果だとみる傾向が一般的になった．しかし近年，古生物学者たちはウサギ類と齧歯類とは近縁――アフリカのハネジネズミ類やアジアの絶滅したアナガレ類をも含む諸目からなる群のメンバーなのだという見方へ戻りつつある（図24-1）．

齧歯類でと同じようにウサギ類では切歯が大きくなっているが，この形質は哺乳類のいろいろなグループであちこちで独立して発達している．頬歯はどうかというと，類似点はほとんど無い．ウサギ類では小臼歯が2本または3本あるのに対し，齧歯類でそれらがせまく限られている〔存在する場合は第4小臼歯のみ〕のと対照的である．その上，ノウサギの仲間の頬歯は，縦〔垂直〕方向の並行した稜線のある歯冠をもつ背の高いプリズム状の歯〔長冠歯〕であり，齧歯類に多い噛みつぶし型の歯ではない．咀嚼筋は，ウサギ類では強力ではあるが，齧歯類に特有の高度の特殊化を示すことはない．さらに，ウサギ類の咀

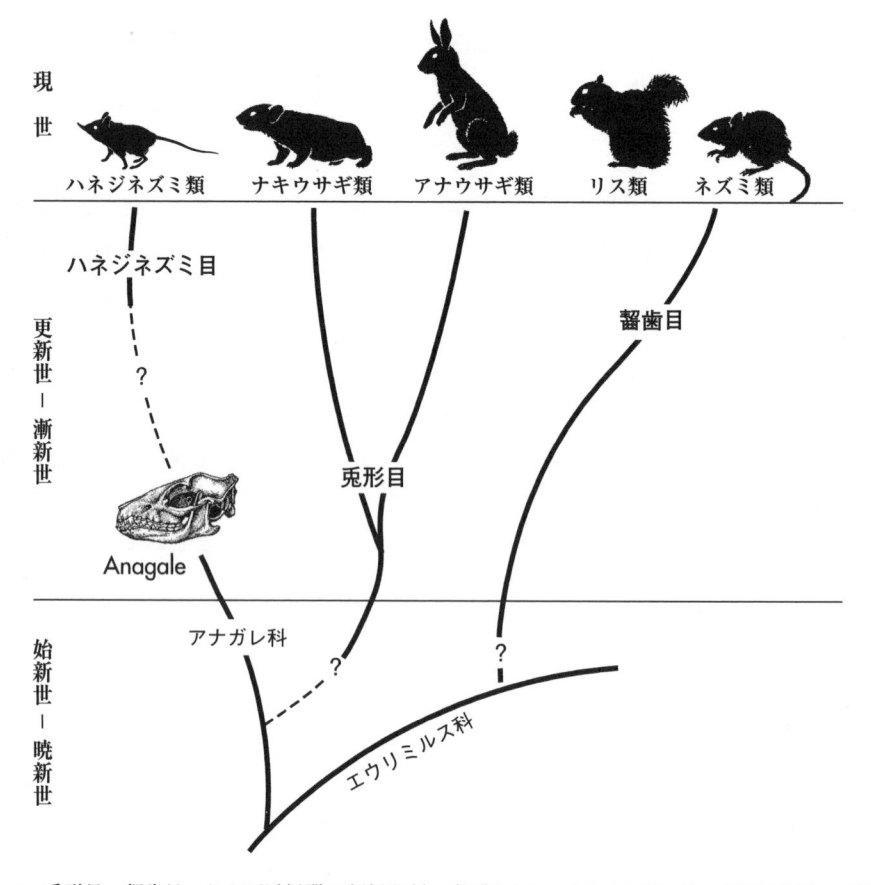

図24-1 兎形目，齧歯目，および近縁群の類縁関係．(旧版でのロイス M. ダーリング画の図を一部に使用)

嚼システムはおもに横（左右）方向の動きであるのに対して，齧歯類では下顎骨の動きは前後方向である．頭部以外の骨格では，ウサギ類と齧歯類の間に共通点はほとんどない．ウサギ類は跳ぶことに特殊化した動物であり，そのため後肢は長くて強力である．また，ウサギ類の尾はひどく小さくなっている．

　以上のような違いがあるにもかかわらず，齧歯類とウサギ類の近縁性をしめす証拠が二つの絶滅群，アナガレ類とエウリミルス類の研究から得られてくる．これらのグループは互いに，また齧歯類とウサギ類の両方に近縁性を示していて，ウサギ類と齧歯類は共通の祖先をもつという仮説を力づけている．とはいえ，ウサギ類と齧歯類，およびミモトナ類〔目〕とよばれる早期の小さいグループは始新世いらい別々の道をたどってきた．

　兎形類は暁新世に興ったのち，漸新世になって初めて数が多くなり，その豊かさを現今まで続けてきた．かれらはアジアにあった故郷から出て，ユーラシアと北アメリカの全体，さらにアフリカの一部にまで広がった．人間がかれらをオーストラリア，ニュージーランド，および小さい島々にも持ち込み，本来の野生生物にしばしば害を与えている．かれら

の属や種が最も多様なのは今でもアジアである．

　兎形類は早い時代に科の階級にある二つのグループに分かれるようになり，それ以来，この二股分岐を維持してきた．その一つはナキウサギ類〔科〕で，現生のナキウサギ *Ochotona* がその典型である．かれらはその歴史の全体を通じて，小形でこぢんまりした，脚も耳も短い兎形類である．ナキウサギ科と対照をなすのはウサギ科，つまりノウサギ・アナウサギ類——*Lepus* や *Sylvilagus* など——で，これらは大きく跳ねながらすばやく地面を走る動物として進化してきた．後肢は非常に長く，大きな跳躍力をもつ．前肢は着地の衝撃を吸収するのに適応している．耳はとりわけノウサギ類で長く発達し，鋭敏な集音装置としてはたらく．

齧歯類とその進化的成功

　齧歯目は，一生にわたり成長しつづけて鋭さを維持するノミ状の大きな切歯をそなえ，物を齧る習性をもつ哺乳類をまとめたものだ．リス，ビーバー，ネズミ，ハツカネズミ，チンチラ，モルモット〔テンジクネズミ〕，ヤマアラシなどはみな齧歯類である．

　齧歯類は，種からみて，それよりまず個体からみて，非常に数が多い．生態学的な影響も多大である．我々はヒト自身が全動物界で最も栄えており，世界の支配者だと思いこみがちだ．しかし我々はただ１種であり，いま享受している大変な優勢さは過去何千年かの発展にすぎない．それとは対照的に，齧歯類は新生代の大半を通じてこの上なく上首尾に生きてきた．その進化的成功を計る基準にはいろいろなものがある．かりに適応放散の範囲，種の数，１種ごとの個体の数などが進化的成功の基準になるとすれば，齧歯類はその他すべての哺乳類よりはるかに抜きんでるのである．

　現在のところ，齧歯類の約1700という種数は他の全哺乳類の合計を上まわり，これは新生代のほとんどを通じても言える可能性がある．しかもその大半の種はそれぞれの分布域内に豊かに棲みついているから，個体レベルでは一般に，哺乳類の他のどの種より数が多い．実際のところ，かれらの生物量（バイオマス），つまり全世界に生存する全ての齧歯類の総量は，最大の哺乳類たるクジラ類〔目〕の生物量をたぶん超えるだろう．

　齧歯類の進化的成功には幾つかの要因が関わってきた．まず第一に，これらの動物はその進化史を通じてほとんど小形でありつづけてきたことである．小サイズが齧歯類に有利だったのは，小さいことのおかげで，もっと大きい動物には用のない無数の環境を活用することができ，大きな個体群を築き上げることができたからだ．大きな個体群の定着と持続は，こうした小形哺乳類では繁殖率が高いために現在でもたぶん過去と同じように進んでおり，そのことはかれらが新しい分布域を急速に占有し，変化する生態学的諸条件に順応する力をもつことを意味している．

　その適応性も，ほとんどの齧歯類にとって，哺乳類が優勢になってから何百万年にわたり大いに役立ってきた．彼らは地上，地下，樹上，岩山，さらには湿地や沼沢地などにも生息し，赤道地方から極地方にまで分布する．かれらは他の哺乳類と上首尾に競争し，ときには個体数の圧力だけで打ち勝つこともできた．

こうした諸要因がいっしょになって，世界中で齧歯類に永続的な繁栄をもたらした．かれらは他の哺乳類が失敗したような場所でも生きつづけ，予測できない将来いつの日か人類が衰退するときにもなお，齧歯類は衰えをしらぬ精力をもって地球上で栄えていくことだろう．

あらゆる哺乳類のうちで最も数の多いものという重要性があるにもかかわらず，種レベルでも個体レベルでも齧歯類には，哺乳類進化を概観するこの場所で考察を十分にくわえる訳にはいかない．現生齧歯類について検討しようとすれば，広範囲の科や属と，環境への適応に関する膨大な事実がからんでくるため，それはどうしても長大かつ複雑な話になる．他方，化石齧歯類について論ずることも不十分になるのは，これらの動物の歴史が不完全にしか分かっていないことに主因がある．

化石齧歯類の知見が不満足であるのはいくらかは，かつて古生物学者たちにこれらの動物への興味が欠けていたためでもある．化石哺乳類の昔のコレクションに齧歯類が極めて少ないのは，こうした目立たない小形哺乳類の遺物は大形動物に目を取られていた収集者たちに見落とされることが多かったのだ．その上，かつて何十年もの間，博物館での印象深い展示を目的にした収集計画では大形哺乳類に優先権が与えられていた．

しかし，数十年前から多くの古生物学者らが齧歯類に注意を向けるようになり，これらの動物の化石記録の知見がこの間に急速に増大した．この増大のもとは，齧歯類などのごく小さい化石を回収する新しい野外調査法が開発され，それにより以前の限界をはるかに越えて化石採集を広げたことによるところが大きい．この趨勢はいまも続いており，近い将来，化石が明かす齧歯類の歴史が著しく拡充されることを期待してよい．

齧歯類の特徴

齧歯類はその始まりから今日にいたるまで，ものを齧る動物である．そして，この基本的な適応習性と一致して，かれらは鋭い切縁をもつ上下に長い切歯をかならず2対——上顎に1対とそれらに対向して下顎に1対——備えている〔いずれも第1切歯〕．このノミ状の歯は，基部が終生開いたままの歯髄をもって形成されつづけ，その結果，歯が下から絶えまなく補給されることにより切縁での損耗が埋め合わされる．各切歯の前面は，長軸にそって，幅広い非常に硬いエナメル質の薄層で覆われており，このエナメル質と歯の他の大部分をなす比較的軟らかい象牙質〔歯質〕との磨耗の程度が違うために，鋭いノミ状の切縁が形成され維持されるのである．

齧歯類では側切歯〔第2切歯〕，犬歯，および前位の小臼歯が退化消失しているので，物をかじる切歯と頬歯の間に大きな空間〔歯隙〕がある．齧歯類のほとんどは植物質を常食にするが，昆虫類を摂るものや雑食性のものもある．頬歯の列は，種類によって最多で2本の小臼歯および大臼歯からなり，背の高いプリズムのような形をしている場合〔長冠歯〕が多い．こうした歯は，磨耗した咬合面でエナメル質が複雑に折れ込んだ横断面をしめし，硬い穀物粒や雑多な植物質を擦りつぶすのによく適している．これらよりも原型的な齧歯類では，頬歯の歯冠は丈が低く〔短冠歯〕，鈍端の咬頭がいくつかある．

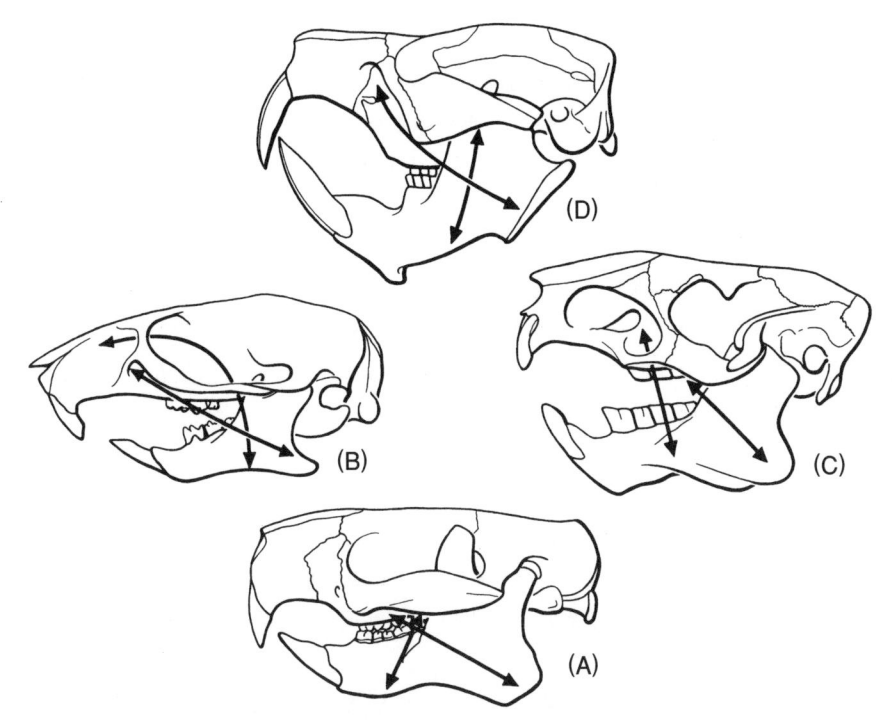

図 24-2 齧歯類 4 群の頭骨．咬筋の深層の配置関係を矢印でしめす．(A)*Paramys*，暁新世−始新世の原始的な齧歯類．原齧歯形類の型の顎筋構造をしめし，咬筋の 2 層がともに頬骨弓から下顎骨下部へ伸びる．(B)*Cricetops*，漸新世の齧歯類．ネズミ形類の型の顎筋構造をしめし，咬筋の深層が大きな眼窩下孔を通って顔面へ伸びる．(C)*Neoreomys*，中新世の齧歯類．ヤマアラシ形類の型の顎筋構造をしめし，咬筋の深層が巨大な眼窩下孔に中におさまる．(D)*Palaeocastor*，漸新世のビーバーに似た齧歯類．リス形類の型の顎筋構造をしめし，咬筋の中層が頬骨弓前方の部域から起始する．縮尺は不同．

齧歯類の頭蓋は前後に長く，背が低く，脳は原始的である．頭蓋と下顎骨との関節や顎筋〔咀嚼筋〕は，下顎骨が頭蓋に対して前後に滑動でき，上下や左右にも運動できるような仕組みになっている．この構造には，咬筋を構成する複数の分層の起始部が頭骨側面でどのように配置しているかによって，幾つかの変異型がある．ごく普通の哺乳類では，咬筋というのは，頭蓋外側の頬骨弓に起始し，下顎骨外面の下縁に付着する強大な筋肉である．これは強い力で下顎骨を閉じるのにはたらく．齧歯類では，その筋肉の配置について少なくとも 4 種の様式が区別される．

最も原始的な齧歯類にはいわゆる原齧歯形類様式が見られ，その特徴は，咬筋の長い部分が頬骨弓前部の下から始まって下顎骨の後下端〔下顎角〕へのびる点にある〔上の図の A〕．この筋は下顎骨を前方へ引き寄せるもので，咬筋の深層――普通どおり頬骨と下顎骨下縁の間にほぼ垂直方向に存在――よりも表層にある．

次に，リス形類様式をしめす齧歯類では，咬筋の一分枝が眼窩の前で顔の側面に広がる〔同 D〕．さらに，ヤマアラシ形類様式をもつ齧歯類では，咬筋のもう一つの分枝が頬骨弓の内側で大きくなり，眼の前の非常に拡大した眼窩下孔（大半の哺乳類では血管と神経の

通路になっているもの）を通って前方へ伸び，鼻吻部の側面を覆って広がる〔同C〕．おわりに，ネズミ形類様式の顎筋をもつ齧歯類は上記の第2と第3を組み合わせたものをもち，咬筋の二つの分枝がともに——その一つは頬骨弓の下へ，他の一つは頬骨弓の内側から眼窩下孔を通って——前方へ伸びる〔同B〕．こうした顎筋の様式を模式化したのが図24-2である．

　頭部以外の骨格は齧歯類では著しく特殊化していない．前肢は，よじ登ったり，走ったり，食物を集めたりするのに適して一般に柔軟であり，手足の指はふつう5本すべてが維持されている．これらの指は，後肢の指と同じく一般に鉤爪を備えている．後肢は前肢よりやや特殊化して，柔軟でないことが多い．飛び跳ねるのに適応した種類もあり，かれらの四肢は長くて力強く，前肢は比較的みじかい．

齧歯類の分類

　哺乳類の多数の目のなかで，齧歯類は適正に分類するのが極めて難しいものの一つである．長年にわたり，上記のような咬筋の特殊化の仕方に基づいて齧歯目を亜目レベルの三つの大きな群——リス形類，ネズミ形類，およびヤマアラシ形類——に分けるのが仕来たりになっていた．

　しかし現在では，咬筋の特殊化に見られる幾つかの様式は一度ならず別々に発展したのかも知れず，また，ある様式から他の様式への移行があったかも知れないと考えられている．そのため，咬筋のいろいろな特殊化は齧歯類を分類する際に唯一の基準として使うことはできない．また，ここ二三十年間に化石資料が豊かに発見され研究された結果，齧歯類の3区分はますます満足できないものになった．現代の専門家たちは，この3区分の体系を続けていくことを好まない．

　問題は代わりに何を採るかである．齧歯類の多くは，上に触れたような三つの大きな亜目に配属することができるのだが，そうすると，ほかに残るかなり多数の上科や科や属がそれらの亜目の枠にうまくおさまらない．そして，それらを包含するような体系はどれも何らかの意味で，とりわけ分類体系を再検討しようとする人には不満足なものになる．化石齧歯類の現代の指導的研究者の一人，A.E.ウッド博士はこう述べている——「齧歯類の系統発生論と分類の現況は，誰もが他の誰かの分類方式に不都合を指摘できるような有り様である．」

　近年呈示された齧歯類のある分類体系——改変を多少くわえて本書で採用するもの——はこの目に2群の大きな亜目を認めており，各亜目がそれぞれ次のように幾つかの下目に分けられる．〔巻末の分類表を参照〕

　　リス顎亜目
　　　　原齧歯形下目：原始的な齧歯類．パラミス科とその親類，ヤマビーバー（アプロドンティア科），ミラガウルス科など．
　　　　リス形下目：リス，チップマンク，マーモット，プレーリードッグなど．
　　　　ビーバー形下目：ビーバーとその親類．

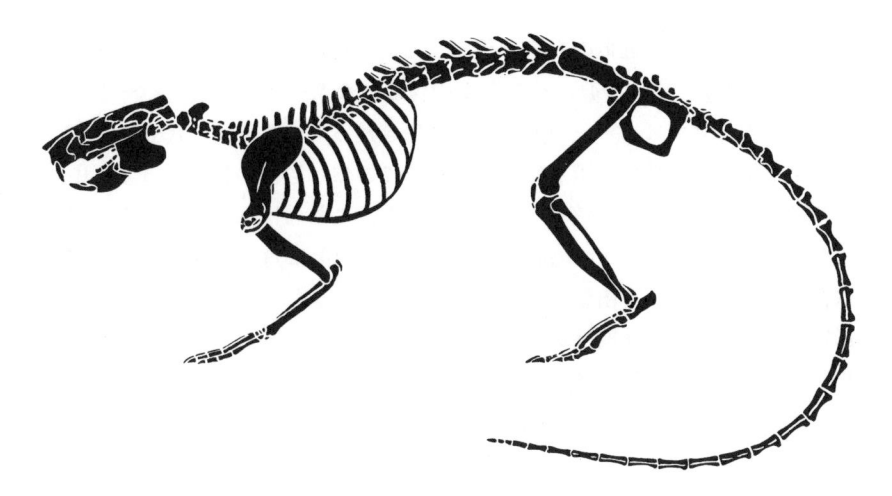

図 24-3 北アメリカの始新世の齧歯類，*Paramys* の骨格．全長約 61 cm．

　　ネズミ形下目：ハタネズミ〔短尾ノネズミ〕，ラット，マウス，ホリネズミ，ヤマネ，カンガルーネズミ，トビネズミ，トビハツカネズミなど．
　　テリドミス形下目：絶滅したヨーロッパの齧歯類，ウロコオリス類，グンディなど．おそらくヤマアラシ形類と類縁がある．
ヤマアラシ顎亜目
　　ヤマアラシ形下目：旧世界のヤマアラシ類．
　　フィオミス形下目：漸新世－中新世の多様な型の齧歯類．インドとアフリカのタケネズミ，アフリカのイワネズミやデバネズミなど．
　　テンジクネズミ形下目：南米のテンジクネズミ〔モルモット〕，カピバラ，アグーチ，チンチラ，エキミス，新世界のヤマアラシなど．

　上のように種類を列挙しても，実のところこれは極めて不完全なのである．そこには，通俗名のない絶滅齧歯類の大群が含まれていないからだ．けれども，この目の幾つかの基本グループに属する現生齧歯類の例をいろいろ挙げてみれば，齧歯類進化の途方もない多様さについて多少の見当をつけて頂けるかも知れない．

齧歯類の進化

　知られている齧歯類のうち最早期かつ最原始的なものの一つは，北アメリカの暁新世－始新世の堆積物から出る原齧歯形類，*Paramys*（図24-3）である．*Paramys* は大形のリスにいくらか似た動物で，物をつかんだり恐らく木によじ登るのに適した鉤爪のある手足と，体の均衡をとるのに適した長い尾を備えていた．頬歯は歯冠が低く〔短冠歯〕，磨耗しない状態ではやや鈍端の咬頭をもっていた．だが，原始的齧歯類ではあっても *Paramys* はやはり特殊化した動物だったのであり，もっと原始的な哺乳類から進化してきたことを暗示するものはほとんど無い．頭蓋は前後に長く，かなり低かった．切歯は大きなノミ状の歯だった．上顎の各側には小臼歯が2本と大臼歯が3本あり，下顎骨の各側には小臼歯が1本と大臼歯が3本あって，この目における頬歯の最大数を示していた．

原齧歯形類は *Paramys* に近似のものを祖先として，新世代に適応放散のさまざまな傾向をたどりつつ進化した（図24-4）．そのなかの保守的な系統がヤマビーバー上科で，北アメリカ北西部にすむヤマビーバー *Aplodontia* は生き残っている唯一の代表である．ヤマビーバー類は第三紀中期に発展の頂点に達し，そのころには数個の科があって，中新世にミラガウルス科の動物がとりわけ数多く生存していた．これらは掘地性の齧歯類だった．このグループのメンバーには *Ceratogaulus* のように頭蓋の上に角を備えた種類もあり，そうした特殊化をしめす唯一の齧歯類である．

　リス形類，つまりリスの仲間は第三紀中期の化石記録に現れる．が，これらの齧歯類は祖先のパラミス類いらい，長く続きながらも多分ほとんど変化しなかった系統を表しているのはまず確かである．*Sciurus* などリス類の大半はずっと樹上性動物であり，この生活環境がかれらに安全と食物を提供し，それが今日にいたる長い生存を保証してきた．もっとも，このグループの齧歯類には地表や地中での生活に特殊化したものもいる．それらには，*Tamias* のようなさまざまな地中生活性のリスやチップマンク *Eutamias*，プレーリードッグ *Cynomys*，マーモットやウッドチャック *Marmosa* などがあり，ウッドチャックはリス類全体で最大のものだ．

　更新世－現世のビーバー〔カイリ〕類は，ビーバー科――漸新世に現れたリス形類の1群――の唯一の生き残りである．*Paleocastor* や *Steneofiber* など最初のビーバー類は掘地性の小さい齧歯類で，その骨格化石は天然の巣穴のキャスト〔鋳物〕といっしょに見いだされている．時代がたつとともにビーバー類は水生適応に向かう傾向を示すようになり，広く知られている現今のビーバー *Castor* で頂点に達している．が，更新世には北アメリカに巨大型ビーバーがいた．なかでも *Castoroides* は全ての齧歯類のうち最大のものの一つで，小形のクマほどの大きさがあった．

　なお，北アメリカの漸新統から出るエウティポミス類というのはビーバーの親類だとされているが，この見方はたぶん誤りである．かれらの特徴は，頬歯のエナメル質が複雑に入り組んでいることと，足部がやや異様に特殊化していることにあった．

　おそらく一般の人々にとって「齧歯類 rodent」という言葉は，ラット〔ドブネズミなど〕やマウス〔ハツカネズミ〕のことを指している．これらの動物が人間にいちばん身近で人を嫌がらせることの多い齧歯類だからだ．ネズミ形類というのはかなり広い適応放散の範囲を示しているが，その主体をなす最も数の多い群はさまざまなネズミ類やハツカネズミ類である．けれども，ネズミとかハツカネズミといった言葉が人家に入りこむ嫌な動物だけを指していると思ってはいけない．もろもろの属や種に属する途方もない数のネズミ類やハツカネズミ類が，世界中に生息しているからである．現在，ネズミ類やハツカネズミ類は齧歯類のなかで最も成功している群であり，種の数で，おそらく個体数でも他のすべての齧歯類を上回っているだろう．

　世界のどこにでもいるネズミ形類は，上科のレベルで少なくとも5群に分けることができる．そのなかでネズミ上科というのは，ネズミ類，ハツカネズミ類，ハタネズミ類〔短尾ノネズミ〕，およびレミング類〔タビネズミ〕といった多彩な現れをしめし，全哺乳類の

齧歯類とウサギ類　369

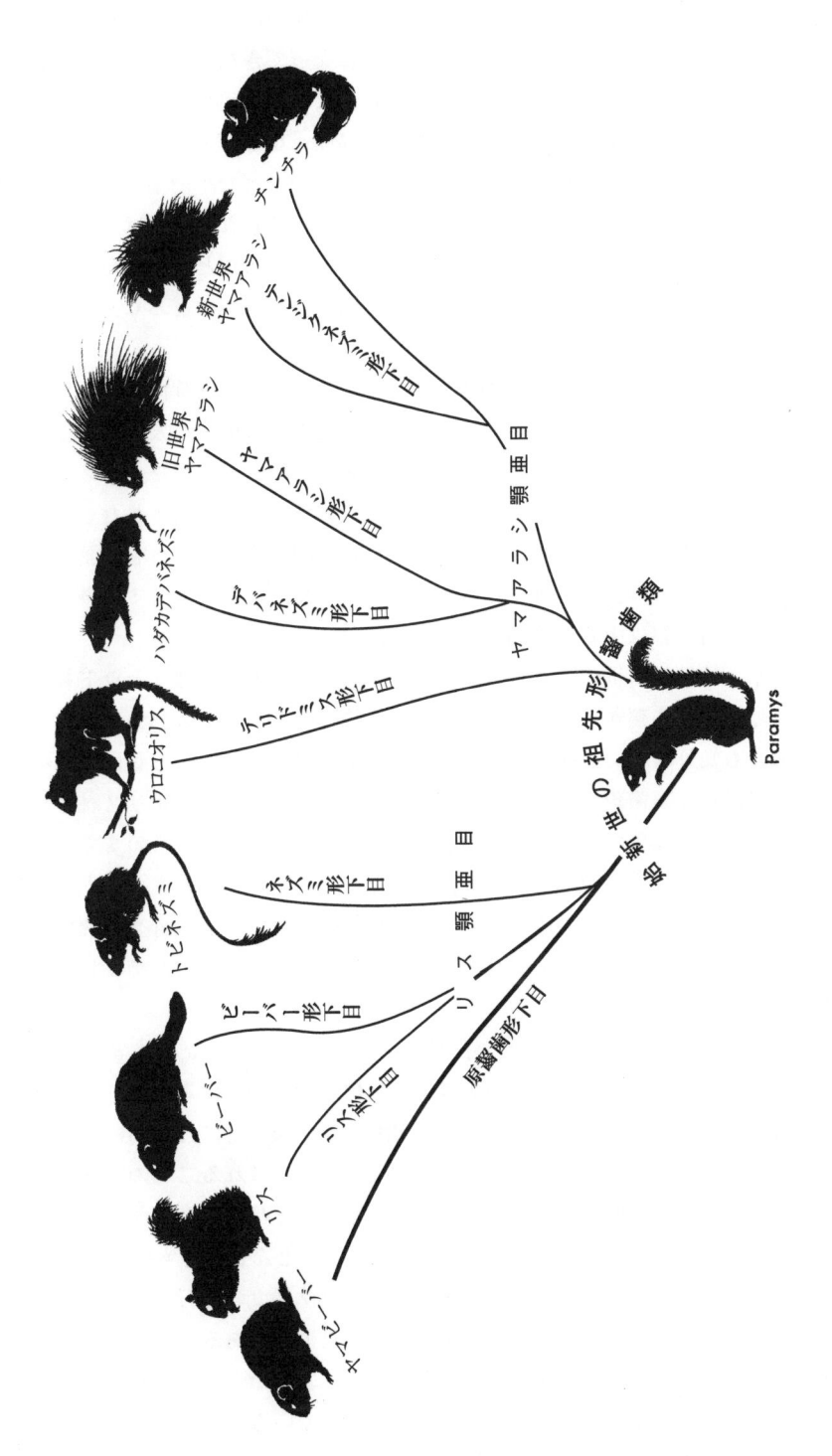

図 24-4　齧歯類のさまざまな主要グループの適応放散．(ロイス M. ダーリング画)

なかで最多の群である．幾つかの大陸地域に棲みついた無数の属や種は，新生代の後半ごろから世界の多くの地方の哺乳類動物相の構成要素になってきた．ネズミ形類にはネズミ上科のほか生存期間の長いホリネズミ上科が含まれ，ここには現在，掘地性のホリネズミ *Geomys* や砂漠にすむ跳躍性のカンガルーネズミ *Dipodomys* などの多様な種類がある．ヤマネ上科（*Myoxus* など）は，ある面（歯冠の低い頬歯をもつことや小臼歯を1本維持していることなど）で，ネズミ形類の最も原始的なものだ．近年得られた証拠は，これらの齧歯類は始新世にヨーロッパにいたパラミス類から興り，ネズミ形類とはまったく別のグループである可能性を示している．ここでは取りあえず旧来の位置づけどおり，かれらをこの群に入れておくことにする．

　この下目のもう一つのグループは，旧世界のトビネズミ *Dipus* や新世界のトビハツカネズミ *Zapus* からなるトビネズミ上科である．これらの動物では後肢が大きな跳躍に適して非常に長いのに対して，前肢は比較的小さい．トビネズミ類とトビハツカネズミ類に跳躍への適応構造が発達したのは，明らかに並行進化の過程をへて独立に生じたものだ．これらの齧歯類の化石はざらにあるものではないが，地質学的記録でかれらを物語る証拠は漸新世にさかのぼる．おわりに旧世界にすむ掘地性ネズミ類，メクラネズミ上科を挙げておこう．かれらの化石記録は中新世後期から始まる．

　テリドミス形下目は始新世のヨーロッパに始まるらしい．そこではプセウドスキウルス科とよばれる原始的齧歯類が，祖先のパラミス類と後代のテリドミス形類を橋渡しするリンクだったのかも知れない．敏捷な小形動物だった早期のテリドミス形類は第三紀前期にはヨーロッパで優勢な齧歯類だった．テリドミス形類は現在，ウロコオリス科として生き長らえており，ここには尾の表面が鱗で覆われた動物群が含まれる．このすてきな齧歯類は樹上性哺乳類として高度に適応しており，そのなかのある種類は北アメリカのムササビとの面白い並行性を示し，四肢の間に張った大きな皮膜で木から木へ滑空で飛び移ることができる．グンディ科というのはアフリカ北部にすむ尾の短い，こぢんまりした小形齧歯類で，この下目に属するようである．

　現在アフリカにすむ後肢の長い大形齧歯類"トビウサギ" *Pedetes* に代表されるトビウサギ科にも一言ふれておく．かれらの祖先は中新世にまでさかのぼる．

　リス顎亜目の齧歯類を簡単に検討した後は，ヤマアラシ顎亜目に目を向ける運びとなる．この亜目にはフィオミス形類およびテンジクネズミ形類とよばれる二つの下目が含まれる．フィオミス形類は今日，大形のアフリカタケネズミ科やアフリカの奇妙なデバネズミ科に代表され，後者の一属 *Heterocephalus*〔ハダカネズミ〕はほとんど毛をもたず，コロニーをつくる地下生活に適応している．フィオミス形類にはアフリカの化石記録で数個の科があり，かれらはこの大陸のなかで進化的発展をとげてきたようである．

　旧世界のヤマアラシ類はたぶんフィオミス形類とみてよさそうだけれども，かれらは中新世にまでさかのぼるかなり独立した進化的歴史を表している．この系統は第三紀前期のフィオミス形類から興ったらしく，新世界のヤマアラシ類とはおそらく類縁がない．かれらはアジアとアフリカで進化し，現在これらの大陸で見いだされる．

テンジクネズミ形類というのは，漸新世から現今まで南アメリカで進化してきた，ヤマアラシ顎亜目のなかの大きな下目である．テンジクネズミ形類の化石記録はほとんど南アメリカで出ているが，かれらははじめ中央アメリカで興り，始新世後期か漸新世前期のころ，いかだに載って——つまり流木や灌木の塊などにつかまって漂流することにより海という障壁を乗り越えて——南アメリカへたどり着いた可能性がある．テンジクネズミ形類の祖先かと思われる相応の地質年代の化石動物がテキサス州やメキシコ中部で発見されており，ことによるとテンジクネズミ形類はこれらの地方を出どころとして，そこから当時は島大陸だった南アメリカへいかだで運ばれていったのかも知れない．それともまた，かれらは南大西洋が現今よりずっと狭かった時代に，アフリカから西方へ漂流していったことも考えられる．

鮮新世の末ごろまで，テンジクネズミ形類は南アメリカという島大陸に隔離され，他のどの齧歯類ともまったく競争を免れていた．その結果，かれらは多数の系統をつくりつつ進化し，かなりハツカネズミに似た小形動物になったものもあれば，ウサギに似た疾走性の動物に発展したもの，さらにまた草食性の大形齧歯類になったものもある．テンジクネズミ形類は南アメリカで，漸新世から現世までの間に適応放散のさまざまな系統にそって進化し，その系統の一つに新世界ヤマアラシ類がある．これは，南北両大陸が再びつながった更新世になって北アメリカへ侵入した，極めて上首尾な齧歯類グループである．以上のほか，南アメリカのテンジクネズミ形類——そのうちの少数のメンバーは更新世に北アメリカへ侵入した——には，テンジクネズミ〔モルモット〕*Cavia*，カピバラ〔ミズブタ〕*Hydrochoerus*（現生で最大の齧歯類を含む），アグーチ *Agouti*，パカ，チンチラ，オクトドン〔エキミス〕などの仲間がある．

鮮新世後期−更新世にさまざまな北アメリカ原産の哺乳類が南アメリカへ流入したことが，この大陸に古い起源をもっていた固有の哺乳類を多く絶滅させたのだが，テンジクネズミ形類にはそうした影響は起こらず，かれらは現代でも精力的に生きつづけている．実際，どの大陸でも更新世に齧歯類が絶滅したことはほとんど無かったのである．

上にきわめて簡単に要約したような，数個の下目レベルの系統にそった齧歯類の地質年代をつらぬく発展は，これらの哺乳類のなかに顕著な並行進化があったことを物語っている．かつては，こうした並行性——いろいろな解剖学的形質や一部は齧歯類を特徴づける行動パタンに関係したもの——が，全哺乳類中で最も数の多いこのグループの類縁関係の解明を混乱させる基になった．けれども，齧歯類の進化で並行性が果たしてきた重要な役割への認識は深まっており，また，いくらかは野外調査の技術が向上したことと齧歯類への古生物学者たちの興味が強まったことの結果，化石動物の知見は増大している．これらによって，齧歯類の進化の細部に関する我々の知見が時代の歩みとともにいっそう明らかになることが期待される．

齧歯類・ウサギ類と人類

人類の農業と文明の発達は解きほぐしようもなく齧歯類・ウサギ類の運命と絡み合って

いる．人類が初めて狩人になったとき，たぶん齧歯類やウサギ類はほとんど関心を引かなかっただろう．かれらの大半は捕えるのがとても難しかった上，小さい動物だからさほど迷惑なものでもなかったからだ．ビーバーやカピバラのような少数の大形で半水生の齧歯類だけが，狩りの的になった．次いで農業が発展するとともに人類はだんだんと，食物資源をしきりに共有しようとする齧歯類やウサギ類と衝突するようになった．つまり人類の歴史は何よりまず，人家や農場に侵入し，食物資源を食い荒らしたり伝染病をもたらしたりする齧歯類やウサギ類との長い闘いを抱えこんだわけである．中世にヨーロッパで猛威を振るった腺ペストは何千年も続いてきたこの長い衝突の一部だった．

　言うまでもなく，人家に出没する普通のハツカネズミやドブネズミは事実上ヒトの寄生動物であり，ヒトが行く所はどこへでも付いて回り，ヒトが食べる物はなんでも食べる．これらの齧歯類がもたらす損害は毎年膨大である．その一方，野外にすむ種々の齧歯類も何世紀にもわたり農家をいらだたせ，大きな損害を強いてきた．同じように，ウサギ類もその略奪行為の結果として多大な損失を引き起している．ただしこれらの動物はヒトの食物源として利用される場合があるため，やや好意的に見られることもある．

　そのほか，齧歯類やウサギ類は人類にとって，病原体の保有者として重大な関心の対象である．上に触れたように，過去何世紀か家ネズミとシラミがユーラシアの人類に腺ペストという伝染病を広まらせ，しばしば恐るべき破滅的結果をもたらした．こうした大災害が克服されたのは比較的近年になってのことだ．齧歯類やウサギ類が媒介するいろいろな疾病の蔓延を防ぐには，現代の人類の側でいつまでも警戒を続けることが必要である．

　以上のような考察はすべて，齧歯類と兎形類は5000万－6000万年前から異例に栄えてきた動物群であることをはっきり示している．進化学的な観点からは，これらの動物はいろいろな面で哺乳類の成功の頂点を表すものだと言える．

25
肉歯類と食肉類

Hesperocyon とキツネ

この章では，肉食性への適応を特徴とする哺乳類の二つの目，肉歯目と食肉目について考察する．近年のマッケナ／ベル〔1997〕による分類では，肉歯類や食肉類の近縁群としてキモレステス目というグループも設けられている．このグループは，鋭い歯をもち肉食をしていたと思われる第三紀前期の二つの科，パレオリクテス科とキモレステス科を内容とする．アパテミス科という群も含まれるが，これは，外皮が非常に硬い果実を常食にしたことを表すらしい特殊化した歯を備えた，位置づけ困難な科である．しかしマッケナ／ベルは，その上，これまで5群もの類縁関係のない目に分類されてきた異質な哺乳類の寄せ集めをもこのグループに入れている——パントレステス類（かつてレプティクティス科または食虫目に配属されていたもの），汎歯類（有蹄類に似た重々しい哺乳類で27章で述べるもの），紐歯類，裂歯類，有鱗類（以上3目は22章で述べたもの）の5群である．紐歯類はキモレステス科もしくはレプティクティス科から，また裂歯類は早期の有蹄類から派生した可能性が大きい．有鱗類，つまりセンザンコウ類はおそらく貧歯類と類縁が近いのかもしれない．

肉食性哺乳類の適応構造

　原始的なレプティクティス類を祖先として興った早期の哺乳類はさまざまな適応放散の系統にそって進化し，白亜紀末の爬虫類の広範な絶滅で空白になっていた無数の生態的ニッチを占めるようになった．哺乳類の数個の目が植物食性に適応していった一方で，陸生有胎盤類の2目，肉歯類と食肉類が他の脊椎動物を常食にする方向へ著しく特殊化するに至った．哺乳類の多数の目のなかで，他の動物を殺して食うことがあまり広がらなかったのはなぜか？

　この疑問への答えはたぶん，それらの肉食動物はこうした早い時代に効率の高い捕食者として特殊化し広く分布したため，他の哺乳類はそれぞれ固有のしかたでそれらと競争することができなかった，ということだろう．肉歯目と食肉目のほかに栄えている捕食動物は，食肉類との競争のない地域や棲み場所で生きてきた哺乳類であるのは興味深いことだ．例えば，オーストラリア（太古には南アメリカも）の肉食性有袋類，食虫類，コウモリ類，捕食性のクジラ・イルカ類などである．

　捕食性という生活様式のための適応構造は，一方では，ふつう植物食生活のために必要な構造ほど極端ではないけれども，他方でそれらは長期間の生存の闘いのなかで"進化的危険性（リスク）"をより多く伴っている．植食動物は構造の複雑な歯や，大量の植物性食物を集めてエネルギーに換える消化器官を備えていなければならないが，この型の動物に必要な食物資源は一般に豊富にあって容易に得られるものだ．他方，肉食動物は他の動物を捕える能力に大きく依存している．この能力は構造の著しい特殊化を必要としないが（高度に変形した動物が進化した例がしばしばあったにしても），その能力のゆえに肉食動物はきわめて不確実で安定しない食物資源にたよることになる．その結果，肉食性動物の間では種レベルでも個体レベルでも，長い時代を通じて激しい競争が続けられてきた．

　さて，新生代の初めから現今まで上記2目の肉食性哺乳類を特徴づけてきた適応構造を

手みじかに述べておこう．これらの哺乳類はふつう，食物を咬み取るのに適した強力な切歯群と，突き刺すのに適した短剣のような大きな犬歯をもっている．ほとんどの肉食哺乳類では犬歯が獲物を捕殺するための主要な武器になってきた．さらに肉歯目でも食肉目でも，頬歯の幾つかが一般にハサミのように上下で嚙み合う刃形に変形し，獲物の肉を，呑み下しやすく消化器系で同化しやすい細片に切り刻める形になっている．このような切断型の頬歯は"裂肉歯"とよばれている．当然のこととして，肉食性哺乳類は強固な下顎骨をもち，頭蓋には強大な顎筋〔咀嚼筋〕の付着部である矢状稜〔頭蓋正中部のトサカ状隆起〕や頬骨弓が強く発達している．

肉食哺乳類は一般に知能の高い動物なのだが，それは，他の動物に打ち勝って捕殺しようというとき高度の知能的機敏さと統合調整された行動が不可欠だからだ．狩りを助けるものとして嗅覚がふつう著しく発達しており，視覚が非常に鋭い食肉類も多い．胴体や四肢は一般に強靭で，柔軟で力強い運動をすることができる．手足の指には退化がほとんど無く，鋭い鉤爪が備わっている．現生のこれらの動物には高速の短距離走者や，よじ登りの達者なものが多い．

肉歯類

幸運なことに，肉歯目でも食肉目でも化石記録がよく得られているため，かれらの進化史をかなりの細部までたどることができる．これら2群の肉食哺乳類はかつて長年，ただ一つの目とされ，肉歯類は食肉目の一つまたは複数の亜目として位置づけられていた．それは，肉歯類とその他の肉食哺乳類は類縁が近く，現生の食肉類は肉歯類から由来したものだという考え方による分類方法だった．しかしその後，肉歯類はその他の陸生肉食哺乳類とは全く別の進化史をもっていたことと，かれらの類似は習性と適応形態の両方の類似から生じた並行現象の結果だったことが分かってきた．哺乳類の2群がこうして別々に肉食性になったのであり，それで現在は肉歯目および食肉目という別の目にされている．

これら2目のなかでは肉歯類のほうがより古く，より原始的である．この目の動物は新生代前期に現れ，第三紀の早期にその進化的発展の全盛をほしいままにした．かれらは狩りをして捕殺するための形態的適応でかなり旧式であり，かれらが獲物にした草食性哺乳類が原始的な適応構造を維持していたかぎり——それらが相対的に不器用でのろまだったかぎり——肉歯類は支配的な肉食動物として優越していた．しかし，だいたい始新世が漸新世へ移行するころ，進歩した草食動物が現れはじめたとき肉歯類は競争していくことが難しくなり，もっと特殊化して，もっと有能な，そしてもっと知能の高い食肉類にしだいに代わられていった．肉歯類のうち少数のものは第三紀後期まで生存していたが，大多数はもっと近代的な食肉類の敵ではなくなり，その結果，現今の世界を優占している肉食哺乳類の諸系統が入れ代わった．

ところで，肉歯類という用語には，過去100年ほどの間に意味内容の変転が何度かあった．かつて"肉歯類"とされていたグループが現在は別のところに移されている——アルクトキオン科は今は最原始的な有蹄類だった顆節目に入れられ，メソニックス科はクジラ

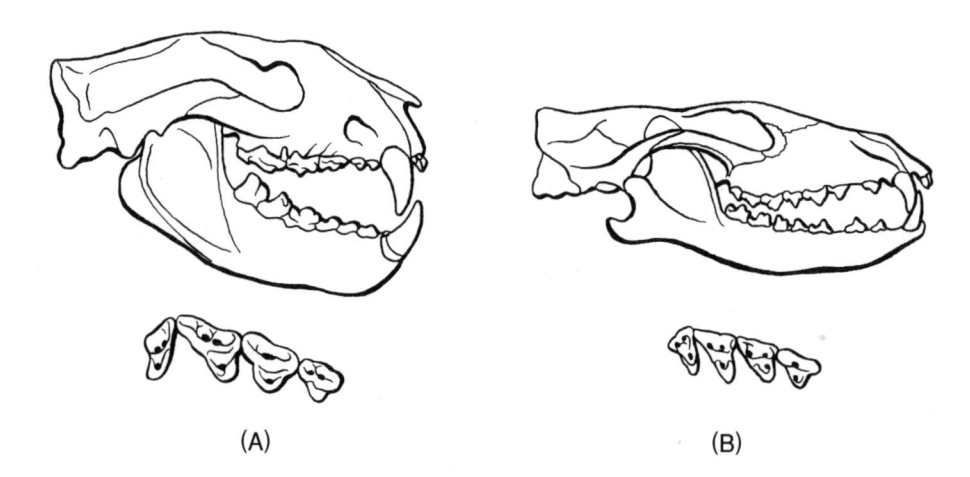

図 25-1 肉歯類の進化過程で現れた 2 系統．（A）*Oxyaena*，北アメリカの始新統から出るオキシエナ類の一つ．頭蓋と下顎骨，および上顎右の小臼歯 2 本と大臼歯 2 本を示す．頭蓋の長さ約 21 cm．第 1 大臼歯の後縁がつくる長い切断刃に注意．（B）*Sinopa*，北アメリカの始新統から出るヒエノドン類の一つ．頭蓋と下顎骨，および上顎右の小臼歯 1 本と大臼歯 3 本を示す．頭蓋の長さ約 15 cm．第 2 大臼歯の後縁がつくる長い切断刃に注意．裂肉歯に発達した上顎大臼歯は肉歯目の特色で，上顎第 4 小臼歯が裂肉歯をなす食肉目と区別される．

類に近い独立の目とされることがある．これらの 2 科を肉歯目から除くことにより，この目は残りの 2 群，ヒエノドン科とオキシエナ科だけを擁することになった．

　古めかしい肉食哺乳類だった肉歯類は，脳頭蓋の小さい背の低い頭蓋をもっていた．大臼歯は基本的にトライボスフェニック型だったが，さまざまな大臼歯が変形して切断刃をなす場合が多かった．進歩した食肉類にあるような，中耳を取りかこむ骨性の耳胞は無かった．頭部以外の骨格は一般型で，四肢骨は普通はかなり短くて頑丈であり，尾は長く，手足の指の先には鋭い鉤爪があった．

　肉歯類の進化史のある早い段階で，かれらは二つの系統に分岐した（図 25-1）．その一つはオキシエナ科で，ここでは上顎第 1 大臼歯と下顎第 2 大臼歯が裂肉歯，つまり切断型の歯になっている．もう一つはヒエノドン科で，ここでは上顎第 2 大臼歯と下顎第 3 大臼歯が裂肉歯になっていた．これらの肉歯類での適応形態は多様だった．始新世のヒエノドン類，*Sinopa* のように小形でほっそりしたものもいたし，同じく始新世のオキシエナ類の *Oxyaena*, *Patriofelis* や，漸新世のヒエノドン類の *Hyaenodon* のように大形で力強い体格のものもいた．はっきりしているのは，これらの肉歯類が第三紀前期の主だった捕食動物であり，肉歯類が絶滅したのち，第三紀の後代になって食肉類のなかに起こる多様な進化を先取りしていたことである．

　ヒエノドン類は，他のすべての肉歯類が始新世の末に絶滅した後も，漸新世へ，それから中新世を通じて鮮新世の早期までも生きのびた．これらの特別な肉歯類は明らかに猛獣として十分よく適応していたため，始新世の末に台頭してきた進歩した陸生食肉動物，す

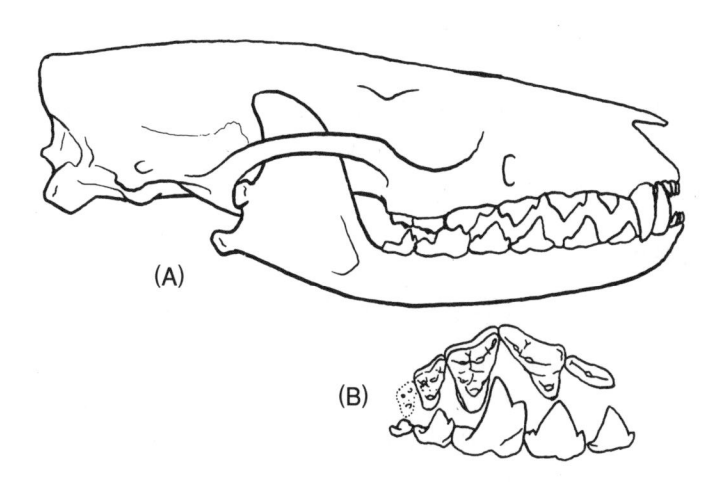

図 25-2 *Viverravus*，北アメリカの暁新統－始新統から出るミアキス類の一つ．(A)頭骨，長さ約 8 cm．(B)上顎右の頬歯（P^{3-4}, M^{1-3}）の咬合面〔上段〕と，下顎右の頬歯（P_{3-4}, M_{1-3}）の外側面〔下段〕．

なわち裂脚類〔亜目〕と成功裏に競争することができ，その後の諸時代に大発展して多様かつ多数になった．

ミアキス類

　これまで述べてきた種々の肉歯類は第三紀前期における捕食動物としての役割を，食肉類のもう一つのグループ，ミアキス類（上科，図25-2）と分かち合っていた．これらの肉食動物は暁新世に登場し，肉歯類の多くと同じく始新世まで生存してその時代の末に絶滅した．かれらは，全般に古めかしい構造――丈の低い頭蓋，前後に長い胴と尾，短い四肢――という原始的な特徴を幾つかもっていた．けれどもミアキス類は極めて重要なある側面では進歩していた．例えば，かれらは典型的な肉歯類よりも比率として大きくより高度に発達した脳をもっており，猛獣だったかれらにとってこれはたぶん大きな有利点だっただろう．

　また特に重要なのは，これらの食肉類では，裂肉歯が第三紀前期の他のどの食肉類より前方にあったことで，上顎第4小臼歯と下顎第1大臼歯が裂肉歯になっていた．大臼歯の形はトライボスフェニック型で，上顎の最後位の大臼歯は存在しなかった．これらはまさしく食肉目を特徴づける状態であり，専門家の大半がミアキス類を食肉目の最原始的な代表と見なしているのは，この理由からである．

　しかし，ミアキス類をその子孫にあたる後代の食肉類から区別する原始的な形質が二つある．第1は，骨性の鼓胞〔耳胞〕――後代の食肉類（および他の一般の哺乳類）では中耳の3小骨を取りかこむ小室をなしているもの――が無いこと．そして第2は，手首の諸骨〔手根骨〕はみな個々別々だったのに対して，後代の食肉類では舟状骨と月状骨が融合して1個の骨になっていることだ．これらは食肉類の構造がしめす些細な様相のように

思えるかもしれないが,類縁関係を解明する上でそれらは重要なのであり,頭蓋底の構造の細部がとくに決定的なのである.

ミアキス類は外形がイタチ類に似た小形の食肉類だった.かれらはおそらく森林の中で生活し,繁った下生えや木々の間にすむ小動物を捕食していたのだろう.*Viverravus* や *Miacis* が始新世の代表的な属であった.

裂脚亜目の食肉類

裂脚類〔亜目〕というのは誰にもなじみ深い現生の陸生猛獣類のことで,始新世後期－漸新世前期から今日まで優勢を保ってきた一群である(図25-3).そこには,イヌとその仲間,アライグマ,パンダ,さまざまなイタチの仲間(イタチ,ミンク,アナグマ,クズリ,スカンク,カワウソなど),旧世界のジャコウネコ,ハイエナ,それにネコの仲間などが含まれる.初期の裂脚類が現れたころかその後まもないころ,水生の鰭脚類〔亜目〕——アシカ,アザラシ,セイウチなどの仲間——が興ったらしい.しかし,これらの水生食肉類の化石記録は漸新世より古くはさかのぼらない.

裂脚亜目の食肉類は上科の階級にある三つの基本グループに分類することができる(図25-4).それぞれを構成する科をも列挙すると,それらは次のようになる.〔巻末の分類表を参照〕

ミアキス上科
 ミアキス科:暁新世－始新世のミアキス類.
イヌ上科
 イヌ科:イヌ,オオカミ,キツネ,それらの親類.
 クマ科:クマ類.
 パンダ科:パンダ類.
 アライグマ科:アライグマ,ハナグマ,キンカジューなど.
 イタチ科:イタチ,テン,ミンク,クズリ,アナグマ,スカンク,カワウソなど.
ネコ上科
 ジャコウネコ科:旧世界のジャコウネコ,マングースなど.
 ハイエナ科:ハイエナ類.
 ネコ科:ネコの仲間.

現生の裂脚類をイヌ上科とネコ上科に二分する方式は解剖学的なこまごました事がら,とりわけ中耳を取りかこむ骨性鼓胞の構造に基づいている.化石を考慮に入れると,各上科の原始的な種類には構造上たがいに近似するものがあったため,これら2群の区別ははっきりしなくなる.しかし,この方式は全体として,ミアキス類より後の裂脚類をグループ分けする上で役立つ実際的な配列のしかたであり,かれらの基本的な類縁関係をおそらくかなり正確に表現している.

イヌ上科の食肉類

早期のイヌ上科とネコ上科の食肉類はともに,ミアキス上科と同様,植生の下生えや樹

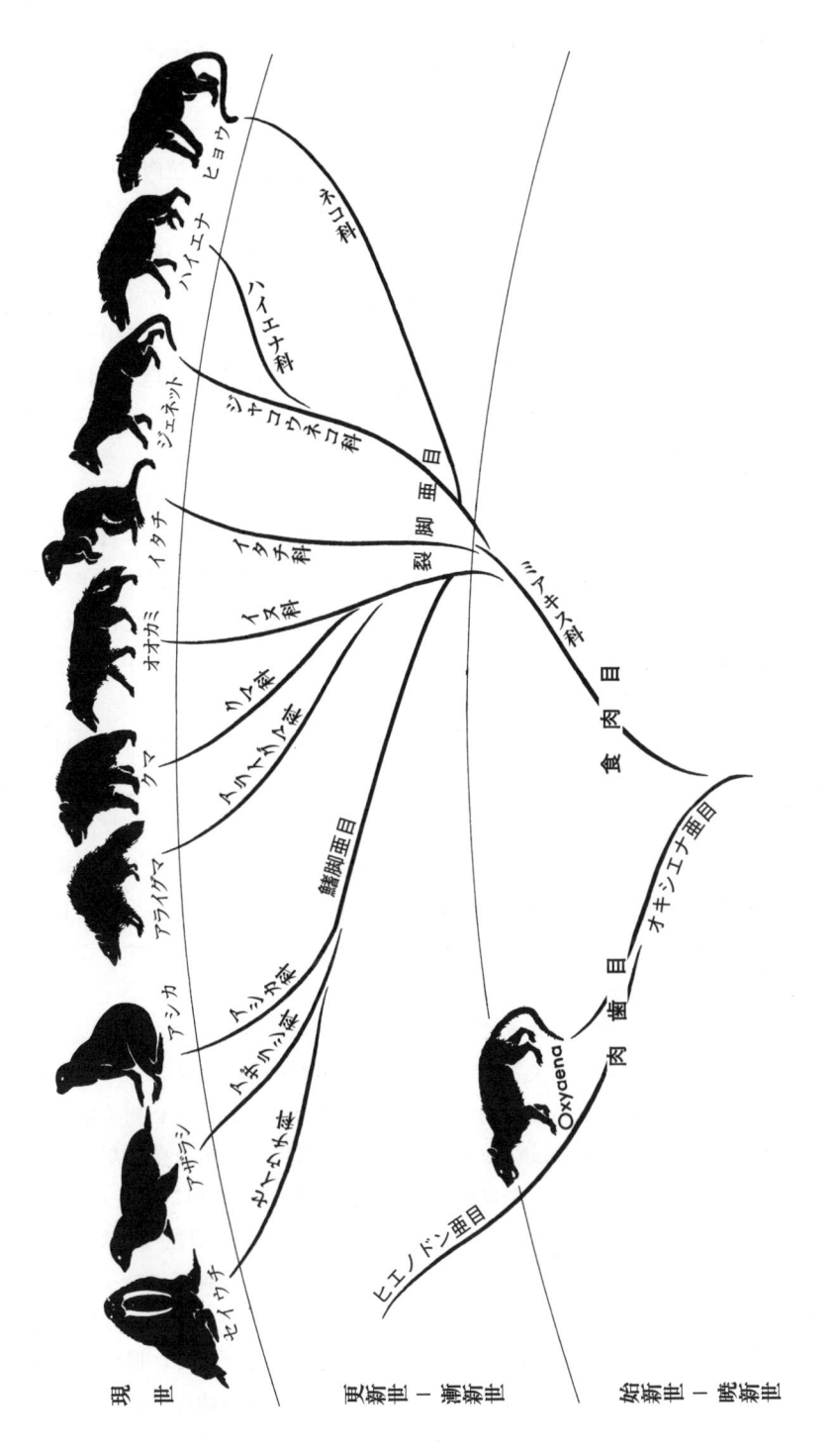

図 25-3 肉食性有胎盤類の主要グループの進化と系統関係．(ロイス M. ダーリング画)

間にすむ小動物をなんでも捕食する森林生活者だったと思われる．始新世の種類 *Cynodictis* や漸新世の *Hesperocyon*（*Pseudocynodictis* とされることもある）は最初のイヌ科動物，つまりイヌ類の一つだった．そしてかれらは，祖先のミアキス類の特徴をいろいろと維持しながらも，後代にイヌ科動物の進化的発展を特徴づけることになる様相をいくつか示していた．これら早期のイヌ類では四肢や足の伸長がいくらか起こり，裂肉歯はミアキス類におけるより著しく切断刃として特殊化していた．また脳頭蓋は広がっていた．つまり早期のイヌ類が，疾走に適した長い脚と足，肉を切り刻むのに向いた鋭い裂肉歯，高い知能を物語る大きな脳，などが発達する進化の道に乗り出していたことが分かる．イヌ類はこのような面で進歩していたが，他の面でかれらはかなり原始的な食肉類でありつづけてきた．例えば，始新世後期ないし漸新世前期の食肉類の特色だった段階より以上には，歯の消失や歯牙系の形態と機能にほとんど変化が生じていない．

　イヌ科動物は漸新世の小形の *Hesperocyon* から中新世の *Cynodesmus* へ，それから鮮新世の *Tomarctus* へ，そして最後に更新世－現世の現生イヌ類の *Canis* へと前進した．この系列はイヌ科の進化の"主流"を表しているのだが，よくあるように中新世－鮮新世にはイヌ科動物の側枝の系統がいくつか生じていた．*Amphicyon* というのは大形で重々しく，かなり不格好な，長い尾を備えたイヌ類だった．*Borophagus* も大形のイヌ類で，丈の高い頑丈な頭蓋と強固な歯をもっていた．*Borophagus* やいろいろな近縁の属が，中新世－鮮新世のイヌ類の重要な一系統を成していたのである．

　更新世から現世にかけて，イヌ類の歴史は現生のイヌ科動物の分化過程における最盛期に達した——北半球の野生イヌ類，オオカミ類，キツネ類，南アメリカとアフリカの著しく特殊化したさまざまなイヌ類への分化である．これらはみな家族グループや群れ(パック)をつくって狩りをし，生活をする知能の高い動物たちである．かれらのほとんどは獲物を追いつめて捕殺する習性をもち，ときにはそれを何キロも追跡することがある．ただし，キツネ類だけは単独で生活する習性があって，狡猾な計略でこっそりと狩りをすることが多く，そのことは正当にも各地の民話で広く知られている．

　野生イヌ類はその社会性本能のゆえにヒトの伴侶として持ってこいのものになり，かれらは確かに家畜化——おそらく子犬として——された最初の動物である．イヌとヒトは新石器時代に早くもいっしょに暮らして働いていたのであり，それいらい何千年もこの関係が続いてきた．イエイヌ *Canis familiaris* の起源については，"人類最良の友"はどうやらオオカミ類を祖先とし，おそらくトルコ東部地方で農業文化の初期に始まったらしい．イヌ類は解剖学的にいろいろな点で原型的であり，遺伝学的には可塑性〔柔軟〕である．現今のイヌの品種の驚くべき多彩さが，多くの言葉を要しないその証拠になっている．育種家たちの導きの手のもとに，イエイヌは形態や身体的外見でオオカミ様(よう)の野生の祖先から遠く離れてしまった．しかし心理学的には，イエイヌはまだオオカミに似ている——走ることと狩ることを好む，知能が高くて人好きのよいイヌ科動物なのである．

　さて中新世になると，イヌ類のある系統が大形でどっしりした動物へ進化しはじめた．このようなものを祖として，中新世の *Ursavus* に代表される最初のクマ類が興ったらしい．

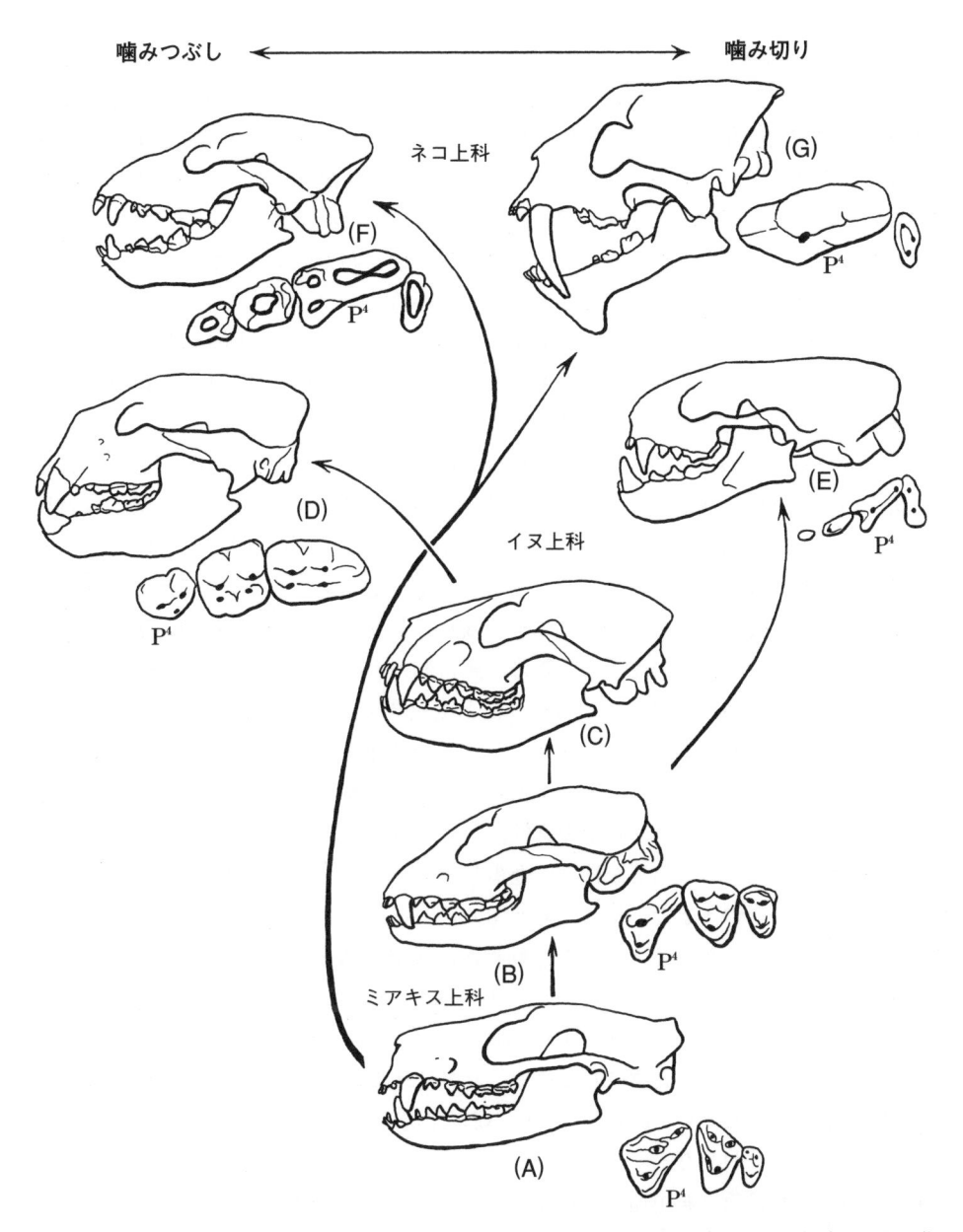

図25-4 食肉類の頭骨と上顎左の頬歯〔左が前方〕．進化の方向と，頬歯の噛みつぶしと噛み切りの作用が後代になるほど強まったことを示す．縮尺は不同．(A) *Vulpavus*，始新世のミアキス科動物．(B) *Hesperocyon*，漸新世のイヌ科動物．(C) *Cynodesmus*，中新世のイヌ科動物．(D) *Arctodus*，更新世のクマ．(E) *Mustela*，更新世のイタチ．(F) *Hyaena*，鮮新世のハイエナ．(G) *Hoplophoneus*，漸新世の剣歯トラ．大半の食肉類では上顎の第4小臼歯（P^4）が裂肉歯になっているが，一部のグループではそれは二次的に噛みつぶし型に変形している．

Ursavus から鮮新世の *Indarctos* や近縁の属——がっしりした頭骨に頑丈な歯をもつ動物——が進化してきた．この型の食肉類では裂肉歯が切断の機能を失い，大臼歯の形はほぼ

長方形に近く，鈍端の咬頭をもつようになった．同時に，四肢は重々しく，足が短くなり，獲物を追跡する習性はうすれた．尾は退化して切り株のようなものになった．こうしてクマ類は新生代中期－後期にかさの高い食肉類に進化した．クマの進化傾向は更新世－現世の Ursus を典型とするクマ類で頂点に達する．現生のクマ類――あらゆる陸生食肉類で最大のものを含む――では，大臼歯は前後にやや長く，咬合面はエナメル質のちぢれのため複雑になっている．これは明らかに，かれらが雑食性に向かって特殊化したこと，イヌ類の肉食性優位からはっきり逸脱したことを表している．

イヌ類はすべてそうなのだがクマ類も適応性にとむ動物であり，いま世界に広く分布している．かれらが第三紀中期に興って進化したのは北半球でだった．クマ類は更新世に南アメリカへ入り込んだが，奇妙にもアフリカへは侵入したことがない．

ところで，イヌ類の中心的系統より，獲物を追跡して捕殺することから同じように離れて，樹上性と雑食性に適応したもう一つの進化傾向が生じた．これがアライグマ科の系統で，アライグマの仲間である．この系統はたぶん漸新世にイヌ科動物から分岐したと考えられる．というのは，かれらは中新世にもうよく確立していたからで，そのことを Phlaocyon が物語っている．これは人の手のような前足，しなやかな四肢，裂肉歯が切断の機能を失った歯列，それに鈍端の咬頭のあるほぼ四角形の大臼歯をもつ，木登り性の小形食肉類だった．Phlaocyon 独特の適応形質はほとんど変化せずに現生の Bassariscus――メキシコから合衆国南西部にかけて棲むカコミスル――に受け継がれてきた．これは実質的にアライグマ科の構造上の祖先といってよい小形食肉類で，岩場や森林で生活し，得られるものはほとんど何でも食する．いくらか肉食性，いくらか植食性なのだ．

Phlaocyon を祖先として，第三紀後期に進歩したアライグマ科動物が進化してきた．その多くは相対的に小形のままで，かれらの起源の地だった北アメリカと侵入先の地域たる南アメリカに閉じこもっている．こうした動物が，誰でも知っているアライグマ Procyon とその親類，南および中央アメリカのハナグマ Nasua，キンカジュー Potos，そのほか幾つかの種類である．これらはみな森林にすむ動物たちで，樹間や河岸などで時間をすごし，そこでははなはだ多様なものを食物にしている．北アメリカのアライグマの普通の常食物は，畑地，養鶏場，漁場などをこの知能の高い小形食肉類に荒らされたことのある農民や漁民がよく知っているとおりだ．

次に，パンダ類は第三紀中期－後期にユーラシア大陸で進化した．レッサーパンダ〔ショウパンダ〕Ailurus は現在はヒマラヤ地方に棲んでいるが，かつてははるか西方，イングランドにまで広がっていたことを化石が示している．この動物は，尾の輪列模様や顔面の模様までも，アライグマを大きくしたもののように見える．

他方，ジャイアントパンダ〔オオパンダ〕Ailuropoda は更新世にはアジアでかなり広く分布していたが，今は中国中西部の比較的小さい地域に閉じこもっている．これは小形のクマほどの大きさで，尾は極めて短く，クマのようなずんぐりした体格をしている．この動物の系統関係は長年にわたり論議されており，専門家のなかにはかつて，これをレッサーパンダとともにアライグマ科に入れる人もいた．しかし詳しい研究によれば，この動物は

クマ科とみるべきものだとされる．ジャイアントパンダが特に興味深いのは，それが完全に植食性に変わった食肉類だからだ．大臼歯は歯冠が低く，そこに鈍端の咬頭があり，エナメル質がちぢれていて広い咬合面をつくっている．装飾的な外観で人気のあるこれらの動物はもっぱらタケやササの緑色の若葉だけを食べて生きている．

イヌ類，クマ類，およびアライグマ類は互いに類縁関係が近いけれども，イタチ類はその他のイヌ上科動物から離れており，漸新世の初めに興っていらい別個の進化系統をたどってきた．イタチ科の最初の種類の一つ，*Plesictis* はトライボスフェニック型大臼歯など一般型の構造をもつ小さい食肉類だった．ただし裂肉歯はよく発達し，後位の大臼歯は退化消失していた．顔面は短く，脳頭蓋は長くて幅が広く，諸形質はイタチ科特有のものである．イタチ科動物はこれを祖として，新生代中期－後期にたいへんな多様さを示しながら進化した．かれらの進化過程の特色は，生存期間が短くてすでに絶滅した数個の適応放散系統が発展したことにあり，これらがイタチ科の系統発生を複雑にし，その歴史の理解をとりわけ困難にしている．今ここでイタチ科の発展過程の細部に立ち入ることはできないが，現生イタチ類——第三紀中期－後期にわたるかれらの歴史の複雑なごたまぜの中から出てきた長続きしている諸群——のことを，以下に簡単に述べておこう．

一般的に言えば，現生のイタチ科には，亜科レベルでだいたい五つのグループがある．第1は原型的なイタチ科であるイタチ亜科で，その多くは第三紀中期の祖先の特徴を維持している．このグループには，イタチ，テン，ミンクと，その近縁動物，およびクズリが含まれる．これらは極めて活動的で肉食性のつよい動物たちで森林の樹間や地面で生活している．そのなかには，とりわけイタチ *Mustela* のように，体の大きさとは不釣り合いなほど獰猛な種類もある．

第2のグループはミツアナグマ亜科で，いまアフリカにすむミツアナグマ〔ラーテル〕*Mellivora* に代表される．かれらの特殊化は地面生活と多様な食性に向かっている．第3はアナグマ亜科で，ユーラシアのアナグマ *Meles* と北アメリカのアナグマ *Taxidea* を含む．これらは穴を掘ってすむ大形でがっしりしたイタチ科動物で，攻撃性はつよいが肉食性はさほどではない．

第4のグループはスカンク亜科で，北アメリカのスカンク（*Mephitis* やその他の属）の仲間を含む．これら小形のイタチ科動物は穴を掘って棲み，極めて多様なもの——小動物，昆虫，ムシ類，ベリー類，植物，死骸，生ごみなど——を常食にする地表生活者である．スカンク類は強烈な臭気のある液体を分泌する特殊な臭腺で守られており，その臭いの質と効果がどれほどのものかは本書のアメリカの読者には説明するまでもない．

おわりに，水生のカワウソ亜科，つまりカワウソ *Lutra* の仲間がある．これら水生のイタチ科動物は魚類や貝類さえも捕食するように特殊化している．その多くは川岸の付近に棲むが，太平洋のラッコはほとんどいつも海岸に近い浅い海で暮らしている．

上のような簡単な概説からでも，イタチ科動物の進化は非常に多岐にわたったこと，またかれらは，あらゆる食肉類のなかで最大の適応放散の範囲をたしかに示していることが理解されよう．

ネコ上科の食肉類

　現生食肉類のなかで最も原始的なのは旧世界の多くのジャコウネコ〔シベット〕類——進歩したミアキス類からほとんど変わっていない子孫——で，これらは実質的に，始新世後期の食肉類が現代まで生き延びていると見なしてよいものだ．そのうち，いま地中海地方に分布するジェネット *Genetta* は，すべてのジャコウネコ類が進化する基になった中心的系統に類縁の近い動物である．これは森林性の小形食肉類で，長い胴と非常に長い尾をもっている．四肢は短めで，手足の指にはイエネコの爪のように幾らか引っ込められる鉤爪がある．頭蓋は前後に長く，低く，幅が狭く，裂肉歯は鋭くとがって効果のよい切断刃になり，そして大臼歯は原型的なトライボスフェニック型のパタンを維持している．最後位〔第3〕の大臼歯は存在しない．現生のジェネットは斑紋のある毛衣をもつが，これは太古から維持されてきた原始的な体色模様である可能性が大きい．この動物は，縄張りのしるしづけと防衛に使われる特殊な臭腺を備えており，現生ジェネットに特有の適応形質になっている．

　ジャコウネコ類はアジアとアフリカの現在の動物相でかなりの多様さをみせて分布している．ジェネットの仲間に近似だった保守的な中心系統から，ジャコウネコ科は多様な適応放散の系統にそって分岐した．その一分枝にはアフリカと東南アジアに棲むいろいろなジャコウネコや，ジャコウネコ類の最大種の一つであるビンツロングの仲間がある．この適応放散の一般系統から出た極端な分枝はマダガスカルのファラヌーク *Eupleres* で，この仲間ではアリや昆虫を常食することへの適応として歯が退化し，単純な木釘のようなものになっている．もう一つの分枝はイエネコに酷似したジャコウネコである，マダガスカルのフォッサ *Cryptoprocta* に代表される．長年，この食肉類の位置づけ——ネコに似たジャコウネコなのか，ジャコウネコに似たネコなのか——が議論されてきた．可能性が大きいのは，フォッサは原始的なジャコウネコから興ったがネコ類の祖先に近かったため，この動物は特徴をジャコウネコともネコとも共有しているということだ．おわりに，ジャコウネコ類の大きな一分枝はマングースの仲間で，これらはヘビ類やいろいろな小形哺乳類を捕食することで知られる活動的な小形ジャコウネコ類である．

　ジャコウネコ類は始新世後期–漸新世後期の堆積物から初めて現れ，*Sienoplesictis*, *Palaeoprionodon* などの属に代表される．新生代のその後の時代になるとジャコウネコ科の歴史はほとんど分からないのだが，それはたぶん，おおむね熱帯性で森林に棲んでいたこれらの動物は化石として保存されることが稀にしかなかったからだろう．ユーラシアの中新世–鮮新世の堆積物から出る少数の属からは，ジャコウネコ科が第三紀に長らく極めて原型的な食肉類として生存していたことが知られる．そういうわけで，*Palaeoprionodon* からモンゴルの *Tungurictis* のような第三紀中期–後期の種類をへて，現生の一般型ジャコウネコ類に至った系列は，進化的前進の小さい一部分を物語るにすぎない．

　中新世になると，ジャコウネコ類の中心系統から一つの進化的分派が分かれ，体サイズが増大し，とりわけ，がっしりした頭骨と非常に頑丈な歯が発達する傾向をたどった．こ

れがハイエナ類の系統で，食肉類の多くの科のなかで最も若いという栄誉をクマ類と分かち合っている．一言でいえば，ハイエナ類はジャコウネコ類の大形でどっしりした子孫なのであり，そこでは四肢が疾走に適して長くなり，歯と下顎骨は一般に，骨髄にありつくため骨を噛み砕くのに適して大きくなっている．歯の拡大はとくに後位の円錐形をした2本の小臼歯で著しく，これらはハイエナの常食物たる大形動物の死骸の骨を噛み砕くのに使われる．下顎骨と顎筋も当然，非常に強大である．ハイエナの裂肉歯は高度に特殊化した切断刃になり，それより後ろの大臼歯は退化して名残のようになっている．

最初のハイエナは中新世後期－鮮新世前期の *Ictitherium* であった．この食肉類はジャコウネコ類とハイエナ類の間のまさしく中間形で，前者より大きく重々しかったが，後者よりはずっと小さくて軽やかだった．*Ichtitherium* から進歩した完全に近代化したハイエナ類にいたる歩みはほんの一歩だったのであり，化石ハイエナ類が鮮新世前期の堆積物に出る近代的な動物に非常によく似ていたことがわかる．ハイエナ類はジャコウネコ類から分裂した後ほどなく急速に適応的完成の頂点に達し，その後かれらは特殊化した形態をほとんど変えることなく維持してきた．現在，ハイエナ類はアジアとアフリカに生息しているが，更新世にはヨーロッパ北部に広く分布していた．現生ハイエナ類の一つ，*Proteles*，つまり南アフリカのツチオオカミ〔アードウルフ〕は奇妙にもシロアリを常食するように特殊化しており，頬歯は小さな木釘のように退化している（犬歯はまだ大きい）．

ところで，ネコ類〔大形種を含む〕の進化史はハイエナ類のそれにいくらか似ていたが，もう少し早い時代に始まった．ジャコウネコ科に属した祖先から分かれてシベット類の系統から離れたのち，ネコ類は完全に特殊化したネコ類へきわめて急速に進化した．そして，かれらは高度に特殊化した形態を何百万年も大きく変えることなく維持してきた．ネコ科の最初のメンバーがジャコウネコ科に属した祖先から分離したのは始新世後期のことで，始新統上部から出る *Proailurus* 属がかれらの進化の初期段階を表している可能性がある．漸新世前期のころにはネコ類はもう著しく進化していて，現生の親類たちとあまり違わなくなっていた．あらゆる陸生動物のなかで，ネコ類は他の動物を捕殺してその肉を食う生活にもっとも完全に特殊化したものの一つである．かれらは筋骨たくましく，敏活で柔軟な食肉類であり，自分と同じくらいか，もっと大きい他の動物に跳びかかって仕留めるのに必要なものをすべて装備している．かれらは一般にこっそりと忍びより，大きな跳躍か高速の短距離突進（それを長くは続けられない）で獲物を捕える．四肢はふつう太くて強靭であり，手足は，獲物を捕えて押さえるのに使われる引っ込め可能な鋭い鉤爪を備えている．頸部はきわめて頑丈で，頭部と歯の激しい作用からおこる強い衝撃に耐えることができる．歯は，突き刺しと噛み切りという二つの機能だけに向けて特殊化している．犬歯は長くて強力だし，裂肉歯は大きな，完全な切断刃になっている．ネコ類の小形の種類は木登りが達者だが，大形のものはほとんど地面の上で生活する．

ネコ類はみな，漸新世前期のネコ類で完成したパタンにほぼそのままの体構造をもっている．もっともネコ類の進化史では，かれらの形態が決まった遠い時代に二股分岐が起こり，それが更新世の末まで続いたようである．ネコ類は一方で，活発な，動きの速い捕食

図 25-5 ネコ上科およびイヌ上科の進化の頂点を代表する更新世の2種の大形裂脚類．（ロイス M. ダーリング画）

動物，つまり我々になじみ深い普通のネコ類として進化し，他方では比較的鈍重だったらしい"剣歯トラ"類として発展した．普通の，つまり"ネコ亜科"のネコ類の祖先の代表は漸新世の *Dinictis*，"剣歯トラ"の代表は同じく漸新世の *Hoplophoneus* である．これらはともに長い尾をもつ中形のネコ類だった．*Dinictis* では上顎の犬歯は大きくて太く，裂肉歯は切断刃としてよく発達していた．裂肉歯の前に小臼歯があったが，切断刃より後ろの大臼歯はひどく退化していた．*Hoplophoneus* では上顎犬歯は剣状をなす長い歯で，下顎骨には，口を閉じたときこの下向きの長剣を裏側から保護する出縁(でぶち)が発達していた．裂肉歯は特殊化した切断刃であり，他の頬歯は著しく退化もしくは消失していた．

ネコ亜科ネコ類が進化するにつれて，犬歯は *Dinictis* にあったのに比べて小さくなったが，その他の点では歯牙系にほとんど変化が生じていない．このような傾向は，ネコ亜科ネコ類が他の敏捷な動物を捕えるようにだんだん完成していったのに対して，剣歯トラ類のほうは鈍重な大形動物を捕殺する方向へ特殊化したことを物語っている．

剣歯トラ類の進化は更新世に大形の剣歯トラ，*Smilodon*（図25-5，上）に至って頂点に達した．このネコは現生のライオンほどの大きさで，上顎の犬歯は印象的な比率をしめす巨大な短剣のようになっていた．解剖学的な研究によると，*Smilodon* は口を非常に大きく開けることができ，それによって巨大な犬歯のはたらきを確保していた．*Smilodon* が獲物

を襲うときには確かに剣歯で激しくやっつけたのだが，そのとき強力な頸部の力と肩と胴の重みを突き刺しのために使ったのだ．比較的動きの遅い大形の動物を獲得できたかぎり，これは狩りをするための効果のよい方法だった．しかし更新世が終わりに近づいたころ，剣歯トラ類が獲物にしていた大形動物が多く絶滅し，同じように剣歯トラ類も絶滅してしまった．かれらは，すばやい動物を追い求める点で，イトコだった敏活なネコ亜科ネコ類の競争相手ではなかったのである．

他方，ネコ亜科ネコ類は大成功のうちに現代まで生きつづけてきた．上に述べた通り，ネコ類の構造はほとんど一つの類型におさまるのだが，それでも現生ネコ類はきわめて多様であり，おもに体サイズとかれらが出没する棲み場所に違いがある．現生ネコ類は，典型的なネコ類である Felis 属（および近縁の諸属）と，走るのが非常に速いチーター Acinonyx 属の二つにはっきり分かれる．典型的ネコ類は，オーストラリア大陸と僻遠の島々は別として全世界に分布している．また多数の小形ネコ類が生存しており，そのなかのある種類から——たぶん古代エジプトの野生ネコとヨーロッパの野生ネコが混合して——現在のイエネコが現れてきた．咆哮（ほうこう）する大形ネコ類はよく知られているから特に述べる必要もなかろう．アフリカにライオンとヒョウ，アジアにヒョウとトラ，アメリカにジャガーとクーガー〔ピューマ〕が生息している．

ネコ類が南アメリカへ入ったのは更新世になってからで，その時代にネコ亜科ネコ類と剣歯トラがともにこの大陸に侵入した．クーガーが北アメリカから南アメリカに侵入したことは，ヒトは別として，哺乳類のある1種の分布として知られるかぎり最も広い範囲を確立した．このネコはカナダの積雪地方から南米の南端まで広がっているからだ．類似の分布状態は旧世界のヒョウの特色でもあり，これはアフリカ南部からアジア北部にまでわたっている．

鰭脚亜目の食肉類

次に，鰭脚類（ききゃく）〔亜目〕にはアシカ類〔科〕，セイウチ類〔科〕，およびアザラシ類〔科〕の仲間が含まれる（図25-6）．これらは地質学的記録のなかで漸新世－中新世の移行期のころに現れ，その代表はカリフォルニア州で出たほぼ完全な骨格化石から知られる Enaliarctos である．この属は疑う余地なく鰭脚類ではあったが，陸上性のイヌ上科動物を祖先として出てきたことを物語るいろいろな解剖学的特徴を維持していた．すなわち，知られるかぎり最早期のこの鰭脚類の証拠はこれらの食肉類が単系統の起源をもつことを明らかに示しており，鰭脚類は2系統性だ——アシカ類とセイウチ類はイヌ上科を祖先とし，アザラシ類はおそらくイタチ科を祖先として興った——というよく主張される見解と対照的である．

陸上生活から水中生活へ移行するに当たって，鰭脚類の体は泳ぐのに適した流線形になった．しかしこの方向にそった適応形態は，イクチオサウルス〔魚竜〕類やクジラ類のような全面的海生の四肢動物ほど徹底したものにはなっていない．かれらは屈伸できる頸部を維持しているし，背びれや推進型の尾びれを発達させるに至らなかったからだ．尾はた

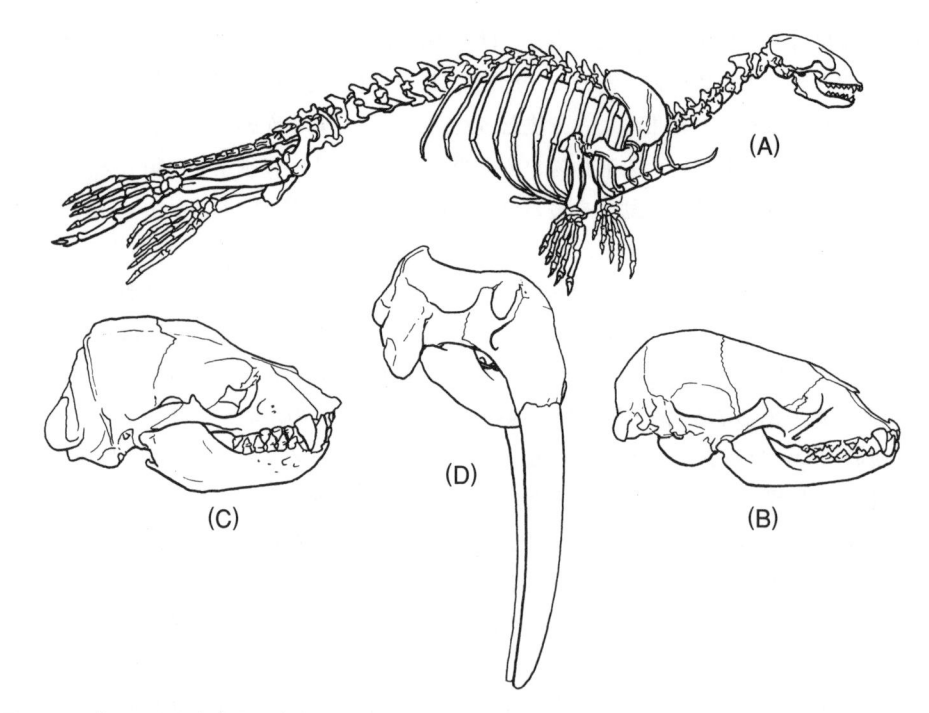

図 25-6 種々の海生食肉類.（A）現生のゴマフアザラシ *Phoca* の全身骨格．全長約 1.75 m．四肢が鰭脚に変形している．（B）*Phoca* の頭蓋と下顎骨，頭蓋の長さ約 20 cm．（C）現生のカリフォルニアアシカ *Zalophus* の雄の頭蓋と下顎骨，頭蓋の長さ約 30 cm．（D）現生のセイウチ *Odobenus* の頭蓋と下顎骨，頭蓋の長さ約 38 cm．上顎犬歯が巨大化して牙になっている．

ぶん鰭脚類の祖先において，もはや推進装置に変形することが出来ないまでに退化してしまっていたのだろう．そのため鰭脚類は水中で前進するのに，胴の動きと組み合わせて四肢に頼らざるをえなかったのだ．これらの食肉類では四肢の全てが鰭脚に変形し，各指の間に水掻きが張っている．前鰭脚は，前方への推進のほか，体の均衡をとるのと舵とりに使われる．後鰭脚は後ろ向きになっていて，水中で泳ぐときは一種の尾びれのように機能する．アシカ *Zalophus* とセイウチ *Odobenus* では，後鰭脚は前向きにも後向きにも自由に転ずることができ，陸に上がったときには場所移動を助ける器官として使われる．アザラシ（*Phoca* など）では，後鰭脚はいつも後ろ向きに伸びているので，陸上や氷盤上にいるときには腹ばいになって胴全体の"ハンピング"〔いもむし型〕運動で前進しなければならない．

現在，アシカ類は太平洋の沿岸に，セイウチ類は太平洋にも大西洋にも棲んでいる．アザラシ類は広く世界中の海岸付近に分布する．

歯は，すべての鰭脚類で著しく変形している．切歯はふつう退化または消失している一方，小臼歯と大臼歯は大半の鰭脚類で二次的に単純化し，みな尖ったほぼ円錐形の同じ形の歯〔同形歯〕になっている．このような歯牙状態は魚を捕えるのに有用なのだ．セイウチ類は巨大な上顎犬歯をもっているが，数の減少した頬歯は幅の広い石臼状になっており，これらの食肉類はこのような歯で常食物たるカキやそのほか種々の貝類を噛みつぶすので

ある．なお，アシカ類には小さい耳介〔耳殻〕があるが，その他の鰭脚類では耳介はまったく消失している．

厳密な意味でのアザラシ類は，アシカ類やセイウチ類よりも水中生活へいっそう高度に適応している．歯は原始的食肉類のパタンから大きく変形していて，ある種のアザラシでは犬歯より後ろの歯は，"副咬頭"，つまり主咬頭の前後の中心線上に尖頭を備えている点に特徴がある．こうした歯は滑りやすい魚を捕まえるのに極めて効率がよい．

アザラシ類がもつおそらく最も驚くべき適応現象はかなりの時間にわたり深く潜水していられる能力で，この点でかれらはクジラ類に次ぐ地位にある．肺，心臓，循環器系などの統合された一連の特殊化のおかげで，かれらの中のある種は600 mもの水深まで潜り，1時間を超えて潜水していられる能力を獲得している．新生代のアザラシ類の多くに，このような適応現象が生じていた可能性がある．

食肉類の進化速度

食肉類が興味深い動物群であるのは，ただ適応放散の範囲が広いからだけでなく，かれらの中の幾つかの科にみられる進化速度が変化にとむからでもある．例えば，ジャコウネコ科は全体として，その歴史を通じてごく原始的な状態にとどまってきたため，かれらの進化速度は相対的に低かったとみることができる．イタチ科は，大ざっぱに言えば低いか中程度の進化速度を見せている．イヌ科は，多くの点で一般型ではあるが，漸新世以降は中程度の進化速度を示してきた．もっと高い進化速度が見られるのは，イヌ科だった祖先から分岐したアライグマ科とクマ科である．さらに，ハイエナ科とネコ科はそれぞれの歴史の初期——かれらが異常に短い期間内にジャコウネコ科から特殊化したハイエナ科とネコ科にいたる全ての段階を経過した時代——に極めて高い進化速度を見せた．その後，ハイエナ類は鮮新世いらい，ネコ類は漸新世いらい発展を止めたままである．このように進化速度が異なった結果，極めて多様多彩な食肉類が現在の世界に生存することとなった．かれらは新生代中期−後期に真に栄えてきた哺乳類なのであり，ヒト類によって不当に迫害されることがなければ今後もずっと繁栄を続けていくことだろう．

26
クジラ類とイルカ類

ナガスクジラ

海へ帰ったもの

あらゆる哺乳類のなかで，鯨目の動物つまりクジラ・イルカ類は確かに最も型外れであり，いろいろな意味で，原始的正獣類に属した祖先から遠ざかった程度において最も特殊化している．これらはどうやら新生代前期に，メソニックス類とよばれる食肉類に似た原始的な哺乳類——ふつう有蹄類とされてきたもの——から始まったものらしい．コウモリ類〔翼手目〕と同じように，クジラ類（広い意味で）は第三紀前期に突然現れたのだが，そのときすでに哺乳類の基本的構造が根深く変形することにより，高度に特殊化した生活様式に完全に適応していた．実際，クジラ類は他の哺乳類との関係ではコウモリ類よりもはるかに隔たっているのであり，まったく孤立しているのだ．そうしたことから確からしいのは，クジラ類は早い時代に祖先のメソニックス類から離れたのち，始めのころに異常に急速な一連の進化的変化を起こし，それにより始新世中期までに海洋中での生活によく適応してしまったということである．

クジラ類は海へ帰って曲がりなりにも魚類に似るようになり，中生代にいた魚類に似た海生爬虫類，イクチオサウルス〔魚竜〕類に入れ替わることになった．完全陸生の祖先動物の子孫だった初期のクジラ類は，外洋での生活にとけこむにあたり，イクチオサウルス類など昔の海生四肢動物が何千万年も前にぶつかって克服したのと同じ問題に直面した．こうした諸問題はさきにイクチオサウルス類の項で述べた通りだが，ここで簡単に繰り返しておこう．

クジラ類の祖先形が新しい環境のなかで乗り越えねばならなかった諸問題とは，要するに，場所移動，呼吸，それから生殖に関することだった．水中での場所移動に対する適応形態には，体が流線形になったこと，最終的に主要な推進器たる魚類型の尾が発達したこと，および四肢が体の均衡をとる鰭脚に変形したことが関係していた．中生代のイクチオサウルス類と同様，クジラ類は陸上生活をした祖先からの相続財産たる肺呼吸を維持し，それを行いながらかれらは呼吸の効率を高める諸適応を進化させた．言うまでもなくクジラ類では胎児の発生過程に格別の問題はなかったが，幼体が水中で生み出された瞬間から生きていくための特殊な適応構造が発達した．

クジラ類が海へ帰ったことは進化における収斂現象の好例の一つである．この進化傾向を進めつつ，クジラ類はイクチオサウルス類に異常によく似たいろいろな適応構造を示すようになったのだが，それでもこれら二つの四肢動物グループの祖先らはまったく別のもの——片方は双弓亜綱爬虫類，他方は原始的な正獣下綱哺乳類——であった．このような収斂現象が物語るのは，類縁の近くない動物群が，生息者に厳しい制約を課するある環境条件に対して同様の適応をおこす，ということである．

海生脊椎動物としてのクジラ類

上に触れたとおり，クジラ類は効率の高い遊泳に適する流線形をした魚類様の哺乳類である．体は魚雷のような形で，胴と区別できるような外部に見える頸部をもたない．現生

クジラ類の体には毛がなく，この適応現象はかれらの歴史の早い時期に起きた可能性がある．つるつるした皮膚は，水中で運動するとき水との抵抗をあまり生じない滑らかな体表をつくる．クジラ類は温血〔内温性〕動物であるため皮膚の下に分厚い脂肪層が発達しており，他の大半の哺乳類では体毛の覆いで確保される断熱のはたらきをする．

　椎骨はみな同じような形で数が多く，柔軟な脊柱のために役立っているが，ただ頸部の椎骨はふつう前後に短く，融合して1個の骨塊をなす．椎骨には長い筋肉と腱が付着して尾部まで伸び，これらが体を水中で推し進める推進力を生みだす．クジラ類が他のほとんどの海生脊椎動物とまったく異なるのは，尾部が左右に振れ動く垂直の鰭ではなく，上下に羽ばたく水平の尾びれになっていることにある．この水平の尾びれはクジラ類に現れた新形(ネオモルフ)であり，内部に骨格のない硬くて強靱な二股のフルークスでできている．同じように，クジラ類のほとんどは1枚の肉質の背びれをもつが，これも新形である．この鰭は体が水中で横揺れ(ローリング)するのを防ぐ安定装置であり，機能上はイクチオサウルス類の肉質の背びれや魚類の骨性の背びれと比べてもよいものだ．

　イクチオサウルス類と同じように，クジラ類の四肢は鰭脚に変形している．が，知られている全ての化石と現生のクジラ類において，骨盤と後肢は退化してわずかな痕跡のようになっており，前肢だけが機能をもつ鰭脚として残っている．上腕骨は短くてやや扁平，手首の骨〔手根骨〕は平たい円盤状，そして指骨はふつう指節骨の増加によって非常に長くなり，鰭脚の中軸になっている．

　中新世以降のすべてのクジラ類で，外鼻孔の位置は頭蓋の頂上後部に移り，かれらの特徴である噴気孔になる．この外鼻孔は弁によって閉じることができ，肺は非常に弾性にとみ，大量の空気を取り入れるように拡張することができる．クジラ類は長時間にわたり潜水していられる——ある種の大形クジラは1時間も——能力があり，またある種類は大変な水深まで潜ることができる．こうした際立った成果と調和して，生理の面でも根深い適応の諸現象がある．

　クジラ類では，呼吸に関する特殊な適応からきた頭蓋のいろいろな変形のほか，耳にも著しい特殊化がある．耳孔から始まる外耳道と鼓膜がひどく退化しており，クジラ類が他の哺乳類と同じ方法で音を聞くのでないことは明らかである．かれらは水中での振動に非常に敏感なのだが，その振動は，囲耳骨と耳胞が融合してできた頑丈な貝殻状の骨——頭蓋の他の部分から離れたもの——へ伝達される．事実，近年の実験的研究で，クジラ類はコウモリ類と似て，水中で他の物体の位置を特定し識別できる極めて精妙な聴音装置を備えていることが分かった．その上，クジラ類やイルカ類は水中で，周波数が多様に変化する音声を発することによって個体間で互いに連絡を取りあうのであり，かれらの連絡システムはかなり高い水準に達しているらしい．またある証拠によると，歯クジラのなかには獲物の動物を気絶させるような強烈な音声を発する種類もある．

　これほど高度に発達した感覚とは対照的に，クジラ類は嗅覚をもたない．脳は嗅葉(きゅうよう)を欠いており，全体が大きくて丸い．クジラ類では脳が著しく発達しており，近年の実験からかれらは極めて知能が高いことが分かっている．脳や鋭敏な聴覚系は頭蓋後部の小さい区

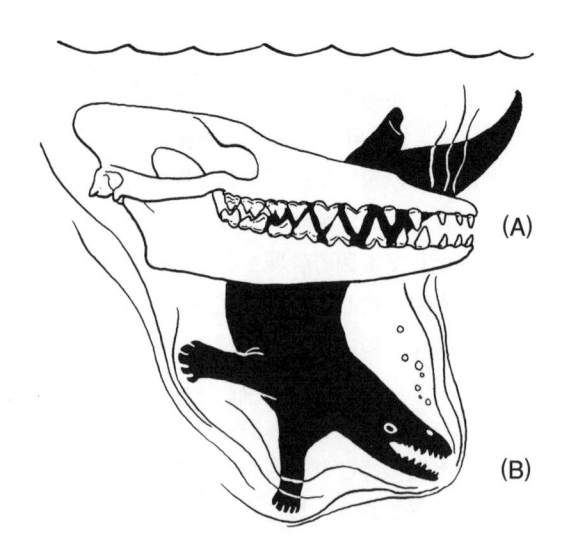

図 26-1 *Pakicetus*, パキスタンの始新統から出る祖先形クジラ類の一つ. (A)頭蓋と下顎骨, 長さ約 33 cm. (B)シルエットは *Pakicetus* の復元図で, 外形を推定したもの. 推定全長約 2 m.

域に収められており, 頭蓋のその他の部分は長大な顎骨で占められる.

　クジラ類はその全歴史を通じてほとんど肉食性であり, 大形無脊椎動物, 魚類, それから他種のクジラまで, さらにプランクトンと総称される小さな海生動植物を食物にしている. 第1の分類群は過去と現生の歯クジラ類〔亜目〕である. 第2の分類群は髭クジラ類〔亜目〕で, かれらには歯がまったく無く, 上顎の周縁からケラチン質の無数の板と細毛, いわゆる"くじらひげ"が垂れ下がり, それらが海水中からプランクトンを濾しとる.

　生殖について言えば, 幼体は生まれたとき異常に大きくて体の形成がよく進んでいる. 幼体が生み出されるや否や, その仔が初めて空気呼吸できるように母親がそれを水面へ押し上げる. そのときから幼体は母親につき従って泳ぐことができる. 乳腺はポケットのようなところに納まっているので, 幼体はあまり海水を飲まずに吸乳することができる.

無 肉 歯 類

　本書で目の階級に置く無肉歯類には, 陸生の肉食性哺乳類だったメソニックス科という1科だけが含まれる. 暁新世-始新世の *Dissacus* や *Mesonyx* に代表されるこれらの動物は長らく原始食肉類か肉歯類〔目〕, その後は, 原始有蹄類の顆節類〔目〕だと見られていた. 歯や頭蓋底のこまごました特徴が, 早い時代から巨大化に向かった傾向を含めて, 初期のクジラ類の特徴との類似を示すことはおそらく意味が深い. 体長約 1.7 m の動物だった *Mesonyx* は長さ 30 cm の頭骨をもち, モンゴルで出る始新世中期の *Andrewsarchus* は長さが少なくとも 1 m はある頭骨をもっていた.

　いま, これらの哺乳類の研究者たちの間には, 無肉歯類を原始顆節類と原始クジラ類の中間にあった独立の1目とみる気運がいくらかある. 実際, パキスタンの始新世中期の地

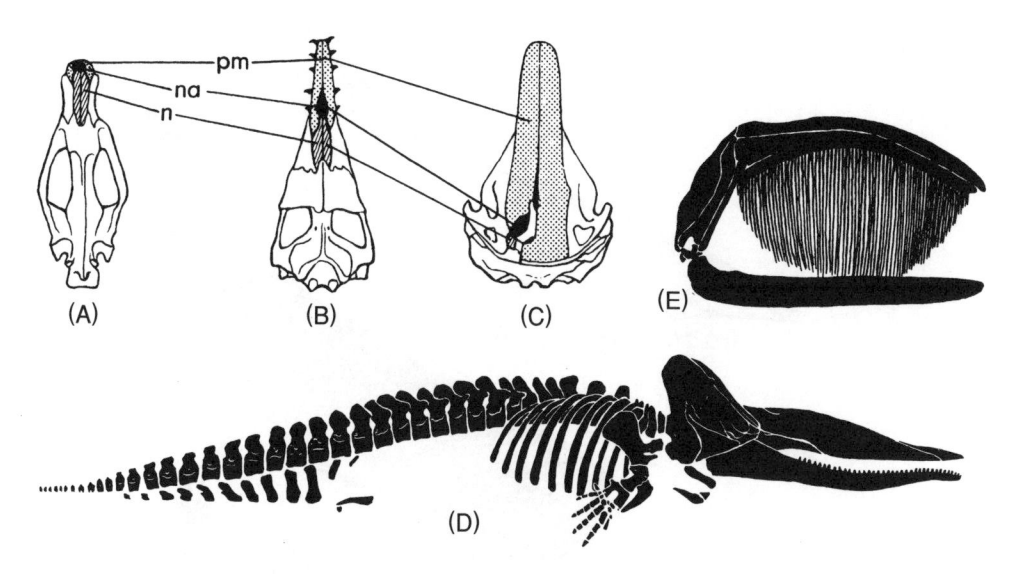

図 26-2 クジラ類とその近縁動物の頭骨および全身骨格.(A-C)クジラ類の頭骨は陸生のメソニックス類(無肉歯目)の頭骨から由来したもので,頭蓋諸骨が後部へ押し詰められ,外鼻孔 na と鼻骨 n が後方へ移り,前顎骨 pm が大きくなったことを示す〔上が前方〕.(A)*Apternodon*,アフリカ北部の漸新統から出るメソニックス類.(B)*Prozeuglodon*,アフリカ北部の始新統から出る初期のクジラ.(C)*Aulophyseter*,北アメリカの中新統から出る歯クジラ.歯クジラ類の特徴として前顎骨と鼻領域が左右非相称に発育することを示す.(A は B より地質学的に若いが,その構造はクジラ類の祖先形と考えられる動物の型を表している.)(D)現生のマッコウクジラ *Physeter* の全身骨格.この種類の全長はふつう 16 m を超える.(E)現生の髭クジラ類の一つ,セミクジラ *Eubalaena* の頭蓋と下顎骨.無数のくじらひげの板を示す.頭蓋の長さ約 4 m.

層から出る *Ichthyolestes* や *Gandakasia* はかつて肉歯類と考えられていたが,今ではメソニックス科とクジラ類のどちらかに分類されている.無肉歯類は確かに,クジラ類の究極の祖先に近い位置にあったものである.

初期のクジラ類

パキスタンの始新世前期 – 中期の堆積物から *Pakicetus* という形態特徴で意味深い化石が出ており,これらはメソニックス類の歯にだけでなく始新世中期のクジラ類のそれにも似た歯を備えている.*Pakicetus* の耳領域にクジラ類特有の特殊化——極めて効果的な水中指向性聴音を確立したもの——が存在しないことはたぶん意味深長で,このことや他の理由もあって *Pakicetus* は初めクジラ類に似た様相をしめすメソニックス類として記載された.それでも,*Pakicetus* を真のクジラ類として分類する立派な理由がある——この動物は完全水生だったからだ.*Pakicetus* は他のいろいろな陸生哺乳類といっしょに河川の堆積物から見いだされており,そのことは,この最早期かつ最原始的なクジラがまだ開けた海洋へ進出していなかったことを物語っている(川が流入する海の入江まで出たことぐらいはあったとしても).

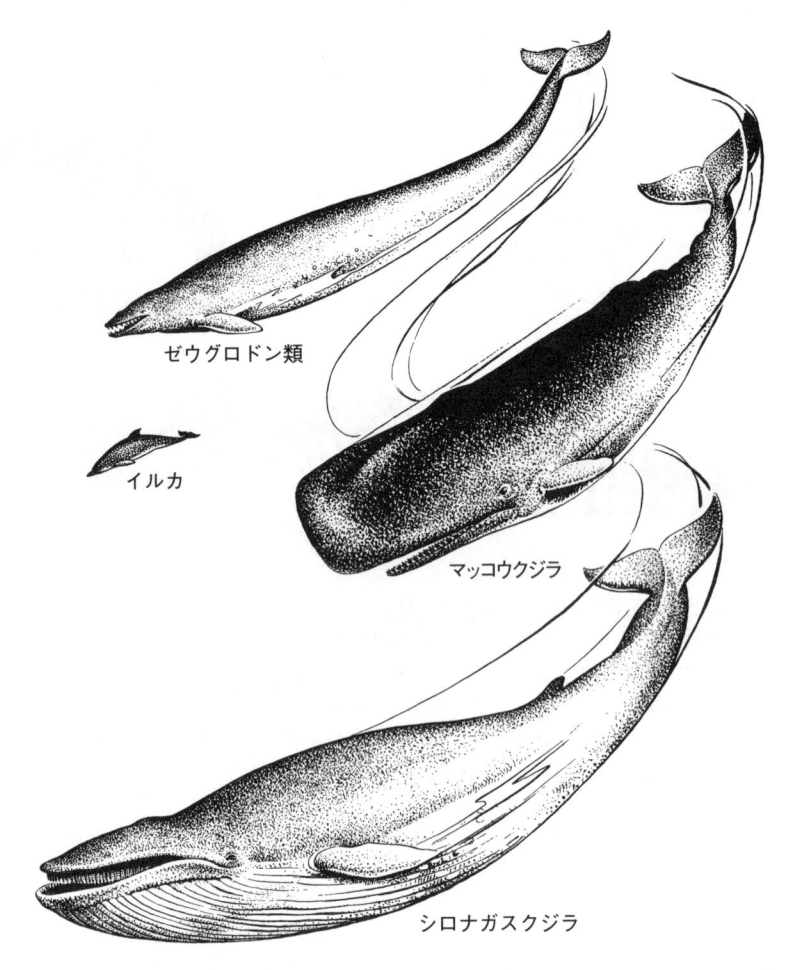

図 26-3　始新世のクジラ（ゼウグロドン類）と現世の3種のクジラ類．縮尺は同じ．最大種のシロナガスクジラには全長30 mに達するものがある．ゼウグロドン類は古鯨亜目，イルカとマッコウクジラは歯クジラ亜目，シロナガスクジラは髭クジラ亜目．（ロイス M. ダーリング画）

　古鯨類〔亜目〕とよばれる最初のクジラ類の代表は *Pakicetus* だけではなく，始新世中期以降の他の諸属もある．そのなかで始新世後期の *Basilosaurus*（かつては *Zeuglodon* とよばれた）はエジプトのファユーム地方にある"ゼウグロドン渓谷"でかなり豊富に出る遺物から知られている．こうした早期のクジラ類は大形で，その点でこの目の特徴である進化傾向を表していた．これらの動物の多くは重力の制限効果から解放され，過去と現在を通じて動物界の超大形になった．始新世の *Basilosaurus* でさえ，全長18 mほどもあった．このクジラでは尾が非常に長く，前肢は鰭脚に変形していた．近年までこの始新世のクジラの後肢は消失していたとみられていたのだが，最近エジプトで行われた野外調査の結果，完全な後肢が明るみに出された．その脚は比較的小さいがよく形成されており，3本の指のある足部も備えている．足部の構造はこの動物がメソニックス類を祖として由来したことを物語っている．

古鯨類の頭蓋は後代のクジラ類の頭蓋よりいくらか原型的である（図26-2）．顔面部の諸骨は，もっと進歩したクジラ類でのように頭蓋の後部へ押し詰められていない．歯は原始有胎盤類と同じく総数で44本〔上下左右に各11本〕あり，そのうち切歯と犬歯は単純な尖った円錐形をしていた．頬歯には咬頭がいくつかあったが，それらは1本の前後線上に並び，中央のものが最高になっていた．この形の歯は他の魚食性の哺乳類，特にある種のアザラシ類に見られるものだ．また古鯨類の鼻孔は，後代のクジラ類のように頭蓋の頂上にではなく，前部に位置していた．

現生クジラ類の適応放散

　現生クジラ類は古鯨類の子孫として始新世後期－漸新世に興り，中新世までに現生クジラ類のほとんど全ての科が現れていた．クジラ類の進化過程では古鯨類を基にして，さきに触れたように二つの系統が発展した．その一つは歯クジラ類，もう一つは髭クジラ類である（図26-3）．

　現生クジラ類のほとんどは歯クジラである．漸新世後期にスクアロドン類とよばれる比較的小さい歯クジラ類が現れた．これらは全体として現生のイルカ類によく似ていたが，早期の古鯨類の歯にいくらか似た，咬頭のある頬歯をもつ点に特徴があった．中新世の *Prosqualodon* を典型とするスクアロドン類は明らかに古鯨類と現生クジラ類の間の中間形だった．歯は古めかしかったが頭蓋は高度に前進しており，鼻孔は完全にその背面に位置し，それに対応して頭蓋の諸骨も変形していた．

　スクアロドン類は中新世には重要なクジラ類だったが，鮮新世の始めより後あまり長くは生き延びられなかった．鮮新世，更新世，および現世におけるかれらの地位は，誰でもよく知っている小形の歯クジラ，つまりイルカ類に引き継がれた．これらはこぢんまりして泳ぐのが非常に速い，魚類を常食にする鯨類である．歯は数が著しく増加しており，釘(くぎ)のような単純な形になっている．中新世のありふれた歯クジラの一つに *Kentriodon* があり，世界中に最も広く分布する現生の小形クジラ類にはマイルカ *Delphinus* やネズミイルカ *Phocaena* がある．これらと類縁が近いのは荒々しいシャチ〔サカマタ〕や河川にすむある種のイルカである．そのほか，小形ないし中形の歯クジラには，イッカク，オオギハクジラ，アマゾン川やガンジス川にいるカワイルカ類などがある．

　歯クジラ類には早くから大形化に向かう傾向が生じ，これはマッコウクジラ科において頂点に達した．現生のマッコウクジラ *Physeter* は超大形の歯クジラであり，大きな脳油器官に含まれる多量の抹香(まっこう)鯨油で満たされた，四角張った巨大な鼻吻部を備えている．近年の研究によると，この器官は，長距離反響定位のため突発音が使われるときに反響室としてはたらくようである．下顎骨だけに釘のような機能歯が多数並んでおり，このクジラはおもにイカ類を常食にする．かつて捕鯨が盛んだった時代にはマッコウクジラがその鯨油のために追い求められ，絶え間ない乱獲によりこの種類は昔の膨大な個体数から現在のわずかな群れへ減少してしまった．"モービー＝ディック"と呼ばれたもの〔メルヴィル作の海洋小説『白鯨』（1851）に登場する神秘的な巨鯨〕は白色のマッコウクジラだった．

現生クジラ類のなかで最大のものは髭クジラ類で，これらは歯クジラ類より多様性がはるかに乏しいが，それでも非常によく栄えているグループである．前述したように，これらのクジラ類はプランクトンを常食にしており，これら全脊椎動物中の最大動物に巨大化する強い傾向を引き起こしたのは，その食物資源の豊かさだったのかもしれない．髭クジラ類で原始的だったのはケトテリウム類というグループで，そこでは歯がすでに失われており，頭蓋もすでに現生の髭クジラ類の特徴である顕著な変形に向かって進んでいた．中新世の *Mesocetus* がこのグループの典型であった．

新生代も遅くなって髭クジラ類の進化は最後の段階に入り，頭蓋が鯨ひげという無数の大きな板をぶらさげる弓なりになった構造物に発展し，そのため眼や脳頭蓋は後方のごく小さい部分に限定されることになった．現生種でこうした進化傾向を表すものには，ホッキョククジラ *Balaena*，ナガスクジラ *Balaenoptera*，巨大なシロナガスクジラ（同）などがある．この第 3 の種は体長 30 m，体重 150 トンにも達することがある．我々は畏怖の念をもってある種の壮大な恐竜をかえりみることがよくあるが，シロナガスクジラのような現生クジラ類はサイズにおいて最大の恐竜をはるかに超えている．かれらは動物の進化史における巨大化の極限をしめすものである．

クジラ類と捕鯨

クジラ類は 200 年ほど前には大きな群れをなして世界の海を回遊していた．そののち鯨油への需要が高まり，大規模で組織的な捕鯨が始まる．それはおよそ 1800 年－1950 年ごろに最高潮に達し，その間に大形鯨類の幾つもの種が激しく個体数を減らした．鯨油はもはやランプに使われず，鯨ひげは婦人たちのコルセットを張るのに使われなくなったが，捕鯨はまだ続けられている．油は石鹸の原料になり，肉は食料として処理され，骨は肥料にするため粉砕される．現代の捕鯨船は航空機，レーダー，新式の捕鯨砲，その他もろもろの洗練された装置を備えてクジラを捕るのに出かけていく．そうして，多くの鯨種が絶滅の危機にある．二十世紀も遅くなってから鯨類保護の動きが始まったが，これらの巨大な哺乳類が我々の子孫のために保存されうるのは国際的な条約の厳守によるしかない．その結果，鯨類の商業的利用は低減したけれども，少数の国が条約の受諾を拒否している．壮大なクジラには世界の海から姿を消してほしくないものである．巨大な鯨類は小形のイトコたちとともに，決してヒトの手によって消滅させてはならない驚異的な動物たちなのだ．これらの素晴らしい哺乳類については，学ぶべきことがまだたくさん残っている．

27
原始的な有蹄類

Phenocodus

有蹄類とは何か

　"有蹄類"という用語ははなはだ意味の広い，定義のあいまいな言葉で，現生哺乳類の研究者たちが植物質を常食にする蹄をもつ哺乳類を指すのに使うことが多い．この意味では"有蹄類"という言葉は，並行進化をしたさまざまな系統における生態学的な諸適応を物語っていることになる．しかし多くの古生物学者は有蹄類について，哺乳類の長い進化史——現生の有蹄類から遠く隔たっているらしい様々なグループの間の類縁関係を明かす歴史——に基づいた，もっと広い概念をもっている．新生代になって進化したいわゆる"有蹄類"の多くは，蹄をもつ現生の親類たちと全く異なる適応形態をもっていた．例えば，肉食性の系統が幾つもあった．このことが原始肉食動物から原始草食動物への激変だったように思えるなら，ごく早期の正獣類〔有胎盤類〕が形態で，またおそらく習性でもしごく一般型だったことを思い出さねばならない．つまり，肉食動物と草食動物の違いは早期の哺乳類では小さかったのだ．

　新生代が始まるより前に，有蹄類の最も古代的なものだった顆節類〔目〕が現れた．かれらは新生代前期のあいだ生存し，恐角目などの早期有蹄類や，6目もの南アメリカの有蹄類（南蹄目，滑距目，雷獣目，火獣目，異節目，トリゴノスチロプス目）を生みだした．そのほか，新生代後期－現世の優勢な2目の有蹄類（奇蹄目と偶蹄目）もおそらく顆節目に起源をもっている．管歯目，つまりツチブタ類もどうやら顆節類を祖先とするらしいが，かれらは生態学的にみた有蹄類の定義には合わない．第22章で述べた裂歯目もおそらくここに属するのだろう．さらにもう一つの哺乳類グループ——言葉の最も広い意味で有蹄類とされ，たぶん全く独立に進化してきたもの——は，長鼻目（ゾウ類，マストドン類，それらの仲間），岩狸目，海牛目と束柱目，それにおそらく重脚目の5群から成る．前の章で総説した鯨目さえ早期の有蹄類から由来したのであり，そのゆえに，生態学的な意味ではなく進化学的な意味でかれらは有蹄類なのである．

有蹄類の基本的な適応構造

　上に概説したような制約のなかで，有蹄類における適応構造がもっとも顕著に発達したのは，植物質を取り入れて磨りつぶすように変形した歯牙系，大量の植物質を栄養に変えるように変形した消化管，そして，一般に固い地面の上を走行するように変形した四肢，である．そのほか，有蹄類の多くは頭骨の上に角〔洞角〕や枝角という形で防衛用の武器をもち，あるいは一部の歯に闘争や防衛のための変形を生じている．

　かならずではないけれども，これらの哺乳類にはきっちり隣接した切歯——頭骨の前部でかるく湾曲した横方向の線にそって上下で咬み合う切歯——を持っているものが多い．こうした歯は樹木や低木や草の葉を集めるために効率のよい刈り取りと取り入れの仕組みになっている．機能のある犬歯をもつ種類もあるが，有蹄類のほとんどは犬歯をもたず，もつ場合にも，その歯は犬歯らしい形と機能を失っているのが普通である．犬歯が切歯群に加わってしまい，刈り取り作用の効率を高めている種類もある．しかし有蹄類の歯牙系

でのもっとも顕著な適応構造は，いろいろな意味で挽き臼のように作用する頰歯にある．大ざっぱに言えば，上顎歯ではハイポコーンやその近くにある咬頭の顕著な発達により，またパラコニドの消失とタロニドの成長によって大臼歯の歯冠がほぼ四角形になり，そのため上顎歯は高さと広さで下顎大臼歯のトライゴニドと同じくらいになっている．原型的な尖った咬頭は変形して鈍頭の円錐形，または稜線，またはエナメル質が複雑に折れ込んだ隆線をなすようになる．こうしたいろいろな変形が歯冠の面積を広げている．有蹄類の多くは硬い草を常食にするが，それらの動物では頰歯の歯冠の高さが増大した．いわゆる"長冠歯"の発達である．大臼歯の歯冠の広さと高さの増大により，その動物の一生に植物質を磨りつぶすのに使える歯の表面積は途方もなく増えたことになる．さらに，有蹄類には小臼歯の幾つか，もしくは全てが"大臼歯化"を示している種類が少なくない．この拡大と変形の過程により，普通は小さいはずの小臼歯が大臼歯と同じ大きさになり，挽き臼の磨りつぶしに当たる総面積を広くしている．

　なお当然のことながら，絶滅有蹄類の消化管についてはどんな情報も取り出すことはできない．しかし，現生の有蹄類にはふつう消化管の一部に特殊な室があり，その中で微生物の作用により植物質のセルロースを分解することができる．

　有蹄類には，大きくなった切歯または犬歯をもち，それらを自己防衛のために使う種類が少数あるが，もっと普通の防衛手段は上にふれたように頭蓋の上に発達した角や枝角によるものだ．

　しかし何といっても，有蹄類のいちばん普通の防衛方法は速く走って逃げることだ．そのため，かれらには脚と足が長くなる方向にむかう有力な傾向がみられる．四肢の伸長は歩幅を大きくし，地面を高速で移動することを可能にする．よく訓練されたバレエダンサーの"ポアント"〔爪先立ち〕はこの構えをとるものだが，短時間だけだ．有蹄類は手首と足首を地面からずっと高く上げて（ウマの前肢の"前ひざ"と後肢の"ひざ"〔飛節〕に見られるように），常時この姿勢をとっている．指の骨はふつう，爪の巨大化したものである蹄で覆われており，この蹄が足部を保護するとともに固い地面を駆けるときの衝撃を吸収する．多くの進歩した有蹄類では，歩行と走行の機能のほとんどは各足の中央の指が受けもつので，その両側の指が退化するという強い傾向がある．しかし，ある種の有蹄類，とりわけ大形で体重の重い種類では足部は短くて幅広いままで，指の退化がほとんど，あるいは全く生じていない．つまり足部は広々とした構造物であり，大きな体重を支えられる底面の広い土台になっている．

最初の有蹄類

　上顎・下顎の歯と下顎骨で知られる最早期の有蹄類，*Protungulatum*（図 27-1）が北アメリカの白亜紀後期－暁新世前期の堆積物から見いだされている．この種類の特色は歯の咬頭が鈍端だった点にあり，それは明らかに，この動物がたよっていた食物を嚙みつぶし，磨りつぶすのに適応したものだ．上顎の大臼歯はとりわけハイポコーンの発達のために幅広く，ほぼ四角形をなし，下顎の大臼歯では，歯の後部をつくるタロニドが前部のトライ

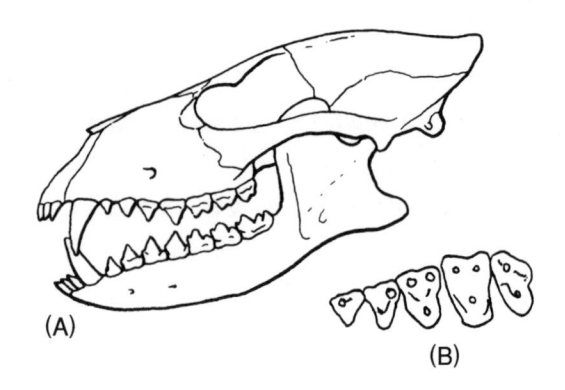

図 27-1 *Protungulatum*，北アメリカの白亜紀後期－暁新世の堆積物から出る既知では最早期の有蹄類．(A)復元された頭蓋と下顎骨の側面．頭蓋の長さ約 5.3 cm．(B)上顎の小臼歯 $P^{3\sim 4}$ と大臼歯 $M^{1\sim 3}$ の咬合面〔左が前方〕．

ゴニドとほとんど同じほどの高さだった．歯牙系におけるこれらの進化傾向は，微妙で捉えにくいように思えるかもしれないが，それでも草食性に向かう広範な適応の始まりを物語るものだった．それとは別に，アルクトキオン科顆節類に属した *Protungulatum* や近縁の諸属は食肉類とのいろいろな類似点を示している——低くてやや長い頭蓋，著しく発達した矢状稜〔頭頂部の正中線上に伸びる稜線〕，歯牙系の咬合面とほとんど同じ平面内にある顎関節，それに大きな犬歯などである．実際，アルクトキオン類は長らく，肉食性哺乳類の原始的な 1 目だった肉歯類のなかに分類されていた．

　有蹄類の進化史はこのような種類に始まり，陸生食肉類のそれと同じく，二つの全般的な発展段階を示した．暁新世－始新世には，極めて多様な原始有蹄類が地球上に広まった早期段階があった．太古の有蹄類は始新世に衰退しはじめたが，一部のものは漸新世まで短期間生きながらえた．それと同じ時代に現代型の有蹄類が興りつつあり，始新世の初めごろから現今まで，多様性と複雑性をたえず増しながら進化する．とはいえ，こうした 2 段階からなる有蹄類の歴史は，南アメリカでは原始的な顆節類から由来した特異な，他の大陸にいたどんな有蹄類とも異なる有蹄類が長期にわたり生存していたことによって，込み入ったものになっている．これら南アメリカの有蹄類は，この大陸が第三紀の末に北アメリカと再びつながるまで生きつづけ，その時期に，北方から侵入する哺乳類の流入を前にして急速に姿を消してしまった．

顆 節 類

　有蹄類の最も原始的なものだった顆節類〔目〕——上記の *Protungulatum* は知られる限りで最早期の代表——は白亜紀後期－暁新世前期の堆積物から現れ，そのためこの仲間の哺乳類が極めて早い時代に分化したことの証拠になっている．これら太古の顆節類のなかには，体が小さく，比較的原始的な歯や鉤爪のある足をもっていたことから，レプティクティス目に属した祖先からあまり離れていないらしいものもあった．実際，二十世紀後期

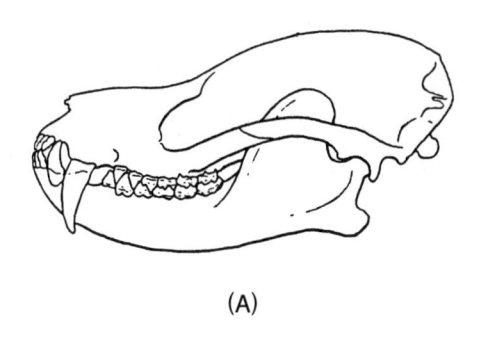

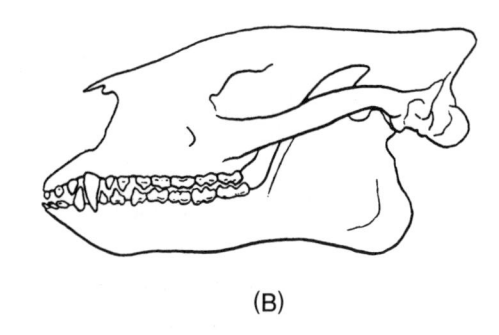

図 27-2 太古の有蹄類の頭蓋と下顎骨．(A) *Deltatheridium*，北アメリカの暁新統から出るアルクトキオン科の一つ．頭蓋の長さ約 13 cm．(B) *Phenacodus*，北アメリカで出る始新世の顆節目の一つ．頭蓋の長さ約 23 cm．

になされた綿密な研究で，長らく肉歯目とされてきた様々な化石哺乳類はじつは顆節目と考えるほうが適切だということが，かなり結論的に明らかになった．わけても，独立の目とされることもある前記のアルクトキオン科がここに含まれる．かれらが長年にわたり原始的肉食性哺乳類と見なされてきたのに今では確かな理由があって原始有蹄類だと考えられていることは，新生代初頭の哺乳類が本質的に一般型だったことを物語っている．つまり，肉食動物と植食動物の違いは，このような大昔には小さかったのである．

さて，アルクトキオン類は一般に小形の動物だった．頭蓋は長くて低く，全ての歯をそなえ，大臼歯は原初のトライボスフェニック型パタンをだいたい維持していた．背中は柔軟そうで，四肢は比較的短く，足には鉤爪があり，そして尾は長かった．暁新世中期−後期の *Tricentes* や暁新世初頭から末期まで生存した *Chriacus* は，永続性のあったこれら原始的種類の代表である．しかし一方，アルクトキオン類のなかには暁新世の間に大形動物に進化したものもあった．北アメリカの暁新世中期の堆積物から出る *Claenodon* や，ヨーロッパの暁新世後期のそれから出る *Arctocyon* がその例である．かれらはクマぐらいの不格好な動物で，たぶん雑食性への適応構造だった鈍い咬頭の歯を備えていた．

こうした動物を始祖として，もっと特殊化した顆節類が暁新世−始新世にさまざまな方向へ放散した．暁新世後期−始新世の *Meniscotherium* のように，歯の形がはっきり進歩を示し，月状歯（円錐形ではなく三日月形の咬頭をもつ歯）に近づいた系統もあったが，しかし足は依然として原型的なままだった．また暁新世の *Periptychus* のように，体サイズが著しく増大し，小臼歯の幾つかが非常に大きくなって奇妙な特殊化を生じたものもあった．暁新世中期−後期には，歯冠は低いが四角ばった頬歯をもち，足指に非常に幅の広い鉤爪をそなえた *Tetraclaenodon* が現れた．この種類はおそらく *Phenacodus*（図 27-2, 27-3）——原始有蹄類のなかで最もよく分かっている種類の一つで暁新世後期−始新世前期に生存した動物——の直接の祖先だったらしいものである．

完全な全身骨格で知られている *Phenacodus* は，祖先形の顆節類がどんなものだったかを大変よく分からせてくれる．これはヒツジくらいか，もう少し大きい中等度サイズの動物

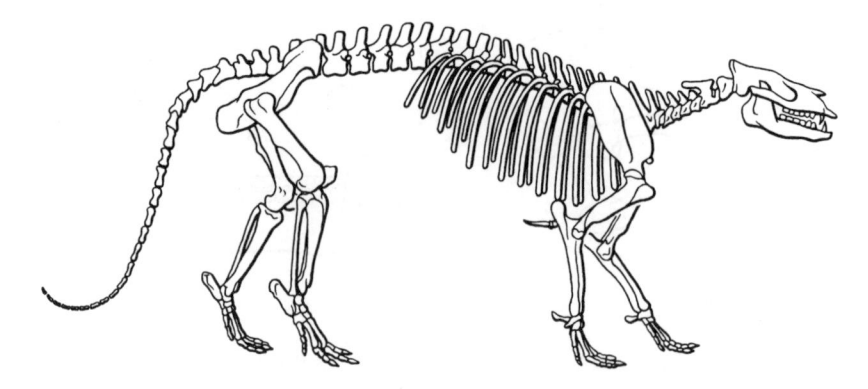

図 27-3 *Phenacodus* の全身骨格．北アメリカで出る始新世の顆節目の一つ．全長約 1.8 m．

だった．この動物はいろいろな点で，なにかの原始食肉類のようにも有蹄類のようにも見えない——頭蓋は長くて低く，尾は非常に長く，四肢は比較的太短く，そして，足部は短くて全ての指を備えていたからだ．犬歯はかなり大きかった．が，頬歯はほとんど隙間なく並び，大臼歯はほぼ四角形の歯冠をもち，上顎大臼歯にはよく発達したハイポコーン，下顎大臼歯には高いタロニドがあった．鎖骨（有蹄類で一般に失われているもの）はもう存在せず，指の先は鉤爪ではなく蹄で終わっていた．*Phenacodus* は明らかに森林か草原で生活した植食動物だったのであり，そうした環境でかれらは食物を求めて広く放浪していたのだろう．また，この動物は駆けるのがあまり達者でなかったらしい．

第三紀前期の大形有蹄類

有蹄類の歴史の早い段階で，かれらの中のあるグループが大形化に向かって進化した．早期の大形有蹄類の目には汎歯類と恐角類があり，後者は"ウインタテリウム類"ともよばれる．属や種は多くなかったものの，かれらは暁新世－始新世の哺乳類動物相のきわめて重要な部分をなしていた．

最も早期の大形有蹄類の一つに，暁新世中期のヒツジくらいの大きさの汎歯類，*Pantolambda* があった．この動物はかなり長くて低い頭蓋をもち，そこにあった犬歯は大きく，上顎大臼歯はほぼ三角形で，三日月形の咬頭を備えていた．四肢はかなり太く，足部は比較的短くて全ての指をそろえていた．これらの指の先にはたしかに小さい蹄があった．*Pantolambda* は動きの遅い有蹄類だったのに違いなく，たぶん木々の若葉を常食にしていたのだろう．

汎歯類が大形動物へ進化したのは，*Barylambda* に見られるとおり暁新世後期の間に急速に進んだ．これは立ったときの肩高が 1.2 m を超える大きな動物だった．この汎歯類の全身骨格は異常に頑丈で，鈍重さと強い体力をもっていたらしい感があり，初期の肉歯類にとってこれを引き倒して仕留めるのは難しかったに違いない．*Barylambda* は大形だったのに頭蓋は比較的小さく，歯牙系は原始有蹄類の型だった．

汎歯類でたぶん最もよく分かっているのは始新世前期の *Coryphodon*（図 27-4）である．

図 27-4　始新世にいた2種類の初期有蹄類．縮尺は同じ．*Uintatherium* は恐角目に属したもので，アフリカの現生カバぐらいの大きさだった．*Coryphodon* は汎歯目の一つ．（ロイス M. ダーリング画）

　これはバクほどの大きさの動物で，強固な四肢と幅広い足部のある頑丈な骨格をもっていた．多くの大形有蹄類に見られることだが，この早期の有蹄類では，四肢骨の上半部の要素（上腕骨と大腿骨）が四肢の下半部や足部の要素に比べて長かった．この型の四肢は大きな体重を支えるには力があるが，速く駆けるのには向いていない．尾は短く，これは有蹄類では普通のことだ．*Coryphodon* の頭蓋は大きく，顎骨は短剣のような長い犬歯を備えており，これは植食性哺乳類として奇妙にみえるが初期の有蹄類では珍しいものではなかった．大臼歯は *Pantolambda* に見られる原型的状態より進んでいた．それぞれの咬合面に顕著な横走稜が2すじあり，*Coryphodon* が現今のバクのように進歩した若葉食動物だったことを示している．

　汎歯類は始新世のあいだ生存しつづけ，少なくともアジアでは漸新世までも生きていたが，そのあと絶滅していった．汎歯類が進化していたころに並行して，早期の全哺乳類のなかでおそらく最大だった恐角類（ウインタテリウム類）が発展していた．北アメリカと

406　第27章

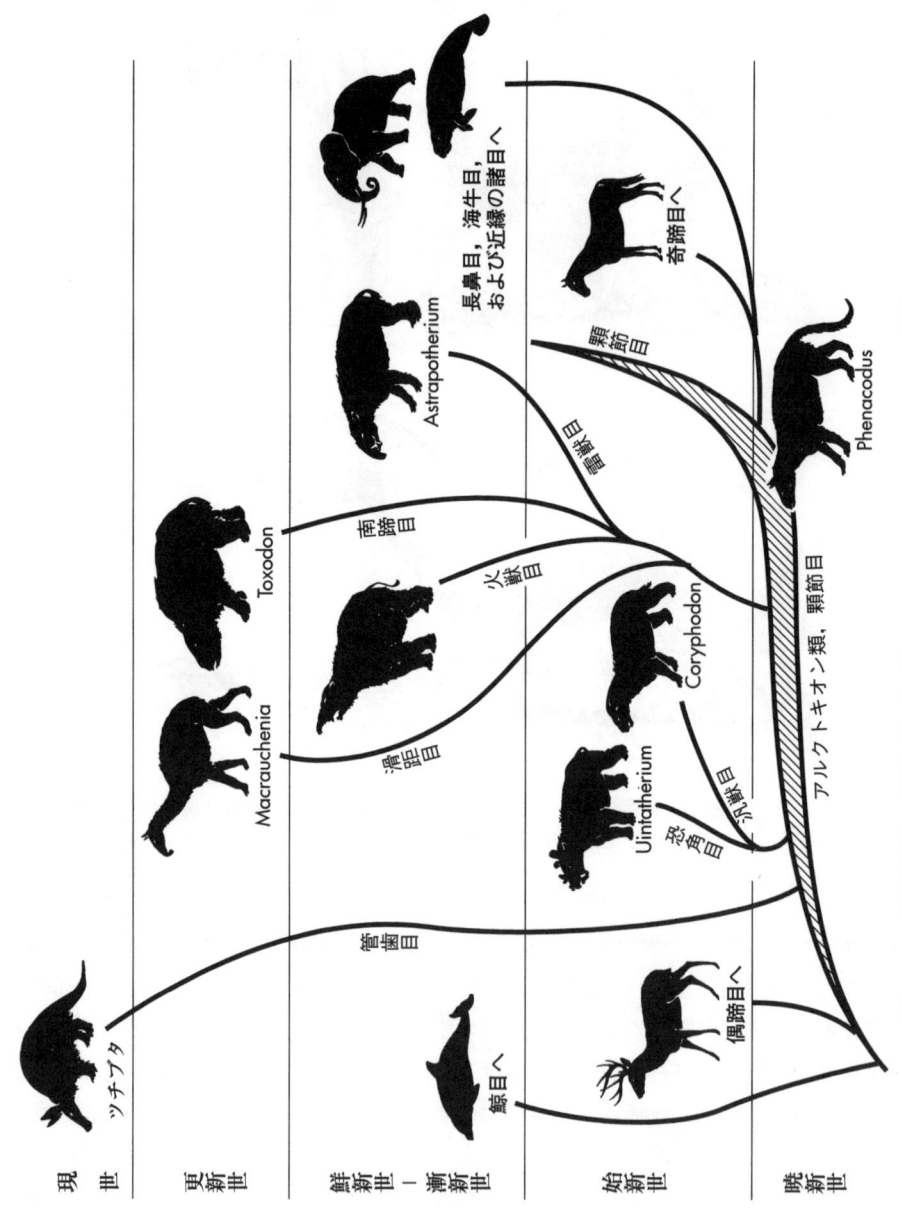

図 27–5　原始有蹄類の系統関係．（旧版のロイス M. ダーリング画の図を改変）

ツチブタ

図 27-6 ツチブタ *Orycteropus* は現在アフリカにすむ哺乳類で，地面に穴を掘ってシロアリを捕食するように著しく特殊化している．小形のブタぐらいのこの動物は管歯目の現存唯一の代表者であり，顆節目に属した祖先から由来したと考えられる．(ロイス M. ダーリング画)

アジアだけから化石として知られるこれらの動物は，暁新世に *Bathyopsoides* や *Prodinoceras* などの属から始まった．他の大形で重々しい有蹄類と同様，骨はすべてかさが高く，四肢は頑丈で，その上半部の要素は長く，下半部と足部の要素は短かった．足部は幅が広く，横に広がるものだった．*Bathyopsoides* の頭蓋は低く，両側に途方もなく長い犬歯を備えていた．下顎の前部には下へ突出した出縁(でぶち)があり，口を閉じたとき剣状の犬歯を裏側から保護するものになっていた．

この系統の有蹄類の発展は始新世後期の *Uintatherium* (図 27-4) で頂点に達した．この種類はサイくらいの大きさで，奇怪にも角を6本——鼻の上に小さい2本，犬歯の上あたりに2本，頭蓋後部に2本——も備えた前後に長い頭蓋をもっていた．この動物では上顎の犬歯が非常に大きく，大臼歯の歯冠に横走稜があった．始新世後期の大形ウインタテリウム類は恐角類の最後のもので，漸新世が始まるまでにこれらの奇妙な巨大動物は絶滅していた．

早期有蹄類のさまざまなグループの進化過程を図 27-5 にまとめておく．

ツチブタについて

ツチブタ *Orycteropus* というのはアフリカにすむ，やや小形のブタほどの大きさの頑強な動物である (図 27-6)．体毛がほとんど無く，皮膚はくすんだ灰色をしている．こぢんまりした胴をもち，きわめて強固な四肢の指に鋭い平爪(ひらづめ)を備えている．長い頭部の鼻吻部は管状で，耳は非常に細長い．尾はがっしりしている．ツチブタは地中に穴を掘り (そのためこの名がある——原語 aardvark はアフリカーンス語で "土の豚" の意)，シロアリを常食にする．強力な爪のある足でその巣を掻きまわし，長く突き出すことのできる舌でシロアリをなめて捕るのである．

アリやシロアリを食べる他のいろいろな哺乳類と同様，ツチブタの歯はひどく退化し，また変形している．切歯と犬歯はまったく無く，円柱状の頬歯が幾つかあるだけだが，こ

れらを顕微鏡で調べると密集した象牙質(ぞうげ)の細管でできているのが分かる．その特徴のゆえに，この哺乳類の目——ツチブタを現生する唯一の代表とする目——に「管歯目(かんし)」という名が付けられた．

　化石による管歯類の歴史は，確実なところ中新世後期より古くはさかのぼらない．大きさや比率などの小さい違いを除いて現生種によく似た化石ツチブタが，インドや地中海の東端付近の島で，鮮新世前期の堆積物から発見されている．ツチブタ類は第三紀後期には確かに現在より広く分布していたのであり，鮮新世より前にもかれらとその祖先らがどこかに生息していたことは間違いない．しかし現在のところ，かれらの早期の歴史については何も分かっていない．

　かつてツチブタは貧歯目と類縁があるとみられていたが，これはシロアリを常食にすることや歯が退化していることによる考え方であった．しかし今では，いろいろな哺乳類がアリ食性に変わり，その結果，歯を失ったことが知られている．ツチブタの骨格を顆節類の骨格と比較してみれば，一連のかなり興味ある類似性が明らかになり，それらの全てがツチブタの祖先は顆節類だったことを暗示する．この特異な哺乳類はおそらく一種の顆節類——社会性昆虫を常食にするという極めて特殊な習性への適応として頭部が著しく変形するとともに，シロアリの塚を掘ることへの適応構造として足部も同じように変形した顆節類——であると考えてよいだろう．

28
偶蹄類

オオツノヒツジ

現代世界の偶蹄類

　現今の有蹄類のほとんどは偶蹄類〔目〕である．そして偶蹄類とは，各足に偶数本，つまり4本または2本の指をもち（絶滅した3本指のアノプロテリウム類は別として），足部の中心線が第3指と第4指の間にある有蹄類のことだ．現生の偶蹄類には，イノシシ・ペッカリー類，カバ類，ラクダ・ラマ類，小さなマメジカ類，シカ類，キリン類，北アメリカのプロングホーン，ヒツジ・ヤギ・ジャコウウシ・レイヨウ類，それに，ウシ類が含まれる．この名簿自体が，いま世界に生息する偶蹄類がいかに多様かを物語っている．偶蹄類が現代世界でどれほど優勢な植食性哺乳類であるかを認識するには，北アメリカ東部にすむオジロジカ，白人入植者がやってくる前に西部の大草原にいたバイソン，あるいはアフリカの草原地帯にいるレイヨウ類の大群などを思い浮かべるだけでよい．むろん偶蹄類はいま文明の広まりによって脅かされているが，これはごく最近の現象である．急増するヒトの人口，小火器，自動車，航空機，トラクターなどの影響のもとに偶蹄類が追いつめられていることは，迷惑を受けているこれらの有蹄類の側に活力が乏しいことの証拠だとみることはできない．

　人類はシカ類，レイヨウ類，その他あらゆるサイズの偶蹄類を何万年とまで言わないにせよ何千年にもわたって狩りの対象にしてきた．それほど偶蹄類は長い期間にわたり我々の祖先と我々自身にとって，極めて重要な動物である．しかも，かれらの重要性は文明が始まって以来このかた増大している．なぜなら，これらの動物の家畜化は実際，農業的革命の大きな進歩の一つだったと考えることができるからだ．多くの種類の偶蹄類──イノシシ・ブタ，ラクダ，ラマ，ある種のシカ，様々なヒツジ，ヤギ，そしてウシなど──は荷物を運ぶ動物として，食料として，また毛や羊毛や皮革の供給源として利用されており，かれらは今後も長く世界のあらゆる地方でこれら全ての目的のために利用されつづけていくだろう．

偶蹄類の特徴

　偶蹄類はさまざまな適応形態を見せるにもかかわらず，骨格と軟部構造の全体にわたる多数の共通特徴により一つの群とみることができる．この目の名の基になった四肢の指の基本的配列については上に触れたが，繰り返して言えば，一般に各足に2本または4本の指があり，足部の中心線は第3指と第4指の間にある．第1指が存在することは，最も原始的な偶蹄類でもめったにない．足根〔足首〕では距骨が特徴的で（図28-1G），それは二つの"滑車"をもち，上部にある滑車は脛骨と関節し，下部にある滑車は足根の他の骨と関節する．これは，奇蹄類やその他の有蹄類がもつ"単一滑車"の距骨とまったく異なるものだ．"二重滑車"の距骨のおかげで後肢の屈伸の範囲が大きく，そのため偶蹄類には大きな跳躍能力をもつものが多い．こうした奇蹄類との相違点に加えて，偶蹄類の特色はまた大腿骨の骨幹部に"第三転子"という小突起をもたないことにある．進歩した偶蹄類では，前腕部で橈骨と尺骨が融合し，下腿部で腓骨が脛骨に合体して副木のようなものに

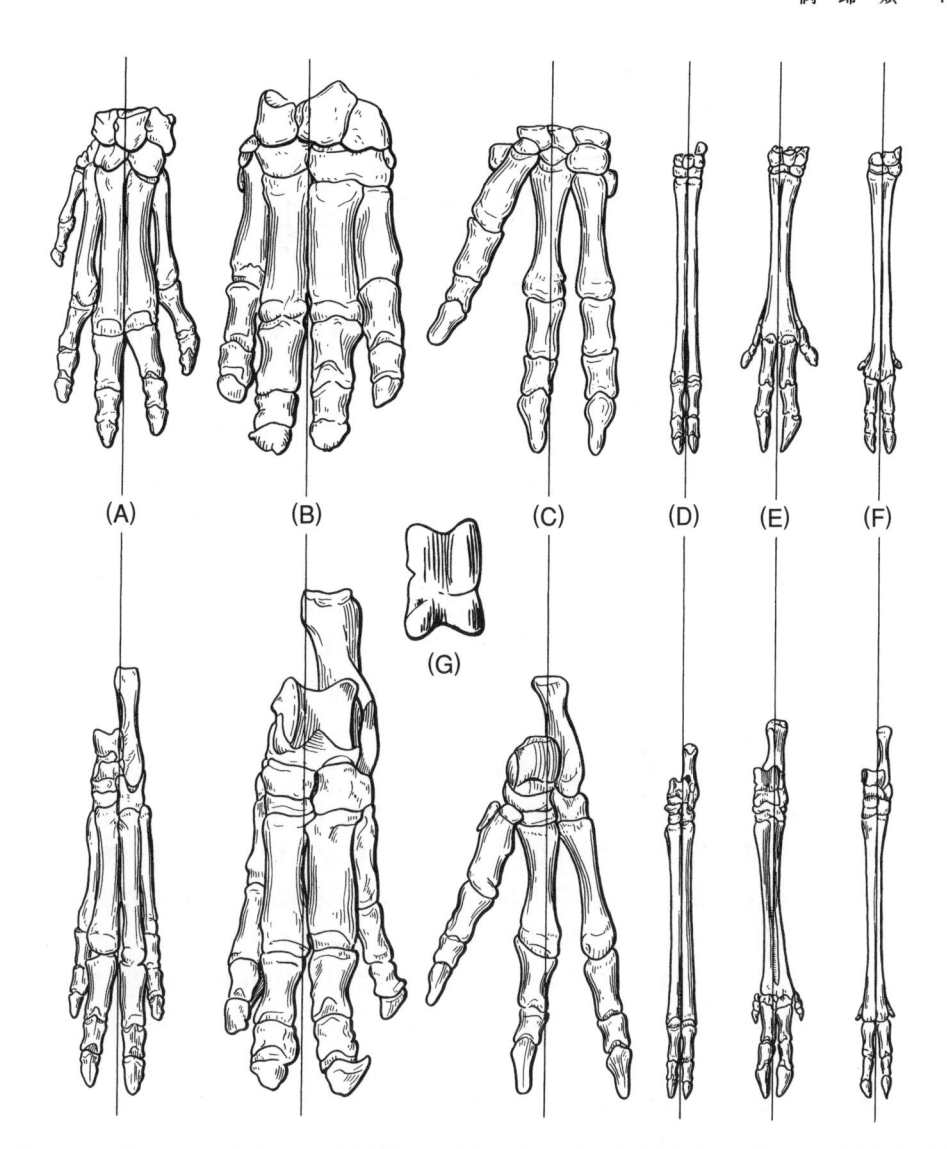

図 28-1 偶蹄類の左の前足(上)と後足(下). 比較しやすいように指骨の長さを同じにそろえてあり, 縦の直線は各足の中心線を示す. (A)*Bothriodon*, 漸新世のアノプロテリウム類. (B)*Hippopotamus*, 現生のカバ. (C)*Diplobune*, 漸新世のアノプロテリウム類. (D)*Oxydactylus*, 中新世のラクダ. (E)*Hippocamelus*, 更新世のシカ. (F)*Merycodus*, 鮮新世のプロングホーン〔エダヅノレイヨウ〕類. (G)偶蹄類の距骨. 滑車状になった上の関節面 (脛骨に接続) と下の関節面 (足根の他の骨に接続) を示す.

退化していることがある. ふつう, 第3指と第4指の根元の長い骨である中足骨が融合して1本の骨になり, "砲骨"〔馬脛骨〕とよばれることもある.

　偶蹄類は奇蹄類と同じく一般に, 複雑な消化器官と大きな肺を収容するでっぷりした胴をもっている. 背中は強固で, 大半の偶蹄類はそこに後肢の筋肉と共にはたらく強力な筋肉系を備え, それらが四肢の前進力を増強する.

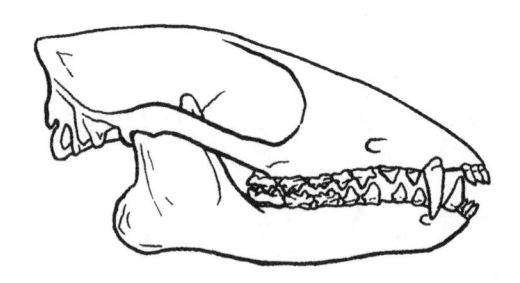

図 28-2 北アメリカで出る始新世の偶蹄類，*Homacodon* の頭蓋と下顎骨．頭蓋の長さ約 6.5 cm.

　原始的な偶蹄類は歯を全数そろえていたが（図 28-2），かれらの進化過程で上顎切歯が退化するという強い傾向が生じた．その結果，多くの偶蹄類では切歯がすべて消失し，代わって 1 枚の強靭なパッド——下顎切歯が当たる肥厚〔包丁に対するまな板のようなもの〕——が発達し，これが極めて効率のよい草刈りの仕組みになった．このような偶蹄類では，下顎の犬歯はふつう切歯の形になって切歯列に連なる位置にあるため，下顎には合計 8 本の草刈り用の歯がならぶ．ただし一部の偶蹄類では，犬歯は短剣のような形の歯で闘争と防衛に使われるのだが，他のほとんどの種類では犬歯はさまざまな程度に退化し，あるいは消失している．

　偶蹄類の頬歯——ふつう歯隙によって前歯列から離れている——では（図 28-3），小臼歯が著しい大臼歯化をしめす場合は少ない．原始偶蹄類では頬歯は歯冠の低い型（"丘状歯"）だが，多くの進歩した種類では頬歯は三日月形の咬頭をもつ歯冠の高い歯（"月状歯"）になった．最も原始的なものは別として，偶蹄類の上顎大臼歯はほぼ四角形の歯冠をもっている．しかし，歯の後内側隅は他の有蹄類のようにハイポコーンでできているのではなく，一般にこの部分は，ふつうメタコーンとハイポコーンの間の中間咬頭であるメタコニュールが拡大したものでできている．歯にこの構造をもつ進歩した偶蹄類ではハイポコーンは存在しない．

　当然予想されるとおり，偶蹄類の頭蓋（図 28-4）は歯の特殊化と相関し，あるグループでは，枝角や洞角の発達と相関した比率と適応構造に変化をしめす．進歩した種類では，顔面が一般に長くて上下に高く，頭蓋後部の諸骨が強く押しつめられている場合が多い．これはとりわけ，角をもつ偶蹄類について言える．

　新生代後期における偶蹄類の繁栄は，この目の大きな部分を特色づけている複雑な消化器系に要因を帰することができる．反芻類〔亜目〕とよばれる現生偶蹄類では，胃が 3 室または 4 室に分かれている．植物性食物は，取り込まれたあと胃の始めの 2 室（瘤胃と網胃）に送られる．ここでそれは微生物の作用で分解され，泥状の食塊になる．それからこれは小さい塊として口の中へ吐きもどされ，さらに十分に咀嚼される．これが"反芻"とよばれるもので，反芻類だけの特徴である．食塊は咀嚼されてから呑み下され，胃の第 3 と第 4 の室（葉胃と皺胃——マメジカ類は葉胃をもたない）へ送られて消化が続けられる．特に重要なのは摂取された植物質から栄養を十分に取り出すことだが，複雑な反芻胃のお

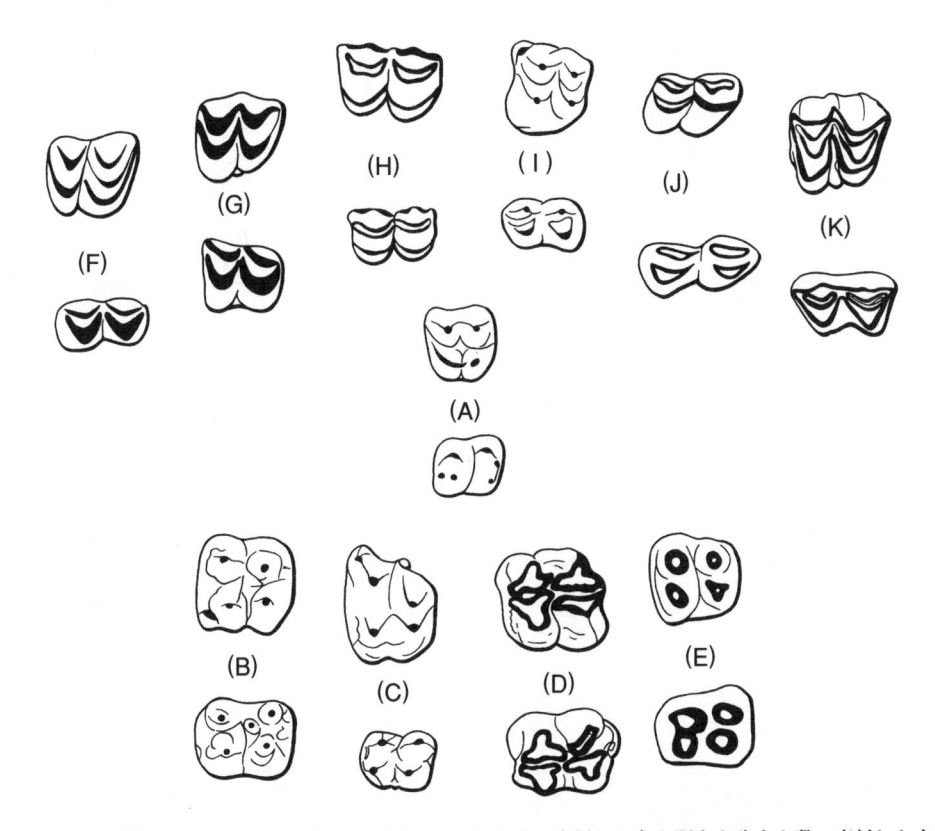

図 28-3 偶蹄類の歯冠の咬合面．縮尺は不同．どの場合も，磨耗した左上顎大臼歯を上段，磨耗した右下顎大臼歯を下段にしめす．(A)始新世のディコブネ類 *Diacodexis*，祖先形に近い歯をもつ一般型偶蹄類．(B, C, E)円錐形の低い咬頭をもつ丘状歯型の歯．(B)中新世のイノシシ，*Palaeochoerus*．(C)漸新世のアントラコテリウム類，*Heptacodon*．(D)更新世の化石カバ類，*Hippopotamus*．低い三日月形の咬頭のある丘状月状歯型の歯をもつ．(E)中新世のエンテロドン類，*Dinohyus*．(F-K)高まった三日月形の咬頭のある月状歯型の歯．(F)漸新世のカイノテリウム類，*Cainotherium*．(G)漸新世のオレオドン類，*Merycoidodon*．(H)中新世のラクダ，*Oxydactylus*．(I)始新世のヒペルトラグルス類，*Archaeomeryx*．(J)更新世-現世のシカ，*Odocoileus*．(K)鮮新世のレイヨウ，*Selenoportax*．

かげでこれが可能となる．またこの複雑な過程により，反芻類の動物は大量の植物性食物を急いで取り入れ，その後，外敵に襲われることのない安全な場所に移ってから食塊を十分咀嚼してゆっくり消化することが可能になる．食物を取りあえず取り込み，後でのんびり消化するという適応は，捕食性のつよい食肉類が大動物捕食者としてだんだん大きくなり有能になりつつあった新生代の後年に，他の有蹄類を超える大きな有利性をこれらの反芻類に与えるものだった．

さて，偶蹄類のなかに生じた上記のような基本的特徴に反映している進化傾向は，次のように要約してよいだろう．

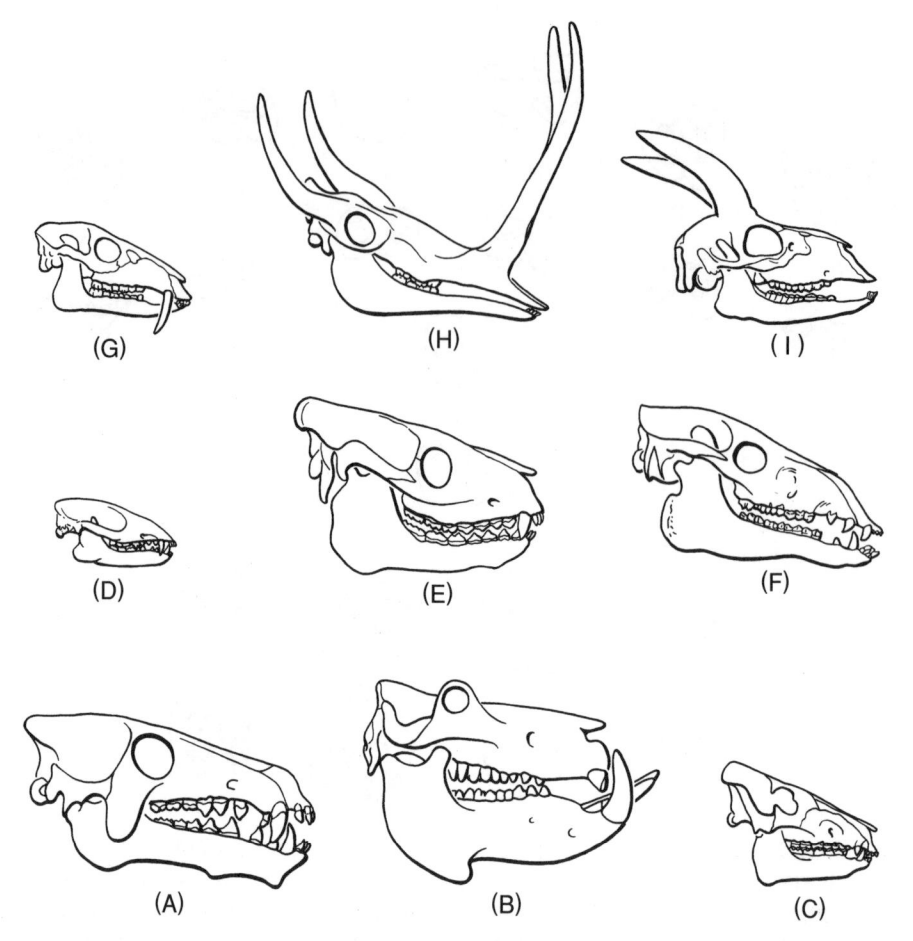

図 28-4 種々の偶蹄類の頭骨．(A)漸新世のエンテロドン類，*Archaeotherium*．頭蓋の長さ約 36 cm．(B)更新世のカバ，*Hippopotamus*．頭蓋長約 68 cm．(C)漸新世のペッカリー，*Perchoerus*．頭蓋長約 20 cm．(D)始新世のディコブネ類，*Homacodon*．頭蓋長約 7.5 cm．他のすべての図がしめす，多様に分岐した種類の祖先形に形態上近かった早期の偶蹄類．(E)漸新世のオレオドン類，*Merycoidodon*．頭蓋長約 23 cm．(F)中新世のラクダ，*Oxydactylus*．頭蓋長約 34 cm．(G)中新世の原始的なシカ，*Parablastomeryx*．頭蓋長約 13 cm．(H)鮮新世のプロトケラス類，*Synthetoceras*．頭蓋長約 63 cm．(I)現世のレイヨウ類，*Gazella* の鮮新世の 1 標本．頭蓋長約 17 cm．

歯 牙：
　　丘状歯型の大臼歯　→　月状歯型の大臼歯
　　上顎切歯がある　→　上顎切歯がない
　　下顎犬歯は普通　→　下顎犬歯は切歯と同形

足 部：
　　指は4本　→　指は2本
　　指骨はそれぞれ独立　→　第3・第4中足骨が融合

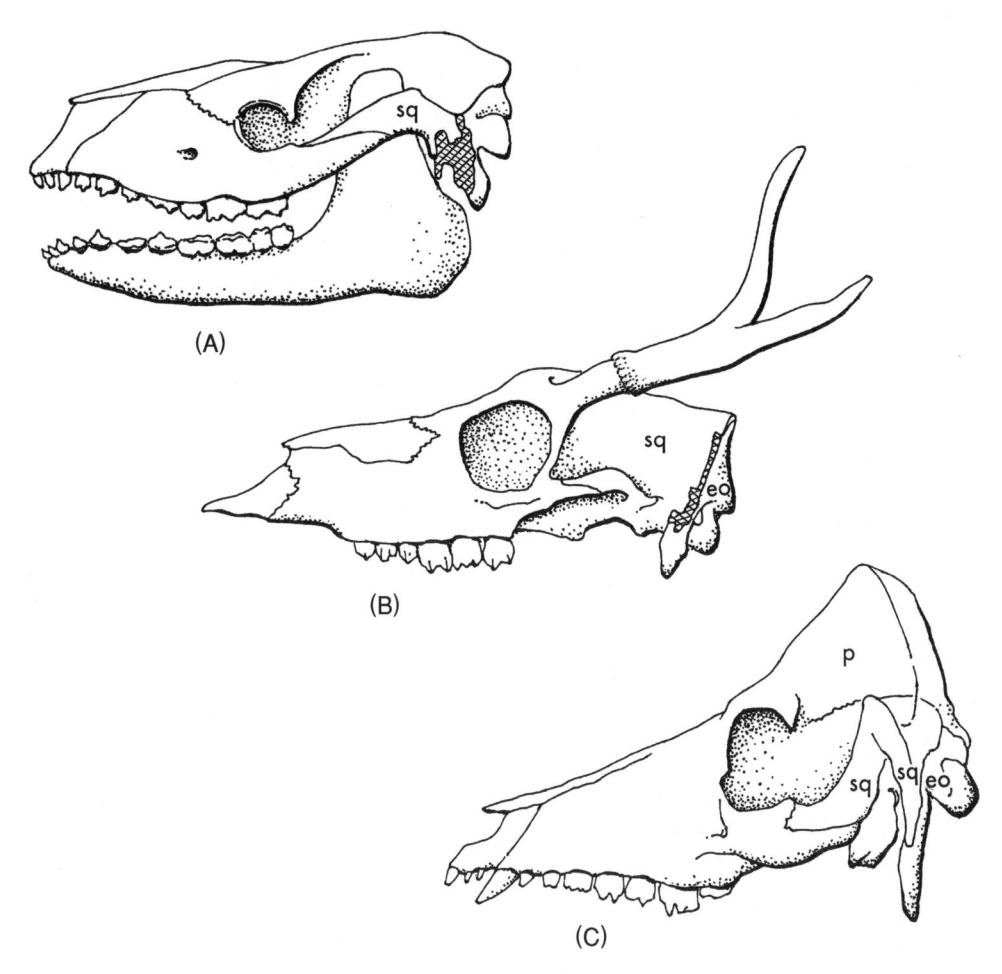

図 28-5 偶蹄類3種の頭蓋の左側面．有乳様部状態と無乳様部状態をしめす．(A)始新世のアノプロテリウム類，*Diplobune*. 乳様部（斜交線部分）が現れている原始的状態をしめす．(B)若い現生オジロジカ，*Odocoileus* (*Dama*) *virginiana*. 有乳様部状態が存続している反芻類の一つ．(C)ブタ，*Sus scrofa*. 無乳様部状態をしめす．鱗状骨が後方へ広がって外後頭骨と広く接触し，乳様部を覆い隠している．略号については viii ページを参照．〔頭蓋の後下部で下へ突出する骨突起は"乳様突起"．〕

頭　蓋：
　　前頭骨は平滑　→　前頭骨にしばしば枝角または洞角

消化器系：
　　非反芻性　→　反芻性

　大体において，上記の左側にあげた比較的原始的な形質は古歯亜目，猪豚亜目，およびアンコドン類〔カバ類の1群〕の特徴であるのに対して，右側にあげた比較的進歩した形質は核脚亜目と反芻亜目の特徴である．しかし区別は必ずしもそれほど単純明快ではなく，例外がいくらでもある．例えばアンコドン類には，月状歯型の大臼歯をもつものがある―

方，大臼歯が月状歯型の外側咬頭と丘状歯型の内側咬頭をもつものもあって，これは丘状月状歯型とよばれる状態である．さらに，知能のような化石資料では調べることのできない属性については，猪豚亜目，とりわけイノシシ類は反芻亜目より進歩している．

耳領域の骨格のある特徴が，イノシシ類とその親類を猪豚亜目として独立させる．大半の偶蹄類では他のほとんどの哺乳類と同じように，岩様骨〔側頭骨錐体〕の一部が頭蓋の耳のすぐ後ろに現れており，この骨の現れを乳様部という（図28-5）．乳様部のこの状態は偶蹄類でも一般の哺乳類でも原型的なものだ．ところがイノシシ類や他の猪豚類では，鱗状骨〔側頭骨鱗部〕がさらに後方へ広がり，それが外後頭骨と広く接触して乳様部の領域を覆いかくす．この無乳様部状態――頭蓋の表面に乳様部が現れない状態――は猪豚亜目が共有する派生形質であり，猪豚類を比較的原始的な偶蹄類からも反芻類からも分け隔てるのである．

偶蹄類の基本的分類

偶蹄類は齧歯類に次いで，分類するのがおそらく最も難しい哺乳類群である．現生の偶蹄類だけを取り扱う場合，これらの動物を科レベルより上の高次の分類群に配置するのは比較的容易なことだ．しかし絶滅した偶蹄類の大群（この目の化石記録は豊富なものの一つ）を考慮に入れようとすると，たちまち困難にぶつかる．これまで多数の古生物学者が偶蹄類の分類のややこしさと格闘してきたのであり，結論はその問題に取り組んだ人たちと同じだけ多数あった．実際，齧歯類の分類に関連して以前に引用した「誰もが他の誰かの分類方式に不都合を指摘することができる」という言明が，ここでも同様に当てはまるのである．

現生偶蹄類は，区別の明らかな8群の科にしごく明快に分けることができる――イノシシ・ブタ類，ペッカリー類，カバ類，ラクダ類，マメジカ類，シカ類，キリン類，およびウシ類（ヒツジ，ヤギ，レイヨウ，ウシ，それに北アメリカのプロングホーン）である．このリストに絶滅した偶蹄類の無数の科を加えようとすると，多数の科を合理的で使用可能な何らかの配列にグループ分けするには，幾つかの亜目が必要だということがすぐ分かってくる．

これまで，さまざまな分類体系が提唱されてきた．一つは偶蹄目を"非反芻類"と"反芻類"――食塊の噛み直しをしないものとするもの――に分けるものだ．（これは，絶滅した偶蹄類に当てはめる基準としては容易なものではない．）もう一つの方式は3区分を認めようというもので，ラクダ類を反芻類から分ける．かれらは食塊の噛み直しをするのだが，この現生の砂漠生息者らは始新世後期いらい異なる偶蹄類だったからだ．もう一つある3区分の方式は，ラクダ類は反芻目の中にとどめるが，この目のきわめて原始的なメンバー（始新世の）を別の亜目として独立させようというものである．これらの他にも，ある方式では偶蹄目のなかに4群，5群，さらにはもっと多くの亜目を設けようとする．

本書では次のように4群の亜目を認めることにする．

偶蹄類 417

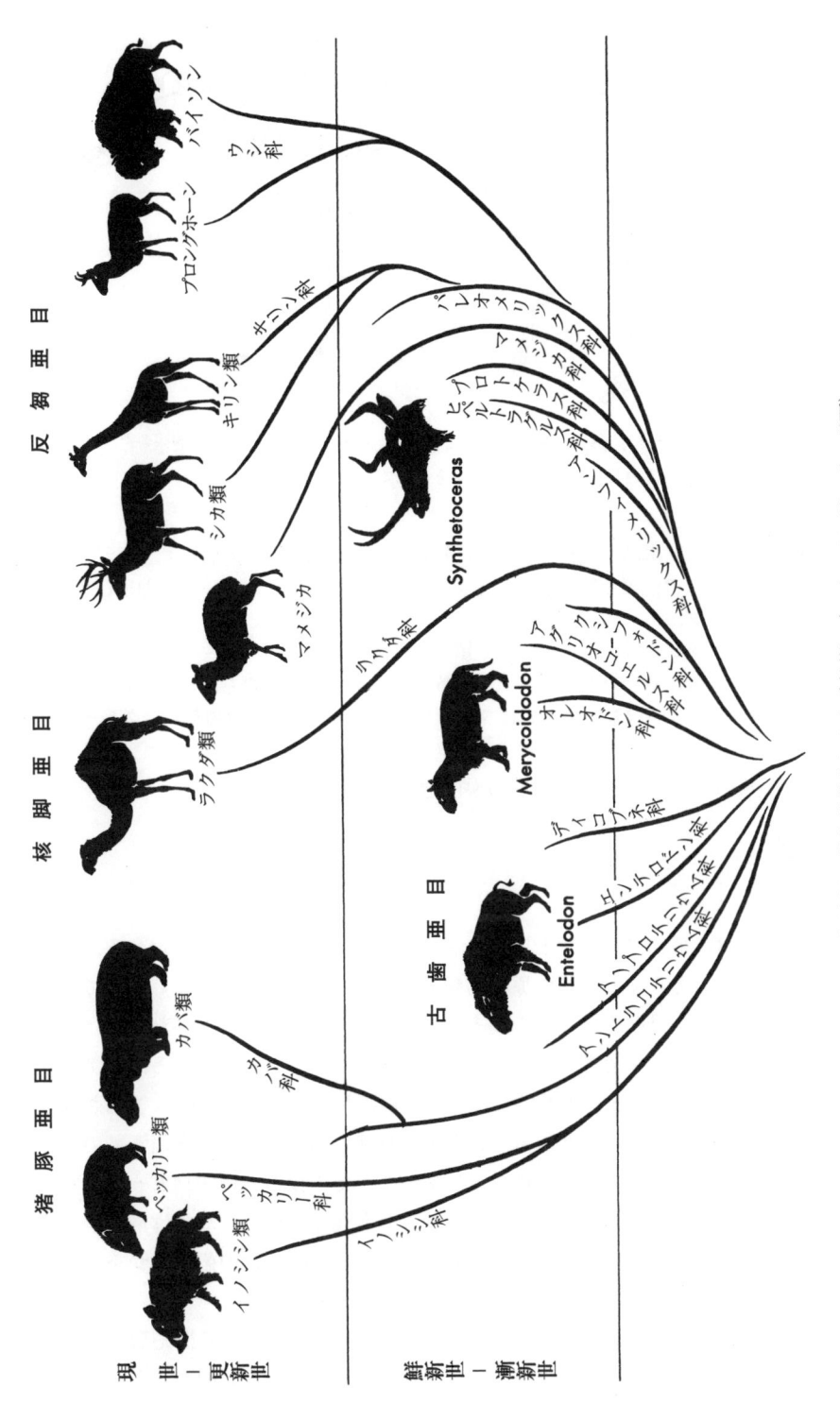

図 28-6 偶蹄類の進化過程をしめす系統樹．(ロイス M. ダーリング画)

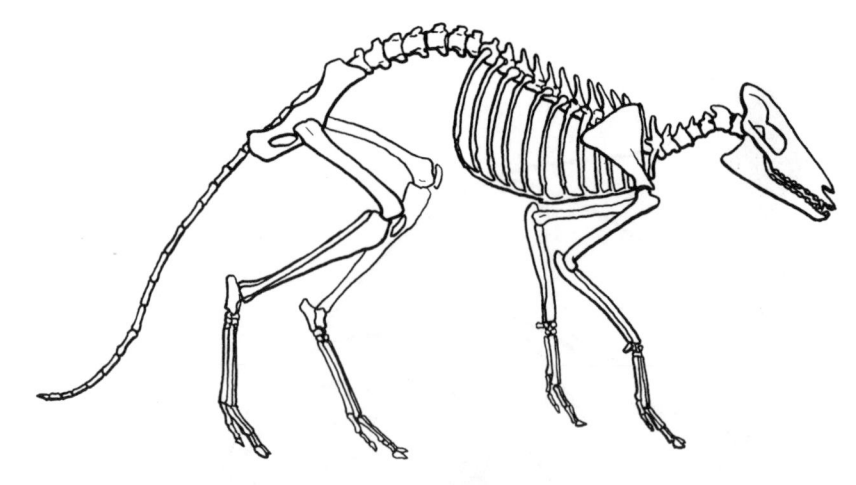

図 28-7 始新世前期に北アメリカにいた偶蹄類，*Diacodexis*. アナウサギほどの大きさで（全長約 50 cm），長い四肢やそのほか，疾走に適した著しい適応形態を示していた．

古歯亜目：耳領域に乳様部が現れている非反芻類からなる原始的なグループ．
猪豚亜目：無乳様部の頭蓋を特徴とし，イノシシ・ブタ類，ペッカリー類，およびカバ類を含むグループ．
核脚亜目：ラクダ類と絶滅したオレオドン類を含むグループ．
反芻亜目：完全に分かれた胃を備えて食塊の噛み直しをする動物たちで，シカ類，キリン類，ウシ類，レイヨウ類，それに，マメジカ類と絶滅した近縁動物を含むグループ．

これら 4 亜目の進化過程を示したものが図 28-6 である．

古　歯　類

ディコブネ類とエンテロドン類

　最初の偶蹄類は，最初の奇蹄類と同じように始新世前期の堆積物から現れる．これら早期の偶蹄類には，おそらくある種の原始的顆節類からあまり離れていない極めて古代的なものもいた．そして，早期の幾つかの属をこの目に入れるのが適切とされるのは，主として，足根部に特徴的な二重滑車をもつ偶蹄類型の距骨があったことによる．北アメリカの始新統下部から出る *Diacodexis*（図 28-7）が早期偶蹄類の一典型である．予期されるとおりこれは小形の動物で，細い四肢をもち，各足に機能のある 4 本の指を備えていた．頭蓋は丈が低く，眼窩はその側面の中央部付近にあって，その後ろの側頭窩と一体になっていた．歯牙は全数がそろっており，犬歯もかなりよく発達していた．頬歯は歯冠が低く，上顎大臼歯は原型的なほぼ三角形の形を維持し，実質的に 3 咬頭性の歯冠をつくっていた．前に図 28-2 に示した *Homacodon* はこれと近縁な種類だった．

　Diacodexis のような動物は，後代の偶蹄類のほとんど全てにとって祖先形だった可能性がある．実際，*Diacodexis* や *Homacodon* は，古歯類のなかで最も原始的だったディコブネ上科の早期のメンバーであった．ディコブネ類は始新世に北アメリカ，アジア，およびヨー

図 28-8 *Archaeotherium* は漸新世のエンテロドン類の一つ．高さ約 1 m．

ロッパにわたり広く分布していたが，当時かれらは植食性有蹄類の役割を早期の奇蹄類と分かち合っていた．始新世の後半にはディコブネ類のなかに幾らか特殊化するものが現れ，そのうちの少数が漸新世まで生き長らえ，そののち最終的に絶滅した．

ところで可能性が極めて大きいのは，早期のディコブネ類が，始新世ないし漸新世前期に興った他の非反芻類グループの祖先だったらしいことだ．これらのグループの一つは，ディコブネ類との明らかな類縁を示し，始新世後期から中新世まで生存したエンテロドン類である．

エンテロドン類（図 28-8）は早くから大形化に向かいはじめ，そのあるものは漸新世に現生のイノシシくらいになった一方，中新世前期にはバイソン〔アメリカヤギュウ〕ほどもある大動物になった．これらの動物は幾つかの点で多少イノシシに似ており，そのためかれらは"大イノシシ"ともよばれるが，かれらはイノシシ類ではなかったからこうした呼び名は誤解のもとになる．そのエンテロドン類の大きな特徴になった進化傾向が二つあった――疾走に適した長い脚と足および真っすぐな背中が発達したこと，そして頭蓋と歯牙が真に巨大な比率にまで成長したこと，である．四肢が長くなるにつれて各足の両側の指が退化し，その結果エンテロドン類の歴史の早い段階でかれらは 2 指型の偶蹄類になった．これらの傾向をしめす好例は漸新世の *Archaeotherium* と中新世前期の巨大な *Dinohyus* で，いずれも北アメリカで出るものだ．

頭部が著しく大きくなった例はバイソンほどの大きさの *Dinohyus* で，頭蓋の長さは 1 m を超えた．しかし脳頭蓋は比較的小さかった．顔面部が長く，後寄りにあった眼窩は完全に骨壁で囲まれていたので側頭窩――強大な顎筋群が入っていた場所――から隔てられていた．頬骨弓〔ほおぼね〕と下顎骨の縁には，大きな出張りがあり，筋肉の付着点だったのだろう．歯列では全ての歯がそろっており，犬歯は途方もないサイズだった．頬歯は丘状歯型で円錐形の咬頭をもち，大臼歯は上下顎ともほぼ四角形で 4 個の咬頭を備えていた．

漸新世-中新世前期の間，エンテロドン類は北半球の哺乳類相の際立ったメンバーだった．その後かれらは絶滅したのだが，おそらくは，知能がもっと高かったらしいイノシシ類やペッカリー類との競争の結果だったのかもしれない．

猪　豚　類

イノシシ類

　最初のイノシシ類とペッカリー類は漸新世前期のもので，前者は旧世界，後者は北アメリカに現れた．これらの偶蹄類は確かに類縁関係が近いのだが，それぞれの全系統発生史にわたり旧世界と新世界で実質的に別々の分布範囲を維持してきた．だから，これら2群は並行した歴史をもっているわけである．

　最初のイノシシ類の一つ，*Propalaeochoerus* は漸新世前期にヨーロッパに生存していた．この初期イノシシは，始新世の原始的なディコブネ類よりはかなり大きかったが，まだまだ小形の偶蹄類だった．それは中程度の長さの四肢，4指型の足部，そして適度に長くて低い頭蓋をもっていた．犬歯がよく発達し，歯冠の低い頬歯は丘状歯型で円錐形の咬頭を備えていた．大臼歯は前後にやや長く，各歯に4個の主咬頭があった．

　このような動物に始まったイノシシ類の進化過程の特色は，体サイズがかなり大きくなったこと，頭蓋，とくに顔面部が非常に長くなり，同様に歯も長くなったこと，大臼歯の歯冠が表面エナメル質のちぢれによって複雑化したこと，犬歯が外側へ湾曲した牙（きば）に発達したこと，そして，中央の2指に重点のある4指型の足が維持されたこと，などにある．イノシシ類が新生代中期-後期に進化する間に適応放散のさまざまな系統に枝分かれした結果，かれらは偶蹄類のなかでも多彩多様なグループになった．しかしその多様さにもかかわらず，イノシシ類はすべて同様の習性を維持しているようで基本的に山林の動物であり，そこでかれらはあらゆる種類の食物をもとめて鼻で地面を掘り返すのに長い時間をかけている．またイノシシ類は知能の高い哺乳類で，そのゆえに，競争の激しい世界にあって自分たちの立場をよく守ってくることができた．

　現生のイノシシ類のうち，*Sus* は馴染み深い家畜のブタであり，野生状態ではヨーロッパの大形イノシシ——非常に長い頭部と大きな気味悪い牙（犬歯）をもつ，行動範囲が広くて好戦的な動物——が典型である．イノシシ類にはこのほか，いずれもアフリカ産のカワイノシシ *Potamochoerus*，大きなモリイノシシ *Hylochoerus*，著しく特殊化したイボイノシシ *Phacochoerus* などがある．アジアでは全体にイノシシ類がありふれており，インドネシアのスラウェシ島には奇妙なバビルーサ *Babirussa* ——牙〔特に上顎の犬歯〕が頭蓋の上で大きな曲線をなして伸びる動物——がいる．約200万年前にはアフリカ東部のオルドヴァイ峡谷に，サイのそれとほぼ同じくらい大きな下顎骨をもつ本当に巨大型のイボイノシシ *Notochoerus* が，最早期のヒト科アウストラロピテクス類の同時代動物として生存していた．

　イノシシ類は旧世界の文明が発展するなかである早い時代に家畜化され，それらは過去数千年の間に人類によって世界の隅々まで，太平洋の最も僻遠の島々にさえも移し入れられた．現在の家畜ブタの祖先はアジア産だったと考えられる理由が十分にある．

ペッカリー類

　漸新世の早期のペッカリー〔ヘソイノシシ〕類の一つ，*Perchoerus* が北アメリカに生息していたのは，ヨーロッパに *Propalaeochoerus* が生存していたのと同じ時代である．知られている最初のペッカリー類と知られている最初のイノシシ類の類似点は目を見張るほどのものだったが，これら北アメリカの動物は，イノシシ類を特徴づける進化傾向からだんだん離れる傾向をたどった．ペッカリー類はいくらか体サイズの増大を示したが，イノシシ類ほどではなかった．ペッカリー類では走ることに一層の重点があって，かれらの脚は長く，各足の内外両側の指は退化して痕跡のようになった．大半のペッカリー類の頭蓋はイノシシ類でほど極端に長くなったことはなく，頭蓋は比較的短くて丈が高かった．犬歯はかならず下向きと上向きに真っすぐで，鋭利なハサミのように対向して作用した．さらにペッカリー類の大臼歯は，イノシシ類の細かくしわの寄った歯冠と比べて，ふつうは単純な形である．

　ペッカリー類は *Perchoerus* に始まり，北アメリカで中新世−鮮新世に二つの幅広い適応放散の系統にそって進化した．その一つは鮮新世の *Prosthennops* や更新世の *Mylohyus* を典型とするもので，顔面がかなり長くなったことと，頬骨弓にしばしば大きな出張りが発達したことに特徴があった．この進化系統は一時期さかえたが，更新世の間に絶滅した．もう一つの系統は中新世の *Hesperhys*，更新世の *Platygonus*，現世の *Dicotyles* や *Catagonus* に代表されるもので，かなり丈の高い頭蓋と，しばしば顕著な横走稜のある前後に短い大臼歯を特徴としていた．*Catagonus* という属は *Platygonus* と類縁のある鼻吻部の長いペッカリーで，南アメリカで見つかった更新世の標本により以前から知られていた．ところが 1975 年，パラグアイのある孤立した有棘叢林と避難草原で現生する *Catagonus* の個体群が発見された．面白いことに，これらの"生きている化石"は *Catagonus wagneri* —— 1948 年に初記載された更新世の種——と同定されている．この系統はいま，合衆国南部からメキシコ，中央アメリカ，さらに南アメリカにかけて棲むペッカリーとして生き長らえているのである．他の数々の北アメリカ起源の哺乳類と同じように，ペッカリー類も更新世に北方から南アメリカへ入ったことを化石の証拠が物語っている．

アントラコテリウム類とカバ類

　始新世中期−後期にはアントラコテリウム類〔上科〕とよばれる偶蹄類の一群が興ったが，これらはやがて広く分布し，更新世にもおよぶ長い歴史をもつことになる．かれらは第三紀の大半にわたってユーラシア一帯に急速に広がり，漸新世にはそのなかの一部が北アメリカに侵入し，そこで中新世にまで短期間生存をつづけた．これらは全体的にイノシシに似た動物で，中程度の長さの脚と 4 指型の足をもっていた．頭蓋は長くて低く，そこに全数そろった歯牙系があった．早期のアントラコテリウム類では頬歯は円錐形の咬頭のある丘状歯型だったが，かれらが進化するにつれて，月状歯型つまり三日月形の咬頭が発達する傾向がつよく現れた．最早期のアントラコテリウム類はある種の原始的古歯類に極めて近似で，その祖先を暗示するものだったが，かれらが進化するうちに確かに河川か川岸での生活にむけて特殊化するようになった．実際，アントラコテリウム類の最後のもの

には，更新世の *Merycopotamus* のように，頭骨の形態や歯牙の発達についてカバ類に似た動物もいた．

ここでたぶん意味深いのは，化石記録のなかに中新世後期ないし鮮新世前期まで，カバ類の形跡が見当たらないことである．カバ類とある種の進歩したアントラコテリウム類が類似していた故に，カバ類は後代のある種のアントラコテリウム類から分岐したものだ──カバ類はある意味で特殊化したアントラコテリウム類が生き延びたものだ──と考えるのは筋が通っている．カバ類の特徴は広く知られているから改めて解説するまでもないが，簡単に言えば，かれらは短い四肢と4指型の幅広い足をもつ，大形で重々しい偶蹄類である．頭蓋は巨大で，眼窩は高い所にあり，下顎骨は非常に丈が高い．切歯と犬歯は大きい．各大臼歯の歯冠には4個のミツバ型の咬頭があり，これらはアントラコテリウム類の歯の月状歯型咬頭から由来した可能性がある．

カバ類は更新世の間，ユーラシアからアフリカにかけて広がっていたが，現在では分布域がひどく限られてしまっている．

アノプロテリウム類

偶蹄類のなかで風変わりなのは，時間的には始新世と漸新世の一部だけ，空間的にはヨーロッパだけに限られていたアノプロテリウム類である．これらはほぼイノシシ類くらいの大きさの動物だった．頭蓋は全体に原始的で前後に長く，丈が低かった．歯牙系は表面的には南アメリカにいたある種の有蹄類のそれに似ていて，切歯から最後位の大臼歯まで隙間なく連なって形態と機能の移り変わる歯列をなしていた．後年のアノプロテリウム類が特異な偶蹄類だったのは各足が3指型だったからで，これは第2指が大きな指として維持され，第5指が退化消失した結果であった〔図28-1C〕．

アンコドン類

カイノテリウム類

カイノテリウム類〔上科〕というのは，始新世後期－漸新世にヨーロッパに生息していたごく小形で高度に特殊化した偶蹄類である．かれらはその適応構造で極めて特異であるため，偶蹄目のもっと高次の分類群に配属するのは容易ではない．しかし，かれらが広い意味でオレオドン類，あるいはアノプロテリウム類と類縁がある──ただし新生代前期の *Diacodexis* に近似の祖先から別々に由来した──とみることはできそうである．

Cainotherium という属はアナウサギくらいの大きさで，適応形態ではノウサギと非常によく似ていた．背中はつよく湾曲し，後肢が長かったが，これはこの小形偶蹄類が跳びはねながら走る動物だったことを物語っている．四肢は細く，各足の両側の指は短く，中央の指だけが機能をもっていた．眼窩は大きく，その後ろは骨弓で仕切られていた．歯はほとんどつながった列をなし，犬歯は退化して切歯のような形をしていた．頭蓋底には大きく膨らんだ耳胞があり，これはおそらく聴覚が鋭敏だったことを物語っている．

カイノテリウム類はアナウサギとよく似た生活をしていたようで，早期のウサギ類と競争関係にあったのかもしれない．とすれば，カイノテリウム類は，いろいろな適応構造が

高い完成度に達していたにもかかわらず格別に上首尾ではなかったのだ．かれらの系統発生史は短期間で，一大陸の一部だけに限られていたからである．

オレオドン類

　オレオドン類（科，図28-9）は北アメリカだけに生息した偶蹄類だった．これらの動物は始新世後期に興り，鮮新世まで生きつづけ，そこで絶滅した．かれらは適応形態ではっきり区別できるが，他のどの偶蹄類グループとも確実に関係づけることができなかった．そして，アントラコテリウム類，あるいはラクダ類，あるいは反芻類と類縁があるなどと，いろいろに考えられてきた．

　オレオドン類は全身の体形では確かにアントラコテリウム類に似ていた．かれらの体サイズは，小さいものから特大のブタほどの動物にまでわたっていた．胴は一般に長く，四肢は短く，足部は4指型だった．原始オレオドン類では頭蓋は低かったが，かれらが進化するにつれて頭蓋はかなり丈が高くなった．眼窩は頭蓋側面の中央部にあり，その後ろは側頭窩から隔てる骨弓によって閉じられていた．歯はほとんど隙なくつながる列をなし，上顎犬歯は拡大して短剣のような歯になっていた．が，下顎の犬歯は小さくて切歯群と同列にあった一方，下顎の第1小臼歯が犬歯の作用を肩代わりしている場合がよくあった．大臼歯は月状歯型で，三日月形の咬頭をもっていた．

　オレオドン類の進化過程では二股分岐が起こり，それはかれらが初めて出現した始新世後期に始まり，その全系統発生史にわたって続いた．始新世の *Protoreodon* はたぶん，*Agriochoerus* に代表されるアグリオコエルス類〔科〕——漸新世を通じ中新世の始めまで栄えた系統——の直接の祖先だった．これらの動物はオレオドン類として型はずれのもので，前足に親指〔第1指〕が維持されており，指はすべて蹄ではなく鉤爪で終わっていた．アグリオコエルス類は木々の間で登ったり降りたりすることができたと言われている．

　上記の *Protoreodon* はまた，オレオドン類のなかで最も多種多様だったメリコイドドン類〔科〕の直接祖先になったようである．漸新世にはこの系統のオレオドン類はきわめて多数になり，地平線上に大群をなして放浪していたと推定される．かれらの化石，とりわけ *Merycoidodon* の遺物は，サウスダコタ州のホワイトリヴァー荒地やその他の漸新統の露頭でざらに見いだされる哺乳類化石である．メリコイドドン類はややヒツジに似た動物で，鮮新世まで生存していた．漸新世の *Leptauchenia* やその親類は小形で軽快な体格のオレオドン類だった．中新世のオレオドン類の一つ *Ticholeptus* は，頭蓋と下顎骨の丈が高く，歯の歯冠が高くなったオレオドン類の一分枝の典型だった．また，*Merycochoerus* は体が大きく重くなったオレオドン類の一系統の代表であり，そのなかの特殊化したある属では鼻が長く発達したようである．これらはたぶん水生動物で，カバのような習性をもっていたのだろう．

　上のような短い概説からも了解されようが，オレオドン類は第三紀中期–後期に北アメリカで非常によく栄えた偶蹄類だった．しかし第三紀が終わりに近づくにつれて，オレオドン類の運命は下り坂になった．かれらはおそらく，もっと進歩した偶蹄類，とりわけ第三紀後期に急速に進化し拡大しつつあった反芻類からきた競争に敗れたのだろう．

核脚類：ラマ類とラクダ類

　ラクダと聞けば誰でもオリエントやサハラ砂漠の動物を思い浮かべるが，実はこれらの有蹄類はウマ類と同じように北アメリカ起源なのであり，その進化史の主要な部分をこの大陸で過ごした．旧世界におけるラクダ類と南アメリカにおけるラマ類の現在の分布状況は，更新世にかれらが故郷の外へ移住したことを表している一方，かれらがいま北アメリカに生息していないのは氷河時代の末期に絶滅したからである．ラクダ類がなぜ更新世末に北アメリカで失敗したのかは，ウマ類がこの大陸で絶滅したことと並ぶ説明しがたい進化史上の謎の一つである．

　ラクダ類は反芻類と同様に食べたものの噛み直しをするが，かれらがひとまず他の反芻性偶蹄類とは別の群とされているのは，固有の長い歴史をもつことと，かれらの胃の別々の区域が進歩した反芻類にみられるほど明確に分かれていないことによる．最初のラクダ類は *Poebrodon* ——北アメリカで出る上顎の数本の歯と1個の下顎骨の破片だけで知られるもの——が物語るとおり，始新世後期に現れた．が，祖先形ラクダについての十分な知見は，完全な骨格が北アメリカで見つかっている漸新世の属，*Poebrotherium* から得られる．これはラマに似たラクダで，頭蓋は前後に長く，頬歯は左右に狭く，頸部と四肢は細長く，そして各足の外側の指は消失していた．

　ラクダ類が新生代に進化するにつれて，かれらの大半は体サイズを増大させ，中形ないし大形の偶蹄類になった．しかし，体が小形にとどまった系統もラクダ科には少数あった．早期のラクダ類では各足の内外両側の指の退化と消失がきわめて急速にすすみ，漸新世には足はもう2指型で，両側の指は完全に失われていた．かれらが進化を続けるうちに，足部で並ぶ2本の長骨（前足では中手骨，後足では中足骨）が横に融合して各足のなかで1本の"砲骨"を形成し，その下端で2本の指骨と別々に連結することになった（図28-1D）．これらの動物では速く走ることへの適応構造として四肢が非常に長くなった．そして後代のラクダ類では，蹄を備えた足部が柔らかい砂の上を歩くのに適応し，横に広がるパッド〔肉趾〕のある足に変形した．また頸部も細長くなった．

　進化がすすむ過程で，ラクダ類の歯牙系ははっきりした変化をとげた．進歩したラクダ類では上顎の最初〔近心〕の2本の切歯が消失し，残る1本の尖った第3切歯が下顎切歯群の後ろ〔遠心〕に咬み合う．上顎では前歯に代わって1枚の角質パッド〔まな板状の肥厚〕があり，スプーン形をした下顎切歯を受ける格好になった．これは植物質を刈り取る優れた仕組みである．犬歯は尖った歯として維持され，歯隙により頬歯群（前部の小臼歯は消失）から隔たっていた．大臼歯は歯冠が高く，前後に長くなり，各歯に4個の三日月形の咬頭があった．

　ラクダ類の中心的な進化系統は始新世の *Poebrodon* を祖先とし，漸新世の *Poebrotherium* をへて中新世－鮮新世の *Procamelus* と *Pliauchenia* へ，そしてそれぞれが，現今のラクダ *Camelus* とラマ *Lama* へ前進した．ラマ類は実質的に中新世の進化段階にあるラクダ類を表しており，大形のラクダ類はラクダ科の中心系統の全盛段階を代表するものだ．こうし

たラクダ類には，おそらく新生代の後半になって発展したと思われる特殊化がいくつか——寒気から身を守るラマの長い毛，栄養源の脂肪を貯えるラクダの背こぶなど——見られる．ラクダ類はまた，胃の瘤胃（りゅうい）〔第一胃〕に貯水室を備えている．

　第三期中期－後期にはラクダ科の進化的分枝が幾つか現れたが，いずれも更新世が始まる前に死に絶えた．*Stenomylus*（図 28-10）に代表されるステノミルス類〔亜科〕は小形できゃしゃな，脚の長い，中新世－鮮新世のラクダ類である．かれらは確かに，習性上は現代のガゼルのように駆けるのが速い動物だったのだろう．また中新世－鮮新世の *Alticamelus*（図 28-10）やその同類らは，途方もなく長い竹馬のような四肢と長い頸部をもつ大形のラクダ類だった．かれらは明らかに高い木の葉を常食にするように適応していたのであり，そうした特殊化のゆえに"キリンラクダ"とよばれることもある．

　始新世後期－漸新世前期に，早期のラクダ類とたぶん類縁のあった偶蹄類がいくつか，ヨーロッパに生息していた．それらはクシフォドン類〔科〕といい，新世界でのラクダ類の早期の発展と旧世界で並行していた．しかしかれらは長く生存することができず，したがって偶蹄類の歴史ではあまり重要なものではない．

反芻類

反芻類の登場

　さて今や，現代の偶蹄類のなかで最も多様であり多数をしめる反芻類（はんすう）〔亜目〕を検討する段になった．反芻類はきわめて便宜的に三つの大グループに分けられる原始的反芻類であるマメジカ上科，シカとキリンを含むシカ上科，それに多彩なウシ上科（プロングホーン類，バイソン類，ウシ類，レイヨウ類，ヒツジ類，ヤギ類，その他）である．

　現今のマメジカ類を代表するのはアフリカ・アジア産の小さなマメジカである．これらは小形で繊細な，原始的な形態をもつシカに似た哺乳類で，ふつう肩高が 30 cm 内外しかなく，背中が丸く曲がり，頭蓋に角はなく，短剣のように長い上顎犬歯がある．上顎には切歯がないが，他の反芻類と同じく下顎には全数そろった切歯があり，左右両側でそれらに切歯の形になった犬歯が加わっている．これらの歯に，上顎で反芻類の共通特徴である硬い角質パッドが向かい合う．四肢は細長く，足部では第 3・第 4 指が大きくて機能をもっているが，両側の第 2・第 5 指もまだ完全に残っている．前足の大きい複数の中手骨は別々の骨である——"高等"反芻類ではこれらの諸骨は融合して 1 本の"砲骨"になっているが，マメジカの後足では実際そのようになっている．こうした小さなマメジカも食物の反芻をするのだが，胃の構造はもっと特殊化した反芻類ほど複雑ではない．全体として，アフリカ・アジアの森林にひっそりと棲むマメジカ類からは，反芻類の祖先形について好い概念が得られるのである．

　進歩した反芻類にはよく知られている動物が多く含まれる．シカ，キリン，それにヒツジ，レイヨウ，ウシなどの大グループのことで，これらの哺乳類の消化器系の顕著な特殊化についてはすでに概説した．それらに加えて，現生の反芻類は木の葉や草を食べることや，地面を駆けることへの骨格上の種々の特殊化を示しており，それらによりかれらは進

図 28-9 漸新世のオレオドン類. 両者ともヒツジくらいの大きさだった. *Agriochoerus* は体長約 1.7 m. (ロイス M. ダーリング画)

化の尺度でイトコに当たるマメジカ類をはるかに超えるものになっている. 一般的に, 体サイズの増大が起こり, 四肢が長くなり, そして第3・第4中足骨が完全に合体して砲骨になる. さらに, 手根骨〔手首〕と足根骨〔足首〕の複合体にかなりの融合が起こり, 前肢の尺骨と後肢の腓骨がひどく退化縮小する. つまり四肢は, 高速疾走を長く続けるのに必要な一平面内での前後運動のために厳密に特殊化しているのである. もう一つ, 進歩した反芻類のほとんどは頭蓋の上に(少なくとも雄で)防衛と性闘争に使われる枝角または角〔洞角〕を備えている.

マメジカ類

反芻類の祖先はさまざまなマメジカ類〔上科〕, とりわけヨーロッパの始新統から出る *Gelocus*, アジアの始新統から出る *Archaeomeryx*, 北アメリカの漸新統から出る *Hypertragulus*, アジアの現生の *Tragulus*(図 28-11)などに近いものだった可能性がある. *Tragulus* は本当に"生きている化石"であり, 幾つかの点で反芻類の祖先のおよその姿を髣髴とさせるような動物だ. *Archaeomeryx* はそれと酷似していたもので, ここでは一般型の原始反芻類の例として取り上げよう.

これは現生のマメジカくらいの小さい——大形のジャックウサギ〔北米西部産の野ウサギ〕より大きくない——動物だった. *Archaeomeryx* では四肢が長く, 背中が丸く曲がって

偶蹄類 427

図 28-10 中新世の小形のラクダ *Stenomylus* と，鮮新世の大形のラクダ *Alticamelus*．後者は高さ約 3 m．縮尺は同じ．（ロイス M. ダーリング画）

いた．尾が長かったが，これは大半の反芻類で失われた原始的特徴である．足部はいくらか長く，そこに横に4本ならぶ長骨つまり中足骨が別々の骨要素だったけれども，目立って大きいのは各足とも中央の2本で，その両側の骨の歩行時の重要性は二次的なものだった．眼窩は，多くの原始哺乳類におけるように頭蓋側面の中央部，つまり頭の前端から後端までの中ほどの辺りに位置しており，その後ろは骨弓で仕切られていた．この形質はすべての反芻類を通じて維持されてきた．歯は全数がそろっていたが，上顎の3本の切歯は小さく，明らかに退化消失の途上にあった．前歯列と頬歯列の間に小さい隙間があり，大臼歯はそれぞれ4個の月状歯型，つまり三日月形の咬頭があった．

　現今の旧世界のマメジカにつながったマメジカ上科の主要な進化系統はユーラシアにあったが，第三紀中期-後期には北アメリカで，マメジカ類の興味ある側枝がいくつか生じていた．その一つはヒペルトラグルス科のグループで，これは初期のマメジカ上科反芻類の原型的な小サイズや全体的適応形態を，多少の変異をしめしつつ維持していた．*Hyper-*

図 28-11 マメジカ類. 始新世のヒペルトラグルス類 *Archaeomeryx* は体長約 45 cm で,初期の一般型反芻類を代表する. アジア産の現生マメジカ *Tragulus* もやはり体長約 45 cm で,祖先形マメジカ類の骨格特徴を数多く維持している. 鮮新世のプロトケラス類 *Synthetoceras* の頭蓋は長さ約 45 cm.（ロイス M. ダーリング画）

tragulus は北アメリカの漸新世動物相でありふれた種類であり,明らかに大群をなして,オレオドン類,初期のラクダ類,肉歯類などといっしょに生活していたようである.

北アメリカのマメジカ類でとくに興味深い系統にプロトケラス科があり,漸新世の *Protoceras*,中新世の *Syndyoceras*,鮮新世の *Synthetoceras*（図 28-11）などを典型とした. これらの反芻類には多少のサイズ増大が起こった結果,かれらの最後の代表種らは小形のシカほどの大きさになった. しかしプロトケラス類で最も目立ったのは,雄個体の頭蓋に発達した角〔洞角〕である. *Protoceras* には角が 6 本——鼻の上に 2 本,眼の上に 2 本,頭蓋後部の上に 2 本——もあった. *Syndyoceras* では,眼の上に 1 対,鼻の上に分岐した長い角が 2 本あった. この動物では,眼の上の長い角は後ろへ向き,鼻の上には長い角柄(かくへい)が途中で

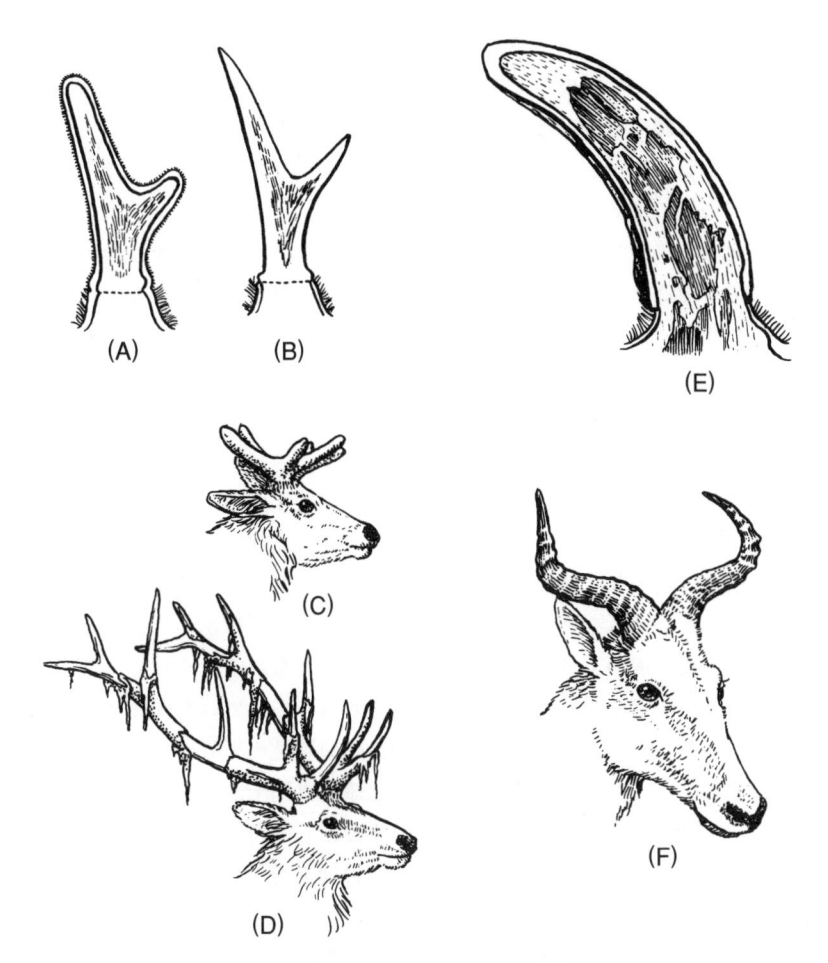

図 28-12 偶蹄類の枝角と洞角．(A)生育の初期段階にある枝角の縦断面．この前頭骨からの骨の伸び出しは極めて血管にとむ皮膚に覆われている（"袋角"）．(B)生育が完成し，皮膚が擦り落とされた枝角．AとBの点線は枝角と前頭骨との分離帯をしめす．(C)生育初期の枝角（袋角）をもつ雄シカ．(D)枯れた皮膚が剥落中の完全生育した枝角をもつ雄シカ．(E)ウシ科動物の角（洞角）の角芯．これは前頭骨の伸び出しで，恒久的な外被〔角鞘〕で覆われている．(F)アフリカ産レイヨウの一つ，*Alcelaphus* の頭部．波状の節のある洞角をしめす．

Y字形に分かれた角が立っている．最前線のこのY字形の角は頭蓋の全長より長く，闘争に際しては有力な武器になったのに違いない．

シカ類

シカ類は進歩した反芻類としては最も原始的で，明らかにマメジカ類を祖としており，漸新世に興ったもののようである．漸新世の *Eumeryx* はシカ類の祖先とみるのに打ってつけともいえる動物で，その原始的な諸特徴は中新世のいくつかの種類——ヨーロッパの *Palaeomeryx* や北アメリカの *Blastomeryx* など——に持ち続けられた．これらの原始的なシカ類はかなり小形であり，頭蓋の上に枝角をもっていない．ふつう，上顎犬歯は大きくて

サーベルのような形をしている．頭蓋はいくぶん長くて低く，背中は丸く曲がり，尾はごく短く，脚と足は細長く，中央の2本の中足骨は融合して1本の砲骨になり，そして，指は4本あったが，両側の指がひどく退化したため中の2本だけが機能していた．アジアに現生するジャコウジカ *Moschus* は原始形を保っている系統で，このような中新世前期のシカ類によく似ているのである．

シカ類が進化するにつれて体サイズが増大していく顕著な傾向が現れたが，これは偶蹄類では普通にあったことだ．かなり小形にとどまった系統があった一方で，多数のシカの系統でサイズが非常に大きくなった．シカ類はその進化史全体にわたって若葉食の動物であるから，月状歯型の頬歯は歯冠の低いままでとどまった．が，進歩したシカ類の進化過程における際立った特殊化は，雄（少数の種では雌雄とも）の成獣個体の頭蓋に枝角が発達したことである（図28-12）．

枝角とは，眼の上の前頭骨が伸び出したものだ．頭蓋の頭頂部に1対の円柱状の骨の切株があり，枝角の土台になる．これらが角座で，もとは皮膚で覆われている．毎年，それらの角座から皮膚に覆われた新しい枝角が生育する．そして，その個体が完全な成熟に達するまでそれは年々サイズを増していく．こうした骨の成長は驚くほど急速で，現生のある大形シカでは成長速度が1日に1センチを超えることもある．それでもこの過程には何か月もかかる．枝角が完全サイズに達すると，それらを覆っていた皮膚は干からびて，シカ自身がこすり落としてしまう．枝角はいまや，硬い骨性の大釘か，枝分かれして多数の尖頭のある武器になっており，交配季節になると雄シカ同士がそれらを振るって闘い合う．その季節が過ぎると枝角は脱落する．代わってまた新しい角が生えてくる．こうした目を見張るばかりの適応現象が雄シカに毎年ある時期に効果的な武器を提供し，その期間中かれは好戦的な動物になる．しかし新しい角が生育しつつある間はその雄シカは臆病で，皮膚に覆われた枝角（いわゆる袋角）を守ろうとして極めて慎重なのである．

枝角をもつシカ類は中新世の間に，多数の適応系統にそって進化しはじめた．早期の枝角シカ類は小形で，枝角も小さかったが，それは長い骨性の角座の先に伸びていた．こうしたシカ類——典型はヨーロッパの中新世の *Dicroceros* やアジア産で現生の *Muntiacus*（図28-13）——の特色は，二股になった小さい枝角をもつ点にある．第三紀後期のアジアの *Stephanocemas* では，枝角は小さいものながら掌のようなかなり複雑な形をしていた．

ユーラシアで原始的なシカ類が発展する間に，型はずれのシカの1グループ，ドロモメリックス類〔亜科〕が北アメリカで進化した．が，かれらは鮮新世を越えては生き延びなかった．その一方で，現在も生存しているもっと馴染み深い系統のシカが進化していた．時代が下るにつれてシカの多くの系統が体サイズを増大させ，その増大とともに枝角のサイズが比率的にも増大する場合がしばしばあった．こうした傾向は更新世に頂点に達し，その典型はアイルランドヘラジカ *Megaloceros* である．これはアイルランドの泥炭地帯でおびただしく発掘されるシカの一種で，横幅が2.5 mにも達する途方もない枝角のために広く知られている．

他方，パナマ地峡が隆起して北アメリカと南アメリカがつながると，北の大陸で興った

他のもろもろの哺乳類がしたのと同じく，シカ類も南の大陸へ入りこんだ．ところがアフリカへは，シカ類はアトラス山脈より南へ侵入したことがなかった．これは多分，すでにその大陸の森林や草原を占有していたキリン類やレイヨウ類の大群との競争があったためだろう．

現在，多数の種類のシカ類が，南極大陸，オーストラリア，および（上記のとおり）アフリカ中部-南部を除き，世界の大陸地域に広く分布している．それらには次のような群がある．

ムンチャク類：長い角座の先にごく小さい枝角をもつ東アジア産のシカ〔キョン〕．典型は *Muntiacus*.
シカ亜科のシカ：旧世界で進化し，更新世に北アメリカへ侵入したシカ．ヨーロッパのアカシカやアメリカのワピチ（*Cervus*, 図28-13）はこれらの気高いシカの最高例．
新世界のシカ：北アメリカで進化し，更新世に南アメリカへ侵入したシカ．普通のオジロジカやオグロジカ（*Odocoileus*）は北アメリカでこの系統を代表する．
アルケス亜科のシカ：旧世界の真正のヘラジカ（*Alces*）．更新世に北アメリカへ侵入した．
トナカイとカリブー：北極圏のシカ（*Rangifer*）．雌雄とも枝角をもつ点に特色がある．
東アジアのキバノロ（*Hydropotes*）
ユーラシアのノロ（*Capreolus*）

キリン類

キリン類（図28-14）はシカ類と類縁の近い動物で，両者が共通の祖先をもつことは疑いもない．実際，キリン類は中新世にシカ類から分岐し，その後イトコたるシカ類から遠く離れていったと考えることができる．原始的なキリン類の好例はオカピ *Okapi* という動物——コンゴの深い森林に現今まで生き長らえてきた中新世型のキリン類——で，二十世紀初頭まで動物学者に知られていなかったものだ．オカピはかなり大形の偶蹄類で，立ったときの肩高が1.5-2.0 mほどある．四肢は長いが，前肢が後肢よりいくらか長いため，背中は肩から腰にかけて傾斜する．他の進歩した反芻類と同じく，足部は長く，中足骨は融合して砲骨になり，中央の2本の指骨が機能のある足部を形成している．頭蓋は長く，雄には，皮膚で覆われた小さい前頭骨の伸び出しが1対ある．皮膚で覆われたこの型の角は現生キリン類の特徴である．歯は歯冠が低めで，頬歯のエナメル質には複雑なちぢれがあり，これも全てのキリン類に共通するものだ．

中新世-鮮新世のころ，*Palaeotragus* のような初期のキリン類は現生のオカピと非常によく似ていた．これらを祖として，四肢と頸部が途方もなく伸びたことや皮膚で覆われた大きな洞角が眼の上に発達したことを伴って，現生のキリン *Giraffa* が進化した．が，これとは別に，鮮新世-更新世にはキリン類のもう一つの分枝が発展する．それはシヴァテリウム類〔亜科〕の系統で，普通の比率の四肢とウシのような胴をもつ，非常に大形でどっしりしたキリン類だった．かれらの特徴は頭蓋にきわめて装飾的な"角"を備えていたことにあるが，それらは生存時には硬い角質鞘で覆われていたと思われる大きな骨の伸び出しである．インドの更新統から知られる *Sivatherium*（図28-14）というのは，キリン科の

ムンチャク

ワピチ

図 28-13 新生代後期－現世の2種のシカ類．ムンチャク〔キョン〕*Muntiacus* はアジアにすむ小形のシカで，いろいろな点で中新世の原始シカ類によく似ている．雄は大きな犬歯と，長い角座の先に小さい枝角を備える．ワピチ *Cervus canadensis* は，ユーラシア起源で更新世に北アメリカへ移ってきた大形のシカである．（ロイス M. ダーリング画）

この進化系統の最後の種類の一つで，頭頂部に燃え上がる炎のような形の1対の大きな角と，その前の眼の上に円錐形の角をもつ大形反芻類であった．数千年前に古代シュメール人〔現在のイラク中南部・メソポタミアに居住〕が作った歯がゆいような小さい青銅像が残されているが，それは，この最古の文明が中東地方に開花したころシヴァテリウム類がまだ生存していたことを暗示している．

偶蹄類　433

図 28-14　種々のキリン科動物．縮尺は同じ．鮮新世のキリン類，*Palaeotragus* は後代のキリン類が進化する基になった根幹グループの代表．いまコンゴ共和国内にすむオカピ（本図にはない）は，同グループに属した祖先型からほとんど変わっていない子孫である．*Sivatherium* はウシに似た更新世のキリン類．現生のキリン *Giraffa* はアフリカに広く分布する．（ロイス M. ダーリング画）

ウシ科：現代世界の優占的偶蹄類

　ウシ科の動物――プロングホーン，ヒツジ，ヤギ，ジャコウウシ，レイヨウ〔羚羊〕，ウシ等々（図 28-15）――は，全世界にあまねく分布するあきれるばかり多種多様な反芻類グループの構成員である．反芻類のなかで最も進歩したこれらの偶蹄類は中新世に興ったが，かれらの進化的発展のほとんどは鮮新世とその後の時代に集中してきた．ウシ科動物が北方起源であることはかなりはっきりしており，鮮新世後期－更新世にかれらはアジア

バイソン

スプリングボック　　　Stockoceros

図 28-15　種々のウシ科動物，縮尺は同じ．ここに示すバイソンは更新世の種で，湾曲した巨大な角を備えていた．*Stockoceros* は 4 本の角をもつ更新世のレイヨウで，大きさはいま北アメリカの大草原地方に生息するプロングホーンぐらいだった．スプリングボック(*Antidorcas*)はアフリカに現生するレイヨウの一種．(ロイス M. ダーリング画)

南部やアフリカへ広がり，現在はこれらの大陸で最大の種類数と個体数をもって生きている．南アメリカへは，ヨーロッパ人によって持ち込まれるまで，ウシ科動物が入ってきたことはない．

　ウシ科動物の特徴は強力な胴と駆けるのに適した長い四肢にある．足部はシカ類でよりさらに進歩していて，各足の内外両側の指骨は退化の進んだ状態にある．頬歯は長冠歯型，つまり歯冠が高く（極度に高い場合も多い），側面のエナメル質は一般に深く折れ込んでおり，磨耗して平らになった咬合面にかなり複雑な模様を見せる．つまり，ウシ科の歯は草を食べることによく適応しているのだ．しかしかれらの最も特徴的な形質は，ほとんど

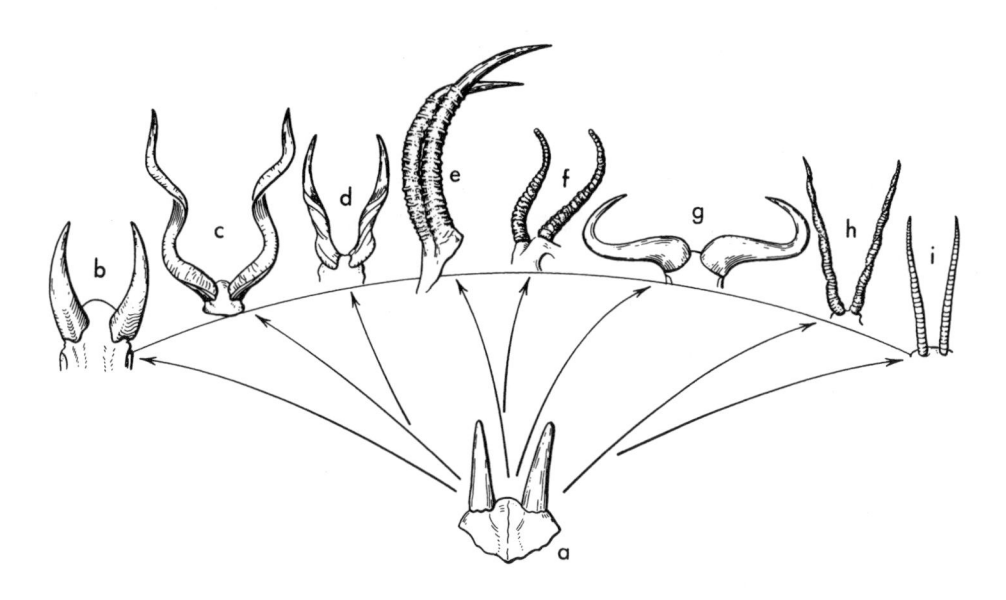

図 28-16 現生レイヨウ類における洞角の形の適応放散. 縮尺は不同. (a) *Eotragus*, 中新世の原始的なウシ科動物で, 後代のウシ科が進化する基になったらしい祖先形の典型. (b) *Boselaphus*, インドのニルガイ. (c) *Strepsiceros*, クードゥー. (d) *Taurotragus*, エランド. (e) *Hippotragus*, ローン (またはセーブル) アンテロープ. (f) *Kobus*, ウォーターバック. (g) *Connochaetes*, ヌーまたはウィルデビースト. (h) *Antilope*, インドのブラックバック. (i) *Oryx*, オーリクス. (b) と (h) の他はすべてアフリカに現生する種類.

の種で雌雄がともに頭蓋に洞角を備えていることにある. 洞角というものは前頭骨の伸び出しなのだが, ケラチン〔角質〕――我々の爪を造っているのと同じ硬蛋白質――でできた非常に硬い外被〔角鞘〕で覆われている (図 28-12E). プロングホーン類〔角鞘が毎年更新〕を除き, この角質外被は恒久的なもので, 生存中に骨性の中核〔角芯〕が成長するとともに拡大していく. これは確かに, 毎年生えかわるシカ類の枝角――必然的に動物体に大きなエネルギー流出を強いるもの――より効率のよい武器装備の方法である. ウシ科動物の洞角は食塊を反芻する習性とならんで, 現今の世界における繁栄を確保した大きな要因であった. 角は強力で効果的な武器であり, ウシ科の多くは捕食性のつよい食肉類の襲撃に対抗し, 反撃することによって自らを守ることが十分できるからである. 実際, ウシ科には, とりわけ大形の野牛類のようにかれら自身がいわゆる密林の王者――大形ネコ類のライオン, トラ, ヒョウなど――よりも危険な, 攻撃性のつよい動物もいる.

ウシ科の 1 グループ, プロングホーン〔エダヅノレイヨウ〕亜科はその全進化史を通じて北アメリカだけに棲みついてきた. この仲間は中新世にシカに似た小形の動物として現れ, *Merycodus* がその典型である. *Merycodus* はシカの枝角のように見える枝分かれした角芯をもっていたが, その角は生存中に脱落するものでなかったことがはっきりしている. 後代のプロングホーン類は, 扁平かまたは捻じれた角芯をもち, 鮮新世-更新世にかなりの多彩さを示しながら生存していた. しかし, こうした多様な反芻類もただ 1 属〔1 種〕*Antilo-*

capra を除いて絶滅してしまった——この種類は北アメリカ西部の大草原地方のいわゆる"アンテロープ"つまりプロングホーンで，かつてはこの地域に大きな群れをなして生息していたものだ．前にふれたようにプロングホーンは，洞角の角鞘が毎年脱落して更新される点でウシ科のなかで特異である．

さて，ウシ科に属するこのほかの反芻類は鮮新世－更新世にユーラシア北部に興って進化したのだが，この期間中にかれらは複雑きわまる無数の適応放散の系統をたどり，それらがいま世界の数多くの地方に棲むおびただしい属と種につながった．鮮新世後期にはユーラシアのさまざまなウシ科動物がアフリカ大陸へ移住し，そこに棲みついたらしい．また少数の系統は北アメリカへも入り，そこでバイソン〔アメリカヤギュウ〕などの種として莫大に増殖し，100万頭単位で数えられたほど途方もない個体数で生存するようになった．しかしアメリカ大陸は南北とも，アジアやアフリカを特徴づけるようなウシ科の無数の属や種の生息地にはならなかった．

ところで偶蹄類，とくにウシ科動物はたしかに全哺乳類における偉大な進化的成功物語の主人公であり，化石記録でそれを超えるのは齧歯類のもっと豊かな多様性だけだ．しかし，ウシ科の進化過程の細かな諸側面が適切に理解されるようになったのは，やっと近年のことである．例えば，現在アフリカにあれほど多様なレイヨウ類が生存しているのはなぜか？ 表面的には，有用な1対の洞角が，ある1種のレイヨウに自らを守って広く分布するのを可能ならしめるのだろうと考えたいところだ．が，アフリカには文字どおり何ダースものレイヨウ類の種が驚くほど多様な角をもって存在している（図28-16）．真っすぐの角をもつオーリクス〔オリックス〕，捻じれた角をもつエランド，螺旋状の角をもつクードゥー〔クーズー〕，湾曲した角をもつセーブルアンテロープ，反曲した角をもつウィルドビースト，等々がいる．そして，こうしたレイヨウ類の多くは他の種と同じ，限られた環境のなかで生活している．クードゥーの角がエランドの角を超える（またはその逆）ことの有利性は，何なのだろうか？ 最近の研究によると，レイヨウ類の角のたいへんな多様さは，一義的には性闘争のために進化したのだという．交配季節の間，雄個体らは激烈だがあまり傷害を起こさない競争に加わり，その群れにおける個体間の優位性を確立する．闘争をするとき，かれらは"角突き合わせ"て押し合うのだが，たまには相手をひどく傷つけることもある．さまざまな種で，角の形がそうしたことを起こさせるのだ．しかし同時に，このように多様な角が，レイヨウの多くの種にとって外敵に対抗する防衛の手段になる．アフリカの現生レイヨウ類はおそらく，相互の遺伝的隔離のうちに進化してきた多数の個体群を表しているのであり，その全てが上首尾だったのである．

ここでは，多彩なウシ科動物の種をいちいち解説することはしない．かれらを列挙してみれば次のようになろう．〔巻末の分類表を参照〕

アンティロカプラ亜科 Antilocaprinae：北アメリカの現生プロングホーンと，近縁の化石種．
ボス〔ウシ〕亜科 Bovinae：トラゲラフス類＝アフリカのクードゥー，ボンゴ，エランドなど；ボセラフス類＝アジアのニルガイ，*Terracerus* など；ウシ類＝旧世界の多様なウシやスイギュウ，北アメリカ・ヨーロッパのバイソン〔ヤギュウ〕．

ケファロフス亜科 Cephalophinae：アフリカの小形のダイカー．
レドゥンカ亜科 Reduncinae：アフリカのリードバック，ウォーターバック，それらの近縁種．
ヒッポトラグス亜科 Hippotraginae：アフリカのセーブルアンテロープ，ローンアンテロープ，オーリクス，アダクスなど．
アルケラフス亜科 Alcelaphinae：アフリカのウィルデビースト，トピ，ブレスボックなど．
アエピケロス亜科 Aepycerotines：アフリカのインパラ．
アンティロペ亜科 Antilopinae：アジアのブラックバックやガゼル；アフリカのスプリングボック，ゲレヌク，ガゼル，クリップスプリンガー，ディクディク，ベイラ，オリビ，スタインボック，そのほか近縁のレイヨウ類．
ペレア亜科 Peleininae：アフリカのリーボック．
カプラ亜科 Caprinae：サイガ類＝ユーラシアのサイガなど；ルピカプラ類＝ユーラシアのゴーラル，セロウ，シャモア，北アメリカのシロイワヤギ；オヴィボス類＝アジアのターキン，北アメリカやグリーンランドのジャコウウシ；カプラ類＝アジアのタール，アジア・ヨーロッパ・北アフリカ・北アメリカの種々のヒツジとヤギ．

29
南アメリカの有蹄類

Macrauchenia

原始有蹄類の南アメリカ侵入

　南アメリカにおける有蹄哺乳類の化石記録はどうやら白亜紀後期から始まるらしい．ただ1個の下顎骨と2本の歯がペルーの白亜紀の堆積物で発見され，*Perutherium altiplanense* と命名されている．この化石動物について類縁関係が議論されたが，これが南蹄目——南米の新生代特有の有蹄類の多彩で大きな群——の最初期のメンバーなのではないかと考えられる理由もある．白亜紀の南蹄類と思われるものもボリビアから報告されている．

　南アメリカにおける白亜紀の有蹄類の地位がどんなものであろうと，はっきりしているのは，この大陸へやってきた最初の有胎盤哺乳類のなかに原始的な顆節類——確かに北アメリカの太古の顆節類から由来したもの——がいたことだ．ディドロドゥス類〔科〕とよばれるこうした早期の有蹄類は南アメリカの暁新世の堆積物から現れ，新生代前期の間この地方で生存し，中新世に絶滅した．これらの顆節類は中新世より後まで生き延びなかったけれども，かれらは，新生代の大半を通じて南アメリカ大陸特有だった少なくとも三つの目の有蹄類——南蹄目（前に述べたもので，新生代の間にたぶん顆節類を祖として出てきた），雷獣目〔アストラポテリウム目〕，それに滑距目（独立の目ともされるトリゴノスティロプス類を含む）——の祖先だったようにみえる．そのほか二つの南アメリカの有蹄類，すなわち火獣目〔ピロテリウム目〕およびそれと類縁のあった異節目は，有胎盤類のなかのどこかで——おそらくは北アメリカの新生代前期に特有だった恐角目（ウインタテリウム類）かこの目の祖先から——興ったものらしい．

　ここで興味深いのは，これらの蹄をもつ哺乳類が南アメリカという島大陸をかれらの間でどのように分割していたか，また世界の他の地域にいた有蹄哺乳類——それらからは第三紀初頭-終末の長い期間中に全く隔離されていた——とどのように並行進化したか，を理解することである．南アメリカの有蹄類と他の地域の有蹄類を比較すると，動物たちとその環境との間に密接な関係のあることが明らかになるとともに，同じような環境条件が遺伝的変異と自然淘汰により，よく似た動物たち——遠く隔たった祖先を介しては別として類縁関係のないもの——の出現をもたらすものだということが分かってくる．

南　蹄　類

　南アメリカにいた有蹄類の上記のような諸目のなかで断然多数をしめるのは南蹄類（図29-1）で，これまでに知られている化石記録では，これらは他の諸目全部を合わせた属の2倍ほどもの属を擁している．が，南蹄類として疑わしいものがあり，モンゴルの暁新統から出る *Palaeostylops* や北アメリカの始新統から出る *Arctostylops* である．これらは南アメリカから遠く隔たっていたにもかかわらず南蹄類だとされてきた．しかし近年は，これら二つの属の南蹄類との類縁関係に疑いが投げられている．そういうわけで，南蹄類はおそらく初めから南アメリカだけに限られ，この大陸固有のディドロドゥス科顆節類から由来したものだったらしい．

　始新世前期のころ，南蹄類は南アメリカの南部地方に豊富に棲みついていた．最初の南

図 29-1 南蹄類．縮尺は同じ．*Protypotherium* は第三紀中期の小形のティポテリウム類，体長約 0.9 m．*Thomashuxleya* は始新世のトクソドン類，体長約 1.5 m．*Toxodon*（全長約 2.7 m）はサイほどの大きさがあり，トクソドン類のうち最後かつ最大のもので，更新世までも生存していた．

蹄類は原始的な小形有蹄類であり，2 すじの対角稜線——プロトロフとメタロフ——を特徴とするほぼ三角形の大臼歯をもっていた．下顎大臼歯にも同様の稜線があった．*Notostylops* という属が早期南蹄類の典型で，この動物の化石が比較的豊富であることから，それが始新世前期にパタゴニアの辺りに大きな個体群をもって生息していたらしいことが推察される．

この目のこうした原始的メンバー（南祖類ともよばれるもの）を祖先として，南蹄類は第三紀の間にいくつかの系統にそって広がった．有蹄類では普通にあったとおり，体サイズの増大に向かう全般的傾向が生じて第三紀後期にその頂点に達し，サイほどの大きさになった系統もあった．南蹄類は初めから横稜歯型（ロフォドント），つまり咬合面に横走稜のある歯をもっていたが，かれらが進化するにつれて，歯の多くは歯冠の高いプリズム状の大臼歯に発展した．これらは明らかに，歯冠の咬合面を激しく磨耗させる硬い草などの植物質を食べることによく適応したものだ．南蹄類における歯牙系の進化に共通した特徴の一つは，歯列

の前から後ろまで，ほとんど隙間〔歯隙〕なくほぼ同じ大きさの歯が発達したことである．多くの種類では，犬歯はもとの形を失い，切歯から最後位の大臼歯まで連なる歯牙シリーズの一つになっていた．頭蓋と下顎骨はかなり丈が高い場合が多く，頬骨弓〔ほおぼね〕はふつう極めて頑丈だった．眼窩の後ろに，顎筋をおさめる側頭窩と眼窩を隔てるような骨弓や骨突起はまったく無い．原始的南蹄類では各足に指が5本あったのに対して，進歩した種類には3本に減ったものがいた．また南蹄類の大半は各指の先に蹄を備えていたが，鉤爪をもつ種類もあった．

Thomashuxleya という属は始新世前期の南蹄類で，トクソドン類という亜目に含められる．ヒツジほどの大きさだったこの動物では骨格はかなり頑丈であり，四肢は強力そうで，足部は比較的短く全数の指をもち，そして尾は長さを減じていた．長くて低い頭蓋は体サイズに比べて大きく，あまり特殊化していない歯牙系——頑丈な切歯が原始形を維持——を備えていた．*Thomashuxleya* は全体として，鈍重で不格好なある種の汎歯類——同じ時代に北アメリカで進化していたもの——に似たところがあった．

トクソドン類は始新世後期−漸新世−中新世−鮮新世の間きわめて盛大に進化したが，そのあと衰退しはじめ，更新世まで生き長らえてから絶滅した．この仲間の一部は漸新世までにかなり大形化していた．例えば *Scarrittia* はウマくらいの大きさの動物で，隙間のない歯列，太い四肢，短い足部をもち，尾はごく短かった．

トクソドン類の進化の一系統は，他の大陸でのサイ類の発展とおおむね似た様式で発展した．中新世の *Nesodon*（図29-3）が備えていたのは丈の高い頭蓋，プリズム状の高い歯，機能をもつ3本指のある短くて幅広い足部——その中心線は中央の指を通る——である．こうした足の配置は機能的にはサイ類の足と同じだったが，起源はむろん別である．この進化系統が到達した頂点は更新世の *Toxodon* 属で，これは立ったときの肩高が1.5−1.8 mほどあった非常に大形で重々しい，でっぷりした大きな胴——明らかに大量の植物質食物を常食にすることに適応したもの——をもつ哺乳類だった．この後代の南蹄類では，第三紀中期の種類の特色だった隙間なく連なる歯列からの離脱があり，摘み取り型の大きな切歯が歯冠の高い磨り潰し型の頬歯からかなりの歯隙で隔てられていた．

ついでながら，面白いことに，*Toxodon* はチャールズ・ダーウィン〔英国の博物学者，進化論確立者，1809−82〕が青年時代にナチュラリストとして調査船ビーグル号に乗り組み，南アメリカを訪れたときに発見したものだ．彼はアルゼンチンのパンパス地方にあった小川の岸でこの動物の骨格の一部を見つけて掘り出し，イングランドへ持ち帰った．そこで，サー・リチャード・オーウェン〔英国の解剖学者，古生物学者，1804−92〕が研究し，記載したのである．その後，南アメリカ有蹄類に関する多数の記載がカルロスおよびフィオリノ・アメギノ兄弟〔アルゼンチンの古生物学者〕らのティームによって行われ，彼らが採集した化石の多くはいまブエノスアイレスのラプラタ博物館で展示されている．

トクソドン類のなかの1グループ，ホマロドテリウム類〔科〕は足に蹄ではなく鉤爪を備えていた．中新世の *Homalodotherium* は体長2 mほどのどっしりした動物で，奇蹄目のカリコテリウム類〔科〕——新生代に北半球に生息した鉤爪をもつ有蹄類——と似たとこ

ろがあった．

　北アメリカ・ユーラシア・アフリカの大形有蹄類との類似点をいくつも発展させたトクソドン類とは対照的に，ティポテリウム類〔上科〕やヘゲトテリウム類〔上科〕は小形の南蹄類であり，全体として北方のウサギ類や齧歯類と比べられることがある．これらの南蹄類の多くはきゃしゃな骨格，長い脚，かなり長い足部をもち，確かに疾走性の動物たちだった．中新世の *Protypotherium*（図 29-3B）のような原始的な種類では，歯牙は他の大半の南蹄類でと同じように隙間なくつながる列をなしていた．が，漸新世のヘゲトテリウム類のような特殊化した種類では，確かに齧るのに適した大きな中切歯〔第 1 切歯〕があった一方で，犬歯と小臼歯は退化し，そのため前歯と磨り潰し型の頬歯の間に歯隙〔隙間〕があった．ティポテリウム類やヘゲトテリウム類はトクソドン類と同じく，第三紀中期に最大の多様さと豊富さに達し，一部の系統は更新世になっても生存していた．

　南蹄類の進化史を上のように不完全かつ短く要約してしまうと，南アメリカ有蹄類のうち最も多数で多様だったグループを正当に取り扱うことにはならない．それはおそらく，これらの興味深い哺乳類群における広範囲の適応放散をちょっとほのめかした程度──適切に論ずるならそれらだけで一冊の本が必要になる──にすぎない．一言で表せば，南蹄類はその進化過程で小形の種類から非常に大形の種類にまでわたったこと，生態的適応ではかれらには，齧歯類に似たものからヒツジに似たもの，さらにサイに似た大動物にわたる多様性があったことが挙げられよう．が，これらの南アメリカ有蹄類と我々になじみ深い現生哺乳類の間で，適応形態や習性（推定上）について妥当な比較を行うのは非常に難しいことで，おおよその類似を指摘しても誤解を招きかねない．ただひとこと，南アメリカが世界の他の地域とのつながりをもたなかった間，南蹄類はきわめて上首尾な哺乳類だったのだが，第三紀の末ちかくにパナマ地峡が再びつながったとき，かれらは北方から入って来る進歩した侵入動物らの影響を前にして急速に姿を消した，ということを述べるにとどめておこう．それでも少数の南蹄類は，更新世に入ってからも，南アメリカの近代化した動物相における残存種として持ちこたえることができた．

滑距類

　滑距類〔目〕という群は南蹄類ほど多様でも多数でもなかったが，やはり南アメリカ有蹄類の重要な 1 グループではあった．かれらはその大陸の暁新世の堆積物に初めて現れ，更新世まで生きつづけた．南アメリカ以外では早期の滑距類はまったく知られておらず，これらの動物は早期の顆節類の子孫として南米大陸で興ったものらしい．実際，ディドロドゥス科滑距類とある種の原始形滑距類との開きは小さかったのであり，滑距類の起源が元来その地方にあったことを暗示している．

　ある意味で滑距類は南蹄類よりも分かりやすい．誰でも知っている有蹄類といっそう直接的に比べることができるからだ．別の言い方をするなら，滑距類と北方の一部の有蹄類の間には緊密な並行性，つまり滑距類がしごく普通の有蹄哺乳類であるかのように思わせるような類似性があった．滑距類は適応放散の 2 系統──ともに暁新世に始まり第三紀ま

(A)　　　(B)　　　(C)　　　(D)

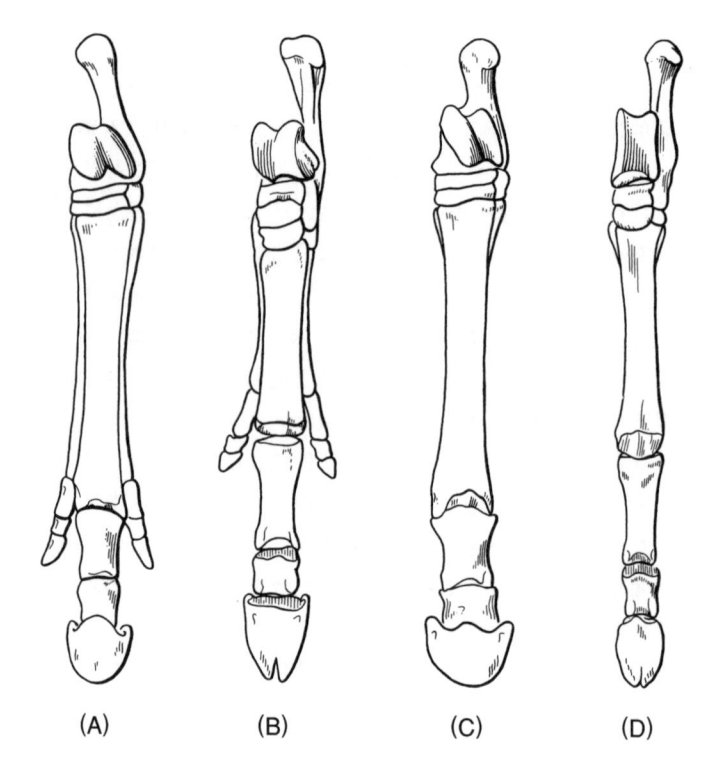

図 29-2　滑距類とウマ類の並行性——固い地面の上を高速で走りつづけることに向いた足部の適応構造の並行性．図はすべて左後足で，比較しやすいように長さを同じにしてある．ここに示す滑距類は，実際には同じ図のウマ類より小さかった．(A) *Protohippus*, 中新世の 3 指型のウマ類．(B) *Diadiaphorus*, 中新世の 3 指型の滑距類．(C) *Equus*, 現生の 1 指型のウマ類．(D) *Thoatherium*, 中新世の 1 指型の滑距類．

で存続——にそって進化した．その一つは鮮新世に絶滅したプロテロテリウム類〔科〕，もう一つは更新世まで生存したマクラウケニア類〔科〕である．

　プロテロテリウム類は，適応形態でウマ類〔奇蹄目の一群〕に似た点の多い滑距類だった．かれらは特に大形になったことはなかったが，なかには，とりわけ疾走に適した足部の適応構造でウマ類に酷似する様式で進化した系統があった（図 29-2）．この進化傾向は中新世－鮮新世に頂点に達し，その典型は *Diadiaphorus* や *Thoatherium* である．これらの滑距類では，頭骨は前後に長くてかなり低く，まさにウマ類でと同様，眼窩と側頭窩を隔てる後眼窩骨弓があった．切歯はややノミ状，頬歯は三日月形の咬頭のある月状歯型で，この点でもそれらは同時代にいたウマ類の頬歯にかなり並行していた．興味深いのは，これらの滑距類ではウマ類でのように小臼歯の"大臼歯化"がみられ，歯列全体の咀嚼面を広くしていたことである．

　かれらの脊柱は真っすぐで，四肢は細長く，これらが疾走性を物語っている．足部は長く，後足はウマ類のそれに特によく似ていた．3 指型の種類だった *Diadiaphorus* では中央の指〔第 3 指〕が非常に大きく，強固な蹄をそなえ，両側の指は小さな付属物に退化していた．距骨〔足首の骨〕の上部の関節面は滑車のような形で，ウマ類の距骨に見られるもの

に似た適応形態だった．また *Thoatherium* では後足の進化が著しく進み，各足の内外両側の指はウマ類のどの種よりもひどく退化していた．以上のようなわけで，これらの滑距類の習性や生活様式は，第三紀中期に北アメリカにいたウマ類のそれとよく似ていたと考えてよいだろう．プロテロテリウム類は鮮新世まで生存してから絶滅したが，それは真のウマ類が北方から南アメリカへ侵入してきた頃のことである．

滑距目のもう一つの進化系統，マクラウケニア類〔科〕は全体的に，北アメリカにいたラクダ類と比べてよいものだった．この仲間では骨格がかなりきゃしゃで背中が真っすぐであり，頸部と四肢は長かった．足には機能をもつ蹄を備えた3本の指があり，足部の中心線は中央の指を通っていた．前後に長い頭蓋と下顎骨は隙間なく連なる歯をそなえ，これらは他の滑距類の歯列と比べて歯冠が高かった．マクラウケニア類の興味ある適応構造は，顔面で鼻孔がずっと後ろへ——進歩した種類では頭頂部にまで——後退して開いていたことで，これはちょっとした長鼻，つまり屈伸できるように伸びた鼻をもっていたことを示している．この点でこうした滑距類の頭蓋は，同じように長鼻をもつ現生のバク類〔奇蹄目の一群〕の頭蓋に比べてもよい．中新世のマクラウケニア類の典型の一つ *Theosodon* はこのような長鼻をもっていたのだが，この系統を継いだ後代の滑距類，鮮新世の *Promacrauchenia* や更新世の *Macrauchenia*（図 29-3A）なども同様だった．

Macrauchenia は前記の *Toxodon* と同じように，土着の起源をもつ有蹄類の大半が絶滅した後でも，北方から南アメリカへ流入した動物らといっしょに生きていた．これが更新世についに退場したのは北からきた新しい哺乳類との競争に敗れた結果だったかもしれない．が，北方からの流入の後でもかなり栄えていたことをみれば，この滑距類はそれまでに状況変化に順応していたため，北からきた移住動物らと混じり合いながらも頑張ることができたとみるほうが妥当だろう．しかし更新世の多くの大形哺乳類と同じく，これらの動物はその時代が去る前に姿を消した．何ゆえだったのかは難しい問題である．

雷 獣 類

南アメリカで太古の顆節類から興ったとみられるもう一つの同大陸の目は，始新世に現れて中新世まで生存したグループ，雷獣目〔アストラポテリウム目〕である．この仲間では早期から巨大化の傾向が生じ，それは同目の始新世前期のメンバーですでに明らかだった．大サイズに向かうこの傾向には，理解しがたい一連の適応形態が伴っていた．漸新世-中新世の *Astrapotherium* 属（図 29-3D，E）は立ったときの肩高が 1.5 m を超える重々しい哺乳類だった．これは確かに現生のゾウ類のように森林の中を押し分けて進み，あるいは平原の上を悠然とのし歩くのに適応した動物だった．けれども *Astrapotherium* の頭蓋と下顎骨には風変わりな変形があった．頭蓋の前部はひどく短縮しており，鼻骨が小さくて後ろへ転位し，上顎切歯は消失している．他方，上顎の犬歯が著しく巨大化し，かなりの長さと強さをもつ下向きの短剣のようになっている．ところが下顎骨は，頭蓋に釣り合うように短縮したのではなく，前後に長く，よく発達した切歯と大きい犬歯を備えていた．おそらく，長くて強靱な上唇が頭蓋の後退した前部から前へ伸び，下顎骨の前部に対応してそ

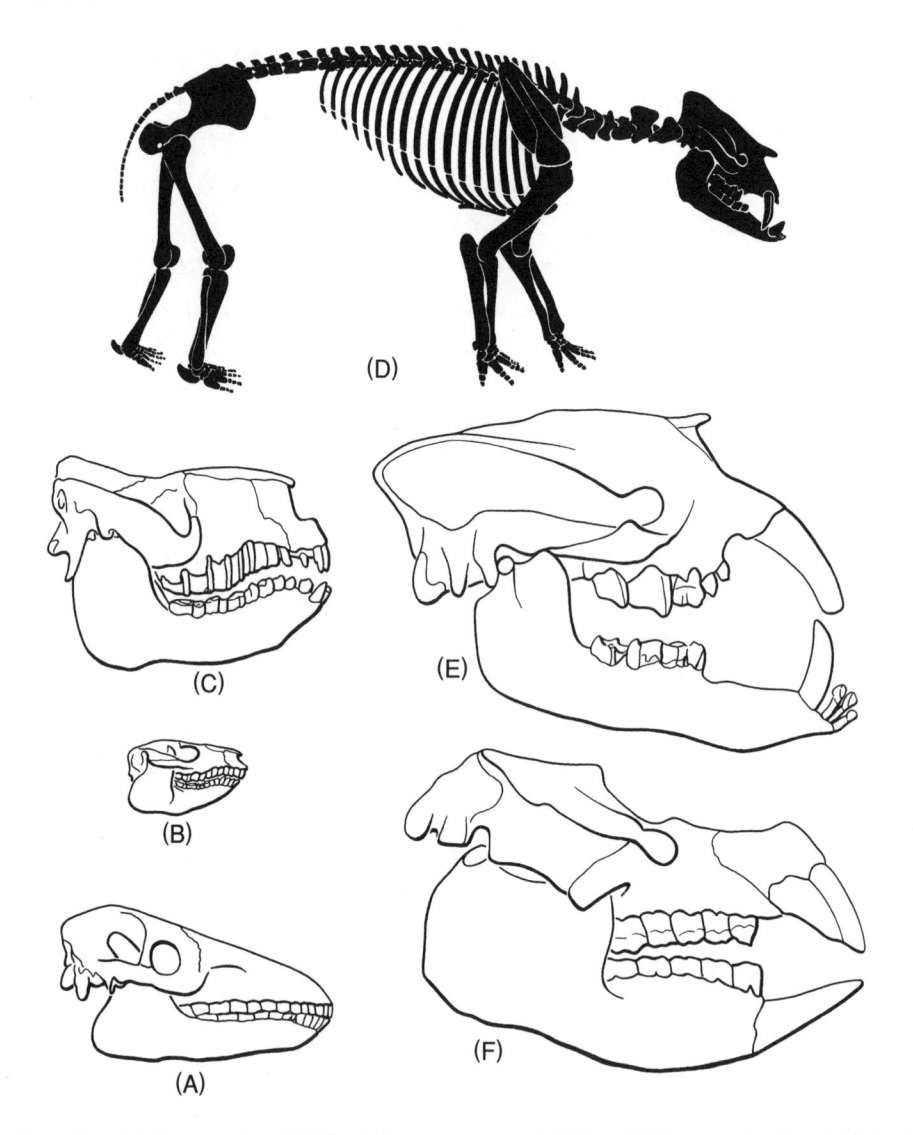

図 29-3 いろいろな南アメリカの有蹄類．(A)*Macrauchenia*，鮮新世−更新世のラクダに似た滑距類．頭蓋長約 46 cm．(B)*Protypotherium*，中新世のティポテリウム類．頭蓋長約 10 cm．(C)*Nesodon*，中新世のトクソドン類．頭蓋長約 41 cm．(D)*Astrapotherium*，漸新世の雷獣類．全長約 2.7 m．(E)*Astrapotherium*，頭蓋長約 69 cm．(F)*Pyrotherium*，漸新世の火獣類．頭蓋長約 69 cm．

こを覆っていたのだろう．多分，これがある種の食物取り込みの仕組みになっていたのだろう．そして多分，鼻がこの上唇より前へ突出し，屈伸可能な一種の長鼻になっていたのだろう．後位の小臼歯はごく小さかったが，最後位の 2 本の大臼歯は巨大化し，歯冠の高い挽き臼型の歯になっていた．

　世界の他の地域にいた哺乳類に並行する適応構造があったかどうかは明らかでない．おそらく雷獣類は，始新世後期に北アメリカに生息していた巨大なウインタテリウム類〔恐

角目〕とひとまず比較してよいものだった．またおそらく，かれらは太古の長鼻類だった一部のマストドン類——長鼻が短く，上顎の牙が下へ曲り，下顎の牙が前へ突出していた仲間——と比べてもよいものだった．

　南アメリカ有蹄類の1グループ，トリゴノスチロプス類〔本書では目〕は長年，たぶん雷獣類と類縁があったと見なされてきた．往年の専門家たちはトリゴノスチロプス類を雷獣目に含めていたが，古生物学者のなかには，とりわけ新生代前期の *Trigonostylops* 属の頭蓋を根拠としてこれらの有蹄類を別個の目として独立させる人たちもいた．それは雷獣類の頭蓋より小さく，さほど特殊化しておらず，雷獣類の頭蓋の著しい特色であるいろいろな構造上の変形を生じていない．歯は歯冠が低く，全体として一般型のパタンを示す．それでも，頭骨とともにその他の骨格をも考慮にいれた近年の研究により，初めから言われていたようにトリゴノスチロプス類は雷獣類と近縁だったことが確認された．

火　獣　類

　火獣目〔ピロテリウム目〕とは漸新世の *Pyrotherium* 属（図29-3F）にちなむ名で，第三紀前期の堆積物だけから出る南アメリカ有蹄類の孤立した小グループである．かれらは，ウインタテリウム類〔恐角目〕と類縁があったのだろうと考えられてきたが，火獣類の明らかな類縁関係は分かっていない．おそらく火獣類はごく早い時代に南アメリカへ入り込み，同じくごく早い時期にはっきり特殊化したのだろう．

　長鼻目のゾウ類やその親類たちと同じように火獣類は急速に巨大サイズへ進化し，ある種の長鼻類と酷似した，頭蓋や歯牙系のさまざまな特殊化を生じた．例えば，頭蓋は非常に大きく，鼻孔は後退した位置に開いていたが，これはある程度の長鼻を備えていたことを物語る．頬骨弓〔ほおぼね〕は頑丈であり，下顎骨後部の上行枝は長鼻類でのように大きかった．左右各側の上顎切歯列の2本は巨大化して牙になり，各側の下顎骨には牙状の大きな切歯が1本あった．切歯から歯隙で隔てられた頬歯は短冠歯で，その各歯冠はデイノテリウム類（長鼻目の一系統）の稜線をもつ臼歯に外見的によく似た，二つの鋭い横走稜でできていた．このような類似のゆえに，昔の学者たち（特にアメギノ兄弟）は火獣類を長鼻類の親類だと見なしていた．が，火獣類に顕著に発達した長鼻類との類似性はすべて，たぶん並行進化の結果である．

　ほとんどただ一つの属 *Carodnia* で知られる異蹄類〔目〕は，ブラジルとアルゼンチン・パタゴニア地方の暁新世の堆積物で発見されるもので，専門家のなかには，南アメリカ哺乳類の独立の目を表すものとみる人と火獣目の1科だとみる人がいた．*Carodnia* そのものは5指型の幅広い足部と短めの四肢をもつ大形哺乳類だった．歯列には全数の歯があり，切歯はノミ状で，犬歯は強大で，小臼歯は一般にやや尖っており，そして大臼歯には顕著な横走稜があった．現在のところ，この興味ある動物の化石は完全ではないため，頭骨の形態やその他の構造上の細部について情報が得られていない．*Carodnia* の第3大臼歯の形態は，この属が，火獣目そのものと同じように北アメリカの恐角目と類縁があった可能性を暗示している．

南アメリカ有蹄類の終息

　南アメリカ有蹄類の歴史は興味津々として，また教えるところの多い物語——並行進化の，好適な環境における長い繁栄の，そして，そうした環境が変化するときの突如絶滅の物語——である．

　第三紀前期－中期だけに限られていた雷獣類と火獣類は一時期，ある生態的地位を占めていたが，南アメリカが他の世界から隔離されていたにもかかわらず，長く生存することができなかった．他方，南蹄類と滑距類はそれぞれ第三紀初頭から新生代の大半にわたる長い進化史をつくった．これらの2群は，きわめて上首尾な哺乳類——多数の進化系統にそって繁栄し，驚くばかりの範囲にわたる生態学的棲み場所への適応をとげた哺乳類——であったと考えざるをえない．南アメリカが草食動物の餌場になる広大な草原と果てしない森林を擁する島大陸だった間は，南蹄類と滑距類は栄えていた．かれらの唯一の外敵は肉食性有袋類だけだったが，これらは肉食のための様々な適応構造を備えていながらも，有胎盤の食肉類を有能な捕食者たらしめた知能や利口さではたぶん劣る動物たちであった．

　鮮新世の末に近いころ南北アメリカ大陸の間でパナマ陸橋が海面上に現れると，北から南へ大量の哺乳類が流れこんだ．南蹄類と滑距類の大半は早々に姿を消した．*Toxodon* や *Macrauchenia* など少数の大形で特殊化した種類だけが北からきた哺乳類の競争相手として生き長らえたが，やがてかれらも侵入者らの圧力に屈服した．北方から押し寄せる哺乳類の波のもとに南蹄類と滑距類が消滅したことには，主として二つの要因が考えられる．一つは，土着起源の有蹄類らは，北アメリカからやって来た知能の高い進歩した捕食動物による直接の猛襲をこうむったこと．かれらは肉食性有袋類の襲撃に対抗して自衛するのが大変だった上に，大形のイヌ，キツネ，クマの類や，クーガー〔ピューマ〕やジャガーを含むいろいろなネコ類の餌食になることが問題になった．このことが本質的に，大半の南蹄類と滑距類の終息を速めた主因であった．

　もう一つの要因は，北から侵入してきた有蹄類との，生活場所と食物をめぐる競争である．地峡が出現したことにより，バク，ウマ，シカ，ラマ，マストドンなどが南アメリカへやってきた．これらの動物は南蹄類や滑距類より有能な植食性動物だったらしく，そのためこれらが土着の生息者たちから文字どおり領土を奪い取ったのだ．この第2の競争要因が，捕食性のつよい動物たちからの直接の攻撃という要因に加えて，南アメリカ有蹄類の長い支配を終わらせた最後の打撃になった．

30
奇蹄類

Hyracotherium

奇蹄類の特徴

　奇蹄目という群は現今，ウマ，シマウマ，バク，サイなどになって生き続けている有蹄類，すなわち各足にふつう奇数本の指をもち，足部の中心線がその中央の指を通る哺乳類のことである．すべての奇蹄類において，もとの最内側の指つまり親指〔第1指〕は退化消失しており，後足の最外側の指〔小指，第5指〕も同じである．前足の第5指は大半の奇蹄類で消失しているが，一部のかなり原始的な種類ではまだ存続している．そういうわけで，奇蹄類の前足と後足で機能をもつ指は，一般に3本か，もしくは進歩したウマ類でのように1本だけとなっている．

　一方，奇蹄類の大腿骨〔脚の上半部の長骨〕は，その骨幹の外側に，筋肉の付着点として第三転子という顕著な突起があることを特徴とする．足根〔足首〕では，塊状の距骨が上側で脛骨〔脚の下半部前内側の長骨〕とつながる関節面が滑車のような形をしめすのに対し，下側で他の足根骨とつながる面はやや窪むかほぼ平坦である．これは，第28章で述べたような，偶蹄類の上下両面とも滑車形〔二重滑車〕をした距骨と対照的である．

　奇蹄類では，切歯が上下顎とも全数〔各側3本〕そろっているのが一般的（必ずではない）で，植物を刈り取る効率のよい装置になっている．これらの切歯と頰歯の間に大きな開き〔歯隙〕があり，そこに犬歯が在ることもあり無いこともあるが，在る場合には前の切歯からも後ろの小臼歯からも隔たっていることが多い．しかし，奇蹄類の歯牙系のたぶん最も特徴的な様相は小臼歯の大臼歯化である．原始奇蹄類ではこの現象はあまり進んでいなかったが，この目の進歩したメンバーになると，それは，小臼歯列の最前位の1本をのぞく全てが完全に大臼歯形になるほどの完成度に達する．こうした発展によって，頰歯列全体の磨り潰し面が著しく拡大し，ごわごわした植物質を粉砕する挽き臼としての歯の効率が高まった．奇蹄類の少数の科に生じた顕著な進化傾向には，ウマ類などいくつかのグループで四肢が長くなったこと，サイ類やティタノテリウム類の頭蓋に角が発達したこと，幾つかのグループでそれぞれ独立に体が大サイズまで成長すること，などがある．

奇蹄類の起源

　近年の古生物学上の証拠によれば，有蹄類の数多くのグループを生み出した顆節目が奇蹄目の祖先だったようである．最早期の奇蹄類がもっていた歯や足部の諸特徴——奇蹄類の進化の方向が決まる際の基礎になったもの——は，とりわけ北アメリカの暁新世の *Tetraclaenodon*（*Phenacodus* の近縁群）に代表される，一部の顆節類の歯や足部から容易に導き出すことができる．*Tetraclaenodon* では，上顎大臼歯はほぼ四角形で，よく発達した6個の丘状歯型の低い咬頭が歯冠をつくっていた．このパタンは，少し変形はしたが，知られているかぎり最も原始的な奇蹄類だった始新世の *Hyracotherium* に見られるものだ（図30-1B）．歯の前部の中間咬頭と内側咬頭の接合のわずかな進化的変化が斜めの稜線，プロトロフを造ったことにより，また同様に後部の中間咬頭と内側咬頭の接合が斜めのメタロフを造ったことにより，そして，2個の外側咬頭が前後方向の稜線の接合でエクトロフを造

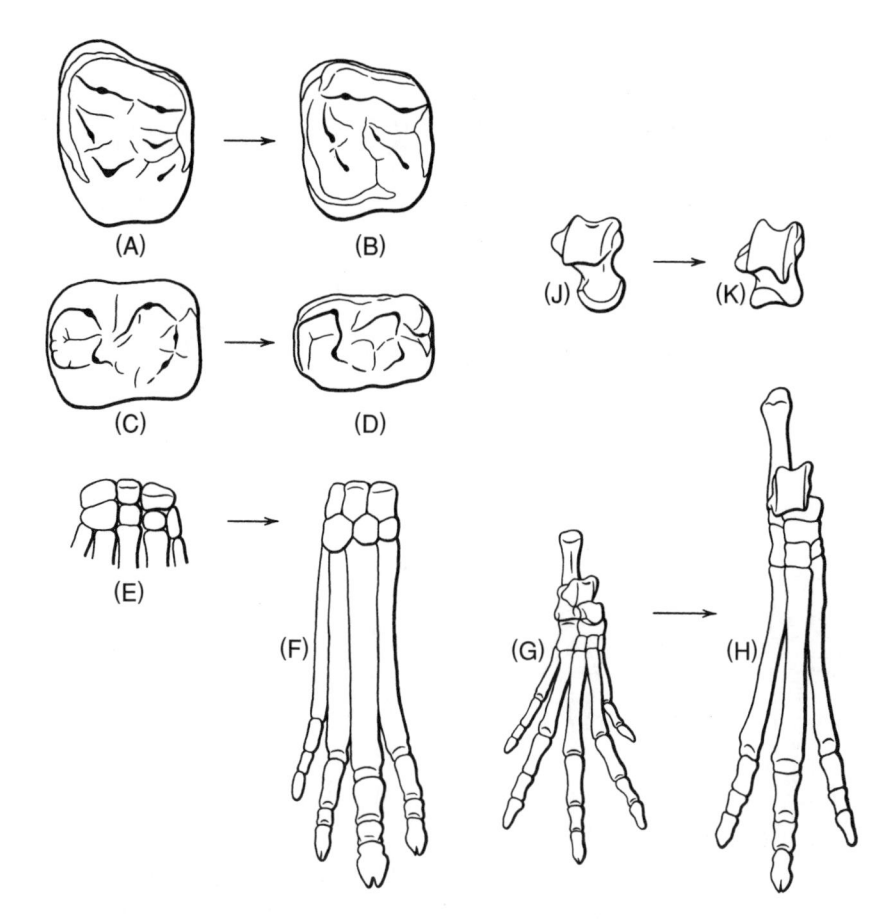

図 30-1 奇蹄類の歯と足部骨格が顆節類のそれらから由来したことを示す．顆節類の Tetraclaenodon の (A) 上顎左の大臼歯，(C) 下顎右の大臼歯，(E) 右の前足，(G) 右の後足，および (J) 右の距骨．(B, D, F, H, K) 原始的なウマ Hyracotherium における上記に対応する諸要素．歯の図はすべて実物の約 2 倍，足の図はすべて約 0.4 倍．〔A-B と C-D では右が前方，上が外側〕

ったことで，典型的な原始奇蹄類の大臼歯パタンができた．同じぐあいに，Tetraclaenodon のような哺乳類の下顎大臼歯の諸咬頭が，原始奇蹄類の特徴であり Hyracotherium の下顎大臼歯ですでに明らかだった横走稜線，ロフィドへ変形したらしいのである．

ところで，Tetraclaenodon と Hyracotherium の形態上の重要な違いはおそらく足部の構造に見られるものだ．Tetraclaenodon では，前肢の手根〔手首〕の諸骨はみな丸みをおび，ほぼ列をなして（下の列が上の列の下になり）配列していたのに対して，後肢の足根〔足首〕では距骨の下側の関節面が丸みをおびていた．これは肉食性哺乳類にしばしば見られ，足部の屈伸に大きな自由度を与えるものである．Hyracotherium では，手根の諸骨は互いにはまり合うように交互に配置され，足根の距骨では下側の関節面がやはり比較的平坦だった．こうした特徴のため Hyracotherium では前足も後足もかなり固く，顆節類の足部に比べて横方向の動きを起こしにくくなった．そのうえ，Hyracotherium の足の指骨は Tetraclaeno-

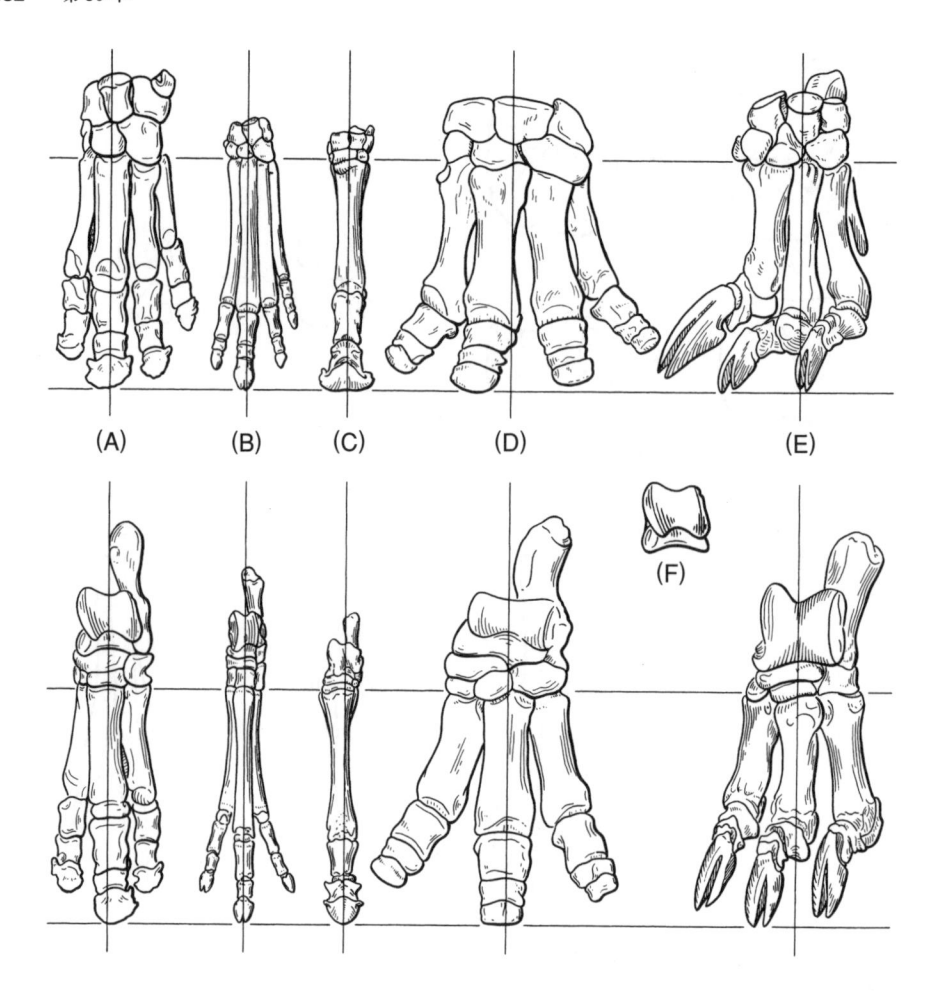

図 30-2 奇蹄類の左の前足(上段)と後足(下段).比較しやすいように中指の長さをほぼ同じに揃えてある.縦の直線は各足を支える中心軸を示す.(A) *Tapirus*,現生のバク.(B) *Hyacotherium*,始新世のウマ類で一般型の奇蹄類.(C) *Equus*,現生のウマ.(D) *Brontotherium*,漸新世のティタノテリウム類.(E) *Moropus*,鉤爪のある足をもった中新世のカリコテリウム類.(F) 奇蹄類の距骨.上側〔近位〕の脛骨との滑車状の関節面と,下側〔遠位〕の足根骨との平坦な関節面を示す.

don の足のそれらに比べてずっと長かった.*Tetraclaenodon* から *Hyracotherium* に至るこうした変化は,草食性の効率の向上と,とりわけ固い地面の上を駆けることに重点のあった適応構造の移り変わりを物語っている.そういうわけで,知られている最原始的な奇蹄類だった *Hyracotherium* は周りにあった植生を常食にし,とくに捕食動物の襲撃からすばやく逃げるのに適した仕組みをよく備えていたことになる.たぶん最早期の奇蹄類を成功に導いたのはおそらく,攻撃的な捕食者からくる圧迫への反応としての疾走に向いた適応構造だったのであり,また逆に,顆節類がついに絶滅する一因になったのはおそらく,かれらがこのような適応構造を欠いていたことだった.始新世が漸新世へ移行した頃にさまざまな裂脚亜目の食肉類が有能なハンターとして根を張るようになり,そうして顆節類は

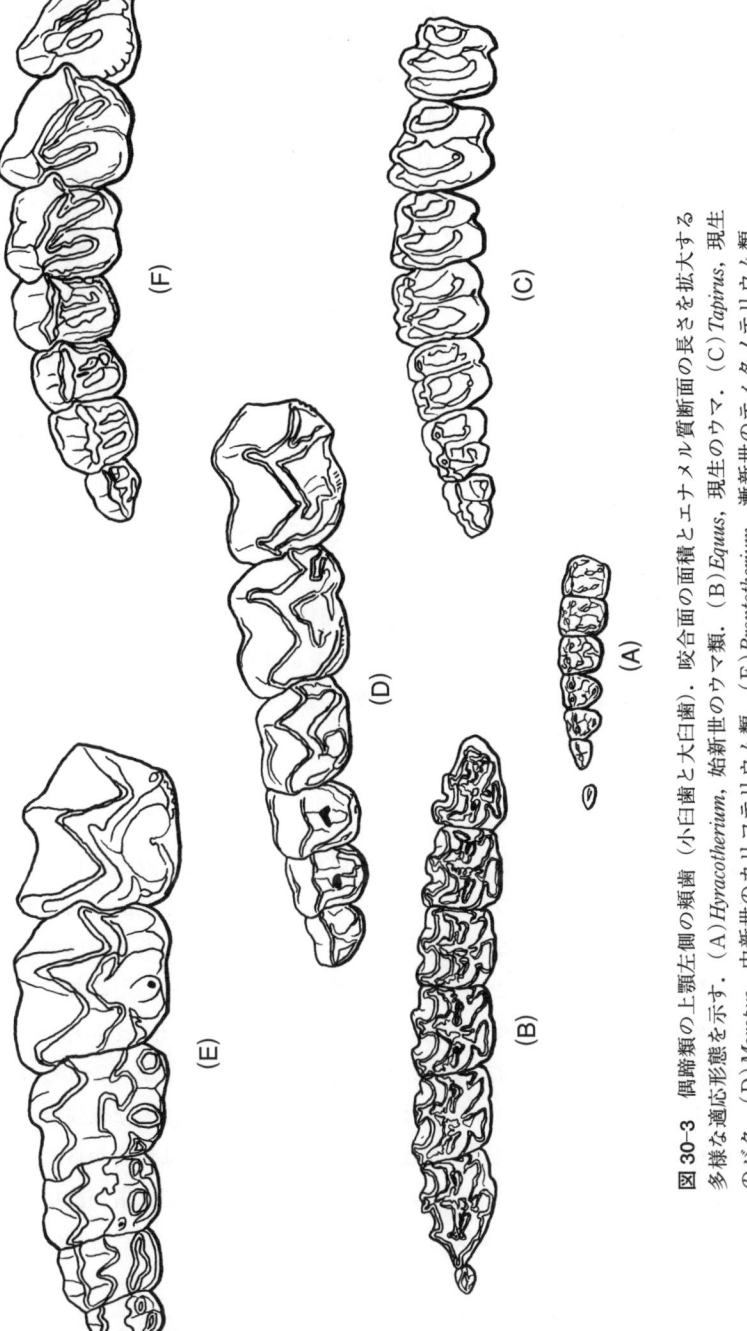

図30-3 偶蹄類の上顎左側の頬歯（小臼歯と大臼歯）．咬合面の面積とエナメル質断面の長さを拡大する多様な適応形態を示す．(A) *Hyracotherium*, 始新世のウマ類．(B) *Equus*, 現生のウマ類．(C) *Tapirus*, 現生のバク．(D) *Moropus*, 中新世のカリコテリウム類．(E) *Brontotherium*, 漸新世のティタノテリウム類．(F) *Trigonias*, 中新世のサイ類．[左が前方；曲折した2本の細い平行線がエナメル質横断面を示す]

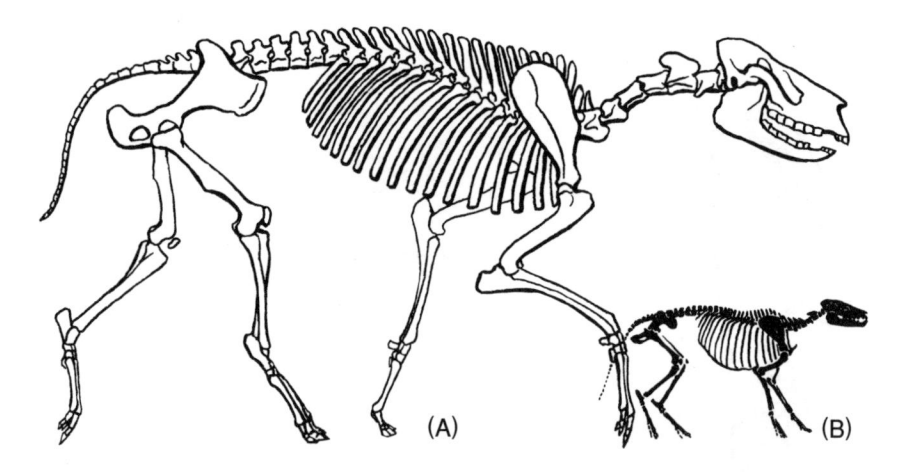

図 30-4 奇蹄類の 2 群．(A) *Hyracodon* の全身骨格．北アメリカの漸新統から出る体格のきゃしゃなサイ類で，現今の奇蹄類の全般的構造をしめす．全長約 1.5 m．(B) *Hyracotherium* の全身骨格．始新世のウマ類．全長約 48 cm．2 図の縮尺は同じ．

敗退した．しかし，うまく適応したかれらの子孫たる奇蹄類は繁栄し，以下に述べるように数多くの多様な進化系統をたどることになる．

なお，近年の形態学的研究はまた，奇蹄類と，第 31 章で述べるアフリカ起源の有蹄類との近縁性を明らかにしている．わけても岩狸目，つまりハイラックス類は奇蹄目の"姉妹群"だと考える専門家がいま幾人もいて，なかにはこの仲間を奇蹄目に入れてしまおうとまで言う人も少数いる状況である．

最初の奇蹄類

Hyracotherium（俗に *Eohippus* ともよばれる）という属は最早期の原始的ウマ類として分類されるけれども，形質上，早期の奇蹄類のどれとも同じくらい原始的なのであり，それゆえこの目全体の原型の好例になるものである．これはキツネか，あるいはコリー犬ほどのサイズの小形動物だった．体格はきゃしゃで，明らかに疾走に適した四肢，いくぶん湾曲した背中，短めの尾，それに，長くて低い頭蓋をもっていた．*Hyracotherium* には 19 本の肋骨と，それらの後ろに肋骨の付かない 5 個ほどの椎骨があったが，これらは奇蹄類に共通する数である．肩領域の椎骨の棘突起はかなり長く，たぶん強大な背筋群の付着部になっていた．四肢（図 30-2B）は細く，足部は長く，手首や足首は地面から高く離れていたので指骨は地面にほとんど垂直になっていた．この原始奇蹄類では指が前足に 4 本，後足に 3 本あったが，実際の機能からいえば，足はすべて 3 指型だった．各指の先には小さい蹄があった．

前後に長い頭蓋では，脳頭蓋が相対的に小さく，眼窩は後ろが開いていて，後代のウマ類がもつような眼窩と側頭窩を隔てる骨弓〔後眼窩弓〕は無い．切歯は小さくてノミ状の歯冠をもち，犬歯も小さい．頬歯は丘状歯型で，歯冠が低く，鈍い円錐形の咬頭がある．

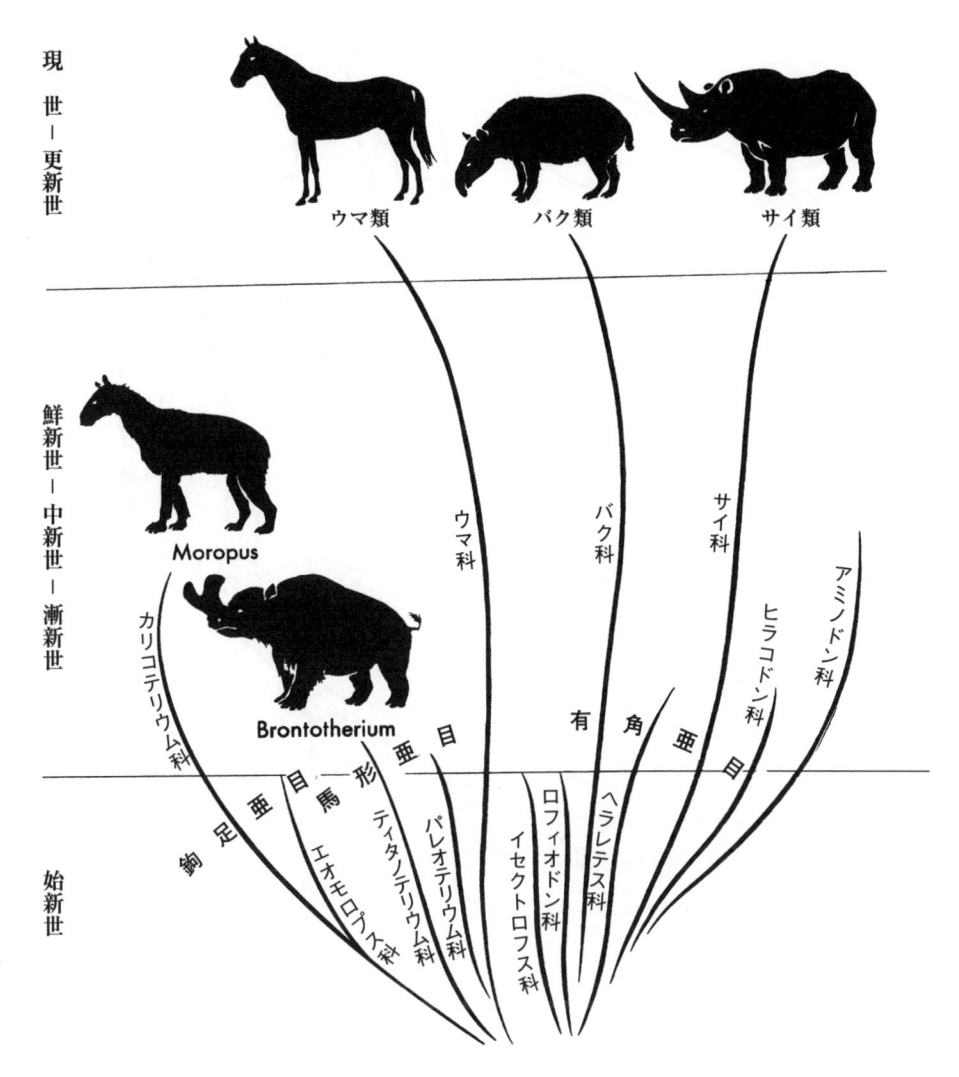

図 30-5 奇蹄類の進化過程.（ロイス M. ダーリング画）

小臼歯はまだ大臼歯形になっておらず，上顎の最後位の2本はほぼ三角形を呈する．しかし上顎大臼歯はほぼ四角形で，主咬頭が4個（プロトコーン，パラコーン，メタコーン，ハイポコーン）ある．また，中間の小さい副咬頭が2個（プロトコニュール，メタコニュール）あり，これらは斜めの低い稜線（プロトロフ，メタロフ）により内側の2個の咬頭につながる．下顎の大臼歯では，歯の後部の盤状部分（タロニド）は前部と同じくらいの高さがある．前部の中間咬頭（パラコニド）は退化し，前部の2個の咬頭（プロトコニド，メタコニド）と，後部の2個の咬頭（ハイポコニド，エントコニド）は，それぞれ左右方向の横走稜でつながる．新生代に奇蹄類の幾つかの系統で，多様かつ複雑な歯が進化する基になった歯形とその発展は，このようなものであった（図 30-3A）．

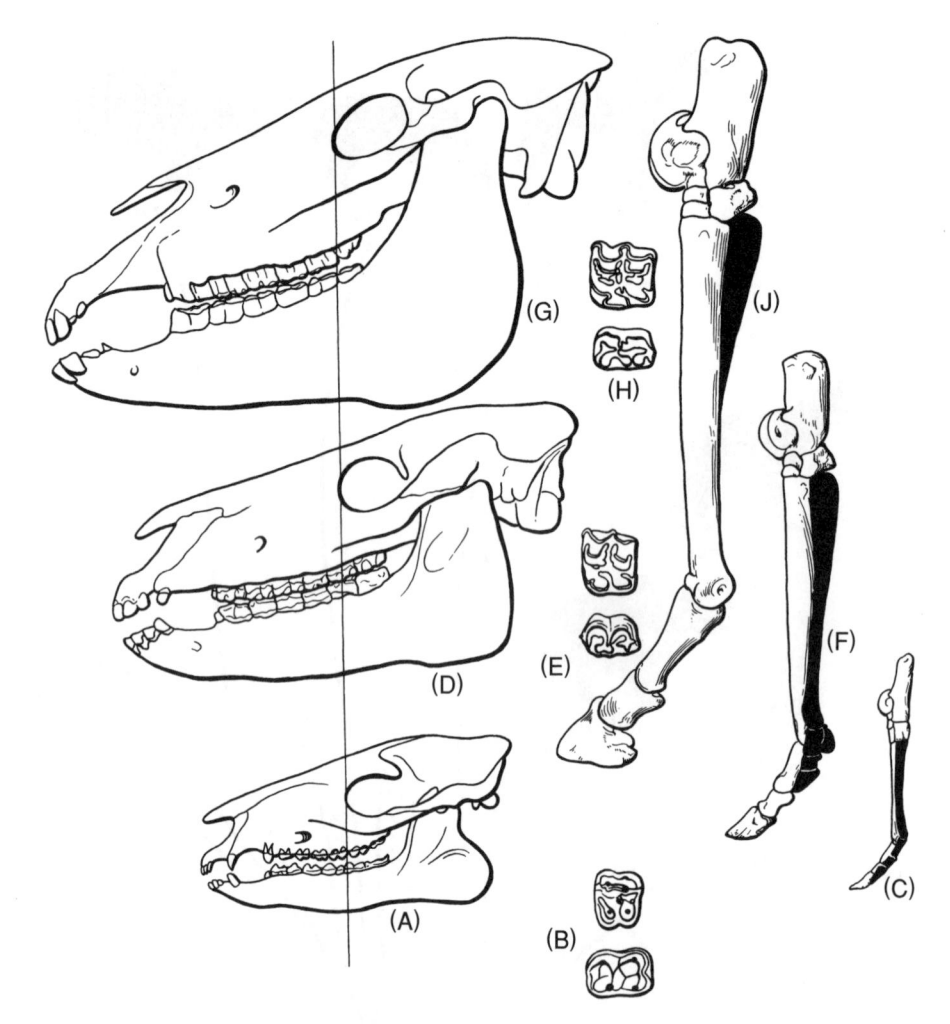

図 30-6 ウマ類の進化過程における 3 段階．頭蓋，下顎骨，歯，および足部でしめす．(A) 原始的な始新世のウマ *Hyracotherium* の頭蓋と下顎骨．頭蓋長は約 14 cm．(B) *Hyracotherium* の上顎と下顎の大臼歯．(C) *Hyracotherium* の後足．(D) 中新世前期のウマ *Parahippus* の頭蓋と下顎骨．頭蓋長は約 45 cm．(E) 中新世のウマ *Merychippus* の上顎と下顎の大臼歯．(F) *Merychippus* の後足．(G) 現生のウマ *Equus* の頭蓋と下顎骨．頭蓋長は約 58 cm．(H) *Equus* の上顎と下顎の大臼歯．(J) *Equus* の後足．注意すべき点は，頭蓋の顔面部がしだいに長くなったこと，しだいに長くなる頬歯の歯根を収容するべく頭蓋と下顎の丈が高くなったこと，大臼歯の咬合面の構造がだんだん複雑化したこと，足部の内外両側の指が退化または消失〔黒で示す〕したことなど．後足の縮尺は同じ．〔足の図の上部の関節は足首関節，左側の半円形の骨は距骨でそこに脛骨・尺骨が関節する〕

奇蹄類の基本的分類

おおよそ *Hyracotherium* のような動物を祖先として，奇蹄類はさまざまな適応放散の道にそって発展し（図 30-4，30-5），第三紀中期に，世界の大半で優勢な有蹄類としてその進化史の頂点に達した．しかしその後かれらは下り坂になり，そのメンバーには高度の特

殊化が見られるにもかかわらず,いま奇蹄類は絶滅への途上にある哺乳類の1目と見なさざるをえない.

奇蹄類はその原始の始まり以来,はっきり異なる3群の系統にそって進化した.その一つ,馬形亜目に含まれるのは,パレオテリウム類,ティタノテリウム類,それにウマ類である.この亜目の動物では,大臼歯の外側のスタイル〔垂直の辺縁隆線部〕がふつうパラコーンおよびメタコーンとつながり,W字形をした一つの稜線,エクトロフをつくる.第2の系統,有角亜目はバク類とサイ類から成る.第3の系統,鉤足亜目は奇妙にも鉤爪をもつカリコリウム類とその祖先である.

ウマ類の進化

生物のあらゆる進化史のなかで,ウマ類のそれほど詳しく知られているものは他におそらく無い(図30-6,30-8).そのことには幾つかわけがあるが,たぶん最も分かりやすいのは,ウマ類の化石記録が非常によくそろっていてよく解明されていることだ.植食性という習性,草原での生活,そして大きな群れをなして生きる傾向のゆえに,ウマ類はその系統発生史の初期段階いらい,多数がいっしょに埋没して化石になることが多かった.たまたま,北アメリカ——ウマの歴史的連続の全体が記録されているところ——には始新世-現世の堆積物のほぼ完全なシリーズがあり,そこにウマ類の化石が包蔵されている.当然のこと,こうした見事な化石層準の整列からウマ類の前進的進化に関する見事な経年的記録が得られるのである.

最初のウマ類——始新世の *Hyracotherium* 属に属していたもの——のことは上に述べたので,ここでは繰り返さない.*Hyracotherium* は次のような動物だったことだけを挙げておこう——原始的な頭蓋,歯冠の低い丘状歯型の頬歯のある一般型の奇蹄類の歯牙系,そして,前足に4本,後足に3本の指のある細い四肢をもつ小形の動物.始新世前期のこのウマ類は北アメリカとヨーロッパにまたがって広がっていた.始新世前期の末ごろ,*Hyracotherium* は旧世界で絶滅し,その後はウマ類の進化はほとんど北アメリカ大陸だけで起こった.続いてユーラシア,アフリカ,南アメリカなど他の地域に現れたウマ類は北アメリカから移動したものだった.

さて,新生代を通じてウマ類の進化を特徴づけた前進的傾向は,次のように整理することができよう:

1. 体サイズが増大したこと.
2. 脚と足が長くなったこと.
3. 足では中指〔第3指〕に重点があり,両側の指が退化したこと.
4. 背中が真っすぐに,かつ硬直的になったこと.
5. 切歯の幅が広がったこと.
6. 小臼歯が大臼歯化したこと.
7. 頬歯の歯冠が高くなったこと(長冠歯化).
8. 歯冠の咬合面パタンがしだいに複雑化したこと.
9. 頭蓋前部と下顎骨の丈が,長冠歯化した頬歯を収容するように高くなったこと.

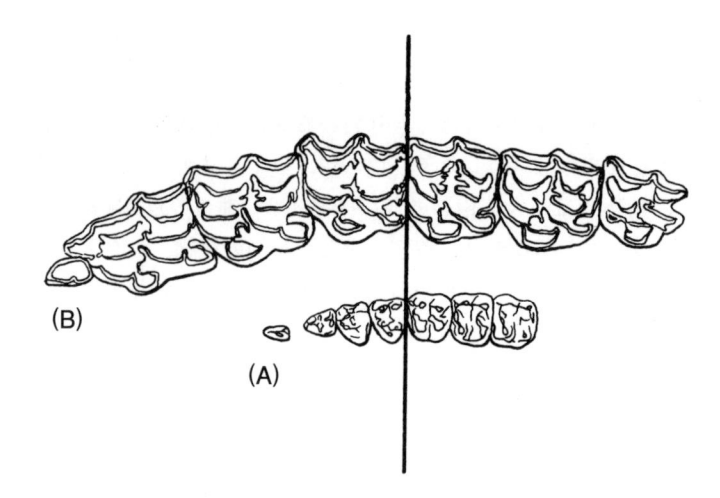

図 30-7 (A)始新世のウマ *Hyracotherium*（約2/5大）と，(B)現生のウマ *Equus*（約2/5大）の上顎左側の頬歯．これらの2群の間で，小臼歯が大臼歯化したことを示す．縦の直線は，左の小臼歯列と右の大臼歯列の境界．小臼歯の大臼歯化が進むとともに，大臼歯の咬合面パタンが著しく複雑化したことに注意．〔左が前方，上が外側〕

10. 眼窩より前の顔面が同じく長冠歯化した頬歯を収容するように長くなったこと．
11. 脳のサイズと複雑さが増したこと．

　これらの諸変化は始新世に始まり，新生代の末まで続いてきた．そして，一部のウマの系統では，それぞれの系統発生史の始めから終わりまで体サイズがかなり着実に増大し，そこに，小臼歯の前進的な大臼歯化，頬歯の丈の伸長，足の両側の指の退化，等々がともなった．しかしウマ類を全体として眺めると，このように一様な進化の図式が得られるわけではない．かつてウマ類は，"定向進化"すなわち"直線的進化"〔直進〕の絶好例としてよく引き合いに出され，これらの動物はほとんど逸脱を起こすことなく——始新世の小さな *Hyracotherium* つまり"エオヒップス"から現今のウマ *Equus* まで真っすぐの道をとって——進化してきたと主張されることがしばしばあった．上に列挙した前進的変化の大半は，*Hyracotherium* から現生ウマまで時代を追って跡づけられるのは事実なのだが，第三紀中期－後期には，ウマ類のさまざまな側枝——ある面では進んでいるが他の面では保守的であるといった諸系統——が現れていた（図30-8）．全ての化石を考慮に入れると，北アメリカにおけるウマ類の歴史は1すじの発展系統にそった単純な前進どころではなかったことが分かる．そうではなく，多数の系統にそって適応放散と多様化のエピソードが幾つもあったのであり，そのことをかつてG.G.シンプソン〔米国の古生物学者，1902-84〕が論じたことがある．

　しかしウマ類もその歴史の初期には，下記のようにただ1すじの前進的発展の系統をたどった．

漸新世中期－後期	*Miohippus*
漸新世前期	↑ *Mesohippus*
始新世後期	↑ *Epihippus*
始新世中期	↑ *Orohippus*
始新世前期	↑ *Hyracotherium*

　Hyracotherium から *Miohippus* にいたる進化の過程で，ウマ類はコリー犬ほどの大きさの小形動物からヒツジほどの大きさの動物になった．脚も足も長さを増した．前足の第5指は消失し，そのため足はすべて3指型になり〔第1指は元から無い〕，中指〔第3指〕が両側の指よりずっと大きかった．が，どの指も機能をもっていた．背中はだんだん真っすぐになり，かつ強固になった．第2－第4小臼歯が大臼歯形になり，全ての頬歯の歯冠に高い稜線をもつようになった．上顎の頬歯では外側にW字形をした稜線（エクトロフ）が発達し，そこから2本の斜めの稜線（前プロトロフと後プロトロフ）が内側へ伸びていた．（W字形のエクトロフは馬形亜目の特徴である．）他方，下顎の頬歯の咬合面では，2すじのV字形の稜線が，各頂点を外側に向けて発達した．このような稜線をそなえた上顎と下顎の頬歯は明らかに，食草を刈り取るきわめて効率のよい装置である．しかしこうした歯はまだ歯冠が低かった〔短冠歯型〕．頭蓋は，顔面部がやや長くなってはいたが，全般にかなり原始的な形にとどまっていた．

　漸新世の末ごろには，ウマ類はこうした諸変化を通じて進歩した植食動物の地位についており，木の葉や柔らかい植物を食べるとともに，固い地面をかなり速く持続的に駆けることができるようになっていた．中新世が到来すると，幾つかの発展系統にそったウマ類の枝分かれが起こった．それはおそらく，かれらに利用できる生活環境がより多様になったことへの反応として，またとりわけ，早期の草本植物や陸上性顕花植物が広がったためだろう．このような枝分かれが適応放散とよばれるもので，ウマ科の歴史を通じてそれらが数回起こっている．

　中新世にいた *Archaeohippus* という属は保守的なままで，頭蓋，歯牙，および足部については，*Miohippus* 段階より以上にほとんど増大や前進的発達を示していなかった．ウマ類のもう一つの系統，中新世－鮮新世のアンキテリウム類は体サイズを増した結果，ついには現生のウマぐらいになったが，*Miohippus* に似た保守的な歯牙と機能のある3指型の足をまだ維持していた．これらはたぶん森の中にすんだウマ類であり，現在のシカ類がしているように深い高木林地で木の葉を常食にしていたのだろう．中新世後期－鮮新世前期には *Anchitherium* が旧世界へ移動してそこで広範囲に広がった一方，もとの北アメリカでは大形の属 *Hypohippus* が *Anchitherium* を祖先として進化した．

　こうした保守的なウマ類とは対照的に，ウマ類進化の主流は中新世の間，*Merychippus* が占めていた．このウマは小さいポニーほどの大きさで，足はまだ3指型を維持していたが，

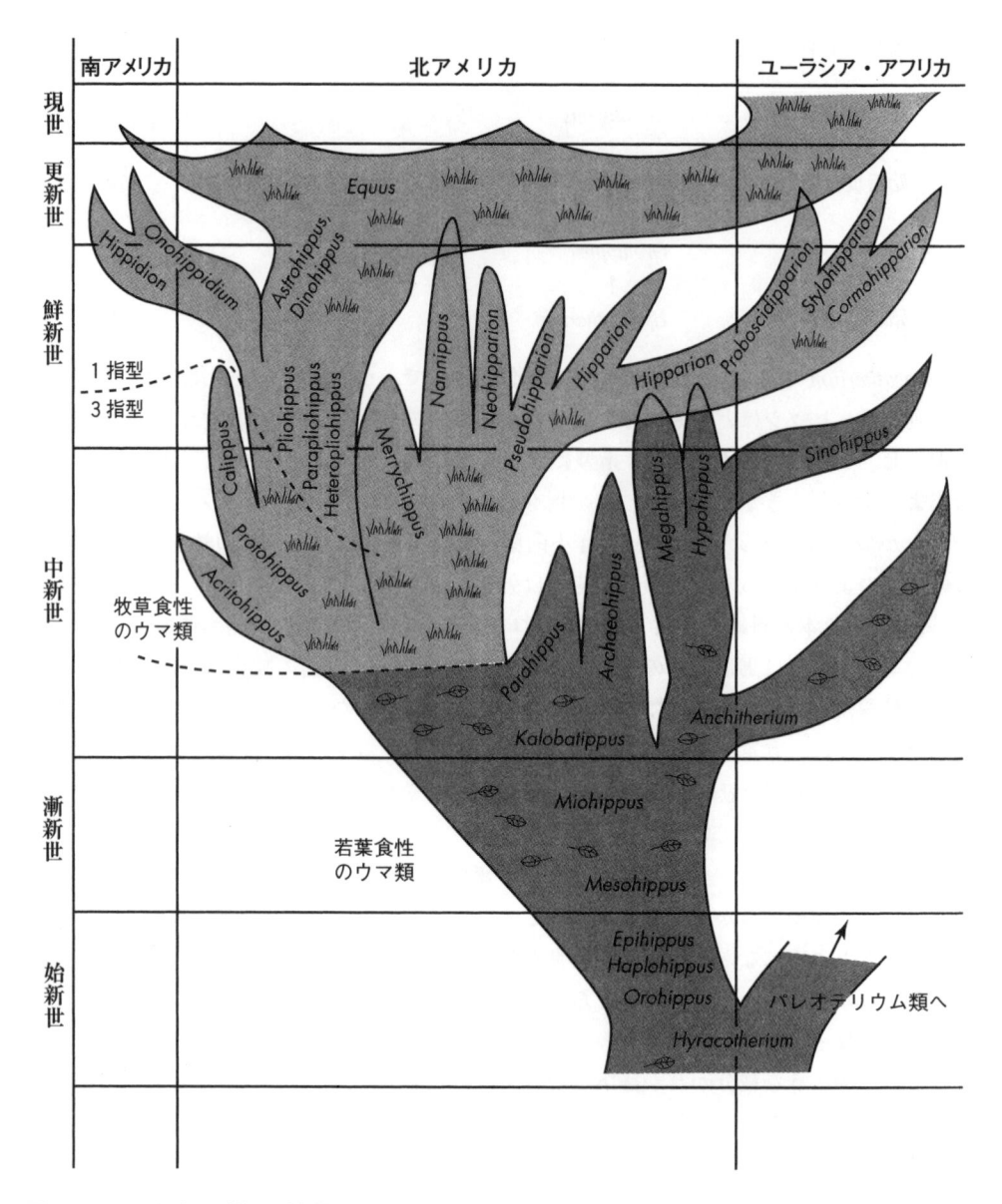

図 30-8 ウマ類（ウマ科）の系統樹．さまざまな文献資料による．

両側の指は使い物にならないほどに退化し，その動物はただ1本の中指——先端に丸い蹄を付けた指——だけで歩行した．顔面は長く，やや丈が高く，下顎骨も丈が高くなっていた．*Merychippus* では歯ははっきり長冠歯型で，側面はセメント質で覆われ，稜線はいろいろにつながり，それらの稜線のエナメル質には折れ込みがあった．そのため，歯が磨耗すると，硬いエナメル質の横断された複雑な筋が，それより軟らかい周りの象牙質やセメント質より少し浮き上がることになる．このような歯冠は，強靭な植物の繊維や種子を粉砕

し消化されやすくするうえで効果のよい挽き臼になっていた．また *Merychippus* では，眼窩（がんか）の後ろに骨弓（こっきゅう）があって眼窩を側頭窩から隔てていたが，これは後代のウマ類の重要な特色になるものだ．

　中新世の末に，*Merychippus* を祖先としたウマ類の一群のグループがもう一つの適応放散として興った．その一つは *Hipparion* を典型とする互いに近縁の諸属の集団であり，もう一つは *Pliohippus* 属を中心とする集まりである．他にも現れていたウマ類の幾つかの属は，この適応放散の一部だった．大半は *Merychippus* よりちょっと大きかったが，*Callippus* には以前より小さくなったウマ類が含まれていた．*Pliohippus* をのぞき，この適応放散で現れた他のウマ類は3指型の状態を維持していた．

　ヒッパリオン類というのは体格のきゃしゃなウマ類で，頭蓋や複雑に折れ込んだエナメル質のある非常に歯冠の高い頬歯の発達では進歩していたが，3指型の足を維持していた点では保守的だった．この仲間は鮮新世の始めに北アメリカにあった興隆の中心からあふれ出し，南アメリカをのぞく全ての大陸へ広がった．事実，*Hipparion* は鮮新世前期の各地の哺乳類相の大きな特色をなしていたため，それらが"ヒッパリオン動物相"とよばれることがある．これらのウマ類は鮮新世のあいだ生存し，少数の例外的系統が更新世まで生き長らえたが，その期間中に絶滅した．

　Pliohippus も，頭骨と歯牙だけでなく足部の発達についても進歩したウマ類だった．これは1指型のウマ科動物だったからである．足の両側の指は，足の上部の皮膚の下に隠れた小さな副木（ふくぼく）のようなものに退化しており，これは今も現生ウマの足で続いている状態である．そのうえ頬歯が変形し，左右の歯の内向きの湾曲によって歯冠が歯肉表面のレベルでよりも互いに接近するようになった．

　鮮新世の末に，*Plohippus* を含む祖先から2群のウマ類が興った．その一つは *Hippidion* に代表されるもので，これは南アメリカで，パナマ地峡が再現してからこの大陸に入り込んだ *Pliohippus* を祖として始まった．*Hippidion* はかなり短い脚と足をもった大形のウマで更新世に南アメリカに生息していたが，氷河時代が去る前に絶滅した．かれらの短い脚は，体の重心の低いことが有利であるような山岳地方で生息するための適応形態だったのかもしれない．

　Pliohippus のもう一つの子孫は，*Equus* 属に属する現生のウマ類——*Pliohippus* に見られた幾つかの傾向をその究極の結末まで続けているウマ類——の諸群である．*Equus* はもと北アメリカで興り，更新世の間この大陸で生存したのち何千年か前に絶滅した．ところが一方，*Equus* は更新世の初めごろすでに他の諸大陸へ広がっており，そうして世界的な分布をもつウマ類になった．これらは旧世界では現世まで生き延び，そこで今日我々がウマ，シマウマ，およびロバとよんでいる幾つかの種になっている．（現代の新世界にいるウマは十六世紀にヨーロッパから植民者らが移入したものの子孫である．）これらの動物についてはここで説明するまでもない．上記の話はしごく簡単なものだが，そこから，新生代におけるウマ類の込み入った歴史（図30-8）をいくらか察知していただけるだろう．

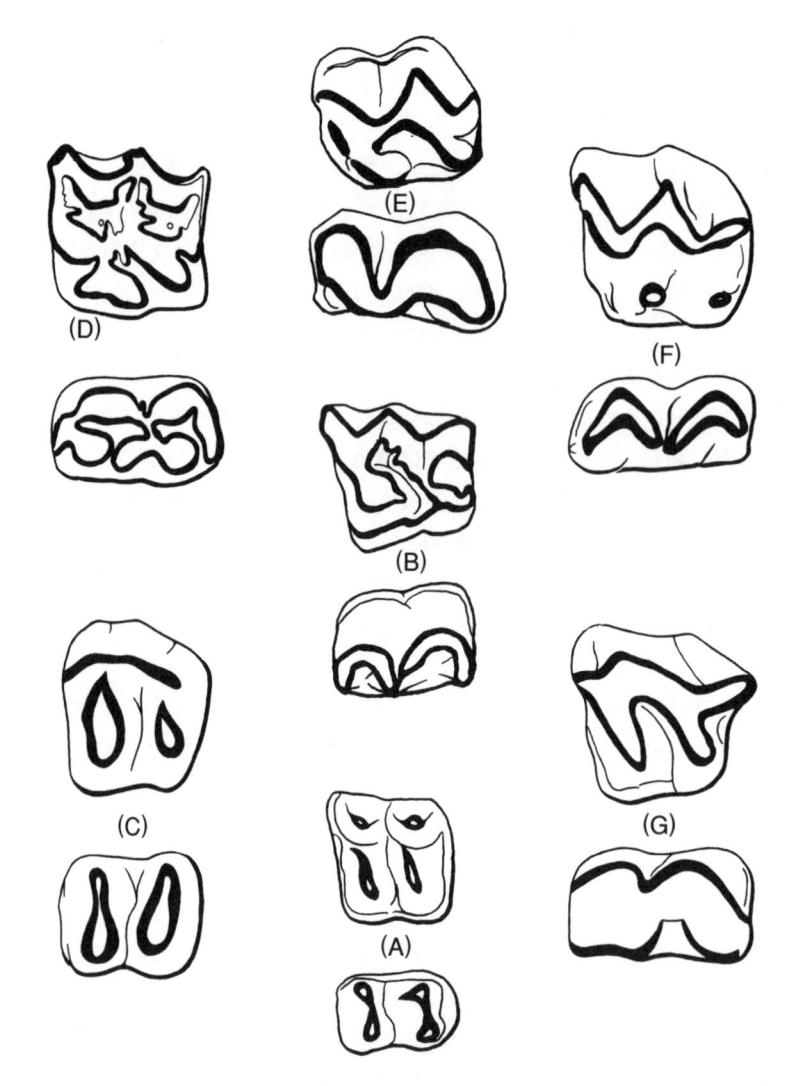

図30-9 さまざまな奇蹄類の上顎左〔上段〕および下顎右の，磨耗した大臼歯の咬合面．縮尺は不同．(A)*Hyracotherium*, 始新世のウマ類．祖先形に近いほぼ四角形の大臼歯を備えた一般型の奇蹄類．(B)*Palaeotherium*, 始新世のパレオテリウム類．(C)*Miotapirus*, 中新世のバク類．樹葉の茂る森林の植生を常食にするのに適した横走隆線のある歯をもっていた．(D)*Equus*, 現生のウマ．硬い草を食むのに適した長冠歯型の歯をもつ．(E)*Moropus*, 中新世のカリコテリウム類．(F)*Brontotherium*, 漸新世のティタノテリウム類．(E)と(F)はともに，比較的軟らかい植生を常食にするのに向いた単純な隆線や円錐のある短冠歯型の歯を備えていた．(G)*Caenopus*, 中新世のサイ類．木の葉と草をともに常食にするのに適した中ないし長冠歯型の歯を備えていた．B, D, E, Fでは，上顎大臼歯の外側〔上側〕にあるW字形の隆線，エクトロフに注意．〔黒い太線は表面のエナメル質が磨耗した断面，それに囲まれた内側は象牙質．〕

ウマ類と文明

　ヒトの歴史は何千年にもわたりウマの歴史と緊密に結びついてきた．ヨーロッパ各地の

洞窟にある石器時代のヒトの祖先が描いた絵から,かれらのなかにウマの狩人がいたことが分かる.石器文化が青銅器時代へ,ついで鉄器時代へ移るにつれて,ウマは重荷を運ぶ有用な動物になった.ヒトはウマを狩ることをやめ,代わりにかれらを乗るための動物として,また車や鋤を引く労役用の動物として採用した.

旧世界における古代文明の歴史はウマやロバの使役の物語なのだが,シマウマだけは家畜化されたことがない.ウマを初めて乗用や労役用に飼い馴らしたのはモンゴル人で,かれらは今もウマを盛んに利用している.その後ウマの利用は中国やアラブ世界へ広がり,かれらはウマを戦闘にも使った.そのアラブ人は,ウマを地中海世界へ,西はスペインまで,南はアフリカ大陸を越えてナイジェリア付近までも移入した.イスラム教の広まりはウマによってこそ可能だったのだが,後年の数々の十字軍や南米征服なども同様だった.軍勢はウマを使って遠征して戦ったし,人間の一つの集団全体がウマと共にある地域から別の地域へ移動したこともある.文明の歩みの大きな部分がウマに頼ってきたのであり,これらの有用な有蹄類が乗用車やトラックに取って代わられたのは二十世紀に入ってからに過ぎない.

パレオテリウム類

始新世-漸新世前期にヨーロッパで,パレオテリウム類〔科〕が北アメリカにおけるウマ類の進化といくらか並行するしかたで進化していた.*Palaeotherium* を典型としたパレオテリウム類では体サイズが急速に増大し,始新世後期にはこれらは小形のサイほどの大きさになっていた.脚はかなり重々しく,足はすべて3指型だった.頭蓋(図30-10)は鼻骨が後退していた点でバクに似ており,これは *Palaeotherium* が短い長鼻をもっていたことを示している.歯(図30-9)は短冠歯型ではあったが,小臼歯が大臼歯化していた点と,咬合面パタン―― *Palaeotherium* と類縁のあった始新世の *Hyracotherium* によりも中新世のウマ類に近似――では進んでいた.むかし,T.H.ハクスリー〔英国の動物学者,1829-95〕が *Palaeotherium* をウマ類の初期の祖先の一つとみたのはこうしたウマ類に似た特徴によったのだが,これは北アメリカでウマ科の進化を物語る化石記録が豊富に知られるにつれて,誤りだったことが分かった.パレオテリウム類はヨーロッパで漸新世まで生存し,そののち絶滅した.

ティタノテリウム類の進化

最大級の奇蹄類の一つにティタノテリウム類,またはブロントテリウム類〔上科〕とよばれる群があった.これらは始新世前期にエオヒップス〔ヒラコテリウム〕に似た小形動物として初めて現れ,漸新世中期に進化的発展の頂点に達したときには肩高が2.5mに及ぶかさの高い巨獣になっていた(図30-11).ティタノテリウム類は急速に超大形になったのだが,そうなって間もなく死に絶えてしまった.それは短いながら劇的な系統発生史であった.

ティタノテリウム類の最初のものの一つは,*Lambdotherium* という始新世前期の属だっ

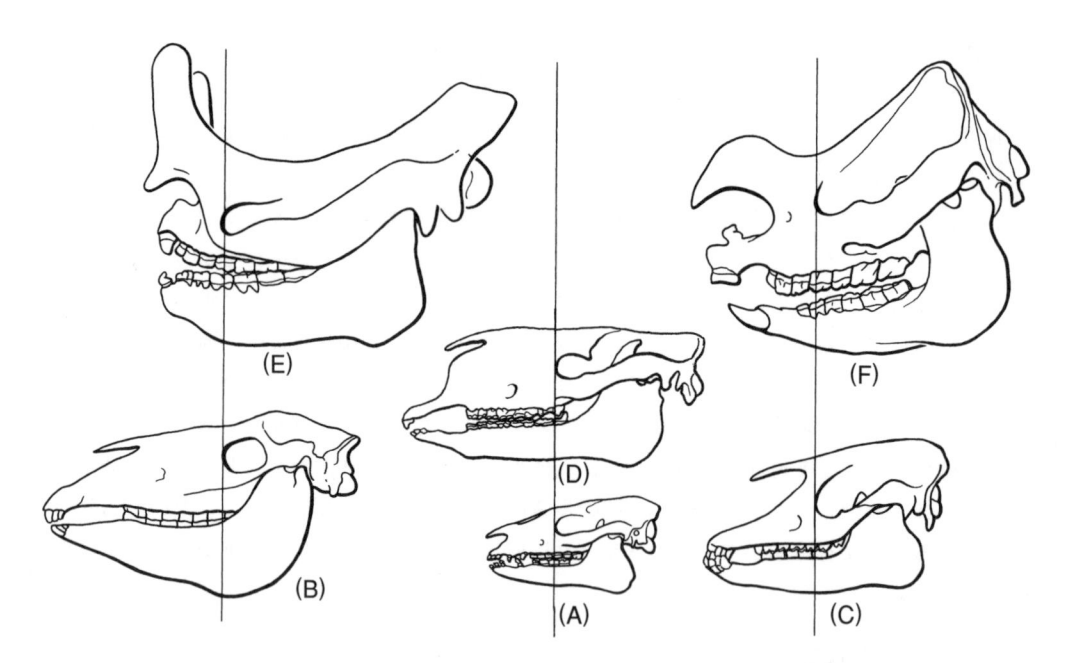

図 30-10 さまざまな奇蹄類の頭骨．(A)*Hyracotherium*，始新世のウマ類．一般型の原始的奇蹄類．頭蓋長は約 14 cm．(B)*Equus*，現生のウマ．頭蓋長約 58 cm．(C)*Miotapirus*，中新世のバク類．頭蓋長約 30 cm．(D)*Moropus*，中新世のカリコテリウム類．頭蓋長約 61 cm．(E)*Brontotherium*，漸新世のティタノテリウム類．頭蓋長約 90 cm．(F)*Rhinoceros*，現生のサイ．頭蓋長約 61 cm．縦の直線は眼窩の前縁をしめす．(A)のような原始奇蹄類では眼窩は側面のほぼ中央部にあるが，特殊化したものではその位置がいろいろに変わったことに注意．

た．全体的にこの動物は *Hyracotherium* に似ていたが，実際，この最初のティタノテリウム類は最初のウマ類と近縁だったのに違いない．それはサイズで *Hyracotherium* ぐらいだったか，たぶんもう少し大きかった．体格は祖先形ウマ類と同じくきゃしゃで，いくぶん丸い背中，駆けるのに適した細い脚と長い足，短い尾，そして，長くて低い頭蓋を備えていた．前足には外側指〔第5指〕が退化していない4指，後足には3指と奇蹄類特有の足根骨の構造があった．頭蓋は原型的で，眼窩は側頭窩と一体になっていた．切歯は小さく，狭い歯隙によって尖った犬歯から隔たり，犬歯はまた広い歯隙で頬歯から離れていた．頬歯は短冠歯型で，小臼歯はわずかに大臼歯化していた．上顎の大臼歯はほぼ四角形で4個の咬頭が突出していた．2個の外側咬頭はW字形の外側壁，エクトロフでつながっていた．下顎の大臼歯では外側と内側の咬頭が交互に位置し，W字形をなす稜線で結ばれていた．

　ティタノテリウム類の進化史では主要な二つの傾向が特色をなしていた．急速に大形化しさらに超大形化した系統発生的な成長と，頭蓋に大きな角が発達したこと，である．そのうち体サイズの増大のほうが，角の発達より先行した．これら二つの進化的前進が起きていた一方で，その他の面，わけても歯牙系と足部ではティタノテリウム類はかなり原始的なままとどまっていた．しかし，むろんティタノテリウム類は，大形化しさらに正真正銘の巨獣になるにつれて，これまでに他の大形で鈍重な有蹄類で注目してきたような，骨

奇蹄類　465

Brontotherium

Eotitanops

図 30-11 最早期と最晩期のティタノテリウム類の比較. 始新世の *Eotitanops* は他の一般型奇蹄類と同様の動物だった. 漸新世のティタノテリウム類, *Brontotherium* は立ったときの肩高が 2.4 m もあった. (ロイス M. ダーリング画)

格上のいろいろな変形を示すようになる. 長い脚が重々しくなり, 上半部の要素骨, 上腕骨〔前肢〕と大腿骨〔後肢〕が下半部の要素に比べて長くなった. 足部は, 大重量を支えるのによく適した, 短くて幅広い構造物に発達した. 胴は, 大量に摂った植物質を納めるための適応もあって非常にでっぷりとなり, 太い肋骨が胸部と腹部を取り囲んでいた. 尾は比較的短かった. 肩領域では椎骨に長い棘突起があり, 重い頭部をもたげる強大な頸部筋肉群の付着部になっていた.

体が巨大化するこの過程で足部に生じた変化は主として比率に関するものだ. 最も後代のティタノテリウム類になっても, 同グループの最初のメンバーでと同じように前足にはまだ 4 本の指があり, 前足・後足とも両側指は大きかった. 後年のティタノテリウム類の大臼歯は, 相対的に小さい小臼歯と対照的に非常に大きくなり, 小臼歯より前の歯は退化もしくは消失していた. 歯牙におけるこうした比率の変化は, ティタノテリウム類が進化するとともに頭骨の比率の変化と相関して生じた. かれらが体サイズを増すにつれて, 頭骨の眼窩より後ろの部分がしだいに長くなったのに引きかえ, 眼窩より前の顔面部はだんだん短くなったのである. 漸新世前期にいた最晩期の種類では, 顔面部がひどく短縮したため眼窩は頭蓋の前端に近いところに位置していた.

上に概説したようなさまざまな進化的変化は始新世前期に始まった．年代的に *Lambdotherium* よりあまり遅くなかった *Eotitanops* は，いろいろな点でまだ祖先形奇蹄類の特徴を保存してはいたが，すでにその先行者を超えてかなりのサイズ増大を示していた．骨格の変化と，頭骨や歯牙の比率の変化をともなう体サイズの増大は，始新世中期－後期のティタノテリウム類——*Palaeosyops* や *Manteoceras* など——を通じて跡づけることができる．

始新世中期－後期には，数系統のティタノテリウム類が互いに並行しながら進化していた．*Manteoceras* はかれらの発展の"主流"とも言うべきものの代表で，これが漸新世の巨大な角をもつティタノテリウム類へつながった．始新世中期－後期の一つの側枝として *Dolichorhinus* を典型とするドリコリヌス類〔亜科〕があり，ここでは頭蓋が非常に長かったが角はまったく発達しなかった．もう一つの側枝はテルマテリウム類というやはり角をもたないティタノテリウム類で，そこでは，たぶん防衛用の角を欠く代わりとして，犬歯がかなり大きくなった．*Manteoceras* には，前頭骨と鼻骨の上に隣り合って小さい骨の伸び出しがあった．これらは，巨大な *Brontops* など漸新世のティタノリウム類では非常に増大し，大きな重々しい角芯になった．生存中にはこれらは丈夫な皮膚か角質鞘で覆われていたのだろう．

ティタノテリウム類はその歴史の大半にわたり北アメリカだけに生息していたのだが，始新世後期－漸新世前期にアジアへも広がり，一部のものは西方，ヨーロッパ東部にまで進出した．それらのほとんどは角をもつ進歩したティタノテリウム類だった．モンゴルで出る漸新世の種類 *Embolotherium* は頭蓋の前部に昔の破城槌のように1対が一緒になった巨大な角を備えており，これを振るって敵対する相手を打ちのめすことができたのだろう．

ティタノテリウム類が，これほど速い速度で上首尾のうちに現生サイ類をはるかに超える巨大動物にまで進化した後，漸新世中期に絶滅したのは何故か？　かれらの失敗は，一部は，歯牙に前進的発達が無かったためである可能性が大きい．ティタノテリウム類の頰歯はつねに短冠歯型で，第三紀初期に繁茂した柔らかい植生を食べるのには十分だったが，新生代の中期ごろに広がりつつあった硬質の草のためには適していなかった．食物資源が変わりつつあったのであり，かれらはこうした変化に適応していくことが不可能だったようにみえる．おそらくこの要因が，かなり原始的だった脳と並んで，ティタノテリウム類に終息をもたらすのに深く関係していたのだろう．

カリコテリウム類

カリコテリウム類というのは，たぶんティタノテリウム類と類縁をもちながら別の亜目にしてよいほど異なった群で，その系統発生的生命が始新世から更新世まで続いたという点で成功した奇蹄類だった．表面的にはかれらは数であまり多くはならなかったようにみえる．進歩した属は足に蹄ではなく大きな鉤爪を備えていた点で，かれらは奇蹄類のなかで特異な存在だった．そして，これらの動物はおそらく河川沿いの地域で小さい群れをつくり，常食物たる植物の根を掘り起こしながら——平原で大群をなして木の葉や草を食むのではなく——生活していたのだろう．

奇蹄類　467

Moropus

図 30-12　この動物は中新世のカリコテリウム類の一つ．鉤爪をもつ奇蹄類で，現生のウマぐらいの大きさがあった．（ロイス M. ダーリング画）

　最初のカリコテリウム類——典型は北アメリカの始新世後期の *Eomoropus* やアジアの同時代の *Grangeria* など——は全般的にこの目の他の原始的メンバーに似ていた．これらを祖としてカリコテリウム類は漸新世の間に急速に進化し，中新世前期のころ系統発生史の最盛期に達する．そのあと中新世から更新世まで，かれらは大きな進化的前進を起こすことなく生存を続けた．

　カリコテリウム類は体サイズの増大という奇蹄類の一般的傾向をたどった結果，中新世とそれ以降の同類——北アメリカの *Moropus*（図 30-12）やユーラシアの *Macrotherium* など——は大形ウマ類ほどの大きさになった．いくつかの点で後代のカリコテリウム類にはウマに似た外見があった．頭蓋の顔面部は長くて丈が高く，胴はこぢんまりしており，そして四肢は長かった．しかし類似点はこれだけである．歯牙系はほとんどティタノテリウム類のそれと同様で，短冠歯型であり，小さい小臼歯と大きな大臼歯があった．またティタノテリウム類と同じく，小臼歯より前の歯はいろいろに退化，または完全に消失していた．進歩した種類では前脚が後脚より長かったため，背中はいくらか現生のキリンのように肩から腰にかけて傾斜していた．足部は短く，各足に機能をもつ 3 指があり，上に触れたとおり全ての指が鉤爪——前足には後足より大きい鉤爪——を備えていた．前足の鉤爪では最内側のものが最大だった．

　北アメリカで出る中新世の，*Tylocephalonyx* に属した幾つかの大形カリコテリウム類の際立った点は，脳頭蓋の頂上に大きな中空の骨性ドームがあったことだ．この構造物の機能は謎だが，おそらくは，現生のキリンに見られるような衝撃性の低い頭突きに使われたか，またおそらくは視覚的な誇示の意味があったのかもしれない．

　カリコテリウム類は更新世のある時期まで風変わりな生活の仕方でうまく生存し，その

あと絶滅した．しかしこの系統が消滅したことを，適応構造の不十分さのせいにすることは多分できない．新生代の大半にわたって存続していたことは，かれらが特異な生活様式によく順応していたことを物語っている．かれらは最終的に，更新世後期に起きた大形哺乳類の広範な絶滅のなかで姿を消した．それは世界の氷河時代の景観を飾っていた壮観な動物たちの多くが消え去った時代である．

バ ク 類

　馬形亜目（ウマ類とティタノテリウム類）と鉤足亜目（カリコテリウム類）に配属される奇蹄目を概観したあと，残るもう一つのグループ，有角亜目——バク類とサイ類を含む——を調べる段となった．

　いま南アメリカとマレー半島に生息するバク類は，いくつかの点で現生奇蹄類のなかで最も原型的である．まずかれらは指を前足に4本，後足に3本維持していて，この目の始新世前期のさまざまなメンバーに見られる通りである．胴はずんぐりして，背中は丸く曲がり，脚と足は太みじかい．しかし他方，バクの頭蓋は鼻骨が頭頂部へ後退している点で特殊化している．これらの動物はしごく屈伸自在な鼻——植物の幹などに巻き付けることのできる短い長鼻——を備えているのだ．切歯は全数そろっており，尖った犬歯は，歯隙により短冠歯型の頬歯から隔たっている．後位3本〔第2－第4〕の小臼歯は著しく大臼歯化し，頬歯はすべて隆線のある歯冠——サイ類の隆線のある頬歯と確かに近縁のもの——をもっている．しかしバク類の頬歯には，たぶん奇蹄類の他のどれよりも強く横走稜が発達している．

　現生のバク類は過去の時代の残存種として奇妙な分布をみせている．化石による歴史から，かれらはかつて世界の大きな地域に広がっていた1グループの名残であることがはっきりしているのだ．

　原始的なバク類は始新世の堆積物から初めて現れる．始新世にはバク類が幾つもの並行した系統にそって，かなり複雑に進化していたことが確かである．それらはこれまでに認められている始新世バク類の数個の群——イセクトロフス科，ヘラレテス科，ロフィアレステス科，デペレテラ科，およびロフィオドン科——で表される．しかし一般的に，これらの早期バク類は前述した他の奇蹄類と比較することもできる．かれらのほとんどは小形で，小臼歯が大臼歯化していないことなど，普通の原始奇蹄類の様相を特徴としていた．ただし，頬歯には著しい横走稜があった．ロフィオドン類の一つで *Heptodon* という始新世の属は，後年のバク類の祖先に近かったとみることができる．

　漸新世になると，たぶん *Heptodon* の子孫として *Protapirus* が現れた．このバクは上に現生バク類の話のなかで述べた諸特徴のほとんどを備えていたが，ただ鼻骨があまり後退していなかったこと，したがって，現生バクの鼻ほど屈伸自在の長鼻をもっていなかったらしいことは別である．これから後のバク類の進化は比較的単純で，主としていくらかのサイズ増大に関係したものだった．中新世の *Miotapirus* は現生バク類と同じように著しく後退した鼻骨をもっていたことから，前者が後者の直接の祖先だったことに大きな疑問はな

い．*Tapirus* は鮮新世に現れ，現在まで続いてきた．更新世には巨大型のバクが中国に生息しており，別属 *Megatapirus* とされているが，巨大サイズだったことを除けばこの動物はいま生き延びているバクとほとんど違わなかった．

更新世にはバク類は世界に広く放浪しており，北アメリカとユーラシアの氷河期の動物相のなかでは目立った存在だった．が，更新世が終わるとともにバク類は北方の大陸地域から姿を消し，ただマレー地方と，南アメリカ――南北アメリカをつなぐ陸橋が海面上に現れた後にかれらが北から侵入した地域――だけで生き長らえてきた．

我々が現生のバク類を眺めるときには，ある意味で第三紀前期の原始的奇蹄類の姿をかいま見ることになる．我々は心の中で，奇蹄類が変化にとむ長い進化の歴史，新生代を通じてかれらが造ってきた歴史を始めつつあった時代へ連れ戻されるのである．

サイ類の進化

馬形亜目のもう一つの主だったグループはサイ類〔上科〕である．現在，サイ類は有蹄類のなかでも極めて数の限られた群であり，アフリカに2種，アジアに3種がいるにすぎず，後者はいま最も希少な哺乳類の一つに数えられる．サイ類はいま絶滅に瀕していると言って差しつかえなく，かれらのうちの1種か2種が，密猟を主因として今後二三十年のうちに死に絶える可能性がある．しかし第三紀には，サイ類は互いに並行する幾つもの系統に属して多様かつ多数に生存していた．その並行性がサイ類の歴史を理解しにくくしているのである．

知られるかぎり最初のサイ類は始新世の堆積物から現れてくる．他の多くの早期の有蹄類と同じく，かれらもこれまでに述べた根幹的奇蹄類の原型的諸特徴をしめす．最早期のサイ類は原始バク類と類縁が近かったらしい．実際，長らく極めて原始的なサイ類だと考えられていたヒラキウス類という奇蹄類は今では，早期のバク類の1系統，ヘラレテス科に入れられている．

このようにヒラキウス科がバク類に属することにより，サイ類は三つの科で表される3区分を示すことになる――ヒラコドン科，アミノドン科，それにサイ科，である．これらのうちヒラコドン類は疾走性のサイ類で，最も一般型のものだった．これらは始新世中期－後期に現れて漸新世に進化的発展の頂点に達し，北アメリカの漸新世の堆積物から出る *Hyracodon* が典型的な種類である．このサイはかなり小形で，きゃしゃな体格で，速く駆けるのに適した細い脚と長い足をもっていた．そして，足は機能上は3指型だが，前足には4指があった．頭蓋はかなり低く，眼は側面の中央部にあり，眼窩は側頭窩とつながっていた．切歯は全数そろい，その直後に接して小さい犬歯があって事実上この切歯列の一部になっていた．これらは左右各側で，歯隙により頬歯列から隔たっていた．最後位の小臼歯は形が大臼歯化しており，大臼歯はサイ類の全進化史を通じてその特徴となる隆線をそなえていた．つまり，上顎の大臼歯には1すじの顕著な外側稜縁（エクトロフ）があり，それとやや斜交して2すじの横走稜縁（ロフ）――ギリシア文字の π に似た形――があったのに対し，下顎の大臼歯にも顕著な横走稜縁があった．こうした咬合面パタンはかれらが

早期から若葉食性に特殊化していたことを物語っている．ヒラコドン類は漸新世に全盛を享受した系統で，中新世までなんとか生き長らえ，その後絶滅した．

サイ類進化の第2の分枝，アミノドン類は始新世に興ったが，それはヒラコドン類がまだ進化史の初期にあった時代である．アミノドン科サイ類は始新世後期には *Amynodon*，漸新世には *Metamynodon* を典型とした．アミノドン類は始めから大形で重々しい動物で，強力そうな脚と短くて幅広い足部をもっていた．この仲間は河川堆積物から発見されることが多く，そのためかれらは現今のカバに似た習性で水辺を好む動物だったとみてよいだろう．頭骨は頑丈で，切歯と前位の小臼歯はひどく退化し，犬歯と大臼歯が巨大化し，後者はたぶん闘争に適して短剣のように大きく，後者は前後に長い切断型の歯になっていた．ある一時期アミノドン類は栄えていて，起源の中心だったらしい北アメリカからアジアとヨーロッパへ広がった．漸新世が去るとまもなく，かれらは絶滅した．

さて次に，サイ類進化の中心系統，サイ科を調べる運びになる．この系統の漸新世のメンバー，*Caenopus* はたぶん疾走性のサイ類のなかから興った．*Caenopus* は立ったときの肩高が1.2-1.5 mほどになる大形のサイであり，サイ類進化のほとんどの系統の特色だった大サイズになる傾向を早期から見せていた．これはかなり重々しい動物で，一見したところ角はもたず，小臼歯の大臼歯化をいくらか示していた．このような動物を起点として，後代のサイ類は数個のさまざまな方向へ進化していった．その適応放散の過程で起こったことには，全般的なサイズの増大（ある少数の系統のメンバーは比較的小形にとどまったが），強大な脚と体の重量を支えるのに適した幅広い3指型の足部，小臼歯の大臼歯化，頬歯における長冠歯化と原始サイ類に現れていた顕著な稜線パタンの存続，そして最後に頭蓋における角の発達，などがある．おもに現生種から知られているところでは，サイ類の角は，毛が癒合したものだけで出来ていて骨性の芯をもたないという点で哺乳類のなかで独特のものだ．予期されるとおり，このような角が化石になって保存されることは滅多にないが，生前にそれが存在した場合には，その角の基部が付着していた頭蓋部分がざらざらした粗面になっていることから明白にそれと分かるのである．

サイ科にはさまざまな特殊化した側枝が生じたもので，それぞれが別個の亜科とされている．それらの特色を以下に簡単に述べておこう．

バルチテリウム類というのはサイ科のなかで最大サイズだったが，古今を通じてあらゆる陸生哺乳類のなかで最大の動物でもあった．角をもたない超大形のサイ，*Baluchitherium* (*Indricotherium*) は漸新世−中新世前期にアジアに生息していたもので，立ったときの肩高が5.0-5.5 m——普通のヒトの背丈の3倍ほど——もあり，生存時には体重が何十トンもあっただろう．この動物は木の葉を常食にしていたらしい．

中新世にいたディケラテリウム類というのは，鼻の上に左右1対の角をもつ小形のサイ類だった．

中新世−鮮新世のテレオケラス類——代表は *Teleoceras*（図30-13）——は，奇妙に短い脚と足をもつどっしりとしたサイ類で，鼻の上に角を1本もっていた．

角が1本のサイ類は中新世後期に現れ，1角性サイ類，つまりインドとインドネシア・

図 30-13 鮮新世に北アメリカにいた奇蹄類の2属. *Hipparion* は3指型のウマ, *Teleoceras* は四肢の短い重々しいサイだった. (ロイス M. ダーリング画)

ジャワ島の *Rhinoceros* 〔インドサイとジャワサイ〕として今も生存している.

新生代後期になって,前後2本の角をもつさまざまな2角性サイ類が現れた.その一つが現在,インドネシア・スマトラ島の2角サイ〔スマトラサイ〕として生き延びている.広く知られている氷河時代の毛長(けなが)サイ——石器時代のヒトがヨーロッパ大陸のあちこちの洞窟の壁に描いたもの——はおそらく,この現生の2角性サイと類縁関係があったものだろう.少し離れた分枝に,アフリカの現生の2角性サイ類——クロサイ *Diceros* とシロサイ *Ceratotherium*——がある.

さらに,エラスモテリウム類というのは,更新世にユーラシアに棲んでいた巨大型のサイ類である.かれらは,現生の1角性サイのように鼻の上ではなく前頭部の上に1本の大きな角をもち,極めて複雑なエナメル質の磨耗パタンをしめす丈の高い頬歯を特色としていた.

以上のことから,更新世には大陸地域の大半でサイ類が数多く棲みついていたことがうかがわれよう.幾つもの系統が隣りあって共存していたのだが,新生代が終末に近づくとともにほとんどの系統が一つまた一つと姿を消した.北アメリカでは,サイ類は鮮新世の間に絶滅した.同じ時代にユーラシアでもいろいろな系統が死に絶えたのだが,旧世界で

は更新世になっても生きつづけた系統があった．そしてついに更新世の末にこれらの幾つかが消滅し，いま現生動物として知られる5種のサイだけが残ることになった．前に触れたように，いまかれらは絶滅に瀕している有蹄類の1グループになっている．サイ類の最盛期は遠い昔のことである．

　奇蹄類の歴史は長期間にわたっているが，それは最高点を通り過ぎた歴史である．偶蹄類——現代に優勢になっている有蹄類——に道をゆずったとき，数百万年も前にかれらの衰退が始まった．いま生き延びているウマ類，バク類，およびサイ類は，大昔にははるかに際立って，はるかに多彩だった数々のグループの名残にすぎない．

奇蹄類の類縁関係

　ところで，奇蹄類は他のどの有蹄類と類縁関係をもつのだろうか？　足部の構造——支えの中心線が中央指を通る足——によって，かれらは他の現生グループたる偶蹄類とはっきり分けられるのだが，同じその構造により，ゾウ類〔長鼻目の一部〕やその親類群と近く結びつけられるのである．ほかに，構造上の類似は足関節の骨格や歯牙にも認められる．ゾウ類も奇蹄類も，祖先を同じ顆節目——*Phenacodus* や *Tetraclaenodon* を含む——にさかのぼって求めることができる．また，ゾウ類と一部の奇蹄類（サイ類やティタノテリウム類）はともに体サイズの巨大化する傾向をもっていた．そういうわけで現在，奇蹄目は有蹄類のなかで，長鼻目，海牛目，およびその他の近縁動物の姉妹グループとして一緒にまとめられている．次の章では，それらの他の諸グループに注目しよう．

31
ゾウ類とその親類

洞窟の壁画

北アフリカの早期の哺乳類

　この章で取り扱う動物は長鼻目（モエリテリウム類，デイノテリウム類，バリテリウム類，マストドン類，ゾウ類），束柱目（絶滅したデスモスチルス類），海牛目（カイギュウ類），岩狸目（ハイラックス類，旧約聖書に登場する"うさぎ"），それに重脚目（絶滅した目）の5群である．束柱目をのぞく他のすべての哺乳類の化石資料は，エジプトのファユーム盆地——アフリカにあったらしいかれらの起源地に近いと思われる地方——にある，始新世後期－漸新世前期の堆積物から見いだされている．長鼻類，束柱類，および海牛類はたしかに共通の祖先から興ったものであり（図31-1），それゆえこれらは目のすぐ上のレベルで同一グループ——"テチス獣類"〔テチテリア〕という群——にまとめられることがある．岩狸目はテチス獣類に含まれないが，専門家のなかにはやはりテチス獣類と共通の根幹から由来したものであり，重脚目も同様だと考える人もいる．奇蹄類との間に推定される類縁関係は第30章で論じたとおりだ．

　長鼻類はその全歴史を通じて，森林や草原にすむ大形ないし超大形の哺乳類であった．海牛類は水生草食動物で，海岸に近い浅い水中にすみ，あるいは海へ流入する河川に上ってきて水中植物を常食にする．束柱類も同様に水生の草食獣だった．岩狸類は，有蹄類よりむしろ齧歯類のように見える小さい有蹄類である．重脚類は角をそなえた巨大な有蹄類で，ある面で北アメリカの漸新世のティタノテリウム類か，旧世界の新生代後期のサイ類に並行するところがあった．これらの目（化石記録がずっと乏しい束柱類は別として）はすべて，エジプト・ファユーム地方の始新統上部－漸新統下部の地層から現れてくる．

長鼻類とはどういうものか

　ゾウ類はわれわれの誰もがよく知っている魅惑的な動物だ．これらの巨大哺乳類は，悲惨なまでに数を減らしながらもまだアジアとアフリカに生存しており，アジアの多くの地方では家畜化され，この世界に永久に据え付けられたもののように見える．けれども，現生ゾウ類は実は絶滅しつつある1グループの最後の代表者たちなのであり，仮にヒトによる破壊が無くても，かれらは今後二三千年以内に絶滅する途上にあるという可能性がきわめて大きい．ゾウ類は，個体レベルでまだ数が多いものの，現在ただ2属——それぞれ1種だけの1属がアジア，他の1属がアフリカ——に局限されている．現生ゾウ類の知識からだけでは，かれらの祖先や傍系の近縁動物たちが新生代中期以降の時代に，膨大な個体数とあきれるばかりの属と種をもって世界に棲みついていたとは，ほとんど信じられないだろう．が，実はそうだったことが化石資料から分かっているのである．

　これらの巨獣の化石はヒトの文明に初めて知られた絶滅動物の遺物の一つだった．それらは古代のギリシア人やローマ人らが保存に値する珍品として集めていたし，ある化石ゾウの1本の脚の骨がメキシコのトゥラスカラ族インディアン——勇猛なコルテス〔スペイン人征服者〕の軍勢に征服されて盟約を結んだ部族——の宝物の中にもあった．ヨーロッパでは，巨人伝説の多くはゾウ類の化石骨の発見から生じたものらしい．鼻孔が高い位置

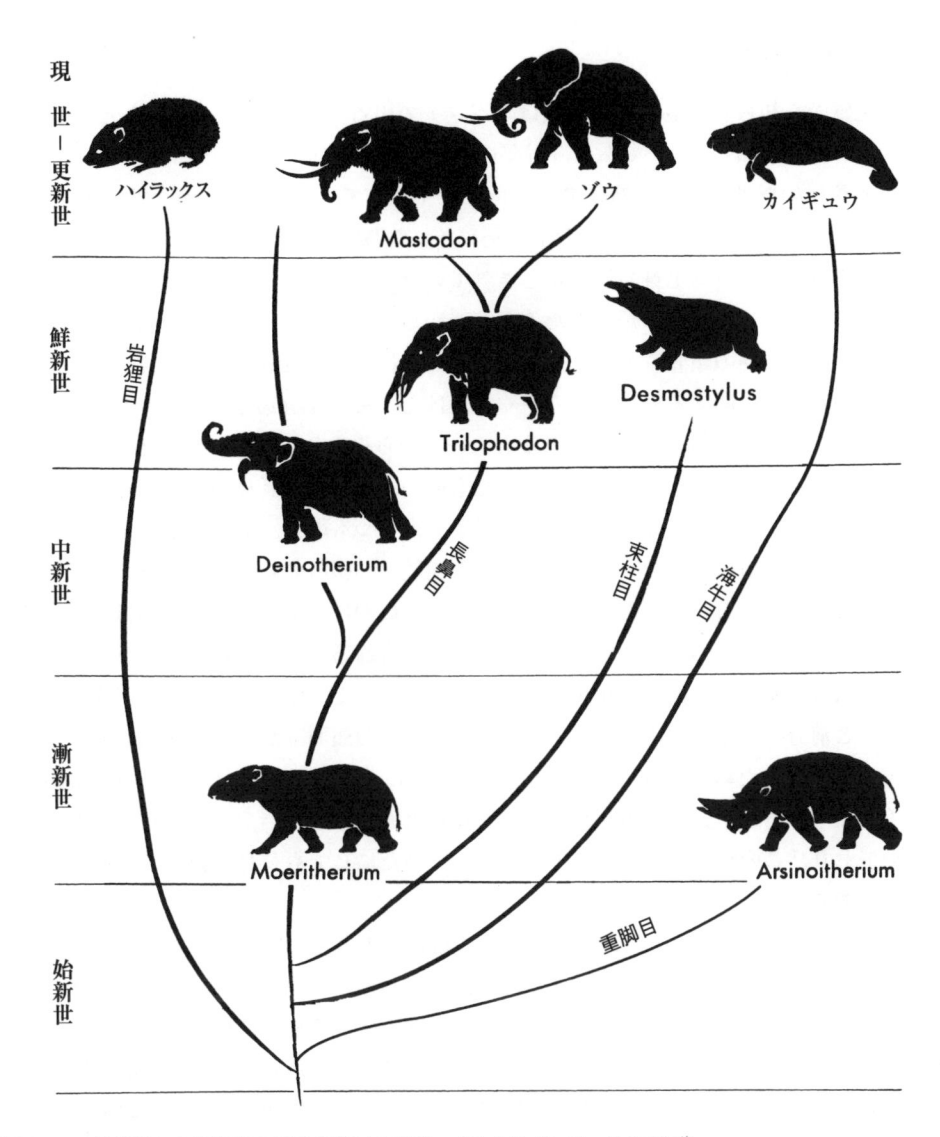

図 31-1　長鼻目および近縁の哺乳類諸目の進化．（ロイス M. ダーリング画）

にある化石ゾウ類の頭骨は，キクロプスつまり"一ツ目巨人"の伝説の基になったのかもしれない．こうした動物の研究から現代の古脊椎動物学が始まったのであり，したがって，長鼻類の過去の歴史に関する膨大なデータの蓄積には長い時間がかかっているのである．

化石資料から分かるのは，新生代のいろいろな時期に長鼻類がオーストラリアと南極大陸をのぞく世界の諸大陸に生息していたことだ．第三紀の後期になると，これらの雄偉な動物は適応放散の多数の系統にそって進化し，その幾つかは更新世まで生存した．そのため長鼻類の系統発生史は非常に複雑で，理解するのが容易ではない．それはとりわけ，この目のなかに並行進化が数多く生じたからでもある．

モエリテリウム類

　化石記録から知られる最初の長鼻類はエジプトで出る代表的な属，*Moeritherium* にちなむモエリテリウム類〔亜目〕である．近年の新しい発見と研究によって，最早期のモエリテリウム類は始新世前期－中期にアジア南部に生息していたことが分かった．1940年に初記載された *Anthracobune*，もっと近年に記載された *Pilgrimella* や *Lammidhania* は長年にわたりアントラコテリウム上科の偶蹄類とされていたが，今では一般に，これらは実はきわめて原始的なモエリテリウム類だったことが確かめられている．新しい発見にはアルジェリアでの始新世前期の頭骨やアフリカ北部から出た他の早期長鼻類などが含まれる．

　祖先形の長鼻類に関する最も満足のいく知見はたぶん *Moeritherium* 属そのもの——エジプトの始新統上部－漸新統下部から出るもの——から得られてくる．*Moeritherium* はおそらく後代の長鼻類の直系的祖先ではなかったものの，最初期の長鼻類がおよそどんなものだったかを教えてくれる形態上の原型としてよく役立つものだ．それはイノシシぐらいの大きさの頑丈な体格の動物で，長い胴と強固な四肢——指の先に平たい蹄をつけた幅広い足部のある脚——をもっていた．尾は短かった．全般的に *Moeritherium* の体は一般型で，おおむね，始新世の中形サイズで頑丈な足をもった有蹄類に予期されるようなものだった．

　しかし頭蓋は幾つもの面で興味深い特殊化を示していた．頭蓋は，眼が最前位の小臼歯よりずっと前方にあるほど前後に長く，そのため頭蓋の顔面部が大きく伸長していた．眼が前方に位置したため，頬骨弓〔ほおぼね〕も前後に非常に長かった．頭蓋の後頭部は幅が広く，前へ傾斜し，強大な頸部筋群の大きな付着面になっていた．外鼻孔は頭蓋の前部に開いており，この動物が，分厚い上唇をもっていたにしても長鼻を備えていなかったことは確かである．

　Moeritherium の下顎骨は丈が高かった．その後部の大きな上向枝が，下顎骨と頭蓋との関節が歯列のレベルより高い位置にあるほど，上方へ伸び広がっていた．この動物の上顎と下顎の第2切歯は大きくて，頭蓋と下顎骨の前部を横ぎる線上に植わっていた．第1切歯は極めて小さく，牙のような左右の第2切歯の間に押しつめられていた．第3切歯と犬歯も小さい歯で，前の大きな切歯から歯隙で隔たっていた．下顎では，第3切歯と犬歯はすでに完全に退化消失していた．頬歯はまた前歯〔切歯と犬歯〕から離れており，大臼歯は上下とも，隣り合う2個の咬頭でできた二重の隆線をもっていた．

　基本的長鼻類の特徴は以上のようなものである．こうしたものを起点として，長鼻類は新生代中期－後期に数個の適応放散の系統にそって進化した．かれらの進化史はきわめて変化にとんでいたが，その過程では，長鼻類の広範囲の種類にわたって幾つかの顕著な傾向がゆきわたっていた（図31-2）．それには次のようなものが挙げられる．

1. 体サイズが増大したこと．長鼻類のほとんど全てが巨大化した．
2. 四肢の骨が長くなり，短くて幅広い足部が発達したこと．これは超大形の哺乳類に共通する進化傾向である．
3. 頭蓋が，体の他の部分と比べても異常な大サイズに成長すること．

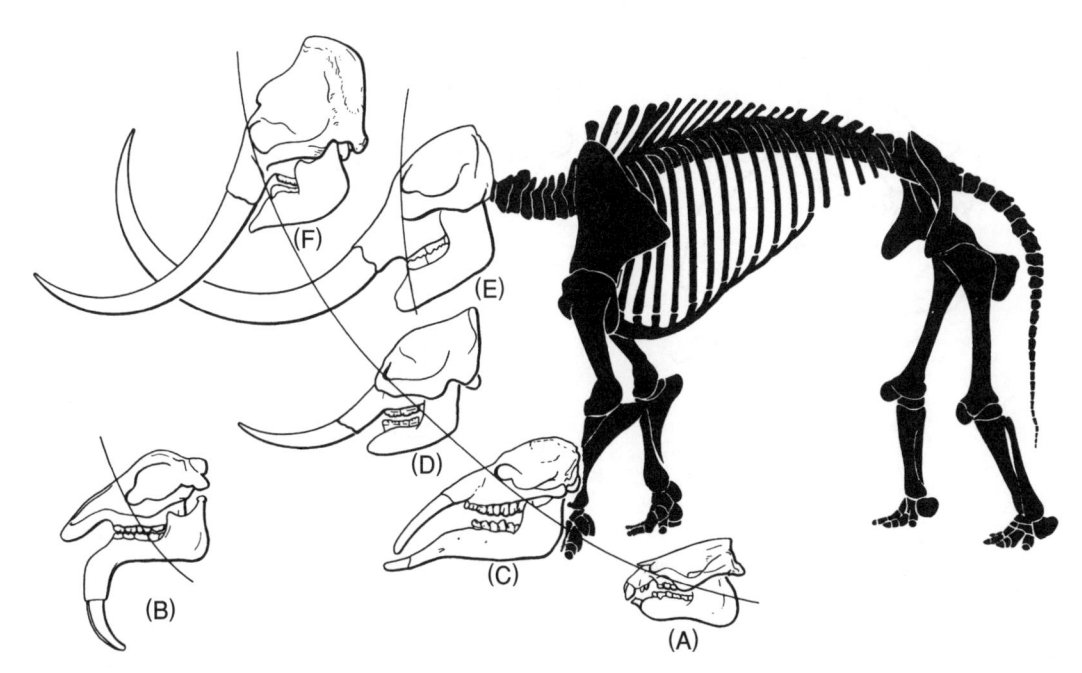

図 31-2 種々の長鼻類の骨格．縮尺はほぼ同じ．（A）*Moeritherium*，始新世後期－漸新世前期に生存した祖先形の長鼻類．頭蓋長は約 33 cm．（B）*Deinotherium*，中新世－更新世の風変わりな長鼻類．頭蓋長は約 1.2 m．（C）*Serridentinus*，中新世のマストドン類の一つ．（D）*Stegomastodon*，更新世のマストドン類の一つ．（E）*Mastodon americanus*，更新世のマストドン類の一つ．（F）*Parelephas*，更新世のマンモス類の一つ．曲線はモエリテリウム類からさまざまなマストドン類までの類縁を大まかに示す．ゾウ類（F）は進歩したマストドン類から由来したが，デイノテリウム類（B）はその全歴史を通じて他の長鼻類から孤立していた．

4. 頸部が短くなったこと．頭骨とそれに関連した構造物が大きく重くなったため，頸部が縮まって胴と頭部の間のテコを縮小した．
5. 下顎骨が前後に長くなったこと．後代の多くの長鼻類では下顎骨の二次的短縮が生じたけれども，下顎骨の長大化は早期からの一次的傾向だった．
6. 鼻が長大化したこと．上唇と鼻が伸長したことは，たぶん下顎骨の伸長といっしょに起こった．次いで鼻がいっそう長くなり，極めて可動性にとむ長鼻になった．
7. 第 2 切歯が過大成長すること．これらは防衛と闘争に使われる牙になる．
8. 頬歯列が限定されるようになったこと．そして，植物性食物を咀嚼することへの適応として，いろいろな意味で特殊化したこと．

長鼻類進化の諸系統

よく分かっていない特異なグループだったバリテリウム類〔後述〕は別として，モエリテリウム段階より後の長鼻類の発展には二つの主だった系統——デイノテリウム類と真象類〔いずれも亜目〕——があった．デイノテリウム類は始めからはっきり違っており，新生代の大半を通じてごく狭い適応の道にそって進化し，更新世の間に絶滅した．他方，真象類は新生代中期－後期に数多くの系統に分かれて繁栄し，長い鼻と大きな牙をそなえて

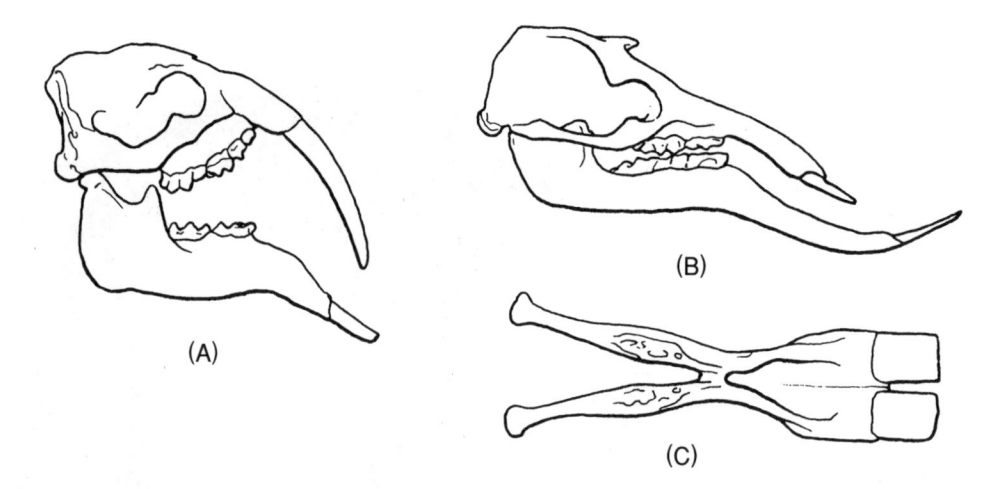

図 31-3 ゴンフォテリウム類，または"シャベル牙"マストドン類の頭骨．下顎骨とその牙の異様な伸長をしめす．縮尺は同じ．(A)*Rhynchotherium*, 北アメリカの中新統から出るもの．(B)*Platybelodon*, アジアの中新統から出るもの．(C)*Platybelodon* の下顎骨を上〔背方〕から見たところ．長さ約117㎝．

地球上のほとんど隅々にまで広がるもろもろの巨獣たちを造りだした．実際，真象類の多様さは大変なものだったので，かれらの全てを1個の大グループにまとめることの妥当性に疑問をもちたくなる．しかし多種多様な真象類は，そのうちのどれかがモエリテリウム類やデイノテリウム類と共有するよりも多くのものをかれら同士で共有するのであり，したがってこうした分類の仕方は理に適っていることになる．

真象類のなかでの多様化はその進化史の過程でそれほど顕著だったため，実際的目的のためには，かれらは単一群ではなく4グループから成っていたと見なすほうが便利である．上科の階級にしてよいこれらのグループは，顎骨の長い〔長顎型〕マストドン類もしくはゴンフォテリウム類（一般的にトリロフォドン類ともよばれる）（図31-3），顎骨の短い〔短顎型〕マストドン類，ステゴドン類，それにゾウ類とその親類，の5群である．マストドン類の2群は第三紀の間ならんで進化した並行シリーズを構成したもので，なかには更新世まで生き延びた系統もあった．ゾウ類は遅い時代になって長顎型マストドン類を根幹として興ったグループを表し，鮮新世-更新世に極めて急速かつ豊かに進化した．

このような長鼻類進化のあらましを念頭においた上で，これらの興味深い巨大哺乳類における適応放散の幾つかの系統について，もう少し詳しく検討してみよう．

デイノテリウム類

最初のデイノテリウム類は中新世の堆積物から，かれらと推定上の祖先モエリテリウム類を結ぶ中間的祖先がまったく見いだせないような，極めて特殊化した形で現れる．漸新世におけるデイノテリウム類の進化については記録がどこにも得られていないのだが，モエリテリウム類から最初の *Deinotherium* にいたる橋渡しが急速度で進んだのに違いないのである．

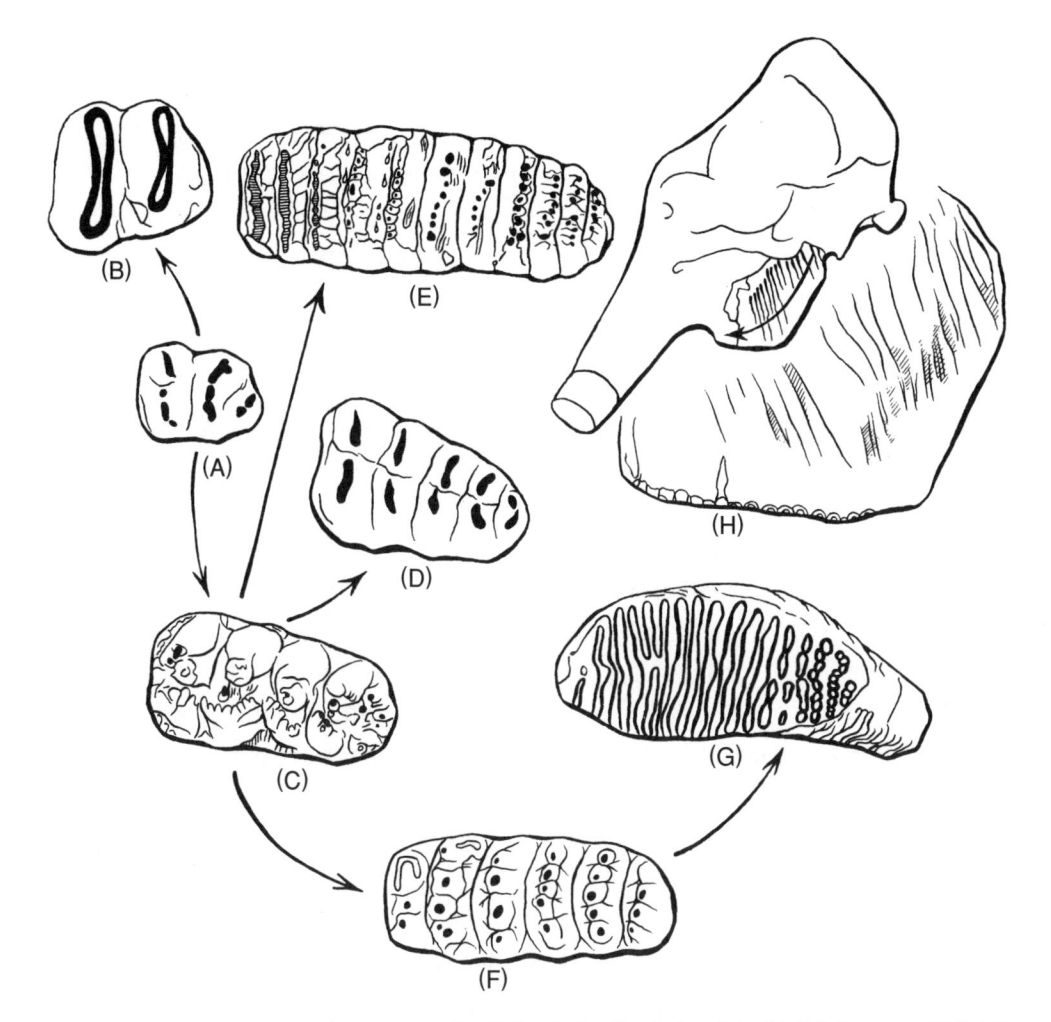

図31-4 種々の長鼻類の上顎左大臼歯の形態と機能．(H)の他は各歯の咬合面を見たところで，縮尺は同じ．(A) *Moeritherium*, 漸新世の祖先形長鼻類．(B) *Deinotherium*, 横稜歯型の歯をもつ中新世–更新世の長鼻類〔黒い太線はエナメル質〕．(C) *Serridentinus*, 丘状歯型の歯をもつ中新世–鮮新世のマストドン類．(D) *Mastodon*, 更新世のマストドン類．(E) *Stegodon*, 横並びの咬頭列をもつ更新世のステゴドン類．(F) *Stegotetrabelodon*, マストドン類とゾウ類の中間にあった鮮新世の属．(G) *Parelephas*, 更新世のマンモス類．横並びの咬頭列が融合し，エナメル質〔太線の囲み〕と象牙質〔太線で囲まれた内部〕が互層をなす多数の横走稜になっている．(H)ゾウ類の巨大な大臼歯の側面観．上は頭蓋の全体〔牙は切断省略〕．矢印は，上顎大臼歯の咬合面が斜めに磨耗するとともに，その歯が頭蓋の中で萌出していく方向をしめす．祖先形モエリテリウム類や早期マストドン類は，横並びの低い円錐形咬頭をもっていたことに注意．デイノテリウム類では，頬歯は強固な横走稜をもち，同グループの進化史を通じてほとんど変わらなかった．マストドン類から由来したステゴドン類は，横走稜をもつ前後に長い歯を備えていた．同じくマストドン類由来のステゴテトラベロドン類が生み出した更新世–現世のマンモス類とゾウ類では，頬歯は非常に丈が高く，横並びの咬頭が融合して多数の横走稜になり，そこではエナメル質と象牙質でできた多数の板〔歯板〕が前後に互層をつくる．これらの歯が非常に大きい一方で顎骨はごく短いから，各顎骨には，同時期に露出していて機能する歯はわずか1本か1本半だけという余地しかない．そのため，これらの動物の長い一生にわたり，頬歯は後ろから前へ1本また1本と萌出〔露出〕してくるのであり，最後位の大臼歯〔第6頬歯〕はその個体が完全な成獣になってからようやく使われるようになる．

中新世から更新世における絶滅までのデイノテリウム類の歴史はしごく型通りのものだったため，かれらの仲間はすべて単一の *Deinotherium* 属に含められることが多い．初めて現れて以来，かれらに形態上の進展がほとんど無かったことは明らかで，中新世から更新世にいたる長い時間に生じた変化は細部，とりわけ体サイズの増大に関するものだった．これは，当初の急速な進化的発展（これまでに分かっているかぎり）のあと長期にわたり，高度に特殊化した状態で進化的安定が続いたという興味ある実例である．

最初のデイノテリウム類は体の各部分の比率が適度の大動物だったが，新生代後期になると立った時の肩高が3mかそれ以上に達する，長鼻類でも最大に属するものになった（図31-2B）．これらは脚の長い長鼻類で，その点で現生のゾウ類に似ていた．しかし頭骨と歯牙系では，デイノテリウム類は他の長鼻類のどれとも違っていた．頭蓋はいくぶん平たくて，進歩した長鼻類に普通であるように高くはなく，しかも牙をまったく備えていなかった．が，下顎骨には，その前部から下へ，さらに後方へ曲がった1対の巨大な牙があった．それらは下顎骨前部に生えた大きな"鉤"のようなものだった．こうした牙が実際どのように使われたのかは想像し難いが，地中から植物の根を掘り起こすのに用いられた可能性がある．（ちなみに，古生物学の先駆者のなかには，デイノテリウム類は河川に棲んだ動物であって，夜間，水中で休んで眠るとき岸辺に自身をつなぎ止めるのにその奇怪な牙を使ったのだと考えた人もいた．）デイノテリウム類の頬歯は普通の哺乳類の頬歯と同じように，頭蓋と下顎骨の縁に長い列をなしており（後述するとおり非長鼻類的な特色），それらの大半では2すじの顕著な横走稜が咬合面をつくっていた．また，他の長鼻類でと同じく，長鼻がよく発達していたことが明らかである．デイノテリウム類はユーラシアとアフリカに生息したもので，新世界に入ったことはない．

デイノテリウム類は奇妙な動物だったように見えても，長い歴史をもっていたからには環境によく適応した哺乳類ではあった．実際，*Deinotherium* という1属がほぼ三つの地質学上の世にわたって存続したことは，変わりゆく世界にあって特定の哺乳類が異常に安定をたもった際立った一例である．更新世にかれらが絶滅したのはたぶん，新生代という最後の区分の後半をつよく特色づけた長鼻類の絶滅パタンの一部であった．

バリテリウム類

Barytherium という属は始新世後期にエジプトに生息していた動物である．これは1個の下顎骨と幾つかの四肢骨で不満足にしか分かっていないものだが，一般的な長鼻類の外見をもっていたらしく，そのためこれはひとまず長鼻目に入れられている．現在のところ化石資料が不完全で祖先も子孫も分からず，一つの属として知られるところが極めて乏しいので古生物学的に重要なものになっていない．

マストドン類

さて，つぎに第三紀前期のエジプトへ移ろう．現在はナイル川峡谷になっている地方に *Moeritherium* が棲んでいた頃より少し後に，祖先のモエリテリウム類より明らかに進歩し

た長鼻類が現れた．これらはマストドン類の最初のもので，漸新世前期の *Palaeomastodon* と *Phiomia* である．*Phiomia* はモエリテリウム類のどれよりもかなり大きく，立ったときの肩高がどうやら 2.1–2.4 m ほどあったらしい．これはゾウ類に似た骨格で，比較的長い脚をもっていた．頭骨は脳頭蓋前部の空洞〔前頭洞〕の広がりのため非常に大きかったため，頭蓋後部の丈が高くなっていた．鼻骨はこの高く膨隆した頭蓋でずっと後ろへ後退して開いており，これは *Phiomia* に長鼻がよく発達していたことを物語るものである．そしてその前方には 1 対の牙——*Moeritherium* の大きな第 2 切歯から由来したもの——が前下方へ突出していた．下顎骨は非常に長く，その前部にも 1 対の牙が水平に突き出ていた．頬歯は歯冠が低く〔短冠歯型〕，大臼歯は横に 2 個ならぶ丘状の円錐咬頭を 3 対そなえていた．

Phiomia も *Palaeomastodon* も全体としてたぶん，水平に真っすぐ伸びた牙のある長い下顎骨をもつ，中形サイズのゾウに似た動物だっただろう．*Phiomia* やその親類の *Palaeomastodon* に近似だった祖先動物から，真象類のおびただしい仲間が進化した．

漸新世の大きな部分をしめる数百万年は，マストドン類の進化に関する化石記録が一つも知られていない奇妙な空白期間である．ここで，デイノテリウム類も同様だったことを思い出していただこう．地質学的歴史のこの時期，長鼻類はどこにいたのか？ これは興味をそそる疑問であり，いつの日か解答が見つけられることがあるかもしれない．

つぎに *Gomphotherium*（*Trilophodon* とよばれることのほうが多い）というのは丘状歯型〔ブノドント〕マストドン類ともいうべきものの中心グループで，それらの種類では頬歯の歯冠が，前後軸にそって並ぶ少なくとも 3 対の大きな円錐咬頭でできていた．このマストドン類は中新世–鮮新世前期に生存したもので，事実上，*Phiomia* をいくつかの点で洗練したその大形版だった．下顎骨は前後に長く，1 対の牙を備えていた．前位 2 本の大臼歯には横並びの 3 対の円錐咬頭があり，これらが磨耗すると 3 すじの低い横走稜になる．第 3 大臼歯は，対をなす円錐の最後の 2 個の後ろに盤状部分が発達したため前後に長かった．また，屈伸自在の長い長鼻があったことは疑いがない．

この *Gomphotherium* を根幹として"丘状歯マストドン類"はさまざまな方向へ進化した（図 31-4）．これらのなかのある系統では，大臼歯の主円錐〔主咬頭〕の両側に副咬頭がくわわり，それらが磨耗すると複雑に曲がりくねったエナメル質の横断面を見せる．言うまでもなく，これは挽き臼としての歯の効率を高めるものだった．こうした傾向はトリロフォドン類と近縁だった中新世–漸新世の *Serridentinus* に見られ，鮮新世後期の *Synconolophus* や更新世前期の *Stegomastodon* で頂点に達する．後の 2 属のマストドン類では，下顎の牙が退化消失し，下顎骨が短くなった．上顎の牙は大きくなったうえ，上方へつよく湾曲していた．これは丘状歯マストドン類と，もっと進歩した他系統の長鼻類との並行現象である．更新世の間にこれらのマストドン類の 1 分枝が南アメリカへ侵入し，この大陸で *Cuvieronius* 属として広く分布した．

丘状歯型マストドン類のもう一つの側枝系統では，下顎骨の前部と牙がつよく下へ曲がっていた．それは中新世–鮮新世のリンコテリウム類で，*Rhynchotherium* がその典型だった．丘状歯型マストドン類には，鮮新世のいわゆる"シャベル牙類"——北アメリカの

Amebelodon やアジアの *Platybelodon* など——もあった（図 31-3）．これらのマストドン類では，下顎の牙がかつてのように横断面で円いのではなく非常に幅広くなり，下顎骨の前方で文字どおりスコップかシャベルの形になっていた．こうしたシャベルはおそらく浅い水底から植物を掘り出すのに使われていたのだろう．

　丘状歯型マストドン類が進化していたころ，連接歯型（ザイゴドント）マストドン類とでもよぶべき第 2 の独立した進化系統——各頬歯の咬合面が少なくとも 3 すじの顕著な横走稜でできていた動物たち——が生存していた．かれらはその歴史の始め以来，下顎には実際上，牙といえるものは無かった．これらのマストドン類はたぶん *Palaeomastodon* 型の祖先から興った後，中新世の *Miomastodon*，鮮新世の *Pliomastodon* やその親類，および更新世の *Mastodon*（国際動物命名規約に従うなら *Mammut* とすべきだが実際そう呼ばれることはまずない）として進化した．アメリカマストドン *Mastodon americanus* という種は化石脊椎動物のなかで最もよく知られているものの一つだが，それは化石資料が北アメリカの大半にわたって大量に発見されているからである．これは大形の長鼻類で，現生の大形ゾウほど背が高くなかったが頑丈な体格をもっていた．この系統のマストドン類の全てのメンバーと同じく大臼歯には顕著な横走稜があり，上顎の牙は大きくて強く湾曲していた．アメリカマストドンは更新世の終末まで生存していたもので，各骨にほとんど変質の見られない骨格化石が湿地堆積物で発見されている．骨といっしょに保存されていた軟質組織から，このマストドンは赤褐色の長い体毛に覆われていたことや樹木の葉を常食にしていたことが分かっている．今ではアメリカ大陸の最初のヒト類がマストドン類と同時代に生きていたことはまず疑いがなく，カーボン 14〔放射性炭素〕による年代測定で，マストドン類はわずか 8000 年ほど前までこの大陸に生息していたという決定的証拠が得られている．早い時代にヒト類が北アメリカへ入ってきた後しばらくして，といってもヨーロッパ人の到来より数千年も前のことだが，マストドン類は絶滅した．原因は分からないが，ヒト類によりかれらが絶滅へ狩り立てられた可能性もある．

　ある種の連接歯型マストドン類から由来した一つの進化系統に，新生代後期の *Stegolophodon* の属名にちなむステゴロフォドン類があった．この属では下顎骨は短く，上顎の牙は大きく，そして大臼歯には横走稜があった．それらの隆線は，元のマストドン型の大きな円錐咬頭がいわば分裂してできた多数の小円錐が，咬合面に横列をなして並んだものである．こうした横走稜の発達と関連していたのは，大臼歯が前後に長くなったことと，隆線の数が増えたこと——中ほどの大臼歯での 4 列，第 3 大臼歯での 6 列までも——である．これらの出来事は中新世後期－鮮新世前期にユーラシアで起こった．

　ステゴロフォドン類から *Stegodon* まで，進化史的には短い一歩にすぎなかった．ステゴドン類は鮮新世後期に旧世界に現れて更新世まで生存した系統で，脚の長い大形動物だった．ステゴドン類の頭蓋は丈が高く，上顎の牙は非常に長くて湾曲し，下顎骨は短くて牙をもたず，そして大臼歯は前後に長く，どの歯にも多数の横走稜があった．実際，進歩したステゴドン類には，第 3 大臼歯に 12-13 列もの横走稜をもつものがあった．

　Stegodon の頬歯が前後に長くなったことから，頭蓋と下顎骨における歯の並びかたと代

生〔生えかわり〕の仕方に関して，重大な問題が生じた．早期のマストドン類では，頬歯は前後に一列に並んでいる——つまり，小臼歯と大臼歯の全てが同時に並んで生えているのが普通であった．が，長鼻類の頬歯がだんだん大きくなるにつれて，それらの歯を収容するのに二つの進化的な選択肢がありえた．つまり，頭蓋も下顎骨も非常に長くして前後に長い歯の連なりを収納するか，それとも，各顎骨の上で常時1-2本の歯だけが使われるように歯の代生の仕方を変えるか，である．

　ステゴドン類とゾウ類はその第2の道へ発展した．これらの高度に特殊化した長鼻類では，頬歯〔各顎に前後6本〕はいつも1本か2本だけが機能する．頭蓋も下顎骨も丈が非常に高くなり，頭蓋側では歯は上顎の歯槽の後上方で発生し，下顎骨側では歯槽の後方のやや下で発育する．各歯は生育しながら少しずつ前方へ移動する．後ろの歯が前方へ徐々に出てくるとともに前にある歯は斜めに磨耗しつつ前進し，だんだん小さくなり，ついには歯槽の前端で砕けて消えてしまうのである．こうした特殊化は更新世のマンモス類と現生のゾウ類において，極端な状態に達した（図31-4H）．

　かつて長らく，ステゴドン類は，ある系統のマストドン類と狭義のゾウ類の中間にあったものと考えられていた．しかし近年の考え方では，ステゴロフォドン類とステゴドン類——連接歯型マストドン類から由来したもの——はゾウ類とは独立に，それと並行して進化したとみられている．これが当たっているなら，それは際立った進化的並行現象の一例だったことになる．

ゾ ウ 類

　仮に，ステゴドン類はゾウ類の祖先ではなく並行進化していたのだという見方を受け入れるなら，ゾウ類の進化の根源をどこか他所に求めねばならない．その根源は，丘状歯型マストドン類の *Stegobelodon* ——アフリカの中新世後期-鮮新世のもの——にあったようにみえる．このマストドン類の下顎骨は長い牙を備えていたが，頬歯は横走稜をもち，各隆線が左右に並ぶ一連の小円錐でできていた．このような歯から早期のゾウ類の歯が，隆線の丈の高まりと，それらの前後方向の押しつめ——ゾウ類では断面がⅤ形やΛ形をした隆線ではなく背の高い多数の並行の板〔歯板〕の形をとるほどの圧縮——によって形成されてきたらしい．こうして，大半の進歩した長鼻類は丈の高い磨りつぶし型の頬歯をもつようになった．

　頬歯のこのような，歯冠の低い歯から極めて高い歯への変形過程は，地質学的な意味では異常に速かった．更新世前期に生存した最初の狭義のゾウ類は比較的低い歯をもっていたのに，更新世が終わるまでに——期間としてはたぶん200万年間ほどに——その変化が起こっていた．ゾウ類とヒト類は，更新世の間にかなり大量の進化的変貌をとげた2群の哺乳類なのである．

　更新世つまり大氷河時代は，南アメリカ，オーストラリア，および南極大陸をのぞく全ての大陸で，マンモス（これは絶滅したゾウ類を指すのに普通に使われる言葉）の時代だった．これらの巨大哺乳類はユーラシア，アフリカ，および北アメリカに広範囲に放浪し

ていて，北アメリカに棲んでいたのは旧世界から移ってきたものだ．マンモス類にはいろいろな種があり，その1群は現生のアジアゾウ *Elephas* と，もう一つは現生のアフリカゾウ *Loxodonta* と類縁のあるものだった．マンモス類で最大サイズだったものの一つは北アメリカに生息していた雄偉な帝王マンモスで，肩高が少なくとも4.3 mにも達した．最も広く知られているのは多分，ユーラシア北部と北アメリカに棲んでいた長毛マンモスだろう．この動物は大昔のヨーロッパの石器時代人によく知られ，かれらは洞窟の岩壁にそれの絵を描いた．過去2世紀の間にシベリアとアラスカで，長毛マンモスの遺体がいくつも氷の中に凍結された状態で発見されている．こうした証拠物から，長毛マンモスは濃密な毛のコート——極北地方の気候下での生活を可能にしたもの——で覆われていたことが分かっている．

ヒト類はその全進化史を通じて，マンモス類やゾウ類とともに生きてきた．ユーラシアやアフリカに住んでいた早期のヒト類にとって，超大形のマンモス類は防御するすべもない真に恐るべき野獣だったに違いない．しかしヒト類が進化して道具や武器を作るようになると，かれらはマンモスの狩人にもなった．ヨーロッパで発見されている多数の遺跡は，旧石器時代後期の狩人たちがマンモスを追い求め，狡猾巧妙な策略を用いてこうした巨大動物に打ち勝っていたことを物語っている．マンモスは深い落とし穴で捕えられて石で打ち殺されたり，大きなワナで捕殺されることがよくあった．また，ヒト類がアジアから新世界へ移ってきたときかれらはこの大陸でマンモスに出会い，マンモスは狩られ，殺された．早期の"古アメリカインディアン"らが多分わずか8000年－1万年ほど前に，マンモス狩りをしていたことを示す明らかな証拠もある．

更新世の末までさまざまな種のマンモス類が生存していた．そこでかれらは絶滅し，ただ2種の長鼻類，アフリカゾウとアジアゾウだけが現今まで生き延びてきた．が，ヒト類は現代の世界でもまだゾウ類を狩りつづけている．旧世界で文明が興るとともに，ヒト類はゾウ類の敵対者ではなくその主人になった．数千年来ゾウは捕獲されて飼い馴らされ，アジアや中東地方における文化の興隆と広がりの上で重要な役を果たしてきた．これらの雄偉な哺乳類は，ある期間にわたり捕獲状態におかれるとしごく従順になる．寿命の長さと体力の強さのため，かれらは人類のきわめて有用な召使になってきた．しかし今やゾウ類はガソリンエンジンに代わられつつあり，かれらを労役動物として使うことはごく限られるようになった．だがいつの時代にも，ヒト類はやはりゾウ愛好者なのである．これら高貴な哺乳類が密猟者や象牙商人の手にかかって地球表面から消滅することがないよう，我々が保証できるかどうかは今はまだはっきりしない．

ところで，マンモス類が絶滅したのは何故か？　これは，絶滅をめぐるもろもろの問題と同じく，答えるのが極めて難しい疑問である．実際，マンモス類が更新世を通じて上首尾に栄えたのち何千年か前に姿を消した真の原因を知ることは決してできない可能性が大きい．ただ十分ありうるのは，マンモス類の絶滅は複合した幾つかの原因の結果だったことだ．ヒト類に狩り立てられたことが大きな役割を果たしたのかもしれず，繁殖率の低かったことも，数が多く広範に分布していたこれらの巨大哺乳類を終息させた一因だったのか

マナティー

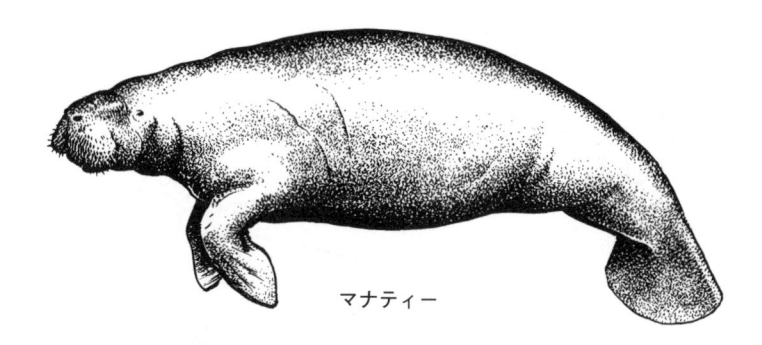

図 31-5　マナティーは現生の海牛類の一つ．全長は3mかそれ以上．（ロイス M.ダーリング画）

もしれない．おそらく，今われわれが手がかりをほとんど持っていない諸要因がマンモス類の消滅をもたらしたのであり，現在もこれらやその他の要因が，生き残っている2種のゾウ類を最終的絶滅に追いやるのにはたらいている可能性がある．

海 牛 類

海牛目〔ジュゴン類とマナティー類〕は有蹄類の一つとして分類されてはいるが，水中での生活様式にむけて完全に変形した仲間である．水中生活のための諸適応はこれらの哺乳類である早い時代に起こった．知られている最古の海牛類（始新世のもの）がすでに高度に特殊化した動物だったからだ．これら早期の海牛類はエジプトの始新世後期の地層から見事な形で現れるのだが，かれらはまたヨーロッパや遠く離れた西インド諸島の同時代の地層からも見いだされている．したがって早期の海牛類は，大陸の海岸沿いに泳ぐことのできる動物たちに予期されるとおり，世界中に広く分布していたようである．

現生の海牛類（図31-5）は大形の哺乳類で，前端の丸い奇妙な頭部，魚雷形の胴，鰭脚のような前肢，そして幅広い尾びれをもっている．皮膚は毛がないが強靱である．後肢は消失しており，骨盤はムチ状の骨に退化している．肋骨は非常に頑丈でかさが高く，からだ全体のための一種のバラストになっている．頭蓋はかなり長くて低く，その後部はいくらか，ゾウ類の祖先だった極めて原始的な長鼻類の頭蓋に似ている．頭蓋の前部は幅がせまくクチバシ状になり，現生の海牛類ではそれが下へ強く曲がっている．頬歯は，ある種の第三紀の長鼻類のように二重の横走稜をもつものもあり，丘状歯型の咬頭をもつものもある．前位にある歯が磨耗するにつれて，後位の歯が前進してきて置き代わるのだが，この生え変わりの様式〔水平交換〕も長鼻類の特徴であり，同じくこれらの2目を結びつけるものとなっている．海牛類はむろん達者な泳ぎ手だ．かれらは海へ流入する川の河口付近に出没することもあり，そこで水中植物を常食にしている．

最早期の海牛類は現生の種類よりもいくらか原型的だった．例えば，始新世の*Protosiren*属では頭蓋の前部つまり鼻吻部が，中新世の*Halitherium*や現生のジュゴンでのように下へ曲がってはいなかった．もう一つの始新世の種類*Eotheroides*では，骨盤が後代の海牛類でのようにムチ状の骨になっておらず，まだ骨盤と認められる形をしていた．しかしこれら

(A)

(B)

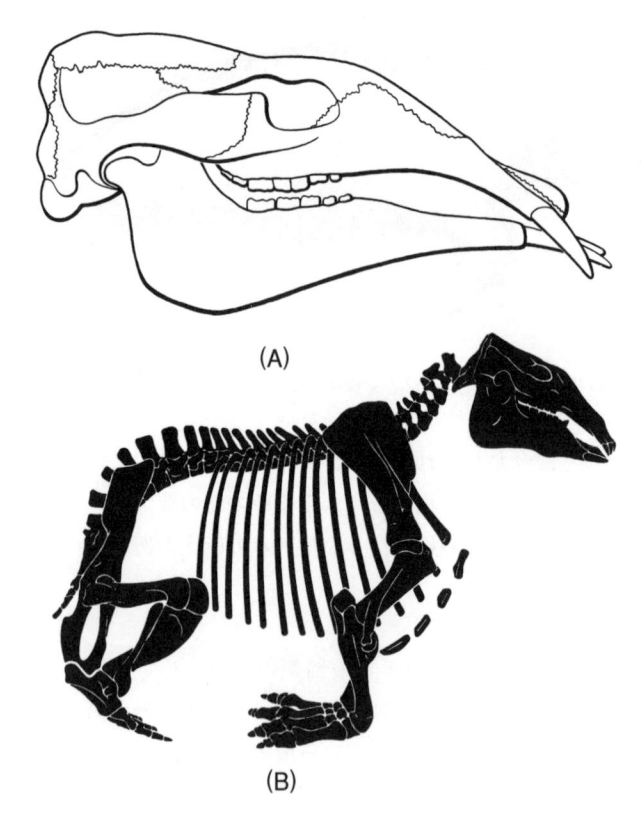

図 31-6 デスモスチルス類〔束柱目〕．(A)*Desmostylus* の頭蓋と下顎骨．アジアと北アメリカ太平洋沿岸の第三紀の海成堆積物から出るもの．(B)*Palaeoparadoxia* の頑丈な骨格．第三紀後期の種類で，体長約 2.4 m．いずれも，頭骨がマストドン類や原型的な海牛類のそれに似ていることに注意．

は質ではなく程度の違いであり，最初の海牛類はもう完全な水生哺乳類になっていた．

　進化がすすむにつれて，たぶん始新世以降，海牛類は二つの発展系統をとるようになった．マナティー類〔科〕は大西洋の東西両岸で進化し，アフリカとアメリカの沿岸に棲みついている．ジュゴン類〔科〕は広く世界中，とりわけ南半球の沿岸で進化した．ステーラーカイギュウ〔ジュゴン科〕というのは体重が4トンもあった超大形の海牛類で，かつてベーリング海に生息していた．これが絶滅したのは2世紀ほど前，つまり，1741年に発見されたのち G. ステラー（ロシア海軍軍人 V. ベーリング〔1681-1741〕の探検航海に加わったドイツ人博物学者〔1709-46〕）により科学的に記述報告されてから間もないころのことだった．

束　柱　類

　最近の何十年かにわたり，第三紀中期-後期のはなはだ興味深い幾種類かの哺乳類が太平洋の東西両岸で見いだされている．合衆国の太平洋沿岸と日本で発見される束柱目〔デスモスチルス目〕である．

Arsinoitherium

Saghatherium

図 31-7 エジプトで出る漸新世の 2 群の哺乳類．縮尺は同じ．サイほどの大きさ（全長約 3.35 m）だった *Arsinoitherium* は重脚目の一つ．*Saghatherium* は大形の岩狸目〔ハイラックス類〕の一つ．（ロイス M. ダーリング画）

　知られている最古のデスモスチルス類は *Behemotops* で，これは合衆国太平洋岸北西部の漸新世の海成堆積物から出る，後肢の断片と保存状態のよい長さ約 40 cm の下顎骨で代表されるものだ．この興味ある哺乳類には，*Anthracobune* や *Moeritherium* のような初期の長鼻類との類縁をしめす特徴がある．後代の束柱類の犬歯に似た大きな犬歯があり，丸みをおびた 4 個の丘状歯型の咬頭からなる大臼歯は祖先形長鼻類のそれらによく似ている．壊れた四肢骨は *Behemotops* が頑丈な脚をもっていたことを示している．このような祖先から後代の束柱類が進化してきた．

　Desmostylus 属（図 31-6A）は牙のある，マストドン類に似た長い頭蓋をもっていた．鼻孔は後退して開いており，そのことからこの動物はちょっとした長鼻をもっていたらしい．頬歯は特異なもので，各歯が，対をなして前後方向に並ぶ幾つもの縦長の円柱の束でできていた〔束柱目の名のもと〕．これと，近年になって日本とカリフォルニア州で発見されたもう一つの属，*Palaeoparadoxia*（図 31-6B）の骨格は控えめに言っても驚くべきもので，それらは大きな胴，極めてがっしりした四肢，そしてゾウ類に似た幅広い足部をそなえた動物の姿を物語っている．

　Desmostylus の化石は海洋性の堆積物から見いだされる．そのためこれは，海岸に近い浅

い水域で徒渉したり泳いだりしていた"海生カバ"のような動物だったと考えられることがある．が，カバ類との比較は機能についてのことだ．全体の構造では，*Desmostylus* は一方で海牛類と他方では早期の長鼻類との類似を示しており，おそらくこれは全く中間的な哺乳類だったのである．けれども *Behemotops* の証拠は，束柱類の類縁はとりわけ初期長鼻類に求められそうだということを暗示している．

岩狸類

現今アフリカから中東地方にかけて分布するハイラックス〔イワダヌキ〕類という動物は，険しい岩山の岩の間や森林の木々の間にすむ，ウサギ類か齧歯類のように見える小形哺乳類である．古代の人々や近代の博物学者でも早期の人たちは，これらの動物は何らかの種類のウサギだと考えていたのだが，動物系統学が発達するとともにハイラックス類の分類上の地位が解明された．これらは独立のグループ，岩狸目を構成する小形有蹄類なのである．

ハイラックス類はいくつかの面で兎形類〔ウサギ類〕と，あるいはもっと緊密にある種の齧歯類と並行している．そのことはかれらの小さいサイズと習性から分かる．またかれらは草食性であり，頭蓋前部には左右各1本，無根性の切歯――齧歯類のノミ状の大きな切歯と酷似した歯――がある．この各切歯には下顎の2本の切歯が向かい合う．歯冠の高い頬歯は歯隙によって切歯から隔てられ，大臼歯はサイ類に見られるものにやや似た咬合面パタンをしめす．足部はきわめて特徴的で，前足には4本，後足には3本の指があり，各指の先は蹄に似た小さい平爪がある．各足の底はただ1個のパッドでできている．

現在，いろいろな属と種がアフリカと地中海周辺の近隣地域に棲みついている．ハイラックス類の最初のメンバーはエジプトの漸新世の堆積物から現れ，これらの動物の歴史は限られた範囲ながら第三紀を通じて地中海地方で跡づけることができる．第三紀のハイラックス類にはかなりの適応放散があり，なかには漸新世の *Megalohyrax* のようにイノシシほどの大きさになったものもいた．しかし，大形のハイラックスはおそらく他の有蹄類との競争のためか生き延びることができず，ウサギのような小形のもの――現生の *Procavia* に代表されるもの――だけが現代まで系統を維持してきた．

重脚類

漸新世にいた *Arsinoitherium*（図31-7）が重脚目として最もよく知られている属である．これはサイほどの大きさがあった大形有蹄類で，がっしりした骨格，ゾウのような強大な四肢，それに幅の広い拡大性の足部をもっていた．頭蓋は巨大で，歯は切歯から最後位の大臼歯まで隙間なく連なっていた．頬歯は，このように早期の有蹄類としては驚くほど歯冠が高く，各大臼歯の歯冠には大きな横走稜があった．*Arsinoitherium* の最も際立った特徴は左右に並ぶ1対の，かさの高い骨性の角をもっていたことで，それらの一体化した基部が鼻孔の後ろから脳頭蓋の中央部まで，頭蓋の頂上を占めていた．

ほぼ1世紀にわたって *Arsinoitherium* は重脚類で知られる唯一のメンバーであり，その孤

立した地位のためこの目は古生物学上の謎の一つとされていた．ところが1970年代以降，幾つかの他の属（その一つはかつて顆節目とされていたもの）が重脚類だと同定された．これらの属は暁新世−始新世のもので，地理的には中国からルーマニアにまでわたっている．それらの一つ，*Minchenella* はまた長鼻目，束柱目，および海牛目の祖先だった可能性が認められている．

32
新生代の各地の動物相

新生代の景観

新生代の諸大陸と気候

　爬虫類時代が哺乳類時代へ移行するとともに，世界は地質学的歴史における近代に入った．それは，インドの半島部が，アフリカ大陸との結合から切れたのちアジア主大陸のほうへ漂動していた時代――やがて新生代になって主大陸にぶつかり地殻を圧縮してヒマラヤ山脈の原型を形成しようとする時代――であった．またそれは，たえず西方へ漂動してアフリカ大陸から完全に独立した南アメリカ大陸が一つの島大陸――ただし新生代初頭にあった北アメリカ大陸との地峡による連結（鮮新世の末に再現するもの）は別――になった時代だった．それは，オーストラリア大陸が南極大陸から分離し，有袋類――それより前にたぶん南アメリカから南極大陸を陸橋にしてそこへ広まっていた群――という積荷を載せて北東方へ漂動していた時代（とりわけ始新世）だった．そしてそれは，北アメリカとヨーロッパ西部が短期間だが北大西洋連結によって繋がっていた時代（これも始新世）だった（図32-1）．さらにそれは，ベーリング地方に陸橋が形成され，新生代になって北アメリカとアジアの間で種々の哺乳類が行ったり来たりする通路に，断続的になった時代でもあった．

　現在ある大陸間のつながりができたのは，プレートテクトニクス〔岩盤構造論〕的な運動に加えて，かなりの程度まで，新生代後期になって地殻が隆起しだした結果である．大陸地域のうち，中生代中期－後期には低地で部分的に浅い海だった地方は，白亜紀後期－新生代前期に隆起して新しい陸地になった．浅い海は広範囲に後退し，とくに重要なのは現在の大きな山系が生まれたことである．これは，旧世界でアルプスやヒマラヤ，新世界でロッキーやアンデスなどの大山脈が隆起しはじめた時代だった．それは，今も活発に続いている長期間にわたる山地形成〔造山運動〕の始まりであった．

　現今の諸大陸の輪郭の形成，巨大な陸塊の出現，大山脈の隆起などに伴って全世界的な気候の変化が始まり，これが過去7000万年間の生命界の進化にとって最大の重要性をもつことになった．いくつもの大陸塊が緊密につながっていた中生代中期－後期には，世界の大半は熱帯性ないし亜熱帯性だった．季節的な変動はあっても一様な気温が赤道から遠いところまで，ローラシアの北部からゴンドワナの南端までゆきわたっていた．そのため，熱帯性の植物や恐竜類がユーラシア北部やアラスカから南半球の大陸の南端やオーストラリアにまで棲みついていた．諸大陸がだんだん分離しながら隆起し，新しい山脈が形成されはじめると，世界の環境が多様性と差異を増す方向へ徐々に変化していく．いくつかの気候帯ができ，時代が下るとともにそれら相互の違いがしだいにはっきりしてくる．季節の交替も，とりわけ高緯度地方では以前より明瞭になり，年々歳々，寒い冬と暑い夏が交互に訪れるようになる．こうした諸変化は新生代になってから徐々に生じたもので，大氷河時代の極端な気候条件にいたって頂点に達した．我々はいま，そのなかの一時期〔間氷期〕に生活しているのである．

　言うまでもなく，世界の気候のこのように深甚な変化が地球表面の植生に変化をもたらした．白亜紀が終わる前にも近代的な顕花植物がすでに現れており，地表の景観に豊かな

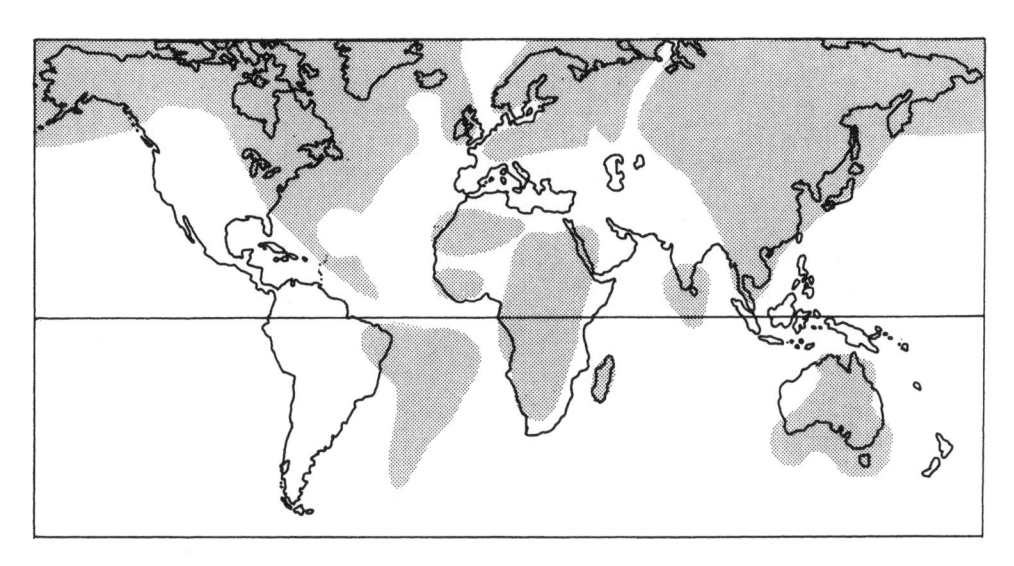

図 32-1 新生代中期（始新世後期ないし漸新世前期）における諸大陸のおよその位置（網かけで示す）と，現在ある諸大陸の位置（輪郭で示す）を重ねて比較したもの．その時期にはアジアと北アメリカは広範につながっていたが，他の諸大陸はほとんどばらばらだったことに注意．

植物学的多様性を添えていた．森林はそれより前の時代には古代型の木本シダ類やさまざまな針葉樹でできていたのだが，いまやオーク類，ヤナギ，ササフラス〔クスノキ類〕，そのほか，誰でも知っている身近な樹木——大半は毎年秋になると落葉する木々——の多様な形と葉のパタンによって一新された．そして新生代がすすむとともに，顕花植物やイネ科植物が進化し，そのことが動物界の発展のために新しい棲み場所を提供した．緑のサバンナや広々とした平原が広大な大陸地域に横たわり，新生代に無数の有蹄類が複雑な動物相の長い遷移のなかで生活していく舞台になった．

　大陸移動，新しい山系の隆起，気候の多様化，それに顕花植物の進化と広がりなどの全てが，地球上の動物界の進化に影響を与える要因になった．これらの出来事が一緒になって，おそらくまだ知られていない他の要因との相互作用の下に，雄偉な恐竜類などかつて優勢だった爬虫類の絶滅を白亜紀の末にもたらし，そして哺乳類の興隆と豊かな放散のために道を開いた．脊椎動物進化の研究者たちにとって，白亜紀での爬虫類の優勢から第三紀での哺乳類の優勢への変遷は，地球上の生命の歴史における大事件の一つであった．

　上に簡単に述べた諸変化は，陸地と陸上生物界に影響を及ぼした．中生代－新生代の移行期に起こったこのような変貌と並行して，水圏にも同じように変化が生じた．熱帯性の諸条件が赤道帯付近に限られるようになると，海洋の水温が変化する．中生代に北方や南方の陸地の海岸を取り囲んでいたことが知られている温暖な海は，しだいに地球上の中央部一帯だけに狭まり，寒冷な海が南北両極を取りまく高緯度帯に広がった．こうした変化はおそらく白亜紀末にはまだ始まっていなかったが，意味深いのは，中生代後期に広く分布していた数多くの海生爬虫類が新生代への移行期の間に，陸上で恐竜類が絶滅したのと

同じように地球上の水圏から姿を消したことである．第三紀が到来した頃にはもうプレシオサウルス類，イクチオサウルス類，モササウルス類などはいなくなっていたのだ．かれらが消滅したことで生じた空白は，新しい哺乳類，とくにクジラ類によって満たされた．

中生代の間，硬骨魚類は長期間にわたり多彩多様な適応放散をほしいままにし，その期間中にかれらは水生脊椎動物のうちで種類数も個体数も最多のグループになった．かれらの発展は第三紀まで続き，そして実際，今日でも続いている．真骨魚類ははなはだしく多様化し，海洋と陸水の両方の棲み場所で無上のものになった結果，かれらは多様性つまり属や種の数でも個体数でも，その他すべての脊椎動物の合計をはるかに上まわっている．いま我々が生きているのは"哺乳類時代"であると同時に"真骨類時代"なのである．

新生代の各地動物相の発展

新生代哺乳類の遷移の記録は，古生代後期－中生代の両生類や爬虫類の同様の記録よりずっとよく整っている．何故そうなのかについては，理由がいくつかある．たぶん最も重要なのは，新生代の陸成堆積物が古生代や中生代のそれらと比べてあまり破壊を受けておらず，全般的により完全に近い状態で保存されていることだ．そのため，新生代哺乳類の現実の化石記録のかなり大きな部分が早期の陸生脊椎動物のそれらよりよく保存されてきた．例えば，北アメリカでの暁新世前期から更新世末にわたる哺乳類動物相の連続体からは，この大陸における各時代を通じて変化する哺乳類の集団について，かなりよく継続した物語が得られている．数多くの動物相のこうした遷移を，ジュラ紀の陸生脊椎動物の化石記録――ジュラ紀の恐竜類や他の陸生爬虫類に関する知見のほとんどがジュラ紀後期の動物相から得られるほど不完全な記録――と比べてみるとよい．

古い時代の四肢動物相に比べて，新生代の哺乳類動物相に関する知見が充実していることのもう一つの要因は，化石そのものの特質である．哺乳類の歯はそれぞれ一定の複雑な形をもつことと，また歯は非常に硬くて他の部分より保存されやすいため，化石哺乳類は歯だけで研究されることもある――むろん，得られるかぎりよく揃った資料に基づいて哺乳類を研究しようという努力は常になされているのだが．他方，爬虫類について言えば，少なくとも頭骨の一部や骨格の破片などのもっと整った資料が無くては，重要な結論を引き出したり，包括的な動物相研究を試みることが不可能である場合が多い．また，新生代哺乳類の化石は一般に，古生代や中生代の両生類や爬虫類の化石よりずっと豊富に見いだされるものである．

大ざっぱに言って，新生代の哺乳類動物相の遷移は次のように主要な4件の出来事にまとめることができよう．

1. まず，暁新世－始新世に初めて動物相の放散があったこと．これは古代的動物相の時期，後代まで生き延びることができなかった哺乳類グループが優勢だった時期である．
2. 続いて，暁新世－始新世の古代的動物相に現生哺乳類の祖先らが入れ替わったこと（南アメリカとオーストラリアは別）．始新世後期－漸新世にあったこの現象は"グラン・クピュール"（大断絶）とよばれることがある．新生代の四肢動物相を論ずるとき，南極大陸は，

新生代の四肢動物がほとんど発見されないという理由で除外されることが多い．しかし近年になって，南極半島で有袋類の化石がいくつか発見されており，これは有袋類が南アメリカから南極大陸の連結を経てオーストラリア大陸へ到達したことを物語るものである．
3. 新生代後期になって動物相の近代化が起こったこと．この過程は何百万年も続き，現代の進歩した，特殊化した哺乳類を生み出した．
4. 最後に，現今の動物相が確立したこと．この過程は更新世からその後の時代（後氷期＝現世）にかけて起こった．現在の各地動物相の基礎は，更新世にもろもろの動物相的集団が形成されたことによって固まった．だが，世界各地の哺乳類動物相に現代的な複雑さを与え，それを厳密な更新世型の動物相とはっきり異なるものにした最後の出来事は，過去わずか数千年内に起きた絶滅の波だった．こうした大絶滅事件が更新世の多くの大形哺乳類を終息させ，そのため，現今の動物相は豊富だった更新世の動物相の貧寒化した生き残りである．

　古代的哺乳類の最初の放散は，第三紀前期の特徴になった動物学的現象だった．早期の有袋類と有胎盤類はすでに何百万年も恐竜類といっしょに生活していた．長らく恐竜類に占められていた生態的ニッチはいまや空っぽになり，その後，多くはレプティクティス目を根源として由来した多様な哺乳類が急速にそうした空白を満たすようになった．古代型の有蹄類――顆節目や恐角目（ウインタテリウム類）など――が大形の植食動物の役割を引き継ぎ，さまざまな肉歯目がそれらを獲物にする捕食動物になった．南アメリカでは，南蹄目，滑距目，および雷獣目が草食動物になり，捕食性肉食動物の役割は有袋類が引き取った．オーストラリア――有胎盤哺乳類がそこへ移ってくるより確かに前に島大陸になった地域――では有袋類が無上のものになり，他の大陸では有胎盤類が占めた多様な生態的ニッチをそこで占有するに至った．しかしその他の大陸では，始新世後期－漸新世に古代型の有蹄類に奇蹄目，偶蹄目，および長鼻目がとって代わり，肉歯目には狭義の食肉目が代わった．各地の動物相は齧歯目，霊長目，翼手目（コウモリ）などの発展によって内容が豊かになった．鯨目（クジラ，イルカ）や海牛目（ジュゴン，マナティー）などさまざまな水生哺乳類は，陸生だった祖先から水中生活へ方向を変えた．このようにして，現今の各動物相グループの基礎ができたのである．
　新生代後半に時代が過ぎるうちに，有蹄類，食肉類，齧歯類，霊長類，それにその他の小グループがだんだん近代的な状態に向かって特殊化した．3指型のウマ類は1指型のウマに道をゆずったし，古代型のシカ類は姿を消してその子孫たる現生のシカ類がとって代わったし，原始的イヌ類には近代的なオオカミ，キツネ，その他の動物が入れ代わった．その詳細はこれまでの幾つかの章で述べたとおりである．
　たいへん多様化で新生代の各地の動物相を特徴づけているグループが3群ある．齧歯類，コウモリ類の中の小翼手類〔亜目〕，および反芻亜目偶蹄類，わけてもウシ科の仲間である．コウモリ類は個体数も種類数も非常な広がりを見せているにもかかわらず，化石記録としてわずかしか得られないのだが，齧歯類と偶蹄類は豊富に現れてくる．
　更新世が始まるとともに，世界各地の哺乳類動物相はだいたい近代的な様相を示すようになったが，内容は現在よりもずっと豊かであった．それらには多数のマンモス類やマス

トドン類，長毛サイ，超大形の地表性ナマケモノやグリプトドン類，いろいろなキリン類等々が含まれていた．これらの哺乳類が今でも生存しているなら，野外調査者や動物園を訪れる人たちにはこの世界は実際はるかに面白いものになっているはずだが，かれらは生き延びなかった．長い時代にわたり多くの大形哺乳類が分け合っていた陸地の支配は，*Homo sapiens*〔ヒト〕というただ一つの種が引き継いだ．

新生代における哺乳類の大陸間移動

　新生代になって哺乳類が進化するとともに，かれらはある大陸から他の大陸へ行ったり来たりすることが多かった．こうした大陸間移動と，多くの場合このような移動が無かったことが，幾つかの大陸地域では動物相の構成が決まるうえで極めて重要であった．例えば，さまざまな要因，とりわけ生態学的諸条件という要因が，数多くの哺乳類がある大陸地域から他の地域へ自由に移動するのを妨げ，こうした動物がある一定地域の動物相に独特の性格を与えることになった．他方，大形有蹄類や食肉類のように長距離の移動をする哺乳類もあり，かれらの往来が陸地の広い範囲にわたる動物相の類似をもたらした．

　新生代の哺乳類動物相の著しい特徴の一つは，北アメリカ，ヨーロッパ，およびヒマラヤ山脈より北のアジアという，北極を取りまく膨大な陸塊にすむ動物たちの全般的な均一性である．始新世にはヨーロッパ西部と北アメリカ東部の間で北方に連結部があり，このため原始形哺乳類が出入りすることができた．また，新生代のかなりの期間を通じてベーリング地方〔アジアと北米の間〕に陸橋があり，そこを経て哺乳類が東へ西へと移動した．したがって，ユーラシア北部と北アメリカの第三紀－更新世の各地動物相に多くの類似点――この地域の現在の動物相に表れている状態――が見られるのは意外なことではない．北極を取りまく陸塊は，現生哺乳類の分布に基づいて動物地理学上の主要な膨大な区域，"全北区"〔旧北区と新北区の総称〕と認められており，この地域の特徴をなす各地動物相の間の関係は第三紀までさかのぼるようである．

　ところで，霊長類はある早い時代に全北区の動物相のなかに現れたが，かれらはこの地域に短期間いただけで姿を消し，もっと赤道に近い他の地域で進化した．しかし哺乳類の主要グループの多くは全北区で生存し，新生代全体を通じて進化しつづけた．とりわけ肉歯類，食肉類の大半，奇蹄類，それに偶蹄類がそうである．これらの哺乳類のほとんどが広く分布することが，全北区の各地動物相に外見上の共通性を与えている．

　現在，アジア南東部の動物相はアジア北部のそれと大きく違っており，そのため動物地理学でいう"東洋区"の特色として東洋区動物相とよばれている．現在の東洋区では霊長類が各地の動物相で際立った要素になっている．食肉類もよく目につき，ジャコウネコ類やハイエナ類を含むが，これらは全北区にはほとんど存在しない．同じように，東洋区の特徴はまたゾウ，バク，サイ，それに多様な偶蹄類にあるが，これらもここより北には生息しない．現在の東洋区動物相と全北区動物相を区別する違いのほとんどは，山々が隆起し，ヒマラヤ山脈や中国の北部と南部を隔てる山系などが形成され，新生代の動物たちがアジアで南北に移動するのを阻む高い障壁になったことの結果である．

ヒマラヤとその周辺の隆起は動物の移動にとって，新生代前期－中期には現在あるものほど手ごわい障壁になっていなかった．そのため新生代のかなりの期間にわたり，東洋区に出入りする哺乳類の流れが少なからずあった．ウマ類は北アメリカの発祥地からあふれ出し，アジアへ大量に進出した．たぶんアジア南部で興ったクマ類は北アメリカまで長途の移住をした．ふつう東洋区の動物だと思われているパンダ類は西方はるかイングランドでも歩き回っていた．このほかにも，東洋区に出入りした移動の同じような例を挙げることができる．

現在の区分体系によると，アフリカ大陸〔北部を除く〕がもう一つの主要な動物地理区である．第三紀の前半には，アフリカはオーストラリアや南アメリカと全く同じように島大陸であり，そこで発展した哺乳類は，他の大陸で生まれていた諸系統とは始めから別個の系統をとって進化した．アフリカで進化した特徴的な哺乳類グループには，ハネジネズミ類，類人猿類やその他の狭鼻下目霊長類，テンレック類，デバネズミ科齧歯類，旧世界ヤマアラシ類，ツチブタ，長鼻類，岩狸類，海牛類，それにカバ類などが含まれる．

"エチオピア区"という地理区は，アフリカ大陸のうちアトラス山脈やサハラ砂漠より南の大部分を占める．中新世－鮮新世の間，地中海は現在の範囲より狭く，アフリカとヨーロッパの間で南北に哺乳類が移動する通路があった．哺乳類はまたアフリカと東洋区の間でも行ったり来たりし，ゾウ類，類人猿類，そのほか，アフリカに祖先をもつ諸系統がアジアへ広がった．現在のアフリカの偶蹄類動物相の大きな部分は，鮮新世後期－更新世にヨーロッパ南部と東洋に棲んでいた動物たちがこの大陸へ流入したことを表している．新生代になってからは霊長類がエチオピア区で目立っており，高度に進歩したある種の類人猿，次いでヒト類が興ったのはこの地域である．第三紀には肉歯類が存在したし，後代の動物相では食肉類のほとんどが優勢だった．ところが，クマ類とシカ類はアフリカへ入ったことが全くない．現在のアフリカ動物相が発展した過程では，アジアでと同じように長鼻類，奇蹄類，および偶蹄類が重要な存在であった．アフリカの動物相固有の性格はいくらか，他の地域で過去数千年以内に絶滅した多くの動物たちがエチオピア区で生存していることの結果である．例えば，ブチハイエナ，ライオン，ゾウ，カバ，さまざまなレイヨウ類，その他，いまアフリカ独特となっている動物たちが更新世末期にはヨーロッパやアジアにも生息していた．

大陸上の広がりをもちながら新生代になって長らく，世界の他の地域から孤立してきた動物地理区が二つある．南アメリカ全体と中央アメリカの一部からなる"新熱帯区"と，オーストラリア，ニューギニア，それに周辺のいくつかの島々からなる"オーストラリア区"である．前に触れたとおり，第三紀の始めには新熱帯区は北アメリカとつながっており，その後これは第三期の末まで完全に切り離されていた．他方，オーストラリア区は白亜紀以来ほぼ完全に隔離されてきた地域だが，始新世に南極大陸から独立するまでこの大陸とまだつながっていた．

地理的な隔離は，これら二つの区の動物相が極めて特異であることの主要因になった．新生代の長期にわたり，新熱帯区の動物相はかなりの程度までその区に特有の有蹄類，肉

食性有袋類,および貧歯類で成り立っていた.霊長類は第三紀に新熱帯区動物相に現れたのだが,どこからどのようにやって来たのかは難問である.第三紀の末には全北区の哺乳類が大量にこの地理区へ入りこみ,新熱帯区動物相に現在の特色——大昔からの生き残りと近年になっての移入動物の混合体——を与えている.

オーストラリア大陸の隔離は完全であり,この区の新生代の歴史は有袋類の放散の時代であった.ヒト類がやって来るまで,オーストラリア区にいた唯一の有胎盤類はコウモリ類とおそらく少数の齧歯類だけだった.先住民のヒト類はイヌ類の一種,ディンゴをオーストラリアへ持ち込み,ずっと後にヨーロッパ人移住者らは他のいろいろな家畜哺乳類を導入し,それらが土着の有袋類に大害をおよぼすこととなった.

新生代の脊椎動物相の分布

最初期の新生代動物相に関する我々の知見のほとんどは北アメリカの暁新統から得られており,ここは実際,陸成の暁新統が化石哺乳類によってかなりよく知られている唯一の地域なのである.すなわち,標準的なプエルコ,トレホン,およびニューメキシコ州ーコロラド州のティファニー動物相,ユタ州のドラゴン動物相,それにワイオミング州のクラークフォークなどだ.そういうわけで,これら各地の動物相の研究によって暁新世全体にわたる連続体(シークエンス)を確かめることができ,地球の歴史のこの時期における進化の道すじについてかなりの概念を得ることもできる.世界の他の地方では暁新統はわずかしか知られていない.暁新世後期になると哺乳類化石が,フランスのセルネ堆積物やイングランドのサネット島砂地(サンズ),モンゴルのガシャト累層,パタゴニアのリオチコ層,そしてブラジルのイタボライ堆積物で見いだされている.

始新世に入ると,化石記録はずっと豊かになる.これまで無数の始新世動物相が北アメリカとヨーロッパで発見されており,アジアや南アメリカでも始新統のある部分が化石動物相によってよく知られている.北アメリカ西部では,連続体は始新世前期のいわゆるワサッチ動物相から,始新世中期のブリッジャーおよびウインタ動物相をへて,始新世後期のデュシェインリヴァー動物相へつながっている.始新世中期のグリーンリヴァー累層には非常に重要な魚類動物相が豊富に含まれる.ヨーロッパで並行するシリーズは,イングランドのロンドン粘土層やフランスにある幾つかの始新世前期の動物相から,始新世中期のカルケール・グロシエ〔粗質石灰岩〕や他の同時代の動物相をへて,始新世後期のモンマルトル石膏層やケルシー燐灰岩(りんかい)の下部にまでわたっている.イタリアには,始新世中期の興味深い魚類動物相であるモンテボルカ動物相がある.

アジアの始新世の化石記録には極めて重要な動物相がいくつか——アメリカ自然史博物館の中央アジア調査隊が発見し収集したイルディンマンハやシャラムルンの動物相,ビルマ〔ミャンマー〕のポンダウン動物相など——が含まれる.アフリカ北部には,エジプト・ファユーム地方の始新世後期のビルケテルクルン層やカスレルサガ層があり,これらは最も原始的な長鼻類や海牛類の化石を産している.

南アメリカでは,この大陸特有の動物相の歴史における早期の諸段階が,始新世前期ー

中期の堆積物——下部のカサマヨル層と上部のムステルス層——に見いだされる.

　北アメリカではサウスダコタ州の有名なホワイトリヴァー荒地は,世界で最も絵画的でよく解明された地層の一つ——始新世後期から漸新世の大半にわたるもの——を蔵している.すなわち,今は始新世後期のものと考えられているシャドロン累層(いわゆるティタノテリウム層)や,漸新世前期のブリュレ累層(いわゆるオレオドン層)である.ブリュレの下部はオレラ部層,上部はホイットニー部層となっている.

　フランスでは,ケルシー燐灰岩が始新統上部から漸新統へ続いており,その下部はロンゾン動物相により特によく知られている.アジアでは漸新統下部はアルディノボ動物相,同中部はホウルジン動物相,同上部はフサンダゴル動物相(すべてモンゴル所在)で知られている.北アフリカでは第三紀前期の堆積物が漸新統下部ファユームの長顎型マストドン類が出る地層——へ続いている.現在のところ,南アメリカには漸新統下部と同上部の陸成堆積物の記録があるが,漸新統中部の欠落は地質学的記録の不完全さのためだろう.パタゴニアにある重要な第三紀中期の堆積物には,デセアドおよびコルウエウアピ累層が含まれる.これらの地層からは,南アメリカの哺乳類が他の大陸の動物相に見られるものとは著しく異なる独特の進化系統をとって,前進的に発展したことを示す化石が見いだされている.

　北アメリカの中新統と鮮新統は数々の豊富な動物相でいくらでも知られている.これらの動物相は,第三紀中期-後期——哺乳類が長い進化過程を通じて近代的な形態をとりはじめていた時代——における,この大陸での生命界の豊かさを物語っている.とくに注目に値する漸新世後期-中新世前期の動物相には,アリカリー層群に属するジェリング,モンロークリーク,およびハリソンの各累層(いずれもネブラスカ州とサウスダコタ州の西部),オレゴン州のジョンデイ累層,それにフロリダ州のトマスファーム累層から出るものがある.同じく中新世のものにはネブラスカ州のヘミングフォード,シープクリーク,マースランドの各累層や,フロリダ州のホーソーン累層がある.中新統上部は合衆国西部でポーニークリーク,マスコール,ヘンプヒルの各動物相で知られている.

　ヨーロッパでも同じように,中新世や鮮新世の動物層が豊富にある.ここでは,中新統下部と関係のあるサンジェランルピュイ,中新統中部のサンサン,シモール,サンゴーダン,シュタインハイム,それにエーニンゲンの各動物相,中新統上部のセバストポリやグリーヴサンタルバンの動物相が知られている.バルチスタン〔アジア南西部〕には,超大形サイ,$Baluchitherium$ の化石の出る中新統下部のブグティ層がある.モンゴルのロー累層は中新統下部を表し,トゥングル累層はアジアのこの地方における少し後の中新世中期の層準である.インドには,シワリク統の最初の堆積物であるカムリアル層やチンジ層があり,これらはヒマラヤ隆起帯の山麓下部に横たわる,哺乳類産出堆積物のきわめて重要な分厚い連続体をなしている.

　中新世の最も有名な哺乳類動物相の一つに,南アメリカのサンタクルス集団がある.この動物相は南アメリカにおける哺乳類の発展の最高点を表すもので,中新世前期のものと見なすことができる.

北アメリカにおける哺乳類の進化の歴史がつながっている所は，ニューメキシコ州の鮮新世のサンタフェ動物相，ネブラスカ州のヴァレンタインやバージの動物相，いくつかの西部諸州にわたるサウザンドクリーク，ラトルスネーク，アッシュホロウ，それにブランコなどの各動物相である．フロリダ州ではアラチュア粘土層の動物相が鮮新世中期を表している．

ユーラシアの鮮新世前期はポント階(かい)動物相の時代で，北アメリカから旧世界へ入ってきたウマ *Hipparion* がこの大陸の東部一帯に大きく広がった時期である．よく知られているポント階動物相としては，スペインのコンクード，フランスのモンレベロン，ドイツのエペルスハイム，ギリシアのピケルミ，それに地中海東部のサモス島などのものがある．同様の動物相上の複合体はイランのマラガ層やインド・シワリク統のナグリ累層へ続いている．フランスでの鮮新統中部と上部は，ペルピニャン動物相を下〔前期〕，モンペリエおよびルーションの各動物相を上〔後期〕にして連続している．インドでは，ナグリおよびドクパタンの動物相がチンジ階の上〔後期〕でシワリク連続体(シークエンス)を続け，ポント階より上〔後期〕の鮮新世の一部または全部を表している．

南アメリカで鮮新統が知られているのは一群の化石産出累層からで，それらには，鮮新世前期のいわゆるメソポタミア（エントレリオス）層，同じく鮮新世前期のモンテエルモサ層，そして鮮新世中期のチャパドマラル層などがある．

おわりに，更新世の哺乳類動物相を調べるはこびとなる．これらはふつう更新世のものと同定されてはいるが，更新世のどの段階にそれぞれを配属すべきか決定するのが容易でない場合がよくある．更新世は比較的短い時代だったのであり，その期間中の哺乳類の進化は大体においてあまり顕著でなかった．その上，河岸の段丘や砂礫層であることの多い更新世堆積物は，その形成の仕方のゆえに年代を査定するのが難しい．さらに，更新世の各地動物相には洞窟堆積物から知られているものもあり，それらの多くは更新世の期間内で年代を決めることはまず不可能である．

更新世はヨーロッパのヴィラフランカ階(かい)動物相の形成とともに始まる．この哺乳類集団には，ウマ *Equus*（北アメリカから移ってきたもの），*Bos* 型のウシ類，*Elephas* 型のマンモス類などが含まれていた（後2者は旧世界起源）．こうした特徴的哺乳類が広がっていたことは，南アメリカとオーストラリアをのぞき，世界のほとんどの地域で更新世が到来したことを物語るものと解することができる．北アメリカ起源の他の哺乳類は更新世の始めに南アメリカへ流れ込んだ．オーストラリアはむろん，第三紀と同じく隔離された状態にあった．

更新世の各地動物相のなかで特に意味深いものを少数，ここで挙げておこう．ヨーロッパでは更新世前期のヴィラフランカ階動物相にくわえて，フランスのペリエ動物相，イングランドの北海沿岸のクラグ動物相，それにあちこちの洞窟や河岸段丘の動物相がある．アジアでは，インドのシワリク統〔ヒマラヤ南西部〕に，更新世前期－中期のタトロットとピンジョールの動物相が続いており，ビルマ〔ミャンマー〕のイラワジ動物相上部は大体においてピンジョールの集団と相関している．中国の西部や南部のあちこちにある洞窟動

物相は更新世中期のものだ．アフリカも特徴的に洞窟動物相が数多い地域で，なかには近年いくつものヒト科動物の重要な化石が出たところもあり，そのほか数多くのヴィラフランカ階動物相が知られている．アフリカのオルドヴァイ動物相は更新世中期－後期の集団で，アフリカとアジア各地の同時代の動物相と関連づけられるものだ．北アメリカには，更新統下部のネブラスカ州ブロードウォーター，カンザス州レックスロード，アリゾナ州サンペドロの各動物相が知られている．少し後代のものには，ネブラスカ州のヘイスプリングズ動物相，化石哺乳類を蔵するあちこちの洞窟や湿地の堆積物，それに，カリフォルニア州の有名なランチョラブレアのタール坑(ピット)がある．他方，南アメリカの内容豊かなパンパス動物相は，その大陸における哺乳類動物相の，現今の動物相が確立するより前の連続体の最後のものであった．

各地の動物相の対比

あちこちの動物相を対比することは一般に困難な仕事であり，とりわけ複数の大陸にまたがる場合はそうである．同じような内容の動物相が現実に同じ時代のものだったとは必ずしも言えない．対比された結果の多くは決定的ではなく，試案的ないしは近似的なものと受け取るべきものである．が，そうした事情を念頭に留めておけば，新生代の無数の動物相をひとまず納得できるように対比することもできる．

新生代に入って長らく，ヨーロッパは多数の島々で成り立っていた．そのため，無脊椎動物の殻(から)を蔵する海成堆積物と哺乳類化石を産する陸成堆積物が隣接していたり，入り混じっていたりする場合が多い．そうした事情から，海成堆積物の遷移にもとづいて一連のヨーロッパ式の地質時代名を定め，各地の陸成堆積物をその連続体に結びつけることができたのである．

新生代になって全北区がほぼ均一であったゆえに，北アメリカの数多くの動物相は，標準であるヨーロッパにおける遷移との類似が多いことに基づいて互いに関連づけることができる．が，北アメリカでの哺乳類動物相の遷移記録が異例によく整っているため，アメリカの古生物学者たちは近年，際立った哺乳類動物相を基にしてこの大陸のための年代系列を定めた．アジアとアフリカの各地動物相は動物相の類似から新生代の年代系列に当てはめられ，それらの動物相がかなり正確に対比されていると考えて差し支えがない．

ところが一方，南アメリカの各地動物相の問題はそれとは別の難しい事柄である．なぜなら，これらの動物相は世界の他の地域から隔離されて発展したものであり，そのため北アメリカやユーラシアのよく分かっている動物相と直接に関連づけることができないからだ．したがって，南アメリカの各地動物相の対比は，古生物学はもちろん地質学などいろいろな方面の証拠に立脚しなければならないのだが，その多くはせいぜい試案的性質の説と見なすべきものである．

これまでの数ページで述べてきた新生代の各地の哺乳類動物相の対比を概観した結果を表32–1にまとめておく．たぶんこれは"哺乳類時代"に関する我々の知見の基礎になった，無数の動物相の相互関係を把握するのに役立つだろう．

表 32-1 脊椎動物化石を産する新生代の各地堆積物の対比.

統	部	南アメリカ	北アメリカ	ヨーロッパ	アジア	アフリカ
更新統	上部	Pampean, Lujani, Ensenada	Rancho la Brea, Hay Springs, Broadwater, San Pedro / McKittrick, Tehama / Irvington, Rexroad / Hagerman	Caves, Terraces, Perrier, Val d'Arno (Villafranchian), Cromer	Caves, Terraces, Irrawaddy, Pinjor, Tatrot, Nihowan	Caves, Terraces, Olduvai, Omo, Vaal River
鮮新統	上部	Uqui	Ash Hollow, Rattlesnake	Red Crag, Roussillon, Montpellier		Bon Hanifa
鮮新統	中部	Chapadmalal	Blanco / Thousand Creek / Santa Fe / Alachua	Perpignan	Dhok Pathan	
鮮新統	下部	Monte Hermosa, Tunuya / Entre Rios, Catamarca	Ricardo / Burge, Valentine / Goliad	Concud, Vallés-Penedés, Mt. Leberon, Eppelsheim, Pikermi, Samos	Maragha / Honan, Shanshi / Nagri	Wadi Natrûn, Maghreb, Mallal
中新統	上部	Huayqueria, Chasico	Hemphill, Clarendon / Pawnee Creek, Mascall	Sebastopol, Grive St. Alban	Chinji	Ft. Ternan
中新統	中部	La Ventana / Rio Frias	Barstow / Sheep Creek, Marsland / Hawthorn	Vallés-Penedés, Sansan, Simorre, Grive St. Alban, Steinheim	Tung Gur / Kamlial	Moghara
中新統	下部	Santa Cruz / Colhué Huapi	Heming-ford, Snake Creek / Arikaree / Harrison / Oakville, Thomas Farm, John Day	Vallés-Penedés, St. Gerand-le-Puy, Orléans	Loh, Shan Wang, Xiejian / Bugti	Namib, Rusinga, Lake Rudolph

新生代の各地の動物相　503

統	部	南米	北米	欧州	アジア	アフリカ
漸新統	上部	Deseado	Arikaree	Monroe Creek / Gering	La Rochette / Mainz	Hsanda Gol, Taben Buluk / Kazakstan	
漸新統	中部					Houldjin	
漸新統	下部	Tinquiri Rico	Brule (Whitney / Orella)		Aveyron / Weinheim / Flonheim		Gebel Qatrani
始新統	上部	Divisadero Largo	Chadron	Pipestone Springs / Cypress Hills	Ronzon / Hampstead	Ardyn Obo	Qasr-el-Sagha
始新統	上部		Duchesne River	Sespe	Montmartre gypsum / Isle of Wight / Quercy	Ulan Gochu	Birk et-el-Qurun
始新統	中部	Musters	Uinta	Washakie		Pondaung	
始新統	中部		Bridger	Green River	Calcaire grossier / Issel / Monte Bolca / Gieselthal	Shara Murun / Ulan Shireh	
始新統	下部	Casa Mayor	Wasatch	Huerfano		Irdin Manha	
始新統	下部			San José		Arshato	
始新統	下部			Amalgre	Soissons / London Clay		
暁新統	上部	Rio Chico	Clark Fork	Silver Coulee / Sentinel Butte / Paskapoo / Polecat Bench	Thanet / Walbeck	Bumbano	
暁新統	上部	Itaborai	Tiffany		Cernay		
暁新統	中部		Torrejon	Fort Union		Gashato	
暁新統	中部		Dragon			Nong Shan	
暁新統	下部	Peligro / Tiupampa	Puerco	Bug Creek			

脊椎動物の分類体系

　ここに掲げる分類体系は，読者が脊椎動物の目やそれ以下の分類群のおびただしい名称のなかで，各自の位置づけをしっかり維持するのを助けるためのものである．それゆえ，これはすべての種類や群を網羅するものではなく，類縁関係の大筋に重点をおいた概略の表である．そうしたことを主目的にしているので，この分類表は"科"より下の階級に降りることはなく，ほとんどの目では科まで降りることもない．このように重点の置きかたをいろいろにすることにより，最も有用な分類体系を読者に提供できるように思われる．この種の本でとくに重要な大まかな類縁関係を重視するためのもう一つの試みとして，分類表の中では属の名は最小限度にしか挙げていない．ただし，本文および図版で挙げた属の名はすべて巻末の索引に収録してある．

　本書の文献目録に列挙した書籍のなかには，網羅的な分類表の収載されているものが何冊かある．脊椎動物全体については Romer（1966），Carrol（1988），それに Benton（1988）の著書がきわめて有用である．魚類に関する最良の参考書には，Moy-Thomas and Miles（1971）や Lauder and Liem（1983）の本がある．爬虫類の分類については Romer（1956），Kemp（1982），Pickering and Molnar（1984）を参照されたい．鳥類の分類に関する重要な文献には Cracraft（1988）の総説がある．哺乳類について最も新しく最も完備した分類表は McKenna and Bell（1997）のものだが，古くなってもなお価値ある情報源として Simpson（1945），Halstead（1978），Vaughan（1986），Savage and Long（1986）などの本がある．

　以下の分類表では，絶滅群は*印を付けて示しておく．

＜訳者注記＞
・在来の原語に対してすでに定着している訳語がある場合は，できるだけ混乱を起こさないために極力その訳語を踏襲して使用する．同義語があるときは，〔　〕を付けて併記する．
・原語が属の名（ラテン語形）に因むのでない場合は，原則として，その語の意味を漢字化した和名を採る．属名に因んでいる場合は，原則として，その属名をカタカナ化して日本語分類群名とする．
・新しく現れた分類階級名「大目」は Grandorder，「区」は Division（Cohort とは別）の仮訳語である．

　　　　　　　　　　　　脊索動物門　Chordata：1本の脊索をもつ動物．
頭索動物亜門　Cephalochordata：ナメクジウオ（*Branchiostoma*）．
尾索動物亜門　Urochordata：ホヤ類（被嚢類）．
脊椎動物亜門　Vertebrata：脊柱をもつ動物．

　　無顎綱　Agnata：顎〔顎骨〕をもたない脊椎動物．ヤツメウナギ類，メクラウナギ類，および太古の甲皮類．
　　亜綱不明：
　　　　　　メクラウナギ目　Mixinida：メクラウナギ類．
　　　　　　目不明：コノドント類*Conodonts．

ヘテラスピス形亜綱*Heteraspidomorpha（双鼻亜綱*Diplorhina）：対をなす鼻孔と，体の前端に口をもつ無顎類．
　　異甲目*Heterostraci（プテラスピス目*Pteraspida）：大形の骨板でできた頭甲をもつ甲皮類．
　　歯鱗目〔テロドゥス目〕*Thelodontida（腔鱗目*Coelolepida）：全身が皮小歯で覆われ，装甲をもたない甲皮類．
ケファラスピス形亜綱 Cephalaspidomorphi（単鼻亜綱 Monorhina）：背面で両眼の中間に鼻孔を1個だけもつ無顎類．
　　ケファラスピス目〔頭甲目〕*Cephalaspida（骨甲目*Osteostraci）：扁平な頭甲をもつ無顎類．
　　ガレアスピス目*Galeaspida：ケファラスピス目と並行進化していた系統．
　　欠甲目*Anaspida：体が流線形で口を前端にもち，装甲を備えた小形の甲皮類．
　　ヤツメウナギ目 Petromyzontida：ヤツメウナギ類．

板皮綱*Placodermi：顎をもつ初期の魚類で，大半は頑丈な装甲を備えていた．
　　アカントトラクス目〔棘胸目〕*Acanthothoraci：極めて原始的だった板皮類．
　　プチクトドゥス目*Ptyctodontida：装甲を備えた小形の板皮類．
　　プセウドペタリクチス目*Pseudopetalichthyida：サメに似た鰭の支持構造をもった板皮類．
　　レナニダ目〔堅鮫目〕*Rhenanida：エイに似た板皮類．
　　ペタリクチス目*Petalichthyida：節頸類と類縁のあった，装甲を備えた種類群．
　　フィロレピス目*Phyllolepida：頑丈な骨板に覆われた偏平な板皮類．
　　節頸目*Arthrodira：頸部に関節をもち，装甲を備えた種類群．
　　胴甲目*Antiarchi：胸部に小さい可動性外肢を備えた小形の板皮類．

軟骨魚綱 Chondrichthyes：軟骨性骨格をもつ魚類．広義のサメ類．
　板鰓亜綱 Elasmobranchii：体外へ別々に開口する数個の鰓をもつ普通のサメ類．
　　クラドセラケ目*Cladoselachida：サメ類の祖先．
　　エウゲネオドゥス目*Eugeneodontida（エデストゥス目*Edestida）：上顎中央の結合部に渦巻き状に並ぶ歯を備えた古生代のサメ類．
　　クテナカントゥス目*Ctenacanthida：現生サメ類の祖先．
　　　　クテナカントゥス型上科*Ctenacanthoidea：サメ類の基になった系統．
　　　　ヒボドゥス型上科*Hybodontoidea：中生代初期に有力だった捕食性のサメ類．
　　クセナカントゥス目*Xenacanthida（プレウラカントゥス〔側棘〕目*Pleuracanthida）：初期の淡水性サメ類．
　　ヤモリザメ目　Galeomorpha：現在有力な捕食性のサメ類．
　　　　ネコザメ上科 Heterodontoidea：軟体動物食に適した頑丈な噛みつぶし型の歯をもつサメ類．
　　　　テンジクザメ上科 Orectoloboidea：テンジクザメの仲間．
　　　　ネズミザメ上科 Lamnoidea：ホオジロザメなど現生のサメ類．
　　　　メジロザメ上科 Carcharinoidea：イタチザメ，メジロザメ，オオメジロザメなど．

　　　　　カグラザメ上科 Hexanchoidea：カグラザメ類.
　　　　　ツノザメ目　Squalomorpha：ツノザメなど小形のサメ類.
　　　　　エイ目　Batoidea：エイ類の仲間.
　　全頭亜綱 Holocephali：噛みつぶし型の歯板と鰓蓋におおわれた鰓をもつ，普通のサメ類に似た魚類.
　　　　　ギンザメ目 Chimaerida：ギンザメ類.
　　　　　コンドレンケリス目* Chondrenchelyiformes：噛みつぶし型の平たい歯をそなえた"鈍歯類".
　　　　　コポドゥス目* Copodontiformes：別群の"鈍歯類".
　　　　　プサンモドゥス目* Psammodontiformes：別群の"鈍歯類".
　　　　　コクリオドゥス目* Cochliodontiformes：別群の"鈍歯類".
　　亜綱不明：
　　　　　イニオプテリクス目* Iniopterygida：翼のような胸鰭をもった奇妙な軟骨魚類.
　　　　　ペタロドゥス目* Petalodontida：石炭紀－二畳紀にいた，エイ類に似た軟骨魚類.

棘 魚 綱* Acanthodii：多数の棘を備えた原始的魚類.
　　　　　クリマティウス目* Climatiformes：原始的な棘魚類.
　　　　　イスクナカントゥス目* Ischnacantiformes：棘の退化した，特殊化した種類群.
　　　　　アカントデス目* Acanthodiformes：棘魚類の最後のグループ.

硬 骨 魚 綱　Osteichthyes：骨性の骨格をもつ魚類.
　条鰭亜綱　Actinopterygii："ひれすじ"のある鰭をもつ硬骨魚類.
　　軟質下綱　Chondrostei：原始的な硬骨魚類.
　　　　　パレオニスクス目* Palaeonisciformes：条鰭類の祖先型.
　　　　　　パレオニスクス亜目* Palaeoniscoidei：デボン紀の根源的軟質類.
　　　　　レドフィールディア目* Redfieldiiformes：三畳紀の陸水生軟質類.
　　　　　ペルレイドゥス目* Perleidiformes：三畳紀の進歩した軟質類.
　　　　　サウリクチス目* Saurichthyiformes：カワカマスに似た細長い軟質類.
　　　　　ポリプテルス〔多鰭〕目 Polypteriformes：アフリカに現生する軟質類で，いわゆる bichir.
　　　　　チョウザメ目 Acipenseriformes：チョウザメ，ヘラチョウザメ，絶滅した親類.
　　　　（および幾つかの小さい目）
　　新鰭下綱　Neopterygii：中間的なやや進歩した条鰭類. 以下の始めの7目は通称"全骨類"とよばれる.
　　　　　レピソステウス〔鱗骨魚〕目 Lepisosteiformes：現生のガーパイクとその親類.
　　　　　セミオノトゥス目* Semionotiformes：早期の全骨類.
　　　　　ピクノドゥス目* Pycnodontiformes：体高の高い全骨類.
　　　　　マクロセミウス目* Macrosemiiformes：明確な全骨類の一群.
　　　　　アミア目 Amiiformes：現生のボウフィン（アミア）とその同類.
　　　　　パキコルムス目* Pachycormiformes：中生代の孤立した全骨類.
　　　　　アスピドリンクス目* Aspidorhynchiformes：頑丈な鱗に覆われた細長い全骨類.
　　　真骨区 Teleostei：進歩した条鰭類.
　　　　　フォリドフォルス目* Pholidopholiformes：構造に関して，全骨類と真骨類の中間

にあった魚類.
　　　レプトレピス目*Leptolepiformes：一般型の真骨類.
　　　イクチオデクテス目*Ichthyodectiformes：ジュラ紀－白亜紀にいた大形で捕食性の真骨類.
　オステオグロッスム亜区 Osteoglossomorpha：白亜紀の原始的な真骨類とその子孫.
　　　オステオグロッスム目 Osteoglossiformes：熱帯性，陸水性の原始的な魚類.
　カライワシ亜区　Elopomorpha：多様な原始的真骨類.
　　　カライワシ目 Elopiformes：ターポン類の祖先.
　　　ウナギ目 Anguilliformes：ウナギ類.
　　　ソコギス目 Notacanthiformes：深海魚の一群.
　ニシン亜区 Clupeomorpha：原型性を維持している真骨類.
　　　エリンミクチス目*Ellimmichthyformes：白亜紀－第三紀中期にいたニシン類.
　　　ニシン目 Clupeiformes：ニシンとその仲間.
　正真骨亜区 Euteleostei：白亜紀－現世の真骨類.
　　　サケ目 Salmoniformes：サケ・マスの仲間.
　　骨鰾上目 Ostariophysi：現生の淡水魚の多数をしめる魚類.
　　　ネズミギス目 Gonorhynchiformes：サバヒーとその同類.
　　　カラシン目 Characiformes：カラシン類，テトラ類，ピラニア類.
　　　コイ目 Cypriniformes：ミノウ〔ヒメハヤ〕類，コイ類，サッカー類，ドジョウ類.
　　　ナマズ目 Siluriformes：ナマズ類と，シビレウナギを含むギムノトゥス類.
(以下の群はすべて"新真骨類")
　　狭鰭上目 Stenopterygii：深海性の特殊化した真骨類.
　　　ワニトカゲギス目 Stomiiformes：深海性のムネエソとその同類.
　　ハダカイワシ上目 Scopelomorpha：深海魚の一群.
　　　ヒメ目 Aulopiformes：多様な深海性の真骨類.
　　　ハダカイワシ目 Myctophiformes：小形の深海魚類.
　　擬棘鰭上目 Paracanthopterygii：棘鰭類と並行する進歩した真骨類.
　　　サケスズキ目 Percopsiformes：カイゾクスズキとその淡水性の同類.
　　　バトラコイデス目 Batrachoidiformes：トードフィッシュ類.
　　　ウバウオ目 Gobiesociformes：ウバウオ類.
　　　アンコウ目 Lophiiformes：アンコウ類.
　　　タラ目 Gadiformes：タラ，モンツキダラ〔ハドック〕など.
　　　アシロ目 Ophidiiformes：イタチウオ，アシロ，カクレウオなど.
　　棘鰭上目 Acanthopterygii：多くの棘条をもつ硬骨魚で，現生真骨類の多数をしめる.
　　　トウゴロウイワシ目 Atheriniformes：トビウオの仲間.
　　　カダヤシ目 Cyprinodontiformes：タップミノウ，カダヤシなど.
　　　キンメダイ目 Beryciformes：原始的な棘鰭類，イットウダイなど.
　　　マトウダイ目 Zeiformes：マトウダイやその他の熱帯産真骨類.
　　　アカマンボウ目 Lampridiformes：マンボウの仲間.
　　　トゲウオ目 Gasterosteiformes：トゲウオ，タツノオトシゴなど.
　　　カサゴ目 Scorpaeniformes：カジカ，ホウボウなど.
　　　スズキ目 Perciformes：棘鰭類の多数をしめるもの．スズキ，マダイなど.
　　　カレイ目 Pleuronectiformes：カレイ，ヒラメなど.

フグ目 Tetraodontiformes：癒顎類．フグ，カワハギなど
タイワンドジョウ目 Channiformes：タイワンドジョウの類．
タウナギ目 Synbranchiformes：東アジア沿海地域の小グループ．
肉鰭亜綱 Sarcopterygii：総状鰭〔ふさ状の鰭〕をもつ硬骨魚類．
総鰭目 Crossopterygii：空気呼吸をする進歩した魚類．
扇鰭亜目*Rhipidistia：四肢動物の祖先になった魚類．
オステオレピス下目*Osteolepiformes：扇鰭類の中心的系統．
ポロレピス下目*Porolepiformes（ホロプチキウス下目*Holoptychiformes）：側枝的な一系統．
オニコドゥス亜目*Onychodontiformes：内鼻孔をもたないデボン紀の総鰭類．
コエラカントゥス亜目 Coelacanthiformes〔アクティニスティア亜目，管椎亜目，空棘亜目，シーラカンス亜目〕：いわゆるシーラカンス類．主として海生の総鰭類で，現生のシーラカンス Latimeria を含む．
肺魚目 Dipnoi：ハイギョ類．

両生綱 Amphibia：両生類．
迷歯亜綱*Labyrinthodontia：迷歯類．
イクチオステガ目*Ichthyostegalia：Ichthyostega *とその同類．
ロクソンマ目*Loxommatida：鍵穴形の眼窩をもっていた迷歯類．
分椎目*Temnospondyli：椎骨の間椎心が完全だった迷歯類．
コロステウス上科*Colosteoidea：長い胴と小さい四肢を備えた原始的な分椎類．
トリメロラキス上科*Trimerorhachoidea：小形ないし中形の種類群．
エドプス上科*Edopoidea：陸生に向かっていた分椎類．
エリオプス上科*Eryopoidea：最も陸生になった分椎類．
リネスクス上科*Rhinesuchoidea：二畳紀の水生および半水生の種類群．
カピトサウルス上科*Capitosauroidea：偏平な体をもった完全水生の分椎類．
リチドステウス上科*Rhytidosteoidea：三畳紀の幅広い頭をもった分椎類．
トレマトサウルス上科*Trematosauroidea：汽水生ないし海生の分椎類で，長い鼻吻部をもつ種類もあった．
ブラキオプス上科*Brachyopoidea：ワナのような顎をもった顔面の短い分椎類．
メトポサウルス上科*Metoposauroidea：大きな頭をもった三畳紀後期の大形の分椎類．
プラギオサウルス上科*Plagiosauroidea：極度に短く，幅広い頭をもった分椎類．
アントラコサウルス目*〔炭竜目〕Anthracosauria：椎骨の側椎心が完全だった迷歯類．
エンボロメリ亜目*Embolomeri：非常に長い体をもった水生のアントラコサウルス類．
ゲフィロステグス亜目*Gephyrostegida：相対的に大きな四肢をもった陸生のアントラコサウルス類．
シームリア形亜目*Seymouriamorpha：最も陸生化したアントラコサウルス類．

空椎亜綱*Lepospondyli：糸巻型の椎体をもった小形ないし中形の両生類．
　　　　　　欠脚目*〔ムカシアシナシイモリ目〕Aistopoda：ヘビに似て四肢をもたない空椎類．
　　　　　　ネクトリデア目*Nectridea：イモリに似た水生の空椎類．
　　　　　　細竜目*〔ムカシヤセイモリ目〕Microsauria：極めて多様だった空椎類．習性は水生からトカゲ類似のものまで．
　　　　　　リソロフス目*Lysoropha：長い体をもった空椎類．
　　　　　　アデロギリヌス目*Adelogyrinida：空椎類の孤立した一群．
　　　平滑両生亜綱〔滑皮両生亜綱〕Lissamphibia：現生両生類のすべてを含む．
　　　　　　ハダカヘビ目〔アシナシイモリ目〕Gymnophiona（無足目 Apoda）：アシナシイモリ〔カエキリア〕類．四肢をもたない現生の両生類．
　　　　　　具尾目〔サンショウウオ目〕Caudata（有尾目 Urodela）：イモリ類とサンショウウオ類．
　　　　　　原無尾目*Proanura：カエル類の原型．
　　　　　　無尾目〔カエル目〕Anura：カエル類とヒキガエル類．
両生綱もしくは爬虫綱：
　　　　　　ディアデクテス科*Diadectidae：*Diadectes*＊と近縁の諸属．

爬虫綱　Reptilia：爬虫類．鱗または装甲で覆われ，有羊膜卵で生殖する四肢動物．
　　無弓亜綱　Anapsida：堅固な充実性の頭蓋をもつ爬虫類．頭蓋の側頭部に開口〔窓〕がない．
　　　　　　カプトリヌス目*Captorhinida：爬虫類の最早期のグループ．
　　　　　　　　カプトリヌス形亜目*Captorhinomorpha：肉食性で一般に小形だったカプトリヌス類．
　　　　　　　　プロコロフォン亜目*Procolophonia：特殊化した小形のカプトリヌス類．
　　　　　　　　パレイアサウルス亜目*Pareiasauria：二畳紀にいた大形のカプトリヌス類．
　　　　　　　　ミレロサウルス亜目*Millerosauria：トカゲ類に似た，カプトリヌス型類の後継系統．
　　　　　　メソサウルス目*〔中竜目〕Mesosauria：太古の水生爬虫類．
　　　　　　カメ目　Chelonia：水生や陸生のカメ類．
　　　　　　　　プロガノケリス亜目*Proganochelyida：カメ類の祖先．
　　　　　　　　曲頸亜目〔ヘビクビガメ亜目〕Pleurodira：頸部を水平面内で曲げて引っ込めるカメ類．
　　　　　　　　潜頸亜目〔カメ亜目〕Cryptodira：頸部を垂直面内で曲げて引っ込めるカメ類．
　　双弓亜綱　Diapsida：爬虫類の多数をしめる種類群．基本的に，頭蓋の左右両側に，後眼窩骨と鱗状骨によって隔てられる上下2個の側頭窓をもつ．
　　　　　　アラエオスケリス目*Araeoscelida：石炭紀−二畳紀にいた半水生の祖先形双弓類．
　　　　　　コリストデラ目*Choristodera：カンプソサウルス類．白亜紀−始新世にいた半水生の双弓類．
　　　　鱗竜形下綱　Lepidosauromorpha：トカゲ類およびヘビ類と，その親類．
　　　　　　エオスクス目*〔ヤンギナ目，始鰐目〕Eosuchia：祖先的な鱗竜形類．
　　　　　　鱗竜上目　Lepidosauria：トカゲ類，ヘビ類，ムカシトカゲ類．
　　　　　　　　ムカシトカゲ目〔喙頭目〕Sphenodontida：現生のムカシトカゲとその祖先．
　　　　　　　　有鱗目〔トカゲ目〕Squamata：トカゲ類とヘビ類．
　　　　　　　　　　トカゲ亜目　Lacertilia：トカゲ類．

　　　　　ヘビ亜目　Serpentes（Ophidia）：ヘビ類．
主竜形下綱* Archosauromorpha：敏活で効率のよい移動様式への適応に向かっていた進歩
した双弓類．
　　　　リンコサウルス目* Rhynchosauria：小形ないし中形で陸生の主竜形類．顎骨はく
　　　　　　ちばし状．
　　　　タラットサウルス目* Talattosauria：初期の海生の主竜形類．
　　　　トリロフォサウルス目* Trilophosauria：トカゲ類に似た習性をもった三畳紀の主
　　　　　　竜形類．
　　　　プロトロサウルス目*〔原始竜目〕Protorosauria：原始的な陸生の主竜形類．
　　主竜上目　Archosauria：進歩した主竜形類．通称"支配的爬虫類"．
　　　　槽歯目* Thecodontia：主竜類の祖先形．
　　　　　　プロテロスクス亜目*〔前鰐亜目〕Proterosuchia：初期の原始的な槽歯類．
　　　　　　ラウイスクス亜目* Rauisuchia：大形で捕食性の槽歯類．
　　　　　　オルニトスクス亜目*〔鳥鰐亜目〕Ornithosuchia：獣脚類に似た小形ないし中形
　　　　　　　　の槽歯類．
　　　　　　アエトサウルス亜目*〔鷲竜亜目〕Aetosauria：頑丈な装甲を備えた槽歯類．
　　　　　　フィトサウルス亜目*〔植竜亜目〕Phytosauria（パラスクス亜目* Parasuchia）：
　　　　　　　　ワニ類に似た水生の槽歯類．
　　　　ワニ目　Crocodilia：ワニ類．
　　　　　　プロトスクス亜目*〔原鰐亜目〕Protosuchia：ワニ類の祖先形．
　　　　　　メソスクス亜目*〔中鰐亜目〕Mesosuchia：中生代のワニ類．
　　　　　　真鰐亜目〔正鰐亜目〕Eusuchia：現生のワニ類．ガヴィアル，クロコダイル，
　　　　　　　　アリゲーターの仲間．
　　　　翼竜目* Pterosauria：空を飛翔した爬虫類．
　　　　　　ランフォリンクス亜目*〔嘴口竜亜目〕Rhamphorhynchoidea：原始的な翼竜類．
　　　　　　プテロダクチルス亜目*〔翼指竜亜目〕Pterodactyloidea：進歩した翼竜類．
　　　　竜盤目* Saurischia：トカゲ型の骨盤をもっていた恐竜類．
　　　　　　スタウリコサウルス亜目* Staurikosauria：竜盤類の祖先形．
　　　　　　獣脚亜目* Theropoda：肉食性の恐竜類．
　　　　　　　　コエルロサウルス下目* Coelurosauria：小形ないし中形の獣脚類．
　　　　　　　　デイノニコサウルス下目* Deinonichosauria：特殊化した足部をもっていた獣
　　　　　　　　　　脚類．
　　　　　　　　カルノサウルス下目* Carnosauria：大形ないし超大形の獣脚類．
　　　　　　竜脚形亜目* Sauropodomorpha：植食性の竜盤類．
　　　　　　　　原竜脚下目* Prosauropoda：三畳紀－ジュラ紀にいた中形ないし大形の竜脚
　　　　　　　　　　形類．
　　　　　　　　竜脚下目* Sauropoda：ブロントサウルス〔アパトサウルス〕類．大形ないし
　　　　　　　　　　超大形の竜脚形類．
　　　　鳥盤目* Ornithischia：鳥類型の骨盤をもっていた恐竜類．
　　　　　　鳥脚亜目* Ornithopoda：通称"カモハシ恐竜"の仲間．
　　　　　　　　ファブロサウルス科* Fabrosauridae：祖先形の小形鳥脚類．
　　　　　　　　ヘテロドントサウルス科* Heterodontosauridae：歯の形が分化した初期の
　　　　　　　　　　原始的鳥盤類．

ヒプシロフォドン科* Hypsilophodontidae：ファブロサウルス科に属する祖先形に由来した保守的な鳥盤類.

イグアノドン科* Iguanodontidae：ジュラ紀－白亜紀にいた大形の鳥盤類.

ハドロサウルス科* Hadrosauridae：白亜紀のカモハシ恐竜.

パキケファロサウルス亜目* Pachycephalosauria：ドーム状の分厚い頭蓋をもっていた恐竜類.

亜目不明：

スケリドサウルス科* Scelidosauridae：装甲または骨板に覆われた原始的な恐竜類.

ステゴサウルス亜目*〔剣竜亜目〕Stegosauria：背中に多数の骨板を立てていた恐竜類.

アンキロサウルス亜目*〔曲竜亜目〕Ankylosauria：装甲に覆われた恐竜類.

角竜亜目* Ceratopsia：角を備えた恐竜類.

広弓下綱* Euryapsida：下側頭窓を失った海生爬虫類.

鰭竜上目* Sauropterygia：ノトサウルス類と長頸竜類.

ノトサウルス目*〔偽竜目〕Nothosauria：小形ないし中形の原始的な鰭竜類.

長頸竜目*〔首長竜目〕Plesiosauria：進歩した大形の鰭竜類.

プレシオサウルス上科* Plesiosauroidea：頸の長い長頸竜類.

プリオサウルス上科* Pliosauroidea：頸の短い長頸竜類.

プラコドゥス上目*〔板歯上目〕Placodontia：軟体動物食性だった広弓類.

イクチオサウルス上目*〔魚竜上目〕Ichthyosauria：魚類に似た中生代の海生爬虫類.

単弓亜綱* Synapsida：通称"哺乳類様爬虫類". 頭蓋両側にあった開口部は下側頭窓のみ.

盤竜目* Pelicosauria：初期の単弓類.

オフィアコドン亜目* Ophiacodontia：原始的な盤竜類.

スフェナコドン亜目* Sphenacodontia：肉食性の盤竜類.

エダフォサウルス亜目* Edaphosauria：草食性の盤竜類.

獣弓目* Therapsida：進歩した単弓類.

エオティタノスクス亜目* Eotitanosuchia：原始的な獣弓類.

ディノケファルス亜目* Dinocephalia：かさの高い大形の草食性爬虫類.

ディキノドン亜目* Dicynodontia：くちばしをもつか，もしくは牙を備えていた獣弓類.

獣歯亜目* Theriodontia：進歩した肉食性の獣弓類.

ゴルゴノプス下目* Gorgonopsia：原始的な獣歯類.

テロケファルス下目* Therocephalia：初期の進歩した獣歯類.

バウリア形下目* Bauriamorpha：特殊化した獣歯類.

キノドン下目* Cynodontia：後期の進歩した獣歯類.

トリチロドン下目* Tritylodontia：高度に適応をとげた獣歯類.

イクチドサウルス下目*〔鼬竜下目〕Ictidosauria：哺乳類に近似になっていた獣歯類.

鳥　綱　Aves：鳥類.

古鳥亜綱* Archaeornithes：歯をもっていたジュラ紀の原始的鳥類.

アルケオプテリクス目*〔始祖鳥目〕Archaeopterygiformes：シソチョウ（*Archae-*

　　　　　　　oteryx*）．
亜綱不明*：*Mononykus* *，*Alvarezsaurus* *．
真鳥亜綱 Ornithurae：白亜紀－新生代の進歩した鳥類．
　孤立した属：*Iberomesornis* *，*Patagopteryx* *．
　エナンチオルニス下綱* Enantiornithes：普通でない肩帯をもった白亜紀の一群の鳥類．
　ヘスペロルニス型下綱* Hesperornithiformes：飛ぶ力がなく，歯を備え，アビに似ていた白亜紀の鳥類．
　　　　ヘスペロルニス目* Hesperornithae：*Hesperornis* *とその仲間．
　峰胸下綱 Carinatae：龍骨突起など，飛ぶことへの著しい適応をしめす鳥類．
　　ウオドリ区* Ichthyornithes：歯をもち，飛ぶことのできた白亜紀の鳥類．
　　　　イクチオルニス目* Ichthyornithiformes：*Ichthyornis* *．
　　新鳥区 Neornithes：歯をもたない進歩した鳥類．
　　　古顎上目 Palaeognathae：鋤骨と前蝶形骨が隣接する型の口蓋をもつ鳥類．
　　　　シギダチョウ目 Tinamiformes：シギダチョウの仲間．
　　　　ダチョウ目 Struthioniformes：ダチョウの仲間．
　　　　レア目 Reiformes：レア〔アメリカダチョウ〕の仲間．
　　　　ヒクイドリ目 Casuariiformes：ヒクイドリとエミューの仲間．
　　　　エピオルニス目* Aepyornithiformes：*Aepyornis* *〔リュウチョウ〕の仲間．
　　　　モア目* Dinornithiformes：モア〔キョウチョウ〕の仲間．
　　　　キーウィ目 Apterygiformes：キーウィの仲間．
　　　新顎上目 Neognathae：鋤骨と前蝶形骨が広く離れている型の口蓋をもつ鳥類．
　　　　キジ目 Galliformes：ライチョウ，ウズラ，シチメンチョウ，キジ，ヤケイ〔ニワトリ〕など．
　　　　カモ目 Anseriformes：カモ〔アヒル〕，ガン〔ガチョウ〕，ハクチョウなど．
　　　　カイツブリ目 Podicipediformes：カイツブリの類．
　　　　ディアトリマ目* Diatrimiformes：*Diatryma* *および近縁諸属．
　　　　アビ目 Gaviiformes：アビ類．
　　　　ペンギン目 Sphenisciformes：ペンギン類．
　　　　ペリカン目 Pelecaniformes：ペリカン，グンカンドリなど．
　　　　ミズナギドリ目 Procellariiformes：アホウドリ，ウミツバメなど．
　　　　ツル目 Gruiformes：ツル，クイナ，ツルモドキ，*Phorusrhacos* *など．
　　　　チドリ目 Charadriiformes：シギ，チドリ，カモメ，ウミスズメなど．
　　　　ハト目 Columbiformes：ハト，ドードー*など．
　　　　オウム目〔インコ目〕Psittaciformes：インコ，オウム，コンゴウインコなど．
　　　　ネズミドリ目 Coliiformes：ネズミドリの類．
　　　　サギ目 Ciconiiformes：サギ，コウノトリなど．
　　　　ホトトギス目〔カッコウ目〕Cuculiformes：カッコウ，ミチバシリなど．
　　　　タカ目 Falconiformes：コンドル，タカ，ハヤブサ，ワシなど．
　　　　フクロウ目 Strigiformes：フクロウ，ミミズクなど．
　　　　ヨタカ目 Caprimulgiformes：ヨタカの類．
　　　　アマツバメ目 Apodiformes：アマツバメ，ハチドリなど．
　　　　ブッポウソウ目 Coraciiformes：カワセミ，ブッポウソウ，ヤツガシラ，サイチョウなど．

キツツキ目 Piciformes：ゴシキドリ，オオハシ，キツツキなど．
スズメ目 Passeriformes：スズメ，ツバメ，ヒタキ，カマドドリ，コトドリ，そのほか多数の鳴鳥類．

哺乳綱 Mammalia：哺乳類．体毛，子に吸乳させる乳腺，および歯骨-鱗状骨で構成される顎関節をもつ四肢動物．
 原獣亜綱 Prototheria：眼窩まで広がる岩状骨と，前後に並ぶ咬頭のある歯をもつ哺乳類．
  ドコドン目*〔梁歯目〕Docodontia：ドコドン類．
  トリコノドン目*〔三錐歯目〕Triconodontia：トリコノドン類．
  単孔目*〔カモノハシ目〕Monotremata：産卵で生殖する哺乳類．
  多丘歯目*〔プチロドゥス目〕Multituberculata：多数の咬頭のある歯をもつ，齧歯類に似た初期哺乳類．
   プラギアウラクス亜目* Plagiaulacoidea：原始的な多丘歯類．
   タエニオラビス亜目* Taeniolabidoidea：長期間生存した大形の多丘歯類．
   プチロドゥス亜目* Ptilodontoidea：切断型の歯を備えた小形の種類群．
 真獣亜綱〔獣亜綱〕Theria：哺乳類の大半をしめるもの．もと咬頭が三角形に配列した歯冠パタンに由来する大臼歯をもつ．
  全獣下綱*〔汎獣下綱〕Pantotheria：最初の真獣類．
   真全獣目*〔真汎獣目〕Eupantotheria：有袋類と有胎盤類の祖先．
   相称歯目* Symmetrodonta：相称歯類．
  後獣下綱 Metatheria：育児嚢をもつ哺乳類（有袋類）．
   豪州袋目 Australidelphia：オーストラリア大陸の有袋類と，太古に南アメリカ大陸にいたそれらの祖先．
    ミクロビオテリウム科 Microbiotheriidae：現生 *Dromiciops* と，絶滅したその親類．
    フクロネコ亜目 Dasyuroidea：フクロモグラと，タスマニアデビルやフクロオオカミなどの肉食性有袋類．
    バンディクート亜目 Perameloidea：バンディクートの類．
    ディプロトドン亜目〔双前歯亜目〕Diprotodonta：カンガルー，ワラビー，クスクス，コアラ，ウォンバットなど．
   米州袋目 Ameridelphia：南北アメリカ大陸の有袋類．
    オポッサム亜目 Didelphoidea：オポッサム〔フクロネズミ〕の類．
    ボルヒエナ亜目* Borhyaenoidea：南アメリカにいて絶滅した肉食性有袋類．
    少丘歯亜目〔ケノレステス亜目〕Paucituberculata：マウスオポッサム類．
  正獣下綱〔真獣下綱〕Eutheria：有胎盤類．妊娠時に胎盤ができる哺乳類．
   レプティクティス目* Leptictida：祖先形の正獣類．
   貧歯目〔アリクイ目〕Edentata：貧歯類．
    被甲亜目 Cingulata：アルマジロ類，絶滅したグリプトドン類．
    有毛亜目 Pilosa：アリクイ類，ナマケモノ類，絶滅した地表性ナマケモノ類．
   有鱗目〔センザンコウ目〕Pholidota：センザンコウ類．
   無盲腸大目 Lipotyphla
    食虫目〔モグラ目〕Insectivora：食虫類．
     ハリネズミ形亜目 Erinaceomorpha：ハリネズミ類．

トガリネズミ形亜目 Soricomorpha：トガリネズミ類とモグラ類．
キンモグラ亜目 Chrysochloroidea：アフリカにすむキンモグラ類．
主獣大目 Archonta
登木目〔ツパイ目〕Scandentia：ツパイ〔キネズミ〕類．
翼手目〔コウモリ目〕Chiroptera：コウモリ類．
大翼手亜目〔オオコウモリ亜目〕Megachiroptera：果食性のコウモリ類．
小翼手亜目〔コウモリ亜目〕Microchiroptera：虫食性と魚食性のコウモリ類．
皮翼目〔ヒヨケザル目〕Dermoptera：ヒヨケザルとその親類．
霊長目〔サル目〕Primates：霊長類．レムール類，メガネザル類，サル類，類人猿類，ヒト類．
プレシアダピス亜目* Plesiadapiformes：霊長類の祖先形．
曲鼻亜目 Strepsirhini：レムール〔キツネザル〕類の仲間．
直鼻亜目 Haplorhini：メガネザル類，サル類，類人猿類，ヒト類．
メガネザル下目 Tarsioidea：メガネザル類，オモミス類．
広鼻下目 Platyrhini：新世界のサル類．
狭鼻下目 Catarrhini：旧世界のサル類，類人猿類，ヒト類．
パラピテクス上科* Parapithecoidea：*Parapithecus*＊とその親類．
オナガザル上科 Cercopithecoidea：旧世界のサル類．
ヒト上科 Hominoidea：類人猿類とヒト類．
テナガザル科 Hylobatidae：テナガザル類．
オランウータン科〔ショウジョウ科〕Pongidae：大形の類人猿．
ヒト科 Hominidae：ヒト類〔人類〕．
山鼠大目 Glires
混歯目* Mixodentia：*Eurymylus*＊とその親類．
アナガレ目* Anagalida：*Anagale*＊とその親類．
ハネジネズミ目 Macroscelidea：ハネジネズミ類．
齧歯目〔ネズミ目〕Rodentia：齧歯類．
リス顎亜目 Sciurognathi：リス顎類．
原齧歯形下目 Protrogomorpha：原始的な齧歯類．
リス形下目 Sciuromorpha：リス類，ジリス類．
ビーバー形下目 Castorimorpha：ビーバー類とその親類．
ネズミ形下目 Myomorpha：ハツカネズミ，ドブネズミなどの仲間．
テリドミス形下目* Theridomorpha：新生代初期にヨーロッパにいた齧歯類．
ヤマアラシ顎亜目 Hystricognathi：ヤマアラシ顎類．
ヤマアラシ形下目 Hystricomorpha：旧世界のヤマアラシ類．
フィオミス形下目 Phiomorpha：アフリカにすむタケネズミ，グンディ，デバネズミなど．
テンジクネズミ形下目 Caviomorpha：南アメリカの齧歯類．
ミモトナ目* Mimotonida：ウサギに似た絶滅哺乳類．
兎形目〔兎目，ウサギ目〕Lagomorpha：アナウサギやノウサギの仲間．
猛獣大目〔広獣類〕Ferae
肉歯目* Creodonta：太古の肉食性の有胎盤類．
オキシエナ亜目* Oxyaenoidea：早期の肉歯類．

　　　　　ヒエノドン亜目＊Hyaenodontia：長期間生存した多様な肉歯類．
　　　　食肉目〔ネコ目〕Carnivora：現今の肉食性の有胎盤類．
　　　　　裂脚亜目 Fissipedia：陸生の食肉類．
　　　　　　　ミアキス上科＊Miacoidea：裂脚類の祖先．
　　　　　　　　ミアキス科＊Miacidae：ミアキス類．
　　　　　　　イヌ上科 Canoidea：イヌ類，クマ類，パンダ類，アライグマ類，イタチ類
　　　　　　　　　など．
　　　　　　　　イヌ科 Canidae：イヌ類，オオカミ類，キツネ類など．
　　　　　　　　クマ科 Ursidae：クマ類．
　　　　　　　　パンダ科 Ailuridae：パンダ類．
　　　　　　　　アライグマ科 Procyonidae：アライグマ，ハナグマなど．
　　　　　　　　イタチ科 Mustelidae：イタチの仲間．
　　　　　　　ネコ上科 Feloidea：ネコ類，ハイエナ類．
　　　　　　　　ジャコウネコ科 Viverridae：旧世界のジャコウネコ類．
　　　　　　　　ハイエナ科 Hyaenidae：ハイエナ類．
　　　　　　　　ネコ科 Felidae：ネコ類（トラなど大形を含む）．
　　　　　鰭脚亜目〔アザラシ亜目〕Pinnipedia：海生の食肉類．
　　　　　　　アザラシ科 Phocidae：アザラシ類．
　　　　　　　アシカ科 Otariidae：アシカ類．
　　　　　　　セイウチ科 Odobenidae：セイウチ．
　　　キモレステス目 Cimolesta：異質な諸系統を含むらしい群．
　　有蹄大目 Ungulata
　　　　無肉歯目＊Acreodi：陸生の大形捕食動物で，クジラ類の祖先．
　　　　鯨　目〔クジラ目〕Cetacea：イルカ類，クジラ類．
　　　　　古鯨亜目＊〔ムカシクジラ亜目〕Archaeoceti：クジラ類の祖先形．
　　　　　歯鯨亜目〔ハクジラ亜目〕Odontoceti：イルカ類，歯クジラ類．
　　　　　鬚鯨亜目〔ヒゲクジラ亜目〕Mysticeti：鯨ひげをもつクジラ類．
　　　　顆節目＊〔アルクトキオン目〕Condylarthra：有蹄類の祖先形．
　　　　アルクトスチロプス目＊Arctostylopida：歯形が初期のある種の南蹄類に似ていた
　　　　　　北半球の有蹄類．
　　　　管歯目〔ツチブタ目〕Tubulidentata：ツチブタ類．
　　　　汎歯目＊Pantodonta：第三紀初期の大形有蹄類．
　　　　恐角目＊Dinocerata：角を備えた巨大な有蹄類．
　　　　紐歯目＊Taeniodonta：紐歯類．
　　　　裂歯目＊Tillodontia：裂歯類．
　　　　偶蹄目〔ウシ目〕Artiodactyla：足に偶数個の蹄がある有蹄類．
　　　　　古歯亜目＊〔パレオドン目〕Paleodonta：初期の偶蹄類．
　　　　　　ディコブネ上科＊Dichobunoidea：偶蹄類の祖先形．
　　　　　　エンテロドン上科＊Entelodontoidea：エンテロドン類．
　　　　　　アノプロテリウム上科＊Anoplotherioidea：アノプロテリウム類．足が3指型
　　　　　　　の偶蹄類．
　　　　　猪豚亜目 Suina：イノシシの仲間．

イノシシ上科 Suoidea：イノシシ・ブタ類，ペッカリー類．
アントラコテリウム上科* Anthracotherioidea：アントラコテリウム類．
カバ上科 Hippopotamoidea：カバ類．
核脚亜目〔ラクダ亜目〕Tylopoda：ラクダ，ラマなどの仲間．
カイノテリウム上科* Cainotherioidea：カイノテリウム類．
メリコイドドン上科* Merycoidodontoidea：オレオドン類．
ラクダ上科 Cameloidea：ラクダ類，ラマ類．
反芻亜目〔ウシ亜目〕Ruminantia：進歩した偶蹄類．
マメジカ上科 Traguloidea：マメジカの仲間．
シカ上科 Cervoidea：シカ類．
キリン上科 Giraffoidea：オカピ，キリンなど．
ウシ上科 Bovoidea：レイヨウ類，ウシ類．
南蹄目*〔トクソドン目〕Notoungulata：南米にいた有蹄類のなかで最も多様だったグループ．
南祖亜目* Notioprogonia：原始的な南蹄類．
トクソドン亜目* Toxodonta：大形の特殊化した有蹄類．
ティポテリウム亜目* Typotheria：ウサギ類に似た小形の南蹄類．
ヘゲトテリウム亜目* Hegetotheria：小形の南蹄類．
滑距目*〔プロテロテリウム目*〕Litopterna：南米にいた，ラクダかウマに似た有蹄類．
雷獣目*〔輝獣目〕Astrapotheria：南米にいた，水陸両生だったらしい大形有蹄類．
トリゴノスチロプス目*〔三角柱目〕Trigonostylopida：南米にいた早期の有蹄類．
火獣目* Pyrotheria：南米にいた超大形の有蹄類．
異蹄目* Xenungulata：南米にいた特異な有蹄類．*Carodnia* *．
奇蹄目〔ウマ目〕Perissodactyla：足に奇数個の蹄がある有蹄類．
馬形亜目〔ウマ形亜目，ウマ亜目〕Hippomorpha：ウマ類，ブロントテリウム類など．
ウマ上科 Equoidea：ウマ類，パレオテリウム類．
ブロントテリウム上科* Brontotherioidea：ブロントテリウム類（ティタノテリウム類）．
鉤足亜目*〔カリコテリウム亜目〕Ancylopoda：カリコテリウム類．各足に鉤爪を備えた奇蹄類．
有角亜目〔角形亜目，サイ亜目〕Ceratomorpha：バク類，サイ類．
バク上科 Tapiroidea：バク類．
サイ上科 Rhinoceratoidea：サイ類．
岩狸目〔イワダヌキ目〕Hyracoidea：イワダヌキ（ハイラックス）類．
重脚目*〔アルシノイテリウム目〕Embrythopoda：*Arsinoitherium* *．サイに似た超大形の動物．
長鼻目〔ゾウ目〕Proboscidea：ゾウ類とその親類．
モエリテリウム亜目*〔暁象亜目，メリテリウム亜目〕Moeritherioidea：長鼻類の祖先．
デイノテリウム亜目*〔恐獣亜目〕Deinotherioidea：デイノテリウム類．

真象亜目 Euelephantida：ゾウ類，マストドン類，マンモス類，ステゴドン類．
　　　ゴンフォテリウム上科* Gomphotherioidea：顎骨の長い型のマストドン類とその子孫．
　　　マストドン上科* Mastodontoidea：多数の歯稜のある頬歯をもっていたマストドン類．
　　　ステゴドン上科* Stegodontoidea：ステゴドン類．
　　　ゾウ上科* Elephantoidea：マンモス類，ゾウ類．
　　バリテリウム亜目*〔鈍獣亜目〕Barytherioidea：バリテリウム類．
海牛目〔カイギュウ目〕Sirenia：カイギュウ類．マナティーとジュゴンの仲間．
束柱目*〔デスモスチルス目〕Desmostylia：デスモスチルス類．海岸近くを徒渉していた大形動物．

参考書目録

　この目録は脊椎動物の進化という主題に関係のある参考書を選抜したリストである．この問題に関する文献の数は膨大なので，ここで大半の出版物を含むような一覧表を呈示するつもりはない．このリストの終わりに挙げる古脊椎動物学の多数の文献集には，この科学の始まりいらい化石脊椎動物について刊行された研究報告が収録されている．Alfred S. Romer の *Vertebrate Paleontology* と Robert L. Carrol の *Vertebrate Paleontology and Evolution* に付けられた文献表は，化石脊椎動物のもろもろのグループに関する重要な研究報告を精選した秀抜なリストである．以下に列挙する書物の多くは，専門度の高い自然史系図書館室に出入りする便宜のない読者にも比較的入手しやすいものだが，ここに挙げるものより新しい版として入手できる本があるかもしれない．

〔訳者注記：以下のリストはおもに英語圏の読者のためのものであり，日本の一般読者には向かないように思われる．訳者に分かるかぎりで，日本語訳がある本には末尾に＊印を付けておく．〕

進化学・系統分類学

　これらの主題については現在も多くのことが書かれているところなので，脊椎動物の進化に興味をもつ読者に特に重要と思われる参考書を少数あげておく．Carter, Grant, Simpson, Stanley らの本は全般的な進化学の優れた考察．Huxley, Mayr, Simpson（1953）らの古典的な本はさらに広範な議論を展開．Minkoff, Ridley, Futuyma らのテクストブックは学生むけの総説．

Carter, G.S. 1957. *A Hundred Years of Evolution.* New York: Macmillan.
―――. 1967. *Structure and Habit in Vertebrate Evolution.* Seattle: University of Washington Press.
Futuyma, Douglas J. 1998. *Evolutionary Biology*, 3rd ed. Sunderland, MA: Sinauer Associates. ＊（初版）
Grant, Verne. 1985. *The Evolutionary Process.* New York: Columbia University Press.
Gregory, William K. 1951. *Evolution Emerging: A Survey of Changing Patterns from Primeval Life to Man*, 2 vols. New York: Macmillan.
Hotton, Nicholas, III. 1968. *The Evidence of Evolution.* New York: American Heritage Publishing Co.
Huxley, Julian S. 1942. *Evolution, the Modern Synthesis.* London: George Allen and Unwin.
Mayr, Ernst. 1963. *Animal Species and Evolution.* Cambridge, MA: Harvard University Press.
Mayr, Ernst, and Peter D. Ashlock. 1991. *Principles of Systematic Zoology*, 2nd ed. New York: McGraw-Hill.
Minkoff, Eli C. 1983. *Evolutionary Biology.* Reading, MA: Addison Wesley.
Moore, Ruth (and the editors of *Life*). 1962. *Evolution.* Life Nature Library. New York: Time Inc.
Pollard, J.W. 1984. *Evolutionary Theory.* New York: John Wiley & Sons.
Ridley, Mark. 1993. *Evolution.* Boston: Blackwell Scientific.
Simpson, George Gaylord. 1953. *The Major Features of Evolution.* New York: Columbia University Press.
―――. 1959. *The Meaning of Evolution.* New York: The New American Library, Mentor Book. ＊
―――. 1983. *Fossils and the History of Life.* New York: Scientific American Books.
Sober, Elliott, 1984. *Conceptual Issues in Evolutionary Biology.* Cambridge, MA: Massachu-

setts Institute of Technology Press.
Stanley, Steven H. 1979. *Macroevolution.* San Francisco: W.H. Freeman.
Wiley, E.O. 1981. *Phylogenetics. The Theory and Practice of Phylogenetic Systematics.* New York: John Wiley & Sons.

脊椎動物学

　McNeill, Hildebrand, Wake (Hyman), Young らの本はすべて脊椎動物学の標準的なテクストブック．Romer and Parsons の本は化石脊椎動物の構造に多大な配慮をしており，普通の型の比較解剖学書を超えるものなので特に重要．Goodrich の本も，脊椎動物解剖学に関係があるため化石資料に相当な注目を払っている．Young の本は，脊椎動物（化石・現生とも）の構造，生理，進化など多くの面を論じた秀逸なテクスト．BSCS〔生物科学教科研究〕の2点の教科書はいずれも，NSF〔米国科学財団〕の主導の下に慎重に選ばれた第一人者たちの大グループによって書かれたもので，生物学の全領域への完備した入門書として特筆に値する．

Alexander, R. McNeill. 1981. *The Chordates*, 2nd ed. London: Cambridge University Press.
American Institute of Biological Sciences: Biological Sciences Curriculum Study. 1987. *Biological Sciences: An Ecological Approach.* 6th ed. (BSCS Green version). Dubuque, IA: Kendall/Hunt Publishing Co.
―――. 1990. *Biological Science A Molecular Approach*, 6th ed. (BSCS Blue Version). Lexington, MA: D.C. Heath.
Bone, Q. 1979. *The Origin of Chordates.* Burlington, NC: Carolina Biological Supply Company.
Goodrich, Edwin S. 1958. *Studies on the Structure and Development of Vertebrates*, 2 vols. New York: Dover Publications.
Grassé, Pierre-P. (and collaborators). 1954. *Traité de Zoologie.* Tome xii (Comparative Anatomy). Paris: Masson et Cie.
Gregory, William K. 1929 (1965). *Our Face from Fish to Man.* New York: Capricorn Books Edition.
Hildebrand, Milton. 1995. *Analysis of Vertebrate Structure*, 4th ed. New York: John Wiley & Sons.
Hildebrand, Milton, *et al.* (editors). 1985. *Functional Vertebrate Morphology.* Cambridge, MA: Harvard University Press.
Kardong, Kenneth V. 1995. *Vertebrates. Comparative Anatomy, Function, Evolution.* Dubuque, IA: Wm. C. Brown Publishers.
McFarland. William N. 1985. *Vertebrate Life*, 2nd ed. New York: Macmillan.
Radinsky, Leonard B. 1987. *The Evolution of Vertebrate Design.* Chicago: University of Chicago Press. ＊
Rogers, Elizabeth. 1986. *Looking at Vertebrates.* New York: Longman Inc.
Romer, Alfred S. and Thomas S. Parsons. 1986. *The Vertebrate Body*, 6th ed. Orlando, FL: Saunders College Publishing. ＊（5 版）
Scientific American (readings). 1974. *Vertebrate Structures and Functions.* San Francisco: W.H. Freeman and Company.
Simpson, G.G., W.S. Beck, R.C. Stebbins, and J.W. Nybakken. 1972. *General Zoology*, 5th ed. New York: McGraw-Hill.
Wake, Marvalee, *et al.* 1979. *Hyman's Comparative Vertebrate Anatomy*, 3rd ed. Chicago: University of Chicago Press.
Walker, Warren F., Jr., and Karel F. Liem. 1994. *Functional Anatomy of the Vertebrates, an Evolutionary Perspective*, 2rd ed. Orlando, FL: Saunders College Publishing.
Young, J.Z. 1950. *The Life of the Vertebrates.* London: Oxford University Press.

古脊椎動物学の総合的書籍

　Romer の *Vertebrate Paleontology* と Carrol の *Vertebrate Paleontology and Evolution* はこれまでのところこの主題に関する最高の書物. これらは化石脊椎動物の総説に必要な, 実質的にすべての適切な情報をふくむバランスのよくとれた十分な論議を行っている. Romer の *The Vertebrate Story* はずっと一般読者むけの本. Orlov 編集, Piveteau 編集の多数の巻冊は, 同じ主題に関する膨大な専門書. Olson の本と Stahl の本は, 脊椎動物の進化の問題に関する詳細な論議を呈示している点で, 特別に価値がある.

de Beaumont. Gerard. 1973. *Guide des Vertébrés Fossiles.* Neuchatel (Switzerland).
Benton, Michael J. (editor). 1988. *The Phylogeny and Classification of the Tetrapods*, 2 vols. Oxford: Clarendon Press.
Carroll, Robert L. 1988. *Vertebrate Paleontology and Evolution.* New York: W.H. Freeman and Company.
Cowan, Richard. 2000. *History of Life*, 3rd ed. Malden, MA: Blackwell Science.
Halstead. L.B. 1968. *The Pattern of Vertebrate Evolution.* San Francisco: W.H. Freeman and Company. ＊ (元版)
Jacobs, Louis L. (editor). 1980. *Aspects of Vertebrate History.* Flagstaff, AZ: Museum of Northern Arizona Press.
Jarvik, Erik. 1980. *Basic Structure and Evolution of Vertebrates*, vols. 1 and 2. London: Academic Press.
Joysey, K.A. and T.S. Kemp (editors). 1972. *Studies in Vertebrate Evolution.* New York: Winchester Press.
Kuhn-Schnyder, Emil and Hans Rieber. 1984. *Paläozoologie.* New York and Stuttgart: Georg Thieme Verlag.
Olson, Everett C. 1971. *Vertebrate Paleozoology.* New York: John Wiley & Sons.
Orlov, Yu. A. (editor). 1959–1964. *Fundamentals of Paleontology.* Moscow: Academy of Sciences U.S.S.R. (in Russian). Also Jerusalem: Israel Program for Scientific Translations (in English). Three volumes are devoted to the vertebrates.
Patterson, Colin and P.H. Greenwood (editors). 1967. *Fossil Vertebrates.* London: Academic Press.
Peyer, Bernhard. 1950. *Geschichte der Tierwelt.* Zürich: Büchergilde Gutenburg.
Piveteau, Jean (editor). 1952–1966. *Traité de Paléontologie.* 7 vols., vols. 4–7 (Vertebrates). Paris: Masson et Cie.
Rich, P.V., G.F. ven Tets, and F. Knight. 1985. *Kadimakara, Extinct Vertebrates of Australia.* Victoria: Pioneer Design Studio Pty. Ltd.
Romer, Alfred S. 1966. *Vertebrate Paleontology*, 3rd ed. Chicago: University of Chicago Press.
―――. 1968. *Notes and Comments on Vertebrate Paleontology.* Chicago: University of Chicago Press.
―――. 1971. *The Vertebrate Story.* Chicago: University of Chicago Press. ＊ (4版)
Spinar, Zdenek and Zdenek Burian. 1984. *Paleontologie Obratlovcu.* Praha (Prague): Academia.
Stahl, Barbara J. 1974. *Vertebrate History: Problems in Evolution.* New York: McGraw-Hill.

下級脊索動物と脊椎動物の起源

　Jefferies の本は脊索動物の起源に関する従来の説を覆す新説を提唱したもの, Gee の本はそれに異議を唱えたものである.

Gee, Henry. 1996. *Before the Backbone. Views on the Origin of the Vertebrates.* London: Chapman & Hall.
Jefferies, R.P.S. 1986. *The Ancestry of the Vertebrates.* Cambridge: Cambridge University Press.

魚　類

Moy-Thomas and Miles の本は早期の魚類に関する優れた論考．Piveteau 編 *Traité de Paléontologie* の各巻は化石魚類の包括的な総説．Sweet の本と Aldridge and Briggs の論文ではコノドント類の系統関係が論じられている．

Aldridge, R.J., *et al.* 1986. The affinities of conodonts—new evidence from the Carboniferous of Edinburgh, Scotland. *Lethaia*, vol. 19, pp. 1–14.
Alexander, R. McNeill. 1974. *Functional Design of Fishes.* London: Hutchinson University Library.
Bemis, William E., Warren W. Burggren, and Norman E. Kemp (editors). 1987. *The Biology and Evolution of Lungfishes.* New York: Alan R. Liss. Inc.
Briggs, D.E.G. 1992. Conodonts: a major extinct group added to the vertebrates. *Science*, vol. 256, pp. 1285–1286.
Briggs, D.E.G., E.N.K. Clarkson, and R.J. Aldridge. 1983. The conodont animal. *Lethaia*, vol. 16, pp. 1–14.
Budker, Paul. 1971. *The Life of Sharks.* New York: Columbia University Press.
Gosline, William A. 1971. *Functional Morphology and Classification of Teleostean Fishes.* Honolulu: University Press of Hawaii.
Jamieson, Barrie G.M. 1991. *Fish Evolution and Systematics: Evidence from Spermatozoa.* Cambridge: Cambridge University Press.
Lagler, Karl F., John E. Bardach, and Robert R. Miller. 1977. *Ichthyology*, 2nd ed. New York: John Wiley & Sons.
Lauder, George V., and Karel F. Liem. 1983. The evolution and interrelationships of the actinopterygian fishes. *Bull. Mus. Comp. Zool.*, vol. 150, no. 3, pp. 95–197.
Migdalski, Edward C. and George S. Fichter. 1976. *The Fresh and Salt Water Fishes of the World.* New York: Alfred A. Knopf.
Moy-Thomas, J.A., and R.S. Miles. 1971. *Palaeozoic Fishes.* Philadelphia: W.B. Saunders. *
Obruchev, D.V. (editor). 1967. *Fundamentals of Paleontology.* (Orlov, Y.A., chief editor). Vol. IX. Agnatha, Pisces. Jerusalem: S. Monson. (English translation of the 1964 Russian publication.)
Ommanney, F.D. (and the editors of *Life*). 1963. *The Fishes.* Life Nature Library. New York: Time Inc. *
Piveteau, Jean (editor). 1964. *Traité de Paléontotogie.* Tome IV, Vol. 1. *Vertébrés (generalités). Agnathes.* Paris: Masson et Cie.
———. 1966. Ibid., Tome IV, Vol. 3. *Actinopterygiens. Crossopterygiens. Dipneustes.* Paris: Masson et Cie.
Purnell, Mark A. 1993. Feeding mechanisms in conodonts and the function of the earliest vertebrate hard tissues. *Geology*, vol. 21, pp. 375–377.
Shu, D.G., *et al.* 1999. Lower Cambrian vertebrates from South China. *Nature*, vol. 402, pp. 42–46.
Stiassny, Melanie L.J., Lynne R. Parenti, and G. David Johnson (editors). 1996. *Interrelationships of Fishes.* San Diego: Academic Press.
Sweet, Walter C. 1988. *The Conodonta. Morphology, Taxonomy, Paleoecology and Evolutionary History of a Long-Extinct Animal Phylum.* New York and Oxford: Clarendon Press, Oxford University Press.

Wilson, Mark V.H., and Michael W. Caldwell. 1993. New Silurian and Devonian fork-tailed "thelodonts" are jawless vertebrates with stomachs and deep bodies. *Nature*, vol. 361, pp. 442–444.

両生類・爬虫類

爬虫類の骨学に関する Romer の本は，とくに化石種に注目した詳細な専門書．しかもそこには完備した爬虫類の分類表が付けられている．*Traité de Paléontologie* の第 V 巻は化石両生類・爬虫類・鳥類に関する近代的な総説．Rozhdestvensky and Tatarinov 編（Orlov 総編集）のロシア語の巻冊も同様．近年は恐竜類に関する本が続出しているが，Desmond の本は熱心に議論されているある論題の一側面を呈示している．Thomas and Olson 編の本には，その問題に関する多くの著者たちの様々な見解がもられている．

Bakker, Robert T. 1986. *The Dinosaur Heresies*. New York: William Morrow. *
Bellairs, A. d'A. 1969. *The Life of Reptiles*, 2 vols. London: Weidenfeld and Nicolson.
Callaway, Jack M., and Elizabeth L. Nicholls (editors). 1997. *Ancient Marine Reptiles*. San Diego: Academic Press.
Carpenter, Kenneth, and Philip J. Currie (editors). 1990. *Dinosaur Systematics, Approaches and Perspectives*. Cambridge: Cambridge University Press.
Carr, Archie (and the editors of *Life*). 1963. *The Reptiles*. Life Nature Library. New York: Time Inc. *
Carrano, Matthew T. 1998. Locomotion in non-avian dinosaurs: integrating data from hindlimb kinematics, *in vivo* strains, and bone morphology. *Paleobiology*, vol. 24, pp. 450–469.
Charig, O. 1979. *A New Look at the Dinosaurs*. London: British Museum of Natural History.
Colbert, Edwin H. 1961. *Dinosaurs—Their Discovery and Their World*. New York: E.P. Dutton.
———. 1966. *The Age of Reptiles*. New York: W.W. Norton.
———. 1983. *Dinosaurs, An Illustrated History*. Maplewood, NJ: Hammond Inc.
———. 1984. *The Great Dinosaur Hunters and Their Discoveries*. New York: Dover Publications.
Czerkas, Sylvia J. and Everett C. Olson. (editors). 1987. *Dinosaurs Past and Present* (vols. 1 and 2). Seattle: University of Washington Press.
Dal Sasso, Cristiano, and Marco Signore. 1998. Exceptional soft-tissue preservation in a theropod dinosaur from Italy. *Nature*, vol. 392, pp. 383–387.
Desmond, Adrian J. 1976. *The Hot-Blooded Dinosaurs. A Revolution in Paleontology*. New York: Dial Press/James Wade.
Dong, Zhiming. 1988. *Dinosaurs from China*. Beijing: China Ocean Press.
Duellmman, William E. and Linda Trueb. 1986. *Biology of Amphibians*. New York: McGraw-Hill.
Farlow, James O., and M.K. Brett-Surman (editors). 1997. *The Complete Dinosaur*. Bloomington and Indianapolis: Indiana University Press.
Fastovsky, David E., and David B. Weishampel. 1996. *The Evolution and Extinction of Dinosaurs*. Cambridge: Cambridge University Press.
Ferguson, Mark W.J. (editor). 1984. *The Structure, Development, and Evolution of Reptiles*. London: Academic Press.
Gans, Carl (general editor). 1969 to present. *Biology of the Reptilia (Series)*. New York: Academic Press.
Hotton, Nicholas III, Paul D. MacLean, Jan J. Roth, and E. Carol Roth (editors). 1986. *The Ecology and Biology of Mammal-like Reptiles*. Washington D.C.: Smithsonian Institution

Press.

Kemp, T.S. 1982. *Mammal-Like Reptiles and the Origin of Mammals.* London: Academic Press.

McGowen, Christopher. 1983. *The Succesful Dragons.* Toronto: Samuel Stevens.

McLoughlin, John C. 1979. *Archosauria: A New Look at the Old Dinosaurs.* New York: Viking Press.

———. 1980. *Synapsida: A New Look into the Origin of Mammals.* New York: Viking Press.

Norman, David. 1985. *The Illustrated Encyclopedia of Dinosaurs.* New York: Crescent Books.

Padian, Kevin. 1983. A functional analysis of flying and walking in pterosaurs. *Paleobiology,* vol. 9, pp. 218–239.

Padian, Kevin (editor). 1986. *The Beginning of the Age of Dinosaurs.* Cambridge: Cambridge University Press.

Panchen, A.L. (editor). 1980. *The Terrestrial Environment and the Origin of Land Vertebrates.* London: Academic Press.

Paul, Gregory S. 1988. *Predatory Dinosaurs of the World.* New York: Simon and Schuster.

Piveteau, Jean (editor). 1955. *Traité de Paléontologie.* Tome V. *Amphibiens, Reptiles, Oiseaux.* Paris: Masson et Cie.

Porter, Kenneth R. 1972. *Herpetology.* Philadelphia: W.B. Saunders Co.

Qiang, Ji, *et al.* 1998. Two feathered dinosaurs from northeastern China. *Nature,* vol. 393, pp. 753–761.

Romer. Alfred S. 1947. Revision of the Labyrinthodontia. *Bull. Mus. Comp. Zool.*, vol. 99, no. 1, pp. 1–268.

———. 1956. *Osteology of the Reptiles.* Chicago: University of Chicago Press.

Rozhdestvensky, A.K., and L.P. Tatarinov (editors). 1964. *Fundamentals of Paleontology* (Orlov, Y.A., chief editor): *Amphibians, Reptiles, and Birds.* Moscow: Academy of Sciences U.S.S.R. (In Russian). Also available in English translation.

Russell, Dale A. 1977. *A Vanished World: The Dinosaurs of Western Canada.* Ottawa: National Museums of Canada. Natural History Series No. 4.

Schmalhausen, I.I. 1968. *The Origin of Terrestrial Vertebrates.* New York: Academic Press.

Schultze, Hans-Peter, and Linda Trueb (editors). 1991. *Origins of the Higher Groups of Tetrapods.* Ithaca and London: Comstock Publishing Associates, Cornell University Press.

Sumida, Stuart S., and Karen L.M. Martin. 1997. *Amniote Origins. Completing the Transition to Land.* San Diego: Academic Press.

Sun, Ailing. 1959. *Before Dinosaurs.* Beijing: China Ocean Press.

Thomas, R.D.K. and Everett C. Olson (editors). 1980. *A Cold Look at the Warm-Blooded Dinosaurs.* Boulder, CO: Westview Press, American Association for the Advancement of Science Symposium Series.

Wilford, John Noble. 1985. *The Riddle of the Dinosaur.* New York: Alfred A. Knopf.

Xu, Xing, Xiao-Lin Wang, and Xiao-Chun Wu. 1999. A dromaeosaurid dinosaur with a filamentous integument from the Yixian Formation of China. *Nature,* vol. 401, pp. 262–266.

鳥　類

Heilmann の本は標準的な古典．Darling 2 氏の本と Peterson の本は現生鳥類に関する優れたテクスト．

de Beer, G. 1954. *Archaeopteryx lithographica.* London: British Museum (Natural History).

Dalton, Stephen. 1977. *The Miracle of Flight.* New York: McGraw-Hill.

Darling, Lois and Louis Darling. 1962. *Bird.* Boston: Houghton Mifflin.
Feduccia, Alan 1980. *The Age of Birds.* Cambridge: Harvard University Press. *
Gilbert, B. Miles, Larry D. Martin, and Howard G. Savage. 1985. *Avian Osteology.* Laramie, Wyoming: Modern Printing Co.
Hecht, Max K., John H. Ostrom, Gunter Viohl, and Peter Wellnhofer (editors). 1985. *The Beginnings of Birds.* Willibaldsburg: Freunde des Jura-Museums Eichstatt.
Heilmann, G. 1927. *The Origin of the Birds.* New York: D. Appleton.
Hou, Lian-hai, *et al.* 1995. A beaked bird from the Jurassic of China. *Nature*, vol. 377, pp. 616–618.
Hou, Lianhai, *et al.* 1996. Early adaptive radiation of birds: evidence from fossils from northeastern China. *Science*, vol. 274, pp. 1164–1167.
Hou, Lianhai, *et al.* 1997. A diapsid skull in a new species of the primitive bird *Confuciusornis. Nature,* vol. 399, pp. 679–682.
Martin, Larry D., and Zhonghe Zhou. 1997. *Archaeopteryx*-like skull in Enantiornithine bird. *Nature*, vol. 389, p. 556.
Norell, Mark, Luis Chiappe, and James Clark. 1993. New limb on the avian family tree. *Natural History*, Sept. 1993, pp. 38–42.
Novas, Fernando E., and Pablo F. Puerta. 1997. New evidence concerning avian origins from the late Cretaceous of Patagonia. *Nature*, vol. 387, pp. 390–392.
Olson, Storrs L. (editor). 1976. *Collected Papers in Avian Paleontology Honoring the 90th Birthday of Alexander Wetmore.* Washington, D.C.: Smithsonian Contributions to Paleobiology No. 27.
Padian, Kevin (editor). 1986. *The Origins of Birds and the Evolution of Flight.* San Francisco: California Academy of Sciences.
Padian, Kevin, and Luis M. Chiappe. 1998. The origin and early evolution of birds. *Biological Reviews*, vol. 73, pp. 1–42.
Peterson, R.T. (and the editors of *Life*). 1963. *The Birds.* Life Nature Library. New York: Time Inc. *
Sanz, José L., *et al.* 1996. An early Cretaceous bird from Spain and its implications for the evolution of avian flight. *Nature*, vol. 382, pp. 442–445.
Shipman, Pat. 1998. *Taking Wing. Archaeopteryx and the Evolution of Bird Flight.* New York: Simon and Schuster.
Sibley, Charles, and Jon E. Ahlquist. 1990. *Phylogeny and Classification of Birds. A Study in Molecular Evolution.* New Haven and London: Yale University Press.

哺乳類

現生哺乳類については近年，良書が数多く出されている．Vaughan の本は哺乳類学に関する価値ある新しい著作．記念碑的な *Traité de Zoologie* の第 XVII 巻（2 分冊）は化石・現生の哺乳類に関する権威ある総説．*Traité de Paléontologie* の第 VI・VII 巻は化石哺乳類の総合的概観を呈示．McKenna らの哺乳類の分類表は，分岐分類学の手法による化石・現生の全哺乳類の最高階級から属までの分類を収めたもので，Simpson による往年の分類表に代わるものである．Osborn の本と Scott の本は，長年にわたって広く利用されてきた標準的な著作．Kurtén の本は同じ主題に関する現代的な論考．Matthew の *Climate and Evoltion* は哺乳類の地理的歴史に集中した古典的な著作．Young の本は，脊椎動物全体に関する同著者の大著の姉妹作．哺乳類のさまざまな目や科や下位の階級グループについて多数の書物や論文が出されており，それらの全てを挙げることはできそうもない．が，多くの人々に格別に興味をもたれる主題，霊長類の進化に関する優れた著書を少数だけ挙げておく．

Berta, Annalisa, and James L. Sumich. 1999. *Marine Mammals: Evolutionary Biology.* San Diego: Academic Press.

Bajpai, Sunil, and Philip D. Gingerich. 1998. A new Eocene archaeocete (Mammalia, Cetacea) from India and the time of origin of whales. *Proc. Natl. Acad. Sci. USA*, vol. 95, pp. 15464–15468.

Beard, K. Christopher, *et al.* 1996. Earliest complete dentition of an anthropoid primate from the late middle Eocene of Shanxi Province, China. *Science*, vol. 272, pp. 82–85.

Carrington, Richard (and the editors of *Life*). 1963. *The Mammals.* Life Nature Library. New York: Time Inc. *

Chalmanee, Yaowalak, *et al.* 1997. A new late Eocene anthropoid primate from Thailand. *Nature*, vol. 385, pp. 429–431.

Clapman, Frances M. (editor). 1976. Our *Human Ancestors.* New York: Warwick Press.

Eimerl, Sarel, and Irven Devore (and the editors of *Life*). 1965. *The Primates.* Life Nature Library. New York: Time Inc. *

Fleagle, John G. 1999. *Primate Adaptation and Evolution*, 2nd edition. San Diego: Academic Press.

Grassé, Pierre-P. (and collaborators). 1955. *Traité de Zoologie*, Tome XVII, *Mammifères.* Paris: Masson et Cie.

Gromova, V.I. (editor). 1962. *Fundamentals of Paleontology* (Orlov, Y.A., chief editor): *Mammals.* Moscow: Academy of Sciences U.S.S.R. (in Russian). Also available in translation.

Halstead L.B. 1978. *The Evolution of the Mammals.* London: Eurobook Limited.

Howell, F. Clark (and the editors of *Life*). 1965. *Early Man.* Life Nature Library. New York. Time Inc. *

Janis, Christine M., Kathleen M. Scott, and Louis L. Jacobs. 1998. *Evolution of Tertiary Mammals of North America. Vol. 1: Terrestrial Carnivores, Ungulates, and Ungulatelike Mammals.* Cambridge: Cambridge University Press.

Jaeger, J.-J., *et al.* 1999. A new primate from the middle Eocene of Myanmar and the Asian origin of Anthropoids. *Science*, vol. 286, pp. 528–530.

Keast, Allen, Frank C. Erik, and Bentley Glass. 1972. *Evolution, Mammals, and Southern Continents.* Albany, NY: State University of New York Press.

Kurtén, Bjorn. 1968. *Pleisiocene Mammals of Europe.* Chicago: Aldine.

———. 1971. *The Age of Mammals.* New York: Columbia University Press. *

———. 1972. *The Ice Age.* New York: G.P. Putnam's Sons.

———. 1980. *Pleistocene Mammals of North America.* New York: Columbia University Press.

Lillegraven, Jason A., Zofia Kielan-Jaworowska, and William A. Clemens. 1979. *Mesozoic Mammals: The First Two-Thirds of Mammalian History.* Berkeley, CA: University of California Press.

MacFadden, Bruce J. 1992. *Fossil Horses. Systematics, Paleobiology, and Evolution of the Family Equidae.* Cambridge: Cambridge University Press.

MacPhee, Ross D.E. (editor). 1993. *Primates and Their Relatives in Phylogenetic Perspective.* New York: Plenum Press.

Matthew, William D. 1939. *Climate and Evolution*, 2nd ed., revised. New York Academy of Science. Special Publications, Vol. 1.

McKenna, Malcolm C., and Susan K. Bell. 1997. *Classification of Mammals Above the Species Level.* New York: Columbia University Press.

Novacek, Michael J. 1986. The skull of leptictid insectivorans and the higher-level classification of eutherian mammals. *Bull. Am. Mus. Nat. Hist.*, vol. 183, art. 1, pp. 1–112.

———. 1992. Mammalian phylogeny: shaking the tree. *Nature*, vol. 356, pp. 121–125.

Merriam, Nick. 1989. *Early Humans.* New York: Alfred A. Knopf.

Osborn, Henry F. 1910. *The Age of Mammals in Europe, Asia, and North America.* New York: Macmillan.

Piveteau, Jean (editor). 1957. *Traité de Paléontologie.* Tome VII. *Primates. Paleontologie humaine.* Paris: Masson et Cie.
———. 1958 Ibid., Tome VI. Vol.2. *Mammifères, Evolution.* Paris: Masson et Cie.
———. 1961. Ibid., Tome VI, Vol. 1. *Mammifères, Origine Reptilienne, Evolution.* Paris: Masson et Cie.
Prothero, Donald R., and Rober M. Schoch (editors). 1989. *The Evolution of Perissodactyls.* New York and Oxford: Clarendon Press, Oxford University Press.
Ranzi, Carlo. 1982. *Seventy Million Years of Man.* New York. Greewich House.
Savage, R.J.G., and M.R. Long. 1986. *Mammal Evolution. An Illustrated Guide.* New York: Facts on File.
Scott William B. 1937. *A History of Land Mammals in the Western Hemisphere.* New York: Macmillan.
Simpson, George Gaylord. 1945. The Principles of Classification and a Classification of Mammals. *Bull. Am. Mus. Nat. Hist.*, Vol. 85, pp. 1–350.
Sutcliffe, Antony J. 1986. *On the Track of Ice Age Mammals.* Dorchester: Dorset Press.
Szalay, Frederick S., Michael J. Novacek, and Malcolm C. McKenna (editors). 1993. *Mammal Phylogeny*, 2 vols. New York: Springer-Verlag.
Vaughan, Terry A. 1986. *Mammalogy*, 3rd edition. Philadelphia: W.B. Saunders Co.
Wood, Bernard. 1976. *The Evolution of Early Man.* London: Eurobook Ltd.
Woodburne, Michael O. 1987. *Cenozoic Mammals of North America.* Berkeley, CA: University of California Press.
Young, J.Z. 1957. *The Life of Mammals.* Oxford: Oxford University Press.

地 質 学

地史学〔歴史的地質学〕に関する比較的近年の本を少数あげておく．

Cloud, Preston. 1988. *Oasis in Space: Earth History from the Beginning.* New York: W.W. Norton.
Greenwood, P.H. (general editor). 1981. *The Evolving Earth.* London: Cambridge University Press.
Kay, Marshall, and Edwin H. Colbert. 1965. *Stratigraphy and Life History.* New York: John Wiley & Sons.
Stanley, Steven M. 1986. *Earth and Life Through Time.* New York: W.H. Freeman.

古地質学・古気候学・プレートテクトニクス

Brooks, C.E.P. 1970. *Climate Through the Ages*, 2nd revised edition. New York: Dover Publications.
Colbert. Edwin H. 1973. *Wandering Lands and Animals: The Story of Continental Drift and Animal Populations* (with a Foreword by Laurence M. Gould). New York: Dover. ＊
Long, John A. (editor). 1993. *Palaeozoic Vertebrate Biostratigraphy and Biogeography.* Baltimore, MD: Johns Hopkins University Press.
McKerrow, W.S. and C.R. Scotese. (editors). 1989. *Atlas of Palaeozoic Basemaps.* In: *Palaeozoic Palaeogeography and Biogeography.* Geological Society of London Special Paper.
Nairn, A.E.M. (editor). 1961. *Descriptive Paleoclimatology.* New York: Interscience Publishers.
Scotese, Christopher (coordinator). 1987. *Atlas of Mesozoic and Cenozoic Plate Tectonic Reconstructions.* Technical Report No. 90, Paleoceanographic Mapping Project, Institute

of Geophysics, University of Texas.
Smith, A.G., A.M. Hurley, and J.C. Briden. 1981. *Phanerozoic Paleocontinental World Maps.* Cambridge: Cambridge University Press.
Smith, Alan G., David G. Smith, and Brian M. Funnell. 1994. *Atlas of Mesozoic and Cenozoic Coastlines.* Cambridge: Cambridge University Press.
Sullivan, Walter. 1974. *Continents in Motion: The New Earth Debate.* New York: McGraw-Hill.
Wegener, Alfred. 1966. *The Origin of Continents and Oceans.* Translated from the 4th edition by John Biram. New York: Dover. ∗
Wilson, J. Tuzo and others. 1972. *Continents Adrift.* (Readings from *Scientific American*.) San Francisco: W.H. Freeman.

化 石 植 物

Andrews, Henry. N. 1947. *Ancient Plants and the World They Lived In.* Ithaca, NY: Comstock Publishing Co.
Banks, H.P. 1970. *Evolution and Plants of the Past.* Belmont, CA: Wadsworth Publishing Co.
Stewart, Wilson N. 1983. *Paleobotany and the Evolution of Plants.* Cambridge: Cambridge University Press.
Thomas, Barry. 1981. *The Evolution of Plants and Flowers.* London: Eurobook Ltd.
White, Mary E. 1988. *The Greening of Gondwana. The 400 Million Year Story of Australia's Plants.* French Forest, N.S.W., Australia: Reed Books.

絶 滅

何度もあった脊椎動物の大絶滅が近年つよく注目を集めている．この問題に関する書籍を数点あげておく．

Archibald, J. David. 1996. *Dinosaur Extinction and the End of an Era: What the Fossils Say.* New York: Columbia University Press.
Berggren, W.A. and John A. Van Couvering. (editors). 1984. *Catastrophies and Earth History: The New Uniformitarianism.* Princeton, NJ: Princeton University Press.
Elliott, David K. (editor). 1986. *Dynamics of Extinction.* New York: John Wiley & Sons.
Goldsmith, Donald. 1985. *Nemesis. The Death Star and Other Theories of Mass Extinction.* New York: Walker and Co.
Hallam, Arthur, and P.B. Wignall. 1997. *Mass Extinctions and Their Aftermath.* Oxford and New York: Oxford University Press.
Martin, Paul S. and Richard G. Klein. (editors). 1984. *Quaternary Extinctions. A Prehistoric Revolution.* Tucson, AZ: University of Arizona Press.
McGhee, George R. 1996. *The Late Devonian Mass Extinction: The Frasnian/Famennian Crisis.* New York: Columbia University Press.
Raup, David M. 1991. *Extinction: Bad Genes or Bad Luck?* New York: W.W. Norton.

図 解 書

Augustaの本文，Spinarの本文と，Burianによる図版（多くは彩色図）でできた大判書のシリーズは特筆に値する．本文は信頼性が高く，Burianによるおびただしい見事な復元図は太古の生物界について精確かつ構想力にとむ光景を描き出している．これらの数冊で得られるような，消失した世界への躍如たる垣間見をさせてくれる書物はたぶん他にないだろう．

Augusta, Josef, and Burian, Zdenek. 1960. *Prehistoric Animals.* London: Spring Books.

―――. 1960. *Prehistoric Man*. London: Paul Hamlyn.
―――. 1961. *Prehistoric Reptiles and Birds*. London: Paul Hamlyn.
―――. 1962. *A Book of Mammoths*. London: Paul Hamlyn.
―――. 1964. *Prehistoric Sea Monsters*. London: Paul Hamlyn.
―――. 1985. *The Age of Monsters*. London: Paul Hamlyn.
Cox, Barry. 1970. *Prehistoric Animals*. New York. Grosset and Dunlap.
Peters, David. 1986. *Giants of Land, Sea and Air, Past and Present*. New York: Alfred A. Knopf.
―――. 1989. *A Gallery of Dinosaurs and Other Early Reptiles*. New York: Alfred A. Knopf.
Spinar, Zdenek V. 1972. *Life before Man*. Illustrated by Zdenek Burian. London: Thames and Hudson.
Wolf, Josef. 1979. The *Dawn of Man*. Illustrated by Zdenek Burian. New York: Harry N. Abrams.

文献集

上に述べたように，RomerやCarrolの古脊椎動物学のテクストブックに付けられた選り抜きの文献目録は，化石脊椎動物に関する優れた著作物を作るための立派な源泉になっている．Hayの文献集は1928年までの北アメリカの化石脊椎動物に関する全ての論文を収録し，CampとGregoryの文献集は1928年から現代までにわたって全世界規模でこの収録を行ってきた．Romerらによる文献集は，北アメリカ以外の化石について1927年までの期間にわたっている．

Hay, O.P. 1902. *Bibliography and Catalogue of the Fossil Vertebrata of North America*. Bull. U.S. Geol. Survey, no. 179.
―――. 1929. *Second Bibliography and Catalogue of the Fossil Vertebrata of North America*. Carnegie Inst. of Washington, Publication no. 390, 2 vols.
Romer, Alfred S., N.E. Wright, T. Edinger, and R. van Frank. 1962. *Bibliography of Fossil Vertebrates Exclusive of North America, 1509–1927*. Geological Society of America. Memoir 87, 2 vols.
Camp, Charles L., and V.L. Vanderhoof. 1940. *Bibliography of Fossil Vertebrates, 1928–1933*. Geological Society of America, Special Paper No. 27.
Camp, Charles L., D.N. Taylor, and S.P. Welles. 1942. *Bibliography of Fossil Vertebrates, 1934–1938*. Geological Society of America, Special Paper No. 42.
Camp, Charles L., S.P. Welles, and M. Green. 1949. *Bibliography of Fossil Vertebrates, 1939–1943*. Geological Society of America, Memoir 37.
Camp, C.L., S.P. Welles, and M. Green. 1953. *Bibliography of Fossil Vertebrates, 1944–1948*. Geological Society of America, Memoir 57.
Camp, C.L., and H.J. Allison. 1961. *Bibliography of Fossil Vertebrates, 1949–1953*. Geological Society of America, Memoir 84.
Camp, C.L., H.J. Allison, and R.H. Nichols. 1964. *Bibliography of Fossil Vertebrates, 1954–1958*. Geological Society of America, Memoir 92.
Camp, C.L., H.J. Allison, R.H. Nichols, and H. McGinnis. 1968. *Bibliography of Fossil Vertebrates, 1959–1963*. Geological Society of America, Memoir 117.
Camp, C.L., R.H. Nichols, B. Brajnikov, E. Fulton, and J.A. Bacskai. 1972. *Bibliography of Fossil Vertebrates, 1964–1968*. Geological Society of America, Memoir 134.
Gregory, J.T., J.A. Bacskai, B. Brajnikov, and K. Munthe. 1973. *Bibliography of Fossil Vertebrates, 1969–1972*. Geological Society of America, Memoir 141.
Bacskai, Judith, Laurie J. Bryant, Joseph T. Gregory, George V. Shkurkin, and Melissa C. Winans. 1983. *Bibliography of Fossil Vertebrates, 1973–1977*, 2 Vols. American Geological Institute.

Gregory, J.T., J.A. Bacskai, and G.V. Skurkin. 1981. *Bibliography of Fossil Vertebrates, 1978.* American Geological Institute.

Gregory, J.T., J.A. Bacskai, G.V. Skurkin, and L.J. Bryant. 1981. *Bibliography of Fossil Vertebrates, 1979.* American Geological Institute.

———. 1983. *Bibliography of Fossil Vertebrates, 1980.* American Geological Institute.

Gregory, J.T., J.A. Bacskai, G.V. Skurkin, and M.C. Winans. 1984. *Bibliography of Fossil Vertebrates, 1981.* Society of Vertebrate Paleontology.

———. 1985. *Bibliography of Fossil Vertebrates, 1982.* Society of Vertebrate Paleontology.

———. 1986. *Bibliography of Fossil Vertebrates, 1983.* Society of Vertebrate Paleontology.

Gregory, J.T., J.A. Bacskai, G.V. Skurkin, M.C. Winans, and L.J. Bryant. 1987. *Bibliography of Fossil Vertebrates, 1984.* Society of Vertebrate Paleontology.

Gregory, J.T., J.A. Bacskai, G.V. Skurkin, M.C. Winans, and B.H. Rauscher. 1988. *Bibliography of Fossil Vertebrates, 1985.* Society of Vertebrate Paleontology.

———. 1989. *Bibliography of Fossil Vertebrates, 1986.* Society of Vertebrate Paleontology.

———. 1990. *Bibliography of Fossil Vertebrates, 1987.* Society of Vertebrate Paleontology.

———. 1991. *Bibliography of Fossil Vertebrates, 1988.* Society of Vertebrate Paleontology.

———. 1992. *Bibliography of Fossil Vertebrates, 1989.* Society of Vertebrate Paleontology.

Gregory, J.T., J.A. Bacskai, G.V. Skurkin, and B.H. Rauscher. 1993. *Bibliography of Fossil Vertebrates, 1990.* Society of Vertebrate Paleontology.

———. 1994. *Bibliography of Fossil Vertebrates, 1991.* Society of Vertebrate Paleontology.

———. 1995. *Bibliography of Fossil Vertebrates, 1992.* Society of Vertebrate Paleontology.

———. 1996. *Bibliography of Fossil Vertebrates, 1993.* Society of Vertebrate Paleontology.

註：*Bibliography of Fossil Vertebrates* は現在下記によって検索可能：
http://eteweb.lscf.ucsb.edu/bfv/bfv_form.html

図版の出典と謝辞

図 1-5, 4-5, 5-5, 9-9, 14-4, 14-7, 16-3, 22-2 および 22-3 を除き，図版はすべて著者らの指示によって特に本書のために描いたもらったものである．各章の章頭イラストと多数の付図は，各図に付記したとおりロイス M. ダーリング夫人による．また付図の多くは多少とも既刊出版物からの情報に基づいている．これらの図の出典は下記のとおり．

〔訳者註：以下の記述にある Fig. は「図」，Adapted from ···· は「···· から転載した」，After ···· は「···· に倣った」，From ···· は「···· に基づく」，Modified after ···· は「···· を改写した」，Redrawn after ···· は「···· から描き直した」を，それぞれ意味する．〕

Fig. 1-4. Adapted from *Animals Without Backbones* by R. Buchsbaum, copyright 1945, by permission of The University of Chicago Press.

Fig. 1-5. From *Wonderful Life* by Stephen Jay Gould, 1989, W.W. Norton & Company.

Fig. 1-6. **(A)** from *Vertebrate Life* by William N. MacFarland *et al.*, 1979, MacMillan Publishing Co., Inc. **(B)** and **(C)** from *Vertebrate Hard Tissues* by L.B. Halstead, 1974, Wykeham Publications, Ltd.

Fig. 1-5. **(A, B, C, D,** and **E)** from *The Vertebrate Body*, 4th edition, by A.S. Romer, 1970, W.B. Saunders Company. **(F)** and **(G)** from *Vertebrate Hard Tissues* by L.B. Halstead, 1974, Wykeham Publications, Ltd.

Fig. 2-2. Illustration by Louise Waller, based on information from Dr. David K. Elliott.

Fig. 2-3. After Alexander Ritchie, 1968.

Fig. 2-4. Adapted from *Man and the Vertebrates*, by A.S. Romer, copyright 1941, by permission of The University of Chicago Press.

Fig. 2-5. After E.A. Stensiö, 1932.

Fig. 2-6. **(A)** after *Paleozoic Fishes*, 2nd edition, by J.A. Moy-Thomas and R.S. Miles, 1971, W.B. Saunders Company. **(B)** after *Chordate Structure and Function* by Allyn J. Waterman *et al.*, 1971, The MacMillan Company.

Fig. 2-7. After E.O. Ulrich and R.S. Bassler, 1926. A classification of the toothlike fossils, conodonts, with descriptions of American Devonian and Mississippian species. *Proc. U.S. Natl. Museum*, v. 68, art. 12, no. 2613, pp. 1–63.

Fig. 3-1. **(A)** after D.M.S. Watson, 1937. **(B)** after T.S. Westoll.

Fig. 3-2. After D.M.S. Watson, 1937.

Fig. 3-4. After A. Heintz, 1931.

Fig. 3-5. From models in the American Museum of Natural History, New York.

Fig. 3-6. **(A)** and **(B)** after Stensiö, 1969.

Fig. 4-1. Illustration by Louise Waller, adapted from *Vertebrate History: Problems in Evolution* by Barbara J. Stahl, 1974, McGraw-Hill Book Company.

Fig. 4-2. Illustrations by Louise Waller, adapted from *Evolution of Chordate Structure* by Hobart M. Smith, 1960, Holt, Rinehart, and Winston, Inc.

Fig. 4-3. After *Paleozoic Fishes*, 2nd edition, by J.A. Moy-Thomas and R.S. Miles, 1971, W.B. Saunders Company.

Fig. 4-5.   After *Analysis of Vertebrate Structure*, 4th edition, by Milton Hildebrand, 1995, John Wiley & Sons, Inc.

Fig. 5-4.   **(A)** after H. Aldinger, 1937. **(B)** after D. Rayner, 1948.
Fig. 5-5.   From an exhibit in The American Museum of Natural History; courtesy of Bobb Schaeffer.

Fig. 6-1.   **(A)** after D.M.S. Watson, 1921. **(B)** from a model by E. Jarvik.
Fig. 6-2.   **(A)** from a model in the American Museum of Natural History. **(B)** from various sources. **(C)** after *The Vertebrate Story* by A.S. Romer, 1959, University of Chicago Press.
Fig. 6-3.   After W.K. Gregory and H. Raven, 1941.
Fig. 6-5.   **(A)** and **(C)** adapted from *Vertebrate Paleontology*, by A.S. Romer, copyright 1945, by permission of The University of Chicago Press. **(B)** and **(D)** after E. Jarvik, 1952, 1955.
Fig. 6-6.   Illustration by Louise Waller, adapted from *Evolution Emerging*, by W.K. Gregory, copyright 1951. By permission of the American Museum of Natural History.

Fig. 8-3.   After E. Jarvik, 1952, 1955.
Fig. 8-4.   Illustration by Louise Waller, adapted from various sources.
Fig. 8-5.   After A L. Pachen, 1972. The skull and skeleton *of Eogyrinus attheyi* Watson (Amphibia: Labyrinthodontia). *Phil. Trans. Roy. Soc. Lond.* B, 263:279–326.
Fig. 8-6.   After T.E. White, 1939.
Fig. 8-7.   Adapted from *Evolution Emerging*, by W.K. Gregory, copyright 1951, by permission of the American Museum of Natural History.
Fig. 8-9.   From a skeleton in the American Museum of Natural History, New York.
Fig. 8-10.   From a skull in the American Museum of Natural History, New York.
Fig. 8-11.   After H.J. Sawin, 1945, Amphibians from the Dockum Triassic of Howard County, Texas. Univ. Texas Publ. no. 4401:361–399.
Fig. 8-12.   Illustration by Louise Waller, based on T. Nilsson, 1946, A new find of *Gerrothorax rhaeticus* Nilsson, a plagiosaurid from the Rhaetic of Scania. *Acta Univ. Lund.* 42:1–42.
Fig. 8-13.   **(A)** after E. Jarvik, 1952. **(B, C,** and **D)** after A.S. Romer, 1947.
Fig. 8-14.   **(A)** after R.L. Carroll and P. Gaskin, 1978. The Order Microsauria. *Mem. Am. Phil. Soc.*, 126:1–211.
Fig. 8-16.   **(A)** after S.W. Williston, 1909. **(B)** after E.C. Olson. 1951. **(C)** adapted from *Evolution Emerging*, by W.K. Gregory, copyright 1951, by permission of the American Museum of Natural History.
Fig. 8-17.   Adapted from R. Estes and O.A. Reig, 1973, The early fossil record of frogs: A review of the evidence. In: *Evolutionary Biology of the Anurans*, J. Vial, ed. pp. 11–63. University of Missouri Press, Columbia.
Fig. 8-18.   **(A)** from I.I. Schmalhausen, 1968. **(B)** from McFarland *et al.*, 1985.

Fig. 9-1.   **(A)** adapted from *Man and the Vertebrates*, by A.S. Romer, copyright 1941, by permission of the University of Chicago Press. **(B)** after A.S. Romer and L.I. Price, 1939.
Fig. 9-2.   After R.L. Carroll, 1964.
Fig. 9-3.   Adapted from *Vertebrate Paleontology*, by A.S. Romer, copyright 1945, by permission of The University of Chicago Press.
Fig. 9-4.   Adapted from *Evolution Emerging*, by W.K. Gregory, copyright 1951, by permission of the American Museum of Natural History.

Fig. 9-6.   (A) adapted from *Vertebrate Paleontology*, by A.S. Romer, copyright 1945, by permission of The University of Chicago Press. (B) after A.S. Romer and L.I. Price. 1940. (C) after C.W. Andrews, 1910–1913. (D) after R.F. Ewer, 1965.
Fig. 9-9.   After E.H. Colbert, 1941.
Fig. 11-1. After A.S. Romer, 1966.
Fig. 11-2. (A) adapted from *Osteology of the Reptiles*, by S.W. Williston, copyright 1925, by permission of Harvard University Press. (B) after H. Gadow, 1909.

Fig. 12-1. (A) after P.J. Currie, 1981. *Hovasaurus boulei*, an aquatic eosuchian from the Upper Permian of Madagascar. *Palaeont. Afr.* 24:99–168. (B) after E. Kuhn-Schnyler, 1974. Die Transfauna der Tessiner Kalkalpen. *Neujahrsblatt Naturf. Ges. Zuerich.* 176:1–119.
Fig. 12-3. (A) from B. Peyer, 1950, *Geschichte der Tierwelt*. Buchergilde Gutenbert, Zurich. (B) after F. Broili, 1912.
Fig. 12-4. From E. Kuhn-Schnyder, 1963, I Sauri del Monte San Giorgio. *Comunicazioni dell'Institutio di Paleontologia dell'Universita di Zurgio*, 20:811–854.
Fig. 12-5. After E. Fraas, 1902, Die Meer-Crocodilier (Thallatosuchia) des oberen Jura unter specieller Beruecksichtigung von *Dracosaurus* und *Geosaurus*. *Palaeontographica*, 49:1–72.

Fig. 13-1. (A) adapted from R. Ewer, 1965. (B) adapted from B. Krebs, in *Schweiz. Paleont. Abhandlung*. Vol. 81, 1965, by permission, Birkhauser Verlag AG, Basel, Switzerland.
Fig. 13-3. Modified after C.L. Camp, 1930.
Fig. 13-4. Adapted from R. Wild, 1973.
Fig. 13-5. Modified after C. Gow, 1975.
Fig. 13-6. Modified after F. von Heune, 1956.
Fig. 13-8. (A) after E.H. Colbert and C.C. Mook, 1951. (B) after E. Fraas, 1902. (C, E) adapted from *Osteology of the Reptiles*, by S.W. Williston, copyright 1925, by permission of Harvard University Press. (D) After C.W. Andrews, 1910–1913. (F) after L.I. Price, 1945.

Fig. 14-1. Adapted from *The Dinosaur Book*, by E.H. Colbert, 1945.
Fig. 14-2. (A, B, E) after C.W. Gilmore, 1914, 1920, 1925. (C) after T. Maryanska and H. Osmolska, 1974. Copyright 1974, by permission of Zaklad Paleobiologü. (D) after R.S. Lull and N. Wright. 1942. (E) after R.S. Lull, 1933.
Fig. 14-6. (A) after C.W. Gilmore, 1936. (B) after J.H. Ostrom, 1969.
Fig. 14-7. From R.A. Thulborn, 1972.
Fig. 14-8. After A.W. Crompton and A. Charig, 1962.
Fig. 14-9. After B. Brown, 1914.
Fig. 14-10. After J.H. Ostrom, 1961.

Fig. 15-1. (A) after E.H. Colbert, 1970. (B, C) from Carroll, 1988.
Fig. 15-2. Illustration by Louise Waller, based on information from Dr. Carl Gans.
Fig. 15-3. (A) after H.G. Seeley, 1901. (B) after G.F. Eaton, 1910.
Fig. 15-4. Illustration by Louise Waller, based on various sources.

Fig. 16-1. After G. Steinmann and L. Doderlein, 1890.
Fig. 16-2. From *Origins of Birds*, by Gerhard Heilmann. Copyright 1927, D. Appleton and Company. Redrawn and adapted by permission of the publishers, Appleton-Century-Crofts, Inc.
Fig. 16-3. Mick Ellison / American Museum of Natural History.

Fig. 16-5. **(A)** after F.A. Lucas, 1901, *Animals of the Past.* McClure Phillips, New York. **(B)** after O.C. Marsh, 1880, *Odontornithes: A Monograph on the Extinct Toothed Birds of North America.* U.S. Government Printing House, Washington, D.C.

Fig. 16-6. **(A)** after W.D. Matthew and W. Granger, 1917, The skeleton of *Diatryma*, a gigantic bird from the Lower Eocene of Wyoming. *Bull. Am. Mus. Nat. Hist.* 37:307–326. **(B)** after C.W. Andrews, 1901, On the extinct birds of Patagonia. I. The skull and skeleton of *Phororhacos inflatus* Ameghino. *Trans. Zool. Soc. London* 15:55–86.

Fig. 16-7. After Andrews, 1901.

Fig. 16-8. Illustration by Louise Walker, adapted from a 1980 drawing by the National Geographic Society, Washington, D.C.

Fig. 18-1. **(A)** after R. Carroll. 1972. **(B)** after R. Reisz, 1972. Pelycosaurian reptiles from the Middle Pennsylvanian of North America. *Bull Mus. Comp. Zool. Harvard* 144:27–62. Reprinted with permission of the author.

Fig. 18-2. **(A, B, C, E, F)** after A.S. Romer and L.I. Price, 1940. **(D)** after E.C. Case, 1907.

Fig. 18-4. **(A)** After D. Sigogneau and P.K. Chudinov. 1972. Reflections on some Russian eotheriodonts (Reptilia, Synapsida, Therapsida). *Paleovertebrata* 5:79–109. **(B)** adapted from *Traité de Paleontologie*, Tome IV, by J. Piveteau (ed.), copyright 1961, by permission of the Masson S.A., Paris. **(C)** after P.K. Chudinov, 1965. New facts about the fauna of the Upper Permian of the U.S.S.R. *J. Geol.* 73:117–130. By permission of the University of Chicago Press.

Fig. 18-5. After R. Broom, 1912.

Fig. 18-6. Adapted from Robert Broom and M.A. Cluver, 1941.

Fig. 18-7. From E.H. Colbert, 1948.

Fig. 18-8. **(A, C)** adapted from *Vertebrate Paleontology*, by A.S. Romer, copyright 1945, by permission of the University of Chicago Press. **(B, E, D)** after W.K. Gregory and C.L. Camp, 1918.

Fig. 18-10. After Farish A. Jenkins, Jr. 1971.

Fig. 18-11. From a cast in The American Museum of Natural History.

Fig. 19-1. After A.S. Romer, 1970.

Fig. 19-2. Adapted from: **(A, B)** E.H. Colbert, 1948; **(C, D)** A.W. Crompton, 1958. **(E, F)** W.K. Gregory in *Evolution Emerging*, copyright 1951, by permission of the American Museum of Natural History, and other sources.

Fig. 19-3. From various sources, including adaptation of a figure by permission from *American Mammals*, by W.J. Hamilton, Jr., copyright 1939, McGraw-Hill Book Company, Inc.

Fig. 19-4. From K.A. Kermack, Frances Mussett, and H.W. Rigney, 1973.

Fig. 19-5. Adapted from F.A. Jenkins, Jr., and R. Parrington, 1976.

Fig. 19-6. **(A)** after H.G. Seeley, 1895. **(B–K)** after G.G. Simpson, 1961.

Fig. 19-7. After W. Granger and G.G. Simpson, 1929.

Fig. 19-9. Original drawings from various sources.

Fig. 20-1. **(A)** after W.J. Sinclair, 1906. **(B, C, D)** adapted from *Evolution Emerging*, by W.K. Gregory, copyright 1951, by permission of the American Museum of Natural History. **(E, G)** adapted from *Organic Evolution* by R.S. Lull, copyright 1940, by permission of The Macmillan Company, New York. **(F)** adapted from *Textbook of Paleontology* by K.A. von Zittel, copyright 1925, by permission of Macmillan and Company, Ltd., London.

Fig. 20-2. Adapted from *Evolution Emerging*, by W.K. Gregory, copyright 1951, by permission of the American Museum of Natural History.

Fig. 20-4. (**A**) after M. Woodburne in *Science*, Vol. 218, 1982, p. 285. Copyright, 1982, by the A.A.A.S., by permission of *Science* and the author. (**B**) after G.G. Simpson, 1948.

Fig. 21-1. (**A, B**) adapted from *Paleontologie Obratlovcu*, by Z.V. Spinar, copyright 1984, by permission.
Fig. 21-2. (**D, E, F**) adapted from *Evolution Emerging*, by W.K. Gregory, 1951, by permission of the American Museum of Natural History.
Fig. 21-3. After E.H. Colbert, 1939.
Fig. 22-1. Adapted from Z. Kielan-Jaworowska, 1978.
Fig. 22-2. From M.J. Novacek, 1986, The skull of leptictid insectivorans and the higher-level classification of eutherian mammals, *Bull. Am. Mus. Nat. Hist.*, v. 183, art. 1, pp. 1–112. Courtesy American Museum of Natural History Library.
Fig. 22-3. After *Analysis of Vertebrate Structure*, 4th edition, by Milton Hildebrand, 1995, John Wiley & Sons, Inc.
Fig. 22-4. (**A, B**) after R. Lydekker, 1894. (**C, D**) after C. Stock, 1925.
Fig. 22-6. (**A**) after C.L. Gazin, 1953. (**B**) after J. Wortman, 1897.

Fig. 23-1. Adapted from *Mammal Evolution*, by R.J.G. Savage and M.R. Long, copyright 1986, by courtesy of the Natural History Museum.
Fig. 23-4. (**A, B**) Adapted from *Evolution Emerging*, by W.K. Gregory, 1951. By permission of The American Museum of Natural History. (**C**) after L. Russell.
Fig. 23-6. After de Blainville.
Fig. 23-7. (**A, B**) after W.K. Gregory, 1921. (**C**) after A. Gaudry, 1862. (**D, E**) adapted from *Evolution Emerging*, by W.K. Gregory, copyright 1951. By permission of The American Museum of Natural History.
Fig. 23-8. Adapted from *The Antecedents of Man*, by W.E. LeGros Clark, copyright 1984. By permission of Edinburgh University Press.
Fig. 23-9. All adapted from *Evolution Emerging*, by W.K. Gregory, copyright 1951. By permission of The American Museum of Natural History.

Fig. 24-1. Portions adapted from earlier drawings by Lois M. Darling.
Fig. 24-2. Adapted from *Vertebrate Paleontology*, by A.S. Romer, copyright 1945, by permission of the University of Chicago Press. (**A**) originally after W.D. Matthew, 1910. (**C**) originally after W.B. Scott, 1905. (**D**) originally after O.A. Peterson, 1905.
Fig. 24-3. After A.E. Wood, 1962.

Fig. 25-1. Adapted from J. Wortman, 1901–1902, and W.D. Matthew, 1909.
Fig. 25-2. Adapted from W.D. Matthew. 1909.
Fig. 25-4. Adapted from (**A**) W.D. Matthew. 1935; (**B**) W.B. Scott and G.L. Jepsen. 1936; (**C**) W.D. Matthew, 1930; (**D**) J.C. Merriam and C. Stock, 1925; (**E**) S.H. Reynolds, 1911; (**F**) O. Zdansky, 1911; (**G**) W.D. Matthew. 1910.
Fig. 25-6. (**C, D**) adapted from *Mammalogy*, 3rd Edition, by Terry A. Vaughan, copyright 1986 by Saunders College Publishing, a division of Holt, Rinehart and Winston, Inc. By permission of the publisher.

Fig. 26-1. Adapted from P. Gingerich in *Science*, Vol. 220, p. 404. Copyright 1983 by the A.A.A.S. By permission of *Science* and the author.
Fig. 26-2. (**A**) adapted from H.F. Osborn, 1909. (**B, C**) adapted from R. Kellogg, 1928. (**E**) Adapted from *Mammalogy*, 3rd edition, by Terry A. Vaughan, copyright 1986 by

Saunders College Publishing, a division of Holt, Rinehart and Winston, Inc. By permission of the publisher.

Fig. 27-1. Adapted from an original photograph by R.E. Sloan. By permission of R.E. Sloan.
Fig. 27-2. **(A)** adapted from W.D. Matthew, 1937. **(B)** adapted from *Evolution Emerging*, by W.K. Gregory, copyright 1951. By permission of the American Museum of Natural History.
Fig. 27-3. After H.F. Osborn, 1898.
Fig. 27-5. Portions adapted from earlier drawings by Lois M. Darling.

Fig. 28-1. **(A)** after W.B. Scott 1940. **(B)** adapted from *Evolution Emerging*, by W.K. Gregory, copyright 1951, by permission of the American Museum of Natural History. **(C)** adapted from *Vertebrate Paleontology*, by A.S. Romer, copyright 1945; by permission of the University of Chicago Press. **(D)** after O.A. Peterson, 1904. **(E)** Adapted from *A History of Land Mammals in the Western Hemisphere*, by W.B. Scott, 1937. **(F)** after W.D. Matthew, 1904.
Fig. 28-2. Adapted from W.J. Sinclair, 1914.
Fig. 28-3. **(A, F, G, H, J)** after F.B. Loomis, 1925. **(B)** adapted from *Textbook of Paleontology*, by K.A. von Zittel, copyright 1925, by permission of Macmillan and Company, Ltd., London. **(C)** after W.B. Scott, 1940. **(D, I)** after E.H. Colbert, 1935, 1941. **(E)** after O.A. Peterson, 1909. **(K)** after G. Pilgrim, 1937.
Fig. 28-4. **(A)** after W.B. Scott, 1940. **(B)** after S.H. Reynolds, 1922. **(C)** after H.S. Pearson, 1923. **(D)** after W.J. Sinclair, 1914. **(E)** after J. Leidy, 1869. **(F)** after O.A. Peterson, 1904. **(G)** after W.D. Matthew, 1908. **(H)** after R.A. Stirton, 1931. **(I)** after A. Gaudry, 1867.
Fig. 28-5. **(C)** redrawn after de Blainville.
Fig. 28-7. Adapted from K. Rose in *Science*, vol 216, p. 621. Copyright 1982, by A.A.A.S. By permission of *Science* and the author.
Fig. 28-12. Adapted from *The Evolution of the Mammals*, by B. Halstead, 1978.
Fig. 28-15. Adapted from *Evolution Emerging*, by W.K. Gregory, copyright 1951, by permission of The American Museum of Natural History.

Fig. 29-2. Adapted from *A History of Land Mammals in the Western Hemisphere*, by W.B. Scott, 1937.
Fig. 29-3. **(A)** after H. Burmeister, 1866. **(B)** after W.J. Sinclair, 1909. **(C, E)** after W.B. Scott, 1912, 1928. **(D)** after E.S. Riggs, 1935. **(F)** after F.B. Loomis, 1914.

Fig. 30-1. After L. Radinsky, 1966.
Fig. 30-2. **(A–D)** adapted from *Evolution Emerging*, by W.K. Gregory, 1951. Copyright 1951, by permission of the American Museum of Natural History. **(E)** after W.J. Holland and O.A. Peterson, 1913.
Fig. 30-3. Adapted from *Evolution Emerging*, by W.K. Gregory, 1951. Copyright 1951, by permission of the American Museum of Natural History.
Fig. 30-4. **(A)** after W.B. Scott, 1941. **(B)** after Cope.
Fig. 30-6. **(A)** Adapted from *Evolution Emerging*, by W.K. Gregory, 1951. Copyright 1951, by permission of The American Museum of Natural History. **(C, E)** after H.F. Osborn, 1918. **(B, D, F)** after W.D. Matthew, 1927.
Fig. 30-7. **(A)** adapted from *Evolution Emerging*, by W.K. Gregory, 1951. Copyright 1951, by permission of the American Museum of Natural History.
Fig. 30-8. Adapted from R.A. Stirton, 1940, G.G. Simpson, 1951, D. MacFadden, 1985, and other sources.

Fig. 30-9.   **(A)** after J. Wortman, 1896. **(B)** after Flower and Lydekker, 1891. **(C)** after E.M. Schlaikjer. 1937. **(D)** after W.D. Matthew, 1927. **(F, G)** after H.F. Osborn. 1929, 1898.
Fig. 30-10. **(A, B, D)** adapted from *Evolution Emerging*, by W.K. Gregory, 1951. Copyright 1951, by permission of the American Museum of Natural History. **(E, F)** after H.F. Osborn, 1929, 1898. **(C)** after E.M. Schlaikjer, 1937.

Fig. 31-2.   Adapted from H.F. Osborn, 1936, 1942.
Fig. 31-3.   **(A)** after an original drawing by M. Colbert. **(B, C)** after H.F. Osborn, 1932.
Fig. 31-4.   **(F)** after V.J. Maglio, 1973. Other parts after H.F. Osborn. 1936, 1942.
Fig. 31-6.   **(A)** adapted from *Evolution Emerging*, by W.K. Gregory, copyright 1951, by permission of The American Museum of Natural History. **(B)** after C. Repenning, 1963.

訳者のあとがき

　この本の前の版，第4版邦訳が出版されたのは1994年12月のことで，それから早くも9年半が過ぎた．邦訳書としての初版は1967年，第2版が1978年に出されているので，この第5版（原書は2001年）は同系列の訳書として4度目の出版となる．これまでの改訳はそれぞれ数百か所の大小の改変で済ますことができたのだが，今回の新版邦訳は初版と同じくゼロからの新全訳である．（第3版は訳出の機を逸した．）

　初版の邦訳を1960年過ぎのころ私がしはじめた理由はまず，脊椎動物化石の蓄積と比較解剖学の伝統の貧しいわが国では，このように首尾一貫した総合的な入門書を独自に作ることは無理だろうと思ったことである．当時の私のそうした見方は，自然史系をふくむ博物館が数多く建設され，また海外から借用した恐竜化石などの企画展示がしきりに行われるようになった今日でも，ほとんど変わっていない．

　本書の原書初版が1955年に出されてから半世紀近い年月の間に，過去－現生の脊椎動物の研究成果にどれほど多量の進歩発展があったか，計り知るよしもない．あの1950年代後半ごろは，核酸の発見と解明を別とすれば世界の生物学界はまだ牧歌的だったと言えるだろう．その後まずコンピューターが出現，発達，そして普及した．その一方，分子生物学が短期間に長足の進歩をとげ，地球科学の世界では大陸移動の理論が定説化し，動物学では分岐論分類学が隆盛となり，さらに近年は系統分類学で"分子系統学"が日常的なものになった．他方で，原子力の軍事悪用と平和利用の展開については言うまでもない．二十世紀後半は200年前の産業革命を大きく超える科学革新の時代であった．

　しかし本書の主題である脊椎動物の進化過程や系統分類は，世間で好事家たちの博物学（"先端科学"ではなく）のようにみられるためか，わが国の高校の薄っぺらな理科教科書では不当に軽く扱われている．生物や地学のどの教科書をみても，この領域は申し訳のようにわずかなページしか割かれない．そこで私が声を大にして強調したいのは，我々の自然観と世界観の基本的要素の一つである"生物進化"の観念はダーウィン以来，過去と現在の脊椎動物の知見を不可欠の物証とし最重要な基盤にしてきた，ということだ．仮にこの領域の研究がまったく発達しなかったとすると，われわれヒトは大昔のサルの子孫なのだという知識——大気のように大切さがふつう意識されない共有の常識——さえ存在しないはずである．この分野は，その存在意義を無視するノーベル賞の時代錯誤性や旧文部省／文科省の無残な非文化性などはよそにして，過去半世紀の間，科学界全体の大きな出来事と相まって加速度的に発展してきた．

　学界の状況が急変していくなかでは，一つのテクストブックがたびたび改訂されて"進化"するのは当然である．初版邦訳を出したとき私は「訳者のあとがき」で「今後研究の

発展に伴って多少とも書き替えられうる……」と記したことがあるが，その後の成り行きは予想をはるかに超えるものだった．原書では，平均9年余りごとに改訂版が出されてきた．初版はそれまで高度な専門書しか無かった古脊椎動物学の世界で有意義さが認められたらしく，1965年にはドイツ語訳（人類学者 G.ヘーベラーによる）も現れていた．脊椎動物の系統進化論という特殊な分野での入門書ながら，本書の過去3回の邦訳はわが国の教養レベルの世界で多少の寄与をしてきたと言っても言い過ぎではないだろう．この第5版では声価の定まった入門書であることを示す"冠"が新たに加えられ，書名そのものが変わった．

　旧版をご承知の読者には，この新版は旧版とたいして違わないように見えるかもしれない．しかし実は，かなり大きな改変が行なわれている．
　プレートテクトニクス理論——わが国で地震が起こるたびに原因説明に持ち出されるもの——に基づく"大陸移動"の概念が，仮説としてではあれ1970年ごろからしだいに定説化したことは，生物学における進化論にも比すべき地球科学上の根本的な革命であった．他方，そうした地球物理学的現象が生物の進化と分布を左右した基本的要因だったという見方の出現は，目立たないことながら生物の系統学における大きな革新だったのであり，これはこの新版で旧版以上に重視されている．
　他方，旧来の比較解剖学的根拠による主観性のつよい系統論議とはまったく異なる，上記の分岐論分類学が1960年ごろから行われるようになった．これは，DNA塩基配列の比較にもとづく分子系統学的方法が利用できない化石を対象とした系統研究の領域では，かなり客観的で比較的信頼性の高い方法とされ，現在に至っている．つとに1970年代から分岐論により絶滅・現生の哺乳類の系統分類に携わってきた M. C. マッケナ氏〔アメリカ自然史博物館〕らは1997年に画期的な新分類体系を公表し〔文献目録を参照〕，この学界に衝撃を与えた．こうした研究はコンピューター利用の発達によって初めて可能になったものである．この新版ではその新しい体系が，全面的にではなく控えめに採用されている．そのほか，化石の素材の説明と解釈にとどまらず，動物体への生物学的な見方，とくに機能形態学的な言及が多くなったことも注目すべき点である．

　第5版の構成は旧版のそれをおおむね踏襲した形をとっているが，章がまた一つ増えて32章になった．種類（属）や系統関係に関する個々の記述については，各動物に対する多面的な見方と基本的な筋書きをだいたい維持しながらも，元の文がほとんど残らないまでに書き改められている．また，初版以来のものながら多少とも描き替えられた多数の"系統樹"と並んで，分岐論方式による"分岐図"も各基本群ごとに登場した．
　この新版はこのように刷新されてはいるが，視角によってはその程度が不十分だとみることもできる．本があまり大部にならない限りで，もっと大胆に改訂されてよかったかもしれない．また専門用語の使用が大幅に差し控えられているためもあって，説明が物足りない場合も少なくない．少し前に，アメリカの幾人かの研究者による毀誉さまざまな読後

感がインターネットで現れたことがある．ある厳しい意見は，要するに，この本の初版は確かに良書だったが版を重ねるごとにだんだん時代後れになった，という．

そうした批判に対しては，私は公平にみて，古脊椎動物学の専門家がその道の志望者のための教科書をこの本に期待するのはお門違いだろうと思う．この本は，原著者らの序文に明記されているとおり，第一に普通の学生や一般読者つまり非専門家のためのものであり，甚しく煩雑難解な事がらをなるべく分かりやすく概括的に説明したものだということを改めて強調しなければならない．また，記述が"真に正しい"かどうかの判定は極めて難しいうえ，化石の世界に対する解釈の違いによることも多い．このようなテクストブックでは，最新の発見物や学説を取り入れることに慎重であったほうがよいのである．

いま私が改めて念を押したいのは，脊椎動物の進化的系統論の世界はこの本が書き表している程度のものでは到底ないということだ．本書の内容は個々の領域で得られてきた膨大な研究成果から著者の価値観で抽出されたエッセンスにほかならず，その背後には数限りもない事実と着想と専門用語がある．知見や用語はたえず新たに生まれ，あるいは忘れられていき，そのようにして研究は流動し発展している．系統進化はある生物種のすべての生命現象の総合的結果として起こるものだと考えれば，この本は，一般読者のなかでも特に現生生物学の関係者や学生の皆さんにお勧めしたいところである．

脊椎動物のある一定の領域をすでに深く専攻している人には，この本の該当部分など読んでいただくまでもなかろう．また古脊椎動物学そのものを目指す人たちは，さらに進んで，もっと専門性の高い本（近年のものでは，例えば英国風の M. J. Benton：Vertebrate Palaeontology，2版，2000）に取り組んでいただきたい．

本書には幾つもの面に長所があるが，最大の特長は，脊椎動物全体の興亡の歴史を一貫した形で読者に理解させ，ヒト類とはどういう生物なのかを省察させてくれる点にある．現代ほど"いったい人間とは何ものか"という疑問が良識ある人々の意識にのぼる時代はかつて無かっただろうと思われるが，そうした省察は人類，あるいはせいぜい霊長類の範囲のなかで行われているようにみえる．もっと視野を広げて，もろもろの動物群の系統進化の歴史を知ってみれば，人間自身への異なる認識が生まれてくるのではなかろうか．太古の動物界のこまごまとした知識のためだけでなく，そのような視点からもこの本を見ていただきたいと思う．

ところで，本書の最初の著者，E. H. コルバート博士（1905-2001）は，ニューヨークのアメリカ自然史博物館古脊椎動物学部長，コロンビア大学教授，アリゾナ州フラグスタフのノーザンアリゾナ博物館古生物学部長を歴任した人である．おもに化石爬虫類の研究を専門とし，多数の研究論文の業績があるほか，古生物学に関連した至って読みやすい何冊もの啓蒙書や自叙伝を著している．同氏が1977年に画家のマーガレット夫人とともに来日したとき私は京都市内で会ったことがあり，その温厚な人柄は忘れることができない．数十年にわたりニューヨークなどで二十世紀のアメリカ流古生物学の良き時代を見つづけ

た同氏は，長寿を享受し，この第5版原書の発刊からまもない秋の日に逝去した．

　第2著者のM. モラレス氏は第4版が出たころには北アリゾナ博物館の地質学部長，現在はカンザス州のエンポーリア州立大学の地質学準教授を務めている．

　第3著者，E.C. ミンコフ氏はメイン州ルイストンのベイツ・カレッジの生物学教授で，この第5版改訂の責任者である．本書「まえがき」から分かるとおりかつて古生物学に熱中したが，コランビア大学で進化生物学を専攻し，今は生物学概論，古生物学，比較解剖学，生物統計学，霊長類とヒトの起原，生物学へのコンピューター利用など，多様な分野で教鞭をとっている．著書には本書のほか，『進化生物学』(1983)，『解析機械のための教師用便覧』(1999) などがある．同氏の最新刊『現今の生物学：社会問題からのアプローチ』(3版, P. ベイカーと共著, 2004)は，系統進化をはじめとする一般生物学を基礎とし，時おり突発して動物と人間の社会に広がる疫病の仕組みを論じた大冊である．

　生物学と地学にまたがるこのように多面的な書物を適正に全訳するのは，一個人の独力でできることではない．およそ40年にわたる4回の邦訳にあたって，多数の先生方や学兄からさまざまな方面でご教示とご支援を賜った (以下，五十音順，敬称略)．故井尻正二〔古生物〕，犬塚則久〔古生物〕，岩井保〔魚類〕，遠藤萬里〔人類〕，大隅清治〔鯨類〕，大泰司紀之〔哺乳類〕，貝原久〔古生物〕，神谷英利〔古生物〕，亀井節夫〔古生物〕，後藤仁敏〔古生物〕，佐倉朔〔人類〕，瀬戸口烈司〔古生物〕，鎮西清高〔古生物〕，故徳田御稔〔哺乳類〕，中坊徹次〔魚類〕，故中村健児〔爬虫類〕，長谷川善和〔古生物〕，疋田努〔爬虫類〕，松井正文〔両生類〕，故松原喜代松〔魚類〕，および森岡弘之〔鳥類〕の皆さんである．また第4版旧訳では7名の共訳者——天野雅男〔鯨類〕，遠藤秀紀〔陸生哺乳類〕，小早川みどり〔陸水魚類〕，中島経夫〔化石魚類〕，西尾香苗〔両生類〕，林光武〔両生類〕，安川雄一郎〔爬虫類〕——の方々に多大な労力と時間を割いていただいた．以上すべての皆さんへ，末筆ながら深謝の辞を申し上げる．

　原書第15章には記述の仕方としてはなはだ納得しがたい箇所があった．それについて，E.C. ミンコフ氏から修正することに全面的同意を得ることができ，文の改変を行なった．

　終わりに，4回もの出版を引き受けられた築地書館株式会社と各回の担当者諸氏，この第5版では特に稲葉将樹さんへ厚く謝意を表したい．この複雑な構成をもつ書物は直接関係者の方々のねばり強い作業の結実にほかならない．

付記——分類群名の取扱いについて

　生物の種類，種類群，進化系統，分類体系などを論ずる書き物で著者や訳者がしばしば直面する障害の一つは，基本的にラテン語形をとる分類群，特に目の名の"和名"をどうするかという問題である．著訳者は，多くの場合，すでに複数の和名がある場合にどれを採るべきかで迷わざるをえない．その結果，同じ種類または種類群に対していろいろな和名が使われ，同物異名の混乱を生ずることになる．それは実は，ただ名称だけの問題ではなく，各種類や進化系統への見方と読者の理解・誤解にかかわる問題でもある．

訳者のあとがき

　かつて第4版邦訳の「監訳者あとがき」で付記したことだが，旧文部省は1988年，同一物について複数ある専門用語を統一するため『学術用語集　動物学編（増訂版）』〔丸善刊〕を出版し，動物の新しい分類群名の体系を公表した．そこでは，動物の目の分類群名を代表的とみられた動物のカタカナ和名で表記する方式——両生類の無尾目はカエル目，爬虫類の有鱗目はトカゲ目，哺乳類の食肉目はネコ目など無数——が定められた．

　しかし本訳書では，旧版でもこの新版でも目の名にその旧文部省式は採らず，ほとんどの場合は漢字による伝統的な群名を用いた．在来の和名がない群名には新しい和名を当てた．それにはさまざまな理由がある．哺乳類について言えば，オオカミ，パンダ，トラ，ハイエナ，アザラシなどを含む広範な食肉目を"ネコ"で代表させては誤解を招きかねないこと，ネコ目を一般語として「ネコ類」とするとネコ上科やネコ科など下位階級の「ネコ類」と区別できないこと，"肉食性"という重要な共通特徴が群名から失われること，等々．在来の体系と大きく違う上記のマッケナ／ベル（1997）または本書原書が採ったものに近い分類体系と群名が世界に広まりつつあり，旧文部省式の和名はもはや，名称としてはもちろん選定の原理としてもそれらと全く相容れない．旧文部省式は紛らわしい"同物異名"を大量に作り出し，分類群名を"統一"するどころかいたずらに混乱させた．しかし実際にはそれらはほとんど無視され，忘れられる結果になっている．

　生物学上の概念と名称は，研究の進展とともに果てしなく興亡し，変異し，また増加していく．教科書検定のための名称基準を作る必要があったにせよ，一国の政府が主導して"規制"するような事柄ではないのだ．学界の用語を一つの体系として定めようとするのは現実無視の固定した学問観によるものであり，もともと有りえない企図であった．世界にもおそらく他に類例はないだろう．我々はみな，そうした不都合を解消し，代わって，必要なときには安心して準拠し採用できるような日本語分類群名をもつ必要がある．

　そのため私は目の和名の取扱いを詳細に検討し，2000年6月，その結果を日本哺乳類学会の和文会誌で"提言"した．その後，同学会ではある専門委員会がこの問題をめぐり，マッケナ／ベル流の新群名体系を調査対象の例として協議を重ね，旧文部省式によらない和名体系を選ぶことで一応の結論に達した．その体系は2003年12月，「一般に推奨してよいもの」として上記の同じ会誌で提案，公表された．全くの新語をふくむ本書の哺乳類分類群名はほとんどその案に従っている．しかし，生物の分類群名とその内容は研究者たちの見解や傾向によって変異しうるものであるから，本書のそれらはやはり仮のものと理解していただきたい．

　　　2004年9月　　　　　　　　　　　　　　　　　　　　　　　　　　訳　者

属名索引

Acanthodes　　37, 38
Acanthostega　　87
Acinonyx　　387
Aegyptopithecus　　345, 346
Aeolopithecus　　345, 349
Aetosaurus　　177
Agouti　　371
Agriochoerus　　423, 426
Ailuropoda　　382
Ailurus　　382
Albertosaurus　　197
Alcelaphus　　429
Alces　　431
Alligator　　186
Allosaurus　　191, 192, 196, 197, 202
Alphadon　　300
Alticamelus　　425, 427
Amebelodon　　482
Amia　　68
Amphicentrum　　66
Amphicyon　　380
Amphipithecus　　344
Amphitherium　　287
Amynodon　　470
Anagale　　360, 361
Anatolepis　　23
Anchitherium　　459
Andrewsarchus　　394
Ankylosaurus　　211, 212
Antarctodolops　　301, 302
Anthracobune　　476, 487
Antidorcas　　434
Antilocapra　　435, 436
Antilope　　435
Apatosaurus　　199-201
Apidium　　345
Aplodontia　　368
Apternodon　　395
Araeoscelis　　138, 160
Arandaspis　　23
Archaeohippus　　459
Archaeomeryx　　413, 426, 428
Archaeopteryx　　229-235, 247
Archaeotherium　　414, 419
Archaeothyris　　257, 258
Archelon　　170, 171
Arctocyon　　403
Arctodus　　381
Arctolepis　　43
Arctostylops　　440
Ardipithecus　　352

Argentavis　　237, 239
Arsinoitherium　　487, 488
Askeptosaurus　　161
Aspidorhynchus　　68
Astrapotherium　　445, 446
Astraspis　　23
Atlanthropus　　354
Aulophyseter　　395
Australopithecus　　350-354

Babirussa　　420
Balaena　　398
Balaenoptera　　398
Baluchitherium　　470, 499
Barylambda　　404
Barytherium　　480
Basilosaurus　　396
Bassariscus　　382
Bathyopsoides　　407
Bauria　　268
Baurusuchus　　185, 186
Behemotops　　487, 488
Biarmosuchus　　263, 264
Bienotherium　　272
Birkenia　　25, 29, 32
Blastomeryx　　429
Borealestes　　286
Borhyaena　　298, 300, 301
Borophagus　　380
Bos　　500
Boselaphus　　435
Bothriodon　　411
Bothriolepis　　41, 46, 95
Brachiosaurus　　199
Branchiostoma　　11, 12, 51
Brontops　　466
Brontosaurus　　200, 201
Brontotherium　　452, 453, 462, 464, 465
Buettneria　　113

Cacops　　111
Caenolestes　　301
Caenopus　　462, 470
Cainotherium　　413, 422
Calamoichthys　　68
Callippus　　461
Camarasaurus　　192, 201
Camelus　　424
Camptosaurus　　205, 209
Canis　　380
Capreolus　　431

Captorhinus 128, 129
Carodnia 447
Casea 262
Castor 368
Castoroides 368
Catagonus 421
Caturus 70
Caudipteryx 199
Cavia 371
Cebupithecia 343
Centetes 323
Cephalaspis 25, 26, 29
Ceratodus 80, 81
Ceratogaulus 368
Ceratotherium 471
Ceresiosaurus 168
Cervus 431
Chasmosaurus 214
Cheirolepis 63, 66, 76, 77
Chilecebus 344
Chriacus 403
Cimolestes 320
Cladoselache 54, 95
Claenodon 403
Clamydoselache 56
Climatius 38, 39
Clupea 69-71
Coccosteus 41-43
Coelophysis 181, 194, 196
Coelurosauravus 220, 221
Confuciusornis 231
Connochaetes 435
Conoryctes 330
Coryphodon 404, 405
Corythosaurus 206, 207, 209
Cotylorhynchus 262
Cricetops 365
Crotalus 154, 156
Crotaphytus 154
Cryptoprocta 384
Ctenurella 45
Cuvieronius 481
Cymbospondylus 164
Cynocephalus 335
Cynodesmus 380, 381
Cynodictis 380
Cynognathus 244, 268-271, 277, 285
Cynomys 368

Dama 415
Dapedius 68
Dasyurus 302
Deinonychus 198, 200
Deinosuchus 187
Deinotherium 477-479
Delphinus 397
Deltatheridium 403

Desmatosuchus 177, 178
Desmostylus 486-488
Diacodexis 413, 418, 422
Diadectes 108, 109
Diadiaphorus 444
Diarthrognathus 278
Diatrima 236, 237
Diceros 471
Dicotyles 421
Dicroceros 430
Dicynodon 266
Didelphis 298-300
Didelphodus 311
Dimetrodon 259-262
Dinichthys 42, 43, 95
Dinictis 386
Dinohyus 413, 419
Dinornis 236
Diplobune 411, 415
Diplocaulus 117-119
Diplodocus 199, 201
Diplomystus 71
Dipodomys 370
Diprotodon 304
Dipterus 76, 79, 80
Dipus 370
Discosauriscus 107
Dissacus 394
Docodon 286
Dolichocebus 343
Dolichorhinus 466
Dorypterus 66
Draco 220, 221
Drepanaspis 32, 33
Dromaeosaurus 198, 234
Dryopithecus 346
Dunkleosteus 43

Edaphosaurus 259, 262
Edestus 55
Elasmosaurus 167
Elephas 484, 500
Elpistostege 82
Embolotherium 466
Enaliarctos 387
Endeiolepis 30
Endothiodon 266
Eodelphis 300
Eogyrinus 104, 105
Eohippus 454
Eomoropus 467
Eosimias 344
Eotheroides 485
Eotitanops 465, 466
Eotragus 435
Eozostrodon 283, 279
Epihippus 459

属名索引

Equus 17, 444, 452, 453, 456, 458, 461–464, 500
Erinaceus 323
Eriptychius 23
Eryops 109, 110, 116
Erythrosuchus 176
Erythrotherium 279
Estemmenosuchus 264, 265
Eubalaena 395
Eumeryx 429
Eunotosaurus 130
Euparkeria 175–177
Eupleres 384
Eurymylus 360, 361
Eusthenopteron 83–87
Eutamias 368

Fabrosaurus 202–204
Felis 387

Galago 341
Galeopithecus 335
Gandakasia 395
Gazella 414
Gelocus 426
Gemuendina 44
Genetta 384
Geomys 370
Geosaurus 186
Gerrothorax 114
Gigantopithecus 349
Giraffa 431, 433
Glaucolepis 70
Glossopteris 145
Glyptodon 326, 327
Gomphotherium 481
Gorilla 353
Grangeria 467
Gypsonictops 320

Haikouichthys 23
Halitherium 485
Helicoprion 55
Hemicyclaspis 25, 26, 32
Henodus 166
Heptacodon 413
Heptodon 468
Herrerasaurus 193, 194
Hesperhys 421
Hesperocyon 380, 381
Hesperornis 235
Heterocephalus 370
Heterodontosaurus 202–204
Heterodontus 56
Hexanchus 57
Hipparion 461, 471, 500
Hippidion 461

Hippocamelus 411
Hippopotamus 411, 413, 414
Hippotragus 435
Holoptychius 83, 84
Homacodon 414, 418
Homalodotherium 442
Homo 353–357, 496
Homoeosaurus 153
Homunculus 343
Hoplophoneus 381, 386
Hovasaurus 152, 160, 161
Hyaena 381
Hyaenodon 376
Hydrochoerus 371
Hydropotes 431
Hylochoerus 420
Hylonomus 127, 128, 138
Hypertragulus 426–428
Hypohippus 459
Hypsilophodon 204
Hyracodon 469, 454
Hyracotherium 450–459, 462–464

Icaronycteris 333
Icarosaurus 154, 221
Ichthyolestes 395
Ichthyornis 235
Ichthyosaurus 162, 163
Ichthyostega 85, 87, 101, 116
Ictitherium 385
Iguanodon 205, 248
Indarctos 381
Indricotherium 470
Isurus 20

Jamoytius 24, 25, 34, 52
Jonkeria 265

Karaurus 120
Kayentatherium 272
Kennalestes 320
Kentriodon 397
Kiaeraspis 27
Kobus 435
Kronosaurus 167
Kuehneosaurus 154, 220
Kuehneotherium 287, 291

Lagosuchus 177
Lama 424
Lambdotherium 463, 466
Lambeosaurus 192, 207
Lammidhania 476
Lanarkia 33
Latimeria 78, 85, 86
Lemur 341
Lepidosiren 78, 81

Lepisosteus 68
Leptictis 320, 322
Leptoceratops 212, 213
Leptolepis 71
Lepus 363
Liaoningornis 231
Loris 341
Loxodonta 484
Lunaspis 44, 45
Lutra 383
Lycaenops 268, 269, 278
Lyrosuchus 268
Lystrosaurus 244, 271
Lytrosaurus 267

Macrauchenia 445, 446, 448
Macropetalichthys 45
Macropoma 85
Macrotherium 467
Maiasaura 209
Mammut 482
Manis 329
Manteoceras 466
Marmosa 300, 368
Mastodon 479, 482
Megaladapis 341
Megaloceros 430
Megalohyrax 488
Megatapirus 469
Megatherium 327
Megazostrodon 279, 283
Meles 383
Mellivora 383
Meniscotherium 403
Mephitis 383
Merychippus 456, 459–461
Merycochoerus 423
Merycodus 411, 435
Merycoidodon 413, 414, 423
Merycopotamus 422
Mesocetus 398
Mesohippus 459
Mesonyx 394
Mesopithecus 347, 350
Mesosaurus 134, 138, 160
Metacheiromys 329
Metamynodon 470
Metoposaurus 113, 114, 116
Miacis 378
Microbrachis 115, 117
Microdon 68
Minchenella 489
Miohippus 459
Miomastodon 482
Miopithecus 347
Miotapirus 462, 464, 468
Mixosaurus 164

Moeritherium 476, 477, 479–481, 487
Monoclonius 214, 215
Mononykus 233
Morganucodon 283, 290
Moropus 453, 462, 464, 467
Moschops 265, 266
Moschus 430
Muntiacus 430, 432
Muraenosaurus 167
Mustela 381, 383
Myllokunmingia 23
Mylohyus 421
Myoxus 370
Myrmecobius 302
Myrmecophaga 327

Naja 156
Nasua 382
Necrolemur 342
Neoceratodus 78, 79, 81
Neoreomys 365
Nesodon 442, 446
Notharctus 339–341, 350
Nothosaurus 166
Nothrotherium 326
Notochoerus 420
Notoryctes 303
Notostylops 441

Obdurodon 288
Ochotona 363
Odobenus 388
Odocoileus 413, 415, 431
Okapi 431
Oligokyphus 272
Oligopithecus 345
Ophiacodon 257, 258
Ophiderpeton 115, 117
Oreopithecus 345
Ornithorhynchus 288
Ornithosuchus 177
Ornitholestes 194–197
Ornithomimus 196, 197
Orohippus 459
Orycteropus 407
Oryx 435
Osteoglossum 71
Osteolepis 76, 77, 81–83
Oxyaena 376
Oxydactylus 411, 413, 414

Pachycephalosaurus 210
Pakicetus 394–396
Palaeanodon 329
Palaeocastor 365
Palaeochoerus 413
Palaeomastodon 481, 482

Palaeomeryx	429	*Platygonus*	421
Palaeoniscus	66, 69	*Plesiadapis*	339
Palaeoparadoxia	486, 487	*Plesictis*	383
Palaeoprionodon	384	*Pliauchenia*	424
Palaeostylops	440	*Pliohippus*	461
Palaeosyops	466	*Pliomastodon*	482
Palaeotherium	462, 463	*Pliosaurus*	167
Palaeotragus	431, 433	*Podocnemis*	131
Paleocastor	368	*Podopteryx*	220, 222
Paleothyris	257, 258	*Poebrodon*	424
Paliguana	154	*Poebrotherium*	424
Pan	349, 350	*Polydolops*	301, 302
Panderichthys	82, 86	*Polypterus*	68
Pantolambda	404, 405	*Pondaungia*	344
Parablastomeryx	414	*Porophoraspis*	23
Parahippus	456	*Postosuchus*	177
Paramys	365–368	*Potamochoerus*	420
Paranthropus	353	*Potos*	382
Parapithecus	345, 346	*Prenocephale*	192
Parasaurolophus	207	*Priacodon*	285
Parelephas	477, 479	*Proailurus*	385
Parexus	39	*Probainognathus*	276, 277, 279
Patriofelis	376	*Procamelus*	424
Patriomanis	329	*Procavia*	488
Pedetes	370	*Procolophon*	128, 129, 244, 267, 271
Pentaceratops	214	*Procyon*	382
Peramus	309	*Prodinoceras*	407
Peratherium	300	*Proganochelis*	130, 132
Perca	70	*Prolacerta*	180, 181
Perchoerus	414, 421	*Promacrauchenia*	445
Perutherium	440	*Propalaeochoerus*	420, 421
Petrolacosaurus	138	*Propliopithecus*	345, 346
Petromyzon	23	*Prosqualodon*	397
Phacochoerus	420	*Prosthennops*	421
Phascolarctos	303	*Protapirus*	468
Phascolomys	303	*Protavis*	231
Phenacodus	403, 404, 450, 472	*Proteles*	385
Phiomia	481	*Proterogyrinus*	104
Phlaocyon	382	*Protoceras*	428
Phoca	388	*Protoceratops*	212–215
Phocaena	397	*Protohippus*	444
Pholidogaster	116	*Protopterus*	78–81
Pholidophorus	69	*Protoreodon*	423
Phorusrhacus	236, 237	*Protorosaurus*	160, 179
Phthinosuchus	264, 265	*Protosiren*	485
Phyllolepis	46	*Protostega*	171
Physeter	395, 397	*Protosuchus*	184, 186
Phytosaurus	178	*Protungulatum*	320, 401, 402
Pikaia	13, 90	*Protypotherium*	441, 443, 446
Pilgrimella	476	*Prozeuglodon*	395
Pithecanthropus	354	*Pseudocynodictis*	380
Placerias	266	*Psittacosaurus*	212, 213
Placochelys	166	*Psittacotherium*	330
Placodus	165, 166	*Pteranodon*	224–226
Plagiaulax	287	*Pteraspis*	25, 31, 32
Plateosaurus	199	*Pterichthyodes*	46
Platybelodon	478, 482	*Pterygolepis*	25, 29

Ptilodus 286
Purgatorius 288, 336
Pyrotherium 447, 446

Qatrania 345
Quetzalcoatlus 224-226

Rangifer 431
Rauisuchus 177
Redfieldia 68
Rhamphodopsis 45
Rhamphorhynchus 225
Rhinoceros 464, 471
Rhynchotherium 478, 481
Rutiodon 178, 179

Sacabambaspis 23
Saghatherium 487
Sarcosmilus 302
Sauropleura 117
Saurosternon 154
Scaphonix 181, 182
Scarrittia 442
Scelidosaurus 211
Sciurus 368
Scutellosaurus 202, 204
Scutosaurus 130
Sebecus 185
Selenoportax 413
Semionotus 68
Serridentinus 477, 479, 481
Seymouria 105-107, 126
Sharovipteryx 220, 222
Shonisaurus 164
Sienoplectis 384
Sinanthropus 354
Sinopa 376
Sivapithecus 349, 353
Sivatherium 431, 433
Smilodectes 340, 341
Smilodon 386
Sordes 226
Spalacotherium 287
Sphenacodon 260, 261
Sphenodon 153
Stagonolepis 177
Stahleckeria 266
Staurikosaurus 191, 193
Stegobelodon 483
Stegoceras 210
Stegodon 479, 482
Stegolophodon 482
Stegomastodon 477, 481
Stegosaurus 191, 192, 204, 210-212
Stegotetrabelodon 479
Steneofiber 368
Steneosaurus 185, 186

Stenomylus 425, 427
Stephanocemas 430
Steropodon 288
Stockoceros 434
Strepsiceros 435
Stylinodon 330
Styracosaurus 214
Sus 415, 420
Sylvilagus 363
Symmetrodontoides 287
Synconolophus 481
Syndyoceras 428
Synthetoceras 414, 428

Tachyglossus 284, 288
Taeniolabis 286, 288
Tamias 368
Tangasaurus 160
Tanystropheus 160, 180
Tapirus 452, 453, 469
Tarrasius 68
Tarsius 342
Taurotragus 435
Taxidea 383
Telanthropus 354
Teleoceras 470, 471
Teleosaurus 185
Terracerus 436
Testudo 131
Tetonius 342, 350
Tetraclaenodon 403, 450-452, 472
Thadeosaurus 152
Thelodus 24, 25, 33
Theosodon 445
Thoatherium 444, 445
Thomashuxleya 441, 442
Thrinaxodon 244, 270, 271, 277, 279
Thylacinus 298, 302
Thylacoleo 304
Thylacosmilus 300, 301
Ticholeptus 423
Ticinosuchus 176
Tillotherium 330
Titanichthys 43
Titanophoneus 264, 265
Tomarctus 380
Toxodon 441, 442, 445, 448
Tragulus 426, 428
Trematops 83
Triadobatrachus 118-120
Tricentes 403
Triceratops 192, 214, 215
Triconodon 284
Trigonias 453
Trigonostylops 447
Trilophodon 481
Trilophosaurus 180

Trimerorhachis   110, 111
Trinacromerum   167
Tritylodon   271, 272
Trogosus   330
Tungurictis   384
Tupaia   332, 336
Tylocephalonyx   467
Tylosaurus   154, 169
Typothorax   177
Tyrannosaurus   197

Uintatherium   405, 407
Ulemosaurus   266
Unenlagia   231
Ursavus   380, 381

Varanops   257
Varanosaurus   259

Varanus   156
Velociraptor   198
Venjukovia   266
Vieraella   119, 120
Vipera   156
Viverravus   377, 378
Vulpavus   381

Xenacanthus   55, 56

Yalkaparidon   302
Youngina   138, 152

Zaglossus   288
Zalambdalestes   320, 321
Zalophus   388
Zapus   370
Zeuglodon   396

事項索引

ア行

アイアイ　aye-aye　341
アイギアロサウルス類　aigialosaurs　169
アイルランドヘラジカ　Irish elk　430
アウストラロピテクス類　australopithecines　420
アエトサウルス類　aetosaurs　178
アエピケロス亜科　aepycerotines　437
アオザメ　mackerel shark, mako shark　20, 58
亜科　subfamily　18
アカントステガ類　acanthostegids　87, 88, 102
アカントトラクス目　Order Acanthothoraci　40
アグーチ　agouti　371
アグリオコエルス類　agriochoeres　423
顎　jaw　11, 25, 36
亜綱　subclass　18
アザラシ類　seals　387-389
アジアゾウ　Asiatic elephant　484
アシカ類　sea lions　387-389
アシナシイモリ類　apodans, caecilians, gymnophionans　118, 120, 121
アステノスフィア　asthenosphere　145
アストラポテリウム目　astrapotheres　440
アスピディン　aspidin　14, 15
アダピス類　adapids　339-341, 344
アナウサギ類　rabbits　363
アナガレ類　anagalids　360-362
アナグマ類　badgers　383
アノプロテリウム類　anoplotheres　410, 422
アノモドン類　anomodonts　263
アブミ骨　stapes　103, 119, 277-280
アフリカゾウ　African elephant　484
アホウドリ　albatross　239
アホロートル　axolotl　120
アミア　bowfin　68
アミノドン類　aminodonts　469, 470
アメギノ兄弟　Ameghino, Carlos & Florentio　442, 447
アメリカマストドン　American mastodont　482
アメリカモグラ　eastern mole　323
亜目　suborder　17, 18

亜門　subphylum　18
アライグマ類　raccoons　382, 389
アラエオスケリス目　Order Araeoscelida　133
アリクイ類　anteaters　326-328
アリゲーター類　alligators　184, 187
アリストテレス　Aristotle　17
アルクトキオン類　arctocyonoids　375, 402, 403
アルクトスチロプス目　Order Arctostylopida　314
アルケゴサウルス類　archegosaurs　110
アルケス亜科　alcines　431
アルケラフス亜科　alcelaphines　437
アルマジロ類　armadillos　325-329
アンキテリウム類　anchitheres　459
アンキロサウルス類　ankylosaurs　191, 204, 211, 212
アンコドン類　ancodonts　415, 422
アンティロカプラ亜科　antilocaprines　436
アンティロペ亜科　antilopines　437
アンテロープ類　antelopes　436
アントラコサウルス類　anthracosaurs　104-109, 116, 126
アントラコテリウム類　anthracotheres　421, 422
アンフィケリディア類　Amphichelydia　131, 132
アンモナイト　ammonites　62
イエイヌ　domestic dog　380
囲眼窩骨　circumorbital bones　63, 82
イグアノドン類　iguanodonts　204, 205
育児嚢　pouch　297, 299
イクチオサウルス類　ichthyosaurs　59, 134, 161-163, 174, 392, 494
イクチオステガ類　ichthyostegids　87, 88, 102-116
イクチドサウルス類　ictidosaurs　175, 273
異形尾　heterocercal tail　27, 29, 38, 46, 55, 63, 81
異甲類　heterostracans　29-32
囲耳骨　periotic bone　393
胃石　gastrolith　201
イセクトロフス類　isectolophids　468

異節巨目　Magnorder Xenarthra　316, 325
異節目　Order Xenarthra　400, 440
イタチ類　weasels　383, 389
イッカク　narwhal, beaked whale　397
一般型　generalized　66, 104, 205, 338, 400, 403, 447, 476
異蹄類　xenungulates　314, 447
イヌ類　dogs　378, 382-389
イノシシ・ブタ類　pigs　410, 416-421
イボイノシシ　wart hog　420
イルカ類　dolphins, porpoises　397
岩狸類　hyraxes ; hyracoids　314, 400, 454, 474, 488
印象化石　impression　2, 33, 46
インドリ類　indris　341
ウィルドビースト　wildebeest　436
ウインタテリウム類　uintatheres　404, 440
ヴェーゲナー　Wegener, Alfred　144
ウェーバー小骨　Weberian ossicles　72
ウォンバット　wombats　303, 304
鰾　swim bladder　54, 63, 72, 85
烏口骨　coracoid　109, 127, 299
烏口突起　coronoid process　165
ウサギ類　rabbits ; lagomorphs　360-363, 372
ウシ　cattle　433
ウシ類　bovids, bovines　410, 416-433
ウッド　Wood, A. E.　366
ウッドチャック　woodchuck　368
腕渡り　brachiation　338, 348
ウナギ類　eels, anguilliforms　71
ウマ類　horses ; equids　17, 444-472
羽毛　feather　223, 228, 234
鱗　scale　62
ウロコオリス類　scaletail ; anomalurids　370
エイ類　skates, rays ; batoids　54, 57-59
エウゲネオドゥス類　eugeneodonts　55
エウティポミス類　eutypomyids　368
エウノトサウルス類　eunotosaurs　150
エウリミルス類　eurymylids　361, 362
エオスクス類　eosuchians　133, 150-175
エオティタノスクス類　eotitanosuchians　263
エクトロフ　ectoloph　450, 457, 459
枝角　antler　400, 412, 429, 430, 435
エダフォサウルス類　edaphosaurs　258-262
エチオピア区　Ethiopian Region　497
エデストゥスの歯　edestid teeth　55
エナメル質　enamel　15, 62, 77, 82, 325, 364, 460, 479
エナンチオルニス類　Infraclass Enantiornithes　233
エピオルニス　Aepyornis　237, 238
エミュー　emu　237
鰓　gill　11, 98
エラスモサウルス類　elasmosaurs　167
エンテロドン類　entelodonts　419
エントコニド　entoconid　455
エンボロメリ類　embolomeres　104-114
円鱗　cycloid scale　15, 16
横隔膜　diaphragm　280
横走稜　transverse ridge　481-488
横稜歯型　lophodonts　441
オーウェン　Owen, Richard　190, 442
オオカミ類　wolves　380
オオコウモリ類　megachiropterans　334
オーストラリア区　Australian Region　497, 498
オオトカゲ類　varanids　155-170
オーリクス　oryx　436
オカピ　okapi　431
オキシエナ類　oxyaenids　376
オクトドン　octodonts　371
オステオグロッスム類　osteoglossomorphs　71
オステオレピス類　osteolepiforms　86
オズボーン　Osborn, Henry F.　310
オナガザル類　cercopithecines　342, 345-347
尾鰭　caudal (tail) fin　13
オフィアコドン類　ophiacodonts　258, 261
オポッサムラット　opossum rat　301
オポッサム類　didelphids　299, 300, 302
オマキザル類　cebids　343
オモミス類　omomyids　339, 340, 342-344
オランウータン　orangutan　348
オランウータン類　pongids　348, 349
オルソン　Olson, E.C.　109, 132
オルドビス紀　Ordovician period　7
オルニトスクス類　ornithosuchians　176, 177
オルニトミムス科　ornithomimids　196, 197
オレオドン類　oreodonts　418, 423

カ行

科　family　17, 18
ガーパイク　garpike　66, 68
界　kingdom　17
外温性　ectothermal　216, 217

海牛類　sea cows ; sirenians　314, 318, 400, 472-485
外後頭骨　exoccipital　416
外骨格　exoskeleton　62
外鰓　external gill　114
海生爬虫類　marine reptiles　134, 169-174, 252, 493
外側頭窓　lateral temporal fenestra　133
カイノテリウム類　cainotheres　422
蓋板　operculum　118
外鼻孔　nostril, naris　82, 88, 102, 185
海綿質　spongy bone　14
ガヴィアル類　gavials　187
カエル類　frogs ; anurans　118, 120, 174
下顎　lower jaw　34
下顎軟骨　mandibular cartilage　54
下顎骨　mandible　38, 297, 308, 345, 476, 480, 481
鉤爪　claw　338, 375, 384, 442, 457, 467
顎骨　jaw　25
顎下骨　infragnathal　42
顎関節　jaw joint　263, 402
核脚類　camels ; tylopods　424
顎筋　jaw muscles　133
角骨　angular　263, 269
角座　pedicle　430
角質パッド　horny pad　424, 425
角鞘　horny sheath　435
顎上骨　supragnathal　42
角芯　horn core　435
カグラザメ類　hexanchoids　57
角竜類　ceratopsians　191, 212-214
下綱　subclass　18
下鰓蓋骨　suboperculum　87
顕獣上目　Superorder Preptotheria　316
火獣類　pyrotheres　314, 440, 447, 448
化石　fossil　2
化石記録　fossil record　2, 6
顆節類　condylarths　288, 314, 318, 375, 400-495
下側頭窓　lower temporal fenestra　133-138
額角　rostrum, head claspers　58
顎関節　jaw joint　203, 278, 279
滑距類　litopterns　314, 400, 440-443, 448-495
顎口類　gnathostomes　19, 34, 40, 41, 46-50
顎骨　jaw　11, 36
顎骨弓　mandibular arch　38
滑車　pulley　410, 450

滑翔型　soaring type　226
滑皮両生類　lissamphibians　118
ガノイド鱗　ganoid scale　15, 16, 62
ガノイン質　ganoine　62, 71, 77
カバ類　hippopotamids　345, 410-422
カピバラ　capybara　371
カプトリヌス形類　captorhinomorphs　127, 132-138, 256, 257
カプトリヌス類　captorhinids　128, 133-135, 147-160
カブラ類　caprines　437
カメ類　tortoises, turtles ; chelonians　130-133, 169-174
下目　suborder　17, 18
カモノハシ　duckbill, platypus　288, 289
かもはし恐竜　duck-billed dinosaurs　207, 208
下葉　lower lobe　24
カライワシ類　elopiforms　71
ガラガラヘビ類　rattlesnakes　154-156
ガラゴ　galago　341
ガラパゴスゾウガメ　Galapagos tortoise　131
カリコテリウム類　chalicotheres　442, 457, 466, 467
カリフォルニアアシカ　California sea lion　388
カルー統　Karoo series　148, 244, 265, 266, 268
カルノサウルス類　carnosaurs　198
ガレアスピス類　Oder Galeaspida　28
カレドニア造山運動　Caledonian Orogeny　92
カワイノシシ　river hog　420
カワウソ類　otters ; lutrines　383
カンガルー類　kangaroos　303, 304
カンガルーネズミ　kangaroo rat　370
含気性　pneumaticity　235
寛骨臼　acetabulum　105, 185, 194
間鎖骨　interclavicle　107, 127
管歯類　tubulidentates　314, 318, 408
関節骨　articular　273
間側頭骨　intertemporal　257
間椎心　intercentrum　84, 100, 101, 104-109, 127
カンプソサウルス類　champsosaurs　133, 171
カンプトサウルス類　camptosaurs　205, 210
カンブリア紀　Cambrian period　6, 7
岩様骨　petrosal　291, 416
紀　period　6
キーウィ　kiwi　237
キーラン＝ヤヴォロフスカ　Kielan-Javorovska, Zofia　291

鰭脚類　pinnipeds　378-389
擬棘鰭類　paracanthopterygians　72
擬鎖骨　cleithrum　104, 109, 127
鰭条　ray　43, 55, 63, 64
鱗状骨　squamosal　135
樹上性ナマケモノ　tree sloths　326-328
キタオポッサム　American opossum　299, 300
キツネ類　foxes　380
奇蹄類　perissodactyls　314, 318, 400, 450-472, 495
キヌタ骨　incus　277, 280
キノドン類　cynodonts　268, 271, 276-279, 286
牙　fang, tusk　480, 481
擬爬虫類　Parareptilia　132
キバノロ　water deer　431
キモレステス類　cimolestids　313
逆異形尾　reversed heterocercal tail　24, 29, 30, 32, 163
キュヴィエ　Cuvier, Georges　314
嗅覚　smell, olfactory sense　39, 337, 375, 393
丘状月状歯型　bunoselenodont　416
丘状歯型　bunodont　412, 414, 416, 419-421, 450-457, 481, 482
旧世界サル類　Old World monkeys　343-348
旧世界ヤマアラシ類　Old World porcupines　370
旧石器時代　Paleolithic Age　356
午蹄中目　Mirorder Meridiungulata　316
キューネオサウルス類　kuehneosaurids　220
恐角類　Order Dinocerata　314, 318, 400-407, 440-495
胸甲　thoracic shield　43
頬骨弓　zygomatic arch　272, 287, 375, 419
頬歯　cheek teeth　263, 269, 280
暁新世　Paleocene epoch　8
胸帯　pectoral girdle　10
狭鼻類　catarrhines　339, 344-346
強膜輪（板）　sclerotic ring (bones)　42, 64, 175
恐竜時代　Age of Dinosaurs　153, 187, 252
恐竜類　dinosaurs, Dinosauria　10, 150, 152, 156, 175, 190-217, 492, 493, 495
棘鰭類　acanthopterygians　72
棘魚類　acanthodians　37-39, 47, 50, 91
曲頸類　pleurodires　131, 132
棘条　spine　27, 38, 39
棘突起　spinal process　42, 43, 104, 454
棘皮動物　echinoderms　13, 14

曲鼻類　strepsirhines　339-341
距骨　talus　127, 193, 410, 444
鰭竜類　sauropterygians　134, 164
キリン類　giraffe　410, 416-418, 431
キンカジュー　kinkajou　382
ギンザメ類　Subclass Holocephali　54, 58
筋節　muscle band, myotomes　12
キンモグラ類　golden moles；chrysochloroids　325, 345
区　division　18
クーガー　cougar　387
空気呼吸　air respiration　77, 79, 80, 86, 160
空椎類　lepospondyls　100, 115-118
偶蹄類　artiodactyls　314, 318, 410-425, 495
クードゥー　kudu　436
クシフォドン類　xiphodonts　425
くじらひげ　baleen　394
クジラ類　whales；cetaceans　59, 314, 318, 392-398, 494
クスクス　cuscus；phalangers　303, 304
クズリ　wolverines　383
クセナカントゥス類　xenacanths　54-56
具尾類　Order Caudata　120
クプフェルシーファー統　Kupferschiefer series　148
クマ類　bears　380, 382, 389
クラドセラケ類　cladoselachians　54
グリプトドン類　glyptodonts　326-329
クロコダイル類　crocodiles　184, 187
クロサイ　black rhinoceros　471
クロヘビ　blacksnake　155
クロマニョン人　Cro-Magnon man　357
脛骨　tibia　83, 103, 193, 340
形質状態　character state　18
脛側骨　tibiale　127
頸部肋骨　cervical rib　277
ゲオサウルス類　geosaurs　168-170
ゲスナー　Gesner, Konrad von　17
欠脚類　aistopods　115, 117
欠甲類　anaspids　23, 28, 29, 32, 33, 91
月状骨　lunar　377
月状歯型　selenodont　403, 412-416, 421, 423, 427, 430, 444
齧歯類　rodents　272, 287, 313, 360-372, 488, 495
結節裁断型　tuberculosectorial　310
血道棘　hemal spine　63, 107
ケトテリウム類　cetotheres　398

ケノレステス類　caenolestoids　301, 302
ケファラスピス類　cephalaspids　26-33
ケファロフス類　cephalophines　437
原烏口骨　procoracoid　256
原猿類　prosimians　340, 343
原齧歯形類　protrogomorphs　365-368
肩甲烏口骨　scapulocoracoid　104
肩甲棘　scapular spine　269, 270, 279, 280
肩甲骨　scapula　109, 127
犬後歯　postcanines　269, 284
犬歯　canine　263, 269, 280, 284, 299, 310
剣歯トラ類　sabertooth cat　300, 301, 386, 387
原始鰭　archipterygium　76
原正形尾(両形尾)　diphycercal tail　55, 84
現生人類　modern humans　356
肩帯　shoulder girdle　63, 103-105
原大西洋　Proto-Atlantic Ocean　92
原竜脚類　prosauropods　199
古アメリカインディアン　Paleo-Indians　484
コアラ　koala　303
コイパー統　Keuper series　244
コイ類　carps；ostariophysans　71
綱　class　17, 18
鉱化作用　mineralization　3, 4
口蓋　palate　308
口蓋骨　palatine　82, 126
口蓋歯　palatal teeth　126, 155
口蓋方形骨　palatoquadrate　38, 52-54
後眼窩弓　postorbital arch　332, 338
後眼窩骨　postorbital　133, 135, 256
広鰭型　latipinnate, wide-paddle　164
広弓類　euryapsids　134, 135, 161
咬筋　masseter muscle　365
後烏口骨　posterior (true) coracoid　256
咬合面　occlusal surface　382
硬骨魚類　bony fishes；Osteichthyes　27, 38, 47, 50, 52, 53, 62-91, 95, 494
コウシチョウ　Confuciusornis　231
光受容器　light receptor　26
広獣大目　Grandorder Ferae　316
豪州袋目　Order Australodelphia　302
更新世　Pleistocene epoch　8
鉤足類　ancylopods　457, 468
後側頭窓　posterior temporal fenestra　228
高蹄中目　Mirorder Altungulata　316
後頭顆　occipital condyle　105, 126, 263, 268, 276, 280

咬頭　cusp　272, 280, 401
後頭頂骨　postparietal　154
交尾器　claspers　53, 56
甲皮類　ostracoderms　14, 24-26, 28, 31-34, 36, 43, 46, 50, 91
広鼻類　platyrrhines　339, 342-344
コウモリ類　bats；chiropterans　332-335
甲羅　carapace　130, 131
コエラカントゥス類　coelacanths　83-86
コエルロサウラヴス類　coelurosauravids　220
コエルロサウルス類　coelurosaurians　194
コープ　Cope, Edward D.　310
コープ＝オズボーン説　Cope-Osborn theory　312
呼吸孔　spiracle　37, 38, 52, 58, 62
古鯨類　archaeocetes　396
古歯類　palaeodonts　415, 418
鼓室骨　tympanic bone　323, 324
鼓室切痕　tympanic (otic) notch　103
コズミン質　cosmine　62, 77
コズモイド型　cosmoid type　77, 80
コズモイド鱗　cosmoid scale　15, 16, 62
古生代　Paleozoic era　7
古生物学　paleontology　5
古地磁気　paleomagnetism　242
骨甲類　osteostracans　28
骨口蓋　bony palate　257, 297
骨細胞　osteocyte　14, 16, 31
骨盤　pelvis　104, 190
骨皮　osteoderm　14
骨鰾類　ostariophysans　71
コノドント　conodonts　30, 31, 95
鼓胞　tympanic bulla　377, 378
鼓膜　tympanic membrane　103
コモンツパイ　common tree shrew　332
コリストデラ類　Order Choristodera　133, 171
ゴリラ　gorilla　349, 355
ゴルゴノプス目　gorgonopsians　268
コロブス類　colobines　348
根幹爬虫類　stem reptiles　138
混歯目　Order Mixodentia　313, 361
昆虫類　insects　95
ゴンドワナ　Gondwana　81, 143, 144, 146, 242, 267, 492
ゴンフォテリウム類　gomphotheres　478

サ行

鰓蓋骨　operculum　62, 87
鰓弓　gill (branchial) arch　11, 36, 37
鰓孔　gill opening　22, 26
鰓嚢　gill pouch　26
細竜類　microsaurs　115, 121
サイ類　rhinoceroses　457, 469, 470, 472
鰓裂　gill slit　10, 58
索上葉　epichordal lobe　76
サケ・マス類　salmoniforms　71
座骨　ischium　104, 105, 280
鎖骨　clavicle　104, 109, 127, 299, 404
サソリ類　scorpions　95
サメ類　sharks　38, 55-59
サル類　monkeys　335, 336, 340, 341, 343-347
三結節型　tritubercular　310
三叉神経　trigeminal nerve　37
三畳紀　Triassic period　7
サンショウウオ類　salamanders; urodeles　118-121
山鼠大目　Grandorder Glires　332, 360
シームリア形類　seymouriamorphs　104, 105, 108, 109, 114, 127
シーラカンス類　coelacanths　78, 85
歯牙系　dentition　309-312
歯冠　tooth crown　287, 309, 325
シカ類　deers　410, 416, 418, 425, 429-431, 435
歯隙　diastema　287, 340
歯骨　dentary　85, 176, 258, 263, 269, 270, 272, 273, 283, 297
指骨過剰　hyperdactyly　163
歯根　tooth root　280, 309
歯式　dental formula　284, 309, 338
四肢動物　tetrapods　19, 160, 220
耳小柱　columnar stapes; columella　119
耳小骨　ear ossicle　273, 277, 278, 280
矢状稜　sagittal ridge (crest)　272, 297, 375, 402
始新世　Eocene epoch　8
歯髄腔　tooth pulp　15
敷石歯　pavement teeth　58
耳切痕　otic notch　103, 104, 108, 126, 257
指節骨　phalanx　107
指節骨過剰　hyperphalangy　163
指節骨式　phalangeal formula　107, 127, 128
自然淘汰　natural selection　16, 73, 332
シソチョウ　Archaeopteryx　228

肢帯　limb girdle　10, 82
櫛鱗　ctenoid scale　15, 16
支配的爬虫類　ruling reptiles　175-253
シマウマ　zebra　17, 461
ジャイアントパンダ　giant panda　382
ジャガー　jaguar　387
尺骨　ulna　83, 103, 340
ジャコウウシ　muskox　410, 433
ジャコウジカ　musk deer　430
ジャコウネコ類　civets; viverrids　384, 389
シャチ　killer whale　397
ジャワ猿人　Java man　354
種　species　17, 18, 20
皺胃　abomasum　412
獣脚類　theropods　177, 190, 209
重脚類　Embrithopoda　314, 318, 345, 400, 474, 488, 489
獣弓類　therapsids　133, 148, 150, 174, 184, 257-273
獣形類　Theropsida　132
舟状骨　scaphoid　343, 377
獣歯類　theriodonts　174, 263-280
重歯類　Duplicidentata　361
収斂　convergence　45, 332, 392
主咬頭　main cusp　455
手根　wrist, carpus　127
手根骨　carpal bones　103
ジュゴン類　dugongs　485, 486
主獣大目　Grandorder Archonta　316, 332, 335
ジュラ紀　Jurassic period　7
主竜形類　archosauromorphs　133, 175
主竜類　archosaurs　19, 134, 152-154, 175-177, 228
循環器系　circulatory system　11
楯鱗　placoid scale　15, 16
上アルクトキオン中目　Mirorder Epiarctocyona　316
消化器系　digestive system　11
上科　superfamily　17, 18
上顎　upper jaw　34
上顎骨　maxilla　69, 88, 154, 176
上顎前突　prognathy　357
松果体　pineal body　11
松果体孔　pineal opening　26, 76, 82, 103, 126, 128, 154, 256, 265
条鰭　ray fin　64
条鰭類　rai-finned fishes; actinopterygians　64,

70, 76
小臼歯　premolar　284, 297, 299, 309, 310, 483
踵骨　calcaneus　127, 193, 343
上綱　superclass　18
上獣巨目　Magnorder Epitheria　316
上側頭窓　upper temporal fenestra　133, 135, 153, 179, 184
上恥骨　epipubic bone　288, 299, 308
漿膜　chorion　125, 126
上目　superorder　18
上葉　upper lobe　24
小翼手類　microchiropterans　334
上腕骨　humerus　83, 103, 104
食虫類　insectivores　313, 321, 323, 324, 332, 334
食肉類　carnivores　300, 313, 374-389, 452, 495
鋤骨　vomer　82
初列風切羽　primary feathers　231
シリーズ研磨法　serial grinding technique　27, 46
尻鰭　anal fin　29
歯鱗類　telodonts　33
シルル紀　Silurian period　7
シロサイ　white rhinoceros　471
シロナガスクジラ　blue whale　398
真烏口骨　true (posterior) coracoid　256
真猿類　anthropoids　343
新形　neomorph　393
真鰐類　eusuchians　186, 187
進化速度　evolutionary rate　389
進化的爆発　evolutionary explosion　91
新鰭類　neopterygians　66
神経幹　nerve trunk　27
神経弓　neural arch　104
神経棘　neural spine　63
真骨類　teleosteans, teleosts　53, 66, 68, 70-72, 494
真骨類時代　Age of Teleost Fishes　494
人種　human race　358
新生代　Cenozoic era　7
新世界サル類　New World monkeys　342-344
新世界ヤマアラシ類　New World porcupines　371
新石器時代　Neolithic Age　358
真全獣類　eupantotheres　283-291, 309
真象類　Suborder Euelephantida　477, 478
新鳥区　Division Neornithes　235
新熱帯区　Neotropical Region　325, 497, 498

真爬虫類　Eureptilia　132
シンプソン　Simpson, George G.　276, 308, 458
人類　humans　340-355
神経索　nerve cord　10
スカンク類　skunks　383
スクアロドン類　squalodonts　397
スタイリド　stylid　312
スタイル　style　297, 312, 457
スタイル棚　stylar shelf　297, 299
スタウリコサウルス亜目　Suborder Staurikosauria　190, 191
ステゴサウルス類　stegosaurs　191, 204, 210-212, 247
ステゴドン類　stegodonts　478, 483
ステゴロフォドン類　stegolophodonts　482
ステノ　Steno, Nicolaus　5
ステノミルス類　stenomylines　425
ステラー　Steller, Georg　486
ステラーカイギュウ　Steller's sea cow　486
ステンシエ　Stensiö, E. A.　27
ステンシエラ目　Stensioellida　40
スフェナコドン類　sphenacodonts　258, 260-262, 264, 265
ズュース　Suess, Eduard　144
世　epoch　6
セイウチ　walrus　387-389
正獣類　eutherians　308, 316, 320, 321
生態的ニッチ　ecological nitch　36, 110, 115, 185, 253, 304, 321, 495
正中鰭　median fin　10, 22, 52
性的二型　sexual dimorphism　107, 351
生物量　biomass　363
ゼウグロドン類　zeuglodonts　396
セーブルアンテロープ　sable antelope　436
脊索　notochord　10, 76, 82
脊索動物門　Phylum Chordata　6, 10, 13
石炭紀　Carboniferous epoch　7
脊柱　backbone ; vertebral column　10
石灰化　calcification　14, 16
石灰化軟骨　calcified cartilage　16
石灰脊索類　Calcichordata　13
舌顎骨　hyomandibular　38, 52, 53, 62, 103
舌顎軟骨　hyomandibular cartilage　54
節頸類　arthrodires　40-43, 45, 91, 95
舌骨弓　hyoid arch　38, 52
切歯　incisor　263, 269, 280, 284, 299, 309, 364
舌接型　hyostylic suspension　52, 53, 57, 62

セベコスクス類　sebecosuchians　186
セメント質　cementum　460
前顎骨　frontal　85
先カンブリア時代　Precambrian times　7
前眼窩窓　preorbital fenestra　175, 176, 184, 228
前関節骨　prearticular　80
扇鰭類　rhipidistians　83, 84
潜頭類　cryptodires　131, 132
仙骨　sacrum　107, 127
全骨類　holosteans　66, 68, 70
センザンコウ類　pangolins　329
前歯　anterior teeth　185
前歯骨　predentary　202, 205
前上顎骨　premaxilla　176
全獣類　pantotheres　287
鮮新世　Pliocene epoch　8
漸新世　Oligocene epoch　8
全接型　autostylic　52, 53, 58
前恥骨　prepubis　202
仙椎　sacral vertebra　107, 127
全椎型　stereospondylous　112
全椎類　stereospondyls　100, 113, 116
前頭骨　frontal　80
前頭洞　frontal sinus　481
全頭類　Subclass Holocephali　40, 58
腺ペスト　bubonic plague　372
全北区　Holarctic Region　496, 498
窓　fenestra　133
層位学　stratigraphy　5
双弓類　diapsids　133-138, 152, 175, 220
総鰭類　lobe-fin fishes ; crossopterygians　76, 78, 82-88, 95, 98-100, 102
象牙質　dentine　15, 364, 408, 460, 479
総状鰭　lobe fin　64
相称歯類　symmetrodonts　283, 287, 288, 291
槽歯類　thecodonts　134, 135, 150, 175, 176, 184
槽生　thecodonty　154
相同性　homology　80, 83
総排出腔　cloaca　290
層板骨　lamellar bone　14
双鼻類　Diplorhina　33
ゾウ類　elephants　345, 474, 478, 483
属　genus　17, 18
足根　ankle ; tarsus　127
足根骨　ankle (tarsal) bones　103
側線系　lateral line system　125
束柱類　desmostylids　314, 318, 400, 474, 486, 487
側椎心　pleurocentrum　84, 101, 104, 107, 109, 127
側頭弓　temporal arch　165
側頭骨　temporal　80
側頭窓　temporal fenestra (opening)　130, 135, 175, 176
ソーナー　sonar　335

タ行

ダーウィン　Darwin, Charles　442
タール坑　tar pit　239
代　era　6
大臼歯　molar　284, 297, 299, 309, 310, 483
大臼歯化　molarization　401, 412, 444, 450
体高　depth　29, 66, 74
袋骨　marsupial bone　288, 299, 308
第5脳神経　fifth cranial nerve　37
第三紀　Tertiary period　8
第三転子　third trochanter　410, 450
代謝速度　metabolic rate　202, 216, 223, 225, 228
胎生　viviparous　160
代生　replacement　297
大腿骨　femur　83, 103, 105, 110
大脳　cerebrum　337
胎盤　placenta　308
大氷河時代　great Ice Age　2
大プリニウス　Pliny the Elder　17
体毛　hair　280
大目　grandorder　316
大翼手亜目　macrochiropterans　334
第四紀　Quaternary　8
大陸移動　continental drift　144, 243, 246, 248, 493
大陸移動説　theory of continental drift　144
ダウントン期　Downtonian　92
多丘歯類　multituberculates　283, 286-288, 291, 308
タクソン　taxon　17
多系統　polyphyletic　52
多前歯目　Polyprotodontia　301
ダチョウ恐竜　ostrich-dinosaur　197
ダチョウ類　ostriches　237
タピノケファルス類　tapinocephalians　265
タフォノミー　taphonomy　2
タラットサウルス類　thalattosaurs　134, 161,

175, 179, 180
タラットスクス類　thalattosuchians　169
タロニド　talonid　287, 299, 310, 312, 401, 455
単一滑車型　single-pulley　410
短冠歯型　short-crowned, brachyodont　364, 459, 463, 464, 466-468, 481
単弓類　synapsids　133, 135, 138, 185, 256, 257, 260
単系統　monophyletic　40
単孔類　monotremes　280, 288-291, 308
単歯類　Simplicidentata　361
担柱類　stylophores　13
単鼻類　Monorhina　33
チーター　cheetah　387
地殻　earth crust　145
置換骨　replacement bone　14
地球外説　extraterrestrial theories　253
地球上説　terrestrial theories　253
恥骨　pubis　104, 105, 185, 280
恥骨結合　pubic symphysis　324
地質年代　geologic time　6
チスイコウモリ　vampire　334
地層累重の法則　law of superposition　8
チップマンク　chipmunk　368
地表性ナマケモノ　ground sloth　326-329
中央海嶺　mid-ocean ridge　145
中央骨　central bone　127
中間骨　intermedium　127
中軸骨格　axial skeleton　10
紐歯類　taeniodonts　330, 374
中新世　Miocene epoch　8
中生代　Mesozoic era　7
中生代哺乳類　Mesozoic mammals　291
長冠歯型　high-crowned ; hypsodont　361, 364, 401, 434
長鰭型　long-paddle ; longipinnate　164
鳥脚類　ornithopods　190, 212
長頸竜類　plesiosaurs　134, 135, 166, 167, 174
長毛マンモス　woolly mammoth　484
腸骨　ileum　104, 105, 270, 280
長骨　long bone　14, 15
チョウザメ類　sturgeons ; acipenseriforms　66, 68
鳥盤類　ornithischians　134, 175, 190, 202, 210-212
長鼻　proboscis　445, 446, 476, 480, 481
長鼻類　proboscideans　314, 318, 400, 472-481, 495
鳥類　birds ; Aves　10, 221, 228-239
直鼻類　Haplorhini　341, 342
直立二足歩行　upright bipedal walking　351
猪豚類　pigs & peccaries ; Suina　415-420
チンチラ　chinchilla　363, 371
チンパンジー　chimpanzees　342, 349
椎骨　vertebra　10, 100, 102, 104
椎骨円盤　vertebral disc　42
椎体　centrum　42, 62
対鰭　paired fins　13, 22, 52, 76, 79
ツェヒシュタイン統　Zechstein series　148
ツチオオカミ　aardwolf　385
ツチブタ類　aardvark ; tubulidentates　345, 408
ツチ骨　malleus　280
角　horn　400, 428, 429, 470
ツパイ類　tree shrews　324, 332, 333, 336
ディアデクテス形類　diadectomorphs　108
帝王マンモス　imperial mammoth　484
ディキノドン類　dicynodonts　184, 263-267
ディケラテリウム類　diceratheres　470
定向進化　orthogenesis　458
ディコブネ類　dichobunoids　418, 419
ディソロフス類　dissorophids　119
ティタノスクス類　titanosuchians　265
ティタノテリウム類　titanotheres　457, 463-466
ディドロドゥス類　didolodonts　440
ディノケファルス類　dinocephalians　263, 267
デイノテリウム類　deinotheres　477, 478, 480
デイノニコサウルス類　deinonychosaurs　198
ディプロトドン類　diprotodonts　302-304
ティポテリウム類　typotheres　443
ディンゴ　dingo　498
適応放散　adaptive radiation　155, 456, 476
デスモスチルス類　desmostylians　486
テチス獣類　tethytheres ; Suborder Tethytheria　474
テナガザル類　gibbons ; hylobatids　345, 348
デバネズミ類　mole rat ; bathyergids　345
デペレテラ類　deperetellids　468
デボン紀　Devonian period　7
テリドミス形類　theridomyomorphs　370
テレオケラス類　teleoceratids　470
テロケファルス類　therocephalians　268
テロドゥス類　telodonts　32, 33
テン　martens　383
テンジクネズミ　guinea pig　371

テンジクネズミ形類　caviomorphs　370, 371
テンレック　tenrec　323
ドヴィナ統　Dvina series　148, 244
ドウクツグマ　cave bear　386
頭甲　head shield　26, 28, 41, 43, 45
胴甲　body shield　46
胴甲類　antiarchs　40, 46, 91
頭骨　skull　10
橈骨　radius　83, 103, 340
頭頂骨　parietal　80, 128, 262
動物相　fauna　6, 90, 91
東洋区　Oriental Region　496, 497
トゥルガイ海峡　Turgai Strait　242
トカゲ類　lizards　152, 153, 156, 169
トガリネズミ形類　soricomorphs　325
登木類　tree shrews；Scandentia　313, 332
特殊化　specialized；specialization　80
トクソドン類　toxodonts　442, 443
兎形類　lagomorphs　313, 361-363, 488
ドコドン類　docodonts　283, 284, 286, 290
トナカイ　reindeer　431
トビガエル　flying frog　220
トビネズミ　jerboa　370
トビネズミ類　dipodoids　370
トビハツカネズミ類　jumping mouse　370
トビヘビ　flying snake　220
トビヤモリ　flying gecko　220
トラ　tiger　387
トライゴニド　trigonid　287, 310, 312, 401
トライゴン　trigon　287, 297, 310, 312
トライボスフェニック型　tribosphenic　310-312, 320, 323, 330, 376, 377, 383, 384, 403
トラコドン類　trachodonts　190, 207, 208
トランスフォーム断層　transform fault　145
ドリオピテクス類　dryopithecines　348, 349
ドリコサウルス類　dolichosaurs　169
トリゴノスチロプス類　trigonostylopids　314, 400, 447
トリコノドン類　triconodonts　283-288, 291
ドリコリヌス類　dolichorhines　466
トリチロドン類　tritylodonts　271-273, 287
トリロフォサウルス類　trilophosaurs　134, 174-183
トリロフォドン類　trilophodonts　478
トレマトサウルス類　trematosaurs　111, 112
ドロマエオサウルス類　dromaeosaurs　198
ドロモメリックス類　dromomerycids　430

鈍歯類　bradyodonts　58

ナ行

内温性　endothermal　216, 217
内骨格　endoskeleton　28, 81
内臓弓　visceral arch　36
内鼻孔　internal nares；choana　64, 77, 78, 82, 88, 102, 185, 187
ナガスクジラ　fin-back whale　398
ナキウサギ類　pika；ochotonids　361, 363
ナマケモノ類　sloths　326
ナメクジウオ　amphioxus, sea lancelet　11-13, 51
軟骨　cartilage　14, 16
軟骨化　chondrification　80
軟骨魚類　cartilagenous fishes；Chondrichthyes　26, 44-54, 91, 95
軟骨細胞　chondrocyte　16
硬質部分　hard part　53
軟質類　chondrosteans　66-70
軟条　soft ray　27
南祖類　notioprogonians　441
軟体動物　mollusks　62
南蹄類　notoungulates　314, 400-448, 495
肉鰭類　sarcopterygians　64, 76
肉歯類　creodonts　313, 374-377, 495
二次口蓋　secondary palate　185, 262, 265, 268, 269, 272, 276, 280
二重滑車型　double-pulley　410, 450
二重関節　double joint　156, 277, 283
二足歩行性　bipedal　191, 193, 197, 201, 203, 205, 338
乳様部　mastoid　416
尿膜　allantois　124-126
ネアンデルタール人　Neanderthals　355-357
ネクトリデア類　nectrideans　115
ネコザメ類　heterodontoids　56, 57
ネコ類　cats；feloids, felids, felines　385
ネズミ形類　myomorphs　363, 368, 370
ネズミ形類様式　myomorph type　366
脳函　braincase　28
ノウサギ類　hares　361, 363
脳神経　cranial nerve　37
脳頭蓋容積　cranial capacity　351, 355
脳頭蓋　braincase　28, 38, 62, 80, 297, 308
脳油器官　spermacete organ　397

事項索引　563

ノトサウルス類　nothosaurs　134, 164-168, 174, 182, 184
ノロ　roes　431

ハ行

歯　teeth　14, 308
バージェス頁岩　Burgess shale　13, 90
肺　lung　11, 46, 54, 63, 98, 160
胚　embryo　19
ハイエナ類　hyaenas　385, 389
肺魚類　lungfishes　76, 78-80, 83, 84, 95
背甲　carapace　131
背心骨　notarium　225
バイソン　bison　410, 419, 436
ハイデルベルク人　Homo heidelbergensis　354
ハイドロキシアパタイト　hydroxyapatite　4, 14
ハイポコーン　hypocone　310-312, 323, 455
ハイポコニド　hypoconid　310, 455
ハイポコヌリド　hypoconulid　310
胚膜　embryonic membrane　124, 308
ハイラックス類　hyraxes ; hyracoids　345, 488
杯竜類　cotylosaurs　127, 129
ハヴァース系　Haversian system　14
ハヴァース骨　Haversian bone　14
バウリア形類　bauriamorphs　268
パカ　paca　371
パキケファロサウルス類　pachycephalosaurs　191, 209, 210
歯クジラ類　toothed whales ; odontocetes　394, 397, 398
白亜　chalk　7
白亜紀　Cretaceous period　7
ハクスリー　Huxley, Thomas H.　463
バク類　tapirs　457, 468-472
馬形類　hippomorphs　457, 459, 468
ハダカネズミ　Heterocephalus, naked rat　370
ハダカヘビ類　gymnophionans　120
ハタネズミ類　voles　368
爬虫類　reptiles　8, 107, 108, 124
爬虫類時代　Age of Reptiles　147, 175, 184, 492
ハツカネズミ類　mice　363, 368
発電器官　electric field　27
パッド　pad　412, 424
ハト　pigeon　230
ハドロサウルス類　hadrosaurs　204, 206-209
ハナグマ　coati　382

ハネジネズミ類　elephant shrews ; macroscelideans　313, 324, 332, 360
バビルーサ　babirussa　420
パラコーン　paracone　310, 312, 323, 455, 457
パラコニド　paraconid　310, 401
パラミス類　paramyids　370
パリグアナ類　paliguanids　154
バリテリウム類　barytheres　477
ハリネズミ形類　erinaceomorphs　325
ハリネズミ類　hedgehogs　323
ハリモグラ　echidna ; spiny anteaters　288, 289
バルチテリウム類　baluchitheres　470
パレアノドン類　palaeanodonts　329
パレイアサウルス類　pareiasaurs　129, 148, 262
パレオテリウム類　palaeotheres　457, 463
パレオニスクス類　palaeoniscoids　63
半規管　semicircular canal　27, 33
反響定位システム　echolocation (sonar) system　223, 334
パンゲア　Pangaea　144, 145, 242, 296
板鰓類　elasmobranchs　57
半索類　hemichordates　13
板状骨　tabular　103, 154
汎歯類　pantodonts　314, 374, 404, 405
反芻　rumination　412
反芻類　ruminants　412, 416, 418, 425-435
バンディクート類　bandicoot　302-304
板皮類　placoderms　38, 40, 41, 44-47, 50, 91
盤竜類　pelycosaurs　133-135, 138, 147, 150, 257-264
ビーバー　beaver　363
ビーバー類　castorids　368
ヒエノドン類　hyaenodonts　376
鼻窩　nasal pit　77
ヒキガエル類　toads　120
ヒクイドリ　cassowary　237
髭クジラ類　whalebone whales ; mysticetes　394, 397, 398
皮甲　dermal armor　14
被甲類　cingulates　326
皮骨　dermal bone　14, 16, 40
腓骨　fibula　83, 103, 193, 340
鼻骨　nasal　481
皮小歯　dermal denticle　14, 15, 33
飛翔　flight　220
眉上稜　brow ridge　355
飛翔性爬虫類　flying reptiles　252

腓側骨　fibulare　127
尾柱　urostyle　119
ヒツジ類　sheeps　410, 433
ヒッパリオン類　hipparions　461
ヒッポトラグス類　hippotragines　437
蹄　hoof　424, 442, 454, 466, 476
鼻道　nasal passage　77, 78, 82, 102, 185, 187, 207
ヒト類　humans ; hominids　335-349, 484
被囊類　sea squirts ; tunicates　14
非反芻類　nonruminants　416
ヒヒ類　baboons　347
皮膚呼吸　cutaneous respiration　118
ヒプシロフォドン類　hypsilophodonts　203
ヒペルトラグルス類　hypertragulids　427
ヒボドゥス類　hybodontids　56, 57
ヒョウ　leopards　387
皮翼類　dermopterans　313, 332, 335
ヒヨケザル　colugo, flying lemur　332, 335
ヒラキウス類　hyrachyids　469
ヒラコドン類　hyracodonts　469, 470
平爪　nail　338, 407
皮鱗　dermal scale　14, 15
鰭　fin　50
鰭脚　paddle　131, 134, 160, 289, 388, 392, 393, 485
鰭ヒダ　fin fold　52
鰭ヒダ説　fin-fold theory　51
ピロテリウム類　pyrotheres　314, 400, 440
貧歯類　edentates　313, 316, 321-330, 374
ビンツロング　binturong, bear cat　384
ファブロサウルス類　fabrosaurs　190, 204
ファラヌーク　falanouc　384
フィオミス形類　phiomorphs　370
フィトサウルス類　phytosaurs　176-179, 185
フィロスポンディリ類　Phyllospondyli　111
フィロレピス類　phyllolepids　40, 45, 46
フウチョウ　birds of paradise　239
フォッサ　fossa　384
フォリドフォルス類　pholidophoriforms　71
腹甲　plastron　131
副咬頭　accessory cusp　455
フクロアリクイ　banded anteater　302
フクロウ類　owls　239
フクロオオカミ　Tasmanian wolf　302, 304
フクログマ　Tasmanian devil　302
袋角　velvet　430

フクロネコ　native cat　302, 304
フクロネコ類　dasyurids　302
フクロモグラ　pouched mole　303
プセウドスキウルス類　pseudosciurids　370
プセウドペタリクチス類　pseudopetalychthyids　40
縁飾り　frill　213, 214
プチクトドゥス類　ptyctodonts　40, 45
プテロダクチルス類　pterodactyloids　224
プラコドゥス類　placodonts　134, 164-174, 182, 184
ブラディオドン類　bradyodonts　54
ブランキオサウルス類　branchiosaurs　111
プレウロサウルス類　pleurosaurs　171
プレートテクトニクス　plate tectonics　143, 144, 243-248, 492
プレーリードッグ　prairie dog　368
プレシアダピス形類　plesiadapiforms　336, 339-341
プレシオサウルス類　plesiosaurs　164, 167, 494
プレトドン類　plethodonts　124
プロガノケリス類　proganochelids　132
プロコロフォン類　procolophons　128, 129, 174, 184
プロテロサウルス類　proterosaurs　184
プロテロスクス類　proterosuchians　176
プロテロテリウム類　proterotheres　444, 445
プロトケラス類　protoceratids　428
プロトケラトプス類　protoceratopsians　214
プロトコーン　protocone　297, 310, 312, 323, 455
プロトコニド　protoconid　312, 455
プロトコニュール　protoconule　310
プロトスクス類　protosuchians　184, 185
プロトロサウルス類　protorosaurs　134, 150, 174-179, 183
プロトロフ　protoloph　450, 455
プロラケルタ類　prolacertids　180
プロングホーン類　pronghorns ; antilocaprines　410, 433, 435, 436
ブロントテリウム類　brontotheres　463
噴気孔　blowhole　393
分岐図　cladogram　17, 18
分岐分類学　cladistics　17
ブンター統　Bunter series　244
分椎類　temnospondyls　100-113, 174, 182
平滑両生類　lissamphibians　100, 118-121
平胸類　ratites　237

並行進化　parallel evolution　72, 400, 448, 475
ベーリング　Bering, Vitus　486
ヘゲトテリウム類　hegetotheres　443
ペタリクチス類　petalichthyids　40-45
ペッカリー類　peccaries　410, 416-421
ヘテロドントサウルス類　heterodontosaurs　190
ヘビ類　snakes　152-157
ヘラレテス類　helaletids　468, 469
ペルム紀　Permian period　7
ペレア類　peleinines　437
ペンシルベニア紀　Pennsylvanian period　7
方形頰骨　quadratojugal　154, 262
方形骨　quadrate　128, 154, 156, 262, 263, 273
旁頸板　paranuchal plate　42
縫合　suture　42, 82
砲骨　cannon bone　411, 424, 426, 430, 431
放散　radiation　134
放射性元素　radioactive elements　6
ボウフィン　bowfin　66, 68
頰袋　cheek pouch　347
ボス〔ウシ〕亜科　bovines　436
ホソロリス　slender loris　341
ホッキョククジラ　Greenland whale　398
哺乳類　mammals　10, 175, 253, 276
哺乳類時代　Age of Mammals　10, 157, 290, 308, 492, 494, 501
哺乳類動物相　mammalian fauna　494-496
哺乳類様爬虫類　mammal-like reptiles　133, 148, 181, 183, 185, 244-299
骨　bone　14
ホマロドテリウム類　homalodotheres　442
洞角　horn　412, 435, 436
ホリネズミ　pocket gopher　370
ホリネズミ類　geomyoids　370
ポリプテルス類　polypteriforms　68
ボルヒエナ類　borhyaenids　300
ホロプチキウス類　holoptychians　83
ポロレピス類　porolepids　84
ホワイト　White, E. T.　107

マ行

マーム統　Malm series　246, 247
マーモセット類　marmosets　341, 343, 344
マーモット　marmot　368
マイルカ　common dolphin　397

マウスオポッサム　mouse opossum　300
マカークザル類　macaques　347
マクラウケニア類　macrauchenids　444, 445
マクロペタリクチス類　macropetalichthyids　45
マストドン類　mastodonts　478, 482, 483
マッケナ　McKenna, Malcom C.　308
マッケナ／ベル　McKenna／Bell　312, 314, 316, 318, 320, 325, 330, 374
マッコウクジラ　sperm whale, cachalot　397
抹香鯨油　sperm oil　397
マナティー　manatee　485, 486
マメジカ類　chevrotains ; traguloids　410, 416, 418, 425-428
マングース　mangoose　384
マントル層　mantle　145
マンモス類　mammoths　483, 484
ミアキス類　miacids　377, 378
ミシシッピ紀　Mississippian period　7
ミズオポッサム　yapok　300
ミツアナグマ　honey badger　383
ミモトナ類　mimotonids　313, 362
ミラー　Miller, Hugh　93
ミレロサウルス類　millerosaurs　133
ミンク　mink　383
無尾類　anurans　119, 120
無顎類　agnathans　19, 22, 25, 34, 50, 91
ムカシトカゲ類　tuatara ; sphenodontans　133, 152-156, 175
無弓類　anapsids　133
ムササビ　flying squirrels　370
ムシェルカルク統　Muschelkalk series　244
無足類　apodans, caecilians, gymnophionans　120
無肉歯類　Order Acreodi　314, 318, 394
無盲腸大目　Grandorder Lipotyphla　316, 332
無羊膜類　Anamniota　19
ムンチャク類　muntjacs　431, 432
迷歯類　labyrinthodonts　82, 102-127, 132, 147, 150, 174
迷路歯　labyrinthodont tooth　82
メガネザル類　tarsier ; tarsioids　335, 336, 339-342
メキシコサンショウウオ　axolotl　120
メクラウナギ類　hagfish ; myxinoids　22, 31, 33, 36
メクラネズミ　mole rat　370

メソサウルス類　mesosaurs　133, 134, 136, 160
メソスクス類　mesosuchians　185-187
メソニックス類　mesonichids　375, 392, 394, 395
メタコーン　metacone　310, 312, 323, 455, 457
メタコニド　metaconid　310, 455
メタコニュール　metaconule　310
メタロフ　metaloph　450, 455
メトリオリンクス類　metriorhynchids　185
メリコイドドン類　merycoidodonts　423
面生　pleurodonty　154
モア　moa　237, 238
網胃　reticulum　412
盲腸　caecum　324
モエリテリウム類　moeritheres　476, 478
モービー＝ディック　Moby-Dick　397
もぐり込み（沈みこみ）　subduction　145
モササウルス類　mosasaurs　152-156, 169, 170, 494
モリイノシシ　forest hog　420
モルガヌコドン類　morganucodonts　283-286, 290, 291
モルミルス類　mormyrids　71
モルモット　guinea pig　363, 371
門　phylum　17, 18

ヤ行

ヤギ類　goats　410, 433
ヤスリ歯　rasping teeth　22
ヤツメウナギ類　lampreys; Petromyzontida　22, 23, 33-36
ヤマアラシ　porcupines　363
ヤマアラシ顎類　hystricognaths　367, 370, 371
ヤマアラシ形類　hystricomorphs　365
ヤマネ上科　gliroids　370
ヤマビーバー　sewellel　368
ヤマビーバー類　aplodontids　368
有角類　ceratomorphs　457, 468
有袋食肉目　Marsupicarnivora　301
有胎盤区　Cohort Placentalia　316
有胎盤類　placentals　253, 288, 291, 299, 308-336, 495
有胎盤類時代　Age of Placental Mammals　308
有袋類　marsupials　282-291, 296-302, 304-308, 495
有蹄類　ungulates　316, 400-485, 495
有内鼻孔類　Choanophora　20

有尾類　urodeles　120
有毛類　Suborder Pilosa　326
有羊膜類　amniotes　19
有羊膜卵　amniote egg　107, 124, 126, 134
有鱗類〔爬〕　Squamata　133, 152, 174, 175
有鱗類〔哺〕　Pholidota　314, 322, 329, 330, 374
癒合指　syndactylous digits　299
葉胃　omasum　412
腰帯　pelvic girdle　10, 103, 105
羊膜　amnion　19, 124, 126
ヨーロッパトガリネズミ　common shrew　323
翼形骨　pteroid　225
翼手類　chiropterans　313, 332-334
翼状骨　pterygoid　80, 128, 154, 187
翼蝶形骨　alisphenoid　297
翼竜類　pterosaurs　134, 175, 220-228
四足歩行性　quadrupedal　196, 201, 203, 205, 210, 212

ラ行

ライエル　Lyell, Charles　8
ライオン　lion　387
雷獣類　astrapotheres　314, 440, 445-448, 495
ラウイスクス類　rauisuchians　176-179
ラキトム型椎骨　rhachitomous vertebra　109, 112
ラキトム類　rhachitomes　100, 116
ラクダ類　giraffes　410, 416-425
ラマ類　llamas　410, 424
卵円窓　fenestra ovalis　103
卵黄嚢　yolk sac　125
卵殻　shell　124-126
ラングール類　langurs　348
卵胎生　ovoviviparous　164
ランフォリンクス類　rhamphorhynchoids　223
リーキー夫妻　Leakey, Louis & Mary　353
リス　squirrels　363
リス顎類　sciurognaths　366, 370
リス形類　sciuromorphs　365, 368
リソスフィア　lithosphere　145
リネ式分類　Linnaean system of classification　17-19
リネ　Linné (Linnaeus), Carl von　17
瘤胃　rumen　412, 425
竜脚形類　sauropodomorphs　190, 199
竜脚類　sauropods　199, 201, 202, 247

事項索引　567

竜形類　sauromorphs　132
龍骨突起　keel　235
竜盤類　saurischians　175, 190
両凹型　amphicoelous　256
両形尾　diphicercal tail　55
両生類　amphibians　8, 82, 87, 88, 98-108
両接型　amphistylic　52-55
リョウネイチョウ　*Liaoningornis*　231
リンコサウルス類　rhynchosaurs　133, 174, 175, 179-183
リンコテリウム類　rhynchotheres　481
燐酸カルシウム　calcium phosphate　14, 31
鱗状骨　squamosal　103, 133, 256, 272, 273, 416
鱗竜形類　lepidosauromorphs　133, 153, 175, 220
鱗竜類　lepidosaurs　133, 152, 174
類縁関係　relationship　5
涙骨　lacrymal　154, 155
類人猿類　apes; hominoids　335, 336, 339, 340-346　348, 351
レア　rhea　237
霊長類　primates　313, 332-348, 495
レイヨウ類　antelopes　214, 410, 418, 433, 436
レオナルド・ダ・ヴィンチ　da Vinci, Leonardo　5
裂脚類　fissipeds　377, 378
レッサーパンダ　lesser panda　382
裂歯類　tillodonts　330, 374
裂肉歯　carnassial tooth　375-377, 380, 384, 385

レドゥンカ類　reduncines　437
レナニダ類　rhenanids　40, 44
レプティクティス類　leptictids　288, 313-332, 374, 495
レプトレピス類　leptolepiforms　71
レミング　lemmings　368
レムール類　lemurs; lemuroids　335-342
連接歯型　zygodont　482
ロートリーゲンデ統　Rothliegende series　148
ローマー　Romer, Alfred S.　87, 125, 126
ローラシア　Laurasia　81, 143, 144, 146, 242, 492
濾過摂食　filter feeding　14
肋骨　rib　62, 119, 131
ロバ　ass　461
ロフ　loph　312
ロフィアレステス類　lophialestids　468
ロフィオドン類　lophiodonts　468
ロフィド　lophid　312, 451
ロブスター　lobster　91
ロリス類　lorises　336, 339, 341

ワ行

ワシタカ類　hawks; falconiforms　239
ワニ類　crocodilians　134, 150, 153, 169, 175, 184-187
ワピチ　wapiti　432
ワラビー　wallaby　303, 304

著者略歴

エドウィン H. コルバート（Edwin H. Colbert, 1905−2001）

　米国アイオワ州に生まれ，ミズーリ州で育ち，ネブラスカ州リンカーンのネブラスカ大学を卒業した後，ニューヨークのコロンビア大学で古生物学者 W. K. グレゴリー教授に師事し，学位を取得．その後はおもに同市内のアメリカ自然史博物館を拠点とし，南極大陸をふくむ世界各地で調査・採集を行ないつつ研究・教育に従事．同博物館の古脊椎動物学部長とコロンビア大学教授を歴任．化石哺乳類と爬虫類，特に恐竜類に関する研究業績が多数あるほか，古脊椎動物に関する何冊もの入門書や啓蒙書，自叙伝を著した．研究成果や著作物だけでなく社会教育や博物館運営に関して，幾つもの賞を受贈．後年には恐竜発掘の本場，アリゾナ州フラグスタフのノーザンアリゾナ博物館の古生物学部長を勤めた．本書のほかに，『恐竜の発見』（小畠・亀山訳，早川書房），『さまよえる大陸と動物たち』（小畠・沢田訳，講談社），『恐竜はどう暮らしていたか』（長谷川訳，どうぶつ社）の邦訳書がある．

　第2著者 マイケル モラレス（Michael Morales）氏と第3著者 イーライ C. ミンコフ（Eli C. Minkoff）氏については，「訳者のあとがき」を参照．

訳者略歴

田隅本生（たすみ　もとお）

　1934（昭和9）年生．京都大学理学部動物学科を卒業．同大学院理学研究科動物学専攻博士課程，東京医科歯科大学歯学部助手（解剖学），東北大学歯学部助教授（同），財団法人日本モンキーセンター研究員，京都大学理学部助教授（動物学）をへて，進化形態学研究室主宰．専攻は比較解剖学，歯学，進化形態学，系統学．著書に『講座進化』第4巻（分担執筆，東京大学出版会）など．訳書に E. コルバート『脊椎動物の進化』（初版，2版，4版，築地書館），B. ホールステッド『脊椎動物の進化様式』（監訳，法政大学出版局），B. ホールステッド／中山照子訳『「今西進化論」批判の旅』（筆名で監訳，築地書館），S. グールド『パンダの親指』（筆名で，早川書房），K. マクナマラ『動物の発育と進化　時間がつくる生命の形』（工作舎）．京都市在住．

コルバート　**脊椎動物の進化**［原著第5版］

2004年10月24日　初版発行

著者	エドウィン H. コルバート ＋ マイケル モラレス ＋ イーライ C. ミンコフ
訳者	田隅本生
発行者	土井二郎
発行所	築地書館株式会社
	東京都中央区築地7-4-4-201　〒104-0045
	TEL 03-3542-3731　FAX 03-3541-5799
	http://www.tsukiji-shokan.co.jp/
	振替00110-5-19057
印刷・製本	明和印刷株式会社
装丁	中垣信夫＋川口利文

ⓒTSUKIJI SHOKAN 2004 Printed in Japan
ISBN4-8067-1295-7 C0045

本書の一部または全部を無断で複写複製(コピー)することを禁じます．